AF178344

Natur und Philosophie

Texte und Untersuchungen

Herausgegeben von
Dietrich von Engelhardt

Band 7

frommann-holzboog

Johann Samuel Traugott Gehler

Physikalisches Wörterbuch

oder Versuch einer Erklärung
der vornehmsten Begriffe und Kunstwörter
der Naturlehre mit kurzen Nachrichten
von der Geschichte der Erfindungen
und Beschreibungen der Werkzeuge
begleitet in alphabetischer Ordnung

Band 2

Neudruck der Erstausgabe
Leipzig 1787–1796
mit einer Einleitung
von Wolfgang Bonsiepen

Stuttgart-Bad Cannstatt 1995

Dem vorliegenden Neudruck liegt das
Exemplar des Lehrstuhls für
Geschichte der Naturwissenschaften
und Technik der Universität Stuttgart
zugrunde.
Herausgeber und Verlag danken der Bibliothek
für die freundliche Überlassung der Vorlage.

Die Deutsche Bibliothek – CIP-Einheitsaufnahme

Gehler, Johann Samuel Traugott:
Physikalisches Wörterbuch oder Versuch einer Erklärung der
vornehmsten Begriffe und Kunstwörter der Naturlehre : mit
kurzen Nachrichten von der Geschichte der Erfindungen und
Beschreibungen der Werkzeuge begleitet in alphabetischer
Ordnung / Johann Samuel Traugott Gehler. Mit einer Einl. von
Wolfgang Bonsiepen. – Neudr. der Erstausg. Leipzig,
Schwickert, 1781 - 1796. –
Stuttgart-Bad Cannstatt : frommann-holzboog
ISBN 3-7728-1647-9
NE: HST

Neudr. der Erstausg. Leipzig, Schwickert, 1787 - 1796
Bd. 2. – Neudr. der Erstausg. Leipzig, Schwickert, 1789. - 1995
(Natur und Philosophie ; Bd. 7)
ISBN 3-7728-1649-5
NE: GT

© Friedrich-Frommann Verlag · Günther Holzboog
Stuttgart-Bad Cannstatt 1995
Reproduktion und Druck: Proff GmbH, Eurasburg
Einband: Ernst Riethmüller, Stuttgart
Gedruckt auf säurefreiem und alterungsbeständigem Papier

Physikalisches Wörterbuch

oder

Versuch

einer Erklärung der vornehmsten Begriffe
und Kunstwörter

der Naturlehre

mit kurzen Nachrichten von der Geschichte
der Erfindungen und Beschreibungen der
Werkzeuge begleitet

in alphabetischer Ordnung

von

D. Johann Samuel Traugott Gehler

Oberhofgerichtsassessorn und Senatorn zu Leipzig, auch der
ökonomischen Societät daselbst Ehrenmitgliede.

Zweyter Theil

von Erd bis Lin
mit sechs Kupfertafeln, Taf. VIII. bis XIII.

Leipzig,
im Schwickertschen Verlage 1789.

Physikalisches Wörterbuch

oder

Versuch einer Erklärung der vornehmsten Begriffe und Kunstworte der Naturlehre, in alphabetischer Ordnung.

E

Erdäquator, ſ. Aequator der Erde.

Erdare, Axis terrae, *Axe de la terre.* Die gerade Linie von einem Pole der Erde zum andern. Dieſe Linie bleibt bey der täglichen Umdrehung der Erdkugel unbewegt, und heißt daher auch die Are der Umdrehung (Axis rotationis) der Erde. Sie iſt die Are des Erdäquators und aller mit ihm parallel laufenden Kreiſe, durch deren Mittelpunkte ſie geht, ſ. Are. Ihre Größe wird bey dem Worte: Erdkugel angegeben.

Erdbeben, Terrae motus, *Tremblement de terre.* Eine Erſchütterung eines Theils der Erdfläche, welche eine längere oder kürzere Zeit hindurch anhält, und oft mit den gewaltſamſten und ſchrecklichſten Folgen begleitet iſt. Die Erdbeben haben auf der Oberfläche unſerer Erdkugel die ausgezeichnetſten Veränderungen hervorgebracht, ganze Striche Landes mit Trümmern überſchüttet, Länder, die vom Meere bedeckt waren, aufs Trockne verſetzt, Inſeln aus dem Schooße des Meeres emporgehoben, Berge geſpalten oder eingeſtürzt, anſehnliche Theile vom feſten Lande abgeriſſen, das Meer von ſeinem Grunde erhoben, die fürchterlichſten Ueberſchwemmungen veranlaſſet, den Lauf der Flüſſe verändert, die blühendſten Städte zertrümmert, und ihre unglücklichen Einwohner unter den Ruinen ihrer Wohnungen begraben.

Schon die älteſten Schriftſteller erwähnen ſolcher durch Erdbeben angerichteten Verwüſtungen, und der Veränderungen, welche die Erdfläche dadurch erlitten hat. Beſonders ſind diejenigen Länder und Gegenden, welche in der

A

Nachbarschaft von Vulkanen oder heißen Quellen und nicht weit vom Meere liegen, den Erdbeben ausgesetzt gewesen. So hat man schon bey den Alten geglaubt, daß Sicilien von dem festen Lande durch eine Erderschütterung abgetrennt worden sey. Die Städte Herculanum und Pompeji wurden nach dem **Seneca** (Quaest. nat. VI. 1.) unter Nerons Regierung fast gänzlich durch ein Erdbeben zerstört, sechszehn Jahre darauf aber durch einen Ausbruch des Vesuvs unter vulkanische Asche begraben. In Sicilien hat man nach einem chronologischen Verzeichnisse, welches Hr. **Lichtenberg** (Magazin für das Neuste aus der Physik und Naturgesch. II. B. 2. St. S. 169.) mittheilt, seit dem Jahre 1169 fast eben so viele Erdbeben, als Ausbrüche des Aetna gezählet. Die äolischen oder liparischen Inseln, welche nach den Berichten der Alten durch Erdbeben aus dem Meere hervorgegangen sind, zeigen noch jezt die deutlichsten Spuren von Vulkanen und vulkanischen Produkten. Fast in allen Ländern, welche häufige Erderschütterungen erlitten haben, findet man auch deutliche Spuren ehemaliger Vulkane, z. B. in Peru, den mittäglichen Provinzen Frankreichs u. s. w. Sehr oft sind auch die Bewegungen der feuerspeyenden Berge mit Erderschütterungen begleitet, welche bey dem völligen Ausbruche aufhören, so daß man an dem augenscheinlichen Zusammenhange der Erdbeben mit den Vulkanen keinesweges zweifeln kan.

Die fürchterlichsten Erdbeben der neuern Zeiten sind die von den Jahren 1746, 1755, 1774 und 1783 gewesen. Das erstere verwüstete Callao, und die Stadt Lima, welche schon seit dem 15ten Jahrhunderte häufigen Anfällen des Erdbebens ausgesetzt gewesen war. Am ersten November 1755 ward Lissabon durch ein schreckliches Erdbeben zerstört, welches man zu gleicher Zeit auf einem sehr großen Theile der Erdfläche von Grönland an bis nach Afrika empfand. In Norwegen, Schweden, Deutschland, der Schweiz, und mehrern Orten bemerkte man es zwar nur an den ungewöhnlichen Bewegungen des Wassers; aber verschiedene Orte in Frankreich, fast ganz Spanien, Marocco, Salee, Fez, Tetuan und Cadix wurden von ernst-

haftern Folgen deſſelben betroffen. Selbſt in Amerika be=
merkte man Spuren dieſer Erſchütterung. Sie ward von
einer gewaltsamen Erhebung des Meeres begleitet, welche
eine faſt allgemeine Ueberſchwemmung der weſtlichen Kü=
ſten unſers feſten Landes veranlaſſete. Das Gewäſſer des
Tago ergoß sich zu verſchiedenen malen über die Trümmern
der bereits zerſtörten Stadt. (s. *Sam. Chriſt. Hollmann* de
terrae motibus, inprimis nupero Vlyſſipponenſi in Syl-
loge Commentat. p. 1.) Ein drittes eben ſo ſchreckliches
Erdbeben verwüſtete im Jahre 1774 **Guatimala**; und
ein viertes verheerte im Februar 1783 ganz **Calabrien** und
Meſſina. (Man sehe des Ritter **Hamilton** Erzählung hie=
von, Philoſ. Trans. Vol. LXXIII. P. I. übersetzt unter der
Aufſchrift: Nachricht von dem letzten Erdbeben in Cala=
brien und Sicilien ꝛc. aus dem engliſchen von **G. F.
Wehrs**. Hannover. 4.)

Man hat oft wahrgenommen, daß die Erdbeben auf
vorzüglich naſſe Jahre folgen, daß vor ihrem Ausbruche
häufige Sternſchnuppen, Feuerkugeln und andere leuchtende
Meteore, ſchweflich riechende Dämpfe, eine heiße drücken=
de und das Sonnenlicht rothfärbende Luft mit dicken und
ſchwarzen Wolken, vorhergehen; ob ſie gleich bisweilen
auch nach einer vollkommnen Stille und Heiterkeit der Luft
erfolgt ſind. Gewöhnlich ſcheinen die Thiere vorher von
Schrecken und Aengſtlichkeit befallen zu werden, die ſie
durch Geheul und Winſeln ausdrücken; die Vögel fliegen
unruhig hin und her: oft hört man auch ein Getöſe, wie
einen unterirdiſchen Donner, wie das Abfeuern des ſchwe=
ren Geſchützes, oder wie ein Krachen und Ziſchen; an meh=
rern Orten treten die Gewäſſer der Flüſſe, Brunnen und
Quellen zurück, und kommen erſt nach einiger Zeit trüb
und mit Erde oder Sand vermiſcht, wieder. Faſt allezeit
ſind die Erdbeben mit heftigen Bewegungen des Meeres
begleitet, welches abwechselnd zurücktritt und ſich wieder er=
hebet; die Schiffe ſtoßen in den Häfen gegen einander, und
ſelbſt in der ofnen See bemerkt man außerordentliche Er=
ſchütterungen.

Die Wirkung der Erdbeben ſelbſt äußert ſich durch

dreyerley Bewegungen, wovon man bisweilen nur eine oder
zwo, bisweilen aber alle drey bemerket. Die erste bestehet
aus horizontalen Schwingungen des Bodens, welche, wenn
sie heftig und anhaltend sind, den Grund samt allem, was
darauf stehet, zerstören. Diese Bewegung fand sich hauptsächlich bey dem Erdbeben zu Lissabon. Die zwote bestehet
in aufwärts gerichteten Stößen, wodurch die Erdrinde in
die Höhe gehoben wird, oft auch bricht und ganz oder zum
Theile wieder einsinket. Das Wasser folget wegen seiner
Flüßigkeit dieser Bewegung noch geschwinder, als die Erdrinde, so wie der Tago zu Lissabon auf einmal zurücktrat,
und binnen vier Minuten wieder 30 Fuß über seine gewöhnliche Höhe emporstieg. Die dritte Bewegung gleichet einer Explosion oder gewaltsamen und nach allen Seiten wirkenden Zersprengung, wobey mehrentheils Flammen aus
der Erde hervorbrechen, und durch die gerissenen Oefnungen Wasser, Asche, Erde und Steine ausgeworfen werden.
Hiebey zeigt sich die Aehnlichkeit mit den Vulkanen am
deutlichsten. Solche Explosionen zerstörten im Jahre 1746
binnen drey Minuten den größten Theil der Stadt Lima,
überschwemmten Callao, versenkten 23 Schiffe, und ließen
von 4000 Personen nur 200 entkommen. Es brachen dabey in einer Nacht vier Vulkane aus. Dies ist der höchste
und schrecklichste Grad der Erdbeben, nach dessen Errei-
chung sie auch gemeiniglich nachlassen.

Die Stöße der Erdbeben folgen bisweilen langsam, mit
dazwischen fallenden langen Pausen, bisweilen mit großer
Geschwindigkeit auf einander. In Lima empfand man deren in 24 Stunden über zweyhundert. Sie nehmen gewöhnlich einen gewissen Strich, daher oft Gebäude, die
außerhalb dieses Striches liegen, verschont bleiben, dagegen andere ganz nahe liegende auf die entgegengesetzte Seite
geworfen werden. Auch die Dauer dieser ganzen fürchter-
lichen Begebenheit ist sehr verschieden; in Amerika haben
die Erdbeben oft Jahre lang an einerley Orte gewüthet,
umb fast täglich ihre Stöße erneuert. Die meisten Erdbeben erstrecken sich nur über eingeschränkte Gegenden; viele
aber breiten sich auch durch einen ungeheuren Umfang aus,

wie das in Kleinasien (Plin. H. N. II. 84.), welches im
Jahre 17 nach C. G. dreyzehn große Städte in einer Nacht
zerstörte, und sich durch einen Kreis von 300 Meilen im
Durchmesser verbreitete, oder das vom 1sten Nov. 1755,
dessen weiten Umfang wir schon im vorigen angeführt haben.

Man kan leicht denken, daß die Physiker zur Erklärung einer so auffallenden Naturbegebenheit mancherley
Versuche gemacht haben. Da man ihren unläugbaren Zusammenhang mit den Vulkanen gar bald gewahr ward, so
hat man sie gemeinschaftlich mit denselben aus dem unterirdischen Feuer erklärt, unter welchem man sich in ältern Zeiten ein sogenanntes Centralfeuer vorstellte, welches die Mitte der Erdkugel ausfüllen sollte, s. Centralfeuer. Diese
groben Begriffe verlohren sich mit der Zeit, und man fieng
an, theils auf andere Ursachen der Erdbeben, z. B. unterirdische Winde, Dämpfe u. dgl. zu denken, theils das unterirdische Feuer näher an die Oberfläche der Erde zu setzen,
und die Entstehung desselben aus den Entzündungen der
Kieße und anderer brennbaren Mineralien herzuleiten, s.
Vulkane.

Eine der berühmtesten neuern Hypothesen über die Ursache der Erdbeben ist die des D. William Stukeley
(Letter to Martin Folkes on the causes of Earthquakes,
Philos. Trans. Vol. XLVI. no. 497. The philosophy
of Earthquakes natural and religious. London, 1750. 8.),
welcher sie ganz von der Elektricität herleiten will. Zwey
zu London am 8. Febr. und 8. März 1749 verspürte ziemlich schwache Erdbeben hatten ihm dazu Gelegenheit gegeben. Er bestreitet zuerst die Meinung, daß sie von Explosionen, welche den Erdboden erheben, herrühren könnten,
mit einigen nicht sehr starken Gründen. Es sey, sagt er,
noch unerwiesen, daß die Erde so viele Klüfte und Hölen
habe, man habe bey der letztern Erschütterung, die sich doch
auf dreyßig Meilen im Durchmesser erstreckt, keinen Dampf,
Rauch oder Geruch bemerkt, das System der Brunnen
und Quellen sey nicht gestört worden; die Theorie der Minen lehre, daß eine 30 Meilen weit reichende Erschütterung
eine 15—20 Meilen tiefe wirkende Kraft erfordere, und

nach eben dieser Theorie müßte das Erdbeben in Kleinasien im 17ten Jahre nach C. G. aus einer Tiefe von 200 Meilen herauf und mit einer Kraft gewirkt haben, welche durch Dämpfe gar nicht hervorgebracht werden könnte. Man sieht, daß er theils aus Bemerkungen schließet, die bey sehr schwachen Erschütterungen gemacht, und bey weitem nicht allgemein sind, theils aber auch die Theorie der Minen auf einen Fall anwendet, wobey das Regelmäßige, das sie voraus setzt, nicht mehr statt findet.

Er sucht es hierauf wahrscheinlich zu machen, daß das Erdbeben in einer elektrischen Erschütterung bestehe, zeigt aus der vorhergegangnen Witterung und Fruchtbarkeit, aus den Nordlichtern und Meteoren ꝛc., daß die Atmosphäre zur Zeit der londner Erdbeben vorzüglich elektrisch gewesen sey. Wenn sich nun eine unelektrische Wolke dieser Atmosphäre genähert, und ihren Gehalt auf die höchstelektrische Erde entladen habe, so müsse daraus eine Erschütterung der Erdfläche entstanden seyn, aus welcher er alle Phänomene der damaligen londner Erdbeben ganz ungezwungen erkläret. **Dom Andreas Bina** (Ragionamente sopra la cagione de' terremoti, in Perugia, 1751. 4.) leitet die Erdbeben ebenfalls aus dem leidner Versuche her, und läßt unterirdische Wasserbehälter mit Schwefel und Pech umzogen, die Stelle der geladnen Flaschen vertreten. **D. Hales** (Some considerations on the causes of Earthquakes in d. Philos. Trans. Vol. XLVI. no. 497.) begnügt sich damit, blos die schwächern Erschütterungen, welche nicht durch nahe Vulkane verursachet werden, für Wirkungen der Entzündung aufsteigender Schwefeldämpfe durch das Blitzen einer schweflichten Wolke zu erklären.

Beccaria (Lettere dell' elettricismo, Bologna 1758. 4.) trug die Erklärung der Erdbeben aus der Elektricität auf eine bessere Art vor, zu einer Zeit, da man schon richtigere Begriffe von der Entstehung des Blitzes und von den elektrischen Erschütterungen hatte. Er nahm hiebey eine Störung des Gleichgewichts der Elektricität tief im Innersten der Erde an, welche durch mehrere erschütternde Schläge gegen die Atmosphäre, oder gegen andere Theile der Erdfläche wieder gehoben werde. Er benützt die Umstände, daß bey den meisten Ausbrüchen der Vulkane, besonders des Vesuvs, aus den aufsteigenden Dampfsäulen häufige Blitze ausbrechen, daß bey den Erdbeben selbst Blitze in der Luft entstehen, und Flammen aus der Erde hervorbrechen, daß man ein Getöse, gleich einem Donner, höret, und daß endlich die Stöße der Erdbeben kein allmähliges Heben, wie man etwa von andern Ursachen erwarten könnte, sondern augenblickliche Erschütterungen, wie die elektrischen Schläge, sind, welche sich sogar durch das Wasser mittheilen, so daß sie auf den Schiffen, viele Meilen weit von den Küsten, gefühlt werden, als ob das Schiff gegen eine Klippe stieße. Er führt noch überdies den Versuch an, daß der elektrische Schlag durch ein Metall zwischen zwo Glasplatten geleitet, die Hand erschüttert, welche die Glasplatten festhält.

Diesen Versuch hat man in der Folge dem Erdbeben noch ähnlicher zu machen gesucht. Cavallo (Vollständige Abhandl. der Lehre v. der Elektr. dritte Aufl. Leipz. 1785. gr. 8. S. 184 und 234.) legt die Enden zweener Dräthe auf ein Glas, so daß sie mit einander in einer geraden Linie liegen, und etwa einen Zoll weit von einander abstehen, setzt zwischen dieselben auf das Glas ein starkes Stück Elfenbein, mit einem Gewichte beschwert, worauf sich kleine Kartenhäuschen befinden, und läßt den Schlag einer Batterie durch die Dräthe zwischen dem Glase und Elfenbein hindurchgehen. Das Glas wird dabey mehrentheils zerbrochen, und die Kartenhäuser leiden eine starke Erschütterung. Alles dieses aber ist ein bloßes Spielwerk, und keinesweges geschickt, den Ursprung der Erdbeben aus der Elektricität zu erweisen. Cavallo gesteht auch selbst, (S. 56.) daß die Erklärungen so vieler Naturbegebenheiten aus der Elektricität auf den ersten Blick ausschweifend scheinen, und begehrt nur, daß man sie als Muthmaßungen zulasse, welche bey Gelegenheit weiter untersucht werden könnten.

Inzwischen hat man besonders in Frankreich die Erdbeben mit vieler Zuverläßigkeit für unterirdische Gewitter ansehen und gänzlich für elektrische Wirkungen erklären wollen. Wenn auch gleich einige dabey unterirdisches Feuer und Dämpfe mitwirken lassen, so leiten sie doch wenigstens den Ursprung der Entzündung von Blitzen her, die sich im Innern der Erde erzeugen sollen. Der Abbé Bertholon de St. Lazare (Journal de Physique de l' Abbé *Rozier*, Août 1779.) hat auf diese Hypothese sogar einen Vorschlag gegründet, ganze Gegenden vor den Wirkungen der Erdbeben zu schützen. Er räth an, in dieser Absicht lange eiserne Stangen (*para tremblement de terre*) so tief als möglich in die Erde einzugraben, deren beyde Enden, sowohl das eingegrabene, als das in die Luft hervorragende, mit einer Krone von mehreren Spitzen versehen seyn sollen. Das untere Ende dieser Stangen soll sich in mehrere lange Zweige verbreiten, um durch dieses Mittel eine beständige leitende Verbindung und ein stetes elektrisches Gleichgewicht zwischen der Atmosphäre und dem Innern der Erde zu erhalten, oder, im Falle einer Störung desselben wenigstens einen unschädlichen Weg zum Uebergange zu eröfnen. Auch einige deutsche Schriftsteller, z. B. Herr Wiedeburg (Ueber die Erdbeben, Jena, 1784. 8.) haben diese Vorschläge wiederholt, und zum Theil als einen Schutz gegen die Erdbeben die Errichtung von Pyramiden u. dgl. vorgeschlagen. Es fehlt aber solchen Vorschlägen, welche übrigens auf einerley Gründen mit den zugespitzten Blitzableitern beruhen, nur daran, daß die Identität der Erdbeben mit den unterirdischen Gewittern eine bloße Hypothese und durch keine so deutlichen Erfahrungen bestätiget ist, als die Identität der Gewitter mit der Elektricität.

So gewiß es auch ist, daß man bey den Erdbeben zu Zeiten Wirkungen der Elektricität verspürt, so geht man doch gewiß viel zu weit, wenn man hierinn die Hauptursache derselben zu finden glaubt. Ihre Verbindung mit den Vulkanen und überhaupt mit einem Boden, in welchem sich Klüfte, Hölen, brennbare Materien und unterirdische Entzündungen oder Erhitzungen befinden, ist gar zu offenbar, als daß man sie nicht für Wirkungen eben des unterirdischen Feuers halten sollte, welches die Vulkane und heissen Quellen hervorbringt, und von dessen Entstehung bey dem Worte: Vulkane geredet werden soll.

In diesem unterirdischen Feuer, verbunden mit der Luft und dem Wasser, finden wir Ursachen, deren Stärke hinreichend ist, alle die im obigen angeführten schrecklichen Phänomene des Erdbebens zu bewirken. Findet die in den Hölen der Erde durch das Feuer verdünnte Luft keinen Ausgang, wie z. B. durch einen Vulkan, oder wird durch heftige Entzündungen das unterirdische Wasser in einem eingeschlossenen Raume in Dämpfe verwandelt, so ist keine Wirkung so groß und erstaunenswürdig, daß sie nicht von Kräften dieser Art könnte hervorgebracht werden, s. Dämpfe. Eben so heftig sind die Wirkungen des Wassers, wenn es auf schmelzendes Metall fällt, wobey oft ein einziger Tropfen desselben die gewaltsamsten Explosionen veranlasset. Es wird nicht leicht bey den Erdbeben ein Umstand vorkommen, der sich nicht durch dieses Zusammenwirken des Feuers, der Luft und des Wassers mit hinlänglicher Deutlichkeit erklären ließe. Ich muß aber hierüber zu Vermeidung unnöthiger Wiederholungen auf den Artikel: Vulkane verweisen.

Der einzige Umstand, dessen Erklärung ohne Beyhülfe der Elektricität Schwierigkeiten zu haben scheint, ist die äußerst geschwinde und fast augenblickliche Fortpflanzung der Erderschütterungen durch eine so große Entfernung. In eben dem Augenblicke, in welchem Lissabon verwüstet ward, empfand man die Stöße des Erdbebens in Amerika, und auf den Schiffen in der See, welche sich in der Richtungslinie desselben befanden. Man fragt, ob dieses nicht einem elektrischen Schlage weit ähnlicher sey, als einer durch entzündete Materie und elastische Dämpfe erregten Explosion, von welcher sich kaum denken läßt, daß sie einen Raum von dieser Größe einnehmen oder so schnell durchdringen könne. Es läßt sich aber hierauf antworten, daß theils niemand wisse, wie weit sich die Communicationen der unterirdischen Hölen und Gänge erstrecken, theils daß das Hinzukommen elektrischer Erscheinungen bey den Vulkanen und Erdbeben keineswegs geläugnet werde.

Einen von dem Mechanikus **Salſano** in Neapel erfundenen **Erdbebenmeſſer** beſchreibt Herr **Lichtenberg**
(Magazin für das Neuſte aus der Phyſ. ꝛc. II. B. 2 St.
S. 68). Er beſteht aus einem Pendel mit einem Gewichte von 36 Pfund, das am untern zugeſpitzten Ende einen
feinen Pinſel mit flüßiger Farbe hat. Dieſer zeichnet die
Richtung der Stöße auf ein über einer Bouſſole liegendes
Papier. Am Pendel iſt eine Queerſtange mit Klöppeln,
die bey der Bewegung deſſelben an eine Glocke ſchlagen,
um den Beobachter aufmerkſam zu machen.

Briſſon Dictionnaire de phyſ. art. *Tremblement de terre.*

Bergmann phyſikal. Beſchreibung der Erdkugel, aus dem
Schwed. überſ. v. Röhl. Greifswalde. 1780. 2ter B. §. 150. u. f.

Erde, ſ. **Erdkugel.**

Erden, Terrae, *Terres.* Feſte, feuerbeſtändige,
geſchmackloſe, im Waſſer nicht auflösliche Subſtanzen, welche bey der Zerſetzung der Körper übrig bleiben, ſelbſt aber
bisher nicht weiter haben zerlegt werden können. Man
giebt ihnen den allgemeinen Namen der **Erden**, weil ſie
mit der Maſſe, welche unſern Erdkörper auszumachen ſcheint,
in vielen Eigenſchaften übereinkommen, und zählt ſie zu
den chymiſchen Grundſtoffen der Körper.

Man hat es ſonſt für ſehr wahrſcheinlich angeſehen, daß
es nur eine einzige elementariſche Erde gebe, welche beſonders die Alchymiſten aus dem Regen, Thaue, der Pflan-
zenaſche, den Mineralien und andern Körpern zu ziehen geſucht, und unter dem Namen der **reinen Erde** (terra vir-
go) zu den Elementen der Körperwelt gezählt haben, ſ.
Elemente. Da aber die Natur die Erden nie ganz un-
vermiſcht erzeuget, die aus den zuſammengeſetzten Körpern
erhaltenen aber weſentliche Verſchiedenheiten zeigen, ſo haben die beſten Chymiſten, als **Becher, Pott, Gerhard,
Bergmann** u. a. ſich genöthiget geſehen, mehrere Grund-
erden anzunehmen.

Bergmann (Anleitung zu Vorleſungen über die Chymie. Stockholm u. Leipz. 1779. 8.) unterſcheidet außer der
im Diamant und einigen andern Edelſteinen befindlichen
Edelerde, die er aber in ſeiner Sciagraphia regni minera-

lis (Lipf. et Deffav. 1782.) wieder aus der Anzahl der Grund-
erden hinweggelaſſen hat, noch fünf einfache Erden, die
Schwererde, Kalcherde, Bitterſalzerde, Thonerde und Kieſelerde, von welchen eigne Artikel dieſes
Wörterbuchs handlen. Die vier erſten geben mit der Vitriolſäure verbunden den Schwerſpath, den Gyps, das Bit-
terſalz und den Alaun, die letzte aber iſt in dieſer Säure
ganz unauflöslich.

Leonhardi Anm. zu Macquer's chymiſchem Wörterbuch.
Art. Erde.

Erdferne, Apogaeum, *Apogée*. Derjenige Punkt
in der Bahn eines um die Erde laufenden Geſtirns, in welchem daſſelbe von der Erde am weitſten abſteht.

In dem Weltſyſteme des Ptolemäus war die Erde der
Mittelpunkt aller Planetenbahnen, daher man der Sonne
ſowohl, als allen übrigen Planeten eine Erdferne beylegen
konnte. Seitdem aber die kopernikaniſche Meinung vom
Weltbau allgemein angenommen worden iſt, bleibt unter
allen Geſtirnen der Mond das einzige, das ſeinen Umlauf
um die Erde verrichtet, und man kann alſo jetzt blos nach
der Erdferne des Mondes fragen; was ſonſt z. B. Erdferne der Sonne hieß, heißt jetzt Sonnenferne der Erde, ſ.
Sonnenferne.

Der Mond läuft um die Erde in einer elliptiſchen
Bahn A D P E (Taf. I. Fig. 17.), in deren Brennpunkte S
die Erde ſteht. Seine Erdferne fällt dabey in A, wo ſein
Durchmeſſer von der Erde geſehen unter einem Winkel von
29° $27'$ erſcheint. Dieſem Punkte gegen über liegt in D
die Erdnähe, und A P iſt die Apſidenlinie oder Axe der
Bahn, ſ. Erdnähe, Apſidenlinie. Die Punkte A und
P bewegen ſich jährlich um 41 Grad von Abend gegen Morgen fort, und kommen jährlich in weniger als 9 Jahren in
einem Kreiſe der Himmelskugel herum, ſo daß ſich in dieſer Zeit die Apſidenlinie völlig einmal umwendet. In der
Erdferne iſt der Mond von uns um 63,62 Erdhalbmeſſer
oder 54686 geographiſche Meilen entfernt.

Die übrigen Planeten ſind von der Erde am weitſten
entfernt, wenn ſie hinter der Sonne oder in ihrer obern

Conjunction mit der Sonne stehen, und alsdann erscheinen
auch ihre Durchmesser am kleinsten. Es ist aber weder
schicklich, noch gewöhnlich, diese Punkte ihrer Bahnen mit
dem Namen der Erdfernen zu belegen.

Erdgürtel, ſ. **Erdstriche.**

Erdharze, Bitumina, *Bitumes*. Oelichte Materien
von ſtarkem Geruche und veränderlicher Conſiſtenz, die man
im Innern der Erde findet.

Ein flüßiges Erdharz iſt das **Bergöl** (Petroleum),
welches aus den Spalten gewiſſer Felſen fließet, und deſſen
feinere und hellere Gattungen den Namen der **Naphta**
führen. Feſte ſind der **Bernſtein** (Electrum, ſuccinum),
der **Copal,** das **Ambra,** der **Gagat, Aſphalt** und die
Steinkohle. Alle dieſe Materien machen nebſt dem
Schwefel die brennbaren Materiale oder **Inflammabi-**
lien des Mineralreichs aus, ſ. **Brennbare Materien.**
Bernſtein und Copal heißen in ganz eigentlichem Verſtande
Bergharze; Gagat, Aſphalt und Steinkohle werden auch
Bergpeche genannt.

Alle dieſe Erdharze enthalten eine Menge von Oel, welches ſie entzündlich macht, und dem Bergöle ſehr ähnlich
iſt. Da ſich in der Zuſammenſetzung der übrigen Mineralien keine Oele finden, ſo haben ſehr viele Chymiſten den
Urſprung der Erdharze von den unter die Erde begrabnen
vegetabiliſchen Subſtanzen hergeleitet. Hiezu kömmt noch,
daß man durch die Verbindung der mineraliſchen Säuren
mit Pflanzenölen die natürlichen Erdharze nachahmen kan;
daß die auf der Erdfläche beſtändig untergehenden vegetabiliſchen Materien nothwendig ölichte Materien in die Erde
bringen, welche mit der Zeit die Eigenſchaften der Erdharze
annehmen müſſen; daß man endlich ſo viele Stücken Bernſtein antrift, in deren Innerm Inſekten und Spuren von
Pflanzen eingeſchloſſen ſind. Demohnerachtet iſt dieſer vegetabiliſche Urſprung der Erdharze noch bey weitem nicht
völlig erwieſen, und **Gerhard** (Beyträge zur Chymie und
Geſchichte des Mineralreichs, Th. II. S. 298.) hält es aus
dem Grunde, weil man in dieſen Subſtanzen auſſer dem

Oele nichts vegetabilisches finde, für wahrscheinlicher, daß dieses Oel durch die Wirkung der Sonnenstralen unter dem Wasser erzeugt werde.

Macquer chym. Wörterbuch, Art. Erdharze.

Erdkugel, Erde, Terra, Globus terraqueus, *Terre.* Dies ist der Name des Planeten, den wir bewohnen, dessen Kenntniß also einen der wichtigsten Theile der Naturlehre ausmacht. Die Lehre hievon heißt die Geographie oder Erdbeschreibung, und wird in die mathematische, physische und politische abgetheilt, s. Geographie. Wir werden in diesem Artikel aus den beyden erstern Theilen derselben einiges beybringen, was die Erde im Ganzen betrachtet, ohne Rücksicht auf einzelne Theile derselben, angeht, und daher von ihrer Gestalt und Größe, ihrem Verhältnisse zu dem Sonnensystem, von ihrer Oberfläche im Ganzen genommen und der innern Beschaffenheit ihrer Rinde reden, zuletzt aber die vornehmsten Hypothesen der Naturforscher über ihre Entstehung und Bildung hinzufügen.

Erste Begriffe von der Kugelgestalt der Erde.

Die Erde erscheint uns überall, wo keine hervorragenden Gegenstände die Aussicht hindern, als eine kreisförmige platte Scheibe, deren äußerste Grenze, der **Horizont**, unmittelbar an das scheinbare blaue Gewölbe des Himmels anstößt. Man kan sich indessen gar bald überzeugen, daß dies nur eine bloße Erscheinung sey, wenn man bedenkt, daß der Umfang dieser gesehenen Fläche sich selten über einige Meilen erstreckt, da es doch Gegenstände z. B. Berge giebt, welche ihrer Höhe und Größe nach auf eine viel größere Weite hin sichtbar bleiben müßten, wenn die Erde von einer ebnen Fläche begrenzt würde.

Zwar blieben unter den Alten sehr viele bey dieser ersten Erscheinung stehen, oder machten sich auch wohl, durch Begriffe vom Schwimmen der Erde verführt, von ihrer Gestalt noch seltsamere Vorstellungen, welche **Riccioli** (Almagestum nov. To. I. L. 2. cap. 1.) aus den Schriften der Alten mit vielem Fleiße zusammengetragen hat. So legte **Leucippus** nach dem Berichte des **Diogenes Laer-**

tius (Vit. Philosophorum L. IX.) der Erde die Gestalt einer Walze, d. i. einer platten Scheibe, bey, welcher Meinung die Kirchenväter großentheils beygetreten sind; Demokrit hingegen gab ihr die Figur eines Kahns oder Schiffes, welches auch die Meinung der Chaldäer gewesen seyn soll. Doch haben die meisten und angesehensten Weltweisen Griechenlands, Thales, Anaximander, Parmenides, Epikur und Pythagoras bereits die richtige Meinung von der Kugelgestalt der Erde angenommen.

Aristoteles (De coelo L. II. c. 4.) versucht sogar einen Beweis dieser kugelähnlichen Gestalt aus bloßen Vernunftschlüssen zu geben. Da das Wasser, sagt er, allezeit die niedrigste, d. i. die dem Mittelpunkte der Erde nächste, Stelle sucht, so kan es in keinem Theile des Meeres höher oder vom Mittelpunkte entfernter, als in dem andern, stehen; es würde sonst von den höhern Theilen ab und so lange gegen die niedrigern fließen, bis es überall eine gleiche Höhe, d. i. einen gleichen Abstand vom Mittelpunkte erlangt hätte. So folgt, daß alle Stellen des Meeres von einem gemeinschaftlichen Mittelpunkte gleich weit abstehen, welches bey keinem andern Körper, als bey einem kugelähnlichen, gedacht werden kan. Offenbar enthält dieser vermeinte Beweis eine Voraussetzung dessen, was zu erweisen war, daß es nemlich einen Mittelpunkt gebe; die Vertheidiger der platten Gestalt würden dies nicht einräumen, sondern die Richtungslinien, nach welchen die flüßigen Körper sinken, überall für gleichlaufend annehmen. Inzwischen haben doch auch Riccioli und Snellius (Eratosthenes Batavus L. I. c. 2.) diesen Beweis aufgenommen, und ihn auf den Satz des Archimedes (De insidentibus humido L. I. prop. 2.), daß die Oberfläche des Wassers eine kugelrunde Gestalt annehme, gegründet.

Den einleuchtendsten Beweis von der Kugelgestalt der Erde geben die Mondfinsternisse. Da es bey einiger Aufmerksamkeit auf den Himmel gar bald in die Augen fällt, daß das, was den Vollmond verdunkelt, nichts anders als der Schatten sey, den die Erde der Sonne gegen über auf denselben hinwirft, und da die Grenzen dieses Schattens sich jederzeit als Kreisbogen zeigen, so ist der Schluß sehr leicht, daß der völlige Erdschatten ein Kreis seyn müsse. Nun giebt es aber außer der Kugel keinen Körper, der in allen Lagen einen kreisförmigen Schatten wirft; es lehrt also der Augenschein selbst die kugelförmige Rundung der Erde. Wahrscheinlich sind auch die griechischen Weltweisen, und vielleicht noch vor ihnen andere Völker, welche richtige Kenntnisse von der Ursache der Mondfinsternisse hatten, hiedurch auf den rechten Begriff von der Gestalt der Erde geleitet worden.

Eben so deutliche Beweise dieser Gestalt finden sich in den verschiedenen Stellungen der Himmelskörper gegen den Horizont, wenn sie von verschiedenen Orten der Erdfläche aus betrachtet werden. Wenn ein Reisender seinen Weg beständig nach Norden richtet, so steigen ihm die dorthin stehenden Sterne immer weiter über seinen Horizont empor, indeß die nach Süden stehenden immer tiefer hinabsinken: auch bleiben ihm am nördlichen Horizonte immer mehr Sterne sichtbar, die sich vorher unter diesen Horizont verbargen; am südlichen hingegen verliert er immer mehr Gestirne gänzlich aus den Augen. So erhebt sich z. B. in Alexandrien der Stern Canopus im Ruder des Schifs Argo täglich um einige Grade über den südlichen Horizont; zu Rhodus streicht eben derselbe Stern nur gerade am Horizonte hin, und verschwindet sogleich wieder; wenn man endlich noch weiter nordwärts bis nach Griechenland kömmt, so verliert man ihn gänzlich aus den Augen. Dies sind Erscheinungen, welche auf einer ebnen Erdfläche gar nicht statt finden könnten, auf welcher ein Gestirn, das sich einmal über ihr befindet, von allen Punkten aus sichtbar bleiben muß. Auf einer gekrümmten Fläche hingegen, wie Z R (Taf. VIII. Fig. 1.) ist es leicht begreiflich, wie der Stern S, der dem in Z befindlichen Auge sichtbar war, dem nach R übergegangenen Auge, dessen Aussicht durch die Fläche H R begrenzt wird, verschwinden, und sich unter den Horizont H R verbergen kan. Es lehrt aber auch die Erfahrung, daß dieses Herabsteigen der südlichen Gestirne gegen den südlichen Horizont und die Erhebung der nördlichen auf der andern Seite ziemlich gleichviel beträgt, wenn man um gleichviel weiter gegen Norden geht; dies zeigt eine ziemlich gleichförmige d. i. eine kreisähnliche Krümmung der Erdfläche nach der Richtung von Süden gen Norden an. Und da man dieselbe Erscheinung in allen Gegenden der Erde, in welchen man von Süden gegen Norden reisen kan, in Europa sowohl, als in Amerika und auf dem Weltmeere mit gleicher Größe bemerkt, so folgt, daß sich rings um die Erdfläche gleich große Kreise in der erwähnten Richtung ziehen lassen.

Daß aber die Erdfläche auch nach der Richtung von Osten gegen Westen, welche auf der vorigen senkrecht stehet, rund sey, erhellet daraus, weil alle Himmelskörper bey ihrem scheinbaren täglichen Umlaufe um die Erde den ostwärts liegenden Ländern früher auf und untergehen, als den westwärts gelegnen. Man bemerkt dieses sehr deutlich bey solchen Himmelsbegebenheiten, welche allen Bewohnern der Erde zugleich in einerley Augenblicke erscheinen müssen, dergleichen die Verfinsterungen des Mondes und der Jupiterstrabanten sind. So wird z. B. bey dem Anfange einer Mondfinsterniß Rußland eine spätere Tagesstunde, als Deutschland, Deutschland eine spätere, als England u. s. w. zählen, ein Beweis, daß der Mittag, als der Anfang der Tagesstunden in Rußland früher als in Deutschland u. s. w. eingetreten sey, mithin die Sonne bey ihrem täglichen Umlaufe Rußland früher, als Deutschland und England beschienen habe. Und da dies rings um die ganze Erde auf eine völlig gleichförmige Art erfolget, so läßt sich schließen, daß denen von Osten nach Westen gehenden Tagekreisen der Gestirne ähnlich liegende Kreise auf der Oberfläche der Erde correspondiren, welches die Ueberzeugung von der Rundung der Erde nach allen Richtungen gänzlich vollendet.

Hiezu kömmt, daß den Reisenden, und vornehmlich den Seefahrern, die Spitzen der Berge und die Masten der Schiffe eher sichtbar werden, als der Fuß oder Grund, worauf dieselben stehen — eine Erscheinung, welche auf einer ebnen Fläche unmöglich wäre, auf welcher sich entlegne

Berge u. dgl. nothwendig auf einmal mit ihrer ganzen Höh darstellen müßten.

Die Umschiffungen der Erdkugel haben endlich, selbst für den gemeinsten und ungebildetsten Theil der Menschen, die Rundung der Erde zu einer unbezweifelten Gewißheit gebracht. Es ist nemlich bereits über 25mal unsere Erdkugel von Seefahrern mehrerer Nationen so umsegelt worden, daß dieselben durch eine nach einerley Weltgegend fortgesetzte Reise, ohne umzukehren, an den Ort ihrer Abreise wieder zurückgekommen sind. Hernand Magellans, ein Portugiese, der erste Weltumsegler, lief mit seiner Flotte den 10. Aug. 1519 von Sevilla aus, entdeckte an der südlichen Spitze von Amerika die lange Meerenge, welche das feste Land von dem sogenannten Feuerlande scheidet, und noch von ihm den Namen der magellanischen Straße führt, gieng durch dieselbe in die Südsee und nach Asien über, und ob er gleich in der philippinischen Insel Sebu sein Leben verlohr, so kam doch eines seiner Schiffe, durch einen beständig westwärts gerichteten Lauf, am 7. Septbr. 1522 wieder nach Spanien zurück. Die merkwürdigsten unter den folgenden Umschiffungen sind die des Franz Drake, eines Engländers, vom Ende des Jahres 1577 bis zum 16 Sept. 1580; des William Dampier von 1689 bis 1691; des Lord Georg Anson von 1740 bis 1744, des Commodore Byron von 1764 bis 1766, der Capitains Wallis und Carteret in den Jahren 1766 bis 1769, des Bougainville, eines Franzosen, ebenfalls 1766 bis 1769; und endlich die drey Seereisen des unvergeßlichen englischen Seecapitains James Cook, deren erste in den Jahren 1768—1771 mit den Herren Banks und D. Solander, die zwote mit beyden Herren Forster 1772—1775, die dritte endlich als eine Entdeckungsreise im Ocean zwischen Amerika und Asien von 1776 — 1780 gemacht wurde. Auf der letztern verlohr zwar der durch so viele wichtige Entdeckungen berühmte Seefahrer auf der Insel O=wai=hi im nordlichen Theile des großen Oceans unglücklicher Weise sein Leben; es kam aber doch sein Schiff unter der Führung des Capitains King nach England zurück. Alle diese Reisen, nur

B

die beyden letztern ausgenommen, sind ganz in der Rich=
tung von Morgen gegen Abend ausgeführt worden, und
zeigen aus dem beständig ähnlichen Anblicke der Erde und
des Himmels in den mancherley besuchten Gegenden unwi=
dersprechlich, daß die ganze Erd= und Wassermasse nirgends
von einem andern Körper unterstützt, sondern eine im Welt=
raume freyschwebende Kugel sey. Daß übrigens die
auf der Erdfläche befindlichen Erhöhungen viel zu unbe=
trächtlich sind, um eine merkliche Abweichung von der Ku=
gelgestalt zu veranlassen, ist bereits bey dem Worte: Ber=
ge erinnert worden.

Man nehme die Erde einstweilen, und bis genauere
Untersuchungen etwas anders ergeben, für eine vollkommne
Kugel an, auf deren Fläche sich nach den Regeln der Sphä=
rik größte und kleinere Kreise ziehen lassen. Die Folge
wird auch lehren, daß diese Voraussetzung wenigstens nicht
weit von der Wahrheit abweiche.

Horizont, Pole, Aequator und Mittagskreise der Erdkugel.

Derjenige Kreis, welcher auf einem ebnen Felde oder
auf der See überall um uns her unsere Aussicht begränzt,
heißt der Horizont oder Gesichtskreis. Seine Ebne
hor (Taf. VIII. Fig. 2.) berührt die Erdfläche in o, wo der
Zuschauer stehet, die Oberfläche des stillstehenden Wassers
ist aller Orten mit ihr parallel, und die Richtung des Bley=
loths oder der Schwere o C steht auf ihr lothrecht, wie der
Halbmesser auf der Tangente des Kreises. Wäre also die
Erde eine vollkommne Kugel, so würde die Schwere auf
ihr überall genau nach dem Mittelpunkte C wirken.

Ob gleich der Horizont hor nur einen sehr kleinen Theil
der Erdfläche übersehen läßt, so lehren doch die Beobach=
tungen der Sternseher, daß er uns von der scheinbaren
Himmelskugel, an welcher die Firsterne zu stehen scheinen,
die völlige Helfte oder 180° eines jeden größten Kreises der=
selben zu sehen erlaube. Denn, wenn man die Wirkun=
gen der Stralenbrechung abrechnet (s. Stralenbre=

chung, aſtronomiſche), ſo geht von zween Firſternen, die einander gerade entgegenſtehen, oder um 180° aus einander ſind, der eine zu eben der Zeit unter, wenn der andere aufgeht, und ein Firſtern, der ſeinen täglichen Umlauf in einem größten Kreiſe zu verrichten ſcheint, iſt eben ſo lange Zeit über, als unter dem Horizonte. In der Figur läßt ſich dieſes auf keine Weiſe darſtellen. Da man doch die ſcheinbare Himmelskugel HZRN als einen Kreis um den Mittelpunkt der Erde C vorſtellen muß, weil ſonſt, wenn man ſie um o beſchreiben wollte, jeder Ort der Erde eine andere ihm eigne Himmelskugel erfordern würde, ſo bleibt der Theil hZr, den der Horizont abſchneidet, von dem wirklichen Halbkreiſe HZR allezeit um die Bogen Hh, Rr unterſchieden. Dieſe Bogen aber werden deſto kleiner, oder machen einen deſto unbeträchtlichern Theil des ganzen Kreiſes aus, je größer der Halbmeſſer der Himmelskugel CZ in Vergleichung mit dem Halbmeſſer der Erde Co angenommen wird. Iſt CZ etwa 60mal ſo lang, als Co, ſo beträgt Hh etwas weniger, als einen Grad; iſt CZ = 24000 Co, ſo macht Hh nur 8—9 Secunden aus u. ſ. w. Soll Hh aber gänzlich verſchwinden, ſo muß CZ unendlich groß gegen Co, oder was eben ſo viel iſt, Co als ein bloßer Punkt gegen CZ angeſehen werden. Nun zeigen die aſtronomiſchen Beobachtungen in der That, daß bey dem ſcheinbaren täglichen Umlaufe der Geſtirne, der Bogen Hh für den Mond ohngefähr einen Grad, für die Sonne 8—9 Secunden betrage, für die Firſterne aber ganz unmerklich ſey; woraus folget, daß der Halbmeſſer der Himmelskugel, wenn ſich dieſelbe nur bis an den Mond erſtreckt, etwa 60mal; wenn ſie bis an die Sonne reicht, 24000mal; wenn ſie aber, wie doch nothwendig iſt, bis zu den Firſternen ausgedehnt werden ſoll, unendlichemal größer, als der Halbmeſſer der Erde, geſetzt werden muß. Das heißt, ſo groß uns auch die Erdkugel in Vergleichung mit den uns bekannten Maaßen ſcheinen mag, ſo iſt doch ihr Halbmeſſer, mithin auch die ganze Kugel ſelbſt, in Vergleichung mit dem Abſtande der Firſterne und mit der Größe des ganzen Weltgebäudes blos für einen unbeträchtlichen

Punkt zu halten. Genauere Bestimmungen hierüber wi.. man bey dem Worte: Parallaxe finden.

Man muß sich daher bey der Figur, welche doch die Erde nothwendig mit einiger Größe vorstellen muß, immer hinzudenken, daß sich diese Größe in einen einzigen Punkt zusammenzieht, wenn das richtige Verhältniß gegen die Größe der Himmelskugel beobachtet werden soll. Bey dieser Zusammenziehung fällt o in C, und der scheinbare Horizont hor wird nun einerley mit dem wahren Horizonte HCR, s. Horizont.

Wenn man sich auf diese Art Erd- und Himmelskugel als zwo concentrische Kugeln gedenkt, deren erste nur ungemein viel kleiner als die letztere ist, so läßt sich für jeden Punkt und Kreis der letztern auch ein correspondirender Punkt oder Kreis auf der erstern angeben. Was die Punkte betrift, so darf man nur von dem Punkte der Himmelskugel einen Halbmesser nach dem gemeinschaftlichen Mittelpunkte C ziehen, welcher auf der Erdfläche den übereinstimmenden Punkt abschneiden wird. So viel die Kreise anlangt, sind sie entweder größte oder kleinere. Bey den größten geben sich die übereinstimmenden Kreise auf der Erdkugel da, wo ihre Ebne sich mit der Erdfläche schneidet. Auf den kleinern, z. B. DE, läßt sich bis an den Mittelpunkt C der senkrechte Kegel DCE aufrichten, dessen Durchschnitt mit der Erdfläche de den übereinstimmenden kleinern Kreis auf der letztern giebt. So stimmt z. B. der Punkt Z des Himmels (s. Zenith) mit dem Standorte auf der Erdkugel o, der wahre Horizont am Himmel HR mit dem größten Kreise der Erdkugel mn überein, welcher vom Standorte o überall um 90° eines größten Kreises der Erde entfernt ist, u. s. w. Von allen diesen Kreisen und Punkten wird der folgende Artikel: **Erdkugel, künstliche,** mehrere Nachricht geben; hier wird nur nöthig seyn, von den Polen, dem Aequator und den Mittagskreisen noch etwas weniges anzuführen.

Die ganze Himmelskugel mit allen Gestirnen scheint sich binnen 24 Stunden von Morgen gegen Abend so herum zu bewegen, daß alle Punkte derselben Kreise beschrei-

ben, die mit einander selbst, und mit einem gewissen größ⸗
ten Kreise A Q parallel laufen, welcher letztere in unsern
Ländern eine schiefe Lage gegen den Horizont H R hat, und
der Aequator genannt wird. Nach den Lehren der Sphä⸗
rik haben alle diese parallelen Kreise eine gemeinschaftliche
auf dem Aequator senkrecht stehende Axe P S, die Welt⸗
axe, deren äußerste Punkte P und S ihre Pole, die Welt⸗
pole, sind, und die Bewegung scheint so zu erfolgen, als
ob die ganze gestirnte Hohlkugel sich täglich um die unbe⸗
wegt bleibende Axe P S umdrehete. Dem Aequator, den
Weltpolen und der Weltaxe correspondiren auf der Erdku⸗
gel der Aequator der Erde a q, die Erdpole p und s,
und die Erdaxe p s, welche ein Stück der Weltaxe P S
selbst ist.

Der tägliche Umlauf der Gestirne kan nun entweder in
einer wirklichen Umwälzung der ganzen Himmelskugel um
die Erde bestehen, welches jedoch wegen der ungeheuren
Entfernung der Firsterne und der ungemeinen Kleinheit
der Erde höchst unwahrscheinlich ist, oder er kan eine bloße
Erscheinung seyn, und ohne die mindeste Bewegung der
Sterne lediglich daher rühren, daß sich die Erdkugel, ohne
daß wir es bemerken, nach der entgegengesetzten Richtung,
d. i. von Abend gegen Morgen, um die Erdaxe p s drehet,
wobey die Pole p und s unbewegt bleiben, alle übrige Pun⸗
kte der Erdfläche aber Kreise beschreiben, welche unter ein⸗
ander selbst und mit dem Aequator a q parallel sind. Die⸗
se letztere Erklärung ist jetzt zu einem Grade der Wahrschein⸗
lichkeit erhoben, der sich fast der Gewißheit gleich setzen läßt
s. Weltsystem. Dem sey aber vorjetzt, wie ihm wolle,
so sind doch die erwähnten Punkte und Kreise der Erdkugel
vorzüglich wichtig. Wir nennen denjenigen Pol p, der
unserm Standorte oder o am nächsten liegt, den Nord⸗
pol, den entgegengesetzten s den Südpol, und geben den
beyden Helften, in welche die Erdfläche durch den Aequa⸗
tor a q eingetheilt wird, die Namen der nördlichen und
südlichen Halbkugel.

So wie am Himmel derjenige größte Kreis, welcher
durch die Pole und das Zenith des Beobachtungsorts geht,

PZAHSRP, der **Mittagskreis** heißt, so führt der übereinstimmende größte Kreis der Erdfläche poamsnp, welcher durch die Erdpole und den Standort o gezogen werden
kan, den Namen des **Mittagskreises** oder **Meridians**
für den Ort o. Man pflegt aber diesen Namen bisweilen
auch nur derjenigen Helfte des Kreises poms beyzulegen,
in welcher der Ort o selbst liegt, und die andere Helfte snp
als den entgegengesetzten Meridian zu betrachten. In diesem Sinne ist der Meridian von **Leipzig** derjenige halbe
größte Kreis der Erdfläche, welcher durch beyde Pole und
Leipzig geht. Alle diejenigen Orte, durch welche dieser
Halbkreis geht, haben mit Leipzig einerley Meridian, und
es lassen sich auf der Erdfläche soviel Meridiane denken, als
man Punkte im Aequator annehmen kan. Alle diese Halbkreise laufen in den beyden Polen zusammen, und durchschneiden den Aequator unter rechten Winkeln.

Jeder Mittagskreis wird, wie der Cirkel überhaupt,
in 360 Grade, und der Grad ferner in Minuten und Secunden getheilt. Wer auf der Erdfläche in der Richtung
des Mittagskreises, d. i. genau nach Mitternacht oder Mittag zu, z. B. von o nach d fortgeht, dessen Zenith muß
an der Himmelskugel zugleich von Z nach D fortrücken, und
also seinen Abstand vom Pole P, von dem im Mittagskreise liegenden Punkte des Aequators A, und überhaupt von
allen festen Punkten des Mittagskreises am Himmel, um
den Bogen ZD ändern. Da dieser Bogen ZD dem od
gleich, oder das Maaß ebendesselben Winkels ZCD ist, so
erfährt man, um wieviel Grade, Minuten ꝛc. des Mittagskreises man fortgegangen sey, wenn man durch astronomische Werkzeuge mißt, um wieviel sich der Abstand des
Pols, des Aequators, des Durchgangspunkts eines Sterns
durch den Mittagskreis u. s. w. vom Zenith oder, was eben
soviel ist, vom Horizonte geändert habe. Mit andern
Worten: Die Aenderung der Polhöhe, Aequatorhöhe, Mittagshöhe der Gestirne giebt die Anzahl der Grade des Mittagskreises an, um welche man fortgegangen ist. Fände
man z. B. den Pol in d um 1° höher über den Horizont gerückt, als man ihn in o sahe, oder fände man die Mittags-

höhe eben deſſelben Sterns in d um einen Grad von der
in o verſchieden, ſo würde daraus folgen, daß der Bo=
gen od einen Grad des Mittagskreiſes betrüge. Wenn
man nun durch geometriſche Mittel die Länge des Weges od
in gewöhnlichen Maaßen abmäße, ſo würde ſich daraus die
Größe eines Grades vom Umfange der Erdkugel, und un=
ter der Vorausſetzung, daß ſie eine vollkommne Kugel ſey,
durch Multiplication mit 360 die Länge des Umfangs, mit=
hin auch die des Durchmeſſers, und überhaupt die Größe
der ganzen Kugel ergeben. Ehe wir aber dieſe Unterſu=
chungen weiter fortſetzen können, müſſen wir zuvor die ei=
gentliche Geſtalt der Erde genauer prüfen.

Abgeplattete Geſtalt der Erde.

Die phyſikaliſche Urſache, welche der Erde bey ihrer
Entſtehung eine kugelähnliche Rundung gegeben hat, iſt
unſtreitig die Schwere der ganzen zur Erde gehörigen Ma=
terie, ſ. Gravitation, Schwere der Erdkörper Die=
ſe Kraft, von deren Daſeyn uns die Erfahrung überzeugt,
ob wir gleich ihre Urſache nicht kennen, treibt jeden zur
Erde gehörigen Theil der Materie nach allen übrigen zu,
woraus eine mittlere Richtung nach dem gemeinſchaftlichen
Mittelpunkte aller Anziehungen entſtehet, nicht als ob die=
ſer Mittelpunkt mit einer beſondern Kraft verſehen wäre,
ſondern weil die Gravitationen nach allen auf verſchiedenen
Seiten liegenden Theilen durch ihr Zuſammenkommen eine
Bewegung oder Sollicitation nach dieſer mittlern Richtung
bewirken. So muß ſich eine Menge von Theilen, in wel=
che keine weitere Kraft, als dieſe ihre wechſelſeitige Gravitation gegen einander wirkt, von ſelbſt in die Geſtalt einer
Kugel ordnen, weil die Theile von allen Seiten her ſo nahe,
als möglich, auf das Ganze zu gehen, und ſich ſo lange be=
wegen und vertheilen werden, bis auf allen Seiten eine völ=
lige Gleichförmigkeit ſtatt findet. Aus eben dieſer Urſache
finden wir auch die Kugelgeſtalt an allen bisher bekannten
Himmelskörpern.

Die Erfahrung belehret uns, daß die Richtung der
Schwere, an allen Orten der Erdfläche, auf der Oberfläche

des stillstehenden Wassers oder auf der Ebne des Horizonts, welche die Erdfläche selbst berührt, lothrecht stehe. Wäre die Erde eine vollkommne Kugel, so müßten alle diese Richtungslinien der Schwere in einen gemeinschaftlichen Mittelpunkt zusammentreffen. Auch würde nach den Gesetzen der Gravitation die Schwere, als beschleunigende Kraft betrachtet, an allen Stellen der Erdfläche gleich groß seyn müssen, weil sie alle von dem Mittelpunkt gleich weit entfernt wären, vorausgesetzt, daß sich die Erde in einer vollkommnen Ruhe befände.

Wenn sich aber die Erdkugel, wie das kopernicanische System annimmt, täglich einmal um ihre Are drehet, so entsteht hieraus für jeden Punkt der Erdfläche ein **Schwung** (f. Centralbewegung, Centralkräfte) oder eine **Schwungkraft**, deren Richtung in dem Halbmesser des von den Körpern beschriebenen Kreises liegt, indem sich diese Körper von dem Mittelpunkte dieses Kreises, vermöge der ihnen mitgetheilten Bewegung, zu entfernen streben. So wird z. B. wenn sich die Kugel (Taf. VIII. Fig. 3.) um die Are P R drehet, in Q ein Schwung nach q, in E und G nach e und g entstehen. Die Richtung dieser Schwungkräfte ist unter dem Aequator in Q der Richtung der Schwere Q C gerade und gänzlich, in E und G aber den Richtungen der Schwere E C und G C wenigstens zum Theil entgegengesetzt. Daher wird ein Theil der Schwere darauf verwendet werden, die Wirkung des Schwunges aufzuheben, und die Körper, welche sonst von der Erde hinwegfliegen würden, auf der Oberfläche derselben zu erhalten. Dieser verwendete Theil der Schwere kan natürlich nichts weiter bewirken; er wird also der Schwere der Erdkörper, in sofern man dieselbe durch ihre übrigen Wirkungen bemerkt, abgehen, d. h. man wird die Schwere vermindert finden. Aus einer doppelten Ursache muß diese Verminderung der Schwere unter dem Aequator A Q am stärksten seyn; einmal, weil der Kreis der täglichen Umdrehung daselbst am größten ist, und die Körper schneller, als in den Kreisen D E und F G, geschwungen werden, und dann, weil hier die Richtung der Schwungkraft Q q der

Schwere nach C gerade, bey E und G aber nur zum Theil entgegengeſetzt iſt. Im Pole P hingegen muß die Kraft der Schwere ganz unvermindert bleiben, weil daſelbſt die umdrehende Bewegung gar nicht mehr ſtatt findet. Ausführlichere Beſtimmungen hievon ſ. bey dem Artikel: Schwungkraft.

Die Verminderung der Schwere läßt ſich am bequem= ſten durch den Gang eines Pendels wahrnehmen, welches nach den bey dem Worte: Pendel beyzubringenden Grün= den, ſeine Schwingungen in deſto kürzerer Zeit vollendet, je kürzer es ſelbſt, und je größer die Kraft der Schwere iſt. Dreht ſich alſo die Erde wirklich um ihre Axe, ſo läßt ſich erwarten, daß eben daſſelbe Pendel ſeine Schwingungen in den Gegenden des Aequators langſamer, als in unſern Län= dern, verrichten werde.

Picard (Méſure de la terre. Paris, 1671. 8. Art. 4.) gedenkt zum erſtenmale einer in der Akademie der Wiſſen= ſchaften vorgetragnen Muthmaßung, daß ſchwere Körper, wenn die Umwälzung der Erde angenommen werde, unter dem Aequator mit geringerer Kraft fallen müßten, als un= ter den Polen. Er bemerkt, daß hieraus eine Verſchie= denheit in den Secundenpendeln entſtehen müſſe, welche da geſchwinder gehen würden, wo mehr Schwere ſtatt fände, und fügt hinzu, einige in London, Lion und Bologna ge= machte Erfahrungen ſchienen anzuzeigen, daß man das Se= cundenpendel deſto kürzer machen müſſe, je mehr man mit= tagwärts oder gegen den Aequator der Erde zu gehe. Doch ſchienen andere Erfahrungen zu widerſprechen, indem man im Haag und zu Paris die Längen des Secundenpendels gleich groß gefunden habe.

Die Pariſer Akademie ertheilte im Jahre 1671 dem Herrn Richer unter andern den Auftrag, bey ſeinem Auf= enthalte auf der Inſel Cayenne, welche bey Südamerika nur 5° nordwärts vom Aequator liegt, die dortige Länge des Secundenpendels zu unterſuchen. Er fand (Obſerva= tions aſtronomiques et phyſiques faites à Cayenne. Paris, 1670. fol.), daß ſeine aus Paris mitgebrachte Penduluhr in Cayenne täglich um 2 Minuten zu langſam gieng, ſo daß er genöthigt war, die Pendelstange derselben um $1\frac{1}{4}$ Lin. zu verkürzen, wenn sie ihre 3600 Schwingungen in einer Stunde richtig schlagen sollte. Dagegen mußte sie bey der Zurückkunft nach Paris, weil nun die Uhr zu geschwind gieng, wieder auf die vorige Länge zurückgebracht werden. Hiedurch ward es also auffer Zweifel gesetzt, daß die Schwere der Körper gegen den Aequator hin geringer werde, und man erhielt dadurch zugleich einen starken Beweis für die Wirklichkeit der Umwälzung der Erde und für das kopernicanische System.

Von dieser Zeit an kam Huygens, welcher die Sätze von der Schwungkraft im Kreise zuerst bekannt gemacht hat, auf die Vermuthung, daß die mit geringerer Schwere versehenen Theile der Erde um den Aequator, mit den schwerern Theilen gegen die Pole hin nicht im Gleichgewichte stehen könnten, wenn die Erde eine vollkommne Kugel wäre. Gesetzt auch, sie sey Anfangs eine flüßige Kugel gewesen, so würden doch ihre Theile durch die tägliche Umdrehung sich desto mehr erhoben haben, je näher sie dem Aequator gewesen wären, dagegen würden die schwereren Theile um die Pole tiefer gegen den Mittelpunkt herabgesunken seyn, und das Ganze würde also die Gestalt eines um die Pole zusammengedrückten oder abgeplatteten Sphäroids (*Sphéroide applâti*) (Taf. VIII. Fig. 4.) erhalten haben. Eben das müßte erfolgt seyn, wenn auch nur die Oberfläche der Erde überall mit Wasser bedeckt gewesen wäre. Und da die Erde um den Aequator herum wirklich große Meere hat, so muß der Schwung ihnen diese Gestalt wirklich geben, welche auch das feste Land haben muß, weil es sonst vom Meere überschwemmt werden müste.

Aus diesen Gründen erklärt Huygens (De causa gravitatis in Opp. cura *s'Gravesande*. Lugd. Bat. 1724. 4. To. I.) die Erde für ein abgeplattetes Sphäroid, dessen Durchmesser durch den Aequator A Q etwas größer sey, als die von Pol zu Pol gehende Are P S. Er führt zu Bestärkung dieses Satzes den Versuch mit einer weichen Thonkugel an, welche an eine Are gesteckt und schnell herumgedreht, wirklich eine solche Gestalt erhält, an dem Pole der Umdrehung sich abplattet, und um den Aequator aufschwillt. Er wagt sich sogar an eine Berechnung des Verhältnisses C A : C P, indem er diese beyden Längen als communicirende Röhren mit Flüßigkeiten von ungleichen Schweren gefüllt ansieht, und deren Höhen für den Fall des Gleichgewichts nach hydrostatischen Gesetzen berechnet. Da er gefunden hatte, daß die Schwungkraft im Aequator $\frac{1}{289}$ von der Schwere daselbst betrage, so bestimmt er hieraus, daß C P um $\frac{1}{378}$ kleiner, als C A sey.

Newton (Philos. natur. principia math. L. III. prop. 18. 19) trägt eben diesen Satz von der sphäroidischen Gestalt der Erde als eine Folge seines vortreflichen Systems über die Gesetze der Gravitation und Schwungkraft vor. „Die Planeten, sagt er (prop. 18), müßten, wenn sie „sich nicht täglich umdrehten, wegen der von allen Seiten „her gleichen Schwere der Theile, eine Kugelgestalt an= „nehmen. Durch die Kreisbewegung aber werden die Thei= „le von der Axe entfernt, und streben sich um den Aequa= „tor zu erheben. Daher wird die Materie, wofern sie „flüßig ist, den Durchmesser um den Aequator durch ihr „Aufsteigen vergrößern, die Axe hingegen durch ihr Nie= „dersinken bey den Polen verkürzen. So findet man den „Durchmesser des Jupiters, nach **Cassini** und **Flam**= „stead's Beobachtungen, zwischen seinen Polen kürzer, „als nach der Richtung von Morgen gegen Abend. Aus „eben dem Grunde muß unsere Erde um den Aequator hö= „her, als bey den Polen, seyn; sonst würde sich das Meer „an den Polen senken, um den Aequator aber in die Höhe „treten und alles überschwemmen." Er berechnet hierauf (prop. 19.) das Verhältniß der Axe zu dem auf sie senkrech= ten Durchmesser nach richtigern Gründen, als **Huygens**, indem er zugleich den Umstand mit in die Rechnung bringt, daß die Materie bey A nicht blos durch den Schwung, son= dern auch darum leichter, als die bey P werden müsse, weil sie weiter vom Mittelpunkte C entfernt ist, indem die Schwere im umgekehrten Verhältnisse des Quadrats der Entfernung von C abnimmt, welcher Umstand bey Huy= gens gänzlich fehlet. Dadurch wird die Rechnung zwar

verwickelter, aber auch der Natur gemäßer, und giebt endlich das Resultat, daß sich bey der Erde AC : CP = 092 :
689 oder wie 230⅓ : 229⅔ verhalte. Huygens und Newtons Berechnungen sind von Frisi (Disquisitio in causam
physicam figurae et magn. telluris. Mediolani, 1750. gr. 4.)
und Clairaut (Theorie de la figure de la terre tirée des
principes de l' hydrostatique. à Paris, 1743. 8.) umständlicher
erläutert worden.

Diese blos aus der Theorie gezognen Muthmaßungen
waren indeß noch nicht hinreichend, eine vollkommne Ueberzeugung von der Wahrheit des Satzes zu gewähren. Der
ganze Schluß ließ sich entkräften, wenn man annahm, die
Erde sey anfangs länglich rund gewesen. Denn so würde
sie der Schwung in eine vollkommne Kugel haben verwandlen können. Es blieb also noch immer nöthig, die Frage
durch wirkliche auf der Erde selbst gemachte Beobachtungen
und Abmessungen zu entscheiden.

Was dergleichen Abmessungen hierüber lehren können,
beruhet auf folgenden Gründen. Taf. VIII. Fig. 4. sey die
krumme Linie PQSA ein Meridian der Erdkugel. Wäre
die Erde eine Kugel, und der Meridian ein vollkommner
Kreis, so müsten alle Grade desselben gleich seyn, und alle
Richtungen der Schwere, oder alle Scheitellinien, im Mittelpunkte zusammenlaufen. Hat sie aber eine sphäroidische Gestalt, wie in der Figur, so wird ihr Meridian bey P, wo
sie eingedrückt ist, flach oder weniger gekrümmt seyn, bey A
hingegen, wo sie mehr erhoben ist, eine stärkere Krümmung haben; mithin wird der Halbmesser dieser Krümmung bey P größer, bey A kleiner seyn. Auch werden die
Richtungen der Schwere oder die auf der Oberfläche lothrecht stehenden Linien PD, pD, AE, aE, welche in die
Richtung des Halbmessers der Krümmung fallen, nicht
mehr in dem Mittelpunkte, sondern in andern Punkten,
z. B. in D und E, zusammenkommen. Nun legt man nach
dem, was oben gelehrt worden ist, einen Grad des Meridians zurück, wenn man in diesem Kreise so weit fortgeht,
bis der Scheitelpunkt am Himmel sich um 1° verschoben,
oder, was eben soviel ist, bis die Richtung der Schwere

sich um 1° geändert hat. Stellen also die Stücken P p, A a Grade des Mittagskreises vor, so lassen sich dieselben als Kreisbogen ansehen, die mit den Halbmessern der Krümmung D B, E A beschrieben sind, und deren zugehörige Winkel P D p, A E a, jeder 1° betragen. Es ist aber der Halbmesser P D länger, als E A, mithin auch der Bogen P p größer, als der ähnliche Bogen A a, oder: Der Grad des Mittagskreises ist da größer, wo die Erde flach und eingedrückt, da kleiner, wo sie erhaben ist. Die Entscheidung der Frage kam also darauf an, ob man den Grad des Mittagskreises bey wirklicher Abmessung überall gleich oder verschieden, und wo man ihn größer finden werde. Sollte sich Huygens und Newtons Muthmaßung bestätigen, so muste man den Grad nach den Polen zu oder gegen Norden größer finden, als gegen den Aequator zu oder gegen Süden.

Durch Abmessungen, von denen weiter unten umständlichere Nachrichten folgen, hatte Snellius den Grad des Mittagskreises in den Niederlanden 55021, Picard in Frankreich 57060 Toisen gefunden. Hieben ist der nördlichere Grad kleiner als der südliche. Daraus schloß schon Eisenschmidt (Diatribe de figura telluris elliptico-sphaeroide. Argentorati 1691. 8.), daß die Erde ein ländliches Sphäroid, d. i. um die Pole erhaben, und um den Aequator eingedrückt sey), welches mit Newtons Behauptungen streitet. Allein das Resultat des Snellius ist sehr unrichtig; auch liegen sich beyde Grade zu nahe, um etwas sicheres aus ihrer Vergleichung zu schließen.

In den Jahren 1700 und 1701 zog Johann Dominicus Cassini (s. Mém. de l'Acad. des Sc. ann. 1701.) eine von der pariser Sternwarte bis an die Pyrenäen fortgehende Mittagslinie, welche den astronomischen Beobachtungen zufolge 6° 18' eines Mittagskreises der Erdkugel ausmachte. Die geometrische Messung gab hiebey den nächsten Grad an Paris 57126½ Toisen an, und da Picard den nordwärts von Paris gelegnen Grad nur 57060 Toisen gefunden hatte, so schien hieraus wiederum das Gegentheil von Newtons Muthmaßung zu folgen.

Um noch mehrerer Gewißheit willen, und zugleich zu Vervollkommnung der Geographie von Frankreich ward dem Sohne des vorigen, Jacob Caßini nebst Maraldi und de la Hire im Jahre 1718 aufgetragen, die pariser Mittagslinie auch nordwärts, und durch das ganze Königreich zu verlängern. Sie fanden für beyde Bogen, wovon der südliche bis Collioure, der nördliche bis Dünkirchen gieng, folgende Resultate

	Bogen	Länge in Toisen	Größ. d.Grad.
südlicher Bogen	6° 18′ 57″	360614	57097
nördlicher -	2 12 9½	125454	56960

(s. *Jaques Caßini* Tr. de la figure et de la grandeur de la terre, in der Suite des Mém. de l'Acad. des Sc. ann. 1718, auch besonders gedruckt, Amst. 1723. 8. Jacob Caßini von der Figur und Größe der Erde, herausg. von Klimm. Leipz. 1741. 8.) Weil nun auch hier der nördliche Grad kleiner, als der südliche, angegeben ward, so bestritten von dieser Zeit an die französischen Akademisten Newtons Muthmaßung, nahmen die Erde für ein längliches Sphäroid an, und behaupteten, man müße der Erfahrung und Meßung mehr, als theoretischen Vermuthungen glauben, welche sich auf unerwiesene Voraussetzungen gründeten. Dagegen vertheidigten die Engländer, z. B. Gregory, Keill, Maclaurin, Stirling, auch Hermann und Kraft die newtonische Meinung, hielten die französischen Meßungen für unzuverläßig, und behaupteten mit Recht, die gemeßenen Bogen lägen einander zu nahe, und auf einem allzukleinen Theile der Erdfläche beysammen, als daß man daraus sicher auf die Gestalt des ganzen Umfangs schließen könnte.

Um diesen Streit völlig zu entscheiden, bedurfte es einer Ausmeßung zweyer äußersten Grade, die so nahe als möglich, der eine am Pole, der andere am Aequator, lägen. Denn hiebey mußte der Unterschied beyder so groß ausfallen, daß kein Zweifel darüber, welcher der größere sey, zurückbleiben konnte.

In dieser Absicht beschloß der französische Hof im Jahre 1735 eine der glänzendsten und für die Naturwißenschaf-

ten überhaupt vortheilhaftesten Unternehmungen. Es wur=
den zu Abmessung zweener so nahe als möglich am Pol und
Aequator gelegner Grade die Herren Bouguer, de la
Condamine, Godin, Jussieu und Couplet nach Qui=
to im nördlichen Theile von Peru, von Maupertuis,
Clairaut, Camus, le Monnier und der Abbe Outhier
nach Lappland gesendet. Die letztern vollendeten ihr Werk
zuerst. Sie hatten in den Jahren 1736 und 1737 bey der
Stadt Torneå einen Grad des Mittagskreises gemessen, der
den Polarkreis schneidet, und gaben schon 1738 Nachricht
von den gefundenen Resultaten (s. Figure de la terre determinée par les observations des Mssrs. *de Maupertuis*, *Clai-*
raut, *Camus* etc. faites par l'ordre du Roi au cercle po-
laire. à Paris, 1738. 8. Figur der Erde, bestimmt durch
die Beobachtungen der Herren von Maupertuis ꝛc. Zü=
rich, 1741. 8. Journal d'un voyage au Nord par Mr.
l'Abbé *Outhier*, Paris 1738. 8.). Der gemessene Bogen
betrug nach zwoen verschiedenen Reihen von astronomischen
Beobachtungen 57′ 27″ — 57′ 30½″, woraus man das
Mittel von 57′ 28¾″ nahm, und seine Länge, durch eine
auf dem Eise gemessene Grundlinie von 7406 Toisen und
trigonometrische Berechnung der damit verbundnen Dreyecke
bestimmt, fand sich 55023½ Toise. Hieraus folgt der in
Lappland gemessene Grad =57437,9 Toisen, also um ein
beträchtliches größer, als alle in Frankreich gemessene. Herr
von Maupertuis entschied daher ohne Bedenken für die
newtonische Muthmaßung, ob er gleich anfänglich, beson=
ders in Frankreich, noch einigen Widerspruch fand.

Alle Zweifel aber wurden völlig gehoben, als die nach
Peru gesendeten Gelehrten das Resultat ihrer äußerst lang=
wierigen und beschwerlichen Arbeiten bekannt machten. Sie
kamen erst nach mehreren Jahren, zum Theil nach man=
cherley überstandenen Mühseligkeiten, zurück. (s. La figure
de la terre determinée par les observations des Mssrs. *Bou-*
guer et *de la Condamine* envoyés au Perou par l'ordre du
Roi, par M. *Bouguer*. Paris, 1749. 4. Mésure des
trois premiers degrés du Meridien dans l'hémisphere au-
stral, par Mr. *de la Condamine*. Paris, 1751. 4. Rela-

cion historica del viage a la America meridional. Madrid
1748. 4, das leßtere von **Don Georg Juan de Ulloa,**
einem spanischen Officier, der nebst seinem Bruder **Anto-
nio de Ulloa** die Akademisten begleitet hatte). Sie hatten einen südwärts vom Aequator gelegnen Bogen von 3.
gemessen, und den Grad in Peru 56753 Toisen, mithin
weit kleiner, als die Grade in Frankreich, gefunden, so daß
nunmehr die abgeplattete Gestalt der Erde außer allen Zweifel gesetzt, und Newtons Meinung völlig bestätiget war.

Neuere Gradmessungen, welche ich im folgenden anführen werde, stimmen durchgängig hiemit überein. Man
hat auch die genaue Gestalt der Erdmeridiane unter der
Voraussetzung, daß sie alle einander gleich sind, zu bestim
men gesucht. Natürlich mußte man zuerst darauf fallen
jeden Meridian als eine Ellipse zu betrachten, wobey sich
denn mittelst der Theorie der Kegelschnitte aus Vergleichung zweener gemessenen Grade das Verhältniß C A : C P
bestimmen läßt. Dazu haben schon **Maupertuis** und
Bouguer, auch **Clairaut** und **Mallet** (Allgemeine oder
mathematische Beschreibung der Erdkugel, aus dem schwed-
von **Röbl.** Greifsw. 1774. 4.) Formeln gegeben. Allein
es giebt unter den gemessenen Graden jedes Paar eine andere Ellipse. Sie passen also nicht in eine einzige, und es
wird daher unwahrscheinlich, daß die Krümmung der Meridiane elliptisch und die Erdkugel ein Ellipsold sey. **Bouguer,** der doch damals nicht mehr, als drey verschiedne
Grade vergleichen konnte, fand dies schon, und schrieb also
der Erde eine Krümmung von anderer Art zu, welche auch
d la **Lande** (Astronomie §. 2683.) annimmt und **Hube**
(De relluris forma. Varsov. 1780. 8.) genauer zu bestim-
n en gesucht hat. Des Abt de la **Caille** Gradmessung am
Vorgebirge der guten Hoffnung hat auch Zweifel veranlasset, ob die südliche Helfte der Erde eben so, wie die nördliche, gekrümmt sey. Es sind aber bis jetzt der Beobachtungen noch zu wenig, und der Umstände, welche Fehler
darinn veranlassen können, zu viele, als daß man über alle
diese Fragen entscheiden könnte. Wir müssen uns begnügen
zu wissen, daß zwar die Erdare kleiner als redDurchmesser

des Aequators, daß aber auch diese Abplattung nicht sehr beträchtlich sey.

Aehnliche Abplattungen haben! Caſſini am Jupiter, und ganz neuerlich Herr Herſchel am Mars bemerket, welche beyde Planeten ſich ebenfalls, der erſte in etwa 10, der zweyte in 24½ Stunden, um ihre Axen drehen, ſ. Jupiter, Mars. Man ſieht hieraus, wie genau die aus dem copernicaniſchen Weltſyſtem und den Geſetzen der Gravitation und Schwungkraft gezognen Folgen mit der Natur übereinſtimmen.

Größe der Erde.

Die im vorigen bereits angegebne Art, die Größe des Bogens vom Mittagskreiſe o d (Taf. VIII. Fig. 2.) dadurch zu finden, daß man bemerkt, um wieviel beym Fortgange von o nach d der Pol, Aequator, oder irgend ein beſtimmter Punkt im Mittagskreiſe, ſeinen Abſtand vom Zenith oder Horizonte ändert, iſt ſchon bey den Griechen zur Abmeſſung der Erde angewendet worden.

Das Vorgeben, daß Anaximander von Milet, einer der vornehmſten Schüler des Thales, die erſte Abmeſſung der Erde unternommen habe, gründet ſich blos auf eine übel verſtandne Stelle des Diogen s Laertius (Vit. Philoſ. L. II γῆς καὶ θαλάσσης περίμετρον πρῶτος ἔγραψεν), welche nichts weiter ſagt, als daß dieſer Weltweiſe den Umfang der Küſten von den damals bekannten Ländern zuerſt in einer Zeichnung dargeſtellt habe. Eben ſo wenig kann man eine vom Archytas aus Tarent veranſtaltete Erdmeſſung aus der Stelle des Horaz (Od. I. 28.):

Te maris et terrae, numeroque carentis arenae
Menſorem, Archyta etc.

beweiſen, da der Dichter offenbar blos die Abſicht hat, die Talente und Kenntniſſe des Archytas zu erheben.

Die erſte hiſtoriſch gewiſſe Abmeſſung der Erde iſt die von Eratoſthenes in Alexandrien (400 Jahre v. C. G.), deren außer dem Strabo und Plinius, auch Cleomedes (Theoria cyclica, Baſil. apud Henr. Petri 1547. 8. cap. 10.) gedenkt. Eratoſthenes nahm hiebey an, daß die Stadt

C

Syene, an den Grenzen Egyptens und Aethiopiens, mit Alexandrien unter einerley Mittagskreise liege, wiewohl diese Voraussetzung falsch ist, und Syene nach dem Ptolemäus (Geogr. L. IV. c. 5.) um 1° 53′ ostwärts von Alexandrien gelegen hat. Nun war es bey den Alten bekannt, daß in Syene am Mittage des längsten Tages die Sonne im Scheitelpunkte stehe, und die Körper auf keine Seite einen Schatten würfen, daher auch Lucan (Pharsal. II. v. 586) von der

    — umbras nusquam flectente Syene

redet. Zu Alexandrien aber beobachtete Eratosthenes den Schatten der Mittagssonne am längsten Tage mit Hülfe des Taf. VIII. Fig. 5. vorgestellten Werkzeugs (Scapha, Scaphium). Es war dies eine hole Halbkugel AFB, mit einem getheilten Halbkreise, von deren Grunde F der senkrechte Stift FC (gnomon) aufgerichtet war. Stellte man dies an die Sonne, und richtete den Stift FC nach dem Zenith Z, so gab die Länge seines Schattens Fs in Theilen des Kreises ausgedrückt, das Maaß des Winkels FCs = ZCS, d. i. den Abstand der Sonne vom Scheitel, an. So fand Eratosthenes diesen Abstand am Mittage des längsten Tages = $\frac{1}{50}$ des Kreises (nach dem bey uns gewöhnlichen Ausdrucke = 7° 12′). Er schloß hieraus, daß Alexandrien von Syene, wo in eben dem Augenblicke die Sonne im Scheitel selbst stehe, um $\frac{1}{50}$ des ganzen Umkreises der Erde entfernt sey, und setzte daher diesen Umkreis, da beyde Städte nach den Berichten der Reisenden 5000 Stabien weit aus einander lagen, auf 50 × 5000 = 250,000 Stadien, wiewohl Plinius (Hist. nat. II. 108.) anziebt, er habe 252000 Stabien gefunden. Es ist aber sehr streitig, was für ein Maaß dieses Stadium gewesen sey. Rechnet man es mit Lulofs (Einleitung zur mathemat. und physikal. Kenntniß der Erdkugel, S. 67.) zu 570 pariser Fuß, so giebt diese Messung den Umkreis der Erde bey weitem zu groß. Uebrigens soll sie hundert Jahr nachher von Hipparchus berichtiget worden seyn, obgleich Plinius und Strabo (lib. II.) in ihren Nachrichten von dieser Verbesserung sich sehr widersprechen.

Eine andere Angabe der Größe der Erde rührt von dem Stoifer **Posidonius** zu Rhodus her, und gründet sich nach dem Berichte des **Cleomedes** auf die Beobachtungen der Höhe des Canopus. Da dieser Stern zu Rhodus täglich nur auf kurze Zeit im südlichen Horizonte sichtbar ward, und sogleich wieder verschwand, zu Alexandrien aber im Mittagskreise sich um den 48sten Theil des Kreises (d. i. um $7\frac{1}{2}°$) über den Horizont erhob, so nahm Posidonius den Abstand beyder Orte, welcher 5000 Stadien betrug, für den 48sten Theil des Umkreises der Erde an, und setzte daher den letztern auf 240000 Stadien. Da dies griechische Stadien sind, welche genau 180000 alexandrinische ausmachen, und das alexandrinische Stadium auf 685 pariser Fuß gesetzt werden kan (Zulofs §. 44. 45.), so giebt diese Bestimmung jeden Grad 500 Stadien, oder 342500 par. Fuß $= 5708\frac{1}{3}$ Toisen, welches der Wahrheit sehr nahe kömmt. Auch **Strabo** führt an, daß Posidonius die Größe des Umfangs der Erde 180000 Stadien setze: **Ptolemäus** (Geogr. L. VII. c. 5.) nimmt eben diese Größe der Erde an, schreibt aber ihre Bestimmung dem **Eratosthenes**, **Hipparch** und **Maximus Tyrius** zu. Weitläufigere Untersuchungen über diese Messungen der Alten und die dabey gebrauchten Maaße findet man bey **Riccioli** (Geographia reform. lib. V. c. 7.), **Snellius** (im Eratosthenes Batavus), **Struyck** (Over de Grotte der Aarde) und **Eisenschmidt** (De ponderibus et mensuris. Argent. 1708. 8.).

Um das Jahr 827 der christlichen Zeitrechnung ließ der berühmte Kalif **Al-Mamon** durch viele nach Bagdad berufene Mathematiker zween Grade des Mittagskreises in der Ebne Singar längst den Küsten des arabischen Meerbusens abmessen. Von dieser Messung giebt **Alfraganus** in seiner Astronomie die Nachricht, daß man die Größe des Grades 56 bis $56\frac{2}{3}$ arabische Meilen gefunden habe. Man ist aber auch über dieses Maaß noch ungewiß.

Die im Jahre 1525 von dem französischen Arzte **Fernel** versuchte Messung, deren Snellius und Riccioli erwähnen, beruhte auf äußerst unsichern Gründen. Er beobachtete die Polhöhe von Paris, fuhr dann gerade nach Norden, bis er aus der mittäglichen Sonnenhöhe glaubte, einen Grad weiter gekommen zu seyn, und maß den Weg durch die Anzahl der Umläufe seines Wagenrads. Nach der Zeit haben **Clavius**, **Kepler**, **Casati** u. a. viele geometrische Methoden, die Größe der Erdkugel aus Beobachtungen auf Bergen zu finden, angegeben, welche man beym **Varenius** (Geogr. gener. ed. Cantabr. 1672. 8. p. 27.) und **Riccioli** (Geograph. reform. L. V. c. 14 sqq.) zum Theil auch beym **Wolf** (Elementa geograph. mathem. Cap. I. Problem. 2 sqq.) findet, die aber sämmtlich wegen der dabey unvermeidlichen Fehler keine Aufmerksamkeit verdienen.

Das einzige Verfahren, welches hiebey die nöthige Richtigkeit gewähren kan, ist die Ausmessung eines an der Mittagslinie hinlaufenden Stücks der Erdfläche durch eine **Dreyeckverbindung**. Eine solche stellt Taf. VIII. Fig. 6. vor. Es sey A β die durch den Ort A gehende Mittagslinie; B, C, D, E, F seyen Standpunkte, z. B. Signale auf Bergen, Thürme u. dgl., von deren jedem man auf einige der benachbarten frey sehen kan; a b eine angenommene Grundlinie, von deren Endpunkten ebenfalls eine freye Aussicht auf einige der nächsten Signale statt findet; so werden sich, wie die Figur deutlich zeiget, sämmtliche Punkte durch die von A bis B reichende Reihe von Triangeln A F E, F a b, b F E, E b C, b C D, D C B verbinden lassen. Ist nun die Grundlinie a b nebst allen in der Figur vorkommenden Winkeln bekannt, so läßt sich durch trigonometrische Berechnung die Länge jeder Seite der Dreyecke bestimmen, und die ganze Figur genau in Grund legen. Kennt man ferner die Winkel F A β, E A β, welche die an A liegenden Seiten mit der Mittagslinie A β machen, so lassen sich auch diejenigen Dreyecke der Figur, welche einen Theil der Mittagslinie zur Seite haben, wie A F γ, E γ δ u. s. w. bis an den Punkt β (wo bey β ein rechter Winkel ist) berechnen. Die Summe der Linien A γ, γ δ u. s. f. giebt alsdann die Länge des ganzen gemessenen Stücks vom Mittagskreise A β. Wird nun noch durch astronomische Beobachtungen in A und B ausgemacht, um wieviel sich die Polhöhen oder die Abstände eines culminirenden Sterns vom

Scheitel an beyden Orten unterscheiden, so giebt dieser Unterschied die Größe des Bogens A β in Graden, Minuten ꝛc. des Umkreises der Erde an. Die Vergleichung lehrt
dann sogleich, wie groß an dieser Stelle ein Grad des Mittagskreises sey. Und da hiebey alles auf Messung einer einzigen Grundlinie, auf Messungen von Winkeln auf der
Erde und am Himmel, und auf Berechnung beruht, so
sieht man bald, daß der ganze Plan auf die sichersten Gründe gebaut ist, die man bey dem gegenwärtigen Zustande der
mathematischen Praxis nur immer haben kan.

Diesen einzig richtigen Weg hat zuerst der Holländer
Willebrord Snellius im Jahre 1615 betreten, und seine Messung in einem eignen Werke (Eratosthenes Batavus
s. de terrae ambitus vera quantitate. Lugd. Bat. 1617. 4.)
beschrieben. Seine Triangelverbindung gieng von Alkmaar
nach Leiden und nach Bergen op Zoom. Ihm bleibt zwar das
unstreitige Verdienst, diesen Weg, worauf ihm nach der
Zeit alle andern Geometer gefolgt sind, zuerst betreten zu
haben, welches Verdienst um desto größer ist, da er sich
bey den trigonometrischen Berechnungen des Vortheils der
Logarithmen noch nicht bedienen konnte, und also den ermü-
dendsten Weitläuftigkeiten der Rechnung ausgesetzt war;
allein eben dadurch fiel auch sein Resultat, welches den Grad
in Holland 28500 rheinl. Ruthen oder 55021 Toisen setzt,
viel zu klein aus, und ob er gleich selbst die Fehler seiner
Messung und Rechnung einsahe, so hinderte ihn doch der
Tod im Jahre 1626 sie zu verbessern. **Musschenbroek**
hat nachher diese Arbeit wiederholt, und das Resultat (Dis-
sertationes physicae et geometricae. Lugd. 1729. 4. Diss.
de magnitudine terrae) auf 29514 rheinl. Ruthen oder 57033
Toisen gesetzt.

Norwood's Messung zwischen London und York im
Jahre 1635 gab den Grad 57300 Toisen, und die Versuche
des **Riccioli** und **Grimaldi**, welche diese Aufgabe auf
mannigfaltige Art bearbeiteten, setzten ihn auf 61478 Toisen. Die letztere Bestimmung aber verdient gar keine Aufmerksamkeit, weil sich ihre Urheber unzuverläßiger Metho-

den bedient haben; dahingegen die erstere von der Wahrheit nur wenig abweicht.

Ich komme nunmehr auf die so berühmt gewordene Messung des Picard, welcher den von Snellius angegebnen Weg zuerst mit bessern Werkzeugen und mehrern Hülfsmitteln der Rechnung verfolgte. Diesem Gelehrten ward bey der Errichtung der Akademie zu Paris aufgetragen, eine Gradmessung in Frankreich zu veranstalten. Er machte daher im Jahre 1669 eine von Malvoisine bis Amiens reichende Verbindung von Dreyecken, bediente sich dabey zur Messung der Winkel zum erstenmale der Instrumente mit Fernröhren oder teleskopischen Dioptern, und bestimmte dadurch den Grad in dieser Gegend auf 57060 Toisen. (Mésure de la terre par M. *Picard*, Paris. 1671. 8. auch im Auszuge bey seinem Traité du nivellement. Paris. 1684. 12.) So genau sein Verfahren war, so hat dennoch Herr von Maupertuis (Degré du meridien entre Paris et Amiens, Paris. 1740. 8.) noch einige Berichtigungen desselben versucht.

Unter der damals noch allgemein angenommenen Voraussetzung der vollkommnen Kugelgestalt folgte aus Picard's Bestimmung der Umkreis des Meridians = 360 X 57060 = 20541600 Toisen; hieraus durch das Verhältniß 355 : 113 die Größe des Durchmessers der Erde = 6538600 Toisen; die des Halbmessers = 3269300 Toisen, oder 19615800 pariser Schuh. Diese Bestimmung haben Huygens und Newton bey ihren Berechnungen zum Grunde gelegt, und man gebraucht sie noch jetzt, wenn es nicht nothwendig ist, auf die abgeplattete Gestalt der Erde Rücksicht zu nehmen.

Allein da Picard selbst anrieth, die von ihm angefangene Gradmessung fortzusetzen, so veranlassete dies die in den Jahren 1683, 1700 und 1718 unternommene Verlängerung der pariser Mittagslinie durch ganz Frankreich, bey welcher die beyden Cassini die nördlichen Grade kleiner, als die südlichen, zu finden glaubten und dadurch den bereits im vorigen erzählten Streit über die Gestalt der Erde erregten, welcher erst durch die in den Jahren 1735 bis 1744 in Peru und Lappland von **Bouguer** und **Maupertuis** angestellten Messungen entschieden ward. Da die Geschichte dieser Unternehmungen schon oben erzählt worden ist, so habe ich hier nur anzuführen, was für Schlüsse man daraus in Absicht auf die Größe der Erdkugel hergeleitet hat.

Folgende Tabelle (**Bode** Kenntniß der Erdkugel S. 82.) zeigt die Länge aller bisher gemessenen Grade des Mittagskreises in Toisen.

Beobachter.	Orte und Gegenden.	Mittlere Breite.	Länge d. Grads.
Bouguer -	Peru - - -	1° 20′ S.	56753
de la Caille	Vorgeb. d. g. Hofn.	33 18 S.	57037
Mason -	Pensylvanien -	39 12 N.	56888
Boscowich	bey Rom - -	43 1	56979
Cassini -	Perpignan, Rhodes	44 33	57048
Beccaria -	Turin - - -	44 44	57138
Liesganig -	Ungarn - - -	45 57	56881
Cassini -	Rhodes Bourges	46 14	57040
— — —	Bourges Paris	47 28	57071
Liesganig -	Wien - - -	48 43	57086
Cassini -	Paris, Amiens	49 20	57074
— — —	Amiens, Dünkirch.	50 27	57092
Snellius -	Holland - - -	52 2	57145
Norwood -	England - -	53 0	57300
v. Maupertuis	Lappland - -	66 19	57422

Wegen der abgeplatteten Gestalt der Erde wird die genauere Untersuchung ihrer Größe abhängig von den Bestimmungen ihrer Figur, und von dem Verhältnisse ihrer Axe zum Durchmesser des Aequators. Es ist aber noch bis hieher unmöglich, hierüber etwas gewisses anzugeben. Man wird schon in der Tabelle bemerken, daß der von de la Caille gemessene Grad größer ausfällt, als man bey der Breite, unter der er gemessen ist, erwarten sollte, welches auf die Vermuthung leitet, daß die südliche Halbkugel anders, als die nördliche, gekrümmt, mithin die Erde kein vollkommnes Ellipsoid sey, wie man doch bey den Berechnungen ihrer Größe annehmen muß. Inzwischen bemerkt Herr **Klügel** (in **Bode** astronomischem Jahrbuche von

1787 und 1788), daß demohnerachtet die Erde ein Ellipsoid seyn könne, dessen Axe aber nur von der Axe der Umdrehung in etwas verschieden sey. Wäre diese Verrückung der Axe oder des Schwerpunkts durch eine Revolution bewirkt worden, und hätte das Cap ehedem vom Aequator weiter abgelegen, als jetzt, so ließe sich die Größe des Grades daselbst erklären, ohne eine andere als die ellipsoidische Gestalt der Erde anzunehmen.

Unter der Voraussetzung dieser Gestalt kommen bisher noch immer andere Verhältnisse des Durchmessers zur Axe heraus, je nachdem man dieses oder jenes Paar von Graden vergleicht. Mallet (Mathem. Beschr. der Erdkugel Cap. IV. §. 23.) giebt nach seiner auf die Natur der Ellipse gegründeten Formel folgendes an:

Verglichene Paare von Graden.	Verhältniß des Durchmessers zur Axe.
Lappland, Frankreich - - -	144,5 : 143,5
Cap der guten Hofnung, Peru	180,7 : 179,7
Lappland, Peru - - - -	215,2 : 214,2
Lappland, Cap der gut. Hofn.	240,6 : 239,6
Frankreich, Peru - - - -	300,6 : 299,6
Italien, Peru - - - -	351,5 : 350,5

Das Mittel aus diesen allen ist 238,8 : 237,8, welches Newtons aus der bloßen Theorie hergeleitetem Verhältnisse 230,6 : 229,6 nahe genug kömmt. Euler (Mem. de l'Acad. de Prusse 1753. p. 265.) hat die vier von Picard, Maupertuis, Bouguer und de la Caille gemessenen Grade dadurch in eine Ellipse zu bringen gesucht, daß er jeden um etwas ändert. Er findet dieser Ellipse Durchmesser zur Axe wie 230 : 229, welches Newtons Verhältniß selbst ist. De la Caille aber war mit diesen Aenderungen nicht zufrieden. Nach andern Regeln und Voraussetzungen finden das Verhältniß des Durchmessers zur Axe

Maupertuis wie	178 : 177
Bouguer - -	179 : 178
de la Caille - -	200 : 199
Ulloa - -	266 : 265
de la Condamine	300 : 299

Uebrigens läßt sich dieses Verhältniß auch unmittelbar durch Vergleichung der Pendeln an verschiedenen Orten, ohne besondere Gradmessung finden; s. Pendel.

Legt man ein anderes Verhältniß zum Grunde, so erhält man natürlich auch andere absolute Größen des Durchmessers und der Axe selbst. Einige der vornehmsten Angaben hierüber sind folgende, in Toisen ausgedrückt:

	Halbe Axe.		Halbm. d. Aequ.
Maupertuis - - -	3262800	-	3255398
Bouguer - - - -	3262688,5	-	3281013
die berliner astr. Tafeln			
(Newtons Verhältniß)	3262875	-	3277123
Mallet (200 : 199) -	3264049	-	3280451

Herr **Klügel**, welcher sehr scharfsinnig untersucht hat, was sich aus allen bisherigen Messungen auf der Nordseite des Aequators noch am wahrscheinlichsten folgern lasse, giebt folgendes an:

Mittlerer Halbmesser der Krümmung	3271589 Toisen.
Mittlerer Grad des Mittagskreises	57100
Halbmess. der Krümm. unter d. Aequ.	3251249
- - - - - unter d. Pol	3303045
Halbmesser des Aequators - -	3279991
Halbe Erdaxe - - - -	3262447
Verhältniß beyder - - -	187:186
Mittlerer Halbmesser der Erde -	3275790 Toisen.
Größe des Grads auf dem Aequ.	57247
Größe des Grads auf dem mittlern Umfange der Erde - - -	57173,5
Der 15te Theil hievon, oder die geographische Meile - - -	3811,6

oder 23661 rheinl. Fuß = 26274 leipz. Fuß.

nach welchen Angaben auf den Umfang eines Meridians 5393, und auf den Umfang des Aequators 5407 geographische Meilen kommen.

Mallet theilt, freylich nach andern Voraussetzungen, analytische Berechnungen der ellipsoidischen Oberfläche und des körperlichen Inhalts mit, nach welchen der Umkreis eines Meridians 5389 geogr. Meilen

die Oberfläche der Erde - 8400165 Quadr. Meilen

der körperliche Inhalt - 2669064400 Cubikmeilen

beträgt.

Soweit reichen die Resultate der bisherigen Beobachtungen, welche es sogar unwahrscheinlich machen, daß sich jemals etwas bestimmteres über die Größe und Gestalt der Erde werde angeben lassen. Inzwischen ist das gefundene zu den meisten Absichten völlig hinreichend. Da die Abplattung der Erde (*degré d'applatissement*) oder die Größe, um welche die Axe kürzer als der Durchmesser ist, nur sehr wenig (zwischen $\frac{1}{178}$ und $\frac{1}{300}$ des Durchmessers) beträgt, so sieht man leicht, daß es ganz überflüßig seyn würde, bey Verfertigung der Landkarten und Globen darauf Rücksicht zu nehmen.

In den mehresten Fällen wird man sich schon damit begnügen können, die Erde als eine vollkommne Kugel zu betrachten, auf der der Grad eines größten Kreises nach Picards Messung 57060 Toisen, oder nach Herrn Klügels Mittel aus den neuern Bestimmungen 57173½ Toisen beträgt. Nennt man den funfzehnten Theil eines solchen Grades eine Meile (s. Meile, geographische), so enthält der ganze Umfang 5400 solcher Meilen, woraus man nach den bekannten Regeln der Geometrie

den Durchmesser - - 1719 Meilen,

die Oberfläche - - - 9 282 060 Quadr. Meilen,

den körperlichen Inhalt 2659 310 190 Cubikmeilen,

findet. In chursächsischen Meilen, jede zu 2000 achtelligen Ruthen oder 32000 leipziger Fuß gerechnet (s. Meile), und das Verhältniß des pariser Fußes zum leipziger, wie 14400 : 12529 gesetzt, würde nach den Klügelischen Angaben

der Durchmesser des Aequators - 1413,7 Meilen

der mittlere Durchmesser der Erdkugel 1409,9

die Axe der Erde - - - - - 1406,1

betragen.

Die Erdkugel, als Planet betrachtet.

Es kan in unsern Zeiten nicht mehr als zweifelhaft angesehen werden, daß unsere Sonne einer von den unzählbaren leuchtenden Himmelskörpern sey, welche wir Firsterne nennen, und daß die Erde unter die Anzahl der dunklen Körper gehöre, welche in elliptischen Bahnen um die Sonne laufen, und denen wir den Namen der Planeten geben. Mit welchem hohen Grade der Wahrscheinlichkeit sich dieses behaupten laße, wird bey dem Worte: Weltsystem mit mehrerm gezeigt werden.

Die Erde ist unter den sieben um die Sonne laufenden Planeten, vom Mittel oder von innen aus gerechnet, der dritte. Ihre Laufbahn umschließt die Bahnen des Merkurs und der Venus (der untern Planeten), dagegen sie von den Bahnen des Mars, Jupiter, Saturn und Uranus (der obern Planeten) umschlossen wird. Daher kömmt es, daß wir von der Erde aus die untern Planeten beständig bey oder neben der Sonne, die obern aber bisweilen auch der Sonne gegenüber sehen (s. Aspecten, Opposition).

Der Umlauf der Erde um die Sonne (motus periodicus, *revolution périodique*) erfolgt in der elliptischen Erdbahn, in deren Brennpunkte die Sonne steht. Nach den neusten astronomischen Bestimmungen läßt sich die halbe große Axe dieser Bahn, oder der mittlere Abstand der Erde von der Sonne auf 23430 Halbmesser oder 11715 Durchmesser der Erde setzen. Man kan sich den Begrif hievon so machen, daß gegen 12000 Erdkugeln an einander gesetzt werden müßten, um von hier aus die Sonne zu erreichen. Theilt man diese Größe in 100000 Theile, so macht die Eccentricität der Erdbahn (s. Eccentricität) 1683 solcher Theile aus. Ohngefähr um den Anfang des Jahres ist die Erde der Sonne am nächsten, und um den ersten Junius steht sie von ihr am weitesten ab; s. Sonnennähe, Sonnenferne.

Die Zeit, in welcher unsere Erde diese große Bahn völlig einmal durchläuft, heißt das Sonnenjahr, und beträgt ohngefähr 365¼ Tage, oder 8766 Stunden. Genauere Bestimmungen derselben werden bey dem Worte: **Sonnenjahr**, gegeben. Nimmt man die Erdbahn zur Erleichterung der Rechnung für einen Kreis an, dessen Halbmesser 23430 Erdhalbmesser beträgt, so findet man daraus den in 8766 Stunden zurückgelegten Umfang $=147214$ Erdhalbmessern, deren jeder 859½ geographische Meile gerechnet werden kan. Die Erde durchläuft also in einer Stunde

$$\frac{147214 \times 859{,}5}{8766} = 14434,$$ folglich in einer einzigen

Secunde 4 Meilen oder 94644 rheinl. Fuß, welches die Geschwindigkeit einer Kanonenkugel, die man auf 600 Fuß in einer Secunde setzen kan, 157mal übertrift.

Die Richtung dieser Bewegung geht nach der Folge der himmlischen Zeichen, d. i. so, daß die Erde einem innerhalb ihrer Bahn gestellten mit dem Haupte gegen den Nordpol gekehrten und gegen die Erde sehenden Zuschauer stets von der Rechten gegen die Linke zu laufen scheinen würde, s. Folge der Zeichen.

Die **Umwälzung** der Erde um ihre Axe (motus vertiginis, *revolution diurne, rotation*) geschieht in einem Zeitraume, der sich immer gleich bleibt, und daher das eigentliche aus der Natur selbst genommene Maaß der Zeit abgiebt. Er heißt der **Sterntag**, oder **Tag der ersten Bewegung**, s. **Sternzeit**, und macht in mittlerer Sonnenzeit nur 23 St. 56 Min. 4 Sec. aus. Die Richtung dieser Bewegung ist ebenfalls nach der Folge der Zeichen, oder von Abend gegen Morgen. Diese Umwälzung der Erdkugel, welche wir an nichts weiter, als an den Gestirnen, bemerken, macht, daß sich die Himmelskugel täglich nach der entgegengesetzten Richtung, oder von Morgen gegen Abend, um die verlängerte Erdaxe zu drehen scheint.

Bey dieser Umwälzung beschreibt jeder Ort einen desto größern oder kleinern Kreis, je geringer oder größer sein Abstand vom Aequator der Erde ist. Taf. VIII. Fig. 3., wo PR die Axe der Umdrehung ist, beschreibt der Ort E einen Kreis vom Halbmesser HE, G einen vom Halbmesser KG.

Der im Aequator A Q ſelbſt gelegne Ort beſchreibt einen größten Kreis, und legt alſo binnen 24 Stunden 5400 Meilen, d. i. in einer Secunde 1540 rheinl. Fuß zurück, welche Geſchwindigkeit die einer Kanonenkugel etwa $2\frac{1}{2}$mal übertrift.

Es ſteht aber die Axe der täglichen Umwälzung der Erde nicht ſenkrecht auf der Ebne ihrer jährlichen Bahn, ſondern neigt ſich vielmehr um einen Winkel von etwa $23\frac{1}{4}°$ (ſ. Schiefe der Ekliptik) gegen diejenigen Himmelsgegenden, in welchen die Weltpole ſtehen. Dieſe Neigung behält die Erdaxe in allen Stellen der Erdbahn ohne beträchtliche Veränderung bey, ſo daß ſie ſich jederzeit ziemlich parallel bleibt. Die ſchiefe Stellung der Erdaxe gegen die Erdbahn macht, daß ſich der Aequator des Himmels und die Ekliptik unter eben dieſem Winkel von $23\frac{1}{2}°$ zu durchſchneiden ſcheinen; daher die Sonne in unſern Gegenden vom 21. März bis 21. Jun. um $23\frac{1}{2}°$ über den Aequator hinauf gegen den Nordpol ſteigt, vom 23. Sept. aber bis 21. Dec. um eben ſoviel unter den Aequator hinab gegen den Südpol ſinkt. Hierinn liegt der Grund der abwechſelnden Tageslängen und Jahrszeiten auf unſerer Erdkugel. Die einfache und ſchöne Erklärung, welche ſich im kopernikaniſchen Weltbau hievon geben läßt, wird bey dem Worte: Weltſyſtem ausführlicher vorgetragen werden.

Der jährliche Umlauf der Erde um die Sonne erfolgt ſo, wie es die Geſetze der elliptiſchen Centralbewegungen erfordern, ſ. Centralbewegung, Centralkräfte. Es folgt alſo daraus, daß die Erdkugel gegen die Sonne durch eine Gravitation getrieben werde, welche ſich umgekehrt, wie das Quadrat ihres Abſtandes von derſelben, verhält. Zu dieſer Gravitation muß im erſten Anfange ein Stoß oder eine mitgetheilte Bewegung nach einer Tangente der Erdbahn hinzugekommen ſeyn, deſſen Verbindung mit der Gravitation den Anfang der Umlaufsbewegung verurſacht hat, welche nun durch beſtändige Verbindung der einmal mitgetheilten Bewegung mit eben dieſer Gravitation unaufhörlich fortdauert. Ein andrer Stoß, oder eine andere mitgetheilte Bewegung iſt die Urſache der Umdrehung um die

Are geworden, welche nun ganz unabhängig von dem jähr=
lichen Umlaufe, als eine einmal mitgetheilte Bewegung,
vermöge der Trägheit der Materie, sich stets gleichförmig
in eben derselben Geschwindigkeit erhält. Beyde Bewe=
gungen gehen zwar nach einerley Seite zu, ihre Richtun=
gen aber schneiden sich doch unter einem Winkel von $23\frac{1}{2}$
Graden.

Inzwischen wird die Erdkugel bey ihrem jährlichen Um=
laufe um die Sonne, durch ihre Gravitation gegen andere
Weltkörper, hauptsächlich gegen den Mond, die Venus
und den Jupiter, ein wenig gestört. Daher rühren die
Veränderungen der Sonnennähe und Sonnenferne, und
andere Ungleichheiten in der scheinbaren Bewegung der Son=
ne her, auf welche man bey der Berechnung ihres jedesma=
ligen wahren Ortes aus den astronomischen Tafeln Rück=
sicht nehmen muß, und von welchen sich in keinem andern,
als in dem kopernikanischen System und nach Newtons Leh=
re von der allgemeinen Schwere, eine Ursache angeben
läßt.

Der scheinbare Durchmesser der Erdkugel würde aus der
Sonne betrachtet, nur unter einer Größe von 17 Sekunden
oder wenig drüber, erscheinen, s. Sonnenparallare, d. i.
die Erde zeigt sich daselbst nur so groß, als uns der Planet
Mars, wenn er Abends um 9 Uhr in Süden steht. Da
uns nun der Durchmesser der Sonne etwas über einen hal=
ben Grad (32') groß, und also 112mal größer, erscheint, so
folgt hieraus, daß die Erdkugel

     im Durchmesser 112mal
     an Oberfläche 12544mal
     an körperlichem Raume 1404928mal
kleiner, als die Sonne, sey.

Aus den Vergleichungen der Gravitation der Planeten
gegen die Sonne mit der Schwere der Erdkörper berechnet
de la Lande, daß in gleichen Entfernungen die Gravita=
tion nach der Sonne 365412mal stärker, als die Schwere
nach der Erde, sey. Weil sich nun nach Newtons Grund=
sätzen die Gravitation in gleichen Abständen, wie die Masse
des anziehenden Körpers verhält, so folgt hieraus, daß die

Maſſe der Erde nur den 365412ten Theil von der Maſſe des Sonnenkörpers ausmache. Da endlich die Dichtigkeiten ſich, wie die Quotienten der Maſſen durch die Volumina, verhalten, ſo findet ſich die Dichte des Erdkörpers $\frac{1404928}{365412}$ d. i. beynahe viermal größer, als die Dichte der Sonne.

Man bezeichnet in der Sternkunde die **Erde**, wenn man ſie als einen Planeten betrachtet, mit ♀.

Sie hat zum beſtändigen Begleiter in ihrer jährlichen Laufbahn den **Mond**, einen im Durchmeſſer beynahe viermal kleinern kugelförmigen Körper, welcher ſeinen elliptiſchen Umlauf um die Erde, von der er etwa um 60 Erdhalbmeſſer abſteht, monatlich einmal vollendet, und von welchem in einem eignen Artikel gehandelt wird.

Oberfläche der Erde.

Nach der im vorigen angegebnen Größe der Erde begreift ihre Oberfläche einen Raum von 9282060 geographiſchen Quadratmeilen. Zwar iſt die wahre Oberfläche wegen der durch Berge und Thäler verurſachten Unebenheiten größer, da ſich aber hierüber keine Rechnung führen läßt, ſo giebt obige Zahl wenigſtens die der Meeresfläche gleich liegende Grundoberfläche an.

Der größte Theil dieſer Oberfläche iſt mit Waſſer bedeckt, über welches vornehmlich zwey große Stücken feſten Landes, außerdem aber auch noch viele tauſend kleinere Inſeln von verſchiedener Größe hervorragen, und die den Menſchen angewieſenen Wohnplätze ausmachen. Da das ſüdwärts von den **Molucken** gelegne **Neuholland** eine ſehr große Inſel iſt, ſo wird es von Herrn **Forſter** (Bemerkungen über Gegenſtände der phyſikaliſchen Erdbeſchreibung, a. d. engl. Berlin, 1783. 8). für ein drittes Stück feſten Landes gerechnet.

Das erſte Stück des feſten Landes, gemeiniglich die **alte Welt** genannt (weil es größtentheils ſchon den Alten bekannt war), begreift die drey Welttheile, oder Erdtheile **Europa**, **Aſien** und **Afrika**. **Europa** bedeckt ohnge=

fähr den 54ſten Theil der Erdfläche, liegt faſt ganz in der nördlichen gemäßigten Zone, und erſtreckt ſich nur mit einem geringen Theile über den Polarkreis hinaus in die nördliche kalte Zone. Aſien gränzt an Europa oſtwärts, macht den 14ten Theil der Erdfläche aus, ſein mittlerer und ganz zuſammenhängender Theil fällt in die nördliche gemäßigte, der nördliche in die kalte, und der ſüdliche ſtreckt ſich mit drey Landſpitzen bis in die heiße Zone: Afrika, welches ſüdwärts von Europa liegt, und den 17ten Theil der Erdfläche bedeckt, fällt größtentheils in die heiße, und hat nur ſeinen nördlichen Theil und ſeine ſüdliche Spitze in den beyden gemäßigten Zonen.

Das zweyte Stück oder die von **Chriſtoph Colom** im Jahre 1492 entdeckte neue **Welt** beſtehet aus dem vierten Welttheile, welcher von dem Florentiner **Amerigo Veſpucci** den Namen **Amerika** erhalten hat. Dieſer Welttheil liegt von Europa aus, wenn man den nächſten Weg wählet, weſtlich, nimmt etwa den 16ten Theil der Erdfläche ein und erſtreckt ſich von der nördlichen kalten Zone über die nördliche gemäßigte, und durch die heiße bis tief in die ſüdliche gemäßigte Zone hinein. Er wird durch die in der Mitte befindliche ſchmale Landenge bey **Panama** in zwey Theile, **Nord**⸗ und **Südamerika** getheilt. Von dem nördlichſten Theile deſſelben kennen wir größtentheils nur die Küſten.

Die im großen Südmeere oder ſtillen Meere zwiſchen Aſien und Amerika gelegnen häufigen Inſeln haben einige neuere Geographen, unter dem Namen **Auſtralien** oder **Polyneſien**, als einen fünften Welttheil betrachtet. Es gehören dazu Neuholland, Neuguinea, das Land der Papuas, Neubritannien, Neuirland, Louiſiade, Neuſeeland und mehrere in der heißen und in der ſüdlichen gemäßigten Zone gelegne Inſeln.

Nach einer aus **Tempelmann** (New Surview of the Globe in 35 Kupfertafeln) und **Klügel** (Encyclopädie Th. II. S. 422.) genommenen Berechnung giebt Herr **Bode** den Flächenraum von

Europa	- -	171834	geogr.	☐meilen.
Afien	- -	641093	—	—
Afrika	- -	531638	—	—
Amerika	- -	572110	—	—
Neuholland	-	143000	—	—

Summe 2,059675

Rechnet man nun auch die übrigen Inseln und das, was den neusten Entdeckungen zufolge noch für die Größe von Amerika hinzuzusetzen seyn möchte, auf eine Million Quadratmeilen, so hat man doch für das sämmtliche trockne Land nicht mehr als 3,059675 Quadratmeilen. Dies gegen die oben angegebne Größe der Kugelfläche gehalten, zeigt, daß über ⅔ der Erdfläche mit Wasser bedeckt sind, und das feste Land noch nicht ⅓ beträgt. Die Hofnung, noch ein großes festes Land gegen Süden zu finden, mit der man sich sonst schmeichelte, scheint auch nunmehr ziemlich verschwunden zu seyn (Man s. Forsters Bemerkungen über Gegenst. der physik. Erdbeschr. S. 58 u. f.)

Wie Vorstellungen von der Oberfläche der Erde entworfen werden, s. bey dem Worte: Landkarten. Die ganze Oberfläche legen vor Augen: Eastern and Western Hemisphere, London, by *Jefferies* and *Faden*, 1773. 1775, auf zwey Bogen. Die nördliche und südliche Erdoberfläche, auf der Aequatorfläche entworfen, von Christlieb Benedikt Funk. Leipzig, 1781 auf zwey Bogen, nebst einer Anweisung zum Gebrauch. Hemisphere superieur et inferieur de la Mappemonde, projettés sur l'horizon de Paris par le P. *Chrysologue de Gy.* Paris, 1778, zwey Bogen. Die obere oder nördliche, die untere oder südliche Halbkugel der Erde, mit den neusten Entdeckungen, auf den Horizont von Berlin stereographisch entworfen von J. E. Bode. Berlin, 1783. Zwey Bogen mit Anweisung zum Gebrauch.

Bey der Betrachtung dieser Abbildungen fallen folgende Bemerkungen leicht in die Augen.

1) Man kan die Erdkugel in zwo Helften theilen, deren eine größtentheils mit Land, die andere mit Wasser be-

D

deckt ist. Die Landhalbkugel hat Grosbritannien zu ihrem
Mittelpunkte, und begreift alle vier Welttheile blos mit
Ausschluß der südlichen Spitzen von Amerika und Asien;
da hingegen die Wasserhalbkugel, deren Mittel in die Neu-
seelandsinseln fällt, außer diesen Spitzen lauter Meer und
Inseln in sich fasset. Auf der künstlichen Erdkugel theilt
der Horizont beyde Halbkugeln ab, wenn man den 185sten
Grad der Länge unter den messingenen Meridian führt, und
den Globus selbst auf die südliche Polhöhe von 50 Grad
stellt.

2) Fast alle große Stücken des festen Landes endigen sich
gegen Süden zu in Spitzen mit hohen Vorgebirgen, welche westwärts große Buchten oder Meerbusen, ostwärts Inseln neben sich haben. Diese Anordnung findet sich an der
Spitze von Afrika, am Cap Comorin in Asien, an der
Spitze von Amerika, an Neuholland rc. Der Anblick ist
fast so, als ob eine große von Süden hereingebrochne Was-
serfluth dem trocknen Lande seine Gestalt gegeben hätte.

Uebrigens habe ich wegen anderer hiemit verbundenen
Materien auf die Artikel: **Meer, Berge, Quellen,
Flüsse, Seen** zu verweisen.

Innere Beschaffenheit der Erdrinde.

Es ist unmöglich, von der innern Beschaffenheit der
Erde selbst etwas mehr, als Muthmaßungen anzugeben.
Sebst die tiefsten Bergwerke erstrecken sich nicht über eine
Teufe von 500 Lachtern oder etwa 510 Toisen, welches kaum
$\frac{1}{7000}$ des Halbmessers der Erde austrägt. Und selbst diese
Oefnungen sind in Bergen, d. i. an höhern Stellen der
Erdfläche gemacht, da die niedrigsten vom Meere bedeckt
werden. Aus den Erfahrungen im Innern der Berge auf
das Innere der Erde schließen, wäre also eben soviel, als
die innere Structur einer Eiche nach ihrer Rinde beurtheilen. Inzwischen werden doch die vornehmsten Resultate
der Erfahrungen über die Rinde selbst hier eine schickliche
Stelle finden.

Wo man auch in die Erde gräbt, findet man im platten Lande den lockern Theil ihrer Rinde aus verschiedenen

über einander gelegten **Schichten** oder **Lagern** (Strata, *couches*) zusammengesetzt. Die oberste Lage besteht gemeiniglich aus der sogenannten **Damm** = oder **Garten**= **erde**, vegetabilischen **Erde**, worinn die Pflanzen wachsen, und in welche auch die Thiere und Pflanzen durch Fäulniß, Vertrocknung und Abreibung wieder aufgelöset werden. Man findet aber auch dergleichen Dammerde bisweilen in einiger Tiefe unter andern Schichten. Die Ordnung der Schichten richtet sich nicht immer nach der eigenthümlichen Schwere der Materien. Beyspiele solcher, besonders beym Brunnengraben gemachter, Erfahrungen, finden sich unter andern bey **Bergmann** (Physikal. Beschr. der Erdkugel, Th. I. S. 176 u. f.). So fand man in Amsterdam im Jahre 1616 obenauf Dammerde 7 Fuß, sodann Torf 9 Fuß; weichen Thon 9; Sand 8; Erde 4; Thon 10; Erde 4; Sand 10; blauen Thon 2; weissen groben Sand 4; dürre Erde 5; feine weiche Erde 1; Sand 14; Sand mit Thon 8; Sand mit Conchylien 4; Thon 102; Sand 31, zusammen eine Tiefe von 232 Fuß bis auf das Wasser.

Dergleichen Schichten entstehen sonst, wenn Wasser mehreremal mit ungleichen Materien vermischt wird, und dann jedesmal soviel Ruhe genießet, daß die beygemischten Theile niederfallen und Bodensätze bilden können. Sind die Erdschichten so entstanden, so muß alles trockne platte Land einmal mit Wasser bedeckt gewesen seyn: und dieses Wasser muß zu verschiedenen Zeiten verschiedene Beymischungen gehabt haben Die häufigen Conchylien, die man hin und wieder in den Erdschichten, bisweilen in großen Tiefen findet, ingleichen die Unebenheiten mancher Schichten, welche gleichsam das wellenförmige Schwanken des Wassers zur Zeit des Niederfallens anzeigen, setzen es beynahe außer Zweifel, daß die obere Erdrinde auf diese Art gebildet sey. Alles dies kan auch nicht durch plötzliche Ueberschwemmungen, sondern nur durch einen langwierigen und ruhigen Stand des Wassers bewirkt worden seyn.

Andere Schichten sind neuer, und durch wiederholte Ueberschwemmungen des Trocknen entstanden. Darauf kan man vornehmlich schließen, wenn man die Dammerde in der Tiefe mit andern Schichten bedeckt wieder findet. Diese neuern Schichten zeigen auch nie Ueberreste von Conchylien. Oft finden sich Schichten von Lava und andern vulkanischen Materien, deren Ursprung offenbar von Ausbrüchen des unterirdischen Feuers herzuleiten ist.

Eben diese Resultate lassen sich auch aus der Betrachtung des Innern der Berge herleiten. Zwar zeigen die ursprünglichen oder zur erstern Ordnung gehörigen Berge, welche größtentheils aus Granit bestehen, keine regelmäßigen Schichten und keine Spuren von Seeprodukten; desto häufiger aber trift man sowohl den lagerförmigen Bau als auch die Seekörper in den Schiefergebirgen und vorzüglich in den Flötzgebirgen oder Bergen der zweyten Ordnung an. Eine dritte Classe der Berge, welche aus Sandstein, Mergelschichten, Eisen und Kupfererzen, Gypssteinen u. dgl. besteht, scheint neuer zu seyn, und enthält, statt der Seeprodukte, Spuren von Holz, Pflanzen und Landthieren. Eine vierte Classe endlich zeigt deutlich ihren vulkanischen Ursprung. Man sehe hierüber den Artikel Berge. *)

Oefters haben neben einander liegende Berge einerley Schichten in einerley Ordnung, und es hat das Ansehen, als ob das Thal zwischen ihnen herausgerissen wäre. Bisweilen haben auch die Thäler ihre eignen Lagen, als ob dieselben erst nach der Bildung des Thals entstanden wären. Im Innern bestehen die Berge aus großen Steinmassen, welche hie und da große Hölen, Spalten und Risse haben, s. Hölen. Manche dieser Spalten, besonders in den Schiefergebirgen, sind mit mineralischen Körpern ausgefüllt, und

*) Zu dem Artikel Berge gehören noch folgende seit der Ausgabe des ersten Bandes erschienene vorzügliche Bücher:
C. Haidingers Entwurf einer systematischen Eintheilung der Gebirgsarten, welcher den von der rußisch = kayserl. Acad. der W. für d. J. 1785 ausgesetzten Preis erhalten hat. Petersburg, 1786. 4.
A. G. Werners kurze Classification und Beschreibung der verschiedenen Gebirgsarten. Dreßden, 1787. 4.
Klassifikation der Gebirgsarten, nach den Voigtischen drey Briefen über die Gebirgslehre. Leipz. 1787. 8.

werden in der Lehre vom Bergbau **Gänge** genannt. Sie
können als Parallelepipeda angesehen werden, wovon zwo
Dimensionen sehr groß gegen die dritte sind. Man nennt
die Richtung ihres Fortgangs nach den Weltgegenden ihr
Streichen, ihre Neigung gegen die Verticalebne ihr **Fallen**, und ihre dritte, gemeiniglich nur geringe, Dimen-
sion ihre **Mächtigkeit**. Sie streichen bisweilen sehr weit,
indem sie sich der Mächtigkeit nach verschiedentlich erweitern, verengern und oft plötzlich abschneiden. Außer den
großen Steinmassen trift man auch hin und wieder ansehnliche Haufen einzelner losen Steine, neben und übereinander aufgethürmt, oder am Fuß der Berge Geschiebe
von eben dem Gestein an, das die Berge enthalten.

Die höchsten und ältesten Gebirge der Erdfläche werden gewöhnlich von den niedrigern Thonschiefergebirgen, diese
von den Kalkbergen, und letztere an manchen Stellen von
den Sandhügeln der dritten Ordnung umringt, welche sich
allmählig im flachen Lande verlieren.

Was endlich das Innere der Erdkugel selbst betrift,
über dessen Beschaffenheit uns unmittelbare Beobachtungen
gänzlich fehlen, so haben sich einige dasselbe als eine ungeheure Hölung vorgestellt, andere haben es mit Feuer, Wasser, einem Magnete u. dgl. anfüllen wollen. Die Beobachtungen aber, welche Herr **Maskelyne** bey dem Berge
Shehallien in Schottland über die Anziehung der Berge
gegen das Bleyloth angestellt hat, und von welchen ich bey
dem Worte: **Gravitation**, ausführlicher rede, haben gezeigt, daß die mittlere Dichtigkeit der Erdkugel (s. **Dichte**)
sich mit hinlänglicher Sicherheit doppelt so groß, als die
Dichtigkeit dieses Berges, der ein dichter gleichförmiger
Granit ist, setzen lasse, welche Erfahrung nach Hrn. Maskelyne's eigner Bemerkung alle Systeme umstößt, die
aus der Erde eine **hohle Kugel** machen.

Hypothesen über die Entstehung und Bildung der Erde.

Die Menge der hierüber entworfenen Theorien ist ungemein zahlreich. Schon im entferntesten Alterthume sin-

den sich häufige Spuren von Versuchen, die Kosmogonie zu erklären. Viele unter den Alten nahmen ein **Chaos** an, aus welchem durch den Streit der Elemente eine Scheidung derselben erfolgt, und alles an seine gehörige Stelle getreten sey,

Lucidus hic aer, et quae tria corpora restant,
Ignis, aquae, tellus unus acervus erant.
Ut semel haec rerum secessit lite suarum,
Inque novas abiit massa soluta domos;
Flamma petit altum, propior locus aëra cepit,
Sederunt medio terra fretumque solo,

Ovid. Fast. I. 105 sqq.

Leucipp, **Epikur** und **Demokrit** hingegen ließen die Welt aus **Atomen** entspringen, welche von jeher in einer lothrechten fallenden Bewegung gewesen seyn, durch eine plötzliche Störung aber von ihrem gerablinichten Wege abgelenkt, sich zufällig zusammengefügt und so die Körper gebildet haben sollten. Ueber diese Meinungen der Alten hat **Bayle** im historisch-kritischen Wörterbuche unter den Art: **Ovid** und **Epikur** mit vielem Scharfsinn und Gelehrsamkeit geschrieben.

Descartes (Principia philosophiae im 2ten B. seiner Opp. auch Amst. 1685. 4.) bildet die Welt aus einem harten Klumpen Materie, den der Schöpfer durch seine Allmacht zerschlug und in Bewegung setzte. Durch das Abreiben der Theile an einander entstand eine sehr subtile Materie, eine Menge kugelförmiger Theilchen und eine Anzahl grober eckigter Stücke. Dies sind seine drey Elemente. Die subtile Materie bildete die Sonnen oder Firsterne; die kugelförmigen Theilchen machten den Aether oder die Materie der Wirbel aus; die eckigten Stücken gaben den Stof zu den Planeten und Kometen. Die Erde war Anfangs ein Stern mit einem eignen Wirbel, aber mit vieler grober Materie vermischt, welche endlich eine ganz dunkle Rinde darum bildete, aus der das innere Centralfeuer nur hie und da noch hervorbricht. So ward sie von dem Wirbel der Sonne ergriffen und fortgerissen. Die gröbsten Theile des dritten Elements in der Erdrinde stürzten zuerst nieder, und bildeten die Erdschichten und das Waſſer. Da aber die feinen Theile des dritten Elements, welche über dem Waſſer lagen, nicht ganz von den gröbern befreyt werden konnten, ſo wuchs von ihnen ein Bette über dem Waſſer zuſammen, das endlich einſtürzte, und Plänen, Anhöhen und Berge hervorbrachte. Auf eine eben ſo mechaniſche Art fährt dieſer Weltweiſe fort, die Entſtehung der Vulkane, Salze, brennbaren Materien, Metalle, Quellen u. ſ. f. zu erklären, ſo daß ſich die Aufgabe: Datis materia et motu facere mundum, durch bloße Speculation ſchwerlich ſinnreicher auflöſen läßt. Und wenn gleich dies ganze Syſtem ein bloßer Traum und nicht im mindeſten durch Erfahrungen unterſtützt iſt, ſo wird man doch das große und dreiſte Genie, das aus demſelben hervorleuchtet, nicht ohne Bewunderung bemerken.

Thomas Burnet (Telluris theoria ſacra, orbis noſtri originem et mutationes generales, quas aut jam ſubiit, aut olim ſubiturus eſt, complectens. Lond. 1681. 4.) zieht in dieſem mit warmer Einbildungskraft geſchriebenen Werke die moſaiſche Schöpfungsgeſchichte blos auf unſern Erdball, welcher anfänglich ein flüßiges Chaos von allerley Materien geweſen ſeyn ſoll. Die ſchwerern Materien, ſagt er, ſanken und bildeten den Kern, um dieſen ſammlete ſich das Waſſer, und darüber die Luft, aus welcher die erdigten und ölichten Theile herabfielen, der Luft ihre Durchſichtigkeit (das Licht) wiedergaben, und die alte Erdrinde, ohne Berge und Meere, den glückſeligen Aufenthalt der erſten Menſchen, bildeten. Nach 1600 Jahren zerriß dieſe Rinde, von der Sonnenhitze vertrocknet, ſtürzte in das Waſſer hinab, und nahm eine Menge Luft mit ſich, die das Gewäſſer noch mehr erhob. Dies war die Sündfluth. Allmählig eröfnete ſich das Waſſer Wege in unterirdiſche Hölen, verließ einen Theil der eingeſtürzten Erdrinde, und brachte ſo unſre feſten Länder und Inſeln, welche aus Trümmern jener Rinde beſtehen, aufs Trockne. Man wird bald bemerken, daß dies Syſtem blos zu Erklärung der Sündfluth erfunden iſt, und wenig Kenntniß der Erdfläche verräth, welche keine Spuren eines

solchen allgemeinen Einsturzes angiebt, und in deren Schich=
ten auch keine Seethiere begraben werden konnten, zu einer
Zeit, da sie keine Meere hatte. **Keil** (Examen theoriae
telluris a Burneto editae. Oxon. 1698. 8.) hat dasselbe schon
sehr gründlich widerlegt

William Whiston (A new Theory of the earth.
Cambridge, 1708. 8.) nimmt an, die Erde sey vor der
Schöpfung oder Umbildung, welche von Mose erzählt wird,
und deren Tage er für Jahre erklärt, ein **Komet** gewesen.
Am ersten Tage änderte nach ihm der Schöpfer ihre Lauf=
bahn; nun senkten sich die Theile des Schweifs gegen den
Kern, und es ordneten sich, fast wie bey **Burnet**, Erde,
Wasser und Luft über einander. Die schwersten Theile der
Erde sanken am tiefsten; daher entstanden Vertiefungen,
in denen sich das Wasser sammlete, und Ungleichheiten auf
dem Trocknen. Nach und nach ward die Luft völlig hell,
so daß im dritten Jahre durch den Einfluß der Sonnenwär=
me die Pflanzen hervorkamen, im vierten die Gestirne völ=
lig erschienen, und im fünften und sechsten Thiere und Men=
schen hervorgebracht wurden. Nach 600 Jahren kam ein
anderer Komet der Erde nahe, sein Schweif stürzte sich in
Regengüssen herab, das von ihm angezogene unterirdische
Wasser durchbrach die Rinde, oder erhob sie an mehreren
Stellen, wodurch die großen Bergketten entstanden. Als
der Komet sich wieder entfernte, verlief sich das Wasser theils
in die entstandenen Hölen, theils in eine Hauptvertiefung,
welche nun das große Weltmeer bildete. Die kleinen Seen
im Lande vertrockneten daher, und ließen die Ueberbleibsel
ihrer Schalthiere auf dem Boden zurück. Man wird in
dieser sonst sinnreichen Hypothese die vielen willkührlichen
Voraussetzungen bald erkennen, obgleich sonst der Gedanke,
unter den Schöpfungstagen Jahre oder Perioden von un=
bestimmter Dauer zu verstehen, allgemeinen Beyfall ver=
dient, und die Erklärung der Sündfluth durch einen Ko=
meten allenfalls auch Traditionen und Schriftstellen (z. B.
Amos V, 8.) für sich hat (s. **Christ** Geschichte des Erdkör=
pers, S. 50. 51.)

John Woodward (Historia naturalis telluris. Lond.

1695. 8. An Essay towards the natural history of the
Earth. Lond. 1733. 8.), der zwar viele Beobachtungen
gesammlet hatte, aber doch ein schlechter Physiker war, hielt
die Erde für eine Wasserkugel mit einer festen Rinde. Die
Sündfluth erklärt er durch ein Wunder. Gott hob auf
einmal Schwere und Zusammenhang der Körper auf, wo=
durch sich alles auflösete; nur die Thiere blieben wegen der
Verflechtung ihrer Fibern von dieser allgemeinen Auflösung
ausgeschlossen (gerade, als ob bey aufgehobenem Zusam=
menhange noch Fibern statt finden könnten). Er ließ dar=
auf die Schwere wieder entstehen. Nun sanken die Mate=
rien nach der Ordnung derselben nieder, bildeten Schichten,
und führten die organisirten Körper mit sich in die Schich=
ten von gleicher specifischen Schwere. Diese neue Rinde
zerbrach wieder an einigen Stellen, und öfnete dem Was=
ser Wege, sich zu verlaufen, wodurch die Unebenheiten der
Erdfläche entstanden. Es ist aber ganz ungegründet, daß
die Materien der Schichten nach der Ordnung der specifi=
schen Schwere liegen; auch hat de Lüc (Briefe über die
Geschichte der Erde und des Menschen, Th. I. XVII u. f.
Briefe) die häufigen Irrthümer und Fehlschlüsse dieses Sy=
stems sehr umständlich dargestellt.

Herr von Leibnitz (Protogaea s. de prima facie telluris et antiquissimae historiae vestigiis in ipsis naturae mo-
numentis diss. in Act. Erud. Lips. a. 1693. und besonders
durch Scheid, Goetting. 1749. 4.) läßt die Erde aus ei=
nem ausgebrannten und geschmolzenen Körper entstehen.
Der Anfang seines Verlöschens ist die Scheidung des Lichts
von der Finsterniß und die Epoche der Schöpfung. Die
durch Hitze verglaseten Schlacken machten die Rinde aus,
in welcher beym Erkalten Buckeln und Blasen, d. i. Ber=
ge und große Hölen, entstanden. Als die Oberfläche kalt
genug war, fielen die Dünste aus der Atmosphäre herab,
bedeckten die Fläche mit Wasser, und lösten die Salze auf;
daher das salzige Seewasser. Bey zunehmendem Abkühlen
zerriß die Rinde, das Wasser verlief sich zum Theil in die Hö=
len, und brachte Länder aufs Trockne, welche den ersten
Menschen zu Wohnplätzen dienten. Endlich stürzten die

höchsten, vormals vom Wasser bedeckten und also schon mit Conchylien angefüllten, Theile auf einmal nieder, fielen in die mit Wasser bedeckten Tiefen, und trieben dadurch das Wasser zum zweytenmale über die ganze Erdfläche, bis sich endlich Zugänge zu neuen Hölen öfneten, worein sich dasselbe wieder verlaufen konnte. Man kan diesem System vornehmlich entgegensetzen, daß man keine allgemeinen Spuren einer ehemaligen Schmelzung oder Verglasung in den Materien der Erdrinde (man s. *Wallerii* diss. de tellure olim per ignem non fluida. Vpsal. 1761. 4.) oder auch eines fortdauernden Erkaltens antrift, und daß die Conchylien erst zu einer Zeit, da das Land schon bewohnt war, niedergesunken seyn müssen, weil man sie oft mit Pflanzen und Theilen von Landthieren vermischt findet.

Johann Scheuchzer (Hist. de l'Acad. des Sc. de Paris. a. 1708.) wollte wegen der vielen horizontalen und parallelen Erdschichten von dem Begrif einer anfänglichen Flüßigkeit der Erdmasse nicht abgehen, konnte aber doch diesen Begrif mit dem Anblicke der ungeheuren Alpen nicht vereinigen. Er nahm also an, nach der anfänglichen Bildung der Erde durch Niedersinken im Wasser, und nach einer zweyten Ueberschwemmung, habe Gott durch seine Allmacht die steinigten und festen Schichten der Erde emporgehoben und verschoben, wodurch denn die Berge mit parallelen aber nicht horizontalen Schichten entstanden, die Gewässer aber wieder in die Vertiefungen zurückgetreten wären. Um einen neuen Einsturz zu verhüten, habe er dazu die am meisten steinigten Gegenden, z. B. die Schweiz gewählt. Aber eine solche Ableitung aus einem Wunder ist keine Erklärung.

John Ray (Physico-theological discourses concerning the primitive chaos, the general deluge and the dissolution of the world. London, 1692. 1713. 8.) nimmt ebenfalls einen Niederschlag der festen Theile im anfänglichen Chaos an, wobey die Oberfläche mit Wasser bedeckt war. Er läßt aber bey der Schöpfung durch unterirdische Winde und entzündete Dünste Erdbeben entstehen, die Berge und das trockne Land erheben, und das Wasser sich in den

Vertiefungen sammlen. Durch die Ritzen der Erde brach das Feuer aus und bildete neue vulkanische Berge, auch Hölen in der Tiefe. Die Sündfluth erfolgte durch eine allmählige Verrückung des Schwerpunkts der Erde, veranlassete große Veränderungen der Oberfläche, und brachte Länder aufs Trockne, die vordem Meergrund gewesen, und mit Seekörpern angefüllt waren. Dies System empfiehlt sich durch eine ziemlich ungezwungne Erklärung der Sündfluth, und durch einige neue Ideen; es ist auch nicht zu läugnen, daß die Vulkane und Erdbeben großen Antheil an der Bildung der Erdfläche gehabt haben; allein ihnen die Erhebung aller Berge zuzuschreiben, ist bey weitem mehr, als Wirkungen des unterirdischen Feuers jemals leisten können.

Auch D. Hook (Posthumous Works, Lond. 1705. fol.) erklärt die Veränderung der Erdfläche durch Erdbeben, welche ganze Theile des Meergrundes ohne Verletzung der Schichten, woraus sie bestanden, und der darauf befindlichen Berge emporgehoben hätten, durch gewaltsame Wasserströme, Sturmwinde und allmähliges Herunterfallen der schwerern Theile. Besonders, glaubt er, sey durch Erdbeben eine Verrückung des Schwerpunkts der Erde entstanden, wodurch sich die Bewegung der Erdkugel um ihre Axe sowohl der Richtung, als der Zeit nach, merklich geändert habe. Raspe (Specimen historiae naturalis globi terraquei praecipue de novis e mari natis insulis. Amst. 1763. 8 maj.) hat dieses System verbessert vorgetragen.

Am vollständigsten ist die Hypothese der Bildung der Erde durch das unterirdische Feuer von Anton Lazaro Moro (De' crostacei e degli altri marini corpi, che si trovano su monti, Libri due, in Venezia, 1740. 4. Neue Untersuchung der Veränderungen des Erdbodens von A. L. Moro, aus d. ital. Leipzig, 1751. 8.) ausgeführt worden. Er nimmt von der Entstehung einer neuen Insel im Archipelagus am Meerbusen der Insel Santorin im Jahre 1707, ingleichen des Montenuovo bey Neapel im Jahr 1538, Gelegenheit zu behaupten, der ganze trockne Erdboden sey durch unterirdisches Feuer entstanden. Bey der Schöpfung befand sich im Mittel der Erde das Centralfeuer, darüber eine dicke Erdrinde, und zu oberst 175 Toisen hoch Wasser. Am dritten Tage ließ der Schöpfer das Feuer wirken, das die Rinde hob und so die ursprünglichen Berge bildete. Das Feuer durchbrach auch die Rinde hie und da, warf vulkanische Materien um sich, bildete Schichten davon im Meere, und gab diesem den salzigen Geschmack, worauf es Seethiere und Pflanzen erhalten konnte. Inzwischen erhob das Feuer auch den Meergrund und bildete dadurch die Berge, welche Schichten, aber keine Seeprodukte, enthalten. Das Land ward durch die vulkanischen Ueberzüge fruchtbar und mit Menschen, Thieren und Pflanzen besetzt. Die immer fortdaurenden Wirkungen des Feuers hoben nun auch die mit Seekörpern versehenen Berge empor, und bildeten unsere Erdschichten in den Plänen. Die nachherigen Wirkungen der Vulkane haben noch bis auf unsere Zeiten manche locale Veränderungen hervorgebracht, die Wohnplätze der Thierarten ꝛc. verändert, woraus sich erklärt, daß man so viel Elephantenknochen in den Nordländern aus der Erde gräbt, und an so vielen Orten versteinerte Ammonshörner findet, deren lebende Originale nicht mehr angetroffen werden. Sehr ähnlich mit Moro's Hypothese ist diejenige, welche Hr. Keßler von Sprengseysen (Untersuchung über diejetzige Oberfläche der Erde, besonders der Gebirge. Leipz. 1787. 8.) ganz neuerlich, nur mit mehr Rücksicht auf die mosaischen Erzählungen, vorgetragen hat. Man findet in der That in diesen Systemen mehr bekannte und wirklich vorhandene Ursachen angegeben, als in irgend einem der vorigen; allein es ist unmöglich, daß die elastische Kraft der unterirdischen Dämpfe solche Bergketten, wie die Cordelieren und Alpen sind, aus der Tiefe des Meeres erheben und mit gehöriger Festigkeit unterstützen könnte. Der Bau der Berge ist offenbar dagegen; denn sie machen kein über einem Abgrunde auf Wiederlagen ruhendes Gewölbe aus, sondern ihr Fuß ist vielmehr breiter, als ihr oberer Theil. Aus diesen mechanisch richtigen Gründen hat de Lüc (Briefe über die Geschichte d. Erde, XLVII u. f. Briefe) alle diese System, welche die Berge durch unterirdisches Feuer emporheben laſſen, ſehr ausführlich widerlegt.

Der Abt Plüche (Spectacle de la nature. à la Haye, 1738. 8. To. III. P. 2.) läßt bey der Entſtehung der Erde die Ebnen des Aequators und der Ekliptik zuſammenfallen, daraus einen beſtändigen Frühling erfolgen, und das Meer zum Theil in unterirdiſchen Hölen verborgen liegen. Plötzlich aber lenkt der Schöpfer die Erdare nach den nördlichen Geſtirnen, die Sonnenhitze fällt ganz auf die eine Halbkugel, es entſtehen gewaltſame Ausdehnungen der Luft, die Stürme dringen zwiſchen das unterirdiſche Waſſer und die Wölbung der Hölen ein. Auch fällt das Waſſer der Atmoſphäre in heftigen Regengüſſen herab. Die Erde zerbricht davon, fällt ſtückweis in die Tiefen, und treibt das Waſſer herauf. Hierdurch entſteht die Sündfluth. Endlich bringen Ausdünſtung und Ablauf die Erde wieder aufs Trockne, wo man noch die Erdſchichten, als Ueberbleiſel des älteſten Baues, aber auch die Spuren der Veränderungen antrift, die das Waſſer und der Einſturz darauf verurſacht haben. In dieſem Syſtem iſt die angenommene Urſache unſtreitig zu ſchwach, um ſo gewaltſame Wirkungen hervorzubringen.

Bourguet (Lettres philoſophiques ſur la formation des ſels et des criſtaux. à Amſterd. 1729. 12mo) glaubte in der Geſtalt und Lage der Gebirge eine allgemeine Aehnlichkeit mit Feſtungswerken zu finden, wo immer einwärtsgehende und hervorſpringende Winkel mit parallelen Schenkeln einander gegenüber ſtehen. Auch ſtand er, wie viele andere Naturforſcher, in den Gedanken, daß man in allen Bergen Schichten und Conchylien finde. Er erklärte alſo die Bildung der Berge aus Strömen des ehemaligen Meeres, ſo wie ſich an den Biegungen der Flüſſe ebenfalls Winkel mit parallelen Schenkeln an beyden Ufern gegenüber ſtehen. Allein dies iſt mehr die Wirkung eines reißenden Stroms, der ſich Wege durchbricht, als die eines weit ausgebreiteten und Niederſchläge abſetzenden Meeres, zu geſchweigen, daß dieſe Anordnung nur bey einer ſehr geringen Anzahl von Bergen ſtatt findet, und daß dieſe Berge ſchon verhanden ſeyn mußten, ehe ſich die Fluth den Weg durch dieselben öfnete. Diese Anordnung zeigt sich vielmehr blos an den Seiten der Thäler, welche die großen Bergketten nach der Queere durchschneiden.

Johann Gottlob Krüger (Geschichte der Erde in den ältesten Zeiten. Halle, 1746. 8.) nimmt drey große Veränderungen der Erde an. Zuerst war sie vom Wasser bedeckt, in welchem die Schalthiere lebten: damals erhielt sie ihre sphäroidische Gestalt: dann brannte sie aus, die Conchylien wurden gekocht, und in Schiefer und andere geschmolzene Materien begraben. Endlich ward sie durch Erdbeben erschüttert, welche den Bergen, Hügeln und Sandlagen ihre gegenwärtige Gestalt gaben.

De Maillet (*Telliamed*, ou Entretiens d'un Philosophe Indien avec un Missionaire François sur la diminution de la mer. Nouv. edit. à la Haye, 1755. To. II. 12.) erklärt die Bildung der Erdfläche aus einer sanftern und langsamer wirkenden Ursache, aus der beständigen Abnahme oder dem Zurücktreten des Meeres. Ursprünglich ist zwar auch bey ihm die Erdkugel eine ausgebrannte Sonne, welche nach dem sonderbaren System, das er sich über die Revolutionen der Himmelskörper träumt, ehedem die Stelle der jetzigen Sonne eingenommen hat, dann aber auf einmal in eine große Entfernung von derselben fortgeschleudert und mit Wasser aus den andern Planeten überschwemmt worden ist. Dieses Wasser dünstet nun jetzt immer mehr aus und nimmt ab, bis endlich die Erde, die indeß dem Mittelpunkte wieder näher rückt, ganz vertrocknet seyn und wieder zur brennenden Sonne werden wird. Von dem ehemaligen Brande haben die Mineralien und Metalle ihren Ursprung. Das Meer aber senket sich jetzt um 3 Fuß in tausend Jahren. Die Berge sind von Bodensätzen des alten weit höhern Meeres und ihre Ungleichheiten von den Meerströmen entstanden. Aus dem Wasser sind alle Pflanzen, ja auch alle Thiere und selbst der Mensch hervorgegangen, welcher anfänglich ein Bewohner des Meeres war. Die Schöpfungstage macht er zu langen Zeiträumen, und legt dem Menschengeschlechte ein Alter von wenigstens 500000 Jahren bey. Es ist kaum zu begreifen, wie weit diesen Schriftsteller die Vorliebe zu einem System geführt hat, das sich doch nur auf einige locale Beobachtungen an den Küsten des mittelländischen Meeres gründet. Er trägt zur Bestätigung des Theils, der die Thiere und Menschen betrift, die lächerlichsten Fabeln vor, und giebt Blößen, welche de Lüc (Briefe über die Gesch. der Erde, Th. I. XLI u. f. Brief) fast umständlicher, als es nöthig war, darstellet. Uebrigens hat er wegen seiner guten Schreibart viele Leser gefunden, und den Satz: daß unser festes Land ehedem Meergrund gewesen sey, sehr schön und überzeugend dargethan.

Le Cat trug im Magazin François, Juillet, 1750. ein System vor, welches die Entstehung der Berge auf dem sonst ebnen Meergrunde der Wirkung des Mondes, oder der Ebbe und Fluth, zuschreibt. Diese, sagt er, häufte den Schlamm in ungeheure Massen auf; dadurch mußten an andern Stellen Vertiefungen entstehen, in welche sich das Wasser senkte, und einen Theil der erhobnen Erde auf dem Trocknen zurückließ. Diese Wirkungen dauren noch immer, wiewohl langsamer, fort, und endlich wird das Meer die ganze Erdkugel aushölen. Man sieht aber gar bald, daß die Wirkung der Ebbe und Fluth auf einer regelmäßigen sphäroidischen Fläche den Schlamm nicht in Berge aufhäufen, sondern höchstens nur gegen die Pole treiben und in Gestalt von Zonen anlegen kan.

Der Graf Büffon (Histoire naturelle generale et particuliere, To. I., Theorie de la terre ingl. mit beträchtlichen Abänderungen Supplement, To. IX et X. Paris, 1778. 8.) benützt den Umstand, daß sich alle Planeten um die Sonne und um ihre Axen nach einerley Seite zu bewegen, und daß ihre Bahnen nur kleine Winkel, höchstens von $7\frac{1}{2}°$ mit einander machen, zu der Vermuthung, daß ihre anfängliche Bewegung aus einer gemeinschaftlichen Ursache entstanden sey. Er stellt sich vor, ein Komet sey schief gegen die Sonne gefallen und habe von ihr den 650sten Theil ihrer Masse abgestoßen, auch den Stücken die Umdrehung um ihre Axe nach eben der Richtung mitgetheilt. Diese Stücken fiengen nun vermöge der Gravitation ihre Centralbewegungen an, und platteten sich durch die Umdrehung ab. Ein solches Stück war die Erde; anfänglich also in einem Zustande der Schmelzung und des Glühens, und nur allmählig erhärtend und erkaltend. Nach B. Berechnungen hat das Glühen 3000, und die Hitze, bey welcher man die Erdkugel noch nicht hätte berühren können, 34000 Jahre gedauret. Wenn ein Klumpen geschmolzenes Glas oder Metall erkaltet, so entstehen auf der Oberfläche Löcher, Wellen, Ungleichheiten, und darunter Hölen und Blasen. So entstanden die ursprünglichen Bergketten und Hölen der Erde; auch wurden in diesem Zeitraume die Metalle in den Gängen durch Sublimation bereitet. Das Meer aber befand sich ganz in der Atmosphäre, weil die Erde wenigstens 25000 Jahre lang so heiß war, daß sie alles Wasser in Dämpfe verwandlete. Erst nach dieser Zeit fiel das Wasser nach und nach herab, und bedeckte die Fläche auf 2000 Toisen hoch, so daß nur die Gipfel der höchsten Berge hervorragten. In diesem noch heißen Meere bildeten sich die Schalthiere in ungeheurer Anzahl, zum Theil andere Gattungen, als jetzt leben. Der Druck des Wassers grub große Vertiefungen aus, und eröfnete Wege zu den unterirdischen Hölen. Dadurch kam nun mehr Land aufs Trockne, und es fieng die Bevölkerung mit lebenden Wesen an, welche bey der damaligen ersten Stärke der Natur und mehrern Wärme kolossalische Größen hatten. Die Polarländer erkalteten zuerst, daher nahm hier die Bevölkerung ihren Anfang, endlich verlief sich auch das Gewässer um den Aequator. Während dieser Zeit, die v. B. auf 20000 Jahre setzt, entstanden aus den Trümmern der Schalthiere unter dem Wasser alle kalkartige Materien, und die mit Schichten und Seeprodukten versehenen Berge der zweyten Ordnung. Durch die aus der innern Wärme der Erde herrührende Elektricität entsprangen die Vulkane, welche neue Inseln hervorbrachten, das Land mit Lava bedeckten, und den Boden fruchtbar machen halfen. Die Elephanten, Wallroße u. d. gl. lebten damals in den Nordländern, bis die zunehmende Erkaltung sie zwang, in die heiße Zone überzugehen; daher man in Nordamerika, Sibirien rc. soviel gegrabnes Elfenbein findet. Endlich vollendeten partielle Ueberschwemmungen, langsame Wirkungen des Regens, und die immer fortgehende Bewegung des Meeres von Osten nach Westen das Werk, und gaben der Erdfläche die gegenwärtige Gestalt. Die Erkaltung aber nimmt immer mehr zu, und nach 93000 Jahren wird die lebende Natur wegen der Kälte nicht mehr bestehen können. Dies sind die Hauptzüge eines Systems, das sein Urheber mit der ihm eignen hinreißenden Beredsamkeit vorgetragen hat, das man aber bey genauerer Prüfung für nichts weiter, als für einen schönen Traum, erklären kan. In den Beobachtungen findet sich keine Spur einer abnehmenden Wärme oder Erkaltung, und wenn es eine der Erde eigne, von der Sonne unabhängige, Wärme giebt (s. Centralfeuer), so kan doch allen physikalischen Grundsätzen gemäß, kein Erkalten des Ganzen in dem hier angenommenen Sinne statt finden, weil außer der Erde und ihrer Atmosphäre nichts da ist, was diesen Wärme entziehen kan. Die freye oder fühlbare Wärme geht zwar aus einem glühenden Eisen in die Luft über, weil die Luft kälter ist; aber dies ist nicht der Fall der Erdkugel, welche zwar ihrer Atmosphäre Wärme mittheilt, aber auch wieder Wärme von dieser annimmt, wenn sie kälter ist. Außer der Atmosphäre aber ist nichts weiter vorhanden, was der Erde Wärme entziehen könnte. So kan sich kein Beweis dieses Erkaltens in der Physik finden, und die Geschichte lehrt vielmehr, daß das Klima so vieler Länder durch die Cultur immer milder und wärmer werde. Dazu kömmt, daß die Planeten, wenn sie aus der Sonne abgerissen wären, ihre Perihelien weit näher bey der Sonne haben müßten, daß die ursprünglichen Materien zwar glasartig, aber keinesweges verglaset sind, daß die kalkartigen Stoffe sich selbst in den ursprünglichen Gebirgen, und oft ohne alle Spuren von Seethieren finden, daß die neusten Anhäufungen des Meeres, welche die meisten Conchylien enthalten, großentheils aus glasartigen Materien bestehen, daß die Bewegung des Meeres von Osten gegen Westen die beygelegten großen Wirkungen nicht hervorbringen kan, daß der Regen und die Bäche die Berge durch Abrundung und Bö-

E

schung mehr befestigen, als zerstören u. s. w. De Lüc
(Briefe üb. die Gesch. d. Erde, Th. II. CXLI u. f. f. Brie=
fe) setzt dies alles umständlich auseinander, und schließt mit
der Bemerkung, daß diese Büffonsche Naturgeschichte als
allgemeine sehr mangelhaft, als partikuläre aber reich
an Schönheiten und vortreflichen Beobachtungen sey.

Joh. Heinrich Gottlob von Justi (Geschichte des
Erdkörpers, Berlin. 1771. gr. 8.) läßt ebenfalls die Erde
aus der Sonne entspringen, und eignet ihr ein Centralfeuer
zu, welches nach einer Arbeit von mehr als 1000 Jahrhun=
derten die ursprünglichen Felsen emporgehoben haben soll.
Die übrigen Berge leitet er von abwechselnden Ueberschwem=
mungen her, nimmt auch eine Veränderung der Erdaxe
an, um zu erklären, wie die Elephantenknochen in die nor=
dischen Gegenden kommen.   Herr Wiedeburg (Anwen=
dung der Natur= und Größenlehre zur Rechtfertigung der
heil. Schrift. Nürnberg, 1782. gr. 8.) hat dieses System
umständlich widerlegt; er selbst (Neue Muthmaßungen über
die Sonnenflecken, Kometen und die erste Geschichte der
Erde, v. J. E. B. Wiedeburg. Gotha, 1776. gr. 8.)
ist der Meinung, die Erde sey, wie alle Planeten, zuerst
ein Sonnenflecken, dann ein Komet gewesen, und end=
lich vom Schöpfer in ihre jetzige weniger eccentrische Lauf=
bahn gebracht worden — eine Art von Generationssystem
für die Weltkörper, dergleichen schon Lambert (Kosmo=
logische Briefe über die Einrichtung des Weltbaus, Augsp.
1761. 8. S. 9 u. f.) hinlänglich widerlegt hat.

Herr de Lüc (Lettres physiques et morales sur l'histoire de la terre et de l'homme, adressées à la Reine
de la Grande-Bretagne, à la Haye. 1779. Tomes V.
8 maj., mit einiger Abkürzung übersetzt unter dem Titel:
Physikalische und moralische Briefe über die Geschichte der
Erde und des Menschen, von J. A. de Lüc. Leipzig, 1781.
II. Bänd. gr. 8.) hat nicht nur die meisten der bisher an=
gezeigten Hypothesen sehr scharf geprüft, sondern auch ein
anderes, ungleich besseres System an ihre Stelle gesetzt.
Er gesteht mit Bescheidenheit ein, daß es ihm nicht mög=
lich sey, die physikalische Ursache, welche die ursprungli=

chen Berge gebildet hat, anzugeben, und schränkt daher
seine Erklärungen auf die neuere Geschichte der Erde und
auf dasjenige ein, was die Betrachtung unsers festen Landes fast augenscheinlich lehrt: daß unser festes Land
ehedem Meergrund gewesen sey, daß das Meer sein
ehemaliges Bett durch eine plötzliche Revolution,
und noch nicht seit sogar langer Zeit, verlassen habe.
An dem ersten dieser Sätze kan ohnehin kein Naturforscher
zweifeln; der plötzliche Rückzug des Meeres wird daraus
wahrscheinlich, weil die Hypothese einer allmähligen Abnahme viele Phänomene nicht erklärt, und besonders nicht
zeigt, wie sich in den Erdschichten Seeprodukte finden können, deren lebende Originale nicht in den benachbarten, sondern nur in sehr entfernten Meeren, zum Theil auch gar
nicht mehr, angetroffen werden; weil auch die Schicht der
fruchtbaren Dammerde an den Stellen der festen Länder,
welche blos unter den Händen der Natur geblieben sind,
überall gleich groß (nicht viel über einen Schuh hoch) gefunden wird, welches anzeigt, daß alles platte Land zugleich
aufs Trockne gekommen, und diese Revolution so sehr alt
nicht sey, als sie einige Schriftsteller der biblischen Zeitrechnung zuwider annehmen. Hierauf gründet sich nun folgende neuere Geschichte der Erde. Das alte Meer häufte
Bodensätze von kalkartigen Materien, die nach und nach
immer mehr mit Conchylien, auch mit Spuren von Pflanzen und Landthieren vermischt wurden, welche die Flüsse aus
dem damaligen festen Lande herbeyführten. Das Wasser
filtrirte sich durch den Boden, erzeugte unter dem Meere
innere Gährungen, Entzündungen, Dämpfe und Ausbrüche von Vulkanen, welche Lavenschichten bildeten, die hin
und wieder mit Bodensätzen des Meers abwechseln. Die
davon unzertrennlichen Erdbeben machten Spalten in den
Bergen, welche sich nachher mit Materien ausfüllten, die
Produkte des Wassers und Feuers zugleich sind. Dies sind
unsere Gänge. Auch warfen die Vulkane Trümmern des
ursprünglichen Bodens aus, und bildeten davon Anhäufungen und Schichten. Durch den Einsturz des Bodens in
die vom unterirdischen Feuer erweiterten Hölen ward die Flä-

che des alten Meeres immer niedriger; die Vulkane traten
mit ihren Oefnungen hervor, wirkten freyer, und warfen
oft ungeheure Granitblöcke mitten in die Kalkgebirge. Endlich machte das Meer statt der kalkartigen nur noch kieselartige oder sandige Bodensätze, und führte Mergel und Thon
über den Boden. Dies war sein letztes Werk. Auf einmal verließ es den so gebildeten Boden unserer festen Länder
durch eine plötzliche Revolution, die de Lüc von dem Ein-
sturze der alten Länder herleitet, welche nach ihm Wölbungen über großen Hölen waren. Das Wasser hatte sich nach
und nach Zugänge dazu eröfnet, Gährungen und Vulkane
veranlasset, die Gewölber stürzten nieder, das feste Land
verschwand, das Wasser breitete sich darüber aus, und die
Meeresfläche ward dadurch so niedrig, daß unsere heutigen
Länder aufs Trockne kamen, dagegen die Stelle der ehemaligen Länder anjetzt vom Weltmeere bedeckt wird. Es ist
hier unmöglich, die zahlreichen Beobachtungen anzuführen,
welche den einzelnen Theilen dieses Systems zur Grundlage
dienen, und die der Verfasser theils von andern entlehnt,
theils auf seinen Reisen durch die Schweiz, Deutschland
und Holland selbst gesammlet hat. Besonders ist der Satz,
daß es schon bewohnte Länder gab, als unser jetziges Land
noch Meergrund war, durch das ganze Werk hindurch, auf
mannigfaltige Weise bestätiget, und daraus das Phänomen der gegrabnen Elephantenknochen in den Nordländern
(CXLV. Brief.) sehr glücklich erklärt. Herr de Lüc setzt
das Alter des jetzigen festen Landes nicht über 4000 Jahr,
erklärt die Revolution, die es aufs Trockne brachte, und
das alte Land zerstörte, für die Sündfluth, und zeigt
(CXLVI. CXLVII. Brief.), daß sein ganzes kosmologisches
System mit der mosaischen Erzählung und Zeitrechnung
übereinstimme, wenn man die Schöpfungstage für Perioden von unbestimmter Dauer annimmt.

Mit diesem System stimmt Hollmann (Comment.
de corporum marinorum aliorumque peregrinorum in
terra continente origine in Comm. Gotting. Tom. III.
p. 285 sqq.) in den Hauptsätzen, daß unser Land Meergrund
gewesen, und durch Einsturz des alten Landes in unterirdi-

sche Wölbungen aufs Trockne gekommen sey, völlig überein, obgleich seine Abhandlung bereits 1753 geschrieben ist.

Pallas (Observations sur la formation des monta-
gnes, et les changemens arrivés au globe. à St Petersb.
1777. 4.) übersetzt in den leipziger Sammlungen zur Physik und Naturgeschichte, II. Band.) nimmt an, daß die
hohen Granitketten jederzeit Inseln auf der Oberfläche der
Gewässer ausgemacht haben und daß in den Schichten, die
sich daran anlegten, Kiese und Vulkane entstanden sind.
Diese alten Vulkane zertrümmerten die Schichten, schmolzen und verkalkten ihre Materien, und bildeten dadurch die
ersten Schiefer= und Kalkberge, ingleichen die nachher mit
Erzen u. dgl. ausgefüllten Spalten und Gänge derselben,
sie zerstörten auch die auf dem Meergrunde liegenden Haufen von Conchylien und Muschelbänken, und veranlasseten
Bodensätze von verschiedner Art. Endlich trieb eine gewaltsame Revolution, welche er von den Ausbrüchen der
häufigen Vulkane im indischen und stillen Meere herleitet,
die Gewässer gegen die zusammenhängenden Bergketten von
Europa und Asien zu, zerstörte die südwärts derselben gelegnen Länder, überstieg die niedrigsten Theile der Ketten,
und führte die Trümmern der Pflanzen und Thiere mit
sich in die nördlichen Gegenden, aus welchen das Wasser
wieder in neueröfnete Schlünde abfloß. Dies wird aus
der Gestalt der Meerbusen, Spitzen des festen Landes, aus
der Lage der Gebirge und andern Umständen wahrscheinlich
gemacht, und in der That leitet auch der erste Blick auf
eine Weltkarte fast unwiderstehlich auf die Vermuthung einer solchen aus Süden gekommenen Fluth.

Nur mit wenigem will ich des Systems gedenken, welches Herr Gerhard (Versuch einer Geschichte des Mineralreichs. Berlin, 1781. 8.) ganz auf Gründe der Chymie
gebaut hat, wobey er den Schöpfer blos Kieselerde, Feuer
und Wasser hervorbringen, und daraus durch die Bewegung im Chaos die Salze und übrigen Erden, nebst Thon,
Oelen, Schwefel und Kiesen entspringen, dann aber durch
Gährung und Niederschlag die Schichten sich ordnen und
durch Erhitzung und Ausbrüche firer Luft wieder zertrüm-

mern läßt. Dies heißt wohl, unsern Planeten zu einem
blos chymischen Produkte und zugleich zur Werkstatt desselben machen, welches gewiß eben so fehlerhaft ist, als wenn
man ihn mit Descartes blos mechanisch aus Materie und
Bewegung bilden will.

Eben so sonderbar ist die Meinung des Freyherrn von
Gleichen, genannt Rußworm (Von Entstehung, Bildung, Umbildung und Bestimmung des Erdkörpers. Nürnb.
1782. 8.), welcher durch seine Beobachtungen über die In-
fusionsthierchen bekannt ist. Er glaubt, die Erde sey Anfangs eine bloße Wasserkugel gewesen, welche zuerst Fische
hervorgebracht habe, aus deren Verfaulung Erde entstanden sey, die sich gesetzt, und den festen Körper zu bilden
angefangen habe. Die Gährung habe darauf Hitze, Auf-
blähungen und Erhöhungen veranlasset, die Bewegung des
Wassers habe den Schlamm zu Schalen geformt, woraus
der Kalk bereitet worden sey. Endlich sey die Erde über
das Wasser hervorgetreten, und dem Sonnenlichte ausgesetzt worden. Das Wasser nehme immerfort ab, die Wärme aber zu, und so werde endlich die ganze Erdkugel im
Feuer zerschmelzen.

Auch Wallerius (Physischchemische Betrachtungen
über den Ursprung der Welt, besonders der Erdwelt und
ihre Veränderungen, aus dem latein. Erfurt, 1782. 8.)
leitet den Ursprung aller Körper aus dem Wasser her, aus
welchem die festen Körper durch Gerinnungen und Concretionen entstanden seyn sollen. Er bemüht sich mit vielem
Scharfsinn und mit Anwendung seiner großen mineralogi-
schen und chymischen Kenntnisse diese sonderbare Behauptung
mit den mosaischen Tagwerken in eine buchstäbliche Uebereinstimmung zu bringen. Eine beständige Verminderung
des Wassers und das Zunehmen des festen Landes hat auch
Linné (De telluris habitabilis incremento in Amoenit.
Academ. Vol. II.) angenommen.

Herr Consistorial- und Oberbaurath Silberschlag
(Geogenie, oder Erklärung der mosaischen Erderschaffung
nach physik. und mathem. Grundsätzen, Berlin, 1 u. 2 Th.
1780. 3 Th. 1783. gr. 4.) macht ganz die mosaische Schö-

pfungsgeschichte zur Grundlage seines Systems. Gott schuf nach ihm das Chaos für jeden Weltkörper da, wo dieser seine Stelle haben sollte. Am ersten Tage entzündeten sich die Sonnen, und die Umdrehungen um die Axen fiengen an. Am zweeten vollendete sich die Absonderung der Luft, das Wasser blieb auf der Fläche, und im Kerne grif die Versteinerung schnell um sich. Im Innersten brach eine ungemeine elastische Kraft, ein plötzlich wirkendes Feuer aus, bildete ungeheure Hölungen im Innern und trieb die Erde hie mehr, dort weniger empor. Dadurch traten Land, Inseln und Berge hervor, und das Meer verlief sich zum Theil in die Hölen. Die Felsen wurden theils durch die schlammigte Fläche, theils durch Steinschichten hindurchgeschoben, theils ward die weiche Masse zu Hügeln und Rücken erhoben, theils brach das Feuer durch Oefnungen, und warf Granit, Quarz und Sand weit umher. Durch eben diese elastische Kraft wurden auch lange Gänge und Canäle gebildet, ingleichen Hölen, welche wie Stockwerke übereinander liegen, und zum Theil mit dem großen Centralgewölbe Gemeinschaft haben. Aus diesem Hölensystem und den darinn befindlichen Gewässern erklärt Herr S. die Art und Weise, wie die Sündfluth habe entstehen, und wieder abfließen können, sehr gekünstelt, mit Hülfe eines von Blech verfertigten Heronsbrunns. Die Conchylien in den Erdschichten sollen vorher in den Seen der unterirdischen Hölen gelebt haben, und durch den Ausbruch der Gewässer bey der Sündfluth auf die Erdfläche geführt worden seyn. Die Elephanten= und Rhinocerosknochen schwammen, durch die Verwesung leichter gemacht, auf dem Wasser, wurden durch Wind, Wellen, und Ströme der ablaufenden Fluth herumgeführt und endlich in den von höhern Gegenden herabfließenden Schlamm und Sand begraben. Man sieht bald, daß die künstlichen Veranstaltungen dieses Systems bles dadurch nothwendig werden, weil Herr S. den so wahrscheinlichen Satz, daß unser Land lange Zeit der Grund eines ruhenden Meeres gewesen sey, nicht annehmen, sondern die Bildung des Bodens aus der Sündfluth, als einer plötzlichen Revolution, herleiten will, welches sich frey-

lich nicht ohne Zwang mit den Phänomenen vereinigen läßt.
(Mau f. Philosophischphysische Fragmente über die Geogenie, worin die vornehmsten Meinungen des Hrn. Silber-
schlags freymüthig geprüft werden. 1ster Theil. Breslau,
1783. gr. 4.)

Bey einer solchen Menge von Hypothesen, die sich
mehrentheils auf die Lieblingsideen oder Lieblingsstudien
ihrer Urheber gründen, wird derjenige vielleicht am besten
thun, der gar nicht ausführlich von den Naturforschern zu
wissen verlangt, wie die Erde und die Welt geschaffen worden sey, der vielmehr bey demjenigen stehen bleibt, was
uns die Beobachtungen mit der größten Wahrscheinlichkeit
zeigen, daß die Erde allerdings ehedem anders als jetzt, aus-
gesehen habe (s. *A. F. v. Veltheim* Etwas über die Bildung
des Basalts und die vormalige Beschaffenheit der Gebirge
in Deutschland. Leipz. 1787. gr. 8.), daß unsere Länder
ehedem Meergrund gewesen sind, welches außer de Maillet, Hollmann, Büffon und de Lüc, auch Lehmann
(Versuch einer Geschichte von Flötzgebirgen. Berlin, 1756.
8.) dargethan hat, daß eine einzige Ueberschwemmung, also
auch die von Mose erwähnte Sündfluth, allein zu Erklärung der Phänomene nicht hinreicht, daß die Vulkane und
Erdbeben an der Bildung der Erdfläche einen sehr großen
Antheil haben (s. Vulkane), und daß überhaupt sehr viele
mit einander verwickelte, theils gewaltsam, theils allmählig wirkende Ursachen zusammengekommen sind, um die
Erdfläche zu dem, was sie jetzt ist, zu einem so bequemen
Wohnplatze des Menschen, und der ganzen lebenden Natur
zu bilden.

Johann Lulofs Einleitung zu der mathematischen uud physikalischen Kenntniß der Erdkugel, aus dem holländ. von A. G.
Kästner. Göttingen u. Leipz. 1755. gr. 4.

Fr. Mallet allgemeine oder mathematische Beschreibung der
Erdkugel, aus dem schwed. von L. H. Röhl. Greifsw. 1774. 8.

J. Elert Bode Anleitung zur allgemeinen Kenntniß der Erdkugel. Berliu, 1786. gr. 8.

Erxleben Anfangsgründe der Naturlehre. Vierte Aufl. mit
Zusätzen von G. C. Lichtenberg. Göttingen, 1787. 8. im
dreyzehnten Abschnitte.

Torb. Bergmann phyſikaliſche Beſchreibung der Erdkugel, aus
dem ſchwed. von C. H. Röhl. Zwote Auflage. Greifswalde, 1780,
2 Bände, gr. 8.

J. A. de Lüc phyſikaliſche und moraliſche Briefe über die Ge=
ſchichte der Erde und des Menſchen, aus d. franz. Leipzig, 1781.
2 Bände, gr. 8.

J. L. Chriſt Geſchichte unſers Erdkörpers von den erſten Zeiten
der Schöpfung des Chaos an ꝛc. Frf. und Leipz. 1785. 8.

Erdkugel, künſtliche, Globus terreſtris artificialis, *Globe terreſtre.* Eine Kugel, auf deren Oberfläche ei=
ne ähnliche Vorſtellung der Erdfläche, ihrer Länder, Mee=
re, vornehmſten Orte u. ſ. w. ingleichen der Kreiſe und
Punkte, welche man ſich auf ihr gedenket, entworfen iſt,
und die in einem ſchicklichen Geſtell um eine durch die Pole
gehende Axe gedrehet werden kan — ein Modell der Erd=
kugel im Kleinen.

Um Wiederholungen zu vermeiden, verweiſe ich wegen
deſſen, was die Geſchichte der künſtlichen Erdkugeln, ihre
Verfertigung, die Streifen, womit ſie überzogen werden,
die Einrichtung ihres Geſtells ꝛc. betrift, auf den Artikel:
Himmelskugel, künſtliche, und will hier nur mit weni=
gem erwähnen, was der künſtlichen Erdkugel beſonders
eigen iſt.

Daß man alle Kreiſe und Punkte, die an der Him=
melskugel angenommen werden, auch auf der Erdkugel vor=
ſtellen könne, iſt bereits bey dem Worte: **Erdkugel** er=
wähnt, und durch Taf. VIII. Fig. 2. erläutert worden. In
dieſer Abſicht gedenkt man ſich Himmel und Erde als zwo
concentriſche Kugeln, wobey eigentlich die Erde unendlich
klein, oder nur als ein Punkt gegen den Himmel, angenom=
men werden muß. Da es aber hiebey blos auf Kreiſe und
Bogen, oder auf Maaße von Winkeln am Mittelpunkte c
ankömmt, mithin die Halbmeſſer dieſer Kreiſe in jeder be=
liebigen Größe genommen werden können, ſo kan man in
der Figur ohne allen Fehler der Erde eine merkliche Größe
beylegen; und bey der Verfertigung der Globen ſelbſt wer=
den Himmels= und Erdkugel gewöhnlich beyde von einerley
Größe gemacht.

So geht durch beyde Kugeln die gemeinſchaftliche Axe

PS, und bezeichnet auf der Erdkugel die Punkte p und s, den Nord- und Südpol. Der auf diese Are senkrechte gröste Kreis aq, der von den Polen in jedem Punkte um 90° entfernt ist, wird der Erdäquator, so wie A Q der Aequator am Himmel ist. Und, wie am Himmel die mit dem Aequator parallel laufenden kleinern Kreise D E, F G, I K, L T, Tagkreise genannt werden, weil jeder Stern täglich einen solchen Kreis zu durchlaufen scheint, so heißen auf der Erdkugel die übereinstimmenden Kreise, wie de, fg, ik, lt, Parallelen oder Parallelkreise. Unter diesen Parallelen sind die, welche 23½° (oder um die Schiefe der Ekliptik) vom Aequator abstehen, am Himmel F G und I K, auf der Erde fg und ik, die Wendekreise des Krebses und des Steinbocks; die, welche in gleichem Abstande von 23½° um die Pole laufen, am Himmel D E und L T, auf der Erde de und lt, der nördliche und südliche Polarkreis. Der oberste Punkt der Erdkugel o stellt, weil man doch auf der Erdfläche überall oben zu stehen glaubt, den jedesmaligen Standort vor, dessen scheinbarer Horizont die Ebne hor, der wahre Horizont aber am Himmel HR, auf der Erdkugel mn ist. Dem Standorte o correspondirt am Himmel sein Scheitelpunkt oder Zenith Z. Und wie am Himmel der durch die Pole und das Zenith gehende gröste Kreis PZHSRP der Mittagskreis oder Meridian heißt, so ist auf der Erdkugel der übereinstimmende Kreis pomsnp der Mittagskreis des Orts o, wiewohl man auf der Erde nur die Hälfte dieses Kreises poms für den eigentlichen Meridian von o zu rechnen hat.

Die Ekliptik gehört blos auf die Himmelskugel, auf die künstliche Erdkugel eigentlich gar nicht. Da sie ihren Stand am Himmel alle Augenblicke ändert, z. B. jetzt sich in der Lage IG, nach 12 Stunden aber in der Lage FK befindet, so kan man ihr auf der Erdkugel keine bestimmte und unveränderliche Lage anweisen. Da aber die künstliche Erdkugel zu Auflösung verschiedener Aufgaben bestimmt ist, so pflegt man auch die Ekliptik darauf zu verzeichnen, ohne welche sich einige dieser Aufgaben nicht würden auflösen lassen. Man pflegt sie alsdann so zu legen, daß der Herbst-

punkt auf den Durchschnitt des Aequators mit dem ange=
nommenen ersten Meridiane fällt.

Weil andere Orte der Erdkugel auch andere Meridiane
und andere Horizonte haben, so wird der Meridian durch
einen meßingnen Ring, innerhalb dessen sich die Kugel um
ihre Axe drehen läßt, der Horizont aber durch die obere
Fläche des Gestelles, in welches sich die Kugel bis auf die
Helfte einsenkt, dargestellet. So wird bey verschiedener
Stellung der Kugel der meßingene Ring der Meridian, und
die Fläche des Gestells der Horizont eines jeden Orts, den
man wie o oben aufstellt.

Der Aequator sowohl, als die Ekliptik, ingleichen der
Meridian, und der innere Umkreis des Horizonts werden
in ihre Grade abgetheilt, und gehörig bezeichnet. Ueber=
dies pflegt man noch auf der künstlichen Erdkugel die Par=
allelkreise von 10 zu 10 Graden, und achtzehn ganze oder
36 halbe Mittagskreise, die also ebenfalls um 10 Grad von
einander abstehen, anzugeben. Der erste dieser Mittags=
kreise wird gemeiniglich 20° westwärts von Paris gelegt, so
daß Paris selbst in den dritten auf der Kugel angegebnen
Mittagskreis kömmt.

Die Absicht der künstlichen Erdkugeln ist, theils ein
richtigeres sinnliches Bild von der Erde zu geben, als man
auf ebnen Flächen entwerfen kan, theils und vornehmlich,
mancherley astronomische und geographische Aufgaben auf
eine mechanische Art ohne Rechnung aufzulösen. Da die
Erdkugel alle Kreise der Himmelskugel hat, so lassen sich
auf ihr auch sehr viele astronomische Aufgaben auflösen, die
eigentlich auf jene Kugel gehören. Die geographischen
Aufgaben betreffen entweder die Lage der Orte auf der Erde
gegen einander, oder die Erscheinungen des Himmels für
einen bestimmten Ort. Wie man bey Auflösungen dersel=
ben verfahre, lehren die meisten Handbücher der mathema=
tischen Geographie, besonders Lulofs (Introductio ad cognitionem atque usum utriusque globi. Lugd. Bat. 1748. 8.)
und Scheibel (Vollständiger Unterricht vom Gebrauch der
künstlichen Himmels = und Erdkugel. Breslau, 1779. 8.)
Historische Nachrichten von den künstlichen Erdkugeln findet

man in J. C. **Pfennigs** Anleitung zur Kenntniß der mathematischen Erdbeschreibung, Berlin und Stettin, 1779. 8.

Da die Verfertigung der Kugeln und das Aufziehen der Segmente Schwierigkeiten macht, so hat Herr **von Segner** (f. Berliner aftronomifches Jahrbuch für 1781. S. 44. u. f.) vorgeschlagen, einen eckigten **Körper** zu bil= den, der aus einem Cylinder und zween abgekürzten Kegeln besteht, wo auf der krummen Seitenfläche des Cylinders die heiße Zone, auf den Seitenflächen der beyden Kegelstücke die beyden gemäßigten, und auf den kleinern Grundflächen die kalten Zonen verzeichnet werden. Der verstorbene Pro= fessor **Funk** in Leipzig hat im Jahre 1780 dergleichen Mo= delle der Erdkugel, als ein Christgeschenk für Kinder, her= ausgegeben, so wie er auch 1781 auf zwo **Kegelflächen**, auf der einen die nördliche, auf der andern die südliche Hälfte der Erdfläche abgebildet, und mit einer Anweisung zum Gebrauche begleitet hat. Dies sind freylich uneigentliche Vorstellungen, kommen aber doch der Kugel näher, als ein Planisphär, und sind um ungleich wohlfeilere Preise, als die künstlichen Erdkugeln, zu haben, mit denen sie doch, bey einem gehörigen Gebrauche, völlig einerley Dienste leisten.

Erdnähe, Perigaeum, *Perigée.* Der Punkt in der Bahn eines um die Erde laufenden Gestirns, in wel= chem dasselbe der Erde am nächsten ist.

Als man noch, nach dem ptolemäischen Weltsystem, alle Planeten um die Erde laufen ließ, schrieb man auch allen eine Erdnähe zu: der copernikanische Weltbau aber läst blos den Mond um die Erde gehen; es bleibt also jezt blos für den Mond eine Erdnähe übrig.

Die Erdnähe des Monds in seiner elliptischen Bahn um die Erde A D P E (Taf. I. Fig. 17.) fällt in P, wo sein Durchmesser von der Erde gesehen unter einem Winkel von 33° 32′ erscheint. Diesem Punkte gegen über liegt in A die Erdferne, und AP ist die Apsidenlinie, die ihre Lage ährlich um 41° von Abend gegen Morgen ändert. f. **Erd= erne**, **Apsidenlinie**. In der Erdnähe ist der Mond von uns um 55, 87 Erdhalbmeſſer oder 48021 geographiſche Meilen entfernt.

Was ſonſt Erdnähe der Sonne hieß, wird jezt als Sonnennähe der Erde betrachtet, ſ. Sonnennähe.

Von den übrigen Planeten ſind die untern der Erde am nächſten, wenn ſie vor der Sonne oder in ihrer untern Conjunction mit derſelben ſtehen, die obern, wenn ſie der Sonne gegenüber oder in Oppoſition mit ihr ſind, d. h. wenn ſie die ganze Nacht hindurch geſehen werden. Als= dann erſcheinen auch ihre Durchmeſſer am gröſten. Es iſt aber nicht gewöhnlich, dieſen Punkten ihrer Bahnen den Namen der Erdnähen zu geben.

Erdpole, Pole der Erde, Poli terreſtres, *Poles de la terre.* Die beyden Punkte der Erdfläche p und s Taf. VIII. Fig. 2., welche bey der täglichen Umwälzung der Erdkugel unbewegt bleiben — die beyden Endpunkte der Erdaxe ps. Sie correſpondiren mit den Weltpolen P und S, d. i. ſie liegen auf der Erde gegen jeden Ort ſo, wie die Weltpole am Himmel gegen des Orts Zenith zu liegen ſcheinen, und ſind zugleich die Pole des Aequators und aller mit demſelben parallel laufenden kleinern Kreiſe, daher ſie auch vom Erdäquator überall um 90° abſtehen.

Der, welcher unſern Gegenden am nächſten liegt, p heißt der **Nordpol** (Polus ſeptemtrionalis, borealis, ar= cticus, *Pole ſeptentrional, boréal*); der entgegengeſezte s der **Südpol** (Polus meridionalis, auſtralis, antarcticus, *Pole méridional, auſtral*). Es iſt zwar bekannt, wo die= ſe Punkte auf der Erdfläche geſucht werden müſſen, aber noch iſt es keinem Menſchen gelungen, einen von beyden wirklich zu erreichen; es ſcheint dies auch wegen des undurch= dringlichen Eiſes, das ſie umringt, unmöglich zu ſeyn. Der engliſche Seecapitain **Phipps**, jezt Lord Mulgrave (Reiſe nach dem Nordpol, unternommen im Jahre 1773 von C. J. Phipps, aus dem engl. vom Landvoigt **Engel** Bern, 1777 gr. 4.) näherte ſich dem Nordpole bis auf 9½°; und Capitain **Cook** auf ſeiner zweyten Reiſe mit **Forſter** (Forſters Reiſe um die Welt, auf Befehl und Koſten der

engl. Nation. Berlin, 1778. 2 B. gr. 4.) dem Südpole
bis auf 19°; beyde aber hinderte das Eis, weiter vorzu=
dringen.

In diese beyden Punkte laufen alle Mittagskreise der Er=
de zusammen. Durch ein beständiges Fortgehen nach Nor=
den, oder Süden, würde man von jedem Orte der Erde aus
in den einen oder den andern Pol gelangen. Die Erdpole
haben die Pole des Himmels über ihrem Scheitel, und
der Aequator fällt in ihren Horizont; daher sind die Tag=
kreise der Firsterne dem Horizonte parallel, und es findet
daselbst weder Aufgang noch Untergang statt, s. Sphäre.
Auch ist die Sonne ein völliges Halbjahr hindurch über,
und das andere Halbjahr unter dem Horizonte; daher Tag
und Nacht daselbst 6 Monate lang sind, wiewohl die lange
Dauer der Nacht durch die Wirkung der Stralenbrechung
und Dämmerung gar sehr abgekürzt wird.

Erdrohr, s. Fernrohr.

Erdstriche, Erdgürtel, Zonen, Zonae, *Zones.*
Diejenigen fünf Theile, in welche die Fläche der Erdkugel
Taf. VIII. Fig. 2. durch die beyden Wendekreise fg und ik,
und die beyden Polarkreise de und lt abgetheilt wird. Sie
haben diese Namen daher erhalten, weil man in der Sphä=
rik überhaupt einen zwischen zween parallelen Kreisen einge=
schloßenen Theil der Kugelfläche eine Zone oder einen Gür=
tel nennet, obwohl die innerhalb der Polarkreise de und lt
liegenden Theile nicht zwischen zween Kreise eingeschloßen,
sondern nur von einem einzigen begrenzt sind. Es giebt
einen heißen Erdstrich, zween gemäßigte und zween kalte.

Der heiße Erdstrich. (Zona torrida, *Zone torride*)
ist das Stück der Erdfläche fgik, zwischen den beyden
Wendekreisen des Krebses und des Steinbocks, welches den
Aequator a q in seiner Mitte hat. Da jeder Wendekreis
vom Aequator um $23\frac{1}{2}$° absteht, so beträgt die Breite dieser
Zone durchgängig 47° oder 705 geographische Meilen, ihre
ganze Fläche aber nimmt 3,701158 Quadratmeilen, oder
etwa $\frac{398}{1000}$ der ganzen Erdfläche ein. In diesem Erdstri=
che liegen der südliche Theil von Asien, die mittlern Theile

von Afrika und Amerika, ein großer Theil von Neuholland
und viele Inseln des Südmeers.

Da die Sonne stets zwischen den Wendekreisen des
Himmels steht, also täglich nahe am Zenith der Orte dieser Zone vorübergeht, wo ihre Stralen fast senkrecht auf
den Boden fallen und daher brennender, als an andern
Stellen der Erdfläche wirken, so hat sie daher den Namen
der heißen erhalten. Die Alten hielten sie für unbewohnt.
Plinius (Hist. nat. II. 70.) sagt von ihr: Media vero terrarum, qua solis orbita, exusta flaminis et cremata, co-
minus vapore torretur, und Horaz (Od. I. 22.) setzt sie

       —   — sub curru nimium propinqui

    Solis, in terra domibus negata.

Allein die Erfahrung lehret, daß viele theils allgemeine
theils locale Ursachen, z. B. die fast durchaus gleiche Länge der Tage und Nächte, die Lage der hohen Gebirge und
des Weltmeers, der oft anhaltende Regen, der beständige
Ostwind rc. die Hitze an den meisten Orten dieses Erdstrichs
gar sehr mildern. Uebrigens haben die Bewohner der heissen Zone die Sonne jährlich zweymal über ihrem Scheitel,
und zweymal steht sie von demselben am weitsten ab, wenn
sie sich nemlich in den Wendekreisen befindet. In diesem
Sinne kan man sagen, ein Ort der heißen Zone habe jährlich zween Sommer und zween Winter, obgleich diese Jahrszeiten dort nicht so, wie bey uns, sondern mehr durch Nässe
und Trockenheit unterschieden sind, s. Klima.

Die gemäßigten Erdstriche (Zonae temperatae,
Zones temperées) sind d e f g und i k l t, welche zwischen den
Wendekreisen und den Polarkreisen liegen, jener der nördliche, dieser der südliche. Da die Wendekreise $23\frac{1}{2}°$, die
Polarkreise aber $66\frac{1}{2}°$ vom Aequator abstehen, so beträgt
die Breite einer jeden gemäßigten Zone durchgängig $43°$
oder 645 geographische Meilen; die Fläche einer jeden aber
macht 2 405 462 Quadratmeilen oder $\frac{260}{1000}$ von der ganzen
Oberfläche der Erde aus. Im nördlichen gemäßigten Erdstriche liegt der größte Theil des festen Landes, nemlich fast
ganz Europa, der größte Theil von Asien, der nördliche
Theil von Afrika, und Nordamerika. Im südlichen liegen

auſſer einem Theile von Neuholland, Neuſeeland, mehrere Inſeln des Südmeers, die Spitze von Afrika, und einige Länder von Südamerika.

Die Orte, welche in dieſen Erdſtrichen liegen, ſehen die Sonne zwar täglich; niemals aber im Scheitelpunkte. Sie haben in jedem Jahre nur einmal Frühling, Sommer, Herbſt und Winter, und zwar beyde auf eine entgegengeſetzte Art, ſo daß es im nördlichen Frühling oder Sommer iſt, wenn der ſüdliche Herbſt oder Winter hat. Denn, wenn die Sonne im Krebs ſteht, rückt ihr Tagkreis am weitſten gegen die nördliche gemäßigte Zone herauf, und entfernt ſich dagegen am meiſten von der ſüdlichen. Die Ungleichheit der Tage und Nächte nimmt in dieſen Zonen deſto mehr zu, je mehr die Orte von den Wendekreiſen entfernt ſind. Unter den Wendekreiſen ſelbſt ſind die längſten Tage und Nächte 13½ Stunde; unter den Polarkreiſen 24 Stunden. Dieſe regelmäßige Abwechſelung der Jahrszeiten und des Tages mit der Nacht giebt den meiſten Orten dieſer Zonen eine gemäßigte Temperatur, woher denn auch ihre Benennung entſtanden iſt. Nach der Meinung der Alten waren dieſe Zonen die einzigen bewohnten; weil aber die heiße dazwiſchen liegt, ſo glaubten ſie, man könne aus der nördlichen nicht in die ſüdliche gelangen. (Duae tantum inter exuſtam et rigentes temperantur, eaeque ipſae inter ſe non peruiae propter incendium ſiderum. Plin. H. N. II. 70.)

Die kalten Erdſtriche (Zonae frigidae, Zones glaciales) d p e und l s t, ſind diejenigen Stücke der Erdfläche, welche von den Polarkreiſen eingeſchloßen werden, und die Pole p und s in ihrer Mitte haben; d p e iſt der nördliche, l s t der ſüdliche. Da die Polarkreiſe überall $23\frac{1}{2}^{\circ}$ von den Polen abſtehen, ſo laſſen ſich dieſe Theile der Erdfläche als Flächen von Kugelabſchnitten betrachten, deren Breite überall einen Bogen von 47° oder 695 geographiſchen Meilen, die Fläche eines jeden aber 384924 Quadratmeilen oder $\frac{4}{1800}$ der Erdfläche ausmacht. Im nördlichen kalten Erdſtriche liegen die nördlichſten Küſten von Sibirien und Lappland, nebſt dem gröſten Theile von Grönland;

der südliche hingegen ist uns fast gänzlich unbekannt, mit beständigem Eise bedeckt, und seine Grenzen sind, so viel wir wissen, nur ein einzigesmal vom Capitain Cook auf seiner zweyten Seereise beschift worden.

Wenn die Sonne in einem der beyden Wendekreise steht, so fällt ihr ganzer Tagkreis über den Horizont der Orte in der nächsten, und unter den Horizont der Orte in der entgegengesetzten kalten Zone. Daher haben alle Orte der kalten Zone in jedem Jahre einen oder mehrere Tage, an welchen die Sonne gar nicht untergeht, ein halb Jahr darauf aber einen oder mehrere Tage, an welchen sie gar nicht aufgeht. Oder, ihr längster Tag und ihre längste Nacht dauern länger als 24 Stunden, nehmen zu, je weiter man gegen die Pole kömmt, und erhalten endlich unter den Polen selbst eine Dauer von 6 Monaten. Weil aber die Sonne, auch selbst zur Zeit dieser langen Tage, nur einen sehr niedrigen Stand am Himmel hat, mithin so stark, als bey uns, nicht wärmen kan, so gewinnt die Kälte augenscheinlich die Oberhand, und man findet beyde kalte Zonen, besonders die südliche, größtentheils mit ungeheuren Eismassen bedeckt. Daher sind auch die Länder daselbst keiner sonderlichen Cultur fähig, und größtentheils blos für die daselbst einheimischen Classen von Menschen bewohnbar.

Wenn man übrigens die Erdfläche in 1000 gleiche Theile theilt, so nehmen solcher Theile

der heiße Erdstrich	398
die beyden gemäßigten	520
die beyden kalten	82
Summe	1000

ein. Also machen die zur Cultur vorzüglich geschickten gemäßigten Zonen über die Helfte, die heiße überdies noch fast ⅖, und die kalten weniger als 1/10 des Ganzen aus. Diese Größen hängen von dem Winkel 23½° oder von der Schiefe der Ekliptik ab, und da diese Schiefe sich mit dem Fortgange der Zeit zu vermindern scheint, so müssen die gemäßigten Erdſtriche ſich immer mehr ausbreiten, der heiße und die kalten aber ſich von Zeit zu Zeit in engere Grenzen zuſammenziehen.

Bode, Anleitung zur allgemeinen Kenntniß der Erdkugel §. 162 — 166.

Ausführliche mathemat. Geographie (von Walch) Göttingen, 1783. 8. Cap. 10. S. 212. u. ſ.

Erfahrung, Experientia, *Experience*. Erfahrungen heißen die vermittelſt unſerer Sinne an den Körpern gemachten Wahrnehmungen. Sie ſind entweder **Beobachtungen**, wobey die Körper nur blos in dem Zuſtande betrachtet werden, in welchem ſie ſich von ſelbſt und ohne unſer Zuthun befinden, oder **Verſuche**, wobey ſie mit Vorſatz in einen andern Zuſtand verſetzt werden, damit man ſehe, wie ſie ſich dabey verhalten werden.

Auf unſern Erfahrungen über die Körper beruht natürlich alles, was wir von ihnen wiſſen, und ſie machen alſo den wahren und einzigen Grund der ganzen Naturlehre aus. Ohne vorhergegangene richtige und hinlängliche Erfahrungen, Theorien entwerfen und die Eigenſchaften und Kräfte der Körper beſtimmen wollen, heißt, ſich eine Welt träumen, nicht wie ſie iſt, ſondern wie es unſerer Phantaſie gefällt, ſie anzunehmen. Dies war der Fehler der meiſten Philoſophen und Naturforſcher des Alterthums, welche ſo oft der Natur vorſchrieben, wie ſie ſich verhalten müſſe, ohne ſie vorher gefragt zu haben, wie ſie ſich in der That verhalte.

Ohne Zweifel war es für das Zeitalter der griechiſchen und römiſchen Naturforſcher noch viel zu frühzeitig, Urſachen und Erklärungen der Naturbegebenheiten angeben zu wollen. Noch fehlten damals die Verſuche gänzlich; der Beobachtungen aber waren zu wenig vorhanden, und ein großer Theil derer, die man zu haben glaubte, war durch unrichtige und fabelhafte Zuſätze verunſtaltet. Dennoch überredete man ſich aus einem dem Menſchen natürlichen Triebe, etwas zu wiſſen, und in die Urſachen der Dinge eindringen zu können. Daher enthalten aber auch die phyſikaliſchen Syſteme und Meinungen der Alten ſo viele willkührliche, oft ſeltſame und unerklärbare Einfälle, die nicht

selten den klaren Erfahrungen widersprechen; und haben ja
die Weltweisen der damaligen Zeit etwas geleistet, so ist
dieses in solchen Fächern der Naturwissenschaften geschehen,
in welchen blos anhaltende Aufmerksamkeit und Fortsetzung
leicht anzustellender Beobachtungen nöthig ist, wie z. B.
in der sphärischen Sternkunde, in welcher es schon einige der
ältesten Völker zu einem ziemlichen Grade der Vollkommen=
heit gebracht haben. In den übrigen Theilen der Natur=
lehre blieben die Alten ungemein weit zurück; man darf, um
sich hievon zu überzeugen, nur flüchtige Blicke auf die Wer=
ke des Plato, Aristoteles, Seneka und Plinius wer=
fen. Und selbst in den neuern Zeiten, als die Wissenschaf=
ten wieder aufzublühen anfiengen, blieben die sogenannten
Naturforscher lange Zeit bloße Scholastiker und unwissende
Nachbeter des Aristoteles.

Franz Bacon von Verulam, Lord Kanzler von
England unter der Regierung Jacob I., einer der größten
Männer seiner Zeit, sahe den mangelhaften Zustand der
Naturwissenschaften und die Ursachen davon sehr richtig ein,
und schrieb seine vortrefflichen Werke De interpretatione
naturae und De augmentis scientiarum größtentheils in der
Absicht, um den Weg der Erfahrung für die Zukunft nach=
drücklicher zu empfehlen. Bald nach ihm trat der für die
Naturlehre so günstige Zeitpunkt ein, da man mit Verwer=
fung der scholastisch=aristotelischen Physik, aus der Natur
selbst Unterricht zu schöpfen anfieng. Descartes erwarb
sich zwar das große Verdienst, die Hypothesen und einge=
bildeten Erklärungen der Scholastiker zu stürzen; allein das
System, das er durch seine Principia philosophiae an die
Stelle derselben setzen wollte, ist in den meisten Theilen eben
so wenig auf Erfahrung gebaut, und bleibt ein Gewebe von
Träumen und Einbildungen, so viel er auch Geometrie und
Mechanik in dasselbe zu bringen gesucht hat. Hingegen
sind in Italien Galilei und dessen Schüler, in England
Robert Boyle, in Deutschland Kepler, Otto von
Guericke und Sturm die ersten gewesen, welche den von
Bacon vorgezeichneten Weg der Beobachtungen und Ver=
suche mit Eifer und Glück verfolgt haben. Diese Männer

bereicherten im vorigen Jahrhunderte die Physik durch die wichtigsten Entdeckungen, auf welche nachher Newton, der nie einen Schritt weit von der Erfahrung abwich, sein vortreffliches System so fest gegründet hat. Die meisten und besten Physiker des gegenwärtigen Jahrhunderts haben sich nach diesen Mustern gebildet, und wenn man auch hie und da die reine Quelle der Erfahrung verlassen, und den Einbildungen, Hypothesen und Theorien zu viel eingeräumet hat, so sieht man doch jetzt mit allgemeiner Ueberzeugung ein, daß wir nur da etwas wissen, wo uns die Erfahrung leitet. Was diese Lehrerin bekräftiget, stehet ewig fest, wenn bloße Meinungen der Menschen, so viel sie auch Anfangs Beyfall finden mögen, oft noch vor dem Tode ihrer Urheber vergessen sind.

Opinionum commenta delet dies, naturae judicia confirmat.

Uebrigens verweise ich wegen dessen, was den beyden besondern Classen der Erfahrung eigen ist, auf die Artikel: **Beobachtung** und **Versuch**.

Erhabne Linsengläser, s. Convergläser, Linsengläser.

Erhabne Spiegel, s. Spiegel.

Erkaltung, das **Erkalten**, **Abkühlen**, Refrigeratio, Refrigerium, *Refroidissement*. Diejenige Veränderung des Zustands der Körper, da sie einen Theil ihrer freyen oder empfindbaren Wärme verlieren. Ein Körper erkaltet, wenn entweder ein Theil seines vorher freyen Feuers gebunden wird, oder wenn er andere berührt, die weniger empfindbare Wärme, als er haben und ihm also einen Theil der seinigen entziehen. So erkaltet ein heißes Metall an der kühlern Luft, oder im kalten Wasser u. s. w. Dieß leztere ist eine nothwendige Folge des Naturgesetzes, daß alles freye Feuer oder alle empfindbare Wärme sich so lange ausbreitet, und in die benachbarten Körper vertheilet, bis das Thermometer bey allen gleich hoch steht, d. i. bis sie alle einen gleichen Grad von sensibler Wärme haben, s. **Wärme**.

Kleine Körper erkalten unter gleichen Umständen eher, als große, und je größer die Oberfläche eines Körpers ist, um desto eher erkaltet er auch, wenn er von einem kältern umgeben wird. Man richtet deswegen alle Kühlgefäße so ein, daß die darein gegoßne flüßige Materie die Luft mit einer großen Oberfläche berühret. So wird auch das Erkalten durch Schütteln in der Luft oder im Wasser, durch den Wind, durch Blasen auf die Oberfläche u. dergl. befördert, weil durch diese Mittel alle Augenblicke von neuem kalte Luft hinzugeführet wird. Endlich erkaltet ein Körper desto stärker, je kälter derjenige ist, den er berührt; oder im Winter weit schneller, als im Sommer.

Man sollte vermuthen, daß lockere Körper eher als dichte, erkalten, oder daß überhaupt die Erkaltung eines Körpers desto schneller erfolge, je dichter der benachbarte ist, der ihm die Wärme entzieht. Allein die Erfahrung stimmt hiemit nicht durchgängig überein. Richmann (Nov. Comment. Petrop. To. III. p. 309.) hat erwiesen, daß das Quecksilber, fast der dichteste Körper, den wir kennen, die Wärme weit schneller annehme und verliere, als das Wasser und viele andere Materien von weit geringerer Dichte. Daher ist es auch zum Thermometer so vorzüglich geschickt.

In den ersten Augenblicken erkaltet ein Körper am stärksten, in den folgenden immer weniger. Richmann (Nov. Comm. Petrop. T. I. p. 174.) glaubte gefunden zu haben, daß sich die Abnahmen der Wärmen in kleinen auf einander folgenden gleichen Zeiträumen verhielten, wie die Unterschiede der Wärme des erkaltenden und des berührenden Körpers, woraus er auch so, wie Lambert in seiner Pyrometrie, eine Methode, die Abnahmen der Wärme zu berechnen, herleitet, allein Erxleben (Nov. Comm. Soc. Gotting. T. I. p. 74.) findet, daß alle diese Regeln seinen darüber angestellten Erfahrungen widersprechen.

Da man durch Vermischung des Eises mit Salzen und Säuren große Grade der Kälte hervorbringen kan, s. Kälte, künstliche, so kan man sich dieses Mittels auch zu Beförderung der Erkaltung bedienen. Auch die Ausdünstung erzeugt Kälte, s. Ausdünstung, und es ist längst bekannt gewesen, daß die Einwohner der warmen Länder ihre Getränke, um sie frisch zu erhalten, in irdenen Gefäßen aufbewahren, Leinwand darum schlagen und diese von Zeit zu Zeit anfeuchten. Die Austroknung der Leinwand, d. i. die Verdünstung des Wassers kühlt das im Gefäß enthaltne Getränk ab.

Erxleben Anfangsgr. der Naturl. §. 488. 489.

Erscheinungen, f. Phänomene.

Erze, Minern, Minerae metallorum, *Mines metalliques.* So heißen die natürlichen Gemische, welche Metalle mit andern Substanzen verbunden, enthalten. Nur das Gold und eine sehr geringe Menge von den andern Metallen findet man in der Erde rein oder gediegen; meistentheils sind Metalle und Halbmetalle mit fremden Substanzen verbunden, die sie unkenntlich und zum Gebrauche ungeschickt machen, und nach deren Verflüchtigung ein metallischer Kalk übrig bleibt. In diesem Zustande heißen sie vererzet oder **mineralisirt.**

Die Substanzen, welche man am häufigsten mit den Metallen verbunden findet, die mineralisirenden oder **vererzenden Substanzen, Vererzungsmittel,** sind der **Schwefel** und der **Arsenik,** oft einzeln, oft beyde zugleich. Doch gehören noch hiezu die Kochsalzsäure und Vitriolsäure, als Vererzungsmittel beym Hornsilber und gewachsenen Vitriol. Man findet dabey insgemein noch einen ziemlichen Theil metallische Erde, welche durch einen Zusatz von brennbarem Stoffe sich in Metall zu verwandeln fähig ist, nebst einem Antheile unmetallischer Erde.

Diese Erze finden sich immer in Steine oder Erden, vornehmlich in **Quarz** oder **Spath** eingemengt. Man nennt dieses Gestein die **Gangart** oder die **Metallmutter** (matrix metalli, *matrice*).

Wenn die Menge des Metalls in den Erzen größer ist, als die des Schwefels, Arseniks und der unmetallischen Erde, so heißen sie **Erze** im vorzüglichen Sinne des Worts. Enthalten sie aber mehr Schwefel, Arsenik und unmetalliſche Erde, als Metall, ſo giebt man ihnen den Namen der **Kieße.**

Man benennet die Erze gemeiniglich von demjenigen Metalle, deſſen Gewinnung aus ihnen den gröſten Vortheil gewähret. So nennt man dasjenige, welches im Centner eine Mark Silber enthält, **Silbererz,** nicht **Bleyerz,** ob es wohl zugleich mehrere Pfunde Bley liefert. Doch wird es anjezt faſt gewöhnlicher, einem ſolchen Erze den Namen eines **ſilberhaltigen Bleyerzes** zu geben.

Macquer chym. Wörterb. Art. Erze.

Eſſig, Acetum, *Vinaigre.* Der Eſſig iſt eine geiſtige vegetabiliſche Säure, welche durch den zweyten Grad der Gährung, d. i. durch die, ſo auf die geiſtige Gährung folgt, und die ſaure oder **Eſſiggährung** heißt, erzeugt wird. ſ. **Gährung.**

Diesemnach können blos Wein oder andere geiſtige Liquoren aus dem Pflanzenreiche einen wahren Eſſig geben. Der aus dem Weine bereitete oder Weineſſig hat vor allen den Vorzug. Man vermiſcht, um ihn zu bereiten, den Wein mit ſeinen Hefen und ſeinem Weinſteine und ſetzt ihn einer mäßigen Wärme, z. B. von 18 — 20° nach Reaumur, aus. Die Natur ſelbſt vollendet das übrige. Es iſt ſehr ſchwer, ſich von dem, was ſie hiebey thut, einen deutlichen Begriff zu machen, und die Eigenſchaften des Weins und Eſſigs lehren nur ſo viel, daß bey der Eſſiggährung die entzündlich geiſtigen Theile verlohren gehen, und die Säure freyer und mehr entwickelt werde. In dem Eſſige, wie er gewöhnlich bereitet wird, iſt auſſer der ihm eignen Säure noch viel wäſſerichtes enthalten, wovon man ihn am leichteſten durchs Gefrieren befreyen kan. Noch ſtärker aber concentrirt ſich die Säure in ihren Verbindungen mit den Laugenſalzen, Erden und Metallen, und man erhält die ſtärkſte Eſſigſäure oder den **radicalen Eſſig**, wenn man dieſe Verbindungen durch das Feuer oder durch Vitriolſäure wiederum zerſetzet. Bey der Deſtillation des Eſſigs geht der geiſtigſaure Theil über; den man unter dem Namen des **deſtillirten Eſſigs** gebraucht, der Rückſtand beſtehet aus einer sauren Substanz, die aber von der Essigsäure unterschieden ist, einer seifenartigen, einer färbenden Materie und etwas Weinstein.

Die specifische Schwere des Weineffigs ist 1, 011, oder nur wenig größer, als die des Wassers; er gefriert aber eher als dieses, und schon bey einer Temperatur von 28 Grad nach Fahrenheit.

Man gebraucht den Essig zu Bereitung der Speisen, in der Arzneykunst als ein fäulnißwidriges und auflösendes Mittel, und für die Malerey zur Verfertigung des Bleyweißes und Grünspans.
Macquer chym. Wörterb. Art. Essig.

Essiggährung, s. Gährung.

Essigsäure, Acidum aceti, *Acide du vinaigre*. Die vegetabilische im Essig enthaltene Säure. Man zieht sie aus demselben durch verschiedene unter dem Worte: Essig angegebene Mittel. Sie löset alle Substanzen auf, in welche jede andere Säure wirkt, und erzeugt mit ihnen die sogenannten Essigsalze.

Mit den Kalkerden giebt sie z. B. das Kreidensalz, Krebsaugensalz u. s. w. löset auch alle übrige Erden auf, die Kieselerde ausgenommen. Mit dem fixen vegetabilischen Laugensalze macht sie die Blättererde (terra foliata tartari), mit dem flüchtigen Alkali einen Essigsalmiak Minderers Geist, mit dem Kupfer den Grünspan und die Kupferkrystallen, mit dem Bley das Bleyweiß und den Bleyzucker. Essig, welcher Bley aufgelöset enthält, heißt Bleyessig; wohin auch das Goulardische Wasser gehört. Auf das metallische Quecksilber wirkt die Essigsäure nicht; sie greift es aber an, wenn es vorher in Salpetersäure aufgelöset und durch fixes Alkali niedergeschlagen ist, und giebt damit das Quecksilber=essigsalz.

Der concentrirte oder radicale Essig mit einer gleichen Menge rectificirtem Weingeist giebt durch die Destillation den Essigaether.

Uebrigens ist die Essigsäure weit schwächer, als die mineralischen Säuren, auch können durch die letztern alle Esfigfalze wiederum zerfeßt werden. Am ſtärkſten find ihre Verwandſchaften mit den Laugenſalzen, der Bitterſalzerde, dem Bley und Kupfer, und dem Waſſer.

Macquer chym. Wörterb. Art. Eſſig.

Eſſigſaure Luft, ſ. Gas, eſſigſaures.

Eudiometer, Luftgütemeſſer, Eudiometrum. *Eudiometre*. Ein Werkzeug, welches dazu dienen ſoll, die Güte oder Salubrität der Luft zu prüfen, d. i. anzuzeigen, in wie weit ſie mehr oder weniger zum Einathmen dienlich, mithin für die Erhaltung der Geſundheit mehr oder weniger heilſam ſey. Der Name iſt griechiſch und heißt urſprünglich ſo viel als Maaß der Luftgüte.

Die Einrichtung dieſes Werkzeugs beruht auf einer merkwürdigen Eigenſchaft der ſalpeterartigen, nitröſen oder Salpeterluft (*nitrous air*) ſ. Gas, ſalpeterartiges. Schon Hales hatte, wie er in ſeinen Vegetable Statics (Statik der Gewächſe, nach der franz. Ausgabe überſ. Halle, 1748. 4. S. 128.) erzählt, aus dem waltoniſchen Kieſe durch die Salpeterſäure eine Luft erhalten, welche die gemeine Luft, wenn ſie ihr beygemiſcht wurde, verminderte, oder ſich mit ihr in ein geringeres Volumen zuſammenzog. Prieſtley, der in Ermanglung des waltonſchen Kieſes dieſes Gas nicht glaubte hervorbringen zu können, ward durch eine Unterredung mit Cavendiſh im Jahre 1772. ermuntert, Verſuche mit Metallauflöſungen in der Salpeterſäure anzuſtellen. Er erhielt auch ſogleich aus einer Meſſingauflöſung die von Hales beſchriebene Luft, welcher er (Verſ. und Beobacht. über verſchiedene Gatt. der Luft, a. d. engl. I. Th. Leipz. 1778. 8. S. 106.) den Namen der nitröſen oder ſalpeterartigen Luft beylegte. „Es iſt eine ihrer vorzüglichſten Eigenſchaften, ſagt er, daß ſie eine jede Portion gemeine Luft, mit der man ſie miſchet, ausnehmend vermindert, eine dunkelrothe oder hochorange Farbe annimmt, und eine beträchtliche Hitze mittheilet. — Ich kenne faſt keinen Verſuch, von dem man mehr in Erſtaunen und Verwunderung könnte geſetzt werden, als dieſen, wo ſich uns eine Portion Luft darſtellt, die eine andere

„halb so große gleichſam verſchlingt, und dennoch nicht im
„mindeſten an Volumen zunimmt, vielmehr noch dazu be=
„trächtlich vermindert wird."

Dieſe Verminderung des Volumens findet aber nur
bey den zum Athmen tauglichen oder reſpirablen Luftgattun=
gen ſtatt, welche überhaupt durch alle Zuſätze eines brenn=
baren Stofs an ihrem Volumen vermindert werden. Bey
der dephlogiſtiſirten oder vom Brennſtoffe leeren Luft iſt
dieſe Verminderung am ſtärkſten; und ſie wird deſto gerin=
ger, je mehr der Luft, zu welcher man das nitröſe Gas hin=
zubringt, bereits Brennbares beygemiſcht, d. i. je weniger
dieſelbe zum Athmen und zur Erhaltung des thieriſchen Le=
bens tauglich iſt. Wenn endlich eine Luftgattung mit
Brennbarem geſättiget iſt, ſo wird ihr Volumen durch das
Hinzukommen der ſalpeterartigen Luft gar nicht mehr
vermindert.

Man hat dem zufolge nachſtehende Sätze als richtig
angenommen:

1. Je größer die Verminderung des Volumens bey
der Vermiſchung der ſalpeterartigen und atmoſphäriſchen
Luft iſt, deſto reiner, reſpirabler und heilſamer iſt auch die
atmoſphäriſche Luft.

2. Je kleiner die Verminderung des Volumens bey
einer ſolchen Vermiſchung iſt, deſto unreiner, zum Athmen
untauglicher und ſchädlicher iſt die atmoſphäriſche Luft.

3. Jede natürliche oder künſtliche Luft, bey deren Ver=
miſchung mit ſalpeterartiger Luft gar keine Verminderung
erfolgt, iſt ſchädlich, erſtickend und tödtend.

In wie fern man berechtiget ſey, dieſe Sätze als allge=
meine und erwieſene Wahrheiten anzuſehen, das iſt bey dem
gegenwärtigen Zuſtande der Wiſſenſchaft allerdings noch
ungewiß. Wenn man ſich, der gemeinen Meinung nach,
die ſalpeterartige Luft als einen aus Salpeterſäure und Phlo=
giſton beſtehenden Stof vorſtellet, und annimmt, das
Phlogiſton habe mit der gemeinen Luft mehr Verwand=
ſchaft, als mit der Salpeterſäure, ſo folgt hieraus, daß
die ſalpeterartige Luft durch Vermiſchung mit atmoſphäri=
ſcher deſto ſtärker zerſetzt werden müſſe, je weniger Phlogi=

ston die atmosphärische enthält. Nach dieser Vorstellungs=
art würde dann die Verminderung blos anzeigen, ob
die geprüfte atmosphärische Luft wenig oder viel Phlogiston
enthielte. Hieraus wäre aber noch nicht unmittelbar zu
entscheiden, ob sie zum Einathmen mehr oder weniger heil=
sam sey; denn es können ja wohl auch ausser dem Phlogiston
noch andere Stoffe mit der Luft verbunden seyn, die ihre Heil=
samkeit vermehren oder vermindern, und deren Gegenwart
sich durch die Vermischung mit der salpeterartigen Luft nicht
entdecken läst. Aus diesem Grunde ist es weit sicherer, die
erwähnten Sätze blos darauf einzuschränken, daß die stär=
kere Verminderung weniger, die schwächere mehr Phlogi=
ston, der gänzliche Mangel der Verminderung aber eine
Sättigung mit Phlogiston anzeige.

Das **Eudiometer** ist aber nichts weiter, als ein Werk=
zeug, wodurch man die erwähnte Verminderung des Volu=
mens bey Vermischungen von salpeterartiger und gemeiner
Luft, oder überhaupt bey Vermischung verschiedener Luft=
gattungen abmessen kan. Man sieht also leicht, daß ihm
der Name eines Luftgütemaaßes nur sehr uneigentlich zu=
kömmt, in so fern man nemlich aus dieser Verminderung
sicher auf die Reinigkeit vom Phlogiston, und aus dieser
wiederum sicher auf Salubrität der Luft schließen kan. Etwa
so, wie dem Barometer der Name des Wetterglases zukömmt.
Ueberdies ist auch dieses Werkzeug, blos als Maaß der Ver=
minderung betrachtet, noch sehr von dem Grade der Voll=
kommenheit entfernt, den man von einem Maaße verlan=
gen kan. Man ist auch hier, wie beym Barometer, von
der ursprünglichen Simplicität abgewichen, und hat durch
übertriebnes Künsteln mehr verlohren als gewonnen, bis
man erst neuerlich wieder auf die erste einfache Einrichtung
zurückgegangen ist.

Priestley selbst machte bereits im Jahre 1772 ein sehr
einfaches Instrument dieser Art bekannt. Es bestehet aus
einer Flasche oder Phiole, welche er das Maaß nennet,
und die etwa eine Unze Wasser faßet, nebst zwoen Glasröh=
ren. Die eine Röhre hat ungefähr $1\frac{1}{2}$ Zoll im Durch=
messer, die andere ist drey Fuß lang, und hält $\frac{1}{4}$ Zoll im

Durchschnitt. Die Räume, welche 1, 2, 3 ꝛc. Maaße Luft in ihr einnehmen, sind durch eingeschnittene Striche bemerkt, und jeder davon in 100 Theile getheilt. Er füllt zuerst das Maaß mit Wasser, und setzt es umgekehrt über die Oefnung des Trichters, welcher in das Queerbret einer mit Wasser gefüllten Wanne eingeschnitten ist (Man s. den Artikel: Pnevmatisch=chymischer Apparat). Durch diesen Trichter wird die zu prüfende Luft in das Maaß eingelassen, in welchem sie aufsteigt, und das Wasser aus seiner Stelle treibt. Dieses Maaß Luft wird nun in der 1½ Zoll breiten Glasröhre gelassen; doch ohne dieselbe mit der bloßen Hand zu berühren. Eben so wird das Maaß auch mit salpeterartiger Luft gefüllt, und diese in eben die Glasröhre gelassen. Endlich wird diese Mischung beyder Luftarten in die große abgetheilte Glasröhre gelassen, und diese, ohne zu schütteln, in das Wasser gesenkt, bis die Wasserfläche innerhalb der Röhre mit der Fläche des äussern Wassers gleich hoch steht, worauf man dann den Raum, den die 2 Maaß Luft nach ihrer Vermischung einnehmen, in Hunderttheilen eines Maaßes bemerken kan. Dieses Verfahren empfiehlt sich durch seine Simplicität; allein es hat den Fehler, daß man nicht genug versichert seyn kan, in dem Maaße jederzeit eine völlig gleiche Menge Luft zu haben; daher auch die Versuche immer ungleich ausfallen, wenn sie gleich mit eben denselben Luftarten angestellt werden.

Diese Erfindung des D. Priestley reizte vorzüglich die Aufmerksamkeit der italiänischen Naturforscher. Der Abt Felix Fontana (Descrizione e usi di alcuni stromenti per misurare dell' aria. in Firenze, 1774. 4.) schlug statt des Priestleyischen acht verschiedene neue Instrumente vor. Sie kommen alle darinn überein, daß man jede Luftart in ein besonderes Behältniß bringt, und hernach beyde zusammen läßt, worauf die Größe der Verminderung des Volumens durch Quecksilber angegeben wird. Bey den vier ersten geschieht dieses durch Abwägen des Quecksilbers, bey den letztern durch den Stand desselben in einer Glasröhre, vermittelst eines angebrachten Maaßstabes. Es sind aber alle diese Werkzeuge nicht in Gebrauch gekommen, da die salpeter=

artige Luft auf das Queckſilber wirkt, und dadurch das Re=
ſultat zweifelhaft macht.

Bald hierauf machte der Ritter Marſiglio Landria=
ni in Mayland (Ricerche fiſiche intorno alla *ſalubritá*
dell' aria. in Milano, 1775. 8. auch in *Rozier* Journal de
Phyſique, Octobre, 1775. Landriani Unterſuchung der
Geſundheit der Luft. Baſel, 1778. 8.) eine neue Einrich=
tung dieſes Inſtruments bekannt, und legte demſelben zu=
gleich den Namen des Eudiometers zum erſtenmale bey.
Es beſteht nach ſeiner Angabe in einer ovalen gläſernen Fla=
ſche, welche an beyden entgegengeſetzten Oefnungen mit el=
fenbeinernen oder gläſernen Hähnen, wie am de Lücſchen
Reiſebarometer (ſ. Barometer ſter B. S. 268.) verſe=
hen iſt. Aus der untern Oefnung dieſer Flaſche ſteigt eine
durchaus gleich weite Glasröhre herab, die mit ihrem un=
tern Ende, welches ein Ventil hat, in einem kleinen Becken
mit Waſſer ſteht. Alles dies iſt an ein hölzernes Geſtell
angebracht, und an der Seite der Glasröhre geht eine Scale
herunter, deren ganze Länge in 24, jeder Theil aber wie=
derum in 12 Theile getheilt iſt. Am obern Hahne iſt eine
mit nitröſer Luft gefüllte Blaſe angebunden. Mit dieſem
Werkzeuge hatte Landriani die Luft an verſchiedenen Or=
ten Italiens unterſucht, und ſandte nach vollendeter Reiſe
das Inſtrument zum Geſchenk an D. Prieſtley.

Seine Methode iſt folgende. Er füllt die Flaſche und
Röhre mit Waſſer, ſchraubt alsdann den obern Hahn mit
der daran gebundnen Blaſe auf, und drückt aus ſolcher ſo
viel nitröſe Luft in die Flaſche, bis dieſe ganz damit ange=
füllt und vom Waſſer völlig verlaſſen iſt. Hierauf ver=
ſchließt er beyde Hähne, und läſt das kleine Becken mit
Waſſer am untern Theile der Röhre tiefer herab, damit
das Waſſer auch aus der Röhre völlig auslaufe, und dieſe
ſich dagegen mit der zu prüfenden atmoſphäriſchen Luft fülle.
Sobald die Röhre voll Luft iſt, wird das Becken mit Waſ=
ſer wieder an ſeine vorige Stelle gebracht, die untere Oef=
nung der Röhre unter Waſſer geſetzt, und der Hahn zwi=
ſchen der Flaſche und der Röhre geöfnet. Nun kommen

beyde Luftarten in Berührung, und es erfolgt die Verminderung des Volumens, deren Größe sich durch die Höhe
der vom Drucke der äußern Luft hinaufgetriebenen Wassersäule vermittelst der Scale abmessen läßt. Diese Einrichtung hat zwar das bequeme, daß der ganze Apparat durch
das Gestell in ein einziges Stück gebracht ist; allein er ist
blos zur Prüfung der eben in der Atmosphäre vorhandenen
Luft geschickt, die Hähne gerathen leicht in Unordnung, die
Vermischung der Luftarten erfordert eine lange Zeit, und
die Bestimmung des Resultats hängt von der jedesmaligen
Temperatur und Schwere der Atmosphäre ab.

Zu eben der Zeit suchte D. Ingenhouß die Werkzeuge
zur Luftprüfung zu verbessern, und beschrieb zwo neue Einrichtungen derselben in einem Briefe an Pringle, welcher in
der königlichen Societät der Wissenschaften am 15ten Febr.
1776 vorgelesen, und in die Schriften derselben (Philos.
Transact. Vol. LXVI. p. 257. sqq.) aufgenommen worden
ist. Der erste Apparat besteht aus einer kupfernen Röhre
mit zween Hähnen, an deren einem Ende eine Flasche von
Federharz befindlich ist, das andere Ende aber in eine Glas-
flasche eingeschraubt werden kan. Aus der Mitte dieser
Röhre geht ein anderes rechtwinklich umgebogenes kupfer-
nes Rohr herab, das einen Hahn hat, und unten mit einer
2 — 3 Schuh langen in 100 Theile getheilten Glasröhre verbunden ist. Herr Ingenhouß goß in die Flasche ein halbes Loth verdünnte Salpetersäure mit einem Quentchen Eisenfeile, wodurch sich salpeterartige Luft entwickelte, drückte
sodann die Federharzflasche, welche gemeine Luft enthielt,
zusammen, um beyde Luftarten in der kupfernen Röhre zu
vermischen. Wenn sich das Eisen aufgelöset hatte, schloß
er beyde Hähne zu, und senkte die gläserne abgetheilte Röhre in ein Gefäß mit Quecksilber. Sodann öfnete er den
unterhalb der Federharzflasche, und den an der gebognen
kupfernen Röhre befindlichen Hahn, worauf das Quecksilber in der Glasröhre aufstieg, und die Größe der Verminderung, an der Theilung, angab. Weil aber bey dieser
Methode sowohl die unvermeidliche Auflösung des Kupfers,
als auch die ungleiche Menge der entwickelten nitrösen Luft

sehr ungleiche Resultate giebt, so ward sie von ihrem Ur=
heber selbst gar bald wieder verworfen.

Das zwepte von Herrn **Ingenhouß** vorgeschlagene
Werkzeug ist eine an bepden Enden ofne Glasröhre, $2\frac{1}{2}$
Schuh lang, $\frac{1}{12}$ parifer Zoll im Durchschnitt, und in 100
gleiche Theile getheilt. Er füllt diese Röhre zuerst ganz
mit salpeterartiger Luft, indem er sie auf ein Fläschgen mit
Eisenfeile und Scheidewasser setzt; hält hierauf bepde Oef=
nungen mit dem Daumen zu, bringt die untere in ein Ge=
fäß mit Queckfilber, und läst, indem er bepde Enden auf
einen Augenblick öfnet, einen Zoll hoch Queckfilber hinein=
treten. Sodann hält er die Röhre mit verschloßenen En=
den horizontal, und läst durch abwechselndes Oefnen und
Verschließen derselben die darin befindliche kleine Queckfil=
bersäule bis in die Mitte laufen, wobep dieselbe aus dem
einen Ende gerade so viel nitröse Luft austreibt, als durch
das andere Ende gemeine Luft hineingeht. Sobald das
Queckfilber in der Mitte ist, schüttelt er die Röhre mit zu=
gehaltenen Enden stark hin und her, wobep das Queckfil=
ber viel zur Vermischung bepder Luftarten bepträgt. End=
lich bringt er die untere Oefnung der Röhre wieder in das
Gefäß mit Queckfilber, und zieht den Daumen davon ab,
indem die obere Oefnung noch verschloßen bleibt. Weil
nun die Vermischung der Luftarten ihr Volumen vermindert
hat, so steigt das Queckfilber aus dem Glase in die Röhre
auf, und sein Stand zeigt an der Theilung die Größe der
Verminderung an. Aber auch diese Verfahrungsart hat
Herr **Ingenhouß** bald wiederum verlassen.

Herr **von Magellan** (Defcription of a glafs appara-
tus etc. together with the defcription of fome new Eudiometers or Inftruments for afcertaining the Wholfome-
nefs of refpirable air, in a letter to the Rev. D. Prieftley.
London 1777. 8. Beschreibung eines Glasgeräths rc. wie
auch einiger Eudiometer, von **J. H. Magellan**, aus d.
engl. überf. mit Zusätzen von **C. F. Wenzel**, Dresden,
1780. 8.) machte im Jahre 1777 drep von ihm erfundene,
aber sehr zusammengesetzte Eudiometer bekannt, welche auch
Cavallo (Abh. über die Eigenschaften der Luft, aus d. engl.

Leipz. 1783. gr. 8. Taf. II. Fig. 22. 23. 24.) beschrieben und
abgebildet hat. Ich will hier nur das erste davon etwas
umständlicher anführen. Es besteht dasselbe aus der gläsernen Röhre M D, Taf. VIII. Fig. 7, welche 12—15 Zoll
lang, durchaus gleich weit, und mit dem eingeschliffenen
Glasstöpfel M versehen ist. An ihr unteres Ende passet
das eingeschliffene Gefäß C, dessen Gestalt die Figur deutlich zeiget. Dieses Gefäß C hat ausserdem noch zwo Mündungen, in welche zwo kleine Phiolen oder Fläschgen A und
B eingeschliffen sind. Die Capacität beyder Fläschgen zusammen muß ohngefähr so viel betragen als der Inhalt
der Röhre M D. Z ist ein messingener Ring, der sich an
der Röhre M D verschieben und mit einer Stellschraube
überall, wo man will, befestigen läst. G ist ein messingenes oder hölzernes Lineal, welches in gleiche Theile getheilt ist, und mit zween messingenen halben Ringen an die
Röhre M D, wie bey F, angelegt werden kan. Beym
Gebrauche nimmt man den Stöpfel M ab, und taucht das
ganze Instrument in das Wasser der Wanne, so daß sich
die Röhre, das Gefäß C und die Fläschgen A und B völlig
mit Wasser füllen; man setzt alsdann den Stöpfel wieder
auf. Hierauf läst man nur noch den untern Theil des Instruments, etwa bis an die Helfte der Röhre, unter Wasser stehen, nimmt eines von den Fläschgen A oder B vom
Gefäße C ab, füllt es mit der zu prüfenden Luft und steckt
es wieder an seine vorige Stelle. Das andere Fläschgen
wird mit salpeterartiger Luft gefüllt, und ebenfalls wiederum aufgesteckt. Man nimmt nunmehr das Instrument
aus dem Wasser, und dreht das Gefäß C mit dem Boden
b aufwärts, wie es bey F vorgestellt ist; wodurch die in den
beyden Fläschgen enthaltenen Luftgattungen in das Gefäß
C aufsteigen, sich mit einander vermischen und die Verminderung des Volumens bewirken. So bald man aber das
Gefäß C umgedreht hat, muß man das Instrument wieder
bis an die Mitte der Röhre ins Wasser tauchen, und den
Stöpfel M abnehmen. So, wie sich nun das Volumen
der beyden Luftgattungen vermindert, fällt das Wasser in
der Röhre MD herab. Herr Magellan glaubte bemerkt

zu haben, daß das Volumen, wenn es den höchsten Grad
der Verminderung erreicht habe, wiederum ein wenig zunehme; er bediente sich daher des messingnen Ringes mit
der Stellschraube zur Beobachtung des Punkts, an welchem
die Wasserfläche still gestanden hätte; man hat aber diese
vorgegebne Bemerkung ungegründet gefunden.   Wenn
nun die Verminderung vorüber ist, und die Wasserfläche
in der Röhre stehen bleibt, so füllt er die Röhre wieder
ganz mit Wasser, verstopft sie mit dem Stöpsel M, und
wendet sie so, daß die Luft aus dem Gefäße C in den obern
Theil M aufsteigt.   Endlich nimmt er das Gefäß C ganz
ab, senkt die Röhre so weit ins Wasser, bis die innere Wasserfläche mit der äussern gleich steht, und mißt dann an dem
Lineale das Volumen der beyden vermischten Luftgattungen
ab.   Auf dem Lineale ist bemerkt, wie viel Theile der Scale die Capacität beyder Fläschgen einnehme; so wie z. B. in
der Figur die Bezeichnung 96 = ** andeutet, daß die in beyden Fläschgen enthaltene Luft in die Röhre MD gebracht,
einen Raum von 96 Theilen einnehmen würde.   Nimmt
nun das Volumen beyder Luftgattungen nach ihrer Vermischung nur noch 56 Theile ein, so sind 40 Theile verlohren
gegangen, und der Grad der Heilsamkeit der geprüften
Luft ist nach Magellan $=\frac{4\,0}{9\,6}$.   Bleiben bey Prüfung einer andern Luft 60 Theile zurück, und gehen also 36 verlohren, so ist bey dieser Luft der Grad der Heilsamkeit
$=\frac{3\,6}{9\,6}$, und verhält sich zum vorigen, wie 36: 40, d. i.
wie 9: 10.

Man übersieht bald, daß dieses Instrument sehr zusammengesetzt, und seiner ganzen Einrichtung nach keiner sonderlichen Genauigkeit fähig ist, daß auch viel davon abhängt, ob der Stöpsel fest oder nur locker eingedrückt, die
Röhre genau lothrecht oder schief gehalten wird, u. s. w.
Endlich kan man auch hiebey nicht mehr als ein einziges
Maaß nitröse Luft mit einem Maaße gemeiner Luft mischen,
welche Verfahrungsart, wie die Folge lehren wird, allezeit
unvollkommen bleibet.   Da die beyden andern Eudiometer
des Hrn. Magellan eben so zusammengesetzt, und gar nicht
in Gebrauch gekommen sind, so verweise ich der Kürze hal-

ber auf **Cavallo** a. a. O., der das Mangelhafte derselben
sehr deutlich gezeigt hat.

White (Philos. Transact. Vol. LXVIII. for 1778.
P. I. no. 13.) bediente sich zu seinen Beobachtungen über die
Güte der Luft zu York einer gemeinen Barometerröhre,
welche so weit war, daß ein Unzenglas voll Luft ohngefähr
134 Decimaltheile eines englischen Zolls darinn einnahm.
In diese Röhre ließ er ein Unzenglas Luft unter dem Wasser vermittelst gläserner Trichter ein, that gleich darauf ein
halbes Unzenmaaß salpeterartige Luft hinzu, und zeichnete
den Raum, den beyde sogleich anfüllten, wie auch denjenigen, den sie nach dreyßig Minuten einnahmen, auf. Der
letztere von ersterm abgezogen, gab die Verminderung oder
die Anzeige der Güte der Luft. So nahm am 30 August
1777. die Luft aus seinem Garten mit der salpeterartigen sogleich 205 Theile, nach einer halben Stunde aber nur 145
Theile ein; also nimmt er die Güte derselben = 60 an. Am
13 Sept. bey einer trofnen schwülen Witterung war sie nur
55, stieg aber nach einigen Tagen wieder auf 64.

Herr de **Saussure** bediente sich (Reise durch die Alpen, a. d. franz. Leipzig, 1781. 8. Th. II. §. 578.) einer
gläsernen mit einem eingeriebenen Stöpsel versehenen Flasche, nebst einem kleinen Gläschen oder Maaße, welches
ohngefähr ⅐ der Flasche hielt, und einer kleinen Wage.
Dieses ganze Geräth, nebst dem, was zur Bereitung der
nitrösen Luft gehört, ließ sich in ein Kästgen packen, und
auf Reisen mitnehmen. Er wiegt zuerst die mit Wasser
gefüllte Flasche, und läßt dann unter dem Wasser vermittelst eines Trichters zwey Maaß gemeine und ein Maaß nitröse Luft hinein. So wie sich diese vermischen, und am
Volumen vermindern, dringt das Wasser in die Flasche.
Hr. de S. verstopft die Flasche, schüttelt sie unter dem Wasser, öfnet sie dann wieder, damit aufs neue Wasser hineintreten könne, und wiederholt dieses Verfahren allezeit dreymal. Endlich wird die Flasche verstopft, rein abgetrofnet,
und wieder gewogen. Zieht man dieses letztere Gewicht von
dem ersten ab, so zeigt der Rest das Gewicht des Wassers,
welches gerade den Raum der verminderten Luftmasse aus-

füllt, und ist also desto größer, je geringer die Verminde=
rung, oder je mehr Phlogiston in der geprüften Luft ent=
halten ist.

Auffer den bisher angeführten sind auch noch andere
Werkzeuge und Prüfungsarten von Herrn Achard (Sur la
mesure de la salubrité de l air, renfermant la description
de deux nouveaux Eudiometres in den Nouv. Mem. de
l' Acad. de Prusse 1778. Tab. V. Fig. 1. 2.), Gerardin,
(bey der franz. Ueberf. von Magellans Description d' un
appareil in *Rozier* Journal de phyf. Mars 1778.), Se=
nebier (Mémoires physico-chymiques sur l'influence de
la lumiére folaire pour modifier les êtres des trois regnes
de la nature, à Geneve. 1782. 8. T. I. p. 6), Stegmann
(Beschreibung eines Luftmessers der gesunden und ungesun=
den Luft, Cassel 1778. 8.), Cavendish (Philof. Trans.
Vol. LXXIII. P. I. und in Lichtenbergs Magazin für das
Neuste 2c. B. II. St. 3. S. 151.) und mehreren, vorgeschla=
gen worden, welche hier ohne allzu große Weitläuftigkeit
nicht umständlich beschrieben werden können. Man sieht
leicht, daß die Urheber der angeführten Werkzeuge sich von
der ursprünglichen Simplicität des Priestleyschen Apparats
sehr weit entfernt, und auf Nebenabsichten, z. B. die Ge=
schwindigkeit und Bequemlichkeit beym Gebrauch, die Ver=
einigung aller Theile in einziges Stück, das Portative u.
dgl. mehr, als auf eine allgemeine und zuverläßige Ueber=
einstimmung aller Werkzeuge unter einander selbst gesehen
haben. Ich will daher nur noch diejenige Einrichtung des
Eudiometers beschreiben, welche anjetzt fast durchgängig für
die beste, einfachste und zuverläßigste gehalten wird. Sie
ist im Grunde keine andere, als die Priestleysche selbst, nur
mit einigen von Fontana, Cavallo, Ingenhouß und Luz
herrührenden Verbesserungen.

Nach der Beschreibung des D. Ingenhouß (Versuche
mit Pflanzen 2c. aus dem engl. Leipzig, 1780. 8.) besteht die=
ses Eudiometer, welches er mit Erlaubniß des Abts Fontana
zuerst bekannt machte, aus zween Stücken, dem großen und
dem kleinen Maaße. Das große Maaß aa, Taf. VIII. Fig. 8.
ist eine vollkommen cylindrische, 14 bis 20 Zoll lange Glas=

röhre, deren Weite im Lichten etwa ½ Zoll beträgt. Die=
se Röhre ist durch eingeschnittene Striche in gleiche Theile,
jeden von 3 Zoll Länge, eingetheilt. Jede dieser Abthei=
lungen läßt sich wieder in 100 Theile theilen, die aber nicht
auf der Röhre selbst, sondern auf einer an ihr beweglichen
Scale c c eingeschnitten sind. Diese Scale besteht aus
zween gleich langen Stäben, die unten und oben an mes=
singene Ringe gelöthet sind. Unten bey b b ist die Röhre
trichterförmig ausgeweitet. Das kleine Maaß, Fig. 10.
und 11., ist eine gläserne Phiole f, die genau so viel Raum
faßt, als eine Hauptabtheilung oder 3 Zoll der großen Röh=
re. Diese Phiole paßt mit ihrer Oefnung in eine messinge=
ne, kurze trichterförmige Röhre g i, durch deren Mitte ein
flacher Schieber k vor die Oefnung der Phiole f geht.
Durch diesen Schieber wird die in der Phiole enthaltene
Luft von der überflüßigen in der trichterförmigen Hölung i
abgeschnitten, und die letztere, indem man die Phiole unter
dem Wasser umkehrt, hinweggeschaft. Solchergestalt hält
das kleine Maaß immer eine bestimmte und gleiche Menge
Luft eingeschloßen. Um es mit einer vorräthigen Luftgat=
tung zu füllen, wird es zuerst mit Wasser gefüllt, und um=
gekehrt mit geöfnetem Schieber auf die Oefnung des im
Querbrete der Wanne befindlichen Trichters gesetzt (s. den Art.
Pneumatisch = chymischer Apparat). Hierauf bringt
man das Gefäß mit der vorräthigen Luft unter dem Wasser
an den Trichter und neigt es ein wenig, damit die Luft daraus
in den Trichter und folglich in das Maaß aufsteige. Man
setzt hierauf das Gefäß mit Luft wieder auf das Bret, zieht
das Maaß vom Brete hinweg, verschließt seine Oefnung
mit dem Schieber, und kehrt es im Wasser um, damit die
überflüßige im Theile i befindliche Luft herausgehe. So
wird man eine genau bestimmte Quantität Luft im kleinen
Maaße haben. Um nun dieselbe in die große Röhre zu
bringen, muß man diese zuerst ebenfalls mit Wasser füllen,
umgekehrt in die Wanne halten, und den Schieber des mit
dem Theile i wieder aufwärts gekehrten kleinen Maaßes un=
ter a öfnen, worauf die in f befindliche Luft in die Röhre a a
übergeht.

Man bringt aber zuerst zwey Maaß von der zu prüfenden Luft in die Röhre a a, und fügt alsdann ein Maaß nitröse Luft hinzu. Sobald dies geschehen ist, wird die Röhre vom Bret der Wanne hinweg genommen, und im Wasser stark geschüttelt. Hierauf wird sie in den mit Wasser gefüllten messingenen Cylinder d d d d, Fig. 9., so gesetzt, daß die Wasserfläche in der Glasröhre mit der äussern im messingnen Cylinder gleich steht, und ein bis zwo Minuten lang in dieser senkrechten Stellung ruhig gelassen, damit das Wasser ablaufen könne. Alsdann wird die Scale c c so verschoben, daß ihr unteres Ende oder ihre Null mit der Wasserfläche in der Röhre gleich steht, und man schreibt die Zahl auf, welche an der Scale mit der auf der Glasröhre eingeschnittenen Hauptabtheilung über der Wasserfläche zusammentrift. Ferner läßt man ein zweytes Maaß nitröse Luft hinzu, schüttelt die Röhre, wie vorhin, läst sie 1 — 2 Min. im messingnen Wasserbehälter ruhig, stellt alsdann die Scale, und bemerkt die Zahl derselben wiederum. Endlich wird noch ein drittes Maaß salpeterartige Luft hinzugelassen, das Verfahren nochmals wiederholt und die Zahl bemerkt. Eine vierte Wiederholung würde überflüßig seyn, weil drey Maaß nitröse Luft hinreichen, um zwey Maaß gemeine Luft vollkommen zu sättigen.

Nach geendigtem Versuche werden die aufgeschriebenen Zahlen, nebst den bis an das obere Ende der Röhre noch übrig bleibenden Hauptabtheilungen von den in die Röhre gelassenen Maaßen, jedes für 100 Theile gerechnet (also von 300, 400, 500) abgezogen; der Rest zeigt die Größe der Verminderung. Hätte z. B. nach Hinzulassung des dritten Maaßes nitröser Luft, eine Hauptabtheilung der Glasröhre bey 8 an der Scale gestanden, und wären bis ans obere Ende noch drey solche Hauptabtheilungen (jede von 100 Theilen) zu zählen gewesen, so hätte das zurückgebliebne Volumen 308 Theile betragen. Dies von 500, als dem ursprünglichen Volumen der fünf Maaße abgezogen, giebt die Verminderung 192 Theile.

Die Genauigkeit dieser Prüfungsart hängt größtentheils davon ab, daß man die Handgriffe dabey immer auf eine gleichförmige Art verrichte, die Glasröhre stets eine gleiche Zeit hindurch schüttle, und eine gleiche Zeit ruhen laffe u. f. f. Geschieht dies nicht, so wird man bey ver= schiedenen Verfuchen, wenn fie auch mit den nämlichen Luft= arten angestellt werden, dennoch verschiedene Resultate erhalten.

Cavallo (Abhandl. über die Eigenschaften der Luft rc. S. 112.) läßt, um den Apparat noch einfacher zu machen, den messingenen Cylinder d d d d ganz hinweg, und bringt da= gegen an dem obern verschloßnen Ende der Glasröhre einen Ring oder eine Schleife an, womit man fie an einem auf der Wanne des pnevmatischen Apparats befindlichen meß= singenen Hacken aufhängen kan. Auf der Scale zählt er die Hunderttheile an dem einen Stabe vom obern Ringe, am andern vom untern an. Bey der Prüfung felbst läßt er 2 Maaß gemeine und 1 Maaß nitröfe Luft in die Röhre, schüttelt fie 15 Secunden lang im Waffer der Wanne, und hängt fie an den Hacken fo, daß die Oberfläche der Waffer= fäule darinn etwa zween Zoll über der Wafferfläche in der Wanne zu stehen kömmt. Dann schiebt er die Scale fo, daß der obere Rand des untern Ringes mit dem mittlern Theile der Wafferfläche in der Röhre zufammentrift, und bemerkt, welche Abtheilung mit einem Striche an der Glas= röhre gleich stehet. Gefetzt, der 56ste Theilungsstrich tref= fe den zweyten Strich der Glasröhre von oben herab gerech= net, fo schreibt er dafür II, I; 2, 56, d. i. zwey Maaß ge= meine und ein Maaß falpeterartige Luft find durch die Ver= mischung auf 2, 56 Maaß zurückgebracht worden. Hierauf läßt er ein zweytes Maaß nitröfe Luft hinzu, verfährt wie vorhin, und bemerkt dies, wenn z. B. der 7te Theilungs= strich der Scale mit der dritten Abtheilung der Glasröhre zufammentrift, mit II, II; 3, 07. Die andere umgekehrt gezählte Theilung der Scale wird gebraucht, wenn es die an der Röhre befindliche Schleife nicht verstattet, den un= tern Ring an die Wafferfläche zu stellen, und man alfo genöthiget ist, den obern Ring daran zu bringen, und die Grade von oben herab zu zählen.

D. Ingenhouß (Verfuche mit Pflanzen rc. Leipzig,

1780. 8.) bedient sich eben dieses Werkzeugs so, daß er nur ein Maaß von jeder Luftart zusammen mischet. Er faßt das Maaß unter dem Wasser bey dem Schieber, damit es durch die Hand nicht erwärmt werde, und hält es 15 Secunden lang in dieser Stellung, um ihm die Temperatur des Wassers mitzutheilen. Die nitröse Luft bereitet er stets frisch aus Kupfer, und sobald sie in die Röhre geleitet ist, schüttelt er diese 30 Secunden lang unter dem Wasser, und und bringt sie in den mit Wasser gefüllten messingenen Cylinder dddd, mit der Vorsicht, daß nichts von der äußern Luft in die Oefnung der Glasröhre eindringe. So läßt er den Apparat in der Wanne eine Minute lang stehen, und gießt beständig Wasser darüber, um die Temperatur der Glasröhre derjenigen gleich zu machen, welche das Wasser in der Wanne hat. Endlich schiebt er die Scale so, daß ihre Null mit dem untersten Punkte des Bogens, den das äusserste Ende der Wassersäule macht, gleich stehet, und bemerkt, wie viel Abtheilungen von zwey ganzen Maaßen, oder 200 Theilen der Scale übrig geblieben sind. Herr Scherer versichert, daß nach dieser Verfahrungsart die ganze Probe in drey bis vier Minuten geendiget, und ihre Zuverläßigkeit so groß sey, daß nur selten unter zehn mit der nemlichen gemeinen und nitrösen Luft angestellten Versuchen, der Unterschied der Resultate kaum $\frac{1}{100}$ der ganzen angewandten Luftmasse betrage.

Herr Luz (Anweisung, das Eudiometer des Fontana zu verfertigen und zum Gebrauch bequemer zu machen. Nürnberg und Leipzig, 1784. 8.) hat an der Einrichtung dieses Eudiometers nichts wesentliches geändert, sondern nur zu dessen genauer Verfertigung überaus deutliche und lesenswürdige Vorschriften mitgetheilt. Nur darin weicht er von Fontana ab, daß er den besondern Wasserbehälter dddd wegläßt, und die Röhre, wie Cavallo, an einen an der Wanne befindlichen Hacken hängt; daß er zweytens die Scale fest macht, um das beständige Richten und die Fehler aus der ungleichen Weite der Glasröhre zu vermeiden. Dagegen läßt er sie über drey Hauptabtheilungen der Glasröhre gehen; jede Abtheilung wird durch ein hineinge=

laßnes Maaß Luft besonders bestimmt, und in 100 Theile
getheilt, daß also 300 Unterabtheilungen auf die Scale
kommen. Er beschreibt endlich das Verfahren sehr genau,
und giebt folgende Bezeichungsart an.

a. 200, b. 200, c. 204.

heißt: zwey Maaß gemeine, und zwey Maaß salpeterartige Luft, nahmen vermischt 204 Theile der Scale, oder
2, 04 Maaß Raum ein. Die Verminderung d ist $= a +$
$b — c$, oder 196 Theile.

Es scheint nach allem bisher gesagten am besten zu seyn,
daß man bey dieser einfachen Art der Luftprüfung bleibe,
welche durch den von Fontana dem Maaße beygefügten
Schieber an Zuverläßigkeit sehr viel gewonnen hat. Hiebey aber kömmt fast alles auf ein bestimmtes und durchge-
hends gleiches Verfahren an. Ohne dieses werden die Resultate verschieden ausfallen, und das Werkzeug wird eine
ganz unbestimmte Sprache führen, welches eben so viel ist,
als ob es gar nichts sagte. Ich will in dieser Absicht noch
einige beym Verfahren selbst zu beobachtende Regeln
beyfügen.

Die innere Seite des Maaßes ist vor dem Versuche
mit Seifenwasser auszuspülen, damit nicht beym Füllen
Wassertropfen darinn hängen bleiben, und das richtige Volumen vermindern. Beym Füllen selbst muß man es nicht
mit der Hand berühren, damit es nicht erwärmt werde, und
also zu wenig Luft fasse; eben darum muß man auch nach
vollendetem Füllen die Hand nicht eher an das Glas bringen, als bis der Schieber verschloßen ist. Beym Verschließen selbst ist das Maaß stets gleich tief unter dem Wasser zu halten, damit die Luft nicht durch Wassersäulen von
ungleicher Höhe einmal mehr, als das anderemal, zusammengedrückt werde. Zwischen dem Füllen des Maaßes und
dem Verschließen des Schiebers muß immer ein gleicher
Zeitraum verlaufen, damit nicht das Wasser an den Sei-
tenwänden einmal mehr, als das anderemal, ablaufen könne. Die Glasröhre muß, so viel möglich, an allen Stellen gleich weit seyn, und daher genau calibriret werden:
auch bey ihr ist ein vorgängiges Ausspülen mit Seifenwas-

ser dienlich; **Fontana** und **Luz** schleifen die innere Fläche matt, wozu Luz sehr leichte Handgriffe angiebt. Wenn man die Länge der Luftsäule beobachtet, muß man wegen der Wärme die Röhre nicht mit der bloßen Hand sondern mit einem naßen Lappen anfaßen, und immerfort Waſſer darüber gießen. Auch muß die innere Waſſerfläche mit der äußern in der Wanne völlig gleich hoch stehen; dies wird eben durch Fontana's besondern Waſſerbehälter (d d d d Fig. 9.) bewirkt. Bey der Beobachtung selbst muß man für die Grenze der Waſſersäule, welche in der Röhre concav ist, die Mitte oder den untersten Punkt des Bogens festsetzen, auch die Röhre genau lothrecht halten. Die Vermischung beyder Luftarten muß nicht, wie bey Priestley, in einem besondern Gefäße, und stillstehend, geschehen, sondern in der Röhre selbst, welche man im Augenblicke der Berührung eine stets gleiche Zeit lang, nemlich eine halbe Minute lang, stark im Waſſer schütteln muß. Beym Einlaſſen der Luft ist auch darauf zu sehen, daß sie nicht blasenförmig, sondern als eine ununterbrochne Säule in die Glasröhre aufsteige, wozu die Oefnung des Trichters, durch den sie geht, weit genug (wenigstens $5\frac{1}{2}$ pariser Lin.) seyn muß. Auch können bey Versuchen dieser Art schnelle Veränderungen der Wärme oder Schwere der äußern Luft, ja selbst die Nähe des Körpers vom Experimentator, Unterschiede machen.

Mehr, als alles dieses, aber macht die ungleiche Güte und Stärke der zum Prüfungsmittel dienenden **nitrösen Luft** aus. Es ist ganz vergeblich, an eine Uebereinstimmung der Eudiometerbeobachtungen zu denken, so lange man nicht Mittel kennt, eine sich immer gleiche salpeterartige Luft (*a standard nitrous air*) zu bereiten. D. **Ingenhouß** (Versuche mit Pflanzen 2c. S. 110.) glaubt, eine solche durch folgende Methode zu erhalten. Er dreht biegsame Kupferfäden spiralförmig in einander, so daß sie kleine Cylinder vorstellen, und füllt damit ein kleines Fläschgen. Hierüber gießt er Salpetersäure, mit 5 — 6 Theilen Waſſer verdünnt, und fängt das solchergestalt entbundene Gas durch den gewöhnlichen pnevmatischen Apparat unter

einem gläfernen Gefäße auf. Wer aber nur ein wenig die
verfchiedene Stärke der Liquoren kennt, die unter dem Namen der Salpeterfäure verkauft oder bereitet werden, und
überdies den Einfluß der Wärme, der Zeitdauer u. dgl. auf
die Operation felbft erwäget, der wird fich fchwerlich überzeugen können, daß man fo überall und zu jeder Zeit eine
gleich gute nitröfe Luft erhalte. Herr Wenzel (Befchrei-
bung eines Glasgeräths 2c. von Magellan aus d. engl. S.
59 — 64.) giebt daher eine fichrere, aber auch weit fchwe-
rere und zufammengefeßtere Methode an. Er wählt einen
ganz reinen aus zwey Theilen des beften Salpeters und einem Theile weiffen Vitriolöl bereiteten rauchenden Salpetergeift, vermifcht denfelben mit dem fünffachen Gewichte
deftillirten Waffers, und probirt ihn mit zerfchlagenem
Marmor oder Aufterfchalen, wovon er immer eine gleiche
Menge auflöfen muß. Hierdurch entbindet er die falpeterartige Luft aus Eifen, Kupfer oder Queckfilber in einem eignen Apparat, aus welchem die gemeine Luft durch eine kleine Luftpumpe, fo viel möglich, herausgezogen wird. Man
hat aber hievon niemals einigen Gebrauch gemacht.

Die nitröfe Luft wird fchwächer, wenn fie lang über Waffer fteht. Daher räth man an, zu den Prüfungen mit
dem Eudiometer täglich, wenigftens oft, frifche zu bereiten. Fontana aber meint die ganze Schwierigkeit dadurch zu heben, daß er zu zwey Maaßen gemeiner Luft fo
viele Maaße falpeterartiger Luft hinzuläßt, bis das leßte
keine Verminderung weiter bewirkt; alsbann, fagt er, finde man die Größe der bis zur Sättigung ftatt findenden
Verminderung immer richtig, wie ftark oder fchwach auch
die nitröfe Luft feyn möge, und der ganze Unterfchied fey,
daß man mehr Maaße hinzulaffen müffe, je fchwächere Luft
man habe. Ingenhouß hingegen, der dies nicht in feinem ganzen Umfange zugiebt, fchreibt vor, die nitröfe Luft
täglich frifch, und immer aus Kupfer, oder immer aus
Queckfilber zu bereiten, reinen und von Vitriolfäure frey-
en Salpetergeift dazu zu gebrauchen, und bey ihrer Auf-
fangung die Vermifchung mit gemeiner Luft forgfältig zu
verhüten.

Dies wird genug seyn, um zu zeigen, daß das Eudiometer noch bey weitem das nicht sey, was sein Name ausdrückt, und wofür man es viel zu frühzeitig gehalten hat. Vielleicht wird ihm einst die Zeit mehrere Vollkommenheit geben.

Man pflegt mit diesem Werkzeuge auch die Güte der künstlich bereiteten dephlogistisirten Luft zu prüfen, welche aber zu ihrer Sättigung eine weit größere Menge, oft vier, zuweilen fünf Maaß nitröser Luft, erfordert. Um nun dies mit weniger Zeitverlust zu thun, vermischt D. Ingenhouß beyde Luftarten in einem besondern Glase von 3 Zoll Durchschnitt und 3 Zoll Höhe auf einmal, weil bey der dephlogistisirten Luft die Zersetzung und Vermischung augenblicklich geschieht, und es also nicht, wie bey der gemeinen Luft, des allmähligen Hinzulassens und Schüttelns bedarf.

Herr Wilke (Neue schwed. Abhdl. IV. Band, 1785., auch in Lichtenbergs Magazin für das Neuste ꝛc. III. B. 4 St. S. 106. u. f.) hat seitdem noch zwo andere Einrichtungen des Eudiometers bekannt gemacht, wobey die Luftgattungen durch Saugen und Pumpen mit einer Spritze aus einem Gefäß ins andere gebracht werden. Zu einer dieser Einrichtungen gehört ein Apparat mit Quecksilber, zur andern ein gewöhnlicher mit Wasser. Die Kolbenstange der Spritze ist, wie eine Scale, abgetheilt, und mit einem an der Spritze selbst befestigten Nonius versehen, wodurch man sehr genau in jedem gegebnen Verhältniße Luft ausziehen oder einlassen kan. Da diese Art, die Luftgattungen zu behandeln, als eine allgemeine Abänderung des Apparats angesehen werden kan, so will ich sie bey dem Worte: Pnevmatisch-chymischer Apparat umständlicher beschreiben: zum Eudiometer wird man sich immer eine einfachere und leichtere Einrichtung wünschen.

Noch ein Eudiometer, das aber auf ganz andern Gründen beruht, hat Scheele (in *Rozier* Journal de physique Janvier 1781., deutsch in Hrn. Leonhardi Uebers. von Scheelens chemischen Abhdl. von Luft und Feuer, Leipzig, 1782. 8. S. 269.) angegeben. Er nimmt einen Theil von sehr fein gepülvertem Schwefel, vermischt ihn mit zween

Theilen unverrosteter Eisenfeile, befeuchtet das Gemenge
mit etwas Wasser, und hebt es derb eingestopft in gläser=
nen Flaschen auf. Beym Versuche selbst füllt er mit die=
sem Gemenge eine gläserne Schale, setzt diese auf einen ho=
hen Träger, deckt ein cylindrisches mit einem getheilten Pa=
pierstreif versehenes Glas darüber, und füllt das weite Ge=
fäß, worinn der ganze Apparat steht, mit Wasser. Das
phlogistische Gemenge fängt bald an, sich zu erhitzen, und
die Luft zu vermindern; daher steigt das Wasser in das cy=
lyndrische Glas auf, die Scale giebt dessen Höhe an, und
zeigt dadurch die Größe der Verminderung, welche desto
stärker ist, je mehr die Luft Phlogiston in sich nehmen kan,
d. i. je reiner sie vor dem Versuche war. Hr. S. bringt
zwar hiebey auch den Stand des Thermometers und Baro=
meters mit in Anschlag; allein es bleibt dennoch, auch bey
dieser Methode, allzuviel Unbestimmtes übrig.

So unvollkommen aber die Eudiometer noch seyn mö=
gen, so haben doch die mit ihnen angestellten Beobachtun=
gen schon viele nützliche und mit andern Erfahrungen über=
einstimmende Resultate geliefert. **Landriani** fand in den
Gebirgen bey Pisa die Luft immer reiner, je höher er hin=
aufstieg, dagegen um den Vesuv immer schlechter, je nä=
her er dem Crater kam; eben so fand er sie in den pontini=
schen Sümpfen, beym Sirocco, in der Hundsgrotte, auf
der Solfatara u. s. f. von sehr schlechter Beschaffenheit.
Herr **Scheele** fand die Verminderung der Luft zu Stock=
holm durch seinen Apparat $\frac{8}{33}$ bis $\frac{10}{33}$, woraus er folgert,
daß der Luftkreis daselbst ohngefähr $\frac{9}{33}$ ganz reine respira=
ble Luft enthalte. **Fontana** und **Ingenhouß** haben bey
ihren zahlreichen Versuchen in Paris, London, den Nie=
derlanden und Oesterreich, ziemlich übereinstimmende Re=
sultate gefunden. Der letztere fand die Seeluft durchgängig
besser, als die Landluft (s. Ingenhouß vermischte Schriften,
herausg. von Molitor, Wien 1784. II. B. 8. Von dem
Grade der Heilsamkeit der Seeluft). Für Wien giebt er
ihre mittlere Güte 1, 07 an. **De Saussure** fand bey sei=
nen Alpenreisen die Luft auf den Gipfeln der hohen Berge
weniger rein, als die in den Thälern, welche zwischen den

Bergen liegen. **Deodat von Dolomieu** (Reise nach
den liparischen Inseln a. d. frz., Leipzig, 1783. 8.) fand zu
Malta im Winter die Luftgüte 0, 80 bis 0, 82, bey wär=
merer Luft 0, 88 — 0, 90; beym Sirocco 1, 02 bis 1, 05.
Sehr zuverläßige Beobachtungen über die Luft in Göttin=
gen hat Herr Prof. Pickel im Jänner und Februar 1782
angestellt (s. Göttingisches Magazin der Wissensch. und
Litteratur, II. Jahrg. 6 St. S. 426.) und in Tabellen ge=
bracht. Die Grade der Güte fallen zwischen 0, 91 und
0, 98, und die Luft war dabey desto reiner, je kälter sie
ward. In Leipzig hat mein verstorbener Freund D. Lud=
wig die Luft in den Sommermonaten des Jahres 1783. bey
dem damaligen trofnen Nebel oder Höherauch geprüft (s.
Leipziger Magazin zur Naturkunde, Mathematik, u. s. w.
von Leske und Hindenburg, 1783. II. St. S. 211.), und
sich dabey des oben beschriebnen Magellanischen Eudiome=
ters bedient. Er fand sie besonders in der letzten Helfte
des Julius ungemein stark phlogistisirt, und vermuthet,
daß die Ursache davon in den vorhergegangenen heftigen
Erdbeben liegen könne. Ueberhaupt lehren alle angestellte
Prüfungen, daß die über heiße und dürre Landstriche kom=
menden Winde, wie bey uns die Südwinde, die Luft ver=
schlimmern, da hingegen dieselbe durch Nordwinde, welche
über einen großen Theil der fast immer in Bewegung ste=
henden See streichen, merklich verbessert wird.

Abhandlung über die Eigenschaften der Luft, und der übrigen
beständig elastischen Materien, von Tiberius Cavallo, aus dem
englischen. Leipzig, 1783. 8.

Geschichte der Luftgüteprüfungslehre, kritisch bearbeitet von
J. A. Scherer, Wien 1785. 8.

Experiment, s. Versuch.

Experimentalphysik, Physica experimentalis,
Physique experimentale. Man pflegt diesen Namen dem=
jenigen Theile der Naturlehre beyzulegen, in welchem die
Eigenschaften und Wirkungen der Körper aus Erfahrun=
gen, hauptsächlich aus angestellten Versuchen, hergeleitet
werden. Da aber alles, was wir von den Körpern wissen,
auf Erfahrungen beruht, so sieht man wohl, daß **eigentlich**

die wahre und richtige Naturlehre ganz in Experimen=
talphysik bestehe.

Inzwischen erfordert doch der Vortrag der Wissenschaft,
besonders auf Akademien, eine Absonderung der Versuche
selbst, und der Erklärung dessen, was sich aus denselben
durch Rechnungen, Schlüße, Vergleichungen, Muthmaf=
sungen u. f. w. herleiten läßt. Beydes läßt sich in den Vor=
lesungen nicht wohl vereinigen, weil die Einschiebung der
Versuche in dem Vortrage theils den Zusammenhang zu oft
unterbrechen, theils aber auch die nöthige Zubereitung zu
den Versuchen unmöglich oder doch höchst beschwerlich ma=
chen würde. Daher ist es bey dem Vortrage der Natur=
lehre nicht ungewöhnlich, die **Experimentalphysik** von
der sogenannten **dogmatischen** oder **theoretischen Phy=
sik** (Phyfica dogmatica, rationali, theoretica) zu unter=
scheiden, obgleich bey einem zweckmäßigen Studium der
Naturwissenschaften und bey allen Bemühungen eines Na=
turforschers überhaupt, beyde unzertrennlich verbunden blei=
ben müssen, da die Erfahrung nicht allein den Grund aller
Berechnungen und Schlüße ausmachen, sondern auch für
alle daraus gefundene Resultate wiederum zur Probe dienen
muß. Auch würde eine dogmatische Physik ohne Erfah=
rungen nichts, als leere Träume, und eine Experimental=
phyfik ohne alle Schlüße lauter unfruchtbare Spielereyen
enthalten.

Es sind daher die dogmatische und die Experimental=
phyfik keine eignen und abgesonderten Theile der Naturleh=
re; sie unterscheiden sich vielmehr nur in Absicht auf Me=
thode und Vortrag. Bey der dogmatischen setzt man die
Resultate der Versuche als bekannt voraus, oder begnügt
sich damit, sie historisch anzuführen; bey der Experimen=
talphysik hingegen macht man die Kenntniß und Behand=
lung der Werkzeuge nebst der Anstellung der Versuche selbst
zur Hauptabsicht, und bleibt bey den unmittelbaren Folgen
und Resultaten derselben stehen. Die besten und vollstän=
digsten Lehrbücher sind freylich diejenigen, die im gehörigen
Verhältniße und in einer bequemen Ordnung beydes ver=
binden.

Der Ursprung dieser Absonderung fällt allerdings erst in die Zeit, seit welcher man in der Naturlehre den Weg der bloßen Speculation verlassen, und die Erfahrungen mehr, als ehedem, zu Rathe gezogen hat. Johann Christoph Sturm, Professor der Mathematik zu Altorf, dessen Verdienste um die Experimentalphysik sehr groß sind, war, so viel mir bekannt ist, der erste, welcher Vorlesungen über die Versuche (*Jo. Chph. Sturmii* Collegium experimentale f. curiosum. Norimb. 1676. To. II. 4.) von der theoretischen Physik (Ej. Physica electiva f. hypothetica Norimb. 1697. T. II. 4.) trennte. Diesem Beyspiele folgte Wolff, dessen vortrefliche Experimentalphysik (Nützliche Versuche zu genauer Kenntniß der Natur und Kunst, Halle, 1721 — 1723. III. Th. 8.) die Materialien enthält, aus welchen er hernach sein weniger schätzbares Gebäude der dogmatischen Physik (Vernünftige Gedanken von den Wirkungen der Natur, Halle, 1723. 8. und: Vernünftige Gedanken von den Absichten der natürlichen Dinge, Halle 1724. 8.) aufgeführet hat. Je mehr sich seitdem die Versuche, Werkzeuge und Entdeckungen vervielfältigten, desto mehr wurden die Verfasser der physikalischen Lehrbücher genöthiget, Beschreibungen davon in ihre Schriften aufzunehmen, denen sie daher oft den Titel einer Experimentalphysik gaben, obgleich auch außer den Versuchen theoretische Lehren darinn abgehandelt werden. Dahin gehören die Lehrbücher des Desaguliers (Course of experimental philosophy. Lond. 1717. 4. und in zween Bänden Lond. 1745. 4.), s' Gravesande (Physices elementa mathematica experimentis confirmata. Lugd. Bat. 1719. 4. und in zween Bänden Lugd. Bat. 1742. gr. 4.), Teichmayer (Elementa philosophiae naturalis experimentalis. Jenae, 1733. 4.) und neuerlich Kratzensteins (Vorlesungen über die Experimentalphysik; 6te vermehrte Auflage, Kopenhagen, 1787. gr. 8.). Ganz vorzügliche Rücksicht auf die Werkzeuge und Versuche nehmen Noller (Leçons de physique experimentale. à Paris, 1743 u. f. To. I—VI. gr. 12. Nollets Vorlesungen über die Experimentalnaturlehre, Erfurt 1749 - 1764. VI. Theile, 8.) und Sigaud de la Fond (Leçons de physique experimentale. à Paris, 1767. 12mo. Anweisung zur Experimentalphysik aus d. frz. des Hrn. Sigaud de la Fond übers. Dresden, 1774. II. Th. gr. 8.) Nach Sturms und Wolfs Beyspiele hat auch Herr Professor Titius beyde Theile der Physik besonders bearbeitet (Physicae dogmaticae elementa. Viteb. 1774. 8. Physicae experimentalis elementa. Lipf. 1782. 8.) Einige Schriften, welche die Werkzeuge und Versuche ganz allein angehen, werde ich bey dem Worte: Verfuche anführen.

Explofion, Explofio, *Explofion*. Eine plötzliche und gewaltsame Ausdehnung einer elastischen flüßigen Materie, welche nach allen Richtungen wirkt, die Hindernisse, die sie einschließen, an den schwächsten Orten durchbricht, und gemeiniglich mit einem Knalle begleitet ist.

Das Schießpulver, Knallpulver, Knallgold u. dgl. erzeugen bey ihrer Entzündung oder Erhitzung plötzlich eine große Menge elastischer Materien, welche sich gewaltsam auszudehnen streben. Sind diese Materien noch überdies eingeschloßen, so treiben die erzeugten elastischen Flüßigkeiten die Pfropfe, welche sie einschließen, mit ungemeiner Kraft fort, oder zersprengen die Körper, in denen sie enthalten sind. Von diesen Explofionen hängen die heftigen Wirkungen des Feuergewehrs, der Minen und der Bomben ab.

Die Dämpfe, in welche das Wasser durch die Hitze verwandelt wird, sind in hohem Grade elastisch, f. Dämpfe. Wenn man daher Wasser in einem verstopften oder verschloßnen Gefäße erhitzet, so üben diese Dämpfe gegen die Wände des Gefäßes, oder gegen den Pfropf, der es verschließt, eine überaus große Gewalt aus. Sie treiben endlich den Pfropf mit einer heftigen Explofion heraus oder zersprengen auch das Gefäß selbst, wenn es nicht überall eine genugsame Festigkeit hat.

Stark verdichtete Luft, z. B. in einer Windbüchse, explodirt, so bald man ihr eine Oefnung oder einen Ort verstattet, wo die Hindernisse schwächer, als an den übrigen, find; sie zersprengt auch wohl das Gefäß, worinn man sie comprimirt hat, wenn es nicht fest genug ist.

Wenn ein geladner elektrischer Körper, s. Flasche, geladne, durch eine leitende Verbindung beyder Seiten entladen wird, und ein elektrischer Schlag entsteht, so geschehen an den Stellen, wo die Verbindung unterbrochen ist, und die Elektricität durch ein Mittel, das sie nicht so leicht durchdringen kan, hindurchbrechen muß, elektrische Explosionen. Man sieht dabey die Ursache der Elektricität als eine sehr elastische flüßige Materie an, die sich in solchen Fällen nach allen Richtungen zu verbreiten strebt, und also die Hinderniße, die ihr im Wege stehen, erschüttert und zerschmettert, wovon auch die Versuche Spuren zeigen. Auch der Blitz wirkt auf diese Art, wenn er in seiner Leitung Unterbrechungen antrift, s. Blitz.

Da bey der gewöhnlichen Art, Versuche anzustellen, immer Unterbrechungen in der leitenden Verbindung bleiben, weil der Schlag wenigstens durch einen Theil Luft durchbrechen muß, so nennt man oft den elektrischen Schlag selbst eine Explosion.

Brennbare Luft mit gemeiner oder dephlogistisirter vermischt, entzündet sich an der Lichtflamme, und verursacht dadurch eine Explosion mit einem sehr lauten Knalle, s. Gas, brennbares.

F.

Fadendreyeck, s. Culmination.
 Fadenkreuz im Fernrohre, s. Fernrohr.
 Fadenmikrometer, s. Mikrometer.

Fäulniß, Putredo, Putrefactio, *Putrefaction*. Die letzte Stufe der Gährung vegetabilischer und thierischer Substanzen, wodurch eine Zersetzung und völlige Veränderung ihrer Bestandtheile erfolgt, s. Gährung. Die meisten Stoffe des Pflanzenreichs gehen vor ihrer Fäulniß erst durch die geistige und saure Gährung; viele, besonders thierische Substanzen aber faulen sogleich, ohne die zwo ersten Stu-

H

fen der Gährung zu durchlaufen, ob sich gleich bey den meisten vorher auf kurze Zeit eine Säurung zeiget.

Wenn die der Fäulniß fähigen Stoffe einer feuchten
Wärme ausgesetzt sind, so zeigt sich die Fäulung sehr geschwind durch Veränderung der Farbe, des Geruchs und
Geschmacks, bey durchsichtigen Flüßigkeiten auch durch das
Trübwerden. Mit dem Fortgange der Fäulniß wird der
Geruch immer ekelhafter und erhält zuletzt das Stechende,
welches von dem beym Faulen entbundenen flüchtigen Alkali
herrühret, und das man so oft in den heimlichen Gemächern
bey Veränderungen der Witterung bemerkt.

Die Fäulniß zerstört den ganzen organischen Bau der
Pflanzen und thierischen Körper, und verwandelt sie in flüchtiges Alkali, stinkendes Oel und Erde, welches die einzigen
Materien sind, die man durch die Destillation aus verfaul-
ten Substanzen erhält. Durch diese Operation zerstört die
Natur von selbst ihr eignes Werk, sobald Pflanzen und
Thiere zu leben aufhören; aber sie läst die zertrennten Bestandtheile wiederum in den Bau neuer Körper übergehen,
und erhält sich durch diesen Kreislauf immer in einer ununterbrochnen Thätigkeit.

Die Fäulniß reizt viele Insekten, ihre Eyer in die faulenden Körper zu legen, welche darinn ausgebrütet werden; daher man fast überall beym Faulen Maden und Würmer findet.
Man hat oft geglaubt, die Fäulniß selbst erzeuge Thier-
chen, oder komme von ihnen her, welches letztere Kircher
und Linné (Amoen. acad. To. V. p. 94.) behauptet haben. Aber William Alexander (Medicinische Versuche, a. d. engl. Leipzig, 1773. 8. S. 246. u. f.) hat diese
Meinung durch sorgfältig angestellte Beobachtungen vollkommen widerlegt. Macbride (Versuche, a. d. engl.
Zürich, 1766. 8.) hat die Entweichung der fixen Luft für
die Ursache der Fäulniß halten wollen. Andere haben sie
in der atmosphärischen Luft gesucht, die doch nur eine gele-
gentliche Ursache und ohne feuchte Wärme unwirksam ist,
auch abgeschnitten werden kan, ohne darum die Fäulniß zu
hindern. Die Ursache der Fäulniß ist also noch für uns ein
Geheimniß: wahrscheinlich liegt sie in einer besondern Art

Art der Anziehung unter den Bestandtheilen vegetabilischer und thierischer Körper, welche nur bey einem gewissen Grade der Wärme und Feuchtigkeit wirksam wird.

Alle thierische Substanzen sind der Fäulniß näher, und dazu geneigter, als die vegetabilischen. Daher haben einige große Aerzte und Chymiker, z. B. Boerhave und Macquer vermuthet, daß der Uebergang der vegetabilischen Substanzen und Nahrungsmittel in thierische durch eine Art von unvollkommner Fäulniß geschehe. Ueberhaupt würde eine befriedigende Erklärung der Fäulniß den Schlüssel zu sehr wichtigen Geheimnißen der Natur abgeben.

Fäulnißwidrig (antiseptica) sind alle Substanzen, die selbst keiner Fäulniß fähig sind, oder die Beförderungsmittel der Fäulniß entkräften, d. h. kühlen und trofnen. Daher verhindern die trofnenden Erden, Sand, Kalk, Kälte, Säuren, Alkalien, Mittelsalze, Weingeist, wesentliche und empyreumatische Oele, Balsame, Harze, Gewürze, bittere und zusammenziehende Mittel, Rauch u. s. w. das Faulen. Auch die fire Luft oder Luftsäure widersteht der Fäulniß. Pringle (Philos. Trans. no. 495 und 496 und Hamburg. Magazin B. X. S. 300 u. f.) Macbride, Crell (Philos. Trans. Vol. LXI. P. I. und chemisches Journal, Th. 1 S. 158. u. f.) Buchholz (Chymische Versuche über einige der neusten einheimischen antiseptischen Substanzen, Weimar, 1776. 8.) auch Shaw (Chemical Lectures, franz. übersetzt unter dem Titel: Essai pour servir à l'histoire de la putrefaction. à Paris, 1766. gr. 8.) haben über die fäulnißwidrigen Mittel und die Geschichte der Fäulniß überhaupt schätzbare Versuche bekannt gemacht.

Die Luft, in welcher Körper faulen, wird dadurch in einem hohen Grade phlogistisiret, und in dieser Rücksicht hat das Faulen mit der Verbrennung eine gewiße Aehnlichkeit, s. Gas, phlogistisirtes. Auch scheint die Erzeugung der Salpetersäure die Wirkung einer bis zur letzten Stufe gekommenen Fäulniß zu seyn.

Macquer chym. Wörterbuch mit Hrn. Leonhardi Anm. Art. Fäulniß.

Fahrenheitisches Thermometer, s. Thermometer.

Fall der Körper, Descensus s. lapsus corporum gravium, *Chûte des corps graves.* Die Bewegung der Körper durch ihre Schwere. Die Schwere treibt jeden auf der Erdfläche befindlichen Körper nach einer auf diese Fläche lothrechten Richtung. Wird dieses Bestreben durch ein Hinderniß aufgehoben, so entsteht blos Druck; kan es frey wirken, so erzeugt es wirkliche Bewegung oder Fall nach der Richtung der Schwere; wird es zum Theil gehindert, und kan nur zum Theil wirken, so entstehen Druck und Fall zugleich. Die Kugel, auf der Hand getragen, drückt die Hand; freygelassen fällt sie lothrecht herab; auf einer schiefen Fläche rollt sie schief herab, und drückt zugleich die Fläche mit einem Theile ihres Gewichts.

Man kan die Betrachtung des Falls der Körper so abtheilen, daß zuerst der **freye Fall** (descensus liber), und dann der **Fall auf vorgeschriebenen Wegen** (descensus non liber) untersucht wird.

Freyer Fall der Körper.

Die Gesetze des freyen Falles der Körper sind folgende:

I. **An eben demselben Orte der Erde fallen alle Körper, große und kleine, schwere und leichte, mit einerley Geschwindigkeit.** Der Centner fällt in gleicher Zeit eben so tief, als das Quentchen. Denn man wird ohne Zweifel zugeben, daß hundert gleich große und gleich schwere Steine, einer so geschwind, als der andere fallen, und daß es hiebey keinen Unterschied macht, ob sie einander berühren oder nicht, ob sie unter einander zusammenhängen oder nicht. Wenn also 99 davon zusammenhängen, oder einen einzigen ausmachen, so wird dieser große Stein darum nicht geschwinder fallen, als der einzelne hundertste, ob jener gleich 99mal schwerer, als dieser, ist, s. **Kraft, beschleunigende.** Daß aber bey wirklicher Anstellung des Versuchs im luftvollen Raume, leichtere Körper langsamer fallen, als schwerere, ist blos eine Wirkung des Widerstandes der Luft, und gehört nicht zur Betrachtung des freyen Falles an sich.

Aber die Worte: an eben demselben Orte der Erde, sind ein sehr nothwendiger Zusatz. Unter dem Aequator fallen alle Körper langsamer, und unter den Polen der Erde schneller, als in unsern Gegenden, weil dort die Schwere eines jeden Theils der Materie geringer oder größer, als hier, ist.

II. Der Fall der Körper ist eine gleichförmig beschleunigte Bewegung. Dies lehrt nicht allein die Erfahrung, sondern es läßt sich auch daraus schon vermuthen, weil die Schwere, als eine absolute Kraft, in alle Körper, ruhende und bewegte, unaufhörlich und immer gleich stark wirket, folglich in jedem Zeittheile der schon erlangten Geschwindigkeit immer gleiche Zusätze nach einerley Richtung beyfügt. Dies ist aber die Entstehungsart der gleichförmig beschleunigten Bewegung, s. Beschleunigung.

Mithin gelten von dem freyen Falle der Körper alle Gesetze der gleichförmig beschleunigten Bewegung, die bey dem Worte Bewegung, gleichförmig beschleunigte, erwiesen worden sind. Die Geschwindigkeit an jeder Stelle verhält sich, wie die vom Anfange des Falls verfloßene Zeit; die zurückgelegten Räume verhalten sich, wie die Quadratzahlen der Zeiten, ingleichen, wie die Quadratzahlen der Geschwindigkeiten; die Theile des Raums, die in einer Secunde nach der andern durchlaufen werden, wachsen wie die ungeraden Zahlen, 1, 3, 5, 7 u. s. f.; und der Körper fällt in einer gegebnen Zeit nur halb so tief, als ihn in eben der Zeit seine zuletzt erlangte Geschwindigkeit führen würde. Kurz, es ist in den beym Worte: Bewegung, festgesetzten Bezeichnungen und Einheiten

$$s = gt^2 \text{ und } v = 2gt,$$

wo s den Raum, t die Zeit, v die zuletzt erhaltene Geschwindigkeit, g den in der ersten Secunde zurückgelegten Raum, oder die Helfte der in 1 Secunde erhaltenen Geschwindigkeit bedeutet.

III. In der ersten Secunde fallen die schweren Körper bey uns, durch 15, 625 rheinländische Fuß. Man kan also g in Tausendtheilen des rheinl. Fußes ausgedrückt, =15625 setzen. Bey Rechnungen, die keine große

Schärfe erfordern, kan man es = 15 par. Fuß (eigentlich 15, ○957) annehmen. So fallen die Körper nach II. in der zwoten Secunde 3×15 oder 45, in der dritten 5 × 15 oder 75, in der vierten 7 × 15 oder 105 Fuß; und in vier Secunden zusammen durch 16×15 oder 240 Fuß. Dechales Mund mathem. To. II.) gab zwar seinen Versuchen gemäß g = 16½ Schuh an; allein die hier angeführte Bestimmung, welche Huygens aus Versuchen mit dem Pendel gezogen hat, ist weit genauer und richtiger, s. Pendel.

Geschichte dieser Gesetze.

Von den Zeiten des Aristoteles an bis an das Ende des sechszehnten Jahrhunderts hat man sich von den Gesetzen der Bewegung überhaupt die sonderbarsten und irrigsten Vorstellungen gemacht. Die Peripatetiker glaubten, die Geschwindigkeit des Falles verhalte sich, wie das Gewicht der Körper, und der zehnmal schwerere falle zehnmal schneller, als der leichtere. Dies war eine sehr falsche Anwendung des metaphysischen Grundsatzes, daß sich die Wirkung, wie ihre Ursache, verhalte. Man vergaß dabey, daß das zehnmal größere Gewicht die Bewegung, die es erzeugt, auch einer zehnmal größern Masse mitzutheilen hat, und daß bey dieser Vertheilung auf jeden Theil der Masse nicht mehr Geschwindigkeit kömmt, als er durch sein Gewicht allein, und ohne Verbindung mit den übrigen, ebenfalls würde erhalten haben. Es ist das eben so viel, als ob man sich einbilden wollte, zehn gleich geschickte Läufer könnten zusammen einen Weg schneller zurücklegen, als einer von ihnen allein.

Diesen Irrthum der aristotelischen Physik nahm der große Galilei schon zu der Zeit wahr, als er noch zu Pisa die Philosophie studirte. Er vertheidigte damals die richtigere Meinung in den gewöhnlichen Disputirübungen gegen seine Lehrer. Kaum aber war er selbst zum Lehrer auf dieser hohen Schule ernannt, als er sich öffentlich gegen diesen und viele andere Sätze der peripatetischen Physik erklärte. Er ließ von der Kuppel der dasigen Kirche Körper von sehr ungleichem Gewicht herabfallen, die doch den Boden faſt zu gleicher Zeit erreichten, wenn nur ihre Materien nicht allzuſehr an Dichtigkeit verſchieden waren. Dieſe Verſuche machten großes Aufſehen, und zogen ihrem Urheber ſo viel Feinde zu, daß er ſich bewogen fand, Piſa zu verlaſſen und die ihm angetragne Lehrſtelle in Padua anzunehmen. In der Folge hat er dieſen Satz unter andern auch durch den Verſuch mit zwey Pendeln von gleicher Länge erwieſen, welche ihre Schwingungen mit einerley Geſchwindigkeit verrichten, ob ſie gleich mit verſchiedenen Gewichten beſchweret ſind.

Eben ſo unrichtig waren die ehemaligen Vorſtellungen von der Beſchleunigung des Falles. Man hatte dieſes Phänomen aus mancherley Urſachen hergeleitet, und nach mancherley Geſetzen erfolgen laſſen. Die Peripatetiker ſahen die Schwere als eine verborgene Qualität an, ſchrieben allen Körpern ein inneres Beſtreben nach dem Mittelpunkte zu, und glaubten, ſie eilten deſto ſchneller nach demſelben, je näher ſie ihm kämen. Einige unter ihnen nahmen die Luft zu Hülfe, welche durch ihr Zuſammenfahren hinter dem fallenden Körper demſelben nach Art eines Keils fortſtoßen, und dadurch ſeine Bewegung von Zeit zu Zeit beſchleunigen ſollte. Dieſer Urſache hatte Ariſtoteles ſelbſt die Fortdauer aller Bewegungen zugeſchrieben. Noch andere erklärten den Fall aus dem Drucke der Luft, und die Beſchleunigung daraus, daß der Körper von deſto höhern Luftſäulen gedrückt werde, je tiefer er herabkomme, oder daß die Luftſäulen lauter nach dem Mittelpunkte convergirende Linien wären, daher der Mittelpunkt den ganzen Druck der flüßigen Maſſe zu tragen habe, und ein Körper deſto ſtärker gedrückt werde, je näher er dem Mittelpunkte komme.

Was die Geſetze der Beſchleunigung betrifft, ſo war es die gemeine Meinung, daß die Geſchwindigkeit in dem Verhältniße des zurückgelegten Raumes zunehme; daß nemlich der Körper, wenn er durch vier Fuß gefallen ſey, viermal ſo viel Geſchwindigkeit erlangt habe, als am Ende des erſten Fußes — eine Meinung, die auf den erſten Blick ganz einfach und natürlich ſcheint, in der That aber etwas Un-

mögliches und Widersprechendes enthält. Andere glaub=
ten, die in gleichen Zeiten durchlaufenen Räume nähmen
zu, wie die Segmente einer durch den sogenannten güldnen
Schnitt (media et extrema ratione, sectione aurea f. di-
vina) getheilten Linie, d. h. so, daß sich das kleinere Seg=
ment zum größern, wie dieses zur ganzen Linie, oder zur
Summe von beyden, verhielte: oder daß der Raum des
Falls in der ersten Secunde sich zum Raume in der zwoten
verhielte, wie dieser zum ganzen Raume in zwo Secunden
u. f. f. Diese leere Einbildung gründete sich blos auf die
chimärischen Vollkommenheiten, die man dieser Art von
Theilung der Linien beylegte, von welcher einige Geometer
eigne Bücher geschrieben haben.

Galilei hingegen kam auf den glücklichen und richtigen
Gedanken, daß die Geschwindigkeit beym Falle im Ver=
hältniße der verfloßnen Zeit zunehmen müsse. Ohne Zwei=
fel ward er hierauf durch Nachdenken geleitet. Da die
Körper von der Schwere nie verlaßen werden, und also in
jedem Zeittheile einen neuen Eindruck von derselben erhal=
ten, der sich mit der Wirkung der vorigen verbindet, so
folgert man hieraus bald, daß die Geschwindigkeit, welche
die Schwere mittheilt, im ersten Zeittheile einfach, im
zweyten doppelt, im dritten dreyfach u. f. f. sey, daß sie sich
also überhaupt, wie die vom Anfange des Falls verfloßne
Zeit verhalten werde. Inzwischen wählte Galilei beym
Vortrage der Sache einen andern Weg. Er nimmt den
Satz anfänglich bloß als Hypothese an, untersucht dann geo=
metrisch, was für Gesetze des Falls der Körper daraus fol=
gen, zeigt nun aus Erfahrungen, daß diese Gesetze wirklich
beym Falle statt finden, und schließt endlich daraus, daß
der angenommene Satz nicht blos Hypothese, sondern ein
wirkliches Naturgesetz sey.

So trägt Galilei diese von ihm schon um das Jahr
1602 erfundenen Wahrheiten in seinen Gesprächen über die
Bewegung vor. (Discorsi e dimostrazione matematiche
intorno a due nuove scienze attenenti alla Mecanica ed i
muovimenti locali. Leid. 1638. 4. und in den Opere di Galileo Galilei. Firenze, 1718. To. I.III. gr. 4. To. II. p.

479.) Er bedient sich bey der geometrischen Untersuchung der Gesetze, die aus seiner Voraussetzung folgen, der Methode des Untheilbaren, fast eben so, wie bey dem Worte: **Bewegung, gleichförmige, gleichförmig-beschleunigte** aus Musschenbroek angeführt worden ist, leitet daraus die Gesetze für den Fall auf schiefen Flächen her, und erzählt alsdann zur Bestätigung derselben seine auf einer schiefen Fläche angestellten Versuche, aus welchen er noch eine Menge nützlicher und merkwürdiger Sätze herleitet.

Diese Theorie des Galilei fand, wie man leicht denken kan, anfänglich viele Widersprüche, ob sie gleich auch von dem berühmten Torricelli (De motu gravium naturaliter descendentium et projectorum, libri duo. Florent. 1641. 4.) mit der möglichsten genmetrischen Eleganz vorgetragen ward. Unbegreiflich aber ist es, wie Baliani, einer der besten Geometer und Physiker der damaligen Zeit (De motu naturali gravium fluidorum ac solidorum, Genuae 1646. 4.), der selbst des Galilei Theorie vorträgt und schön beweiset, dennoch sagen konnte, es sey möglich, daß sich die Geschwindigkeiten des Falles, wie die zurückgelegten Räume verhielten. Diese Aeusserung eines so guten Mathematikers war den Peripatetikern sehr willkommen; sie legten sogar diesem sehr alten Satze den Namen der Hypothese des Baliani bey.

Diese Hypothese hat allerdings etwas scheinbares, und Galilei gestehet selbst, daß er sich eine Zeit lang nicht von ihr habe losreißen können. Endlich drang doch sein Scharfsinn hindurch, und er widerlegt sie schon in seinen Gesprächen auf eine sinnreiche Art, indem er zeigt, daß sie bey der Anwendung auf den Fall der Körper mit sich selbst streite, weil aus ihr folgen würde, daß der Körper durch vier Fuß in eben der Zeit falle, in welcher er durch einen Fuß fällt. Blondel (Anciens mém. de l'Acad. des Sc. à Paris, To. VIII.) hat zwar in diesen Schlüßen des Galilei einen Paralogismus finden wollen; allein sie sind sehr richtig, und von Gassendi durch eine strenge geometrische Prüfung vertheidiget worden. Um das Widersprechende der Balianischen Hypothese in der möglichsten Kürze zu übersehen, darf man sie nur mit der beym Worte: Bewegung, gleichförmige, beygebrachten Fnrmel ds=vdt vergleichen, welche für alle Bewegungen gilt. Wenn sich nach Baliani v wie s verhielte, oder v=ms wäre (wo m blos eine beständige Größe, oder den unveränderlichen Exponenten eines Verhältnißes bedeutet), so wäre die Formel ds=msdt, mithin

$$\frac{ds}{s} = m\,dt$$

welches so integrirt, daß s=0 für t=0, oder daß der Körper als aus der Ruhe fallend betrachtet wird,

$$t = \infty + \frac{\text{log. nat. } s.}{m}$$

d. h. für jeden durchlaufenen Raum die Zeit unendlich groß giebt. Mithin würde der Körper nach diesem Geseße auch den kleinsten Raum erst in unendlich langer Zeit, d. i. niemals, durchlaufen, d. i. es wäre gar kein Fall der Körper möglich. Inzwischen haben sich doch noch lange nachher Vertheidiger der Hypothese des Baliani gefunden. Der eifrigste darunter war der P. Casree, dessen übel angestellte Versuche und Fehlschlüße von Gassendi und Fermat widerlegt worden sind.

Riccioli (Almageſtum novum L. II. C. 21. prop. 4.) und Grimaldi suchten die Wahrheit der galileischen Säße durch Versuche zu erweisen, welche, wie es scheint, mit vieler Sorgfalt angestellt worden sind. Sie bedienten sich zum Zeitmaaße eines Pendels, dessen Schwingungen nur ⅙ Sec. dauerten. Sie ließen von verschiedenen genau abgemessenen Höhen Kugeln von Kreide, welche 8 Unzen wogen, herabfallen, und fanden durch wiederholte Versuche, daß dieselben in Zeiträumen von 5,10,15, 20, 25 Schwingungen, durch Räume von 10,40, 90,160, 250 römischen Schuhen, und in Zeiten von 6, 12, 18, 24, 26 Schwingungen, durch Räume von 15, 60, 135, 240, 280 Schuhen fielen. Dies stimmt zwar mit der Theorie aufs vollkommenste überein; allein Versuche dieser Art sind nie zuverläßig; man kan nicht sicher seyn, ob der Augenblick, da der Körper den Boden berührt, genau mit dem Ende einer Vibration zusammen treffe, und die Geschwindigkeit des Falls ist so groß, daß in einem sehr kleinen Theile einer Schwingung ein beträchtlicher Raum durchlaufen werden kan. Auch haben andere Beobachter die Uebereinstimmung der Versuche mit der Theorie nicht so vollkommen gefunden. Dechales (Mundus Mathem. To. II. Statica L. II. prop. 1.) maß die Räume des Falles während der Schwingungen eines Pendels, das halbe Secunden schlug, und fand den Fall von kleinen Kieselsteinen in Zeiträumen von 1, 2, 3, 4, 5, 6 Schwingungen, $4\frac{1}{4}$, $16\frac{1}{2}$, 36, 60, 90, 123 Schuh, statt daß er nach den galileischen Sätzen $4\frac{1}{4}$, 17, $38\frac{1}{4}$, 65, $106\frac{1}{4}$, 153 Schuh betragen sollte. Er bemerkt aber sehr richtig, daß diese Abweichung dem Widerstande der Luft zuzuschreiben sey: sie würde ohne Zweifel weniger betragen haben, wenn er an statt der kleinen Kieselsteine Bleykugeln gebraucht hätte.

Da es aus den angegebnen Ursachen nicht möglich ist, die Theorie durch Versuche mit lothrecht fallenden Körpern genau zu prüfen, so haben sie die Physiker durch mancherley andere Versuche bestätiget. Die stärkste Ueberzeugung gewähren die Pendel, s. Pendel. Es folgt aus der Hypothese des Galilei, und aus dieser allein, daß sich die Anzahl der Schwingungen, welche ungleich lange Pendel in gleichen Zeiten machen, umgekehrt, wie die Quadratzahl der Länge der Pendul, verhalten müsse, wenn nur die Schwingungen sehr klein sind. Eben dies zeigen aber auch die Versuche mit der größten Genauigkeit.

Eine andere sehr sinnreiche Probe hat der P. Sebastien (Mem. de l'Acad. des Sc. ann. 1699.) angegeben. Auf der Fläche des parabolischen Conoids ABD (Taf. VIII. Fig. 12.), welches durch die Umdrehung der Parabel ADC um ihre Are AC entstanden ist, werde ein spiralförmiger Gang EFGHIB ausgehölet, welcher an allen Stellen einerley Winkel mit dem Horizonte macht; so läst sich erweisen, daß nach der galileischen Theorie ein Körper, der in diesem Gange herabrollt, alle Umgänge der Spirale in gleichen Zeiten zurücklegen muß. Dies zeigt aber auch die Er-

fahrung. Wenn man eine kleine Kugel von E auslaufen
läſt, und wenn dieſe in G iſt, in E eine zweyte nachſchickt,
hierauf, wenn dieſe in G iſt, in E eine dritte ꝛc. nachfol=
gen läſt, ſo bleiben alle dieſe Kugeln ſtets gerade über ein=
ander, ſo hoch auch der ganze Körper ſeyn mag. **Va=
rignon** (Mém. de l'Acad. 1702.) zeigt im Allgemeinen,
daß ein Körper, der dieſe Eigenſchaft haben ſoll, aus der
Umdrehung einer Curve entſtehen müſſe, in der ſich die Ab=
ſciſſen und Ordinaten, wie die Räume und Geſchwindigkei=
ten beym Falle verhalten. Bey der Parabel verhalten ſich
die Abſciſſen, wie die Quadrate der Ordinaten; da alſo
bey dem von ihr erzeugten Körper der Verſuch zutrift, ſo
müſſen ſich die Räume beym Falle, wie die Quadrate der
Geſchwindigkeiten verhalten, welches Galilei's Geſetz iſt.
Wäre Baliani's Hypotheſe die richtige, ſo müſſe der Kör=
per ein gewöhnlicher geometriſcher Kegel ſeyn, bey welchem
aber der Verſuch gewiß nie zutreffen wird.

Von den Aenderungen, die der Widerſtand der Luft und an=
derer Mittel in dieſen Geſetzen macht, ſ. d. Art. **Widerſtand.**

Zuſammengehörige Höhen und Geſchwindigkeiten.

Nach den vorgetragenen Geſetzen wird ein Körper, wenn
er durch den Raum $s = g t^2$ gefallen iſt, die Geſchwindig=
keit $v = 2 g t$ erhalten haben, deren Quadrat $v^2 = 4 g^2 t^2$ oder
$= 4 g s$ iſt. Daher $v = 2 \sqrt{g s}$.

Wäre er alſo durch einen Raum, den wir h nennen
wollen, oder von der Höhe h herabgefallen, ſo würde ſeine
dadurch erlangte Geſchwindigkeit, welche c heiſſen mag,
$= 2 \sqrt{g h}$ ſeyn. Oder

$$c^2 = 4 g h \text{ und } h = \frac{c^2}{4 g}$$

Ex. Ein ſchwerer Körper fällt 10 rheinl. Schuh hoch
herab. Dieſe Höhe iſt (in Tauſendtheilen des rheinl.
Schuhes ausgedrückt) $= 10000$. Alſo iſt das Quadrat der
Geſchwindigkeit, die er durch dieſen Fall erlangt oder $c^2 = 4$.
15625. 10000, und die Geſchwindigkeit ſelbſt $= 2. 125. 100$
$= 25000$. D. h. ſie iſt ſo groß, daß er mit derſelben in
1 Sec. Zeit durch 25 rheinl. Schuh gehen würde.

Oder: Die Geschwindigkeit eines Körpers soll = 25000 seyn. Wie hoch muß er herabfallen, um dieselbe zu erhalten? Die Antwort ist: durch $\frac{c^2}{4g}$ oder $\frac{25000.\ 25000}{4.\ 15625}$ = 10000, d. i. durch 10 rheinl. Schuh.

Man nennt die Höhen des Falles und die dadurch erlangten Geschwindigkeiten zusammengehörige. So sagt man, die Fallhöhe von 10 Schuh gehöre der Geschwindigkeit 25000, und diese Geschwindigkeit gehöre jener Höhe zu. Einige der vornehmsten Schriftsteller über die höhere Mechanik, z. B. Euler (Mechanica, Petrop. 1736. To. I. et II. gr. 4.) und Kästner (Anfangsgründe der höhern Mechanik, Göttingen, 1766. 8.) haben die meisten mechanischen Formeln so eingerichtet, daß darinn nicht die Geschwindigkeiten selbst, sondern die denselben zugehörigen Fallhöhen (altitudines celeritatibus debitae) vorkommen. Euler aber hat in der nachher herausgegebnen Mechanik der festen Körper (Theoria motus corporum solidorum L rigidorum. Rostoch. et Gryphiswald. 1765 4.) die Formeln wieder so eingerichtet, daß darinn die Geschwindigkeiten selbst vorkommen, die er eben so, wie hier geschehen ist, durch die Räume ausdrückt, welche mit ihnen in der Zeit 1 gleichförmig zurückgelegt werden.

Fall auf vorgeschriebenen Wegen.

Wenn ein schwerer Körper auf einer glatten Unterlage herabrollet und alle Hindernisse der Bewegung z. B. Reiben, Widerstand der Mittel u. dgl. ausser Betrachtung gelassen werden, so kan nur ein Theil der Schwere auf seine Bewegung wirken, der übrige Theil bewirkt Druck gegen die Unterlage. Auch kan der Fall selbst nicht lothrecht geschehen, die Unterlage nöthigt den Körper auf ihr zu bleiben, und schreibt ihm gleichsam den Weg vor, den er nehmen muß.

Es sey AMB Taf. VIII. Fig. 13. ein lothrechter Durchschnitt einer solchen Unterlage, auf welcher ein Körper aus A herabfällt. Die Natur der krummen Linie AMB sey durch die Gleichung zwischen $AP = x$; und $AM = s$ gegeben, wobey Mp das Differential von x oder $= dx$, $Mm = ds$ ist. Der fallende Körper lange in M mit der Geschwindig=keit v an. Wenn ihn nun seine Schwere, die wir als be=schleunigende Kraft hier $= 1$ setzen, in M nach MF zu treibt, er aber der Unterlage wegen im nächsten Zeittheile dt keinen andern Weg, als durch $Mm = ds$ nehmen kan, so fragt man, was dadurch in seiner Geschwindigkeit geändert wer=de, und welchen Raum s er in der Zeit t auf diese Art durch=laufe, d. h. man sucht Gleichungen zwischen v, s und t.

Die Schwere $= 1$, welche den Körper nach MF treibt, läst sich in die Kräfte MN und NF zerlegen, wovon die erste MN eine Normalkraft, oder auf die Unterlage, auf den Weg des Körpers senkrecht ist. Diese wirkt blos Druck gegen die Unterlage, und ändert nichts in der Bewegung des Körpers. Die zwote aber NF, ist eine Tangential=kraft, und dem Wege des Körpers an dieser Stelle, oder dem Elemente Mm, parallel. Diese ändert also mit ihrer ganzen Stärke des Körpers Geschwindigkeit. Sie verhält sich zur Schwere oder zu 1, wie $NF: MF$, d. i. (wegen der Aehnlichkeit der Dreyecke MFM und pMm) wie $pM:$ Mm oder wie $dx: ds$. Ihre Größe ist also $= \dfrac{dx}{ds}$, und sie bringt in dem Zeittheile dt (in welchem eine jede be=schleunigende Kraft f die Geschwindigkeit $2gfdt$ erzeugt, s. **Kraft, beschleunigende**) die Geschwindigkeit $2g\dfrac{dx}{ds}dt$ hervor, welches $= \dfrac{2gdx}{v}$ ist, weil man bey allen Beweg=ungen $ds = vdt$ setzen kan, s. **Bewegung, gleichförmi·ge.** Um so viel ändert sich also die Geschwindigkeit des Körpers an jeder Stelle M durch die Wirkung seiner Schwe·re, oder es ist

$$dv = \frac{2gdx}{v} \text{ und } 2vdv = 4gdx.$$

woraus durch Integration, weil der Körper von A aus ge=
fallen seyn soll, also für $x = 0$ auch $v = 0$ wird
$$v^2 = 4\,g\,x \text{ und } v = 2\sqrt{g\,x}$$
folget.

Vergleicht man dieses mit dem freyen Falle durch A P,
durch welchen der Körper eine Geschwindigkeit $= 2\sqrt{g}$. A P
erhält, so findet man unser v oder die Geschwindigkeit in
M, $= 2\sqrt{g x}$; jener gleich, weil $AP = x$, d. h. auf was
für einem Wege auch ein Körper fallen mag, so ist seine
Geschwindigkeit an jeder Stelle M, derjenigen gleich,
welche der Fallhöhe A P, oder der lothrechten Höhe
seines Falles von A bis M zugehört.

Wenn man aus der Gleichung für die Linie A M B, x
durch s ausdrückt, und diesen Werth von x in der Formel
$2\sqrt{g x}$ substituiret, so erhält man eine Gleichung zwischen
v und s. Der so gefundene Werth von v in die Formel
$v\,dt = ds$ gesetzt, giebt eine Differentialgleichung zwischen
ds und dt, aus welcher durch Kunstgriffe der Integralrech=
nung auch die Gleichung zwischen s und t, oder zwischen
Raum und Zeit gefunden werden kan. Der folgende Ab=
schnitt giebt hiervon ein Beyspiel.

Fall auf schiefen Ebnen.

Fällt ein Körper auf einer schiefen Ebne A M B, Taf.
VIII, Fig. 14., welche gegen den Horizont B C unter dem
Winkel o geneigt ist, so ist A M B eine gerade Linie, und
die Gleichung zwischen A P und A M oder zwischen x und s
wird
$$A P = \sin o \times A M \text{ oder } x = s.\ \sin o.$$
Daher $v = 2\sqrt{g s.\ \sin o.}$

Dies in die Formel $ds = v\,dt$ gesetzt, giebt $ds = 2\sqrt{g s.\ \sin o.}$
dt, woraus nach gehörigem Integriren
$$s = g.\ \sin o.\ t^2,$$
also $v = 2 g.\ \sin o.\ t$ wird.

Vergleicht man dies mit den Formeln für den freyen
Fall, welche $s = g t^2$ und $v = 2 g t$ sind, so sieht man, daß
der freye Fall, und der auf der schiefen Ebne völlig nach ei=

nerley Geſetzen erfolgen; nur der letztere in dem Maaße lang=
ſamer, in welchem der Sinus des Neigungswinkels o ge=
ringer iſt. Auch hier verhält ſich v wie t, oder die Geſchwin=
digkeit, wie die Zeit, s wie t^2, oder die Räume, wie die
Quadratzahlen der Zeiten, und mit der zuletzt erlangten
Geſchwindigkeit 2 g. ſin o. t würde der Körper in der Zeit t
den Raum 2 g. ſin o. t^2, d. i. das doppelte s zurücklegen.
Der Unterſchied iſt nur dieſer, daß wenn z. B. der Winkel
o = 30°, alſo ſein Sinus = ½ wäre, der Körper in 1 Secun=
de ſtatt 15 Schuh nur ½. 15 oder 7½, in 2 Secunden ſtatt
60 Schuh nur 30 u. ſ. f. zurücklegen würde.

Hieraus wird es begreiflich, wie Galilei die Geſetze
des Falles, da er den freyen Fall wegen ſeiner allzugroßen
Geſchwindigkeit unzuverläßig fand, durch das langſamere
Herabrollen auf einer ſchiefen Ebne prüfen konnte. Er ließ
in dieſer Abſicht in einer 12 Ellen langen, eine halbe Elle
hohen, und 3 Zoll breiten Pfoſte auf ihrem obern ſchmalen
Rande einen 1 Zoll breiten Canal aushölen, den er der
Glätte halber mit Pergamen ausfütterte. Dieſe Pfoſte
konnte er mit dem einen Ende nach Gefallen eine oder meh=
rere Ellen über den Horizont erhöhen, und die Zeit bemer=
ken, in der eine glatte meſſingne Kugel entweder durch den
ganzen Canal oder durch einen gewiſſen Theil deſſelben her=
unter lief. Die Zeit maß er durch das Gewicht des Waſ=
ſers, welches während derſelben aus dem Boden eines ſehr
breiten Gefäßes durch ein Röhrgen abgelaufen war. Er
verſichert, bey mehr als hundertfältigen Wiederholungen
den Raum jederzeit dem Quadrate der Zeit proportional,
d. i. in doppelter Zeit viermal ſo groß u. ſ. w. gefunden zu
haben.

Unter die merkwürdigen Sätze, welche ſchon Galilei
aus den Geſetzen des Falles auf der ſchiefen Ebne gefolgert
hat, gehört auch der vom Falle durch die Sehnen ei=
nes Kreiſes. Es ſey Taf. VIII. Fig. 15. ABMD die
Helfte eines Kreiſes, deſſen Durchmeſſer AD = a iſt. Nach
den Geſetzen des freyen Falles fällt ein Körper von A aus

bis nach D, oder durch den Raum a in der Zeit T = $\sqrt{\dfrac{a}{g}}$

Durch die Sehne A B = s wird er in der Zeit t = $\sqrt{\dfrac{s}{g. \sin o}}$

fallen. Nun verhält sich aber jede Sehne A B zum Durch=
messer, wie ihre Helfte oder wie der Sinus des halben Bo=
gens A B zum Halbmesser oder Sinus totus; auch ist der
halbe Bogen A B das Maaß des Winkels o. Daher s : a
= sin o : 1. Hieraus folgt $\dfrac{s}{\sin o}$ = a, mithin t = T, oder:

Der Fall durch die Sehne A B dauert eben so lang, als der
freye Fall durch den lothrechten Durchmesser A D. Und da
man dies von allen Sehnen eben so beweisen kan, so fällt
der Körper von A aus durch alle Sehnen des Kreises A B,
A M u. s. w. in gleichen Zeiten.

Eben so lang aber dauert auch sein Fall durch die Seh=
nen B D und M D, wenn er von B oder M aus zu fallen an=
fängt. Denn auch hier wird der Winkel o oder M D E
durch den halben Bogen M D gemessen, und die Sehne
selbst verhält sich zum Durchmesser, wie ihre Helfte zum
Halbmesser, oder wie sin o : 1; daher alle vorige Schlüße
auch hier gelten. Es ist also ein allgemeiner Satz: Durch
Sehnen im Halbkreise fällt ein Körper in eben der
Zeit, in der er durch den vertikalen Durchmes=
ser fällt.

Unter diese Sehnen gehört auch noch die letzte gleichsam
verschwindende, die man sich gedenken kan, wenn M so
nahe man immer will, an D gerückt wird. So klein die=
se letzte Sehne auch seyn mag, so dauert doch der Fall
durch sie so lang, als der durch A D. Es könnte vielleicht
befremden, daß hiebey der Fall durch einen unendlich kleinen
Raum dennoch eine endliche Zeit erfordert; allein wenn man
bedenkt, daß die Schwere eines Körpers, der zunächst an
D liegt, fast ganz Normalkraft ist, oder Druck auf die
Unterlage bewirkt, und nur ein unendlich kleiner Theil, als
Tangentialkraft, auf die Entstehung des Falls verwendet
wird, so ist sehr begreiflich, daß diese unendlich kleine Kraft,
um den Fall durch einen unendlich kleinen Raum zu bewir=
ken, dennoch eine endliche Zeit braucht.

J

Fall auf krummen Linien.

Bey bestimmten krummen Linien werden die Rechnungen, durch welche man die Gleichungen zwischen s und t findet, zu weitläuftig, als daß es möglich wäre, hier etwas davon beyzubringen. Ich begnüge mich daher, einige Resultate derselben mitzutheilen, welche den Fall durch Bogen des Kreises und der Cykloide betreffen.

Durch EA, Taf. VIII. Fig. 16., den Bogen eines Kreises, welcher DA=a zum Durchmesser hat, fällt ein schwerer Körper in einer Zeit, welche durch das Produkt der unendlichen Reihe $1 + \frac{1}{4} \frac{AG}{a} + \frac{9}{84} \frac{AG^2}{a^2}$ u. s. f. in $\frac{1}{4} \pi \sqrt{\frac{a}{g}}$ ausgedrückt wird, wo π die Ludolphischen Zahlen für den Umkreis vom Durchmesser 1 bedeutet.

Durch den **Quadranten** BA also, für welchen sich AG in AC=½a verwandelt, ist die Zeit des Falles = $\frac{1}{4} \pi \sqrt{\frac{a}{g}}$ $(1 + \frac{1}{4}\cdot\frac{1}{2} + \frac{9}{84}\cdot\frac{1}{4}....)$. Da, wie man bald übersieht, $\frac{1}{4}\pi$ oder 0, 785 ... in die Reihe multiplicirt noch nicht völlig 1 giebt, so ist diese Zeit kleiner, als $\sqrt{\frac{a}{g}}$, oder als die Zeit des Falls durch den Durchmesser DA, oder durch die Sehne BA. Also kömmt der Körper von B aus in kürzerer Zeit nach A, wenn er durch den Quadranten BEA fällt, als wenn er durch die Sehne BA herabgeht, obgleich die Sehne kürzer als der Quadrant ist. Galilei, der diesen Satz schon kannte, erwies auch, daß der Fall durch den Quadranten weniger Zeit erfordere, als der durch zwo, drey oder mehrere darinn gezogne Sehnen; er irrte aber in dem hieraus gezogenen Schluße, daß der Quadrant die Curve sey, welche den Körper von A bis B in der kürzesten möglichen Zeit führe.

Durch einen unendlich kleinen Bogen, oder durch das Element cA, wofür AG verschwindet, und die Reihe sich in 1 verwandlet, fällt der Körper in der Zeit $\frac{1}{4} \pi \sqrt{\frac{a}{g}}$

Also verhält sich die Zeit des Falles durch den Durch=

messer D A, welche $= \sqrt{\frac{a}{g}}$ ist, zur Zeit des Falles

durch den unendlich kleinen Bogen, wie $1 : \frac{1}{4} \pi$
oder fast wie 1000 : 785. Der Fall durch die unendlich
kleine Sehne e A dauert eben so lang, als der durch D A;
mithin fällt der Körper auch durch den verschwindenden Bo=
gen in kürzerer Zeit, als durch die verschwindende Sehne.

In der Cykloide oder Radlinie B M E A, Taf. VIII.
Fig. 17. welche beschrieben wird, wenn der Kreis vom
Durchmesser D A = a an einer geraden Linie hinrollt, fällt
der schwere Körper durch jeden Bogen, wie B A, M A, E A etc.

in gleicher Zeit, nemlich in der Zeit $\frac{1}{2} \pi \sqrt{\frac{a}{g}}$. Dieser

Eigenschaft wegen heißt diese merkwürdige Curve die Li=
nie von einerley Zeiten des Falles (Linea tavtochro-
na). In ihr dauert der Fall durch den endlichen Bogen
E A eben so lang als der durch den unendlich kleinen Bo=
gen e A. Huygens hat dies bey Untersuchung der Cy=
kloide zuerst entdeckt, und Anwendungen davon auf die Pen=
del gemacht, s. Pendel.

Zugleich ist diese Zeit die kürzeste mögliche, in wel=
cher ein schwerer Körper von B nach A, von M nach A
u. s. w. fallen kan. Daher ist die Cykloide zugleich eine
Linie des kürzesten Falles. s. Brachystochronische
Linie.

Montucla hist des mathematiques P. IV. L. 5.
Kästners Annfangsgr. der höhern Mechanik an mehrern
Stellen.

Farben, Colores, *Couleurs*. Eigenschaften der
verschiedenen Theile des Lichts, gewisse Empfindungen in uns
zu erregen, wenn sie durch die Brechung oder durch andere
Ursachen von einander gesondert oder nach verschiedenen
Verhältnissen vermischt, in unser Auge kommen. Ich ge=

stehe gern, daß ich alle Mängel dieser Definition fühle; es ist aber unmöglich, eine bessere zu geben. Die Farbe, als Erscheinung betrachtet, ist blos Sache des Gesichts, die sich durch Worte nicht erklären läßt; will man sie aber als Wirkung einer physischen Ursache definiren, so muß man schlechterdings eine oder die andere Hypothese einmischen. Man kann alsdann nicht sagen, was Farben sind, sondern nur, wofür sie dieser oder jener Naturforscher halte.

Nach **Newtons** Theorie entsteht die **weiße** Farbe, wenn alle, die **schwarze**, wenn gar keine, die **rothe**, **gelbe**, **grüne**, **blaue**, wenn nur diejenigen Theile des Lichts ins Auge kommen, welche das Vermögen besitzen, die Empfindung der genannten Farben zu erregen.

Plutarch (De placitis philosophorum L.I. c.15.) hat uns einige sehr dunkle Begriffe der Alten von den Farben aufbehalten. Die **Pythagoräer**, sagt er, nannten Farbe die Oberfläche der Körper, **Empedokles**, was mit den Ausflüßen des Gesichts übereinstimmt, **Plato** eine Flamme von den Körpern, deren Theile mit dem Gesichte symmetrisch sind. Richtiger hat **Epikur** gelehrt, daß die Farbe nichts eigenthümliches der Körper sey, sondern von gewißen Lagen ihrer Theilchen gegen das Auge herrühre. Dies folgte aus seiner Lehre von den Atomen, die er ungefärbt annahm, und **Lukrez** führt zur Erläuterung davon die Farben der Taubenhälse und Pfauenschwänze an. **Aristoteles** (De mente L. II. c.7.) sagt, Licht sey das Durchsichtige, Farbe, was das Durchsichtige in Bewegung setzt. **Seneca** (Quaest. natur. L.I. c.7.) bemerkt, daß das Licht der Sonne, wenn es durch ein eckigtes Stück Glas fällt, alle Farben des Regenbogens spiele. Er erklärt aber dies für falsche Farben, dergleichen man auch an dem Halse der Tauben sehe, oder an einem Spiegel, der die Farbe eines jeden Körpers annehme, ob er gleich selbst farbenlos sey. Die Peripatetiker nahmen bis zum siebzehnten Jahrhunderte die Farbe für eine den Körpern wesentlich zugehörige Eigenschaft an, ohne weiter viel belehrendes darüber zu sagen; manche unter ihnen betrachteten sie als einen Ausfluß

aus den Körpern, andere als eine Mischung von Licht und
Schatten, noch andere leiteten sie von einem salzigen oder
metallischen Principium her.

Descartes, der die scholastische Physik so eifrig be=
stritt, kam in seiner 1637 erschienenen Dioptrik der Wahr=
heit in so fern näher, daß er die Farben nicht für Eigen=
schaften der Körper, sondern für Wirkungen eines zwischen
den Körpern und dem Auge befindlichen Mittels, des Lichts,
erklärte. Da er sich aber von der Natur des Lichts eigne
Vorstellungen machte, s. Licht, so fiel auch seine Erklä=
rung der Farben sehr willkührlich aus. Er giebt nemlich
den Theilen des Lichts zweyerley Bewegungen, eine fortge=
hende und eine umdrehende. Ist die letztere stärker, als
die erste, so soll daraus die rothe, ist die erstere stärker,
die blaue, und sind beyde gleich, die gelbe Farbe entstehen.
Die übrigen setzt er aus Mischungen dieser drey Farben zu=
sammen. Uebrigens macht er die nicht ganz unrichtige Be=
merkung, daß Weiß die auffallenden Stralen unverändert
zurückschicke, Schwarz dieselben auslösche oder ersticke,
die übrigen Farben aber sie verändert zurücksenden.

Der erste, der die Erfahrung über die Farben zu Ra=
the zog, war Boyle (Historia colorum experimentalis
incepta. in Opp. Boylii Genev. 1680. 4.). Obgleich sei=
ne Versuche kein zusammenhangendes System ausmachen,
so haben sie ihn doch auf einzelne sehr richtige Gedanken ge=
leitet. Er hält die Farben nicht für inhärirende Eigen=
schaften der Körper, glaubt aber doch, daß sie großentheils
von der Lage der Theile auf der Oberfläche abhangen, und
in einer Modification des von dieser Fläche zurückgeworfenen
Lichts bestehen. Er führt hierüber viele Beyspiele, beson=
ders die Farben des Stahls beym Härten, und die so schön
glänzenden Regenbogenfarben auf der Oberfläche des ge=
schmolzenen Bleys an. Ueber den Unterschied zwischen
Weiß und Schwarz erklärt er sich, wie Descartes, weil
weißes Papier sich durch ein Brennglas sehr schwer entzün=
de, ein schwarzer Handschuh hingegen an der Sonne sehr
brenne, ein Brennspiegel von schwarzem Marmor gar nicht
zünde, und die schwarz gefärbte Helfte eines Dachziegels

weit heißer werde, als die rothe. So führt er auch an, daß schwarz ausgeschlagene Zimmer mehr wärmen, und schwarz gefärbte Eyer an der Sonne gesotten werden können.

D. Hook (Micrographia, p. 64.) nimmt blos Blau und Roth als Hauptfarben an, und läßt die übrigen aus der Vermischung dieser beyden entstehen. Blau, sagt er, ist die Wirkung einer schiefen und unregelmäßigen Erschütterung auf der Netzhaut, wo der schwächere Theil vorangeht, und der stärkere nachfolgt; Roth hingegen eben dies, wenn der stärkere Stoß vorangeht, und der schwächere folgt. Er machte in Rücksicht auf diese Theorie den Versuch mit zwey holen prismatischen Gläsern, wovon eins mit blauer Kupfersolution, das andere mit rother Aloetinktur gefüllt ist. Jedes einzeln genommen ist vollkommen durchsichtig; beyde zusammengehalten, werden undurchsichtig.

So stand es um die Erklärung der Farben, als Newton, dessen Talente für die Experimentalphysik eben so groß waren, als sein geometrischer Scharfsinn, im Jahre 1666 die verschiedene Brechbarkeit der Lichtstralen entdeckte, die Verbindung derselben mit den Farben wahrnahm, und darauf sein vortreflices System über die Farben baute, welches eine ausführlichere Erklärung erfordert.

Newtons Entdeckungen über die Farben.

Newtons bey dem Worte: Brechbarkeit angeführte Versuche beweisen ohne Widerrede, daß sowohl das Sonnenlicht, als das von den Körpern zurückgeworfene, nach Beschaffenheit seiner Farbe, eine verschiedene Brechbarkeit besitze, und nach Beschaffenheit seiner Brechbarkeit eine verschiedene Farbe zeige. Er begleitete daher die Nachrichten von seinen Versuchen über das Licht, die er der königlichen Societät der Wissenschaften mittheilte (s. Philos. Transact. Num. 80. sqq. 1672–1688. Abhandlungen aus den Philos. Transact. Leipz. 1779. gr. 4. I. B. S. 192. u. f.), sogleich mit folgenden Gedanken über die Beschaffenheit der Farben, die er auch in seiner Optik (L. I. P. 2.) durch besondere Versuche erwiesen hat.

1) Farben sind nicht Modificationen des Lichts durch die Brechung und Zurückwerfung, sie sind vielmehr ursprüngliche und eigenthümliche Eigenschaften desselben, die in verschiedenen Stralen verschieden sind. Einige Lichtstralen besitzen das Vermögen, die Empfindung der rothen Farbe, und keiner andern, andere die der grünen, und keiner andern, u. s. f. zu erregen. Nicht blos die kenntlichsten Abstufungen, **Roth, Orange, Gelb, Grün, Blau, Indigo, Violet** haben ihre eigenen Stralen, durch die sie hervorgebracht werden, sondern auch alle dazwischen fallende Schattirungen haben dergleichen.

2) Mit demselben Grade der Brechbarkeit ist allezeit dieselbe Farbe verbunden, und umgekehrt.

3) Ein gleichartiges oder einfaches Licht (lumen homogeneum), welches aus lauter Stralen von gleicher Brechbarkeit besteht, verändert seine Farbe weder durch Brechung noch durch Zurückwerfung, noch durch sonst eine bekannte Ursache. Newton nahm mit solchem gleichartigen Lichte mancherley Veränderungen vor (Optice L. I. P. II. prop. 2.), er konnte aber nie eine neue Farbe daraus erzwingen. Durch Zusammenziehung oder Zerstreuung ward die Farbe zwar lebhafter oder matter: aber die Gattung blieb unveränderlich.

4) Durch Vermischung ungleichartiger Lichtstralen lassen sich Farben erzeugen, die zwar den Farben des einfachen oder gleichartigen Lichts dem Scheine nach ähnlich sind, aber nicht das Unwandelbare des einfachen Lichts besitzen. So erscheint blaues und gelbes Pulver, wohl vermischt, dem bloßen Auge grün, und doch sind die Farben der einzelnen Theile nicht verändert, weil sie durchs Mikroskop noch immer blau und gelb erscheinen. Roth und gelb geben vermischt eine Farbe, die dem einfachen Orange gleicht, durchs Prisma aber sich wieder in die einfachen Gattungen, aus denen sie besteht, nemlich in Roth und Gelb zerlegen läßt.

5) Die Farben des einfachen Lichts, welche durch die Brechung im Prisma hervorgebracht werden, heißen einfache, ursprüngliche, prismatische Farben, Grund-

farben. Ihre Ordnung, von der geringsten Brechbarkeit angefangen, ist Roth, Orange, Gelb, Grün, Blau, Indigo, Violet, nebst einer unendlichen Menge dazwischen fallender Schattirungen. Die nach Num. 4. durch Vermischung hervorgebrachten heißen gemischte, zusammengesetzte, und sind zum Theil den einfachen ähnlich.

6) Farben, die in der Reihe der prismatischen nicht allzuweit aus einander liegen, geben vermischt eine Farbe, die der mittlern prismatischen ähnlich ist. So giebt Roth und Gelb Orange, Gelb und Blau Grün u. s. w. Dies geschieht aber nicht, wenn sie weit auseinander liegen. Orange und Indigo giebt nicht Grün; Roth und Blau nicht Gelb u. s. f.

7. Die weiße Farbe entsteht aus einer im gehörigen Verhältniße gemachten Mischung aller einfachen Farben. In einem wohl verfinsterten Zimmer mache man in dem Fensterladen eine Oefnung G (Taf. VIII. Fig. 18.), etwa ⅓ Zoll weit, stelle vor dieselbe ein reines helles Prisma ABC, und laße das Sonnenlicht durch die Oefnung auf selbiges fallen, so werden die rothen Stralen nach Γ, die violetten nach P zu gebrochen werden, s. Brechbarkeit. Darauf stelle man ein Brennglas DE, von etwa 3 Fuß Brennweite in einer Entfernung von 4—5 Fuß hinter das Prisma, so daß die Farben aller Stralen das Glas treffen, und im Vereinigungspunkte F, welcher hier etwa 10 bis 12 Fuß weit fallen wird, zusammen kommen. Fängt man sie in diesem Punkte F mit einem Bogen weißen Papiers auf, so werden alle zusammengemischte prismatische Farben, ein weißes Licht geben. Wenn man das Papier hin und her beweget, so wird man nicht allein den Ort treffen, wo die Weiße am vollkommensten ist, sondern man wird auch sehen, wie sich das Farbenbild der Weiße allmählich nähert, und wie die Stralen jenseits F wieder auseinander gehen, und bey TP wiederum das vorige Farbebild, nur in umgekehrter Stellung zeigen, so daß jetzt die rothe Farbe bey T oben, die violette bey P unten erscheint. Werden eine oder mehrere Farben aufgefangen, ehe sie nach F kommen, so

wird in F ſtatt der Weiße eine andere gemiſchte Farbe entſtehen.

Weiß iſt alſo eine Vermiſchung aller Lichtſtralen von allen Farben, in ihrem gehörigen Verhältniße. Iſt bey dieſer Miſchung eine Gattung der einfachen Farben in größerer Menge da, als das Verhältniß erfordert, ſo neigt ſich das Licht nach dieſer Farbe hin, wie z. B. die blaue Flamme des Schwefels, die gelbe der Kerzen u. dgl.

So ſcheint auch der Schaum des Seifenwaſſers weiß, indem die einzelnen Bläschen deſſelben alle Farben des Priſma zeigen. Miſcht man aber farbige Pulver, welche einen großen Theil des auf ſie fallenden Lichts verſchlucken, ſo erhält man kein glänzendes Weiß, ſondern eine graue, gleichſam aus Weiß und Schwarz gemiſchte Farbe. Dieſe iſt jedoch vom Weißen nur in der Menge des zurückgeworfenen Lichts, nicht aber in der Gattung, verſchieden. Newton (Optice L. I. p. 2. prop. 5. Exp. 15.) ſtrich eine Mixtur von Operment, Purpur, Bergblau und Grünſpan auf einen Fleck der Wand, den die Sonne beſchien, klebte darneben im Schatten ein gleich großes weißes Papier, und fand in einer Entfernung von 12 — 18 Schuhen beyde gleich weiß.

Dieſe Sätze von den Farben, welche auf keiner Hypotheſe über die Natur derſelben, ſondern unmittelbar auf den Verſuchen ſelbſt beruhen, wendet nun ihr vortreflicher Erfinder auf die Erklärung einiger Erſcheinungen an. Er redet zuerſt von den bunten Rändern des Farbenbildes, welches vom Prisma entworfen wird, ſ. Farbenbild, und dann vom Regenbogen. Vom erſtern will ich hier nur folgendes beybringen.

Ein heller Körper auf einem dunklen, oder ein dunkler auf einem hellen Grunde, durch ein Prisma betrachtet, muß mit einem farbigen Rande umgeben ſcheinen. Eigentlich umgiebt der Rand allemal das Helle, und iſt an der Seite, die gegen den brechenden Winkel des Prisma zuliegt, violet und nach innen blau, an der aber, die ſich vom brechenden Winkel abkehrt, roth, und nach innen gelb. Denn an derjenigen Seite, die auf den brechenden Winkel zu liegt, können von den letzten Stralen des Hellen nur die brechbarsten, d. i. die violetten und wenige blaue das Auge noch erreichen, die übrigen gehen bey dem Auge vorbey; auf der andern Seite hingegen erreichen von den Stralen des hellen Randes nur noch die am wenigsten brechbaren, d. i. die rothen, und wenige gelbe, das Auge, die übrigen treffen daßelbe auch nicht mehr. Dem zu Folge muß das viereckigte Feld eines Fensters, durch ein Prisma, deßen Schärfe man unterwärts kehret, unten einen violetten und blauen, oben einen rothen und gelben Rand zeigen. Betrachtet man nun ein Fensterbley, wie CDEF, Taf. VIII. Fig. 20, d. i. einen dunkeln Gegenstand zwischen zwo hellen Scheiben A und B, so schreibt man die bunten Ränder, die eigentlich von den hellen Feldern A und B herrühren, dem dunklen Körper CDEF zu, und sieht also oben bey CD einen blauen Rand mit einem violetten Streifen darunter, bey EF aber einen rothen, und um diesen einen gelben Rand. Kehrt man die Schärfe des Prisma aufwärts, so verwechseln sich die Farben der Ränder CD und EF.

Newton kömmt nunmehr auf die Farben der **natürlichen Körper.** Er erklärt die Entstehung derselben (Opt. L. I. P. 2. prop. 10.) dadurch, daß gewiße natürliche Körper diese oder jene Gattung von Stralen häufiger zurückwerfen, als die übrigen. Mennige, sagt er, scheint roth, weil sie die rothen Stralen am häufigsten zurückwirft. Die Veilchen werfen die violetten Stralen häufiger zurück, als die übrigen, und erhalten daher ihre Farbe. Eben so geht es mit allen andern Körpern. Jeder Körper wirft die Stralen, die seine Farbe haben, häufiger zurück, als die übrigen, und erhält seine Farbe eben dadurch, daß diese Stralen in dem zurückgeworfenen Lichte den größten Theil ausmachen.

Zur Bestätigung hievon führt er an, daß jeder Körper in dem Lichte, welches mit seiner Farbe gleichartig ist, am lebhaftesten und glänzendsten aussehe, und daß flüssige Körper ihre Farbe mit der Dicke ändern. So scheint in einem kegelförmigen Glase, das man zwischen das Licht und das Auge hält, ein rother Liquor, unten am

Boden, wo er dünn ist, blaßgelb, etwas höher, orange=
gelb, weiter hinauf roth, und wo er am dicksten ist, dun=
kelroth. Diese Verschiedenheit rührt doch von nichts an=
derm her, als daß ein solcher Liquor bloß gelbe und rothe
Stralen durchläßt und zurückwirft, mehr oder weniger, je
nachdem er dicker oder dünner ist. Hieraus erklärt er auch
den oben angeführten Versuch des D. Hook, da zwey Pris=
men mit blauen und rothen Liquoren, einzeln durchsichtig,
zusammengehalten undurchsichtig sind. Wenn der eine Li=
quor nur allein blaue, der andere nur allein rothe Stralen
durchläßt, so können beyde zusammen gar kein Licht mehr
durchlassen.

Die nicht durchgelassenen oder zurückgeworfenen Stra=
len werden nach seiner Meinung in dem Innern der Körper
so lang hin und her zurückgeworfen, bis sie endlich gleich=
sam vernichtet oder verschluckt sind. Sind die Körper dünn,
so geht oft noch etwas von diesem Lichte hindurch. Wenn
man eine Lichtflamme durch ein dünnes Goldblättchen be=
trachtet, so sieht sie grünlichblau aus; also nimmt dichtes
Gold die blauen und grünen Stralen in sich, und sendet
nur die gelben zurück.

In den bisherigen Sätzen ist nichts hypothetisches,
nichts, was die Erfahrung nicht bestätigte. Dennoch fanden
dieselben eine Zeit lang häufigen Widerspruch. Einigen
wollten Newton's Versuche im dunklen Zimmer, welche
freylich viel Genauigkeit und Sorgfalt erfordern, nicht ge=
lingen, andere verstanden seine Meinung gar nicht. Es
ist sehr lehrreich und unterhaltend, in den Philosophischen
Transactionen (Abhandl. zur Naturgesch. u. Physik aus
den Philos. Trans. I B. I Th. Leipz. 1779. gr. 4. S. 200
u. f.) die Schriften zu lesen, welche Newton darüber mit
dem P. Pardies, Mariotte, Linus, Gascoigne,
und Lucas gewechselt hat. Mit unermüdeter Gedult und
Herablassung beschreibt er die richtige Art, diese Versuche
anzustellen, und seine Theorie zu prüfen, bis auf die klein=
sten Umstände, und bleibt bey allen, oft sehr groben, Mis=
verständnissen seiner Gegner immer der gelassene seiner
Größe und der Güte seiner Sache sich bewußte Philosoph.

Nur dann wird er empfindlich, wenn man ihm bloße Hypothesen entgegensetzt, oder wie der P. Parbies gethan hatte, seine Theorie eine Hypothese nennt. „Ich bin über
„zeugt, sagt er, daß meine Theorie nichts weiter, als ge
„wisse und bewiesene Phänomene des Lichts enthält, und
„wäre dies nicht, so würde ich sie als eine unnütze Specu
„lation verworfen, und nicht einmal als Hypothese ange
„nommen haben. "

Newtons entscheidender Versuch (experimentum crucis), den ich bey dem Worte Brechbarkeit Num. 2. angeführt habe, und der zugleich das Unwandelbare der einfachen Farben erweiset, ward bey diesen Streitigkeiten vorzüglich mißverstanden und übel angestellt, so deutlich ihn auch sein Erfinder beschrieben hatte. Daher blieb die Frage, ob die Grundfarben des Prisma wirklich unwandelbar wären, eine lange Zeit im Zweifel, bis endlich Desaguliers die newtonischen Versuche vor der königlichen Societät der Wissenschaften zu London anstellte, und eine umständliche Nachricht hievon (Philos. Trans. 1716.) bekannt machte, worinn ihre Richtigkeit durch unverwerfliche Zeugniße bestätiget ist. Dennoch fanden diese Versuche noch einen eifrigen Gegner an dem Italiäner Rizzeti (Act. Erud. Lips. Suppl. Tom. VIII. p. 127.) welcher sie bey angestellter Wiederholung zum Theil falsch, zum Theil ohne Beweiskraft gefunden haben wollte, und andere anführte, die ihnen entgegen zu seyn schienen. Die newtonische Theorie ward dagegen von Georg Friedrich Richter, Professor der Moral zu Leipzig, (Act. Erud, l. c. p. 226. sqq.) sehr geschickt vertheidigt. Rizzeti's Einwürfe bezogen sich zum Theil darauf, daß das bloße Auge, in welchem doch das Licht auch gebrochen wird, keine farbigen Ränder und andere Wirkungen der verschiedenen Brechbarkeit zeige. Dies heißt, sagt Richter, sich auf ein sehr zusammengesetztes Werkzeug, das man gar nicht genau kennt, berufen, gegen Versuche, die mit einem höchst einfachen Werkzeuge angestellt sind; es ist eben so viel, als ob man die Grundsätze der Mechanik läugnen wollte, weil man in einer sehr zusammengesetzten Maschine Abweichungen von ihnen wahrnimmt. Rizzeti erneuerte jedoch seine Angriffe im Jahre 1727 in einem eignen Werke (De luminis affectionibus, Venet. 8.), wodurch Defagulicrs bewogen ward, die bestrittenen Versuche im Jahre 1728 nochmals vor der königlichen Societät anzustellen, und einige neue hinzuzufügen, welche die Zweifel dieses Gegners gänzlich aus dem Wege räumen. In Frankreich ließ der Cardinal Polignac, so sehr er auch sonst den Lehren des Descartes ergeben war, die newtonischen Versuche mit vielen Kosten durch Gauger wiederholen. Sie fielen sehr glücklich aus, und der Cardinal, der hierüber ein Danksagungsschreiben von Newton erhielt, würde ihre Beschreibung seinem Antilucrez beygefügt haben, wenn ihn nicht der Tod übereilt hätte. Seitdem sind sie von mehrern Experimentatoren wiederholt worden, besonders vom Abt Nollet, der sich fast durch den ganzen fünften Band seiner Leçons de Physique mit ihnen beschäftiget. Einen sehr eifrigen Gegner haben sie noch an Gautier (Chroagenesie ou generation des couleurs contre le systeme de *Newton*. Paris. 1750. 12.) gefunden, der sich aber durch diesen Angrif keinen Ruhm in der Geschichte der Physik erworben hat.

Es gehört zu diesen Versuchen nicht allein ein sehr wohl verfinstertes Zimmer (Newton hatte das seinige mit schwarzem Tuch ausgeschlagen), damit sich kein fremdes Licht von den Seiten her einmische, sondern auch ein ganz reines und helles, aufs vollkommenste geschliffenes und polirtes Prisma, dessen brechender Winkel wenigstens 60° hält. Ob sie gleich selten mit aller nöthigen Vorsicht angestellt werden können, so sind sie doch durch mehrere öffentlich bekannt gewordene Prüfungen bestätiget, und werden so wenig mehr bezweifelt, als die Schwere der Luft oder die Gesetze des Falles der Körper.

Versuche über die Farben dünner Körper.

Bis hieher hatte Newton sich ganz allein an die Erfahrung gehalten. Wir folgen ihm nun in ein anderes dunkles

res Feld, wo er zwar dieser Führerin noch immer nachgeht,
aber doch viele Lücken durch Muthmaßungen ausfüllt, wo
er sich noch immer als einen vortreflichen Physiker zeigen,
aber uns doch bey weitem nicht so, wie bisher, befriedigen
wird.

Schon Boyle und Hook hatten bemerkt, daß dünne
durchsichtige Körper, besonders Seifenblasen, nach Maaß=
gabe ihrer Dicke, verschiedentlich gefärbt scheinen, und erst,
wenn sie ziemlich dick sind, farbenlos werden. Dies leitete
Newton auf die Vermuthung, daß dünne Körper oder
Scheiben allezeit gewisse von ihrer Dicke abhängende Far=
ben zeigen würden. Von ohngefähr drückte er einmal zwey
Prismen, deren Seitenflächen etwas conver waren, hart
an einander, und fand, daß sie an der Berührungsstelle
vollkommen durchsichtig wurden, als ob sie nur ein einzi=
ges zusammenhängendes Glas wären, so daß diese Stelle,
wenn man darauf sahe (cum inspiceretur), wie ein dunk=
ler schwarzer Fleck, und wenn man hindurch sahe (cum
translpiceretur) wie ein Loch erschien, durch das man die
Gegenstände sehen konnte, und das gleichsam aus der Luft=
scheibe herausgeschnitten war, welche vor dem Zusammen=
drücken zwischen beyden Prismen gelegen hatte. Als er
nun beyde Prismen ein wenig um ihre gemeinschaftliche
Are drehte, so zeigten sich eine Menge schmaler gefärbter
Bogen, welche sich bey weiterer Umdrehung endlich in
bunte den durchsichtigen Fleck umgebende Ringe verwandle=
ten, die er sogleich für die natürlichen Farben der dünnen
zwischen beyden Gläsern liegenden Luftscheibe annahm. Die=
ses letzte aber ist bloße, vielleicht nicht einmal richtige,
Muthmaßung.

Um die Unterfuchung zu verfolgen, nahm er zwey Lin=
sengläser, ein planconveres, und ein auf beyden Seiten er=
habenes von 50 Schuh Brennweite, legte das letztere auf
die ebne Seite des ersten, und drückte bende gelind gegen
einander. Hiebey sahe er aus dem Mittelpunkte der Glä=
fer verschiedene farbige Ringe, einen nach dem andern, her=

vorkommen, die ſich, je mehr er drückte, ihrem Durch=
meſſer nach immer erweiterten, ihrer Breite nach aber im=
mer mehr zuſammenzogen, bis endlich die Zuſammen=
drückung einen gewiſſen Grad erreicht hatte. Nun ent=
ſtanden weiter keine neuen Farbenringe, vielmehr zeigte
ſich der ſchwarze durchſichtige Fleck im Mittelpunkte, und
die Farbenringe erweiterten ſich blos dem Durchmeſſer nach.
In dieſem Zuſtande war die Ordnung der Farben in jedem
Ringe vom Mittelpunkte aus gegen den Umfang zu gerech=
net, folgende. Im erſten: Schwarz, blau, weiß,
gelb, roth, im zweyten Violet, blau, grün, gelb, roth;
im dritten Purpur, blau, grün, gelb, roth; im vierten
Grün, roth, im fünften Grünlich Blau, roth; im
ſechſten Grünlich Blau, blaßroth; im ſiebenden Grün=
lich Blau, röthlich weiß. Eben dieſe Erſcheinungen mit
eben der Ordnung der Farben zeigten ſich an allen erhabenen
Gläſern, wenn ſie nur nicht allzu kleinen Kugeln zugehörten,
weil ſich ſonſt die Farbenringe zu ſehr zuſammenzogen und
unſichtbar wurden; es war alſo kein zufälliges Phänomen,
ſondern die Wirkung einer regelmäßigen und bleibenden
Urſache.

Newton maß die Halbmeſſer dieſer Ringe an den
Stellen, wo ſie am glänzendſten ſchienen, und fand, daß
ſich ihre Quadrate, wie die ungeraden Zahlen 1, 3, 5, 7,
9, 11, verhielten. Hingegen fand er die Quadrate der
Halbmeſſer von den dunkeln Zwiſchenräumen zwiſchen je=
dem Paare von Ringen, vom dunkeln Flecke im Mittel
an gerechnet, im Verhältniße der geraden Zahlen 0, 2, 4,
6, 8, 10.

Da er ſie nun von der Dicke der Luftſcheibe zwiſchen bey=
den Gläſern herleitete, wovon das eine eine ebne Oberfläche
hatte, daß ſich alſo die Abſtände der Gläſer von einander,
oder die Dicken des dazwiſchen liegenden Luftſcheibchens, an
den Stellen der Farbenringe ebenfalls, wie die ungeraden,
und an den Stellen der dunkeln Zwiſchenräume, wie die ge=
raden Zahlen, verhielten, ſo gründete er darauf folgende

Berechnung. Aus dem Durchmeſſer der Convexität des obern Glaſes, welcher 101 Schuh betrug, beſtimmte er die wirkliche Dicke des Luftſcheibchens an jeder Stelle, und fand ſie für die hellſte Stelle des erſten Rings $\frac{1}{178000}$ Zoll, mithin für die des zweyten $\frac{3}{178000}$ Zoll u. ſ. w. Hierauf maß er auch die Durchmeſſer der Ringe für jede Farbe insbeſondere, und beſtimmte durch eine ähnliche Rechnung die Dicke der Luftſcheiben, welche eine jede Farbe zurückwerfen. Faſt eben dieſe Reſultate fand er auch, wenn er andere Gläſer von bekannten Durchmeſſern gebrauchte, und bey der von ihm gebrauchten Vorſicht darf man nicht zweifeln, daß dieſe Beſtimmungen ſo genau ſind, als ſie nur der geſchickteſte Beobachter machen kan.

Er brachte nunmehr ſtatt der Luft einen Waſſertropfen zwiſchen beyde Gläſer. Dadurch zogen ſich die Ringe, ohne die Ordnung der Farben zu verändern, in dem Verhältniße 8 : 7 zuſammen. Hieraus folgt, daß ſich die Dicke der Waſſerſcheiben zu der Dicke der Luftſcheiben, welche eben dieſelben Farben hervorbringen, wie 49 : 64, d. i. wie 3 : 4 verhalte. Dies iſt aber das Brechungsverhältniß für Waſſer und Luft, ſ. Brechung der Lichtſtralen. Dadurch hält er ſich für berechtiget anzunehmen, die Dicke eines Glasſcheibchens, welches eben die Farbe zeigt, ſey $\frac{20}{31}$ des Luftſcheibchens, weil das Brechungsverhältniß aus Glas in Luft 20 : 31 iſt.

Hierauf gründet ſich folgende Tabelle (Optic. L. II. P. 2. p 195.), worinn die Dicken der Luftſcheiben unmittelbar aus Verſuchen und Berechnung beſtimmt, die der Waſſerſcheibe aber $= \frac{3}{4}$, und die der Glasſcheiben $= \frac{20}{31}$ von jenen angenommen ſind, alles in Milliontheilchen eines engliſchen Zolls.

Farben		Dicke der farbigen Scheiben von		
		Luft	Waſſer	Glas
der erſten Ordnung.	Sehr schwarz - -	0, 5 -	0,37 -	0,32
	Schwarz - - - -	1 -	0,75 -	0,66
	Schwärzlich - - -	2 -	1, 5 -	1, 3
	Blau - - - - - -	2, 4 -	1, 8 -	1, 5
	Weiß - - - - - -	5,25 -	3, 8 -	3, 4
	Gelb - - - - - -	7, 1 -	5, 3 -	4, 6
	Orange - - - - -	8 -	6 -	5, 1
	Roth - - - - - -	9 -	6,75 -	5, 8
der zwoten	Violet - - - -	11, 1 -	8, 3 -	7, 2
	Indigo - - - -	12, 8 -	9, 6 -	8, 1
	Blau - - - -	14 -	10, 5 -	9
	Grün - - - -	15, 1 -	11, 3 -	9, 7
	Gelb - - - -	16, 3 -	12, 2 -	10, 4
	Orange - - -	17, 2 -	13, -	11, 1
	Hellroth - - -	18, 3 -	13,75 -	11, 8
	Scharlach - - -	19, 6 -	14,75 -	12, 6
der dritten	Purpur - - - -	21 -	15,75 -	13, 5
	Indigo - - - -	22, 1 -	16, 5 -	14,25
	Blau - - - -	23, 4 -	17, 5 -	15, 1
	Grün - - - -	25, 2 -	18, 9 -	16,25
	Gelb - - - -	27, 1 -	20, 3 -	17, 5
	Roth - - - -	29 -	21,75 -	18, 7
	Bläulich roth -	32 -	24 -	20, 6
der vierten	Bläulich grün -	34 -	25, 5 -	22
	Grün - - - -	35, 3 -	26, 5 -	22,75
	Gelblich grün -	36 -	27, -	23, 2
	Roth - - - -	40, 3 -	30,25 -	26
der fünften	Grünlich blau -	46 -	34, 5 -	29, 6
	Roth - - - -	52, 5 -	39, 4 -	34
der sechsten	Grünlich blau -	58, 7 -	44 -	38
	Roth - - - -	65 -	48, 7 -	42
der siebenten	Grünlich blau -	71 -	53, 2 -	45, 8
	Röthlich weiß -	77 -	57, 7 -	49, 6

K

Um endlich auch die Farben zu bestimmen, welche Scheibchen eines dichtern Mittels annehmen, wenn sie mit einem dünnern umgeben sind, untersuchte er eine gewöhnliche Seifenblase. Er brachte dieselbe unter ein sehr durchsichtiges Glas, und beobachtete die Reihen von Farben, welche auf ihrer Oberfläche entstanden, indem das Wasserhäutchen durch das Ablaufen an den Seiten immer dünner ward. Er fand, daß eben die Farben, welche in voriger Tabelle angezeigt sind, nur in umgekehrter Ordnung, in Gestalt der Ringe vom obersten Punkte der Blase ausgiengen, und sich gegen die untere Fläche verbreiteten, wo sie endlich verschwanden; so daß die Blase, indem sie immer dünner ward, eben die Farben zeigte, wie die Luft oder das Wasser zwischen den zusammengedrückten Gläsern. Nur waren die Farben der Blase lebhafter.

Newton wagte es also, aus der Dicke eines durchsichtigen Scheibchens auf die Farbe, die es zurückwirft, und umgekehrt aus der Farbe auf die Dicke zu schließen, und die Farben der natürlichen Körper aus der verschiedenen Dicke und Dichtigkeit ihrer kleinsten Theilchen oder Scheibchen, die er sämtlich für durchsichtig annimmt, herzuleiten. Eine rothe Farbe z. B. die so lebhaft ist, daß man sie zur dritten Ordnung rechnen kan, wird durch Scheibchen hervorgebracht werden, deren Dicke, wenn sie die Dichtigkeit des Wassers haben, 21 Milliontheilchen des englischen Zolles betragen wird. Er giebt hieraus einige Erklärungen von Phänomenen, z. B. von den Farben der Wolken, der wandelnden oder schillernden Körper u. dgl.

Endlich sieht er es als eine Folge seiner Versuche an, daß jeder Lichtstral bey dem Durchgange durch eine brechende Fläche eine gewisse veränderliche Beschaffenheit zeige, vermöge welcher er durch die nächste vorliegende brechende Fläche entweder leichter durchgehe, oder leichter zurückgeworfen werde. Diese Beschaffenheiten wechseln nun beym Fortgange des Strals in demselben Mittel beständig ab. Geht z. B. ein Lichtstral in dünne Scheiben von den Dicken 0, 1, 2, 3, 4, 5, 6 2c. so wird er bey den Dicken 0, 2, 4, 6 durchgelassen, bey den Dicken 1, 3, 5 aber zurückgeworfen. New-

ton nennt dieses Anwandlungen des leichtern Zurück=
gehens oder des leichtern Durchgehens (Vices faci-
lioris reflexionis vel transmissionis, *Accès de facile reflexion ou transmission* im engl. Fits of easy reflexion or
transmission).

Diesemnach werden unter mehrern Stralen, die auf ei=
ne Fläche fallen, diejenigen zurückgesandt, welche eben im
Zustande des leichtern Zurückgehens sind, die aber durchge=
lassen, die sich gerade im Zustande des leichtern Durchge=
hens befinden. Daß diese abwechselnden Anwandlungen
des Lichts schon beym Ausgange aus dem leuchtenden Kör=
per anfangen, sieht Newton zwar als wahrscheinlich an,
allein es läßt sich damit nicht wohl vereinigen, wie das Durch=
lassen gleichwohl von der Dicke des Scheibchens abhangen
könne; man müste denn annehmen, daß die Brechung oder
Zurückwerfung erst an der hintern Fläche des Scheibchens
geschehe. Auch müssen diese Abwechselungen der Willig=
keit durchzugehen oder zurück zu prallen, in Zwischenräumen
geschehen, welche nur $\frac{1}{178000}$ Zoll, und beym Glase und
Wasser noch weniger austragen. Alles dies erregt aller=
dings Erstaunen, und scheint kaum glaublich. Man muß
aber, um gehörig davon urtheilen zu können, Newtons Un=
tersuchungen selbst nachlesen, welche den dritten Theil des
zweyten Buchs seiner Optik ausmachen. Wenn sie auch
keine Ueberzeugung gewähren, so kan man sich doch nicht
enthalten, das große Genie zu bewundern, das aus ihnen
allenthalben hervorleuchtet.

Daß aber Newton hiebey sehr vieles Wesentliche über=
sehen habe, beweisen unter andern die neuern Versuche des
Abbe Mazeas (Observations sur des couleurs engendrées
par le frottement des surfaces planes et transparentes, in
den Mém. de l' acad. de Prusse 1752. p. 248. und vermehrt
in den Mém. présentés To. II. p. 26.). Wenn man nem=
lich zwo polirte Glasplatten an einander reibt, so wird man
bisweilen in der Mitte, bisweilen nach dem Rande hin, einen
Widerstand fühlen, und da, wo sich dieser äussert, einige rothe
und grüne krumme Linien bemerken. Bey längerm Reiben

werden derselben mehr, und sie verwandeln sich endlich in Farbenringe. Dabey hängen die Gläser sehr stark zusammen. Eben dies nebst dem schwarzen Flecke in der Mitte nahm Mazeas noch schöner und deutlicher an zwey Prismen wahr, die zusammengelegt ein Parallelepipedum ausmachten. Die Hitze vertrieb diese Farben, obgleich die Gläser noch immer fest zusammen hiengen; nach dem Abkühlen kamen sie wieder zum Vorschein. Hingegen verschwanden die Farben zusammengedrückter Objectivgläser nicht durch die Hitze. Auch konnte er bey flachen Gläsern selbst über dem Feuer die Farben wieder hervorbringen, wenn er sie mit Zangen faßte und aufs neue rieb. Du Tour (Mém. présentés. Vol. II. und IV.) hat diese und noch mehrere Versuche hierüber wiederholt. Er bemerkt gegen Newton, daß die Luft zwischen den Gläsern keineswegs die Ursache der Farbenringe sey, daß sie vielmehr die Entstehung derselben hindere, wenn sie sich an das Glas anhängt. An flachen Gläsern nemlich entstehen die Farbenringe nicht eher, als bis die Luft recht vollkommen aus ihrer Stelle vertrieben ist. Auch Mußschenbroek (Introd. ad Philof. nat. Vol. II. §. 1837. sqq.) hat über die Farbenringe zwischen erhitzten platten Gläsern Versuche angestellt, die in einigen Umständen von dem, was Mazeas angiebt, abweichen. Er läst es am Ende ganz unentschieden, woher diese Farbenringe entstehen mögen. Vielleicht lassen sie sich am besten daraus erklären, daß sich das Licht an diesen Stellen im Wirkungsraume zwoer Glasflächen zugleich befindet, daher die Stralen von verschiedener Gattung auf verschiedene Art gebrochen und reflectiret werden.

Der Schluß von der Farbe auf die Dicke des Scheibchens, und der Satz von den Anwandlungen bleibt also noch sehr vielen gegründeten Zweifeln ausgesetzt. So schön und sinnreich diese newtonischen Lehren sind, so erklären sie doch auch die wahre Beschaffenheit der Sache nicht, und haben zu viel Beziehung auf das Emissionssystem, welches im Grunde doch nur eine Vorstellungsart ist, die man über gewiße Grenzen nicht ausdehnen darf.

Hypothesen über das Wesen der Farben.

Newton, vor deſſen Zeiten über das Weſen der Farben gar nichts erträgliches geſagt worden iſt, trägt in den
ſeiner Optik beygefügten Fragen (Ed. latin. *Samuel Clarke.*
Lond. 1706. 4. Quaeſt. 21. p. 317.), in welchen er ſich
ganz für das Emiſſionsſyſtem erklärt, den Gedanken vor,
es ließe ſich die Verſchiedenheit der Farben, und die Entſtehung der verſchiedenen Brechbarkeit des Lichts erklären,
wenn man annähme, die Lichtſtralen beſtünden aus Theilchen von verſchiedner Größe. Alsdann würden die
kleinſten Theile die violette, als die dunkelſte und ſchwäch-
ſte Farbe geben, und zugleich durch die Wirkung der brechenden Flächen am leichtſten von dem geraden Wege abgelenkt werden: die übrigen Theile hingegen würden ſo, wie
jede Claſſe derſelben größer wäre, die ſtärkern und lebhaftern Farben, nemlich Blau, Grün, Gelb und Roth geben,
auch in eben dem Maaße immer ſchwerer von ihrem Wege
abzulenken, d. i. weniger brechbar ſeyn. Die Anwandlungen des leichtern Durchgehens oder Zurückprallens zu erklären, dürfe man ſich nur die Lichtſtralen als kleine Theilchen
vorſtellen, welche durch ihre Anziehung oder ſonſt eine Kraft
in den Körpern, auf die ſie wirken, Schwingungen erregen;
wären dieſe Schwingungen ſchneller, als die Stralen ſelbſt,
ſo würden ſie die Geſchwindigkeit der Stralen abwechſelnd
ſchwächen und vergrößern, und alſo jene Anwandlungen in
ihnen erzeugen. Da nun hievon die Farbe dünner Scheib-
gen abhängt, ſo werden nach ihm erleuchtete Körper nur
diejenigen Gattungen von Stralen zurückſenden, deren Farbe mit der Dicke ihrer dünnſten Blättchen übereinſtimmt,
oder die beym Eingange in ihre Oberfläche in eine Anwand-
lung des leichtern Zurückgehens verſetzt werden.

Man ſieht leicht, daß dieſe Erklärung allzu gekünſtelt
iſt. Sie läſt ſich aber einfacher darſtellen, wenn man den
Begrif von Anwandlungen hinweg läſt, und nur folgendes
beybehält. Die kleinſten Theilchen des Lichts ſind am meiſten brechbar, und erregen im Auge die Empfindung von
Violet; größere ſind weniger brechbar, und erregen andere

Farben, die größten Theile geben Roth. Ein leuchtender Körper zeigt eine gewiße Farbe, wenn er nur eine Art, oder einige Arten von Lichtstralen aussendet. Ein dunkler zeigt diese oder jene Farbe, wenn seine Oberfläche von dem Lichte, das ihn erleuchtet, nur Stralen dieser oder jener Gattung zurückwirft.

Euler hingegen (Nova theoria lucis et colorum in Opuſc. varii arg. Berol. 1746. 4.), welcher ſich einen Lichtſtral als eine Reihe von Schlägen auf den Aether vorstellet, ſetzt das Wesen der Farben in die Geschwindigkeit, mit welcher diese Schläge auf einander folgen. Er leitet aus seiner Hypotheſe über die Urſache der Brechung (ſ. **Brechung der Lichtſtralen**) den Satz her, daß diejenigen Stralen, in welchen die Pulſus ſchneller auf einander folgen, weniger brechbar ſeyn müſſen, als die, worinn ſich die Schläge langſamer ſucçediren, daher er denn dem rothen Lichte die gröſte, dem violetten die geringſte Geschwindigkeit der Schläge zuſchreibt. In einer folgenden Schrift aber (Eſſai d'une explication phyſique des couleurs engendrées ſur des ſurfaces extrememement minces, Mém. de l'Ac. de Pruſſe. 1752.) erinnert er, daß man die Sache auch umgekehrt erklären könne, und daß die rothen Stralen wahrſcheinlich durch eine kleinere Anzahl von Schwingungen hervorgebracht würden, als die violetten. Es iſt kein gutes Symptom bey einer Hypotheſe, wenn man einerley Sache auf zweyerley ganz entgegengeſetzte Arten aus ihr erklären kan.

Das Zuſammengeſetzte des Sonnenlichts ſoll nach ihm nicht in der Miſchung mehrerer gefärbten Stralen, ſondern darinn beſtehen, daß die Pulſus deſſelben nicht alle in gleichen Zeiträumen, ſondern manche ſchneller, manche langſamer, auf einander folgen. Die geſchwinder folgenden werden nun weniger, als die übrigen, gebrochen, und ſo entſtehen durch das Brechen aus einem Strale mehrere. Leuchtende Körper zeigen eine gewiße Farbe, wenn ihre zitternden Theile dem Aether Schläge von gewißen Geschwindigkeiten eindrücken. Iſt die Bewegung nicht heftig, und folgen ſich alſo die Schläge langſam, ſo entſtehen blaue

Farben, wie bey der Flamme des Weingeists: heftigere und schnellere Schwingungen erzeugen gelbe und rothe Farben. Daher auch die Flamme eines Lichts unten blau, in der Mitte gelb, oben roth ist. Diese Erklärung ist sehr leicht und ungezwungen.

Dunkle Körper sehen roth aus, wenn die meisten Theile auf ihrer Oberfläche die Spannung haben, daß sie dem Aether diejenige Geschwindigkeit eindrücken, welche der rothen Farbe zugehört u. s. w. Weiß ist ein Körper, wenn er dem Aether Schläge mit allerley proportionirlichen Geschwindigkeiten mittheilt; schwarz, wenn er ihm gar keine eindrückt. Ueberhaupt ist nach **Eulern** das Licht, wodurch ein farbiger Körper sichtbar wird, nicht mehr ein Theil desjenigen Lichts, das ihn erleuchtet, sondern es besteht aus neuen auf der Oberfläche des Körpers erst erregten Schwingungen. Zinnober sieht roth aus, nicht weil er einen Theil der Schwingungen des Sonnenlichts zurück sendet, sondern weil die Schläge des Sonnenlichts seine Oberfläche in Bewegung setzen, die in dem Aether hinwiederum neue Schläge mit der zur rothen Farbe erforderlichen Geschwindigkeit hervorbringt. Zurückwerfende und durchsichtige Körper hingegen pflanzen die Schwingungen des auffallenden Lichts selbst fort. So zerfallen alle Körper in Absicht auf das Licht in vier Classen: Leuchtende, Zurückwerfende, Durchsichtige, Undurchsichtige oder Dunkle.

Diese Eulerische Theorie macht aus den Farben für das Auge dasjenige, was die Töne für das Ohr sind, Vibrationen eines elastischen Mittels, die sich mit gewissen Geschwindigkeiten folgen, wobey Violet der tiefere, Roth der höhere Ton, Weiß ein Gemisch von allen Tönen, gleichsam ein Schall ohne bestimmten Ton ist. Dieses ganze System, welches das Licht dem Schalle ähnlich macht, ist in **Eulers** Briefen an eine deutsche Prinzeßin über verschiedene Gegenstände der Physik und Philosophie (I. Th. 17. u. f. Briefe) sehr faßlich vorgetragen.

Es wird wenige Erscheinungen geben, die sich nicht eben sowohl nach dem Emissionssystem als nach **Eulers** Theorie

faſt mit gleicher Leichtigkeit erklären ließen. Man ſ. den
Artifel: Licht. Inzwiſchen bleibt Eulers Meinung, was
die Farben betrift, dem ſtarken Einwurfe ausgeſetzt, daß
die Brechbarkeit einer Gattung von Stralen gar nicht von
der Brechbarkeit einer andern Gattung abhängt, ſ. Far=
benzerſtreuung, welches doch wohl geſchehen müſte, wenn
Größe der Brechung und Farbe, beydes zugleich, von be=
ſtimmten Geſchwindigkeiten in der Succeſſion der Schlä=
ge herkäme. Auch läſt ſich gegen Eulers Farbentheorie ei=
ne wichtige Einwendung daraus herleiten, daß es gemiſchte
Farben giebt, z. B. Grün aus Gelb und Blau, die den
einfachen gleich ſehen, und doch weſentlich von ihnen unter=
ſchieden ſind, weil ſie ſich durchs Prisma wieder in die
Grundfarben, aus denen ſie entſtanden ſind, z. B. in Gelb
und Blau, zerlegen laſſen, da die einfache Farbe unzerleg=
lich bleibt. Denn wenn das, was dem Auge grün ſcheint,
Schläge von gewiſſer Geſchwindigkeit vorausſetzt und die
Größe der Brechung von dieſer Geſchwindigkeit abhängt,
wie kan dieſelbe in dem einen Falle zwo verſchiedene Rich=
tungen des gebrochnen Lichtſtrals veranlaſſen, und ſich in
zwo andere Geſchwindigkeiten, eine größere und eine kleine=
re, trennen, im andern Falle aber unverändert bleiben?
Oder um das Gleichniß zwiſchen Farben und Tönen beyzu=
behalten: Wie kan aus zween Tönen, die einen muſikali=
ſchen Accord ausmachen (C und E), etwas entſtehen, das
einem dritten, zwiſchen beyde vorige fallenden, Tone D
gleich iſt? Und, wie kan es einen Fall geben, wo der Ton
D in C und E zerlegt wird? Beyde Syſteme, ſowohl
Newtons als Eulers, bleiben alſo noch immer Schwierig=
keiten ausgeſetzt, und man muß es unentſchieden laſſen, ob
das Weſen der Farben in der verſchiedenen Größe der Thei=
le des Lichts, oder in der verſchiedenen Geſchwindigkeit der
Schläge, oder nach dem Gedanken eines neuern Schriftſtel=
lers (Die Erzeugung der Farben, eine Hypotheſe von
C. F. Weſtfeld. Göttingen, 1767. 8.) in der verſchie=
denen Erwärmung der empfindenden Faſern der Netz=
haut beſtehe.

Veränderungen der Farben.

Es kan die Lage oder die Spannung der Theile auf der Oberfläche, oder auch im Innern eines Körpers, so geändert werden, daß er dem Auge eine andere Farbe, als vorher, zuschickt. Solche Veränderungen der Farben der Körper bringt die Natur täglich hervor, und die Kunst thut es ebenfalls bey dem Färben und Malen, wobey die Oberflächen entweder mit Pigmenten bestrichen, oder durch chymische Mittel auf eine zweckmäßige Art verändert werden. Ein Hauptbuch hierüber ist Hellots Färbekunst, aus dem frz. übersetzt von Kästner, Altenburg 1765. 8.

Besonders lassen sich durch Vermischungen verschiedener Liquoren viele auffallende Veränderungen der Farben hervorbringen. Daß die blauen Pflanzensäfte z. B. der Violensyrup von den Säuren roth, von den Alkalien hingegen grün gefärbt werden, und daß die Vitriolauflösungen mit den zusammenziehenden Decocten aus dem Pflanzenreiche eine schwarze Farbe oder Dinte geben, ist allgemein bekannt.

Mehrere Veränderungen dieser Art findet man in Boerhave's Chemie und Musschenbroek (Introd. in Philof. nat. To. II. §. 1845.) angezeigt. Man gieße etwas Weingeist auf rothe Rosen, und lasse ihn nur kurze Zeit darauf stehen, so daß er noch weiß bleibt. Vermischt man ihn alsdann mit einem Tröpfgen von saurem Geiste, z. B. Vitriolöl, Kochsalzgeist, Scheidewasser in so geringer Menge, daß man es kaum sehen kan, so nimmt der weiße Aufguß augenblicklich die schönste Rosenfarbe an. Tröpfelt man hierauf etwas Potaschenlauge oder Salmiakgeist hinzu, so erhält man ein schönes Grün: vermischt man aber den Rosenaufguß mit aufgelöstem Vitriol, so entsteht eine schwarze Dinte.

Dunkelblaues Papier leicht mit Scheidewasser bestrichen, wird roth. Verdünnt man gewöhnlichen Veilchensyrup mit Wasser, vertheilt ihn in zwey Gläser, und thut in den einen eine Säure, im andern ein Laugensalz hinzu, so wird er in jenem roth, in diesem grün. Gießt man aber beyde zusammen, so erhält man einen blauen Liquor. Löset man etwas blauen Vitriol in vielem Wasser auf, so daß das Ganze hell und durchsichtig bleibt, und gießt hernach ein wenig Salmiakgeist hinzu, so erhält der Liquor eine schöne blaue Farbe; ein wenig hineingetröpfeltes Scheidewasser nimmt ihm diese wieder und stellt die vorige Helle und Durchsichtigkeit her. Wenn man in eine Zinnauflösung im Königswasser, welche mit Wasser verdünnt ist, einige Tropfen Goldauflösung fallen läßt, so erscheint eine sehr schöne Purpurfarbe, u. s. w. Die Grünspanauflösung wird farbenlos durch Vitriolgeist, purpurfarbig durch Salmiakgeist, wieder durchsichtig durch Vitriolöl. Durch ähnliche Mittel kan man alle Farben darstellen, (s. Farbenverwandlung, oder Anleitung, durch Vermischung zweyer wasserhellen Flüßigkeiten alle Hauptfarben augenblicklich darzustellen von Tilebein, in Crells chemischen Annalen von 1785. II. Stück).

Hieher gehören auch die sogenannten sympathetischen Dinten, deren Schrift nur durch gewisse Veranstaltungen sichtbar wird. Man löse Silberglätte in destillirtem Weinessig auf, schreibe die Buchstaben damit, und trockne sie im Schatten, so wird man nichts von ihnen sehen. Taucht man aber einen Pinsel in Kalkwasser, worinn Operment aufgelöset ist, und überfährt sie damit, so werden sie erst gelb, und dann schwarz. Mit Scheidewasser überstrichen verschwinden sie wieder. Man mache eine Goldsolution in Königswasser, ingleichen eine Zinnsolution in eben dergleichen, und verdünne beyde mit fünfmal so viel Wasser. Buchstaben mit der ersten Solution geschrieben und im Schatten getroknet, bleiben unsichtbar; überfährt man sie aber mittelst eines Pinsels mit der leztern Solution, so werden sie purpurfarbig. — Wird eine Solution von Zinkerz, taubenhälsigem Wismutherz, oder Kobalterz in Scheidewasser, mit Wasser verdünnt, mit Kochsalz vermischt und abgeklärt, so sind die damit geschriebenen Buchstaben unsichtbar, so lang sie kalt sind, werden aber bläulich grün, wenn man sie ein wenig über Kohlen erwärmet, und verschwinden wieder beym Erkalten.

Newton Optice. L. I. P. 2, L. II. P. 1. 2. 3.

Priestley Geschichte der Optik, durch **Klügel**, an mehreren Stellen.

Montucla hist. des mathematiques. To. II. P. IV. L. 9.

Erxleben Anfangsgr. der Naturlehre durch **Lichtenberg**, §. 362 — 381.

Brisson Dict. rais. de Physique, Art. **Couleurs.**

Farben, zufällige, Colores accidentales, *Couleurs accidentelles.* Erscheinungen von Farben, welche nicht dem Lichte eigenthümlich sind, sondern von einer besondern Beschaffenheit oder einem besondern Zustande des Auges herkommen. Man setzt sie den **natürlichen** vom Lichte selbst herrührenden entgegen, von welchen im vorigen Artikel gehandelt worden ist. Herr von **Buffon** (Diss. sur les couleurs accidentelles in den Mém. de l'Acad. des Sc. 1743. p. 147. übers. im Hamburgischen Magazin I. Band, S. 425.) hat diesen Unterschied zuerst gemacht, und die Benennung eingeführet; ob er gleich selbst bemerkt, daß D. Jurin schon einige hieher gehörige Beobachtungen aufgezeichnet habe.

Als er eine lange Zeit ein rothes Viereck auf einem weißen Grunde angesehen hatte, erschien ihm um dasselbe ein blaßgrüner Rand, und da er nun die Augen weg und auf den weißen Grund wendete, sahe er auf demselben ein grünes Viereck. So brachte Gelb auf weißem Grunde ein blasses Blau, Grün ein blasses Purpur, Blau ein blasses Roth, Schwarz ein helleres Weiß, als der Grund selbst, und Weiß auf schwarzem Grunde ein noch dunkleres Schwarz hervor.

Als er das rothe Viereck auf weißem Grunde wiederum unverwandt betrachtete, zeigte sich zuerst der erwähnte blaßgrüne Rand; hierauf ward das Viereck in der Mitte blaß, und an den Rändern stärker roth, so daß gleichsam ein dunkelrother Rahmen die blässere Mitte zu umgeben schien. Als er sich ein wenig entfernte, theilte sich der dunkelrothe Rahmen an allen vier Seiten in zween Theile, daß dadurch über das Viereck ein eben so dunkelrothes Kreuz gezogen zu werden schien. Er fuhr noch immer fort, darauf zu sehen, und das Ganze verwandlete sich in ein Rechteck, von

gleicher Höhe mit dem Vierecke, aber nur den sechsten Theil
so breit, und so lebhaft roth, daß es das Auge blendete.

Als er nun das Auge weg auf eine andere Stelle des
weißen Grundes wandte, sahe er daselbst das Bild dieses
Rechtecks lebhaft grün. Der Eindruck daurete sehr lang,
und blieb noch im Auge, wenn es geschloßen ward. Aehnliche Erscheinungen zeigten sich auch, wern er gelbe und
schwarze Vierecke betrachtete, nur daß der letzte Eindruck
alsdann ein blaues oder weißes Rechteck darstellte. Auch
seine Freunde, die diese Versuche nachmachten, sahen eben
dieselben Erscheinungen.

Fiel die zufällige grüne Farbe, welche von dem Anschauen des Rothen entstanden war, auf einen hellrothen
Grund, so verwandlete sie sich in Gelb, die blaue, wenn
sie auf einen gelben Grund fiel, ward grün u. s. w. Alle
diese zufällige Farben rühren augenscheinlich davon her, daß
der Eindruck, den die Farben auf der Netzhaut machen,
noch eine Zeitlang nach dem Anschauen fortdauret.

Aepinus (Observationes quaedam ad Opticam perti-
nentes in Comm. Petrop. nov. To. X. p. 282.) zieht aus
seinen Beobachtungen über die zufälligen Farben den Satz,
daß der lebhafte Eindruck, den das Auge durch das Anschau-
en der Sonne oder eines leuchtenden Körpers überhaupt erhält, zuerst ein gelbes, dann ein grünes und zuletzt ein blaues Bild darstelle — eine Bemerkung, die auch de la Hire
(Sur les diff. accidens de la vue, Mém. de l'Acad. des
Sc. 1694.) schon gemacht hat. Man sieht hieraus deutlich, daß der Eindruck des Lichts, wenn ihn der Gegenstand
selbst nicht mehr unterhält, allmälig schwächer wird, und
erkennt zugleich die Ordnung, in welcher die Farben in Absicht auf die Stärke ihrer Wirkung ins Auge abnehmen.

Beguelin (Sur la source d'une illusion du sens de
la vue, in den Nouv. Mém. de l'Ac. de Prusse. 1771.p. 8.)
bemerkte einmal, als er die niedrigstehende Sonne im Gesicht hatte, und eine im Schatten liegende Schrift las, daß
sich die schwarzen Buchstaben in hellrothe zu verwandlen
schienen. Er erklärt diese Erscheinung sehr richtig. Wenn
man die Sonne im Gesicht hat, schließt man, um das Licht

zu schwächen, die Augen, und der Glanz der Sonne, der durch die mit Blutgefäßen angefüllten Augenlieder fällt, erweckt auf der Netzhaut die Empfindung der rothen Farbe. Man kan sich hievon versichern, so oft man will, wenn man die zugeschloßnen Augen gegen die Sonne wendet. Sieht man in diesem Zustande des Auges auf eine im Schatten liegende Schrift, so bleibt zwar das Papier wegen der starken Zurückwerfung des Lichtes weiß; die schwarzen Buchstaben aber, welche wenig oder gar kein Licht ins Auge senden, lassen den Stellen der Netzhaut, auf die sie fallen, die Empfindung der rothen Farbe. Vielleicht ist auf diese Art die Erscheinung von Blutstropfen auf den Würfeln entstanden, welche Heinrich IV. sahe, als er mit dem Herzog von Guise im Bret spielen wollte, und welche de Thou und der P. Daniel erzählen.

Noch einige hiemit zusammenhängende Bemerkungen wird man bey dem Worte: Gesichtsfehler, finden.

Farbenbild, prismatisches, gefärbtes Sonnenbild, Imago Solis colorata, Spectrum coloratum, *Image colorée, Spectre coloré.* Wenn man in einem verfinstertem Zimmer das durch ein kleines Loch F (Taf. IV. Fig. 68.) einfallende Sonnenlicht durch ein dreyeckigtes gläsernes Prisma ABC auffängt, so gehen die Stralen, welche vorher parallel waren, nach dem Brechen aus einander, wie AB, CT. Fängt man diese gebrochnen Stralen an der Wand, oder mit einem Papier auf, so machen sie darauf ein länglich viereckigtes Bild PT, das oben und unten mit krummen Linien begrenzt ist, und viele sich in einander verlaufende Farben zeigt, deren kenntlichste Abstufungen, von T bis P gerechnet, Roth, Orange, Gelb, Grün, Blau, Indigo, Violet sind. Dieses Bild führt den Namen des Farbenbilds.

Ob gleich dieses Farbenbild schon längst bekannt gewesen war, s. Prisma, so hatte man doch auf die längliche Gestalt desselben keine weitere Aufmerksamkeit gewendet. Grimaldi (De lumine, coloribus et iride. Bonon. 1665. 4.) machte zuerst die Bemerkung, daß der Lichtstral durch die

doppelte Brechung beym Ein- und Ausgange im Prisma
aus einander gebreitet werde, welches er durch Figuren (p.
235.) ganz wohl erkläret. Er zeigt auch, daß der schiefe
Winkel des Prisma hiezu wesentlich nothwendig sey, weil
beym Durchgange durch ein Glas mit parallelen Flächen
die ausfahrenden Stralen den einfallenden parallel und far
benlos seyn würden (p. 272.). Er braucht sogar schon den
Ausdruck, daß im Prisma ein Theil des Strales mehr gebrochen werde, als der andere. Aber er versteht hierunter
nicht eine verschiedene Brechbarkeit der Theile, aus denen
der Stral zusammengesetzt ist, sondern nur der beyden Seiten desselben.

Newton, der sich im Jahre 1666 mit Schleifung
optischer Gläser beschäftigte, und sich dabey ein gläsernes
Prisma angeschaft hatte, belustigte sich im verfinsterten
Zimmer an den lebhaften und brennenden Farben des Bildes, als ihm auf einmal die längliche Gestalt desselben als
etwas sehr wunderbares auffiel. Ein leichtes Nachdenken
lehrte ihn, daß diese Gestalt nach den gemeinen Gesetzen der
Brechung kreisrund seyn sollte weil die Oefnung im Fensterladen ein Kreis war. Statt dessen fand er die Seiten
des Farbenbilds gerablinigt, die Enden mit Halbkreisen begrenzt, und die Länge etwa fünfmal größer, als die Breite.
Dies setzte ihn um desto mehr in Verwunderung, da ihm
Grimaldi's erst im vorhergehenden Jahre erschienenes Buch
noch unbekannt war.

Er gab sich viele Mühe, die Ursache dieser Erscheinung
zu entdecken. Zuerst rieth er auf einen Unterschied in der
Dicke und Beschaffenheit des Glases, auf Einwirkung der
benachbarten Dunkelheit in das Licht, auf allerley zufällige
unregelmäßige Ursachen, aber die scharfsinnigen Proben,
denen er diese Vermuthungen unterwarf, zeigten ihm, daß
sie alle ohne Grund wären. Er stellte daher eine genaue
Ausmessung und Berechnung aller bey seinem Versuche
vorkommenden Linien und Winkel an, bestimmte daraus
das Brechungsverhältniß für das Prisma, wie 31 zu 20,
und fand, daß nach den gewöhnlichen Gesetzen das Bild ein
Kreis von 2$\frac{1}{2}$ Zoll Durchmesser seyn, und einen dem Son-

nendurchmeſſer gleichen Winkel von 31 Min. an der Oef⸗
nung überſpannen ſollte. Nun war zwar die Breite des
Bilds, von einer Seitenlinie zur andern gerechnet, wirk⸗
lich 2⅜ Zoll; die Länge aber war 13 Zoll, und überſpannte
an der Oefnung im Laden einen Winkel von 2° 49′. Die⸗
ſe Abweichung war zu groß, als daß er ſie von blos zufäl⸗
ligen Urſachen hätte herleiten, oder die längliche Geſtalt
aus den ungleichen Einfallswinkeln der Stralen, die von
verſchiedenen Punkten der Sonnenſcheibe kamen, erklären
können. Nach einigen andern ebenfalls durch die Prüfung
widerlegten Muthmaßungen zeigte ihm endlich ſein ent⸗
ſcheidender Verſuch (ſ. den Artikel: Brechbarkeit,
Num. 2.) die wahre Urſache des Phänomens. Sie liegt
darinn, daß das Licht bey der Brechung in eine unzählbare
Menge von Farbenſtralen zerſpalten wird, für deren jeden
ein anderes Brechungsverhältniß ſtatt findet.

Sind alle Stralen gleich brechbar, wie dies vor New⸗
tons Entdeckung in der Theorie angenommen ward, ſo muß
das im finſtern Zimmer aufgefangene Sonnenlicht, auf ei⸗
ner gegen ſeinen Weg ſenkrecht gehaltenen Tafel, auch nach
der Brechung durch ein Prisma ein kreisrundes Sonnen⸗
bild darſtellen. Hat aber jeder einfache Farbenſtral ſeinen
eignen Grad der Brechbarkeit, ſo gilt dieſer Satz nur noch
von denen Stralen, die unter ſich gleich brechbar ſind, d. i.
von denen, die einerley Farbe zeigen. Mithin entwerfen
die rothen Stralen für ſich ein eignes kreisrundes Sonnen⸗
bild, die blauen ein anderes, die grünen ein anderes u. ſ. w.
und es entſtehen anſtatt eines einzigen Bildes ſo viele, als
Farben ſind, d. i. unzählige.

In der Taf. IV. Fig. 68. angenommenen Stellung
des Prisma, da ſich der brechende Winkel C unterwärts
kehret, ſammlen ſich die rothen Stralen, welche am wenig⸗
ſten gebrochen werden, unten bey T, die violetten am mei⸗
ſten gebrochnen oben bey P. Wenn man ſich nun, wie Taf.
VIII. Fig. 21 <u>a</u>., für die ſieben kenntlichſten Abſtufungen
der prismatiſchen Farben ſieben über einander ſtehende Krei⸗
ſe von gleichem Durchmeſſer gedenkt, und mit Hülfe der
Einbildungskraft unzählbare dazwiſchen fallende Kreiſe für

die Zwischenfarben hinzufügt, so hat man das Farbenbild
P T mit den gradlinigten Seiten und halbkreisförmigen
Enden bey P und T, vollkommen so, wie es Newton beobachtete. Die verschiedenen Farbenstralen im Sonnenlichte entwerfen eine unendliche Menge von kreisrunden Bildern, die sich nach den verschiedenen Graden der Brechbarkeit über einander ordnen, und so das Farbenbild ausmachen.

Kan man diese Kreise, ohne die Lage ihrer Mittelpunkte zu verändern, im Durchmesser kleiner machen, wie bey
p t, so werden sie nicht mehr so sehr in einander greifen, und
man wird die eigentlichen Stellen der Hauptfarben deutlicher unterscheiden können. Dies erhielt Newton durch folgendes Mittel. Er fieng die Stralen, welche durch die
Oefnung des Ladens einfielen, ohngefehr 10 — 12 Fuß von
dem Fenster mit einem Linsenglase auf, stellte gleich hinter
dasselbe das Prisma, und bewegte das Papier, worauf er
das Farbenbild auffieng, so lang hin und her, bis er den
Ort fand, wo die Seitenlinien des Bilds recht scharf erschienen. Durch das Linsenglas nemlich ward jedes Sonnenbild verkleinert und gleichsam zusammen gezogen; die
Länge des Farbenbilds aber, welche von dem Einfallswinkel der Stralen am Prisma abhängt, blieb unverändert,
wenn dieser Einfallswinkel der vorige blieb. So konnte er
die Breite des Bilds bisweilen 60 oder 70mal kleiner, als
die Länge machen.

Anstatt des kreisrunden Lochs im Laden könnte man nach
seinem Vorschlage ein viereckigtes gebrauchen, ein Rechteck, dessen lange Seite dem Prisma parallel wäre. So
entstünden statt der Kreise farbige Rechtecke, in welchen
man die Hauptfarben noch deutlicher würde unterscheiden
können. Auch schlägt er die Gestalt eines gleichschenklichten Drenecks vor, das die Spitze nach der einen Seite kehret, wobey die dreyeckigten Bilder an den Spitzen gar nicht
in einander laufen, dagegen aber auch sehr schwache Farben
geben würden.

Nachdem er die Seitenlinien A F, G M Taf. VIII. Fig.
21 b. recht scharf begrenzt erhalten hatte, zeichnete er den Um-

riß **FAGMTF** auf ein Papier, und ließ das Bild genau auf die Zeichnung fallen. Darauf muste ein Gehülfe, dessen Auge die Farben sehr scharf unterscheiden konnte, die Grenzen jeder Hauptfarbe bey a, g, e, h, i, l mit Querlinien angeben. Diese Arbeit wurde oft wiederholet, und die Resultate trafen immer sehr wohl zusammen.

So fand er, wenn GM bis K verlängert, und MK = GM genommen, das ganze GK aber so eingetheilt ward, daß GK, lK, iK, hK, eK, gK, aK, MK sich wie 1, $\frac{8}{9}$, $\frac{5}{6}$, $\frac{3}{4}$, $\frac{2}{3}$, $\frac{3}{5}$, $\frac{9}{16}$, $\frac{1}{2}$ verhielten, in dem Zwischenraume M a Roth, in a g Orange, in g e Gelb, in e h Grün, in h i Blau, in i l Indigo, in lG Violet. Es fällt sogleich in die Augen, daß diese Zwischenräume auf eine bewundernswürdige Art mit den Zahlen der weichen musikalischen Tonleiter übereinstimmen, indem die angeführten Zahlen die Längen der Saiten für den Grundton, die große Secunde, kleine Terz, Quarte, Quinte, große Sexte, große Septime und Ober-Octave ausdrücken.

Da man hier ohne merklichen Fehler die Unterschiede der Sinus der Brechungswinkel den Zwischenräumen M a, a g u. s. w. proportional setzen kan, und Newtons Abmessungen die Brechungsverhältniße der am meisten und am wenigsten brechbaren Stralen beym Uebergange aus Glas in Luft, wie 50 zu 78 und wie 50 zu 77 gegeben hatten, so giebt der Unterschied zwischen 77 und 78, in eben den Verhältnißen, wie die Linie GM eingetheilt, die Brechungssinus der Farbenstralen aus Glas in Luft, 77, $77\frac{1}{8}$, $77\frac{1}{5}$, $77\frac{1}{3}$, $77\frac{1}{2}$, $77\frac{2}{3}$, $77\frac{7}{9}$, 78. Z. B. für alle Arten von Stralen, welche die Empfindung der rothen Farbe erregen, ist das Brechungsverhältniß zwischen den Grenzen 50: 77 und 50: $77\frac{1}{8}$ enthalten, und so bey allen übrigen Farben.

Hieraus erklärt sich nun auch leicht der farbige Fleck, den man wahrnimmt, wenn das Sonnenlicht unter freyem Himmel, oder in nicht verdunkelten Zimmern durch ein Prisma, oder ein Glas mit nicht parallelen Seiten hindurch fällt. Dieser Fleck besteht aus einer großen Menge über und neben einander liegender Farbenbilder. Es sey (Taf. VIII. Fig. 19.) A B C ein Prisma, worauf das Sonnen-

£

licht F f fällt. Das gebrochne Licht werde in M N aufgefangen. Hier mögen die violetten Stralen den Raum P p,
die grünen Q q, die rothen T t einnehmen, die andern Gattungen in ihrer Ordnung die dazwischen fallenden Räume.
Ist M N dem Prisma so nahe, daß die Räume P T und
p t nicht in einander fallen, so wird der Raum T p von
Stralen jeder Gattung in gehörigem Verhältniße erfüllt
und folglich weiß seyn. Aber die Räume T P und p t bekommen nicht alle Arten von Stralen, und erscheinen also
gefärbt. Ueber T fangen zuerst die rothen und gelben Stralen
an zu fehlen, daher eine blaßgrüne Farbe entsteht, und bey
P sind nur noch blaue Stralen da. Unter p hingegen fangen die blauen Stralen an zu mangeln, es zeigt sich daher
Blaßgelb und bey t nur noch Roth. Also folgen die Farben
von P bis t in dieser Ordnung: Violet, Indig, Blau,
Blaßgrün, Weiß, Blaßgelb, Orange, Roth. So zeigt
sie auch die Erfahrung.

Hält man das Papier weiter ab in m n, hinter X, wo
die Räume P T und p t in einander fließen, so fehlen in der
Mitte p T die violetten und rothen Stralen; daher verschwindet die Weiße, und die mittlern Stralen bilden ein
desto lebhafteres Grün, über welchem sich bis P die blauen,
unten bis t die gelben und rothen Stralen zeigen müssen.
Auch dies wird durch die Erfahrung bestätiget.

Priestley Geschichte der Optik, durch Klügel S. 184 u. f.

Farbenclavier, *Clavecin oculaire.* Ein vorge-
schlagnes aber noch nie ausgeführtes Werkzeug zu Hervorbringung einer sogenannten Farbenmusik, wobey das Auge durch die Mannigfaltigkeit von Farben eben so ergötzt
werden sollte, wie das Ohr bey einer Musik durch die Mannigfaltigkeit der Töne.

Es ist im vorhergehenden Artikel erwähnt worden, daß
nach Newtons Entdeckungen die Verhältniße der Brechung bey den Farben den Verhältnißen der musikalischen
Töne in der Octave ähnlich sind. Der P. Castel, sonst
ein eifriger Gegner Newtons, glaubte in dieser Aehnlichkeit
der Farben mit den Tönen den Grund zu einer Farbenmusik

zu finden. Unter dem Titel: *Clavecin Oculaire* gab er im
Jahre 1725 eine Schrift heraus, in der er dieses System
mit vielem Witze und einer feurigen Einbildungskraft aus=
schmückt, und in den Farben harte und weiche Tonarten,
Consonanzen und Dissonanzen, Melodie und Harmonie,
diatonisches, chromatisches und enharmonisches Genus fin=
den will. Dieser Gedanke hat einiges Aufsehen gemacht,
und mag wohl noch gegenwärtig seine Vertheidiger haben;
wenigstens hat ihn Brisson in seinem Wörterbuche von der
gefälligsten Seite vorzustellen gesucht. Auch Krüger
(Hamburgisches Magazin I. B. 4 St.) hat einige Ideen
von einem Farbenclaviere, vielleicht blos im Scherze, ge=
geben.

Herr von Mairan (Mém. de l'Acad. de Paris. 1737.
p. 61.) hat zum Unglücke für die Vervielfältigung des sinn=
lichen Vergnügens, sehr überzeugend dargethan, daß die=
ser Gedanke des P. Castel ein bloßes Spiel der Phantasie
sey und bleiben werde. Er zeigt eine zahlreiche Menge von
wesentlichen Verschiedenheiten zwischen Farben und Tönen,
in Absicht auf die Empfindungen, die sie in uns erregen, und
beschließt diese Vergleichung mit den Worten: Die Aehn=
„lichkeit des Lichtes und des Schalles, und ihrer Modifi=
„cationen, kömmt am Ende bloß auf gewiße äusserliche
„physikalische und mathematische Verhältniße hinaus, die
„eine höchst entfernte Beziehung auf ihre in die Sinne fal=
„lenden Eigenschaften haben. In der That haben auch die
„Malerey und Musik von jeher ganz verschiedene Mittel
„angewandt, uns zu vergnügen; jene die contrastirenden
„Ruhestellen und das Nebeneinanderliegen der Farben,
„diese die beständige langsamer oder geschwinder fortschrei=
„tende Folge der Töne und Accorde. "

Farbendreyeck, Farbenpyramide, Triangulum
chromaticum, Pyramis chromatica, Chromatoscopium,
Triangle chromatique, Pyramide chromatique. Eine ma=
thematische Anordnung der gemischten Farben, welche sich
aus drey Hauptfarben zusammensetzen lassen. Sie hat die
Absicht, den so vielfach verschiedenen Farben bestimmte Be=

nennungen geben, und jede genannte Farbe auf eine und
eben dieselbe Art wieder hervorbringen zu können, welches
nicht allein für die Kunst, sondern auch für die Naturgeschichte bey den Beschreibungen der natürlichen Körper ein
Gegenstand von großer Wichtigkeit ist.

Die prismatischen Farben sind zwar alle einfach; es
lassen sich aber gemischte, die den meisten von ihnen gleich
sind, aus Zusammensetzungen von Roth, Gelb und Blau
hervorbringen, die man noch verschiedentlich erhöhen kan,
je mehr oder weniger Weiß man zusetzt; dagegen man
Roth, Gelb und Blau aus Mischungen anderer Farben
nicht erhalten kan. In dieser Rücksicht heissen die genannten drey, einfache oder ursprüngliche Farben (colores
simplices f. primitivi), die übrigen gemischte (secunda-
rii), wobey freylich die Benennungen, einfach und gemischt, in einem andern Sinne genommen werden, als
oben bey dem Worte: Farben, unter dem Abschnitte:
Newtons Entdeckungen über die Farben, Num. 5.)

Man denke sich nun ein gleichseitiges Dreyeck r b g,
Taf. IX. Fig. 22., das durch eine Theilung seiner Seiten
in eine Anzahl gleicher Theile (eigentlich in unendlich viele),
in lauter kleine Fächer zerlegt ist. Die drey Fächer an den
Ecken r, b, g enthalten die einfachen Farben Roth, Blau,
Gelb, deren Stärke daselbst =1 sey. In den übrigen Fächern seyen die Farben r, b, g, in dem Verhältniße der Perpendikel, welche sich von den Seiten des Fachs auf die Seiten des ganzen Dreyecks fällen lassen, vorhanden, z. B.
das in der Figur mit Linien ausgezeichnete Fach enthalte
zween Theile Roth, zween Theile Blau und einen Theil
Gelb, so wird man die hieraus entstehende gemischte Farbe
nach Mayer durch $r^2 b^2 g^1$ oder nach Lichtenberg durch $2 r +$
$2 b + g$ ausdrücken können. Und wenn die Seiten in unendlich viele Theile zerlegt sind, so zeigt die geometrische Betrachtung leicht, daß solchergestalt alle mögliche Farben, die
aus r, b, g, gemischt werden können, in den Fächern des
Dreyecks enthalten sind, weil sich für jede beliebige drey
Coefficienten von r, b, g, ein Punkt im Dreyecke ange-

ben läßt, deſſen ſenkrechte Abſtände von den drey Seiten
ſich, wie dieſe Coefficienten, verhalten.

Will man in dieſe Farbenleiter noch die Abſtufungen
bringen, welche durch die Erhöhungen der vorigen Farben mit Weiß entſtehen, ſo kan man das ganze Far-
benſyſtem mit Herrn **Lichtenberg** in ein Prisma vertheilen, deſſen Grundflächen gleichſeitige Dreyecke, wie r b g
ſind, und wo die Farben von der untern Grundfläche bis
zur obern durch alle zwiſchen Schwarz und Weiß fallende
Stufen der Helligkeit fortſchreiten. Auch läßt ſich ſtatt des
Prisma eine Pyramide gebrauchen, oder zwo Pyramiden,
deren Grundflächen zuſammen ſtoßen. Die Farben, welche darinn dem Dunkeln näher kommen, laſſen ſich alsdann
mit r^n, b^n, g^n; die hellern mit r^{-n}, b^{-n}, g^{-n} bezeichnen,
ſo daß für Schwarz und Weiß ſelbſt n unendlich groß wird.
So würde der allgemeine Ausdruck für jede Farbe $\varrho\, r^n +$
$\beta\, b^n + \gamma\, g^n$ ſeyn. **Mayer** giebt den Zuſatz von Weiß
durch w an, z. B. $w^4 r^1 b^2 g^3$.

Die erſte Idee einer ſolchen ſyſtematiſchen Miſchung
der Farben aus gewiſſen einfachen hat ſchon im 16ten Jahrhunderte der berühmte Maler, **Lionardo da Vinci** gehabt. Der P. **Caſtel** (L'optique des couleurs. à Paris,
1740. 8.) nahm ebenfalls nur drey Grundfarben, nemlich
Feuerroth, Schüttgelb und Himmelblau an, und eignete
ſich die Erfindung dieſes Gedankens zu. Aber ſchon **le
Blon** hat in einer Schrift über das Abdrucken der Kupfer-
platten mit Farben (Harmony of colouring. Lond. 1737.
und L'art d'imprimer les tableaux. à Paris. 1756. 8.) alle
Farbenmiſchungen aus drey Farben hergeleitet. **Zahn**
(Oculus artificialis teledioptricus. Herbip. 1685. Fol. in
der zweyten Ausg. von 1702. p. III.) iſt der erſte, der die
Idee von einem Dreyeck mit der Zuſammenſetzung der Farben verbunden hat. Er nimmt aber fünf Hauptfarben,
nemlich noch Weiß und Schwarz, an, ſetzt ſie auf die fünf
Theilungspunkte der einen Seite, und bringt die Miſchungen in die übrigen Durchſchnittspunkte, ſo daß Aſchgrau
an die Spitze des Dreyecks kömmt. **Tobias Mayer** hat
in ſeinem mathematiſchen Atlas, den er in jüngern Jahren

herausgab, ebenfalls ein Farbendreyeck aus Weiß, Gelb, Blau, Roth, Schwarz, welche Farben er A, E, I, O, V nennt, und zu gleichen Theilen so mischt, daß daraus die Farben A E, E I u. s. w. entstehen.

In der Folge aber hat dieser berühmte göttingische Gelehrte das Farbensystem weit reifer überdacht, und zuerst zu einem gewissen Grade der Vollkommenheit erhoben. Er legte seinen Aufsatz darüber im Jahre 1750 der königlichen Gesellschaft der Wissenschaften vor; doch ward damals nur eine kurze Nachricht davon in den göttingischen gelehrten Anzeigen bekannt. Diese erweckte viele Aufmerksamkeit, und veranlassete verschiedene Schriften von Schäffer (Entwurf einer allgemeinen Farbenverein, oder Versuch und Muster einer gemeinnützigen Bestimmung und Benennung der Farben, Regenspurg, 1769. 4.) Schiffermüller (Versuch eines Farbensystems, Wien 1772. 4.) und vorzüglich von Lambert (Beschreibung einer mit dem Calauschen Wachse ausgemalten Farbenpyramide, wo die Mischung jeder Farben angeordnet, dargelegt und derselben Berechnung und vielfacher Gebrauch gewiesen wird, mit einer ausgemalten Kupfertafel, Berlin, 1772. gr. 4.), welcher letztere alle Farben aus Weiß und drey Grundfarben mischen lehrt.

Endlich erschien im Jahre 1775 Mayers lateinischer Aufsatz selbst (De affinitate colorum, in *Tob. Mayeri* Opp. ineditis Vol. I. cura *G. C. Lichtenberg*, Gotting. 1775. gr. 4.) mit den wichtigen Zusätzen Herrn Lichtenbergs. Mayer giebt dem Dreyecke an jeder Seite 13 Fächer, so daß es deren zusammen 91 erhält. Er mahlt diese mit Bergzinnober, hellem Bergblau und Königsgelb aus, da hingegen Lambert sich des Carmins, Berlinerblau, und Gummigutte zu Grundfarben bedient hatte. Wenn man also aus dem oben angeführten Prisma, welches die Stufen der hellern und dunklern Farben enthält, dasjenige Dreyeck haben wollte, so der lambertschen Pyramide zur Grundfläche dient, so würde man nach Herrn Lichtenbergs Bemerkung das Prisma nicht mit den Grundflächen parallel, sondern ziemlich schräge, durchschneiden müssen. Zu den 91 Far-

ben, welche bey Mayern aus den Mischungen der Haupt=
farben nach Zwölfteln entstehen, kommen noch zweymal 364
Farben, nach dem verschiedenen Abstande von Weiß und
Schwarz, daß also dieses Farbensystem 819 verschiedene
Farben enthält.

Herr **Lichtenberg** hat auch ein Muster eines ausge=
malten Dreyecks von 28 Feldern beygefügt, bey dessen
Verfertigung er mancherley Schwierigkeiten antraf. Besser
fiel es aus, wenn er sich trockner Farben hiezu bediente.
Er hat im Jahre 1774 ein solches Dreyeck aus troknen
Staubfarben der Societät der Wissenschaften zu Göttingen
vorgelegt, wobey er zuerst die Intensität der dazu gebrauch=
ten Pigmente prüfte, und im Bergzinnober, Bergblau
und Königsgelb wie 2, 1, 6 fand. Nemlich ein Theil Gelb
und sechs Theile Blau gaben ein Grün, in welchem weder
Gelb noch Blau mehr hervorstach u. f. w. Hieraus berech=
nete er, wie viel dem Gewichte nach von den drey Pi=
gmenten vermischt werden müsse, um die Verhältniße des
Farbendreyecks richtig herauszubringen. Es fallen aber
die grünen und violetten Farben bey diesen Pigmenten nicht
rein, sondern schmutzig aus.

Erxleben (Physikalische Bibliothek. I Band. 4 St.
S. 403 u. f.) bemerkt, daß die Pigmente wohl nicht nach
dem Gewichte sondern nach dem Volumen gemischt werden
müßten, daß man dazu ganz reine Grundfarben (z. B.
nicht Zinnober, welcher schon Gelbroth sey) und Farben
von gleicher Intensität wählen müsse. Er nahm dazu Car=
min, Berlinerblau und Königsgelb, und versichert, da=
durch ein sehr vollkommnes Dreyeck erhalten zu haben,
blos den Umstand ausgenommen, daß das Königsgelb
doch ein wenig ins Rothe falle, und dadurch den grünen
Farben einen geringen Hang ins Schmutzige gebe. In
diesem Dreyecke ist die Farbe des Zinnobers $r^8 g^4$, das
Bergblau kömmt gar nicht darinn vor, sondern gehört in
eine höhere Lage des lichtenbergischen Prisma, oder der
Farbenpyramide.

Lambert hat in der oben angeführten Schrift über
die Stärke seiner Grundfarben sehr genaue Untersuchungen

angestellt. Ein halber Gran hochrothen Carmins mit $\frac{1}{2}$° Gran Gummigutte gab eine Farbe, in der weder Roth noch Gelb hervorstach; 2 Gran helles Berlinerblau und 7 Gran Gummigutte gaben ein Mittelgrün; 1 Gran Carmin und 3 Gran Berlinerblau ein Mittel zwischen Roth und Blau. Hieraus leitet er die Grade der Schwäche dieser Farben, wie 1, 3, 10 her. Das heißt: Bey der Mischung muß man 10 Gewichttheile der Gummigutte, 3 des Berlinerblau und 1 des Carmins als einen Theil oder eine Portion der Grundfarbe ansehen. Für dunklern Carmin und dunkler Berlinerblau sind diese Zahlen 2, 3, 12. Die verschiedenen Farben vertheilt er in eine Pyramide, oder in ein Schränkchen mit dreyeckigten Fächern. Im untersten Fache sind 45 Quadrate, auf den Ecken roth, gelb blau, und dazwischen die Schattirungen, deren jede acht Theile oder Portionen aus den Hauptfarben hat, z. B. $r^2 b^3 g^3$. Im nächsten Fache darüber sind 28 Quadrate, deren Farben nur 6 Theile von den Hauptfarben des untern Faches, dagegen aber jede 2 Theile beygemischtes Weiß, haben, z. B. $w^2 r^2 b^2 g^2$. Im dritten Fache sind 15 Farben, nemlich die drey noch heller gemachten Hauptfarben und 12 Mittelfarben, jede zu 4 Theilen der Hauptfarben mit 4 Theilen Weiß, z. B. $w^4 r^2 b^1 g^1$. So enthält das vierte Fach 10 Farben, jede mit 5 Theilen Weiß, das fünfte Fach 6 Farben mit 6 Theilen Weiß, wobey nur noch zwo Hauptfarben verbunden werden können, wie $w^6 r^1 b^1$, das sechste Fach bloß die drey sehr hellen Hauptfarben $w^7 r^1$, $w^7 b^1$, $w^7 g^1$, und das oberste Fach ein einziges weißes Quadrat. Die ganze Pyramide hat 108 Farben.

Man kan über diese Materie noch Sulzers allgemeine Theorie der schönen Künste unter dem Art. Farben, ingleichen August Ludwig Pfannenschmids Versuch einer Anleitung zum Mischen aller Farben aus blau, gelb und roth herausg. von Ernst Rudolph Schulz. Hannover, 1781. 8., und über die in den Künsten und dem gemeinen Leben gewöhnlichen Benennungen und Bereitungen der Farben Christian Friedrich Prangens Farbenlexicon, Halle, 178?. in zween Quartbänden, nachsehen.

Priestley Gesch. der Optik, durch Klügel. S. 550 u. f.

Farbenmusik, s. Farbenclavier.

Farbensystem, s. Farbendreyeck.

Farbenzerstreuung, Farbenverbreitung, Dispersio radiorum lucis, *Dispersion des rayons de la lumiere.* Die bey jeder Brechung vorkommende Zertheilung oder Spaltung der Sonnenstralen, und überhaupt des zusammengesetzten Lichts in mehrere Stralen von verschiedenen Farben. Diese Erscheinung ist eine Folge der ungleichen Brechbarkeit der Farbenstralen, s. Brechbarkeit, Farben. Wenn nämlich Sonnenlicht auf eine brechende Fläche fällt, so werden die Theile, welche die rothe Farbe erregen, weniger gebrochen, als andere Theile, welche die blaue Farbe erwecken; beyderley Farbenstralen nehmen daher verschiedene Wege, und der Stral, in welchem sie vorher vereiniget waren, trennt oder spaltet sich nach der Brechung. Statt daß sein Weg vorher eine gerade Linie war, füllen jetzt seine Theile den Raum zwischen den Schenkeln eines Winkels, welcher in der Brechungsebene liegt.

Bey Brechungen durch Plangläser, welche mit parallelen Flächen begrenzt sind, fallen die Wirkungen der Farbenzerstreuung nicht in die Augen. Der Sonnenstral, welcher schief auf ein Planglas fällt, wird zwar wirklich gespalten, und sein rother Theil, der im Glase einen andern Weg nimmt, trift die Hinterfläche in einem andern Punkte, als der blaue. Aber beym Ausgange aus dem Glase, wo jeder ausgehende Stral dem einfallenden parallel ist, gehen alle Farbenstralen unter einander gleichlaufend, und weil deren bey allen Punkten einige von allen Gattungen der vorhandenen Farben ausgehen, so verbinden sie sich wieder untereinander, und geben dadurch weißes Licht, oder eben solches, wie das einfallende war.

Eben so wenig findet eine Farbenzerstreuung bey senkrecht auffallenden Stralen, oder bey solchen, die durch die Axe eines Linsenglases gehen, statt. Da hiebey gar keine Brechung vorgeht, so läßt sich auch keine Verschiedenheit der Brechung, d. i. keine Farbenzerstreuung denken.

Desto merklicher aber ist die Verbreitung der Farben= stralen, wenn die beyden Flächen des brechenden Mit= tels schiefe Winkel mit einander machen, wie die Seiten= flächen eines gläsernen Prisma, oder diejenigen Stellen eines Linsenglases, durch welche die weiter von der Axe ab= weichenden Stralen durchgehen. Wie dadurch im Pris= ma das Farbenbild entstehe, und was für Abweichungen von den Regeln bey den Linsengläsern dadurch veranlasset werden, findet man bey den Worten: **Farbenbild, Ab• weichung, dioptrische.**

So vortreflich auch **Newtons** Untersuchungen über die verschiedene Brechbarkeit der Farbenstralen sind, so hatte doch dieser große Experimentator dabey einen Fehler begangen, der auf die Theorie der Farbenzerstreuung einen sehr wesentlichen Einfluß hatte. Er hatte den Satz, daß die Farbenverbreitung wegfällt, wenn des Strales Rich= tung beym Ausgange der beym Eingange parallel ist, all= zuweit ausgedehnet. Dieser Satz gilt nur, wenn von der Brechung durch ein einziges Mittel, z. E. durch ein einzi= ges Planglas, die Rede ist, nicht aber, wenn der Stral durch mehrere verschiedene Mittel, z. B. durch Glas und Wasser, durch zwo verschiedene Glasarten u. d. gl. hin= durchgehet. **Newton** hingegen, der ihn, durch einen seiner Versuche verleitet, auch auf den letztern Fall er= streckte (s. den Art. **Achromatische Fernröhre**) zog daraus die falsche Folge, daß die Farbenstralen von allen brechenden Mitteln in einerley allgemeinem Verhältniße zerstreut würden. Erst seitdem **Dollond** das Unrichtige dieser Behauptung durch Versuche gezeigt hat, ist die Leh= re von der Farbenzerstreuung auf bessere Gründe gebaut worden.

Wenn das Brechungsverhältniß aus einem gewissen Mittel in Luft für die mittlern Stralen m : 1, und für die äußersten, z. B. die violetten M: 1 ist; so läßt sich die Größe der Brechung für jene Stralen durch m — 1, für diese durch M — 1, und der Unterschied beyder oder die Größe

der Farbenzerstreuung durch M — m ausdrücken. Man
nimmt nemlich hiebey die Winkel so klein an, daß sie sich
ohne Fehler statt ihrer Sinus gebrauchen lassen. So ist
für die Brechung aus Glas in Luft (s. Brechbarkeit)
$m = \frac{3\,1}{2\,0}$; $M = \frac{7\,8}{3\,0}$, also $m — 1 = \frac{1\,1}{2\,0}$; $M — 1 = \frac{2\,8}{3\,0}$
$M — m = \frac{1}{1\,0\,0}$, d. i. der violette Stral weicht von dem
mittlern um ein Hundertttheilchen des Einfallswinkels ab.

Nun sey für ein anderes Mittel, z. B. Wasser, das
Brechungsverhältniß in Luft für die mittlern Stralen n : 1,
für die äußersten N : 1; so werden sich hiebey die Brechun=
gen durch n — 1; N — 1, die Farbenverbreitung durch
N — n ausdrücken lassen. Alsdann heißt das Verhält=
niß M — m : N — n, *das Verhältniß der Farben=
zerstreuung* (ratio dispersionis, *le rapport de la dispersion*) für beyde Mittel.

Aus *Newtons* Versuche (Optice L. I. P. II. Exp. 8.)
würde, wenn er richtig wäre, folgen, daß sich die Farben=
zerstreuungen allezeit, wie die mittlern Brechungen ver=
hielten, oder daß

$$M — m : N — n = m — 1 : n — 1 \text{ sey.}$$

Man hatte auf diese ganze Lehre wenig Aufmerksam=
keit verwendet, als *Euler* (Sur la perfection des verres
objectifs des lunettes in den Mém. de l' acad roy. de
Prusse 1747.) mit einer neuen Theorie hervortrat, welche ganz
auf algebraische Speculationen, ohne alle Erfahrungen,
gebaut war. Er setzte nemlich fest, N müsse durch n eben
so, wie M durch m, ausgedrückt werden; wenn m = 1 sey,

müsse auch M = 1 werden; wenn man für m setze $\frac{1}{m}$ so müs=

se sich auch M in $\frac{1}{M}$ verwandlen; und wenn man mn statt

m setze, müße auch MN statt mn herauskommen. Diese
Bedingungen, welche freylich statt finden müssen, wofern
sich M überhaupt aus m bestimmen läßt, oder stets nach
m richtet, können nicht anders erfüllt werden, als wenn

$$M — m : N — n = m. \log m : n. \log n.$$

Diese Theorie nahm also Euler, als **die einzige mögliche**

wahre, an. Dies iſt algebraiſch wahr, und bewies wenigſtens ſo viel, daß Newtons Behauptung unrichtig ſeyn
müſſe.

Dollond (ſ. Philoſ. Trans. Vol. L. P. II. und *Euler*
Dioptr. To. I. p. 315.) hatte die Euleriſchen Rechnungen
unterſucht, und war, wie wir bey dem Worte: Achromatiſche Fernröhre erzählt haben, zu Anſtellung neuer
Verſuche bewogen worden. Er legte ein Prisma von Crown-
glaſe ABC (Taf. IX. Fig. 23.) mit einem | brechenden
Winkel A von 30°, und eins von Flintglaſe ABD, mit
einem Winkel B von 19° an einander, und fand durch beyde
zuſammen das Sonnenbild frey von Farben. Setzt man
nun das Brechungsverhältniß der mittlern Stralen im
Crownglaſe = m: 1, im Flintenglaſe = n: 1, alſo aus
Crownglas in Flintglas = n: m; verſtattet : man ſich
ferner, die Winkel ſelbſt für ihre Sinus ſetzen zu dürfen,
welches zu gegenwärtiger Abſicht genau genug iſt, und beſtimmt ſo aus den Brechungsverhältnißen die Einfalls-
und Brechungswinkel in den drey brechenden Flächen CA,
AB, BD für den ganzen Weg des Strales EFGHI, ſo
findet man, wenn PF und HS die Einfallslothe ſind,

$$IHS = m. A — n. B — EFP$$

Was m und n für die mittlern Stralen ſind, das
heiße M und N für die violetten, ſo iſt für dieſe

$$IHS = M. A — N. B — EFP.$$

Wenn nun das Sonnenbild ungefärbt erſcheint, ſo müſſen
alle mit EF parallel eingefallene Farbenſtralen mit HI parallel ausgehen, oder es muß in beyden Gleichungen für
ein gleiches EFP auch einerley IHS ſtatt finden. Daraus
folgt mA — nB = MA — NB, oder

$$M—m: N—n = B: A = 19°: 30°$$

d. i. das Verhältniß der Farbenzerſtreuungen des Crown-
und Flintglaſes iſt 19: 30 oder faſt wie 2: 3.

Bringt man die Sinus ſelbſt in die Rechnung, wodurch ſie freylich viel weitläuftiger wird, ſo findet ſich (nach
Euler Dioptr. To. I. p. 318.) genauer

$$M — m: N — n = ſin B. ſin GFA: ſin A. ſin$$
$$GHB.$$

Dieses aus klaren Erfahrungen gezogene Resultat traf weder mit dem, was aus Newtons Versuche folgt, noch mit Eulers Theorie überein. Da nach Dollonds Untersuchungen das mittlere Brechungsverhältniß für Crownglas 1,53: 1, für Flintenglas 1,58: 3 war, so hätte das Verhältniß der Farbenzerstreuung nach Newton 53 : 58, nach Eulern 1, 53. log. 1, 53 : 1, 58. log. 1, 58, d. i. 1 : 1,111 seyn sollen. Es war aber, wie 2:3, und also sehr weit von beyden Theorien unterschieden.

Deswegen wollte sich auch Euler von der Richtigkeit der Dollondischen Versuche gar nicht überzeugen lassen. Er sahe seine Theorie noch immer, als die einzige mögliche an. Dies ist sie auch in der That, wofern m von M eben so, wie n von N abhängt; da sie aber nichts desto weniger der Erfahrung widerspricht, so ist dies ein Zeichen, daß es gar keine allgemeine Theorie der Farbenzerstreuung giebt, oder daß die Brechbarkeit der äußersten Stralen nach keinem allgemeinen Gesetze von der Brechbarkeit der mittlern abhängt, wovon sich endlich auch Euler über= zeugt, und in seiner Dioptrik selbst Dollonds Versuche zum Grunde der Berechnungen angenommen hat.

Clairaut (Mém. de l'Acad. de Paris 1756.) hat noch eine andere Theorie der Farbenzerstreuung aus der Na= tur der krummen Linie, welche die Stralen bey der Bre= chung beschreiben, herzuleiten gesucht, und dabey ange= nommen, daß das Brechungsverhältniß von der Geschwin= digkeit der Stralen abhänge. Aber auch diese Theorie strei= tet auf mehr als eine Art gegen die Erfahrung. Nach ihr müste

$$M - m : N - n = \frac{m^2 - 1}{m} : \frac{n^2 - 1}{n}$$

seyn, welches von den Versuchen noch weiter als die vorigen Theorien abweicht.

Es hängt also die Größe der Farbenzerstreuung in ver= schiedenen Mitteln auf keine allgemeine Art von der Größe der Brechung in denselben ab. Die Folge hiervon ist, daß man die Farbenzerstreuung in keiner Materie anders,

als durch wirkliche Verſuche erfahren kann. Man findet
Materien, bey denen die mittlern Brechungsverhältniße
faſt gleich, die Zerſtreuungen hingegen ſehr verſchieden
ſind. Bey Dollonds Crown= und Flintglaſe ſind jene
Verhältniße 1, 53: 1 und 1, 58: 1; die Zerſtreuungen aber
verhalten ſich, wie 2 zu 3.

Was das Glas betrift, ſo hat Johann Ernſt Zei=
her, nachmaliger Profeſſor der Mathematik in Witten=
berg, durch ſeine in Petersburg angeſtellten Verſuche ge=
funden, daß ein ſtärkerer Zuſatz von Bleykalk nicht allein
die mittlere Brechung, ſondern auch die Farbenzerſtreuung
beträchtlich vergrößere. Er bereitete ſechſerley Glasarten
aus Mennige und Kieſel, deren Verhältniße folgende Ta=
fel angiebt.

Verhältniß der Mennige und Kieſel.	Mittlere Brechung aus Luft in Glas	Zerſtreuungsverhältniß in Vergleichung mit ge= meinem Glaſe.
I. — — 3 : 1	2028 : 1000	4800 : 1000
II. — — 2 : 1	1830 : 1000	3550 : 1000
III. — — 1 : 1	1787 : 1000	3259 : 1000
IV. — — $\frac{3}{4}$: 1	1732 : 1000	2207 : 1000
V. — — $\frac{1}{2}$: 1	1724 : 1000	1800 : 1000
VI. — — $\frac{1}{4}$: 1	1664 : 1000	1354 : 1000

Die erſte dieſer Glasarten iſt beſonders merkwürdig.
Sie bricht das Licht ſtärker, als im Verhältniße 2: 1, und
zerſtreut die Farben faſt fünfmal mehr, als das gemeine
Glas. Als aber Zeiher dieſen Glasarten noch Laugenſalze
zuſetzte, fand er mit Verwunderung, daß dadurch die mitt=
lere Brechung ſehr vermindert ward, ohne daß ſich die Far=
benzerſtreuung merklich änderte. Er erhielt endlich eine
Gattung Glas, bey der das mittlere Brechungsverhält=
niß 1, 61: 1 war, und die doch das Licht dreymal ſtärker,
als das gemeine Glas, zerſtreute (ſ. Zeihers Abhandl. von
denjenigen Glasarten, welche eine verſchiedene Kraft, die
Farben zu zerſtreuen, beſitzen. Petersburg, 1763. 4.).

Methoden, die Farbenzerſtreuung der Gläſer zu meſſen,
nebſt mehrern Verſuchen hierüber hat der Duc de Chaul=
nes in den Mémoires de l'Acad. roy. des Sc. de Pruſſe.

1767. angegeben.   Von den über die Farbenzerstreuung
geführten Berechnungen und den Verbesserungen der Fern=
röhre, die sich hierauf gründen, findet man Nachrichten bey
dem Worte: Achromatische Fernröhre.

Daß übrigens die Materie, woraus das brechende
Mittel besteht, in einem ganz andern Verhältniße auf die
mittlere Brechung, als auf die Farbenverbreitung wirkt,
scheint ein wichtiger Einwurf gegen die Eulerische Farben=
theorie zu seyn.   Nach dieser Theorie hängt die Größe
der Brechung eben sowohl, als die Farbe, von der Ge=
schwindigkeit ab, mit welcher die Schwingungen des Aethers
auf einander folgen.   Man sieht hiebey schwerlich ein, wie
es Glasarten geben kann, welche die grünen Stralen gleich
stark, die rothen und violetten hingegen in sehr ungleichen
Verhältnißen brechen, wovon sich im Emanationssystem
doch wenigstens die Erklärung geben läßt, daß vielleicht
gewisse Materien die verschiedenen Farbentheile des Lichts
in verschiedenen Verhältnißen anziehen mögen, daher zwo
Glasarten das grüne Licht mit gleicher, das rothe mit un=
gleicher Stärke anziehen können.

Priestley Geschichte der Optik, Zusätze Hrn. Klügels S.
354 u. f.

Federhart, s. **Elastisch.**

Federkraft, s. **Elasticität.**

Fein, Subtile, *Subtil*, *Fin*, *Delié*.   Was in un=
gemein kleine Theile zertrennt oder aufgelöset ist, wie ein
feines Pulver, feine Ausflüße der Körper, ein feines Ge=
webe.   Oft auch überhaupt, was so klein ist, daß es fast
den Sinnen entgeht, z. B. ein feiner Faden.   Die Me=
talle heißen fein, wenn sie rein und ohne merkliche fremde
Beymischung sind, wie feines Gold.   Descartes gab
einer eignen im Welttraume vorhandnen Flüßigkeit den
Namen der feinen oder subtilen Materie, s. Aether.

Fernrohr, Sehrohr, Teleskop, Tubus opticus,
Telescopium, Conspicillum, *Lunette*, *Lunette d' opproche*,
Telescope.   Ein Werkzeug, wodurch sich entlegne Gegen=

stände dem Auge deutlich und vergrößert darstellen. Es besteht aus einer Zusammensetzung von Gläsern, wovon das gegen die Sache gekehrte das Vorderglas oder Objectivglas genannt wird, die aber, welche sich am Auge befinden, den Namen der Augengläser oder Oculare führen. An statt einiger Gläser werden bisweilen Metallspiegel gebraucht; in diesem Falle heißt das Instrument ein Spiegeltelescop.

Die Erfindung dieses Werkzeugs verdient unstreitig die gröste Bewunderung, und hat den Anfang des siebzehnten Jahrhunderts zu einer in der Geschichte der Dioptrik und Astronomie unvergeßlichen Epoche gemacht. Zwar haben einige die Erfindung des Fernrohrs viel weiter hinaussetzen wollen. Dutens will sie schon beym Demokrit und Aristoteles finden. Der berühmte Benedictiner Mabillon (Iter Germanicum in Veteribus Analectis To. IV. Lutet. Paris 1685. 4. p. 46.) erwähnt eines in der Abtey Scheyern im Bißthum Freysingen befindlichen Manuscripts von der Historia scholastica des Petrus Comestor, aus dem dreyzehnten Jahrhunderte, worinn ein Bild des Ptolemäus vorkömmt, der die Gestirne durch einige in einander geschobene Röhren betrachtet (sidera contemplantis ope instrumenti longioris, quod instar tubi optici quatuor ductus habentis, concinnatum est). Nach Mabillons Abbildung sieht es fast aus wie ein Fernrohr, das man daher spätstens in der Mitte des 13 Jahrhunderts gekannt haben müßte. Wahrscheinlich aber soll es ein Rohr ohne Gläser vorstellen, dergleichen man ehedem brauchte, um das Licht von den Seiten her abzuhalten.

In den Schriften des Roger Baco, der um das Ende des dreyzehnten Jahrhunderts lebte, finden sich einige Stellen, aus welchen besonders Molyneux (Dioptrica nova. Lond. 1693. gr. 4.) schließen will, daß dieser englische Mönch das Fernrohr gekannt habe. Die vornehmste aus dem Werke: Opus maius welches D. Jebb zu London 1733 herausgegeben hat, ist folgende: De facili patet per canones supradictos, quod maxima possunt apparere minima, et e contra; et *longe distantia videbuntur pro-*

pinquiſſime, et e converſo. Nam *poſſumus* ſic figurare
perſpicua, et taliter ea ordinare ratione viſus et rerum,
ut ſub quocunque angulo voluerimus, videbimus rem
prope vel longe, et ſic ex incredibili diſtantia legeremus
litteras minutiſſimas, et pulveres ac arenas numeraremus
propter magnitudinem anguli, ſub quo videremus. —
Et ſic poſſet puer apparere gigas, et unus homo videri
mons, et in quacunque quantitate; ſecundum quod poſ-
ſemus hominem videre ſub angulo tanto, ſicut montem,
et prope, ut volumus. Et ſic parvus exercitus videretur
maximus, et longe poſitus appareret prope, et e contra.
Sic etiam faceremus ſolem et lunam et ſtellas deſcendere
ſecundum apparentiam hic inferius etc. Dieſe Gedanken
haben unſtreitig eine auffallende Aehnlichkeit mit dem, was
die Fernröhre wirklich leiſten. Beurtheilt man aber die
Stelle im Zuſammenhange mit dem vorhergehenden Capitel, wo Baco von der Vervielfältigung durch Spiegel re=
det, und dabey auch ſein *Poſſum.us* braucht, ob er gleich
unmögliche Dinge vorſchlägt, ſo ſieht man wohl, daß er
in beyden Stellen blos aus der Einbildungskraft geſchrieben
habe, zumal da er nirgends etwas von irgend einer Aus=
führung der Sache erwähnet. Der Grund, auf den er
alles baut, iſt auch nur der, daß man durch Spiegel
und Gläſer die Stralen, wohin man nur wolle, bringen
könne; er ſcheint alſo kein bewegliches Inſtrument, ſon=
dern hie und da befeſtigte Gläſer gemeint zu haben, ein
Gedanke, deſſen Ausführung unmöglich iſt.

An einer andern Stelle ſagt er, Julius Cäſar habe von
der Küſte Galliens die britanniſchen Häfen und Städte durch
aufgerichtete Spiegel betrachtet. Smith im Lehrbegrif
der Optik erklärt dies für ein Misverſtändniß, wobey ſtatt
Warten (ſpeculae), Spiegel (ſpecula) verſtanden
worden. Aber Wood (Hiſt. et Antiquitates Univerſ.
Oxonienſis L. I. p. 136.) führt noch eine Stelle aus Baco
im Buche De perſpectivis an, welches ſich im Manuſcripte
in Orford befindet, wo er ſagt, Cäſar habe die britanniſchen
Küſten durch ein Rohr (tubi ope) betrachtet. Dies
zeigt doch, daß man im 13ten Jahrhunderte Ideen von

Röhren gehabt hat, durch welche sich entlegne Gegenstände schärfer betrachten lassen. Wären aber solche Röhren mit
Gläsern versehen gewesen, so würde sich doch von einem so
wichtigen Kunststück irgendwo eine deutlichere Meldung
finden.

De la Hire (Mém. de l'acad. roy. des Sc. 1717.)
untersucht die Meinung derer, welche mit Huygens,
Wolf u. a. die Ehre der Erfindung des Fernrohrs dem
Neapolitaner Porta zueignen wollen. Sie gründen sich
dabey auf folgende Stelle aus der natürlichen Magie dieses
Schriftstellers (Magiae naturalis f. de miraculis rerum
naturalium libri IV. Neap. 1558. fol. L. XVII. c. 10.).
„Durch ein Hohlglas sieht man entfernte Gegenstände deut-
„lich; durch ein erhabenes betrachtet man nahe liegende.
„Weiß man beyde gehörig zu verbinden, so wird man so-
„wohl nahe als entfernte Gegenstände größer und deutlich
„sehen. Ich habe dadurch vielen Freunden, welche schlech-
„te Augen hatten, große Dienste geleistet, und sie in
„Stand gesetzt, sehr deutlich zu sehen. “ Es scheint sich
dieses auf etwas dem Fernrohre sehr ähnliches zu beziehen.
Allein nach de la Hire mag wohl Porta blos eine Verbindung eines Hohlglases mit einem erhabenen meinen, wodurch beyder gemeinschaftliche Brennweite verändert wird,
so daß sie dienen, dem Auge Gegenstände in gewissen Entfernungen deutlicher darzustellen. Hätte er wirklich etwas
dem Teleskope ähnliches unter den Händen gehabt, er würde bey der Eitelkeit, die aus seinen Schriften hervorleuchtet, nicht ermangelt haben, eine weit prächtigere und umständlichere Beschreibung davon mitzutheilen.

Erst im Jahre 1608 oder 1609 kam die wirkliche Erfindung der Fernröhre aus Holland, ob man gleich noch
bis jetzt nicht ganz zuverläßig weiß, zu welcher Zeit, von
wem und auf welchem Wege sie gemacht worden sey. Die
Meinungen hierüber scheinen gleich vom Anfang getheilt gewesen zu seyn.

Hieronymus Sirturus, ein gebohrner Mayländer,
der um etwas vollständiges vom Fernrohre zu schreiben,

viele Länder durchreisete, (Telescopium. Francof. 1618. 4.
p. 24.) erzählt, im Jahre 1609 sey ein Unbekannter, dem
Ansehen nach ein Holländer, zu dem Brillenmacher Jo=
hann Lippersein oder Lippersheim in Middelburg ge=
kommen, und habe sich einige erhabne und hohle Gläser
schleifen lassen. Als er diese in Empfang genommen, ha=
be er ein erhabenes und ein hohles bald näher bald weiter
von einander gehalten, den Lippersein bezahlt, und sich ent=
fernet. Dieses habe sich Lippersein gemerkt, aus einer
solchen Verbindung zweyer Gläser ein Fernrohr gemacht,
und dem Prinzen Moritz von Nassau gezeigt. Auch will
dieser Schriftsteller in Spanien einen Baumeister Roge=
tus angetroffen haben, der die ganze Kunst schon lange ge=
trieben und ein Buch davon geschrieben haben soll. Dies
ist die älteste Erzählung von der Erfindung des Fernrohrs.

In Descartes 1637 herausgekommenen Dioptrik fin=
det man folgende Stelle: „Diese bewundernswürdige Er=
„findung hat ihren ersten Ursprung der Erfahrung und dem
„glücklichen Zufalle zu danken. Vor etwa dreyßig Jahren
„kam ein gewisser Jacob Metius, der nie studiert hatte,
„obgleich sein Vater und Bruder Mathematiker gewesen
„sind, der aber Vergnügen an der Verfertigung von
„Spiegeln und Brenngläsern fand, und daher Gläser von
„mancherley Gestalten hatte, auf den Einfall, durch zwey
„dergleichen zu sehen, von denen eins hohl, das andere
„erhaben war. Er brachte dieselben an die Enden einer
„Röhre so glücklich an, daß daraus das erste Fernrohr ent=
„stand. " Dieser Metius war von Alkmar gebürtig, und
ein Sohn des Geometers Adrian Metius, der das bekann=
te Verhältnis des Durchmessers zum Umfange, 113 : 355
angegeben hat.

Peter Borel, ein französischer Arzt (De vero tele-
scopii inventore. Hagae Com. 1655. 4), hat sich alle nur
mögliche Mühe gegeben, den wahren Urheber dieser wichti=
gen Erfindung zu entdecken, und schreibt sie mit vieler
Wahrscheinlichkeit dem Zacharias Jansen, gleichfalls
einem Brillenmacher in Middelburg zu. Er theilt einige
gerichtliche Aussagen mit, worinn unter andern Jansens

Sohn bezeuget, sein Vater habe schon im Jahre 159ꝋ Fernröhre verfertiget und eines davon dem Prinzen Moritz, das andere dem Erzherzog Albrecht überreichet. Jansens Schwester hingegen erinnert sich nur bis 1610 zurück. Drey andere Einwohner von Middelburg versichern, daß daselbst schon vor 1600, oder 1605, oder 1610 Fernröhre von dem Brillenmacher Hans Laprey verfertiget worden, welcher wohl mit dem von Sirturus genannten Lipperhein einerley Person seyn mag.

Diese Zeugniße begleitet Borel mit einem Briefe eines holländischen Gesandten Wilhelm Boreel, welcher den erwähnten Zacharias Jansen, und dessen Vater, von Jugend auf sehr genau gekannt haben will. Er erzählt, diese Künstler hätten nicht allein dem Erzherzog Albrecht ein zusammengesetztes Mikroskop überreicht, s. Mikroskop, sondern auch gegen das Jahr 1610 die Teleskope erfunden, und eines davon dem Prinzen Moritz übergeben, der es aber als ein im Kriege brauchbares Werkzeug nicht habe wollen bekannt werden lassen. Dennoch sey das Geheimniß verrathen worden; ein Unbekannter habe den Erfinder in Middelburg aufgesucht, sey aber durch einen Irrthum an Johann Laprey gekommen, der aus den vorgelegten Fragen die Sache errathen, die Fernröhre nachgemacht und zuerst öffentlich verkauft habe. Daher habe man ihn zwar für den Erfinder gehalten, allein es sey dieser Irrthum bald hernach entdeckt worden. Adrian Metius und Drebbel, welche nach Middelburg gekommen wären, hätten sich gerade an die Jansens gewendet, um Fernröhre von ihnen zu kaufen ꝛc. Man kan nicht läugnen, daß diese Erzählung viel wahrscheinliches hat, und die angeführten Aussagen unter sich und mit der Nachricht des Sirturus sehr wohl vereiniget.

Auch Huygens sagt in seiner Dioptrik (in Opusc. posthumis Lugd. Bat. 1703. 4. p. 136.), er wiße gewiß, daß schon vor Metius um 1609 ein Künstler in Middelburg, es möchte nun Lippersheim oder Jansen gewesen seyn, Teleskope verfertiget habe.

Daß übrigens schon im Jahre 1608 Fernröhre aus Holland gekommen sind, beweiset folgende von Weidler (Hist. astron. Cap. XV. §. 12.) angeführte Erzählung aus des Simon Marius Mundo Ioviali (Norib. 1614. 4.). Der marggräflich = brandenburg = anspachische Geheimderath, Johann Philipp Fuchs von Bimbach), besuchte in Frankfurt am Mayn die Herbstmesse des Jahres 1608. Ein Kaufmann erzählte ihm von ungefähr, es sey ein Holländer mit einem Instrumente angekommen, wodurch man entfernte Dinge sehr nahe und groß sehe. Der Geheimderath ließ den Holländer zu sich kommen, besahe und probirte das Instrument, welches sehr gute Wirkung that, obgleich das eine Glas einen Riß bekommen hatte. Er war Willens es zu kaufen; weil aber der Holländer einen ungeheuren Preis forderte, so zerschlug sich der Handel. Dies erzählte der Geheimderath dem Marius bey seiner Rückkunft in Anspach, gab ihm an, es müße nothwendig ein Hohlglas mit einem erhabenen verbunden seyn, und machte ihm eine Zeichnung davon mit Kreide. Marius probirte die Sache sogleich mit zwey gemeinen Linsengläsern, und fand sie richtig. Da das Brillenglas allzu convex war, so bestellte er sich in Nürnberg Convergläser von größern Brennweiten, wozu er die Form in Gyps abgedrückt mitschickte. Die Künstler konnten sie aber nicht zu Stande bringen. Endlich erhielt der Geheimderath im Sommer 1609 ein Fernrohr aus Holland, womit Marius im November d. J. die Jupiterstrabanten entdeckte.

Galilei, welcher damals Professor der Mathematik zu Padua war, befand sich im April oder May 1609 zu Venedig, wo es erzählt ward, daß ein Holländer dem Prinzen Moritz von Naßau ein Werkzeug überreicht hätte, welches entfernte Dinge so zeigte, als ob sie nahe wären. Er ward davon auch aus Paris durch einen Brief des Jacob Badovere, eines französischen Edelmanns, versichert, kehrte sogleich nach Padua zurück, und dachte nach, was für ein Instrument dieses seyn möchte. Die folgende Nacht errieth er die Zusammensetzung, machte den Tag darauf sogleich das Werkzeug nach dem ersten Entwurfe mit einem

Planconvex und Planconcavglase in einem bleyernen Rohre
fertig, und fand ungeachtet der schlechten Gläser seine Erwartung erfüllt.   Sechs Tage nachher reisete er wieder
nach Venedig, und brachte ein anderes besseres Fernrohr
mit, das er unterdessen gemacht hatte, und welches mehr
als achtmal vergrößerte.   Hier zeigte er von einigen erhabnen Orten den Senatoren der Republik zu ihrem größten
Erstaunen eine Menge Gegenstände, die dem bloßen Auge undeutlich waren, schenkte auch das Werkzeug dem Do-
ge, Lionardo Donati, und zugleich dem ganzen Senate, nebst einer geschriebenen Nachricht, worinn der Bau
desselbene erklärt, und der große Nutzen davon gezeigt war.
Aus Dankbarkeit für das edle Vergnügen, das er dem
Senate dadurch gemacht hatte, erhöhete derselbe am 25
August 1609 seinen Gehalt über das dreyfache.   Er bereitete sich hierauf ein noch vollkommneres Fernrohr, richtete
dasselbe nach dem Himmel, und machte damit in kurzer
Zeit die große Menge wichtiger Entdeckungen, die er im
Nuncio sidereo beschreibt, und die so ungemein viel zur
Verbesserung der Sternkunde beygetragen haben.   So erzählt die Sache Galilei selbst (Nunc. sidereus. Florent.
1610. 8 p. 4 — 11.) und etwas umständlicher der Verfasser seiner Lebensbeschreibung in der Venetiarischen Sammlung seiner Werke vom Jahre 1744. in 4.

So viel Ehre diese Zusammensetzung und Anwendung
des Fernrohrs dem Galilei bringt, so kan man ihn doch
keineswegs für den Erfinder dieses Werkzeugs halten; ja
es ist nicht einmal glaublich, daß er die Einrichtung desselben durch bloße aus der Theorie der Brechung gezogne
Schlüße habe errathen können.   Dazu war wohl damals
die Dioptrik noch zu unvollkommen; auch hat nicht Galilei, sondern erst Kepler, die Art der Wirkung des Fern-
rohres gehörig und deutlich erklärt.   Soviel muste doch
wohl bekannt geworden seyn, daß das neue Instrument
aus einer Röhre mit Gläsern bestehe; und in diesem Falle
waren nur zwo Arten von Gläsern, hohle und erhabne, vorhanden; mithin war die Anzahl der möglichen Combina-
tionen nicht groß, und die Proben damit gaben unstreitig

den kürzesten Weg, die Zusammensetzung zu entdecken. Es bleibt immer Verdienst genug, in so kurzer Zeit eine wichtige Erfindung errathen, ausgeführt und zu solchen Entdeckungen genützt zu haben, wobey wenig darauf ankömmt, ob der Weg dazu durch die Theorie oder durch Versuche gegangen ist.

Auch hat noch ein Neapolitaner **Franz Fontana** (Novae terrestrium et caelestium observationes. Neap. 1646. 4.) auf die Erfindung des astronomischen Fernrohrs Anspruch gemacht, in dessen Besitz er schon im Jahre 1608 gewesen seyn will. Man hat aber seine Anforderungen, mit denen er so spät erst hervortrat, in keine Betrachtung gezogen.

Dies ist das vornehmste, was von der Geschichte der Erfindung des Fernrohrs angeführt zu werden verdiente. Das Resultat davon ist, daß wir dieses Werkzeug den middelburgischen Brillenmachern, seit dem Anfange des siebzehnten Jahrhunderts, zu verdanken haben. Die Erzählung, daß die Kinder des Lippersheim mit Gläsern gespielt, die Wetterfahne des Kirchthurms zufälliger Weise sehr groß gesehen, und ihren Vater dadurch veranlaßet haben sollen, die Gläser in ein Rohr zu faßen, findet sich zwar beym Montucla und Priestley; ich habe aber die eigentliche Quelle derselben nicht auffinden können.

Dieses erste Fernrohr hat den Namen des holländischen oder galileischen behalten. In der Folge sind noch mehrere Einrichtungen hinzugekommen, wovon ich das astronomische Fernrohr, das **Erdrohr**, und Huygens Methode, die Gläser ohne Röhren zu gebrauchen, hier unter eignen Abschnitten erklären will. Von den Spiegelteleskopen und achromatischen Fernröhren handeln besondere Artikel dieses Wörterbuchs.

Holländisches oder Galileisches Fernrohr, Tubus Batavus, Hollandicus, Galilaeanus, Telescopium Batavum, etc. *Telescope Hollandois ou de Galilée, Lunette Batavique.* Das Fernrohr nach seiner ersten ursprünglichen Einrichtung, nach welcher es aus einem erhabnen **Vorderglase** (Objectivglase), und einem hohlen **Augenglase** (Oculare) besteht, welche in die Enden

eines Rohres eingeſetzt, und ſo weit von einander entfernt
werden, daß der Brennpunkt des Vorderglaſes ohngefähr mit
dem jenſeitigen Zerſtreuungspunkte des Augenglaſes zuſam-
menfällt. Weil die Umſtände oft eine andere Entfernung
beyder Gläſer erfordern, ſo macht man die Röhren faſt allezeit
aus mehreren Stücken, die ſich in einander verſchieben laſſen.

Zur Theorie der Fernröhre überhaupt muß ich folgende
bey dem Worte: Linſengläſer zu erklärende Sätze vor-
ausſchicken.

1 Jedes erhabne Glas vereiniget Stralen, welche aus
einem Punkte des Gegenſtandes kommen, hinter ſich wieder in einen Punkt, den Vereinigungspunkt; iſt der
Gegenſtand ſehr entfernt, daß alſo die Stralen aus einerley Punkte deſſelben parallel auffallen, ſo heißt der Punkt,
wo ſie ſich vereinigen, der Brennpunkt, und ſein Abſtand vom Glaſe die Brennweite. Werden die Stralen
in den Vereinigungspunkten aufgefangen, ſo zeigen ſie ein
umgekehrtes Bild des Gegenſtandes.

II. Jedes Hohlglas zerſtreut die Stralen, die aus
einem Punkte des Gegenſtandes kommen, ſo, als ob ſie
aus einem in der Axe des Glaſes liegenden nähern Punkte,
ausgegangen wären. Für parallel auffallende Stralen
heißt dieſer Punkt oft auch der Brennpunkt, und ſein
Abſtand Brennweite des Glaſes, eigentlicher Zer-
ſtreuungspunkt und Zerſtreuungsweite.

III. Stralen, welche auf ein erhabnes Glas aus ſeinem Brennpunkte oder Brennraume kommen, oder auf
ein Hohlglas ſo fallen, als ob ſie ſich in ſeinem Brennpunkte vereinigen wollten, werden von beyden ſo gebrochen, daß
ſie nachher mit einander parallel laufen.

IV. Wenn die Gläſer nicht allzudick ſind, ſo läſt ſich
ohne Fehler annehmen, daß jeder Stral, der auf ihre
Mitte fällt, ungebrochen durchgehe.

Um nun hieraus die Wirkung des galileiſchen Fernrohrs zu erklären, ſey Taf. IX. Fig. 24. A B ein ſehr ent-
legner Gegenſtand, der von C aus unter dem Winkel p C A
oder C geſehen wird. D E ſey ein Converglas, deſſen
Mittelpunkt C, und deſſen Brennweite Ca iſt. Hinter

demſelben ſey das Hohlglas G H deſſen Brennweite Va iſt,
ſo geſtellt, daß die Axen beyder Gläſer Ca und Va, inglei=
chen die Brennpunkte beyder bey a zuſammenfallen.

Von dem Punkte A des entlegnen Gegenſtandes fallen
unzählbare Stralen auf das Vorderglas D E, welche alle
mit A C parallel ſind. In der Figur ſind deren außer A C
noch zween mit ſchwarzen Linien angegeben. Von dem
Punkte B fallen eben ſoviel auf, die alle mit pC parallel
ſind. Die Figur giebt deren außer pC auch noch zween,
alle mit punktirten Linien an. Es iſt nun zu unterſuchen,
wie die Wege dieſer Stralen beym Durchgange durch bey=
de Gläſer verändert werden.

Das erhabne Vorderglas vereinigt nach I. parallel
auffallende Stralen in ſeinem Brennraume bey a. Mithin
werden die drey mit ſchwarzen Linien angedeuteten Stralen,
von denen A C ungebrochen hindurch geht, und alſo wirk=
lich nach a kömmt, hinter D E ſo fortgehen, als ob ſie ſich
alle in a vereinigen wollten. Die drey punktirten Stralen
aber, welche aus B kommen, unter welchen pC nach IV.
ebenfalls ungebrochen durchgeht, und den Brennraum in
b treffen würde, müſſen ſich nach I. in b wieder vereinigen.
So würde, wenn das Hohlglas nicht da wäre, in ab ein
deutliches, aber umgekehrtes Bild des Gegenſtands A B
entſtehen. Die Figur giebt alſo die richtigen Wege der
Stralen von einem Glaſe zum andern an, indem die drey
ſchwarzen Linien nach a zu, die drey punktirten nach b zu
convergiren. Der Punkt b beſtimmt ſich dadurch, daß
der Stral pC, der auf die Mitte C fällt, ungebrochen bis
unter a fortgezogen wird.

Ehe aber noch dieſe Stralen ſich wirklich in a und b
vereinigen, und das Bild ab entwerfen können, werden
ſie von dem hohlen Augenglaſe aufgefangen, und aufs neue
gebrochen. Der Stral C V geht wiederum ungebrochen
hindurch, und kömmt wirklich nach a. Alle drey mit ſchwar=
zen Linien angedeutete aber fallen ſo auf, als ob ſie ſich in
a, dem Brennpunkte des Hohlglaſes vereinigen wollten.
Daher müſſen ſie nach III. hinter dem Hohlglaſe mit einander
parallel werden, und man hat ihre richtigen Wege, wenn

man die ſchwarzen Linien vom Hohlglaſe aus mit Va parallel fortfuͤhrt. Die drey punktirten fallen gleichfalls ſo auf
daß ſie nach dem Brennraume des Hohlglaſes in b convergiren; auch dieſe muͤſſen alſo nach der Brechung untereinander gleichlaufend werden.

Unter denen von B herkommenden Stralen iſt nun
allemal einer, der die Mitte des Hohlglaſes bey V trift,
alſo nach IV. ungebrochen fortgeht, und wirklich nach b
koͤmmt. Ich habe die Figur ſo eingerichtet, daß ſich dieſer
Stral Vb mit unter den drey punktirten befindet, und der
mittelſte davon iſt. Waͤre aber auch die Figur zufaͤlliger
Weiſe anders ausgefallen, ſo zeigt doch das Nachdenken,
daß ein ſolcher Stral da ſeyn muß, deſſen Weg nach der
Brechung die Linie Vb iſt. Weil nun alle punktirte Stralen parallel aus dem Hohlglaſe ausgehen muͤſſen, ſo findet man ihre Wege, wenn man ſie vom Hohlglaſe an parallel
mit der Linie Vb fortzieht.

Dies ſind alſo die Wege der von A und B kommenden
Lichtſtralen durch das galileiſche Fernrohr. Die von A und
B herkommenden Stralencylinder werden durch das Vorderglas in Kegel verwandlet, ihre Stralen naͤher zuſammengebracht, und vom Augenglaſe als ſchmaͤlere con-
centrirtere Cylinder unter andern Winkeln wieder aus-
geſendet. Ganz nahe am Augenglaſe bey O greifen
dieſe ausgehenden Cylinder zum Theil in einander. Es iſt
noch zu unterſuchen, was ein Auge an dieſen Ort gehalten,
durch die Stralen, die es empfaͤngt, ſehen muͤſſe.

Vorausgeſetzt, daß das Auge bey O weitſichtig iſt,
und jeden Punkt, von welchem parallele Stralen auf den
Augenſtern fallen, deutlich ſieht, wird es in O lauter
gleichlaufende Stralen vom Punkte A, lauter gleichlaufende vom Punkte B, und ſo auch von allen zwiſchenliegenden
Punkten F (weil man ſich auch eine Figur entwerfen kan,
in welcher der Gegenſtand nur bis F reicht) erhalten, und
alſo wird es alle Punkte zwiſchen A und B, d. i. den Gegenſtand ſelbſt, deutlich ſehen.

Es wird ferner den Punkt A durch den Stral VO nach
der Richtung OA, den Punkt B aber durch den Stral βO

nach der Richtung Oß, nach eben der Seite hin, nach
der er wirklich liegt, d. i. den Gegenstand in seiner wirkli=
chen Lage oder aufgerichtet erblicken.

Es wird ihn endlich unter dem Winkel O, welcher als
Wechselswinkel dem Winkel aVb gleich ist, empfinden.
Hätte es ihn ohne Hülfe des Fernrohrs von der Stelle des
Vorderglases oder von C aus betrachtet, so würde es ihn
unter dem Winkel pCA, der als Scheitelwinkel dem aCb
gleich ist, gesehen haben. Da nun aVb, der äussere
Winkel am Dreyeck bVC größer ist, als aCb, so sieht
man durch das Fernrohr den Gegenstand unter einem grös=
sern Winkel, als mit dem bloßen Auge, oder man sieht
ihn vergrößert.

So übersieht man, daß das galileische Fernrohr, wenn
die Brennpunkte beyder Gläser zusammenfallen, einem
weitsichtigen Auge entlegne Gegenstände deutlich, aufgerich=
tet und vergrößert darstelle. Es wird aber der Gegenstand
sovielmal vergrößert, sovielmal aVb größer, als aCb ist.
Weil nun beyde Winkel allemal klein sind, und sich also
fast, wie ihre Tangenten $\frac{ab}{Va} : \frac{ab}{Ca}$, oder wie Ca zu Va,
verhalten, so sieht man den Gegenstand sovielmal größer,
sovielmal Ca, die Brennweite des Vorderglases, größer als
Va, die Zerstreuungsweite des Augenglases, ist. Der
Exponent dieses Verhältnißes, die Vergrößerung, ist =
$\frac{Ca}{Va}$, oder der Quotient beyder Brennweiten. Ist des
Vorderglases Brennweite 2 Schuh, die des Augenglases
3 Zoll, so wird die Vergrößerung $\frac{2. \; 12}{3}$ = 8 fach seyn.

Die Länge des Fernrohrs CV ist = Ca − Va, d. i. dem
Unterschiede beyder Brennweiten gleich.

Es hat aber dieses von den Naturforschern zuerst ge=
brauchte Teleskop die Unbequemlichkeit, daß das Gesichts=
feld daran sehr klein ist, oder daß man dadurch nicht viel
auf einmal übersehen kan. Schon die Figur zeigt, daß
man das Auge sehr nahe an das Glas bringen muß, um

Stralen von B (punktirte Stralen der Figur) zu er=
halten. Zieht man das Auge von O um das mindeste ge=
gen a zurück, so verfehlen es die punktirten Linien gänzlich,
und man sieht B nicht mehr, sondern nur noch Punkte, die
näher an A liegen wie F. Will man also, soviel möglich,
übersehen, so muß das Auge ganz an das Hohlglas an ge=
halten werden, und noch in dieser Lage übersieht man nur
ein gewisses bestimmtes Feld, dessen Größe desto geringer
ist, je beträchtlicher die Vergrößerung wird. Da wir jetzt
weit bequemere Einrichtungen der Fernröhre kennen, so
begreifen wir kaum, wie Galilei und andere mit diesem
soviel haben entdecken können; ihre Gedult und Geschick=
lichkeit muß sehr groß gewesen seyn.

Inzwischen hat man diese Gattung der Fernröhre lange
Zeit beybehalten. Descartes, der seine Dioptrik im
Jahre 1637 schrieb, gedenkt noch keiner andern Art dersel=
ben. Heut zu Tage bedient man sich ihrer nur noch zu
den gemeinen Taschenperspectiven (*Lorgnettes*) wo=
bey keine beträchtliche Vergrößerung verlangt wird, und
denen man selten über 15 — 18 Zoll, und meistentheils nur
5 — 6 Zoll Länge giebt. Hevel gedenkt eines Fernrohrs
mit zween erhabnen Vorbergläsern und einem holen Augen=
glase, das auch schon Sirturus (Telescopium. Frf. 1618.
4.) beschrieben hat. Die beyden Vorbergläser wirken
wie eines von einer kürzern Brennweite; also ist es ein ga=
lileisches Fernrohr, das aber bey dieser Einrichtung ein
größeres Gesichtsfeld bekömmt.

Astronomisches Fernrohr, Sternrohr, Tubus
astronomicus s. coelestis, Telescopium astronomicum,
Telescope astronomique. Ein Fernrohr aus einem erhab=
nen Vorberglase und einem erhabnen Augenglase,
welche in die Enden einer oder mehrerer Röhren so einge=
setzt werden, daß der Brennpunkt des Vorberglases mit
dem diesseitigen Brennpunkte des Augenglases zusammen=
fällt.

Kepler ist ganz unstreitig der erste, der in seiner Di=
optrik (Dioptrice s. Demonstratio eorum, quae visui et
visibilibus propter conspicilla non ita pridem inventa ac.

cidunt. Aug. Vindel. 1611. 4. prop. 86.) die Theorie der
Fernröhre richtig erklärt, und dabey diese Art des Teleskops
angegeben hat.   Duobus convexis, sagt er, maiora et di-
stincta praestantur visibilia, sed inverso situ.   Da er aber
selbst kein Künstler war, so blieb seine Angabe ein blos
theoretischer Gedanke, bis sie der P. Scheiner bey seinen
Beobachtungen der Sonne benützte (Rosa Ursina. Bracciani 1630. fol. maj. p 130.), und dadurch unter den Astronomen bekannter machte.   „ Wenn man, sagt er, zwey
„ähnliche, d. i. zwey erhabne Linsengläser in das Rohr setzt,
„und das Auge gehörig stellet, so wird man alle Gegen-
„stände auf der Erde zwar umgekehrt, aber vergrößert,
„und mit vieler Deutlichkeit, auch dabey viel auf einmal
„erblicken.   Eben so sieht man die Gestirne, und da diese
„rund sind, so kan die umgekehrte Stellung dabey nichts
„schaden. “   Er führt auch noch an, daß er bereits vor
dreyzehn Jahren, also um 1617, durch ein solches Fernrohr in Gegenwart des Erzherzogs Maximilians beobachtet
habe.

Es sey wiederum Taf. IX. Fig. 25. A B ein sehr entleg-
ner Gegenstand, den man von C aus unter dem Winkel
p C A sieht.   D E sey das erhabne Vorderglas von der
Brennweite C a.   In G H sey das gleichfalls erhabne Augenglas, dessen Brennweite V a ist, so gestellt, daß die
Axen beyder Gläser C a und V a in einer geraden Linie liegen, und die Brennpunkte beyder bey a zusammenfallen.
Von dem Punkte A fallen unzählbare parallele Stralen auf
D E, von denen die Figur drey mit schwarzen Linien angiebt: vom Punkte B kommen ebenfalls unzählbare auf
D E, alle mit p C parallel; drey davon giebt die Figur
mit punktirten Linien an.

Das Vorderglas sammlet die zusammengehörigen Stralen in seinem Brennraume, die von A bey a, die von B bey
b, welcher Punkt b sich dadurch bestimmt, daß man den
Stral p C, der auf die Mitte des Glases fällt, nach dem
Satze IV. ungebrochen bis unter a fortzieht.   So entwirft
sich in a b ein umgekehrtes Bild des Gegenstandes A B.   In
den Punkten dieses Bildes kreuzen sich die zusammengehöri-

gen Stralen, und gehen immer noch in geraden Linien bis zum Augenglase fort.

Auf dieses fallen sie als Stralen, die aus Punkten seines Brennraums a b kommen, müssen also nach III. hinter dem Augenglase wieder parallel werden. Der Stral a V geht ungebrochen hindurch nach O; man hat also die Wege der mit schwarzen Linien angedeuteten Stralen, wenn man sie vom Augenglase an parallel mit V O fortziehet. Was die punktirten Stralen betrift, die alle aus b kommen, schließe man so. Wäre unter ihnen einer, der auf die Mitte des Glases fiele, wie b V, so würde dieser nach IV. ungebrochen in eben der Richtung fortgehen, und alle übrigen würden mit ihm parallel laufen. Nun kan doch der Umstand, daß der Stral b V hier nicht wirklich vorhanden ist, in der Richtung der übrigen nichts ändern. Sie laufen also nach der Brechung mit der Linie b V parallel.

Befindet sich nun in O ein Auge, das einen Punkt deutlich sieht, wenn von ihm parallele Stralen auf den Augenstern fallen, so wird dasselbe von A sowohl als von B und den zwischenliegenden Punkten Stralencylinder auffassen, die aus gleichlaufenden Stralen bestehen; es wird also den Gegenstand deutlich sehen.

Weil es den Stral von A nach der Richtung V O, den von B nach der Richtung β O erhält, so wird es die Seite B des Gegenstandes nach β zu, d. h. den Gegenstand selbst umgekehrt erblicken.

Weil es endlich den Gegenstand unter dem Winkel β O A sieht, welcher (wegen der Parallellinien β O und b V) dem Winkel b V a gleich ist, da es ihn ohne Fernrohr und von C aus unter dem Winkel p C A, welcher seinem Scheitelwinkel b C a gleich ist, würde gesehen haben; so muß ihm der Gegenstand sovielmal vergrößert erscheinen, sovielmal der Winkel b V a größer, als b C a ist; oder weil

sich diese kleinen Winkel, wie ihre Tangenten $\dfrac{ab}{Va}$ und $\dfrac{ab}{Ca}$,

d. i. wie C a zu V a verhalten, sovielmal C a. die Brennweite des Vorderglases, größer, als Va, die Brennweite des Augenglases, ist. Der Exponent dieses Verhältnißes, der die Vergrößerung ausdrückt, ist also auch bey diesem Fernrohre dem Quotienten der Brennweiten gleich, oder $\frac{F}{f}$, wenn man des Vorderglases Brennweite F, die des Augenglases f nennt.

Die Länge des Fernrohrs CV ist $= Ca + Va = F + f$, oder die Summe beyder Brennweiten. Wenn also dieses und ein galileisches Fernrohr einerley Brennweiten der Gläser haben, so vergrößern beyde gleich stark, und das galileische ist um die doppelte Brennweite des Augenglases kürzer.

Dagegen aber hat das Sternrohr ein weit größeres Gesichtsfeld, und erfordert kein genaues Anrücken des Auges. Denn steht das Auge in O, vom Augenglase etwa um seine Brennweite entfernt, so faßt es von allen Stralencylindern, die durch das Fernrohr durchgehen, und sämtlich nach diesem Punkte zu gelenkt werden, einen Theil auf, und es kan keiner davon den Augenstern ganz verfehlen.

Der vortheilhafteste Ort für das Auge O ist derjenige, wo $OV = f + \frac{f^2}{F}$. Denn, weil von jedem Punkte der Sache unzählich viel Stralen ausgehen, so kann man annehmen, daß von jedem einer durch den Mittelpunkt des Vorderglases C, und also ungebrochen, durchgehet. Wo diese Stralen, dergleichen hier p C b ist, durch das Augenglas mit der Axe vereiniget werden, da ist der vortheilhafteste Ort das Auge zu stellen. Hier nemlich käme von jedem Punkte des Gegenstandes ein Stral hin, wenn auch die Defnung des Vorderglases nur ein Punkt wäre. Es ist aber bey einem Glase G H, dessen Brennweite f ist, die Vereinigungsweite für Stralen, die aus C oder aus der Entfernung CV herkommen $= \frac{CV.f}{CV .. f}$, f. Linsenglä-ser. Also, weil $CV = F + f$ ist, wird $OV = \frac{(F + f).f}{F + f .. f}$

$$= \frac{Ff + f^2}{F} = f + \frac{f^2}{F}.$$ Iſt F = 2 Schuh, f = 3 Zoll, ſo
wird O V = 3 + $\frac{9}{24}$ oder 3$\frac{3}{8}$ Zoll. Man ſetzt daher das
Augenglas 3$\frac{3}{8}$ Zoll tief in die vorderſte Röhre hinein, da=
mit das Auge, an die Oefnung der Röhre gehalten, gleich
in die vortheilhafteſte Stelle komme.

Die Größe des Geſichtsfeldes läſt ſich hier ſo be=
ſtimmen. Wenn H O der äußerſte Stral iſt, der vom
Augenglaſe nach O kommen kan, ſo überſieht man rings
um das Mittel einen Winkel = V O H, deſſen natürliche
Größe ohne Fernrohr = p C A = V C H iſt. Das iſt eben
der Winkel, unter welchem der Halbmeſſer des Augengla=
ſes V H in die Augen fallen würde, wenn man ihn vom
Vorderglaſe C aus betrachtete. Man nenne dieſen Halb=
meſſer V H = r, ſo iſt des Winkels V C H Tangente
$$= \frac{r}{C V} = \frac{r}{F + f},$$ woraus ſich der Winkel ſelbſt, oder der
Halbmeſſer des Geſichtsfeldes, mit Hülfe der trigonome=
triſchen Tafeln findet. Iſt das Augenglas zum Theil be=
deckt, ſo iſt für r der Halbmeſſer der Oefnung anzuneh=
men. Wäre r = $\frac{1}{4}$ Zoll, F und f wie vorher, 2 Schuh
und 3 Zoll, ſo würde tang. V C H = $\frac{1}{4}$: 27 = $\frac{1}{108}$ =
0,0092592, alſo der Halbmeſſer des Geſichtsfelds 31$\frac{1}{2}$ Min.
ſeyn.

Die Helligkeit oder Stärke des Lichts, womit ein
Fernrohr die Gegenſtände darſtellet, verhält ſich, wie die
Menge von Stralen, die von jedem Theile der Sache ins
Auge kommen, dividirt durch den Raum, durch den ſie
ſich verbreiten. Die Menge der Stralen verhält ſich, wie
die Oefnung des Vorderglaſes, oder wenn b den Durch=
meſſer dieſer Oefnung bedeutet, wie b^2; der Raum, durch
den ſie ſich verbreiten, wie das Quadrat der Vergrößerung,
oder wie $\frac{F^2}{f^2}$; mithin die Helligkeit ſelbſt, wie $\frac{b^2 f^2}{F^2}$.

Die Deutlichkeit, oder vielmehr der Grad der Un=
deutlichkeit, mit der die Punkte wegen der Farbenverbrei=
tung dargeſtellt werden, verhält ſich wie die Fläche des klei=

nen Kreises, durch welchen sich das Bild eines Punktes, das eigentlich wieder ein Punkt seyn sollte, im Auge ausbreitet, oder wie das Quadrat des Durchmessers von diesem Kreise. Nun verhält sich im Bilde a b der Durchmesser des Kreises, durch welchen sich z. B. das Bild des Punkts a verbreitet, wie der Durchmesser der Oefnung des Vorderglases, oder wie b, und erscheint dem Auge, das ihn durchs Augenglas betrachtet, in dem Verhältniße größer, in welchem die Brennweite f kleiner ist. Das heißt der Durchmesser des kleinen Kreises im Auge verhält sich, wie $\frac{b}{f}$; mithin ist die Undeutlichkeit, oder das Quadrat dieses Durchmessers, wie $\frac{b^2}{f^2}$.

Wie man hieraus die Oefnung des Vorderglases bestimmen, und die Länge des Fernrohrs finden könne, das bey einer gegebenen Vergrößerung hell und deutlich seyn soll, s. bey dem Worte: Apertur. Die dort mitgetheilte Tabelle zeigt z. B., daß ein astronomisches Fernrohr, wenn es bey gehöriger Helligkeit und Deutlichkeit 60 mal vergrößern soll, wenigstens 9 rheinländische Schuhe lang seyn müsse.

Diese Theorie des Fernrohrs setzt sehr entfernte Gegenstände, und weitsichtige Augen voraus. Für nahe Gegenstände, von deren Punkten die Stralen nicht mehr parallel aufs Vorderglas fallen, entwirft sich das Bild erst hinter a b; man muß also das Augenglas G H mehr als vorher von a b entfernen, damit das Bild in den Brennpunkt desselben komme, oder: Für nahe Gegenstände muß man das Fernrohr weiter auseinander ziehen.

Kurzsichtige Augen sehen nicht deutlich durch parallele, sondern durch divergirende Stralen. Sollen aber die aus a b kommenden Stralen hinter G H noch etwas divergent bleiben, so darf man nur das Glas G H näher an a b rücken. Daher müssen Kurzsichtige das Fernrohr mehr in einander schieben oder verkürzen um deutlich dadurch zu sehen. Eben dies gilt auch für das galileische Fernrohr.

N

Das Sternrohr ist ein so einfaches und schönes Werk=
zeug, daß ich mich nicht habe enthalten können, von der
Theorie desselben die vornehmsten Sätze beyzubringen. Die=
se Theorie ist zuerst von Keplern entwickelt, dann aber nach
Erfindung der wahren Gesetze der Brechung erst von Huy=
gens in seiner Dioptrik umständlicher ausgeführt worden.
Descartes, ob er gleich das Gesetz der Brechung kannte,
und einer der größten Geometern war, giebt doch von den
Wirkungen des Fernrohrs eine Erklärung, die man nach
Huygens Warnung ja nicht suchen darf, zu verstehen,
weil die Mühe vergeblich seyn würde. Analytisch haben
die Theorie der Fernröhre überhaupt Herr Kästner in sei=
ner Ausgabe von Smith's vollständigem Lehrbegrif der
Optik, und Herr Klügel in seiner analytischen Dioptrik
vorgetragen.

Daß das Sternrohr die Gegenstände umkehrt, ist für
den Astronomen, der einmal damit bekannt ist, ein sehr
gleichgültiger Umstand. Inzwischen haben schon Kepler
und Scheiner einen Vorschlag gethan, dieser vermeinten
Unbequemlichkeit abzuhelfen. Bey dem Worte: Linsen=
gläser wird gezeigt, daß ein Convexglas von der Brenn=
weite f, Stralen aus einem Punkte, der um 2 f von ihm
entfernt ist, wieder in einen Punkt vereiniget, der um 2 f
hinter ihm liegt. Man rücke also Taf. IX. Fig. 25 das Au=
genglas G H von a, dem Brennpunkte des Vorderglases
um 2 f oder um seine doppelte Brennweite ab, so werden
sich die Stralen, die in a und b vereiniget waren, hinter dem
Augenglase in der Entfernung der doppelten Brennweite zum
zweytenmale vereinigen und ein umgekehrtes Bild von a b,
d. i. ein aufgerichtetes Bild vom Gegenstande A B machen.
Stellt man gegen dieses Bild ein zweytes Augenglas
so, wie G H gegen a b steht, daß nemlich das Bild im
Brennraume des zweyten Augenglases liegt, so erfolgt
alles, wie beym Sternrohre, nur daß das Bild nunmehr
aufgerichtet erscheint. Diese Art von Fernrohr mit drey
Gläsern ist aber nicht in Gebrauch gekommen, weil die
Abweichungen dabey allzugroß werden.

Von andern aſtronomiſchen Fernröhren mit drey Gläſern, welche zwar den Gegenſtand umgekehrt zeigen, aber das Geſichtsfeld und die Deutlichkeit vergrößern, hat Huygens in ſeiner Dioptrik (prop. 51.) und ausführlicher Euler (Recherches ſur les lunettes à trois verres, qui renverſent les objets in Mém. de l'Ac. roy. de Pruſſe. 1757. p. 323.) gehandelt. Wenn man z. B. zwey nahe bey einander ſtehende Augengläſer ſtatt eines einzigen nimmt, ſo wird der Durchmeſſer des Geſichtsfeldes verdoppelt. Nimmt man zwey Vordergläſer ſtatt eines einzigen, ſo wird das Fernrohr kürzer, aber das Geſichtsfeld bleibt das vorige.

Bisweilen wünſcht man eben keine ſtarke Vergrößerung, aber ein deſto größeres Geſichtsfeld und viel Helligkeit zu haben, wenn man z. B. einen großen Theil eines Sternbilds auf einmal überſehen will, um Kometen oder kleine Sterne aufzuſuchen. Dieſe Abſicht erreicht man, wenn man dem Vorderglaſe mehr Oefnung als gewöhnlich, und dem Augenglaſe eine große Brennweite giebt. Sternröhre dieſer Art heißen Uachtfernröhre, Sternſucher, Kometenſucher, Teleſcopia nocturna, *Lunettes de nuit*. Lambert (Beyträge zum Gebrauch der angew. Mathem. Th. III. S. 204.) beſchreibt ein ſolches, wobey das Objectiv 7 Zoll, das Augenglas 1 Zoll Brennweite hat; die Oefnung des Augenglaſes iſt 1 Zoll, die des Objectivs am Tage 8, bey der Nacht 12 Lin. im Durchmeſſer. Es faſſet 6 bis 7 Grad am Himmel, und läßt bey hellen Nächten die Jupiterstrabanten ſehen, ob es gleich nur 8 Zoll Länge hat. Mehr von dieſen Inſtrumenten findet man in Herrn Käſtners aſtronomiſchen Abhandlungen (B. II. S. 252. u. f.). Durch zwey Oculare erhalten ſie noch etwas mehr Vergrößerung.

Erdrohr, **Erdfernrohr,** Tubus terreſtris, Teleſcopium terreſtre, *Teleſcope terreſtre*. Ein Fernrohr aus vier erhabnen Gläſern, deren eins als Vorderglas, die übrigen drey als Augengläſer dienen. Es läßt ſich als ein aſtronomiſches Fernrohr betrachten, welchem man, um

das Bild wieder umzukehren, noch zwey Augengläser zugesetzt hat.

Der P. Anton Maria de Rheita (Oculus Enochi
atque Eliae. Antverp. 1665. fol.) giebt es zuerst als ein
solches an, das die gewünschte Umkehrung des Bildes im
Sternrohre besser, als das keplerische mit drey Gläsern, be-
werkstellige. Er beschreibt es mit versetzten Buchstaben
nach einem Chiffre, wozu er aber hernach selbst den Schlüssel gegeben hat.

Zur Erklärung desselben sey Taf. IX. Fig. 26. A B der
entlegene Gegenstand, aus C unter dem Winkel p C A gesehen, D E das Vorderglas von der Brennweite C a, G H
das erste Augenglas von der Brennweite V a. So gehen
die Stralen bis P, wie beym astronomischen Fernrohre
fort, und fallen so, daß die zusammengehörigen parallel
sind, auf das zweyte Augenglas I K, in dessen Brennraume sie sich zum zweytenmale sammlen, und in α β ein umgekehrtes Bild von a b, das ist, ein aufgerichtetes von
A B machen. Nachdem sie sich hier in den Punkten α und
β durchkreuzt haben, fallen sie auf das dritte Augenglas
L M, dessen Brennpunkt auch in α fällt, gehen also hinter demselben wiederum parallel, und kommen so ins Auge
O, welches daher aus gleichen Ursachen, wie beym Sternrohre, den Gegenstand deutlich und vergrößert, aber jezt
aufgerichtet sieht, weil die punktirten Stralen von der
Seite herkommen, auf welcher B wirklich liegt.

Man übersieht leicht, daß hier gleichsam zwey astronomische Fernröhre vorkommen, das erste aus den Gläsern
D E und G H, das zweyte aus I K und L M. Das erste
Fernrohr macht die Vergrößerung, das zweyte kehrt blos
das Bild um, wenn die Brennweiten beyder Gläser I K
und L M einerley sind. Man kann aber auch die Gläser
von ungleichen Brennweiten nehmen, und also noch einige
Vergrößerung auch durch I K und L M erhalten. Allemal
aber müssen die Brennpunkte der beyden ersten, so wie die der
beyden lezten Gläser zusammentreffen. Haben alle drey
Augengläser einerley Brennweite = f, und das Vor-
berglas die Brennweite F, so ist auch hier die Ver-

größerung $= \dfrac{F}{f}$, die Länge des Fernrohrs aber $F + 5f$, der Ort des Auges und das Gesichtsfeld, wie beym Sternrohre.

Gemeiniglich werden die drey Augengläser in die letzte Röhre, die daher die Ocularröhre heist, so gefasset, daß man nach Willkühr die beyden ersten GH und IK heraus= nehmen, und das Fernrohr mit DE und LM allein, als ein astronomisches, gebrauchen kan. Man muß aber als= dann die Röhren mehr in einander schieben, denn die Länge die nunmehr $F + f$ wird, verkürzt sich um $4f$, oder um die vierfache Brennweite des Augenglases.

Da das Licht beym Durchgange durch vier Gläser viel von seiner Stärke verliert, so giebt das Erdrohr weniger Helligkeit, als das astronomische Fernrohr, daher man zu Beobachtungen am Himmel, der umgekehrten Stellung ungeachtet, immer das letztere vorzieht. Zur Betrachtung der Gegenstände auf der Erde aber ist das hier beschriebe= ne ein sehr nützliches Werkzeug.

Man hat Erdfernröhre mit vier, fünf bis sechs Augen= gläsern, wobey die Absicht ist, die Abweichung wegen der Farbenzerstreuung zu vermindern, und zugleich das Ge= sichtsfeld zu vergrößern. Ueberhaupt lassen sich die Zusam= mensetzungen von Convexgläsern, zwischen welchen Bilder entstehen, und wo das letzte Bild im Brennpunkte des letzten Glases liegt, auf mannichfaltige Art combiniren. Jede solche Combination giebt eine andere Art des Fern= rohrs, und jede hat ihre eignen Vorzüge und Nachtheile. Euler hat davon sehr allgemein gehandelt (Regle generale pour la construction des telescopes et des microscopes de quelque nombre des verres qu'ils soient composés in Mém. de l'Ac. roy. de Prusse. 1757. p. 283., auch in s. Dioptrica To. II. Sect 2.). Dollond's Fernröhre mit sechs Glä= sern, die er vor der Erfindung der achromatischen verfertig= te, hatten damals großen Beyfall (s. Phil. Trans. Vol. XLVIII. p. 103.).

Alle bisher betrachtete Fernröhre behalten wegen der ge= toppelten Abweichung der Lichtstralen (s. **Abweichung,**

dioptrische) eine Undeutlichkeit, die sich auch bey der be=
sten Einrichtung nie ganz heben läßt, und die desto beträcht=
licher wird, je stärker die Vergrößerung in Vergleichung
mit der Länge des Fernrohrs seyn soll. Man suchte anfäng=
lich die Ursache hievon blos in der sphärischen Gestalt der
Gläser, und glaubte ihr durch elliptische oder hyperbolische
Gläser abhelfen zu können. Man gab den Gläsern über=
dies Bedeckungen oder Blendungen, wovon die Worte:
Blendung, Apertur nachzusehen sind. Huygens fand
es sehr vortheilhaft, die Blendung des Augenglases im
astronomischen und Erdfernrohre innerhalb der Röhre an
der Stelle des letzten Bildes anzubringen, welches auch
noch bis jetzt zu geschehen pflegt. Eben dieser scharfsinnige
Geometer entwarf in seiner Dioptrik zuerst eine vollständige
Theorie der Fernröhre, und lehrte die Verhältniße der Hel=
ligkeit, Deutlichkeit, Länge und Vergrößerung bestimmen.
Man findet seine Regeln hierüber nebst einer Tabelle bey
dem Worte: Apertur. Euler hat zwar in seiner Diop=
trik (To. II. § 194. sqq.) andere Regeln gegeben, die sich
aber mit dem hugenianischen sehr wohl vereinigen laßen.

Es scheint zwar auf den ersten Blick, als ob man durch
ein astronomisches Fernrohr von einer gegebnen Länge, z. B.
von 2 Schuhen, jede Vergrößerung erhalten könnte, z. B.
eine 100fache, wenn man zu einem Vorderglase von 2 Schuh
Brennweite ein Augenglas von einer 100mal kleinern, d. i.
von $\frac{1}{50}$ Schuh oder von $\frac{6}{25}$ Zoll Brennweite, nähme. Al=
lein man würde in diesem Falle zwar die verlangte Ver=
größerung, zugleich aber auch eine Undeutlichkeit erhalten,
die das Fernrohr ganz unbrauchbar machen würde. Die
Vergrößerung hat also für jedes Fernrohr gewiße Grenzen.
Nach Huygens Theorie (s. Apertur) muß b = $\gamma \frac{}{40}$ F;
ingleichen b = $\frac{10}{11}$ f seyn, wenn das Fernrohr gut seyn soll.

Hieraus folgt F = $\frac{4000}{121}$ f², also F² = $\frac{4000}{121}$ F f² und $\frac{F²}{f²}$

= $\frac{4000}{121}$ F. Nun ist $\frac{F²}{f²}$ die Quadratzahl der Vergrößerung,

F aber die Brennweite des Vorderglases oder die Länge des

Fernrohrs (weil die geringe Brennweite des Augenglases hiebey nicht in Betrachtung kömmt). Es muß sich daher **die Länge des Fernrohrs, wie die Quadratzahl der Vergrößerung, verhalten.** Soll also ein astronomisches Fernrohr bey gleicher Helligkeit und Deutlichkeit dreymal so stark, als ein anderes, vergrößern, so muß man ihm eine neunmal so große Länge geben, u. s. w. Vergrößert ein Rohr von 1 Schuh Länge 20mal, so ist zu einer 100fachen Vergrößerung ein 25 Schuh langes Rohr nöthig.

Da schon die ersten sehr unvollkommnen Fernröhre so wundervolle Entdeckungen veranlasset hatten, so machte man sich die übertriebensten Erwartungen von dem, was Fernröhre mit starken Vergrößerungen am Himmel zeigen müsten. Man arbeitete daher um die Mitte des vorigen Jahrhunderts eifrigst auf diesen Endzweck, den man nicht anders, als durch Fernröhre von großer Länge glaubte erhalten zu können. Daher kommen die ungeheuren Längen der Fernröhre, und die Gläser von so großen Brennweiten in der damaligen Periode. **Eustachius de Divinis** zu Rom und **Campani** zu Bologna wetteiferten in dieser Absicht mit einander; doch sind die Gläser des letztern weit berühmter geworden. Er verfertigte auf Befehl Ludwigs XIV. Gläser von 86, 100 und 136 pariser Fuß Brennweite, durch welche Cassini die zween nächsten Trabanten des Saturns entdeckte. Er hat zwar nur wenige Gläser von so beträchtlichen Brennweiten zu Stande gebracht, allein seine kleinern Objective finden sich noch jetzt häufig, und werden von den Beobachtern sehr geschätzt. **Huygens** selbst schrieb über das Schleifen der Gläser (Comment. de vitris figurandis in Opp. posth. Lugd. Bat. 1703. 4.), und verfertigte Objective bis zu 210 Fuß Brennweite. **Auzout** in Frankreich brachte sogar eines von 600 Fuß zu Stande, konnte es aber aus Mangel einer schicklichen Vorrichtung nicht gebrauchen. **Peter Borel,** Mitglied der pariser Akademie, **D. Hook, Paul Neille, Reive** und **Cox** in England thaten sich sämmtlich von dieser Seite hervor. **Hartsoeker** schlif ebenfalls Objectivgläser von 600 Schuh Brennweite, und beschreibt (Essai de Dioptrique. Paris. 1694. 4.)

seine sehr sinnreiche Methode, sie zu verfertigen. Man kan sich leicht vorstellen, was für Mühe es gekostet haben müsse, Röhre von so ungeheuren Längen, die sich durch ihr eignes Gewicht krümmen, bey astronomischen Beobachtungen zu behandeln. Wer sich von den Schwierigkeiten dabey einen Begrif machen will, darf nur einen flüchtigen Blick auf einige Kupfertafeln in Hevels Machina coelesti oder im Biarchini (Hesperi et Phosphori nova phaenomena, Romae 1728. fol. maj. Tab. VII. und VIII.) werfen, wo solche Röhre von 70 und 120 römischen P lmen vorgestellt werden, die Campani 1684 in Rom zur Beobachtung des Monds aufrichtete. Dies veranlassete folgende Vorschläge, die großen Gläser ohne Röhren zu gebrauchen.

Fernglas ohne Röhren, Luftfernglas, Astroscopium tubi molimine liberatum, *Telescope aërien.* Eine Verbindung zweyer Gläser, wie im galileischen und astronomischen Fernrohre, wobey aber die Röhren wegbleiben, und das Objectiv oder Vorderglas in freyer Luft aufgestellt wird.

Huygens (Astroscopia compendiaria, tubi optici molimine liberata. Hagae Com. 1684. 4.) gab, um den unüberwindlichen Beschwerlichkeiten der langen Röhren auszuweichen, dieses sinnreiche Mittel an, die Röhren ganz zu entbehren. Er fasset das Objectivglas in ein ganz kurzes Rohr, das sich vermittelst einer Nuß nach allen Richtungen drehen läst, und befestigt es in der Höhe an eine feste Stange, an den Giebel eines Gebäudes u. dgl. Die Are dieses Rohrs konnte er mit einem seidnen Faden richten, und sie in eine gerade Linie mit der Are einer andern kurzen Röhre bringen, worinn das Augenglas befindlich war, und die er in der Hand hielt. Auf diese Art konnte er Gläser von den grösten Brennweiten in jeder Höhe des Gegenstandes, selbst im Zenith, gebrauchen, wenn nur ein Standpunkt von hinlänglicher Höhe vorhanden war, um das Objectivglas daran zu befestigen. Ausserdem hatte er noch eine Erfindung angebracht, das Gestell, worauf die Röhre mit dem Objectivglase ruhete, an einer Stange zu erhöhen oder niederzulassen, je nachdem es die Stellung des

Gegenstandes erforderte. Da man heut zu Tage nach der
Erfindung der Spiegeltelesfope und achromatischen Fern=
röhre die langen Röhren gar nicht mehr braucht, so habe
ich keine Abbildung dieser zu ihrer Zeit nützlichen Maschine
geben wollen. Man findet aber dergleichen beym Wolf
(Elem. Dioptr. Tab. VIII. Fig. 65.) und beym Smith
(Lehrbegrif der Optik, durch Kästner, Taf. XIX. Fig. 56.),
wo man auch Huygens ganze Schrift übersetzt lesen kan
(S. 329 u. f.).

Bianchini (Hesperi et Phosphori nov. phaen. p. 59.
und in Mém. de l'acad. roy. des Sc. 1713.) hat noch einige
Verbesserungen dieser Maschine angegeben, so wie auch de
la Hire (Mém. de l'acad. 1715.), der das Objectivglas
nicht in ein Rohr, sondern in ein Bret, einschließt (s.
Smith S. 335.)

Eine ähnliche, aber nicht ganz so bequeme, Vorrich=
tung hat auch Hartsoeker vorgeschlagen (s. Miscell. Bero-
lin. To. I. p. 261.). Da die Röhren auch dienen, das frem=
de Licht von den Seiten her abzuhalten, so sind alle diese
Erfindungen nur bey Nacht, schwerlich aber am Tage oder
beym Mondscheine, zu gebrauchen.

Huygens Vorrichtung ist vorzüglich in England von
D. Pound und dessen Vetter Bradley mit Nutzen ge=
braucht worden, um ein Objectivglas von 123 Fuß Brenn=
weite zu behandlen, welches Huygens verfertiget, und der
königlichen Societät geschenkt hatte. Pound sahe dadurch
die Saturnstrabanten im Jahre 1718 zum erstenmale in
England, und überzeugte seine Landsleute von ihrer Exi=
stenz, die sie bis dahin auf Cassinis bloßes Wort nicht hat=
ten glauben wollen.

Weil aber dieses Hülfsmittels ungeachtet sowohl die
Verfertigung als der Gebrauch der Gläser von so langen
Brennweiten höchst beschwerlich blieb, so fuhr man noch
immer fort, auf Mittel zu Verminderung der Abweichun=
gen zu denken, damit man stärkere Vergrößerungen auch
durch kürzere Fernröhre erhalten könnte. Man schlug da=
zu gefärbte Objectivgläser, Objectivringe von Glas, neue
Einrichtungen der Fernröhre mit mehreren verschiedentlich

gestellten Gläsern u. dgl. vor, ohne doch den gewünschten
Zweck zu erreichen. Ich will hiebey nur noch bemerken,
daß Zusammensetzungen, worinnen Hohlgläser vorkommen,
zur Verminderung der Farbenzerstreuung geschickter sind,
als solche, die aus lauter Convexgläsern bestehen. Es ist
keineswegs unmöglich, in einem gemeinen Fernrohre, auch
ohne den Gebrauch zweyer Glasarten, die Farbenzerstreuung
aufzuheben, wofern nur ein Hohlglas darinn vorkömmt,
mit lauter Convexgläsern aber ist es schlechterdings unmög=
lich (f. *Lambert* sur les lorgnettes achromatiques in den
Nouv. mém. de Berlin. 1771. p. 338.). Vielleicht läst es
sich hieraus erklären, wie einige der ersten galileischen Fern=
röhre so starke Vergrößerungen ohne allzu große Undeut=
lichkeit haben aushalten können.

Endlich machte die Erfindung der **Spiegelteleskope,**
welche gar keine Farbenzerstreuung verursachen, und also
starke Vergrößerungen bey geringer Länge vertragen, in
diesen Bemühungen einen sehr langen Stillstand. Man
hielt es mit **Newton** sogar für unmöglich, in den Fern=
röhren mit bloßen Gläsern die Abweichung wegen der Far=
ben auf irgend eine Art zu vermeiden, bis man durch **Dol=
londs** glückliche Versuche von dem Gegentheile überzeugt
wurde. Diese Verbesserungen der Fernröhre aber sind so
wichtig, daß ich ihrentwegen ganz auf die ihnen gewidmeten
eignen Artikel: **Spiegelteleskop** und **Achromatische
Fernröhre** verweisen muß.

Beschreibungen der äussern Theile und Nebenstücke ei=
nes Fernrohrs, z. B. der Fassungen der Gläser, der Röh=
ren, Stative, gefärbten Gläser zur Betrachtung der Son=
ne u. dgl. wird man hier wohl nicht erwarten, zumal da fast
jeder Künstler und Liebhaber hiebey seinen eignen Ideen
und Bedürfnißen folget. Etwas von Röhren und Stati=
ven hat **Wolf** (Elementa Dioptricae. Probl. 29 et 34.)
aber freylich so, daß es für die jetzigen Fernröhre nicht mehr
passend ist. Die englischen Künstler sind jetzt darinn die
Lehrmeister der übrigen, und bearbeiten auch das Aeusser=
liche an den Fernröhren sehr fest und sauber. Uebrigens
kömmt auf das genaue Centriren und die feste Stellung der

Gläser so viel an, daß ohne dieses die besten Gläser völlig unbrauchbar sind. Von den **Mikrometern** und **Heliometern**, die man bey Fernröhren anbringt, handlen eigne Artikel dieses Wörterbuchs. Man s. auch die Worte: **Binoculartelescop, Helioskop, Polemoskop, Vergrößerung, Auzometer.**

Bey der Beobachtung selbst übersieht man ein ganzes kreisrundes Feld, das **Gesichtsfeld,** und in sehr vielen Fällen ist daran gelegen, den Mittelpunkt desselben, der in des Fernrohrs Axe liegt, unterscheiden zu können. In dieser Absicht spannt man inwendig im Ocularrohre zween feine Fäden aus, die sich im Brennpunkte des letzten Augenglases rechtwinklicht durchkreuzen. Diese Fäden wird man durch das Augenglas deutlich sehen, und ihr Durchschnittspunkt wird die Mitte des Gesichtsfelds bestimmen. Man kan auch ein ebnes Glas gebrauchen, auf dem Linien statt der Fäden gerissen sind. Diese Veranstaltung heißt ein **Fadenkreuz,** und wird nicht allein oft bey astronomischen Beobachtungen, sondern auch vorzüglich da gebraucht, wo Fernröhre die Stelle der Dioptern bey Feldmesserwerkzeugen, astronomischen Quadranten u. dgl. vertreten. Dies heißen **teleskopische Dioptern,** und werden den bloßen Dioptern (nudis pinnicidiis) entgegengesetzt. Wenn alsdann der Durchschnittspunkt des Fadenkreuzes den Punkt, nach welchem man visiren will, bedeckt, so richtet sich die Axe des Fernrohrs, also auch die mit ihr parallele Visirlinie des Instruments (linea fiduciae) nach diesem Punkte. Das Visiren nach entlegnen Punkten erhält dadurch weit mehr Genauigkeit, als durch bloße Dioptern zu erreichen möglich ist, daher bey großen geometrischen Messungen, beym Wassermägen und bey den astronomischen Winkelmessern keine andern, als teleskopische Dioptern, gebraucht werden. Zum erstenmale ist das Fernrohr auf diese Art von **Picard** im Jahre 1669 bey seiner Gradmessung in Frankreich gebraucht worden.

Montucla hist. des mathematiques To. II. P. IV. L. 3.
Priestley Geschichte der Optik durch **Klügel** S. 48 u. f. 158 u. f. 534.

Weidler Hiſtoria aſtronomiae. Viteb. 1741. 4. Cap. XV.

Smith vollſtändiger Lehrbegrif der Optik, durch Käſtner, an mehreren Stellen.

Käſtners Anfangsgründe der Dioptrik §. 86. u. f.

Wolf Elem. Dioptricae, in Elem. Matheſ. univ. Halae. 1715. 4. To. II.

Briſſon Dict. raiſonné de Phyſique, Art. *Lunette, Teleſcope.*

Feſte Körper, Corpora ſolida, *Corps ſolides*, Körper, deren Theile ſo ſtark zuſammenhängen, daß ſie der Trennung einen merklichen Widerſtand entgegen ſetzen, der ſich nicht durch das Gewicht der einzelnen Theile al-lein überwinden läſt, auch nicht erlaubt, einen Theil des Körpers zu bewegen, ohne daß ſich dieſe Bewe-gung dem Ganzen mittheile. Ihnen werden die flüßigen Körper entgegen geſetzt, bey welchen der Zuſammenhang der Theile weit ſchwächer, und ſo gering iſt, daß ſie durch ihr bloßes Gewicht ſich losreiſſen, ihre Lage ändern und al-lein ohne den ganzen Körper bewegt werden können. Um-ſtändlicher werden die Kennzeichen, wodurch ſich beyde un-terſcheiden, bey dem Worte: Flüßige Körper angeführt.

Feſte Punkte, ſ. Hygrometer, Thermometer.

Feſtigkeit, Soliditas, *Solidité.* Der Zuſtand eines Körpers, deſſen Theile ſo ſtark zuſammenhängen, daß ſie ſich nicht von ſelbſt, oder durch ihr Gewicht allein, von dem Ganzen losreiſſen, oder ihre Lage gegen einander ändern können, daher auch jeder Theil ſeine Bewegung dem Gan-zen mittheilt. Der Feſtigkeit ſetzt man die Flüßigkeit entgegen, ſ. Flüßigkeit.

In einem andern Sinne des Worts wird den Körpern oder den Zuſammenfügungen mehrerer Körper Feſtigkeit (firmitas, ſtabilitas, *fermeté*) beygelegt, wenn die Tren-nung der Theile vom Ganzen eine ſehr große Kraft erfor-dert. In dieſer Bedeutung ſetzt man der Feſtigkeit die Zerbrechlichkeit entgegen, bey welcher ſich die Theile mit geringer Kraft vom Ganzen trennen laſſen, wenn ſie auch ſchon nicht von ſelbſt, oder durch ihr eignes Gewicht ab-fallen.

Fett, Pinguedo, Adeps, *Graiſſe.* Eine feſte ölich=
te Subſtanz, welche ſich in den thieriſchen Körpern an ver=
ſchiedenen Theilen abſeßt. Sie beſteht aus einem milden,
nicht flüchtigen Oele, welches ſeine Feſtigkeit blos einer in=
nig damit verbundnen Säure, der Fettſäure oder thieri=
ſchen Säure (Acidum pinguedinis animalis, *Acide de
graiſſe*) zu danken hat. Die mineraliſchen Säuren und
Laugenſalze wirken auf das Fett eben ſo, wie auf die milden, nicht flüchtigen Pflanzenöle, welche keine harzige noch
gummichte Eigenſchaft haben, und nicht trocken werden,
z. B. das Baumöl, die man daher fette Oele nennt.

Die Säure des Fetts iſt vorzüglich von **Segner** (Diſſ.
de acido pingued. animalis. Gott. 1754.) und von Hrn. **Crell**
(Chem. Journal Th. I. S. 60 = 94. Th. II. S. 112=128. Th.
IV. S. 47=77.) unterſucht worden, welcher leßtere denen
Mittelſalzen, die aus ihrer Verbindung mit andern Kör=
pern entſtehen, eigne Namen beygelegt hat. So giebt ſie
mit dem vegetabiliſchen Laugenſalze **Segners thieriſchen
Weinſtein,** mit dem mineraliſchen Alkali das **minerali=
ſche Thierſalz,** mit dem flüchtigen Alkali **Segners thie=
riſchen Salmiak** u. ſ. w. Gegen dieſe Benennungen
läſt ſich doch erinnern, daß die Fettſäure keine eigentlich
thieriſche, oder dem Thierreiche allein eigne Säure iſt, weil
auch fette Stoffe des Pflanzenreichs, z. B. die Cacaobut=
ter, eine ähnliche Säure liefern.

Im natürlichen Zuſtande iſt das Fett ſehr mild, wenn
aber die Säure durch die Hiße oder durch das Alter ent=
wickelt und zum Theil entbunden worden iſt, ſo wird es
ſcharf, reizend und ſogar äßend. In dieſem Zuſtande lö=
ſet der Weingeiſt den ranzigen Theil davon auf, daher man
durch Behandlung mit Weingeiſt das verdorbene Fett wie=
der verbeſſern kan. Das im Fette enthaltene Oel, welches
der Butter und dem Wachſe gleich kömmt, entſpringt ohne
Zweifel aus den ölichten Theilen der Nahrungsmittel,
welche für die Ernährung des Körpers und für die Fort=
pflanzung überflüßig ſind, und daher beſonders abgeſeßt
werden.

Uebrigens pflegt man bisweilen allen denjenigen Substanzen den Namen der Fettigkeiten zu geben, welche sich
im Wasser wenig oder gar nicht auflösen laffen, bey einem
geringen Grade der Wärme flüßig oder schmierig werden,
und mit einer Flamme brennen. Dergleichen sind nicht allein die thierischen Fette, als Talg u. dgl. sondern auch die
fetten Oele, Balsame, Butter, Kampher, Wachs und
Harz.

Macquer chym. Wörterb. durch **Leonhardi** Art. **Fett, Fettsäure.**

Feucht, Humidum, *Humide.* Ueberhaupt nennt
man einen Körper feucht, wenn er von Wasser oder andern
flüßigen Materien durchdrungen ist, oder dergleichen in seinen
Zwischenräumen enthält. So sagt man, ein Schwamm,
ein Papier sey feucht, wenn sich Wassertheile in den Zwischenräumen dieser Körper aufhalten; man nennt die Luft
feucht, wenn sie viel Wasser oder Dünste in sich enthält,
es sey nun in unsichtbarer oder in concreter Gestalt, s. Dünste; man sagt, die Salze werden an der Luft feucht, weil
sie die in der letztern enthaltenen Wassertheile in sich nehmen.

Insbesondere aber nennt man diejenigen Körper
feucht, welche geneigt sind, das Wasser oder überhaupt
das Flüßige, das sie enthalten, den sie berührenden Körpern mitzutheilen. In diesem Sinne wird das Wort
feucht genommen, wenn man sagt, das Hygrometer zeige, wie feucht die Luft sey. Es zeigt eigentlich, wie stark
die Disposition der Luft sey, das in ihr enthaltene oder aufgelöste Wasser der zum Hygrometer gebrauchten Substanz
mitzutheilen.

Feuchtigkeit, Humiditas, Humor, *Humidité.* Dieses Wort wird in verschiedenen Bedeutungen gebraucht.
Man nimmt es bald für den Zustand des feuchten Körpers
(humiditas), s. **Feucht,** bald für das in ihm enthaltene
Wasser selbst (humor). So sagt man, bey großer Feuchtigkeit der Luft werde der Erfolg der elektrischen Versuche gehindert, wobey durch Feuchtigkeit der Zustand der feuchten
Luft selbst verstanden wird; man sagt aber auch, die Luft

enthalte viel Feuchtigkeit, d. i. viel wässerigte Theile.
De Lüc (Beschreibung eines neuen Hygrometers, Philos.
Trans. Vol. LXIII. no. 38. und deutsch in den Sammlungen zur Physik und Naturgesch. I. B. 1 St.) braucht, um
das letztere auszudrücken, das Wort Humor für alle in
der Luft enthaltene wässerigte Theile.

Die neuern Schriftsteller über die Hygrometrie, z. B.
de Saussüre und de Lüc verstehen unter dem Worte
Feuchtigkeit (*humidité*) die Disposition, Wasser mitzutheilen, welche der Luft jedesmal eigen ist, und durch die
Veränderungen des Hygrometers angezeigt wird. s. Hygrometer. Diese ist nicht ohne Ausnahme einerley oder
proportional mit der Menge des in der Luft enthaltenen
Wassers; sie ändert sich vielmehr sowohl mit dem Grade
der Wärme, als auch mit der verschiedenen Beschaffenheit
der Luft selbst, der in ihr enthaltenen Wassertheile und der
zum Hygrometer gebrauchten Materie.

Feuchtigkeiten, Humores, *Humeurs* heissen oft auch
diejenigen wässerigten flüßigen Materien, welche sich an andere Körper, besonders an die Hand, die sie berührt, anhängen, und sie benetzen, s. Adhäsion. So sind Wasser,
Wein, Milch u. dgl. Feuchtigkeiten; das Quecksilber, das
weder wässerigt ist, noch sich an die Haut des menschlichen
Körpers anhängt, bekömmt auch den Namen einer Feuchtigkeit nicht; man müste denn sagen wollen, es sey in Ansehung der Metalle feucht, an die es sich anhängt. Auch
Oele, ob sie gleich an der Hand anhängen, pflegt man
nicht Feuchtigkeiten zu nennen. Hingegen ist nichts gewöhnlicher, als den flüßigen Theilen oder Säften des menschlichen und thierischen Körpers den Namen der Feuchtigkeiten zu geben.

Feuchtigkeiten im Auge, s. Auge.

Feuer, Feuerwesen, Feuerstof, Wärmestof,
Elementarfeuer, Ignis, Ignis elementaris, Materia ca-
loris s. calorifica, *Feu*, *Feu élémentaire.* Die Sprache
des gemeinen Lebens nennt alles dasjenige Feuer, was gewöhnlich als Mittel gebraucht wird, in andern Körpern die

Phänomene und Wirkungen der Wärme hervorzubringen, d. h. sie zu erhitzen, zu schmelzen, in Dämpfe zu verwandeln, zu entzünden und zu verbrennen. Dergleichen Mittel sind die Flamme brennender Körper, die glühenden Kohlen u. dgl. Da man nun in der Naturlehre sehr oft genöthiget ist, den Erscheinungen der Wärme eine Ursache beyzulegen, ob man gleich, aufrichtig zu gestehen, von dieser Ursache sehr wenig gewisses weiß, so braucht man für dieselbe ebenfalls den Namen **Feuer**, den man aber in dieser Bedeutung von dem, was im gemeinen Leben Feuer genannt wird, oder von dem **Küchenfeuer** und der Flamme, sehr sorgfältig unterscheiden muß. Demnach ist Feuer dasjenige, was in einem Körper Wärme hervorbringt, die unbekannte Ursache der Wärme.

Da doch die meisten Naturforscher diese Ursache ganz oder zum Theil von einer eignen Substanz herleiten, welche durch die ganze Körperwelt verbreitet seyn, und eine sehr starke Wirkung auf andere Substanzen äussern soll, so habe ich kein Bedenken getragen, die Namen **Feuerwesen, Elementarfeuer** ꝛc. welche sie dieser Substanz beylegen, hier als gleichbedeutend mit dem Worte Feuer selbst anzuführen.

Zwar haben auch andere Naturforscher von nicht geringem Ansehen das Feuer blos für einen Zustand der Körper, oder für eine nach gewissen Modificationen erfolgende Bewegung ihrer feinsten Theile halten wollen, ohne ein besonderes Feuerwesen oder Elementarfeuer anzunehmen. In diese Classe gehören der Kanzler **Bacon** (De forma Calidi in Opp. Amst. 1653. 12.) und **Descartes**, welcher das Feuer für eine Bewegung des ersten Elements oder der subtilen Materie erklärt, wodurch die Theile der Körper mit fortgerissen werden. Selbst **Newton** scheint in seinen der Optik beygefügten Fragen diese Meinung zu begünstigen, und das Feuer blos für denjenigen Zustand der Körper zu halten, in welchem sie durch eine heftige schwingende Bewegung die in ihnen befindliche Lichtmaterie aussenden s. **Flamme**. Auch die Herren **Marivetz** und **Gouffier**, Verfasser der in einem sehr weitläuftigen Plane angefan-

genen Physique du monde, sind dieser Meinung zugethan.
Es lassen sich aber hiegegen sehr gegründete Einwendungen
machen. Die lockersten Körper z. B. nehmen eben den
Grad der fühlbaren Wärme an und pflanzen ihn fort, den
die benachbarten viel dichtern haben; alle Körper, selbst
die, welche nur eine schwache Elasticität besitzen, pflanzen
dennoch die Wärme leicht durch sich fort, obgleich sonst alle
schwingende Bewegungen durch die Dazwischenkunft weicher unelastischer Körper gedämpft und aufgehoben werden.
Endlich wird eine jede Bewegung desto langsamer, schwächer
und unmerklicher, je größer die Masse ist, durch welche sie
sich vertheilt; das Feuer hingegen verbreitet sich mit gleicher Stärke seiner Wirkungen aus den geringsten Massen
in die größten, und kan ganze Städte verheeren, wenn es
auch nur aus einem Fünkgen glimmender Asche entstanden
ist. Diesen letztern Einwurf findet selbst **Euler** (Diff. de
igne im Recueil des pieces, qui ont remporté le prix à
l'Acad. roy. des Sc. ann. 1738.), ein sonst sehr cartesianisch
gesinnter Physiker, so stark, daß er es für nothwendig hält,
ein elastisches Feuerwesen anzunehmen. Auch möchten sich
wohl die Phänomene der Verbrennung aus einer bloßen
innern Bewegung der Theile schwerlich so befriedigend erklären lassen, als dies bey einigen der neuern Hypothesen,
welche ein eignes Feuerwesen voraussetzen, möglich ist. Aus
diesen Gründen wird das Daseyn einer solchen Substanz anjezt mit fast allgemeiner Uebereinstimmung angenommen.

Desto größer aber ist die Verschiedenheit der Meinungen über die Beschaffenheit dieses Feuerwesens, über seine
Verhältniße gegen andere Stoffe, und über die Art und
Weise, wie es die Erscheinungen der Wärme, die Ver-
dampfung, Schmelzung und Verbrennung der Körper be-
wirkt. Einige halten das Elementarfeuer für nichts anders
als für die Materie des Lichts; andere unterscheiden es
von derselben, oder sehen doch das Licht als eine eigne neue
Modifikation des Feuerwesens an. Viele haben das, was die
Körper entzündlich oder verbrennlich macht, das so genannte
Phlogiston, für ein in den Körpern befindliches gebundenes
Feuer gehalten, andere aber haben Feuer und Phlogiston

O

als zween besondere sich entgegengesetzte Stoffe, betrachtet.
Einige nehmen das Feuer für ein allgemeines Auflösungsmittel aller Körper an, andere glauben hingegen, daß dasselbe, um wirksam zu werden, und die Erscheinungen der
Wärme zu zeigen, selbst eines neuen hinzukommenden Auf-
lösungsmittels bedürfe. Diese ungemeine Verschiedenheit
der Meinungen hat ihren natürlichen Grund darinn, daß
hier die Rede von einer Ursache ist, die wir nie an sich selbst
untersuchen, sondern blos aus ihren Wirkungen beurtheilen
können. Das einzige nun, was sich aus diesen mit einiger
Gewißheit folgern läst, ist, daß das Feuer ein feines, flüs-
siges, höchst elastisches Wesen sey, das alle Körper durchdringt, verschiedene Verwandschaften gegen dieselben äussert, und in ihnen in verschiedener Menge sowohl, als auf
verschiedene Weise, enthalten seyn kan. Alles übrige beruht auf Schlüßen und Vorstellungsarten, welche der eine
Naturforscher auf diese, ein anderer auf andere Erfahrungen baut, und die uns noch bis jetzt kein sicheres Resultat
über die Natur und Wirkungsart des Feuers verschaft haben. Bey dieser Lage der Sache kan ich hier nichts mehr
thun, als einige der vornehmsten Meinungen über das Feuer anführen, unter welchen die neuesten der Herren Crawford und de Lüc anjetzt die meiste Aufmerksamkeit auf
sich ziehen.

Einige Meinungen der ältern Chymisten über das Feuer hat Johann Friedrich Meyer (Chymische Versuche
zur nähern Erkenntniß des ungelöschten Kalks, Hannover
und Leipz. 1770. 8. Cap. 23.) angeführet, vornehmlich in
der Absicht, um zu zeigen, daß die von ihm angenommene
fette Säure bereits ein Gedanke der Alten gewesen sey.
Uebrigens läuft fast alles, was sich darinn findet, auf dunkle und geheimnißvolle Benennungen hinaus, da das Feuerwesen ein von dem gemeinen unterschiedener Schwefel (sul-
phur, sed non vulgi), ein Kind der Sonne, ein unsichtbarer und unfühlbarer saurer Geist, ein Salz, das aus den
obern Regionen Wärme und Licht an sich ziehe, genannt
wird. Becher wird als der erste angegeben, der das Feuerwesen für eine Erde gehalten habe, welche Meinung nach-

her durch die Betrachtung des Rußes und der Kohlen be=
stärkt, aber darauf eingeschränkt worden sey, daß zwar das
reine Feuerwesen nicht selbst in einer Erde bestehe, aber sich
doch allezeit in einer solchen eingeschloßen befinde. Dies
letztere bezieht sich auf die von Stahl in die Chymie einge=
führte Idee des Phlogistons, als eines durch fremden Stof
gebundnen Feuers.

Boerhaave (De igne, in s. Elem. Chem. To. I. p.
116. der leipz. Ausg. in 8.) unterscheidet das Feuer, als ei=
ne Materie von eigner Art (sui generis) von dem
Brennbaren. Nach ihm ist dasselbe eine elementarische
Materie von unwandelbarer Natur und unveränderlichen
Eigenschaften, welche weder in etwas anders verwandlet,
noch aus andern Körpern aufs neue hervorgebracht werden
kan. Er glaubt, diese Substanz sey durch alle Theile des
Raums gleichförmig verbreitet, bleibe aber völlig verbor=
gen, und äussere sich nur durch ihre Wirkungen, nemlich
durch Wärme, Licht, Farben, Ausdehnung der Körper
und Verbrennung. Nach Beschaffenheit der Umstände
äussern sich bisweilen alle diese Wirkungen auf einmal, bis=
weilen nur einige allein. Daher empfinden wir oft Licht
ohne Wärme, wie bey den Phosphoren, faulem Holze rc.
bisweilen Wärme ohne Licht, wie bey erhitzten Körpern, die
noch nicht glühen u. s. w. Keine Wirkung des Feuers aber
kan erfolgen, wenn nicht dasselbe aus seinem natürlichen
Gleichgewichte gesetzt, und in einen engern Raum, als vor=
her, gebracht wird. Dies kan auf eine doppelte Art ge=
schehen, entweder dadurch, daß die Feuertheile in gerade
Linien oder Stralen geordnet werden, welches die Wirkung
der leuchtenden Körper ist, oder durch eine wirkliche Ver=
dichtung, dergleichen durch das Reiben der Körper an ein=
ander entstehet.

Macquer (Chymisches Wörterbuch, Art. Feuer)
sieht nebst vielen andern Chymikern die Lichtmaterie als
das reine elementarische Feuer an. So bald aber dieselbe
ein Bestandtheil der Körper selbst geworden ist, bekömmt
sie bey ihm den Namen des Brennbaren oder des fixen
Feuers, und die Wärme besteht in einer heftigen durch Er=

schütterung erzeugten Bewegung aller gleichartigen und ungleichartigen, besonders aber der brennbaren Theile, die einen Körper ausmachen. Das freye Feuer ist nach seiner
Meinung eine sehr zarte Materie, von unendlich kleinen
und feinen Theilen, die gar keinen Zusammenhang unter
einander haben und durch eine immerwährende reissende Bewegung getrieben werden. Es ist also stets flüßig, ja sogar die einzige Ursache aller Flüßigkeit, auch in andern Körpern. Er untersucht dann, ob Wärme und Licht von einer
einzigen oder von verschiedenen Substanzen herrühren. Daß
das Licht eine eigne Substanz sey, hält er für entschieden,
da man dessen Bewegung und Geschwindigkeit kenne, auch
seine Richtung zu ändern, es zu sammlen, zu zerstreuen,
in die Zusammensetzung der Körper zu bringen und daraus
wieder zu scheiden vermögend sey. Die Wärme hingegen
scheint ihm blos ein besonderer Zustand zu seyn, dessen jede
materielle Substanz fähig ist, ohne daß sie dadurch aufhöret, das zu seyn, was sie ist; daher er sie endlich für eine innere Bewegung der Theile der Körper erklärt. Da
nun das Licht, wie die Brenngläser beweisen, Wärme erregt, auch in den meisten Fällen die Wärme, wofern sie
nur stark genug ist, Licht hervorbringt, so trägt er kein
Bedenken, beyde Wirkungen einer und eben derselben Substanz beyzulegen. Die verbrennlichen Körper besitzen die
Eigenschaft, wenn sie durch die Wärme bis zum Glühen
gebracht worden sind, alle Erscheinungen und Wirkungen
des Feuers selbst hervorzubringen, so lange, bis alles Licht,
welches in ihrer Mischung war (alles Brennbare) daraus
gänzlich entbunden ist. Daher sind drey Arten, das Feuer
hervorzubringen, deren man sich in der Chymie und den
Künsten bedienen kan, nemlich der Stoß des Lichts, das
Reiben, Schlagen und Stoßen, und die Verbrennung
entzündlicher Materien. Das Licht wirkt auf die Körper,
als Feuerwesen, blos alsdann, wenn es in ihnen Wärme
hervorbringen kan; und alle Wirkungen, die es in dieser
Absicht thut, lassen sich auf eine einzige, auf Ausdehnung,
zurückführen. Das von den Körpern zurückgeworfene Licht
macht sie sichtbar, und wirkt als Licht: das in sie eindrin-

gende erwärmt, und wirkt als Feuer, obgleich beydes eine
und eben dieselbe Materie ist.

Pott (Von Licht und Feuer, in dessen Lithogeognosie
Th. I. S. 66. 70.) setzt die Natur des Feuers in die genaue
Vermischung und Bewegung des Lichtwesens mit einer zar-
ten brennlichen Erde, die er auch das Feuerwesen des
Phlogistons, oder gemeines reines Feuer, nennt. Hinzu-
kommendes Wasser oder feuchte Luft bringen mit diesem in
Bewegung gesetzten Phlogiston die Flamme hervor. Wallerius (De materiali differentia luminis et ignis in Disput.
acad. Fasc. I. Holm. et Lipß. 1780. 8. no. VIII.) macht den
Wärme erregenden Stof zu einer höchst flüßigen, feinen,
beweglichen, flüchtigen und elastischen Substanz, die mit
der Lichtmaterie verbunden ist, und von derselben ihre Wirksamkeit erhält, an eine feine erdige Materie gebunden aber
das Phlogiston giebt. Das Feuer erklärt er für die Bewegung und Zersetzung des Wärme erregenden Stofs und
des Phlogistons, wobey die mit jenem verbundene unzer-
störbare Materie des Lichts frey und sichtbar werde. Nach
Herrn Weigel (Grundriß der reinen und angewandten
Chemie, Greifswalde 1777. 8.) und Baume (Erläuterte
Experimentalchymie Th. I. S. 132. ff.) ist das Feuer eine
Materie, welche Licht und Wärme als Wirkungen hervorbringt, und wenn sie zu einem Bestandtheile der Körper
geworden ist, sich entweder frey in ihnen aufhält, den Grundstof der Kausticität ausmacht, und das Feuerwesen genannt wird, oder durch eine feine Erde gebunden ist, und
den Namen des Brennbaren erhält.

Johann Friedrich Meyer (Chymische Verf. zur
nähern Erkenntniß des ungelöschten Kalchs, Hannover und
Leipz. 1764. 8. neuere Ausg. 1770. 8.) unterscheidet die erste reinste Materie des Feuers, die von ihm so genannte
fette Säure (acidum pingue) und das Brennbare von
einander. Die reinste elementarische Feuermaterie ist nach
ihm das Licht. Aus ihr und einem übrigens noch unbekann-
ten sauren Salzwesen läßt er die fette Säure entstehen, welche bey jeder Verbrennung und Verkalkung in Bewegung
gesetzt werden, und die Materie des gemeinen Küchenfeu-

ers ausmachen soll. Das Brennbare besteht nach seiner
Meinung aus dem Lichte, der fetten Säure, Erde und
Wasser, und wird von ihm nicht als ein besonderes Principium, sondern vielmehr als eine Zusammensetzungsart
angesehen, welche in jedem Körper, der brennen soll, vorhanden seyn muß.

Carl Wilhelm Scheele (Chemische Abhdl. von der
Luft und dem Feuer, Upsala und Leipzig 1777. 8.) nimmt
im Gegentheil das Brennbare, als ein einfaches elemen-
tarisches Wesen, an. Aus demselben und der firen Luft
oder der von ihm so genannten Luftsäure entsteht nach seiner Meinung die Feuerluft, oder das, was man sonst mit
Priestley reine dephlogistisirte Luft nennet. Diese Luft verwandlet sich durch die Vereinigung mit einer geringern oder
größern Menge von Brennbaren in die stralende Hitze,
die nach Art einer mit Brennbarem verbundenen Säure auf
die Körper wirkt, die Empfindung der Wärme und die
Wirkungen des Feuers hervorbringt, und also in diesem
freylich etwas sonderbar scheinenden System die eigentliche
Materie des Feuers ist. Wenn diese stralende Hitze mit
noch mehrerem Brennbaren in Verbindung tritt, so wird
daraus das Licht, und bey noch mehrerer Uebersättigung
mit Brennbarem das entzündbare Gas hervorgebracht.
Das Feuer ist der Zustand, in welchen die brennbaren
Körper durch Hülfe der Feuerluft gerathen, nachdem sie vorher einen gewissen Grad der Hitze empfangen haben, wobey das Brennbare von den andern Materien, mit welchen
es verbunden war, gewaltsam losgerissen wird, und dadurch
eine Auflösung der Körper in ihre Bestandtheile und eine
gänzliche Zersetzung derselben verursacht. Dieses System
ist nicht nur von seinem berühmten Urheber mit vielen chymischen Versuchen unterstützt, sondern auch von Bergmann (Anleitung zu chemischen Vorlesungen, auch in der
Vorrede zu Scheeles Schrift selbst) in seinen vornehmsten
Theilen gebilliget worden. Es gründet sich vornehmlich darauf, daß Scheele durch sehr feine Versuche in der Materie des Lichts ein brennbares Wesen fand, und demnach zu
entdecken glaubte, daß die Lichtmaterie nicht ganz so, wie

das Brennbare selbst, wirke, daher er ihr den Begrif eines einfachen Stofs nicht beylegen wollte. Es laſſen ſich aber gegen die Schlüße, welche er aus ſeinen Verſuchen gezogen hat, noch ſehr erhebliche Einwendungen machen, welche man beym Wallerius in der vorhin angeführten Diſſertation De materiali differentia luminis et ignis vorgetragen findet, ſo wie es auch ſchwer zu begreifen iſt, wie man ſo oft leuchten ohne Wärme und Hitze ohne Licht empfinden könne, wenn das Licht in nichts anderm, als einer mit mehrerem Brennbaren überſetzten Wärme beſteht. Dennoch weicht in vielen Stücken das Scheeliſche Syſtem von den neuern ſo weit nicht ab, als es anfänglich ſcheinet.

Lavoiſier (Mémoire ſur la combuſtion in Mém. de l' acad. roy. des Sc. à Paris, 1777. p. 592. deutſch in ſ. Werken von Weigel überſetzt, Th. III. Greifsw. 1783. 8. S. 170. auch in Crells neuſten Entdeckungen, Th. V. S. 188.) nimmt den Stof des Feuers, oder der Hitze und des Lichts für einerley an, und glaubt, dieſer Stof ſey das Auflöſungsmittel, welches mit einem andern Grundtheile verbunden, die reine Luft ausmache. Wenn nun ein hinlänglich erhitzter Körper mit der atmoſphäriſchen Luft (welche zum Theil reine Luft enthält) in Berührung komme, ſo entziehe er ihr den Grundtheil, der Feuerſtof werde frey, und gehe mit Hitze und Licht, d. i. mit Flamme davon. So werde der reine Theil der Luft zerſetzt, und es bleibe nur der verdorbene, oder die ſonſt ſo genannte phlogiſtiſirte Luft übrig; der angezogne Grundtheil der reinen Luft aber bleibe im Reſte des verbrannten Körpers zurück. Dieſe Theorie hat viel einnehmendes und einfaches, erklärt viele Erſcheinungen, und fand deswegen in Frankreich großen Beyfall. Da aber hiebey gar kein Phlogiſton angenommen wird, für deſſen Daſeyn doch viel Gründe vorhanden ſind, da auch die Lichtmaterie ſchwerlich ganz einerley mit dem Feuerſtof ſeyn kan, und der Grundtheil der Luft in dem Rückſtande der Verbrennung noch nicht überzeugend hat dargeſtellt werden können, ſo hat dieſe Hypotheſe viel von ihrem Anſehen verlohren. (ſ. *Gren* Obſ. et Exp. circa geneſin aëris fixi et phlogiſticati. Halae, 1786. 8.)

Kein Naturforscher hat mehr Mühe angewandt, die Materie des Feuers dem Auge sichtbar darzustellen, als Marat (Decouverte sur le feu, l'electricité et la lumiere. à Paris. 1779. 8. ins deutsche übers. mit Anmerkungen von C. E. Weigel, Leipzig, 1783. gr. 8. ingl. Recherches sur le feu par Mr. *Marat*. Paris. 1780. 8.). Er hat sich dazu des Sonnenmikroskops im verfinsterten Zimmer bedient, und mit Hülfe desselben aus glühenden Körpern etwas in Gestalt feuriger Wellen aufsteigen gesehen, welches besondere Verwandschaften gegen andere Stoffe, denen es begegnete, z. B. gegen Wasser, Salze, Erden, Metalle, Phlogiston und Lichtmaterie äusserte. Seinen zahlreichen Beobachtungen zufolge ist dieses Wesen von der Lichtmaterie, dem Phlogiston und der elektrischen Materie wesentlich unterschieden. Er giebt ihm den Namen der Feuermaterie oder der feurigen Flüßigkeit (*fluide igné*), und erklärt es für eine eigne Substanz, deren Theile sehr durchsichtig, zart, schwer, beweglich, äusserst hart und kugelförmig sind. Diese Substanz macht einen Bestandtheil der Körper aus, und das Feuer besteht in dem thätigen Zustande derselben, in welchem sie durch die Bewegung ihrer Theile in den Körpern Wärme und Flamme hervorbringt. Marat brachte in den Lichtkegel seines Sonnenmikroskops nicht allein Körper, die vom Feuer zerstört werden, z. B. einen brennenden Wachsstock, eine glühende Kohle u. dgl., sondern auch solche, die von ihrem Bestande eigentlich nichts verlieren, als glühende Stücken Silber, Porcellan, Bergkrystall u. s. w., sahe aber allezeit auf der weißen Leinwand, die das Bild auffieng, einen hoch aufsteigenden weißen Cylinder, der sich oberwärts erweiterte und in lauter gekräuselte Wellen verbreitete. Es scheint aber der Schluß, daß sich hier die Feuermaterie selbst darstelle, mit allzuviel Uebereilung gezogen zu seyn. Vielleicht bestand diese aufsteigende Säule blos aus dem Brennbaren, welches die Kohle und der Wachsstock bey ihrer Zersetzung aus sich selbst hergaben, die unzerstörlichen Materien aber aus den Körpern, zwischen welchen sie geglühet worden waren, angenommen hatten und wieder von sich gehen ließen, und welches durch

den Schein des brennenden oder glühenden Körpers selbst
erleuchtet ward. Er führt selbst an, daß sich die aufstei=
gende Säule durch den Luftstrom eines Blasebalgs aus ih=
rer geraden Richtung bringen und nach der Seite oder un=
terwärts lenken lasse, welches doch für eine so feine Materie,
die alle Körper durchdringen soll, eine sehr grobe Erschei=
nung ist. Uebrigens bringt er noch Versuche bey, welche
gegen die Erfahrungen der mehresten Naturforscher erweisen
sollen, daß die Körper, wenn sie heiß sind und glühen,
schwerer werden. Er wählte hiezu solche Körper, die im
Feuer nicht so leicht etwas von ihrer Substanz verlieren.
Eine 6 Unzen wiegende silberne Kugel hatte bey dem Roth=
glühen $5\frac{1}{2}$ Gran mehr am Gewichte, und eine bis zum
Weißglühen erhitzte kupferne Kugel von 15 Unzen und 6
Quentchen, wog, ohnerachtet sie nach dem Erkalten drey
Gran von ihrer Substanz verlohren hatte, glühend doch
zwey Gran mehr. Wenn dies richtig wäre, so bewiese es
allerdings unläugbar, daß erhitzte Körper eine Materie in
sich nehmen, die vielleicht oft auch nur hindurchgeht, ohne
sich in ihnen festzusetzen, die sich doch aber auch bisweilen
festsetzen kan. Nach Herrn Marat soll diese Materie, oder
seine feurige Flüßigkeit, sogar specifisch schwerer, als die
Luft, seyn, welcher Satz allzuparadox ist, als daß er nicht
noch weit mehrerer Bestätigung bedürfen sollte. Aehnli=
che Versuche über die Schwere des Feuers hat schon **Boyle** (De ponderabilitate flammae in Opp.) angestellt. Er
glaubte, eine Schwere des Feuers daraus schließen zu kön=
nen, so wie Homberg 4 Unzen Spießglaskönig, die hin=
ter dem großen pariser Brennglase einer starken Hitze waren
ausgesetzt worden, 3 Drachmen schwerer, als vorher fand.
Boerhaave bezeugt, daß er dies bey seinen Versuchen nie
gefunden habe, und **Musschenbroek** bestreitet diese Ab=
wägungen sehr richtig aus dem Grunde, weil ein Körper,
den man einmal kalt, das anderemal heiß wiegt, das erste=
remal in dichterer, das anderemal in dünnerer Luft gewogen
wird, und also schon darum das letztemal schwerer scheinen
muß. s. **Gewicht.**

Eine der ſinnreichſten Theorien über Wärme und Feuer iſt diejenige, welche D. Adair Crawford, ein junger Arzt zu London (Experiments and obſervations on animal Heat and the inflammation of combuſtible bodies. London, 1779. 8 mai. A. Crawfords Verſuche und Beob= achtungen über die thieriſche Wärme und die Entzündung brennbarer Körper, mit W. Morgans Erinnerungen wider die Theorie des Herrn C. Leipzig, 1785. 8.) vorgetra= gen hat. Sie gründet ſich zwar ganz auf Verſuche, welche die Herren Wilke, Black und Irwin ſchon ſeit dem Jah= re 1772 angeſtellt hatten; aber die Beſchuldigung, als ob die Theorie ſelbſt von dieſen Gelehrten entlehnet ſey, iſt un= gegründet und es haben ihr die beyden zuletztgenannten ſelbſt ausdrücklich widerſprochen. Um dieſe Theorie mit möglich= ſter Kürze und Deutlichkeit vorzuſtellen, werde ich derjeni= gen Ordnung folgen, welche die Herren Lichtenberg (in den Erxlebenſchen Anfangsgr. der Naturlehre, Göttingen, 1787. 8. §. 494. b u. f.) und Karſten (Anleitung zur ge= meinnützlichen Kenntniß der Natur, Halle, 1783. 8. XXVI. Abſchn.) bey dem Vortrage derſelben beobachtet haben.

Crawford's Theorie von Wärme und Feuer.

Wer ein Elementarfeuer, oder eine materielle Urſache der Wärme annimmt, der wird auch den Satz gelten laſſen, daß daſſelbe nach den Geſetzen der Verwandſchaft bald mit verſchiednen Körpern in Verbindung treten, bald wiederum von denſelben abgeſchieden werden könne; wenigſtens läſt ſich die Erzeugung der Kälte bey Auflöſungen der Salze, die Erhitzung des ungelöſchten Kalks mit Waſſer, nebſt an= dern ähnlichen Erſcheinungen ohne dieſe Regel ſchwerlich auf eine befriedigende Art erklären. Man muß daher anneh= men, daß ſich das Feuer oder die Materie der Wärme bald in einem freyen, bald im gebundenen Zuſtande befinde.

Freyes Feuer, welches man auch freye oder fühlbare, empfindbare Wärme (ſenſible heat) nennen kan, wirkt auf unſer Gefühl und aufs Thermometer. Die Empfin= dung, welche es in uns erregt, nennen wir ebenfalls Wär= me, und wenn ſie heftig iſt, Hitze. Freyes Feuer breitet sich so lang durch alle benachbarte Körper aus, bis sie alle einerley Temperatur haben, d. i. bis das Thermometer bey allen gleich hoch stehet. Gebundnes Feuer hingegen heißt dasjenige, welches weder auf das Gefühl noch auf das Thermometer wirkt, sondern gleichsam einen bleibenden Bestandtheil den Körper auszumachen scheint.

Jede Materie, welche von allen Seiten mit freyem Feuer oder mit wärmern Körpern umgeben ist, wird dadurch wärmer, wofern nicht etwa ein Theil der Wärme dabey gebunden und unthätig gemacht wird. Sind die Massen, die sich berühren, gleichartig, so vertheilt sich der Ueberschuß der Hitze der wärmern über die kältere unter die ganze Masse gleichförmig. Wenn also a, b die Massen zweener zu vermischenden Körper, m, n, die ihnen zugehörigen Grade der Wärme sind, so wird der Grad der Wärme der Mischung

$$= \frac{am+bn}{a+b}$$

seyn. Dies ist die schon von **Richmann** (Nov. Comment. Petrop. Tom. I. p. 152. 168. sqq.) angegebne Regel, bey welcher übrigens kleine Abweichungen von den Versuchen nicht befremden dürfen, theils, weil doch bey jeder Vermischung ungleich warmer Materien etwas Wärme verlohren geht, theils, weil gleiche Grade des Thermometers bey weitem nicht vollkommen gleiche Vermehrungen oder Verminderungen der Wärme anzeigen. Aus dieser Regel läßt sich unter andern auch finden, wie viel Wasser u. dgl. von gegebnen Temperaturen m, n man zusammen gießen müsse, um eine Mischung von einer mittlern Temperatur μ daraus zu erhalten. Aus $\mu = \frac{ma+nb}{a+b}$ folgt a:

b = μ — n : m — μ. Man soll z. B. eine Mischung von 86 Grad Temperatur aus kälterm Wasser von 50 Grad, und wärmern von 110 Grad hervorbringen; so werden sich die dazu nöthigen Antheile des kältern und wärmern Wassers, wie 110 — 86 : 86 — 50 = 24 : 36 = 2 : 3 verhalten müssen.

Diese Regel trift mit ziemlicher Genauigkeit zu, wenn die vermischten Materien gleichartig, z. B. beyde Wasser,

beyde Queckſilber, ſind. Bey Vermiſchung ungleichartiger Maſſen aber fallen die Reſultate ganz anders aus. Wird
1 Pfund Waſſer von 110 Grad Wärme mit 14 Pfunden
Queckſilber von 50 Grad Wärme vermiſcht, ſo ſollte die
Miſchung den vorigen Regeln zu folge $\dfrac{110 + 14.\ 50}{15} = 54$

Grad Wärme haben; ſie erhält aber, wenn man den Verſuch wirklich anſtellt, 86 Grad empfindbare Wärme oder
freyes Feuer. Dies zeigt offenbar, daß 14 Pfunde Queckſilber nicht ſo viel Feuer oder Wärme binden und unthätig
machen, als 14 Pfunde Waſſer.

Um aus 1 Pfund Waſſer von der Temperatur 110 Grad
eine Miſchung von 86 Grad Temperatur zu bereiten, hätte
man, der vorigen Rechnung zu Folge, $\frac{2}{3}$ Pfund Waſſer
von 50 Grad Temperatur hinzuthun müſſen. Dieſe $\frac{2}{3}$ Pfund
Waſſer hätten alſo eben ſo viel freyes Feuer gebunden, als
14 Pfund Queckſilber. Mithin nimmt 1 Pfund Waſſer
eben ſo viel Wärme an, als 21 Pfund Queckſilber; oder
das Vermögen des Waſſers, Wärme anzunehmen und zu
binden, iſt 21mal größer, als das ähnliche Vermögen einer gleichen oder gleich ſchweren Maſſe Queckſilber. Dieſes wird jedesmal ſtatt finden, wo Waſſer und Queckſilber
ſich zuſammen erhitzen und abkühlen. Man nennt die Zahl
welche ausdrückt, wie viel mehr oder weniger Wärme ein
beſtimmtes Gewicht von einer gewiſſen Materie dem Waſſer mittheilt oder auch wieder von ihm annimmt, als ein
gleiches Gewicht Waſſer von gleicher Temperatur, die ſpecifiſche Wärme der Materie. In dieſem Sinne iſt $\frac{1}{21}$
die ſpecifiſche Wärme des Queckſilbers, wenn die des Waſſers = 1 iſt. Es iſt eigentlich die Fähigkeit des Queckſilbers, Wärme zu binden, 21mal geringer, als eben dieſe
Fähigkeit des Waſſers, oder durch eben die Menge Feuer
wird Queckſilber 21mal ſtärker erhitzt, als eine gleiche
Maſſe Waſſer; daher man dieſe ſpecifiſche Wärme auch
Capacität zu nennen pflegt. Von den Unterſuchungen
über die ſpecifiſche Wärme der Körper, und den Tabellen,
welche Kirwan, Wilke u. a. hierüber mitgetheilt haben,

wird unter dem Artikel: **Wärme**, specifische etwas mehreres vorkommen.

Absolute Wärme hingegen heißt die Summe aller in einem gegebnen Körper enthaltenen Wärme - Materie. Bey gleichartigen Materien von gleicher Temperatur werden sich natürlich die absoluten Wärmen, wie die Massen verhalten. Bey ungleichartigen Materien aber, oder beym Uebergange der Körper aus einem Zustande in den andern findet sich hierinn eine sehr große Verschiedenheit. Schon **Wilke** (Von des Schnees Kälte beym Schmelzen, in den schwed. Abhdl. 34 Band für das Jahr 1772. S. 93.) hat einen merkwürdigen hieher gehörigen Versuch angestellt. Wenn man 162° warmes Wasser mit 32° kaltem zu gleichen Theilen vermischt, so ist die Temperatur der Mischung den obigen Regeln gemäß 97°. Mischt man aber mit eben dem warmen Wasser gleich viel 32° kaltes **Eis** oder **Schnee** dem Gewicht nach, so steigt die Temperatur des Gemisches nicht über 32°, und es bleibt oft noch ein Theil des Schnees ungeschmolzen. Hieraus erhellet augenscheinlich, daß das 32° kalte Eis, um ein eben so kaltes Wasser zu werden, so viel Feuer nöthig hat, als sonst hinreichend ist, eine gleiche Quantität Wasser bis auf 162° zu erhitzen, oder daß es 130° Wärme verschluckt und bindet, daß sie nicht mehr aufs Gefühl und Thermometer wirken kan. Dagegen muß das Wasser beym Gefrieren, oder wenn es sich in Eis verwandelt, eben so viel Feuer oder absolute Wärme absetzen. Aehnliche Phänomene zeigen sich beym Zerschmelzen und Anschießen der Salze, bey dem Erstarren der geschmolzenen Metalle, bey der Verwandlung des Wassers in Dämpfe und der Verdichtung der letztern zu Wasser. Man hat hierauf Methoden gegründet, die Menge der absoluten Wärme in den Körpern zu bestimmen, d. i. auszumachen, wie hoch sie ein Thermometer treiben würde, wenn man sie auf einmal in Freyheit setzte. So hat man gefunden, daß eiskaltes noch nicht gefrornes Wasser noch so viel gebundne Wärme enthält, daß dieselbe, wenn sie auf einmal frey würde, eine empfindbare Hitze von 1300 fahrenheitischen Graden erregen würde, eine Hitze, welche überflüßig hinreichend iſt, Eiſen rothglühend zu machen. ſ. Wärme, abſolute.

Nach den hierüber angeſtellten Verſuchen enthält die gemeine Luft gegen 9mal mehr Feuer oder abſolute Wär= me, und die dephlogiſtiſirte gegen 87mal mehr als ein glei= ches Gewicht Waſſer von gleicher Temperatur; auch die gemeine Luft 69 und die dephlogiſtiſirte 322mal mehr, als das Gewicht gleich viel fixer und phlogiſtiſirter Luft. Die Metalle enthalten weniger Feuer, als ihre Kalke, z. B. der Spießglaskönig, beynahe 3mal weniger, als der Spieß= glaskalk. Vitriolſäure enthält mehr denn 4mal ſo viel Feu= er, als der Schwefel; das Pulsadernblut mehr, als das in den Blutadern; das Waſſer mehr als das Eis. Meh= rere Beyſpiele hievon zeigen die bey dem Worte: Wär= me, ſpecifiſche mitgetheilten Tabellen. Alle dieſe Bey= ſpiele aber ſcheinen nachfolgende Regel zu beſtätigen.

Wenn mit einer Maſſe mehr Phlogiſton verbunden wird, ſo wird dadurch ihre Fähigkeit, das Feuer zu bin= den, vermindert, und ein Theil ihrer abſoluten Wärme ausgetrieben. Wird ihr hingegen Phlogiſton entzogen, ſo wird ihre Fähigkeit, das Feuer zu binden, verſtärkt, und ſie verſchluckt einen Theil des Feuers aus den ſie be= rührenden Körpern.

Dieſem Grundſatze zu Folge ſieht Crawford das Phlogiſton als ein dem Feuer entgegengeſetztes Weſen an, deſſen Vereinigung mit einem Körper das Feuer aus demſelben heraus treibt, dagegen durch die Wirkung des Feuers auf eine Maſſe die Anziehung derſelben gegen das Phlogiſton vermindert wird. Er erklärt hieraus die Unter= haltung der Wärme in den Körpern der lebenden Menſchen und Thiere (ſ. Athemholen, Wärme, thieriſche) in= gleichen die Entzündung und Verbrennung, nebſt den mei= ſten dabey vorkommenden Erſcheinungen ſehr glücklich.

Freyes Feuer wirkt auf alle Körper, welche Brennba= res enthalten, als Auflöſungsmittel. Kömmt nun hiezu ein freyer Zutritt der Luft, deren reiner Theil eine ſtarke Verwandſchaft gegen das Phlogiſton hat, ſo wird dieſelbe ſich mit dem aus dem Körper entwickelten Phlogiſton ver=

binden, und dagegen ihr Feuer fahren laſſen, das ſich theils mit dem Körper verbindet, der das Phlogiſton hergab, theils ſich als frey in der benachbarten Luft vertheilt, und daher eine empfindbare oft ſehr heftige Hitze erregt. Die atmoſphäriſche Luft, mit deren reinem Theile ſich das Phlo= giſton verbindet, wird dadurch in fixe oder phlogiſtiſirte Luft verwandlet, deren ſpecifiſche Wärme 322mal geringer iſt, als die der dephlogiſtiſirten. Man kan ſich hieraus einen Begrif von der großen Menge des Feuers machen, welches bey der Verbrennung der Körper aus der Luft ent= bunden oder frey wird, beſonders, wenn ein beſtändiger Luftzug immer friſche Luft herbey führt, oder die Verbren= nung in dephlogiſtiſirter Luft geſchieht, in welcher Eiſen= dräthe und Uhrfedern wie Schwefelfaden verbrennen.

Das freygewordene Feuer wird dem Gefühl als Wär= me oder Hitze empfindbar; in ſehr vielen Fällen aber wird es auch dem Geſicht als Licht merklich, wie bey dem Glü= hen und der Flamme. Die letztere ſcheint ein in Luftgeſtalt abgeſchiedenes Phlogiſton, nach Volta und Kirwans Vorſtellungen ein entzündetes brennbares Gas zu ſeyn, das ſich vielleicht ſo lang als Flamme zeigt, bis es ſeine Luftge= ſtalt verlohren und ſich mit der atmoſphäriſchen Luft ver= einiget hat. Ein Theil des abgeſchiedenen Phlogiſtons bleibt noch mit den übrigen vom brennenden Körper abge= trennten Theilen verbunden, welche in Geſtalt des Rauches davon gehen, eine Menge Feuertheile mit ſich nehmen, und dieſe in den höhern Gegenden wiederum der Atmoſphäre überlaſſen. Daß übrigens in der Flamme einer Kerze die Hitze ſo heftig, in einer geringen Entfernung davon aber nur ſchwach iſt, rührt daher, weil eben die Feuermenge, welche die phlogiſtiſirte Luft bis auf einen ungeheuren Grad erhitzt, die gemeine atmoſphäriſche Luft nur bis auf einen ſehr mäßigen Grad erwärmet.

Hieraus erklärt ſich, warum das Feuer nicht fortbren= net, wenn die umher befindliche Luft weggenommen wird, oder wenn ſie bereits mit Phlogiſton geſättiget iſt; weil ſie nemlich alsdann keines weiter aufnehmen kann, daher auch keines weiter von der brennenden Maſſe abgeſondert wird.

Eben so erfordert auch die Verkalkung der Metalle im Feuer den Zugang der freyen Luft, und in einem verschloßenen Gefäße kan nur eine bestimmte Menge Metall verkalkt werden, so lange bis die eingeschloßene Luft phlogistisiret ist. Feuer und Luft wirken also bey jeder Verbrennung gemeinschaftlich als Auflösungsmittel; das erste zerlegt den brennenden Körper, indem die Luft sich mit dem Phlogiston verbindet, und dagegen den in ihr enthaltenen Vorrath von Feuer hergiebt. Durch einen Strom frischer Luft aus einem Blasebalge, durch Blasen, durch das Löthrohr u. dgl. wird die Hitze verstärkt, besonders wenn die hinzugeblasene Luft sehr rein ist, weil mit der frischen Luft ein neuer Vorrath von Feuer hinzugeführet, und zugleich die phlogistisirte Luft, welche den brennenden Körper umgiebt, hinweggetrieben wird.

Es kan Stoffe geben, welche von einer schwachen unserm Gefühl kaum merklichen Wärme schon so weit zerlegt werden, daß etwas Phlogiston aus ihnen ausgeht. Sobald dies mit der Luft in Berührung kömmt, kan Hitze und Entzündung entstehen. So erklärt sich die Selbstentzündung des Phosphorus und Pyrophorus an der Luft. Schlechter Pyrophorus wird wenigstens an der Luft warm, und zeigt einen Schwefelgeruch. Wenn Säuren und Oele einander mit Heftigkeit zersetzen, so wird die umliegende Luft plötzlich phlogistisirt, sie muß also dagegen viele Feuermaterie absetzen, welche die Mischung bis zur Entzündung erhitzen kan. Hieraus erklären sich die plötzlichen Erhitzungen der Mischungen des Sassafras = Guajak = oder Nelkenöls mit rauchender Salpetersäure, die Selbstentzündung des mit Kienruß, Hanf und Flachs vermischten Hanföles und Leinöles, die Entstehung der Hitze und Flamme bey der Verwitterung der Kieße, in den Mischungen aus Eisen, Schwefel und Wasser, und bey der Fäulniß, wobey sich ebenfalls viel Phlogiston entbindet, welches die Ursache der Erhitzung des in den Scheuren naß aufgehäuften Heus ist.

Diese sehr sinnreiche Theorie ist von den Naturforschern mit ungemeinem Beyfall aufgenommen worden: auch sind die von **Morgan** dagegen gemachten Einwendungen von keiner Erheblichkeit. Herr de **Lüc**, welcher weit stärkere Zweifel gegen diese Hypothese vorgetragen hat, versichert (Idées sur la metéorologie §. 168.), D. **Crawford** habe ihm eingestanden, daß er mit seinen bisherigen Versuchen zwar selbst nicht ganz zufrieden sey, aber doch alle ihm gemachte Zweifel zu heben hoffe.

De Lüc's Theorie vom Feuer.

De Lüc (Neue Ideen über die Meteorologie, Berlin und Stettin, 1787. 8. Erster Theil §. 115 — 264.) setzt das Feuer unter die Klasse der Dünste, die er von der Klasse der luftförmigen Substanzen unterscheidet. Alle Substanzen beyder Klassen bestehen nach seinem System aus einer fortleitenden Flüßigkeit (*fluide deferent*) und einer bloß schweren Substanz (*substance purement grave*), die sich bey den Dünsten von jener Flüßigkeit durch bloßen Druck losmacht, bey den luftförmigen Substanzen aber weit fester mit ihr zusammenhängt. Bey den Dünsten macht sich das fortleitende Fluidum seiner Seits auch von selbst frey, um sein Gleichgewicht herzustellen; und es giebt der schweren Substanz mehr ausdehnende Kraft, wenn es in mehrerm Ueberfluße zugegen ist. Beym Feuer nun hält de Lüc die fortleitende Flüßigkeit für das **Licht**, und giebt der blos schweren Substanz den Namen der **Feuermaterie**; ob er gleich gesteht, daß ihm diese Substanz, als von dem Lichte abgesondert, und für sich allein existirend, gänzlich unbekannt sey. Das Licht verliert durch seine Verbindung mit der Feuermaterie das Vermögen zu leuchten, erzeugt aber dagegen ein neues sehr auszeichnendes Phänomen, die **Wärme**. Das Feuer hat eine größte Dichtigkeit, über welche hinaus sich ein Theil davon zersetzt und also wieder leuchtend wird. Dieses Größte ist das **Glühen**, und die höchste Stufe desselben das **Weißglühen**, wobey die Zersetzung des Feuers sich auf alle Klassen der Lichttheilchen erstreckt. Durch dieses Größte wird der Grad der Hitze, den wir durch Kunst hervorbringen können, die **Ofenwärme**, eingeschränkt, deren Wirkungen Ausdehnung, Schmelzung

P

und Verdampfung sind. Wenn ein eiserner Stab schnell rings herum geschmiedet wird, so wird er bald glühen, oder Licht und Wärme verbreiten. Diese zwey Phänomene aber werden nicht durch einerley Fluidum erzeugt. Das Licht wird befreyt durch die Zersetzung des einen Theils vom Feuer, die Wärme ist die Wirkung desjenigen Feuers, das unzersetzt entwichen ist.

Die Sonnenstralen sind nicht an und für sich warm, oder wärmend: das Licht muß sich erst mit einer andern Substanz verbinden, um Feuer zu werden, und die Sonnenstralen besitzen nur das Vermögen, diese in den Körpern enthaltene Substanz, oder die Feuermaterie, zu entwickeln. Hieraus erklären sich die sonst räthselhaften Unterschiede der Temperaturen an Orten von einerley Breite, der in der Atmosphäre selbst in der dunkelsten Nacht noch übrig bleibende Lichtschimmer, und die Kälte in den obern Schichten der Atmosphäre, welche doch wenigstens eben so sehr, als die untern, von der Summe der einfallenden und zurückgeworfenen Sonnenstralen durchstrichen werden. Diesen Theil seines Systems hatte Herr de Lüc bereits in den physikalischen und moralischen Briefen über die Geschichte der Erde und des Menschen (141ster Brief u. f.) vorgetragen (s. System über die Wärme, in den leipziger Sammlungen zur Physik und Naturgeschichte II. B. 6tes Stück. S. 643.)

Wärme ist ihm Wirkung des freyen Feuers in andern Substanzen, oder der wirkliche Grad der ausdehnenden Kraft des freyen Feuers. Mit dieser ausdehnenden Kraft steht die Größe der Wärme im Verhältniß, nicht mit der Dichte des Feuers selbst. Herr de Lüc bemüht sich hiebey, aus dem Natursystem des Herrn le Sage, welches ganz auf Stoß und Bewegung gegründet ist, den Satz herzuleiten, daß alle ausdehnbare Flüßigkeiten im Verhältniß ihrer Menge und der Geschwindigkeit ihrer Bewegung wirken müssen, und daß diejenigen Substanzen die meiste Capacität für das Feuer oder für die Wärme haben oder um gleich heiß zu werden, die größte Menge Feuer erfordern, in denen die Feuertheilchen bey ihrer Bewegung durch die Kleinheit oder durch die Form der Poren am öftersten aufgehalten werden. Denn, fagt er, da jedes Theilchen hier weniger Kraft hat, fo ift eine defto größere Menge nöthig, um eben diefelbe totale ausdehnende Kraft zu äußern, oder eben denfelben Grad der Wärme hervorzubringen. Da nun die Luft vom Feuer fehr frey durchdrungen werden kan, fo foll fie nach diefem Syftem eine fehr geringe Capacität für die Wärme haben, ob ihr gleich Crawford eine fehr große beylege, die nemlich 19mal größer, als die Capacität des Waffers, fey. Diefe Angabe, fagt de Luc, fey auf ganz unrichtige Vorftellungen von Capacität gegründet; man müffe bey den Verfuchen nicht gleiche Gewichte, fondern gleiche Volumina vergleichen; fo finde man aus den nemlichen Verfuchen die Capacität der Luft nur $\frac{1}{43}$ von der Capacität des Waffers; und dies fey viel zu wenig, um aus den Veränderungen, welche in einer fo geringen Capacität vorgehen könnten, mit Crawford die große bey der Verbrennung entftehende Wärme zu erklären. Ueberhaupt fey das, was Crawford Capacität oder fpecififche Wärme nenne, nichts weiter, als das längftbekannte Phänomen (Recherches fur les modif. de l'atmofph. par *de Luc.* §. 973.), daß man aus gleichen Thermometerftänden nicht auf gleiche Mengen Feuer fchließen dürfe.

Das Feuer hat eigne Verwandfchaften, und geht dadurch in die Zufammenfetzung der meiften feften, flüßigen und elaftifchen Subftanzen ein. Es tritt wefentlich in die Zufammenfetzung aller brennbaren feften Körper, und blos von diefem im brennbaren Körper enthaltenen Feuer rührt die Wärme her, welche durch das Verbrennen hervorgebracht wird, wenn die dephlogiftifirte Luft fich nicht dabey zerftört, und blos durch fixe Luft erfetzt wird. Dies gefchieht z. B. bey der Verbrennung der Kohle, nach den hierüber angeftellten Verfuchen der Herren Lavoifier und de la Place (Mém. fur la chaleur in den Mém. de l' acad. roy. des fciences, ann. 1780. und deutfch in Lavoifiers phyfifch chymifchen Schriften, überf. von Weigel, 3ter Band, Greifswald. 1785. 8. S. 292. u. f.). Bey der Verbrennung des Phosphorus hingegen wird die dephlogiftifirte Luft wirklich zerftört; dadurch wird auch das

in ihr enthaltene Feuer frey, kömmt zu dem, was der bren=
nende Körper hergiebt, noch hinzu, und die Wärme wird
daher in diesem Falle weit stärker, als in jenem, wo die
dephlogistisirte Luft sich nicht zersetzte. Nach den Versu=
chen der Herren Lavoisier und de la Place ist bey gleich viel
dephlogistisirter Luft die Wärme bey der Verbrennung des
Phosphorus zu der bey Verbrennung der Kohle, wie 7 zu 3.

Wenn sich die dephlogistisirte Luft durch das Verbren=
nen zerstört, so bringt die brennbare Substanz entzünd=
bare Luft hervor. Wenn sich aber die dephlogistisirte
Luft nicht zersetzt, so geht nur dasjenige, was sonst in die
Zusammensetzung der brennbaren Luft kömmt, und was
vielleicht das sogenannte Phlogiston ist, in die Luft über,
und sie wird dadurch fixe Luft. Die Entstehung der ent=
zündbaren Luft in einer brennbaren Substanz reicht aber
nicht zu, um das Verbrennen hervorzubringen; es ist noch
nöthig, daß diese Luft, wenn sie in Berührung mit der
dephlogistisirten kömmt, einen gewissen Grad der Wärme
habe, welchen Herr de Lüc nach einem Versuche über die
freywillige Entzündung des Baumöls auf den 275sten Grad
seiner Scale oder etwa auf 650 Grad des fahrenheitischen
Thermometers setzt. Wenn dieser Grad, den er die brennen=
de Wärme nennt, vorhanden ist, so ist die Erzeugung
des Feuers sehr heftig. Wenn man eine Wärme von die=
sem oder einem noch höhern Grade in den brennenden Kör=
pern unterhalten kan, so scheint dies eins von den kräftig=
sten Mitteln zu Erzeugung neuer Wärme zu seyn, weil
hiebey eine Zerstörung der dephlogistisirten Luft, statt ihrer
bloßen Verwandlung in fixe, entsteht. Hierdurch wird
nun auch eine fortgesetzte Hervorbringung einer brennba=
ren Luft, begleitet mit dem nöthigen Grad der Wär=
me, veranlasset, welche sich mit der dephlogistisirten im
Augenblicke der Berührung entzündet und zersetzet. Durch
diese Zersetzung verwandeln sich beyde Luftarten in einen mit
freyem Feuer überladnen Wasserdunst. Dieser Dunst ist
die Flamme; die große Wärme, welche sie erzeugt,
kömmt von einer großen Menge von plötzlich befreytem Feuer,
und ihre Helligkeit von der Zersetzung eines Theils dieses

Feuers her. Nachdem der Wasserdunst sein Feuer an dem Orte, den die Flamme anzeigt, fahren gelassen hat, so vermischt er sich mit der obern Luft, und erhebt sich schnell mit ihr; daher folgt die untere Luft nach, und erneuert unaufhörlich dieselben Wirkungen. Dies erläutert Herr de Lüc durch das Beyspiel der Lampe des Herrn Argand, bey welcher im Innersten des holen Dachtes stets eine große Hitze unterhalten wird. Wenn man über der Flamme dieser Lampe einen Helm mit einem Schnabel anbringt, so kan man in zwo Stunden eine halbe Unze völlig reines Wasser samlen — ein offenbarer Beweiß, daß sich hier die im Innern des Dachts erzeugte brennbare Luft mit der dephlogistisirten wirklich zersetze, und einen Wasserdunst bilde. Wenn hingegen ein Licht auf die gemeine Art in atmosphärischer Luft brennt, so wird aus Mangel an genugsamer innern Wärme des Dachts keine reine brennbare Luft entbunden; daher wird die dephlogistisirte Luft der Atmosphäre nicht zersetzt, nur in fixe verwandlet. Dadurch entsteht weniger Feuer; auch geschieht die Erneurung der Luft nicht geschwind genug. Die fixe Luft ist nach Lavoisier im Verhältniß 70 zu 47 schwerer, als die gemeine, und kann also, ob sie gleich stark erwärmt wird, dennoch ihrer Schwere wegen nur langsam aufsteigen, und der frischen atmosphärischen Luft Platz machen.

Auch die **Flüssigkeit** ist nichts anders, als eine Wirkung der Verbindung einer gewissen Menge Feuer mit den Theilen der Körper. Wenn ein fester Körper durch Feuer flüssig wird, z. B. wenn Eis zerschmelzt, so kan dasjenige Feuer, welches das Flüssigwerden oder die Zerschmelzung bewirkt, natürlich nichts weiter bewirken, es geht also für das Thermometer und für das Gefühl verlohren. **D. Black** hat gefunden, daß schmelzendes Eis einer gleich großen Menge Wasser 140 Grad Wärme nach Fahrenheit entziehe. Wenn man z. B. eine Masse Eis von der Temperatur 32° mit einer gleichen Menge Wasser von 172° vermischt, so hat nach der Schmelzung des Eises die ganze Wassermasse 32°. Hiemit stimmen auch die Versuche der Herren **de la Place** und **Lavoisier** bis auf einen unbe-

deutenden Unterschied überein (auch der im vorigen ange=
führte Versuch des Herrn Wilke, nur daß dieser statt
172, 162, mithin statt 140 nur 130 hat.). Diese gleich=
sam verschwundene Wärme nennt D. Black verborgene
Wärme des Wassers: de Lüc will sie lieber verborge=
nes Feuer nennen. Nach der Bemerkung des Herrn
Lichtenberg in Göttingen in einem Briefe an de Lüc
vom 21 März 1785 mag wohl die Menge dieses verborge=
nen Feuers bey heisserm Wasser immer größer werden,
weil heißeres Wasser flüßiger ist, oder mehr Tropfen
giebt, als kaltes, mithin die Wärme, welche gebraucht
wird, das vorher schon flüßige noch flüßiger zu machen,
verborgene wird, oder für das Thermometer verlohren
geht. Bey dem Gefrieren äußert sich gerade das Gegen=
theil, und das verborgene Feuer wird wieder wirksam. Es
ist bey dem Artikel: Eis angeführt worden, daß das Was=
ser bis unter die Temperatur des Eispunkts erkalten kan,
ohne zu gefrieren. Gefriert es aber alsdann durch Berüh=
rung, Schütteln u. dgl., so nimmt es augenblicklich die
Temperatur des Eispunktes an, und wird also wärmer.
Diese Wärme ist eine Wirkung des verborgenen Feuers,
welches die gefrierenden Theile absetzen.

Nach Crawford würde man alle diese Phänomene
daraus erklären, daß das Wasser mehr specifische Wärme,
als das Eis, hat, daß also bey der Verwandlung des Eises
in Wasser, und bey allen Schmelzungen überhaupt, Wär=
me oder Feuer verlohren gehen muß. Aber Herr de Lüc
bestreitet hier sehr eifrig die Crawfordischen Ideen von Ca=
pacität, d. i. von Fähigkeit, Feuer zu binden oder von
specifischer Wärme. Er führt zuerst an, es sey unsicher,
die specifischen Capacitäten der Substanzen aus Versuchen
mit einerley Substanz unter verschiedenen Temperaturen
herzuleiten, weil die Substanzen mit der Temperatur zu=
gleich auch die Capacität ändern könnten. Hierauf fügt er
hinzu, die Capacität (d. i. nach ihm die Menge von Feuer,
welche in einer gewissen Substanz erforderlich ist, um einen
bestimmten Grad der Ausdehnung hervorzubringen) hänge
von der Beschaffenheit der Poren der Körper ab, und kön=

ne bey gleichen Graden der Ausdehnung dennoch verfchie-
dyn feyn, daher fey es falfch, die abfoluten Mengen der
fpecififchen Wärme proportionell anzunehmen: ferner fetzten
alle Crawfordifche Berechnungen die fich auf Grade des
Thermometers bezögen, und deren Unterfchiede als abfolute
Mengen der Wärme betrachteten, voraus, daß man die
abfoluten Mengen der Wärme in den Körpern kennte,
welches doch der Fall gar nicht fey, daher auch in den
Schlüßen, durch welche C. feinem Syftem gemäß abfolute Wärmen zu beftimmen fuche, ein beftändiger Cirkel
bleibe. Ueberhaupt habe man fich bisher bey Schätzung
der in den Körpern enthaltenen abfoluten Wärme fehr ge-
irrt. Man fey durch **Brauns** Verfuch über das Gefrieren des Queckfilbers verleitet worden, zu glauben, daß
felbft bey den kälteften Temperaturen noch viel Feuer in den
Körpern fey: aber die neuern Verfuche des **Hutchins**
(Philof. Trans. Vol. LXXIII. P. 2.), nach welchen das
Queckfilber fchon bey — 40° fahrenheitifcher Scale gefriert f. Gefrierung, gäben hievon ganz andere Begriffe.
Endlich fügt er noch hinzu, die ganze Idee von Capacität
erkläre nur einen Nebenumftand, und laffe die Hauptfrage,
wodurch und wie eigentlich das Schmelzen u. dgl. bewirkt
werde, ganz unbeantwortet.

Herr de **Lüc** glaubt, beym Zerfchmelzen werde der
fefte Körper in einen flüßigen durch eine Verbindung des
Feuers mit feinen Theilen vermöge einer chymifchen Verwandfchaft verwandlet; die Verminderung der Wärme aber
entftehe daher, weil das Feuer, welches fo mit den Theilen des Körpers verbunden wird, hiedurch felbft aufhört,
zur Wärme beyzutragen. Dies gefchieht wenigftens in allen Fällen, wo das Schmelzen unmittelbar durch die
Wärme allein bewirkt wird. In andern Fällen, wo beym
Schmelzen andere chymifche Operationen mitwirken, (z. B.
wenn man Eis mit Kochfalz mifcht) fcheint weniger Feuer
verlohren zu gehen; die Urfache hievon aber liegt darinn,
weil das Salz durch feine Auflöfung und Zerfetzung das in
ihm enthaltene Feuer mit hergiebt.

Endlich nimmt Herr de Lüc an, daß in den meisten Substanzen verborgenes Feuer vorhanden sey, und daß das Feuer insbesondere bey allen luftförmigen Flüßigkeiten das fortleitende Fluidum (*fluide deferent*) ausmache. Er sucht umständlich zu erweisen, daß der Grad der fühlbaren Wärme mehr von der Erzeugung und Zersetzung solcher luftförmigen Flüßigkeiten, als von der Capacität der Körper herrühre, und daß besonders die reine und die brennbare Luft sehr viel Feuer enthalten. Die chymischen Unterschiede der Luftgattungen leitet er von den verschiedenen Verwandschaften ihrer Bestandtheile mit dem Feuer ab.

Es ist nicht zu läugnen, daß sich aus seinen Sätzen eine zahlreiche Menge von Phänomenen sehr glücklich erklären läßt, und daß er der Crawfordischen Theorie einige sehr starke Gründe entgegengesetzt hat: wenn er aber mit Herrn le Sage auf die ersten mechanischen Ursachen der Dinge zurückgehen will, und den Theilchen des Feuers, wenn es frey ist, eine Bewegung in Schneckenlinien, oder die Bewegung eines Körpers zuschreibt, der sich um eine andere Axe drehet, als um die er sich fortbewegt, so möchten so kühne cartesianische Behauptungen wohl noch zu frühzeitig für den gegenwärtigen Zustand der Wissenschaft seyn.

Macquers chymisches Wörterbuch mit Herrn Leonhardi Zusätzen, Art. Feuer.

Karstens Anleitung zur gemeinnützlichen Kenntniß der Natur, Halle, 1783. 8. XXVI. Abschnitt.

Erxlebens Anfangsgründe der Naturlehre mit Zusätzen v. G. C. Lichtenberg. Göttingen, 1787. 8. IX. Abschnitt, §. 494 b u. f.

Neue Ideen über die Meteorologie von J. A. de Lüc, aus dem frz. übers. Berlin 1787, II. Bände, gr. 8., I. Band §. 115 — 264.

Feuer, unterirdisches, s. Centralfeuer, Vulkane.

Feuer (St. Elmus) s. Wetterlicht.

Feuerbeständig, Fix, Fixum, *Fixe.* So wird

ein Körper genannt, wenn er durch das Feuer nicht in

Dämpfe verwandlet werden kan. Dem feuerbeständigen wird das flüchtige entgegengesetzt, s. Flüchtig.

Da wir die letzten Stufen der Wirksamkeit des Feuers nicht kennen, so können wir auch nicht wissen, ob es Körper giebt, die selbst bey den höchsten Graden dieser Wirksamkeit nicht in Dämpfe verwandlet werden, d. h. die absolut feuerbeständig sind. Man kan also in der Chymie immer nur von einer relativen Feuerbeständigkeit reden, welche sich auf einen gewissen Grad der Wirksamkeit des Feuers bezieht. So nennt man die Vitriolsäure feuerbeständig, nicht als ob sie allen Graden des Feuers widerstände, sondern weil sie weit weniger flüchtig ist, als die übrigen Säuren. Die Halbmetalle, z. B. den Spießglaskönig, kan man in Vergleichung mit den wesentlichen Oelen und dem Aether feuerbeständig, in Vergleichung mit den Metallen flüchtig nennen. Die feuerbeständigsten Substanzen unter allen bekannten sind die reinen erdigten Grundstoffe.

Die Ursache der Feuerbeständigkeit scheint entweder in der geringen Ausdehnung der Substanzen durch die Wärme, oder noch wahrscheinlicher darinn zu liegen, daß die umgebende Materie, welches bey den chymischen Operationen gemeiniglich die Luft ist, gegen die durch das Feuer in Bewegung gesetzten Theile nicht genug anziehende Kraft äussert, um sie aufzulösen und in sich aufzunehmen.

Macquer chym. Wörterb. Art. Feuerbeständigkeit.

Feuerfest, Apyrum, *Apyre.* Ein Körper heißt feuerfest, wenn er selbst bey der heftigsten Wirkung des Feuers weder schmelzet, noch sonst einige merkliche Veränderung leidet. Man muß den Begrif des feuerfesten sowohl von dem Strengflüßigen als von dem Feuerbeständigen unterscheiden. Der reine Kalkstein z. B. ist strengflüßig, und läst sich gar nicht, oder doch nicht ohne eine Hitze von ausserordentlicher Heftigkeit schmelzen; aber feuerfest ist er nicht, weil die Wirkung des Feuers seine wesentlichen Eigenschaften gar sehr verändert, und ihn in lebendigen Kalk verwandlet s. Kalk. Die vollkommnen Metalle sind feuerbeständig, wenigstens in einem sehr hohen Grade; aber nicht feuerfest, weil sie durch die Wirkung des Feuers schmelzen. Der ganz reine Bergkrystall ist, soviel wir wissen, eine feuerfeste Substanz, weil man noch bisher die stärkste Wirkung des Feuers nicht vermögend gefunden hat, ihn zu schmelzen, oder einige Veränderung in ihm zu bewirken, so lange Zeit man ihn auch dem Feuer ausgesetzt hat.

Macquer chym. Wörterb. Art. Feuerfest.

Feuerfontaine, f. Springbrunnen.

Feuerkugel, Bolis, Globus ardens, *Bolide*, *Globe de feu*. Diesen Namen giebt man einer der sonderbarsten Lufterscheinungen. Man sieht nemlich bisweilen in der Atmosphäre eine große leuchtende Kugel, deren Farbe oft ins rothe fällt, und die sich langsamer oder schneller durch die Luft bewegt. Oft zieht diese Kugel einen hellen Schweif nach sich, der an der Kugel selbst einen gleichen Durchmesser mit ihr hat, weiterhin aber sich in eine Spitze endiget, und etwa 4—5 Durchmesser der Kugel lang ist.

Die Größe dieser Kugeln ist verschieden. Ihr scheinbarer Durchmesser hat bisweilen den vierten Theil des Monddurchmessers (Hist. de l'acad. de Paris 1738, 1740.), bisweilen die Helfte desselben betragen. Seneka (Quaest. Nat. L. I. cap. 1.) und einige Neuere (Philos. Trans. no. 462. 463.) erzählen von Feuerkugeln, die an scheinbarer Größe dem Monde gleich gekommen seyen, und Gassendi (Physicae Sect. III. L. II. c. 7.) von einer, deren Durchmesser doppelt so groß als der des Monds geschienen habe; da er sie aber eine Fackel (facem) nennt, so scheint sie keine völlig runde Gestalt gehabt zu haben Kirch (Ephem. Natur. Curios. anni 1686) sahe im Jahre 1686 eine zu Leipzig, deren Durchmesser dem Halbmesser des Monds gleich war, und bey deren Lichte man lesen konnte. Weit größer war die, welche Balbi (Comm. Bonon. To. I. p. 268.) 1719 zu Bologna beobachtete. Sie schien so groß als der Vollmond, glich einem brennenden Kampher und leuchtete so stark, als die aufgehende Sonne. Auf ihrer Oberfläche sahe man vier Schlünde, woraus Rauch und Flammen hervorbrachen. Aus gleichzeitigen Beobachtungen ihrer scheinbaren Höhen an verschiedenen Orten schloß man ihre wahre Höhe über der Erdfläche zwischen 16000 und 20000 Schritt, und ihren wahren Durchmesser 3560 Schuh. Sie verbreitete überall einen Schwefelgeruch, und zersprang mit einem heftigen Knalle. Weit näher kam der Erde diejenige, welche nach **Chalmers** Bericht 1748 mitten im Ocean gegen ein Schif heran kam (Philos. Transact. No. 494. p. 366.). Sie schien an der Oberfläche des Meeres hinzustreichen, zersprang in einer Entfernung von 40 — 50 Ellen vom Schiffe mit einem Getöse, das dem Knallen von hundert Canonen glich, erfüllte das ganze Schif mit einem Schwefelgeruch, zerbrach einen Mast, spaltete den andern, warf fünf Menschen zu Boden, und beschädigte einen sechsten durch Verbrennungen an der Haut.

Zu Paris verbreitete eine am 17 Julius 1771. um 10 Uhr 36. Min. Abends erschienene Feuerkugel ein allgemeines Schrecken. Sie ließ sich gerade zu einer Zeit sehen, da der Duc de Chaulnes Versuche mit einem elektrischen Drachen anstellte, und der große Haufe glaubte durchgängig, das fürchterliche Phänomen sey durch diese Versuche herbeygezogen worden. Dies bewog Herrn **de la Lande**, die Beobachtungen hierüber zu sammlen, und mit einigen Bemerkungen zu begleiten; auch hat le **Roy** (Mém. de l' acad. des Sciences. ann. 1771. p. 668.) von diesem Meteor eine eigne Abhandlung geliefert. Diese Kugel ward in einem großen Theile von Frankreich gesehen, und schien in Paris größer und heller als der Mond. Sie zersprang mit Krachen, und erschütterte dabey die Luft so, daß die Fenster und das Hausgeräthe zitterten, und einige glaubten es sey ein Erdbeben dabey. Die Kugel war über England entstanden und auch um Oxford sichtbar gewesen; ohngefähr um Melün, südsüdwestlich von Paris zersprang sie. Als man sie wahrnahm, muß sie mehr als 41076 Toisen hoch über der Erde gewesen seyn, und bey ihrem Zerspringen über 20598 Toisen. Sie mag 6 — 8 Stunden Weges (*lieues*) in einer Secunde durchlaufen, und

mehr als 500 Toisen im Durchmesser gehalten haben.
Der Himmel war bey der Erscheinung dieser Kugel vollkommen klar.

Einige Feuerkugeln drehen sich um ihre Are. Gewöhnlich verschwinden sie in einigen Secunden, man hat aber
auch Beyspiele, da sie mehrere Minuten lang sichtbar geblieben sind. Nach des Ulloa Erzählung (Hist. de l'
acad. de Paris, 1751.) sind sie bey der Stadt Santa Maria de la Parilla so häufig, daß viele in einer Nacht gesehen werden: überhaupt aber sind sie selten. Zuweilen verschwinden sie auch ohne Schall.

Alle Naturforscher gestehen einmüthig, daß die Ursache und Entstehungsart der Feuerkugeln von so ungeheuren
Größen und in so beträchtlichen Höhen äusserst schwer zu begreifen sey. Musschenbroek (Introd. ad philos. natur.
To. II. §. 2541.) schließt aus dem Schwefelgeruche der
Feuerkugeln, daß sie aus schweflichten und andern entzündlichen Ausflüßen bestehen, welche zum Theil aus den Vulkanen, oder bey Erdbeben aus den unterirdischen Hölen,
in die Luft aufgestiegen, und vom Winde zusammengetrie-
ben worden sind, eine Wolke bilden, und durch Zusammenkommen mit andern Dünsten, oder irgend eine andere
Ursache, entzündet werden. Andere Naturforscher hingegen haben ihrer erstaunlichen Höhe, Größe und Geschwindigkeit wegen es ganz aufgegeben, sie aus irdischen Dünsten zu erklären. So hält sie Halley, (Philos. Transf.
no. 341.) für Materie, die im großen Weltraume zerstreut
sey, sich durch die allgemeine Anziehungskraft irgendwo
gesetzt habe, und von der Erde auf ihrem Wege angetroffen werde, noch ehe sie eine ansehnliche Geschwindigkeit gegen die Sonne erhalte. Hartsoeker (Conjectures physiques, à la Haye. 1707 — 1710) erklärt sie geradehin für
Kometen und Pringle (Phil. Trans. Vol. L. P. I. p. 163.)
für Körper, welche beständig im Kreise umlaufen. Ich sehe
doch nicht, wie man dies mit ihrem Zerplatzen vereinigen will.

Als es gewöhnlich ward, alles aus der Elektricität herzuleiten, hat man auch die Feuerkugeln durch dieselbe zu
erklären gesucht. Beccaria (Lettere dell' elettricismo,

1758. 4.), der hiebey seiner Einbildungskraft unstreitig zu viel nachgegeben hat, behauptete zuerst, daß das sogenannte Sternschießen eine blos elektrische Erscheinung sey (s. Sternschnuppen), und da der fliegende Drache und die Feuerkugeln blos dem höhern Grade nach von dem Sternschießen unterschieden zu seyn scheinen, so war er geneigt, auch diese für elektrische Phänomene zu halten. Dafür hat sie auch Hartmann (Von der Verwandschaft der elektrischen Kraft mit den erschrecklichen Lufterscheinungen. Hannover, 1759. 8.) erklären wollen, und seit dieser Zeit hat man in den meisten Lehrbüchern der Naturlehre die Feuerkugeln entweder geradehin für elektrische Erscheinungen ausgegeben, oder doch wenigstens bemerkt, daß sich bey ihrer Entstehung Elektricität mit einmische. Reimarus hingegen (Vom Blitze, Hamburg, 1778. 8. S. 568.), der überhaupt den gewagten Erklärungen der Meteore aus der Elektricität nicht günstig ist, urtheilt hievon ganz anders. Er gesteht zwar, daß er von den Feuerkugeln keinen recht wahrscheinlichen Grund anzugeben wisse; daß sie aber doch von elektrischen Feuerballen oder wahren Blitzen sehr unterschieden seyn, zeige sowohl ihr Ansehen, und ihre Art von Bewegung, als auch die überaus große Höhe von der Erde, wo sie sich zu zeigen pflegen, und wo die Luft so verdünnt seyn müsse, daß sich keine Wolken mehr bilden könnten, und die Elektricität gewiß nur wie im luftleeren Raume sich ausbreiten, nicht aber in geballtem Feuer erscheinen könnte. Diese erstaunliche Höhe der Feuerkugeln aber ist aus dem weiten Umfange, in welchem sie auf der Erde gesehen werden, und der bey manchen sich auf 4 Grad in die Breite und 11 Grad in die Länge erstreckt hat, ganz unläugbar. Daß man bisweilen beym Niederfallen der Feuerkugeln elektrische Wirkungen wahrgenommen haben will, ist noch kein Beweiß ihres elektrischen Ursprungs, weil auch andere schnell durch die Luft bewegte Körper Elektricität erregen können. Auch scheint man bisweilen für Feuerkugeln gehalten zu haben, was in der That wahre Blitze gewesen sind, welches vermuthlich bey der oben angeführten von Chalmers erzählten Begebenheit auf dem englischen

Schiffe im Jahre 1748 der Fall gewesen seyn mag.

Bergmann (Physikalische Beschr. der Erdkugel nach Röhls Uebers., Greifsw. 1780. gr. 8. §. 131.) nimmt, wie mir däucht, sehr richtig, verschiedene Gattungen von Feuerkugeln an. Was die niedrigsten betrift, folgt er Musschenbroeks Meinung: nur meint er, es sey schwer zu begreifen, wie eine solche gewiß sehr lockere Kugel ihre erstaunliche Geschwindigkeit behalten könne, da die viel dichtere Canonenkugel wegen des Widerstandes der Luft nicht zwo Meilen zu gehen vermöge. Eine andere Gattung Feuerkugeln, die zuweilen bey Donnerwettern entstehen, und an der Erdfläche hingehen, wie die am englischen Schiffe im Jahre 1748, scheint ihm von anderer Beschaffenheit und dem Blitze ähnlicher zu seyn. Die höchsten endlich versucht er von der gröbern Materie des Zodiakallichts oder der Sonnenatmosphäre herzuleiten, deren feinerer Theil nach Mairans Hypothese die Ursache der Nordlichter ist, s. Atmosphäre der Sonne, Nordlicht. Wenigstens, meint er, sey dies nicht unglaublicher, als andere bisher angegebene Muthmassungen. Er wünscht endlich, daß man einmal Gelegenheit finden möchte, die Substanz einer zerplatzten Feuerkugel an dem Orte, wo sie niedergefallen sey, zu untersuchen, welches freylich das beste Mittel zur Entdeckung der wahren Natur dieses Meteors seyn würde.

Die meisten Naturforscher erklären die Feuerkugeln, so wie den fliegenden Drachen und die sogenannten Sternschnuppen, welche sich blos dem Grade nach von jenen zu unterscheiden scheinen, für Wirkungen fetter, ölichter, entzündlicher oder auch nur blos leuchtender Dünste; wiewohl bey den Feuerkugeln eine wirkliche Entzündung mit Explosion unläugbar vorhanden ist. Sollte nicht, wie Volta (Briefe über die Sumpfluft. a. d. ital. Winterthur 1778. 8.) von den Irrlichtern und Sternschnuppen vermuthet, die brennbare Luft, welche ihrer Leichtigkeit halber bis in die größten Höhen aufsteigt, und mit atmosphärischer Luft vermischt einer Entzündung mit Explosion fähig wird, (s. Gas, brennbares) einen großen Antheil an allen

dieſen Erſcheinungen haben? **Von Herbert** (De aëre
fluidisque ad aeris genus pertinentibus. Vienn. 1779. 8.)
hält dieſes für ganz entſchieden.

Muſſchenbroek Introd. ad Philoſ. natur. To. II. §. 2541. ſqq.
Bergmann phyſik. Beſchreibung der Erdkugel durch Röhl.
Th. II. §. 131.
Sigaud de la Fond. Dict. de phyſique art. *Globe de Feu.*

Feuerluft, ſ. **Gas, dephlogiſtiſirtes.**
Feuermaſchine, ſ. **Dampfmaſchine.**
Feuerſpeyende Berge, ſ. **Vulkane.**

Fibern, Faſern, Fibrae, *Fibres.* So nennt man
die feinen cylindriſchen oder fadenförmigen Körper, aus
welchen verſchiedne Theile der Pflanzen und der thieriſchen
Körper zuſammengeſetzt ſind. Aus den Faſern des Hanfs,
leins, der Baumwolle und einiger Baumrinden
werden nach gehöriger Zubereitung Fäden geſponnen, und
zu Geweben verbraucht. Weit merkwürdiger aber ſind die
Fibern des thieriſchen Körpers, vorzüglich diejenigen,
aus welchen die Muſkeln beſtehen, die **Muſkelfibern,**
Fleiſchfaſern (fibrae mulculares), weil durch ſie alle
Bewegungen der thieriſchen Körper hervorgebracht werden,
die eine ſo wichtige Quelle von Bewegung in der Körperwelt ausmachen, ſ. Bewegung.

Man hat, um die Bewegung und Wirkung der Muſkeln zu erklären, eine Menge verſchiedner Muthmaſſungen
vorgebracht, von denen einige der vornehmſten bey dem
Worte: **Muſkeln** vorgetragen werden ſollen. Eine der
wahrſcheinlichſten iſt die, welche den Fleiſchfaſern eine **Reiz-**
barkeit (irritabilitatem) beylegt, d. i. ein Vermögen,
ſich durch jeden mechaniſchen Reiz zuſammenzuziehen.
Dieſe Muthmaßung hat vorzüglich Herr von **Haller** (Mémoires ſur la nature ſenſible et irritable des parties du
corps animal, à Lauſanne, 1756. To. IV. 12m. ingl.
De partibus corporis humani ſentientibus et irritabilibus,
Sermo I — IV. in Nov. Comm. Gotting. To. I — IV.
Man ſ. auch I. Ge. *Zimmermann* Diſſ. de irritabilitate,
Gott. 1751. 4.) dadurch wahrſcheinlich gemacht, daß die
Bewegungen der Muſkeln bey einer äuſſern Reizung ſelbſt

nach ihrer Trennung vom Gehirn noch eine Zeit lang, zu=
weilen mehrere Stunden fortdauren, auch die Bewegung
des Herzens nach deſſen Abſonderung vom Körper noch eine
Zeit lang anhält. Dieſe Meinung hat ſoviel Beyfall ge=
funden, das man anjetzt die Reizbarkeit, d. i. das Zuſam=
menziehen und Bewegen bey einer äuſſern Reitzung für ein
entſcheidendes und weſentliches Kennzeichen der Muſkelfa=
ſer annimmt. Inzwiſchen iſt es mit dem Syſtem der
Reizbarkeit eben ſo, wie mit ſo vielen andern Theorien der
Naturlehre beſchaffen: Reizbarkeit iſt eben ſo, wie Attra=
ction u. dgl. mehr ein Ausdruck eines allgemeinen Phäno=
mens, als eine Erklärung der Urſache deſſelben; und die
Art, wie die willkührlichen Bewegungen vermöge der Muſ=
kelfibern hervorgebracht werden, möchte wohl für uns auf
immer ein unerforſchliches Geheimniß bleiben.

Auch andere feſte Theile des thieriſchen Körpers, Ge=
fäße, Knochen u. dgl. ſind aus Fibern oder Faſern zuſam=
mengeſetzt. Man nimmt von den Fibern überhaupt an,
daß ſie aus erdigten Theilen beſtehen, welche durch eine
Gallerte (gluten) von Oel und Waſſer zuſammengehal=
ten werden. Man ſchreibt einer jeden Fiber eine elaſtiſche
Kraft zu, vermöge der ſie ſich, wenn ſie ausgedehnt wor=
den iſt, wiederum in ihren vorigen Zuſtand ſetzet; und
legt überdies den reizbaren Fibern eine toniſche Kraft bey,
vermöge der ſie ſich zuſammenzuziehen ſtreben, auch ohne
vorher ausgedehnt worden zu ſeyn. Im Alter erſchlaffen
die Fibern durch den langen Gebrauch, und der Körper
wird zu allen davon abhangenden Verrichtungen und Be=
wegungen von Zeit zu Zeit unfähiger. Die Empfindun=
gen und Leidenſchaften haben auf die toniſche Kraft der
reizbaren Fibern einen ungemein ſtarken Einfluß; der Zorn
verſtärkt, und die Furcht ſchwächt dieſe Kraft derſelben,
ob gleich die Art und Weiſe, wie dies bewirkt wird, ganz
unerklärbar bleibt. Noch einiges hiemit zuſammenhän=
gende wird man bey dem Worte: Muſkeln finden.

Figur, ſ. Geſtalt.

Figur der Erde, ſ. Erdkugel, unter dem Abſchnit=
te: Abgeplatete Gaſtalt der Erde.

Filtriren, Seihen, Durchseihen, Filtratio, *Filtration*. Eine Operation, wodurch man die einer flüſſigen Materie beygemengten Unreinigkeiten oder fremden Theile ſcheidet, indem man ſie durch einen Körper gehen läſt, deſſen Oefnungen die flüßige Materie hindurchlaſſen, die fremden Theile hingegen aufhalten. Der hiezu gebrauchte Körper heißt das **Filtrum** oder **Seihezeug,** der **Seiher** (filtrum, *filtre*).

Das Filtrum muß von einer ſolchen Beſchaffenheit ſeyn, daß es von der durchgehenden flüßigen Materie nicht angegriffen wird, und derſelben nichts abgiebt, auch müſſen ſeine Oefnungen kleiner ſeyn, als die Theile der Subſtanzen, die man von der Flüßigkeit abſondern will. Man gebraucht dazu am gewöhnlichſten feine wollene Zeuge, Leinwand und vornemlich Löſchpapier. Daraus wird entweder ein **Filtrirſak** (Manica Hippocratis, *Chauſſe*) in Geſtalt eines umgekehrten holen Kegels gemacht, oder man legt das Löſchpapier in die Form eines Trichters zuſammen, bringt es in einen gläſernen Trichter, und legt etwas zwiſchen das Papier und die Seitenwände des Trichters, um das unmittelbare Anliegen des Papiers zu verhüten. Hat man viel durchzuſeihen, ſo befeſtigt man eine Leinwand an die vier Ecken eines hölzernen Rahmens, doch ſo, daß ſie nicht geſpannt iſt, belegt das Innre mit Papier und gießt den zu filtrirenden Liquor darauf. Oft kan auch ein Haufen feiner Sand, oder eine gewiſſe Art Stein, deren Baſis die Bitterſalzerde iſt, und die deswegen **Filtrirſtein** heißt, zum Seihezeuge dienen.

Klebrichte dicke Materien, wie die ſyrupartigen und ſchleimichten, auch die ſehr geſättigten Auflöſungen der Salze gehen nicht gut durch die Seiher; die letztern müſſen ſiedend filtrirt werden, weil ſie in dieſem Zuſtande flüſſiger ſind. Theile, die in der flüßigen Materie wirklich aufgelöſet ſind, können durchs Filtriren von ihr nicht geſchieden werden; man muß ſie vorher durch das in jedem Falle erforderliche Verfahren niederſchlagen oder zum Gerinnen bringen.

Q.

Das zuerst durchlaufende ist allezeit trüb, und muß zum zweytenmale filtrirt werden, weil die Oefnungen des Seihers im Anfang zu weit sind, und erst durch das Auf-quellen von der Feuchtigkeit gehörig verengert werden. **Macquer** chym. Wörterb. Art. **Durchseihen**.

Finsternisse, Verfinsterungen der Himmels-körper, Eclipses, Defectus Solis vel Lunae, *Eclipses*. Diesen Namen führen diejenigen Himmelsbegebenheiten, wobey ein Himmelskörper durch das Dazwischentreten eines andern dunkeln, ganz oder zum Theil verdeckt oder seines Lichts beraubt wird. Sie führen den Namen der Eklipsen von dem griechischen Worte ἐκλείπειν, deficere, und sind entweder **particelle,** wenn durch den dazwischentretenden Körper nur ein Theil des andern, oder **totale,** wenn der letztere ganz unsern Augen entzogen wird.

Man kennt in der Sternkunde dreyerley Arten der Ver-finsterungen, die **Sonnenfinsternisse, Mondfinster-nisse** und **Verfinsterungen der Trabanten,** besonders des Jupiters, von welchen wir das nöthigste unter eigne Abschnitte bringen wollen.

Mondfinsternisse.

Bisweilen scheint der **volle Mond** sein Licht so zu verlieren, daß es aussieht, als ob eine runde schwarze Scheibe von Morgen gegen Abend vor ihn rückte, nach und nach immer einen größern Theil der Mondscheibe be-deckte, und diese zuletzt allmählig wieder verließe. Eine solche Begebenheit heißt eine **Mondfinsterniß** (Eclipsis lunae s. lunaris, defectus lunae, *Eclipse de lune*). Sie erfolgt aber niemals zu anderer Zeit, als beym Vollmonde, d. i. wenn der Mond der Sonne gegenüber gesehen wird, mithin die Erde zwischen Sonne und Mond steht, und ih-ren Schatten der Sonne gegenüber gerade in die Gegenden des Monds wirft. Auch erfolgen die Mondfinsternisse nicht bey allen Vollmonden, sondern nur dann, wenn der Mittelpunkt des Vollmonds nahe bey der Ekliptik oder bey seinem Knoten steht, d. i. nahe an dem Orte, der der

Sonne ganz genau entgegengesetzt ist, an welchen also zu dieser Zeit der Schatten der Erdkugel hinfallen muß. Es läßt sich daher nicht zweifeln, daß der auf die Mond= scheibe fallende Erdschatten die Ursache der Mondfinster= nisse, und die schwarze Scheibe, welche dabey vor den Mond zu rücken scheint, der kreisförmige Durchschnitt des kegelförmigen Erdschattens in der Gegend der Mondbahn sey. Dies wird dadurch völlig gewiß, daß man nach dieser Voraussetzung die Mondfinsternisse vorhersagen, und mit allen dabey vorkommenden Umständen in voraus auf das genauste berechnen kan.

Die Mondfinsterniß ist also nichts anders, als ein Durchgang des Monds durch den Schatten der Erde, wo= bey der im Erdschatten befindliche Theil, bisweilen auch die ganze Mondscheibe, ihr von der Sonne entlehntes Licht verliert.

Es sey Taf. IX. Fig. 27. in S die Sonne, in C die Er= de, so ist E H F der Erdschatten, welcher nach optischen Grundsätzen eine kegelförmige Gestalt haben, und sich bis H, etwa 217 Erdhalbmesser weit von E C F erstrecken muß, s. Schatten. Dieser Erdschatten wird von den äussersten Stralen der Sonne A H und B H begrenzt, und heißt der wahre Schatten, weil den Orten, die sich in ihm befin= den, wegen der im Wege stehenden Erde, kein Punkt der Sonne sichtbar seyn kan. Ist nun M L ein Theil der Mondbahn, so kan der Mond, der nur etwa 60 Erdhalb= messer von C entfernt ist, bey r, wo er von der Erde aus der Sonne gegenüber oder als Vollmond gesehen wird, in diesen Schatten treten, bey m gänzlich verfinstert seyn, und bey t wieder aus dem Schatten hervorkommen.

Es folgt aber nicht, daß dies bey allen Vollmonden geschehen müsse. Wenn in der Figur die Fläche des Pa= piers die Ebne der Ekliptik vorstellt, so liegt die Mond= bahn, wovon M L ein Theil ist, nicht in eben derselben Fläche, sondern macht mit ihr einen Winkel von etwa 5 Graden, schneidet sich mit ihr in einer geraden Linie, wel= che die Knotenlinie heißt, und wird von dieser Linie in zween Theile getheilt, wovon der eine über, der andere un=

ter die Fläche der Figur fällt, indem die Knotenlinie in dieser Fläche selbst liegt. Wenn also zu der Zeit, da der
Mond nach r kömmt, die Knotenlinie nicht weit von der
Lage Cm abweicht, d. h. wenn ein Knoten des Monds in
oder nahe bey m fällt, so wird der Mond der Ebne der
Ekliptik nahe kommen, und also den Erdschatten treffen
können; ist er aber zu eben der Zeit von seinem Knoten
entfernt, so geht er, nach der Lage der Figur zu reden, über
oder unter dem Schatten vorbey, und leidet keine Verfinsterung, welches der Fall bey den meisten Vollmonden ist.
Da der gröste scheinbare Halbmesser des Erdschattens 47
Min. und der des Monds 17 Min. beträgt, so kan keine
partielle Finsterniß mehr statt finden, wenn die Breite
des Monds (d. i. der Abstand seines Mittelpunkts von der
Ekliptik) im Augenblicke des Vollmonds 64 Min. (47 + 17),
und keine totale, wenn sie 30 Min. (47 — 17) übersteigt; wovon das erste erfordert, daß der Mond über
12 — 13 Grad, das letztere, daß er über 6 Grad vom nächsten Knoten entfernt sey. Dies erläutert Taf. IX. Fig. 28.,
wo ℧ den Knoten des Monds, E L ℧ die Ekliptik, C ℧ die
Mondbahn darstellet. Steht im Augenblicke des Vollmonds der Erdschatten in E, 13 Grad von ℧ entfernt,
daß E C 47 + 17 = 64 Min. beträgt, so streicht der Mond
C nur gerade am Rande des Schattens hin, ohne verfinstert zu werden; bey L aber, 6 Grad von ℧, ist die gröste
Entfernung, in der sich der Mond ganz in den Erdschatten
einsenken kan.

Es giebt daher bisweilen ganze Jahre, in welchen keine
Mondfinsterniß vorfällt, weil alle Vollmonde derselben zu
weit von den Knoten der Mondbahn entfernt sind, wie
z. B. die Jahre 1781 und 1788: gemeiniglich aber ereignen
sich zwey Mondfinsterniße in jedem Jahre, die letztere 6
Monate nach der ersten.

In der Gegend der Mondbahn ist der Schattenkegel
der Erde noch fast dreymal breiter, als der Mond, so daß
letzterer nicht allein völlig verfinstert werden, sondern sich
auch eine Zeit lang im völligen Schatten verweilen kan.
Eine solche Finsterniß heißt eine totale mit Dauer (to

talis cum mora) und wenn der Mond im Augenblicke der Opposition im Knoten selbst ist, daß also die Mittelpunkte des Erdschattens und der Mondscheibe auf einander fallen, eine centrale, bey welcher die Dauer der totalen Verfinsterung auf $1\frac{3}{4}$ Stunden betragen kan.

Um den wahren Schatten der Erde herum befindet sich noch der Halbschatten (penumbra) EL, FM Taf. IX. Fig. 27., der von den Lichtstralen AFMK und BELI begrenzt wird, und in welchem immer noch ein Theil der Sonne zu sehen ist. Kömmt z. B. der Mond in M. so fängt der Rand der Erdkugel F an, ihm den Sonnenrand A zu verdecken; je weiter er nach r rückt, desto mehr wird die Sonne von der Erde bedeckt, bis endlich in r die ganze Sonnenscheibe bedeckt zu werden anfängt. So sehen die Bewohner des Monds, so lange sie sich im Halbschatten befinden, eine partielle, und wenn sie in den wahren Schatten kommen, eine totale Sonnenfinsterniß. Auf der Mondscheibe ist der Halbschatten nicht so deutlich zu bemerken; er zeigt sich nur vor und nach dem Ein- und Austritt in den wahren Schatten dadurch, daß er die Mondflecken etwas trüb und unkenntlich macht. Inzwischen verliert er sich dennoch so unmerklich in den wahren Schatten, daß dadurch die Beobachtungen des Anfangs einer Mondfinsterniß immer ungewiß gemacht werden.

Da die Mondfinsterniß eine wirkliche Beraubung des Lichts ist, so muß sie von allen Einwohnern der Erde, bey denen sie sichtbar ist (oder denen der Mond zur Zeit der Verfinsterung über dem Horizonte steht), zu einerley Zeit und auf einerley Weise gesehen werden. Dies macht die astronomische Berechnung der Mondfinsterniß sehr einfach. Wenn man die Zeit, da eine solche Finsterniß einfallen wird, vorläufig kennet, wozu die Astronomie leichte Regeln vorschreibt, so läst sich aus den astronomischen Tafeln die genaue Zeit des Vollmondes für den Meridian eines gewissen Orts auf der Erde, und für diese Zeit die Breite, stündliche Bewegung und der Halbmesser des Monds, die stündliche Bewegung und der Halbmesser der Sonne, die Mond- und Sonnenparallaxe u. s. w. finden, woraus man mit

Hülfe einiger aſtronomiſchen Lehrſätze den ſcheinbaren Halb=
meſſer des Erdſchattens berechnen, und dann entweder durch
Rechnung oder noch leichter durch Zeichnung, Anfang,
Mittel, Ende, Größe der Finſterniß, und alle übrige
Umſtände beſtimmen kan. Anleitungen dazu finden ſich in
den Lehrbüchern der Sternkunde (Aſtronomiſches Hand=
buch von de la Lande, aus d. frz. Leipz. 1775. gr. 8.
§. 620. u. ſ. Bode kurzgefaßte Erläuterung der Stern=
kunde, Berlin 1778. 8. Zweyter Theil, §. 538 u. ſ.).

Die Größe einer Mondfinſterniß drückt man nach
einer alten Gewohnheit in Zollen, d. i. in Zwölftheilen des
Mondburchmeſſers, und in Minuten, oder Sechzigthei=
len der Zolle aus. Erreicht der Erdſchatten z. B. gerade
den Mittelpunkt der Mondſcheibe, ſo ſagt man, die Größe
der Verfinſterung betrage 6 Zoll. Die totale Verfinſte=
rung macht 12 Zoll aus; man rechnet aber hiebey noch die
Zolle hinzu, um welche ſich der Mond in den weit größern
Erdſchatten einſenkt; daher bey den totalen Mondfinſterniſ=
ſen mit Dauer, die Größe bis auf 21 Zoll und drüber ſteigen
kan.

Bey gänzlichen Mondfinſterniſſen iſt bisweilen der
Mond völlig verſchwunden, wie Kepler (Aſtron. Opt.
p. 227. Epit. Aſtr. Copern. L. V. p. 825.) von den am 9
Dec. 1601. und am 15 Jun. 1620 meldet. Hevel (Seleno-
graph. Cap. VI. fol. 117.) verſichert, am 25 Apr. 1642.
habe man bey einer gänzlichen Verfinſterung den Ort des
Monds auch durch Fernröhre nicht entdecken können, ob=
gleich der Himmel ſo heiter geweſen, daß man die Sterne
der fünften Größe geſehen habe. Dergleichen gänzliche
Verſchwindung aber ereignet ſich ſehr ſelten. Mehren=
theils ſieht man den Mond ſelbſt während der totalen Ver=
finſterung noch wie eine Kugel von hell= oder dunkelrother
Farbe. Taf. IX. Fig. 27. wird leicht erläutern, wie dieſes
vermittelſt derjenigen Sonnenſtralen geſchehen könne, wel=
che auf die Atmoſphäre der Erde um die Gegend von E und
F fallen, und beym Durchgange durch die Luft ſo gebro=
chen werden, daß ſie den Mond treffen. In der Erdferne
erſcheint der Mond gewöhnlich heller und röther, als in der

Erdnähe; vermuthlich weil der Schatten daselbst schmäler ist, und die von der Erdluft gebrochnen Sonnenstralen näher zum Mittelpunkte desselben kommen. Es kömmt aber auch hiebey viel und fast alles auf die Beschaffenheit der Atmosphäre an den Orten der Erde E und F an.

Die Beobachtung einer Mondfinsterniß bestehet darinn, daß man nach einer genauen Uhr den Augenblick des Anfangs und Endes derselben, ingleichen den Anfang und das Ende der gänzlichen Verfinsterung und die Zeitpunkte, wenn gewisse Flecken und Berge des Monds in den Erdschatten und wieder heraustreten, genau bemerkt, auch die Größe des verfinsterten Theiles von Zeit zu Zeit abmißt. Die unbestimmten Grenzen des wahren und Halb=Schattens aber machen diese Beobachtungen etwas unsicher.

Der Gebrauch, den man von diesen Beobachtungen macht, besteht nicht allein in der Berichtigung der Tafeln oder in der Verbesserung der Kenntniß des Mondlaufs, sondern er erstreckt sich auch auf die Geographie. Da die Mondfinsternisse allen Bewohnern der Erde zugleich und in einerley Augenblicke erscheinen, so geben sie eine Menge Merkmale von gleichzeitigen Augenblicken an, und der Unterschied der verschiedenen Stunden, welche zwo von einander entfernte Orte der Erde in diesen Augenblicken zählen, zeigt den Unterschied der Zeit dieser Orte überhaupt an, und bestimmt den Unterschied ihrer geographischen Längen, s. Länge, geographische.

Es sey z. B. wie Taf. IX. Fig. 27. der Mond mitten im Erdschatten bey m, so wird ihn in eben dem Augenblicke der Zuschauer sowohl aus F. als aus o und E, central verfinstert erblicken. Der in F aber wird, (weil sich die Erde nach FoE um ihre Axe dreht) in eben dem Augenblicke die Sonne im Horizonte haben, und untergehen sehen, mithin etwa 6 Uhr Abends zählen; der in o wird die Sonne gerade im entgegengesetzten Meridian haben, also Mitternacht d i. 12 Uhr; der in E endlich wird die Sonne aufgehen sehen, und 6 Uhr früh oder 8 Uhr zählen. Diese Unterschiede der Zeit für einerley Augenblick zeigen, daß der Mittag, als der Anfang der Stundenzählung in E 6 Stun=

den früher, als in o, und hier 6 Stunden früher als in F
gewesen sey, d. i. daß sich die geographischen Längen der
Orte E und o, ingleichen o und F um 90° unterscheiden.

Sonnenfinsterniße.

Die Sonne verliert zuweilen zur Zeit des **Neu-
monds** bey heiterm Himmel ihren Schein, auf die Art,
als ob eine schwarze Scheibe von Abend gegen Morgen in
sie rückte, welche bisweilen viel, bisweilen wenig von der
Sonne, manchmal auch die ganze Sonne bedeckt. Diese
Begebenheit heißt eine **Sonnenfinsterniß** (Eclipsis Solis
s. solaris, Defectus Solis, *Eclipse de Soleil*). Sie erfolgt nie zu anderer Zeit, als im Neumonde, d. i. wenn
man den Mond eben da zu suchen hat, wo die Sonne steht.
Da nun der Mond ein dunkler undurchsichtiger Körper ist,
der sich geschwinder als die Sonne von Abend gegen Morgen bewegt, so ist kein Zweifel, daß der Mond durch sein
Vortreten vor die Sonne die Sonnenfinsternißе veranlaße;
welches dadurch zur völligen Gewißheit gebracht wird, daß
man nach dieser Voraussetzung dergleichen Begebenheiten
vorhersagen, und aufs genauste berechnen kan. Die Sonnenfinsterniß ist also nichts anders, als eine Bedeckung
der Sonne durch den Mond, wobey die Sonne ihr Licht
nicht wirklich verliert, sondern dasselbe nur den Erdbewoh-
nern durch den vortretenden Mond entzogen wird; daher
denn auch nicht an allen Orten der Erde ein gleich großer
Theil der Sonne verfinstert wird.

Die Sonnenfinsternißе sind entweder **partial**, wenn
die Sonne nur zum Theil, oder **total**, wenn sie ganz vom
Monde bedeckt wird. Das letzte setzt voraus, daß zur Zeit
einer solchen Begebenheit der Mond größer aussehe, oder
einen größern scheinbaren Durchmesser habe, als die Sonne. Nun sind die scheinbaren Durchmesser des Monds und
der Sonne fast von gleicher Größe, aber beyde veränderlich. Daher ist zuweilen auch des Monds Durchmesser
der kleinere. In diesem Falle kan der dunkle Mond ganz in
die Sonnenscheibe hineintreten, und noch einen hellen Ring
um sich unbedeckt lassen. Eine solche Finsterniß heißt eine

ringförmige (annularis, *annulaire*); so ward z. B. die vom 1 April 1764. zu Cadix, Calais und Pello in Lappland ringförmig gesehen, ob sie gleich bey uns nur die größere Helfte der Sonne betraf. Central heißen die Sonnenfinsterniße, wenn die Mittelpunkte des Monds und der Sonne zusammentreffen: ist hiebey der Durchmesser des Monds kleiner, als der der Sonne, so ist die Finsterniß ringförmig; ist er größer, so ist sie total mit Dauer (totalis cum mora, *avec durée*); sind beyde Durchmesser gleich, daß zwar der Mond die Sonne deckt, aber wegen seiner eignen Bewegung sogleich wieder verläßt, so ist die Verfinsterung total ohne Dauer oder von augenblicklicher Dauer (totalis sine mora, *sans durée*).

Die Sonnenfinsterniße, besonders die größern, sind schon von den ältesten Völkern und Schriftstellern als sehr merkwürdige Begebenheiten angesehen worden. Im dreyzehnten Capitel des Propheten Esaias wird ihrer erwähnt, desgleichen im Homer und Pindar; umständlich handelt von ihnen Plinius (Hist. nat. II. 12.). Nach ihm soll Thales unter den Griechen der erste gewesen seyn, der eine Sonnenfinsterniß vorhergesagt hat, und zwar diejenige, die nach Herodots Nachricht im 6ten Jahre des Krieges zwischen den Lydiern und Medern, während der Schlacht den Tag in Nacht verwandlete, und die nach Costards Berechnung (Philos. Transact. 1753. p. 23.) auf den 17ten May des 603ten Jahres vor C. G. gefallen ist. Man sieht hieraus, wieviel die Berechnung solcher Begebenheiten zur genauern Bestimmung det Zeitrechnung beytragen kan. In einem im chronologischen und diplomatischen Fache sehr brauchbaren Buche (L' art de verifier les dates Paris, 1770. fol.) findet man ein genaues Verzeichniß aller seit dem Anfange der christlichen Zeitrechnung vorgefallenen Finsternniße.

Der Anblick einer großen, besonders einer gänzlichen, Sonnenfinsterniß ist in der That etwas sehr sonderbares. Es zeigen sich dabey alle Wirkungen der Nacht. Die Vögel fallen zur Erde nieder, die Sterne erscheinen, und die Dunkelheit ist, wo nicht größer, doch auffallender und

empfindlicher, als die der Nacht selbst. Es sind aber die
gänzlichen Sonnenfinsternisse für einen bestimmten Ort äuf=
serst selten. Im Jahre 1706 den 12 May ward eine an
den meisten Orten Deutschlands total gesehen; in Paris
aber blieb noch $\frac{1}{12}$ vom Sonnendurchmesser unbedeckt, des=
sen Licht aber eine traurige blasse Farbe zeigte (Hist. de l'
acad. roy des Sc. 1706.). Zu Montpellier, wo diese Fin=
sterniß total war, und fast überall in Deutschland, sahe
man während der gänzlichen Verfinsterung um den Mond
herum einen lichten Ring, dessen Breite auf der Seite,
wo er am merklichsten war, ein Zwölftheil des Mondburch=
messers betrug, und den Wolf (Elem. Astr. §. 54.) von
dem wieder hervorgehenden Stücke der Sonnenscheibe an
der Stärke des Lichts und an der Gestalt sehr deutlich un=
terscheiden konnte. Einen ähnlichen Ring beobachtete auch
Don Ulloa auf der Südsee bey der Sonnenfinsterniß am
24 Jun. 1778. Man hat die Erscheinung dieses Ringes
zum Beweise einer Mondatmosphäre gebrauchen wollen,
s. Atmosphäre des Monds. In Paris sahe man eine
gänzliche Sonnenfinsterniß am 22sten May 1724, wo die
völlige Dunkelheit $2\frac{3}{4}$ Minuten dauerte, auch Venus und
Merkur sichtbar wurden. Der erste kleine Theil der Son=
ne, der sich wieder entdeckte, schien wie ein lebhafter Blitz
die ganze Dunkelheit auf einmal zu zerstreuen (Hist. de l'
acad. 1724).

Ueberhaupt fallen zwar viel mehr Sonnen = als Mond=
finsternisse vor; aber da die Sonnenfinsternisse immer nur
auf einem geringen Theile der Erdfläche sichtbar sind, so
sind für einen bestimmten Ort die sichtbaren Sonnenfinster=
nisse weit seltener, als die sichtbaren Mondfinsternisse.
Das Verhältniß ist ohngefähr wie 4 zu 11. Für Paris hat
de Vaucel berechnet (Mém. présen és. To. V. p. 575.),
daß von 1774 bis 1900, 59 Sonnenfinsternisse sichtbar seyn
werden, worunter keine gänzliche, und nur eine ringförmi=
ge den 9 Oct. 1847 befindlich seyn wird.

Wenn uns der Mond die Sonne ganz verdeckt, so
muß natürlicher Weise sein Schatten auf die Erde fallen,
und den Ländern, die er trift, das Sonnenlicht entziehen;

daher ist eine solche Himmelsbegebenheit eigentlich eine Erd=
finsterniß (eclipsis terrae). Als eine solche erscheint sie auch
den Bewohnern des Mondes, und läßt sich so in der Stern=
kunde am leichtesten und allgemeinsten betrachten.

Es sey Taf. IX. Fig. 29. in T die Erde, A C B ein
Stück der Mondbahn, der Mond jetzt in C, und in S die
Sonne, I der westliche und K der östliche Rand derselben.
Steht der Neumond C mit T und S in einer Fläche, so
kan sein Schatten, welcher gegen die Erde spitzig zuläuft,
auf den Ort a fallen, und hier wird die Sonne vom Mon=
de gänzlich bedeckt erscheinen. Der Halbschatten des
Monds erstreckt sich von n bis o, und schneidet einen Kreis
auf der Erdfläche ab, in welchem die Orte liegen die nur
einen Theil der Sonne bedeckt sehen; dieser Theil ist desto
größer, je näher der Ort dem Mittelpunkte a des Kreises
liegt. Von o aus zeigt sich der westliche, von n aus der
östliche Mondrand an der Sonne. Ausser dem beschatte=
ten Raume n e o ist in diesem Augenblicke sonst nirgends
etwas von dieser Sonnenfinsterniß zu sehen; denn die Orte
von n e o bis N T M sehen ungehindert die völlige Sonne.

Wenn die Sonne zu dieser Zeit in der Erdferne, und
der Mond in der Erdnähe ist, so hat der Schattenkegel bey
a noch einige Breite, und a sieht eine totale Finsterniß
mit einer Dauer, die sich höchstens auf 3 Min. 41 Sec. er=
strecken kan. Erscheinen die Durchmesser der Sonne und
des Monds genau gleich groß, so fällt genau die Spitze des
Schattenkegels auf a, und die Finsterniß ist daselbst total und
central ohne Dauer. Endlich, wenn der scheinbare Durch=
messer des Monds, wie in den meisten Fällen, kleiner ist als
der der Sonne, so erreicht die Spitze des Schattens die
Erde gar nicht, und die Finsterniß ist bey a ringförmig.

Während der Finsterniß bewegt sich nicht allein der
Mond von A durch C nach B, sondern es dreht sich auch die
Erde nach eben derselben Richtung, nemlich nach M a N
um ihre Axe. Ist nun der Mond in A, so berührt der
östliche Rand seines Halbschattens die Erde zuerst bey i,
und der Ort, welcher gerade zu der Zeit bey i in die er=
leuchtete Halbkugel der Erde kömmt, sieht unter allen zu=

erſt die Sonne beym Aufgange an ihrem weſtlichen Rande
durch den Vortritt des öſtlichen Mondrands g verfinſtert
werden. Nun geht der Mondſchatten über i o, und wenn
der Mond nach C kömmt, ſo bedeckt er die Sonne für die
Länder um a gerade um die Zeit des Mittags. Wenn endlich der Mond in k anlangt, ſo verläßt der weſtliche Rand
ſeines Halbſchattens bey K die Erde, und der Ort, welcher
alsdann bey K in die dunkle Helfte der Erde geht, iſt der
letzte unter allen, der gerade bey Sonnenuntergang die Finſterniß ſich endigen, und den weſtlichen Mondrand h den
öſtlichen Sonnenrad K verlaſſen ſieht. So läuft der Mondſchatten vom Abend gegen Morgen über die Erdfläche fort;
die weſtlichen Länder ſehen die Sonne früher verfinſtert als
die öſtlichen, und ein ſehr großer Theil der Erdfläche ſieht
gar keine Verfinſterung, ob er gleich die Sonne über dem
Horizonte hat.

Man wird hieraus ſchon abnehmen, daß die Theorie
und Berechnung einer Sonnenfinſterniß, ſowohl als Erdfinſterniß allgemein für die ganze Erde (eclipſis ſolis genera-
lis), als auch für einzelne Orte, weit ſchwerer, als die
Berechnung der Mondfinſterniß, ausfallen müſſe. Sie
wird inzwiſchen ſehr erleichtert, wenn man ſich die Eklipſe
als Erdfinſterniß vorſtellt, und den Zuſchauer über der Erde in einen dazu ſchicklichen Punkt ſtellt, wobey man nachher die künſtliche Erdkugel und die Zeichnung zu leichterer
Beſtimmung der Reſultate gebrauchen kan. Hiezu findet
man Anweiſungen bey de la Lande (Aſtron. Handbuch
§. 640 u. f.) Bode (Kurzgefaßte Erläuterung der Sternkunde, Zweyter Theil. §. 549 u. f.) und in andern aſtronomiſchen Lehrbüchern. Die Umſtände der Erdfinſterniß
aber durch bloße Rechnung zu finden, iſt eine Arbeit, die
die Gedult auch des geübteſten Rechners ermüden könnte.
(He. Matthias Boſe hat ſie in einer akademiſchen Schrift
(Eclipſis terrae 1733. d. $\frac{2}{13}$ Maii Lipſ. 1733. 4.) mit ungemeiner Mühſamkeit umſtändlich ausgeführt. Kürzer iſt
die Berechnung, wenn man eine ſolche Begebenheit blos
als Sonnenfinſterniß für einen beſtimmten Ort der Erde
betrachtet. Alsdann berechnet man ſie zuerſt aus den Ta-

feln für den Mittelpunkt der Erde, fast wie die Mondfinsterniß, bringt dann die Zeitangaben auf den Meridian des
Orts, untersucht, was in den merkwürdigsten Zeitpunkten
der Begebenheit Sonne und Mond für Höhen über dem
Horizonte dieses Orts, mithin für Parallaxen haben, wie
viel also die Parallaxen jeden dieser Körper in diesen Zeitpunkten niedriger darstellen, wodurch sich denn die Erscheinungen der Finsterniß für den verlangten Ort ergeben. Von
einer solchen Berechnung hat Reccard ein schönes Beyspiel für Berlin gegeben Abhandlung von der großen Sonnenfinsterniß den 1 Apr. 1764. von G. C. Reccard Berlin, 1763. Zweyte Auflage, 1764. 4.). Nach gemachter
Berechnung für die vornehmsten Zeitpunkte läßt sich eine
Zeichnung entwerfen, welche die Finsterniß sinnlicher darstellt, und die Data für die Zwischenzeiten leicht angiebt.

Nur diejenigen Neumonde sind mit Sonnenfinsternis-
sen begleitet, bey welchen der Mond nicht allzuweit von
einem seiner Knoten entfernt ist. Die Theorie lehrt, daß
keine Sonnenfinsterniß mehr möglich sey, wenn der Mond
bey seiner Zusammenkunft mit der Sonne über 1 Grad
vom Knoten abstehet, daß hingegen gewiß eine an irgend
einem Orte der Erde erfolge, wenn er weniger als 15 Grad
vom Knoten entfernt ist. Diese Grenzen erstrecken sich
weiter, als die für die Mondfinsterniße; daher es überhaupt genommen mehr Erdfinsterniße als Mondfinsterniße
geben muß, nur daß die erstern nicht an so vielen Orten
sichtbar sind. Es kann sich sogar ereignen, daß zween
Neumonde hinter einander mit Sonnenfinsternißen begleitet sind. Denn zween auf einander folgende Neumonde
fallen in Punkte des Thierkreises, die 30° von einander entfernt sind, und so kan der erste z. B. 15° vor dem Knoten,
der andere 15° hinter dem Knoten fallen, welches beydes innerhalb der Grenzen fällt, da Sonnenfinsterniße möglich
sind. So werden im Jahre 1790 die beyden Neumonde
vom 14 April und 13 May, und wiederum die vom 8 Oct.
und 6 Nov. sämmtlich mit partialen Sonnenfinsternißen begleitet seyn. Bey den Mondfinsternißen kan dies niemals
statt finden, weil sich die Grenze des Abstands vom Knoten,

für welche noch eine Finſterniß möglich iſt, bey dieſen nur bis 13 Grad erſtreckt.

Die Beobachtung einer Sonnenfinſterniß beſtehet darinn, daß man nach einer genauen Uhr den Augenblick des Anfangs und Endes derſelben genau bemerkt, von Zeit zu Zeit die Größe des verfinſterten Theils, welche wie beym Monde, in Zollen und Minuten angegeben wird, mißt, und überhaupt den ſcheinbaren Weg der Mondſcheibe durch die Sonne ſo genau als möglich, zu beſtimmen ſucht. Weil ſich hiebey der dunkle Mondrand auf dem hellen Sonnenteller ſehr deutlich und wohlbegrenzt zeiget, ſo ſind dieſe Beobachtungen weit zuverläßiger und höher zu ſchätzen, als die der Mondfinſterniße.

Daher werden dieſe Beobachtungen von den Aſtronomen ſo oft als möglich angeſtellt, und theils zu Berichtigung der Tafeln, theils aber auch zur Beſtimmung des Unterſchieds der geographiſchen Länge zweener Orte genützt. Zu der letztern Abſicht dienen ſie mit ganz vorzüglicher Sicherheit; nur erfordern ſie noch ziemlich weitläuftige Berechnungen, um die an beyden Orten beobachtete ſcheinbare Berührung des Sonnen = und Mondrandes auf eine wahre oder aus dem Mittelpunkte der Erde geſehene zu reduciren, aus welcher ſich alsdann erſt auf den Unterſchied der Längen ſchließen läßt.

Allgemeine Bemerkungen über Sonnen = und Mondfinſterniße.

Die Verfinſterungen der Sonne und des Monds kehren, wie alle Himmelsbegebenheiten, in gewiſſen Perioden wieder. Man kan ſchon nach einer Finſterniß von anſehnlicher Größe erwarten, daß ſich im folgenden Jahre, 11 Tage früher, wiederum eine, aber von geringerer Größe, zeigen werde. Denn da 12 Mondenmonate nur 354 Tage ausmachen, ſo fallen die Neu = und Vollmonde im folgenden Jahre 11 Tage früher, ſ. Epakte, und der dreyzehnte trift etwa 11° weit von der Gegend des Thierkreiſes, in welcher der Knoten im vorigen Jahre ſtand, wenn im erſten eine

Finſterniß war. Es gehen aber die Mondsknoten jährlich um 19° zurück; alſo iſt der Knoten im folgenden Jahre über die vorerwähnten 11° noch 8° weiter zurück, und der Neu- oder Vollmond iſt jetzt 8° vom Knoten, wenn er das Jahr vorher im Knoten ſelbſt war. Daher iſt die Finſterniß kleiner. Im folgenden Jahre iſt die Entfernung 16°, da- her die Mondfinſterniß ſchon ganz wegfällt, die Sonnen- finſterniß aber noch möglich bleibt. So fallen nach einan- der Sonnenfinſterniße: d. 15 Jun. 1787, d. 4 Jun. 1788, d. 24 May 1789, den 13 May 1790 immer im folgenden Jahre ungefähr 11 Tage früher, als im vorigen. Die er- ſte iſt von geringer Größe, die v. 1788 iſt central, die letztern ſind wiederum geringer. Mondfinſterniße fallen: den 9 May 1789, den 29 Apr. 1790 eine gänzliche, den 18 April 1791.

Eine ſehr merkwürdige Periode der Rückkehr der Fin- ſterniße iſt die Halley.ſche oder Plinianiſche von 223 Mondenmonaten, oder 6585½ Tagen, welche 18 Jahre und 11 Tage (oder, wenn in dieſen 18 Jahren 5 Schaltjahre fallen, 10 Tage) und 8 Stunden ausmachen. Während dieſer Zeit ſind die Knoten des Monds, welche jährlich 19° 19' zurückgehen, etwa um 349° 20' fortgegangen, alſo noch 10° 40' vorwärts von ihrer Stelle im Anfang der Pe- riode entfernt. Die Sonne ſelbſt aber hat 18 Umläufe vollendet, und in den 10 Tagen noch etwa 10° 40' vorwärts zurückgelegt: ſie ſteht alſo gegen den gleich weit fortgerück- ten Mondsknoten faſt eben ſo, wie im Anfange der Perio- de. Der Mond hat 223 Mondwechſel genau vollendet, und ſteht alſo wieder eben ſo, wie im Anfange; daher am En- de der Periode wieder eine Finſterniß erfolgen muß, wenn es eine im Anfange derſelben gab, weil Sonne, Mond und Mondsknoten eben dieſelbe Stellung haben. Halley, von welchem auch dieſe Periode benennt worden iſt, ſagte vermittelſt derſelben die Sonnenfinſterniß den 2 Jul. 1684 voraus, weil den 22 Jun. 1666 eine beobachtet worden war. Nach einer beträchtlichen Finſterniß aber werden die näch- ſten nach 18 Jahren immer kleiner, bis ſie endlich ganz auſſenbleiben.

Es ist gewiß, daß diese Periode schon den Chaldäern unter dem Namen **Saros** bekannt gewesen sey. **Ptolemäus** (Almag. IV. 29) führt aus dem Hipparchus an, die alten Astronomen hätten sie erfunden, und um volle Tage zu haben, die 6585⅓ mit 3 multiplicirt, woraus eine Periode von 669 Mondenmonaten oder 19756 Tagen entstanden sey. Nun sagt aber **Geminus** (Elem. astr. c. 15.) ausdrücklich, die Periode von 669 Monaten sey chaldäischen Ursprungs. Ueberdies führt **Svidas** im Wörterbuche unter dem Worte **Saros** nach der Berichtigung des **Pearson** (Expos. symb. apostol. Lond. 1683. f. 59.) an, der Saros sey ein chaldäisches Zeitmaaß, das aus 222 Mondenmonaten oder 18 Jahren und 6 Monaten bestehe. **Halley** (Philos. Trans. no. 194. ann. 1691.) zeigt zwar, daß diese Angabe fehlerhaft, und 223 Monate für 222 zu lesen sey; allein die Stelle ist doch hinlänglich, die Bekanntschaft der Chaldäer mit dieser Periode zu erweisen. Die unter den Alten erwähnten Vorherverkündigungen der Finsternisse sind gewiß blos vermittelst dieser, oder einer andern ähnlichen Periode geschehen. Auch **Plinius** gedenkt derselben (Hist. nat. II. 13.) mit den Worten: Defectus Solis et Lunae ducentis viginti tribus mensibus redire in suos orbes certum est, welche Stelle **Halley** ebenfalls aus Manuscripten berichtiget, und daher diese Periode die **Plinianische** genannt hat. (Man s. hierüber *Weidler* Hist. astr. Cap. III. §. 18. und **Bailly** Geschichte der alten Sternkunde, a. d. frz. Zweyter Band. Leipzig, 1777. gr. 8. S. 172. u. f.).

Eben dieses leisten die Perioden von 716, von 3087, 6890, 9977 ꝛc. Mondenmonaten; jede folgende immer genauer, als die vorhergehenden.

Die Berechnung sowohl der vergangenen als der zukünftigen Finsternisse aus den astronomischen Tafeln ist allerdings sehr mühsam. **Lambert** hat seine großen Talente für die Construction zur Erleichterung dieser Bemühungen angewendet, und schon 1765 zu Berlin die Beschreibung einer ekliptischen Tafel herausgegeben, wo man

auf einem Kupferstiche die Umstände jeder Finsterniß durch
Abmessen bestimmen kann. Vollständiger findet man diese Tafel im zweyten Theile seiner Beyträge zum Gebrauch
der Mathematik (Berlin, 1770. 8. no. XII.), und noch
weiter ausgeführt in des unglücklichen Wasers historisch-
diplomatischem Jahrzeitbuche (Zürich, 1779. auf 29. Fo-
lioblättern).

Ich will noch einige Sätze von den Finsternißen beyfügen, welche die angeführte Lambertische Tafel sogleich durch
den Augenschein beweiset. Die Anzahl der Finsterniße in
einem Jahre kan höchstens bis auf 7 steigen, und alsdann
treffen dieselben im Jänner, Junius, Julius und December ein. Ein Beyspiel gab das Jahr 1787 mit 4 Sonnen-
und 3 Mondfinsternißen. In jedem Jahre müssen wenigstens zwey Sonnenfinsterniße einfallen; Mondfinsterniße
können gänzlich fehlen, wie 1788. Je größer die Sonnenfinsterniße in einem Jahre sind (nemlich aus dem Mittelpunkte der Erde betrachtet), desto kleiner sind die Mondfinsterniße, und umgekehrt. Wenn eine totale Mondfinsterniß einfällt, so sind gemeiniglich beyde Neumonde, der
vorhergehende und nachfolgende, mit Sonnenfinsternißen,
aber von geringer Größe, begleitet. Im Jahre 1790
z. B. fallen totale Mondfinsterniße den 29 April und 23
October: die nächsten Neumonde vor und nachher, den 14
April, 13 May, 8 Oct. und 6 Nov. haben kleine Sonnenfinsterniße. Fallen hingegen centrale Sonnenfinsterniße
ein, so sind die Neumonde vor und nachher ganz ohne
Mondfinsterniß.

Die astronomischen Kalender und Ephemeriden, z. B.
Herrn Bode astronomisches Jahrbuch, geben zur Bequemlichkeit der Astronomen die Finsterniße eines jeden Jahres mit ihren Umständen genau berechnet an. Ein Verzeichniß aller bis zu Ende dieses Jahrhunderts einfallenden
Finsterniße hat Herr Bode (Anleitung zur Kenntniß des
gestirnten Himmels. Dritte Aufl. Berlin 1777. gr. 8.
S. 453. u. f.) mitgetheilt.

R

Verfinsterungen der Trabanten oder Nebenplaneten.

Der Planet Jupiter wird von vier, Saturn von fünf Monden, Trabanten oder Nebenplaneten begleitet, s. Nebenplaneten, welche eben so, wie die Hauptplaneten, an sich dunkle Körper sind, und blos von der Sonne erleuchtet werden. Wenn nun diese Nebenplaneten bey ihrem beständigen Umlaufe um den Hauptplaneten in den Schatten des letztern kommen, so ereignen sich Trabantenverfinsterungen (Eclipses Satellitum, *Eclipses des Satellites*). Wir haben hier blos von den Verfinsterungen der Jupitersmonden zu handeln, weil sie die einzigen sind, welche man beobachten kan.

Die Jupitersmonden laufen sehr geschwind um ihren Hauptplaneten, ihre Bahnen sind nur unter sehr kleinen Winkeln gegen die Bahn des Jupiters und gegen die Ekliptik geneigt, und ihre Größe ist sehr gering gegen die Größe des Jupiters und gegen den Durchmesser seines Schattenkegels. Diese Umstände verursachen, daß die Jupitersmonden bey jedem Umlaufe den Schatten ihres Hauptplaneten durchschneiden müssen, daher die Verfinsterungen derselben sehr häufig sind. Im Jupiter selbst müssen sie sich als Mondfinsternisse zeigen. Gehen aber die Monden zwischen dem Jupiter und der Sonne hindurch, so können sie auch ihren Schatten auf den Hauptplaneten werfen, und Sonnenfinsternisse auf ihm verursachen, wobey wir auf der Erde die Schatten der Trabanten als dunkle runde Flecken über die Scheibe des Jupiters rücken sehen.

Wenn die Erde zur Zeit der Conjunction oder Opposition des Jupiters mit der Sonne, nach Taf. IX. Fig. 30. in C oder D steht, so liegt der Schatten des Jupiters für uns gerade hinter ihm, wird unserm Auge von ihm verdeckt, und wir sehen mehrere Tage nach einander eben so wenig den Eintritt (*Immersion*) bey e, als den Austritt (*Emersion*) der Monden bey m, in und aus dem Schatten. Rückt die Erde weiter von C nach B, so wird Jupiter in den Frühstunden sichtbar, und man fängt an die rechte oder West seite des Schattens zu sehen, an welcher die Eintritte in e geschehen. In B, wenn Jupiter fast um 90° von der Son= ne ☉ absteht, und früh um 6 Uhr culminirt, ist dies am merklichsten. Indem die Erde von B nach D läuft, rückt der Schatten allmählich wieder hinter den Körper des Ju= piters. In D selbst, wo Jupiter der Sonne entgegen ge= setzt ist, und um Mitternacht culminirt, sieht man wieder= um weder Eintritte noch Austritte. Kömmt die Erde ge= gen A, so wird Jupiter Abends sichtbar, und der Schat= ten zeigt sich linker Hand oder ostwärts vom Jupiter, daß also jezt blos die Austritte der Monden bey m sichtbar sind. Dies wird am merklichsten in A, wo Jupiter Abends um 6 Uhr culminirt. Läuft endlich die Erde von A bis C, so tritt der Schatten nach und nach wieder hinter den Jupiter, bis um C dieser Planet selbst mit der Sonne zusammen kömmt, und in den Sonnenstralen verschwindet. Also sieht man von der Conjunction bis zur Opposition nur die Eintritte, von dieser bis zu jener nur die Austritte. Dies gilt wenigstens für den ersten und zweyten Jupitersmond. Von dem dritten und vierten aber, welche weiter vom Ju= piter abstehen, werden, vornehmlich bey A und B, sowohl die Ein= als Austritte gesehen, und in gewissen Lagen gegen die Ekliptik sieht man dieselben sogar um C und D, wobey der Schatten sowohl, als der Mond, oberhalb oder unterhalb des Jupiters zu stehen scheint.

Da die Verfinsterungen der Jupitersmonden wirkliche Beraubungen des Lichts sind, so müssen sie allen Orten der Erde zu gleicher Zeit und auf gleiche Weise erscheinen, und sind daher, als Merkmale gleichzeitiger Augenblicke, zu Erfindung des Unterschieds der geographischen Längen sehr bequem zu gebrauchen, s. Länge, geographische. Man kan sie mit Hülfe des so genannten Jovilabium= leicht vorher wissen, und dann die nähern Umstände aus den sehr genauen Tafeln des Ritter Wargentin, die sich in der ber= liner Sammlung astronomischer Tafeln finden, ohne große Mühe berechnen. Zu noch mehrerer Bequemlichkeit der Astronomen sind sie in den astronomischen Ephemeriden und Kalendern schon berechnet angegeben.

Die Beobachtung dieser Verfinsterungen kömmt darauf an, daß man den Augenblick der Verschwindung oder der ersten Wiedererscheinung des Trabanten nach einer genauen Uhr bemerkt, und in wahrer Sonnenzeit ausdrückt. Die Jupitersmonden sind zwar schon durch mittelmäßige Fernröhre von 2 bis 3 Fuß sichtbar: aber ihre Verfinsterungen zu beobachten, wird doch wenigstens ein 12füßiges gemeines Fernrohr, oder ein an Wirkung diesem gleich kommendes Spiegelteleskop oder achromatisches Fernrohr erfordert. Es mischt sich aber auch in diese Beobachtungen viel Ungewißheit. Längere Fernröhre, welche stärker vergrößern, zeigen den größtentheils verdunkelten Mond noch, wenn man ihn mit schlechtern Fernröhren schon aus den Augen verlohren hat; d. h. ein besseres Fernrohr zeigt die Eintritte später, die Austritte eher an. Nach de l' Jsle (Comm. Acad. Petrop. To. I. p. 472.) hat dieser Unterschied bey zweyen Fernröhren, einem von 20½ und einem von 15 Fuß bisweilen 6 bis 7 Sec. betragen. Es ist also nöthig, bey jeder Beobachtung die Beschaffenheit des Fernrohrs mit anzugeben. Auch kömmt es auf Jupiters Höhe an, ob nemlich das Licht des Trabanten von der Luft, durch die es gehen muß, mehr oder weniger geschwächt wird. Der P. Hell (Ephemerides Aſtr. ann. 1764. p. 188) hat Vorschriften gegeben, wie die Verfinsterungen der Jupiterstrabanten bey aller Verschiedenheit der Fernröhre dennoch genauer zu beobachten, und sicherer als sonst, zu Bestimmung der Längen zu gebrauchen sind.

de la Lande Astronomisches Handbuch, aus d. frz. übers. Leipzig, 1775. gr. 8. Fünftes Buch. §. 600. u. f.

J. E. Bode kurzgefaßte Erläuterug der Sternkunde, Berlin, 1778. 8. Erster Theil, §. 436, Zweyter Theil, §. 613. u. f.

Kästners Anfangsgr. der angewandten Math. zweyte Abtheilung, Dritte Aufl. Göttingen 1781. 8. Astronomie, §. 300 – 302, Geographie, §. 35.

Firmament, Gewölbe des Himmels, Firmamentum, Coelum, *Firmament*. Man giebt diesen Namen bisweilen dem blauen Gewölbe, das vom Horizonte begrenzt über der Erde und über unserm Haupte erscheint,

und an welchem Sonne, Mond und Sterne gleichsam ange-
heftet zu seyn scheinen. Dies alles ist freylich bloße Erscheinung. Die Gestalt des Firmaments ist um den Scheitelpunkt eingedrückt, ob sie gleich in der Sternkunde als die
innere Fläche einer Halbkugel angesehen wird. Man f.
hievon den Artikel: Himmel.

Fix, Fixum, *Fixe*. Dieses Wort wird in zwiefa-
cher Bedeutung gebraucht. Einmal heißt es so viel, als
gebunden, mit der Masse eines Körpers fest vereinigt
und zu den Bestandtheilen desselben gehörig. So nannte
man anfänglich die Luft, welche ihre elastische Form verlohren hatte, und zu einem Bestandtheile fester oder flüßiger
Körper geworden war, fixe Luft, und ließ ihr diesen Namen
noch, wenn man sie gleich wieder aus den Körpern gezogen,
und ihre elastische Form hergestellt hatte; bis endlich der
Name der fixen Luft einer besondern Gattung eigen geworden ist, f. Gas, mephitisches.

Dann aber heißt auch fix so viel als feuerbeständig,
z. B. fixes Laugensalz ꝛc. und wird dem volatilen oder flüchtigen entgegen gesetzt, f. Feuerbeständig.

Fixe Luft, f. Gas, mephitisches.

Fixsterne, Stellae fixae, *Etoiles*, *Etoiles fixes*.
Diesen Namen führt die unzählbare Menge derjenigen Sterne, welche ihre Stellungen gegen einander nicht ändern
(wenigstens nicht merklich ändern), mit einem funkelnden
oder zitternden Lichte scheinen und selbst durch die besten Fernröhre keinen scheinbaren Durchmesser zeigen. Ihnen werden die Planeten oder Irrsterne entgegengesetzt, welche
ihre Stellung gegen die Fixsterne täglich ändern, durch die
Fernröhre als runde Scheiben erscheinen, und mit einem
ruhigern nicht funkelnden Lichte glänzen.

Die Fixsterne werden nach der Stärke ihres Lichts unter sechs und mehrere Ordnungen gebracht, so daß die hellsten unter ihnen Sterne der ersten, die diesen zunächst
folgenden Sterne der zweyten, die nächst kleinern der
dritten u. f. w. Größe heißen. Das bloße Auge erkennt

nur noch die von der sechsten Größe: die übrigen heißen teleskopische, weil sie blos durch Fernröhre sichtbar sind. Diese Sterne sind haufenweise unter bildliche Vorstellungen von menschlichen, thierischen und andern Figuren gebracht, s. Sternbilder, auch sind vielen von ihnen eigne Namen beygelegt worden. Zu ihnen gehören auch die Milchstraße und die Nebelsterne, wovon wir unter besondern Artikeln handeln werden. Der neuern Sternkunde zu Folge gehört auch die Sonne zu den Fixsternen.

Die Fixsterne werden selbst von den besten Fernröhren nicht vergrößert, sondern zeigen sich als untheilbare Punkte ohne einigen merklichen Durchmesser. Vielmehr wird ihnen durch die Fernröhre das starke Licht benommen, durch das sich ihr Bild auf der Netzhaut ausbreitet, und sie erscheinen daher noch kleiner, als sie dem bloßen Auge vorkommen. Von diesem geringen Durchmesser und ihrem gleichwohl starken Glanze rührt auch ihr Funkeln oder Blinkern her, s. Funkeln. Die verschiedene Stärke ihres Lichts hängt wahrscheinlich von ihren verschiedenen Größen und Entfernungen von uns ab.

Man zählt gewöhnlich nicht mehr, als 15 Sterne der ersten Größe, obgleich einige noch 4 hinzufügen, die aber richtiger zur zweyten Größe gerechnet werden. Vier davon stehen im Thierkreise: Aldebaran oder das Stierauge im Stier, Regulus oder das Löwenherz im Löwen, die Kornähre (Spica virginis) in der Jungfrau und Antares oder das Skorpionherz im Scorpion. Drey befinden sich in der nördlichen Halbkugel des Himmels: Arcturus im Bootes, die Ziege oder Capella im Fuhrmann, und Wega (lucida lyrae) in der Leyer. Die südliche Halbkugel enthält acht Sterne erster Größe: Betrigeuze an der Schulter und Rigel im Fuß des Orions, Acarnar am südlichen Ende des Eridanus, den Hundsstern oder Sirius (Canicula) im großen Hunde, Procyon im kleinen Hunde, Fomahand am Maul des südlichen Fisches, Canopus im Schif Argo, und einen im Centaur. Einige Astronomen haben noch den Löwenschwanz, den hellen Stern im Adler, den im Schwanze des Schwans und das Herz der Wasserschlange hinzugesezt, die aber kaum zur ersten Größe gerechnet werden können.

Obgleich die Fixsterne ihre Stellen gegen einander nicht merklich ändern und von der Festigkeit oder Unbeweglichkeit ihren Namen führen, so sind sie doch keineswegs ohne scheinbare Bewegungen. Fürs erste folgen sie der gemeinen oder täglichen Bewegung, und durchlaufen in einem Zeitraume, den man den **Sterntag** nennt, Tagefreise, welche mit dem Aequator parallel laufen. Die Alten hielten diese Bewegung für wirklich, schrieben sie dem ganzen Firmamente, oder der Sphäre selbst zu, und glaubten, daß die Fixsterne an dieser Sphäre befestiget wären. Die neuere Sternkunde aber, welche die tägliche Bewegung richtiger aus der Umdrehung der Erdkugel herleitet, giebt uns von der Größe der Fixsterne und des Weltgebäudes ganz andere und weit erhabnere Begriffe.

Dann scheinen auch sämtliche Fixsterne mit der Ekliptik parallel von Zeit zu Zeit fortzurücken, so daß zwar ihre Breite ungeändert bleibt, ihre Länge aber jährlich um 50 Sec. und 20 Tertien, oder in 72 Jahren um einen Grad zunimmt, wodurch sie binnen 25748 Jahren eine völlige Umdrehung um die Pole der Ekliptik vollenden müssen. Aber auch diese Bewegung ist blos scheinbar, und rührt von einem Fortrücken der Nachtgleichen her, wovon man den Artikel: **Vorrücken der Nachtgleichen** nachsehen kan.

Eine andere scheinbare Bewegung der Fixsterne, nach welcher sie jährlich kleine Ellipsen, deren Are 40 Sec. beträgt, zu beschreiben scheinen, ist nebst ihrer Ursache bey dem Worte: **Abirrung des Lichts** erklärt worden. Die Veränderungen der Schiefe der Ekliptik (s. **Schiefe der Ekliptik**) verursachen Veränderungen in der Breite der Fixsterne, und das Wanken der Erdare (s. **Wanken der Erdare**) veranlaßt, daß sie binnen 18 Jahren und 8 Mon. kleine Kreise von 18 Sec. Durchmesser zu durchlaufen scheinen.

Außer diesen Bewegungen, welche alle blos scheinbar, und eigentlich Bewegungen der Erdkugel sind, zeigen aber einige Fixsterne auch **eigne** oder **wirkliche**, wiewohl sehr lang-

same Veränderungen ihres Orts, wie man durch Vergleichung der neuern Beobachtungen mit den ältern unwider-
sprechlich dargethan hat. Halley (Phil. Trans. 1718. no.
355.) hat zuerst auf diese Art eigne Bewegungen an einigen
großen Firsternen, dem Aldebaran, Arktur und Sirius
entdeckt, welche seit Ptolemäus Zeiten um einen halben
Grad weiter nach Süden gerückt schienen. Cassini, Richer, le Monnier und Bradley setzten diese Beobachtungen fort, und fanden aus Vergleichungen der ihrigen
mit den von Tycho, Picard, de la Hire und Flamstead
angestellten, daß Arktur wirklich in 66 Jahren um $2\frac{1}{2}$ Min.
nach Süden fortrücke, beym Sirius aber diese Bewegung
nach Süden seit Tychons Zeiten erst 2 Min. ausmache.
Cassini fand auch eigne Bewegungen an den Sternen Be-
teigeuze, Rigel, Regulus, Capella und am hellen im
Adler. Tobias Mayer (De motu fixarum proprio in
Tob. Mayeri Opp. ined. cura G. C. Lichtenberg, Gott.
1775. 4 maj. Vol. I. no. 6.) liefert ein Verzeichniß von mehr
als 70 Sternen, von welchen sich aus Vergleichung seiner
Beobachtungen mit ältern von Römer und de la Caille
schließen läst, daß sie eine eigne Bewegung haben.

Der churpfälzische Astronom, Christian Mayer zu
Mannheim hatte nebst seinem Gehülfen Herrn Mezger
mit ganz vorzüglichem Fleiße die Lagen der kleinen, oft nur
durch gute Fernröhre sichtbaren, Sterne untersucht, welche
sich in der Nachbarschaft der größern Firsterne befinden.
Er hatte sich dazu des Mikrometers bedient, und durch diese Methode in den Lagen dieser kleinen Sterne gegen den
größern Firstern mancherley Veränderungen wahrgenommen. Diese Beobachtungen sind schätzbar, und bestätigen,
daß auch an kleinern Sternen eigne Bewegungen gefunden
werden. Mayer aber ließ sich verleiten, diese kleinen Sterne für Begleiter oder Trabanten der größern, ja sogar für
Planeten derselben oder für dunkle Körper, die ihr Licht
von dem großen Firstern empfiengen, zu halten — eine
Behauptung, welche viel Aufsehen machte, der aber bald
von den angesehensten Astronomen widersprochen ward.
Mayer suchte sich zwar zu vertheidigen (Chr. Mayers

Vertheidigung neuer Beobachtungen von Fixsterntrabanten. Mannheim, 1778. gr. 8. Ej. De novis in coelo sidereo phaenomenis, in miris stellarum fixarum comitibus, in Commentat. Acad. Theodoro - Palatinae, Vol. IV. Physic. 1780; p. 259.), aber ohne Erfolg. Sehr gründlich ist dieses Vorgeben von einem Planetismus der kleinern Fixsterne durch Herrn Fuß in Petersburg widerlegt worden (Betrachtungen über die Fixsterntrabanten von Herrn Prof. Fuß, aus d. frz. in Bodens astronomischem Jahrbuche für 1785.).

Diese eignen Bewegungen der Fixsterne haben neuerlich Herr Herschel (On the proper motion of the Sun and solar System in den Philos. Trans. Vol. LXXIII.) und Herr Prevost (Mém. lus à l' acad. des Sc. de Berlin en Juill. et en Sept. 1783. par Mr. *Prevost*. à Berlin. 4.) als eine, wenigstens zum Theil, scheinbare Bewegung zu betrachten angefangen. Sie glauben in den meisten bisher gemachten Beobachtungen zu finden, daß die Fixsterne nach einer Gegend des Himmels zu mehr aus einander, nach der entgegengesetzten aber mehr zusammenrücken. Dem zu Folge schiene sich unsere Sonne mit allen ihren Planeten und Kometen nach jener Gegend zu fortzubewegen, und von der entgegengesetzten zu entfernen. Diese Bewegung richtet sich nach Herschel auf den Stern λ im Herkules, nach Prevost auf die nördliche Krone zu. Einige Nachrichten von diesen Muthmaßungen finden sich in Herrn Bode astronomischem Jahrbuche für 1786.

Die **Entfernung** der Fixsterne von der Erde ist für uns im buchstäblichen Verstande des Worts unermeßlich, weil uns wegen ihrer Größe alle Mittel, sie zu bestimmen, gänzlich fehlen. Obgleich die Erde jährlich einen Kreis um die Sonne durchläuft, dessen Durchmesser über 40 Millionen Meilen austrägt, und wir also gewissen Gestirnen, z. B. dem Orion, im Winter um 40 Millionen Meilen näher, als im Sommer sind; so ist doch bey diesem großen Unterschiede der Nähe und Stellung nicht die geringste Wirkung davon in der Größe oder Lage der Fixsterne wahrzunehmen. s. **Parallaxe der Erdbahn**. Das heißt: der ganze

Durchmeſſer der Erdbahn iſt gegen die Entfernung der Fix=
ſterne nur eine unbeträchtliche Größe, und als ein Punkt
anzuſehen. Wenn die Parallaxe der Erdbahn für den näch=
ſten Fixſtern nur 1 Sec. betrüge, ſo würde daraus folgen,
daß dieſer Stern von unſerer Sonne 206264mal weiter,
als die Erde, entfernt ſey: jetzt, da ſie nicht einmal 1 Sec.
beträgt, ſondern für uns ſchlechterdings unmerklich iſt, muß
des nächſten Fixſterns Abſtand von der Sonne und von uns
noch bey weitem größer ſeyn, und man kan gar nicht beſtim=
men, wie weit er ſich erſtrecke.

Huygens (Coſmotheorus Hag. Com. 1698. 4. L. II.
p. 135. f.) machte einen Verſuch, die Entfernung des Si=
rius daraus einigermaſſen zu ſchätzen, daß er ſeine ſchein=
bare Größe und ſeinen Glanz mit der Größe und dem Glan=
ze der Sonne verglich. Wenn er nemlich durch ein Rohr
in die Sonne ſahe, deſſen kleine und mit einem mikroſkopi=
ſchen Glaskügelchen verſehene Oefnung nur den 27664ſten
Theil der Sonnenſcheibe zeigte, ſo ſchien ihm dieſer Theil
an Größe und Licht dem Sirius gleich, und er folgerte
hieraus, daß, wenn Sirius ſo groß als die Sonne ſey, er
27664mal weiter, als dieſe, von der Erde abſtehen müſſe.
Dieſe Schätzung aber iſt viel zu gering: wäre des Sirius
Abſtand nicht größer, ſo müſte für ihn eine Parallaxe der
Erdbahn von 7 — 8 Sec. ſtatt finden. Uebrigens handlen
von dieſer Methode auch Gregory (Elementa aſtr. phyſ.
et geom. Lib. III. Prop. 60. 61.) und Käſtner (in Smith's
vollſtändigem Lehrbegrif der Optik. S. 448.).

Aus dieſer großen Entfernung der Fixſterne erklärt es
ſich, warum ſelbſt die beſten Fernröhre ihnen keine merkli=
che Größe geben, ſondern ſie nur als helle Punkte dar=
ſtellen. Ihr ſcheinbarer Durchmeſſer iſt allzuklein. Wäre
er der jährlichen Parallaxe gleich, ſo müſte der wirkliche
Durchmeſſer des Fixſterns dem Halbmeſſer der Erdbahn
gleich ſeyn, welches nicht glaublich iſt. Mithin iſt wohl
der ſcheinbare Durchmeſſer der Fixſterne noch weit kleiner,
als die ſchon ganz unmerkliche Parallaxe. Auch verſchwin=
den Regulus, Albebaran, die Aehre und Antares, wenn
ſie vom Monde bedeckt werden, ſo ſchnell, und erſcheinen ſo

plözlich wieder, daß man dadurch versichert wird, ihr schein=
barer Durchmesser betrage noch bey weitem nicht 1 Secun=
de, ja kaum ¼ Sec.   Mithin läßt sich auch über die wahre
Größe der Firsterne nicht das geringste mit Zuverläßigkeit
bestimmen.   Man darf sie inzwischen wenigstens eben so
groß, als unsere Sonne, annehmen.

Da die Firsterne ihrer unermeßlichen Entfernung und
ihrer geringen scheinbaren Größe ungeachtet weit lebhafter
leuchten, als die so nahen und so groß erscheinenden Plane=
ten, so kan ihr Licht nicht von der Sonne herkommen, es
muß ihnen vielmehr eigen, d. i. sie müssen selbst Sonnen
seyn.   Nach aller Wahrscheinlichkeit ist jede dieser Sonnen
mit Planeten umgeben, die von ihr erleuchtet und erwärmet
und von vernünftigen der Glückseligkeit fähigen Geschöpfen
bewohnt werden.   Wenigstens können wir keine andere Ab=
sicht der Firsterne erdenken, die doch gewiß nicht darum al=
lein geschaffen sind, um für uns Erdbewohner den nächtli=
chen Himmel zu schmücken.

Man vergleiche hiemit die zahllose Menge dieser Son=
nen.   Ueber fünftausend derselben haben die Astronomen in
ihre Verzeichniße gebracht; aber schon das bloße Auge be=
merkt, daß ihre Anzahl weit höher steigt, und die Fern=
röhre bestätigen dies in so hohem Grade, daß man durch
sie blos in der Gegend um den Gürtel und das Schwerdt
des Orions über 2000 Firsterne zählet.   Der gröste Theil
der Nebelsterne besteht aus sogenannten Sternhäuflein, oder
Sammlungen einer Menge kleiner Sterne.   Endlich häu=
fen sie sich in der Milchstraße zu Millionen.   Nimmt man
hiezu noch die ungeheuren Entfernungen, um welche sie von
einander selbst abstehen müssen, so erhält man von dem
Umfange und der Größe der Schöpfung, und von der
Macht, Weisheit und Güte ihres Urhebers Begriffe, die
an Erhabenheit alles übertreffen, was die Einbildungskraft
der Menschen zu umfassen vermag, s. Weltgebäude, bey
welchem Worte man über die Ordnungen und Lagen der
Firsterne gegen einander selbst einige schöne Muthmassun=
gen finden wird.

Man hat bisweilen neue Fixsterne an Orten gesehen, wo vorher keine waren. Hipparch ward durch eine solche Erscheinung 125 Jahr v. C. G. bewogen, ein Sternver= zeichniß zu verfertigen. Das bekannteste Beyspiel ist die Erscheinung des neuen Sterns im Bilde der Cassiopea, welcher sich im November 1572 auf einmal mit einem Glan= ze zeigte, der das Licht des Sirius und selbst des Jupiters übertraf, und am hellen Tage zu sehen war. Er fieng vom December 1572 an abzunehmen, und ward endlich im März 1574 unsichtbar. Tycho (Progymnasmata Astron. Frf. 1602. 4. L. I.) hat ihn sehr fleißig beobachtet, und keine Parallaxe an ihm wahrgenommen. Einen fast eben so glänzenden Stern beobachtete Kepler (De stella nova in pede Serpentarii. Prag. 1606. 4.) am Fuß des Schlangen= trägers im Jahre 1604, der ebenfalls keine Parallaxe zeig= te, und im folgenden Jahre wieder unsichtbar ward. Der jüngere Cassini (Elemens d'Astron. p. 73.) führt noch meh= rere ähnliche Beyspiele von kleinern neuen Sternen an.

Andere Fixsterne, die man wunderbare oder verän= derliche nennt, erscheinen bald heller, bald dunkler, und verschwinden wohl gar auf einige Zeit, halten aber doch bey deisen Abwechselungen ihres Lichts regelmäßige Perioden von bestimmter Dauer. Im Sternbilde des Schwans allein sind drey dergleichen veränderliche Sterne, die Bayer in seiner Uranometrie für unveränderlich gehalten, die er= sten beyden mit χ und P bezeichnet, den dritten aber nahe am Kopfe des Schwans unter die ungebildeten gesetzt hat. Der merkwürdigste ist der mit χ bezeichnete. Kirch hat seine Lichtveränderungen 1686 zuerst beobachtet; Cassini (Mém. de l'Acad. roy. des Sc. 1759) setzt die Periode der= selben auf 405 Tage. Am Halse des Wallfisches ward 1596 von Fabricius der veränderliche Stern (mira in collo Ceti) beobachtet, welchen Bayer o nennet, und der nach Hevel (Historiola mirae stellae in collo Ceti. Gedan. 1662. fol.) binnen einer Periode von 11 Monaten von der dritten Größe bis zum Verschwinden ab, und dann nach der Wiedererscheinung wieder bis zur dritten Größe zunimmt. Neuerlich hat Goodricke in England eine merkwürdige

Lichtabwechselung an dem hellen Stern Algol im Haupte der Meduse entdeckt, deren Dauer nur 2 Tage 21 Stunden oder 69 Stunden ist. Mit Ablauf dieser Zeit wird der Stern, der eigentlich von der zweyten Größe ist, allemal auf die vierte herunter gesetzt. Hiezu braucht er aber nur 7 Stunden Zeit, nemlich $3\frac{1}{2}$ Stunden um abzunehmen, und $3\frac{1}{2}$ Stunden, um seine vorige Größe wieder zu erhalten. Die übrigen 62 Stunden bleibt er von der zweyten Größe. Durch neuere Beobachtungen des Herrn Grafen von Brühl ist die Periode des Wiederkehrens dieser Licht= abnahme auf 2 Tage 20 St. 48 Min. 51 Sec. 16 Tert. ge= setzt worden. (Man s. Bode astronom. Jahrbuch für 1786, Num. 18. 19.; für 1788. Num. 13.). Aehnliche Lichtab= wechselungen zeigen β der Leyer, und η des Antinous (Phil. Trans. Vol. LXXV. P. I. no. 7. 9.).

Auch sind seit den Zeiten der ältern Astronomen unläug= bar bleibende Veränderungen in der Lichtstärke der Sterne vorgegangen. Den hellen Stern des Adlers rechnet Pto= lemäus zur dritten Größe; er ist aber jetzt so hell, daß ihm einige die erste Größe beylegen. Den Stern δ des großen Bären geben Tycho und Bayer von der zweyten Größe an, jezt ist er so dunkel, daß man ihn zur vierten rechnen muß. Die berliner Sammlung astronomischer Tafeln (Berlin 1776. III. B. gr. 8. im ersten Bande S. 212. u. f. Taf. XV.) giebt ein vollständiges Verzeichniß der bisher be= merkten neuen und veränderlichen Sterne.

Es ist schwer, die Ursachen dieser Veränderungen an= zugeben. Der P. Bouillaud erklärte die periodischen Lichtabwechselungen dadurch, daß er die Firsterne, die der= gleichen zeigen, für halbe Sonnen (soles dimidiatos) annahm, deren eine Helfte leuchtend, die andere dunkel sey, und die sich um ihre Axe drehten. Herr von Mauper= tuis (Discours sur les differentes figures des astres, à Pa= ris. 1732. 8. auch in Oeuvres de Maupertuis, à Lion. 1768. To. IV. 8. To. I.) glaubt, diese Sterne hätten durch eine schnelle Umdrehung um ihre Axe eine sehr platte teller för= mige Gestalt bekommen, und ein großer Planet derselben ändere die Richtung ihrer Axe so, daß sie uns bisweilen die platte Seite, bisweilen die schmale Kante zukehrten, und im letztern Falle mit sehr schwachen Lichte schienen oder gar verschwänden. Diese Hypothese erklärt viel, ist aber auch sehr gekünstelt. Natürlicher läst sich z. B. die Lichtabwechselung des Algol daraus begreiflich machen, daß diese Sonne an einer gewissen Stelle, die aller 69 Stunden gegen uns zu gekehrt ist, große dunkle Flecken hat, oder daß ein großer Planet um sie läuft, der uns um diese Zeit allemal einen Theil ihres Lichts entziehet.

Einige Fixsterne erscheinen durch Fernröhre doppelt, und heissen Doppelsterne. Dergleichen ist der Stern Castor oder α der Zwillinge u. a. m. Ein Verzeichniß von Doppelsternen in sechs Classen giebt Herr Herschel (Philoſ. Trans. Vol. LXXV. P. I. no. 6.).

De la Lande astronomisches Handbuch §. 283. u. f.

Bode kurzgefaßte Erl. der Sternkunde, Erster Theil §. 145. Zweyter Theil, §. 614. u. f.

Kästner Anfangsgr. der angewandten Mathematik. Dritte Aufl. Astronomie, §. 222. u. f.

Fixſternverzeichniße, Catalogi fixarum, *Catalogues des étoiles.* Verzeichniße, in welche diejenigen Fixsterne, deren Stellen am Himmel man durch Beobachtungen genau bestimmt hat, mit ihren Namen, Größen, Längen und Breiten, bisweilen auch den geraden Aufsteigungen und Abweichungen, eingetragen sind. Man befolgt dabey insgemein die Ordnung, daß man ein Sternbild nach dem andern aufführet, in jedem Sternbilde aber entweder die größern Sterne oder diejenigen, welche zuerst durch den Mittagskreis gehen (praecedentes) zuerst setzet. Da sich die Längen, Aufsteigungen und Abweichungen von Zeit zu Zeit ändern, so können solche Verzeichniße nur für ein gewißes Jahr eingerichtet werden.

Der erste, der es unternahm, die Fixsterne in ein Verzeichniß zu bringen, und ihre Stellen zu bestimmen, war Hipparch, der etwa 150 Jahr v. C. G. zu Alexandrien beobachtete. Plinius (Hiſt. nat. L. II. c. 26.) erzählt, daß zu dieser Zeit ein neuer Stern erschienen sey. Atque haec, setzt er hinzu, in cauſa fuit, cur Hipparchus aufus fit rem etiam Deo improbam, annumerare posteris stellas, sideraque ad normam expangere, organis excogitatis, per quae singulorum loca et magnitudines signaret — caelo in hereditatem cunctis relicto. Dennoch weiß man aus dem Ptolemäus, daß schon 180 Jahr vorher Timocharis und Aristyllus viele hieher gehörige Beobachtungen angestellt haben. Dieses älteste Sternverzeichniß des Hipparch hat uns Ptolemäus (Almag. L. VII. c. 2.) aufbehalten, und mit eignen Beobachtungen vermehrt auf das Jahr 137 der christlichen Zeitrechnung reducirt. Es enthält 1022 Sterne in 48 Sternbilder vertheilt. Der Araber Al-Batani (Albategnius) reducirte dieses Verzeichniß auf das Jahr Christi 880, indem er den von Ptolemäus angegebnen Längen wegen des Vorrückens der Nachtgleichen 11⅔ Grad zusetzte. Auch die Verfertiger der alphonsinischen Tafeln und selbst Copernicus haben sich blos mit Reduction des ptolemäischen Verzeichnißes auf ihre Zeiten begnügt. Vor Tychons Zeiten war der Fürst der Tatarey, Ulugb Beigh der einzige, der im Jahre 1437 ein Sternverzeichniß aus eignen Beobachtungen zusammentrug, welches Thomas Hyde (Tabulae longitudinis et latitudinis stellarum fixarum, ex obs. Vlughbeighi, ex tribus MS. Persicis. Oxon. 1665 4.) herausgegeben hat. Es enthält 1017 Sterne, und ist genauer, als das ptolemäische.

Tycho de Brahe, dessen Verdienste um die praktische Sternkunde unvergeßlich sind, führte zuerst die viel genauere Methode ein, die geraden Aufsteigungen und Abweichungen der Sterne zu beobachten, woraus sich nachher die Längen und Breiten berechnen lassen; da die Alten auf eine weit unzuverläßigere Art die Längen und Breiten selbst durch Beobachtung gesucht hatten. So entstand sein neues Firsternverzeichniß (Catalogus fixarum 777 ad annum 1600. in Astronom. instauratae Progymnasmatibus Frf. 1602. 4. P. I. p. 257.), welches Kepler 1627 in die rudolphinischen Tafeln eingerückt, und aus Tychons hinterlassenen Beobachtungen bis auf 1000 Sterne vermehrt, auch zuerst die Gestirne um den Südpol hinzugesetzt hat, so wie sie von den portugiesischen Seefahrern beobachtet, und von **Petrus Theodori** bestimmt worden waren. Dieses tychonische Verzeichniß hat nachher der P. **Riccioli** (Astron. reform. L. IV.) auf das Jahr 1700 reducirt, und mit 101 Sternen aus seinen mit **Grimaldi** angestellten Beobachtungen vermehret, dabey aber offenbare Fehler des Tycho, und sogar Sterne beybehalten, welche zu dieser Zeit verschwunden waren.

Fast zu gleicher Zeit mit Tycho beobachtete der Landgraf von Hessen Cassel **Wilhelm** IV. mit seinen Mathematikern **Rothmann** und **Jobst Byrge** auf 30 Jahr lang die geraden Aufsteigungen und Abweichungen der Firsterne. Hieraus ist ein sehr genaues Verzeichniß von 400 Sternen entstanden, das sich in den zu Leiden, 1618. 4. herausgekommenen Observationibus Hassiacis und in der von **Albert Curtius** unter dem Namen **Lucius Barret** herausgegebnen Historia caelesti (Aug. Vind. 1666. fol.) findet.

Zu diesen Arbeiten der Astronomen fügte **Halley**, als eine Frucht seiner Reise auf die Insel St. Helena, das erste genaue Verzeichniß von 350 südlichen, bey uns unsichtbaren Firsternen hinzu (*Edmundi Halleji* Catalogus stellarum australium s. Supplementum catalogi Tychonici ad ann. 1677. Lond. 1679. 4. auch in **Kirchs** erstem Jahre seiner Ephemer. motuum cael. st. Lips. 1682. 4.). Er hatte die Distanzen dieser Sterne von den tychonischen gemessen, und ihre Stellen daraus berechnet.

Hevel (Prodromus Astronomiae. Gedani. 1690. fol.) theilt ein sehr vollständiges Verzeichniß mit, in welchem Tychos, das hessische, Ulugh Beighs und Ptolemäus Verzeichniße neben einander stehen, und mit zwey neuen aus eignen Beobachtungen begleitet sind. Von diesen letztern enthält das größere die Längen, Breiten, Aufsteigungen und Abweichungen von 1888 Sternen, nemlich 950 alten, 603 neuen von ihm zuerst bestimmten, und 335 halleyischen oder südlichen, auf das Jahr 1660; das kleinere nur die Längen und Breiten für 1700. Diese große und verdienstliche Arbeit wird noch immer sehr hoch geschätzt.

Alle seine Vorgänger aber übertraf der englische Astronom Flamstead, welcher auf 33 Jahr lang zu Greenwich die genausten Beobachtungen angestellt hatte. Zuerst gab Halley (Historia caelestis. Lond. 1712. To. II. fol.) Flamsteads Beobachtungen heraus, womit aber der letztere nach Rosts Nachricht (Aufrichtiger Astronomus. Nürnb. 1727. 4. S. 334.) so übel zufrieden war, daß er so viel Exemplare, als er erhalten konnte, ins Feuer warf. Er starb über der neuen Ausgabe, die doch bald hernach erschien (Historia caelestis Britannica. Lond. 1725. To. III. fol.), und im dritten Theile das große Verzeichniß von 3000 Sternen enthält, worunter sich sehr viele teleskopische, d. i. blos durch Fernröhre sichtbare, befinden.

Der Abt de la Caille, welcher zuerst von 1747 bis 1750 zu Paris, und dann auf dem Vorgebirge der guten Hofnung in den Jahren 1751 und 1752 beobachtet hatte, gab in seinem hierdurch veranlasseten schätzbaren Werke (Astronomiae fundamenta novissima, solis et stellarum observationibus stabilita. Paris. 1757. 4.) ein sehr genaues Verzeichniß von 397 Sternen für das Jahr 1750, woraus man in des P. Hell und den berliner Ephemeriden jährliche Auszüge eingerückt findet.

Aus Bradley's mühsamen mit einem vortreflichen Sector von Graham angestellten Beobachtungen hat Mason ein Verzeichniß von 387 Sternen für das Jahr 1760 berechnet, welches zuerst im Nautical Almanac für 1773 erschien, hernach aber auch von P. Hell in die wiener Ephemeriden eingerückt worden ist.

Herr Bode (Sammlung astronomischer Tafeln unter Aufsicht der königl. Acad. der Wiss. Berlin 1776. II. Bände, gr. 8. im ersten Bande S. 83 u. f.) hat Hevels, Flamstead's, de la Caille und Bradley's Verzeichniße der Längen und Breiten mit vielem Scharfsinn und Arbeitsamkeit in eins zusammengezogen, und so in einem kleinen Raume für 3175 Sterne alles geliefert, was die vier neusten und genausten Verzeichniße enthalten. Das vollständigste aber unter allen ist das Verzeichniß der geraden Aufsteigungen und Abweichungen von 5058 Sternen, welches ebenfalls

S

Herr **Bode** (Vorstellung der Gestirne, nebst einem voll-
ständigen Sternenverzeichnisse, von *I. E. Bode*, Berlin
und Stralsund, 1782. in kl. Landchartenformat) aus Flamsteads, Hevels, Tobias Mayers, de la Caille, Messier,
le Monnier, Darquier u. a. Beobachtungen für das Jahr
1780 zusammengetragen hat, und welches für die genaue
Bestimmung der Stellen der Fixsterne alles leistet, was
der Kenner der Sternkunde nur immer verlangen kan. Das
angeführte Buch enthält noch überdies ein Verzeichniß von
280 der vornehmsten Fixsterne nach **Bradley** und de la
Caille, ebenfalls für 1780, worinn die jährlichen Aenderungen der geraden Aufsteigungen und Abweichungen, wie
auch die Längen und Breiten angegeben sind.

Die Sterne, welche im Thierkreise stehen, die **Zodiakalsterne**, sind darum vorzüglich merkwürdig, weil sie die
einzigen sind, die vom Monde und den Planeten bedeckt
werden können. Darum hat man auf die Bestimmung ihrer Stellen besondern Fleiß verwendet, und eigne Verzeichniße für sie ausgearbeitet. Schon **Flamstead** hat ein solches (Catalogus stellarum 67, quas luna et planetae tege-
re possunt in der Hist. caelesti Britann. To. III.); **Tobias
Mayer** hatte die Zodiakalsterne vorzüglich fleißig mit dem
göttingischen Mauerquadranten beobachtet, und der dasigen
königl. Societät der Wissenschaften 1759 ein Verzeichniß
von 998 Sternen im Thierkreise vorgelegt, das erst nach
seinem Tode herausgekommen ist (Catalogus fixarum Zo-
diacalium in *Tob. Mayeri* Opp. ineditis. Gott. 1775. 4to
maj. To. I. Num. V.). Mit **Dheulland's** 1755 herausge-
kommener Thierkreiskarte wird auch ein in Kupfer gestoche-
ner Catalog der Zodiakalsterne in Octavformat ausgegeben.

Dav. Gregorii aftronomiae phyficae et geometricae elementa.
Genevae, 1726. II. To. 4. To. I. L. II. Prop. 29.

Käftner Anfangsgr. der angew. Math. Dritte Aufl. Aftrono-
mie §. 111.

Fläche, schiefe f. **Schiefe Ebne.**

Flamme, Flamma, *Flamme.* Ein leuchtender und
einen hohen Grad der Wärme mittheilender Ausfluß aus

den brennenden Körpern, der in der atmosphärischen Luft,
die ihn umgiebt, in die Höhe steigt. Ich glaube diesen
Artikel am schicklichsten behandlen zu können, wenn ich zu=
erst die vornehmsten Erscheinungen der Flamme anführe,
dann einige Meinungen über die Natur derselben vortrage,
und bey den vorzüglichsten einige daraus fließende Erklärun=
gen der Phänomene beybringe.

Eine große Hitze bringt die ihr ausgesetzten Körper zum
Leuchten, s. Glühen. Aus sehr vielen Körpern steigt als=
dann, wenn sie der Luft ausgesetzt sind, etwas auf, das ent=
weder dunkel ist, das Ansehen von Dämpfen hat, und
Rauch genannt wird, oder etwas leuchtendes, das man
Flamme nennt; in den meisten Fällen Rauch und Flam=
me zugleich, so daß da, wo die Flamme aufhört, der Rauch
sichtbar zu werden anfängt. Die Flamme theilt den Kör=
pern, die sie berührt, eine sehr beträchtliche Hitze mit, und
entzündet dadurch die brennbaren Materien, die man ihr
aussetzt. Der Rauch selbst ist da, wo er den brennenden
Körper oder die Flamme berührt, sehr heiß, wird aber
beym Aufsteigen in der Luft bald kälter, und läst sich an den
Stellen, wo er noch heiß ist, durch Annäherung einer an=
dern Flamme entzünden, so daß er selbst wieder in eine
Flamme ausbricht.

Nicht alle Körper brennen mit einer merklichen Flam=
me. Die feuerbeständigen, z. B feines Gold und Sil=
ber, Glas, Porcellan, Bergkrystall, reine Kiesel rc. glü=
hen blos, und andere, die viel feuerbeständige Theile ent=
halten, wie Kohlen, Asche und die meisten Metalle, schei=
nen sich ohne merkliche Flamme zu zersetzen oder zu verzeh=
ren. Was aber die letztern betrift, so muß man sich durch
den Anschein nicht hintergehen lassen. Das Ansehen eines
Stabs Eisen und eines Kiesels, die beyde bis zum Weiß=
glühen erhitzt sind, ist doch sehr verschieden; das Metall ist
in der That mit einer sehr glänzenden und sogar Funken ge=
benden kleinen Flamme bedeckt, welche in dephlogistisirter
Luft noch weit merklicher wird; der Kiesel zeigt hievon nichts,
hört auch weit eher auf zu glühen. Wenn sich das Bley
auf einer Kapelle unter der Muffel verschlackt, so sieht das

Metall weit brennender, als die Kapelle, aus, obgleich
beyde einerley Grade des Feuers ausgesetzt sind. Dieser
Unterschied kömmt gewiß nur von der kleinen Flamme her,
welche die Verbrennung des Metalls begleitet, da indessen
die unverbrennliche Kapelle keine ähnliche Erscheinung zeigen kan. Es scheint daher ausgemacht, daß alle wirklich
brennende Körper mit Flamme brennen. Auch zeigen mehrere Kohlen neben einander gelegt und angeblasen eine sehr
merkliche Flamme, wenn sie gleich einzeln nur zu glühen
scheinen. Oele, Weingeist, Holz, Schwefel u. dgl., welche sehr viel brennenden Stof enthalten, geben auch die
lebhaftesten Flammen.

Der Zugang der Luft ist zu Entstehung und Unterhaltung der Flamme schlechterdings nothwendig. Im luftleeren Raume kan keine Flamme fortdauren: auch verlöscht
sie, wenn die Luft um sie her nicht immer erneuert wird.
Daher brennt ein Licht unter einer gläsernen Glocke nur eine
kurze Zeit lang; indem es ausbrennet, leidet die mit ihm
eingeschloßne Luft eine Verminderung ihres Volumens, und
wird ungeschickt, ferner eine Flamme in sich brennen zu
lassen; daher Lichter sowohl als glühende Kohlen sogleich darinn verlöschen. Man rechnet insgemein, daß ein gewöhnliches Licht in Zeit von einer Minute 4 Kannen Luft verder-
be. Das Mittel, die verdorbene Luft zu Unterhaltung der
Flamme wieder geschickt zu machen, ist, daß man Pflanzen eine Zeitlang in ihr wachsen läßt, oder sie stark im Wasser schüttelt. Zu Unterhaltung des thierischen Lebens aber
wird diese durch das Ausbrennen eines Lichts verdorbene
Luft nicht ganz untauglich. Man wird hieraus leicht schließen, daß alles, was der brennenden Oberfläche den Zutritt
der Luft raubet, z. B. das Uebergießen mit Wasser, das
Ueberschütten mit Sand u. dgl. die Flamme auslöschen
müße: da hingegen das Anblasen, welches beständig frische
unverdorbene Luft hinzuführt, die Flamme vergrößert.
Bläset man aber allzustark in die Flamme, so wird dadurch
theils die nöthige Hitze zu plötzlich und zu stark vermindert, theils wird der Fortgang des Ausflußes aus dem
brennenden Körper durch den Druck der Luft gehemmet,

und der Ausfluß selbst zerstreut, daher die Flamme verlö=
schen muß.

Weit lebhafter aber brennt eine jede Flamme in derje=
nigen Luftgattung, welcher man den Namen der dephlo=
gistisirten beylegt, s. Gas, dephlogistisirtes. In ihr
brennen Lichter ehe sie verlöschen, auf 6 bis 7mal länger,
als in der gemeinen Luft, und mit einem weit hellern Glan=
ze. Kampher, Phosphorus und andere leicht entzündbare
Körper brennen in ihr mit einem Lichte, dessen Stärke alle
Erwartung übertrift; Kohlen, die in ihr glühen, werfen
mit vielem Knistern Funken um sich her, und dünner Ei=
sendrath schmelzt und brennt darinn, wie Schwefelfaden.
Es ist auch so gut als entschieden, daß die gemeine atmo=
sphärische Luft nur darum die Flamme unterhält und die
Verbrennung befördert, weil jederzeit ein sehr beträcht=
licher Theil von ihr aus reiner oder dephlogistisirter Luft
bestehet.

Es giebt in der Flamme der verschiedenen brennbaren
Körper große Unterschiede. Selten ist diese Flamme ganz
rein; sie führt vielmehr die fremdartigen Theile mit sich,
welche den Rauch ausmachen, und von denen ein Theil un=
ter dem Namen des Rußes aufgefangen werden kan. Die
reinsten Flammen sind die des rectificirten Weingeists und
der vollkommnen Kohlen; diese geben auch den Versuchen
zu Folge die stärkste Hitze. Ueber die Reinigkeit verschie=
dener Flammen findet man schöne Versuche beym Muf=
schenbroek (Introd. ad philos. natur. Lugd. Bat. 1762.
4 maj. To. II. §. 1655.) Die Flamme der Oele und
und ölichten Körper ist unter allen die unreinste, und führt
nicht allein alle flüchtige Theile der Oele mit sich, sondern
reißt durch mechanische Gewalt auch feuerbeständige mit sich
fort; daher sie sehr dampft und einen starken Ruß anleget.
Auch die Flamme der Metalle ist von einem Rauche beglei=
tet, der aber nicht schwärzet. Die des Schwefels würde
sehr rein seyn, wenn sie nicht eine große Menge Vitriol=
säure bey sich führte. Außer den zum Rauche gehörigen
Materien sondern sich aus der Flamme der meisten Körper
Wasser, verschiedene Gasarten und Säuren ab. Auch sind

die Farben der Flammen verschieden; die reinsten des Weingeists und Schwefels sind blau, Kupfer mit Kochsalzsäure
brennt grün, der Talk gelb, Kampher und Spießglas
weiß u. s. w.

Die Flamme steigt in der freyen Luft in die Höhe, ohne
Zweifel wegen ihrer specifischen Leichtigkeit. Sie nimmt
dabey insgemein eine konische Gestalt an, und verlängert
sich sehr beträchtlich, wenn man sie mit einem engen Ringe
umgiebt, oder mit einer dünnen Glasröhre von etwa 7 bis
8 Lin. Durchmesser auffängt. Eben diese Verlängerung
zeigt sich auch, wenn man die Flammen zwoer Kerzen mit
einander in Berührung bringt.

Es wird zur Erzeugung und Unterhaltung der Flamme
ein gewisser Grad der Hitze erfordert, welchen de Lüc, wie
ich bereits bey dem Worte: Feuer angeführt habe, auf 650
Grad des Fahrenheitischen Thermometers setzt, und die brennende Wärme nennt. So bald die Theile der Flamme,
welcher durch die benachbarte kalte Luft, vielleicht auch durch
die Verdampfung der Theile des brennbaren Körpers viel
Wärme entzogen wird, diesen Grad der Hitze verlieren, so
zeigen sie sich nicht mehr brennend oder leuchtend, und die
Flamme hat an dieser Stelle ihre Grenzen.

Manche Materien, z. B. der Weingeist, erhitzen sich
so schnell, daß ihre Oberflächen durch ihre eigne Flamme
immer den zum Brennen nöthigen Grad der Wärme geschwind genug erhalten können. Daher brennt angezünde-
ter Weingeist immer fort, bis er verzehrt ist, ohne weitere Hülfsmittel. Oel, Talg, Wachs u. dgl. erhitzen sich
langsamer, und erhalten an den Oberflächen den gehörigen
Grad der Wärme zu spät, um eine Flamme ununterbrochen
zu erhalten. Daher sind bey den Kerzen und Lampen
Dachte (ellychnia, cotonea, *mèches*) nöthig, in deren
feinen Canälen das Oel oder geschmolzene Wachs und Talg
in zarte Theile zertrennt bis zur Flamme in die Höhe steigen kan. Bey dieser Zertrennung nimmt es die erforderliche Hitze leicht an, da hingegen der Zufluß einer großen
Masse von Oel oder Wachs die Hitze plötzlich vermindern
und die Flamme auslöschen würde. Diese letztere steht auch

immer etwas über der Oberfläche der Kerze, weil diese Oberfläche nicht so heiß, als nöthig, zu werden vermag. Der Dacht ist also ein wesentliches Stück bey einer Kerze oder Lampe; da er aber selbst vom Feuer verzehrt, oder durch unreine Theile verstopft und zum Zuführen des Oels ꝛc. untauglich wird, so erhellet hieraus die Unmöglichkeit eines ewigen Dachtes, so wie die Thorheit des Vorgebens von ewigen ihre Nahrung nie aufzehrenden Lampen, die bey den Alten bekannt gewesen seyn sollen, und die der Prinz von Sansevero (Nova act. erud. Lipf. a. 1754. p. 82.) wieder erfunden haben wollte, von selbst in die Augen fällt. Vortheilhaftere Einrichtungen der Lampen aber, als die gewöhnlichen sind, lassen sich allerdings angeben, f. Lampen.

Ich komme nun auf die Anführung einiger Meinungen über das Wesen und die Bestandtheile der Flamme, welche die Alten fast durchgängig mit dem Feuer selbst verwechselt und für eine einfache elementarische Substanz gehalten haben; so wie noch jetzt diejenigen, welche mit physikalischen Untersuchungen unbekannt sind, sich unter dem Worte Feuer die Flamme oder das sogenannte Küchenfeuer denken. So haben auch die Peripatetiker das Feuer und die Flamme für eine aus den brennenden Körpern ausgehende elementarische Substanz gehalten: van Helmont aber (Opera omn. Frf. 1707. 4. p. 120. De formarum ortu §. 24.), ohngeachtet er das Feuer zu einem Mitteldinge zwischen Substanz und Eigenschaft macht, ist doch geneigt, die Flamme blos als einen Zustand anzusehen, in welchen die Theile des brennenden Körpers versetzt werden.

Descartes (Princip. Philof. P. IV. §. 80. fqq.) erklärt das Feuer für die Form, welche die groben erdigten Theile annehmen, wenn sie einzeln der Bewegung des ersten Elements oder der subtilen Materie folgen. So besteht nach ihm die Flamme einer Kerze aus ölichten Theilen, welche durch die ausströmende subtile Materie mit fortgerissen, und daher in eine schnelle Bewegung versetzt werden. Diese subtile Materie sucht sich von der Erde zu entfernen, daher steigt die Flamme aufwärts. Sie würde durch die Kügelchen des zweyten Elements und die irdischen Theile in der

Luft, die an die Stelle der Flamme treten wollen, ausgelöscht werden, wenn sie blos aus subtiler Materie bestünde, und wenn nicht die ölichten und erdigten Theile aus dem Dachte jene Hindernisse zurücktrieben. Durch diesen Widerstand aber wird die Flamme in der Höhe mehr geschwächt, daher kömmt ihre spitzige Gestalt. Weil aber nirgends in der Welt ein leerer Raum ist, so muß die Luft, welche von Flamme und Rauch aus der Stelle getrieben wird, durch eine kreisförmige Bewegung an die Oberfläche der Kerze und an den untern Theil des Dachtes herabgehen, wo sie wieder die geschmolzenen Wachstheilchen in die Höhe treibt, und so die Flamme unterhalten hilft. Man wird an diesem Beyspiele sehen, wie künstlich Descartes die Phänomene aus seinen drey Elementen und dem vollen Raume zu erklären weiß.

Die gewöhnlichste Meinung unter den Naturforschern und Chymikern, bis auf die neusten Zeiten ist diese gewesen, daß die Flamme ein entzündeter oder glühender Dampf, oder eine Sammlung der aus den brennenden Körpern aufsteigenden Dämpfe sey, welche durch die Hitze entzündet werden. Ueber diese Meinung sind die meisten einig gewesen, wenn sie sich auch sonst vom Feuer und der Verbrennung noch so verschiedene Begriffe gemacht haben; sie ist so einfach und natürlich, daß sie sich von selbst Beyfall erwirbt, wie denn auch die neusten Entdeckungen sie nicht umstoßen, sondern nur berichtigen. Newton trägt sie in seiner Optik als eine Frage vor (Optice, latine redd. *Samuel Clarke*, Lond. 1706. 4. p. 294. Quaest. 8. 9. 10.), wobey er das Feuer blos für Zustand oder Bewegung der Körper zu halten geneigt scheint. Ich will seine eignen Worte anführen. Annon corpora omnia fixa, quum sint ultra certum gradum calefacta, emittunt lumen et splendent, eaque luminis emissio *per motus vibrantes partium suarum* efficitur? Annon *ignis corpus est* eo usque *calefactum*, ut copiosius lumen emittat? Quid enim aliud est ferrum candens, nisi ignis? Quidue aliud est carbo candens, nisi lignum eo usque calefactum, ut id lumen emittat? Annon *flamma vapor est*, fumus sive exhalatio *candefacta*, hoc est, calefacta usque eo, ut lumen emittat? Corpora enim flammam non concipiunt, nisi emittunt fumum copiosum, qui porro fumus ardet in flamma. Eben dieser Meinung sind auch viele andere, die das Feuerwesen als eine besondere Materie ansehen, wovon ich nur Boerhaave (De igne in Elem. Chym. der leipziger Ausgabe v. 1732. 8. p. 116. sqq.), Musschenbroek (Introd. ad philos. natur. To. II. §. 1645.), Macquer (Chymisches Wörterbuch Art: Flamme), Nollet (Leçons de Physique To. IV. p. 471. sq.), Erxleben (Anfangsgr. der Naturlehre §. 437. u. f.) Gren (Systematisches Handbuch der gesammten Chemie, Halle 1787. gr. 8. I. B. §. 312.) nennen will. Auch lassen sich sehr viele Erscheinungen hieraus ganz leicht erklären, z. B. daß man den heissen Rauch so leicht entzünden kan, daß feuerbeständige Substanzen keine Flamme zeigen, das Auslöschen und Ersticken der Flamme durch Wasser, Sand, Ausblasen ꝛc., die Unreinigkeit und Farbe der Flammen, das Aufsteigen derselben in der Luft, die Erleichterung des Fortbrennens durch Dachte u. s. w., welche Phänomene Erxleben a. a. O. sehr ungezwungen aus diesem Begriffe von der Flamme erklärt.

Der Abt Nollet erklärt auch hieraus die kegelförmige Gestalt der Flamme. Ohne äussere Gegenwirkung nemlich würden sich die Dämpfe, mithin auch die glühenden, kugelförmig verbreiten. Sie sind aber mit Luft umgeben, in der sie nach hydrostatischen Gesetzen geradlinigt aufsteigen, und da sie in einem beständigen Strome fortgehen, so muß sich hierdurch die sphärische Gestalt in eine cylindrische verwandlen. Nun gehen die Dämpfe viel weiter hinaus, als wir die Flamme sehen; sie glühen nur nicht mehr, weil die umgebende Luft sie zu sehr erkältet. Diese Erkältung fängt an den äussern Theilen an, indem der Kern oder die Are der Flamme die Glühhitze am längsten behält; daher müssen die äussern Theile der Flamme nach oben zu immer mehr verlöschen, und die kreisförmige Grenze derselben muß sich immer weiter gegen die Are zusammenziehen, woraus natürlich die kegelförmige Gestalt entstehet. Hieraus erklärt sich auch die Verlängerung der Flamme, wenn man sie mit

einer dünnen Glasröhre auffängt, oder wenn man zwo
Flammen an einander bringt. Denn im ersten Falle wird
durch die Wände der Röhre, die sich schnell erhitzen, die
Erkältung der äussern Theile verhindert, im letztern Falle
werden die schon verloschenen Theile der einen Flamme durch
die andere wieder entzündet.

Nur die Nothwendigkeit des Zugangs frischer Luft, wobey immer neue unverdorbene oder dephlogistisirte Luft hin-
zugeführt wird, läst sich nicht ganz ungezwungen hieraus
allein erklären, wenn man die Untersuchungen über die Bestandtheile der eigentlichen Flamme nicht weiter treibt.
Erxleben (§. 442.) sagt zwar, die Luft sey nöthig um
das Wässerichte und andere Theile, die sonst die Flamme
auslöschen würden, aufzulösen und fortzuführen, auch diene vielleicht die Luft, um die Theile der Flamme zusammen
zu halten, und ihre Zerstreuung zu verhüten. Allein dies
thut nicht allen hiezu gehörigen Erscheinungen Gnüge, und
die neuern Theorien erklären dieselben weit einfacher.

Stahl (*Ge. Ern. Stahlii* Experimenta, observationes et animadverf. CCC. Berol. 1731. 8. § 81.) hat zuerst
bemerkt und erwiesen, daß die Flamme wässerichte Theile
enthalte, und behauptet, daß Körper, die kein Wasser in
sich haben, auch keine Flamme geben, wenn sie nicht
Feuchtigkeit aus der Luft an sich ziehen können, oder mit
Wasser, das aber in sehr feine Theile oder Dämpfe zertrennt seyn müste, versehen werden. So geben nach ihm
die Kohlen und der Zink eine Flamme, indem sie von auf-
sen her Feuchtigkeit an sich ziehen. **Pott** (Von Licht und
Feuer in f. Lithogeognosie, Berlin 1746. 4.) hat eben dieses durch neue Versuche zu bestätigen gesucht. Jede Flamme hat eine Art von Atmosphäre, die sich sehr deutlich
zeigt, wenn man das Bild einer Lichtflamme im verfinsterten Zimmer auffängt, und die großentheils aus wässerichten Theilen besteht. Dieser Dunstkreis ist desto größer,
und die Flamme selbst desto breiter, je mehr Wässerichtes
der brennende Körper enthält. Daß Wasserdämpfe gegen
glühende Kohlen geblasen die Hitze ungemein |verstärken,
wird auch durch Versuche mit der Aeolipile bestätiget, und

Herr **Klipstein** (f. Magazin für das Neueste aus der Physik und Naturgesch. IIIten B. 2tes Stück S. 169.) hat davon Gebrauch gemacht, um dem Gebläse bey Schmelzöfen mehr Wirksamkeit zu geben.

Euler (Diss. de igne §. 24. im Recueil des pieces, qui ont remporté le prix de l'Acad. roy. ann. 1738.) nennt die Flamme einen mit der subtilen Feuermaterie erfüllten Raum, und da nach seiner Hypothese diese Materie durch die Explosion, in welcher das Feuer besteht, mit Gewalt würde zerstreut werden, so soll der Aether wiederum diejenige Substanz seyn, die durch ihre Elasticität diese Materie in Gestalt der Flamme zusammenhält, und durch deren beständige Erschütterung das Licht entsteht. Nach der Meinung eines andern Schriftstellers (Discours sur la propagation du feu par le P. *Loseran de Fiese*, ebenfalls im Recueil de pieces etc. 1738) ist Flamme, Feuer und Rauch alles einerley: sie bestehen aus flüchtigen Salzen, Schwefel, Luft, Aether, und sind insgemein mit sehr fein zertrennten und im Wirbel bewegten wässerigten, erdigten und metallischen Theilen vermischt. Im Rauche ist nur die Bewegung nicht so schnell, als in der Flamme oder dem Feuer. Ein dritter (Explication de la nature du feu par le *Comte de Crequy* in eben dems. Recueil.) erklärt Flamme und Feuer für die Auflösung der Körper durch den doppelten Strom einer unsichtbaren Materie, die ihre Bewegung den Körpern mittheilt, so oft sich ihre beyden Ströme nicht diametral durchdringen können. Unter diese drey Schriften, welche so gewagte und durch gar keine Experimentaluntersuchung geprüfte Systeme enthalten, hat die Akademie der Wissenschaften im Jahre 1738 den Preiß über die Frage von der Natur und Fortpflanzung des Feuers vertheilt. Inzwischen ist der Satz, worinn sie übereinstimmen, daß die Flamme das Feuerwesen selbst sey, auch von andern, z. B. **Weigel** (Grundriß der reinen und angewandten Chymie §. 315.) behauptet, dabey aber doch angeführt worden, daß sie unzerlegtes Brennbare und Wasser mit sich führe.

Seitdem man die Natur der brennbaren Luft, f. **Gas,**

brennbares, genauer unterſucht hat, iſt es ſehr vielen
neuern Phyſikern und Chymiſten wahrſcheinlich geworden,
daß die reine Flamme, die ihr beygemiſchten fremden Theile abgerechnet, nichts anders, als eine entzündete Miſchung
von brennbarer und dephlogiſtiſirter Luft ſey, wovon jene
aus dem brennbaren Körper, dieſe aus der atmoſphäriſchen
Luft kömmt. Zuerſt hat dieſe Muthmaſſung Herr Volta
(Lettere ſull' aria nativa delle paludi. Como, 1776. 8.
Briefe über die natürlich entſtehende entzündbare Sumpfluft a. d. ital. Winterthur, 1778. 8.) vorgetragen. Da
die brennbare Luft keiner fortdaurenden Entzündung fähig
iſt, wenn ſie nicht mit atmoſphäriſcher Luft, oder noch beſſer mit dephlogiſtiſirter, als dem reinſten Beſtandtheile der
atmoſphäriſchen, vermiſcht wird, ſo erklärt ſich hieraus
auf eine weit ungezwungnere Art, als nach den übrigen
Hypotheſen, warum der Flamme der Zutritt der friſchen
Luft unentbehrlich, und warum die dephlogiſtiſirte Luft ihrer
Entſtehung und Unterhaltung ſo vorzüglich günſtig iſt.
Da ferner nach den Beobachtungen der Herren Cavendiſh, Watt, Lavoiſier, und de la Place die Miſchung von brennbarer und gemeiner Luft, durch die Ab-
brennung, in Waſſer verwandlet wird, ſo läßt ſich hieraus auch begreiflich machen, warum ſelbſt die reinſten
Flammen ſo viel Waſſer geben, daß ſich daſſelbe durch einen
über der Flamme angebrachten Helm in ziemlicher Menge
auffammlen läßt. Endlich ſchließt ſich auch dieſe Muthmaßung unter allen am beſten an die neuern Theorien des
Feuers und der Verbrennung an.

Nach Scheeles Theorie (ſ. Feuer) iſt die Hitze ſelbſt,
oder vielmehr die Materie derſelben ein aus Phlogiſton und
reiner Luft zuſammengeſetztes Weſen, welches durch ſeine Anziehung aus dem brennenden Körper immer mehr Phlogiſton
entwickelt, und dadurch ſelbſt immer mehr Intenſität erhält.
Die mit Phlogiſton überſättigte reine Luft verwandlet ſich endlich in Licht und brennbare Luft, woraus die Entſtehung der
Flamme, wenn man Volta's Meinung annimmt, leicht begreiflich wird.

Crawford ſelbſt hat ſich zwar in ſeiner bey dem Worte: Feuer angeführten Schrift über die Natur der Flamme nicht bestimmt erklärt; es hat aber **Richard Kirwan** (Exp. and. observations on the specific gravities and attractive powers of various salines substances, etc. Lond. 1781. 4. Versuche und Beob. über die Salze und die neuentdeckte Natur des Phlogiston. a. d. eng. von **Crell.** Berlin und Stettin, 1783. 8.) die Crawfordische Theorie noch mehr erläutert und bestätiget, und dabey zu erweisen gesucht, daß das Phlogiston bey der Verbrennung in Gestalt eines luftförmigen Stofs entwickelt werde, und im Grunde nichts anders, als eine von fremden Stoffen gereinigte brennbare Luft sey, s. **Phlogiston.** Wenn nun nach C. die Verbrennung durch eine doppelte Wahlanziehung zwischen Feuermaterie und dem brennenden Körper auf einer, und zwischen Phlogiston und Luft auf der andern Seite, bewirkt wird, so muß das luftförmig entbundne Phlogiston oder die brennbare Luft sich mit der atmosphärischen verbinden, welche Mischung durch den Ueberschuß der aus der Luft geschiedenen Wärme, welche der brennende Körper nicht ganz in sich nehmen kan, entzündet wird, daß also auch nach diesem System die Flamme füglich eine brennende Mischung von Phlogiston oder brennbarer und von reiner Luft genennt werden kan.

Herr de **Lüc** (Neue Ideen über die Meteorologie I B. §. 180 u. f.) erklärt sich über die Entstehung der Flamme bestimmter, und unterscheidet hiebey zween Fälle. Der erste ist dieser, wenn die zur Verbrennung nöthige dephlogistisirte Luft nicht wirklich zerstört, sondern blos durch fixe Luft, vermittelst einer Umwandlung oder Unterschiebung, ersetzt wird. Dieses geschieht z. B. bey der Verbrennung der Kohle und anderer blos glühenden Körper, zum Theil auch bey den gemeinen Lampen und Kerzen, und bey allen schwachen mattbrennenden Flammen. Hiebey entbindet sich aus dem brennenden Körper nicht brennbare Luft selbst, sondern nur die schwere Substanz, welche einen Bestandtheil der brennbaren Luft ausmacht, und nach de Lücs Vermuthung das Phlogiston der Chymiker ist. Durch diese Verbindung wird auf eine noch bis jetzt sehr dunkle Art aus der dephlogistisirten Luft fixe, oder es tritt wenigstens solche an jener Stelle. Das hiebey merkliche Feuer kömmt also nicht aus der Luft, sondern blos aus dem brennenden Körper selbst; es ist daher in geringerer Menge vorhanden, und überdies erneuret sich die Luft nicht geschwind genug, weil die fixe Luft zu schwer ist, und also nicht schnell genug durch die Wärme erhoben werden kan. Der zweyte Fall ist, wenn reine brennbare Luft entbunden, mit der dephlogistisirten vermischt, und diese letztere wirklich zersetzt wird. Dies geschieht bey der Verbrennung des Phosphorus, und überhaupt bey den lebhaftern Flammen. Hiebey kömmt das Feuer nicht blos aus dem brennenden Körper, sondern es wird auch ein sehr großer Theil desselben aus der zersetzten Luft frey. Daher ist die Hitze sehr groß, es ist bey der Vermischung beyder Luftarten der nöthige Grad der brennenden Wärme vorhanden, sie zersetzen sich, und werden ein mit freyem Feuer überladner Wasserdunst. Die Flamme ist dieser Dunst selbst, und sie leuchtet, weil bey der großen Dichtigkeit ihres freyen Feuers sich ein Theil desselben zersetzt, und also das Licht daraus frey wird (indem das Feuer aus dem Feuerwesen und Licht besteht s. Feuer, unter dem Abschnitte; de Lücs Theorie ꝛc.). Das beste Mittel dies zu befördern, ist, daß man im brennenden Körper selbst eine große Hitze zu unterhalten sucht, wodurch die völlige Verwandlung seiner phlogistischen Theile in reine brennbare Luft befördert wird, welche nach de Lüc aus Phlogiston und Feuer bestehet, so daß das Feuer, wie bey allen luftförmigen Stoffen das fortleitende Fluidum, das Phlogiston aber die schwere Substanz ist. Es ist gar nicht zu läugnen, daß dies alles sowohl unter sich, als mit den Erscheinungen sehr wohl zusammenhängt. Man s. auch den Artikel: Lampe. Man kan sich übrigens leicht denken, daß fast bey jeder Verbrennung zum Theil der erste, zum Theil der zweyte Fall statt findet, Flamme und Hitze aber desto lebhafter werden, ie mehr sich die Umstände dem zweyten Falle nähern. Also kan man auch nach diesem System die Flamme für eine entzündete (oder durch Zersetzung des Feuers leuchtende)

Miſchung von brennbarer und dephlogiſtiſirter Luft er=
klären.

Dieſe Meinung von dem Weſen der Flamme ſcheint
anjetzt faſt allgemein angenommen zu ſeyn. Sie ſteht mit
der oben angeführten, daß die Flamme ein brennender
Rauch ſey, eigentlich nicht im Widerſpruche, ſondern iſt
mehr eine genauere Beſtimmung und Berichtigung derſel=
ben, daher eben die einfachen Erklärungen der Phänomene,
die wir bey jener Meinung beygebracht haben, mit den
nöthigen Abänderungen auch für dieſe ſtatt finden.

Macquers chym. Wörterbuch, Art. Flamme.

Erxlebens Anfangsgr. der Naturlehre, Dritte Auflage von
Lichtenberg §. 437 — 447.

Briſſon dict. de phyſ. art. *Flamme.*

Recueil des pieces, qui ont remporté les prix de l'Acad.
des Sc. depuis 1738 — 1747. à Paris 1739 — 1748 4.

de Lüc Neue Jdeen über die Meteorologie I Band. §. 180. u. f.

Flaſche, bologneſer, ſ. **Bologneſer Flaſchen.**

**Flaſche, geladne, Kleiſtiſche Flaſche, Leid-
ner Flaſche, elektriſche Flaſche, Ladungsflaſche,
Verſtärkungsflaſche,** Phiala Leidenſis, Phiala electrica, Lagena armata, *Bouteille de Leide, Bouteille electri-
que.* Wenn man einem dünnen elektriſchen Körper auf bey=
den einander gegenüber ſtehenden Seitenflächen auf der
einen Seite die poſitive auf der andern die negative Elektri=
cität mittheilt, ſo heißt der Körper in dieſem Zuſtande ge=
laden. Man wählt hiezu gewöhnlich gläſerne Flaſchen,
deren innern Wänden die eine, den äuſſern die andere Elek=
tricität gegeben wird, woraus ſich der Begrif der geladnen
Flaſche von ſelbſt ergiebt. Man kan aber anſtatt der Fla=
ſchen eben ſowohl Platten, z. B. eine Tafel von gemeinem
Fenſterglas, von Harz oder Siegellack wählen, welche als=
dann geladne elektriſche Platten heiſſen ſ. Quadrat,
elektriſches. Sobald die Elektricitäten beyder Seiten,
welche durch die Dazwiſchenkunft des elektriſchen Körpers
ſelbſt getrennt waren, durch irgend ein Mittel vereiniget
oder ſo nahe zuſammengebracht werden, daß ſie das zwi=
ſchen liegende Mittel durchbrechen können, ſo gehen ſie in

einander mit einer starken Explosion über. Diese heißt der
elektrische Schlag, die elektrische Erschütterung ꝛc.
so wie der ganze Vorgang die Entladung, das Losschla-
gen, auch der kleistische, musschenbroekische, oder
Leidner Versuch (experimentum Leidense, *Experience
de Leide*) und der Inbegrif der dabey vorkommenden Erscheinungen die verstärkte Elektricität genannt wird.
Ich werde in diesem Artikel zuerst von der Bereitung und
den verschiedenen Arten der Ladungsflaschen, dann von ihrer
Ladung, Entladung und den dabey vorkommenden Erscheinungen handlen, hierauf die Geschichte des leidner Versuchs erzählen, und mit der Erklärung der Erscheinungen
aus den vornehmsten Theorien über die Elektricität den
Beschluß machen.

Bereitung und verschiedene Einrichtung der Ladungsflaschen.

Der allgemeine Begrif der Ladungsflasche oder Platte
ist der, daß sie aus einem an sich elektrischen dünnen Körper besteht, dessen beyden Seiten Elektricität mitgetheilt
werden kan. Hiezu wird nun gewöhnlich Glas genommen.
Je größer es ist, desto stärker kan es geladen werden. Die
Dicke des Glases aber kömmt hiebey sehr in Betrachtung;
denn ein dünneres Glas kan zwar leichter und stärker geladen werden, als ein dickes; es ist aber auch der Gefahr
mehr ausgesetzt, durch die Gewalt der elektrischen Anziehung bey allzu starker Ladung zersprengt zu werden. Man
kan daher die sehr dünnen Flaschen oder Platten zwar einzeln gebrauchen; wenn man aber mehrere mit einander verbinden will, s. Batterie, elektrische, so muß man stär-
keres und wohl abgekühltes Glas dazu wählen.

Auf die Gestalt des Glases kömmt hiebey nichts an.
Zu Flaschen für Batterien nimmt man gewöhnlich große
cylindrische, oder sogenannte Zuckergläser; zum einzelnen
Gebrauche Apothekerflaschen, welche cylindrisch sind, aber
einen etwas engern Hals haben, wie Taf. IX. Fig. 31.
zeigt, oder für kleine Versuche die ganz gemeinen Arzneygläser.

Weil das Glas, so wie alle elektrische Körper, die mit-

getheilte Elektricität nur an der berührten Stelle annimmt,
und nicht von selbst über seine ganze Oberfläche verbreitet,
so muß man die beyden Flächen mit einer leitenden Mate=
rie z. B. Zinnfolie, Goldblättchen, Messing = oder Eisen=
spänen ꝛc. überziehen, welches die Belegung derselben ge=
nannt wird. Deswegen heißt die Ladungsflasche oft auch
die belegte Flasche. Dies verschaft den Vortheil, daß
sich die mitgetheilte Elektricität, wenn sie auch nur auf
eine einzelne Stelle geleitet wird, dennoch sogleich über die
ganze belegte Fläche ausbreitet, und bey der Entladung eben
so auf einmal aus dieser Fläche herausgeht. Der Boden
C D wird ebenfalls von auffen und innen belegt.

Die Belegung mit Zinnfolie oder Goldblättchen ist un=
streitig die beste, und läst sich auch auf der äuffern Seite sehr
leicht anbringen. Inwendig aber geht dies, wenn die Flasche
einen engen Hals hat, nicht an. In diesem Falle füllt
man kleine Flaschen, so weit die Belegung gehen soll, mit
Eisen = oder Messingspänen, auch wohl mit Schrot oder Was=
ser, an; in größere aber, die dadurch zu schwer würden,
gießt man etwas Gummiwasser, schüttet ein wenig Messing=
späne hinein, und schwenkt die Flasche, bis sich die Spä=
ne dicht an die innern Wände angelegt haben, wo sie durch
das Gummiwasser ankleben.

Die Belegungen beyder Seiten des elektrischen Kör=
pers dürfen einander um den Rand nicht nahe kommen.
Ihre entgegengesetzten Elektricitäten könnten sonst Wege
finden, sich zu vereinigen, ohne daß man dies haben woll=
te zumal da manche Glasarten die Elektricität sehr leicht
über ihre Oberfläche leiten. Daher läst man an den Plat=
ten den äuffern Rand unbelegt: und die Flaschen belegt
man nur bis E F, so daß zwischen E F und G H 2 — 3 Zoll
Höhe unbelegt bleiben. Es ist sehr rathsam, den unbe=
legten Raum E G B H F durch einen Ueberzug von Siegel=
lack gegen die Feuchtigkeit zu schützen: auch giebt dieser
Ueberzug den Flaschen, so wie der ganzen elektrischen Ge=
räthschaft, ein sehr nettes reinliches Ansehen. Das Sie=
gellack wird hiezu im Mörser zerstoßen, höchstrectificirter

Weingeist aufgegoſſen, und der daraus entſtandne Brey mit dem Pinſel auf das Glas getragen.

Die Oefnung der Flaſche B wird mit einem genau ein- paſſenden trocknen und in zerlaſſenes Wachs getauchten Korkſtöpſel verſchloſſen. In dieſen Kork wird ein Loch ge- bohrt, und ein ſtarker meſſingner Drath hindurchgeſteckt, der unten umgebogen ſeyn, und die inwendige Belegung an mehrern Stellen berühren muß, damit alles, was an dieſen Drath gebracht wird, mit der innern Seite der Flaſche durch eine leitende Verbindung zuſammenhänge. Iſt die Flaſche inwendig mit Metallſpänen oder Schrot ge- füllt, ſo iſt es genug den Drath bis in dieſe Füllung hinein- gehen laſſen. Oben muß er wenigſtens 8 Zoll über die Flaſche hervorragen: bey A bekömmt er einen Knopf oder eine Kugel von etwa ⅞ Zoll Durchmeſſer. Es iſt ſehr be- quem, wenn der Drath oben ſpitzig gemacht, etwas unter der Spitze aber mit Schraubengängen verſehen wird, ſo daß man die hole Kugel A nach Gefallen auf= und abſchrau- ben kann. Bisweilen wird auch der Drath am obern En- de krumm gebogen, damit man die Flaſche daran aufhän- gen kan.

Man ſieht leicht, daß ſich dieſe Einrichtung in Neben- umſtänden mannigfaltig abändern läſt. Prieſtley (Ge- ſchichte der Elektr. Taf. II. Fig. c, d, e, f, g, h, i, k,) hat Flaſchen von allerley Geſtalt abbilden laſſen. Zu den ganz kleinen Verſuchen kan man ein gemeines Arzneyglas mit Schrot, Eiſenfeile oder Waſſer bis über die Helfte anfüllen, mit Kork verſtopfen, dadurch einen Eiſendrath mit einem Knopfe ſtecken, der bis in die Füllung reicht, und die äuſſere Seite mit Zinnfolie oder Goldpapier bele- gen. Auch kan allenfalls die darum gelegte Hand die Stelle der äuſſern Belegung vertreten.

Wenn die Ladungsflaſchen einen Sprung bekommen, ſo ſind ſie zu fernerm Gebrauch untüchtig. Doch giebt Cavallo (Philoſ. Trans. Vol. LXVIII. P. 2. n. 44.) folgende Methode an, ſie wieder brauchbar zu machen. Man nehme vom zerbrochnen Theile die äuſſere Belegung ab, erwärme die Flasche an der Lichtflamme, und tröpfle brennendes Siegellack darauf, so daß der Sprung damit bedeckt wird, und das Siegellack dicker aufliegt als das Glas selbst dick ist. Endlich bedecke man das Siegellack und einen Theil der Glasfläche mit einer Composition von 4 Theilen Wachs, 1 Theil Pech, 1 Theil Terpentin und sehr wenig Baumöl, die man auf ein Stück Wachstaffet streicht, und wie ein Pflaster auflegt.

Wegen der Zerbrechlichkeit des Glases hat man unter= sucht, was sich etwa sonst für Materien mit gleichem Vortheil brauchen ließen. Zu Flaschen kan Porcellan dienen, das aber eben so zerbrechlich und noch theurer ist. Zu Platten, wobey man ausser dem Glase auch Harzcomposi= tionen, Schwefel und Siegellack braucht, hat Beccaria eine Composition von Colophonium und gestoßenem Mar= mor vorgeschlagen, welche zu gleichen Theilen geschmolzen, und auf eine mit Zinnfolie bedeckte Tafel gegossen werden. Viele Versuche von dieser Art hat Wilke (Schwedische Abhandl. von 1758. der deutsch. Ueberf. S. 241.) ange= stellt.

Da die gewöhnlichen Flaschen ihre Ladung nur kurze Zeit halten, so hat Cavallo (Vollständige Abhandl. der Lehre von der Elektricität, der deutsch. Ueberf. dritte Aufl. Leipz. 1785. gr. 8. S. 278.) eine Einrichtung angegeben, welche die Ladung über sechs Wochen lang halten soll. Aus= ser der innern und äussern Belegung, welche diese Flasche mit allen andern gemein hat, ist in ihren Hals eine an beyden Enden offne Glasröhre eingekittet, und geht ein wenig in die Flasche hinein. Sie hat am untern Ende einen Drath, der die innere Belegung berührt. Der Drath mit dem Knopfe ist in eine andere Glasröhre gekit= tet, welche fast doppelt so lang, aber enger ist, als die vorige; und zwar so, daß am einen Ende blos der Knopf, am andern nur etwas weniges vom Drathe hervorragt. Diese Glasröhre kan man nach Gefallen in die andere hin= einstecken, wobey das untere Ende des Draths jenen an der ersten Röhre befindlichen Drath, oder noch besser die inne=

re Belegung selbst berühren muß; auf diese Art kan die Flasche, wie gewöhnlich, geladen und entladen werden. Nimmt man aber nach der Ladung die innere Röhre mit dem Drathe und Knopfe heraus, so ist die innere Belegung ganz isolirt, und man kan so die Flasche geladen bey sich tragen oder versenden, ohne daß sie die Ladung so bald verlöhre. **Donndorf** (Lehre von der Elektricität, Erfurt, 1784. II B. gr. 8. Erster Band S. 57.) beschreibt diese Flasche mit einigen kleinen Abänderungen umständlich, giebt auch (ebend. S. 60. u. f.) noch eine ähnliche Einrichtung für etwas größere Flaschen an.

Ladung, Entladung und dabey vorkommende Erscheinungen.

Die **Ladung** der elektrischen Platten und Flaschen besteht darinn, daß man der einen Belegung oder Seite die positive, der andern die negative Elektricität mittheilt. Da nun die gewöhnlichen Elektrisirmaschinen so eingerichtet sind, daß man aus ihrem Conductor oder ersten Leiter positive, und aus ihrem Reibzeuge, wenn dasselbe isolirt wird zugleich negative Elektricität erhalten kan, so wird eine Flasche geladen, wenn man z. B. ihre innere Seite mit dem Conductor, die äussere mit dem isolirten Reibzeuge einer Elektrisirmaschine durch Dräthe oder Ketten verbindet, und die Maschine in Bewegung setzt. Zur Verbindung der äussern Seite darf man nur den Drath auf den Tisch legen, und die Flasche mit dem belegten Boden C D darauf setzen; zur Verbindung der innern wird der Drath oder die Kette mit einem am Ende befindlichen Häckchen bey B an den messingenen Stab gehangen, oder auch einpaarmal darum geschlungen. Sa kan man stark oder schwach laden, je nachdem man die Bewegung der Maschine eine längere oder kürzere Zeit fortsetzt. Dies ist nach **Priestley** (Geschichte der Elektric. S. 360.) die kräftigste Art, Flaschen zu laden, bey welcher eine jede Seite eben die Elektricität bekömmt, die die andere hergiebt.

Es ist aber keineswegs nöthig, beyde Seiten der Flasche durch wirkliche Mittheilung zu elektrisiren. Ge-

wöhnlich verbindet man blos die innere Belegung mit
dem Conductor der Maschine durch einen bey B angehange-
nen Drath, oder läſt auch auf den Knopf A Funken aus
dem Conductor ſchlagen, wodurch die innere Seite der
Flaſche die poſitive Elektricität erhält. Wofern nur alsdann
die äuſſere Seite nicht iſolirt iſt, ſondern durch Leiter mit dem
Boden zuſammenhängt, ſo wird ſie von ſelbſt eben ſoviel
negative Elektricität annehmen, als die innere Seite poſitive gehalten hat. Dies iſt eine Folge der **Vertheilung**
der Elektricität, ſ. **Elektricität,** unter dem Abſchnitte:
Elektriſche Wirkungskreiſe ꝛc. Es befindet ſich nemlich die äuſſere Seite der Flaſche im Wirkungskreiſe der
innern, weil das Glas dünn iſt, und da die elektriſchen
Atmoſphären frey durch das Glas wirken, ſo bringt die poſitive Elektricität der innern Seite von ſelbſt eine gleich
ſtarke negative in der äuſſern hervor, wofern nur dieſe letztere nicht iſolirt, ſondern mit Körpern verbunden iſt, aus
welchen ſie Elektricität erhalten, oder an die ſie dergleichen
abgeben kann.

Iſt hingegen die äuſſere Seite **iſolirt,** wie z. B. wenn
die Flaſche auf Glas oder Pech ſtehet, ſo kan gar keine Ladung bewirkt werden. Das Iſoliren unterbricht die Verbindung der äuſſern Fläche mit der Erde, und macht, daß
dieſe Fläche ihren elektriſchen Zuſtand nicht ändern kan.
Dies hat aber die Folge, daß die innere ihren Zuſtand
auch nicht verändert, weil ſie im Wirkungskreiſe der äuſſern iſt, und mit ihr im Gleichgewichte ſteht, ſo daß jeder
Zuſatz von Elektricität, der in die innere dringen will,
durch die Wirkung der äuſſern in den Drath zurückgetrieben
wird. Sobald man aber nur die äuſſere Seite durch eine
Kette mit dem Tiſche oder Fußboden verbindet, geht die
Ladung ſogleich von ſtatten.

Man überſieht leicht, daß die Flaſche auch geladen
wird, wenn man die äuſſere Seite mit dem Conductor der
Maſchine, und die innere mit der Erde verbindet. Nur
wird alsdann die äuſſere poſitiv, und die innere negativ.
Eben dies geſchieht, wenn die innere mit dem iſolirten Reib-

zeuge der Maschine, und die äussere mit der Erde verbunden wird, u. f. w.

Noch deutlicher sieht man dieses, wenn man die Flasche isolirt, und den Knopf A gegen den Conductor der Maschine bringt. Es werden sich gar keine oder nur wenige sehr schwache Funken zeigen. Bringt man aber den Knöchel des Fingers, einen Schlüßel 2c. gegen die isolirte äussere Belegung, so werden sogleich starke und häufige Funken entstehen, und so oft der Conductor dem Knopfe A einen Funken giebt, so oft bekömmt auch der Finger einen aus der äussern Belegung. Offenbar darum, weil die innere Seite nur dann mehr $+ E$ annehmen kan, wenn die äussere eben soviel $- E$ zu erhalten, oder $+ E$ abzugeben, Gelegenheit hat.

Wenn man hiebey statt des Fingers oder Schlüssels den Knopf einer zweyten nicht isolirten Flasche nimmt, so wird auch diese durch die Funken der ersten geladen, und so zeigt sich von selbst, wie sich mehrere Flaschen auf einmal laden lassen.

Die Ladung findet sich nicht in den Belegungen, sondern auf der Glasfläche selbst. Man kan die Belegungen abnehmen, und die Ladung bleibt doch in der Flasche, wie sich leicht versuchen läst, wenn die innere Belegung aus Schrot bestehet, den man ausschütten kan, die äussere aber aus Zinnfolie, die nur leicht mit etwas Wachs angeklebt ist.

Die Entladung der leidner Flasche wird bewirkt, wenn man eine leitende Verbindung von einer Seite derselben bis zur andern führt, auch nur so weit, bis sie der andern Seite so nahe kömmt, daß die Elektricität derselben die zwischenliegende Luft durchbrechen kan. Man bedient sich gewöhnlich dazu des Ausladers, f. Auslader, dessen eines Ende an die äussere Belegung angesetzt, das andere aber gegen den Knopf A genähert wird. Sobald dieses Ende in den gehörigen Abstand vom Knopfe, in die Schlagweite, kömmt, so bricht zwischen beyden ein starker Funken mit einem heftigen Laute aus, und die Ladung der Flasche ist, bis auf einen kleinen Ueberrest, verschwunden. Diese Erscheinung heißt der elektrische

Schlag (explosio electrica, *explosion électrique*, *coup foudroyant*).

Wenn die Ladung nicht allzustark ist, so kan man diesen Schlag durch den Körper eines oder mehrerer Menschen gehen lassen. Ist es nur einer, so faßt er die Flasche an der äussern Belegung mit einer Hand, und nähert den Finger der andern Hand gegen ihren Knopf; sind es mehrere, so viel ihrer auch seyn mögen, so stellen sie sich in einen Kreis, geben sich die Hände, der erste faßt die Flasche mit der Hand, der letzte bringt den Finger gegen den Knopf. Sobald der Schlag ausbricht, fühlen alle, wenn es auch hundert und mehrere wären, in demselben Augenblicke eine heftige Erschütterung, vorzüglich in den Gelenken der Hände, Arme und Schultern, und in der Brust, die eine schmerzhafte Empfindung zurückläßt. Davon heißt der Schlag auch die **elektrische Erschütterung** (concussio, commotio electrica, *commotion électrique*). Ist die Ladung stark, so darf man sich dem Schlage nicht aussetzen, weil er alsdann Thiere zu tödten vermögend ist. Der Funken ist beym elektrischen Schlage zwar kürzer, aber ungleich dichter, heftiger und mit einem stärkerm Schalle verbunden, als der, welcher aus einem blos einfachen Leiter gezogen wird. Ueberhaupt bringt die Elektricität bey der Entladung der Flaschen und Platten ihre erstaunlichsten Wirkungen hervor, und heißt daher die **verstärkte Elektricität**.

Es kan aber auch die Entladung einer Flasche **stillschweigend**, d. i. ohne Schlag bewirkt werden, wenn man beyde Seiten derselben allmählig von ihren Elektricitäten befreyen kan, (eine allein zu befreyen, ist wegen des Wirkungskreises der andern unmöglich). Dies geschieht z. B. wenn man beyde Seiten wechselsweise berührt oder mit der Erde verbindet, oder wenn man die äussere Seite allein in diese Verbindung setzt, und an den meffingnen Drath eine Spitze bringt, oder im Fall er spitzig geendet ist, die Kugel davon abschraubt, wobey die Elektricität der innern Seite sich still durch die Spitze zerstreut, f. **Spitzen**; auch wenn man die eine Belegung mit der Erde verbindet, und die andere eine

Zeitlang der Luft aussetzt, wodurch sie ihre Elektricität
ebenfalls nach und nach verliert, weil in der Luft viel lei=
tende Theile schweben. Eben daher verlieren die gewöhn=
lichen Flaschen ihre Ladung in kurzer Zeit von selbst. So
erfolgt auch eine stille Entladung, wenn man um die äus=
sere Belegung einen messingnen Ring legt, aus dem ein
krummgebogner Drath mit einem Knopfe bis E Taf. IX.
Fig. 32. heraufgeht, so daß die Knöpfe A und E sich ge=
genüber stehen. Wenn man dann einen leichten Körper B
an einem Faden aufhängt, so wird er wechselsweise von A
und B angezogen, führt nach und nach die Elektricität der
einen Seite in die andere über, und entladet die Flasche.
Man formt den Körper B, wie eine Spinne, daher der
Versuch den Namen der elektrischen Spinne führt.

Wenn man die eine Belegung einer geladnen Flasche
allein mit dem Finger oder einem andern Leiter berührt, so
zeigt sich dabey nichts besonders (bisweilen nur ein kleiner
Funken am Knopfe), der Schlag erfolgt erst, wenn sich
die leitende Verbindung bis an die andere Seite erstreckt.
Daher kan man die geladnen Flaschen sicher beym Knopfe
oder von aussen anfassen und forttragen, wenn man nur da=
mit nicht einen andern Theil des Körpers, oder die Klei=
der berührt.

Die leitende Verbindung zwischen beyden Seiten der
Flasche, der Verbindungs=Kreis, darf nicht eben aus
einem einzigen ununterbrochnen Leiter bestehen. Man kan
ihn sehr lang machen, und mancherley Körper hineinbrin=
gen, wenn diese nur alle Leiter sind. So können sehr viele
Personen, die einander anfassen, den Kreis ausmachen.
Man glaubte vor nicht langer Zeit in Paris, die Leitung
werde unterbrochen, wenn man Castraten oder impotentes
einstelle, aber dieser Wahn ward falsch befunden (*Sigaud
de la Fond* Precis historique et experimental des phénomenes électriques. Paris, 1781. 8. p 285). Der Schlag
nimmt aber immer den Weg durch die besten Leiter, durch
die er am leichtesten und mit dem wenigsten Widerstande
zum Ziele kommen kan: sind daher mehr Verbindungen
vorhanden, so vertheilt er sich selten unter alle, sondern

zieht z. B. die metallische, oder die durch feuchte
Körper gehende vor, zumal wenn sie zugleich die kürze=
ste ist. Wenn der Kreis also aus vielen Perso=
nen besteht, und der Boden feucht ist, so fühlen
die mittlern den Schlag nicht, weil er den leichtern und kür=
zern Weg von den ersten bis zu den letzten durch den feuch=
ten Boden nimmt. Man kan sogar das Wasser eines
Flusses, oder einen langen Strich feuchtes Erdreich zu
einem Theile der Verbindung machen. Dahin gehört
Winklers Versuch im Apelschen Garten zu Leipzig d. 28
Jul. 1746 (s. Priestley Gesch. der Elektr. S. 59.), wo=
bey drey Flaschen in der Pleisse standen, welche entladen
wurden, wenn man die Verbindungskette dreyßig Ellen weit
davon ebenfalls in den Fluß hieng, und das andere Ende
an den mit den Flaschen verbundenen Conductor brachte.
D. Watson trieb 1747 mit einigen Mitgliedern der königel=
lichen Societät diese Versuche noch weiter (Priestley
S. 71 u. f.), und leitete endlich den elektrischen Schlag
durch eine Verbindung von vier englischen Meilen, nemlich
zwo Meilen Drath, und zwo Meilen trocknen Erdboden.
Diesen großen Raum legte die Elektricität in einem Au=
genblicke zurück. Es hat aber Volta (*Rozier* Iournal
de physique. 1779) durch Versuche erwiesen, daß bey
großen Verbindungskreisen die Elektricität nicht in einem
ununterbrochnen Strome durch den ganzen Kreis gehet,
daß vielmehr jede Seite ihren besondern Strom erreget,
und ihre Elektricität den nächsten Leitern abgiebt. Dem
zu Folge entstand in jenen freylich sehr täuschenden Versu=
chen des Watson der elektrische Schlag an jedem Ende
für sich, und ohne Zusammenhang mit dem andern Ende,
wodurch das Unbegreifliche dabey auf einmal verschwindet.

Durch elektrische Körper geht die Erschütterung nicht,
sie müste denn stark genug seyn, sie mit Gewalt zu durch=
brechen, wobey allezeit ein Funken und eine Explosion ent=
steht. Wenn daher die Verbindung durch eine Reihe nicht
ganz zusammenhängender sondern nur nahe an einander ste=
hender Körper gemacht wird, so entstehet zwischen jedem
Paare dieser Körper ein Funken, weil die Elektricität die

Luft durchbrechen muß. Hierauf gründen sich allerley elektrische Spielwerke, z. B. man klebt mit Hausenblase viereckigte Stückchen von Goldblättchen nahe neben einander auf eine Glastafel, daß das Ganze eine Sonne, einen Namen u. dgl. vorstellt, und entladet eine Flasche dadurch, so zeigt sich die Sonne ꝛc. auf einen Augenblick mit dem lebhaftesten Feuer, welches im Dunkeln viel Wirkung thut. Der Abt Nollet ist der Erfinder hievon, und man kan die dabey zu beobachtenden Vortheile beym Sigaud de la Fond (Geschichte der medizinischen und physikalischen Elektricität von Kühn. Leipzig, 1783. gr. 8. S. 240 u. f.) und Guyot (Physikal. und mathemat. Belustigungen Th. IV. S. 300 — 310.) finden.

Wenn der Verbindungskreis durch unvollkommne Leiter, z. B. durch Stücke trocknen Holzes, durch innwendig angefeuchtete Glasröhren ꝛc. unterbrochen wird, so entstehen dadurch anhaltend schneidende Funken oder Büschel, die nicht erschüttern, aber an dem Theile des Leibes, wo sie einströmen, eine höchst widrige Empfindung verursachen. Man kann damit holzigten etwas spitzgeschnittenen Zunder und sogar lockeres, nicht in Patronen eingeschloßnes, Schießpulver zünden (s. Magazin für das Neuste aus der Phys. und Naturg. von Herrn Lichtenberg II B. 2 St. S. 70.).

Durch die Entladung verliert die Flasche ihre Elektricität. In den meisten Fällen aber bleibt noch ein Ueberrest der Ladung zurück, der, wenn sie stark gewesen ist, oft noch einen zweyten ziemlich beträchtlichen Schlag geben kan.

Es lassen sich mit der leidner Flasche ungemein viel belehrende und unterhaltende Versuche anstellen. Verzeichniße und Beschreibungen derselben findet man beym Cavallo (Vollst. Abhandl. der Lehre von der Elektr. III. Buch 7 Cap.), Adams (Versuch über die Elektr. a. d. engl. Leipz. 1785. gr. 8. Cap. 7.) und Donndorfs (Lehre von der Elektr. I. Band. S. 344 u. f. II. Band Cap. 19. Versf. 22. u. f. von S. 825.). Die stärksten

Wirkungen erfolgen, wenn mehrere Flaschen mit einander
verbunden und zusammen entladen werden, s. **Batterie,
elektrische.** Von den Phänomenen und Wirkungen der
elektrischen Erschütterung selbst werde ich bey dem Worte:
Schlag, elektrischer reden.

Geschichte des leidner Versuchs.

Schon der Engländer **Stephan Gray** fühlte im
Jahre 1735, als er sich mit Ausziehung elektrischer Funken
aus dem Wasser beschäftigte, die Erschütterung der verstärkten Elektricität (Philos. Trans. no. 436. *I. D. Titius*
de electrici experimenti Lugdunensis inventore primo.
Witteb. 1771. 4.). Da er aber die Bemerkung nicht weiter verfolgt hat; so kan man ihn nicht als den Erfinder dieses merkwürdigen Versuchs ansehen.

Die Ehre, eine so wichtige Entdeckung gemacht zu haben, die alle Naturforscher in Erstaunen setzte, und dem
Studium der Elektricität ein neues Leben gab, gehört ganz
unstreitig einem deutschen Prälaten, dem Herrn von
Kleist, Dechanten des Domcapituls zu Camin in
Pommern, welcher am 11 Oct. 1745 die verstärkte Elektricität selbst entdeckte, am 4 Nov. darauf dem D. **Lieber-
kühn** in Berlin, am 28 Nov. dem Prediger **Swietlicki**
in Danzig und bald nachher auch dem Professor **Krüger** in
Halle Nachrichten davon gab, welche der erste der berliner
Akademie der Wissenschaften, der zweyte der danziger na-
turforschenden Gesellschaft mittheilte, und der dritte schon
1746 drucken ließ (**Krügers** Geschichte der Erde, Halle
1746. 8. S. 177. u. f.). Diese Nachrichten enthalten folgendes. „Wenn ein Nagel oder starker messingner Drath
„in ein kleines Arzneyglas gesteckt und elektrisirt wird, so
„erfolgen besonders starke Wirkungen. Das Gläschen
„muß recht trocken oder warm seyn. Man kan es vorher
„mit Kreide reiben. Thut man ein wenig Quecksilber
„oder Weingeist hinein, so geht alles noch besser von stat-
„ten. Sobald das Gläschen von der elektrischen Röhre
„weggenommen wird, so äussert sich der leuchtende Stra-
„lenbüschel, und man kan mit dieser brennenden Maschine

„über 60 Schritte weit im Zimmer herumgehen. Wird
„währendem Elektriſiren der Finger oder ein Stück Geld
„an den Nagel gehalten, ſo iſt der herausfahrende Schlag
„ſo ſtark, daß Arme und Achſeln davon erſchüttert werden.
„Eine iſolirte Röhre läſt ſich dadurch weit ſtärker elektriſi-
„ren, als unmittelbar durch die Kugel. Wird ein Con-
„ductor elektriſirt, der im Gläschen befindliche Nagel da-
„ran gehalten, und mit Elektriſiren fortgefahren, ſo ſollte
„man kaum glauben, in welche Stärke die Elektricität ge-
„ſetzt werde. Iſt das Gläschen niedrig, daß ſich die Fin-
„ger in der gehörigen Weite befinden, ſo ſchlägt der Fun-
„ken von ſelbſt aus dem Nagel auf den Finger zu. Dünn-
„hälſige Gläſer ſind ein paarmal durch den heftigen Schlag
„zerſprengt worden u. ſ. w. ‟ Man ſieht, daß hiebey
das Glas wirklich geladen war, wobey das hineingegoſſe-
ne Queckſilber die innere, die darum gelegte Hand aber die
äuſſere Belegung ausmachte. Man bemühete ſich in Danzig, den Verſuch nachzuahmen, und Gralath war der
erſte, dem er gelang, jedoch erſt nach erhaltener ausführlicher Anweiſung des Herrn von Kleiſt, welche 1747 (Abhandlung der naturforſchenden Geſellſch. in Danzig. Th. I.
1747. 4. S. 512.) öffentlich bekannt gemacht wurde.

Zu Anfang des Jahres 1746 ſchrieb Muſſchenbroek
aus Leiden an Reaumür, er ſey auf einen ſchrecklichen
Verſuch gerathen, mit einer Erſchütterung, der er ſich nicht
für die Krone Frankreichs zum zweytenmal ausſetzen möchte:
Allamand, ebenfalls Profeſſor in Leiden, wiederholte dieſes in einem Briefe an Nollet, und im Februar auch in
einem eignen Aufſatze (Mém. de l'acad. des ſc. 1746. p. 2.)

Der Abt Nollet nannte daher die Entdeckung den
leidner Verſuch, welchen Namen ſie auch behalten hat,
ob ſie gleich weit richtiger der kleiſtiſche Verſuch heißt.

Man fieng in Frankreich an, Muſſchenbroek für
den Erfinder zu halten, als Allamand noch im Jahre
1746 ſowohl an Nollet, als an Gralath meldete, die
erſte Entdeckung gehöre eigentlich einem angeſehenen Pri-
vatmanne in Leiden Cunäus zu, der ſchon 1745 zufälliger

Weise darauf gekommen sey.   Es ist nicht wahrscheinlich,
daß dieser Mann etwas von der Entdeckung des deutschen
Prälaten gewußt habe; inzwischen bleibt diesem letztern
unstreitig das Verdienst der ersten Erfindung und Bekanntmachung.

Musschenbroek erzählt, er und seine Freunde hätten
darauf gedacht, elektrisirte Körper, weil sie an der Luft die
Elektricität so bald verlöhren, zu isoliren, und hätten daher Wasser in gläsernen Flaschen durch einen mit der Maschine communicirenden Drath elektrisirt.   Dabey habe
er, als er eine solche Flasche in der einen Hand gehalten,
und mit der andern den Drath von der Maschine habe los-
machen wollen, einen schrecklichen Schlag in seinen Armen
und der Brust bekommen, den sie alle bey wiederholtem
Versuche ebenfalls empfunden hätten, und von dessen Wirkung auf ihren Körper sie fürchterliche Beschreibungen
machen.

Diese Nachrichten erregten ein unbeschreibliches Aufsehen, uud machten die Elektricität zum Gegenstande der
allgemeinen Unterredung.   Gralath und Winkler aber
waren die ersten, welche der Erfindung selbst etwas zusetzten.   Gralath vertauschte Gläschen, Nagel und Weingeist mit einer größern Flasche, einem Drathe mit der Kugel, und mit Wasser, zeigte schon den 20 Apr. 1746 einen
Verbindungskreis von 20 Personen, erfand die Batterie,
und entdeckte die Unmöglichkeit, gesprungne Flaschen zu
laden, ingleichen den sogenannten Ueberrest der Ladung.
Winkler, dem die Erschütterung sehr empfindlich gewesen
war, (*Winkler* on the effects of electricity upon himself
and his wife. Phil. Trans. no. 480.) erfand eine Veranstaltung, die verstärkte Elektricität von ferne zu beobachten,
und stellte die obenangeführten Versuche an, wobey ein
Theil der Pleisse in die Verbindung gebracht ward.

Die meisten Erweiterungen aber hat D. Watson in
den folgenden Jahren (Philos. Transact. 1748. 1749 etc.
no. 477. 478. 482. 485. 489.) hinzugesetzt.   Er fand,
daß die Stärke des Schlags nicht von der Menge der Materie in der Flasche, sondern blos von der Größe der Fläche,

die sie berührt, abhänge, welches dem D. Bevis Anlaß
gab, die Belegung mit Zinnfolie zu erfinden. Er gab zu=
erst eine Erklärung des räthselhaften Phänomens der La=
dung, und ordnete 1747 die ins Große gehenden Versuche
über die Verbindungskreise und die Geschwindigkeit des
Schlages an, wobey ganze Striche Landes mit in die Ver=
bindung gezogen wurden. Wilson tauchte die Flaschen
auch von auffen in Wasser, entdeckte das wahre Verhält=
niß der Stärke des Schlages, nahm wahr, daß derselbe
den Weg wählt, bey dem er am wenigsten Widerstand an=
trift, bemerkte die Lateral=explosion u. s. f.

In Frankreich stellte der Abt Noller die ersten Ver=
suche an, entdeckte zufällig, daß eine luftleere Flasche alle
Dienste einer belegten thue, machte Verbindungskreise von
130 Personen, die sich mit eisernen Dräthen verbanden,
und einen Umkreis von 900 Toisen bildeten, und tödtete
zuerst Thiere durch den Schlag. Le Monnier fand, daß
die Ladung eine Zeit lang (bey kaltem Wetter 36 Stunden)
in den Flaschen bleibe, und that sich noch vor D. Watson
durch Versuche mit langen Verbindungskreisen, in die auch
große Wasserbassins gebracht wurden, hervor. In Eng=
land sowohl als in Frankreich hatte man schon wahrgenom=
men, daß isolirte Flaschen nicht geladen werden konn=
ten, und daß die Belegung geladner Flaschen leich=
te Körper anzog, wenn man den Drath berührte, hinge=
gen dieselben abstieß, wenn man den Finger an die Bele=
gung brachte. Diese Versuche hätten darauf führen kön=
nen, daß die Elektricitäten beyder Seiten entgegengesetzt
sind; allein man übersahe dies, und bildete sich ein, das
elektrische Feuer ströme aus der Hand oder aus den Leitern,
die die Flasche von auffen berührten, durch das Glas hin=
durch in die innere Belegung.

Indem also die Erklärung der leidner Flasche den euro=
päischen Naturforschern ein Geheimniß blieb, verbreitete
sich auf einmal ein unerwartetes Licht darüber durch die
Briefe des D. Franklin in Philadelphia. (New experiments and obf. on electricity in feveral letters to Mr.

Collinson. Lond. 1751. 4. **Benj. Franklins Briefe** von der Elektricität, überſ. v. J. C. **Wilke.** Leipz. 1758. 8.) Dieſer ſcharfſinnige Naturforſcher hatte ſchon vorher, ſo wie **Watſon,** bemerkt, daß bey der gemeinen Erregung der Elektricität das Reibzeug dasjenige hergiebt, was die Glaskugel erhält; dieſe Bemerkung hatte ihn bewogen, die beyden Elektricitäten des Glaſes und Reibzeugs als Ueberfluß und Mangel einander entgegenzuſetzen, und mit den Namen der poſitiven und negativen zu unterſcheiden. Da er nun bey ſeinen Verſuchen mit der leidner Flaſche ge= wahr ward, daß eine an Seide hängende Korkkugel von der äuſſern Belegung angezogen werde, wenn ſie von dem mit der innern Seite verbundnen Drathe abgeſtoßen wird, und daß man durch den hierauf gegründeten Verſuch mit der elektriſchen Spinne die Flaſche entladen, oder die Elek= tricität der einen Seite in die andere überführen könne, ſo folgte aus ſeinen ſo wohl überdachten Grundſätzen von ſelbſt, daß bey der Ladung die Elektricitäten beyder Seiten einan= der entgegengeſetzt ſeyn müſten. Dieſe Entdeckung ließ ihn ſehr tiefe Blicke in das Geheimniß der leidner Flaſche thun, und ob er gleich bey ſeiner Theorie noch vieles Willführliche hinzufügen muſte, ſo erklärte doch dieſelbe alle damals be= kannte Erſcheinungen ſo deutlich, daß ſie den entſchieden= ſten Beyfall der meiſten ſeiner Zeitgenoſſen erhielt.

Dieſe Theorie führte ihn zugleich auf Beobachtung vieler neuen Erſcheinungen des Ladens, Entladens und elektriſchen Schlags, und auf die Erfindung einer zahlrei= chen Menge von neuen Verſuchen, ſo daß das meiſte, was noch jetzt über die leidner Flaſche vorgetragen wird, aus ſeinen Briefen geſchöpft iſt, welche auf einmal den gröſten Theil der vorigen Dunkelheit dieſer Lehre zerſtreuten. Hie= zu kamen noch ſeine vortreflichen Entdeckungen über den Blitz, die Wirkung der Spitzen ꝛc. und die nützlichen An= wendungen derſelben auf die Blitzableiter und Beobachtung der Luftelektricität, wovon in dieſem Wörterbuche unter beſondern Artikeln gehandelt wird. Daher erregten ſeine Briefe mit Recht eine allgemeine Bewunderung; nur eini= ge franzöſiſche Naturforſcher, ins beſondere **Nollet,** widerſprachen ſeiner Theorie, und bezweifelten den Nußen ſeiner Entdeckungen.

Prieſtley (G ſch. der Elektr. S. 179 — 186.) erzählt verſchiedene einzelne Erfindungen, welche von den Naturforſchern zu den franklinſchen hinzugeſetzt worden ſind. Die vornehmſten ſind der Herren Wilke und Aepinus Ladung einer Luftſcheibe, ſ. Blitz, Beccaria's Ladung von Harz-Schwefel = und Siegellackplatten und verſchiedene andere über die Wirkungen des elektriſchen Schlags, und die Erſcheinungen des Lichts gemachte Verſuche, welche zum Theil zur Beſtätigung des franklinſchen Satzes, daß die Entladung ſtets aus der poſitiven Seite in die negative gehe, dienen ſollten.

Das von Wilke und Aepinus (*Wilke* diſſ. de electricitatibus contrariis. Roſtoch. 1757. 4.) entdeckte Geſetz der elektriſchen Wirkungskreiſe klärte die Theorie der leidner Flaſche noch mehr auf, und Wilke nahm davon Gelegenheit, alles, was bey der Ladung ſowohl in den Glasflächen als in den Belegungen vorgeht, genauer zu unterſuchen (Von den entgegengeſetzten Elektricitäten bey der Ladung und den dazu gehörigen Theilen, in den ſchwed. Abhandl. 1762. S. 213 u. f.). Dieſe Unterſuchungen, welche im Grunde auch die Erfindung des Elektrophors enthalten, leiteten Herrn Wilke ſchon damals auf die Vermuthung, daß ſich die Phänomene der Ladung aus der Hypotheſe von zwoen Materien, die er Feuer und Säure nennt, beſſer, als nach Franklin erklären ließen, welcher Gedanke durch die neuern Entdeckungen noch mehr beſtätiget worden iſt.

Herr Volta, ein zweyter Franklin in der Lehre der Elektricität, hat im Jahre 1775 den elektriſchen Apparat nicht nur mit dem für Theorie und Praxis ſo wichtigen Elektrophor vermehrt, der im Zuſtande der Ladung nichts anders, als eine entladne leidner Flaſche iſt, ſondern er hat auch, bey Veranlaſſung ſeiner über dieſes Werkzeug gegebnen Erklärungen, die Wirkungen der Elektricität aus einem ganz neuen Geſichtspunkte zu betrachten angefangen. Er ſahe zuerſt darauf, daß ein elektriſirter Körper, wenn

er den Zustand eines andern, der in seinen Wirkungskreis
kömmt, verändert, dadurch auch selbst eine Veränderung
leidet, und darinn so lange beharret, bis der andere Körper aus seinem Wirkungskreise entfernt wird. Dies ist
das eigne Gesetz seiner Theorie, welche er in einer eignen Abhandlung (Philos. Tran·act. 1782.) umständlich aus
einander gesetzt hat. Aber schon seine frühern Schriften haben die neuern Physiker veranlasset, mehr darauf Acht zu
geben, daß beyde entgegengesetzte Elektricitäten bey ihren
Wirkungen sich wechselseitig binden.

Hiedurch sind die neuern Erklärungen der leidner Flasche sehr einfach und leicht geworden, besonders so, wie sie
Herr **Lichtenberg** in seiner Ausgabe der Erxlebenschen
Anfangsgründe der Naturlehre mit Bezeichnung der positiven Electricität durch $+ E$ und der negativen durch $\quad E$
vorgetragen hat. Sie lassen sich mit beyden Hypothesen,
der franklinschen sowohl, als der symmerschen von zwoen
Materien, vereinigen, und leiten blos die Erscheinungen
aus unbezweifelt erwiesenen Gesetzen der Elektricität ab.

Neuere von **Volta, Cavallo, Henly, Nairne,
Lord Mahon, Sigaud de la Fond** u. a. gemachte
Versuche mit Ladungsflaschen oder Verbesserungen des dazu
gehörigen Apparats können hier nicht umständlich erzählt
werden, sind auch zum Theil in den die Elektricität betreffenden Artikeln dieses Wörterbuchs angeführt worden.

Theorien der leidner Flasche.

Die unerwartete Entdeckung des leidner Versuchs setzte
die Naturforscher in nicht geringe Verlegenheit. Sie zeigte die Nichtigkeit aller vorherigen Theorien der Elektricität,
und stellte eine Erscheinung dar, die kein Physiker vermögend einer Theorie hätte voraussehen können.

Inzwischen versuchte **Nollet** sogleich (Mém. de l' acad.
roy. des Sc. ann. 1746. p. 1. sq.), seine Hypothese der gleichzeitigen Aus = und Zuflüße (man s. den ersten Theil dieses
Wörterbuchs S. 756.) darauf anzuwenden. Er erklärte
demnach die Erschütterung aus dem heftigen und doppelten

U

Stoße, der durch das Zusammentreffen der elektrischen
Ströme im menschlichen Körper ꝛc. entstehe, wenn die Aus=
flüße aus dem Knopfe und der Belegung den Zuflüßen aus
den beyden Händen des Experimentators begegneten. Das
Gefäß müße von Glas seyn, damit der Drath nicht gleich
bey der Berührung der äußern Fläche seine Elektricität durch
einen einfachen Funken verliere. Er behauptet schlechter=
dings, es könne auch eine isolirte Flasche geladen werden;
denn seine Hypothese enthält keinen Grund, warum es un=
möglich seyn sollte. Er läugnet beym Entladen die Noth=
wendigkeit, beyde Seiten zu verbinden, und sieht überhaupt
die Ladung blos für Ueberfüllung mit elektrischer Materie
an, ohne die entgegengesetzten Elektricitäten zu unterschei=
den. Die fernern Entdeckungen machten diese Theorie gar
bald unzureichend. Noller aber hat sie mit einer fast un=
glaublichen Standhaftigkeit vertheidiget, und allen seinen
Scharfsinn aufgeboten, um die Schwierigkeiten zu heben,
die ihm fast jeder neuerfundene Versuch darstellte.

Franklins Theorie (f. dieses Wörterbuchs I. Th. S.
759.) erklärt den leidner Versuch weit glücklicher. Dennoch
muße man dabey, außer den allgemeinen Sätzen der frank=
linschen Theorie, noch die Undurchdringlichkeit des Glases
für die elektrische Materie, und den Grundsatz annehmen,
daß das Glas, so wie jeder elektrische Körper, nur eine ge=
wiße Menge elektrischer Materie zu enthalten vermöge, so
daß es unmöglich sey, einer Seite des Glases etwas zu ge=
ben oder zu entziehen, wofern nicht die andere Seite eben
so viel verlieren, oder bekommen könne. Dieser letzte Satz
klingt freylich etwas dunkel und sonderbar; aber die Schwie=
rigkeit liegt nur im Ausdrucke, und alles wird deutlich, so
bald man damit das Gesetz der Wirkungskreise verbindet.
Wenn nemlich das Glas dünn ist, so liegt jede Seite im
Wirkungskreise der andern, und ein Zusatz von positiver
Elektricität in der einen muß einen gleichen Zusatz von ne=
gativer, oder nach Fr. einen gleichen Verlust von elektrischer
Materie in der andern veranlassen. Ist das letztere nicht
möglich, wie z. B. bey isolirten Flaschen, so kan auch das
erste nicht statt finden, d. h. jene Seite kan den Zusatz von

positiver Elektricität gar nicht annehmen, weil er durch die Wirkung der andern Seite abgestoßen wird. Dies haben aber Wilke und Aepinus erst deutlich gelehrt; und daraus erklären sich alle Erscheinungen der geladnen Flasche ganz leicht, wenn man nur annimmt, daß dünnes Glas die Wirkungskreise oder die Vertheilung der Elektricität nicht hindere, ob es gleich die Mittheilung derselben unmöglich macht.

Die Erscheinungen des Ladens und Entladens lassen sich am kürzesten erklären, wenn man sich der Zeichen + E und — E für die positive und negative Elektricität, und der Worte: Binden und Freylassen bey den Wirkungen der Vertheilung bedient. Dies ist eine Sprache, die sich nach allen Systemen übersetzen läßt. Ich will diese Erklärungen hier in eben der Ordnung mittheilen, nach welcher ich oben die Erscheinungen selbst vorgetragen habe.

Verbindet man eine Seite der Flasche mit dem Conductor der Maschine, die andere mit dem Reibzeuge, so erhält jene + E diese verliert + E und erhält — E beydes in gleichem Grade, ja es kömmt sogar eben das + E durch den Conductor in jene, welches aus dieser in das Reibzeug gegangen ist. Beyde E binden sich, daher die Flasche, so lange nichts weiter vorgeht, keine elektrischen Phänomene zeigt.

Wenn man auch nur die innere Seite allein mit dem Conductor verbindet, so erhält sie mehr + E; daher wird fast eben so viel + E der äussern Seite frey, und mehr — E in ihr gebunden. Ist sie also mit hinlänglichen Leitern verbunden, so giebt sie an diese das freye + E ab, und nimmt dagegen so viel — E an, als das + E der innern Seite bindet. Daher wird auch in diesem Falle die Flasche geladen. Hiebey ist noch zu bemerken, daß das + E der innern Seite doch nicht ganz so viel — E in die äussere bringt, daß es dadurch völlig gebunden würde. Ein Theil des + E an der mit dem Conductor verbundnen Seite bleibt also noch immer frey, daher auch der Knopf der Flasche, wenn man ihn allein berührt, einen kleinen Funken giebt.

Iſt aber die äuſſere Seite iſolirt, ſo kan ſich ihr E
gar nicht ändern. Daher kan auch das E der innern Seite
keinen Zuſatz annehmen, weil ihn das ſchon genug beſchäf=
tigte E der äuſſern Seite nicht binden kan. Er bleibt alſo
frey, und geht in den Leiter zurück; mithin kan eine iſo=
lirte Flaſche nicht geladen werden.

Wird umgekehrt die äuſſere Seite mit + E verbunden,
und die innere nicht iſolirt, ſo erhält jene + E, dieſe gleich
viel — E aus der Erde. Wird die innere Seite mit — E
verbunden, und die äuſſere nicht iſolirt, ſo erhält jene
— E, dieſe eben ſo viel + E aus der Erde.

Verbindet man die Seiten nicht völlig mit dem Con=
ductor und mit Leitern, ſondern nähert man ſie nur daran,
ſo gehen + E und — E durch Funken in ſie über. Das
übrige richtet ſich alles nach den vorigen Regeln.

Die **Entladung** erfolgt, wenn man die ſehr ſtark ge=
wordenen ∓ E beyder Seiten durch Leiter verbindet: dann
gehen ſie in einander über, und die beyden Seiten befreyen
einander ſelbſt von ihren Elektricitäten. Daß die Wirkun=
gen hiebey ſo heftig ſind, rührt wohl von nichts anderm,
als von der großen Menge des E her, das zuvor in beyden
Seiten ſich wechſelſeitig gebunden hielt, und nun plötzlich
frey wird. Dieſes E ſteigt in der geladnen Flaſche, und
noch mehr in den Batterien, zu einer ſolchen Menge an,
daß damit die Elektricität eines noch ſo ſtarken Conductors
in keine Vergleichung kömmt. Nemlich die eine Seite kan
ſo lang mehr + E annehmen, als die andere mehr — E
erhalten kan, folglich hat die Stärke der Ladung keine Gren=
zen, als die, die ihr die Zerbrechlichkeit des Glaſes ſetzt,
welches doch von allzu ſtarken Elektricitäten endlich eben
ſo, wie die Luft, mit einem Schlage durchbrochen wird.

Die **elektriſche Spinne** wird vom Knopfe der Fla=
ſche angezogen, erhält etwas + E, und wird darauf nach
dem Geſetz der Wirkungskreiſe wieder abgeſtoßen. In die=
ſem Zuſtande zieht ſie der Knopf E, Taf. IX. Fig. 32., an,
nimmt ihr + E in ſich, theilt ihr — E mit, und ſtößt ſie
dann wieder ab. So wird ſie wieder von A angezogen, dem
ſie ihr — E mittheilt und + E dagegen annimmt, bis ſie

endlich alles + E und — E beyder Seiten allmählich über=
geführt, und dadurch die Entladung in der Stille bewirkt hat.

Wenn man nur eine Seite allein berührt, so kan kein
Schlag erfolgen, weil das E der berührten Seite nicht frey
ist. Oft ist ein kleiner Theil davon frey, und man erhält
einen kleinen unbedeutenden Funken aus der Seite, die mit
der Maschine verbunden gewesen ist, zumal wenn die andere
Seite nicht isolirt ist.

Diese Erklärungen (denn die übrigen angeführten Er=
scheinungen sind von keiner Theorie abhängig) verwandlen
sich in die franklinischen, wenn man nur statt + E Ue=
berfluß, statt — E Mangel an elektrischer Materie setzt;
beym binden und freylassen aber den erwähnten franklini=
schen Satz substituirt, daß eine Seite des Glases gerade
so viel Mangel haben müsse, als die andere Ueberfluß hat,
daher gleichsam jeder Mangel einen gleichen Ueberfluß der
andern Seite bindet, den die Ersetzung jenes Mangels wieder
frey läßt. Es sind hingegen die symmerschen Erklärun=
gen, wenn man sich unter + E und — E zwo besondere
reelle Substanzen denkt, welches letztere ich wenigstens weit
natürlicher, als das erstere finde, weil es mir schwer wird
zu begreifen, wie Mangel und Ueberfluß von einerley Sub=
stanz so thätig auf einander wirken können. Auch sind diese
Erklärungen ganz dem Gesetze des Herrn Volta gemäß,
weil dabey durchgängig angenommen ist, daß das E, wel=
ches ein anderes bindet, zugleich selbst gebunden, d. i. zu
allen weitern Wirkungen unfähig werde.

Ganz neuerlich und erst nach dem Abdrucke des ersten
Theils von diesem Wörterbuche hat Herr de Lüc in seinen
Idees sur la méteorologie eine neue, wenigstens sehr sinn=
reiche, Theorie der Elektricität vorgetragen, welche nur eine
einzige elektrische Materie voraussetzt, und von der ich in
möglichster Kürze noch etwas, als einen Zusatz zum Artikel:
Elektricität, beyfügen muß. Er glaubt eine große Aehn=
lichkeit der Elektricität mit den **Wasserdünsten** wahrzu=
nehmen, und hält daher das **elektrische Fluidum** für ei=
nen **Dunst**, d. i. für eine Materie, deren fortleitendes
Fluidum mit ihrer schweren Substanz nur schwach ver=

bunden ift, so wie bey den Wasserdünsten, das Feuer mit dem Waffer. Jenes nennt er hiebey elektrisches fortleitendes Fluidum, diese, die schwere Substanz, elektrische Materie. So, wie z. B. das Feuer aus den Dünsten mit Zurücklassung des Wassers entweicht, wenn sie kalte Körper berühren, so entweicht das elektrische fortleitende Fluidum mit Zurücklassung der elektrischen Materie, wenn es einen Körper antrift, der weniger davon hat, und vertheilt sich gleichförmig durch alle Körper.

Die elektrische Materie strebt nach den leitenden Substanzen auf eine große Entfernung, wenn sie aber an sie gekommen ist, so hängt sie sich nicht an, sondern wird durch ihr fortleitendes Fluidum in einem Kreislaufe um die Leiter herum fortgerissen. Zu den nicht leitenden Substanzen hingegen strebt sie auf eine sehr kleine Entfernung; wenn sie sie aber erreicht hat, hängt sie sich an, und kan durch das fortleitende Fluidum nicht fortgerissen werden.

Das fortleitende Fluidum strebt nach allen Substanzen in einer weit größern Entfernung, von dem Körper, der mehr hat, zu dem, der weniger besitzt; es hat Verwandschaft mit der elektrischen Materie, aber seine Verbindung damit ist sehr schwach; eine größere Menge fortleitendes Fluidum giebt eben derselben Menge elektrischer Materie mehr ausdehnende Kraft. Dies ungefähr sind die allgemeinen Hauptsätze dieser allerdings sehr zusammengesetzten Theorie.

Hieraus wird nun die Ladung der leidner Flasche so erklärt. Man denke sich eine Glasplatte, von beyden Seiten mit Wasser umfaßt, gegen deren Seite A sich heiße Wasserdünste bewegen. So wie diese an die kältere Platte kommen, erkalten sie, ihr befreytes Feuer verbreitet sich über die ganze Platte, und das von ihm verlassene Wasser vermehrt dasjenige Wasser, womit die Seite A schon vorher bekleidet war. Das neue Feuer aber bringt durch die Glasplatte auf die Seite B, verstärkt daselbst die Ausdünstung, und vermindert also das Wasser, das B bekleidet. Diese Veränderungen gehen so lange fort, bis Glasplatte und Wasser die Temperatur der heißen Dünste angenommen haben. Alsbann hören die Dünste auf, sich bey A zu zersetzen, es geht kein Feuer mehr nach B über, und die ungleiche Vertheilung des Wassers in A und B hat ihr Gröstes erreicht. Weil B weiter von der Quelle der Wärme abliegt, so kan es ein wenig kälter, als A seyn, und die Dünste können etwas weniger ausdehnende Kraft bey B haben, als bey A.

Etwas ganz analoges geschieht bey der Ladung der kleistischen Flasche. Man darf nur für Dünste Elektricität, für Feuer fortleitendes elektrisches Fluidum, für Wasser elektrische Materie setzen, so sieht man, warum die eine Seite bis zu einem gewissen Grösten elektrische Materie verlieren muß, indem die andere mehr erhält, wofern nur jene mit dem Boden verbunden ist, d. h. wofern B nur ausdünsten kan. Am Ende hat A elektrische Materie gewonnen, B dergleichen verlohren; aber der Gewinn in A ist größer als der Verlust in B, weil der Hang des fortleitenden Fluidums, von A nach B zu gehen, durch die Entfernung, die das Glas zwischen sie setzt, geschwächt wird. Die Elektricität in A hat so viel ausdehnende Kraft, als die in der Quelle, welche die Ladung hervorgebracht hat; die in B so viel, als die im Boden, der mit B in Verbindung ist; das fortleitende Fluidum aber (das Feuer im Beyspiele) hat in der ganzen Flasche an Menge zugenommen, und ist durch A und B fast gleich vertheilt.

Nun ist es bekannt, daß man eine Flasche entladen kan, wenn man wechselsweise beyde Seiten berührt; man muß aber bey A, beym Knopfe der Flasche (oder bey der Seite, die mit dem Conductor verbunden gewesen ist) anfangen, weil B keinen Funken giebt. Dies wird so erklärt. B steht mit dem Boden im Gleichgewicht, also ist die Berührung davon unwirksam; A aber giebt so viel Elektricität ab, als der Stärke des ladenden Conductors gemäß ist, weil es mit diesem gleiche ausdehnende Kraft hat. Dadurch geht fortleitendes Fluidum aus dem ganzen Apparat, also auch aus B hinein; dadurch verliert B an ausdehnender Kraft, und kömmt aus dem Gleichgewichte mit dem Boden. Berührt man nun B, so kömmt ein neuer

Funken aus dem Boden. Dieser läst seine elektrische Materie an B, sein fortleitendes Fluidum aber vertheilt sich durch den ganzen Apparat, also auch mit durch A, das dadurch wieder an ausdehnender Kraft zunimmt, und das Gleichgewicht mit dem Boden verliert. Daher kan man wieder einen Funken aus A ziehen u. s. f. So verliert A bey jedem Funken etwas elektrische Materie, B aber bekömmt bey jedem neue, bis endlich durch Fortsetzung des Verfahrens beyde fast gleich viel haben, und die Flasche entladen ist.

Die plötzliche Entladung durch leitende Verbindungen ist nichts, als eine schnellere Succession eben derselben Wirkungen. Die Entladung aber ist nie vollständig, weil die elektrische Materie an den nicht = leitenden Substanzen sehr fest anhängt.

Schon dieses wenige wird zeigen, mit welchem Witz und Scharfsinn der verdienstvolle Urheber dieser Theorie entfernte Aehnlichkeiten wahrnimmt, und die Erscheinungen bis auf die kleinsten Umstände zergliedert, um ihren Ursachen nachzuforschen. So zusammengesetzt und verwickelt seine Voraussetzungen auf den ersten Blick scheinen, so erklären sie doch in der Folge jeden Umstand glücklich und vollständig. Daß z. B. A allezeit zuerst berührt werden muß, davon möchte sich wohl so, wie von vielen andern kleinscheinenden Umständen aus der bisherigen Theorie schwerlich so befriedigend, wie hier, Rechenschaft geben lassen. Ueberdies leitet auch Herr de Lüc noch andere Erscheinungen, die ich hier übergehen muß, eben so glücklich aus der Analogie mit den Dünsten her. Mehr von diesem ganzen System werde ich noch bey den Worten: Spitzen und Wirkungskreise, elektrische beybringen.

Priestley Geschichte der Elektricität, durch Krünitz, an mehreren Stellen.

Beckmann Beyträge zur Geschichte der Erfindungen I. Th. 4 St. S. 571. u. f.

Cavallo Vollst. Abhdl. der Lehre von der Elektricität I. Theil Cap. 7. u. S. 278.

Erxlebens Anfangsgr. der Naturlehre durch Lichtenberg Dritte Aufl. §. 529. u. f. §. 549. g.

de Lüc neue Ideen über die Meteorologie. II. Abtheil. Cap. 3. Vom elektrischen Fluidum. 1. 2. 3. Abschnitt.

Flaſchenzug, Polyſpaſt, Polyſpaſtus, Polyſpaſton, *Polyſpoſte.* Ein mechaniſches Werkzeug, aus zween **Kloben** oder **Flaſchen** zuſammengeſetzt, deren jede mehrere **Rollen** enthält. Die obere Flaſche iſt befeſtigt, an der untern aber hängt die Laſt, welche durch ein um alle Rollen gehendes Seil zugleich mit der untern Flaſche in die Höhe gehoben wird, ſ. **Rolle.** Taf. IX. Fig. 33. ſtellt einen Flaſchenzug von vier Rollen (tetraſpaſton) BC, DE, FG, HI, in den beyden **Kloben** oder **Flaſchen** NM und OP vor. Der obere **Kloben** iſt bey N befeſtiget, der untere trägt bey P die Laſt L. Das Seil iſt bey M an einen Hacken im obern **Kloben** befeſtiget, geht von da aus über die Rolle IH wieder aufwärts nach G, über GF niederwärts nach E, über ED aufwärts nach C, endlich noch über CB niederwärts. Am Ende deſſelben zieht eine Kraft K das Seil an, und ſucht durch Verkürzung der Seile CD, EF, GH, IM, den untern **Kloben** mit der Laſt zu erheben, oder wenigſtens zu erhalten.

Wenn die Kraft K ſich zur Laſt L, wie 1 zu der Anzahl der Seile verhält, an denen der untere **Kloben** hängt (hier, wie 1 : 4, weil der untere **Kloben** vier Seile MI, HG, FE, DC ſpannt), ſo ſind beyde im Gleichgewicht. Denn die Laſt L ſpannt jedes Seil des untern **Klobens** mit einem Theile, der auf die Anzahl der Seile ankömmt, hier mit ihrem vierten Theile. Die obern Rollen aber wirken blos als einfache, ſ. **Rolle,** und ändern nur die Richtungen der Seile, daher die Kraft K nur ſo viel zu halten hat, als das Seil CD trägt, d. i. hier den vierten Theil der Laſt L. Das Gleichgewicht iſt alſo vorhanden, wenn die Kraft ſich zur Laſt, wie 1 : 4 verhält. Iſt die Laſt z. B. 40 Pfund, ſo braucht man bey K nur 10 Pfund Kraft, ſie zu erhalten. Die übrigen 30 Pfund trägt der Punkt N. Eine etwas ſtärkere Kraft würde die Laſt heben.

Das Seil könnte auch bey O an den untern **Kloben** befeſtiget, und von da über GFIHCBED geführt ſeyn,

wobey am Seile, das von D heraufgeht, eine Kraft auf=
wärts ziehen, oder auch das Seil für eine niederziehende Kraft
noch um eine dritte obere Rolle geführt seyn könnte. In
diesem Falle würde die Last fünf Seile spannen, und K
nur der fünfte Theil von L seyn dürfen.

Je mehr also Rollen im Flaschenzuge sind, d. i. je mehr
Seile die Last spannt, desto mehr kan durch eine geringere
Kraft gehoben werden. Aber auch hier gilt das allgemeine
Gesetz der Maschinen, daß das, was an Kraft gewonnen
wird, an Raum oder Zeit wieder verlohren geht. Soll die
Last um 1 Schuh gehoben werden, so muß sich jeder Strick,
den sie spannt, um 1 Schuh, mithin das ganze Seil hier
um 4 Schuh, verkürzen, und die Kraft, die das Seil aus=
zieht, muß vier Schuh weit fortgehen.

Hiebey wird vorausgesetzt, daß alle Seile parallel sind,
weil sich sonst bey der Rolle das Verhältniß K : L ändert.
Damit aber die Seile nicht an einander kommen, und sich
reiben, müssen die mittlern Rollen kleiner, als die äussern
seyn, wobey das Seil F E schief geht. Dies verursacht eine
kleine Abweichung von der Regel. Diese zu vermeiden,
kan man die Rollen in den Kloben neben einander setzen,
wie **Leupold** (Theatr. Machinar. generale. Cap. III. §.
63.) vorschlägt; aber dann laufen die Seile seitwärts schief,
und klemmen die Rollen. Also ist es besser, bey der ge=
wöhnlichen Einrichtung zu bleiben, zumal da das Reiben
und die Steife der Seile noch weit beträchtlichere Abwei=
chungen veranlassen.

Der Flaschenzug ist nächst dem Haspel das gewöhnlich=
ste und bequemste Hebzeug, und wird täglich beym Bau=
en rc. zu Hebung schwerer Lasten gebraucht. Mit dem
Haspel verbunden zwingt er ungeheure Lasten, und die so
bewunderte Mechanik der Egypter hat vielleicht blos in der
Kenntniß dieser beyden Hebzeuge bestanden, die den Alten
sehr bekannt waren. Den Flaschenzug beschreibt Vitruv
(De architectura Lib. X. c. 3. 4.), und mehrere Abände=
rungen und Verbindungen desselben findet man beym **Leu=
pold** (Theatrum machinarum Tab. XXXV. XXXVI. u.
f.) abgebildet.

Flecken der Sonne, des Monds, der Planeten,
ſ. Sonne, Mond, Venus, Mars, Jupiter.

Flintglas, Kieſelglas, weiſſes Kryſtallglas,
engl. *Flintglaſs.* Eine Glasart, welche unter dieſem Namen in den engliſchen Glashütten bereitet wird, und ſich
durch vorzügliche Weiſſe und Reinigkeit unterſcheidet. Sie
iſt in der Dioptrik ſehr berühmt geworden, ſeitdem der ältere Dollond durch ihre Verbindung mit dem Crownglaſe
Mittel gefunden hat, die Abweichung wegen der Farbenzerſtreuung in den Fernröhren zu vermeiden, ſ. Achromatiſche Fernröhre.

Dollond giebt in einem Briefe, welchen Clairaut
(Mém. de Paris, 1757. p. 857.) anführt, das Brechungsverhältniß für das Flintglas, wie 1, 583: 1 an. Nach
dem Duc de Chaulnes (Mém. de Berlin 1767.) iſt es 1:
0, 628. Es bricht alſo dieſes Glas die Lichtſtralen etwas
weniger, als das Crownglas, wiewohl der Unterſchied äuſſerſt gering iſt, ſ. Crownglas. Dagegen zerſtreut es
dieſelben weit ſtärker, ſo daß das durch ein Prisma von
Flintglas entſtandene Farbenbild unter gleichen Umſtänden
um die Helfte länger iſt, als das durch ein Prisma von
Crownglas gebildete.

Daher wird das Flintglas bey den achromatiſchen Fernröhren zum Hohlglaſe der zuſammengeſetzten Objectivlinſe
gebraucht, welches bey einer ganz geringen Brechung dennoch eine ſtarke Farbenzerſtreuung nach der entgegengeſetzten Seite bewirken, und dadurch die ſtarke Farbenzerſtreuung der erhabnen Gläſer von Crownglas gerade aufheben
ſoll. Es kömmt hiebey faſt alles auf die Güte des Flintglaſes an, welches man nur in den engliſchen Glashütten
in der erforderlichen Güte hat finden können, und das jezt
ſelbſt in England nicht mehr ſo gut als ehedem, verfertiget
werden ſoll, ſ. Achromatiſche Fernröhre.

Zeiher entdeckte durch ſeine in Petersburg angeſtellten
Verſuche (ſ. den Art. Farbenzerſtreuung), daß die Eigenſchaft des Flintglaſes, die Farben ſo beträchtlich zu zerſtreuen, die Folge einer ſtarken Beymiſchung von Bley-

falk sey. Solche mit Bleykalken bereitete Gläser sind
schwerer, weniger spröde und zum Poliren geschickter als an=
dere, und werden insgemein **Kryſtallglas** genannt. Zei=
her fand, daß aus 3 Theilen Mennige und 1 Theile Kieſel
ein Glas entſtehe, welches die Farben fünfmal ſtärker, als
das gemeine oder Crownglas zerſtreut. Er entdeckte zu=
gleich), daß ein ſtärkerer Zuſatz von Laugenſalzen die Bre=
chung ungemein vermindere, ohne die Farbenzerſtreuung merk=
lich) zu ändern. Er erhielt vermittelſt dieſer Entdeckungen
endlich ein Glas, welches das Flintglas der Engländer zum
Gebrauche für Fernröhren weit übertreffen müſte, weil es
das Licht dreymal mehr, als das gemeine Glas zerſtreuet,
und doch das Brechungsverhältniß nur 1, 61 : 1 giebt. (Mém.
de Berlin. 1766. p. 150.).

Die gröſte Schwierigkeit aber liegt bey der Verfertigung
solcher Gläser in den Blasen und Streifen, wozu alle Ar=
ten der Kryſtallgläſer vorzüglich geneigt ſind, und welche
die Lichtſtralen beym Durchgange wegen ihrer gröſſern Dich=
te in Unordnung bringen. Die Farbe thut nicht ſo viel
zur Sache. Die Streifen aber bilden, wenn man den
Schein eines Lichts durch das Glas auf Papier fallen läſt,
helle Linien von dunkeln Rändern begrenzt, zum Beweiſe,
daß ſie die Stralen mehr als das übrige Glas, zuſammen=
lenken. Dieſe Streifen ſind wellenförmig, und durchſchnei=
den ſich, wie Netze, in verſchiedenen Richtungen. Sie
rühren allerdings von einer unvollkommnen Schmelzung
her; aber die gröſten Chymiker geſtehen, daß es bey dem
Zuſatze metalliſcher Subſtanzen faſt unmöglich ſey, ſie zu
vermeiden. **Scheffer** (Chemiſche Vorleſungen, Greifsw.
1779. 8. §. 176. d.) berichtet, daß die Engländer zum Flint=
glaſe 24 Theile Kieſel, 7 Theile Bleykalk und 1 Theil Sal=
peter nehmen. Er glaubt, es ſey dabey des Bleykalks zu
viel, und dies verurſache die Streifen. Der Graf **Buf=
fon** (Suppl. à l'hiſt. nat. To. II. Paris 1774. 12. p. 284.)
meldet inzwiſchen, er habe aus 1 Pfund des weißeſten San=
des, 1 Pfund Bleykalk, ½ Pfund Potaſche, und 1 Loth
Salpeter ein ſehr vortrefliches Glas dieſer Art verfertigt.

Florentiner Thermometer, f. Thermometer.

Flúchtig, Volatile, *Volatil.* Ein Körper heißt flúchtig, wenn er sich durch die Wirkung des Feuers in Dämpfe oder Gasarten verwandlen und davon treiben läßt. Das flúchtige ist also dem feuerbeständigen oder firen entgegengesetzt, s. Feuerbeständig.

Die Flúchtigkeit entspringt von der Ausdehnbarkeit oder Auflöslichkeit der Körper durch das Feuer, und ihr Grad ist nach der Beschaffenheit der Substanzen sehr verschieden. Vielleicht giebt es in der Natur keine Materie, welche nicht flúchtig wäre; nur sind es viele nicht bey den gewöhnlichen oder uns bekannten Graden des Feuers, oder sie sind nicht so flúchtig, als andere mit ihnen verbundne. Daher drücken die Worte: flúchtig und feuerbeständig eigentlich blos relative Begriffe aus, und beziehen sich auf die Grade des Feuers oder auf Vergleichung mit andern Körpern.

Vielleicht hängt auch die Flúchtigkeit zum Theil von dem die Körper umgebenden Mittel ab. Dieses ist doch mehrentheils die Luft. Wenn nun diese auf die durchs Feuer ausgedehnten oder aufgelösten Theile eines Körpers eine anziehende Kraft äussert, so werden sie verflüchtiget; so lange dies nicht geschieht, sind oder scheinen sie wenigstens feuerbeständig. Die flúchtigen Theile bleiben in der Luft, und sind entweder als Dünste mit ihr verbunden, oder als Rauch sichtbar, oder als Gas mit der atmosphärischen Luft gemischt. Wird die Luft mit den beyden erstern Arten übersättiget, so entsteht ein Niederschlag, wie bey der Destillation und Sublimation, wodurch wir die verflüchtigten Substanzen wieder gewinnen.

Macquer chym. Wörterb. Art. Flúchtigkeit.

Flüße, Ströme, Flumina, Fluvii, Amnes, *Fleuves, Rivieres.* So heißen die größern fließenden Gewässer, welche aus der Vereinigung der Bäche entspringen, und durch ihre Verbindungen mit einander immer zunehmen, bis sich endlich ihr Wasser ins Meer ergießt. Die schnellern und reissender fließenden pflegt man insbesondere Ströme zu nennen; wiewohl unter diesem Namen oft auch blos die größern schifbaren Flüße, ohne Rücksicht auf ihre Geschwindigkeit, verstanden werden. In der französischen Sprache sind *Fleuves* (flumina) die schifbaren oder auch unmittelbar ins Meer laufenden; *Rivieres* (amnes), die keine Schiffe tragen oder sich in andere Flüße ergießen.

Das fließende Wasser hat seinen ersten Ursprung aus den Quellen, s. Quellen. Die meisten und größten Flüße kommen daher aus den Gebirgen herab, wo es mehr regnet, wo mehr Schnee schmelzt und die Wolken stärker angezogen und verdichtet werden. Dennoch entspringen auch einige Flüße aus Seen, wie der Don, der Amazonenfluß, der Mißisippi, St. Lorenzfluß u. a. m.

Der Weg, den sie nehmen, richtet sich nach dem Abhange der Erdfläche, so daß ihre Oberfläche, wenn sie ruhig wäre, eine schiefe Ebne seyn würde. Da die niedrigern Stellen der Erdfläche nicht in geraden Linien fortgehen, so machen die Flüße viele Krümmungen, gemeiniglich desto mehr, je näher sie dem Meere kommen. Die meisten gehen nach Osten oder Westen, nur wenige nach Norden oder Süden. Sie werden beym Fortgange immer breiter, und ergießen sich insgemein durch mehrere Mündungen ins Meer.

Es giebt Flüße, die sich unter der Erde verlieren und hernach wieder ausbrechen. Davon findet man viel Fabeln bey den Alten (z. B. *Ovid.* Metam. XV. v. 273. sqq.). Plinius (H. N. II. 103. V. 9.) erzählt, der Alpheus in Arkadien gehe unter dem Meere fort, bis zur Quelle Arethusa in Sicilien; was man in den Fluß werfe, komme in der Quelle wieder hervor, wovon Strabo (Geogr. L. VI.) schon das Ungereimte bemerkt. Von der Rhone ist bekannt, daß sie sich zwischen Genf und Lion auf ½ Meile weit verliert; genauere Untersuchungen haben gelehrt, daß sie von herabgefallenem Schutt der Gebirge verborgen wird. Eben diese Bewandniß mag es wohl mit der Guadiana in Spanien, und mit einigen Flüßen in der Normandie und Lothringen haben. Andere, z. B. ein Arm des Rheins in Holland, und viele in Afrika, verlieren sich im Sande. Einige kleine Bäche fallen wirklich in Spalten oder Hölen,

und kommen an deren Ende in Gestalt der Quellen wieder
hervor.

Die Theorie des Laufs der Flüße ist weitläuftig und
noch manchen Schwierigkeiten unterworfen, s. Hydrody=
namik. Ihre Geschwindigkeit richtet sich nicht immer nach
der Abhängigkeit des Grundes. Die Donau ist weniger
abhängig, als der Rhein und der Po, und doch geschwin=
der; die Loire hat nach Picard dreymal mehr Fall, als
die doppelt so geschwinde Seine. Auch ist die Geschwin=
digkeit eines Flußes an verschiedenen Stellen ungleich, theils
wegen des verschiedenen Falles, theils wegen der Verenge=
rung oder Erweiterung des Bettes. Ueberdies kömmt es
hiebey auf die Tiefe des Waßers und auf den Widerstand
bey den Krümmungen, Inseln ꝛc. an. Die geschwindesten
Flüße sind der Tiger, der Indus, die Donau. Wenn
ein schneller Strom ins Meer ausfließt, oder in eine See
geht, so behält er seine Geschwindigkeit noch eine Zeit lang,
so daß man seine Fahrt auf eine ziemliche Weite von dem
stillstehenden Waßer unterscheiden kan, ob es gleich ein Irr=
thum ist, daß der Rhein durch den Bodensee und die
Rhone durch den Genfersee ganz durchgehen, ohne sich
mit dem Waßer derselben zu vermischen.

In der Mitte, wo die Geschwindigkeit am gröſten ist,
steht das Waßer eines Flußes bisweilen auf ⅓ Fuß höher,
als an den Ufern; bey dem Ausfluße aber ist die Oberflä=
che in der Mitte hohl, weil das Meerwaßer an den Sei=
ten am stärksten aufsteigt. Durch diese Gegenwirkung so=
wohl, als durch Krümmungen, Inseln, Brücken u. dgl.
können Wirbel entstehen; bisweilen werden sogar die Flüße
durch das Aufschwellen anderer hineinfallenden, durch das
Zurücktreten des Meeres, durch Winde und Eisbrüche in
ihrem Laufe aufgehalten oder zurückgetrieben.

Die Oberfläche der Flüße steigt und fällt, je nachdem
die Zuflüße zu oder abnehmen. Bey verstärktem Zufluße
wächst zuerst die Geschwindigkeit in der Tiefe, daher bis=
weilen der Zufluß abgeführt wird, ohne daß die Oberfläche
steigt. Nimmt das Waßer noch mehr zu, so wird auch
auf der Oberfläche die Geschwindigkeit größer, bis eine Ue=

berſchwemmung erfolgt, woburch ſie beträchtlich vermindert, und das übergetretene Waſſer nur ſehr langſam abgeführt wird. Flüße mit hohen Ufern gehen oft viel höher, als die umliegenden Wieſen und Felder.

Unter den Ueberſchwemmungen, welche jährlich zu ge=wiſſen Jahrszeiten erfolgen, iſt die des *Nils* die berühm=teſte. In *Aethiopien*, wo es vom April bis September regnet, tritt ſie ſchon zu Ende des May, in Egypten aber erſt im Junius ein, ſteigt 46 Tage und fällt eben ſo lange. Der Nordwind thut dabey ſehr viel; er treibt die Wolken gegen die Gebirge im innern Afrika, und verhindert den Ausfluß des Nils; erhebt ſich ein Südwind, ſo fällt die Fluth in einem Tage ſo viel, als ſie in vieren geſtiegen iſt. Da das Land von dem abgeſetzten Schlamme immer höher wird, ſo muß das Waſſer jezt weit höher, als vor Alters ſteigen, ehe die Ueberſchwemmung erfolgt. Seine Höhe wird durch die ſogenannten Nilmeſſer beſtimmt, dergleichen nach dem *Diodor* ſchon die älteſten egyptiſchen Könige zu *Memphis* errichten ließen. Der jetzige Nilmeſſer ſteht *Alt=Cairo* gegen über am ſüdlichen Ende der Inſel Robba. Er iſt eine mehr als 50 Fuß hohe Säule, in drey Haupt=theile, jeden von 8 conſtantinopolitaniſchen Ellen, getheilt, und in ein Viereck eingeſchloßen, welches auf einem Ge=wölbe ruht, unter welchem der Fluß durchgeht. Jetzt muß das Waſſer 50 Fuß hoch ſteigen, ehe es das Land über=ſchwemmt, da es hingegen in alten Zeiten nur 16 Fuß, und im erſten Jahrhundert n. C. G. nur 32 Fuß zu ſteigen brauchte, wenn anders die von *Herodot* und *Plinius* (Hiſt. nat. V. 9. XXXVI. 7.) angegebnen Maaße zuverläſ=ſig ſind.

Der Abhang des Bodens der Flüße ſenkt ſich gemei=niglich ſehr langſam; bisweilen aber bricht er auch mit ei=nemmale jähe ab, woburch die **Waſſerfälle** entſtehen. Bey dieſen zertrennt ſich das Waſſer ſo fein, daß man faſt einen beſtändigen Nebel ſiehet, worinn ſich, wenn die Son=ne ſcheint, ein Regenbogen zeigt. In Deutſchland ſind vornehmlich die Rheinfälle bey Schafhauſen und Laufen=burg merkwürdig, wovon der erſte 80 Fuß Höhe hat. In

Amerika giebt es weit größere; der des Niagara ist 170 Fuß hoch); der des Bogocas bey St. Magdalena (*Bouguer* Voyage au Perou p. 91.) 2—300 Toisen.

Die Menge des Wassers, welche die Flüße ins Meer führen, ist erstaunlich groß. Die Wolga soll in einer Stunde über 1000, der Jordan fast 9, der Po 421, die Setne 16, die Themse 30½ Millionen Cubikfuß Wasser geben. Buffon (Histoire naturelle generale e part. Vol. I. p. 356) findet nach einem von Keill gemachten Ueberschlage, daß alle Flüße der Erde das Meer, wenn es trocken wäre, in 812 Jahren ausfüllen würden. Aber die Gründe solcher Bestimmungen sind so unsicher, daß das Resultat davon nicht anders, als unzuverläßig, seyn kan.

Torb. Bergmann physikalische Beschreibung der Erdkugel durch Röhl, 2te Aufl. Greifswald, 1780. gr. 8. Erster Band, S. 316. u. f.

Flüßig, Fluidum, *Fluide*. Flüßig heißt ein Körper, wenn seine Theile so wenig Zusammenhang haben, daß sie der Trennung nur geringen kaum merklichen Widerstand thun, dennoch aber genug Anziehung gegen einander äussern, um den Sinnen einen einzigen ohne Unterbrechung zusammenhängenden Körper darzustellen. Ihnen werden die festen Körper (solida) entgegengesetzt, s. Fest. Die Flüßigkeit ist ein mittlerer Zustand zwischen der Festigkeit und der gänzlichen Zertrennung der Theile. Im Zustande der Festigkeit hängen die Theile stark und bleibend, bey der Flüßigkeit nur wenig, bey der Zertrennung gar nicht mehr zusammen. Ein Beyspiel giebt festes, geschmolzenes, und zu Pulver gestoßenes Glas. Wir müssen aber die Unterschiede der flüßigen und festen Körper noch genauer bestimmen.

1. Die Theile des flüßigen Körpers lassen sich fast ohne merklichen Widerstand trennen, und sondern sich oft von selbst blos durch ihr Gewicht ab. Man kan z. B. mit der Hand, wo man will, durchs Wasser fahren, und ein Tropfen trennt sich von der übrigen Masse ganz allein durch seine Schwere. Daher kan man einen Theil einer flüßigen

Materie bewegen, ohne das Ganze mit zu bewegen. Dies heißt respective **Beweglichkeit der Theile** (mobilitas partium respectiva) und ist ein Hauptkennzeichen der Flüssigkeit.

2. Die flüßigen Körper nehmen die Gestalt der Gefäße an, in die sie eingeschloßen werden, und laßen keinen Raum darinn leer, in den ihnen ein Weg offen steht. (conformatio ad figuram vasis). Dies ist eine natürliche Folge der respectiven Beweglichkeit ihrer Theile, die ihnen erlaubt, den Gesetzen der Schwere oder Elasticität einzeln und ohne Beytritt des Ganzen zu folgen.

3. Ihre gleichartigen Theile sind so zart, daß sie einzeln genommen nicht in die Sinne fallen, daher die Oberfläche völlig zusammenhängend erscheint, ohne daß man, wie bey den festen Körpern, etwas von ihrer Structur daran wahrnimmt.

4. Ihre Theile hängen sich von selbst in Tropfen an einander, weil der Zusammenhang zwar gering ist, aber doch, besonders in den kleinern Theilen, etwas beträgt. Diese Tropfen nehmen, weil die Anziehung auf allen Seiten gleich stark ist, eine Kugelgestalt an, und zween derselben fließen, wenn man sie an einander bringt, in einen zusammen. Es ist aber hiebey zu bemerken, daß dies nur bey denjenigen flüßigen Materien wirklich statt findet, deren Elasticität unmerklich ist, wie beym Wasser, Weingeist, Oelen, geschmolzenen Metallen u. s. w., welche daher auch **tropfbare Flüßigkeiten** (liquida, *liquides*) genannt werden. Die stärker elastischen werden natürlicher Weise eben durch ihre Elasticität dieser Eigenschaft beraubt, und heißen **elastische Flüßigkeiten**, dergleichen die Dämpfe und Gasarten sind. Ohne Zweifel würden sie auch tropfbar seyn, wenn sie sich nicht stets nach allen Seiten auszubreiten strebten.

5. Die tropfbaren Flüßigkeiten nehmen, wenn sie in Ruhe sind, eine völlig ebne und wagrechte Oberfläche an, mit der das Bleyloth oder die Richtung der Schwere überall rechte Winkel macht. Dies ist eine Folge des geringen Zusammenhangs und der Feinheit der Theile, welche sich auf jeder

schiefen Ebne von selbst losreissen und herabfließen, daher das Ganze nicht eher in Ruhe kömmt, als bis seine Ober=fläche eine völlig wagrechte Ebne ist. Daß bey den elasti=schen Flüßigkeiten dieses nicht statt finde, fällt von selbst in die Augen.

Descartes sucht das Wesen der flüßigen Körper in einer beständigen innern Bewegung ihrer Theile; dagegen sieht er den Zusammenhang der festen Körper als eine Fol=ge der Ruhe ihrer Theile an; Boerhaave aber hat weit richtiger das Feuer für die Ursache aller Flüßigkeit gehalten.

Unzählbare Beyspiele belehren uns, daß Festigkeit und Flüßigkeit keine wesentlichen Eigenschaften, sondern bloße Zustände der Körper sind. Sehr viele feste Körper werden durch die Wirkung des Feuers geschmolzen, oder in flüs=sige verwandlet; sehr viele flüßige hingegen bringt die Ent=ziehung der Wärme zum Gefrieren, d. i. in den festen Zustand. Man hat also Gründe genug anzunehmen, daß die meisten Körper wesentlich weder fest noch flüßig sind, daß sie vielmehr nur durch den Ueberfluß der Wärme in den flüßigen Zustand versetzt werden, und daß also das Feuer die Ursa=che ihrer Flüßigkeit ist. Vielleicht bewirkt es die Flüßigkeit durch das Dazwischentreten seiner Theile zwischen die Theile der Körper, wodurch der Zusammenhang der letztern ge=schwächt wird.

Daß das Feuer nicht alle feste Körper flüßig macht, kömmt wohl nur daher, weil es viele derselben eher zersetzt, als schmelzt.

Man unterscheidet Grade der Flüßigkeit. Ein Körper ist flüßiger, wenn sich seine Theile leichter trennen, und beym Ausgießen mehr und kleinere Tropfen bilden. Ein stärkerer Grad des Feuers bewirkt unter gleichen Umstän=den auch einen höhern Grad der Flüßigkeit.

Körper, welche sich schon im flüßigen Zustande befin=den, können wieder andere feste Körper durch die Auflösung in eben diesen Zustand versetzen. Es giebt Substanzen, welche nicht unmittelbar durchs Feuer, wohl aber durch an=dere Flüßigkeiten flüßig werden. So werden die Gummi=arten vom Feuer eher zerstört, als geschmolzen, ob sie sich gleich im Waſſer auflöſen; Salze, Metalle, Harze u. ſ. w. ſchmelzen am Feuer, und werden auch durch Flüßigkeiten aufgelöſet. Man unterſcheidet beyde Arten des Flüßigwer= dens durch die Namen: **Schmelzung** und **Auflöſung**.

Die mechaniſchen ſowohl als chymiſchen Erſcheinungen, welche ſich an den flüßigen Körpern zeigen, ſind von den Phänomenen der feſten Körper gänzlich verſchieden (man ſ. z. B. den Art. **Druck**), ſo wie ſich wiederum die Er= ſcheinungen der tropfbaren und der elaſtiſchen Flüßigkeiten weſentlich unterſcheiden. Darauf gründet ſich die Einthei= lung der Wiſſenſchaften, welche die Kräfte und Bewegun= gen der Körper unterſuchen, wobey man **Statik, Mecha= nik, Dynamik** von **Hydroſtatik Hydraulik** und **Hydrody= namik,** ingleichen von **Aeroſtatik, Pnevmatik** und **Aero= dynamik** unterſcheidet. Die Chymie bewirkt faſt alle Zer= legungen und Verbindungen der Körper durch Verſetzungen derſelben in den flüßigen Zuſtand.

Macquer chym. Wörterb. Art. Flüßigkeit.

Flüßigkeit, Fluiditas, *Fluidité.* Der Zuſtand des flüßigen Körpers, ſ. den vorigen Artikel.

Sehr oft wird auch unter dem Worte: **Flüßigkeit** der flüßige Körper ſelbſt, das Fluidum, verſtanden. So ſagt man: elaſtiſche Flüßigkeiten, tropfbare Flüßigkeiten.

Fluß, Fluxus, *Flux.* Dieſes Wort bedeutet bis= weilen ſoviel als **Schmelzung.** Ein Erz iſt in ſehr dün= nem Fluße, heißt eben ſoviel, als: es iſt vollkommen ge= ſchmolzen.

Man belegt aber auch mit dem Namen der **Flüße** die ſalzigen Beymiſchungen, durch welche die Schmelzung ſtrengflüßiger Erze befördert wird. Die firen Laugenſalze, der Salpeter, Borax, Weinſtein und das gemeine Salz ſind die gewöhnlichſten. Sollen dergleichen Flüße zu Re= ducirung der Metalle dienen, ſo müßen ſie zugleich viel Brennbares enthalten; daher kan man nach **Gellerts** Vor= ſchlage acht Theile gepülvertes Glas, einen Theil calcinir= ten Borax und einen halben Theil Kohlenſtaub mit Vor= theil gebrauchen.

Die Vermischungen von Salpeter und Weinstein heissen insbesondere, wenn man sie nicht hat verpuffen lassen, roher Fluß, die verpufte von 2 Theilen Weinstein und 1 Theil Salpeter schwarzer Fluß oder Reducirfluß, die ebenfalls verpufte von gleichen Theilen Salpeter und Weingeist weißer Fluß. Diese werden zum Probiren und andern Arbeiten im Kleinen gebraucht.

Macquer chym. Wörterb. durch Leonhardi, Art. Fluß.

Flußspathsäure, Spathsäure, Acidum fluoris mineralis, *Acide spathique.* Diejenige besondere mineralische Säure, welche aus der Destillation des Flußspaths mit andern Säuren erhalten wird. Durch eine von **Marggraf** (Mem. de l'Acad. de Berlin 1768.) vorgenommene Destillation des Flußspaths ward **Scheele** (Schwed. Abhandl. auf d. J. 1771 und in Crells Chymischem Journal Th. II. S. 102. u. f.) zur Entdeckung und weitern Untersuchung dieser Säure veranlasset.

Sie giebt mit den Laugensalzen gallertartige Auflösungen, und insbesondere mit dem flüchtigen eine, aus der man in gläsernen Gefäßen eine wahre Kieselerde, und aus dem Anschießen der drüber stehenden Feuchtigkeit den Flußspathsalmiak erhält. Die Kalkerde löst sich in der Flußspathsäure vollkommen auf; die Auflösung erhält nach der Sättigung ein gallertartiges Ansehen und setzt einen wirklichen reducirten Flußspath ab. Mit der Bittersalzerde verbindet sie sich innig, und erzeugt ein in Wasser und allen Säuren unauflösliches Salz von einer eignen Krystallisation, das Flußspathbittersalz.

Die merkwürdigste Eigenschaft dieser Säure aber ist, daß sie die sonst in Säuren ganz unauflösliche Kieselerde auflöset, und daher auch bey den Destillationen das Glas angreift. Dies ist anjetzt ausser Zweifel gesetzt, daher auch die Eigenthümlichkeit der Flußspathsäure nicht weiter bestritten werden kan, obgleich **Priestley** und **Monnet** sie sonst für eine modificirte Vitriolsäure, **Boulanger** und **Abigaard** für eine Kochsalzsäuee, **Sage** und **Bosc d'Antic** für eine Phosphorussäure halten wollten. Die Kieselerde verwandlet aber diese Säure in kein Mittelsalz. Das Wasser vermindert ihre Anziehung gegen die Kieselerde; daher setzt sie bey der Destillation das aufgelöste Glas der Gefäße, sobald sie das Wasser der Vorlage berührt, in Gestalt einer erdigten Rinde ab, deren wahren Ursprung Herr Wiegleb (Crells neuste Entdeckungen Theil I. S. 3.) zuerst entdeckt hat. Am stärksten löset sie die Kieselerde in der Dampf = und Luftgestalt auf, s. Gas, flußspathsaures. Aus der Auflösung der Kieselerde in wäßrichter Flußspathsäure sahe Bergmann (Opusc. chem. argum. Vol. II. p. 33.) nach zwey Jahren wahre Bergkrystallen entstehen.

Sie wirkt auch auf einige Metalle und Halbmetalle, als Silber, Bley, Eisen, Kupfer, Quecksilber, Wismuth, Zink, und die Kalke des Zinns, Kobalts und Nickels, und giebt damit Mittelsalze, welche die Namen des Silberflußspathsalzes u. s. w. führen.

Leonhardi in Macquers chym. Wörterb. Art: Spathsäure.

Gren systematisches Handbuch der Chemie, Halle 1787. gr. 8. §. 998. u. f.

Flußspathsaure Luft, s. Gas, flußspathsaures.

Fluth, s. Ebbe und Fluth.

Folge der Zeichen, Ordo signorum caelestium, Consecutio signorum, *Ordre des signes.* Wenn man von den wirklichen Bewegungen der Himmelskörper redet, und die Richtung derselben angeben will, so kan man die Ausdrücke: von Abend gegen Morgen, von der Rechten zur Linken ꝛc. nicht allemal ohne Zweydeutigkeit gebrauchen. Man wählt daher lieber die Ekliptik zum Wegweiser, und nennt die Richtung, nach welcher die zwölf himmlischen Zeichen: Widder, Stier, Zwillinge ꝛc. s. Ekliptik, auf einander folgen, die Folge der Zeichen, und sagt von einem Gestirn, dessen Bewegung aus dem Widder in den Stier ꝛc. gehet, es bewege sich nach der Folge und Ordnung der Zeichen (in consequentia, *selon l' ordre les signes*): so wie man von der entgegengesetzten Bewegung aus dem Widder in die Fische ꝛc. sagt, sie erfolge der **Ordnung der Zeichen entgegen** (in antecedentia f. praecendentia, *contre l' ordre des signes*). Wenn ein Gestirn der Ordnung der Zeichen zu folgen scheint, so heißt seine Bewegung rechtläufig (directus, *directe*), im entgegengesetzten Falle rückläufig (retrogradus, *retrograde*).

Taf. IX. Fig. 34. laufe ein Himmelskörper im Kreise um S nach der Richtung A B C D E, welche zugleich die Folge der Zeichen sey. Ueber der Ebne des Papiers liege der Nordpol, unter ihr der Südpol. Man stelle sich nun einen Zuschauer vor, der, wie wir, sein Haupt stets gegen den Nordpol, oder der Figur nach, oberwärts kehret. Dieser Zuschauer stehe, wo er wolle, so ist er doch innerhalb der Grenzen des unendlich entfernten Firsternhimmels, von welchem a b, d e Theile vorstellen mögen. Er mag sich also nach a b oder nach d e kehren, so geht ihm die Folge der Zeichen a b und d e immer von der Rechten zur Linken. In unsern Ländern also werden rechtläufige Bewegungen dem, der sie betrachtet, von der Rechten zur Linken gehen. In den Südländern hingegen geht die Folge der Zeichen von der Linken zur Rechten, wie man sogleich übersieht, wenn man in der Figur den Zuschauer auf den Kopf stellt.

Nun kömmt es aber auch noch darauf an, ob der Zuschauer, der die Bewegung im Kreise A B C D E betrachtet, innerhalb oder ausserhalb dieses Kreises steht. Steht er innerhalb, so wird ihm, (wofern er nur seinen Ort nicht ändert) die Bewegung überall nach der Folge der Zeichen erscheinen. Der Körper, der durch A B geht, wird ihm von a nach b, und wenn er durch D E geht, von d nach e zu laufen scheinen. Steht er aber ausserhalb, wie in T, so wird ihm zwar die Bewegung durch A B nach der Folge der Zeichen, oder bey uns von der Rechten zur Linken, die durch D E aber von der Linken zur Rechten, oder gegen die Folge der Zeichen erscheinen. In den Südländern findet eben das statt, nur mit Verwechselung der rechten und linken Seite. Die scheinbare Bewegung ist also für diesen

Fall in der gegen den Zuschauer gekehrten Helfte der Bahn C D F rückläufig, ob gleich die wahre Bewegung eben sowohl als bey A B der Ordnung der Zeichen folgt.

Weil wir in den Nordländern Sonne, Mond und alle Planeten und Nebenplaneten, so wie die himmlischen Zeichen selbst, stets gegen Mittag sehen, so haben wir bey Betrachtung derselben den Abend zur Rechten, den Morgen zur Linken. Also geht uns die Folge der Zeichen auch von Abend gegen Morgen. Auch den Bewohnern der Südländer geht sie auf diese Art; sie sehen nemlich die Ekliptik, Sonne ꝛc. gegen Norden, und haben dabey den Abend zur Linken ꝛc.

Diejenigen Himmelskörper also, deren Bahnen uns umschließen, scheinen uns, wenn sie nach der Ordnung der Zeichen gehen, stets von Abend gegen Morgen fortzurücken (wofern wir selbst unsern Ort nicht ändern). Für diese ist also bey uns jeder dieser Ausdrücke: nach der Zeichenfolge, von der Rechten zur Linken, von Abend gegen Morgen, gleichgeltend, wie beym Mond, Mars, Jupiter, Saturn, Uranus.

Die aber, deren Bahnen wir von außen her betrachten, scheinen uns, wenn sie der Ordnung der Zeichen folgen, nur in der entferntern Helfte ihrer Bahn von Abend gegen Morgen, in der uns zugekehrten Helfte aber von Morgen gegen Abend zu gehen. Hier sind also jene Ausdrücke nicht mehr gleichgeltend. Dies ist der Fall beym Merkur, der Venus, beym Umlaufe der Jupiters- und Saturnsmonden um ihre Hauptplaneten, und bey den Bewegungen der Sonnen und Planetenflecken.

Die Sonnenflecken z. B. gehen stets von **Morgen gegen Abend** durch die Sonnenscheibr. Man schließt aber dennoch daraus sehr richtig, daß sich die Sonne nach der Folge der Zeichen um ihre Axe drehe, eben darum, weil wir diese Flecken nie anders, als in der uns zugekehrten Helfte ihres Umdrehungskreises sehen, in welcher sich eine rechtläufige Bewegung jederzeit rückläufig darstellt.

Alle Planeten laufen um die Sonne, auch alle Nebenplaneten um ihre Hauptplaneten, nach der Folge der

Zeichen, und nach eben der Richtung drehen sich auch alle Weltkörper, von denen es bekannt ist, um ihre Axen. Das heißt soviel, als: Alle Kreisläufe im Sonnensystem sind so gerichtet, daß sie einem Zuschauer, der innerhalb des Kreises steht, und das Haupt gegen die nördlichen Firsterne kehrt, von der Rechten zur Linken gehen.

Fontaine, s. Springbrunnen.

Fossilien, Fossilia, *Fossiles*. Diesen Namen führen im weitläuftigsten Verstande alle aus der Erde gegrabne natürliche Körper, zu welchem der drey Naturreiche sie auch gehören mögen. So rechnet man das gegrabne Elfenbein (ebur fossile), die unter der Erde gefundenen Thierknochen, Conchylien, das gegrabne Holz u. dgl. zu den Fossilien.

Im eingeschränktern Verstande bezeichnet dies Wort die unorganischen Körper des Mineralreichs, s. Mineralien.

Friction, s. Reiben.

Frictionsmaschine, s. Reiben.

Frost, Frigus glaciale, Gelu, *Gelée*. Derjenige Zustand des Luftkreises, bey welchem das Wasser und andere gewöhnlich flüßige Körper in den Zustand der Festigkeit übergegangen oder gefroren sind, s. Gefrierung.

Wenn an irgend einem Orte der Erde die freye Luft so stark erkältet wird, daß sie dem Wasser Wärme oder Feuer genug entziehet, um ihm dadurch seine Flüßigkeit zu rauben und es in Eis zu verwandlen, so sagt man es friere, es trete ein Frost ein. Der hiezu erforderliche Grad der Temperatur ist, soviel man bis jetzt weiß, jederzeit und an allen Orten einerley, s. Thermometer, und bestimmt den Anfang des Frostes.

Bey zunehmender Kälte wird auch der Frost stärker; es gefrieren Liquoren, die bey der Temperatur des Eispunkts noch flüßig blieben, der Frost dringt durch die Mauern der Gebäude, selbst schnelle Ströme gefrieren auf der Oberfläche entweder zum Theil oder ganz bis auf eine

gewiſſe Tiefe, je nachdem die Kälte heftiger und anhalten=
der iſt.

Fröſte bey heiterm Himmel heißen **helle Fröſte** (*bel-
les gelées*). Bey ſtarken Fröſten ſcheint die Sonne etwas
bläßer, und die Luft iſt nicht ſo heiter, als an gewiſſen
Wintertagen, deren Kälte mäßiger iſt. Theils dünſtet
bey ſtarker Kälte das Eis beträchtlich aus, ſ. **Eis**, theils
werden die Dünſte auch in einer mäßigen Höhe ſchon genug
verdichtet, um die Durchſichtigkeit der Luft zu hindern.
Eben darum ſind die hellen Fröſte in der Nachbarſchaft von
Seen und großen Flüßen ſelten, weil die Kälte daſelbſt ins=
gemein mit Nebeln begleitet iſt.

Starke Winde hindern die Entſtehung des Eiſes,
theils weil ſie das Waſſer in Bewegung ſetzen, theils auch,
weil ſie allezeit die Kälte ein wenig vermindern. Obgleich
der Nordwind gewöhnlich Fröſte bringt, ſo ſind ſie doch,
wenn er heftig iſt, bey weitem nicht die ſtärkſten. Ein
ſchwacher trockner Wind, iſt dem Gefrieren am vortheilhaf=
teſten.

Nie iſt ein ſtarker Froſt für Pflanzen und Bäume ver=
derblicher, als wenn er plötzlich auf Thauwetter, oder lan=
gen Regen folgt. Unter dieſen Umſtänden haben die Thei=
le der Pflanzen viel Waſſer eingeſogen, das nun in ihren
kleinen Röhrchen gefriert, die Fibern und den ganzen orga=
niſchen Bau, ſelbſt des härteſten Holzes, zerreißt, und oft
die ſtärkſten Bäume mit einem heftigen Knalle zerſprengt.
So erfroren im ſtrengen Winter des Jahres 1709 faſt alle
Oel= und Fruchtbäume in Languedoc und der Provence.
Die ſtärkſten und älteſten Bäume erſtarben am häufigſten,
weil ihre ſchon zu unbiegſamen Fibern der Ausdehnung des
Waſſers beym Gefrieren am wenigſten nachgeben konnten.
Dies iſt alſo eine Folge der Ausdehnung beym Gefrieren,
wie die Zerſprengung der Gefäße, ſ. **Eis**.

Auch die Früchte erfrieren in ſtarken Wintern. Ge=
wöhnlich verlieren ſie dabey ihren Geſchmack, und faulen,
ſobald ſie wieder aufthauen. Indem die wäßrigten Theile,
die ſie in ſo großer Menge enthalten, zu Eis werden, und

sich ausdehnen, zerreißen sie die kleinen Gefäße und zerstö=
ren die Organisation.

Selbst am thierischen Körper ereignen sich in den kalten
Ländern ähnliche Erscheinungen. Nicht selten sieht man
Leute, die durch einen starken Frost die Nase oder die Oh=
ren verlohren haben. Sogar in den gemäßigtern Klima=
ten finden sich Beyspiele hievon. Das einzige Mittel, ein
erfrornes Glied zu erhalten, ist, daß man es nur sehr lang=
sam wieder aufthauen läst, daß man es z. B. eine Zeit
lang in Schnee steckt, ehe es einer mildern Temperatur
ausgesetzt wird. Eben so kan man auch erfrorne Früchte
erhalten. Ein allzuschnelles Aufthauen läst den Theilen
des erfrornen Körpers nicht Zeit, die Anordnung wieder
anzunehmen, aus der sie das Gefrieren gebracht hat, und
die gehörige Organisation wiederherzustellen.

Nollet Leçons de physique To. IV. p. 136 sqq.
Brisson Dict. raisonné de phys. art. *Gelée.*

Frostpunkt, s. **Thermometer.**

Frühling, Frühjahr, Lenz, Ver, *Printems.*
Eine der vier Jahrszeiten, welche nach dem Winter und
vor dem Sommer fällt, von dem Tage anfängt, an wel=
chem die Sonne beym Aufsteigen in den Aequator tritt,
und sich mit dem endiget, an welchem sie zu Mittag ihren
höchsten Stand im Jahre erreichet. Da bey uns die auf=
steigenden Zeichen vom Steinbock bis zum Krebse gehen,
und diese Helfte der Ekliptik vom Aequator im Anfangs=
punkte des Widders durchschnitten wird, so bestimmt der
Eintritt der Sonne in den Widder den Anfang, und der
in den Krebs das Ende des Frühlings, der also bey uns
um den 20 März mit der Nachtgleiche anfängt, und um
den 21 Jun mit dem längsten Tage aufhört, s. Ekliptik.

In der südlichen gemäßigten Zone enthält die andere
Helfte der Ekliptik die aufsteigenden Zeichen, daher der
Frühling mit der Nachtgleiche um den 23 Sept. anfängt,
und mit dem längsten Tage den 21 Dec. aufhört.

Unter dem Aequator und in der heißen Zone lassen sich
die Jahrszeiten so regelmäßig nicht abtheilen, und man

hat dabey mehr die naſſe und trockne Zeit zu unterſcheiden. Auch bey uns bezieht man im gemeinen Leben die Benen=nungen der Jahrszeiten mehr auf Temperatur und Witte=rung, als auf den Stand der Sonne; da nun jene nicht von dieſem allein abhängen, ſo läßt ſich der Anfang der Jahrszeiten in dieſem Sinne wegen der mitwirkenden ver=änderlichen Urſachen nicht genau angeben. So verſteht man unter Frühling die unbeſtimmte Zeit, binnen welcher die Kälte aufhört, die Temperatur allmählich milder und wärmer wird, und die erſtorbne Natur wieder auflebt.

Frühlingsnachtgleiche, Aequinoctium vernum, *Equinoxe du printems*. Die Zeit, zu welcher die Sonne im Aufſteigen den Aequator erreicht, an allen Orten der Erde den Tag der Nacht gleich macht, und in unſerer ge=mäßigten Zone den Anfang des Frühlings beſtimmt. Die Sonne ſteht alsdann in einem Punkte des Aequators ſelbſt, beſchreibt den Aequator als ihren Tagkreis, und iſt daher, weil ihn jeder Horizont zu gleichen Theilen ſchneidet, über=all 12 Stunden ſichtbar und 12 Stunden unſichtbar. Es geſchieht dies bey ihrem Eintritt in den Widder, welcher jährlich um den 21 März erfolgt.

Frühlingspunkt, Widderpunkt, erſter Punkt des Widders, Anfangspunkt der Ekliptik und des Aequators, Punctum aequinoctii verni, Punctum pri-mum arietis, *Equinoxe du printems*, *Premier point du Bélier*. Derjenige Durchſchnittspunkt des Aequators mit der Ekliptik oder jährlichen Sonnenbahn, in welchem die Sonne bey ihrem ſcheinbaren jährlichen Umlaufe um den 21 März oder zu Anfange des Frühlings tritt, indem ſie aus der ſüdlichen Halbkugel in die nördliche aufſteigt. Ehe=dem ſtand an dieſer Stelle das Sternbild des Widders, da=her man den nächſten 30 Graden der Ekliptik von dieſem Punkte an gegen Morgen gerechnet, den Namen des Wid=ders beylegte. Hieraus erklären ſich die angeführten Be=nennungen, welche beybehalten werden, obgleich der Punkt ſelbſt ſchon längſt die Sterne des Widders verlaſſen hat, und anjetzt unter den Sternen der Fiſche ſteht.

Dieser Punkt, der mit 0° ♈ bezeichnet wird, ist einer der merkwürdigsten am Himmel. Man hat ihn zum Anfangspunkte der beyden Kreise, die sich in ihm durchschneiden, angenommen, und zählt sowohl die Grade des Aequators, als die Zeichen und Grade der Ekliptik, von ihm aus gegen Morgen zu, s. Folge der Zeichen. Also ist für ihn die Länge und Rectascension sowohl als die Breite und Abweichung = 0. Seine jetzige Stelle fällt zwischen den südlichen Fisch und den Schwanz des Wallfisches unter Sterne von sehr geringer Größe. Durch ihn und die Weltpole geht der Kolur der Nachtgleichen. s. Koluren, durch ihn und die Pole der Ekliptik der erste Breitenkreis.

Funkeln oder Blinkern der Firsterne,

Scintillatio fixarum, Radians fixarum splendor, *Scintillation des étoiles fixes*. Das lebhafte Zittern, wodurch sich das Licht der Firsterne von dem oft stärkern, aber doch mattern und stillen Lichte der Planeten unterscheidet.

Wir sehen die Firsterne nicht immer gleich stark funkeln; niedrig am Himmel blinkern sie weit stärker, als in der Höhe, und bey dunstiger Luft mehr, als wenn dieselbe rein ist. Es ist also bald zu vermuthen, daß das Funkeln der Sterne von der Beschaffenheit des Luftkreises abhänge. Das starke Licht der Firsterne nemlich muß durch die im Luftkreise befindlichen Dünste, welche in beständiger Bewegung sind, hindurchgehen; daher werden die Lichtstralen durch die Brechungen in eine zitternde Bewegung gebracht, welche uns die Sterne selbst gleichsam als bewegliche Punkte zeigt. Dies haben die Beobachtungen in heissen und trocknen Ländern, z. B. im wüsten Arabien und am persischen Meerbusen (Hamburg. Magazin I B. S. 421.) bestätiget, wo man bey einem fast immer heitern, Himmel die Sterne lebhaft glänzen, aber nicht funkeln sieht. Hieraus wird auch begreiflich, warum sie bey feuchter Luft und am Horizonte, wo ihr Licht durch mehr Dünste gehen muß, stärker funkeln.

Daß die Planeten nicht funkeln, rührt ohne Zweifel von der mindern Lebhaftigkeit ihres nur von der Sonne ent= lehnten Lichts, hauptsächlich aber von ihren scheinbaren Durchmessern oder ihrer scheibenähnlichen Gestalt her, bey der man bloß ein Zittern an den Rändern würde bemerken können. Wenn daher Jupiter und Venus ihrer Größe wegen noch so stark glänzen, so ist doch dieser Glanz vom Blinkern der Fixsterne merklich unterschieden. An der Sonne bemerkt man bisweilen am Horizonte das erwähnte Zittern der Ränder. Gute Fernröhre benehmen den Fix= sternen das funkelnde Ansehen, obgleich das Licht des Si= rius und der Sterne erster Größe noch so lebhaft bleibt, daß es auch im Fernrohre noch alle prismatische Farben spielt.

Vitellio (Opticae thesaurus Risneri. p. 449.) hat schon diese Erklärung des Blinkerns, so wie D. Hook (Micrographia, p. 231.). Musschenbroek (Introd. ad philos. nat. Vol II. §. 1741.) will zwar einen Theil da= von in der Wirkung ihres lebhaften Lichts aufs Auge su= chen; dann müsten sie aber um das Zenith am stärksten funkeln, weil ihr Licht von daher am ungeschwächtsten ins Auge kömmt. Michell sucht die Ursache in einer unglei= chen Dichte des von den Sternen ausgehenden Lichts; noch andere haben sie darinn finden wollen, weil unzählbare in der Luft schwebende Stäubchen die Fixsterne, die nur als Punkte erscheinen, unaufhörlich verdeckten und wieder er= scheinen ließen. Ein solches Stäubchen müste aber wenig= stens so groß, als der Augenstern seyn.

Bode, Anleitung zur Kenntniß des gestirnten Himmels, Dritte Aufl. Berlin, 1777. gr. 8. S. 589 u. f.

Priestley Geschichte der Optik S. 14. 131. 372.

Funken, Scintilla, Etincelle. Ein kleiner brennender oder glühender Körper, der durch irgend eine Kraft von einer größern Masse losgerissen wird. Bey einem stark brennenden Feuer treiben die von der Hitze verursachten Explosionen eingeschlossener Luft und Dämpfe oft kleine los= gerissene Stücken der brennenden Materie in die Höhe. Sie fliegen in die Luft, wie kleine Aerostaten, weil die in ihnen noch eingeschloßne Luft stark erhitzt also bey mehr sp=

eifiſcher Elaſticität doch leichter als die atmoſphäriſche iſt. Daher das Umherfliegen der Funken bey Feuersbrünſten. Aus gleichem Grunde ſprüht ein glühendes Eiſen, zumal in dephlogiſtiſirter Luft, häufige Funken umher.

Die Funken beym Feuerſchlagen ſind Stückchen Stahl, welche durch den Schlag losgeriſſen, von dem durch das heftige Reiben frey gewordenen Feuer glühend gemacht, oft ſogar mit Theilchen des Steins zuſammengeſchmolzen oder verſchlackt ſind. Man entdeckt ſie durchs Mikroſkop, wenn man Feuer auf ein untergelegtes Papier geſchlagen hat, in der Geſtalt kleiner Kügelchen. Ihrer großen Geſchwindig= keit halber ſcheint ein ſehr merklicher Theil ihres Weges auf einmal zu leuchten, daher ſtellen ſie ſich als leuchtende Fäden von einiger Länge dar.

Funken, elektriſcher, Scintilla electrica, *Etin-celle électrique.* Diejenige elektriſche Erſcheinung, da die Elektricität eines Körpers in einen andern in Geſtalt eines ſchmalen Lichtcylinders übergeht, welcher bey Tage ſichtbar und mit einem kniſternden Laute begleitet iſt, aber im Au= genblicke ſeiner Entſtehung plötzlich wieder verſchwindet. Es geſchieht durch den Funken jederzeit eine **Mittheilung** der Electricität, ſ. **Electricität** unter dem Abſchnitte: **Mittheilung** (ITh. S. 733.).

Der elektriſche Funken zeigt ſich blos zwiſchen ſtumpf= geendeten oder abgerundeten Körpern, am lebhafteſten dann, wenn ſie beyde Leiter und auf entgegengeſetzte Art elektri= ſirt ſind; obgleich auch ſehr ſtarke Funken entſtehen, wenn nur der eine Körper ſtark elektriſirt, der andre aber im na= türlichen Zuſtande oder wohl gar gleichartig mit jenem, aber ſchwach elektriſirt iſt. Bringt man ſolche Körper gegen einander, ſo ſieht man zuerſt zwiſchen ihnen ein unordent= lich gebildetes Licht. Nähert man ſie aber noch mehr an einander, ſo bricht der Funken aus. Die Weite, in der dieſes zuerſt geſchieht, heiſt die **Schlagweite:** ſie iſt de= ſto größer, je mehr der elektriſche Zuſtand beyder Körper unterſchieden iſt. Wenn man die Funken aus einem mit einer Elektriſirmaſchine verbundenen erſten Leiter zieht, ſo

sind sie desto stärker, je mehr Oberfläche der Leiter hat, und
je mehr er in die Länge ausgedehnt ist; auch erhält man
die stärksten aus dem von der Maschine abgekehrten Ende
des Leiters. Der P. Gordon in Erfurt verstärkte durch
einen 200 Ellen langen dicken Eisendrath den Funken so
sehr, daß er Vögel dadurch tödtete. Läst man den Funken
in den Finger oder irgend einen Theil des Körpers gehen,
so verursacht er eine schmerzhafte Empfindung, erschüttert
auch wohl, wenn er sehr stark ist, den ganzen Körper.
Eben so empfindet man den Funken, wenn man sich selbst
isolirt hat und elektrisiren läst, und dann von einem andern
berührt wird, oder selbst einen Leiter berührt. Ist der
Funken stark genug, so kan man dadurch leicht entzündliche
Körper, z. B. Weingeist, zumal wenn er warm ist, eine
Kerze, die eben vorher gebrannt hat u. dgl. anzünden; am
leichtesten brennbare Luft mit atmosphärischer oder dephlo-
gistirter vermischt, worauf sich verschiedene Werkzeuge gründen, s. Lampe, Pistole, elektrische

Die Elektricität geht bey der Mittheilung durch den
Funken wahrscheinlich als ein kleiner sphärischer Körper
über, und sollte wie ein leuchtendes Kügelchen erscheinen.
Ihre Geschwindigkeit aber ist so groß, daß ihr ganzer
Weg auf einmal zu leuchten scheint, und also die Erscheinung eines Lichtcylinders darstellt. Eben diese Geschwindigkeit macht es unmöglich, die Richtung des Funkens zu
unterscheiden, von dem man daher nie sagen kan, aus welchem
Körper er komme, und in welchen er gehe. Nach Franklin's Theorie soll er freylich aus dem positiv elektrisirten
Körper kommen, und in den negativ elektrisirten hineingehen. Aber die Erfahrung belehrt uns ganz und gar nicht
darüber, und die Funken aus negativen Conductorn sehen
völlig eben so aus, wie die aus positiven.

Aus sehr starken Funken großer Maschinen strömen
bisweilen Feuerbüschel nach allen Seiten aus. Sehr oft
brechen sich die Funken, zumal die längern, unter spitzigen
Winkeln und bilden ein Zikzak, wie man dies auch am
Wetterstrale sieht. Dies rührt von den feuchten oder leitenden Theilen her, die in der Luft nahe an ihrem Wege lie-

gen, und auf die fie zugehen, um den Weg zu wählen,
wo fie den wenigsten Widerstand antreffen.

Die stärksten Funken unter allen bisherigen, von 24
Zoll Länge und der Dicke eines Federkiels, hat die Maschine
im Teylerischen Museum zu Haarlem gegeben (f. diefes
Wörterb. Th. I. S. 799.). Sie werden weit länger,
wenn man fie an der Oberfläche eines schlechten Leiters hingehen läst. Auf diefe Art gab die gedachte Maschine Funken von 6 Fuß Länge. Die Länge der Funken zu messen,
haben Groß (Elektrische Paufen, Leipzig, 1776. 8.),
le Roy (Mém. de l'acad. de Paris 1766. p. 541.), und
Langenbucher (Beschreibung einer verbeff. Elektrifirma-
schine, Augsp. 1780. 8. S. 46) eigne Werkzeuge unter
dem Namen Funkenmeffer (Spintherometre) angegeben. Sie bestehen aus Kugeln, die man längst einem
Maaßstabe verschieben, und dadurch ihre Entfernung vom
Conductor, der ihnen Funken giebt, abmessen kan.

Johann Friedrich Groß hat in der eben angeführten Schrift zuerst ein befonderes Phänomen der elektrifchen Funken angezeigt, das er mit dem Namen der elektrifchen Paufen belegt. In einiger Entfernung vom
elektrifirten Körper hören unter gewiffen Umständen die
Funken auf; in einer größern Entfernung kommen fie wieder. Nairne (Phil. Tr. Vol. LXVIII.) hat nachher eben
dies bemerkt, f. diefes Wörterbuchs I Theil S. 392. Vielleicht ist es die Wirkung einer zwifchen beyden Körpern
entstandnen Ladung der Luft.

Die Entstehung des elektrifchen Funkens wird aus der
Theorie der Elektricität fehr leicht erklärt. Wenn ein Körper z. B. +E hat, und ein anderer, der weniger + E, oder
o oder —E hat, in feinen Wirkungskreis kömmt, fo
wird auf der jenem zugekehrten Stelle des letztern die
entgegengefetzte Elektricität erweckt, d. h. fein + E wird
abgeftoßen, und fein —E wird frey und gegen diefe Seite gezogen. Nun entfteht zwifchen beyden eine ftarke Anziehung, die leichte Körper fogar fortreißt. Nähert man
beyde noch mehr, fo wird diefe Anziehung noch ftärker, bis
endlich die zwifchen beyden E liegende Luftfcheibe dünn ge-

Y

nug ist, um von den E durchbrochen zu werden. Alsdann
gehen beyde E in sichtbarer Gestalt in einander über, sätti=
gen sich und bringen beyde Körper ins Gleichgewicht.
Nicht-Leiter, welche die Elektricität nur schwer verlieren
und annehmen, geben nur kleine Funken, oder nur stechen=
des Licht mit Knistern, Leiter hingegen veranlassen stärkere
Funken. Was die Abstumpfung der Enden hiebey thut,
findet man im Art. Spitzen.

Die ersten Beobachter des elektrischen Lichts, Boyle,
Otto von Guericke, D. Wall, und Hawksbee sahen
es blos an Nicht-leitern, und bemerkten gleichsam nur
einen Schimmer und das Knistern davon. D. Wall fühlte
doch schon, daß das Licht des geriebnen Bernsteins den Fin=
ger auf eine empfindliche Art, mit einem plötzlichen Stoße,
oder mit einem Blasen, wie ein Wind, treffe. Hawks=
bee nennt den Schall ein Schnappen (Snapping), und
die Wirkung auf den Finger eine Art von Druck (a kind
of pressure). Funken aus einem Leiter sahe Gray zuerst,
da er seine geriebne Glasröhre gegen die Oberfläche des
Wassers in einem Gefäße brachte (Phil. Trans. 1730.).
Er erzählt, es sey ein feiner Stral aus dem Wasser her=
vorgekommen. Die eigentliche Entdeckung des Funkens
aber gehört dem du Fay, welcher ihn im Jahre 1732 zu=
erst aus seinem eignen Körper zog (Mém. de Paris 1733.).
Er sowohl, als die, die ihn berührten, empfanden einen
Schmerz, wie von einem Nadelstiche, oder vom Brennen
eines Funkens, der durch die Kleider eben so, wie auf die
bloße Haut, wirkte, und im Dunkeln sahe man den Fun=
ken sehr deutlich. Nollet, der damals du Fay's Schü=
ler war, sagt (Leçons de phyf. Vol. VI. p. 408.), er wer=
de die Bestürzung nie vergessen, in die der erste Funke aus
dem menschlichen Körper du Fay und ihn versetzt habe. Er
fand hernach, daß man aus Metallen noch stärkere Funken
erhielte, wodurch Gray veranlaßt wurde, metällne Con=
ductoren oder erste Leiter anzubringen, die ihm so starke
Funken aus Wasser gaben, daß er die Aehnlichkeit mit
dem Blitze im voraus ahndete, (s. dieses Wörterb. I Th.
S. 748.).

Die deutschen Naturforscher, insbesondere Gordon
in Erfurt, verstärkten die Funken noch mehr, und bemüh=
ten sich, brennbare Stoffe dadurch zu entzünden. D Lu=
dolf in Berlin und Winkler in Leipzig waren die ersten,
denen es im Jahre 1744 gelang, Weingeist anzubrennen;
Gralath in Danzig entzündete den Dampf einer eben ver=
loschenen Kerze, und Bose in Wittenberg den von geschmol=
zenem Schießpulver. D. Watson wiederholte diese Ver=
suche, und fand, daß die Entzündung auch von statten ge=
he, wenn eine elektrisirte Person den Weingeist hält, und
eine unelektrisirte den Finger daran bringt, d. h. daß nega=
tive Funken eben sowohl als positive zünden.

Bald hierauf gab die Entdekung der leidner Flasche den
Naturforschern ein Mittel, weit stärkere Wirkungen her=
vorzubringen, als der Funken der einfachen Elektricität zu
thun vermögend ist. Man ist daher auf die Verstärkung
desselben nicht mehr so sehr bedacht gewesen. Der Abt
Noller hat verschiedene Spielwerke, die man damit ma=
chen kan, z. B. im Dunkeln leuchtende Buchstaben und an=
dere Figuren darzustellen, sehr umständlich beschrieben
(Lettres sur l'electricité, To. II. à Paris 1700. 12mo Lettr.
22. p. 274 sq.). Die neuern, größern und besser eingerichte=
teten Maschinen haben inzwischen einfache Funken verschaft,
deren Wirkungen der verstärkten Elektricität nicht viel
nachgeben.

Priestley Geschichte der Elektr. durch Krünitz, an mehreren
Stellen.

Erxleben Anfangsgr. der Naturl. §. 521 — 523.

Cavallo Vollst. Abhandl. der Lehre v. der Elektr. Dritte Aufl.
S. 7. 34.

Fuß, Schuh, Pes, *Pied*. Der Fuß oder Schuh
ist das zur Messung gerader Linien angenommene Maaß,
aus dessen Zusammensetzungen und Eintheilungen alle übri=
gen Längenmaaße entspringen. Es soll eigentlich die Länge
des Fußes von einem im vollkommensten Verhältniße ge=
bildeten Manne seyn; das unbestimmte hierinn aber macht,
daß die Fußmaaße fast aller Orten von einander ab=
weichen.

Diese unangenehme Verschiedenheit würde sich vermei=
den lassen, wenn uns die Natur ein allgemeines Längen=
maaß gegeben hätte, so wie sie uns durch die beständig
gleiche Dauer des Sterntags oder der Umwälzung der
Erde ein allgemeines Zeitmaaß verschaft. Aber in dem
ganzen Umfange der Naturreiche findet sich nichts, was
immer und überall mit einer gleichen unveränderlichen Län=
ge hervorgebracht oder bestimmt würde; man trift vielmehr
in allen natürlichen Produkten und Bestimmungen Man=
nigfaltigkeit und Unterschiede der Größe an.

Nach vielerley fruchtlosen Vorschlägen, die **Weidler**
(Diff. de nova menfura corporum univerfali, Witeb.
1727.) erzählt, und noch mit einem neuen vermehrt hat,
glaubte **Huygens** (De horolog. ofcill. prop. 25.) in der
Länge des Secundenpendels ein allgemeines Maaß gefun=
den zu haben. Aber die Entdeckung, daß das Secunden=
pendel nicht überall gleich, sondern unter dem Aequator
kürzer, als bey uns sey, vernichtete auch diese Aussicht, ob=
gleich die Länge des Secundenpendels für einen bestimm=
ten Ort, z. B. für Paris, oder um dem Aequator selbst
zu gleichförmigen Bestimmungen der Maaße nach den
Vorschlägen **Bouguers** (Figure de la terre p. 300.)
und **Condamine's** (Voyage de la riviere des Amaz.
p. 202.) dienen könnte. Darauf bezieht sich der Wunsch
des letztern in der Aufschrift eines Denkmals, das er in
Peru wegen seiner Versuche über das Secundenpendel er=
richten ließ. Es ist darauf die Länge dieses Pendels unter
dem Aequator in Stein gegraben mit den Worten:
Menfurae naturalis exemplar, utinam et univerfalis!

Vom menschlichen Körper haben schon die Alten die
Bestimmungen ihrer Maaße entlehnt, daher ihre digiti,
palmae, pedes, cubiti, paffus, orgyiae (Klaftern) be=
nannt sind. Wie unrichtig die ältern deutschen Feldmesser
hiebey zu Werke gegangen sind, sieht man aus Jacob
Köbels Geometrey (Frf. 1584. 4. S. 4.), wo vorge=
schrieben wird, „sechszehn Mann, klein und groß, wie die un=
„gefehrlich nach einander aus der Kirchen gehen, einen je=
„den vor den andern einen Schuh stellen zu lassen; dieselbi=

„ge Lenge werde und solle seyn, ein gerecht gemein Meß=
„rute, damit man das Feld messen sol. Von so thö=
richten Bestimmungsarten mögen wohl die großen Unter=
schiede zwischen den Fußmaaßen, oft bey benachbarten Or=
ten, zum Theil herrühren.

In den physikalischen Angaben kömmt am häufigsten
der pariser oder königliche Fuß (pes Parisinus, *pied
du Roi*) vor, der auch unter den übrigen der gröste ist,
und daher am bequemsten dienen kan, um alle andere damit
zu vergleichen. Man theilt ihn in 12 Zoll (digitos, pol-
lices, *pouces*), den Zoll in 12 Linien, die Linie noch in 10
oder 100, mithin den ganzen Fuß in 14400 Theile ein.
In solchen Theilen lassen sich die Längen anderer Fußmaaße
angeben, z. B. der rheinländische auch in Dänemark
eingeführte Fuß, hält 13913, der leipziger 12529 solcher
Theile.

Ein Verzeichniß der bekanntesten Fußmaaße mit dem
pariser verglichen, liefert aus den besten Schriftstellern
Herr Mayer (Gründlicher und ausführlicher Unterricht
zur praktischen Geometrie. Göttingen, 1777. III. Th. 8.
Erster Theil S. 52.), lehrt auch zugleich den Gebrauch
desselben zur Verwandlung der Maaße in einander sehr kurz
und deutlich. Von den Fußmaaßen der Alten handeln
Snellius (Eratosthenes Batav. L. II.), Ricctoli (Geograph. reform. L. II.), Eisenschmid (De ponderibus
et mensuris. Argent. 1708. 8.) und Arbuthnot (Ta-
bles of ancient Coins, Weights and Measures, London
1727. 4.).

Aus dem Fußmaaße entstehen durch Zusammense=
tzung und Theilung alle andern Längenmaaße. Zween
Schuh oder Fuß geben die Elle (cubitum, *aune*), sechs
Schuh die Klafter, den Faden, das Lachter (hexa-
poda orgyiam, ulnam, *toise*, daher sechs pariser Schuh
die in den physikalischen Angaben so oft vorkommende fran=
zösische Toise ausmachen), 10 bisweilen auch 12, 15 oder 16
Schuh die Ruthe (decempedam). Eingetheilt wird der Fuß
von den Werkleuten in 12, von den Geometern in 10 Zoll,
so der Zoll in 12 oder 10 Linien. Die sächsischen Feldmes=

fer nehmen 15 leipziger Schuhe, (Werkschuhe) auf eine Ruthe, theilen aber diese (um von der Decimaleintheilung nicht abzuweichen) in 10 geometrische Schuhe ein, daher sich der geometrische Schuh zum Werkschuhe wie 15 : 10 oder wie 3 : 2 verhält. Diesen geometrischen Schuh theilen sie in 10 Zolle, dagegen die Werkleute den Werkschuh in 12 Zolle theilen. So verhält sich der geometrische Zoll zum Werkzolle, wie 36 : 20 oder wie 9 : 5. In der Physik giebt man so, wie im gemeinen Leben, die Längen nach Werkmaaße an.

Noch größere Längenmaaße sind die Meilen, von welchen ein besonderer Artikel handlen wird.

G.

Gåhrung, Fermentatio, *Fermentation*. Eine innere Bewegung in welche die vegetabilischen und thierischen Substanzen an der Luft bey einer gelinden Wärme und Näße gerathen, und durch welche ihre chymischen Bestandtheile in neue Verbindungen gesetzt werden. Alle Stoffe aus dem Pflanzen= und Thierreiche, welche Oel, feine Erde und Salz enthalten, gerathen von selbst in diese Bewegung, wenn sie mit einer zulänglichen Menge Wasser einer Wärme, welche etwa von einigen Graden über dem Eispunkte bis 25° nach Reaumür gehet, ausgesetzt, und nicht alles Zutritts der Luft beraubt werden. Die neuen Gemische aber, welche die Gährung hervorbringt, sind nach den Stoffen und Umständen sehr verschieden.

Bey allen Gåhrungen entwickelt sich die sogenannte fire Luft oder Luftsäure, f. **Gas, mephitisches**. Sobald diese hervorzugehen anfängt, wird die flüßige Masse trüb, die öligten, erdigten und salzigen Theile trennen sich von den übrigen, und es bilden oder entwickeln sich neue Gemische, die den Geschmack und Geruch der Masse ändern. Alle Theile des Körpers sind dabey thätig; aber die Luftsäure, die sie vielleicht vorher in Verbindung hielt, macht den Anfang, und ist das vornehmste innere Hülfsmittel des ganzen Vorgangs.

Man unterscheidet drey Arten oder vielmehr Stufen dieser Veränderung, die Weingährung, Essiggährung und Fäulniß, oder die geistige (spirituosa, vinosa), saure (acetosa) und faule Gährung (putredinosa). Aus der ersten erhält man einen Wein, und aus diesem einen entzündlichen mit Wasser mischbaren Geist, den Weingeist; aus der zweyten eine Säure, einen Essig; die dritte zersetzt die Körper völlig, und giebt ein flüchtiges Laugensalz, s. Fäulniß.

Viele, besonders vegetabilische Substanzen, gehen allmählig durch alle diese Stufen, andere neigen sich gleich vom Anfang zur sauren Gährung, noch andere, besonders die thierischen, sogleich zur Fäulniß. Eine Substanz, welche schon durch eine höhere Stufe gegangen ist, kan nicht wieder zur niedrigern zurückkehren. Diejenigen aber, welche der geistigen Gährung fähig sind, können zur Fäulniß nicht anders, als durch die beyden ersten Stufen kommen. Stahl (Zymotechnia fundamentalis, Halae, 1697. 8. Stahls allgemeine Grunderkenntniß der Gährungskunst. Frf. u. Leipz. 1734. 8.) hat zuerst wahrgenommen, daß diese drey Veränderungen nicht, wie man vordem glaubte, besondere Operationen, sondern Stufen eines und eben desselben Ueberganges sind.

Schon beym Leben der Pflanzen und Thiere gehen beym Keimen und Wachsthum der ersten, und bey den Bereitungen der Säfte in den letztern, gährungsartige, obgleich schwache, Bewegungen vor. Nach Endigung des Lebens aber durchlaufen alle dieser Veränderungen fähige Substanzen aus dem Pflanzen und Thierreiche die ihnen zukommenden Stufen, daß also die Gährung in ihrem ganzen Umfange genommen nichts anders, als der Uebergang zur Fäulniß ist.

Man hemmt und unterdrückt die Gährung durch Kälte, durch Abhaltung der Luft und des Wassers, und durch Vermischung mit Materien, die sich mit den Bestandtheilen der Körper vereinigen können, und doch der Gährung unfähig sind, z. B. mit Weingeist, Säuren und Mittelsalzen. Kein Traubenfaß gährt, und kein Fleisch fault in ſtrenger Kälte, unter der Glocke der Luftpumpe, oder bey vollkommner Austrocknung. Der Wein bleibt in ſeinem Zuſtande, wenn man ihn mit Schwefelſäure durchziehen läſt, und thieriſche Körper werden vor der Verderbniß durch Weingeiſt, Salz, Rauch u. dgl. geſchützt.

Mineraliſche Subſtanzen ſind der Gährung unfähig; das Verwittern der Kieſe, wobey ſich neue Salze bilden, und die Veränderung der unvollkommnen Metalle durch Luft und Waſſer, laſſen ſich hieher nicht wohl rechnen; man müſte denn dem Worte Gährung eine weit ausgebreitetere Bedeutung geben. Sonſt hat man auch ſehr unrichtig die Gährung mit dem Aufbrauſen verwechſelt, welches doch bey ihr blos ein begleitender Umſtand iſt, ſ. Aufbrauſen.

Die Gährung wird veranlaſſet oder erregt, wenn man den Körper mit einer ſchon gährenden, oder dazu höchſt geneigten Subſtanz vermiſchet. Solche Subſtanzen heiſſen **Gährungsmittel, Fermente** (fermenta, *ferments*). Dergleichen ſind bey der geiſtigen Gährung die Hefen, bey der Eſſiggährung die Weinkämme, der Sauerteig und für die Milch das Laab. Oft ſind auch Honig, Zucker, Farinenzucker und andere ſüße Pflanzenſäfte, Gefäße von Eichenholz, in welchen bereits Materien gegohren haben u. ſ. w. als Fermente anzuſehen. Aehnliche Wirkungen bringen die Anſteckunsggifte im Blute des lebenden Körpers hervor.

Macquers chym. Wörterbuch, durch **Leonhardi**, Art. Gährung, Gährungsmittel.

Galileiſches Fernrohr, ſ. Fernrohr.

Galmey, Calamintſtein, gegrabne Cadmie. Lapis calaminaris, Cadmia nativa ſ. foſſilis, *Pierre calaminaire, Calamine, Cadmie foſſile.* Ein Mineral von einer gelben ins röthliche fallenden Farbe, welches Zink, Eiſen und bisweilen andere Subſtanzen enthält, und zur Bereitung des Meſſings gebraucht wird, ſ. Meſſing.

Gang, Erzgang, Vena metallica, *Filon, Mine.* Gänge nennt man Spalten der Gebirge, in welchen die

Metalle, Erze und andere von der Maſſe des Gebirges,
oder der Bergart, unterſchiedene Foſſilien enthalten ſind.
Um ſich von der gewöhnlichen Geſtalt dieſer Gänge richtige
Begriffe zu machen, ſtelle man ſich durch das Gebirge oder
einen Theil deſſelben zwo parallele Ebnen geſeßt vor, die die
übereinander liegenden Schichten der Gebirgsmaſſe, die
Gebirgslager, durchſchneiden. Wenn man ſich nun den
Raum zwiſchen dieſen Ebnen entweder leer oder mit einer
andern Maſſe ausgefüllt denkt, ſo hat man im erſten Falle
eine **Kluft**, im zweyten einen **Gang.** Haben dieſe Eb=
nen einerley Lage mit den Gebirgslagern ſelbſt, und iſt ihr
Raum ebenfalls mit einer andern Materie ausgefüllt, ſo
heißt er ein **Flöß.** Man ſieht dieſe Ebnen als Grenzen
des Ganges an, und ihr Abſtand von einander beſtimmt
ſeine Dicke oder **Mächtigkeit.** Bey den Gängen heiſſen die=
ſe Grenzen **Saalbänder,** und zwar die obere das **Hangen=
de,** die untere das **Liegende;** bey Flößen wird die obere
das **Dach,** die untere die **Sohle** genannt.

Die Richtung eines Ganges nach den Weltgegenden,
oder der Winkel, welchen die in ſeinen Ebnen gezognen
Horizontallinien mit der Mittagslinie machen, heiſt ſein
Streichen, und wird von den Markſcheidern nicht in
Graden, ſondern in Stunden angegeben. Man theilt zu
dem Ende den Horizont in 24 Stunden, welche vom Mit=
tagspunkte und Mitternachtspunkte aus zur Rechten bis XII
fortgezählt werden. So fallen die gedachten Punkte ſelbſt
in die zwölfte, der Morgen= und Abendpunkt aber in die
ſechſte Stunde, und von einem Gange, welcher von Nord=
oſt nach Südweſt läuft, ſagt man, er ſtreiche in der
dritten Stunde. Je nachdem dieſe Richtung eine ſolche
iſt, nach welcher man in eben dieſem Gebirge bereits viel
oder wenig fündige Gänge angetroffen hat, ſagt man, der
Gang ſtreiche in einer guten oder ſchlechten Stunde.

Die Neigung des Ganges gegen die Verticalebne heiſt
ſein **Fallen,** und wird durch gewöhnliche Grade ausge=
drückt. Die Wiſſenſchaft alles deſſen, was hiebey auf
Abmeſſung und Berechnung ankömmt, heißt die **Mark=**

ſcheidekunſt (Geometria ſubterranea). Sie iſt vor.
Herrn Lempe, Profeſſorn der Bergakademie zu Freyberg,
(Gründliche Anleitung zur Markſcheidekunſt, Leipzig, 1782.
gr. 8.) ſehr vollſtändig und gründlich vorgetragen worden.

Die Gänge ſind mit einem von der Bergart verſchiede=
nen Geſtein, der **Gangart**, ausgefüllt, in welcher die Erze
liegen, ſ. **Erze**. Die keine Erze enthalten, heiſſen tau=
be **Gänge**, die übrigen fündige.

Man ſieht die Gänge am wahrſcheinlichſten als Spal=
ten an, welche in den älteſten Gebirgen entweder bey Ver=
härtung der Maſſe oder durch Erdbeben entſtanden, und
nachher durch die Wirkung des Feuers und Waſſers mit
den Gangarten und Erzen ausgefüllt worden ſind. Wenn
zu der damaligen Zeit die Oberfläche unter dem Meere ſtand,
und alſo das Waſſer die entſtandnen Spalten ſogleich an=
füllte, ſo iſt der Urſprung der Gangarten, welche mehren=
theils kryſtalliniſch ſind, leicht zu begreifen; aber die Ent=
ſtehung der Metalle iſt nicht ſo deutlich, und wir müſſen
über die Art, auf welche die Natur ſelbige hervorgebracht
hat, unſere gänzliche Unwiſſenheit geſtehen.

Ganggebirge, ſ. **Berge**.

Gas, **Gasart**, **Luft**, **Luftgattung**, luftförmi=
ger **Stof**, permanent elaſtiſches, bleibend elaſtiſches
Fluidum, Gas, Aër, Aura, Aeris genus, fluidum aëriforme, fluidum elaſticum, *Gas*, *Air*, *Eſpece d'air*,
fluide aëriforme, *fluide d'une élaſticité permanente*. Un=
ter dieſen Benennungen verſtehe ich hier mit Herrn Lich=
tenberg (Zuſ. zu Erxlebens Anfangsgr. der Naturl. §. 236.)
jede völlig unſichtbare elaſtiſche flüßige Materie, welche
durch die Wärme beträchtlich ausgedehnt, und durch die
Kälte zuſammengezogen wird, ohne jedoch durch letztere
jemals zu einem feſten, oder zu einem tropfbaren flüßi=
gen Körper verdichtet zu werden; die endlich in gläſerne
Gefäße eingeſchloßen werden kan, ohne in denſelben ihre Ei=
genſchaften zu veränbern. Durch ihre Unſichtbarkeit und
ſtarke Elaſticität unterſcheiden ſich die Gasarten von den
tropfbaren Flüßigkeiten; durch die Unmöglichkeit einer

Verdichtung mittelst der Kälte von den Dämpfen und Dünsten, welche die Kälte in fester oder tropfbarer Gestalt niederschlägt, durch die Möglichkeit der Einsperrung endlich von Materien, wie der Feuerstof, das Licht, die elektrische, magnetische u. s. w., die sich nicht in Gefäße einschließen lassen. Nach dieser Bestimmung gehört unsere atmosphärische Luft, so wie die dephlogistisirte, ebenfalls unter die Gasarten. Ich weiß wohl, daß viele angesehene Chymiker die respirablen Luftarten davon unterscheiden, und den Namen Gas bloß denen Gattungen beylegen, die sich nicht athmen lassen; es schien mir aber hier vorzüglich bequem, nach Macquer's Beyspiele, die chymischen Eigenschaften aller luftförmigen Stoffe unter dem Artikel: Gas zusammen zu stellen, so wie die Behandlung ihrer mechanischen Eigenschaften bey dem Worte: Luft den schicklichsten Platz finden wird.

Der Name Gas, welchen van Helmont zuerst gebraucht hat, soll nach einigen aus dem Hebräischen entlehnt seyn, und eine Unreinigkeit anzeigen, die sich aus dem Körper scheidet. Andere leiten ihn von Geist, Junker aber (Consp. Chem. Tab. XIV. §. 14.) von dem deutschen Gäschr her, welches einen Schaum oder Ausbruch der Luft aus einem Körper bedeutet. Diese Ableitung ist wohl die wahrscheinlichste; und das Wort läst sich, weil es keine ihm eigne Bedeutung hat, bequemer als andere, zur Bezeichnung der luftförmigen Stoffe überhaupt gebrauchen.

Paracelsus belegte die elastische Materie, welche bey der Gährung und dem Aufbrausen aus den Körpern geht, mit dem Namen eines wilden Geistes (Spiritus silvestris).

Van Helmont (Complexionum atque mixtionum elementarium figmentum, Num. 14. in Opp. omn. Frf. 1707. 4. p. 102.) unterschied schon verschiedne Arten dieser Materien mit den Namen Gas silvestre flammeum, ventosum, pingue u. s. f., und bemerkte mit Recht, daß dieses Gas, in welches sich manche Körper gänzlich auflösen lassen, in ihnen nicht in seiner elastischen Gestalt, sondern in einer concreten und coagulirten Form (spiritus concretus et corporis more coagulatus) vorhanden sey. Er schreibt die schädlichen Wirkungen der Hundsgrotte bey Neapel einem Gas zu, und erklärt in einigen seiner Abhand= lungen durch die Erzeugung der Gasarten viele Erschei= nungen des thierischen Körpers auf eine solche Art, daß die Menge und Richtigkeit seiner Kenntniße hievon Bewun= derung erregt.

Boyle (Nova exp. phyſico mechanica de elaſticitate et gravitate aeris, in Opp. Genev. 1680. 4.) entwickelte durch häufige Versuche mancherley Gasarten, gab densel= ben den Namen der gemachten oder künstlichen Luft (*faĉtious air*) entdeckte auch zuerst, daß die gemeine Luft durch die Verbrennung vermindert, oder wie er es erklärte, ihre Federkraft geschwächt würde. Daß die Zinn=und Bley= kalke bey ihrer Entstehung Luft einsaugen, lehrte schon 1630 **Jean Rey** (Eſſais ſur la recherche de la cauſe, pour la-quelle l'Eſtain et le Plomb augmentent de poids, quand on les calcine, Bazas. 8.), aus dessen Schrift **Rozier** (Journal de phyſique To. V. p. 47. ſq.) und **Weigel** (Beytr. zur Geschichte der Luftarten, Greifsw. 1784. 8. Erst. Th. S. 1. u. f.) Auszüge geben.

Hales (Vegetable Statiks. Lond. 1727. 8. Statik der Gewächse, Halle 1747. 8.) verfolgte diese Untersuchungen noch weiter, erfand eine Geräthschaft zu Behandlung der Luftarten, s. **Pneumatisch=chymischer Apparat**, und suchte besonders die Quantitäten der entbundnen oder ver= schluckten luftförmigen Materien zu bestimmen. Das sechste Capitel seiner angeführten Schrift enthält den Keim der meisten neuern Entdeckungen. Herr **Lavoisier** (Opuſc. phyſiques et chymiques Paris, 1774. T. I. P. I., **Lavoisier** physikalisch = chemische Schriften a. d. frz. von **Weigel**, Greifsw. 1783. 8.) hat aus ihm sowohl, als aus andern Schriftstellern in diesem Fache vortreffliche Auszüge gelie= fert, wozu Herr **Weigel** (Beytr. zur Gesch. der Luftarten) noch mehrere hinzufügt.

D. Joseph Black, (Abhdl. von einsaugenden Erden, und besonders von der weißen Magnesia, in den neuen Edin= burger Bemerk. und Verf. Th. II.) machte im Jahre 1756 von diesen Entdeckungen eine sehr glückliche Anwendung auf die chymiſche Theorie. Er bewieß, daß die Aetzbarkeit und auflöſende Thätigkeit des Kalks und der Laugenſalze von dem Grade ihrer Sättigung mit fixer Luft abhange, ein Syſtem, welches die vorigen Theorien der Chymiſten, z. B. die Meyeriſche von der fetten Säure, bald verdräng= te. Jacquin (Examen chemicum doctrinae Meyeria- nae et Blackianae. Vindob. 1769. 8. deutſch, Frf. und Lpzg. 1770. 8.) beſtärkte dieſe wichtige Entdeckung, und Macbri= de (Experimental Eſſays on medical and philoſophical ſubjects. London, 1767. 8.) machte Anwendungen davon auf den thieriſchen Körper.

D. Prieſtley (Experiments and Obſervations on dif- ferent kinds of air, Vol. I. Lond. 1774 Vol. II 1775. Vol. III. 1777. ferner Vol. IV. unter dem Titel: Exper. and Obſerv relating to various branches of Natural Phi- loſophy with a continuation of the obſ. on air. London 1779. und Vol. V. oder des leztern Vol. II. Birmingham. 1781. Vol. III. Birmingham, 1786. 8. deutſch: Verſuche und Beob. über die verſchiedenen Gattungen der Luft von D. Chriſtian Ludwig, Wien 1778. 79. 80. Verſuche und Beobacht. über verſchiedene Theile der Naturlehre, Leipzig, 1780. 8. Zweyter Band, Wien und Leipz. 1782. 8.) hat in der Menge und Wichtigkeit ſeiner über die Gasarten ge= machten Entdeckungen alle ſeine Vorgänger bey weitem über= troffen, und dem forſchenden Phyſiker ein ganz neues Feld eröfnet. Auszüge aus ſeinen weitläuftigen und reichhaltigen Schriften findet man beym Weigel (Beytr. zur Geſch. der Luftarten. S. 265. u. f.) und in den leipziger Sammlungen zur Phyſik und Naturgeſchichte (III. Band. 1. 3. und 6 Stück).

Seit dieſer Zeit iſt die Lehre von den Gasarten, die man ſonſt zur Chymie allein zählte, ein wichtiger Theil der Na= turlehre geworden. Durch ſie haben wir erſt unſere Luft gehörig kennen gelernt, Aufſchlüße über die Natur des Feu= ers und Phlogiſtons bekommen, neue Verhältniße der Thiere und Pflanzen entdeckt, und gefunden, daß ſich feſte Körper ganz leicht in permanent elaſtiſche Flüßigkeiten, und dieſe in jene, verwandlen laſſen, ein Verfahren, wovon die Natur gewiß ſehr häufigen Gebrauch macht. Die vor=

nehmſten Schriftſteller, welche ſich in dieſem Fache hervorgethan haben, führt Herr Leonhardi (in Macquer's chy-
miſch. Wörterb. Art. Gas Th. II. S. 334. u. f. vorzüglich
in der Anm. ***) S. 335.) an. Kurze Vorſtellungen der
ganzen Lehre von den Luftgattungen haben Cavallo (Abhandlungen über die Eigenſchaften der Luft und der übrigen
beſtändig elaſtiſchen Materien, a. d. engl. Leipzig, 1783. 8.),
Leonhardi (Aerologiae phyſico-chemicae recentioris
primae lineae. Lipſ. 1781. 4. und: Kurzer Umriß der neuern Entd. über die Luftg. bey ſ. Ueberſ. von Scheelens
Abhdl. von Luft und Feuer, Leipzig, 1782. 8.), Rouland
(Tableau hiſtorique des proprietés de l'air. à Paris, 1784.
8.), de la Metherie (Eſſai analytique ſur l'air pur et les
differentes eſpeces d'air. à Paris, 1785. 8.), Weber (Ueber die gemeine und durch Auflöſung aus Körpern entwickelte Luft, Landshut, 1785. 8.), am gedrängteſten Herr Lichtenberg (Vierte Aufl. von Erxlebens Naturl. Gött. 1787.
8. nach §. 236.) gegeben.

Die Luftgattungen ſind von den Dämpfen dadurch
weſentlich unterſchieden, daß ſie nicht, wie jene, durch die
Kälte oder durch einen hinreichenden Druck ihrer Elaſticität
beraubt, und in feſte oder tropfbare Materien verwandlet werden, daher ſie auch den Namen bleibend elaſtiſcher
Flüßigkeiten (permanently elaſtics) erhalten haben. Sie
ſcheinen daher mit dem Feuer, welches doch wohl die Urſache der Flüßigkeit und Elaſticität enthölt, inniger und feſter, als die Dämpfe, verbunden zu ſeyn.

De Lüc (Neue Ideen über die Meteorologie, a. d.
frz. Berlin, 1787. I. B. S. 73. u. f.) theilt die elaſtiſchen
oder, wie er ſie nennt, ausdehnbaren Flüßigkeiten überhaupt in die zwo Claſſen der Dünſte (*vapeurs*) und der
luftförmigen Flüßigkeiten (*fluides aëriformes*) ein.
Er ſucht den erſten Grund der Ausdehnbarkeit in einer
Verbindung mit dem Lichte, als der einzigen elementari-
ſchen und einfachen elaſtiſchen Subſtanz, auſſer der alle
übrigen zuſammengeſetzt ſind, und ohne Aufhören entſtehen
und wieder vergehen. Dieſe Subſtanzen nun erhalten ihre
Elaſticität von einem ihrer Beſtandtheile, welcher mit dem

lichte genau verbunden ist, und den er die fortleitende
Flüßigkeit (*fluide déferent*) nennt. Dieses fortleitende
Fluidum macht mit einer andern blos schweren, nicht
elastischen, Substanz (*substance grave*) zusammen, die
elastische Materie, so wie sie sich uns zeiget, aus.

Die unterscheidenden Kennzeichen der Dünste und luftförmigen Flüßigkeiten sind nach ihm folgende drey.

1. Die luftförmigen Flüßigkeiten halten jeden bekannten
Grad des Drucks aus, ohne sich zu zersetzen; die Dünste
hingegen zersetzen sich, wenn ein allzustarker Druck ihr fortleitendes Fluidum von der blos schweren Substanz trennet.

2. Die luftförmigen Flüßigkeiten zersetzen sich nicht
eher, als wenn sich zwischen ihrer blos schweren Substanz
und einem andern Körper eine stärkere Verwandschaft auf-
sert, als zwischen dieser Substanz und ihrem fortleitenden
Fluidum statt findet; daher kan eine luftförmige Flüßigkeit
in einem hermetisch verschloßnen Gefäße nicht zersetzt werden.
Bey Dünsten hingegen findet auch eine Zersetzung ohne
Dazwischenkunft eines andern Körpers statt, wenn nemlich
das fortleitende Fluidum die schwere Substanz verläßt, um
sich in das ihm zukommende Gleichgewicht zu setzen.

3. Sind die luftförmigen Stoffe einmal gebildet, so ist
ihre Zusammensetzung bestimmt, und sie können ihre Natur nicht ändern, wenn nicht eine neue Substanz hinzu-
kömmt. Daher bleibt das Verhältniß ihrer Bestandtheile
immer eben dasselbe und ihre specifische Elasticität immer
gleich groß. Bey den Dünsten hingegen ist das Verhältniß der Bestandtheile sehr abwechselnd, und ihre Elasticität richtet sich nach der Menge des in ihnen enthaltenen fortleitenden Fluidums.

Diese drey Kennzeichen vereinigen sich sämmtlich dahin,
daß bey den luftförmigen Flüßigkeiten eine weit stärkere und
innigere Verbindung der schweren Substanz mit dem fortleitenden Fluidum statt findet, als bey den Dünsten. Es
ist aber nach de Lüc das fortleitende Fluidum bey allen
luftförmigen Flüßigkeiten das Feuer, und sein System
stimmt also sehr wohl mit dem Satze überein, daß das
Wesen der beständig elastischen Materien in einer genauen

Verbindung mit dem Feuer bestehe. Zu den Dünsten werden übrigens nach diesem Syltem nicht allein die Wasserdämpfe gerechnet, wo das Feuer das fortleitende Fluidum, und das Wasser die schwere Substanz ist, sondern es gehören auch das Feuer selbst, und die elektrische Materie in diese Claſſe, ſ. **Feuer, Flaſche, geladne.**

Die Vorrichtungen, deren man ſich zu den Verſuchen über die Gasarten bedienen muß, welche urſprünglich von **Hales** herrühren, von **Prieſtley** aber ſehr verbeſſert worden ſind, werde ich bey dem Worte: **Pneumatiſch = chymiſcher Apparat** beſchreiben.

Alle jetzt bekannte Gasarten laſſen ſich in ſolche, die dem thieriſchen Leben und der Verbrennung dienlich ſind, **reſpirable, athembare,** und ſolche theilen, die die Thiere tödten und die Lichter auslöſchen, **irreſpirable, mephitiſche, Schwaden, Muffeten** (Mephites). Zur erſten Claſſe gehören blos die gemeine und die **dephlogiſtiſirte Luft.** Viele haben dieſe Claſſe gar nicht mit unter dem Namen **Gas** begriffen, ſondern als wahre und eigentliche **Luft** von den Gasarten, worunter ſie blos die mephitiſchen verſtehen, unterſchieden. Die mephitiſchen ſind wiederum entweder ſolche, die ſich nicht mit Waſſer vermiſchen, oder die ſich damit miſchen laſſen. Dieſer Unterſchied iſt wegen der Behandlungsart wichtig, da bey den meiſten letztern der **pneumatiſch-chymiſche Queckſilber-Apparat** gebraucht werden muß. Die mit Waſſer nicht miſchbaren Gasarten ſind: **Phlogiſtiſirtes Gas, Nitröſes** oder ſalpeterartiges **Gas,** und **Brennbares Gas,** wozu man noch das eigentlich **Mephitiſche Gas,** oder die **Luftſäure** rechnen kan, welche ſich wenigſtens nicht ſo leicht mit dem Waſſer miſcht, daß ſie den Gebrauch des Queckſilber-Apparats erforderte. Die mit Waſſer miſchbaren ſind: **Vitriolſaures, Salzſaures, Salpeterſaures, Flußſpathſaures, Eſſigſaures, Hepatiſches, Flüchtig-alkaliſches** und nach einigen noch **Phoſphoriſches Gas.** Von jeder dieſer einzelnen Gattung folgen nun umſtändliche Nachrichten in beſondern, ebenfalls nach alphabetiſcher Ordnung fortgehenden Artikeln.

Gas, atmosphärisches (Reic), **gemeine Luft,**
atmosphärische Luft, Gas atmofphaericum, Aër at-
mofphaericus vulgaris, communis, Gas ventofum (*Hel-*
mont), *Gas atmofphérique, Air commun, Air de l'at-*
mofphère. Die unsichtbare, farbenlose, durchsichtige, com-
preßible, schwere und elastische flüßige Materie, welche unsere Erdkugel, als Luftkreis, von allen Seiten her umgiebt.
Die Einrichtung, welche ich bey Behandlung der Gasarten getroffen habe, macht, daß ich von dieser so wichtigen
Flüßigkeit unter zween Artikeln, hier und bey dem Worte:
Luft reden muß. Dort werde ich von ihren mechanischen
Eigenschaften, hier aber von ihrer chymischen Untersuchung
und ihren Verhältnißen gegen die übrigen Gasarten handlen. Dort wird also auch der Ort seyn, die Beweise ihres
Daseyns und ihrer vornehmsten Eigenschaften anzuführen,
die ich hier als erwiesen voraussetzen muß.

Diese die Erde umgebende Materie ist in ihrem gewöhnlichen Zustande mit unzählbaren fremden Substanzen verbunden. Sie hält Wasser in sich aufgelöset, f. Lümfe,
und verbindet sich mittelst deselben mit Salzen; sie ist an
manchen Orten mit Schwefel, faulen Ausflüßen, u. dgl.
imprägnirt, auch schweben häufige erdigte Theilchen in ihr.
Wenn man endlich auch alle diese fremden Substanzen von
ihr trennet, so ist doch der zurückbleibende luftige Stof selbst
noch zusammengesetzt, und keinesweges, wie man ehedem
glaubte, eine einfache elementarische Substanz.

Bey der großen Menge von entzündlichen, wenigstens
phlogistisirten Körpern, bey der Verbreitung des brennbaren Wesens durch alle Reiche der Natur, bey den vielen
Entwicklungen des Phlogistons, welche täglich auf der Erde vorgehen, und bey der auflösenden Kraft der Luft auf so
viele verflüchtigte Stoffe, fällt es von selbst in die Augen,
daß die Luft der Atmosphäre mit Phlogiston verbunden
seyn müsse. Man wird bey den Worten: Athmen und
Verbrennung finden, daß die gemeine Luft diese beyden
Operationen nur in sofern befördert, als sie fähig ist, das
durch dieselben so häufig entwickelte Brennbare in sich auf-

zunehmen. Sie wird mit demselben endlich gesättiget, und ist alsdann unfähig, Athmen und Verbrennung länger zu befördern; es sterben die Thiere, und es verlöschen die Lichter in ihr: sie zeigt sich überhaupt alsdann als ein Gas von eigner Art, welchem man den Namen des phlogistisirten giebt, s. **Gas, phlogistisirtes.**

Da dieser phlogistisirte Theil der gemeinen Luft weder zum Athmen noch zur Verbrennung dienen kan, so muß in der Luft der Atmosphäre allerdings noch ein Theil seyn, der sie respirabel und zur Unterhaltung des Feuers fähig macht. Diesen ihren Bestandtheil nennt man **dephlogisti= sirte oder reine Luft,** s. **Gas, dephlogistisirtes.** Da diese reine Luft, welche man auch durch die Kunst hervor= bringen kan, bey den phlogistischen Processen in eine der at= mosphärischen ähnliche Luftgattung übergeht, und endlich ein wahres phlogistisirtes Gas zurückläßt, so kan man sie mit allem Rechte als einen Grundbestandtheil der atmosphä= rischen Luft, als die eigentliche und wahre respirable **Luft** ansehen.

Läst man unter einer Glocke, die in einer Schale mit Wasser steht, eine Kerze bis zum Verlöschen ausbrennen, so findet man nach dem Versuche die Luft in der Glocke ver= mindert (das Wasser nemlich tritt in der Glocke viel höher herauf, als es vorher stand); es muß daher ein Theil der Luft vom Wasser verschluckt worden seyn. Hat das Wasser viel davon in sich genommen, so zeigt es Merkmale einer Säure; es färbt z. B. blaue Pflanzensäfte roth. Nimmt man statt des reinen Wassers Kalkwasser, so schlägt sich der Kalk daraus nieder. Alles dies sind Kennzeichen, daß der vom Wasser eingesogne Theil fixe **Luft** oder **Luftsäu= re** (s. **Gas, mephitisches**) gewesen sey. Ob es gleich schwer ist, gewiß zu entscheiden, woher diese fixe Luft kom= me, so scheint doch Priestley (Exp. and Obs. Vol. I. p. 136.) dargethan zu haben, daß sie wenigstens nicht durch bloße Erhitzung des brennbaren Körpers, ohne wirkliche Ver= brennung, entstehe, weil Kohlen in brennbarer, salpeterar= tiger oder phlogistisirter Luft, wenn er den Brennpunkt ei= ner Glaslinse darauf richtete, keine fixe Luft gaben. Er

ſieht keinen Grund, warum ſich bey einem ſolchen Grade
der Erhitzung keine erzeugen ſollte, wenn ſie überhaupt aus
dem brennenden Körper käme, und ſchließt daher, ſie kom=
me vielmehr aus der gemeinen Luft, welche allezeit einigen
Antheil von fixer Luft in ſich enthalte. Dieſen Satz beſtä=
tigt auch die Bemerkung, daß ätzende Laugenſalze und ge=
brannter Kalk auch an der atmoſphäriſchen Luft wieder mild
werden, daher man jetzt nicht mehr daran zweifelt, daß in
der atmoſphäriſchen Luft auch ein Theil **Luftſäure** enthal=
ten ſey. Ob aber derſelbe zu ihrem Weſen gehöre, oder
nur zufällig durch die häufigen Entwicklungen fixer Luft aus
den Erdkörpern in die Atmoſphäre komme, läſt ſich ſo ge=
wiß noch nicht entſcheiden.

Man kan alſo den luftigen Grundſtof der Atmoſphäre
als ein Gemiſch von dephlogiſtiſirter, phlogiſtiſirter und
fixer Luft anſehen. Nach den **Scheeliſchen** und **Berg=
manniſchen** Verſuchen beträgt der gewöhnliche Antheil an
reiner Luft ohngefähr $\frac{1}{4}$, an phlogiſtiſirter $\frac{5}{8}$, und an fixer
$\frac{1}{16}$. Dies alles kan uns wenigſtens überzeugen, daß die
gemeine Luft noch ein ſehr zuſammengeſetzter Stof ſey.

Auſſer dem Athmen der Thiere und der Verbrennung
verderben auch die Calcination der Metalle, die Fäulniß,
die Wirkung des Schwefels, des Kalks mit Waſſer, Sal=
miak, oder Säuren, des Eiſens und Kupfers mit flüchti=
gem Alkali, des Bleys mit Weineſſig u. ſ. w. die gemeine
Luft, und dieſe Verderbung iſt jederzeit mit einer Vermin=
derung des Volumens verbunden. Man kan es zur Re=
gel annehmen, daß Luft, die durch irgend ein Verfahren
vermindert worden iſt, nicht mehr ſo rein, als vorher ſey,
und daß man eine beſtimmte Quantität Luft, die ſich durch
die genannten Proceſſe nicht weiter vermindern läſt, für
untüchtig zum Athmen und zur Verbrennung halten müſſe.

Boyle und die übrigen Naturforſcher des vorigen
Jahrhunderts, welche dieſe Verminderung ſchon kannten,
ſahen dieſelbe blos für die Folge einer geſchwächten Elaſtici=
tät der Luft an, welche alsdann durch den gewöhnlichen Druck
der Atmoſphäre in einen engern Raum zuſammengepreßt
werde. Da aber die zurückbleibende Luft den Verſuchen zu

Folge nicht fpecififch fchwerer, vielmehr leichter, als die gemeine, gefunden wird, fo kan man diefe Urfache nicht annehmen. Prieftley behauptete daher zuerft, es werde durch die Verbindung mit dem Brennbaren die fire Luft, welche den fchwerften Theil der gemeinen ausmacht, aus der letztern niedergefchlagen. In der Folge aber, da er bemerkte, daß ähnliche Verminderungen auch bey folchen Luftgattungen erfolgten, welche nicht den geringften Antheil von firer Luft in fich hielten, nahm er diefe Verminderung für eine wirkliche Zufammenziehung des Volumens an, deren Art und Weife er zu erklären unvermögend fey (Exp. and Obf. Vol. I. p. 267.).

Auch der elektrifche Funken foll die Luft phlogiftifiren, wenn man ihn zu wiederholtenmalen in eine Menge derfelben fchlagen läft. Prieftley gebrauchte dazu eine Glasröhre, an deren Ende ein Drath angefüttet war, welcher als Are ein wenig in die Röhre hineingieng, und am äuffern Ende einen Knopf hatte. Er fteckte das ofne Ende der Röhre in Lakmustinctur und brachte den Knopf gegen den Conductor einer Elektrifirmafchine, fo daß der Funken aus dem innern Ende des Draths durch die Luft in die Tinctur fchlug. Er fand, daß durch wiederholte Funken binnen zwo Minuten die Luftvermindert und der obere Theil der Lakmustinctur roth gefärbt ward. Fontana zeigte durch Verfuche, welche Cavallo (Ueber die Natur und Eigenfch. der Luft, S. 391.) anführt, daß der Drath oder der Kütt das Phlogifton hergebe, weil das Phänomen auffenbleibt, wenn man Silberdrath ohne Kütt in die Glasröhre einfchleift. Hiedurch wurden wenigftens Prieftleys Schlüße, daß der elektrifche Funken felbft Phlogifton enthalte, fehr zweifelhaft. Nach den neuften Verfuchen von Cavendifh aber kömmt die Röthung von einer dabey erzeugten Salpeterfäure her, f. Gas, phlogiftifirtes.

Die gemeine Luft verbindet fich fehr leicht mit dem Waffer. Sie hält nicht allein Waffer in fich aufgelöfet, f. Dünfte, fondern es ift auch in jedem Waffer eine beträchtliche Menge Luft enthalten, welche unter der Luftpumpe, oder durchs Kochen, in Form von Blafen herausgeht. Das

deſtillirte oder gekochte Waſſer nimmt dagegen wiederum ei=
nen Theil der Luft, welcher man es ausſetzt, ohne eine merk=
liche Vergrößerung ſeines Volumens in ſich. Es abſorbirt
nach Scheele (Von Luft und Feuer, S. 164.) vorzüglich
den reinern Theil der Luft; daher man auch durch ein zwey=
tes Kochen eine ſehr reine oder dephlogiſtiſirte Luft aus dem
Waſſer erhalten kan; obgleich durch das erſte Kochen des
natürlichen Fluß = oder Brunnenwaſſers keine beſonders reine
Luft erhalten wird. Dämpfe des Waſſers aber, ſo wie
auch der Dampf und Rauch verſchiedener andern Subſtan=
zen machen die Luft zum Athmen untüchtig.

Durch bloße Berührung mit gemeinem, nicht gekoch=
tem, Waſſer wird die Beſchaffenheit der Luft nicht verän=
dert. Durch Schütteln im Waſſer hingegen wird gute
Luft verſchlimmert, phlogiſtiſirte aber verbeſſert, woraus
man ſchließen kan, daß Waſſer und Luft beyde mit dem
Phlogiſton in Verwandſchaft ſtehen. Es entwickelt ſich bey
dieſem Schütteln bisweilen auch Luft aus dem Waſſer, wo=
durch beſonders im Anfange der Operation, das Volumen
der Luft zuzunehmen ſcheint, wie Fontana (Philoſ. Trans.
Vol. LXIX. p. 443.) bemerkt hat. Wenn aber ſchädliche
Luft durch Schütteln im Waſſer verbeſſert werden ſoll, ſo
muß das dazu gebrauchte Waſſer der freyen Luft ausgeſetzt
ſeyn, damit es den faulen phlogiſtiſchen Stof in die Atmo=
ſphäre überführen könne. Daß dieſes wirklich geſchehe,
zeigt der unangenehme Geruch, den man bisweilen bey ei=
ner ſolchen Operation verſpüret.

Da die Maſſe der atmoſphäriſchen Luft unaufhörlich
durch das Athmen der Menſchen und Thiere, durch das
Brennen ſo vieler natürlichen und künſtlichen Feuer, durch
die Fäulniß und Auflöſung unzählbarer Subſtanzen und
durch viele andere phlogiſtiſche Proceſſe verdorben wird, ſo
würde ſie endlich ganz zu ihrer Beſtimmung untüchtig wer=
den, wenn nicht die Natur für eben ſo wirkſame Mittel zu
ihrer Wiederherſtellung und Verbeſſerung geſorgt hätte.
Unter die kräftigſten dieſer Mittel gehört vorzüglich die
Vegetation oder das Wachsthum der Pflanzen. Dieſe
in der That wichtige Entdeckung machte Prieſtley (Exp.

and. Obf, Vol. I. P. I. Sect. 4.), nachdem er sich lange mit
vergeblichen Versuchen über die Verbesserung verdorbner
Luft beschäftigt hatte. Er fand, daß die durch das Athmen
der in ihr gestorbnen Thiere vollkommen tödtlich gewordene
Luft durch die Vegetation der Pflanzen so gut wieder hergestellt ward, daß nach Verlauf einiger Tage ein Thier in ihr
wieder eben so gut und so lange lebte, als in einer gleichen
Menge gemeiner Luft. Er bediente sich bey diesen Versuchen vornehmlich der Münze (Menta piperitis, Linn.),
und setzte im August des Jahres 1771 einen Stengel von
dieser Pflanze in Luft, in welcher er Mäuse hatte athmen und
sterben lassen. Acht oder neun Tage darauf war diese Luft
wiederum völlig respirabel geworden, und eine Maus befand sich wohl in derselben, dagegen eine andere in dem zurück-
behaltenen Reste jener verdorbnen Luft augenblicklich starb.

Zwar wollten diese Versuche einigen andern Naturforschern nicht gelingen, und selbst Priestley fand im Jahre
1778 bey Wiederholung derselben mit einer Menge anderer
Pflanzen (Exp. and Obf. Vol. IV. p. 302) ihr Resultat
zweifelhaft. Allein die im Jahre 1779 bekannt gewordene Versuche des D. Jngenhouß (Exp. upon vegetables
London, 1779. 8. Versuche mit Pflanzen, wodurch entdeckt worden, daß sie die Kraft besitzen, die atmosphärische
Luft beym Sonnenschein zu reinigen, des Nachts aber zu
verschlimmern, Leipzig, 1780. 8.) klärten einen großen
Theil dieser Mißverständnisse auf. Dieser Gelehrte bemerkte 1.) daß die meisten Pflanzen die Kraft haben, schlechte Luft in wenigen Stunden zu verbessern, wenn sie dem
Sonnenlichte ausgesetzt werden, daß sie hingegen in der
Nacht oder im Schatten die gemeine Luft verderben, 2.) daß
die Pflanzen aus ihrer eignen Substanz am Sonnenlichte
eine reine dephlogistisirte Luft, in der Nacht aber oder im
Schatten eine sehr unreine Luft geben, 3.) daß nicht alle
Theile der Pflanzen, sondern nur die grünen Stengel und
Blätter, besonders durch ihre untere Seite, diese Wirkung
thun, 4.) daß die Entwicklung der dephlogistisirten Luft erst
einige Stunden nach Erscheinung der Sonne über dem Horizonte anfange, und mit Ende des Tages aufhöre, und

daß der Schaden, den die Pflanzen bey Nacht thun, durch
den Vortheil, den sie den Tag über bringen, bey weitem
überwogen werde, weil die schädliche Luft aus einer Pflanze
die ganze Nacht über kaum $\frac{1}{100}$ von der dephlogistisirten
Luft beträgt, die an einem heitern Tage in zwo Stunden aus
ihr hervorkömmt. Seneb r in Genf (Mémoires physico chymiques sur l'influence de la lumière solaire pour
modifier les êtres des trois regnes de la nature. à Geneve,
1782. III. To. 8. Recherches sur l'influence de la lumière
solaire pour metamorph ser l'air fixe en air pur par la
vegetation, ebend. 1783. 8.) hat zu behaupten gesucht, daß
die Pflanzen in der Nacht gar keine Luft gäben, worauf
Ingenhouß (Vermischte Schriften, durch Molitor,
Wien, 1784. gr. 8. II B. Num. 8. geantwortet, und die
Richtigkeit seiner Versuche bestätiget hat. Die reinste Luft
erhielt er aus einigen Wasserpflanzen und dem grünen
Schlamm in einem steinernen Troge. s. Gas, dephlogistisirtes.

So wirkt die Vegetation der Pflanzen dem Athemholen, der Verbrennung, Fäulniß u. s. w. unaufhörlich entgegen, und erhält dadurch die Atmosphäre stets in dem nöthigen mittlern Zustande der Reinigkeit. Wenn im Winter die Kälte das Wachsthum der Pflanzen hindert, so
hemmt sie zugleich auch den Fortgang der Fäulniß. In
sumpfigen Gegenden wachsen gerade solche Pflanzen, welche
die Luft am stärksten reinigen. Die dephlogistisirte Luft
ist schwerer, als die phlogistisirte, daher sie sich, sobald sie
aus den Blättern kömmt, niederwärts senket. So weise
und wohlthätige Anstolten hat der Schöpfer zu Erhaltung
der nöthigen Reinigkeit des Luftkreises getroffen.

Da überdies die durch Respiration und Fäulniß verdorbene Luft durch Schütteln im Wasser verbessert wird, so
können noch ausserdem die Bewegungen des Meeres und
der Flüsse, vornehmlich aber das Herabfallen des Regens
und Thaues zur Reinigung der Atmosphäre beytragen.

Von dem Grade der Reinigkeit oder Heilsamkeit der
Luft an verschiedenen Orten der Erde, und dem Werkzeuge, wodurch man denselben zu bestimmen sucht, finden sich

Nachrichten bey dem Worte: **Eudiometer.** Im Gan=
zen genommen findet man die Luft an verschiedenen Orten
der Erde durch das Eudiometer gar nicht sehr verschieden,
diejenigen Orte ausgenommen, wo augenscheinlich viel phlo=
gistische Materien aufsteigen, wie z. B. in der Nachbar=
schaft fauler Sümpfe. Dennoch bemerkt man in der Heil=
samkeit der Luft beträchtliche Unterschiede in Gegenden, in
welchen das Eudiometer fast einerley Reinigkeit anzeigt, ob=
gleich die Gesundheit der Einwohner offenbar das Gegen=
theil beweiset. Es kan also die Probe durch das Eudiome=
ter keinesweges für ein sicheres Mittel zu Bestimmung der
Gesundheit der Luft gehalten werden.

Man hat schon vor alten Zeiten auf Mittel gedacht,
verdorbene Luft durch die Kunst zu verbessern. Nach **Boyle** (Exp. phyfico - mech. de elafticitate et gravitate aëris,
Exp. 41.) soll **Cornelius Drebbel** einen chymischen Liquor
erfunden haben, dessen Dämpfe der durchs Athmen verdorb=
nen Luft die verlohrnen Lebensgeister (principium vitale)
wieder ertheilten. Boyle sagt sogar, es sey ihm bekannt
worden, was dies für ein Liquor gewesen sey. Da die Ver=
derbung der Luft nicht von der Entziehung des Lebensgeists,
sondern von der Entziehung des reinern Theils durch die
Verbindung mit Phlogiston herrührt, das man nicht so
leicht, und am wenigsten durch Dämpfe eines Liquors von
der Luft trennen kan, so ist die ganze Sache wahrscheinlich
ein fabelhaftes Vorgeben gewesen.

Das einzige bisher bekannte Mittel, die schlechte Luft
aus Orten, wo sie häufig und unvermeidlich erzeugt wird,
hinwegzubringen, ist der **Luftzug,** den man aber nicht
unter die hier gesuchten Methoden zählen kan, weil er die
Luft nicht verbessert, sondern wegführt und reinere an ihre
Stelle bringt.

D. **Hales** fand, daß er eine Menge Luft länger ath=
men konnte, wenn er sie während des Einathmens durch
zusammengefaltete in Weineßig, Salzwasser oder Wein=
steinöl getauchte Lappen gehen ließ. Die Ursache liegt wohl
darinn, weil bey der Respiration fixe Luft erzeugt wird,
welche der Weineßig ꝛc. einschluckt. Das Kalkwasser wür-

de eben dieſes thun. Es iſt aber auch dies keine eigentliche
Verbeſſerung verdorbner Luft.

Endlich hat Herr Achard (Ueber die Dephlogiſtiſirung
der phlogiſtiſchen Luft in ſ. Samml. phyſikal. und chym.
Abhdl. I. Band, Berlin, 1784. 8.) gefunden, daß phlo=
giſtiſirte Luft ungemein verbeſſert wird, wenn man ſie durch
geſchmolzenen Salpeter gehen läßt. Es iſt dies ohne Zwei=
fel eine Wirkung der dephlogiſtiſirten Luft, welche ſich aus
dem dem Feuer ausgeſetzten Salpeter häufig entbindet, ſ.
Gas, dephlogiſtiſirtes.

Man kennt auch keine Methode, ein der gemeinen
Luft vollkommen gleiches elaſtiſches Fluidum durch die Kunſt
hervorzubringen, obgleich bey den künſtlichen Erzeugungen
anderer Luftarten oft etwas gemeine Luft zugleich mit ent=
wickelt wird. So führt z. B. die fire Luft allezeit etwas
gemeine Luft bey ſich, welche man durch Schütteln im Waſ=
ſer von ihr trennen kan, wobey nach und nach die fire Luft
verſchluckt wird, und die gemeine allein im Gefäße zu=
rückbleibt.

Im übrigen ſehe man die Artikel: Luft, Luftkreis,
Gas, dephlogiſtiſirtes, Gas, phlogiſtiſirtes.

Gas, brennbares, entzündbare, entzündli=
che Luft, brennbare Luft, inflammable Luft, bren=
nende Luft (Scheele), Brennluft (Ingenhouß) Gas
inflammabile, Aer inflammabilis, Mephitis inflammabilis, Gas carbonum, Gas pingue (*Helmont*), *Gas inflammable, Air inflammable.* Eine mephitiſche und mit dem
Waſſer nicht miſchbare Gasart, welche mit einer Flamme
brennt, und mit atmoſphäriſcher oder dephlogiſtiſirter Luft
vermiſcht, ſich mit Exploſion entzündet.

Schon längſt kannte man Dämpfe metalliſcher Auflö=
ſungen, die bey Annäherung eines brennenden Lichts Feuer
fangen, und entzündliche Schwaden gewiſſer Hölen, Mi=
neralwaſſer und Bergwerke, welche ſich mit einem fürch=
terlichen Knalle an den Grubenlichtern der Bergleute ent=
zünden (Feuerſchwaden, *feu briſou*, engl. Fire-damp).
Auch die durch den natürlichen Gang der Verdauung im

menschlichen Körper erzeugte brennbare Luft kannte **Van**
Helmont „Stercoreus flatus, transmissus per flammam
„candelae, transvolando accenditur, ac flammam diver-
„sicolorem iridis instar exprimit." (De flatibus Sect. 49.)
Hales (Vegetable Statiks Exp. 57.) entwickelte entzündliche Materie aus Erbsen, Wachs, Austerschalen und Bern-
stein. Im Jahre 1764 wurde **Franklin**, als er durch
Newjersey reisete, erzählt, daß sich die Luft über verschiedenen stehenden Wassern daselbst mit dem Lichte anzünden
lasse; es ward auch 1765 an D. **Chandler** in London geschrieben, daß sich dieses Phänomen in einem gewissen Mühl-
teiche in Newjersey zeige, und die Entdeckung von ohngefähr durch des Müllers Leute gemacht worden sey. (s. **Priest-**
ley Vers. und Beob. I. Band, Anhang, Num. 6.) Unterdessen hatte **Cavendish** (Exp. on factitious air in Philos. Tr. Vol. LVI. Experimente mit erkünstelter Luft, im
N. Hamburg. Magazin B. XII. S. 387.) noch mehrere
Versuche mit brennbarer Luft aus Eisen, Zink und Zinn
angestellt, auch die specifische Schwere dieser Gasart bestimmt, so daß D. **Priestley** schon genug vor sich fand,
um bey seiner weitläuftigen Bearbeitung der Luftgattungen
auch die brennbaren Gasarten zu einem vorzüglichen Gegenstande seiner Aufmerksamkeit zu wählen. (Man s. seine Vers. und Beob. I. Band. 3 Abschnitt.)

Die brennbare Luft kann aus allen entzündbaren oder
sonst Brennbares enthaltenden Substanzen, selbst aus den
Metallen, durch Hitze, Gährung, Säuren u. s. f. auf unendlich verschiedene Arten erhalten werden. Alle diese Luftgattungen aber gehen in ihren Eigenschaften von einander ab,
und haben vielleicht nichts als die Entzündbarkeit und die
geringe specifische Schwere gemein; auch müssen Gemische
aus gemeiner Luft und entzündlichen Dämpfen, wie z. B.
Luft, worinn Aether verdünstet ist, von den eigentlichen
brennbaren Gasarten genau unterschieden werden. Diese
letztern selbst aber sind sowohl nach den Substanzen, aus
welchen sie kommen, als nach den Arten ihrer Entwickelung
verschieden, und behalten Merkmale des dabey gebrauchten
Verfahrens; daher es, wie **Herbert** (De aëre, fluidisque

ad aeris genus pert. Prop. 25. p. 123.) schon erwiesen hat,
mehr als eine Gattung brennbarer Luft giebt.

Die gewöhnlichste Methode, sie zu erhalten, ist, daß
man Metale, vorzüglich Eisen oder Zink, in Vitriol= oder
Salzsäure nicht in Salpetersäure, welche eine andere Luft=
gattung giebt s. (Gas, salpeterartiges) auflöset. Man
schütte in sie zum pneumatisch=chymischen Apparat gehöri=
ge Flasche G (Taf. X. Fig. 35.) Eisenspäne oder grob ge=
körnten Zink, daß etwa der vierte oder fünfte Theil dersel=
ben davon angefüllt wird, gieße so viel Wasser darauf, daß
es davon grade bedeckt ist, und thue etwas Vitriolöl hin=
zu, welchs nicht mehr als etwa den dritten oder vierten
Theil des Wassers austragen darf. Sodann verstopfe man
die Flasche mit dem Stöpsel D, durch welchen die wie ein
S gebogne Glasröhre D A B hindurchgeht, und bringe das
Ende dieser Röhre unter die mit Wasser gefüllte Glocke K,
die in einem Becken mit Wasser umgestürzt ist. Die Mi=
schung bey G wird sogleich aufbrausen, und brennbare Luft
geben, welche durch die Röhre D A B aufsteigt, in Blasen
durch das Wasser der Glocke hindurchgeht, und sich oben
bey K sammlet, s. Pneumatisch chymischer Apparat.

Es wird aber auch brennbare Luft aus den Metallen
durch Säuren aller Art, nur die Salpetersäure und Arse=
niksäure ausgenommen, entwickelt. Ferner kan man sie
nach de Lassone Versuchen durch Auflösung des Zinks im
mineralischen und flüchtigen Laugensalze erhalten. Aus
den Steinkohlen und Oelen wird sie durch das Feuer, das
aber stets sehr jähe angewendet werden muß, unmittelbar
entbunden, so daß sie aus heftig glühenden Steinkohlen
von selbst aufsteigt. Priestley erhielt entzündbare Luft
aus sehr reiner Eisenfeile, die er in einem Gefäß mit Queck=
silber dem Brennpunkte einer Glaslinse aussetzte. Durch
den elektrischen Funken wurde aus verschiednen entzündli=
chen Substanzen, vorzüglich aus Oelen, Salmiakgeist, und
Vitriolnaphtha brennbare Luft entbunden. Der Vitriol=
äther verwandlet sich von selbst in einen brennbaren luftför=
migen Dunst, der aber wohl eigntlich keine Gasart ist. Der
Weingeist giebt brennbare Luft, wenn seine Dämpfe durch

ein glühendes Rohr, und das Wasser, wenn dessen Däm=
pfe durch ein eisernes glühendes Rohr gehen. Halle (Na-
türl. Magie, Berlin, 1784. 8.) erhielt aus einer Hand-
voll Gartenbohnen in einer Retorte über dem Feuer eine
Menge brennbarer Luft. Eben so kan man sie auch aus den
Erdäpfeln und andern vegetabilischen Nahrungsmitteln erhalten.

Von Natur findet man die brennbare Luft in allen drey
Reichen. In den Schächten, unterirdischen Hölen, und
vorzüglich in den Steinkohlengruben ist sie unte dem Na-
men des Feuerschwadens bekannt; in den Gedärmen der
Thiere entwickelt sie sich häufig, sie findet sich auch in den
Cloaken und heimlichen Gemächern (*Laborie Cadet* et
Parmentier Obferv. fur les foſſes d'aiſance. Pari, 1778.),
Begräbnißorten (*Dobſon* Medical Comment. oi fixed air
p. 77.) und an Plätzen, wo todtes Vieh fault. Der wei=
ße Dipt·m (Dictamnus Fraxinella) giebt, wenn er blü=
het, so viel brennbares Gas, daß die Atmosphär·um ihn
Feuer fängt.

In den Sümpfen, Pfützen und stehenden Wäſern, wo
viele Pflanzen, Schilf u. dgl. modern, trift man in dem
Schlamme des Grundes brennbare Luft an, welche den be=
sondern Namen der Sumpfluft (Gas paluſtre, Air palu-
dum, *Gas inflammable des marais*) erhält. Hierauf hat
Volta (Lettere full' aria inflammabile nativa dell paludi. Como, 1776. 8. Alter. Volta Brief über die entzünd=
liche Luft, die aus den Sümpfen entſteht, Zürich, 1778.8.)
besonders aufmerkſam gemacht, und gezeigt, wie man die=
se Luft durch Auflockerung des Grundes an sumpfigen Orten
in Menge erhalten und auffammlen könne. Man darf nur
eine mit Waſſer gefüllte Flaſche in dem Waſſer des Sum-
pfes umkehren, einen Trichter in die Mündung bringen,
und auf dem Grunde mit einem pitzigen Stocke rühren, so
steigt die Sumpfluft in Blaſe auf, die sich im Trichter
fangen, und so in die Flaſche geleitet werden. Eine noch
bequemere Vorrichtung mit einer an einen Stock gebundnen Blaſe beschreibt Ingenhouß (Vermiſchte Schriften ꝛc.
Wien 1784. gr. 8. I B. Nům. 11. S. 300.)

Jedes brennbare Gas hat einen starken durchdringen=
den Geruch, der aber bey jeder Art verschieden ist, und
nach) Priestley vornehmlich davon abhängt, ob die Sub=
stanz, aus der die Luft entbunden worden, zum Mineral=
Thier= oder Pflanzenreiche gehört. Auch ist das brennba=
re Gas den Thieren tödtlich, und löscht ein Licht aus, ob es
gleich an sich selbst entzündlich ist.

Die Entzündbarkeit dieser Luftart ist ein sehr auffal=
lendes Phänomen; denn eine unsichtbare Materie Feuer
fangen und mit einer lebhaften Farbe brennen zu sehen, muß
wohl jeden in Verwunderung setzen. Es kan sich aber diese
Luft gleich andern brennbaren Materien, nicht entzünden,
wenn sie nicht mit gemeiner oder dephlogistisirter in Berüh=
rung steht. Wenn man z. B. eine Flasche mit brennbarer
Luft öfnet, und sogleich eine Lichtflamme daran bringt, so
macht sie zwar eine schwache Explosion, weil schon ihre Ober=
fläche mit gemeiner Luft vermischt ist; nimmt man aber
hernach das Licht weg, so brennt sie ruhig im Halse der Fla=
sche fort, weil dies der einzige Ort ist, an welchem sie die
gemeine Luft berührt. Bläset man alsdann auf die eine
Seite der Oefnung, so steigt die Flamme ein wenig über
den Hals der Flasche hervor; bisweilen scheint sie auch an
den Seiten herabzulaufen. Von dem brennenden Gas
sondert sich ein Dampf ab, der in die Flasche hineingeht,
woraus erhellet, daß sich beym Brennen etwas wässerigtes
absondere. Die Flamme der aus Metallen entbundnen
brennbaren Luft hat eine grünlich weiße Farbe; mitten in
derselben aber zeigen sich lebhafte rothe Funken, die nach
allen Richtungen schießen. Die Flamme der aus vegeta=
bilischen und thierischen Substanzen entbundnen ist schwächer
und zeigt nie Funken (Fontana in Phil. Tr. Vol. LXIX.
p. 359). Durch Vermischung mit nitröser Luft wird die
Flamme grün, mit fixer blau. Wenn man durch eine enge
Oefnung einen Strom brennbarer Luft herausdrückt, und
durch den elektrischen Funken entzündet, so bildet sich ein un=
unterbrochner langer Feuerstrom. Man muß aber keine
spitzige Röhre zu diesem Versuche nehmen, weil der elektri=
sche Funke nicht auf Spitzen schlägt, man muß vielmehr

eine Kugel mit kleinen Löchern durchbohrt gebrauchen (*Chauffier* im Journal de phyl. Oct. 1777.).

Ist aber die brennbare Luft mit respirabler vermischt, so explodirt sie bey Annäherung einer Flamme mit einem heftigen Knalle, und es entzündet sich das ganze Gemisch auf einmal, wenn ihm auch gleich die Verbindung mit der äussern Luft abgeschnitten ist. Zwey Theile gemeiner und ein Theil brennbarer Luft geben nach Priestley und Lavoisier die stärkste Explosion. Noch weit stärker aber werden die Wirkungen, wenn man dephlogistisirte Luft, statt der gemeinen, nimmt, wobey man nur einen Theil derselben auf zween Theile brennbarer Luft rechnen darf. Alsdann ist der Knall 40 — 50mal stärker, als bey der gemeinen Luft, und die Explosion übt in verschloßnen Gefäßen eine große Gewalt aus. Man kan eine solche Mischung von dephlogistisirter und brennbarer Luft, eine Knallluft, in Flaschen Jahre lang aufheben, ohne daß sie etwas von ihrer Entzündbarkeit verliert. Die Flaschen scheinen ganz leer zu seyn, man darf sie aber nur öfnen und anzünden, um eine dem Unerfahrnen ganz unbegreifliche Plaßung zu erregen.

Durch das Abbrennen solcher Mischungen in verschloß= nen Gefäßen wird das Volumen der eingeschloßnen Mate= rie beträchtlich vermindert, und der Ueberrest ist theils phlogistisirte Luft, theils wird nach den Versuchen der Herren Cavendish, Watt, Lavoisier und de la Place (Crells chem. Annalen, Jahr 1785. B. I. S. 47. 304. 499.) eine Quantität Wasser erzeugt, die mit dem Gewichte der abge= brannten Luftarten beynahe übereinstimmt. Hievon s. man die Art. Gas, dephlogistisirtes, Wasser.

Es ist merkwürdig, daß die brennbare Luft mit den Dämpfen der Salpetersäure vermischt, eben so, wie mit gemeiner Luft, explodiret. Füllt man eine in Salpe= tersäure umgestürzte Glocke mit brennbarer Luft, so wird ihr Volumen durch die Dämpfe der Säure vermehrt, und die Mischung explodirt; aber diese Fähigkeit ist nicht dau= erhaft; denn durch langes Stillstehen oder beym Durchgange durch Wasser trennen sich die sauren Dämpfe, und lassen die brennbare Luft in ihrem vorigen Zustande zurück. Uebri=

gens ist die erwähnte Mischung ein Schießpulver in Luftge=
stalt, und ihre Explosion beruht mit der des Schießpulvers
auf einerley Gründen, nemlich auf der Entwickelung dephlo=
gistisirter Luft aus den Salpeterdämpfen, wodurch die Ver=
brennung der brennbaren Luft befördert wird. s. Schieß=
pulver.

Unter allen Gasarten ist die brennbare Luft die leich=
teste, ob sich gleich bey ihrer specifischen Schwere große
Unterschiede finden, je nachdem sie aus andern Substanzen,
auf andere Arten, und mit mehr oder weniger Reinigkeit,
entbunden wird. Cavendish (Philos. Trans. Vol. LVII.)
fand sie zehnmal, Fontana funfzehnmal, Sigaud de la
Fond sechsmal leichter, als die gemeine Luft. Wegen die=
ser Leichtigkeit tritt sie allezeit in den obersten Theil der Ge=
fäße, und die Feuerschwaden der Salz=und Steinkohlen=
gruben fliegen der Decke oder dem Hängenden zu. Auf die=
se große Leichtigkeit der brennbaren Luft gründet sich auch die
Erfindung des Herrn Charles, dieses Gas zu Erhebung
der aerostatischen Maschinen zu gebrauchen, s. Aerostat.
Inge-houß erhielt aus Vitriolöl und Weingeist (d. i.
aus Vitrioläther) eine brennbare Luft (vielleicht nur einen
Dunst), welche etwas weniges schwerer, als die gemeine
Luft war. Die Sumpfluft ist zwar leichter, als die ge=
meine, aber weit schwerer als andere brennbare Gasarten.

Das brennbare Gas wird unter diejenigen gerechnet, die
sich nicht mit Wasser mischen. Dies ist auch nach Caven=
dish und Scheeles Versuchen für die meisten Gattungen
richtig. Priestley aber bemerkt (Exp. and Obs. Vol. I. p.
59. sq.), daß die aus vegetabilischen oder animalischen Sub=
stanzen gezogne brennbare Luft doch zum Theil vom Wasser
verschluckt werde, weil sie fire Luft bey sich habe. Auch über=
zieht sich die Oberfläche des Wassers, worüber brennbare
Luft steht, mit einem dünnen Häutchen. Im dritten Ban=
de der Versuche und Beobachtungen bestätigt Priestley,
was er schon vorher angegeben hatte, daß destillirtes Was=
ser von der brennbaren Luft $\frac{1}{14}$ — $\frac{1}{13}$ seines Volumens in
sich nehme, und fügt hinzu, man könne diesen Antheil durch
Kochen wieder herausziehen, ohne seine Entzündbarkeit ge=

schwächt zu finden. Fontana und Senebier fanden, daß Wasser in verschloßnen Gefäßen nichts von der brenn= baren Luft absorbire, wohl aber, wenn es der freyen Luft ausgesetzt sey. (Man s. *de la Fond* Essai sur differentes especes de l'air. Paris. 1779. 8. p. 259.). Durch Schüt= teln in Terpentinöl fand Priestley (Vol. III. p. 266.) das Volumen der brennbaren Luft vermehrt, aber sie hatte einen großen Theil ihrer Entzündbarkeit und ihrer übrigen cha= rakteristischen Eigenschaften verlohren.

Die Pflanzen kommen in brennbarer Luft mehrentheils sehr wohl fort; sie selbst aber wird von den Pflanzen, vor= nehmlich von Wasserpflanzen, an freyer Luft und am Tage, mit der Zeit merklich verbessert, ob sie|gleich dabey noch ih= re platzende Eigenschaft behält. Ingenhouß sieht sie in diesem Falle als eine eigne Gasart an, die man pla= tzendes Gas (fulminating Gas) nennen könnte, und deren Entstehung er zum Theil der aus den Pflanzen kom= menden dephlogistisirten Luft, theils, weil sie sich auch des Nachts erzeuget, einer besondern Einwirkung der Lebens= kraft der Pflanzen zuschreibt.

Scheele hatte bey Gelegenheit seiner Einwürfe gegen die Priestleyische Theorie der Respiration (s. Athmen) behauptet, daß die brennbare Luft sehr wohl respirabel sey, und durchs Athmen ihre Entzündbarkeit verliere. Dies veranlaßete Herrn Fontana (Philos. Tr. Vol. LXIX. Ueber das Einathmen der entzündbaren Luft, in den Samm= lungen zur Phyfik und Naturg. II Band 4 St. S. 488 u. f.) die Untersuchung durch eigne Erfahrung anzustellen. Er fand hiebey, daß Vermischung mit gemeiner Luft die brennbare Luft wirklich respirabel macht, und daß dazu schon die Quantität gemeiner Luft hinreichend ist, die in den Lungen eines Menschen nach einem gewöhlichen Ausathmen noch zurückbleibt. Er konnte auf diese Art einige Züge brenn= bare Luft athmen, und fühlte dabey sogar eine besondere Leichtigkeit; als er aber nach einem starken und reinen Aus= athmen brennbare Luft aus einem großen Gefäße einzog, sank er beym dritten Athemzuge kraftlos auf die Kniee nie= der. Auch ward durch die Respiration der Thiere, wel=

che in brennbarer Luft starben, die Entzündbarkeit nicht
vermindert, ausser wenn die Portion der brennbaren Luft zu
klein war, und sie also mit allzu viel gemeiner Luft aus den
Lungen der Thiere vermischt ward. Hiedurch sind Scheeles Behauptungen völlig wiederlegt, und zugleich die Ver-
anlassungen seiner Täuschung entdeckt worden.

Ueber die Natur und Bestandtheile der brennbaren Luft
sind die Meinungen sehr getheilt gewesen. Priestley erklärte sie zuerst für ein Gemisch aus Phlogiston und Säure. Als er aber durch fortgesetzte Versuche in den Jahren
1773 u. f. kein Zeichen einer Säure in ihr entdecken konnte, so nahm er an, sie bestehe aus einem feinen entwickelten Phlogiston, mit einigen feinen erdigten Theilchen verbunden. Daß sie Phlogiston enthalte, ist gewiß, und
läßt sich ausser ihrer Entzündung und Verbrennung auch
noch durch andere Versuche erweisen. Macquer und Mon-
tigny fanden, daß die brennbare Luft aus Eisen und Vitriolöl den Silber = Quecksilber = und Bleyauflösungen diejenige braune und schwarze Farbe sehr geschwind und leicht
mittheile, welche den Anfang der Reduction anzeigt, und
ein sicheres Kennzeichen einer Mittheilung des Phlogistons
ist. Priestley (Exp. and Obf. Vol. IV. Sect. 34.) setzte
brennbare Luft in hermetisch verschloßnen Röhren von Flintglas einem heftigen Feuer aus. Die Röhren wurden dadurch an der innern Seite unauslöschlich schwarz; diese
Schwärze ward aber durch eingeschüttete Mennige und ein
zweytes Glühen wieder aufgehoben — ein Beweiß, daß
sich anfänglich der im Flintglase enthaltene Bleykalk durch
das Phlogiston der brennbaren Luft reducirt und in den metallischen Zustand versetzt hatte hernach aber durch die
Mennige seines Phlogistons wieder beraubt worden war.
Chauffier hat entdeckt, daß man in der brennbaren Luft
keine Metalle verkalken, wohl aber Bley = Eisen = und
Quecksilberkalke, ohne einen weitern Zusatz, wieder herstellen könne (man f. de la Fond Essai fur diff. esp. de l'
air, p. 282. sqq.). Dies setzt wohl die Gegenwart des Phlogistons in dieser Gasart ausser Zweifel. Ob es aber darinn
nach Chauffier durch reine Luft, oder nach Scheele durch

Hitze, oder nach **Priestley** und **Keir** (Treatise on Gases. London, 1779. §. 134. p. 101.) durch erdige Theile gebunden sey, ist so leicht nicht zu entscheiden.

Richard Kirwan (Exp. and. Obs. on the specific gravities and attractive powers of various saline substances, London 1781. 4. Conclusion of the Exp. and Obs. eb. 1783. 4. deutsch von Crell, Berlin und Stettin 1783. 8. Zweytes St. 1785. 8.) hat die brennbare Luft für das **Phlogiston** selbst, mithin für einen elementarischen Stof erklärt, wogegen sich doch theils aus den Zersetzungen dieser Gasart, theils aus ihrer verschiedenen Beschaffenheit mancherley gegründete Einwendungen machen lassen. **Senebier** (Recherches analytiques sur la nature de l' air inflammable, Geneve 1784. 8. übers. v. Crell mit Kirwans Anm. Leipz. 1785. 8.) behauptet gegen Kirwan, daß die brennbare Luft aus dem zu ihrer Entbindung gebrauchten Salze, Phlogiston und Wasser bestehe. **Kirwan** aber zeigt in den Anmerkungen, daß der Antheil an Salze höchst unbeträchtlich und blos zufällig sey.

Uebrigens hat uns die genauere Kenntniß der brennbaren Luft zu einigen bessern Erklärungen verschiedener Naturbegebenheiten verholfen. Man s. hievon die Worte: **Flamme**, **Jrrlicht**, **Sternschnuppen**, **Feuerkugeln**. Oft findet sich im Sommer in der Atmosphäre eine übelriechende Materie verbreitet, welche am Geruch verschiedenen Gattungen der brennbaren Luft sehr nahe kömmt. Auch bey den Vulkanen und Erdbeben, die mit Feuerausbrüchen begleitet sind, scheint sich brennbare Luft einzumischen, und die entzündlichen unterirdischen Schwaden erklären sich durch sie mit großer Leichtigkeit.

Unter die vornehmsten Anwendungen dieser Lehre gehört die Erfindung der mit brennbarer Luft gefüllten Luftbälle, s. **Aërostat**. Ein hiehergehöriges Spielwerk ist die aerostatische **Pflanze**, da man ein Cylinderglas halb mit fixer und halb mit brennbarer Luft füllet, und einen kleinen aerostatischen Ball in Gestalt einer Blume hineinbringt, welcher mitten im Gefäße, wo sich beyde Gasarten scheiden, schweben bleibt, weil er schwerer als die obenste-

hende brennbare, und leichter als die unten liegende fire Luft,
ift. Von andern Anwendungen der brennbaren Luft wird
man bey den Worten: **Lampe, elektrische, Piftole,**
elektrische Nachrichten finden.

Gas, dephlogiftifirtes, dephlogiftifirte Luft,
brennftofleere Luft, reine Luft (Bergmann) Feuerluft (Scheele) künftliche reine Luft (Keir), Lebens-
luft (Ingenhouß) Empyrealluft, Gas dephlogiflica-
tum, Aer dephlogiflicatus, Aer puriffimus, Aer verus
factitius, Aer vitalis, *Gas ou Air dephlogiftiqué.* Derjenige Beftandtheil der atmofphärifchen Luft, welcher diefelbe zu Unterhaltung des Feuers und des Athemholens der
Thiere einzig und allein gefchickt macht. Man kan ihn als
einen eignen luftförmigen Stof darftellen, welcher alle Eigenfchaften der gemeinen Luft hat, aber das Athemholen
und das Feuer weit mehr, als diefe, beförbert und weit
länger unterhält.

Es finden fich fchon in den Werken einiger ältern
Schriftfteller dunkle Ideen von einem reinern Beftandtheile
der gemeinen Luft, befonders hat der D. Mayow (*10.
Mayow* Opera omnia medico - phyfica. Oxon. 1674. 8.
Hag. Com. 1681. 8. Tract. I. De Sale Nitro et Spiritu
Nitro-aëreo) fchon einen feinften Theil der Luft als zum
Athmen tauglich erkannt; aber diefe Begriffe find noch fo
undeutlich und hypothetifch, daß die neuern Naturforfcher
wohl wenig Licht dadurch haben erhalten können.

D. Prieftley und Scheele find daher als die erften an-
zufehen, welchen man die Entdeckung diefes reinen Theils
der Luft zu danken hat. Jener hatte fchon in dem 1774
herausgekommenen erften Bande feiner Verfuche und Beobachtungen (p. 155, der deutfch. Ueberf. S. 152.), einer
bleibend elaftifchen Materie gedacht, welche reiner, als andere künftliche Luftgattungen fey. Aber erft im 2ten Bande, welcher 1776 erfchien, findet fich die zahlreiche Menge von Verfuchen, welche zu allen unfern Kenntnißen von
der dephlogiftifirten Luft den Grund gelegt haben. Prieftley erhielt diefe Luft zum erftenmale am 1 Aug. 1774 aus

trocknem der Wärme ausgesetzten Salpeter, und bereitete
sich bald eine größere Menge davon, die zu verschiedenen
Versuchen hinreichend war. Er sahe sie mit Recht als eine
solche an, die wenig Phlogiston enthielte, und nannte sie
daher dephlogistisirte Luft. Fast um eben diese Zeit
hatte auch Scheele, damals noch zu Köping in Schweden,
eben diese Luftgattung hervorgebracht, und ihr den Namen
der Empyreal = oder Feuerluft gegeben. Er machte
diese Entdeckung in seiner chymischen Abhandlung von Luft
und Feuer bekannt, welche zum erstenmale zu Upsal und
Leipzig im Jahre 1777 herauskam. Der Gang aber, den
diese beyden Gelehrten bey ihren Versuchen genommen ha=
ben, und ihre verschiedenen Begriffe von der Sache selbst,
zeigen sehr deutlich, daß hiebey keiner etwas von dem an=
dern entlehnt habe.

Von Natur entwickelt hat man die dephlogistisirte Luft
bisher noch nirgends gefunden; man kennt aber verschiede=
ne Methoden, sie zu entbinden und aufzusammlen. Die
vornehmsten sind: Starke Erhitzung verschiedener Minera=
lien, vornehmlich des Salpeters und Braunsteins; Erhi=
tzung verschiedener Substanzen, besonders einiger metalli=
schen Kalke; Erhitzung anderer metallischen Kalke und Er=
den nach vorhergegangner Anfeuchtung mit Salpetersäure
oder Vermischung mit Vitriolsäure; Aussetzung des Brun=
nenwassers an die Sonnenstralen; Kochen einiger Arten
von Wasser; Aussetzung frischer Blätter von Pflanzen an
das Sonnenlicht.

Die beste Methode sie zu erhalten, ist die Erhitzung des
Braunsteins (magnesia nigra, magnesia vitriariorum,
magnesium *Bergm.*) oder des Salpeters. Es wird
zu dem Ende in eine kleine irdene Retorte ein Pfund gepül=
verter Braunstein geschüttet, eine lange blecherne Röhre
an die Mündung derselben angeküttet, die Retorte in einem
Wind = oder Reverberirofen ins freye Feuer gelegt, und
die Oefnung der Röhre unter den Trichter im Brete der
Wanne des pneumatisch = chymischen Apparats gebracht, in=
dem auf dem Brete selbst ein mit Wasser gefülltes Gefäß
umgestürzt ist. Anfangs geht blos die atmosphärische Luft

aus der Röhre und Retorte über, sobald aber der Braun=
stein glühet, entwickelt sich dephlogistisirte Luft. So kan
man aus 16 Unzen Braunstein 760 — 780 Cubikzolle de=
phlogistisirte Luft erhalten. Eben so kan man mit dem
Salpeter verfahren. Scheele (Von Luft und Feuer §. 35.)
nimmt eine gläserne Retorte, und bindet statt alles Appa=
rats eine mit Wasser angefeuchtete Blase vor, welches aller=
dings die wohlfeilste Art ist. Der Salpeter verliert durch
diese Operation seine Säure gänzlich, und es bleibt in der
Retorte blos der laugenartige Rückstand, der die Basis
dieses Salzes ausgemacht hatte. Scheele (a. a. O.)
hat sogar aus der bloßen Salpetersäure, nemlich aus dem
rauchenden Salpetergeiste, seine Empyrealluft erhalten. Es
schien also hiebey die Salpetersäure selbst in dephlogistisirte
Luft verwandlet zu werden; so wie man auch dephlogistisir=
te Luft erhält, wenn man Salpeterdämpfe durch ein glü=
hendes Pfeifenrohr gehen läst.

Aus sehr vielen Substanzen läst sich auch dephlogistisir=
te Luft durch die Hitze entwickeln, wenn man sie vorher mit
Salpetersäure angefeuchtet oder darinn aufgelöset hat.
Dahin gehören nach Priestley Mennige, Zinkblumen,
Thon, Sedativsalz, Kieselsteine, Eisen und alle andere
Metalle, wobey aber doch immer einige andere Gasarten
mit zum Vorschein kommen, besonders wenn die gebrauch=
ten Substanzen vom Phlogiston nicht soviel möglich,
befreyt worden sind. Enthalten sie viel Phlogiston, so ge=
ben sie salpeterartige, haben sie weniger davon, fixe, und
sind sie in hohem Grade davon befreyt, dephlogistisirte Luft;
die beyden letztern Gattungen gehen insgemein mit einander
über.

Die reinste dephlogistisirte Luft geben die Quecksilber=
niederschläge, der ohne Zusatz bereitete Quecksilber=
kalk (Mercurius praecipitatus per se), und der rothe
Quecksilberniederschlag (Praecipitatum rubrum), wo=
von zwar der letztere durch Salpetersäure bereitet, der erste
aber gänzlich davon frey ist. Beyde haben die Eigenschaft,
daß sie sich in verschloßnen Gefäßen durch die Hitze von selbst,
und ohne Zusatz von Phlogiston, reduciren oder wiederum

in fließendes Quecksilber verwandlen; und da sonst bey der Reduction der Metallkalke, wenn man Phlogiston zusetzen muß, fixe Luft entbunden wird, so entwickelt sich hier sowohl durch die Hitze des Brennpunkts als des gewöhnlichen Feuers eine große Menge der reinsten Luft. Priestley, Fontana, Bayen und Lavoisier haben hierüber die entscheidendsten Versuche angestellt. Man sieht daraus nicht nur, daß die dephlogistisirte Luft auch ohne Salpetersäure entbunden werden könne, sondern auch), daß die Vermehrung des Gewichts bey diesen beyden Verkalkungen des Quecksilbers von der Einsaugung, nicht der fixen sondern der reinsten dephlogistisirten Luft herkomme, woraus man wahrscheinlich schließen kan, daß es mit den Verkalkungen der übrigen Metalle eine gleiche Bewandniß habe, s. Verkalkung.

Aus den meisten Substanzen, welche mit Salpetersäure vermischt, reine Luft geben z. B. der Mennige, kan man auch), theils durch die bloße Hitze, theils durch Vitriolsäure, dephlogistisirte und fixe Luft zugleich erhalten. Mit der Kochsalzsäure konnte Priestley keine Entwicklung reiner Luft bewirken; nur einmal erhielt er etwas aus der Destillation einer Auflösung von Mennige in Salzgeist (Exp. and Obs. Vol. IV. p. 442.). Das größte Hinderniß bey diesen Entbindungen machen die Gefäße, welche fast allezeit bis zum Glühen und noch dazu plötzlich erhitzt werden müssen, wobey dickere Gefäße zerspringen, dünnere weich werden und schmelzen. Nimmt man Flintenläufe oder eiserne Retorten, so geben diese Phlogiston. Am besten ist es, die Gefäße in einen Schmelztiegel oder blechernen Umschluß einzufassen, daß sie beym Weichwerden wenigstens nicht auseinander fallen.

Daß frische Pflanzen dephlogistisirte Luft geben, ist ebenfalls von Priestley schon bemerkt worden. D. Ingenhouß aber (Versuche mit Pflanzen ꝛc. Leipzig, 1780. 8.) bestimmte diese Entdeckung genauer, und fand, daß frische Pflanzen, wenn sie in reinem Wasser dem Sonnenlichte ausgesetzt werden, vorzüglich aus ihren Blättern und aus der untersten Fläche derselben eine beträchtliche Menge der reinſten Luft hergeben, welche ſich in Geſtalt kleiner Bläschen aus ihnen entwickelt, und an die Oberfläche der Blätter anſeßt. Die Einwirkung des Sonnenlichtes iſt hiebey eine nothwendige Bedingung, weil eben dieſe Pflanzen nach Ingenhouß bey Nacht oder im Schatten eine unreine und verdorbne Luft hervorbringen. Die Blätter und Stengel der Agave americana ſind hiezu beſonders bequem: man kan ſie ſogar in Stücken zerſchnitten noch zu dieſem Gebrauche benüßen. Auch geben die ſaftigen Gewächſe und einige kryptogamiſche Pflanzen, beſonders der Flußwaſſerfaden (Conferva rivularis), die Tremella Noſtoch und die Prieſtleyiſche grüne Materie, die dephlogiſtiſirte Luft in vorzüglicher Menge (ſ. Ingenhouß über den Urſprung und die Natur der Prieſtleyiſchen grünen Materie, des Flußwaſſerfadens ꝛc. in ſ. Vermiſchten Schriften B. II. S. 127. u. f.). In einigen Pflanzen findet man dieſe Luft ſogar in eignen Behältnißen abgeſondert, wie in den Fruchtbälgen der Coluthea arboreſcens und in den Blaſen des Fucus veſiculoſus.

Das bloße Brunnenwaſſer giebt, wenn es dem Sonnenlichte ausgeſeßt wird, mit der Zeit eine Menge dephlogiſtiſirter Luft. Da ſich aber dieſelbe nicht eher zu zeigen anfängt, als bis ſich die grüne Materie erzeugt hat, die insgemein den Boden und die Seiten der Baſſins mit Brunnenwaſſer bedeckt, den Namen der prieſtleyiſchen grünen Materie führt, und nach Ingenhouß mehr zum Thier = als zum Pflanzenreiche gehört, ſo iſt wohl die Entwickelung dieſer Luft mehr aus der gedachten Materie, als aus dem Waſſer ſelbſt, herzuleiten. Durch langes Stehen am Sonnenlichte wird alle im Waſſer befindliche Luft gereiniget, und endlich in dephlogiſtiſirte verwandlet, daher die ſtets von der Sonne beſchienenen Gewäſſer viel zur Verbeſſerung der Atmoſphäre beytragen können.

Die dephlogiſtiſirte Luft iſt zum Athmen der Thiere weit geſchickter, als die gemeine, und dieſe leben daher in ihr ſechs bis ſiebenmal länger, als in der leßtern. Sie iſt es eigentlich, die wir athmen und vermittelſt welcher wir leben, daher ihr auch Ingenhouß den Namen der Lebens=

luft (aer vitalis) beylegt. **Bergmann** (Anleitung zu chymiſchen Vorleſ. §. 292.) vermuthet ſogar, daß die Bewohner der neugeſchafnen Erde durch das Athmen der damals noch reinen dephlogiſtiſirten luft der Atmoſphäre ein ſo hohes Alter erreicht haben.

Sie befördert ferner die Verbrennung in einem ſehr hohen Grade. Eine Kerze, brennt, ehe ſie auslöſcht, 6 — 7mal länger in ihr, als in der gemeinen luft, und mit einer weit glänzendern und größern Flamme und Hitze. Wenn man eine Blaſe mit ihr anfüllt, an den Hals derſelben eine gläſerne Röhre bindet, deren Ende in eine feine Spitze ausgezogen iſt, und die luft durch Drücken der Blaſe heraus gegen eine lichtflamme treibt, ſo daß die Flamme dadurch in eine horizontale Richtung gebracht wird, ſo ſchmelzen kleine Metallſtückchen und ſogar Platinakörner, die man der Flamme auf einer Kohle entgegen hält, augenblicklich. Kampher und Phoſphorus brennen in dieſer luft mit einem bewundernswürdigen Glanze, und glühende Kohlen werfen mit Kniſtern Funken umher. Glimmende Dachte, Papier, Zunder gerathen darinn ſogleich in Flammen. Ein feiner ſtählerner Drath, oder eine Uhrfeder, die man vorher an der Spitze glühend gemacht hat, ſchmelzt und verbrennt darin mit vielem Funkenwerfen. Zu einigen hieher gehörigen ſchönen Verſuchen hat **D. Ingenhouß** (Vermiſchte Schriften I Band S. 201. u. f. S. 365 u. f.) Anleitungen gegeben.

Mit brennbarer luft vermiſcht giebt dieſe luftgattung eine ſehr ſtarke **Knallluft**, die ſich bey Annäherung eines brennenden Körpers oder durch den elektriſchen Funken entzündet, und mit einer heftigen Exploſion abbrennt, ſ. **Gas, brennbares.** Durch das Abbrennen verwandlet ſich dieſe Knallluft gröſtentheils in Waſſer, wie die Verſuche von **Cavendiſh** (Verſuche über die luft und das daraus erfolgende Waſſer in Crells chym. Annalen, 1785. S. 324 u. f.) **Watt** (Gedanken über die Beſtandtheile des Waſſers und der dephlogiſtiſirten luft, ebend. 1786. S. 23 u. f. **Magbens** Brief S. 58 ingl. S. 136 u. f.), und **Lavoiſier** (in lichtenbergs Magazin, B. II. St. 4. S. 91 u. f.)

beweifen. Der leßtere bediente fich eines Apparats, wo=
mit er in einem über Queckfilber gefürzten Gefäße, dem die
Gemeinfchaft mit der äuffern Luft gänzlich abgefchnitten
war, eine Mifchung von 30 Pinten brennbarer, und 15 bis
18 Pinten dephlogiftifirter Luft verbrennen konnte. So=
bald das Gemifch entzündet ward, verdunkelten fich fogleich
die Wände des Gefäßes, und überzogen fich mit einer gro=
ßen Menge kleiner Waffertröpfchen, die nach und nach in
größere zufammenfloßen, herabbrannten und die Queckfilber=
fläche mit einer Lage von Waffer bedeckten, welche am Ge=
wichte beynahe eben fo viel betrug, als die verbrannten Luft=
gattungen gewogen hatten. Diefer Verfuch ift für die Leh=
re von der Erzeugung des Waffers fowohl, als für die Theo=
rie der Verbrennung fehr wichtig, und leitet auf die Ver=
muthung, daß das Wefen der dephlogiftifirten Luft und des
Waffers in genauer Verbindung ftehe.

Die reine Luft ift fchwerer, als die atmofphärifche,
aber leichter, als fixe Luft. Das Verhältniß der eigen=
thümlichen Schweren dephlogiftifirter und gemeiner Luft ift
nach Priestley wie 187 : 165, nach Fontana, wie 160 :
152, nach de la Metherie, wie 17 : 16. Eben diefer
größern Schwere wegen entwickelt fie fich auch nach In=
genhouß aus der untern Fläche der Pflanzenblätter.

Sie hat eine fehr ftarke Anziehung gegen das Phlogi=
fton, und wird durch alle phlogiftifche Proceffe weit mehr,
als die gemeine Luft, vermindert. Wenn fie fehr rein
ift, und man zu 2 Maaßen von ihr 2 Maaß falpeterartige
Luft hinzuthut, fo wird das ganze aus 4 Maaßen beftehen=
de Gemifch in den Raum eines einzigen Maaßes zufam=
mengezogen, und befteht nunmehr aus fixer und phlogifti=
firter Luft. Wenn 2 Maaß dephlogiftifirte Luft mit 3 Maaf=
fen falpeterartiger eben foviel Volumen geben, als 2 Maaß
gemeine Luft mit 1 Maaß falpeterartiger, fo fagt man, die
dephlogiftifirte Luft fey dreymal fo gut, als die gemeine.
Die reinfte Luft welche Priestley (Exp. and. Obf. Vol. IV.
Sect. 25.) aus der Deftillation einer Queckfilberauflöfung
in Scheidewaffer erhielt, war fo gut, daß ein Maaß da=
von mit 2 Maaßen falpeterartiger Luft vermifcht, nur den

Raum von $\frac{1}{160}$ eines Maaßes einnahm. Diese erstaunliche Verminderung leitet den D. Priestley auf die Vermuthung, daß dephlogistisirte und salpeterartige Luft in ihrer grösten Reinigkeit nach der gehörigen Proportion vermischt, vielleicht ihre Luftgestalt ganz verlieren und dem Scheine nach verschwinden würden. Das Produkt, das sie alsdann erzeugten, müste, weil es unsichtbar ist, im Wasser aufgelöset (vielleicht gar Wasser selbst) seyn.

Die dephlogistisirte Luft läst sich gar nicht, oder doch nur sehr schwer mit dem Wasser vermischen, wofern dieses nicht durch Kochen oder Destilliren luftleer gemacht ist. In diesem Falle aber nimmt es nach Fontana (Philos. Trans. Vol. LXIX. p. 439.) etwas mehr dephlogistisirte als gemeine, Luft in sich. Es hängt aber damit nicht sehr fest zusammen und läst sich schon durch starkes Schütteln wieder davon befreyen.

Diese Luftgattung trübt das Kalkwasser nicht, färbt die Pflanzensäfte nicht und macht das ätzende Laugensalz nicht mild. Sie hat weder Geruch noch Geschmack, und zeigt überhaupt nicht das geringste Merkmal einer Säure.

Durch Beymischung von dephlogistisirter Luft kan sowohl die phlogistisirte als auch die fixe Luft zum Einathmen und zur Beförderung der Verbrennung geschickter gemacht werden. Scheele (Von Luft und Feuer §. 50.) fand, daß in einem Gemische aus vier Theilen fixer und einem Theile Feuerluft ein Licht wieder ziemlich gut brannte. Das Wachsthum der Pflanzen aber wird durch diese Luftart nicht befördert.

Was nun die Natur der dephlogistisirten Luft betrift, so nahm Priestley dieselbe seinen ersten Versuchen zufolge für einen aus Salpetersäure und Erde zusammengesetzten Stof an. Wenn man bedenkt, daß der Salpeter, aus dem man soviel dephlogistisirte Luft ziehen kan, dadurch seine Säure ganz verliert, daß er sich blos in freyer Luft erzeugt, und daß viele Substanzen, z. B. der Schwefel, dennoch eingehüllte Säure enthalten, wenn sie gleich kein äusseres Merkmal derselben zeigen, so fällt man ganz natürlich darauf, daß diese Luftgattung eine in etwas anders eingehüllte Salpeterſäure ſeyn könne. Prieſtley ſetzt dazu noch in der Vorrede des dritten Bands ſeiner Verſuche dieſe Gründe, daß man aus einer erdigten Subſtanz, aus der man ſchon dephlogiſtiſirte Luft erhalten hat, durch wiederholtes Aufgießen von Salpeterſäure immer mehr dergleichen ausziehen könne, bis der erdigte Stof ganz erſchöpft ſey, und daß er bisweilen einen weiſſen Staub in dieſer Luftgattung bemerkt habe. Fontana (Recherches phyſiques ſur la nature de l'air dephlogiſtiqué) hat dagegen das Daſeyn einer Erde in der dephlogiſtiſirten Luft beſtritten, weil bey der Verwandlung des Queckſilbers in rothes Präcipitat, und der Wiederherſtellung aus demſelben nichts am Gewicht verlohren gehe, und obgleich Prieſtley einen ſolchen Verluſt wirklich beobachtet zu haben glaubt, ſo hat er doch bey ſeinen Verſuchen ein ſo heftiges Feuer angewendet, daß daſſelbe leicht einen Theil des Präcipitats hat verflüchtigen und dadurch den Verluſt an Gewichte veranlaſſen können. Es iſt alſo ſehr zweifelhaft, und vielmehr unwahrſcheinlich, daß ein erdigter Stof in der dephlogiſtiſirten Luft enthalten ſey.

Wenn aber dies nicht ſtatt findet, ſo wird es auch zugleich unwahrſcheinlich, daß dieſe Luftgattung Salpeterſäure enthalte, indem ſie nicht die mindeſten Spuren einer freyen Säure an ſich trägt. Die Verwandlung der Salpeterſäure und ihrer Dämpfe in dephlogiſtiſirte Luft läſt ſich alsdann auch ſo erklären, daß man dieſe Luft für das einfäche Weſen, und die Salpeterſäure für das zuſammengeſetzte annimmt. So erklärt Fontana (Exp. ſur l'alcali etc. in *Rozier* Iournal de phyſique. 1778.) die Salpeterſäure für ein Gemiſch aus dephlogiſtiſirter Luft und Phlogiſton. Dieſe Hypotheſe erklärt einige Phänomene ſehr leicht, z. B. die Reduction des rothen Präcipitats ohne Zuſatz von Phlogiſton. Dieſes Präcipitat iſt durch Salpeterſäure bereitet, hält alſo noch etwas von derſelben in ſich. Wirkt nun das Feuer ſtark darauf, ſo wird dieſe Säure zerſetzt, ihr Phlogiſton verbindet ſich mit dem Kalke, und ſtellt die metalliſche Form wieder her, die dephlogiſtiſirte Luft aber wird entwickelt. Auch wird es hiebey leicht begreiflich, warum man gewisse Substanzen, die kein Phlogiston enthalten, mit Salpetersäure anfeuchten muß, wenn sie reine Luft geben sollen, weiß sich alsdann das Phlogiston der Salpetersäure mit den Substanzen verbindet, und die dephlogistisirte Luft frey wird.

Die Versuche scheinen überhaupt anzugeben, daß diese reinste Gattung der Luft nicht so, wie die meisten übrigen, während der Operation erzeugt, sondern nur entwickelt oder von dem, was sie vorher gebunden hielt, frey gemacht werde. Die Pflanzen saugen im Sonnenscheine das zu ihrem Wachsthum nöthige Brennbare aus der Atmosphäre, oder den sie umgebenden Stoffen, ein, und lassen den reinern Theil zurück; die Salpeter- und Vitriolsäure, die vielleicht mit dem Phlogiston näher verwandt sind, als die in der Mennige ꝛc. eingeschloßne Luft, wenden sich zu diesem Phlogiston und machen die reinere Luft frey. So scheint diese Luft der reinste Bestandtheil der Atmosphäre zu seyn, und aus dieser in andere Körper allein oder mit andern Bestandtheilen zugleich überzugehen. Je nachdem nun die Körper mit ihr mehr oder weniger verwandt sind, werden sie dieselbe schwerer oder leichter, von selbst oder vermittelst der Hitze und der Säuren von sich geben. Die Salpetersäure kan also die Entwicklung dieser Luftart befördern, ja auch wohl selbst aus ihrer Mischung reine Luft hergeben, ohne doch selbst einen Bestandtheil der dephlogistisirten Luft auszumachen. Es nöthigen uns also die Entwicklung der reinen Luft aus Salpeter, Salpetersäure und deren Dämpfen keineswegs, in dieser Luft die Salpetersäure selbst zu suchen, zumal da es so viele Methoden giebt, sie ohne Zuthun dieser Säure zu erhalten.

Die neuern Versuche über die Verbrennung der brennbaren und dephlogistisirten Luft in verschloßnen Gefäßen haben Veranlassung gegeben, die reine Luft für ein in elastischer Form dargestelltes Wasser zu halten. Man bekömmt nicht allein Wasser, wie schon im vorigen angeführt ist, aus der Verbrennung der Knallluft, sondern es scheint sich auch umgekehrt das Wasser in brennbare und reine Luft zerlegen zu lassen. Lavoisier that in ein mit Quecksilber gefülltes und in Quecksilber umgestürztes Glas etwas Was-

fer mit sehr reiner Stahlfeile. Nach 24 Stunden fieng
das Eisen an sich zu verkalken und ward zum Theil rostig.
Zu gleicher Zeit entwickelte sich eine Menge brennbarer
Luft, deren Menge der dephlogistisirten, die das Eisen bey
der Verkalkung in sich genommen hatte, proportionirt war.
Man konnte die Quantität dieser eingeschluckten Luft aus
dem vermehrten Gewichte des Eisens nach seiner Trocknung
schließen. Dieser Versuch zeigt also eine Zerlegung des
Wassers in brennbare und dephlogistisirte Luft, wovon die
erstere sich absondert, die letztere hingegen sich mit dem Ei=
sen verbindet und dessen Verkalkung bewirkt (Man s. Lich=
tenbergs Magazin für das Neuste 2c. B. II. St. 4. S.
91. u. f.). Aus dieser Entdeckung, von welcher bey dem
Worte Wasser ausführlichere Nachrichten vorkommen wer=
den, schließt Watt, welcher sie schon vor Lavoisiers Versu=
chen gekannt hatte (Man s. de Lüc Ideen über die Me=
teorologie II. B. §. 678. u. f.), daß die dephlogistisirte Luft
nichts weiter, als ein seines Phlogistons beraubtes und mit
der Feuermaterie verbundnes Wasser sey. Die Abhand=
lungen der Herren Cavendish und Watt finden sich in den
philosophischen Transactionen vom Jahre 1784. Diese
Idee, welche de Lüc den ersten Stral von wahrem Lichte
in der Meteorologie nennt, erklärt die Phänomene mit ei=
ner bewundernswürdigen Leichtigkeit, und es ist nicht zu
zweifeln, daß sie durch die Aufschlüße, welche sich nach de
Lüc daraus herleiten lassen, den allgemeinen Beyfall der
Naturforscher erhalten werde.

Die Untersuchungen der dephlogistisirten Luft haben uns
nicht nur eine genauere Kenntniß von der Beschaffenheit der
Atmosphäre und von dem großen Nutzen dieser Luftgattung
für alles, was athmet und lebet, zugleich mit richtigern
Erklärungen vieler Phänomene, z. B. der Verpuffung,
des Schieß=und Knallpulvers 2c. verschaft, sondern auch zu
verschiedenen nützlichen Anwendungen Anlaß gegeben.
Schon Priestley (Exp. and Obs. Vol. II. p. 101,) äusser=
te, daß die reine Luft bey Lungenkrankheiten gute Dienste
thun würde; es fehlte aber anfänglich an wohlfeilen Arten,
sie zu erhalten, und an bequemen Methoden, sie von Krau=

fen athmen zu laſſen. Dieſem Mangel ſcheint jetzt durch
die Erfindung der leichten Art, ſie aus Braunſtein und
Salpeter zu ziehen, und durch die bequemen Vorrichtungen,
welche zum Athmen derſelben von einigen Aerzten und Phyſikern, insbeſondere von D. Jngenhouß (Ueber die Natur der dephlogiſtiſirten Luft in ſ. Vermiſchten Schriften,
Band II. S. 69 u. ſ.) und von Achard (Sammlungen
phyſ. und chem. Abhandl. B. I. S. 63.) angegeben worden
ſind, ziemlich abgeholfen zu ſeyn. Man hat das Einathmen derſelben insbeſondere bey Lungenkrankheiten, und ihr
Einblaſen als das wirkſamſte Rettungsmittel für Perſonen
empfohlen, die von ſchädlichen Luftgattungen bis zur Ohn-
macht (Aſphyxia) erſtickt ſind. Man hat auch vorgeſchlagen, denen, die ſich in ſchädliche Luftgattungen wagen müſſen, Blaſen oder Gefäße mit dephlogiſtiſirter Luft, als ein
Verwahrungsmittel, mitzugeben. Daß es inzwiſchen beym
Gebrauche dieſer Luft in Krankheiten ein gewiſſes Gröſtes
gebe, das man nicht überſchreiten darf, ohne dem Kranken zu ſchaden, hat Herr **Lichtenberg** (Vorrede zur vierten Aufl. der Erxlebenſchen Anfangsgr. der Naturl. Gött.
1787. 8. S. XXIX. u. f.) ſehr richtig bemerkt. Jn gewiſſen Krankheiten, z. B. faulen Fiebern, iſt die reine Luft
eine Arzney, die wie der Wein, in Maaße gegeben nützt,
im Uebermaaße ſchädlich und tödtlich werden kan, weil ſich
die Hitze, die ihr Einathmen verurſacht, durch den ohnehin
äuſſerſt erhitzten Körper des Kranken nicht ſo ſchnell, als
durch einen geſunden Körper, zu vertheilen im Stande iſt.

Da die dephlogiſtiſirte Luft die Hitze der Flamme ſo
beträchtlich verſtärkt, ſo hat man ſie auch auf das zu ſo vielen Abſichten nützliche Löthrohr und die Schmelzung angewendet. Man kan zu dem Ende dieſe reine Luft aus einer ans Löthrohr gebundnen Blaſe ausdrücken, oder ſich
eigner Vorrichtungen bedienen, dergleichen **Galliſch** (Verſuch einer Anwendung der dephlog. Luft aufs Löthrohr, in
Crells chem. Annal. 1784. S. 31.), **Göttling** (Beſchreibung verſchiedener Blaſenmaſchinen, Erfurt, 1784. 4.),
und **Geiſer** (Schmelzungsverſuche mit Feuerluft in den
Schwed. Abhandl. von 1784. V. Band.) angegeben haben.

wobey die Feuerluft durch den Druck des Wassers aus einem Gefäße auf die Flamme geleitet wird. Zu größern Schmelzungen mit dephlogistisirter Luft haben Achard (Crells neuste Entdeck. in der Chem. Th. VIII. S. 79.) und Lavoisier (Hist. de l' Ac. de Paris, 1783.) kleine Oefen angegeben. Methoden, reine Luft zu erhalten und zur Schmelzung zu nützen hat Ehrmann (Versuch einer Schmelzkunst mit Beyhülfe der Feuerluft, Strasburg, 1786. gr. 8.) sehr vollständig gesammlet. Man erhält dadurch einen ungewöhnlichen Grad der Hitze und Wirkungen, die man durch das gemeine Feuer auf keine Weise erreichen kan.

Gas, essigsaures, vegetabilisch-saures, vegetabilisch-saure Luft (Priestley), **Essigluft,** Gas acidum, acetosum, Aer acidus vegetabilis, Mephitis acetosa, *Gas acide aceteux.* Eine mit dem Wasser mischbare Gasart, welche Priestley aus einer sehr starken und durch Vitriolsäure concentrirten Essigsäure erhielt, und für eine in Luftgestalt dargestellte Pflanzensäure annahm.

Er entwickelte dieselbe (Exp. and Obs. Vol. II. p. 23.) durch die bloße Hitze aus einem stark concentrirten Weinessig in einem kleinen Quecksilber = apparat, wobey er, um sie von aller Feuchtigkeit zu reinigen, zwischen das Glas mit dem Weinessige und das Quecksilber, wie Taf. X. Fig. 36. zeigt, noch ein Zwischengefäß angebracht hatte. Sie zeigte sich weit schwächer, als die mineralischen Säuren, grif das Salz und den Borax gar nicht an, löschte ein Licht aus, verband sich sehr leicht und fest mit dem Wasser, und zeigte weiter kein besonderes Phänomen, als daß sie dem Olivenöle, welches andere saure Gasarten zäher und dunkler machen, vielmehr die gelbe Farbe benahm, und mehr Durchsichtigkeit gab.

Sie unterschied sich also von der vitriolsauren Luft blos durch diese Wirkung auf das Olivenöl und durch ihren Geruch. Und da sie mit laugenartiger Luft vermischt, ihre Elasticität verlohr, eine weiße Wolke bildete, und an den Wänden des Gefäßes ein Pulver anlegte, das einem Schwefel ziemlich ähnlich sah, da überdies der gebrauchte Weinessig durch

Vitriolſäure concentrirt worden war, ſo zweifelt Prieſtley
ſelbſt, ob das, was er erhielt, etwas anders, als vitriolſaures Gas, geweſen ſey, und ob es eine eigne von den übrigen Gasarten verſchiedene vegetabiliſch = ſaure Luft gebe.

De la Metherie (Eſſai analytique ſur l'air pur et les
differentes eſpeces de l'air. a Paris, 1785. 8. p. 212.) hat
ſich zur Erzeugung der vegetabiliſch = ſauren Luft des Grün-
ſpans bedient. Er vermiſchte ihn mit Vitriolſäure, erwärm-
te das Gefäß mit einem brennenden Wachsſtocke, und fieng
die Luft in einem kleinen Queckſilber = apparat auf. Dieſes
leichte Verfahren kan wenigſtens dienen, ein ſolches Gas
in Menge zu weitern Unterſuchungen zu bereiten, wobey es
ſich zeigen wird, ob es in mehrern Umſtänden von dem vitriolſauren Gas unterſchieden ſey. Daß ſich die Eſſigſäure,
ſo wie auch andere Pflanzenſäuren, z. B. die des Weinſteins
und Zuckers, in Luftgeſtalt werden darſtellen laſſen, iſt wohl
nicht zu zweifeln, wenn es auch auf den bisher verſuchten
Wegen nicht angehen ſollte.

Gas, flüchtig alkaliſches, ſ. **Gas, laugenartiges.**

Gas, flußſpathſaures, ſpathſaure-, Flußſpath-
gas, Flußſpathſaure Luft, luftige Flußſpathſäure,
Gas fluoris mineralis, Gas acidum ſpatholum, Aer acidus ſpathoſus, Mephitis fluoris mineralis, *Gas acide ſpathique*, *Air acide ſpathique*. Eine in Luftgeſtalt darge-
ſtellte Flußſpathſäure, welche man aus dem phoſphoreſcirenden grünlichen oder bläulichen Flußſpathe vermittelſt auf-
gegoßner concentrirter Vitriolſäure bey einer gelinden Wärme erhält.

Die Entdeckung dieſer beſonders merkwürdigen Gasart war eine Folge der Verſuche, welche Scheele über die
Säure des Flußſpaths, phoſphoreſcirenden Spaths,
oder unächten Smaragds (Fluor ſpathoſus, Fluor mineralis, facie ſpathoſa, particulis nitentibus, *Waller.*)
anſtellte, ſ. Flußſpathſäure. Er deſtillirte dieſen
Spath mit ſtarker Vitriolſäure, und ſahe eine Menge erdigte Materie, wie gepülverten Sand, mit übergehen, die

auf dem Waſſer in der Vorlage eine ſteinigte Rinde bildete, und die er anfänglich für ein durch die Säure verwan-
deltes Waſſer hielt (Schwed. Abhdl. B. XXXIII. S. 122.
u. f.). Prieſtley, welcher von Scheelens neuer Entdeckung
einer eignen Flußſpathſäure Nachricht bekam, verſchafte
ſich den nöthigen Spath von Derbyſhire, welchen man
in England zu Vaſen und Verzierungen der Camine verarbeitet, und verſuchte dieſe Säure vermittelſt des Vitriolöls im Queckſilber-apparat in Luftgeſtalt zu erhalten (Exp. and Obſ. Vol. II. p. 189. ſq.). Es gelang
ihm auch, eine Menge ſolches Gas zu ſammlen, welches,
als er Waſſer hinzuließ, ſich zuſammenzog, und eine weiße
Erde auf der Waſſerfläche abſetzte. Er konnte nicht müde
werden, dieſe ſcheinbare augenblickliche Verwandlung der
Luft in einen ſteinigten Körper zu bewundern. Eine Blaſe von dieſem Gas durchs Queckſilber in das Waſſer gebracht,
verwandlete ſich bey der erſten Berührung in eine ſteinigte
Kugel, welche in der Folge zerſprang, und ihre Trümmern
wie ein zartes Gewebe auf der Waſſerfläche verbreitete.
Mehrere Kugeln hiengen zuſammen und bildeten Cylinder,
und aus mehrern Cylindern entſtanden Verbindungen von
Röhren in Geſtalt der Orgelpfeifen. So neu und auffallend dieſe Erſcheinung iſt, ſo läßt ſie ſich doch nunmehr,
da man die Wirkungen der Flußſpathſäure genauer kennt,
ganz natürlich erklären.

Man erhält dieſe Gasart ſehr leicht, wenn man die klein
geſchlagnen Stücken Spath in ein Glas mit eingeriebenem
Stöpſel und durchgehendem Rohre ſchüttet, und etwas Vitriolöl darauf gießet. Das Gas wird alsdann, anfänglich
ohne alle Wärme, in der Folge aber bey einer ſehr gelinden Hitze entbunden, und kan im Queckſilberapparat aufgefangen werden.

Die Eigenſchaften dieſer Gasart ſind folgende. Sie
wird vom Waſſer ſchnell verſchluckt, und verwandlet daſſel-
be in wahre Flußſpathſäure. Man kennt auch keine andere
Flußſpathſäure, als die, welche auf dieſe Art bereitet iſt.
Die Flußſpathluft iſt weit ſchwerer, als die gemeine (nach
Fontana im Verhältniße 3: 1), löſcht die Flamme aus,

und tödtet die Thiere schnell. Sie hat einen sauren Ge=
schmack und den sauren safranartigen Geruch der Koch=
salzsäure, röthet die Lakmustinktur, trübt das Kalkwasser,
und löset, wenn sie erhitzt wird, das Glas und die Kiesel=
erde auf. Wenn sie in gläsernen Gefäßen entbunden wird,
oder Kieselerde mit dem Flußspathe vermengt ist, so setzt
sie, sobald sie Wasser berührt, die erwähnte kieselartige
Rinde ab; dies geschieht aber nicht, wenn man sie in me=
tallnen Gefäßen aus reinem Spathe entwickelt. In der
atmosphärischen Luft nimmt sie die Gestalt einer weißen
Wolke an.

Diese Eigenschaften bringen es zur völligen Gewißheit,
daß die Flußspathluft nichts anders, als eine durchs Feuer
in den luftförmigen Zustand versetzte Flußspathsäure sey.
Da diese Säure die einzige unter allen ist, welche die Kie=
selerde auflöset, und also das Glas angreift, so erklärt sich
die Entstehung der steinigten Rinde sehr leicht. Die Spath=
luft nemlich greift das gläserne Gefäß und die Röhren an,
durch die sie hindurch geht, und nimmt eine Menge Kiesel=
erde aufgelöset in sich. Bey der Berührung mit dem Was=
ser, mit welchem die Spathluft in noch genauerer Verwand=
schaft steht, wird diese Erde in fester Gestalt niedergeschla=
gen. Wenn man die erzeugte steinigte Rinde durch wie=
derholtes Abwaschen von aller Säure befreyt, so verwan=
delt sie sich in ein weißes Pulver, das eben so feuerbeständig,
als der Quarz und Kiesel, und selbst im Brennpunkte un=
schmelzbar ist, in eine wahre Kieselerde. Dies bestätiget
sich noch mehr dadurch, daß die Erzeugung der steinigten
Rinde wegfällt, wenn man die Operation in metallnen Ge=
fäßen vornimmt, weil alsdann die Spathluft keine Kiesel=
erde in sich nehmen kan. Dies lehrt uns den sonst kaum
glaublichen Satz, daß diese so schwere feste und feuerbestän=
dige Erde dennoch verflüchtiget, ja sogar in ein luftförmi=
ges elastisches Aggregat gebracht werden könne.

D. Priestley erklärte die Spathluft für eine Vitriol=
säure, welche etwas Phlogiston und die Erde des Fluß=
spaths bey sich führe. Er wuste damals noch nicht, daß
die Erde in ihr fehlet, wenn sie nicht durch Glas gegangen

iſt, auch war es noch nicht ſo gewiß erwieſen, daß der Flußſpath eine eigne Säure habe. Er glaubte durch einen ent-
ſcheidenden Verſuch erweiſen zu können, daß dieſes Gas von
vitriolſaurer Art ſey. Wenn man nemlich das mit ihm
imprägnirte Waſſer einer gelinden Hitze ausſetzt, ſo geht
eine elaſtiſche Materie heraus, die der vitriolſauren Luft
ganz ähnlich iſt, und ſich mit dem Waſſer verbindet, ohne
eine Rinde abzuſetzen. Dieſer Verſuch iſt aber ſehr leicht
zu erklären: die im Waſſer enthaltene Luft nemlich hatte die
Kieſelerde ſchon vorher abgeſetzt, als ſie ſich mit dem Waſſer verband, und da ſie jetzt wieder unmittelbar aus Waſſer
in Waſſer übergieng, ohne Glas zu berühren, ſo war auch
kein weiterer Niederſchlag einer Kieſelerde möglich. Auch
gelang es ihm nicht, die vitriolſaure Luft durch hineingebrachten Flußſpath, auf welchen er den Brennpunkt einer
Glaslinſe hinlenkte, in Spathluft zu verwandlen — ein
deutliches Zeichen, daß die aufgelöſte Erde nicht aus dem
Flußſpathe komme. Er fand auch, daß das mit Spathluft geſchwängerte Waſſer weit ſpäter gefriere, als das mit
vitriolſaurer Luft imprägnirte. Endlich bemerkte er ſelbſt
(Exp. and Obſ. Vol. IV. p. 434.), daß dieſe Luft das Glas
angreife. Man findet übrigens Prieſtleys und Monnets
Gründe wider die Eigenthümlichkeit der Flußſpathſäure, die
ſie vielmehr für eine Vitriolſäure halten wollten, in ihren
in den leipziger Sammlungen zur Phyſik und Naturgeſchichte (I. Band 3 Stück S. 290 u. f.) überſetzten Abhandlungen.

Uebrigens ſchlucken auch der Weingeiſt und Aether die
Spathluft ein, ohne ihre Entzündbarkeit und Durchſichtigkeit zu verlieren. Der Alaun, der lebendige und rohe
Kalk und die Holzkohlen nehmen auch einen Theil dieſer
Luft in ſich, da hingegen Terpentinöl, Schwefel und Schwefelleber, Küchenſalz, Salmiak, Eiſen und Gummilak keine Wirkung darauf äuſſern.

Gas, hepatiſches, hepatiſche Luft, Schwe-
felleberluft, ſtinkende Schwefelluft (Scheele) Gas
hepaticum, Aer hepaticus, Mephitis hepatica, *Gas he-*

patique, Air hepatique. Eine mephitifche entzünbliche unb mit bem Waffer mifchbare ©asart, bie man aus ben Schwe= fellebern (b. i. aus Verbinbungen bes Schwefels mit lau= genfalzen, alfalifchen Erben ober einigen Metallen) ver= mittelft ber Salz = ober Vitriolfäure erhält. Die Ent= beckung biefer ©asart finb wir Herrn **Bergmann** (De mineris Zinci §. 8. 9. in Opufc. To. II.) fchulbig, ber fie zu= erft aus ber fogenannten **fchwarzen Blenbe** (Pfeudog:= lena nigra Danemorenfis), einem fchwefelhaltigen Zinferz, burch aufgegoßne Vitriolfäure erhielt.

Man fan biefelbe aus allen Schwefellebern burch Auf= guß einer Säure, vorzüglich ber Salzfäure ziehen, aber nicht burch Salpeterfäure (**Bergmann** Anl. zu chem. Vorlefungen §. 310.). Auch aus ben fünftlich bereiteten metallifchen Schwefellebern, z. B. aus gleichen Theilen von fein geriebnem Braunftein unb gepülvertem Schwefel, aus 3 Theilen Eifenfeile unb 2 Theilen Schwefel befömmt man hepatifche Luft, wenn man biefe ©emenge in einer Retorte fo lange erhitzt, bis fein Schwefel mehr auffteigt, unb bann eine Säure aufgießt. Die **fpanifche Soba**, eine lau= genartige Subftanz, welche zugleich Schwefel hält, giebt nach **©melin** (Einl. in bie Chymie. Nürnb. 1780. 8. §. 33.) mit Vitriol = Salz = ober Effigfäure ein entzünbliches ©as, welches hepatifch ift. **Scheele** (Von Luft unb Feuer S. 150.) hat felbft aus Kohlenftaub unb Schwefel, unb (S. 154.) aus Baumöl unb Schwefel burch ftarke Hitze berglei= chen erhalten, welche Erfahrung fogar **van Helmont** (De flatibus §. 7.) fchon kannte.

Diefes ©as hat ben ausnehmend ftarken ftinkenben ©e= ruch ber faulen Eyer ober ber aufgelöften Schwefelleber. Es töbtet bie Thiere, unb löfcht bie Lichter aus. Mit at= mofphärifcher Luft vermifcht brennt es bey Annäherung eines Lichts ober burch ben elektrifchen Funken mit einer röthlich blauen Flamme, unb fetzt babey an bie Wänbe bes ©efäf= fes etwas Schwefel ab. Mit breymal fo viel atmofphäri= fcher Luft verbrennt es fchneller unb mit einem Schlage. Es röthet bie Lakmustinctur nicht, unb färbt ben Violen= fyrup grünlich. Es trübt bas Kalkwaffer nicht. Wenn

man es über Quecksilber mit atmosphärischer oder dephlogistisirter Luft vermischt, so vermindert sich das Volumen
beyder Luftgattungen, die hepatische Luft läßt den Schwefel
fallen, und die respirable wird phlogistisirt und verdorben.

Das Wasser nimmt die hepatische Luft sehr willig in
sich, und kömmt alsdann mit dem Wasser der Schwefelbä-
der, s. Bäder, warme, überein (*Bergmann* de aquis
medicatis calidis arte parandis in Opusc. Vol. I. p. 229. sqq.)
Wenn es heiß ist, löset es weniger davon auf. In
der mittlern Temperatur nehmen 100 Cubikzoll Wasser etwa 60 Cubikzoll hepatisches Gas in sich. Nach Hahne-
mann (Von der Arsenikvergiftung. Leipz. 1786. 8. S. 26.)
nehmen 42000 Gran kaltes Wasser so viel hepatische Luft
auf, daß 100 Gran Schwefel dadurch aufgelöset sind. Das
dadurch entstandene Schwefelwasser hat einen starken Schwe-
fellebergeruch, einen starken süßlichen ekelhaften Geschmack,
und sieht klar und hell aus, so lange es noch nicht an der
Luft gestanden hat. Es röthet die Lakmustinctur nicht,
wenn nicht die zur Bereitung gebrauchte Schwefelleber mit
mildem Laugensalze verfertigt gewesen ist, in welchem Falle
unter der hepatischen etwas fixe Luft befindlich ist, die die
Lakmustinctur röthen und das Kalkwasser trüben kan.
Durch Kochen in ofnen Gefäßen wird die hepatische Luft
ganz aus dem Wasser getrieben. Durch lange Berührung
mit gemeiner Luft, ingleichen durch Salpetersäure wird das
Phlogiston aus dem Schwefelwasser gezogen, der üble Geruch verschwindet und der Schwefel schlägt sich nieder. Daher kömmt der Schwefel, den einige warme Bäder, z. B.
die aachner, an der Luft absetzen. Gesättigtes Schwefelwasser schlägt die Metalle aus ihren Auflösungen in Säuren
mit verschiedenen Farben nieder, schwärzt das Silber und
Quecksilber und löset die Eisenfeile auf.

Nach Bergmanns Meinung besteht die hepatische
Luft aus Phlogiston und Schwefel, welche durch den Beytritt gebundener Wärme die Luftgestalt erhalten haben.
Alle Substanzen, die das Brennbare stark anziehen, z. B.
reine Luft, scheiden aus ihr den Schwefel ab, und werden
phlogistisirt. Wäre die hepatische Luft blos luftförmiger

Schwefel, so würde sie durch die reine Luft bey Absonderung des Brennbaren in vitriolsaure Luft verwandlet werden müssen. Die Entstehung dieser Gasart erklärt Herr **Gren** (Systematisches Handbuch der Chemie, Halle, 1787 gr. 8. Erster Theil §. 770.) aus dem schwachen Zusammenhange der Bestandtheile des Schwefels in der Schwefelleber, wobey die Laugensalze, Erden oder metallischen Theile die Vitriolsäure des Schwefels stärker, als sein Phlogiston, anziehen, und also gleichsam einen Theil des Phlogistons frey machen, wodurch bey der Entbindung dieser Luftart ein Theil des Schwefels mit mehrerm Phlogiston verbunden und durch die Wärme luftförmig wird.

Gas, laugenartiges, flüchtig = alkalisches, flüchtig=alkalische Luft, laugensalzige Luft, urinöse Luft, Gas alcalinum volatile, Aer alcalinus, Mephitis urinosa, *Gas alcali-volatil.* Eine mephitische entzündbare, mit dem Wasser mischbare Gasart, die man aus dem flüchtigen Laugensalze erhält, indem man entweder das ätzende flüchtige Alkali selbst, oder den Salmiak mit hinzugethanem Kalk oder Mennige erhitzt — ein flüchtiges Laugensalz in Luftgestalt.

Priestley (Exp. and Obs. Vol. I. der deutsch. Uebers. S. 159. u. f.) ward durch seine Entdeckung der salzsauren Luft auf die Vermuthung geleitet, daß sich vielleicht mehrere Salze auf eine ähnliche Art würden bearbeiten lassen. Er fand dies auch bestätiget, und erhielt aus dem Hirschhornsalze und flüchtigen Salmiaksalze durch die bloße Erwärmung an der Lichtflamme eine elastische Materie, die sich zwar von den übrigen Gasarten unterschied, aber noch sehr viel fixe Luft enthielt. Fortgesetzte Versuche lehrten ihn Methoden, sie reiner zu entwickeln.

Man erhält diese laugenartige Luft am besten, wenn man starken ätzenden **Salmiakgeist** (Spiritus salis ammoniaci cum calce viva paratus) in einem Kolben gelind erhitzt und das aufsteigende Gas im Quecksilberapparat auffängt. Statt des fertigen ätzenden Laugensalzes kan man aber auch 2 Theile ungelöschten Kalk und einen

Theil gemeinen Salmiak oder 9 Theile Mennige und 4 Theile Salmiak nehmen. Die fixen Laugensalze und das milde flüchtige, geben bey dieser Behandlung entweder gar kein Gas, oder blos fixe Luft, oder doch eine mit sehr viel fixer Luft vermischte laugenartige.

Da bey dem vorgeschriebenen Verfahren viel wässerigte Theile mit übergehen, so thut man wohl, wenn man sich auch hier des Taf. X. Fig. 36. vorgestellten Zwischengefäßes bedienet.

Die urinöse Luft hat den durchdringenden fast erstickenden Geruch des ätzenden Salmiakgeists, und einen scharfen, ätzenden urinösen Geschmack. Sie färbt den Veilchensyrup grün. Sie wird vom Wasser gänzlich verschluckt, und verwandlet das destillirte in einen wahren ätzenden Salmiakgeist, wobey viel Wärme frey wird. Eis schmelzt daher sehr schnell in ihr, und wird dann auch Salmiakgeist, wobey wieder Kälte entsteht. Das Kalkwasser trübt sie gar nicht; löst sich aber doch nach und nach darinn auf, und schlägt lebendigen Kalk daraus nieder. Sie tödtet die Thiere, und löscht Lichter aus. Doch entzündet sie sich im reinen Zustande etwas, oder vergrößert vielmehr die Lichtflamme auf einen Augenblick. Sie ist leichter, als die gemeine Luft (nach Fontana im Verhältniß 7: 15), und wird durch die Hitze mehr, als die gemeine, ausgedehnt.

Mit atmosphärischer Luft vermischt entzündet sie sich mit einem Knalle, und brennt mit einer schwachen Flamme. Der elektrische Funken vergrößert alsdann nach Priestley (Exp. and Obs. Vol. II. p. 239.) ihr Volumen, und verwandlet sie in brennbare Luft. Einige glauben, es komme ihr diese Entzündbarkeit nicht wesentlich zu, sondern zeige sich nur, wenn sie aus einem mit vielem Phlogiston versehenen Laugensalze entbunden oder sonst mit Brennbarem versetzt worden sey, womit sie eine sehr große Verwandschaft hat. Es ist aber auch anjetzt sehr wahrscheinlich, daß das flüchtige Alkali wesentlich Phlogiston enthalte. Mit den respirablen Luftgattungen, ingleichen mit hepatischer und nitröser Luft vermischt oder mengt sie sich, ohne zersetzt zu werden.

Mit den sauren Luftarten zeigt sie eines der auffallend-
sten Phänomene in der ganzen Physik, da nemlich zwo unsichtbare Substanzen im Augenblicke ihrer Berührung die
Elasticität verlieren, und einen festen weißen Salmiak
erzeugen. Hiebey werden zur Sättigung auf zwey Maaß
laugenartige Luft, von der salzsauren Luft zwey Maaß, von
der vitriolsauren ein Maaß und von rothen Salpeterdämpfen ⅞ Maaß erfordert. Auch die Säuren selbst in der
flüßigen Gestalt verschlucken die laugenartige Luft, und werden dadurch in wahre Salmiakauflösungen verwandlet, wobey sich viele Wärme entwickelt. Mit der Luftsäure wird
die alkalische Luft zu einem milden flüchtigen Alkali, das sich
in krystallinischer Form an die Wände des Gefäßes anlegt.

Diese Eigenschaften zeigen deutlich, daß diese Gasart
das flüchtige Laugensalz selbst sey, welchem der damit verbundne Wärmestof eine luftförmige Gestalt gegeben hat.
Diese gebundene Wärme wird frey, wenn Wasser, Säuren ꝛc. das Laugensalz anziehen. Auch das Eis macht Wärme frey, aber das Schmelzen desselben bindet sie wieder, und
noch mehr dazu, daher entsteht hiebey Kälte. Es erklärt
sich ferner hieraus, warum man das ätzende flüchtige Alkali
nicht in trokner Gestalt darstellen kan, weil es sich nemlich
allezeit in Luftgestalt entbindet und also einen Körper finden
muß, der es auflöset und in sich nimmt.

Gas, mephitisches, (Macquer), **Kalkgas** (Keir),
wildes Gas oder **weinigtes Gas** (van Helmont), **fixe
Luft** (Black, Priestley), **künstliche Luft** (Boyle), **mephitische Säure** (Bewley), **Luftsäure** (Bergmann)
Kreidensäure (Bouquet) **Sauerluft** (Ingenhouß)
Gas mephiticum, calcareum, silvestre, vinosum, Mephitis vinosa, acidula, Aer fixus, Aer factitius, Acidum mephiticum, Acidum aëreum s. atmosphaericum, Acidum
cretae, *Gas méphitique, calcaire, Air fixe, Acide méphitique, Acide crayeux.* Das mephitische Gas oder die fixe
Luft ist diejenige mit dem Wasser mischbare, nicht respirable Gasart, welche bey der Weingährung aus den Körpern

hervorgeht, und aus den milden Laugensalzen und alkalischen Erden durch Säuren entwickelt wird.

Diese Luftgattung ist vielleicht unter allen übrigen, die gemeine Luft ausgenommen, den Menschen zuerst bekannt geworden; aus ihr bestehen die erstickenden Schwaden oder die bösen Wetter der Bergleute, die man sonst den durch die Luft verbreiteten unterirdischen Ausdünstungen zuschrieb. Van Helmont bemerkte um die Mitte des 16ten Jahrhunderts, daß sich dieser erstickende Dampf auch über der Oberfläche gährender Körper befinde, und gab ihm daher den Namen Gas vinosum. Boyle machte unter andern zahlreichen Erfahrungen über die aus den Körpern entwickelten luftförmigen Stoffe, auch diese, daß gestoßene und in destillirten Weineßig geschüttete Korallen und Austerschalen Luft erzeugten, die er künstliche Luft (factitious air) nannte, und worüber er seine Versuche schon am 15ten März 1664 derjenigen Gesellschaft von Gelehrten vorlegte, aus welcher bald darauf die königliche Societät zu London entstand. Man nahm sie damals, so wie andere von Boyle entwickelte Gasarten, für gemeine Luft, welche ihre Elasticität verlohren habe, und sich als Element in der Grundmischung der Körper befinde. Es ist zu verwundern, daß man so lange Zeit angestanden hat, diesen Gegenstand genauer zu untersuchen.

Erst im Jahre 1756 setzte D. Black in Edinburgh die von Boyle angefangenen Versuche fort, und fand, daß sich eben die Luft, welche jener erhalten hatte, aus allen kalkartigen oder laugenartigen Körpern hervorbringen ließ. Er nannte sie fixe Luft, weil sie vor ihrer Entwickelung in den Körpern festgehalten oder gebunden war, und man damals noch nicht so bestimmt wuste, daß sich außer ihr noch so viele andere vorher ebenfalls gebundene Gasarten freymachen ließen.

Priestley, der durch seine Erfahrungen die wesentliche Verschiedenheit der mehrern Luftgattungen genauer bestimmte, ließ dennoch denjenigen, die man schon vor ihm gekannt hatte, ihre alten Namen, behielt also auch für diese den Namen der fixen Luft bey, ob gleich derselbe viel zu allgemein iſt, und allen Gasarten zukömmt. Die Alten (Virgil. Aen. VII. v 84. Perſ. Sat. III. v. 99.) nannten die ſchwefelartigen Schwaden in der Atmoſphäre Mephites; daher man theils allen nicht reſpirablen Gasarten mit **Prieſtley** den Namen der **mephitiſchen** beygelegt, theils auch die hier beſchriebne beſondere Gattung mit **Macquer** das **mephitiſche Gas** genannt hat. Die ſchicklichſte unter allen iſt die von **Bergmann** gewählte Benennung der **Luftſäure,** da dieſe Gattung ohne Zweifel eine eigne Säure in Luftgeſtalt iſt.

Man erhält das mephitiſche Gas aus den milden alkaliſchen Erden und Salzen durch aufgegoßne Säuren, und durch Feuer; man bekömmt es auch aus den in der Weingährung befindlichen Körpern. Die leichtſte Methode iſt, ſich der Taf. X. Fig. 35. vorgeſtellten Vorrichtung ſo zu bedienen, wie es bey dem Worte: **Gas, brennbares,** angezeigt worden iſt, nur daß in die Flaſche F G, Kreide oder geſtoßner Marmor gethan, und Vitriolöl mit 4—5mal ſo viel Waſſer verdünnt aufgegoſſen wird. Es entſteht hiebey ein ſtarkes Aufbrauſen, und die häufig entwickelte Luftſäure geht durch das gebogne Rohr und durch das Waſſer im umgeſtürzten Cylinder in den obern Raum des letztern bey K über. Man kan aber auch anſtatt des Marmors oder der alkaliſchen Erden ein jedes der drey Laugenſalze, und ſtatt des Vitriolöls eben ſowohl Salzgeiſt, Scheidewaſſer oder jede andere Säure gebrauchen. Die erhaltene fixe Luft iſt in allen dieſen Fällen immer einerley und hat eben dieſelben Eigenſchaften.

Durch die Wirkung des Feuers erhält man dieſes Gas aus den Kalkerden, wenn man ſie in einer gläſernen Retorte im Sandbade, oder in einer irdenen Retorte unmittelbar der Hitze ausſetzt. Metallne Gefäße oder Flintenläufe darf man hiezu nicht gebrauchen, weil aus ihnen Phlogiſton mit übergeht. Ueberhaupt geben faſt alle Materien, die man dem Feuer ausſetzt, unter andern Gasarten, welche ſich daraus entwickeln, auch etwas fixe Luft; vorzüglich aber die alkaliſchen Subſtanzen.

Nach **Cavendiſh** (Phil. Transact. 1776.) enthält der Marmor $\frac{407}{1000}$ ſeines Gewichts, die Weinſteinkryſtallen $\frac{428}{1000}$ des ihrigen, und der flüchtige Salmiak $\frac{528}{1000}$ des ſeinigen, fixe Luft; nach **Bergmann** (De acido aëreo Sect. VII.) das Weinſteinſalz $\frac{23}{100}$; nach **Jacquin** (Examen doctrinae Mayerianae de acido pingui) der Kalkrahm $\frac{13}{32}$ ſeines Gewichts. **Boyle, Boerhaave** und **Hales** haben ſchon die bey verſchiedenen ähnlichen Proceſſen entbundenen Quantitäten des luftförmigen Stofs beſtimmt angegeben; da ſie aber die unterſcheidenden Kennzeichen der Luftſäure nicht kannten, ſo kan man nicht wiſſen, ob dieſe Quantitäten ganz aus Luftſäure beſtanden haben.

Auch wird bey jeder Verbrennung, nur die des Schwefels und der Metalle ausgenommen, fixe Luft entwickelt. Ein Licht, das unter einer in Kalkwaſſer umgeſtürzten Glocke brennt, ſchlägt ſogleich den Kalk nieder, welches ein unfehlbares Kennzeichen einer Gegenwart der Luftſäure iſt. Bey der Verkalkung der Metalle zeigt ſich keine fixe Luft, bey der Reduction der Kalke aber kömmt nebſt der dephlogiſtiſirten Luft immer auch etwas fixe und bisweilen lauter fixe zum Vorſchein.

Man kan endlich auch durch die Gährung dieſe Gasart erhalten. **Prieſtley** bediente ſich dieſes Mittels bey ſeinen erſten Verſuchen in einem nahe bey ſeiner Wohnung gelegenen Brauhauſe. Ueber dem Gebräude, wenn es auf der Kufe in Gährung tritt, befindet ſich gemeiniglich eine 9 — 12 Zoll (nach dem **Dûc de Chaulnes** oft auf 4 Schuh) hohe Schicht fixer Luft, in die man nur eine Flaſche mit aufwärts gekehrter Oefnung hängen darf. Die fixe Luft ſenkt ſich durch ihre Schwere von ſelbſt in die Flaſche hinein, und treibt die leichtere gemeine Luft aus der Oefnung derſelben heraus. Man kan auch einen mit Waſſer gefüllten und in Waſſer umgeſtürzten Glascylinder nahe an das Bier ſelbſt (wo die fixe Luft am reinſten iſt) bringen, und durch Aufheben des Cylinders Blaſen von derſelben in ihn aufſteigen laſſen.

Von Natur findet ſich die fixe Luft in Gruben, Hölen Brunnen und andern Plätzen, denen der Luftzug mangelt, wo sie durch eine natürliche Gährung oder Verbrennung, z. B. in der Nachbarschaft der Vulkane, Kiese u. dgl. entstehen kan. Schon seit mehrern Jahrhunderten kennt man die Hundsgrotte (Grotta del cane) bey Neapel wegen der auf ihrem Boden ruhenden Schicht von fixer Luft, welche aus den Spalten der Erde hervorbringt. Nahe am Boden dieser Grotte sterben die Thiere unter heftigen Zuckungen, oder werden wenigstens auf einige Zeit der Empfindung beraubt, und die hineingebrachten Fackeln und Lichter verlöschen. Der Dampf der Kerzen verbreitet sich in der etwa 14 Zoll hohen Schicht über dem Boden, und sinkt, wenn man ihn zur Höle hinaustreibt, in der gemeinen Luft nieder, in der sonst der Rauch in die Höhe steiget. Der Boden um diese Grotte hat viele warme Quellen, Ausbrüche von Rauch ꝛc., und sehr nahe dabey ist die bekannte Solfatara, eine ganz schweflichte und stets dampfende Gegend. Die bösen Wetter der Bergwerke löschen die Grubenlichter aus, und ersticken bisweilen die Arbeiter, die ihnen zu nahe kommen. Sie legen sich auf den Boden oder auf das Liegende, so wie die brennbaren Dämpfe am Hangenden schweben. Von eben dieser Art sind die erstickenden Schwaben in den Kellern, wo Bier oder Most gährt.

In den Gesundbrunnen befindet sich viel fixe Luft, s. Gesundbrunnen, welche oft auch als eine Schicht über der Oberfläche ihrer Quellen schwebet. Sie giebt sowohl ihnen, als den abgegohrnen Liquoren, welche noch immer viel fixe Luft enthalten, den angenehmen stechenden Geschmack; daher man schale Biere oder Weine durch zugesetzte fixe Luft oder durch Vermischung mit jungem gährendem Biere oder Moste wieder herstellen kan. Darauf gründet sich auch die Verbesserung des sauren Biers durch Kreide, die die Säure absorbirt, und durch ihre frey werdende fixe Luft den Geschmack wieder erhebt.

Endlich macht auch die fixe Luft einen Bestandtheil der Atmosphäre aus, der jedoch vielleicht nur zufällig ist, und insgemein etwa $\frac{1}{72}$ des Ganzen beträgt; so wie sie sich auch in der Luft, die wir ausathmen, in ziemlicher Menge findet.

Die fire Luft ist nach Bergmann im Verhältniße 3:
2, nach Lavoisier im Verhältniße 561: 455, specifisch
schwerer, als die atmosphärische, und sinkt daher in der letz=
tern zu Boden.   Dies giebt Gelegenheit zu sehr artigen
Versuchen, dergleichen der Dúc de Chaulnes (Mém. des
Sav. étrangers 1778.) vor der Pariser Akademie angestellt
hat.   Man kan nemlich die unsichtbare fire Luft aus einem
Gefäße in ein anderes, wie Waffer oder wie jedes sichtbare
Fluidum, ausgießen, und dadurch ein Licht auslöschen, eine
Maus tödten u. f. w.   Man gießt dem Augenscheine nach
Nichts aus einem Becher, worinn Nichts ist, in einen an=
dern, worinn auch Nichts ist, mit vieler Vorsicht, Nichts
zu verschütten, und kan doch dadurch Thiere tödten, Lichter
auslöschen, Salze krystallisiren u. dgl.   Will man die fire
Luft sichtbar machen, so darf man nur den Dampf einer
Kerze hineingehen laffen, den sie in sich behält.   Alsdann
sieht man die glatte Oberfläche, an der sie sich von der ge=
meinen Luft über ihr scheidet, und welche wellenförmig wird,
wenn man darauf bläset.   Treibt man diesen in firer Luft
schwebenden Dampf über den Rand des Gefäßes hinaus,
so läuft er an den Seiten hinunter.

Diese Gasart löscht das Feuer schnell aus, und zieht
den Dampf der Kerzen stark an sich.   Sie ist untauglich
zum Athmen, und Thiere können darinn nicht fortleben.
Die warmblütigen sterben am schnellsten, später die Amphi=
bien, die Insecten werden nur halb getödtet, die Irritabi=
lität wird schnell vernichtet, und das noch warme Herz eines
so getödteten Thiers zeigt keine Bewegung mehr.

Die fire Luft wird vom kalten Waffer völlig einge=
schluckt, jedoch nicht so schnell, daß man sie nicht mit Waf=
fer in Gefäße einschließen und eine Zeitlang darinn aufbe=
wahren könnte.   Nach Bergmann verschluckt das Waffer
bey 41 Grad Temperatur nach Fahrenheit etwas mehr da=
von, als sein eigen Volumen austrägt; bey 50 Grad Tem=
peratur kaum ein gleiches Volumen, und so immer weniger,
je heißer es ist.   Ganz heißes Waffer nimmt gar keine fire
Luft in sich; man kan daher diese Luft durch Kochen, aber
auch durch die Luftpumpe und durchs Gefrieren, wieder aus

dem Waſſer treiben. Das Schütteln befördert die Auflö=
ſung der Luftſäure im Waſſer. Es bleibt aber dabey alle=
zeit ein Rückſtand übrig, den das Waſſer nicht auflöſet, und
der aus verdorbner oder phlogiſtiſirter Luft beſtehet. Durch
die Imprägnation des Waſſers mit fixer Luft entſteht das
künſtliche Sauerwaſſer, oder luftſäurehaltige Waſ=
ſer (aqua aërata), das die Sauerbrunnen nachahmt, von
deſſen Bereitung man den Artikel: Parkeriſche Maſchi=
ne nachſehen kan.

Die fixe Luft iſt eine wahre Säure. Sie färbt nach
Bergmanns genauen Verſuchen (Schwed. Abhdl. v. 1773
und De acido aëreo §. VI.) die Lakmustinctur roth, ändert
aber, weil ſie ſehr ſchwach iſt, die Farbe des Veilchenſy=
rups nicht, wodurch Prieſtley anfänglich bewogen ward,
ihre ſaure Natur in Zweifel zu ziehen. Allein ſie giebt doch
dem Veilchenſyrup, wenn ihn Laugenſalze grün gefärbt ha=
ben, ſeine blaue Farbe wieder; und überdies beweiſet der
ſaure Geſchmack des mit ihr imprägnirten Waſſers, und
ihr Verhalten gegen die Laugenſalze und Erden zur Gnüge,
daß ſie eine wahre Säure ſey. Nach Herrn Achards
Verſuchen (Chym. phyſ. Schriften, S. 37. u. f.) können
auch in dem mit ihr imprägnirten Waſſer alle Metalle auf=
gelöſet werden; das Eiſen löſet ſich darinn ſehr leicht auf.

Die Pflanzen gedeihen nach Prieſtley's Verſuchen
nicht in ihr, ob ſie gleich, wie D. Ingenhouß (Verſuche
mit Pflanzen ꝛc.) gezeigt hat, im luftſauren Waſſer ſehr
gut vegetiren, und die Säure aus demſelben in ſich nehmen.

Die Erſcheinungen, welche die Kalkerden und Laugen=
ſalze bey ihrer Verbindung mit der Luftſäure zeigen, ſind
ſo merkwürdig, und für die chymiſchen Unterſuchungen ſo
wichtig, daß ſie umſtändlich angeführt zu werden verdie=
nen. I. Wenn Kalkerden und Laugenſalze in ihrem ge=
wöhnlichen Zuſtande mit Säuren vermiſcht werden, ſo ent=
ſteht ein Aufbrauſen, und es wird dadurch eine große Men=
ge Luftſäure entwickelt. II. Die Kalkerden und Laugenſalze
halten ſonſt die fixe Luft ſehr feſt an ſich. Es gehört z. B.
ein ſtarkes Feuer dazu, dieſe Luftgattung aus der Magneſia
zu treiben; und Kalkerden, aus denen man ſchon eine

Menge davon durchs Feuer entwickelt hat, geben immer
noch mehr, wenn man Säuren darauf gießt. Die Säuren
aber treiben auf einmal alle fixe Luft heraus. III. Die sonst
im Wasser unauflöslichen Kalkerden lösen sich darinn auf,
sobald sie ihre fixe Luft verlohren haben. So ist der Kalk=
stein oder **rohe Kalk** im Wasser unauflöslich; hingegen
der lebendige, d. i. seiner fixen Luft beraubte Kalk löset
sich darinn auf und giebt dadurch das sogenannte **Kalkwas=
ser.** Setzt man diese Substanzen wieder in Stand, fixe
Luft anzunehmen, so verlieren sie die Auflöslichkeit im Was=
ser aufs neue. Wird z. B. Kalkwasser der fixen Luft aus=
gesetzt, so absorbirt der Kalk diese Luft, schlägt sich dadurch
aus dem Wasser nieder, und macht das vorher helle Kalk=
wasser trüb. Dieser Niederschlag ist wiederum **roher Kalk.**
Vermischt man das Kalkwasser mit Weingeist, so schlägt
dieser zwar auch den Kalk nieder, aber dieses Präcipitat ist
noch **lebendiger Kalk**: denn hier ist der Niederschlag
durch Verbindung des Weingeists mit dem Wasser gesche=
hen, und keine fixe Luft hinzugekommen. IV. Die Lau=
gensalze werden, wenn sie ihre fixe Luft verlieren, kräftigere
Auflösungsmittel und weit mehr kaustisch, aber unfähig
zur Krystallisation und zum Aufbrausen mit Säuren.
Giebt man ihnen aber, so wie den kaustischen Erden, ihre
fixe Luft wieder, so werden sie mild, brausen mit den Säu=
ren, werden schwerer, der Krystallisation fähig u. s. w.
Daher schießt z. B. das Weinsteinöl, so bald man fixe
Luft dazu bringt, in Krystallen an.

Dies sind Entdeckungen eines scharfsinnigen Naturfor=
schers, des D. **Black** in Edinburgh (Exp. on Magnesia
alba etc. in den Essays and observations read before a Society in Edinburgh Vol. II. p. 157.), welcher die Benen=
nungen der milden und kaustischen Laugensalze zuerst ein=
führte, und auf seine Erfahrungen eine sinnreiche Theorie
baute, s. **Kausticität.** Eben derselbe hat auch zuerst be=
merkt, daß, wenn man die Metalle aus ihren Auflösungen
in Säuren durch ein mildes Alkali oder durch eine Kalkerde
niederschlägt, sich die fixe Luft von dem Alkali trenne und
mit dem Niederschlage verbinde.

Diese und andere Erscheinungen, welche keiner andern Säure, ausser der fixen Luft zukommen, machen, daß man diese Luftgattung mit Bergmann für eine eigne Säure (acidum sui generis), die sich von allen übrigen unterscheidet, halten muß. Als D. Priestley zuerst anfieng, die Lehre von den Luftgattungen aufzuklären, glaubten einige, der saure Geschmack des mit fixer Luft imprägnirten Wassers komme von einem Theile der Vitriolsäure her, welche man zur Entwicklung der Luft gebraucht habe, und von welcher etwas mit in dieselbe übergegangen sey. Aber der Geschmack des luftsauren Wassers, der von dem Geschmacke des mit Vitriolsäure tingirten ganz verschieden ist, und die Versuche mit fixer Luft, welche durch Feuer aus der edinburgischen Magnesia ohne alle Vitriolsäure gezogen war, und dennoch dem Wasser eben diesen Geschmack gab, auch die Lakmustinctur röthete, widerlegten dieses Vorgeben bald. Bewley bewieß auch durch entscheidende Versuche (Priestley Versuche und Beob. B. II. im Anhange Num. 1.), daß diese Säure der fixen Luft nicht blos beygemischt sey, weil alkalische Auflösungen aus dieser Luft nicht blos den sauren Theil hinwegnahmen, sondern die ganze Luft einschluckten. Auch war alle Mühe, sie mit irgend einer der bekannten Säuren zu vergleichen, vergeblich, und Bewley sahe sich genöthiget, sie mit Bergmann für eine besondere Säure zu erklären, daher er ihr denn auch den eignen Namen der mephitischen Säure beylegte.

Andere, z. B. Sage, haben diese Luftsäure für eine Salzsäure halten wollen, welche durch die Digestion über Sand mit Oel getränkt flüchtig geworden sey. Allein der Düc de Chaulnes und Herr Achard (Chym. physik. Schriften S. 305—328.) haben bewiesen, daß die nach Sage's Art behandelte Salzsäure fast in keiner Eigenschaft mit der Luftsäure übereinstimme.

Viele Chymisten, unter andern Macquer, sind geneigt, die fixe Luft für eine aus reiner Luft und Feuermaterie oder Phlogiston zusammengesetzte Substanz zu erklären, so daß die phlogistisirte Luft gleichsam zwischen der reinen und der fixen oder vollkommen mephitischen das Mittel hal-

ten soll. Sie führen zum Beweise an, daß sich die im Waſſer geſchüttelte fixe Luft zuerſt der phlogiſtiſirten nähere, endlich aber der Natur der reinen Luft nahe komme. Prieſtley hingegen hat im vierten Bande ſeiner Verſuche (Sect.
XXXIX. no. 9.) dieſer Behauptung mit Recht widerſprochen, und geäuſſert, daß man eher die fixe Luft für das
Mittel zwiſchen phlogiſtiſirter und reiner erklären könne.
Eine blos durch Brennbares verdorbne Luft, ſagt er, zeigt
keine Eigenſchaften einer Säure, iſt leichter als reine Luft,
und verbindet ſich nicht gern mit dem Waſſer; die fixe Luft
hingegen hat gerade die entgegengeſetzten Eigenſchaften.
Auch kan man nie phlogiſtiſirte Luft durch mehrern Zuſatz
von Brennbarem in fixe verwandlen.

Scheele (Von Luft und Feuer §. 93.) kehrt dieſe Stu-
fenleiter ganz um, erklärt die Luftſäure für leer von Phlogiſton, die verdorbene Luft für phlogiſtiſch, und die Feuerluft
für eine mit Phlogiſton geſättigte Luftſäure. Er gründet
dies hauptſächlich auf den falſchen Wahn, daß die brennt a-
re Luft durchs Athmen vom Phlogiſton befreyt werde, daß
alſo beym Athmen Phlogiſton in den Körper komme. Da
nun beym Ausathmen Luftſäure mit ausgehet, ſo ſollte dieſelbe eine ganz vom Brennbaren befreyte Luft ſeyn. Wenn
aber die durchs Ausathmen verdorbne Luft gleiche Eigenſchaften mit der hat, die durch Verbrennung und Fäulniß
verdorben iſt, ſo muß ſie wohl auch auf einerley Art mit
der letztern, d. i. durch Annehmung, nicht durch Entziehung
des Brennbaren, verdorben worden ſeyn.

Fontana (Phyſiſche Unterſ. über die Natur der Salpeterluft, der vom Brennbaren beraubten und der fixen
Luft, Wien, 1777. 8.) tritt Macquers Meinung bey, und
führt noch als einen neuen Beweis an, wenn man Metallkalke ohne Zuſatz von Phlogiſton in verſchloßenen Gefäßen
dem Feuer ausſetze, ſo erhalte man bald fixe, bald phlogiſtiſirte, bald reine Luft; nehme man aber Phlogiſton hinzu, ſo erzeuge ſich bey der Reduction blos fixe Luft. Eben
dies hat Lavoiſier (Mém. de Paris 1775 und in Crells
chem. Journal Th. V. S. 125 — 132.) noch durch mehrere
Verſuche zu beſtätigen geſucht, ob er gleich, da er kein Phlo-

Cc

giſton annimmt, ſich anders hierüber ausdrückt, und die Erzeugung aus Entziehung der reinen Luft herleitet. Ueberhaupt wird man bey allen phlogiſtiſchen Proceſſen fixe Luft, mehr oder weniger, finden; und die Frage iſt eigentlich: Ob dieſelbe durch Verbindung der reinen Luft mit dem Phlogiſton erzeugt, oder ob ſie aus der gemeinen Luft durch das Phlogiſton vermittelſt einer Zerſetzung niedergeſchlagen werde. Macquer, Fontana und Lavoiſier nehmen das erſtere oder die Erzeugung, Prieſtley das letztere oder den Niederſchlag an, welches darum wahrſcheinlicher iſt, weil es die oben angeführten Gründe für ſich hat, die Verſuche mit den Metallkalken aber ſich auf beyderley Art erklären laſſen. Seitdem die eigne ſaure Natur der fixen Luft auſſer Zweifel geſetzt iſt, fällt es auch ſehr ſchwer, ſich dieſelbe als eine phlogiſtiſirte Luft vorzuſtellen.

Nach Prieſtley's letztern Vermuthungen (Exp. and Obſ. Vol. IV. Sect. XXXV. no. I. p. 388.) ſoll die fixe Luft eine zubereitete (factitious) Subſtanz, eine Modification der Vitriol= und Salpeterſäure ſeyn, weil er aus dem Weingeiſte, einer Materie, die nach ihm offenbar keine fixe Luft enthält, durch Deſtillation mit dieſen beyden Säuren dennoch fixe Luft ziehen konnte. Es flieſſen aber in ſeine Schlüſſe willführliche Vorausſetzungen ein, und die Reinigkeit der Säure, ſo wie die Beſchaffenheit der erhaltenen Luft, müſte bey ſo feiren Verſuchen, als dieſe ſind, erſt noch ſorgfältiger geprüft werden.

Man wird aus dem bisherigen leicht ſehen, daß es noch zu frühzeitig iſt, über das Weſen und den eigentlichen Urſprung der Luftſäure völlig zu entſcheiden. Entweder macht ſie als eine eigne Säure einen Grundbeſtandtheil der reinen und alſo auch der gemeinen Luft aus, und wird durch das Phlogiſton aus derſelben niedergeſchlagen, oder ſie iſt ſelbſt aus höchſt reiner Luft und Phlogiſton zuſammengeſetzt. Die neuſten Muthmaßungen, daß das Waſſer aus brennbarer und reiner Luft beſtehe, daß die brennbare Luft das Phlogiſton ſelbſt, und die reinſte Luft ein Waſſer in Luftgeſtalt ſey, (ſ. **Gas**, dephlogiſtiſirtes, **Gas**, brennbares, **Waſſer**) ſcheinen doch mit der erſtern Hypotheſe beſſer, als mit der letztern übereinzustimmen. Nach der erstern wäre die Luftsäure ein Bestandtheil der reinen vom Phlogiston ganz leeren Luft, würde durchs Brennbare daraus geschieden, und die reine Luft, wenn sie durch die allzu große Menge des Phlogistons zngleich ihr gebundenes Feuer verlöhre, erzeugte Wasser: nach der letztern aber wären Wasser und Luftsäure aus einerley Bestandtheilen, nemlich aus reiner Luft und Phlogiston, zusammengesetzt, welches doch kaum anzunehmen seyn möchte.

Fontana (Journal de physique 1778.) sucht alle thierische und vegetabilische Säuren blos von der in den Körpern enthaltenen großen Menge von fixer Luft herzuleiten. Seine Versuche zeigen wenigstens, daß sehr viele Substanzen des Thier- und Pflanzenreichs ihre Säure verlieren, wenn man ihnen die fixe Luft nimmt, und daß sie bey jedem Verlust der Säure fixe Luft geben. Dadurch wird es auch zweifelhaft, ob bey der Verbrennung die fixe Luft aus der Atmosphäre oder aus dem brennenden Körper komme.

Die Anwendungen, welche man von den neuern Entdeckungen über die Luftsäure gemacht hat, bestehen außer der Nachahmung der Sauerbrunnen (s. Gesundbrunnen, Parkerische Maschine) hauptsächlich in ihrem Gebrauche bey faulen Krankheiten, z. B. Scorbut, Krebsschäden, Geschwüren, bösen Hälsen, bösartigen Pocken, Faulfiebern, Blasensteinen und andern steinigten Concretionen. Sie gründen sich theils auf die fäulnißwidrige, theils auf die auflösende Eigenschaft dieser Luftgattung. Die erste ist so groß, daß man das Fleisch und die Früchte in ihr sehr lange Zeit vor der Fäulniß bewahren kan. Sie wird an den Körper entweder äusserlich angebracht, indem man sie aus einer Blase durch die Oefnung eines trichterförmigen gläsernen Gefäßes ausdrückt und an den leidenden Theil strömen läst, oder sie wird innerlich als ein Klystir gegeben, wobey man keine Aufblähung fürchten darf, weil sie von den Säften des Körpers sehr leicht absorbirt wird. Bewley räth auch das mit fixer Luft imprägnirte feuerfeste Laugensalz als ein sehr brauchbares Arzneymittel an; und D. Hulme schreibt vor, eine laugenartige Mixtur und gleich dar-

auf sehr verdünnten Vitriolgeist zu nehmen, damit die Luft=
säure im Körper selbst entwickelt werde. Diese Mittel und
der Gebrauch der künstlichen Sauerbrunnen sind bey äusser=
lichen und innern faulen Schäden und Krankheiten sehr zu
empfehlen. D. *Warren* (in *Priestley's* Exp. and Obſ.
Vol. II. p. 377.), *Percival* (Medical Eſſays) und *Dob=
son* (Medical Commentary on fixed air), führen viele
Beyspiele glücklich verrichteter Heilungen von dieser Art an.

Was den Blasenstein betrift, so hat *Priestley* erwie=
sen, daß die fire Luft, die sich aus den Speisen entwickelt,
durch den Urin abgeführt werde, aus dem sich durch die
Hitze fire Luft entbindet und dabey einen kalkartigen Boden=
satz bewirkt, woraus er sehr richtig schloß, daß diese Gas=
art, durch das Trinken des damit imprägnirten Waſſers
den Blasenstein auflösen könnte, welches auch D. *Perci=
val* (*Priestley's* Exp. and Obſ. Vol. II. Append. no. 2.)
durch die Erfahrung bestätiget fand.

Gas, nitröses, ſ. Gas, ſalpeterartiges.

Gas, phlogiſtiſirtes, phlogiſtiſirte oder phlo=
giſtiſche Luft, verdorbne Luft (Scheele) unreine
Luft, Stickluft, Gas phlogiſticatum, Aër phlogiſtica-
tus, vitiatus, Mephitis aëris phlogiſtica, *Gas ou Air
phlogiſtiqué.* Diejenige nicht respirable und mit Waſſer
nicht mischbare Gasart, in welche sich die gemeine Luft durch
jeden phlogiſtiſchen Proceß verwandlet. Man nennt nem=
lich einen phlogiſtiſchen Proceß jedes Verfahren der
Natur oder Kunſt, wobey das vorher in den Körpern ge=
bundene Phlogiſton frey gemacht und mit der Luft verbun=
den wird, z. B. die Verbrennung, Fäulniß, das Athmen,
u. dgl. Es war zwar längſt vor *Priestley* bekannt, daß
die Luft durch dergleichen Vorgänge vermindert und verdor=
ben werde; inzwischen haben wir doch diesem verdienſtvollen
Naturforscher die genauere Kenntniß der phlogiſtiſirten Luft
einzig und allein zu verdanken.

Man kan die Wirkungen des Phlogiſtiſirens am leicht=
ſten bey der Verbrennung bemerken. Man setze z. B.
eine brennende Kerze auf einem Leuchter in eine Schüſſel

mit Waſſer A G H B, Taf. X. Fig. 57. und ſtürze die um²
gekehrte gläſerne Glocke F G E H darüber, in der das Waſ⸗
ſer inwendig bey I K eben ſo hoch, als auswendig in der Schüſ⸗
ſel, ſtehen wird. Binnen wenig Minuten wird die Licht⸗
flamme allmählig immer ſchwächer werden, und endlich ver⸗
löſchen; das Waſſer im Cylinder aber wird dabey immer
höher hinaufſteigen, und endlich bey C D ſtehen bleiben.
Dies beweiſet, daß die Luft über dem Waſſer verdorben,
und zu fernerer Unterhaltung des Feuers untauglich gewor⸗
den ſey, und daß ſich zugleich ihr anfängliches Volumen
F E K I bis auf die Größe F E D C zuſammengezogen oder
vermindert habe.

Um die Größe dieſer Verminderung genau zu meſſen,
muß man ſich eines Cylinders bedienen, welcher oben bey
F E mit einem Glasſtöpſel verſchloßen werden kan. Auf
ein in der Schüſſel ſtehendes Fußgeſtell legt man dann et⸗
was Kunkelſchen Phosphorus, ſtürzt den Cylinder offen
darüber, verſtopft ihn alsdann erſt genau, und bemerkt ſich
durch ein Zeichen, die Stelle des Cylinders, an welcher die
Waſſerfläche ſteht. Hierauf zündet man den Phosphorus
durch ein Brennglas an; er bricht in eine ſtarke Flamme
aus, und verbrennt mit vielem weißen Dampfe. Anfangs
wird zwar das Waſſer von der erhitzten Luft heruntergedrückt,
bald aber ſteigt es wieder, und ſteht nach dem Verlöſchen
des Phosphorus weit höher, als das bemerkte Zeichen. So
hat man gefunden, daß durch jeden Gran des verbrannten
Phosphorus 3 Cubikzoll atmosphäriſche Luft verlohren gehen,
und daß überhaupt die gemeine Luft höchſtens um ihren vier⸗
ten Theil vermindert werden kan. Ueber dieſe Verminde⸗
rung hat man ſchon Verſuche von Mayow und Hales;
die neuern aber ſind von Prieſtley (Exp. and Obſ. Vol. I.)
und Lavoiſier (Opuſc. phyſiques et chym. à Paris 1774.
8. p. 374.) angeſtellt worden.

Die verminderte Luft ſelbſt iſt ſpecifiſch leichter, als die
gemeine, vermiſcht ſich mit dieſer leicht, mit dem Waſſer
aber gar nicht. Sie färbt die Lakmustinctur nicht, trübt
auch das Kalkwaſſer nicht. Thiere ſterben und Lichter ver⸗
löſchen ſchnell in ihr; die Pflanzen aber gedeihen in derſel⸗

ben, benehmen ihr die schlimmen Eigenschaften, und machen sie der reinen Luft ähnlicher. Sie heißt durch Verbrennung phlogistisirte Luft. Bey genauerer Untersuchung findet man allezeit etwas fixe Luft dabey, von der
es ungewiß ist, ob sie aus dem brennenden Körper oder
aus der gemeinen Luft gekommen, ingleichen, ob sie schon
vorher vorhanden gewesen, oder durch die Verbrennung erst
entstanden sey.

Ein anderer phlogistischer Proceß ist das Athmen der
Thiere, s. Athmen. Wenn man eine Maus, Taube rc.
in ein verschloßnes in Wasser umgestürztes Gefäß setzt, so
lebt das Thier nur noch eine kurze Zeit, deren Dauer sich
nach der Menge der eingeschloßnen Luft richtet, und stirbt
endlich unter Zuckungen und Beklemmung. Die Luft wird
dabey ebenfalls bisweilen um $\frac{1}{7}$ oder $\frac{1}{5}$ vermindert, und wenn
man in diese verdorbene Luft ein anderes Thier bringt, so
stirbt es darinn augenblicklich. Diese verdorbene Luft löscht
die Lichter aus, hat alle Kennzeichen der durch Verbrennung
phlogistisirten Luft, und führt fixe Luft in ziemlicher Menge
bey sich. Die Verminderung der Luft durch das Athmen
hat Boyle zuerst bemerkt.

In der durchs Athmen phlogistisirten Luft leben die
Thiere etwas länger, wenn sie sich im obern Theile der Glocke aufhalten. Die Ursache mag wohl in der dabey erzeugten fixen Luft liegen, welche sich auf den Boden senkt, und
dadurch diese Gegend noch schädlicher für das thierische Leben
macht. Die Insecten aber können in der durch Athmen
oder Fäulniß verdorbnen Luft wohl leben.

Auch die Verkalkung der Metalle gehört zu den phlogistischen Processen, s. Verkalkung. Sie kan ohne Zutritt
der gemeinen Luft nicht bewirkt werden, und eine gegebne
Menge Luft reicht blos zu, eine bestimmte Quantität Metall in Kalk zu verwandeln. Die übrigbleibende verminderte Luft hat alle oben angeführte Kennzeichen der phlogistisirten, führt aber wenig oder gar keine fixe Luft bey sich,
welches den D. Priestley auf die Vermuthung brachte, daß
die fixe Luft in die Kalke übergehe und die Ursache der Vermehrung ihres Gewichts sey. Lavoisier (Opusc. phys.

et chym. P. II. ch. 5.) hat es durch die entscheidendsten Versuche auffer Zweifel gesetzt, daß bey der Verkalkung der Metalle elastische Materie eingesogen werde, und bey der Reduction wieder herausgehe. Diese eingesogne Luft scheint aber nach dem, was bey dem Worte: Gas, dephlogistisirtes, angeführt worden ist, eher dephlogistisirte, als fixe Luft zu seyn.

Auffer den angeführten phlogistischen Processen wird auch die Luft durch Schwefel, durch Kalk und Wasser, durch Kalk und Salmiak, durch Kalk und Säuren, durch Eisen mit flüchtigem Alkali, durch Kupfer mit flüchtigem Alkali, durch Bley mit Weineffig, durch Schwefelleber und andere Materien, durch die Vermischung mit nitröser Luft, durch das Abknallen der brennbaren, durch die Fäulniß thierischer und vegetabilischer Substanzen, u. f. w. ja sogar durch darinn geschütteltes Bley, Schrot oder Vogeldunst (s. Lichtenbergs Magazin B. III. St. I. S. 35. und *Rozier* Journal de physique. 1784. Oct.) verdorben, wobey meistens zugleich mehr oder weniger fixe Luft erzeugt wird.

Hiebey sind allezeit Verminderung und Verderbung der Luft unzertrennlich verbunden, so daß sich auch der Grad der Verminderung, wie der Grad der Verderbung, verhält, wenn nicht besondere Umstände Ausnahmen machen, wie z. B. bey den Kohlen, welche im Verlöschen die Luft einschlucken, und also eine stärkere Verminderung verursachen, als nach dem Grade der Phlogistication statt finden sollte. Boyle und die übrigen Naturforscher des vorigen Jahrhunderts erklärten diese Verminderung blos für eine Schwächung der Elasticität, wobey der gewöhnliche Druck der Atmosphäre die Luft in einen engern Raum zusammenpreffe. Daraus aber würde folgen, daß die verminderte Luft specifisch schwerer, als die gemeine, seyn müße, da man sie doch im Gegentheil specifisch leichter findet.

Es muß also die Verminderung des Volumens durch die Phlogistication eine andere Ursache haben. Diese kan nun entweder darinn liegen, daß ein Theil der Luft von der phlogistisirenden Substanz verschluckt wird, oder darinn, daß durch das Phlogiston der schwerere Theil der Luft, d. i.

die fire Luft, oder die schwere Substanz, welche in manchen Fällen fire Luft bildet, niedergeschlagen wird. Das letztere nahm Priestley an, ob er gleich selbst (Vol. I. p. 267.) bemerkt, daß es zur Erklärung nicht ganz hinreiche, weil auch solche Luftarten, die keine fire Luft enthalten, durch zugesetztes Phlogiston vermindert würden. Die Vergleichung der geringen Menge von niedergeschlagner Luftsäure mit der Größe der Verminderung selbst giebt auch wohl zu erkennen, daß das Phänomen zwar zum Theil, aber doch nicht ganz aus dieser Ursache könne hergeleitet werden. Lavoisier hat sich durch diese Schwierigkeiten bewogen gefunden, gar kein Phlogiston anzunehmen, und die phlogistischen Processe durch die Zersetzung der reinen Luft, und die Einschluckung ihres Grundtheils in die Körper zu erklären, wobey nur der verdorbene Theil der Luft übrig bleibe.

Einige sind darauf gefallen, diese Verminderung des Volumens, welche zugleich mit Verminderung des absoluten Gewichts begleitet ist, aus einer angenommenen absoluten Leichtigkeit des Phlogistons zu erklären. Aber der Begrif von absoluter Leichtigkeit streitet wider alle Grundsätze der Physik, nach welchen jede Materie schwer ist (s. Gravitation), und keine Substanz gefunden werden kan, die durch ihr Hinzukommen das absolute Gewicht der Körper vermindern könnte. Vielmehr zeigt die Abnahme des Volumens, begleitet mit Abnahme des Gewichts, nothwendig einen Verlust materieller Theile an.

Die neusten Untersuchungen hierüber, welche von Cavendish angestellt, und in den Philosophischen Transactionen vom J. 1784 bekannt gemacht worden sind (s. Lichtenbergs Magazin für das Neuste zc. III. B. 3 St. S. 39. u. f.), scheinen es ausser Zweifel zu setzen, daß die Verminderung beym Phlogistisiren durch die Verwandlung des reinsten Theils der Luft in Wasser bewirkt werde, wobey nur der unreinere Theil zurückbleibt. Man sollte dem zu Folge nicht sagen, die Luft werde phlogistisirt, sondern vielmehr, sie werde ihres dephlogistisirten Theils beraubt.

Man findet die Luft auch phlogistisirt, wenn ein elektrischer Funken zu wiederholtenmalen durch dieselbe gegangen ist, s. Gas, atmosphärisches. Priestley schloß daraus, daß die elektrische Materie entweder Phlogiston sey, oder doch dergleichen enthalte; Fontana aber machte durch Versuche wahrscheinlich, daß das Phlogiston aus dem zur Vorrichtung gebrauchten Kütt gekommen sey. Cavendish hat endlich bey seinen neusten Versuchen über die phlogistisirte Luft entscheidend bewiesen, daß die hiebey entstehende Verminderung von der aus der phlogistisirten Luft entstandenen Salpetersäure bewirkt werde.

Durch Schütteln im Wasser wird die völlig phlogistisirte Luft so weit verbessert, daß sie wieder zum Athmen tauglich ist, und von der nitrösen Luft vermindert wird, ob sie gleich noch immer Lichter auslöschet.

Die Natur der phlogistisirten Luft ist noch immer sehr räthselhaft. Es schien anfänglich am natürlichsten, sie für ein Gemisch von reiner Luft und Phlogiston zu erklären, allein die Phänomene, besonders die so merkwürdige Erscheinung der Verminderung des Volumens und des Gewichts beym Phlogistisiren der respirablen Luft, zeigten bald, daß man mit dieser Erklärung allein nicht ausreiche. Daher haben Scheele und Lavoisier die dephlogistisirte und phlogistisirte Luft als zwo vollkommen verschiedene Substanzen, und die gemeine Luft als ein Gemisch aus beyden angesehen. Unter dieser Voraussetzung läßt sich die Verminderung aus einer Zersetzung der respirablen Luft, wobey der reinere Theil sich in Wasser verwandlet, oder vom phlogistisirenden Körper verschluckt wird, und blos der unreinere oder irrespirable Theil übrig bleibt, sehr wohl erklären.

Die Naturforscher, welche dieses System annahmen, hielten dem zufolge die phlogistisirte Luft für einen einfachen in der gemeinen Luft anzutreffenden Grundstof. Die neuern Versuche des Herrn Cavendish aber (Philos. Trans. 1784. und in Lichtenbergs Magazin für das Neuste 2c. B. III. St. 3. S. 39. u. f.) scheinen darauf zu führen, daß man diese in der Atmosphäre enthaltene phlogistisirte Luft für eine Zusammensetzung aus Salpetersäure und Phlogiston halten müße. Cavendish fand nemlich, daß beym Verpuffen brennbarer und dephlogistisirter Luft in verschloßnen Gefäßen,

das daraus erzeugte Wasser einen sauren Geschmack hatte,
und mit firem Alkali gesättigt nach dem Abdampfen einen
wahren Salpeter gab. Dies geschahe auch, wenn gleich
zur Bereitung der reinen Luft nicht Salpetersäure, sondern
Vitriolöl gebraucht worden war. So giebt auch der Sal=
peter mit Kohlen verpuft, und die Salpetersäure, wenn
sie in hohem Grade phlogistisirt wird, fast lauter phlogisti=
sirte Luft.

Cavendish verpuffte ferner 18500 Gran=Maaße ent=
zündbare Luft mit 9750 dephlogistisirter aus rothem Präci=
pitat; bey einem zweyten Versuche setzte er jenem Gemische
noch 2500 Gran=Maaße Luft zu, die durch Eisenfeile und
Schwefel phlogistisirt worden war. Das entstandne Was=
ser war in beyden Versuchen sauer, allein im letztern offen=
bar weit stärker, als im erstern, daß also die phlogistisirte
Luft unstreitig die Säure hergegeben hatte. Endlich fand
er bey Fortsetzung der Versuche, daß aus einem Gemische
von 7 Theilen dephlogistisirter Luft, die ohne Salpetersäure
bereitet war, und 3 Theilen phlogistisirter, durch den elek=
trischen Funken Salpetersäure erhalten ward, woraus er
entscheidend folgert, daß die in der Atmosphäre befindliche
phlogistisirte Luft nichts anders, als eine mit Phlogiston
gesättigte Salpetersäure sey.

Priestley findet gegen diesen letztern Versuch keine Ein=
wendung zu machen, und erklärt ihn für eine der größten
Entdeckungen, die je in Rücksicht auf die Luft gemacht wor=
den sind. Inzwischen gesteht er doch, nicht recht zu wissen,
wie er sich die Versuche erklären solle, bey welchen ohne al=
len Beytritt der Salpetersäure phlogistisirte Luft zum Vor=
schein kömmt, z. B. bey Erhitzung der Holzkohlen und des
rothen Präcipitats, bey Zersetzung der laugenartigen Luft
u. s. w. Sollte diese Luft eben so, wie die in der Atmo=
sphäre, in Salpetersäure umgeändert werden können, so
würde uns diese Erscheinung in große Verlegenheit setzen,
und wir würden die Elemente der Salpetersäure in Kör=
pern finden, worinn wir sie am wenigsten vermuthet hätten.
Vielleicht würde die Schwierigkeit einigermaßen gehoben,
wenn man annähme, daß die dephlogistisirte Luft den sauren

Grundſtof barreiche, die phlogiſtiſirte aber aus der Baſis der Salpeterſäure, d. i. aus dem dephlogiſtiſirten Salpe=terdunſte und dem Phlogiſton beſtünde. Doch dies ſind Muthmaßungen, über deren Richtigkeit blos fortgeſetzte Verſuche eine Entſcheidung gewähren können.

Von der Beſtimmung des Grades der Phlogiſtication der Luft ſ. die Worte: **Eudiometer, Gas, atmoſphä=riſches.**

Gas, phosphoriſches, Phosphorluft, Gas phos-phoricum, Mephitis phoſphorica, *Air ou Gas phoſpho-rique.* **Gengembre** (Mém. de l'Acad. des Sc. à Paris, 1785.) beſchreibt eine Luft, die er bey der Auflöſung des Harnphoſphors in ätzenden feuerfeſten Laugenſalzen, auch ſogar, wiewohl nur wenig, in Kalkmilch, erhielt, wenn er dieſe Auflöſung bey gelindem Feuer deſtillirte, und das über=gehende über Queckſilber auffieng. Sie riecht, wie faule Fiſche, und unterſcheidet ſich von allen andern brennbaren Luftarten dadurch, daß ſie ſich beym Zutritt zu gemeiner oder dephlogiſtiſirter, nicht ganz kalter Luft, mit einer Ex=ploſion und lebhaftem Lichte von ſelbſt entzündet. Als=dann riecht ſie, wie brennender Phosphorus, und macht das Waſſer, über dem ſie abbrennt, ſauer. Auch der übrige Theil brennt, wenn er angezündet wird. Ihre ſpecifiſche Schwere verhält ſich zu der der gemeinen Luft, wie 21:10, aber ihre eigentliche Beſchaffenheit iſt noch wenig unterſucht.

Gas, ſalpeterartiges, Salpetergas, ſalpe=terartige oder **Salpeterluft,** nitröſe Luft, Gas nitro-ſum, Aer nitroſus, Mephitis nitri phlogiſtica, *Gas ou Air nitreux.* Diejenige irreſpirable und mit Waſſer nicht miſchbare Gasart, welche man aus den Dämpfen der phlo=giſtiſirten Salpeterſäure durch die Wärme und Ausſchließ=ſung der gemeinen Luft erhält — ein phlogiſtiſcher Salpe=terdampf in Luftgeſtalt.

Schon **van Helmont** (De flatibus §. 67.) redet von einem Gas, das bey der Auflöſung des Silbers in Schei=dewaſſer (chryſulca) aufſteige, und die Gefäße zerſprenge.

Hales (Statical Essays Vol. I. p. 224 II. p. 208, Statik der Gewächse, Halle, 1747. 8. S. 128. 224.) kannte die Eigenschaften deſſelben ſchon genauer. Er zog es aus waltoner Kießen mit Scheidewaſſer, und fand, daß es mit gemeiner Luft vermiſcht einen orangefarbnen Dampf darſtellte, und daß dabey ein großer Theil der Luft verſchluckt ward. Dennoch haben die folgenden Chymiſten bis auf **Prieſtley** dieſe merkwürdige Beobachtung ganz überſehen. Dieſer aber, der ſie beym Leſen des **Hales** bemerkt hatte, ſprach darüber im Jahre 1772 mit **Cavendiſh**, welcher äuſſerte, die Röthe hänge wahrſcheinlich blos vom Salpetergeiſte ab, und man werde dieſe Luft auch aus andern Kießen, und ſelbſt aus Metallen, erhalten können. Hierauf ſtellte **Prieſtley** den Verſuch wirklich an, ſahe ihn am 4ten Junii 1772 zum erſtenmale gelingen, und gab der erhaltenen Gasart den Namen ſalpeterartige Luft (nitrous air.).

Die Salpeterſäure ſteigt, ſobald ſie ſich an der Luft mit dem Brennbaren verbindet, in rothen Dämpfen auf, die vom Waſſer leicht eingeſchluckt und wieder in eine wahre Salpeterſäure verwandlet werden. Dieſe Dämpfe zeigen ſich, ſobald man Scheidewaſſer auf Metalle, oder andere Phlogiſton enthaltende Subſtanzen gießt, und der rauchende Salpetergeiſt ſendet ſie an der Luft von ſelbſt aus. Sobald man aber hiebey den Zugang der Luft abſchneidet, ſo geht zwar die Auflöſung noch immer mit der vorigen Lebhaftigkeit fort, allein die Dämpfe verſchwinden. Statt ihrer ſteigt ein unſichtbares Gas in Blaſen auf, und füllt die dazu beſtimmten im Waſſer umgeſtürzten Gefäße. Je röther die Blaſen beym Aufſteigen noch ſind, je heftiger ſie hervorbrechen, und je mehr ſie im Waſſer Wolken bilden, deſto ſtärker wird die Salpeterluft, die hingegen nur ſchwach iſt, wenn ſie in hellen und durchſichtigen Blaſen hervorbricht. Dies ſind Entdeckungen des Abt **Fontana** (Ricerche fiſiche ſopra l'aria fiſſa etc. Firenze, 1774. Phyſiſche Unterſ. über die Natur der Salpeterluft, der vom Brennbaren beraubten Luft und der fixen Luft, überſ. von F. X. v. **Waſſerberg**. Wien, 1777. 8. S. 11. u. f.)

Die organiſchen Koͤrper des Thier- und Pflanzenreichs geben wegen der vielen Luftſaͤure, die ſie enthalten, keine reine Salpeterluft. Am beſten dienen alſo dazu die Metalle, vornehmlich Silber, Queckſilber und Kupfer. Das Eiſen giebt ſie zwar haͤufig und leicht, aber nicht immer von gleicher Guͤte. Am leichteſten iſt ſie zu erhalten, wenn man ſich der Taf. X. Fig. 35. vorgeſtellten Geraͤthſchaft bedienet, in die Flaſche F G Kupfer- oder Meſſingſpaͤne ſchuͤttet, und daruͤber ſoviel Waſſer, daß ſie gerade bedeckt werden, mit etwa halb ſoviel Salpeterſaͤure gießt.

Es geben aber alle metalliſche Subſtanzen Salpeterluft. Gold, Platina und Spießglaskoͤnig muͤſſen, da ſie ſich nicht in bloßer Salpeterſaͤure aufloͤſen, im Koͤnigswaſſer aufgeloͤſet werden. Das Bley giebt am wenigſten, und der Zink liefert meiſtentheils phlogiſtiſirte Luft. Sehr concentrirte Salpeterſaͤure entwickelt nicht einmal ſoviel Luft, als verduͤnnte, und erregt dabey eine allzuſtarke Hitze, welche die Gefaͤße leicht zerſprengt. Durch eine gelinde Waͤrme aber wird die Entbindung befoͤrdert, ſo wie durch eine große Oberflaͤche der metalliſchen Subſtanz, daher man ſpiralfoͤrmig gewundene Stuͤcken Kupferdrath mit Vortheil brauchen kan.

Die vegetabiliſchen Subſtanzen, z. B. arabiſches Gummi, Kampher, geſtoßne Kohlen, Gallaͤpfel, Weingeiſt, weſentliche Oele, geben zwar Salpeterluft, aber mit viel fixer und brennbarer vermiſcht; die thieriſchen hingegen bringen ſehr wenig Salpeterluft, und faſt lauter fixe, brennbare und phlogiſtiſirte.

Die Salpeterluft iſt, wie die gemeine, durchſichtig und ohne Farbe; auſſer daß ſie im Anfange der Entbindung bisweilen etwas roͤthlich oder truͤb ausſieht. So lange ſie die reſpirable Luft nicht beruͤhrt, zeigt ſie keine Spur einer Saͤure, hat weder Geruch noch Geſchmack, faͤrbt auch die Lakmustinktur und den Veilchenſyrup nicht. Zwar findet man an ihr gewoͤhnlich einen ſauren Geſchmack und den ſtarken Geruch der rauchenden Salpeterſaͤure; man muß aber bedenken, daß ſie vorher, ehe ſie die Naſe und den Gaumen erreicht, nothwendig durch atmoſphaͤriſche

Luft gehen muß, wodurch sie in rothe Dämpfe verwandlet wird. Fontana, der sie aus einer Federharzflasche in den von aller Luft ausgeleerten Mund zog, fand sie ganz ohne Geschmack.

Ihre specifische Schwere ist fast eben so groß, als die der gemeinen Luft. Beyde verhalten sich nach Priestley wie 716 : 717; nach Lasond wie 184 : 185; nach de la Metherie, wie 349 : 360; nach Fontana ist sie um etwas schwerer, als die gemeine, im Verhältniße 399 : 385.

Sie löscht die Lichter schnell aus, läst sich aber nach Priestley (Vol. III. p. 17.) durch Berührung mit Eisen in einen Zustand versetzen, in welchem sie die Verbrennung befördert, und den man durch Schütteln im Wasser ihr wieder benehmen kan. Bey einigen Entbindungsprocessen giebt es auch eine Periode, in welcher sie gleich in diesem Zustande übergeht. Sie tödtet die Thiere, sogar die Insecten, augenblicklich, verderbt auch die Pflanzen, welche in ihr verbleichen und zu Grunde gehen. Dennoch hat sie eine ungemein starke fäulnißwidrige Kraft, daher man Fleisch und Früchte sehr lange Zeit in ihr aufbewahren kan, ob sie gleich dadurch einen üblen Geruch und Geschmack bekommen. Sie trübt das Kalkwasser nicht, und macht die ätzenden Laugensalze nicht mild.

Durch die Berührung mit Wasser wird sie langsam zersetzt, und verliert nach 2 — 3 Monaten ihre ganze Wirksamkeit. Wenn im Wasser noch respirable Luft befindlich ist, so erfolgt diese Zersetzung schneller. Durch Schütteln nimmt das von Luft gereinigte Wasser ohngefähr soviel Salpeterluft in sich, als den zehnten Theil seines Volumens beträgt, welche durchs Kochen oder Gefrieren wieder herausgetrieben werden kan. Das mit Salpeterluft imprägnirte Wasser hat sehr wenig Säure, wenn es aber mit gemeiner Luft in Berührung kömmt, so wird die Salpeterluft darinn zersetzt, und das Wasser imprägnirt sich mit der Salpetersäure. Man kan dies durch Aussetzung von Salpeterluft an das Wasser in Berührung mit gemeiner Luft so weit treiben, daß das Wasser ganz blau und ein wahres Scheidewasser wird.

Die Salpeterluft wird noch von vielen andern Sub=
stanzen aller drey Naturreiche absorbirt und zersetzt, wor=
über sich in Priestley's Werke sehr viele und merkwürdige
Beobachtungen finden. Sobald sie nemlich eine Sub=
stanz antrift, welche ihr Phlogiston oder ihre Säure an=
zieht, so wird sie zersetzt, und der nicht angezogne Bestand=
theil kömmt dadurch in Freyheit. Dies zeigt, daß ihre
Bestandtheile nur sehr schwach zusammenhängen.

Das wichtigste und auffallendste Phänomen der Sal=
peterluft aber ist ihre Verminderung oder Zersetzung
durch die respirabeln Luftgattungen. Läst man nemlich un=
ter einen Glascylinder, in welchem Salpeterluft über Was=
ser stehet, atmosphärische Luft treten, so entsteht augen=
blicklich eine Röthe, die Salpeterluft verläßt ihren luftför=
migen Zustand, und verwandelt sich in rothen Salpeter=
dampf; es entsteht einige Wärme, das Wasser steigt in
dem Cylinder in die Höhe, verschluckt die Dämpfe, und
wird zu einer wahren verdünnten Salpetersäure. Bringt
man auf diese Art soviel atmosphärische Luft hinzu, bis sich
keine rothen Dämpfe mehr zeigen, oder bis die Salpeter=
luft ganz zerstört ist, so nimmt die übrigbleibende Luft nicht
einmal soviel Raum ein, als die angewendete atmosphäri=
sche Luft allein einnehmen sollte, und es scheint also selbst
ein Theil von dieser verlohren zu gehen. Dieser Rückstand
ist wahre phlogistisirte Luft, von eben der Art, als die
durchs Verbrennen erzeugte, mit einer sehr geringen Quan=
tität fixer Luft.

Es läst sich über die zur Sättigung nöthigen Quanti=
täten wegen der verschiednen Güte der Luftgattungen nichts
gewisses bestimmen; aber im Durchschnitt genommen sind
nach Lavoisier zu einer völligen Sättigung 16 Theile ge=
meine und $7\frac{1}{3}$ Theil nitröse Luft nöthig, und es verschwin=
det hiebey die ganze nitröse und ein Viertheil der gemeinen
Luft.

Nimmt man statt der gemeinen, dephlogistisirte Luft,
so ist die rothe Farbe weit stärker, die Erwärmung beträcht=
licher, und die Verminderung weit schneller und ausneh=
mend groß. Man braucht nach Lavoisier nur 4 Theile

dephlogistisirte Luft, um $7\frac{1}{7}$ Theil Salpeterluft ganz zu zer=
setzen, und der Rückstand beträgt nur noch $\frac{1}{17}$ des Raums
der angewendeten dephlogistisirten Luft. Priestley
(Vol. IV. p. 246) fand sogar einmal, daß bey der Ver=
mischung von 2 Maaß nitröser und 1 Maaß dephlogistisir=
ter Luft nach der Verminderung nur $\frac{1}{100}$ Maaß übrig
blieb. Es ist kaum zu bezweifeln, daß beyde Gasarten
völlig verschwinden würden, wenn es möglich wäre, sie in
ihrer vollkommnen Reinigkeit und ohne Beymischung von
phlogistisirter Luft zu erhalten.

Fixe Luft, brennbare, phlogistisirte, u. s. w. werden
durch die Mischung mit Salpeterluft nicht vermindert, zer=
setzen auch diese Gasart nicht. Je reiner aber die respirable
Luft ist, desto stärker ist die Verminderung, welche sie
durch Beymischung der Salpeterluft leidet. Man hat
daher die Größe dieser Verminderung, die man durch eigne
Werkzeuge abmißt, s. Eudiometer, zum Maaßstabe
der Reinigkeit und Heilsamkeit der atmosphärischen Luft
angenommen; ob sie gleich eigentlich nur den Grad ihrer
Phlogistication anzeiget, keinesweges aber die absoluten Men=
gen der dephlogistisirten und phlogistisirten Luft in der Atmo=
sphäre angiebt, noch auch ein sicheres Kennzeichen der Heilsam=
keit ist, indem die gemeine Luft ausser dem Phlogiston noch
andere schädliche Beymischungen enthalten kan, welche durch
diese Prüfung nicht angezeigt werden.

Die Erscheinungen dieser Verminderung ändern sich
in etwas ab, wenn man den Versuch im Quecksilber=ap=
parat anstellet. Die Röthe dauret hier länger, die Ver=
minderung geschieht langsamer und ist am Ende nicht so
groß; läst man aber etwas Wasser hinzu, so verschwindet
die Röthe der Mischung bald, und das Volumen wird da=
durch noch etwas mehr vermindert. Dies beweiset deut=
lich, daß hiebey das Wasser einen Theil der Gasarten ein=
schlucke.

Daß die rothen Dämpfe wahre Salpetersäure sind,
kan man auch durch einen artigen Versuch des D. Priest=
ley (Vol. I. p. 210.) erweisen. Man hänge unter der
Glocke etwas Salmiak in Gaze oder Nesseltuch auf, und

laſſe Salpeterluft hinzu. Sobald die Röthe vergeht, ſenkt ſich von dem Salze eine weiße Wolke, wie Schnee= flocken oder Puder nieder, die nach und nach das ganze Ge= fäß füllt, und ein brennbarer Salpeter iſt.

Was die Natur der Salpeterluft betrift, ſo iſt die ge= wöhnliche und faſt allgemein angenommene Theorie dieſe, daß ſie aus Salpeterſäure und Phlogiſton beſtehe. Dies behaupten Prieſtley (¡Vol. I. p. 261.), Fontana (Phyſ. Unterſ. über die Salpeterluft) und Macquer; Scheele (Von Luft und Feuer, S. 25) und Bergmann (Opuſc. Vol. II. p. 368.) nennen ſie ſogar phlogiſtiſirte Salpeterſäure in Luftgeſtalt. Aus dieſer Theorie erklärt ſich das Phänomen ihrer Verminderung ſehr natürlich und leicht. Denn die hinzukommende reine Luft verbindet ſich mit dem Phlogiſton des Salpetergas. Dadurch wird deſ= ſen Miſchung zerſtört, die befreyte Salpeterſäure geht aus dem Zuſtande der Luft in den des Dampfes über und wird vom Waſſer verſchluckt; die mit dem Phlogiſton verbund= ne reine Luft verwandelt ſich ebenfalls in Waſſer, die Gas= arten verſchwinden, und das in ihnen vorher gebundene, nunmehr aber befreyte, Feuer erzeugt Wärme. Hiebey bleibt als Rückſtand blos der uureine oder aus irreſpirabeln Gasarten beſtehende Antheil übrig.

Lavoiſier hingegen (Mém. ſur l'exiſtence de l'air dans l'acide nitreux in Mém. de Paris 1776. und im Re= cueil de mémoires et d' obſerv. ſur la fabrication du Sal= pétre, à Paris, 1776. 4. p. 601 — 617.), welcher gar kein Phlogiſton annimmt, hält das Salpetergas für eine ihres Waſſers und ihrer reinen Luft beraubte Salpeterſäure. Er erklärt hieraus die Verminderung dadurch, daß die reſpi= rable Luft ſich mit der Salpeterſäure verbinde, welche da= durch alle ihre Beſtandtheile wieder erhalte, und die Luft= geſtalt ablege. Er gründet ſeine Behauptung auf eine Reihe ſehr ſchöner Verſuche, welche beweiſen, daß bey der Auflöſung des Queckſilbers in Salpeterſäure nitröſe Luft, und bey der Wiederherſtellung des Queckſilbers aus dem ro= then Präcipitate dieſer Auflöſung reine Luft entbunden wer= de. Weil nun bey der Wiederherſtellung nach ſeiner Vor=

ausſetzung eben das entbunden werden muß, was bey der
Auflöſung der Säure entzogen ward, ſo ſchließt er, es ſey
dieſes die reine Luft, und alſo das Salpetergas eine durch
Beraubung der reinen Luft, zerſetzte Säure. Macquer
aber zeigt ſehr richtig, daß er hiebey die Zerſetzung der
Säure bey der Auflöſung willkührlich vorausſetze, und daß
weit wahrſcheinlicher im Salpetergas die noch unzerſetzte
Säure durch etwas gebunden ſey, was ſie hindert, ſich als
Säure zu zeigen, welches nichts anders, als das Phlogiſton ſeyn kan. Macquer beruft ſich hiebey auf die von
Lavoiſier ſelbſt bemerkten Umſtände, daß die Wiederherſtellung des Queckſilbers mehr reine Luft gab, als die Auflöſung Salpetergas gegeben hatte; daß das Salpetergas
ſchon von der Helfte der erhaltnen reinen Luft geſättigt ward,
und daß am Ende der ganzen Operation faſt die Helfte der
vermeintlich zerſetzten Salpeterſäure fehlte. Dieſe Umſtände, welche Lavoiſier ſelbſt nicht zu erklären weiß, zeigen deutlich, daß hiebey nicht blos Abgang und Wiederer-
ſtattung eben derſelben Subſtanz erfolge, ſondern daß der
Uebergang der Salpeterſäure in Salpetergas noch eine andere Urſache, als den bloßen Abgang der reinen Luft, haben müſſe. Ich werde mich hierauf bey dem Worte:
Phlogiſton beziehen.

Man hat alſo die Entſtehung der Dämpfe bey der Vermiſchung der nitröſen und gemeinen Luft nicht für eine Erzeugung, ſondern für einen Niederſchlag anzuſehen. Daß
aber dieſer Niederſchlag nach Herrn Achard (Chymiſch-
phyſ. Schriften S. 173.) durch die in der gemeinen Luft befindliche Vitriolſäure bewirkt werde, iſt wohl unwahrſcheinlich, da das Daſeyn einer ſolchen Säure unerwieſen iſt.
Man kan ihn weit beſſer aus der ſtärkern Verwandſchaft
des Phlogiſtons mit der Luft herleiten.

Kirwan (Exp. and. Obſ. on various ſaline ſubſtan-
ces, nach Crells Ueberſ. S. 105.) hat die Verminderung
der reſpirablen Luft durch Salpetergas für einen Uebergang
in fixe Luft, die vom Waſſer verſchluckt würde, anſehen
wollen. Man findet aber im Rückſtande allzuwenig fixe
Luft, als daß man dieſelbe für ein Hauptprodukt der Ope

ration selbst annehmen könnte, und im Wasser fast gar
keine. Und die Verminderuug ist fast eben so stark, wenn
man Quecksilber oder heißes Wasser zur Sperrung gebraucht, welche doch keine fixe Luft absorbiren (s. *Gren*
Diss. de genesi aëris fixi et phlogisticati, Halae, 1787. 8.
S. 58—65.)

Fontana (Phys. Unters. über die Salpeterluft, S.
106.) beweist aus Tropfen, die sich in einer mit Eis umgebnen mit Salpetergas angefüllten Glocke ansetzten, daß
dieses Gas etwas Wasser enthalte. Dies scheinen auch
die Krystallisationen zu beweisen, die mein früh verstorbner
Freund, D. Christian Ludwig, bey einer heftigen Kälte aus der salpeterartigen Luft erhielt. Dieses Wasser trägt
nach Fontana mit dazu bey, die reine Luft einzusaugen,
und die Verminderung zu bewirken, welche doch auch in
Quecksilber-apparate erfolgt, wo weiter kein Wasser als
dieses, vorhanden ist.

Nach Bergmann (De attract. electiv. §. 14. 15.)
giebt die Salpetersäure mit Brennbarem gesättigt, wie
beym Verpuffen, eine Substanz, die sich durch plötzliches
Verbrennen augenblicklich zersetzt; mit etwas weniger
Brennbarem wird sie Salpetergas, und mit noch wenigerm
salpetersaure Luft.

Die Anwendungen, welche man von der Kenntniß der
nitrösen Luft gemacht hat, betreffen theils den Gebrauch
derselben zur Aufbewahrung anatomischer Bereitungen,
welche sonst faulen würden, nach Sigaud de la Fond
Vorschlägen, theils ihre Benutzung zu eudiometrischen Versuchen zu Prüfung der Güte der Luft, s. Eudiometer.
In der letztern Absicht wäre noch eine bestimmte Methode
zu wünschen, nach der man eine an Stärke sich immer
gleiche Salpeterluft verfertigen könnte. Hätte man aber
auch eine solche, so würde doch das Eudiometer kein untrügliches Kennzeichen der Heilsamkeit der Luft abgeben, da
zum Beyspiel ein Gemisch von brennbarer und reiner Luft
die Prüfung mit diesem Werkzeuge eben so gut, als die
gemeine Luft, aushalten, und dennoch tödtend seyn kan.

Gas, salpeterſaures, ſalpeterſaure Luft, **phlogiſtiſirte Salpeterſäure** (Bergmann), **Salpe**terdämpfe (Prieſtley), Gas acidum nitroſum, Acidum nitri phlogiſticatum, Mephitis acida nitri, *Gas ou Air acide-nitreux.* Eine durch die rothen Dämpfe der Salpeterſäure phlogiſtiſirte und mit denſelben vermiſchte gemeine Luft oder auch dieſe Dämpfe ſelbſt, wenn ſie ihre Röthe abgelegt haben. Wenn man nemlich dieſe Dämpfe in cylindriſchen Flaſchen aufbewahret, ſo verlieren ſie mit der Zeit, indem ſie die dabey befindliche Luft phlogiſtiſiren, einen Antheil ihres Brennbaren und damit zugleich ihre Röthe, und nehmen völlig eine luftähnliche Form an. Da ſie aber vom Waſſer augenblicklich verſchluckt werden, auch das Queckſilber bald angreifen und eine nitröſe Luft mit demſelben bilden, ſo iſt es ſehr ſchwer, ſie lange aufzubewahren, wie es denn überhaupt noch zweifelhaft bleibt, ob man ſie unter die Gasarten zu rechnen habe. Sie ſcheinen vielmehr einen Dampf, als eine bleibend elaſtiſche Materie auszumachen.

Man erhält dieſe Dämpfe durch die Erhitzung der reinen Salpeterſäure, oder durch Aufgießen eines kleinen Antheils von Vitriolöl auf dieſelbe, durch Auflöſungen des Wismuths und einiger andern Metalle in ſtarker Salpeterſäure ꝛc. Man kan ſie bey dieſen Operationen vermittelſt des pneumatiſch-chymiſchen Queckſilber-Apparats auffangen, wo ſie, wenn auch keine atmoſphäriſche Luft dazu kömmt, dennoch ihre Röthe verlieren. Auch giebt es bey den Entbindungen der dephlogiſtiſirten Luft aus Subſtanzen, die mit Salpeterſäure angefeuchtet ſind, eine gewiſſe Periode, in welcher man Salpeterdämpfe erhält, die aber in dieſem Falle von dem Waſſer der Vorrichtung ſogleich verſchluckt werden.

Die Salpeterdämpfe müſſen, wenn ſie anders zu den Gasarten gehören, unter die irreſpirablen Gattungen gezählt werden. Sie behalten ihre rothe oder orangengelbe Farbe ſo lange, bis eine Zerſetzung in ihnen vorgeht, und dieſe Farbe wird ſtärker, wenn man ſie erhitzt (*Prieſtley* Exp. and Obſ. Vol. III. Sect. 18.). Sie ſind ſchwerer, als gemeine Luft, vermischen sich aber nach und nach mit derselben, verlieren ihre Röthe, und phlogistisiren die Luft.

Sie werden vom Wasser in beträchtlicher Menge eingesaugt, und verwandlen dasselbe in wahren Salpetergeist. Das mit ihnen imprägnirte Wasser giebt von selbst, und noch mehr bey gelinder Wärme, eine sehr reine und von Luftsäure freye Salpeterluft, so lange, bis sich die sonst blaue Farbe dieses Wassers in eine grüne verwandlet. Man kan daraus nach **Priestley** soviel Salpeterluft erhalten, daß dieselbe 10mal soviel Raum, als das Wasser selbst, einnimmt, obgleich das Wasser nicht mehr Salpeterluft einsaugt, als $\frac{1}{10}$ seines Volumens beträgt.

Die Oele nehmen einen großen Antheil Salpeterdämpfe mit Aufbrausen in sich, werden dadurch zum Gerinnen gebracht, und verändern ihre Farbe auf sehr mannigfaltige Art. Sie geben alsdann phlogistisirte Luft. Der Vitrioläther mit diesen Dämpfen imprägnirt, giebt einen weissen Rauch, und brennt mit einer grünen Flamme. Die Vitriol- und Salpetersäure schlucken viel solcher Dämpfe ein, doch nicht soviel, als das Wasser. Auch das Kochsalz zieht sie in sich; den Alaun machen sie weiß und undurchsichtig, den Schwefel aber lassen sie unverändert. Die Salzsäure verwandlet sich durch sie in ein wahres **Königswasser**; der Weingeist erzeugt bey reichlicher Imprägnation einen obenauf schwimmenden Salpeteräther, wird endlich blau, kocht und giebt eine beträchtliche Menge brennbare Luft.

Man sieht leicht, daß sich diese Dämpfe völlig, wie die phlogistisirte Salpetersäure selbst verhalten, daher sie denn auch für nichts anders, als für diese Säure in Dampfgestalt erkannt werden können, und den von **Bergmann** beygelegten Namen sehr wohl verdienen. Unter die Gasarten sind sie kaum zu rechnen, wenn sie nicht mit gemeiner Luft vermischt sind; aber auch in diesem Falle machen sie kein besonderes Gas aus.

Gas, salzsaures, kochsalzsaures; seesaure, kochsalzsaure Luft, luftige Salzsäure, Gas muriati-

cum, Aer muriaticus, Aer acidus salinus f. marinus, Mephitis muriatica, *Gas ou Air acide-marin.* Die phlogiſtiſirte Kochſalzſäure in Luftgeſtalt, oder das irreſpirable mit dem Waſſer miſchbare Gas, welches durch Aufguß der Vitriolſäure auf die Salzſäure haltenden Mittel- und Neutralſalze oder durch Deſtillation der Salzſäure ſelbſt erhalten wird.

Die Aufgüße der Vitriol- und Salzſäure auf Metalle geben ſonſt brennbare Luft. Cavendiſh aber (Philoſ. Trans. Vol. LVI. p. 157.) bemerkte zuerſt, daß die auf Kupfer gegoſſene Salzſäure eine Luft lieferte, die ſogleich vom Waſſer verſchluckt ward, und daher keine brennbare Luft ſeyn konnte. Prieſtley benützte dieſe Beobachtung, und fand durch wiederholte Verſuche, daß der Dampf, der ſich bey Vermiſchung des gemeinen Salzes mit Vitriolſäure erzeugt, und ſich an der Kälte zu Salzgeiſt verdichtet, in luftförmiger Geſtalt dargeſtellt werden könne. Es war dies die erſte Entdeckung einer mineraliſchen Säure in Luftgeſtalt, welche ihrem Erfinder nachher zu ähnlichen Proben mit andern Säuren Anlaß gab.

Die beſte Methode, dieſe ſalzſaure Luft zu erhalten, iſt folgende. Man fülle etwa den ſechſten oder vierten Theil eines Kolbens mit gemeinem Küchenſalz an, gieße etwas reines (nicht nach Schwefel riechendes) Vitriolöl darauf, und laſſe den entbundenen Dampf durch ein gebognes Rohr in den Queckſilber-apparat übergehen, wobey man noch die Entwicklung durch Erwärmung des Kolbens mit einem brennenden Wachsſtocke befördern kan. Oder man erhitze eine Portion reine Salzſäure in einem Kolben, und fange das herausgehende im Queckſilber-apparat auf. Der rauchende Salzgeiſt giebt ſchon von ſelbſt Dämpfe von ſich, die alle Eigenſchaften der ſalzſauren Luft beſitzen.

Dieſe elaſtiſche Materie verliert aber ihren luftförmigen Zuſtand, ſobald ſie die atmoſphäriſche Luft berührt. Sie verwandlet ſich alsdann mit Erwärmung in einen weißgrauen Dampf, wobey auch aller Wahrſcheinlichkeit nach eine Verminderung des Volumens vorgehet. Je feuchter die Luft iſt, deſto ſtärker iſt dieſer Dampf, daher ihn

Prieſtley (Vol. I. p. 229.) aus der Verbindung der Salzſäure mit der in der Luft aufgelöſeten Feuchtigkeit erklärt.

Sie iſt beträchtlich ſchwerer, als die gemeine Luft, nach Fontana im Verhältniß 3 : 2, und von Herbert, der das Verhältniß 2718 : 2719 angiebt, ſcheint ſich einer ſehr unreinen Luft bedient zu haben. Sie iſt ſehr ſauer und ätzend von Geſchmack, hat den Geruch des rauchenden Salzgeiſtes, röthet die blauen Pflanzenſäfte, tödtet die Thiere, löſcht die Lichter aus, jedoch ſo, daß ſie einen Augenblick mit einer grünen oder lichtblauen Farbe brennen, trübt das Kalkwaſſer nicht, erhitzt ſich mit den ätzenden Laugenſalzen, und bildet damit ſalzſaure Neutralſalze.

Sie wird vom Waſſer augenblicklich, in großer Menge und mit Erhitzung verſchluckt. Nach Prieſtley nehmen 2½ Gran Regenwaſſer 3 Unzenmaaße ſalzſaure Luft in ſich. Durch dieſe Imprägnation wird das Waſſer ausnehmend ſauer, und giebt, wenn es geſättigt iſt, den ſtärkſten rauchenden Salzgeiſt ab. Durch dieſe Sättigung wird das Volumen des Waſſers um ein Drittel vergrößert, und ſein Gewicht verdoppelt. Das Eis ſchmelzt in ihr ſo ſchnell, als ob man ein glühendes Eiſen daran brächte, und verſchluckt die Luft augenblicklich. Das Waſſer erhält durch dieſe Imprägnation keine Farbe, und das Gas läſt ſich durch eine gelinde Hitze wieder heraustreiben.

Salzſaure und laugenartige Luft vernichten einander beym Zuſammenbringen, und bilden einen Salmiak in weißer ſichtbarer Geſtalt, ſ. Gas, laugenartiges.

Faſt alle Subſtanzen, welche Phlogiſton enthalten, verſchlucken etwas ſalzſaure Luft, zugleich aber nimmt der übrige Theil ihr Phlogiſton in ſich, und wird durch dieſe Verbindung in brennbare Luft verwandlet. Prieſtley hat hierüber Verſuche mit einer großen Menge von Subſtanzen angeſtellt, wobey die ſalzſaure Luft völlig ſo, wie der tropfbare Salzgeiſt, nur weit ſtärker, wirkt, weil ſie von dem Waſſer, welches jener bey ſich führt, befreyt, iſt. So löſet ſie verſchiedene Metalle und metalliſche Kalke ſchnell auf, greift auch diejenigen Gläſer an, welche viel Bleykalk enthalten. Die Oele saugen sie langsam ein, und werden davon verdickt; Kampher schmelzt in ihr; und mit kochendem Weingeiste erzeugt sie einen wirklichen Salzäther.

Phlogistisirte Luft wird zwar durch das salzsaure Gas nicht zersetzt oder verbessert; inzwischen kan man doch das letztere nach de Morveau (in *Rozier* Obf. de physique To.I. p.416. To.V. p.73.) sehr vortheilhaft zu Verbesserung der mit faulen Ansteckungsgiften verdorbnen Luft gebrauchen, weil es das flüchtige Lugenfalz, welches das scharfe Oel aufgelöset enthält, sättiget, und mit erstaunlicher Geschwindigkeit den ganzen Raum ausfüllt, in dem man es entbindet.

Aus allen diesen Eigenschaften, welche mit denen der Salzsäure ganz übereinstimmen, zeigt sich sehr deutlich, daß die salzsaure Luft eine wahre mit Phlogiston verbundene und durch Feuermaterie in Luftgestalt gebrachte Kochsalzsäure sey. Sie unterscheidet sich aber von einem andern von Scheele entdeckten elastischen Stoffe oder Dampfe, welcher den Namen der dephlogistisirten Salzsäure führt, und aus Braunstein durch Salzgeist entbunden wird, f. Salzsäure, dephlogistisirte.

Auster den Vortheilen, welche die Erfindung der salzsauren Luft, bey Erklärung der Entstehung luftförmiger Stoffe überhaupt, und der Bereitung des Salzgeists insbesondere, verschaft hat, f. Salzsäure, und auster ihrer Anwendung wider die Fäulniß, kan sie auch zu Bereitung der stärksten und reinsten Salzsäure durch ihre Verbindung mit dem Wasser, zu Verfertigung eines guten Königswassers durch Verbindung mit Salpetersäure, und zur schnellen Hervorbringung eines luftleeren Raumes durch ihre Einsaugung ins Wasser gebraucht werden.

Endlich ist hier noch zu bemerken, daß Priestley (Verf. und Beob. Th.III. S.211.) durch Abrauchen einer Goldauflösung auch das Königswasser in eine luftähnliche Form gebracht hat, in der man es königsaure Luft, (Gas acidum regale, Gas muriatico-nitrofum) nennen könnte. Diese Gasart erweiset sich theils als Salpeterluft, theils aber auch, und noch mehr, als salzsaures Gas; sie löscht Lichter aus, brennt mit einer schönen blauen Flamme, und greift das Queckſilber an. Ihre Eigenſchaften ſind noch nicht hinreichend unterſucht.

Gas, ſchwefelleberartiges ſ. **Gas**, **hepatiſches**.

Gas, **vitriolſaures**, flüchtiges ſchwefelſau= res **Gas** (Macquer), vitriolſaure Luft (Prieſtley), luftförmige Schwefelſäure (Lavoiſier), luftförmige phlogiſtiſirte Vitriolſäure (Bergmann) Schwefel= luft, Gas acidum vitriolicum, Gas acidum ſulphureum volatile, Aer acidus vitriolicus, Acidum vitrioli phlogi-ſticatum aëriforme, Mephitis acida ſulphuris, *Gas ou Air acide vitriolique*, *Acide de ſoufre aëriforme*. Die phlogiſtiſirte Vitriolſäure oder flüchtige Schwefelſäure in Luftgeſtalt, oder dasjenige irreſpirable mit Waſſer miſchba= re **Gas**, welches man aus Vermiſchung der Vitriolſäure mit entzündlichen Körpern, z. B. mit Oelen, durch eine gelinde Wärme erhält.

Man wußte ſchon längſt, daß die Vitriolſäure, welche eine vorzügliche Verwandſchaft mit dem Phlogiſton hat, bey ihrer Verbindung mit demſelben einen Schwefelgeruch annimmt, und ſchweflichte Dämpfe von ſich giebt. Prieſt= ley, dem es ſchon gelungen war, die Dämpfe des Salz= geiſts in Luftform darzuſtellen, machte ähnliche Proben mit dieſen Schwefeldämpfen, und nannte das erhaltene **Gas** vitriolſaure Luft.

Um ſie zu erhalten, darf man nur in die Entbindungs= flaſche etwas Oliven= oder Mandelöl thun, und darüber etwa 3 bis 4mal ſoviel ſehr ſtarkes Vitriolöl gießen, ſo daß beydes zuſammen das Drittel oder die Helfte der Flaſche füllt. Dies giebt bey einer gelinden Wärme, wozu ſchon die Flamme eines Wachslichts hinreichend iſt, die elaſti= ſche Materie, welche im Queckſilberapparat aufgefangen wird. Statt des Oels kan man auch Weingeiſt, Aether, Kohlen, Metalle u. dgl. nehmen, nur Gold und Platina ausgenommen, welche die Vitriolſäure nicht angreift. Das Vitriolöl muß ſehr concentrirt ſeyn, beſonders, wenn man Metalle dazu nimmt, unter welchen einige mit ver=

dünnter Vitriolsäure eine ganz andere Luftgattung, nemlich brennbare Luft, geben. Von Substanzen, welche mit der Vitriolsäure heftig aufbrausen, z. B. Oel und Quecksilber muß man nicht allzuviel nehmen, weil sonst die Gefäße leicht zerspringen. Mit Holzkohlen geht die Entbindung am stillsten von statten; auch mit Zucker, wobey von *Herbert* dem erhaltenen Gas den besondern Namen der zuckersauren Luft beylegt. Gemeiniglich ist etwas brennbare, fixe und phlogistisirte Luft dabey, besonders viel brennbare, wenn man sich des Aethers bedient hat.

Um die Quellen des Aachner Bades findet man diese Luft natürlich.

Sie ist nach **Fontana** doppelt so schwer, als die gemeine Luft, hat den sehr stechenden und durchdringenden Geruch des verbrennenden Schwefels, und einen sehr schwach-säuerlichen Geschmack, röthet den Violensaft und entfärbt ihn endlich ganz, wie die phlogistisirte Vitriolsäure. Sie tödtet die Thiere schnell, löscht die Lichter aus, ohne vorher ihre Flamme zu vergrößern, trübt das Kalkwasser nicht, und bildet mit den Laugensalzen und Erden eben die Neutral- und Mittelsalze, wie die phlogistisirte Vitriolsäure.

Sie wird vom Wasser, und zwar auch vom siedenden, schnell eingesogen, so daß 100 Theile Wasser 5 Theile Schwefelluft, dem Gewichte nach, in sich nehmen. Das mit ihr imprägnirte Wasser ist klar und hell, und erlangt alle Eigenschaften der phlogistisirten Vitriolsäure. Es unterscheidet sich vom Vitriolöl durch eine weit schwächere Säure und stärkere Flüchtigkeit, daher auch der Geruch unerträglich auffallend ist, und das Wasser an der freyen Luft fast gänzlich verraucht. Das Eis schmelzt in der Schwefelluft, obgleich die Imprägnation damit das Gefrieren des Wassers nicht verhindert. Auch löset dieses Gas den Kampher, das Eisen und das Kupfer auf; treibt aus keinem Neutral- oder Mittelsalze die Säure aus, wohl aber aus den milden Laugensalzen die Luftsäure; und verhindert die Gährung. Es wird auch vom Vitrioläther,

der Schwefelleber, den Kohlen, dem Borax, Fischthran
u. dgl. absorbiret.

Wenn man die vitriolsaure Luft mit atmosphärischer
und noch mehr mit dephlogistisirter, vermischt, so erzeugt
sich einige Wärme. Wäscht man das Gemisch in Wasser,
so scheidet sich die Säure schnell ab, und die respirable Luft
bleibt nur phlogistisirt und in einem verminderten Volumen
zurück. Fixe und phlogistisirte Luft vermischen sich mit der
Schwefelluft ohne Veränderung.

Man sieht hieraus, daß dieses Gas nichts anders, als
eine durch Phlogiston flüchtig gewordene Vitriolsäure in
Luftgestalt sey. Durch die starke Anziehung nimmt die
concentrirte Vitriolsäure das Brennbare in Menge an sich,
wird dadurch flüchtig und stark von Geruch, läßt es aber
auch wieder von sich, sobald Stoffe vorhanden sind, die es
stärker anziehen, z. B. respirable Luft, welche dadurch phlogistisirt wird, und eine gewöhnliche Vitriolsäure zurückläßt.
Bey der Einwirkung der Vitriolsäure in die entzündlichen
Substanzen wird ein Theil des in den Körpern gebundnen
Feuers frey, durch welchen die phlogistisirte Säure luftförmig wird. Sobald sie das Wasser berührt, wird sie aufgelöset, und läßt das in ihr gebundne Feuer wiederum los,
daher sie auch das Eis schmelzet. Nach der verschiedenen
Menge des Brennbaren ist die phlogistisirte Vitriolsäure
selbst sehr verschieden. In 100 Gran Schwefelluft sollen
nach **Kirwan** (Von der Menge des Phlogistons in vitrio-
lischer Luft in dessen Versuchen und Beob. 1 Stück. S.
121.) 8,48 Gran Phlogiston und 91,52 Gran Säure ent
halten seyn.

Priestley Versuche und Beobachtungen über verschiedene Gattungen der Luft, a. d. engl. III. Theile 8. Wien, 1778. 1779.
1780. Versuche und Beob. über verschiedne Zweige der Naturlehre a. d. engl. I.B. Leipz. 1780. II.B. Wien u. Leipz. 8. an
mehreren Stellen.

Macquer's Chymisches Wörterbuch, mit Herrn **Leonhardi**
Zusätzen, Art. Gas.

Aërologiae physico-chemicae recentioris primae lineae, scr.
Io. Gottfr. Leonhardi. Lipf. 1781. 4.

Tib. Cavallo Abhandl. über die Natur und Eigenschaften der Luft, und der übrigen beständig elastischen Materien, a. d. engl. Leipzig, 1783. gr. 8.

Ueber die Luftgattungen, nach Priestley, in den Leipziger Sammlungen zur Physik und Naturgeschichte, III. Bandes, 1stes, 3tes und 6tes Stück.

Grens systematisches Handbuch der gesammten Chemie, Erster Theil. Halle, 1787. gr. 8.

Erxlebens Anfangsgründe der Naturlehre, Vierte Auflage mit Zusätzen von G. C. Lichtenberg. Göttingen, 1787, 8. Zusätze über die verschiedenen Luftarten, S. 191 — 205.

Gebirge, f. Berge.

Gefrierpunkt, f. Thermometer.

Gefrierung, Congelatio, *Congelation.* Der Uebergang eines erkaltenden Körpers aus dem flüßigen Zustande in den festen. In dieser weitläuftigern aber physikalisch richtigen Bedeutung des Worts gehört das Erhärten geschmolzener Metalle ebenfalls zu den Gefrierungen, und es wird die Gefrierung überhaupt der Schmelzung entgegengesetzt, f. Schmelzung. Der gemeine Sprachgebrauch aber nennt das Festwerden durch die Erkaltung nur alsdann ein Gefrieren, wenn es Körper betrift, welche bey den gewöhnlichen Temperaturen der Atmosphäre flüßig sind, z. B. Wasser, Quecksilber u. a.: und giebt ihm dagegen den Namen des Gestehens, wenn der Körper bey der Sommerwärme unsers Luftkreises noch fest bleibt, und also erst durch stärkere Hitze hat geschmolzen werden müssen, wie Wachs, Schwefel, Metalle u. s. w.

Allem Ansehen nach ist das Feuer oder die Wärme die einzige Ursache der Flüßigkeit f. Flüßig. Dem zu Folge wird ein flüßiger Körper gefrieren oder in den festen Zustand übergehen, wenn ihm der zur Bewirkung seiner Flüßigkeit erforderliche Grad der Wärme entzogen wird. Dieser Grad ist zwar für ebendieselbe Substanz immer der nemliche, bey verschiedenen Substanzen aber ist er verschieden.

Das reine Wasser gefriert zu Eis bey einer Temperatur, welche so bestimmt und sich immer so gleich gefunden wird, daß man sie bey den Abmessungen der Wärme als einen festen Punkt zum Grunde legt, s. Thermometer. Dieser Punkt ist der 32ste Grad der fahrenheitischen, und die Null der reaumurischen Thermometerscale. Er bestimmt die Temperatur der Atmosphäre, bey welcher sich Frost und Thauwetter scheiden. Von Substanzen, welche bey dieser Temperatur noch flüßig bleiben, sagt man insgemein, daß sie gefrieren, wenn sie bey größerer Kälte fest werden; diejenigen aber, welche bey diesem Grade schon fest sind, und erst in größerer Hitze flüßig werden, betrachtet man gleichsam als natürlich feste Körper, obgleich ihr Gestehen nach vorhergegangner Schmelzung physikalisch gar nicht von der Gefrierung unterschieden ist.

Milch gefriert beym 30sten, Weineßig und Urin beym 28sten, Lämmerblut beym 25sten, Burgunder, Madera und Bordeauxer Wein beym 20sten Grade, halb Wasser und halb hochrectificirter Weingeist untereinander gemischt bey —7 (d. i. bey 7 Grad unterhalb der Null) des fahrenheitischen Thermometers. Für andere Substanzen, die bey der Temperatur des gefrierenden Wassers noch fest sind, werde ich dem Sprachgebrauche gemäß den Grad ihres Schmelzens angeben, s. Schmelzung.

Vom Queckfilber, das bey großen Graden der Kälte noch flüßig bleibt, glaubte man ehedem, es gefriere gar nicht, oder sey wesentlich flüßig, wenigstens habe ihm noch kein bekannter Grad der Kälte die Flüßigkeit entzogen. Gmelin sahe es zu Jeniseisk in Sibirien im Jahre 1734 bis auf — 120 Grad der fahrenheitischen Scale herabfallen, ohne daß es ihm seine Flüßigkeit zu verlieren schien; in andern Fällen, die er auf seiner damaligen Reise beobachtete, zeigten sich im Thermometer Erscheinungen, die dem Gefrieren ähnlich waren, die er aber gar nicht dafür ansahe, sondern von dem Eßig herleitete, mit dem man das Queckfilber gereiniget hätte. Am 14 Dec. 1759 aber sank dem Professor Braun zu Petersburg bey einer Temperatur der äussern Luft von — 34 Grad nach Fahrenheit in einer Mischung von Schnee und rauchendem Salpetergeist das Queckfilber des Thermometers bis — 352 Grad herab, und er fand daſſelbe, als er die Kugel aus der Miſchung nahm, wider alle Erwartung feſt oder gefroren. Am 25 Dec. darauf ward der Verſuch wiederholt, und die Kugel des Thermometers zerbrochen, wobey ſich das Queckſilber als eine feſte, glänzende, metalliſche Maſſe zeigte, die noch weicher als Bley war, und einen dumpfen Schall gab. (De admirando frigore artificiali, quo mercurius ſ. hydrargyrus eſt congelatus, auct. Ioſ. Ad. Braunio Petrop. 1760. 4. und in Nov. Comm. Petrop. Vol. XI. p. 268. Additamenta et ſupplem. ibid. p. 302.) Herr Blumenbach in Göttingen, jetzt Profeſſor daſelbſt, war der erſte, der ſeitdem das Gefrieren des Queckſilbers wahrnahm, als er am 11 Jan. 1774 etwas von dieſem Metalle mit einer Miſchung von Schnee und Salmiak umgeben der Luft ausſetzte, in welcher ein Weingeiſtthermometer — 10 Grad nach Fahrenheit zeigte (ſ. Götting. Anz. von gelehrten Sachen. 1774. 13 St. v. 29 Jan.). Inzwiſchen hatte die königliche Societät zu London dem Herrn Hutchins, welcher als Gouverneur des Albany-Forts nach der Hudsonsbay gieng, dieſer Verſuche halber Auftrag gethan. Dieſer brachte im Jänner und Februar 1775 das Queckſilber zweymal zum Gefrieren; dem D. Bicker in Rotterdam gelang der Verſuch nur unvollkommen am 28 Jan. 1776 bey einer Temperatur der Luft von +2°, wobey das Queckſilber ſchon bey — 94° ſtehen blieb und auf der Oberfläche wie ein Amalgama, gerann; der D. Fothergill in Northampton aber brachte es um eben dieſe Zeit bey einer natürlichen Kälte von +9° zum Gefrieren. Man hatte zwar hiebey den eigentlichen Gefrierpunkt dieſes Metalls nicht zuverläßig beſtimmen können; Brauns letztere Verſuche veranlaſſeten jedoch die meiſten Naturforſcher, ihn nicht geringer, als — 352 Grad der fahrenheitiſchen oder 500 der delisliſchen Scale anzunehmen.

Hutchins hingegen bediente ſich nach dem Vorſchlage von Cavendiſh und D. Black der Methode, in das zum Gefrieren beſtimmte Queckſilber ein kleines Thermometer zu ſetzen, weil zu vermuthen war, es werde das Metall beym Uebergange in den feſten Zuſtand, wie andere

Materien, eine unveränderliche Temperatur annehmen, und diese durch das darinn stehende Thermometer anzeigen, weil doch die plötzliche Zusammenziehung erst im Augenblicke der Gefrierung anfange. Auf diese Art fand er im Jahre 1781 durch eine Reihe schöner Versuche (Experiments for ascertaining the point of mercurial congelation by *Thomas Hutchins*, Philos. Trans. Vol. LXXIII. P. II. mit Abhandlungen von Blagden und Cavendish begleitet), daß der wahre Gefrierpunkt des Quecksilbers nicht unter —39° nach Fahrenheit sey, und das Herabsinken bis — 352° blos von einer starken Zusammenziehung im Augenblicke des Gefrierens herrühre, bey welcher dieses Metall ganz aufhört, einen richtigen Maaßstab der Wärme abzugeben. Seitdem hat auch D. Guthrie zu Petersburg (Nouvelles experiences pour servir à determiner le vrai point de congelation du mercure etc. à St. Petersb. 1785. 4.) seine Versuche hierüber bekannt gemacht, welche in der Hauptsache mit den Hutchinsischen übereinstimmen, und zugleich erweisen, was man sonst in Zweifel zog, daß das Quecksilber auch in seinem reinsten Zustande zum Gefrieren gebracht werden könne. Schon vor Hutchins hätte man wissen können, daß der Gefrierpunkt des Quecksilbers so tief nicht liege, als man ihn damals nach Braun annahm. Denn Pallas hatte bereits am 6 und 7 Dec. 1772 zu Krasnojarsk im asiatischen Sibirien (unter 93° Länge und 56½° nördlicher Breite) durch die bloß natürliche Kälte das Quecksilber sowohl im Thermometer, als in einer ofnen Schale gefrieren sehen. Er konnte freylich den Grad dieser Kälte nicht genau angeben, aber ein einfallender Nordwestwind, wobey die gefrornen Massen wieder schmolzen und das Thermometer herstellten, brachte dasselbe sogleich auf — 46° welcher Grad doch nahe an dem wahren Gefrierpunkte liegen mußte. Die Geschichte aller dieser und mehrerer Versuche hat Blagden (History of the congelation of Quicksilver in den Phil. Tr. Vol. LXXIII. P. II. p. 329 sqq. deutsch in den leipz. Sammlungen zur Physik und Naturg. III B. 3tes und 5tes St.) sehr vollständig erzählt und mit lehrreichen Bemerkungen begleitet.

Höchst rectificirter Weingeist und andere von wässerigten Beymischungen ganz reine geistige Liquoren gefrieren gar nicht, oder doch später, als das Quecksilber, so daß sie die Kälte der Mischungen von Schnee und Säure, welche nicht über — 46° zu steigen scheint, vollkommen aushalten. Mit Wasser vermischt aber gefrieren sie bey geringerer Kälte. Luftförmige Stoffe gefrieren bey keinem bekannten Grade der Kälte, und eben dies ist das wesentliche Kennzeichen, wodurch man sie von den Dämpfen unterscheidet, welche in der Kälte zusammenfließen.

Sowohl die gefrierenden, als auch die nach dem Schmelzen erhärtenden Substanzen behalten die Temperatur, die zu ihrem Festwerden nöthig ist, während des Ueberganges aus dem flüßigen Zustande in den festen unverändert bey. Es ist dies wohl eine natürliche Folge davon, daß die Wärme, die vorher ihre Flüßigkeit bewirkte, während dieser Zeit frey wird, und das weitere Erkalten so lange hindert, bis die Flüßigkeit völlig aufgehoben ist.

Nach vollendeter Gefrierung aber kan der entstandene feste Körper auch größere Grade der Kälte annehmen. Viele Substanzen können, wenn sie in Ruhe sind, einige Grade kälter werden, als zu ihrer Gefrierung nöthig ist; sobald sie aber in Bewegung kommen, werden sie plötzlich fest, und kehren dabey genau zu der Temperatur ihres Gefrierens zurück. Man sehe hierüber den Artikel: **Eis**.

Beym Gefrieren selbst, so wie beym Gestehen nach der Schmelzung, ändern alle Substanzen ihr Volumen schnell und stark; manche dehnen sich dem Anscheine nach aus, andere ziehen sich zusammen. Das Zusammenziehen wird in den meisten Fällen bemerkt, und ist vielleicht ein allgemeines Phänomen bey allen festwerdenden Substanzen. Es ist besonders beym Gefrieren des Quecksilbers sehr stark, welcher Umstand eben den Irrthum über den Gefrierpunkt dieses Metalls veranlaßt hat. Wie weit die Zusammenziehung gehe, ist doch durch die bisherigen Versuche nicht genau bestimmt. Nimmt man nach Braun an, es sey bis 550° der delislischen Scale gesunken, da sein Gefrierpunkt (— 40° Fahr.) 210° dieser Scale ist, so so hat die Zusammenziehung 340 delislische Grade, d. i. $\frac{340}{10000}$ des Volumens bey der Temperatur des kochenden Wassers, oder $\frac{340}{9790}$ d. i. beynahe $\frac{1}{27}$ des Volumens im Augenblicke der Gefrierung betragen. Es ist aber hiebey nicht auf die in der gefrornen Queckſilbermaſſe entſtandenen Hölungen gerechnet. Eben dieses Zusammenziehen bemerkt man beym Geſtehen der meiſten geſchmolznen Metalle, und anderer Materien.

Waſſer hingegen, Eiſen, Schwefel und Spießglas scheinen ſich beym Uebergange in den feſten Zuſtand auszudehnen. Vom Waſſer ſ. den Art. Eis. Vom Eiſen hat man bemerkt, daß alsdann inwendig in demſelben viele kleine Hölungen entſtehen, und daß hingegen reiner Stahl ſich beym Erhärten zuſammenzieht. Vielleicht ſind dergleichen Hölungen (ſie ſeyen nun mit Luft angefüllt, wie beym Eiſe, oder nicht) die Urſache der ſcheinbaren Vergrößerung des Volumens, und wenn man ſie abrechnete, könnte man wohl finden, daß ſich der eigentlich mit feſter Materie angefüllte Raum vermindert hätte. So wäre das plötzliche Zuſammenziehen ein allgemeines Phänomen der Gefrierung, ſo wie Zuſammenziehung überhaupt eine Wirkung der abnehmenden Wärme iſt.

Herr Lichtenberg fand bey Waſſer, das er im Vacuo frieren ließ, dieſe Hölungen ſo groß, daß das ganze Eis einem Schaume glich, ſ. Eis. Er giebt hievon drey Urſachen, wenigſtens als mögliche, an. Es kan nemlich das Waſſer noch nicht ganz rein von Luft geweſen ſeyn, die ſich beym Gefrieren losgemacht, und im Vacuo ſo große Blaſen gebildet hat; oder es kan durch den Proceß des Gefrierens ein luftförmiger Stof erzeugt werden; oder es kan endlich die dabey frey werdende Wärme ſtark genug ſeyn, um im Vacuo ein augenblickliches Sieden zu bewirken, d. h. einen Theil des Waſſers in elaſtiſche Dämpfe zu verwandlen. Vielleicht, ſagt er, finden alle drey Umſtände zugleich ſtatt.

Die meiſten, und vielleicht alle Subſtanzen, kryſtalliren ſich beym Gefrieren. Vom Waſſer ſehe man hierüber die Worte; Eis, Schnee. Beym Queckſilber fand ſchon

Braun, wenn es unvollkommen gefroren war, und der noch flüßige innere Theil abgegoffen ward, die Oberfläche, welche alsdann zum Vorschein kam, äufferst rauh, und gleichsam aus kleinen Kügelchen zusammengesetzt. Hutchins (Experiments for ascertaining etc. Exp. X.) bemerkte, als er das flüßige Quecksilber abgoß, daß die innere Oberfläche sehr uneben und mit vielen überzwerch laufenden Nadeln besetzt war, wovon einige Kügelchen, wie Knöpfe, hatten. Eben dies erfolgt auch beym Gestehen geschmolzener Metalle. Wenn man hiezu schikliche Maffen von denselben der kalten Luft so lang aussetzt, bis die äuffere Seite erhärtet ist, und alsdann die innere noch flüßige Maffe abgießt, so sieht man die Hölung in der Mitte allenthalben mit Drusen von metallischen Kryftallen besetzt, welche an Schönheit und Regelmäßigkeit schwerlich den feinsten Salzkryftallen nachstehen.

Nach dieser kurzen Erzählung der vornehmsten Phänomene des Gefrierens will ich noch etwas von den Meinungen der Naturforscher über die Ursache deffelben hinzufügen.

Descartes (Princip. philos. nat. P. IV. Prop. 48. u. Meteor. C. I. §. 7.), welcher die Festigkeit für Ruhe und die Flüßigkeit für innere Bewegung der Theile annahm, erklärt die Gefrierung für eine Folge der schwächern Wirkung seines zweyten Elements auf die Bewegung der Theile der Körper. Die größern Theile dieses Elements wirken nach ihm stärker, die feinern schwächer. Marmor und Metalle laffen in ihre Zwischenräume nur die feinern Theile bringen, daher werden sie wenig bewegt, und zeigen Festigkeit und Kälte. Das Waffer nimmt zwar größere Theile auf, die feine Beftandtheile trennen und bewegen; im Winter aber, wenn die subtile Materie sehr fein ist, kommen die Waffertheile in Ruhe, legen sich unordentlich über einander, und bilden einen festen Körper.

Gaffendi und andere, welche eine kaltmachende Materie annehmen, leiten die Gefrierung von dem Eindringen dieser Materie in die Zwischenräume der flüßigen Körper her, wo sich dieselbe festsetzen, die freye Bewegung der

Theile hindern, und so das Festwerden und die Vergröße=
rung des Volumens beym Eise veranlassen soll. Ueber die
Natur der kaltmachenden Materie aber sind die Meinungen
wiederum verschieden gewesen.

Einige glaubten, die eindringende Materie sey blos
die gemeine Luft, welche die Blasen des Eises erzeuge und
das Volumen vergrößere; Boyle aber (Historia experimentalis de frigore. Londin. 1665. 8.) widerlegte schon
diese Meinung, indem er zeigte, daß das Wasser auch in
hermetisch verschloßnen Gefäßen mit Blasen gefriere, und
das Oel beym Gefrieren sich zusammenziehe.

Musschenbroek (Introd. ad philos. nat. §. 1504 sqq.)
meint, das Gefrieren rühre gar nicht unmittelbar von der
Kälte, sondern von dem Eindringen einer feinen Materie
(nonnullorum corporum subtilium, quae sunt in caelo)
her, die sich mit dem kalten Wasser mische, eine Gährung
oder Aufbrausen veranlasse und die Theile befestige. Seine Gründe sind: Das Eis sey nicht in Ruhe; denn die
Blasen nähmen beym Fortgange des Gefrierens zu, es zer=
sprenge die Gefäße, dehne sich aus und dünste. Es schwel=
le zu sehr auf, ohne daß doch die Luft in den Blasen zusam=
mengedrückt sey. Manchmal bleibe das Wasser flüßig,
wenn gleich die Temperatur unterm Eispunkte stehe, zu=
mal in Gefäßen, wenn nemlich die frostmachende Materie
nicht frey durch die Wände dringen könne. In Holland
friere es nicht beym Nordwinde, der über die kältesten Ge=
genden komme, sondern beym Ostwinde, der über viel Land
gehe, und viel fremde Theile mit sich führe. Der Frost
sey manchmal nur in einen kleinen Bezirk Landes einge=
schränkt, richte sich auch nicht nach den geographischen Brei=
ten. Kranke ahndeten den Frost vorher, wegen der in der
Luft befindlichen fremden Theile; gefrornes Wasser sey
nicht mehr so geschickt zu Vereitung der Speisen; Schei=
dewasser mache das Wasser wärmer, das Eis aber kälter;
die Dicke des Eises richte sich nicht nach dem Grade der
Kälte; Wasser in eine Mischung von Salz und Schnee
gesetzt, gefriere indem die Mischung selbst schmelze. Die
Anzahl dieser Gründe ist ansehnlich genug; allein alle an=

geführte Umstände laffen ſich auch aus Entziehung der
Wärme erklären. Ueberdies findet man eine Maſſe Eis
nicht ſchwerer als das Waſſer, woraus ſie entſtand, und
der Augenſchein lehrt zu deutlich, daß es nicht einer fremden Materie halber, ſondern nur darum friert, weil es
kalt iſt.

Die Chymiker haben lange Zeit die kaltmachende Materie unter den Salzen und beſonders im Salpeter geſucht,
welcher ihrer Meinung nach ſehr häufig im Luftkreiſe enthalten ſeyn ſollte. Man nahm die Theile dieſes Salzes für
kleine ſpißige Nadeln an, die ſich an die Waſſerkügelchen
anſeßten, und ſie endlich auf allen Seiten gleichſam mit
Stacheln umringten und in einander verwickelten. Die
Empfindung der Kälte ſelbſt ſollte von der Einwirkung dieſer ſpißigen Theilchen auf unſern Körper herkommen. Die
künſtlichen Gefrierungen, die man durch Miſchungen des
Eiſes oder Schnees mit Salpeter hervorbringen kan, ſchienen dieſe Erklärungen zu begünſtigen. Man glaubte, die
Salpetertheilchen drängen dabey durch die Zwiſchenräume der Gefäße in das darinn befindliche Waſſer ein, ſ. Kälte, künſtliche. Man kan aber dieſem Argumente ſeine ganze Beweiskraft durch die Frage benehmen, warum denn dieſe
kaltmachende Miſchungen nicht ſelbſt gefrieren. Es iſt auch
anjeßt gewiß genug entſchieden, daß man, um die Phänomene der Kälte zu erklären, keine beſondere Materie nöthig
hat, ſ. Kälte.

Winkler (De cauſis frigoris et glaciei. Lipſ 1737.
4.) nimmt an, die ſonſt runden Waſſertheilchen würden beym
Gefrieren zertheilt und in kleinere Kügelchen oder eckigte
Körper zertrennt, woraus er vornehmlich die Vergrößerung des Volumens beym Eiſe erklären will. Aber welche
Kraft ſollte eine ſolche Zertrennung bewirken? In einer
neuern Schrift (Unde vim elaſticam adipiſcatur aqua ra-
reſcens, Lipſ. 1753. 4.) ſieht er zwar die Feſtigkeit des Eiſes richtig als den natürlichen Zuſtand des vom Feuer ver-
laſſenen Waſſers an, leitet aber die Vergrößerung des Volumens davon her, daß ſich die Waſſertheile bey der Berührung in hole elaſtiſche Kügelchen vereinigen.

Seitdem die Gefrierung des Queckſilbers auſſer Zweifel geſetzt iſt, hat man vermöge der Analogie deutlicher eingeſehen, daß es für alle Metalle, ſo wie für alle übrigen Subſtanzen, gewiſſe Temperaturen gebe, bey welchen ſie ihre Flüßigkeit mit der Feſtigkeit vertauſchen, daß das Gefrieren mit dem Geſtehen geſchmolzner Materien einerley Phänomen ſey, und daß man Feſtigkeit und Flüßigkeit nicht für Eigenſchaften der Körper, ſondern für bloße vom Grade ihrer Wärme abhängende Zuſtände derſelben halten müſſe. Dieſe Meinung ſelbſt iſt nicht neu; **Boyle** gedenkt ihrer ſchon, als einer ſehr wahrſcheinlichen, an mehrern Stellen; ſie iſt aber erſt in neuern Zeiten herrſchender und allgemeiner geworden. Man ſieht demnach die Flüſſigkeit als eine Wirkung der Wärme oder des Feuers an, welches durch ſeine Dazwiſchenkunft und chymiſche Verwandſchaft den Zuſammenhang der Theile ſchwächt, dagegen derſelbe durch die Entziehung des Feuers, oder durch die Kälte wiederum zu ſeinen vorigen Stärke gelanget. So erklären ſich die Phänomene des Gefrierens ſehr leicht und ungezwungen. Eine jede Subſtanz muß, um flüßig zu ſeyn, wenigſtens einen beſtimmten Grad freyer Wärme bey ſich haben; verliert ſie etwas hievon, ſo gewinnt das Beſtreben ihrer Theile zu einander die Oberhand, und es zeigt ſich Zuſammenhang und Feſtigkeit. Während des Uebergangs wird ein Theil des gebundnen Feuers, das vorher die Flüßigkeit bewirkte frey und erſetzt den Verluſt der freyen Wärme, daher der Körper während des Gefrierens nicht weiter erkaltet. Hat das Anziehen der Theile wegen der Ruhe des Körpers u. dgl. nicht gleich wirken können, und iſt alſo etwas mehr freye Wärme ausgegangen, als ſonſt zum Gefrieren hinlänglich wäre, ſo wird bey der geringſten Bewegung das Anziehen plötzlich wirken, wobey die gebundene Wärme, welche vorher Flüßigkeit bewirkte, auf einmal frey wird, und den Körper auf die Temperatur ſeines eigentlichen Gefrierpunkts zurückbringt. Die plötzliche Zuſammenziehung iſt die Wirkung des nähern Zuſammentretens der Theile, und die Ausdehnung des gefrierenden Waſſers ſcheint blos von Rebenurſachen, z. B. von den darinn entſtehenden Hölungen oder Luftblaſen, von der dem Waſſer eignen Art der Kryſtalliſation u. ſ. w. herzukommen.

Man ſehe übrigens die Artikel: **Eis, Kryſtalliſation; Kälte, Kälte, künſtliche; Schmelzung, Feuer, Wärme.**

Erxlebens Anfangsgr. der Naturlehre, durch *Lichtenberg* Vierte Auflage §. 424 — 431. §. 472.

Blagden Geſchichte der Verſuche über das Gefrieren des Queckſilbers in d. Sammlungen zur Phyſ. u. Naturg. III B. 3. u. 5. St.

Muſſchenbroek Introd. in philoſ. nat. Vol. II. §. 1504 ſqq.

Gefühl, Tactus, *Tact*, *le Toucher.* Der Sinn, durch welchen wir die fühlbaren Gegenſtände bemerken. Es iſt der gröbſte, aber auch der zuverläßigſte unſerer Sinne, der die Ueberzeugung von dem Daſeyn der Dinge auſſer uns ganz vollendet. Er iſt überdies durch den ganzen Körper verbreitet, und wir nehmen durch ihn die Gegenſtände von allen Seiten wahr, da die übrigen Sinne nur auf gewiſſe Theile des Körpers eingeſchränkt ſind. Ohne Gefühl würden wir Avtomate ſeyn; man würde uns zerſtören können, ohne daß wir etwas davon bemerkten.

Das Werkzeug des Gefühls ſind die über den ganzen Körper verbreiteten Nerven. Die Haut, ein ungemein dichtes Gewebe von Fibern, iſt mit unzählbaren kleinen Löchern durchbohrt, durch welche die äuſſerſten Enden der Nerven, die Fühlkörner, wie kleine Wärzchen gebildet, hindurchgehen, ihr äuſſeres aus der harten Hirnhaut entſpringendes Häutchen ſeitwärts ablegen, und ſich mit einem netzförmigen Schleim (Rete Malpighianum) bedeckt, bis unter das Oberhäutchen oder die Epidermis erſtrecken. Hier liegen ſie nach geraden Linien in einer gewiſſen Ordnung, durch welche die auf der Haut ſichtbaren, und beſonders an den Fingerſpitzen in Form von Spirallinien ſo merklichen Furchen gebildet werden. Dieſe Nervenſpitzen oder Fühlkörner ſind der eigentliche Sitz und das Werkzeug des Gefühls.

Dieſer Sinn iſt der allgemeinſte, und begreift die übrigen unter ſich, welche alle auf beſondere Arten des Gefühls hinauslaufen.　Er kan durch Aufmerksamkeit und Uebung so verfeinert werden, daß durch ihn oft Blinde für den Mangel des Gesichts großentheils entschädiget worden sind.

Gegenstände des Gefühls sind alle Körper, welche die Oberfläche der Haut erschüttern und unsere Nerven bewegen können.　Wir erkennen durchs Gefühl ihr Volumen, ihre Gestalt, Ruhe, Bewegung, Härte, Weichheit, Flüssigkeit, Wärme, Kälte, Trockenheit, Feuchtigkeit u. s. w.

Der Sinn des Gefühls ist zugleich thätig und leidend. Wir fühlen zwar mehrentheils Dinge ausser uns, aber wenn ein Glied des Körpers das andere berührt, so fühlen beyde und werden gefühlt; beyde sind Gegenstand und Werkzeug zugleich.

Sind die Nervenspitzen durch Verbrennung zerstört, mit einer fremden Materie bedeckt, durch die Kälte zusammengezogen, gelähmt ꝛc., so verliert der Theil, den dies betrift, das Gefühl so lange, bis sie wieder in ihren natürlichen Zustand zurückkehren.

Ein besonderes Phänomen des Gefühls ist der **Kitzel**, eine leichte Erschütterung der Nervenspitzen, welche jedoch lebhaft genug ist, um eine unangenehme Empfindung zu erregen, und die in besonders genauer Verbindung mit der Einbildungskraft steht.

Nollet Leçons de physique. Paris, 1743. 12. To. I. p. 151. sq.
Le Cat Traité des sens. Paris, 1767. 8. p 203.

Gegenfüßler, Antipoden, Antipodes, Antichthones, *Antipodes.* Diesen Namen giebt man den Bewohnern solcher Länder, welche auf der Erdfläche einander dem Durchmesser nach gegenüber stehen.　Die in o, Taf. VIII. Fig. 2. sind derer in n, und diese jener Antipoden.　Das Zenith jener ist das Nadir dieser, und umgekehrt.　Beyde treibt die Schwere nach C. dem Mittelpunkte der Erde, oder vielmehr lothrecht gegen die Erdfläche, auf der ihre Füße stehen.　Beyde stehen also fest, und es ist bey einer sehr mäßigen Aufmerksamkeit leicht zu übersehen, daß die in n weder herabfallen können, noch etwa die Köpfe unter-

wärts kehren, wie sich Unerfahrne bisweilen vorstellen,
wenn sie die Figur und die Worte: oben, unten blos auf
den Ort o beziehen.　　Jedem Menschen heißt das oben,
wohin sich sein Haupt, und das unten, wogegen sich seine
Füße kehren.　　Für die in n ist also N oben und C unten,
und die Richtung der Schwere treibt bey ihnen eben sowohl,
als bey uns, die Körper niederwärts, daher sie von ih=
rer Stellung gegen Himmel und Erde eben die Empfin=
dung, wie wir von der unsrigen, haben.　　Alles dies ist
durch die wirklichen Erfahrungen der vielen Weltumsegler
vollkommen bestätiget worden.　　In Vergleichung mit
einander aber kehren sich die in n und die in o wirklich
die Füße zu, daher auch die Benennungen ihren Ursprung
haben.

Gegenfüßler wohnen in gleichen aber entgegengesetzten
Breiten, und die Längen ihrer Wohnplätze unterscheiden
sich um 180°.　　Daher sind ihre Jahrszeiten gerade entge•
gengesetzt, und ihre Stunden um 12 St. unterschieden. Un=
sere Antipoden haben Frühling, wenn wir Herbst, Mit=
ternacht, wenn wir Mittag haben.　　Für Leipzig fällt der
entgegengesetzte Ort der Erdfläche in die Südsee zwischen
Neuseeland und die südliche Spitze von Amerika, daß wir
also keine eigentlichen Gegenfüßler haben.

Die Idee von Antipoden findet sich schon bey den
griechischen Weltweisen, und namentlich beym Plato, zu
dessen Zeiten man die Kugelgestalt der Erde längstens aus
Schlüßen kannte.　　Sehr viele Schriftsteller, z. B. Cice•
ro (Quaest. Acad. IV. 39.), Plinius (H. N. II. 65.),
Plutarch (De facie lunae) gedenken der Antipoden, zum
Theil umständlich.　　Die Kirchenväter hingegen fingen an,
sich sehr heftig gegen die Meinung von der Kugelgestalt
der Erde zu erklären. Lactantius (Instit. Divin. III. 24.)
und Augustinus (De civit. Dei XVI. 9.) läugnen das
Daseyn der Gegenfüßler, und Cosmas nennt die Verthei=
diger der Runde der Erde homines nomine Christiano in-
dignos, qui S. Scripturam abnegent, utpote quae mundum esse tabernaculum testetur.　　Im achten Jahrhunder=
te n. C. G. vertheidigte Vergilius, der aus Irland nach

Bayern gekommen war, das Christenthum zu predigen, die Meinung von den Gegenfüßlern. Der bekannte Apostel der Bayern nnd Thüringer, Bonifaz, beklagte sich beym Pabste Zacharias, er lehre alium mundum sub terra, aliosque homines, und der Pabst antwortete: Vergilium philosophum a templo Dei et ecclesia depellito, si illam perversam' doctrinam fuerit confessus (Man s. Aventini annal. Boiorum L. III.). Auch in neuern Zeiten hatte sich das Vorurtheil wider diese Meinung noch lange erhalten, bis endlich die Umschiffungen der Erde eine völlige Ueberzeugung von dem wirklichen Daseyn der Gegenfüßler verschaften.

G. S. *Bauer* Vergilius a Zacharia Papa et Bonifacio ob assertos antipodas haereseos inique postulatus. Lips. 1752. 4.

Gegengewicht, Pondus contrarium, *Contrepoids*. Ein Gewicht, oder eine andere bewegende Kraft, so angebracht, daß sie das Gewicht einer Last vermindert, oder wohl gar aufhebt, und dadurch deren Bewegung erleichtert.

Gegengewichte finden in vielen Werkzeugen und auf mancherley Art statt. Ein Beyspiel zeigt Taf. II. Fig. 44. bey dem Hookischen Radbarometer. Hier soll das Quecksilber, wenn es bey G steigt, das auf seiner Fläche schwimmende Stückchen Eisen heben, und dadurch die Rolle S mit dem Zeiger drehen. Dies zu erleichtern wird an den über S gezognen Faden das Gegengewicht H gehangen. Dies hebt einen großen Theil des Gewichts von G auf, erleichtert also die Bewegung, und spannt zugleich den Faden. Es darf aber H nicht ganz so schwer, als G, seyn, damit beym Herabsinken des Quecksilbers, G ein Uebergewicht erhalte, wieder herabgehe und die Rolle S mit dem Zeiger zurückdrehe.

Man pflegt auf die Hebel oder Schwengel der Ziehbrunnen große Steine zu binden. Diese dienen als Gegengewichte, weil sie beym Aufziehen des vollen Eimers mit einem Theile seiner Last das Gleichgewicht halten, und also das Heben erleichtern.

Gegenschattichte, Antiscii, *Antisciens*. Bewohner solcher Orte der Erdfläche, deren Schatten im Mittage auf entgegengesetzte Seiten fallen. Es sind diejenigen, welche in den gemäßigten Zonen auf verschiedenen Seiten des Aequators wohnen. Die Bewohner der nördlichen gemäßigten Zone sind den Bewohnern der südlichen gegenschatticht, und umgekehrt. Jene werfen ihren Mittagsschatten auf die Nordseite, diese auf die Südseite.

Gegenschein, s. Aspecten.

Gegenwirkung, **Reaction**, Reactio, *Reaktion*. Wenn ein Körper in den andern wirkt, so leidet er dadurch selbst eine Veränderung. Er verliert nemlich so viel von seiner Kraft, Bewegung u. s. w., als auf die Wirkung in den andern verwendet wird. Man hat sich sonst vorgestellt, als ob der leidende Körper zurückwirkte, und dem thätigen dies entzöge. Dieses nun hat man mit dem Namen der **Gegenwirkung** bezeichnet, welche also nichts weiter ist als die Veränderung, die ein Körper dadurch, daß er in einen andern wirkt, erleidet

Ein Pferd, das 10 Centner ziehen könnte, an einen Stein gespannt, den zu bewegen 8 Centner Kraft nöthig sind, zieht den Stein mit dieser Kraft, überwindet seine Trägheit, und verliert dadurch eben diese 8 Centner Kraft; natürlich darum, weil sie nichts mehr wirken können, wenn sie einmal verwendet sind. Es geht also so fort, als ob es nur noch 2 Centner Kraft hätte, und der Stein folgt ihm so, als ob er nun keine Gewalt mehr erforderte, fortgeführt zu werden. Man stellt sich also vor, der Stein wirke zurück, entziehe dem Pferde 8 Pfund Kraft, und übe eine **Gegenwirkung** aus.

Schon die Scholastiker lehrten, Wirkung sey nie ohne Gegenwirkung: Newton aber (Princip. philos. natur. Axiom. 3.) bestimmte genauer, der Wirkung sey allemal eine gleiche Gegenwirkung entgegengesetzt, (reactio aequalis et contraria actioni) und führte diesen Satz als ein Axiom in die Naturlehre ein.

Gehörig verstanden ist dieser Grundsatz sehr einleuchtend, und wird in der Lehre vom Druck und Stoß mit Nutzen gebraucht. Weil aber der Ausdruck: Gegenwirkung nicht ganz bequem ist um eine bloße Veränderung durch Wirken zu bezeichnen, so hat dies zu falschen Anwendungen Anlaß gegeben. Manche Naturforscher legen dem leidenden Körper zu viel bey. Hamberger (Elem. physices mathem. Jenae, 1735. 8. §. 36.) behauptet, die Gegenwirkung, oder, wie er es nennt, der Widerstand sey eine Kraft, etwas wirklich entgegenziehendes oder stoßendes. Dies liegt nicht in dem Begriffe von Wirkung allein, aus dem man doch den newtonischen Satz lediglich herzuleiten hat, wenn er als Axiom angesehen werden soll. Ist so etwas wirklich vorhanden, so muß es aus besondern Erfahrungen bewiesen werden. Dergleichen Erfahrungen hat zwar Hamberger beygebracht, aber sie erweisen nicht, was sie sollen, und sind sämmtlich aus der Langsamkeit zu erklären, womit sich die Bewegung mittheilt. Z. B. Man legt ein Schrotkügelchen nahe an den Rand eines Tellers, und stößt an den gegenüberstehenden Rand, so scheint sich das Kügelchen dem Stoße entgegen zu bewegen. Eigentlich bewegt sich der Teller, kan aber diese Bewegung dem Kügelchen nicht gleich mittheilen; also ruht dieses, der Teller geht darunter weg, und die Bewegung des Kügelchens, welche eine Gegenwirkung beweisen sollte, ist gar nicht vorhanden. Oder: Man hängt einen Tabakspfeifenstiel B C Taf. X. Fig. 38. senkrecht auf, und stellt unten an denselben ein Gläschen I F so, daß es ihn bey C berührt. Schlägt man nun sehr geschwind nach der Richtung A E an den Pfeifenstiel, daß er zerbricht, so wird das Gläschen nach der Richtung I G ungeworfen. Dies soll eine zurückwirkende Kraft des geschlagnen Körpers erweisen; allein, was hier vorgeht, ist folgendes. Der Schlag theilt dem abgebrochenen Ende E eine grosse Geschwindigkeit nach E D mit, die sich nicht gleich durch das ganze Stück E C verbreiten kan. Daher bleibt der Schwerpunkt des Stücks, oder K in Ruhe, und E C dreht sich um K in die Lage D H, wobey der Punkt C den Weg C H nehmen, und das Glas nach der Richtung IG umwerfen muß. Schlägt man langsam, oder weit unten, nahe bey C, so wird das Glas nicht umfallen, und die eingebildete zurückwirkende Kraft wird aussenbleiben.

Selbst Newton hat aus seinem Axiom mehr hergeleitet, als wirklich daraus folgt. Er schließt (Princ. L. III. prop. 5. Coroll. 1.) die Gravitation der Weltkörper sey gegenseitig, z. B. es gravitire nicht allein der Mond gegen die Erde, sondern auch die Erde gegen den Mond, weil Wirkung und Gegenwirkung stets bey einander sey. Aber wer sieht nicht, daß die Gravitation, deren Ursache noch unbekannt ist, mit dem Zuge, Drucke und Stoße nicht so geradehin verwechselt werden dürfe. Sollte sie vom Stoße einer Materie herrühren, warum könnte denn diese Materie nicht den Mond gegen die Erde treiben, ohne zugleich diese gegen jenen zu führen? Es sind allerdings alle bekannten Attractionen gegenseitig; aber dies muß aus Erfahrungen erwiesen werden. Die Schwere des Monds gegen die Erde folgt aus der Art seiner Bewegung um letztere; die der Erde gegen den Mond aus der Ebbe und Fluth, und aus ihren in der Bewegung der Erde sichtbaren Wirkungen, keinesweges aber aus dem Grundsatze von der Gegenwirkung, welcher blos eine Folge der Trägheit der Körper, und nur da als Vorstellungsart anwendbar ist, wo Veränderung durch Wirken statt findet.

Kästners Anfangsgr. der höhern Mechanik, Göttingen, 1766. 8. §. 125 u. f.

Gegenwohner, Antoeci, *Antéciens.* Diesen Namen erhalten die Bewohner solcher Orte der Erdfläche, welche unter einerley Mittagskreise, und in gleichen aber entgegengesetzten Breiten wohnen. So sind Taf. VIII. Fig. 2. die in i Gegenwohner derer in f; beyde Orte liegen im Meridian pofis, und ihre Breiten oder Abstände vom Aequator af und ai sind gleich). Die Gegenwohner haben zu gleicher Zeit Mittag, also einerley Tagesstunden, aber entgegengesetzte Jahrszeiten. Leipzigs Gegenwohner sind unterhalb der südlichen Spitze von Afrika in der Gegend des Cap Circoncision zu suchen.

Gehör, Auditus, *Ouie*. Der Sinn, durch welchen wir den Schall und Klang empfinden. Das Werkzeug desselben ist das Ohr. Ich würde ohne eine vorhergegangene Beschreibung dieses sehr zusammengesetzten Organs wenig deutliches vom Gehöre selbst sagen können; diese Betrachtung hat mich bewogen, die Beschreibung des Ohrs hauptsächlich nach Karsten (Anleitung zur gemeinnütz. Kenntniß der Natur, §. 94. u. f.) hier mitzutheilen, und bey dem Worte: Ohr, auf gegenwärtigen Artikel zu verweisen.

Das menschliche Ohr, womit auch das Ohr der Thiere bey einigen mehr, bey andern weniger Aehnlichkeit hat, liegt gröstentheils im Schläfeknochen (os temporum) und man unterscheidet das äussere und innere Ohr, oder nach Valsalva (De aure humana Bonon. 1704. 4.) die äussere, mittlere und innerste Höhle desselben.

Zur äussern Höhle gehört der knorplichte, dünne, elastische mit Häuten überzogne Theil, den wir von aussen an beyden Seiten des Hauptes sehen. Seine äussere Fläche AB Taf. X. Fig. 39. ist mit verschiedenen Hervorragungen und Hölungen versehen, den Schall aufzufangen und in die Muschel (concha, *conque*) zu bringen, dann aber weiter in den Gehörgang (meatus auditorius, *conduit auditif*) zu leiten. Dieser fängt auf dem Boden der Muschel und unter dem knorplichten Theile (Tragus, *trage*) C an, seine Querschnitte sind elliptisch, die Fläche seiner Oefnung beträgt $5\frac{1}{3}$ Quadratlinien, und ist 50mal kleiner, als die äussere Fläche des Ohrs, daher hier der Schall 50mal stärker seyn kan, als wenn er ohne das äussere Ohr sogleich in den Gehörgang gekommen wäre. Die Gehörgangsröhre DE ist 9 Lin. lang, 4 Lin. hoch, und 3 Lin. breit, steigt bogenartig von D nach F, von da nach E wieder hinab, dann wieder hinauf, wo sie sich mit dem Trommelfell (membrana tympani, *membrane du tambour*) GH endiget. Ihr Umfang ist anfangs knorplicht, weiterhin

aber endigt sich der Gehörgang selbst im Schläfeknochen.
Er ist mit seinen Häuten bedeckt, unter denen sich aus klei=
nen Drüsen das Ohrenschmalz absondert, das ihn befeuchtet,
und so, wie die kleinen Haare im Eingange, beschützt; bey
neugebohrnen Kindern ist er etwas enger, und am Trom=
melfelle mit einer weißen schleimigten Substanz erfüllt, wel=
che das Wasser, worinn der Fötus schwimmt, abhält, ins
Ohr zu dringen. Das Trommelfell schließt schief an, so
daß es mit der Gehörgangsröhre oben einen stumpfen, un=
ten einen spitzigen Winkel macht. Es ist von aussen ein
wenig hohl vertieft, von innen aber erhaben; seine Fläche
ist mehr konisch als sphärisch, der Umfang elliptisch, und
der mittlere Durchmesser $3\frac{7}{10}$ Linien.

Mit dem Trommelfelle fängt die mittlere Höhle des
Ohrs, die **Trommelhöhle, Pauke** (Tympanum, Ca-
vitas tympani, *Caisse du tambour*) an. Sie befindet sich
im Innern des Schläfeknochens, hat eine irreguläre ellipti=
sche Figur, im mittlern Durchschnitt von 4 Linien. Hier
hat eine kleine aus vier der zartesten Knöchelchen zusam=
mengesetzte Maschine, Taf. X. Fig. 40, ihre Stelle. Die=
se Knöchelchen sind der **Hammer** (malleus, *marteau*)
GIK, der **Ambos** (incus, *enclume*) GL, der **Stegreif**
(stapes, *étrier*) LNM, und ein ungemein kleines linsen=
förmiges Beinchen (os orbiculare, *osselet orbiculaire ou
lenticulaire*) bey L. Der Hammer und Ambos hängen
bey G zusammen, sind aber, wie ein Winkelhebel, um die=
sen Punkt beweglich. Der Ambos und Stegreif aber sind
vermittelst des linsenförmigen Beinchens so verbunden, daß
jeder Theil einzeln um L beweglich ist. Der Hammer hängt
an dem Trommelfelle an.

Aus der Trommelhöhle läuft die **Eustachische Röhre** (tuba Eustachiana, *trompe d' Eustache*) HY nach der
innern Höhle des Mundes, wodurch sich die Trommelhöhle
mit Luft füllt, welche der äussern an Federkraft gleich ist, da=
her man auch durch den Mund und die Nase hören kan.
Ausserdem läuft auch aus dieser Höhle noch ein Gang
in die Zellen des zitzenförmigen Fortsatzes (Apophysis
mastoidea.)

Die innerſte Höhle des Ohrs heiſt das **Labyrinth** (labyrinthus, *labyrinthe*) PRQO, und iſt Fig. 41. beſonders ſo vorgeſtellt, daß man die untere Seite ſieht. Sie liegt über der Trommelhöhle, jedoch zugleich etwas nach hinten, in der feſteſten Maſſe des Schläfeknochens, und hat eine eigne ſehr zuſammengeſetzte Geſtalt. Sie beſteht aus dem **Vorhof** (veſtibulum, *veſtibule*) S, Fig. 39., drey halbkreisförmigen Röhren (canales oſſei ſemicirculares, *canaux ſemicirculaires*) P, Q, R, und der **Schnecke** (cochlea, *limaçon*) O. Der Vorhof hängt durch eine kleine Oefnung unter dem Namen des ovalen Fenſters (feneſtra ovalis, *fenêtre ovale*) T, Fig. 41. mit der Trommelhöhle zuſammen.

Der ganze Arm des Hammers IK, Fig. 40. iſt mit dem Trommelfell zuſammengewachſen, und die Spitze K der **Handhabe** des **Hammers** (manubrium mallei, *manche du marteou*) liegt an der Spitze des koniſchen Trommelfells. Bey G hängt der von Hammer und Ambos gebildete Winkelhebel durch zwey häutige Bänder an der obern Wand der Trommelhöhle. Des Stegreifs Schenkel machen mit dem Horizont einen Winkel von 45°, ſeine Grundfläche M N ſchließt genau an das ovale Fenſter an, und hängt mit deſſen Umfange durch ein dünnes Häutchen ſo zuſammen, daß der Stegreif noch ein wenig beweglich bleibt, und weil der Zuſammenhang bey M am feſteſten iſt, ſich mit der Seite N im Bogen um M drehen kan.

Die drey halbkreisförmigen Canäle ſind von verſchiedener Größe, und werden daher am beſten durch die Namen des größern, kleinern und kleinſten unterſchieden. Zwey von ihnen haben einen gemeinſchaftlichen Schenkel PT, und alle zuſammen endigen ſich daher nur mit fünf Oefnungen am Vorhofe.

Die Schnecke iſt ein ſpiralförmiger Canal im Schläfeknochen, der ſich um eine kegelförmige Spindel windet, und um dieſelbe von der Grundfläche an bis an die Spitze dritthalb Windungen macht. Die Höhle der Schnecke wird durch die dünne Schnecken = Scheidewand oder das gewundene Blatt, (ſepimentum cochleae, lamina ſpiralis, *lame spirale*), welche zum Theil knorplicht zum Theil zart, wie ein durchsichtiges Häutchen ist, in zween Canäle, die Sca-len, Treppen, (Scalae, *rampes du limaçon*) getheilt. Eine derselben, die Vorhofsscale (Scala veſtibuli, *rampe ex-terne*) endigt sich mit ihrer Oefnung im Vorhofe an der Seite des ovalen Fensters; die andere (scala tympani, *rampe interne*) steht mit der Trommelhöhle in Verbindung, und endiget sich daselbst in ein rundes Loch, welches das runde Fenster heißt, und mit einem dünnen Häutchen geschloßen ist.

Der Gehörnerve ist theils hart, theils weich, und hat im Schläfeknochen seinen zwiefach abgetheilten Canal. Taf. X. Fig. 42. Die eine Abtheilung A B, der gemeinschaft-liche Nervencanal, ist dem härtern und weichern Theile gemein, der andere D E, der Fallopische Aquäduct, ist dem härtern Theile eigen. Aus dem gemeinschaftlichen Canal tritt der härtere Gehörnerve bey F ab in den letztern Canal D E, welcher nach D zu mit der Höhle der Hirn-schale in Verbindung ist, wo sich der Nerve ins Gehirn ver-theilet, nach C zu aber einen Ast (chorda tympani) durch die Trommelhöhle sendet, bey E endlich aus den Schläfe-knochen heraustritt, und Aeste über die ganze Helfte des Gesichts verbreitet. Der weichere Nerve hingegen tritt in zween Aesten bey B theils mit der Schnecke, theils mit dem Vorhof in Verbindung, und bildet im letztern und in den halbkreisförmigen Canälen zarte Häutchen, die schallenden Zonen, in der Schnecke aber den häutigen Theil der Spi-ralscheidewand.

So bewundernswürdig nun dieses Werkzeug von dem Schöpfer gebildet und aus den feinsten Theilen zusammen-gesetzt ist, so wenig sind wir im Stande, die eigentliche Bestimmung aller dieser Theile und die Absicht ihres so künst-lichen Baus anzugeben. Den mehresten scheint das Laby-rinth das eigentliche Werkzeug des Gehörs zu seyn, zu welchem Schall und Ton durch die übrigen Theile blos ge-leitet und fortgepflanzt werden. Der in der Luft erregte Schall nemlich geht durch die Muschel und den Gehörgang bis ans Trommelfell und setzt dasselbe in eine zitternde Bewegung. Dadurch wird die Luft in der Trommelhöhle und durch diese das Häutchen des runden Fensters ebenfalls erschüttert. Ist also die Höhle des Labyrinths gleichfalls mit Luft erfüllt, so wird auch dieser die Erschütterung mitgetheilt; sie wirkt alsdann auf den Gehörnerven, und hiemit ist die Empfindung des Schalls unmittelbar verbunden.

Man fühlt es sogleich, daß diese Erklärung viel zu einfach ist, um den Mechanismus eines so zusammengesetzten Werkzeugs mit einiger Vollständigkeit begreiflich zu machen. Um also der Sache etwas näher zu kommen, und zu erklären, wie die Verschiedenheit der Töne empfunden werden könne, nimmt man an, der zum Hammer gehörige Muskel spanne das Trommelfell jederzeit so stark, daß es mit dem entstandenen Tone harmonisch bebe; durch die Bewegung des Amboßes und Stegreifs werde auch vermittelst des an letzterm befindlichen Muskels das Häutchen am Ovalfenster gleich stark gespannt, und dadurch die Wirkung des Tons desto lebhafter ins Labyrinth übergebracht. Man stellt sich endlich die Fasern des häutigen Theils der Spiralscheidewand, welche von der Mitte gegen den Umfang laufen, und in den weiten Windungen länger, als in den engen sind, als gespannte Saiten von verschiedenen Längen vor, deren jede mit einem eignen Tone übereinstimmt, und nimmt an, daß durch jeden Klang die mit ihm harmonirenden Fasern erschüttert, und diese Schwingungen durch den Gehörnerven bis ins Gehirn fortgepflanzt werden. Diese Erklärung giebt Musschenbroek (introd. in philos. nat. Vol. II. §. 2280. 2281.).

Der künstliche Bau der vier kleinen Gehörknöchelchen scheint aber doch eine wichtigere Bestimmung anzuzeigen, als die ihnen hiebey zugeschriebene Spannung des Häutchens am Ovalfenster ist. Vielleicht pflanzen sie selbst durch ihre Bewegung den Ton vom Trommelfell bis ins Labyrinth fort. Das zitternde Trommelfell erschüttert den Winkelhebel, den Hammer und Ambos bilden, und dadurch auch den Stegreif so, daß er sich um den einen Punkt seiner Grundfläche, wie um ein Charnier, schnell hin und wieder schwingt. Wäre nun das Labyrinth voll Luft, so

Ff

würde diese die Erschütterung den Nerven mittheilen und zum Gehirn bringen.

Aber eine große Schwierigkeit bey allen diesen Erklä=rungen ist, daß man keine Oefnung findet, durch welche Luft von gleicher Federkraft mit der äussern ins Labyrinth gelangen kan, indem beyde Fenster mit Häutchen verschlos=sen sind. Schon ältere Zergliederer haben Feuchtigkeiten im Labyrinthe wahrgenommen: **Cotunni** (Diss. de aquae=ductibus auris humanae internae. Neap. 1760. 4) und **Meckel** (Diss. de labyrinthi auris contentis. Argentor. 1777. 4.) haben endlich erwiesen, daß es ganz voll Wasser sey. Diese Entdeckung würde die ältern Naturforscher sehr in Verlegenheit gesetzt haben; jezt wissen wir aber, daß auch das Wasser in einigem Grade elastisch sey, und den Schall fortpflanze; überdies sind auch zwey zarte Räum=chen vorhanden, in welche das Wasser zum Theil auswei=chen kan. Herr D. **Wünsch** (De auris humanae pro=prietatibus. Lips. 1777. 4.) glaubt, es werde die ganze sehr zarte und elastische Masse des Labyrinths erschüttert, welche Meinung auch wohl die wahrscheinlichste ist.

Wenn die Erschütterungen aus regelmäßigen und gleich=zeitig auf einander folgenden Schlägen bestehen, so wird ein **Klang** oder **Ton**, wenn aber dieses Regelmäßige fehlt, wird ein blos unharmonischer **Schall** empfunden. Bey=de können, wenn sie stark werden, den Gaumen und die Zähne erschüttern, und sogar Taubheit verursachen.

Daß man mehrere Töne zugleich höret, erklärt man leicht dadurch, weil jeder Ton nur die mit ihm harmoni=schen Fasern der Spiralscheidewand erschüttert, daher von verschiedenen Tönen auch verschiedene Nervenspitzen gerührt werden. Das Labyrinth, die Schnecke und die vier kleinen Gehörknöchelchen wachsen nicht, sondern sind bey Kindern eben so groß, als bey Erwachsenen. Sollte hiebey nicht die Absicht seyn, zu bewirken, daß gewisse bestimmte Töne immer eben dieselben Stellen dieser Theile und auf eben die=selbe Art erschüttern müssen. Denn, wenn z. B. die Ner=venfasern der Spiralscheidewand an Länge zunähmen, so würden Kinder gewisse hohe Töne hören können, die sie als erwachsene Personen nicht mehr zu unterscheiden vermögend seyn würden.

Karsten Anleitung zur gemeinnützlichen Kenntniß der Natur. Halle, 1783. 8. VII Abschn. §. 94 — 100.

Gehörnerve, s. Gehör.

Geist, Spiritus, Spiritus, *Esprit*.

Dieser Name wird den Flüßigkeiten beygelegt, die man durchs Destilliren aus den Körpern erhält, wenn sie aus flüchtigen die Nerven reizenden Theilen bestehen und sich in jedem Verhältniße mit Wasser vermischen. Man hat drey Hauptarten von Spiritus; brennbare, saure, alkalische.

Zu den brennbaren gehören der Spiritus Rector oder der flüchtigste und feinste Theil der wesentlichen Pflanzenöle, und die eigentlichen brennbaren Spiritus aus Wein, Bier und anderen durch die Weingährung gegangenen Substanzen, s. Weingeist. Man kan auch die Aetherarten hiezu rechnen, s. Aether.

Die zweyte Classe begreift alle durchs Destilliren erhaltene Säuren. Die aus dem Mineralreiche heissen Schwefelgeist, Salpetergeist, nach der Substanz, aus der man sie erhalten hat; bey den aus dem Pflanzen = und Thierreiche pflegt man das Beywort sauer hinzuzusetzen, weil diese Substanzen noch andere, nicht saure, Spiritus geben, z. B. saurer Geist vom Pockholze, saurer Ameisengeist.

In die dritte gehören die flüchtig = alkalischen Geister aus dem Salmiak, gefaulten Pflanzen und thierischen Stoffen, der flüchtige Salmiakgeist, Hirschhornspiritus, u. s. w.

Macquer chym. Wörterb. Art. Spiritus.

Gemälde, elektrisches, s. Zaubergemälde.

Geocentrisch, Geocentricum, *Géocentrique*.

So wird dasjenige genannt, was sich auf den Mittelpunkt der Erde bezieht, oder wovon man sich vorstellt, als ob es aus dem Mittelpunkte der Erde betrachtet würde. Der Ort, den ein Planet, aus der Mitte der Erde gesehen, unter den Firsternen einnehmen würde, heißt sein geocentrischer

Ort, und deſſen **Länge** und **Breite** die **geocentriſche**. An eben dieſem Orte wird der Planet aus derjenigen Stelle der Erdfläche geſehen, welche ihn zu der Zeit im Scheitel hat. Vom geocentriſchen Orte wird der wahre Ort, ingleichen der **heliocentriſche** Ort unterſchieden, ſ. **Heliocentriſch**.

Geogenie, **Geogonie**, Geogonia. Ein Name, den man der Lehre von der Entſtehung und Bildung der Erdkugel beylegt. Dieſe Lehre gehört eigentlich zur phyſiſchen Geographie. Herr **Silberſchlag** hat unter der Aufſchrift: Geogenie, eine eigne Hypotheſe über dieſe Gegenſtände vorgetragen, ſ. den Art. **Erdkugel**, unter dem Abſchnitte: **Hypotheſen über die Entſtehung und Bildung der Erde**.

Geographie, **Erdbeſchreibung**, Geographia, Géographie. Dieſen Namen führt die Lehre von der Erde, deren Größe, Geſtalt, Bewegungen, Beſchaffenheit, Eintheilungen der Oberfläche u. ſ. w., welche Gegenſtände eine Wiſſenſchaft von großer Wichtigkeit und weitläuftigem Umfange ausmachen. Ihr griechiſcher Name wird durch den deutſchen ganz eigentlich ausgedrückt.

Man theilt die Geographie in die **mathematiſche**, **phyſiſche** und **politiſche** ein. Die **mathematiſche** betrachtet, was bey der Erde einer Ausmeſſung fähig iſt; die **phyſiſche** handelt von ihrer natürlichen Beſchaffenheit, Bildung, Veränderungen, den Theilen ihrer Oberfläche, dem feſten Lande, Gewäſſern, Bergen, Inſeln ꝛc. und wird bisweilen auch allgemeine **Phyſik** oder **Naturgeſchichte der Erde** genannt; die **politiſche** endlich hat die bürgerlichen Abtheilungen der Oberfläche zum Gegenſtande.

Man begreift die mathematiſche und phyſiſche Geographie, welche die natürliche Beſchaffenheit der Erde betreffen, zuſammen unter dem Namen der **allgemeinen Erdbeſchreibung**. So hat **Varenius** zu Cambridge im Jahre 1672 eine Geographiam generalem, die noch immer geſchätzt wird, herausgegeben. Blos dieſe allgemeine Erd-

beschreibung gehört zur Physik: einzelne Abschnitte von ihr
führen auch besondere Namen, z. B. derjenige Theil der
mathematischen, den der Seefahrende benützt, heißt die
Hydrographie oder Schifkunst, was aus der physischen
die Berge betrift, wird Gebirgslehre genannt, u. s. w.

Der erste Ursprung dieser Wissenschaft ist aus den Rei=
sen der ältesten handlungtreibenden Völker, besonders aus
den Seereisen der Phönicier herzuleiten. Als man den
Bau des Schifs und die Kunst, es durch Ruder und Se=
gel zu regieren, kennen gelernt hatte, schifte man aus Man=
gel einer Leitung nie bey Nacht, und wagte nicht, sich von
den Küsten zu entfernen. Endlich fanden sich am gestirnten
Himmel Merkmale der Weltgegenden, wozu die Phöni=
cier den kleinen, die Griechen den großen Bär gebrauchten,
den sie auch immer noch vorzogen, ob sie gleich Thales ei=
nes bessern belehren wollte. Die Phönicier und Griechen
lernten durch ihre Seereisen wenigstens den größten Theil
der Küsten des mittelländischen Meeres und der anliegenden
Länder kennen, aber die Berichte der Reisenden wurden aus
Hang zum Wunderbaren, aus Eitelkeit und Eigennutz mit
den abgeschmacktesten Fabeln vermischt, wovon sich in den
geographischen Schriften der Alten auffallende Bey=
spiele finden.

Aus den Mondfinsternißen und dem Unterschiede der
Mittagshöhen der Gestirne schloß man schon frühzeitig die
runde Gestalt der Erde, und bekam Begriffe von ihren
Verhältnißen zur Sonne und den übrigen Planeten, wel=
che Thales und andere griechische Weltweisen in ihren
Schulen verbreiteten. Anarimander, des Thales Schü=
ler, hat, nach den Berichten des Strabo und Diogenes
Laertius, die erste Zeichnung vom Umfange der Erde und
des Meeres (d. i. von den Küsten der damals bekannten
Länder) gemacht, und Hekatäus die erste Erdbeschreibung
abgefaßt. Pytheas ward von Massilien, dem heutigen
Marseille, einer damaligen republikanischen Colonie der
Phocenser, ausgesandt, um neue Entdeckungen gegen Nor=
den zu machen. Er kam bis Thule (Island), und berich=
tete, er habe am längsten Tage die Sonne nicht untergehen

gesehen, welches die Wahrheit seiner Erzählung bestätiget.
Strabo führt aus seiner Schrift (γῆς περιοδος, Reise um
die Welt) noch einiges an, worunter seltsame Dinge vorkommen, z. B. daß jenseits Thule die Erde mit einer aus
Erde und Wasser gemischten Masse aufhöre. Durch die
Carthaginienser, als eine der Handlung ganz ergebne Nation und Colonie der Phönicier, warb die Kenntniß fremder Länder ebenfalls erweitert. Einige geographische Schriften dieses Zeitalters hat *Hudson* (Geographiae veteris
scriptores graeci minores, III. Vol. Oxon. 1698—1712. 8.)
herausgegeben. Vornehmlich aber warb die mathematische Geographie im Museum zu Alexandrien erweitert.
Hier unternahm *Eratosthenes* die erste Berechnung der
Größe der Erde, und *Hipparch* lehrte die Bestimmung
der Lage der Orte durch Länge und Breite, die Erfindung
der Längen aus den Mondfinsternißen, und die Methode,
die Kugel auf einer Ebne zu entwerfen. Hier brachte endlich *Ptolemäus* im zweyten Jahrhunderte nach C. G. die
geographischen Kenntnieße seiner Zeit in eine vollständige
Sammlung (Γεωγραφικῆς ἐξηγήσεως. f. Geographicae
enarrationis libri VII.), welcher *Agathodämon* Zeichnungen oder Landkarten beygefügt hat. Nach diesen hat sich
die den Alten bekannte Welt (orbis antiquus) nicht über
124° in die Länge und 84° in die Breite erstreckt, selbst die
Länder mitgerechnet, deren Daseyn nur vermuthet warb.

Was die physische Geographie betrift, so findet man
in den Schriften des *Aristoteles* und *Plinius* eine Menge
dahin gehöriger, aber großentheils unzuverläßiger und fa-
belhafter Nachrichten, auch haben die Schriftsteller der po-
litischen Geographie, z. B. *Strabo* und *Mela* sehr vieles hieher gehörige eingeschaltet.

Das mittlere Zeitalter zeichnet sich, ausser einer von
dem Kalifen Al-Mamon veranstalteten Erdmessung, hauptsächlich durch die Erfindung des Seecompaßes aus, f. *Compaß*. Seit diesem um den Anfang des 14ten Jahrhunderts
fallenden Zeitpunkte machte die Schiffahrt, besonders unter
den Portugiesen, durch den Prinzen *Heinrich* den Seefahrer, ansehnliche Fortschritte. Eine Art von Enthusi-

asmus, welche bis ins 16te Jahrhundert gedauert hat, trieb eine Menge Abentheurer auf die Entdeckung neuer länder aus, wovon die Folgen höchst wichtig waren. Im Jahre 1486 entdeckte der Portugiese Bartholomäus Diaz die Umfahrt um die südliche Spitze von Afrika, und öfnete dadurch seiner Nation den Weg zum ostindischen Handel, der bisher in den Händen der Venetianer gewesen war.

Bald hierauf folgte im Jahre 1492 die Entdeckung der neuen Welt, oder des vierten Welttheils durch Christoph Colom oder Columbus, deren Geschichte Robertson (Geschichte von Amerika aus d. engl. III. Th. Leipzig, 1777. 8.) so vortreflich erzählt hat. Stüven (Diss. de vero novi orbis inventore Frf. 1714. 4.) hat zwar die Ehre dieser Entdeckung dem Martin Behaim, einem nürnbergischen Patricier, der sich in Portugall und auf der azorischen Insel Fayal aufhielt, viele Seereisen unternahm und künstliche Erdkugeln verfertigte, zuschreiben wollen. Doppelmayr (Nachricht von den nürnbergischen Mathematicis und Künstlern, Nürnb. 1730. Fol.) bildet eine solche Erdkugel des Behaim ab, auf welcher wirklich an der Stelle, wo Amerika liegt, festes Land, aber zusammenhängend mit Asien, angegeben ist. Er führt auch an, Wagenseil (Sacra parentalia Behaimiana) habe aus dem Behaimischen Familienarchiv Urkunden abdrucken lassen, denen zu Folge Behaim 1485 in Brasilien gelandet seyn, ja sogar die magellanische Meerenge entdeckt haben solle. Dazu kömmt, daß Ferrara, ein sehr glaubwürdiger spanischer Geschichtschreiber (Dec. I. L. I. c. 2.) den berühmten Kosmographen und Verfertiger künstlicher Erdkugeln, Martinus de Bohemia, als einen Freund des Columbus nennt. Da aber die erwähnten Urkunden dem Behaim allzuviel beyzulegen scheinen, und das übrige keinen Beweiß ausmacht (indem die Meinung, daß sich Asien bis gegen das atlantische Meer erstrecke, damals herrschend war), so kan dies dem Colom den so sehr verdienten Ruhm dieser Entdeckung nicht entziehen. Bald hierauf folgte auch im Jahre 1519 die erste Umschiffung der Erde durch Ferdinand Magellan, welche die Kugelgestalt derselben völlig ausser Zweifel setzte.

Seit dieser Zeit nun hat auch die Geographie mit der Sternkunde zugleich immer weitere Fortschritte gemacht, und allmählich eine ganz andere Gestalt gewonnen. Im vorigen Jahrhunderte trug Riccioli (Geographia et Hydrographia reformata. Venet. 1665. fol.) alles, was man zu seinen Zeiten davon wuste, in ein vollständiges und in seiner Art fast einziges Werk zusammen. Die zu eben der Zeit in Frankreich und England gestifteten gelehrten Gesellschaften machten es zu einer von ihren Hauptabsichten, die Kenntniß der Erdkugel möglichst zu erweitern. Man veranstaltete nicht nur weite und kostbare Reisen, sondern kam auch nach und nach auf richtigere Methoden, die Größe der Erde zu bestimmen, die geographischen Längen und Breiten der Orte zu finden, und dadurch die Landcharten zu verbessern. Huygens und Newton muthmaßten die sphäroidische Gestalt der Erde, welches zu den vielen beym Worte: Erdkugel erzählten Abmessungen und Untersuchungen Gelegenheit gab, die uns in der Mitte des gegenwärtigen Jahrhunderts eine völlige Ueberzeugung von der abgeplatteten Gestalt der Erde verschaft haben. In den neusten Zeiten sind die geographischen Entdeckungen auf der Erdfläche durch unzählbare Beobachtungen auf so manchen von den Engländern, Franzosen, Spaniern, Russen und Schweden veranstalteten See= und Landreisen vervielfältiget, die Lagen vieler Orte genauer bestimmt, und die Landkarten zu einer weit höhern Vollkommenheit gebracht worden. Dennoch ist die Arbeit bey weitem nicht vollendet; noch ein sehr großer Theil der Erdfläche ist völlig unbekannt, und selbst in vielen bekannten Ländern ist die Lage der Orte noch so unbestimmt, daß unsern Nachkommen ein sehr weites Feld zu Uebung ihres Fleißes offen bleibt.

Die mathematische Geographie ist neuerlich von Mallet (Allgemeine oder mathematische Beschreibung der Erdkugel, aus dem schwed. von Röhl, Greifsw. 1774. 8.), vornehmlich aber von Bode (Anleitung zur allgemeinen Kenntniß der Erdkugel, mit einer Charte und Kupfern, Berlin, 1786. gr. 8.) sehr schön und gründlich vorgetragen worden: und die ersten Grundsätze, worauf die Erdbe=

schreibung zu bauen ist, hat Maupertuis (Elemens de Geographie. à Paris, 1742. 8.) in einer angenehmen Schreibart kurz zusammengefaßt. Anfängern ist auch Walch (Ausführliche mathematische Geographie. Göttingen, 1783. 8.) zu empfehlen.

Die physische Erdbeschreibung ist von Lulofs (Einleitung zur mathematischen und physikalischen Kenntniß der Erdkugel, aus dem holländ. von Kästner. Göttingen und Leipzig, 1755. gr. 4.) und Bergmann (Physikalische Beschreibung der Erdkugel, aus dem schwed. von Röhl. Greifsw. 1769. gr. 8. Zweyte Ausgabe in II B. 1780. gr. 8.) ausführlich abgehandelt worden. Das nöthigste findet man auch von der mathematischen in den Kästnerischen und andern Lehrbüchern der angewandten Mathematik; von der physischen in den Erxlebenschen Anfangsgründen der Naturlehre; und von beyden zugleich in Wiedeburgs Einleitung in die physisch-mathematische Kosmologie (Gotha, 1776. gr. 8.).

Geologie, Geologia, *Géologie.* Dieser Name, der so viel, als Lehre von der Erde bedeutet, ist von einigen Schriftstellern der physischen Erdbeschreibung, von andern der mathematischen und physischen zugleich, oder der sogenannten allgemeinen Geographie (s. Geographie) beygelegt worden. So nennt de Lüc seine und Herrn be Saussüre Untersuchungen über die Beschaffenheit der Erde geologisch (Ideen über die Meteorologie B. I. S. 433.), und Herr Sack hat unter der Aufschrift: Geologie oder Betrachtung der Erde (Breslau, 1785. 8.) eine in die mathematische und physische Erdkunde einschlagende Schrift herausgegeben, worinn er behauptet, daß die Sonne uns viel näher sey, als man gewöhnlich angiebt, daß die Erde sich mit ihrem Luftkreise auf dem Umfange ihrer Bahn um die Sonne fortwälze u. dgl.

Gerinnung, Coagulatio, Coagulum, *Coagulation.* Diesen Namen gebrauchen die Chymisten, um diejenigen Operationen überhaupt anzuzeigen, durch welche sie

Körper aus dem flüßigen Zustande in den festen verseßen. So heißt z. B. die Kryftallifation der Salze eine Gerinftung. Arten des Coagulirens find: Das Gefrieren, Genehen, Festwerden, Eindicken, Niederschlagen, Laaben, Buttern u. f. f.

Es wird aber der Name Gerinnung insgemein nur einigen Arten derselben beygelegt. Dahin gehören 1. das freywillige Gerinnen des Bluts, der Milch und einiger Pflanzensäfte an der Luft. Das Blut ist dieser Gerinnung ausgeseßt, sobald es irgendwo stagnirt, oder seinen natürlichen Umlauf im Körper nicht fortseßt. 2. die Gerinnung des Eyweißes, der Milch, und anderer thierischer Säfte durch die Wärme. Nach Martin's Beobachtungen ist dazu eine Wärme von 56 Grad nach Fahrenheit erforderlich. 3. die Gerinnung der Oele durch Säuren, der Milch durch Säuren, Laugensalz und Weingeist u. f. w.

Die Theorie der Gerinnungen liegt noch fast gänzlich im Dunkeln. Man kan zwar einige aus den sonst bekannten Lehren von der Wahlanziehung und den Niederschlägen mit ziemlicher Deutlichkeit erklären; bey den meisten aber bleiben doch Phänomene übrig, von denen sich schwerlich Rechenschaft geben läßt. Die Gerinnung der Oele durch die Säuren z. B. läßt sich daraus begreiflich machen, daß sich die Säuren gern mit den in den Oelen enthaltenen Stoffen verbinden, wodurch Neutral = oder Mittelsalze entstehen, die mit dem erdigten Grundstof des Gemisches einen Körper von einiger Consistenz bilden. Bey der Gerinnung der Milch u. a. aber bleibt es immer wunderbar, wie einige Tropfen Säure u. dgl. der größten Quantität Milch fast in einem Augenblicke ihre Flüßigkeit entziehen können.

Die feste oder consistente Substanz, welche durch eine Gerinnung aus zwoen vermischten Flüßigkeiten entstanden ist, heißt eine geronnene Substanz, ein Coagulum.

Briſſon dict. de phyſ. art. *Coagulation*.

Geruch, Odoratus, Olfactus, *Odorat*. Der Sinn, durch welchen wir die Gerüche vermittelst der Aus-

flüße der Körper, empfinden. Das Werkzeug deſſelben iſt
die **Schleimhaut** (membrana pituitaria, *membrane pi-
tuitaire*) im Innern der Naſe, welche aus einem feinen
Gewebe von Fibern des Geruchsnerven (nervus olfa-
ctorius, *nerf olfactif*) beſteht. Die Nervenſpitzen, welche ſich an der Oberfläche dieſer Haut, wie kleine Wärzgen,
endigen, nehmen den Eindruck der riechenden Ausflüße an,
und pflanzen denſelben bis zum Gehirn fort. Bey Thieren, welche einen feinen Geruch haben, iſt die Schleimhaut ſehr weit ausgebreitet, und mit häufigen ſehr frey liegenden Nerven verſehen.

Der Geruch iſt dem Geſchmack ſehr ähnlich, und oft
verlieren ſich die Empfindungen beyder Sinne ganz in einander, wie beym Genuß geiſtiger und flüchtigalkaliſcher
Speiſen, z. B. eines ſtarken Bieres oder Senfs .Die Thiere pflegen die Beſchaffenheit der Nahrungsmittel, die ſie
vor ſich finden, vorher durch den Geruch zu unterſuchen.
Daher will **Le Cat** den Geruch für keinen beſondern Sinn,
ſondern für eine Art des Geſchmacks halten. Er nennt ihn:
le goût des odeurs et l' avant-goût des ſaveurs. In der
That iſt auch die Schleimhaut eine Fortſetzung der innern
Haut des Gaumens, welche das Werkzeug des Geſchmacks
iſt. Von dem Gegenſtande des Geruchs ſ. den folgenden
Artikel: Gerüche.

Der Geruch kan durch Krankheiten oder zufällige Urſachen geſchwächt werden. Ein häufiger Gebrauch allzuſtarker Gerüche macht die Nervenſpitzen durch die lange Gewohnheit unempfindlich. Beym Schnupfen wird die
Schleimhaut mit einem zähen und häufigen Schleime überzogen, der theils ihre ganze Subſtanz aufſchwellet und ſie
zur Empfindung der Gerüche unfähig macht, theils auch die
Luft abhält, die Ausflüße der Körper an die Nerven zu
bringen.

Nollet Leçons de phyſique. Paris, 1743. 12. T. I. Leç. 2.
p. 164.

Gerüche, Odores, Corporum partes odoriferae.
Odeurs. Diejenigen Ausflüße der Körper, welche durch

ihre Wirkung auf die Nerven der Schleimhaut in uns die Empfindung des Geruchs erregen. Ohne Zweifel bestehen die Gerüche aus feinen, salzigen und flüchtigen Theilen, welche durch Wärme, Gährung u. s. w. von den Körpern getrennt werden, und noch andere Theile mit sich fortreißen, s. Ausflüße. Die Wirkung des Feuers, die Gährung ꝛc. verbreiten fast allezeit Gerüche auch aus Körpern, die sonst ohne Geruch sind, weil sie die Ausdünstung vermehren; bey der wirklichen Zersetzung der Körper werden diese Gerüche nicht nur heftiger und durchdringender, sondern es ändert sich auch ihre Art und Beschaffenheit, weil dabey weit mehr und feinere Theile entbunden werden, die sich in der Luft auf eine andere Art unter einander vereinigen.

Man hat für die Arten der Gerüche keine so bestimmten Namen, wie für die Gegenstände des Geschmacks und der übrigen Sinne, und begnügt sich damit, die unbekanntern durch Vergleichung mit bekanntern, z. B. der Rosen, Veilchen, des Moschus, des Schwefels, der versengten Federn u. s. w. zu bezeichnen. Dies zeigt, daß die Menschen diesen Sinn weniger, als die übrigen, benützen.

Von der Feinheit der Ausflüße, die den Geruch verbreiten, ist schon bey dem Worte: Ausflüße, geredet worden. Die von den Körpern getrennten Theilchen schweben in der Luft; diese ist das Vehikel, durch welches sie, vermittelst des Athemholens, eingesogen und an das Werkzeug des Geruchs gebracht werden.

Nollet Leçons de phyf. T. I. Leç. 2.

Geschmack, Guftus, Guflatus, *Goût.* Der Sinn, durch welchen wir das schmeckende oder schmackhafte der Körper, (Sapor, *Saveur*), durch die Berührung mit der Zunge oder dem Gaumen empfinden. Dieser Sinn ist der thierischen Oekonomie vorzüglich nothwendig, da ihre Erhaltung vom Genuße der Nahrung abhängt, welchen der Geschmack angenehm macht, und zugleich die Thiere in Stand setzt, die dienlichen Nahrungsmittel zu unterscheiden.

Das Werkzeug des Geschmacks ist die innere Haut, die die Zunge und den Gaumen umkleidet. Nach Le Cat (Traité des sens. à Paris, 1767. 8.) erstreckt sich dieselbe unterwärts bis in den Schlund und Magen, oberwärts bis in die Nase, unter dem Namen der Schleimhaut, s. Geruch, und empfindet desto lebhafter, je näher sie dem Gehirne kömmt. Diese Haut ist mit häufigen Nerven versehen, welche sich, besonders an der Oberfläche der Zunge, in viele Wärzgen, die Geschmackkörner, endigen. Zwischen denselben öfnen sich feine Gefäße, die einen Saft absondern, welcher die Zunge anfeuchtet, die Geschmackkörner erweichet, und die schmackhaften Stoffe auflöset, welche auf diese Art die Geschmackkörner sehr genau berühren, und einen Eindruck machen, den die Nerven bis zum Gehirn fortpflanzen.

Der Gegenstand des Geschmacks oder das Schmackhafte in den Körpern machen eigentlich die Salze aus, obgleich die Atten des Geschmacks unendlich mannigfaltiger sind, als die uns bekannte Anzahl und Verschiedenheit der Salze. Es kan aber die Empfindung, die ein jedes Salz auf der Zunge erregt, durch Beymischungen anderer Salze, auch an sich unschmackhafter Stoffe, in verschiedener Anzahl und Dosis, mannigfaltig abgeändert werden, so wie aus wenigen einfachen Farben unzählige zusammengesetzte entstehen. Die reinen Salze wirken auf die Zunge sehr heftig, und jede Substanz hat einen desto lebhaftern Geschmack, je mehr sie salzige Bestandtheile enthält.

Durch den allzuhäufigen Gebrauch lebhaftschmeckender Speisen und Getränke, wird das Organ des Geschmacks abgestumpft. Daher schmeckt denen der Wein nicht, die an den Branntwein gewöhnt sind; die Wassertrinker hingegen haben den feinsten Geschmack.

Nollet Leçons de Phys. à Paris, 1743. 12. T. I. p. 157 sq.

Geschwindigkeit, Celeritas, Velocitas, *Vitesse*.
Dieses Wort drückt einen relativen Begrif aus, der von der Vergleichung des Raumes und der Zeit bey den Bewegungen der Körper abhängt. s. Bewegung (Th. I. S. 327.

Num. 6.). Jede Bewegung erfordert eine gewiſſe Zeit, und führt in derſelben den Körper durch einen gewiſſen Raum. Iſt nun dieſer Raum in kurzer Zeit groß, ſo ſchreibt man dem bewegten Körper eine große Geſchwindigkeit zu; eine geringe hingegen, wenn der durchlaufene Raum in längerer Zeit klein iſt. Durchläuft ein Körper einen doppelt, dreyfach ꝛc. ſo großen Raum, als ein anderer in eben der Zeit, ſo ſagt man ſeine Geſchwindigkeit ſey doppelt, dreymal ꝛc. ſo groß, als die des andern. So iſt Geſchwindigkeit nichts anders, als Verhältniß zwiſchen Zeit und Raum der Bewegung, und man kan nicht ſagen, wie groß eine Geſchwindigkeit an ſich, ſondern nur, wie vielmal ſie größer oder kleiner, als eine andere, ſey.

Durchläuft ein Körper in gleichen Zeiten immer gleiche Räume, ſo nennt man ſowohl ſeine Bewegung, als ſeine Geſchwindigkeit gleichförmig, ſo wie im entgegengeſetzten Falle ungleichförmig. Der Geſchwindigkeit aber kommen eigentlich dieſe Benennungen nicht zu. Jede Geſchwindigkeit iſt gleichförmig; und wenn ſich die Bewegung verändert, ſo hat der Körper nicht eine ungleichförmige, ſondern in jeder Stelle des Weges eine andere Geſchwindigkeit. Was man alſo bisweilen ungleichförmige Geſchwindigkeit nennt, iſt nicht mehr eine einzige, ſondern eine Folge oder Reihe verſchiedener Geſchwindigkeiten.

Wenn man dies mit dem Beweiſe vergleicht, der ſich bey dem Worte: Bewegung, gleichförmige, (Th. I. S. 332 und 333. Num. II.) findet, ſo fließt daraus, daß ſich überhaupt Geſchwindigkeiten, wie die Quotienten der Räume durch die Zeiten verhalten, und daß man jede Geſchwindigkeit c (wenn der Raum =s und die Zeit = t heißt) durch $\frac{s}{t}$ ausdrücken könne, wofern man nur den Raum in einem bekannten Maaße, die Zeit aber in Secunden beſtimmt, und diejenige Geſchwindigkeit = 1 ſetzt, mit welcher der Raum 1 in einer Secunde Zeit durchlaufen wird. Nimmt man zum Maaße des Raumes

ein Tausendtheilchen des rheinländischen Schuhes an, so
hat ein Körper, der 20 solche Tausendtheilchen in 5 Sec.
zurücklegt, die Geschwindigkeit $\frac{20}{5} = 4$.

Bey veränderten Bewegungen sind die Geschwindigkei=
ten an jeder Stelle des Weges verschieden. Wenn sie
wachsen, wird die Bewegung beschleunigt, wenn sie
abnehmen, retardirt oder vermindert. Man sagt bis=
weilen auch, die Geschwindigkeit werde beschleunigt und re=
tardirt; aber eigentlich können diese Ausdrücke nur von der
Bewegung gelten. Nimmt die Geschwindigkeit in glei=
chen Zeiten immer um gleichviel zu oder ab, so heißt die
Bewegung gleichförmig = beschleunigt oder gleichför=
mig = vermindert; sonst ungleichförmig = beschleu=
nigt, ungleichförmig = vermindert, s. Beschleuni=
gung, Retardation.

Bey der gleichförmig = beschleunigten Bewegung, und
also auch beym freyen Falle der Körper, (s Fall der
Körper) verhält sich die Geschwindigkeit v an jeder
Stelle, wie die Zeit t vom Anfange der Bewegung ge=
rechnet, und die Quadratzahl der Geschwindigkeit,
v^2, wie der zurückgelegte Raum. Ist durch eine sol=
che Bewegung in 1 Sec. Zeit der Raum g zurückgelegt
worden, so ist
$$v = 2gt \text{ und } v^2 = 4g^2t^2 = 4gs.$$
Auch ist sie an jeder Stelle so groß, daß sie den Körper in
der Zeit t doppelt so weit würde geführt haben, als er
wirklich gegangen ist. Dies alles ist beym Worte: Be=
wegung, gleichförmig=beschleunigte (Th. I. S. 336
u. 337.) erwiesen.

Bey gleichförmig = verminderter Bewegung, wo die
anfängliche Geschwindigkeit = c ist, wird sie nach Verlauf
der Zeit t, bis zur Größe c — 2gt abnehmen, und ihre
Verminderungen verhalten sich, wie die Zeit.

Bey ungleichförmig=beschleunigten oder verminderten
Bewegungen kömmt es auf das Gesetz an, nach welchem
sich die beschleunigende oder retardirende Kraft ändert, da=

her im Allgemeinen hierüber nichts bestimmt werden kan. Ein Beyspiel der Berechnung der Geschwindigkeit für einen einzelnen Fall dieser Art findet sich bey dem Worte: Bewegung, ungleichförmig-beschleunigte (Th.I. S. 345.). Bey den Centralbewegungen verhalten sich die Geschwindigkeiten umgekehrt, wie die Perpendikel aus dem Mittelpunkte der Kräfte auf die Tangenten der Curve an den zugehörigen Stellen des Weges, s. Centralbewegung (Th I. S.470 — 472.).

So, wie man die Bewegungen in absolute und relative, ingleichen in wirkliche und scheinbare eintheilt, so kan man auch ihre Geschwindigkeiten auf eben diese Art abtheilen und benennen, s. Bewegung. Vorzüglich ist der Begrif von relativer Geschwindigkeit in der Anwendung von grossem Nuzen.

```
   A        B      C
   |————————|————|
```

Geht nemlich ein Körper in einer Secunde von A nach C, indem ein anderer von A nach B geht, so sind A C und A B ihre absoluten Geschwindigkeiten. Da aber die relative Bewegung des ersten gegen den zweyten (s. Bewegung, relative) nur durch B C = A C — A B gegangen ist, so kan man den zweyten als ruhend annehmen, und dem ersten die relative Geschwindigkeit B C beylegen, welche dem Unterschiede der beyden absoluten A C und A B gleich ist. So hat man statt zwoer nur eine Geschwindigkeit zu betrachten, welches die Rechnungen und Constructionen sehr erleichtert, und überall gebraucht werden kan, wo blos der Stand zweener Körper gegen einander selbst, nicht gegen einen dritten, zu betrachten ist.

Die scheinbaren Bewegungen, s. Bewegung, scheinbare, z. B. durch S T (Taf. IV. Fig. 57.), werden von dem Auge O, so lang sich nicht Urtheile aus Nebenumständen einmischen, blos nach der Größe des Winkels S O T empfunden. Bey Bestimmung einer scheinbaren Geschwindigkeit hat man also diesen Winkel, oder den ihn messenden Bogen S V in Graden ausgedrückt, als den Raum anzusehen, der, nach Annehmung schicklicher Ein-

heiten, durch die Zeit dividirt, die scheinbare Geschwindigkeit geben wird. Dies ist der Fall bey den Bewegungen
der Himmelskörper, wo z. B. die tägliche Bewegung im
Aequator in einer Secunde Zeit 15″ im Bogen beträgt,
und also die scheinbare Geschwindigkeit, wenn man die Secunde des Bogens zur Einheit nehmen wollte, = 15 seyn
würde.

Bisweilen sieht man bey der Bewegung eines Körpers um einen andern S, Taf. IX. Fig. 34, auf die Gröſe der
Winkel ASB, BSC, CSD u. ſ. w., welche die aus dem
ruhenden Körper S nach dem bewegten A gezogne Linie in
successiven Zeiträumen beschreibt. Eine so betrachtete Bewegung heißt Winkelbewegung (motus angularis,
mouvement angulaire), und da hiebey der zurückgelegte
Winkel als der Raum angesehen wird, so giebt er durch
die Zeit dividirt die sogenannte Winkelgeschwindigkeit
(celeritas ſ. velocitas angularis, *viteſſe angulaire*), welche entweder immer gleich bleiben, oder nach gewiſſen Geſetzen zu und abnehmen kan, daher sich die Winkelbewegun-
gen eben so, wie die in Linien, in gleichförmige und ungleichförmige u. ſ. w. eintheilen laſſen.

Einer jeden Geschwindigkeit c bey der Bewegung in
Linien kömmt eine gewiſſe Höhe h zu, durch welche die
schweren Körper auf der Erdfläche fallen müſſen, wenn sie
durch den Fall diese Geschwindigkeit erhalten sollen. Sie
wird durch die Formel

$$h = \frac{c^2}{48}$$

gefunden, ſ. Fall der Körper.

Geſetze der Natur, ſ. Naturgeſetze.

Geſetze der Bewegung, ſ. Bewegung.

Geſetze der Brechung, ſ. Brechung des Lichts.

Geſetze der Centralbewegung, ſ. Centralbewegung.

Geſetze des Drucks flüßiger Maſſen, ſ. Druck.

Geſetze der Elektricität, ſ. Elektricität.

Gesetze der Erhaltung lebendiger Kräfte, f. Kraft, lebendige.

Gesetze, galiläische, des Falls der Körper, f. Fall der Körper.

Gesetze der Federkraft fester Körper, f. Elasticität.

Gesetz des Gleichgewichts der Kräfte, f. Gleichgewicht.

Gesetz des Gleichgewichts am Hebel, f. Hebel.

— — — flüßiger Materien, f. Röhren, communicirende.

Gesetz des Gleichgewichts flüßiger Körper mit festen, f. Gleichgewicht, Schwimmen.

Gesetze, keplerische, der Bewegungen himmlischer Körper, f. Keplerische Regeln.

Gesetze des Magnets, f. Magnet.

Gesetz, mariottisches, der Zusammendrückung der Luft, f. Luft.

Gesetz, newtonisches, der Gravitation, f. Gravitation.

Gesetze der Pendel, f. Pendel.

Gesetze des Stoßes, f. Stoß.

Gesetz der Stetigkeit, f. Stetigkeit.

Gesetz der kleinsten Wirkung, f. Wirkung.

Gesetz der Trägheit, f. Trägheit.

Gesetz der Zurückwerfung, f. Zurückwerfung.

Gesicht, Visus, Visio, *Vue.* Der Sinn, durch welchen wir die sichtbaren Gegenstände vermittelst des Lichts wahrnehmen. Da wir durch diesen Sinn, den edelsten unter allen übrigen, die meisten Begriffe erhalten, und vornehmlich die wichtigsten Erfahrungen über physikalische Gegenstände anstellen, so war es nöthig, von ihm etwas umständlicher, als von den andern, zu handeln. Ich habe daher dem Werkzeuge desselben, und der Wirkung des Lichts auf dasselbe den besondern Artikel: Auge gewidmet, und eben so werde ich von den Empfindungen, die das Licht durchs Auge in uns erregt, und von unsern Urtheilen über diese Empfindungen unter dem Artikel: **Sehen** reden. Die Lehre vom Sinne des Gesichts ist also gröstentheils unter diese beyden Abschnitte vertheilt, und wenn man hiezu noch dasjenige nimmt, was bey den Worten: **Entfernung, scheinbare, Größe, scheinbare, Bild, Gesichtsbetrüge, Gesichtsfehler** beygebracht ist, so wird man von den wichtigsten und nöthigsten Theilen dieser sehr weitläuftigen Lehre soviel antreffen, als hier mitzutheilen möglich war.

Gesichtsaxe, s. **Axe.**

Gesichtsbetrüge, optische Täuschungen, Fallaciae opticae, Fallaciae visus. *Illusions optiques.* Die falschen Urtheile, welche wir über die Beschaffenheit und den Zustand der gesehenen Gegenstände fällen, heißen Gesichtsbetrüge, wenn wir aus denen im Auge erregten Empfindungen, in ungewöhnlichen Fällen, dennoch nach den gewohnten Regeln schließen. Wir vergleichen von Jugend auf das Gesicht mit dem Gefühl, und erlangen dadurch eine Fertigkeit, den Ort, die Größe, Entfernung ꝛc. der gesehenen Gegenstände zu beurtheilen. Die Anwendung dieser Fertigkeit trügt in den gewöhnlichen Fällen fast niemals; wir wenden sie aber mit einer ungemeinen Schnelligkeit auf alle Fälle, also oft auch auf solche an, bey welchen große Ausnahmen von den gewöhnlichen Regeln vorkommen. Hier urtheilen wir nothwendig falsch: weil wir uns aber dieses Urtheilens nicht deutlich bewußt sind, und es mit dem Sehen selbst verwechseln, so glauben wir bey Entdeckung des Irrthums, falsch gesehen zu haben, und von unserm Auge getäuscht zu seyn. Daher hat man diesen Irrungen den Namen der Gesichtsbetrüge beygelegt, und über die Betrüglichkeit der Sinne gestritten, obgleich die Darstellung allezeit richtig, d. h. den Gesetzen des Lichts und der Einrichtung des Auges angemessen, ist, so daß der Fehler blos in dem Urtheile liegt, das wir über die Darstellung fällen.

Die meisten Gesichtsbetrüge fallen bey der Betrachtung des Himmels und der Gestirne vor. Hierbey haben

uns alle Mittel, das Gesehene mit dem Gefühl zu vergleichen, gänzlich gefehlt; wir haben uns daher für diese
ganze Classe von Gegenständen keine besondern Regeln bilden können, und es ist natürlich, daß wir bey jedem Urtheile irren, das wir darüber nach dem Augenmaaße, d. i.
nach den gewöhnlichen für nahe irdische Gegenstände gelten-
den Regeln fällen.   So glauben wir die Firsterne nahe bey
einander zu sehen, weil uns die Darstellung im Auge nichts
angiebt, woraus wir auf einen beträchtlichen Abstand derselben von einander schließen könnten; wir glauben, Bewegungen der Gestirne wahrzunehmen, weil sich ihre Lage
gegen das Auge ändert, das wir für ruhend halten, in
welchem Falle wir bey irdischen Gegenständen auf ihre Bewegung zu schließen gewohnt sind; wir sehen Sonne und
Mond für platte Scheiben an, weil wir durch keinen Umstand veranlaßt werden, zu bemerken, daß ihre Mitte her-
vorstehe, und dem Auge näher, als die Ränder sey —
welches bey nahen Dingen ein untrügliches Zeichen einer
platten Oberfläche ist; wir halten endlich das Gewölbe des
Himmels für eingedrückt, und das, was am Horizonte erscheint, für größer, als das, was gegen den Scheitelpunkt
steht, weil wir uns hiebey nach Regeln richten, die nur
aus den gewöhnlichen Fällen auf der Erde gezogen, und
nur für diese richtig sind, f. Himmel, Größe, scheinbare, Entfernung, scheinbare.   Ueberhaupt sind am
Himmel die Gesichtsbetrüge unzählbar, daher denn auch
die sphärische Sternkunde von der theorischen gänzlich abgesondert werden muß.

Aber auch bey Betrachtung irdischer Gegenstände kommen die von den gewöhnlichen Regeln abweichenden Fälle häufig genug vor.   Es würde unmöglich seyn, alle anzuführen; ich will daher nur einiger der merkwürdigsten gedenken.

Es ist eine sehr bekannte Erfahrung, daß wir aus den
Zeiten der frühen Jugend eine Erinnerung an die Größe
der Zimmer, Säle und Plätze unserer Wohnungen übrig-
behalten.   Kehren wir aber nach einer langen Abwesenheit
an den Ort unsrer Erziehung zurück, so überrascht uns die

unerwartete Kleinheit derselben, welche mit jener Vorstellung von ihrer Größe gar nicht mehr übereinstimmt. Dennoch hat sich hiebey seit jenen Zeiten nichts weiter geändert, als unsere Fertigkeit und Art, von der Größe der Gegenstände zu urtheilen.

So scheinen uns auch Dinge, die wir von unten in der Höhe, oder von einem hohen Gebäude herab in der Tiefe sehen, ungewöhnlich klein. Dies ist nemlich eine für uns ungewöhnliche Art des Sehens, und wir schätzen sie nach den Regeln, an die wir uns beym Sehen in horizontaler Richtung gewöhnt haben. Nach diesen Regeln halten wir die hoch oder tief stehenden Dinge für näher, als sie wirklich sind, und legen ihnen darum eine geringere Größe bey, s. Größe, scheinbare. D. Jurin (s. Priestley Gesch. der Optik durch Klügel S. 297.) erklärt dies sehr deutlich. „Man lasse, sagt er, einen Knaben, der nie „auf einem hohen Gebäude gewesen, die Spitze des Mo„numents in London besteigen, so werden ihm Menschen „und Pferde auf der Gasse so klein vorkommen, daß er sich „höchlich wundern wird. Aber nach 10 oder 20 Jahren, „wenn er mehrmal von so großen Höhen herunter zu sehen „sich gewöhnt hat, werden ihm dieselben Gegenstände nicht „mehr so klein aussehen. Und wenn er sie von solchen Hö„hen herab so oft sähe, als er sie mit sich auf derselben Eb„ne auf den Gassen siehet, so würden sie ihm von der Spi„tze des Monuments herab nicht kleiner vorkommen, als „wenn er sie aus einem Fenster im ersten Stocke betrach„tete.“

Ueberhaupt halten wir nach Bouguers Bemerkung (Mém. de Paris. 1755. p. 156 sqq.) sehr große Entfernungen immer für kleiner, als sie sind, weil uns in der Ferne die Data, die auf das Urtheil von größerm Abstande leiten, immer mehr fehlen. Daher kömmt es, daß eine lange Allee sich zusammenzuziehen, und ein weiter horizontaler Grund, z. B. die Fläche des Meeres sich zu erheben scheint, weil wir die fernern Theile für näher halten, und uns also das Zusammenlaufen oder die Erhebung stärker vorkömmt, als sie bey der geglaubten Nähe nach den gewöhnlichen Regeln (oder nach der Perspectiv) seyn sollte. Aus eben dem Grunde scheinen sich die obern Theile eines senkrechten Gebäudes dem nahe stehenden Beobachter vorwärts zu neigen. Darum scheinen auch steile Flächen von unten hinauf betrachtet, noch steiler, als sie wirklich sind, da man hingegen von oben herab einen weniger jähen Abhang zu sehen glaubt.

Wenn man ein Geldstück, Petschaft u. dgl. durch Gläser betrachtet, so glaubt man sehr oft das erhabne Gepräge vertieft, oder die vertieften Figuren des Petschafts erhaben zu sehen. Joblot (Description de plusieurs nouveaux microscopes, 1712.) führt dieses schon an, und bemerkt, daß bey fortgesetzter Beobachtung die Erscheinungen des Erhabnen und Vertieften immer abwechseln. P. F. Gmelin (Philos. Trans. 1747.) hat hievon ebenfalls Nachricht gegeben. Diese Erscheinung kömmt daher, daß man das einfallende Licht von der unrechten Seite her annimmt. Denn unser Urtheil vom Erhabnen und Vertieften richtet sich nach der Wahrnehmung des Lichts und Schattens; der Schatten auf der Lichtseite deutet Vertiefung, der auf der Schattenseite Erhöhung an. Soll also der Versuch gelingen, so muß man nicht zugleich sehen, wo das Licht wirklich herkömmt, d. h. man muß den Gegenstand nicht mit freyem Auge, sondern durch ein Mikroskop, oder durch die Röhre mit drey Ocularen aus einem Erdrohre u. dgl. betrachten. Man hat es nicht ganz in seiner Gewalt, das Licht auf der Seite, wo man es eben haben will, anzunehmen; wenn man aber den Blick erst auf den Rand richtet, und nur allmählig nach der Mitte führt, so kan man allezeit bewirken, daß der Gegenstand wirklich so, wie er ist, erscheint; vielleicht darum, weil alsdann das Daseyn oder der Mangel der Schlagschatten deutlicher bemerkt, und aus jenem Erhabenheit, aus diesem Vertiefung, richtig geschlossen wird.

Wenn man eine zum Theil mit Wasser gefüllte Flasche vor einem Hohlspiegel so hält, daß sich von ihr ein verkehrtes Bild zeigt, so scheint im Bilde der volle Theil leer, und der leere voll. Abat (Amusemens philosoph. p. 242 f.)

erklärt dies daraus, daß wir nicht gewohnt sind, Wasser in einem Gefäße oben, und Luft unten zu sehen, daher unser Urtheil so ausfällt, als ob das Wasser unten wäre, wo sich im Spiegel der leere Theil abbildet. Kehrt man die Flasche um und läßt sie auslaufen, so scheint das Bild sich zu füllen, sobald sie aber leer ist, sieht man auch ihr Bild leer.

Wie unrichtig man oft über die Bewegung der Körper aus ihrer scheinbaren Bewegung urtheile, bewegte Körper für ruhend, ruhende für bewegt, vorwärts gehende für zurückgehend u. dgl. halte, wird in allen Lehrbüchern der Optik durch viele Beyspiele gezeigt. Porterfield (On the eye Vol. II. p. 122.) hat diese Lehre von der scheinbaren Bewegung sehr schön in eilf Sätze gebracht, die man im Priestley (Geschichte der Optik, durch Klügel S. 501 f.) findet. Wenn sich z. B. das Auge gerade fort beweget, und man sich der Bewegung bewußt ist, so werden entfernte Körper sich nach eben derselben Richtung mit zu bewegen scheinen, weil ihr Bild der Bewegung des Auges ungeachtet, immer auf eben derselben Stelle der Netzhaut bleibt, oder weil wir sie immer nach eben derselben Gegend zu sehen, wie einen Gefährten, der uns zur Seite geht. So scheint der Mond an unserer Seite über Häuser und Bäume mit uns fortzugehen. Bewegt sich das Auge geschwind, und ist man sich der Bewegung nicht bewußt, so scheinen einem die ruhenden Körper an den Seiten entgegenzukommen, wie auf einem Schiffe die Ufer u. s. w. Bisweilen kann eine Bewegung von ferne betrachtet, nach der entgegengesetzten Richtung zu gehen scheinen, z. B. wenn man den vordern Flügel einer Windmühle für den hintern, die nähere Seite eines Kronleuchters, der sich drehet, für die entferntere nimmt.

Die Bilder heller Gegenstände breiten sich auf der Netzhaut aus. Darum sieht an einer halb weißen, halb schwarzen Scheibe der weiße Theil von weitem größer, als der schwarze aus; und am drey = oder viertägigen Monde scheint die helle Sichel einem größern Kreise zuzugehören, als der von der Erde erleuchtete dunklere Theil. Hiebey kömmt

auch viel darauf an, ob das Sehen recht deutlich iſt; in dieſem Falle wird nach Jurin der Betrug verſchwinden, weil
alsdann die Stralen, die aus einem Punkte kommen, mehr
auf einen einzigen Punkt der Netzhaut concentrirt werden,
und ſich alſo nicht mehr ſo ſtark, als ſonſt verbreiten. Daher fällt die Erſcheinung weg, wenn man den Gegenſtand
durchs Fernrohr ſieht. Eben dies iſt die Urſache, warum
helle Sterne dem bloßen Auge mit einiger Größe, durchs
Fernrohr aber weit kleiner oder gar nur als Punkte erſcheinen. Dieſer Umſtand hat die alten Aſtronomen verleitet,
die ſcheinbaren Durchmeſſer der Planeten weit größer als
ſie ſind, zu ſchätzen.

Auch dauren die Eindrücke heller Gegenſtände auf die
Netzhaut noch eine kleine Zeit fort, wenn ſchon das Bild
ſeine Stelle verlaſſen hat. Daher bildet eine im Kreiſe ge-
ſchwungne Kohle einen völligen Feuereirkel. Von Segner
(De raritate luminis. Gotting. 1740.) und d' Arcy (Mém.
de Paris, 1765. p. 450.) haben Verſuche hierüber angeſtellt. Der erſte ſchloß aus der Geſchwindigkeit, mit welcher die Kohle geſchwungen werden muſte, wenn der Kreis
ununterbrochen ſcheinen ſollte, daß die Eindrücke des Lichts
etwa eine halbe Secunde dauren; d' Arcy ſetzt dieſe Zeit
auf 2⅔ Secunden. Aus eben dem Grunde ſehen wir die
Funken, den Blitz u. dgl. ſtralenförmig, und die glänzenden Meteore ſcheinen einen hellen Schweif nach ſich zu
ziehen.

Wenn man in ein Kartenblatt zwey oder mehrere Löcher ſticht, die nicht weiter von einander ſind, als die Oefnung des Augenſterns breit iſt, das Blatt nahe vors Auge hält, und dadurch einen hellen Gegenſtand, z. B. eine
Lichtflamme, in einiger Entfernung betrachtet, ſo ſieht man
gemeiniglich ſoviel Lichtflammen, als Löcher ſind; man
kan aber dem Auge auch eine ſolche Einrichtung geben, daß
es nur eine einzige ſieht. Damit verhält es ſich ſo. Steht
das Licht gerade in der Entfernung, auf die das Auge ohne
alle Anſtrengung deutlich ſieht, ſo vereinigen ſich die zu-
ſammengehörigen Stralen auf einen Punkt der Netzhaut,
und das Licht erſcheint einfach, nur dunkler, weil die Theile

des Kartenblatts einige Stralen auffangen.   Rückt man
aber das Licht näher, so werden die von einem Punkte kom=
menden Stralen, welche durch die verschiedenen Löcher ge=
hen, erst hinter der Netzhaut vereiniget: auf ihr selbst fal=
len sie auf verschiedene Punkte, und es entstehen also soviel
Bilder, als Löcher sind.   Eben dies erfolgt, wenn man
das Licht zu weit entfernt, wobey sich die zusammengehören=
den Stralen schon vor der Netzhaut vereinigen, durchkreu=
zen, und wieder auf verschiedene Punkte, nur in umge=
kehrter Ordnung, fallen.   Verdeckt man ein Loch, z. B.
das äusserste zur Rechten, so wird, wenn das Licht zu na=
he steht, das äusserste Bild zur Linken verschwinden; ist
aber das Licht zu weit entfernt, so verschwindet das letzte
Bild zur Rechten.   Giebt man aber durch Anstrengung
dem Auge die Einrichtung, bey der es das Licht an seinem
jedesmaligen Orte deutlich sehen würde, so ziehen sich die
mehreren Bilder in ein einziges zusammen.   Scheiner
hatte dieses schon bemerkt; de la Motte in Danzig (Ver=
suche und Abhandl. der Gesellsch. in Danzig B. II. S. 290.)
und Musschenbroek (Introd. in philos. nat. Vol. II.
§. 1905.) haben umständliche Erklärungen davon gegeben,
und dieselben durch sehr deutliche Abbildungen erläutert.

Einen besondern Gesichtsbetrug führt Le Cat (Traité des sens. p. 298.) an, welchen auch schon der Jesuit
Fabri (Synopsis Optica, Lugd. 1667. 4. p. 26.) ganz
richtig erklärt hat.

Es sey Taf. X. Fig. 43. D das Auge, CB ein Karten=
blatt mit einem kleinen Loche in der Mitte, E ein entfern=
ter heller Gegenstand, z. B. der helle Himmel, die weisse
Wand eines Gebäudes oder dgl., d der Kopf einer Steck=
nadel, die wie die Figur zeigt, sehr nahe vor das Loch des
Kartenblatts, und mit demselben ganz nahe ans Auge ge=
halten wird.   Der Bequemlichkeit halber kan man die
Nadel bey e umbiegen, und durch das Kartenblatt durch=
stechen.   Sieht nun das Auge durch das Loch im Karten=
blatte gegen das helle E, so scheint ihm die Nadel sehr ver=
größert, umgekehrt und hinter dem Loche bey F.   Die Er=
klärung hievon ist folgende.   Die Stecknadel selbst sieht

das Auge gar nicht, weil sie ihm viel zu nahe liegt. Es
sieht aber durch das Loch des Kartenblatts einen Theil des
Hellen G H, doch so, daß der Kopf der Nadel d die Stra=
len aufhält, die vom untern Theile H kommen. Daher
fehlen Theile des Hellen, d. h. man sieht darauf nach H zu
einen Schatten, der die Figur des Nadelknopfs hat. Weil
man die Entfernung des Hellen vom Kartenblatte nicht be=
merkt, so setzt man dasselbe mit dem darauf erscheinenden
Schatten gleich hinter das Loch in F. Die Theile der
Nadel selbst fangen Stralen auf, die von G kommen, und
man sieht also ihren Schatten nach G zu über F, woraus
ein umgekehrtes und vergrößertes Schattenbild der Nadel
entsteht. Kürzer drücken sich Fabri und Le Cat so aus:
Auf die Netzhaut falle bey D ein aufrechter Schatten der
Nadel, der wegen der verkehrten Lage des Bilds im Auge,
in Absicht auf die umliegenden Gegenstände, als ein umge=
kehrter, empfunden werde. Beyde Erklärungen sagen im
Grunde das nemliche. Der Engländer Gray führt diesen
Gesichtsbetrug in den Philosophischen Transactionen an, er=
klärt ihn aber sehr irrig daraus, daß die Luft im Loche des
Kartenblatts einen Hohlspiegel bilde.

Hält man einen undurchsichtigen Körper 3 — 4 Zoll
weit vom Auge gegen etwas Helles, und führt noch näher
beym Auge einen zweyten dunklen Körper auf den ersten zu,
so scheint der Rand des ersten sich auszubreiten, und jenem
entgegenzukommen. Dies erklärt Melville (Edinb. Es=
says Vol. II. p. 55.) aus den Halbschatten, welche die Rän=
der naher Körper, wegen der Weite des Augensterns, auf
die Netzhaut werfen, oder daraus, daß gewisse Theile des
Hellen dem ganzen Augensterne, nebenliegende aber nur
der Helfte desselben u. s. w. verdeckt werden. Der Halb=
schatten des entferntern Körpers ist schmäler und dunkler;
sobald nun beyde Halbschatten zusammentreffen, so werden
dem Augensterne Stellen des Hellen ganz verdeckt, die
man vorher wenigstens noch dunkel sahe, und es scheinen
sich beyde Körper auszubreiten, nur ist dies bey dem ent=
ferntern wegen seines schwärzern Halbschattens ungleich merk=

licher. Sehr ausführlich findet man diese Erklärung beym Priestley (Gesch. der Optik S. 515.).

Zu den Gesichtsbetrügen läst sich auch das Doppeltsehen der Gegenstände, die ausser dem Horopter liegen, s. Sehen, Horopter, und die Erscheinung der zufälligen Farben rechnen, s. Farben, zufällige. Auch die Beugung des Lichts verursacht einige, z. B. daß sich entfernte Gegenstände, Thürme und Hügel, hin und her zu bewegen scheinen, wenn man vor dem Auge einen dünnen Drath herumführt u. s. w., welches Le Cat (Traité des sens p. 299.) erklärt.

Sehr merkwürdig sind die von der Brechung und Zurückwerfung der Stralen herrührenden Täuschungen, von welchen Büsch (Tractatus duo optici argumenti, Hamb. 1783. 8.) und Gruber (Physikal. Abhdl. über die Stralenbrechung und Abprellung auf erwärmten Flächen, Dreßden, 1787. 4.) handeln. Man sieht nemlich oft in flachen und weit übersehbaren Gegenden einen Theil der Atmosphäre gegen den Horizont hin so verdickt, daß man nichts dadurch gewahr wird, die hohen Gegenstände am Horizonte aber ragen darüber empor; es gewinnt also das Ansehen, als ob sich in der Ferne ein großer Teich oder See befände, und die Gegenstände am Horizonte jenseits dieses Sees lägen. Was aber das wunderbarste ist, die Bilder der Gegenstände, z. B. entfernter Berge, Städte u. dgl. spiegeln sich in diesem scheinbaren See, und erscheinen darinn umgekehrt, wie die Bäume am Ufer eines Teiches. Taf. X. Fig. 44. wird diese Erscheinung erläutern, welche verschwindet, sobald man sich im Wagen in die Höhe richtet. Herr Büsch erklärt nun dieses Phänomen aus der Stralenbrechung am Horizont, und aus der Zurückwerfung des Lichts, wenn es auf glatte Flächen unter einem sehr kleinen Winkel auffällt. Herrn Grubers Erklärungen beruhen zwar in der Hauptsache auf eben diesen Gründen; er zeigt aber noch insbesondere, daß die Erwärmung der Luft am Horizonte die Hauptursache des ganzen Phänomens sey. Er nahm ebendasselbe wahr, wenn er aus seiner Wohnung die horizontale Fläche des Frießes

und vorspringenden Architrabs an einem benachbarten Gebäude gleichsam mit dem Auge bestrich. Denn wenn diese
Fläche stark von der Sonne erwärmt war, und die Luft an
ihr, wie gewöhnlich, zitterte, so spiegelten sich die Faca-
den der dahinterstehenden Häuser in den Vertiefungen der
Fläche. Er sahe sogar dieselbe Erscheinung an einer heißen
Stange in seinem Zimmer, wenn er längst ihrer Oberfläche hin das Auge auf ein weißes Papier an der Wand
richtete.

Priestley Geschichte der Optik durch **Klügel**, an mehreren
Stellen.

Gesichtsfehler, Vitia visus, *Défauts de la vue.*
Ich werde in diesem Artikel einige Fehler oder widernatürliche Beschaffenheiten des menschlichen Auges zusammenstel-
len, welche mir einer besondern Anführung werth scheinen.
Hiezu gehören unter den von **Cullen** (Kurzer Inbegrif
der medicinischen Nosologie, aus d. engl. Leipzig, 1786.
gr. 8. I Th. S. 399 u. f.) angeführten Localkrankheiten
einige Arten der das Auge betreffenden vier Gattungen
(Caligo, Amaurosis, Dysopia, Pseudoblepsis).

**Die Verdunkelung des Gesichts, wobey die
Netzhaut nichts leidet** (Caligo), wenn nemlich das
Licht durch einen vor dieser Haut liegenden dunkeln Gegenstand entzogen wird, kan entweder von einem Fehler der
Augenlieder, von Flecken der Hornhaut, von einem Fehler oder gänzlichen Mangel der wässerichten oder von Verdunkelung der gläsernen Feuchtigkeit, von Verstopfung,
Zusammenziehung oder Verwachsung des Augensterns,
oder endlich von einer Verdunkelung der Krystallinse herrühren. Im letztern Falle führt die Krankheit den Namen des **grauen Staars** (Cataracta, Caligo lentis. Gutta opaca), und kan durch Herausziehung oder Nieder-
drückung der Krystallinse geheilt werden, weil man auch
ohne Linse sehen kan, s. **Auge**. Blindheit durch Verdunkelung der gläsernen Feuchtigkeit wird der **grüne Staar**
(Glaucoma) genannt.

Die Verminderung oder der gänzliche Verlust des Ge-

fichts, ohne einen in die Augen fallenden Fehler des Au=
ges, wobey die Pupille meiſtentheils erweitert iſt, und die
Kraft ſich zuſammenzuziehen, verlohren hat, heißt der
ſchwarze Staar (Amaurofis, Gutta ſerena). Dieſe
mehrentheils unheilbare Krankheit beſteht in einer Lähmung
des Sehnervens und Unempfindlichkeit der Netzhaut, und kan
aus Anhäufungen und Stockungen der Säfte im Gehirn, aus
einer angebohrnen oder durch Krankheit veranlaßten Schwä=
che, aus Krampf oder endlich aus Giften, welche innerlich
oder äuſſerlich an den Körper gebracht werden, entſtehen.

Geſichtsſchwächen (Dysopiae), wobey das Auge
nur in einer gewiſſen Stärke des Lichts, oder in einer gewiſ=
ſen Entfernung und Lage deutlich ſieht, ſind das Tag= und
Nachtſehen, die Kurz= und Weitſichtigkeit, das Schief=
ſehen und Schielen.

Das Tagſehen (Hemeralopia, Viſus diurnus *Boerh.*)
iſt der Fehler derjenigen Augen, welche nur beym hellſten
Sonnenlichte deutlich ſehen, in der Dämmerung aber nichts
unterſcheiden können. Sauvages (Nofologia methodi-
ca, Amſt. 1768. 4 maj. To. I. p. 732) führt an, dieſe
Krankheit ſey um Montpellier epidemiſch geweſen, und lei=
tet ſie von einer Erſchlaffung der Geſichtswerkzeuge durch
die feuchte und neblichte Herbſtluft ab. Einen ähnlichen
Fall führt N. colai (Abhdl. von den Fehlern des Geſichts,
Berlin, 1754. 8. S. 156.) an. Wenn dieſer Fehler an=
gebohren iſt, wie bey einem jungen Menſchen in England
(*Lowthorp* Philof. Trans. abridged. Vol. I. p. 38. u. *Sau-*
vages p. 734.), ſcheint er von einer allzugeringen Empfind=
lichkeit der Netzhaut herzurühren. Die Augen der Hüner
haben von Natur dieſe Beſchaffenheit.

Dagegen wird durch eine allzugroße Empfindlichkeit
der Netzhaut und des Augenſterns, bisweilen auch durch
Entzündung und krampfhafte Zufälle der Augen, oder durch
Erweiterung der Pupille bey langanhaltender Dunkelheit
das Nachtſehen (Nyctaiopia, Viſus nocturnus, *Vue*
de hibou, de chat etc.) veranlaſſet. Thümmig (Ver=
ſuch einer gründlichen Erläuterung der merkwürdigſten Be=
gebenheiten in der Natur Halle, 8. S. 254.) führt das

Beyſpiel eines Tonkünſtlers an, den eine zerſprungne Sai=
te ſo heftig ins rechte Auge ſchlug, daß er damit eine Zeit
lang am Tage gar nichts, des Nachts aber alles deutlich
ſehen konnte; und Boerhave (De morbis oculorum)
gedenkt eines Engländers, der nach einem langen Aufent=
halt in einem dunkeln Gefangniß einen Monat hindurch
beym Taglichte nichts ſehen konnte. Einige Thiere, z. B.
die Eulen, Fledermäuſe, Katzen u. a. haben von Natur
ſo empfindliche Augen, wobey zugleich der Augenſtern einer
ſehr großen Erweiterung fähig, und die Aderhaut von einer
lebhaft glänzenden grünen oder röthlichen Farbe iſt.

Auch unter den Menſchen hat die Natur ſehr viele mit ſo
empfindlichen Augen verſehen, und es iſt merkwürdig, daß
ſich dabey faſt immer eine Weiße der Haut und der Haare
findet. Maupertuis (Venus phyſique, Oeuvres de
Maup. Lion, 1768. 8. To. II. p. 100 ſqq.) erzählt von
den Bewohnern der Landenge Darien, daß ſie wegen dieſes
Geſichtsfehlers alle Arbeiten in der Nacht verrichten und
am Tage ruhen. Unter den Negern findet man die ſoge=
nannten weiſſen Mohren (Leucaethiopes), Blaffards
oder Albinos. Maupertuis (a. a. O. S. 115.) be=
ſchreibt einen ſolchen, der 1744 nach Paris gebracht ward,
und obgleich von ſchwarzen Eltern gebohren, dennoch eine
weiſſe Haut mit hellblauen (nach Fontenelle ins röthliche
fallenden) höchſt empfindlichen Augen hatte. Er ſieht dies
mit Recht für eine Krankheit der Haut und der Augen an.
Man weiß, daß in Guinea, Java, Panama ganze ſich fort=
pflanzende Racen von Männern und Weibern mit dieſer
Krankheit behaftet ſind. Es finden ſich aber auch einzelne
Albinos unter den Europäern. Die Herren Blumen=
bach, Storr und de Sauſſüre haben deren zween in Cha=
mouny, Buzzi (Opuſcoli ſcelti di Milano, 1784. To.
VII. p. 11.) vier in Mayland, und der Graf Razumows=
ky (Crells chym. Annalen, 1787. 1 St. S. 149.) einen
in Großingen geſehen. Herr Blumenbach (De oculis
Leucaethiopum et iridis motu in Comment. Gotting.
To. VII, ad ann 1784 et 1785. p. 29 ſqq.) leitet die äuſſer=
ſte Empfindlichkeit des Geſichts bey dieſen Albinos, welche

mit einer Röthe des Sterns und der innern Theile des Auges begleitet ist, von dem Mangel des braunen oder schwärzlichen Schleims (pigmentum nigrum) her, welcher sonst
das innere Auge von der fünften Woche nach der Empfäng-
niß an bekleidet.   Er erklärt die Verbindung zwischen dieser rothen Farbe der Augen und der Weiße der Haut und
Haare, aus der Aehnlichkeit des Gewebes, aus welchem sich
der schwarze Schleim, das malpighische Netz und die Haare bilden.   Schon Simon Portius (De coloribus oculorum, Florent. 1550. 4. p. 34.) hat bemerkt, daß blaue
Augen weniger von diesem Schleime haben und daher
empfindlicher gegen das Licht sind, als schwarze.   Buzzi
fand es durch Zergliederung eines menschlichen Körpers bestätigt, daß bey einer weißen Aderhaut mit rosenrothem
Sterne nicht nur der schwarze Schleim im Auge, sondern
auch das gewöhnliche schleimichte Wesen an der Haut des
übrigen Körpers fehlte, und die Haare ausserordentlich weiß
waren.   Er sahe in Mayland noch drey Albinos, Söhne
einer Mutter, die ausser ihnen noch vier Kinder mit braunen Augen und Haaren gebohren, während der Schwan-
gerschaft mit den Albinos aber eine ausserordentliche Begierde nach Milch empfunden hatte.   Die beyden Albinos
in Chamouny sind ebenfalls Brüder, von Eltern mit brauner Haut und schwarzen Augen gezeugt, dergleichen auch
ihre Schwestern haben.   Ihre Augensterne sind nach de
Saussure (Reisen durch die Alpen, IV Theil, Leipz. 1788.
gr. 8. S. 249.) von entschiedenem Rosenroth; alle Haare
ihres Körpers waren in der Jugend milchweiß und fein,
sind aber jetzt röther und rauch, so wie auch jetzt ihre Augen das Helle mehr, als sonst ertragen können.   In der
Jugend muste man sie aus Mitleid ernähren, weil sie das
Vieh zu hüten nicht im Stande waren.

Von der Kurzsichtigkeit (Myopia) und Weitsich-
tigkeit (Presbyopia) ist bereits bey dem Worte: Auge
(Th. I. S. 194 — 196.) gehandelt worden.   Ich will
nur noch hinzusetzen, daß diese Fehler bisweilen blos das
eine Auge, oder ein Auge mehr, als das andere, betreffen.   Bey mir selbst ist das linke Auge äusserst kurzsichtig,

da hingegen das rechte in ziemliche Entfernungen deutlich sieht. Ich habe mich gewöhnt, blos das rechte Auge zu brauchen, und fühle daher, wenn ich daffelbe zuschließe, um mit dem kurzsichtigen allein etwas in der Nähe zu betrachten, eine schmerzhafte Anstrengung, während welcher mir der Gegenstand weiter wegzurücken und etwas größer zu werden scheint, bis das Bild deutlich wird. Wenn ich alsdann das rechte Auge wieder öfne, so fühle ich die Anstrengung in diesem, das Object scheint mir näher zu kommen, und sich gleichsam zusammenzuziehen. Verdrücke ich ein Auge mit dem Finger so, daß ich zwey Bilder sehe, so stellt sich mir das undeutliche Bild durch das kurzsichtige Auge merklich entfernter und größer dar, als das deutliche. Einer meiner Freunde, der unter unsere aufgeklärtesten Aerzte gehört, und eben so ungleiche Augen hat, versichert mich, daß er mit dem kurzsichtigen Auge alle Gegenstände um $\frac{1}{24}$ kleiner, als mit dem andern, sehe. Dies ist meiner Erfahrung entgegen; es folgt aber daraus nichts weiter, als daß wir beyde über scheinbare Entfernung und Größe auf verschiedene Art urtheilen.

Es giebt auch Augen, welche alle, sowohl nahe, als entfernte Gegenstände undeutlich sehen, wenn sie sich nicht erhabner Gläser bedienen. Von dieser Art sind die am grauen Staar operirten Augen. Janin (Mémoires et Obſ. ſur l'oeil, Paris, 1772. 8. p. 429.) führt ein Beyspiel von Augen an, welche von Natur so beschaffen waren, und sucht die Ursache dieses Fehlers in einer allzuplatten Krystallinse.

Das Schiefsehen (Luſcitas *Boerh*. Viſus obliquus), wobey das Auge nur das, was ihm zur Seite steht, deutlich siehet, und sich also, um gerade vor ihm stehende Dinge zu betrachten, seitwärts wenden muß, kan von einer schiefen Lage der Pupille oder Krystallinse, von einer Undurchsichtigkeit des vordern Theils der Hornhaut, oder von einer Unempfindlichkeit des in der Augenaxe liegenden Theils der Netzhaut herrühren. Das Schielen (Strabiſmus Luſcitas relativa), welches hievon verschieden ist, wird unter einem besondern Artikel abgehandelt werden.

Das falsche Sehen (Pseudoblepsis), welches die letzte Classe der Gesichtsfehler ausmacht, zeigt entweder Dinge, die gar nicht vorhanden sind (Pseudoblepsis imaginaria), oder vorhandene Dinge anders, als gewöhnlich (Pseudoblepsis mutans). Zur ersten Art gehören die Erscheinungen von Fliegen, Netzen, Funken u. dgl. die vor dem Auge schweben; zur zweyten das Nichtsehen der Farben, die Erscheinung falscher Farben, falscher Gestalten, Lagen und Größen, das Halbsehen und das Doppeltsehen.

Viele Personen sehen vor ihren Augen dunkle Flecken oder Punkte wie kleine Mücken, wellenförmig gewundene Fäden, Netze, Spinnweben, helle Punkte oder Funken u. dgl. Diese Flecken steigen in die Höhe auf, wenn das Auge schnell gegen den Himmel erhoben wird; wenn man aber scharf auf einen Gegenstand sieht, sinken sie langsam herab und verschwinden, bis das Auge wieder bewegt wird. Sie erscheinen am deutlichsten, wenn sie vor der Mitte des Auges vorbeygehen, und dasselbe auf einen hellen Gegenstand, vorzüglich gegen Schnee oder Nebel, gerichtet ist. Manche Augen sehen sie in fast unzählbarer Menge, und einige darunter scheinen schwerer zu seyn und sinken schneller zu Boden, als die andern. Wenn man den Kopf niedersenkt, so sammlen sie sich um die Mitte des Auges; legt man sich aber auf den Rücken, und senkt den Kopf hinterwärts, so gehen sie nach der Stirn zu, welche alsdann am niedrigsten liegt. Sie folgen also offenbar der Schwere so, wie Körper, die in einer flüßigen Materie schwimmen. Die meisten Aerzte haben sie mit Willis (Anat. cerebri cap. 21.) aus der Unempfindlichkeit gewisser Stellen der Netzhaut durch ausgetretenes Blut oder Verflechtung der Gefäße erklärt, wodurch aber ihre Bewegung nicht begreiflich wird; de la Hire und Le Roi (Mém de Paris, 1760.) setzen sie in die wässerichte Feuchtigkeit, und Morgagni (Adversar. anatom. VI. Animadvers. 75.) leitet sie von Streifen der eingetrockneten Thränenfeuchtigkeit auf der Hornhaut her. Maitre‑Jan (Traité des maladies de l' oeil, 12mo p. 281.) vermuthet, daß diese Erscheinung, weil sie oft vor dem grauen

Stahre vorhergeht, von einem Fehler der äussern Häute
der Kryſtallinſe herrühren möge. Demours (Sur les
filamens, qui paroiſſent voltiger devant les yeux im Journal de Medecine, Fevr. 1788 p. 274. ſqq.) öfnete die
Hornhaut einiger Augen, denen ſolche Flecken erſchienen,
und ließ die wäſſerichte Feuchtigkeit auslaufen, allein die
Kranken ſahen die Flecken noch, wie vorher. Er ſetzt alſo
die Urſache derſelben in die Feuchtigkeit des Morgagni,
welche die Kryſtallinſe umgiebt, und von der nach ſeiner
Meinung einige kleine Theile, ohne viel von ihrer Durch=
ſichtigkeit zu verlieren, etwas mehr Dichte, Schwere und
Brechungskraft erhalten können. Hiebey läugnet er nicht,
daß die unbeweglichen Flecken von Unempfindlichkeit gewiſ=
ſer Stellen des Sehnerven oder der Netzhaut herrühren,
und Vorboten des ſchwarzen Stahrs ſeyn können, ſo wie
die beweglichen eine entfernte Diſpoſition zum grauen
Stahr anzeigen würden.

Von dem Nichtſehen der Farben, als einem ange=
bohrnen Fehler, werden in den philoſophiſchen Transactionen
(Vol. LXVII. P. 1. n. 14. Vol. LXVIII. P. II. p. 611.
und in den Samml. zur Phyſik und Naturgeſch. 1. B. 5.
St. S. 637.) einige Beyſpiele angeführt. Drey Brü=
der Harris in Cumberland ſahen Größe und Geſtalt ſehr
deutlich, konnten aber keine Farben unterſcheiden. Einer
davon unterſchied zwar ſchwarz von weiß, auch ein geſtreif=
tes Band von einem einfarbigten, wuſte aber die Namen
der Farben nicht anders, als durch Rathen zu treffen.
Eben dies wird von einem gewiſſen Colardeau in Frank=
reich und einem Apotheker M. in Strasburg erzählt (ſ.
Lichtenbergs Magazin für das Neuſte aus der Phyſ.
1 B. 2 St. S. 57.). Giros de Gentilly hat unter dem
Namen Georg Palmer in engliſcher Sprache eine Theorie
der Farben und des Geſichts herausgegeben, worinn er an=
nimmt, das Licht habe nur drey urſprüngliche Farben, die
Netzhaut aber dreyerley Membranen, deren jede einer beſon=
dern Farbe zugehöre. In manchem Auge nun ſey jede dieſer
Membranen für alle Farbenſtralen zugleich empfindlich, wo=

durch das Vermögen, Farben zu unterscheiden, geschwächt oder gar aufgehoben werde.

Das **Sehen falscher Farben** (Chrupfia, Vifus coloratus) kan von der Gelbsucht, von ausgetretenem Blut, von einem starken Eindrucke des Lichts auf die Netzhaut, von heftigem Reiben des Auges, und andern Ursachen herrühren. **Boyle** (Exp. de coloribus P. 1.) erzählt, daß bey einer Pest die Kranken an den Kleidern und andern Gegenständen die lebhaftesten Regenbogenfarben sahen; man hat auch Beyspiele, daß nach einem heftigen Schrecken die Dinge grün oder blau erschienen sind. Bey geschloßnem Auge sieht man gewöhnlich zufällige Farben, f. **Farben, zufällige.** Drückt man das geschloßne Auge mit dem Finger im innern Augenwinkel, so sieht man ein buntes Bild des ganzen Augensterns, welches von dem wenigen durch die Augenlieder einfallenden Lichte auf der Netzhaut entworfen wird.

Falsche Gestalten, Lagen und Größen der Dinge (Metamorphopfia, Visus defiguratus) können sich aus verschiedenen Ursachen zeigen, welche vornehmlich in der Myopie, in Nervenkrankheiten, Verschleimung der ersten Wege, oder in einem unregelmäßigen Bau irgend eines zum Auge gehörigen Theiles zu suchen sind. Nach **Lentin** (Obferv. Falcicul. II.) sahe ein Kranker alle Gegenstände zu klein. **Sauvages** (Nofologia method. To. II. p. 190.) führt einen Fall an, da ein achtzigjähriger Mann eine Zeitlang alle gerade Gegenstände krumm und nach einer Seite hangend sahe, und **Stoll** (Ratio medendi, To. II. p. 14) erwähnt, daß nach einer hitzigen Krankheit dem Patienten alle Objecte schief und vorwärts gekrümmt erschienen. Noch sonderbarer ist der Fall, den **Sennert** (Praxis med. L. 1. c. 3. Sect. 2.) anführt, da ein Leibarzt zu Dresden, als er die Augen plözlich in die Höhe richtete, auf einmal alles umgekehrt sahe, welcher Zufall ein Vierteljahr lang anhielt, und bey einer andern schnellen Erhebung der Augen sich auf einmal wieder verlohr.

Vom **Halbsehen** der Gegenstände führt **Vater** (Diff. de vifus vitiis duobus rariffimis. Viteb. 1723. 4.) drey

Fälle an, und sucht sie aus einer Preſſung des Gehirns und aus dem Kreuzen der Sehnerven zu erklären.

Gewöhnlicher iſt das **Doppeltſehen** (Diplopia, Viſus duplicatus), von welchem **Klauholb** (Diſs. de viſu duplicato, Argent. 1746. 4.) und **Klinke** (Diſs. de Diplopia, Gotting. 1774. 4.) viele Beobachtungen geſammlet haben. **Sauvages** (Noſol. To. I. p. 193.) zählt zehn Varietäten deſſelben aus verſchiedenen Urſachen, zu denen ſich noch mehrere ſetzen ließen. Wenn man mit beyden Augen ſiehet, ſo erſcheinen alle Gegenſtände doppelt, ſobald die Augenaxen nicht zuſammenlaufen, ſ. **Horopter.** Ein ſolches Doppeltſehen kan Folge oder Symptom von mancherley Krankheiten ſeyn, wobey die Augen entweder durch Krämpfe oder durch Lähmung verwendet, und aus ihrer natürlichen Lage gebracht werden. Bisweilen kan es auch von der Ungleichheit der Augen, und der beſondern Schwäche oder Verletzung des einen herkommen. Auch einem Auge allein können die Gegenſtände doppelt oder vervielfältigt erſcheinen, wenn die Hornhaut oder Kryſtallinſe durch Verletzungen eine polyedriſche Geſtalt erhält, oder der Augenſtern mehr, als eine, Oefnung hat. Viele Kurzſichtige ſehen alle entfernte Gegenſtände, auch mit einem Auge, doppelt (Diplopia remotorum). wovon **de la Hire** (Accidens de la vue, p. 352.) die Urſache in der Geſtalt der Kryſtallinſe ſucht.

Geſichtsfeld, Campus viſionis, *Champ de viſion.* Der Raum, den das Auge auf einmal überſieht, vornehmlich, wenn es Gegenſtände durch Fernröhre oder Mikroſkope betrachtet. Weil bey den dioptriſchen Werkzeugen auf allen Seiten der Augenaxe gleich viel überſehen werden kan, ſo iſt das Geſichtsfeld ein Kreis. Der **Halbmeſſer** dieſes Kreiſes wird in Graden und Theilen der Grade, angegeben. Er iſt derjenige Winkel, welchen die äuſſerſten ins Auge kommenden Stralen rings herum mit der Augenaxe machen. Soviel nemlich kan man rings herum ſehen, als zwiſchen den Schenkeln dieſes Winkels enthalten iſt.

Das bloße Auge sieht eigentlich nur das recht deutlich, was nahe an der Gesichtsaxe anliegt. Inzwischen bilden sich doch auch seitwärts liegende Gegenstände deutlich genug mit ab. Man nimmt insgemein an, es werde soviel auf einmal übersehen, als zwischen den Schenkeln eines rechten Winkels liegt, d. i. der Halbmesser des Gesichtsfeldes sey $= 45°$.

Durch das galileische Fernrohr übersieht man desto mehr, je näher man das Auge an das Augenglas bringt. Hält man es sehr nahe daran, so wird die Größe des Gesichtsfeldes durch die Oefnung des Augensterns bestimmt; daher man im Dunkeln mehr, als bey Tage übersehen kan.

Im **Sternrohre** ist das Gesichtsfeld bestimmter. Wenn das Auge am vortheilhaftesten Orte, ein wenig hinter dem Brennpunkte des Augenglases steht, so ist die Tangente des Halbmessers vom Gesichtsfelde gleich dem Halbmesser der Oefnung des Augenglases, dividirt durch die Länge des Fernrohrs, s. Fernrohr. Eben dies findet auch beym Erdrohre nach seiner gewöhnlichen Einrichtung statt, nur daß man hier nicht mit der ganzen Länge des Fernrohrs, sondern blos mit der Summe der Brennweiten des Vorder- und Augenglases zu dividiren hat.

Durch mehrere Gläser wird in manchen Fällen das Gesichtsfeld vergrößert, z. B. zwey nahe beysammen stehende Augengläser verdoppeln den Halbmesser desselben. Macht man ein großes Feld zum Hauptzwecke, so ist es am besten, das Fernrohr nicht lang zu machen, wie z. B. bey den Nachtfernröhren.

Bey den **Spiegelteleskopen** wird die Größe des Gesichtsfelds durch ein zusammengesetztes Verhältniß bestimmt, s. Spiegelteleskop, aus welchem sich ergiebt, daß sie sich auch hier, wie die Oefnung des Augenglases verhalte. Um also ein großes Feld zu übersehen, müßte man das Augenglas breit machen. Da dies viel Abweichungen geben würde, so verändert man lieber die ganze Stellung, läßt das letzte Bild etwas hinter den großen Spiegel fallen, fängt aber die Stralen noch vorher mit dem

Augenglafe auf, und leitet sie erst durch ein zweytes Au=
genglas ins Auge selbst, wodurch eben so, wie durch zwey
nahe Augengläser im Sternrohre, das Feld sehr erweitert
wird. Man pflegt hiebey überhaupt das Gesichtsfeld
mehr durch Proben, als durch Abmeffung und Rechnung
zu bestimmen.

Bey den einfachen Mikroskopen ist die Tangente
des Halbmeffers vom Gesichtsfelde gleich dem Halbmeffer
des Kügelchens oder der Linse, dividirt durch die Brenn=
weite, s. Mikroskop.

Beym zusammengesetzten Vergrößerungsglase aus
zwey und mehrern Gläsern, ist eben diese Tangente gleich
dem Halbmeffer der Oefnung des Augenglafes, dividirt
durch das Produkt des Abstands des Auges vom Glase in
die Vergrößerungszahl, welche Regel überhaupt als eine
allgemeine für alle optische Werkzeuge gelten kan.

Gesichtskreis, s. Horizont.

Gesichtswinkel, s. Sehewinkel.

Gestalt, Figur, Figura, *Figure*. Gestalt über=
haupt heißt Beschaffenheit und gegenseitige Lage der Gren=
zen einer ausgedehnten Größe. Da jeder Körper ausge=
dehnt ist, und also Grenzen hat, so kömmt auch jedem eine
Gestalt zu, obgleich oft die Körper so klein sind, daß unser
Gesicht und Gefühl dieselbe nicht mehr bemerken können.
Die Gestalt ist also eines von den allgemeinen Phänomenen
der Körper.

Durch die Gestalt unterscheiden sich Körper, die sonst
an Größe, innerer Beschaffenheit, Gewicht ꝛc. gleich sind,
z. B. eine Bleykugel von einem gleich schweren bleyernen
Würfel. Die Gestalten der Körper sind unendlich man=
nigfaltig, und Leibnitz scheint nicht mit Unrecht behaup=
tet zu haben, daß es in der Natur keine zween Körper von
völlig gleicher Gestalt gebe. Uebrigens wird Gleichheit der
Gestalt Aehnlichkeit genannt.

Die scheinbare Gestalt der Gegenstände, von denen wir
überhaupt blos die Grenzen oder Flächen sehen, kömmt
darauf an, wie uns die Größe und Entfernung dieser Gren=

zen erscheint. Es finden dabey viele Trugschlüße statt.
Ein eckigter Körper erscheint in der Ferne rund, weil wir
seine Ecken nicht mehr bemerken; ein Kreis von der Seite
betrachtet, sieht elliptisch aus, wenn wir alle Theile seines
Umfangs für gleich entfernt halten. So kan uns ein Cylin‐
der als ein Viereck, eine Kugel als ein Kreis vorkommen,
wenn wir nicht durch Licht und Schatten bemerken, daß je‐
nes ein Cylinder, dieses eine Kugel sey.

Erxleben Anfangsgr. der Naturl. §. 318.

Gestehen, Erhärten. Man sagt von denjenigen
Substanzen, welche bey den gewöhnlichen Temperaturen
der Atmosphäre im festen Zustande sind, z. B. von den Me‐
tallen, Schwefel rc., daß sie gestehen oder erhärten, wenn
sie nach vorhergegangener Schmelzung durch die Abnahme
der Wärme aus dem flüßigen Zustande wiederum in den
gewöhnlichen festen übergehen. Es gehört das Gestehen
in einerley Classe mit dem Gefrieren; beydes sind Gattun‐
gen der Gerinnung, s. Gerinnung, Gefrierung.

Gestirne, Astra, Sidera, *Astres.* Unter diesem
Namen werden alle Körper begriffen, die wir am Gewölbe
des Himmels bey Tag oder Nacht wahrnehmen, und wel‐
che der gemeinen oder täglichen Bewegung des ganzen Him‐
mels mit folgen. Sie erscheinen uns alle leuchtend, bis
wir erst bey mehrerer Aufmerksamkeit durch Schlüsse ent‐
decken, daß nur einige an sich leuchtend, andere hingegen
dunkel, und nur von fremdem Lichte erleuchtet sind. Die
an sich leuchtenden sind die Sonne und die Fixsterne; die
dunkeln die Planeten, die Monden oder Nebenplane‐
ten und die Kometen. Von allen diesen handeln eigne
Artikel dieses Wörterbuchs.

Die Lehre von den Gestirnen, s. Astronomie, über‐
zeugt uns davon, daß diese Körper gröstentheils unsere
Erdkugel an Größe weit übertreffen, so klein sie uns auch
scheinen; daß ihre Entfernungen von einander zum Theil
alle Größen übersteigen, die wir messen oder uns vorstellen
können, und daß den Bewohnern, mit welchen sie aller

Wahrscheinlichkeit nach besetzt sind, unsere Erde entweder gar nicht mehr, oder doch nur als ein unbedeutendes kleines Sternchen sichtbar ist, s. Weitgebäude.

Gesundbrunnen, Mineralwasser, Fontes medicati, Aquae minerales, *Eaux minerales.* Diejenigen Brunnen oder Quellen, in deren Wasser gasartige, schweflichte, salzige oder metallische Substanzen enthalten sind. Im weitläuftigsten Verstande sind alle Wasser mineralisch, weil sich in allen wenigstens etwas Erde und Selenit findet; man giebt aber den gemeinen Wassern nur in dem Falle, wenn die Beymischungen beträchtlich sind, den Namen harter oder roher Wasser (aquae durae, *eaux crues*), und mineralische nennt man nur diejenigen, welche die zu Anfang genannten Bestandtheile bey sich führen. Die meisten derselben werden der Gesundheit halber mit gutem Erfolg getrunken, und diesen kömmt eigentlich die Benennung der Gesundbrunnen zu.

Diese Wasser erhalten die mineralischen Bestandtheile dadurch, daß sie durch Erdschichten laufen, in welchen sich Salze und Kieße im Zustande der Zersetzung befinden. Sie sind entweder kalt, wenn ihre Temperatur die Wärme des Luftkreises nicht übertrift, oder warm, warme Bäder, von welchen letztern ein eigner Artikel handlet. Einige dieser Wasser enthalten eine große Quantität Luftsäure oder fixe Luft, die ihnen einen geistigen und stechenden Geschmack giebt, aber durch Umschütteln und Freystehen an der Luft davon geht. Diese heissen Sauerbrunnen, Sauerwasser (aquae acidulae, *Eaux acidules*).

Die chymischen Untersuchungen der Mineralwasser erfordern eine sehr feine Behandlung, wozu Marquer und Bergmann (De analysi aquarum in Opusc. phys. et chem.) vorzüglich gute Anleitungen geben. Man kan sie ihrem fixen Gehalte nach mit Zückert in seifenartige, Bitterwasser, alkalische, salzige, schwefelhaltige und eisenhaltige abtheilen. Schriften über die Classificationen und Beschreibungen derselben habe ich bey dem Worte: Bäder angeführt.

Die seifenartigen, wie z. B. die zu Plombieres, führen eine feine Thonerde bey sich, und sind in Ansehung ihres fixen Gehalts die unwirksamsten. Die Bitterwasser, abführenden Wasser (aquae catharticae, purgantes, amarae) enthalten das aus Vitriolsäure und Bittersalzerde bestehende Bittersalz, und, wenn sie Zugang zu fixem mineralischen Alkali gehabt haben, oft auch wahres Glaubersalz. Bisweilen findet sich auch freye Bittersalzerde oder Kalkerde dabey, die nur durch etwas Luftsäure gebunden wird. In Deutschland sind das Sedlitzer und Saidschützer die bekanntesten (Troschel Nachr. von dem wahrhaften böhmischen Bitterwasser Saidschützer Ursprungs, aus dem Hochbelschen Berge. Leitmeritz, 1761. 8.) Bergmann fand in einer schwedischen Kanne saidschützer Bitterwasser, 4½ Gran luftsäurehaltigen Kalk, 24½ Gr. Gyps, 12½ Gr. luftsäurehaltige Bittersalzerde, 859½ Gr. Bittersalz, 21¾ Gr. Bitterkochsalz, einen Cubikzoll fixe Luft und eben soviel reine Luft.

Die alkalischen Mineralwasser enthalten etwas freyes fixes mineralisches Laugensalz, das vielleicht nur durch einige Luftsäure gebunden ist. Den größten Theil des Salzgehalts machen doch immer das dabey befindliche Glaubersalz, Bittersalz und Kochsalz aus. Die warmen Quellen dieser Art, z. B. die Carlsbader, führen gern eine aufgelösete Kalkerde bey sich, die sie an der Luft absetzen, s. Bäder. Die salzigen unterscheiden sich von den Solen oder eigentlichen Salzquellen durch die fixe Luft, die sie enthalten, auf welche bey ihrem medicinischen Gebrauche eigentlich gesehen wird. Man kan das Selterwasser zu dieser Classe rechnen, ob es gleich auch Mineralalkali und Bittersalz enthält (Untersuchung von des berühmten Selzerwassers Bestandtheilen, Wirkungen und richtigem Gebrauch. Leipz. 1775. 8.). Bergmann erhielt aus einer schwedischen Kanne Selzerwasser 17 Gran luftsäurehaltigen Kalk, 29½ Gr. luftsäurehaltige Bittersalzerde, 24 Gr. luftsäurehaltiges Mineralalkali, 109½ Gr. Kochsalz, 60 Cubikzoll fixe und 1 Cubikzoll reine Luft.

Die schwefelhaltigen sind warme Quellen, welche

einen Schwefel in sich halten und an der Luft wieder ab=
setzen. Die Aachner Bäder sind die bekanntesten darun=
ter, s. Bäder, warme.

Die eisenhaltigen oder Stahlwasser (aquae marti-
ales, chalybeatae) führen Eisen entweder durch Vitriol=
säure oder durch Luftsäure aufgelöset. Die Quellen sind an
ihrer fettig scheinenden regenbogenfarbigen Haut und dem
abgesetzten Eisenocher kennbar. Sie sind die gemeinsten
von allen, und fehlen fast niemals in sumpfigen Gegenden
und Torfmooren, überhaupt in der Nachbarschaft von
Schwefelkießen. Sie haben einen zusammenziehenden Ge=
schmack, und enthalten mehrentheils noch erdigte Theile
und Mittelsalze. Zu den bekanntern gehören das Spa=
und Pyrmonterwasser (Seip Beschreibung der Pyr=
montischen Mineralbrunnen und Stahlwasser, Hannov.
1750. 8. Marcard Beschreibung von Pyrmont, 1. Th.
Leipz. 1784. gr. 8. S. 246. u. f.). Nach Bergmann
hält das Spawasser in der schwedischen Kanne 8½ Gran
luftsäurehaltigen Kalk, 20 Gr. luftsäurehaltige Bittersalz=
erde, 8½ Gr. luftsäurehaltiges Mineralalkali, 9 Gr. Koch=
salz, 3¼ Gr. luftsäurehaltiges Eisen, und 45 Cubikzoll
Luftsäure; das Pyrmonter hingegen 20 Gran luftsäurehal=
tigen Kalk, 38½ Gr. Gyps, 45 Gr. luftsäurehaltige Bit=
tersalzerde, 25 Gr. Bittersalz, 7 Gr. Kochsalz, 3½ Gr.
luftsäurehaltiges Eisen und 95 Cubikzoll Luftsäure. Mar=
card setzt nach Versuchen, die von Herrn Westrumb
zwey Meilen von der Quelle selbst angestellt sind, den Ge=
halt an Luftsäure auf 140 Cubikzoll in einer Kanne.

Wie man sich die Entstehung der Mineralwasser vor=
stellen könne, s. bey dem Worte: Bäder, warme. Ich
will hier nur noch hinzusetzen, daß die fixe Luft, welche
viele dieser Wasser in so großer Menge enthalten, wahr=
scheinlich von der im Wasser geschehenen Verbindung der
übrigen Stoffe herrührt, da es bekannt ist, daß bey jeder
Auflösung der Kalkerden in Säuren eine beträchtliche Men=
ge Luftsäure entwickelt wird, welche sich mit dem Wasser
sehr gern und genau verbindet.

Man hat sich schon längst bemüht, die Gesundbrunnen

durch die Kunst nachzuahmen. Da aber die Luftsäure ein so wichtiger Bestandtheil derselben ist, so hatte diese Unternehmung, ehe man die luftförmigen Stoffe genauer kennen lernte, unübersteigliche Schwierigkeiten. Man suchte anfänglich, ihnen dieses flüchtige geistige Wesen durch Gemenge von Eisenfeile und Schwefel mitzutheilen. Venel (Mém. sur l' analyse des eaux de Selters in Mein. présenté à la Acad. roy. Vol. II. p. 53. 80. sqq.) führte zuerst die Chymisten auf den rechten Weg, indem er den luftförmigen Stof durch Umschütteln in einer Flasche mit einer Blase aus dem Mineralwasser zu erhalten, und durch Auflösung des Mineralalkali mit Salzsäure in das gemeine Wasser zu bringen lehrte. Daß diese im Wasser gleichsam fixirte Luft das Eisen auflöslich mache, ward auch schon von Lane (Phil. Tr. Vol. LXIX. N. Hamburg. Magaz. B. XI. S. 483.) bemerkt. Jetzt ist es durch die Entdeckungen über die Gasarten sattsam erwiesen, daß dieser flüchtige Geist der Sauerbrunnen nichts anders, als Priestleys fixe Luft oder die Luftsäure sey, s. Gas, mephitisches, die man so leicht aus dem Aufbrausen der Kalkerden mit Säuren erhalten kan. Man hat seitdem eigne Werkzeuge erfunden, um das Wasser auf eine bequeme Art mit dieser Gasart zu imprägniren, (s. Parkers Maschine), wobey man denn die gehörige Menge Eisen und die übrigen Antheile an fixen Stoffen, leicht hinzuthun, und so die Sauerwasser sehr vollkommen nachahmen kan.

Macquer's Chymisches Wörterbuch, Art. Wasser, mineralische, mit Herrn Leonhardi Anm.

Zückert Beschreibung aller Gesundbrunnen Deutschlands, Königsberg, zwote Aufl. 1776. gr. 8.

Gewicht, Pondus, *Poids.* Die Größe des Drucks, den ein Körper durch seine Schwere äussert; die Größe seines Bestrebens zu fallen. Das Gewicht eines Körpers besteht aus der Summe der Bestrebungen, womit alle seine Theile zum Fall getrieben werden. Da nun alle Theile des Körpers Materie sind, und alle bekannte Materie schwer ist, so sind wir berechtiget, anzunehmen, daß das Gewicht eines Körpers desto größer sey, je mehr er Theile

hat, oder daß es sich wie die Menge der ihm zugehörigen
Materie, wie seine Masse, verhalte, s. Masse.

Die Worte, Gewicht und Schwere, so oft sie auch
im gemeinen Leben verwechselt werden, drücken doch ganz
verschiedene Begriffe aus. Schwere ist das Bestreben,
womit jeder einzelne Theil der Materie überhaupt fallen
will, Gewicht ist die Summe dieser Bestrebungen in einem bestimmten Körper. Jene hängt blos von der Gravitation der Materie gegen die Erde, dieses zugleich von
der Masse des schweren Körpers ab; jene ist eine beschleunigende, dieses eine bewegende Kraft, s. Kraft. Wenn
ich aus einem Gefäß voll Wasser einige Kannen schöpfe, so
vermindert sich sein Gewicht, nicht seine Schwere; wenn
ich aber das Gefäß aus unsern Ländern in die Nähe des Aequators überführe, so vermindert sich die Schwere zugleich
mit dem Gewichte, weil in diesem Falle jeder einzelne Theil
leichter wird.

Man bestimmt das Gewicht der Körper durch Vergleichung mit andern bekannten Gewichten, dem Pfunde und
dessen Theilen, s. Pfund. Von dem hiezu dienenden
Werkzeuge s. den Artikel: Wage Das Verfahren selbst
heißt Wiegen, Abwägen. Was man hiebey findet,
blos an sich betrachtet, heißt das absolute Gewicht (pondus absolutum, *poids absolu*).

Das absolute Gewicht, betrachtet im Verhältniß mit
dem Raume, den der Körper einnimmt, oder mit seinem
Volumen, giebt den Begrif von eigenthümlich m Gewicht, specifischem Gewicht (pondus specificum,
poids relatif). Dieser Name ist zwar weit schicklicher,
als die sonst gebräuchliche Benennung: specifische
Schwere; ich habe aber bey dem Entwurfe meines Plans
einmal die ältere Benennung, an die ich gewöhnt war, beybehalten, und verweise also hier auf den Artikel: Schwere,
specifische.

Bey dem Worte: Gleichgewicht wird erwiesen, daß
ein fester Körper, wenn man ihn in einen flüßigen einsenkt,
von seinem absoluten Gewichte soviel verliere, als das Gewicht des von ihm aus seiner Stelle getriebnen Flüßigen

beträgt. Eine Bleykugel z. B., welche 11 Loth wiegt, und so groß ist, daß sie ein Loth Wasser aus der Stelle treibt, wird in Wasser gesenkt, nur 10 Loth wiegen. Dieser Ueberrest heißt alsdann ihr relatives Gewicht (pondus relativum).

Da nun die Luft, welche die Körper auf der Erde umgiebt, alle Eigenschaften flüßiger Materien hat, so folgt hieraus, daß selbst in freyer Luft jeder Körper einen Theil seines Gewichts verliert, daß also alle Gewichte der Körper, wie sie im luftvollen Raume in unsere Sinne fallen, nur relat ve Gewichte sind. So wird eine Masse Wasser, deren wahres Gewicht 850 Gran beträgt, in freyer Luft nur einen Druck von 849 Gran ausüben, u. s. w. Wir erfahren also durch Abwägen nur sehr selten das wahre Gewicht der Körper, zumal da die dazu gebrauchten Einsetzgewichte in der Wagschale ebenfalls einen Theil ihres absoluten Gewichts verlieren.

Je größer der Raum ist, den ein Körper einnimmt, desto mehr Luft treibt er aus ihrer Stelle; desto größer ist also auch der dabey erlittene Verlust am Gewicht. Nun dehnt die Wärme alle Körper in einen größern Raum aus: sie werden also, wenn sie erhitzt sind, mehr Gewicht verlieren, und leichter scheinen, als wenn sie kalt gewogen werden. Eben daher sagt man auch), daß ein Körper im Sommer weniger, als im Winter, wiege; man hat aber dabey in Betrachtung zu ziehen, daß er im Sommer in wärmerer und also leichterer Luft gewogen wird, welcher Umstand jenen Unterschied wenigstens zum Theil wieder aufhebt.

Ueberhaupt ist dieser Verlust des Gewichts der Körper in der Luft in den meisten Fällen unbeträchtlich; er kan aber bey Körpern, die sehr leicht sind, und doch einen großen Raum einnehmen, so beträchtlich werden, daß man ihn schlechterdings nicht vernachläßigen darf. Dies ist der Fall bey den mit Luft angefüllten Blasen und andern leichten Hüllen. Werden diese gar mit noch leichtern Stoffen, als die Luft selbst ist, z. B. mit brennbarer Luft gefüllt, so kan es so weit kommen, daß sie ihr ganzes Gewicht verliren, oder daß sie gar in der Luft emporsteigen und vielleicht noch beträchtliche Lasten mit sich erheben, s. **Aerostat.**

Gewitter, Ungewitter, Donnerwetter, Tempestas fulminea, *Orage accompagnée d' éclairs et de tonnerre.* Wenn Wolken, deren elektrisches Gleichgewicht unter sich oder mit der Erde, gestört ist, sich zu mehrern wiederholten malen ihrer Elektricität durch den Blitz und mit Donner entledigen, so heißt diese prachtvolle aber zugleich auch fürchterliche Begebenheit ein Gewitter, und die Wolken selbst Gewitterwolken. Das meiste hievon wird bey den Worten: **Blitz, Blitzableiter, Donner, Luftelektricität,** vorgetragen.

Die Elektricität der Luft und der Wolken entstehe, woher sie wolle, so zeigen doch die Gewitterwolken alle die Eigenschaften, welche andere elektrisirte Körper zeigen. Sie ziehen die unelektrisirten Wolken und leichten Körper der Erde an, stoßen die gleich elektrisirten zurück, geben Leitern, die in ihren Wirkungskreis kommen, die entgegengesetzte Elektricität, entladen sich auf stumpfgeendete Körper durch einen Wetterstral, und verlieren ihre Elektricität stillschweigend durch die Wirkung der Spitzen.

Man findet zwar im Winter die Wolken eben so stark, als im Sommer, elektrisch; dennoch sind im Winter die Gewitter bey weitem nicht so häufig. Dies kömmt vielleicht nach der Vermuthung des Hrn. Achard (Chymisch= Physische Schriften, Berlin, 1780. 8. S. 263.) daher, weil kalte Luft besser isolirt, als warme, wie alle isolirende Körper überhaupt thun, daß folglich in kalter Luft nicht leicht ein Blitz entstehen kan, es müste denn die Elektricität überaus stark werden. Auch lehrt die Erfahrung, daß Gewitter, wenn sie im Winter einmal kommen, sehr schwer sind.

Des Nachmittags und Abends entstehen mehr Gewitter, als des Morgens, vielleicht weil zu diesen Zeiten die Luft erwärmter und mehrern Elektricität erregenden Abwechselungen der Temperatur ausgesetzt ist. In bergigten Gegenden sind die Gewitter wegen der Anziehung der Verge gegen die Wolken häufiger und anhaltender als auf dem ebnen Lande, und ziehen manchmal etliche Tage an und über den Bergen herum.

Gemeiniglich sind die Gewitter mit Sturm und Regen begleitet. Der Sturm entsteht durch die plötzliche Abkühlung der Luft, vielleicht auch durch die vom fallenden Wasser entwickelte Luft und Dämpfe. Der Gewitterregen fällt in großen Tropfen nieder, welches eine große Höhe des Falles und eine vielleicht durch die Elektricität verstärkte Anziehung anzeigt. Wenn nach Hrn. de Saussüre Muthmaßung (s. Dünste) die unbekannte Ursache, welche die Dünste in den Wolken in blasenförmiger Gestalt erhält, die Elektricität ist, so würde sich daraus leicht erklären lassen, warum oft auf einen starken Blitz plötzlich ein heftiger Regenguß folgt. Es wäre nemlich durch den Blitz die Wolke ihrer Elektricität beraubt worden, also müßten die Dunstbläschen zerplatzen, und ihr Wasser fiele nun in Regentropfen herab.

Daß das Läuten mit Glocken die Gewitter nicht vertreibt, ist jetzt allgemein bekannt; die Glocke mit dem hänfenen Strick giebt aber einen guten Leiter ab, und setzt den Läutenden der Gefahr aus. Ob das Abfeuren der Geschütze die Gewitterwolken wirklich zertheile, ist wohl noch sehr unentschieden; man beruft sich zwar auf Erfahrungen, aber vielleicht hätten sich die Wolken ohne diese Anstalt auch zertheilt.

Erxleben Anfangsgr. der Naturl. §. 749.

Glas, Vitrum, *Verre*. Ein durch die Schmelzung entstandner, glänzender, harter, spröder, auf dem Bruche schneidender, durchsichtiger Körper, der sich bey hinlänglicher Hitze wieder in Fluß bringen läßt.

Man kan die Gläser, in der weitläuftigsten Bedeutung des Worts, in einfache und zusammengesetzte eintheilen. Die einfachen sind salzig, wie das Borarglas, oder metallisch, wie das Glas vom Spiesglase (Vitrum antimonii. Die zusammengesetzten werden entweder aus verschiednen erdigten Stoffen, oder aus Salzen und Erden,

ober aus Metallkalken, Salzen und Erden bereitet. Sie
sind ferner entweder vollkommene oder unvollkommene.
Die vollkommnen Gläser sind ganz durchsichtig, durch
vollkommne Auflösung und Schmelzung aller Theile; die
unvollkommnen, z. B. Schmelz und Porcellan sind
undurchsichtig oder nur halb durchsichtig, weil viele ihrer
Theile ungeschmolzen bleiben. Gläser, die man bey Me-
tallarbeiten erhält, heissen Schlacken (scoriae) s. Verglasung.

Das gemeine Glas wird aus glasartigen oder Kieselerde enthaltenden und laugenartigen Materien, z. B. aus
Sand und Asche, bereitet. Unter den Säuren ist keine,
die es auflöset, ausser der Flußspathsäure; wenn es aber
gepülvert und mit Mineralsäuren digerirt wird, so verbinden sich diese letztern mit dem Laugensalze und die Kieselerde wird frey. Wenn das Glas zu viel Laugensalz enthält, so wird es auch in ganzen Stücken von den Mineralsäuren angegriffen; mit 3—4mal so viel Alkali zusam-
mengeschmolzen giebt es sogar eine Masse, die im Wasser
auflöslich ist.

Die Masse oder Fritte, woraus man das Glas bereitet, wird in den Glasöfen in großen Tiegeln geschmolzen,
und zu Gefäßen und anderm Geräthe vermittelst des Bla-
serohrs, entweder aus freyer Hand, oder in Formen, in
die erforderliche Gestalt gebracht. Die Platten zu Spiegeln und dgl. werden aus gebiasenen Walzen gestreckt,
dickere auch gegossen. Die fertigen Arbeiten werden, um
die von einer schleunigen Erkaltung entstehende Härte und
Spannung der Theile zu mindern, im Kühlofen wieder erhitzt und allmählig abgekühlt. Spiegel, nachgeahmte
Edelsteine, optische und andere Krystallgläser werden nachher weiter durch Maschinen, auf Mühlen oder aus freyer
Hand geschliffen, oder mit einem Diamant geschnitten.
Kleine Arbeiten werden auch wohl vor einer Lampe gebla-
sen.

Das gemeine grüne Glas wird aus Sand und Asche
bereitet. Bedient man sich ausgelaugter Asche; so wird
auch wohl etwas Kochsalz zugesetzt. Die Farbe hängt von

der Wahl der Ingredienzien, die Härte und Dauer an der
Luft und gegen feuchte Auflösungsmittel von dem Verhältniße derselben ab. Zum weissen oder Krystallglase
wählt man reinere und weniger färbende Kiesel und Laugensalze, und benimmt die noch übrige grüne Farbe durch
Braunstein, der es aber im Uebermaaße zugesetzt, oder
bey zu lang anhaltendem Fluße, wieder röthlich färbt.
Sollen künstliche Arbeiten daraus verfertiget werden so
wird es durch einen größern Antheil von Laugensalz, durch
Arsenik, Salpeter oder Bleykalk leichtflüßiger gemacht,
wodurch es aber auch zugleich weicher und leichter von Auf-
lösungsmitteln angegriffen wird. Durch Bleykalke erhält
es eine ansehnliche Schwere, nimmt eine schöne Politur
an, bricht die Lichtstralen etwas weniger, zerstreut aber
nach Zeibers Entdeckung die Farben weit stärker (f. Flintglas, Achromatische Fernröhre). Künstliche Edelsteine oder Flüße sind härtere Gläser aus Straß oder feinerer Fritte von gewählten Stoffen, die zur Nachahmung
der natürlichen Edelsteine oft auch durch zugesetzte Metallkalke gefärbt werden.

Zur Glasbereitung oder Hyalurgie haben schon im
vorigen Jahrhunderte Neri (De arte vitriaria Libri VII.
Amst. 1681. 12.) und Kunkel (Vollkommne Glasmacher-
kunst Frf. 1689. 4. Nürnb. 1756. 4.) sehr schätzbare Anweisungen gegeben, so wie unter den Neuern Halle (Der
Glasarbeiter, in der Werkstätte der heutigen Künste, Bran-
denb. und Leipz. 1761. 4. B. III. S. 141—158.), Hart-
wig (Die Glashütte, in Sprengels Handwerken in Tabellen, Samml. X. Berlin, 1773. 8. S. 274 — 309)
und Beckmann (Anleitung zur Technologie, Göttingen,
2te Aufl. 1787. 8. S. 240 — 254.) zu empfehlen sind.

Das Glas wird zu so vielen im gemeinen Leben brauchbaren Geräthen mit Vortheil angewendet, daß es nächst
den Metallen gewiß die nützlichste chymische Erfindung der
Menschen ausmacht. Es war schon im höchsten Alterthum bekannt. Plinius (H. N. L. XXXVI. c. 26.)
erzählt, es sey von egyptischen Kaufleuten bey einer Reise
durch Phönicien am Ufer des Flußes Belus durch einen

Zufall erfunden worden, da sie bey der Bereitung der Speisen einige Stücken Natrum mit Ufersande vermengt unter
ihre Dreyfüße gesetzt und durchs Feuer verglaset gefunden
hätten. Von diesem Flusse führen auch Tacitus (Histor.
L. V.) und Josephus (De bello Iudaico II. 9.) an, daß
sein Sand zur Bereitung des Glases sehr geschickt sey.
Nach der Erzählung des Plinius ist die älteste Glasfabrik
zu Sidon gewesen; in Rom hat man erst zu Tibers
Zeiten Glas zu bereiten angefangen. Was aber dieser
Schriftsteller von der Erfindung des Kunststücks hinzufügt,
das Glas biegsam und streckbar zu machen, ist allem Ansehen nach eine Fabel, wofür es auch schon Isidorus
(Orig. XVI. 15) ausgiebt. Zwar ließe sich dieses biegsame Glas für Hornsilber erklären, wenn es nicht höchst unwahrscheinlich wäre, daß man schon damals auf die Entdeckung dieses Silberniederschlags habe kommen können.
Endlich erfand man unter Nerons Regierung die Kunst,
Becher und Gefäße aus einem hellen weißen Glase zu bereiten, das dem Bergkrystalle glich; sie kamen aus Alexandrien, und wurden um ungeheure Preise verkauft.

Von der Geschichte des Glases handeln Hamberger
(Comment. Soc. Gotting. To. IV.), und Michaelis
(ebend.) von der Geschichte des Glases bey den Hebrä-
ern.

Für die Physik ist das Glas wegen vieler von seinen
Eigenschaften eine ganz unentbehrliche Materie. Seine
Unzerstörlichkeit, Undurchdringlichkeit, und Durchsichtigkeit machen es geschickt zu Gefäßen, in welchen mancherley
Stoffe eingeschloßen und mancherley Operationen vorgenommen werden können. Durch seine stralenbrechende Eigenschaft und Glätte wird es zu optischen Werkzeugen
brauchbar, und als ein vorzüglich guter Nicht-leiter
macht es einen beträchtlichen Theil der elektrischen Geräthschaft aus. Unsere Kenntniß der Natur würde daher ohne
den Gebrauch des Glases weit unvollkommner, als jetzt,
geblieben seyn.

Macquer chymt. Wörterbuch, Art. Glas.
Brisson dict. raisonné de physt Art. *Verre.*

**Glaselektricität, positive oder Plus= elektrici=
tät,** Electricitas vitrea f. positiva, *Electricité vitrée ou
positive.* Diejenige Elektricität, welche das glatte Glas
durch Reiben mit der Hand oder mit andern Substanzen
erhält. Sie ist, wie du Fay entdeckt hat, der Elektri=
cität, die das Harz oder Siegellack durch Reiben an den
meisten Substanzen erhält, entgegengesetzt, so daß ein elek=
trischer Körper, welchen das geriebene Glas anzieht, in
eben dem Zustande von denn geriebnen Siegellack abgestos=
sen wird. Franklin und überhaupt alle, welche nur eine
einzige elektrische Materie annehmen, erklären die Glas=
elektricität aus dem Ueberfluße dieser Materie, und nen=
nen sie daher die positive oder Pluselektricität, f Elektri=
cität, unter dem Abschnitte: Entgegengesetzte Elektri=
citäten.

Glastropfen, Glasthränen, Springgläser,
Lacrymae vitreae, *Larmes Bataviques, Larmes de verre.*
Wenn man einen flüßigen Glastropfen in kaltes Wasser
fallen läst, so nimmt er die Gestalt eines ovalrunden Kör=
pers an, der sich in einen langen dünnen Schwanz endiget,
und erhält nun in seinem festen Zustande den Namen einer
Glasthräne u. s. w. Diese festen Glastropfen haben die
merkwürdige Eigenschaft, daß sich der ovalrunde Theil mit
dem Hammer schlagen und abschleifen läst, ohne zu zerbre=
chen, da hingegen, wenn man den dünnen Schweif ab=
bricht, der ganze Tropfen augenblicklich in einen feinen
Staub zerspringt.

Man kan die Ursache dieses Zerspringens nicht in der Luft
suchen; denn obgleich diese Tropfen gewöhnlich kleine Bläs=
chen enthalten, so kan man doch den Körper bis auf diese
Bläschen abschleifen, ohne daß er zerspringt: auch thun
die Tropfen ihre Wirkung im luftleeren Raume. Die er=
wähnten Bläschen sind nach Bosc d'Antic (Mém. pre=
sentés à l'Ac. de Paris To IV.) nichts, als ein in Dämpfe
aufgelöster Glasschaum oder Glasgalle, und die Glas=
tropfen zerspringen auch, wenn sie keine Bläschen haben.

Vielmehr liegt die Ursache des Phänomens in ihrem

plötzlichen Erkalten im Wasser, wie bey den Springkolben, f. Bolognesser Flaschen, wobey die äussern Theile eher, als die innern, kalt werden, daher man sie noch auf 6 Secunden lang im Wasser glühen sieht. Daburch gerathen ihre Theile in eine sehr starke und ungleiche Spannung, und eine angefangne Trennung setzt sich augenblicklich durch alle Theile fort. Im ovalen Theile hingegen ist die Verbindung wegen der Wölbung fester. Diese richtige Meinung haben schon Hobbes, Montanari und Sturm angenommen. Die Glastropfen verlieren ihre Sprödigkeit, wie die Springkolben, wenn man sie auf glühende Kohlen legt, und dann nach und nach abkühlen läst. Man kan sie von weissem Glase eben sowohl, als von grünem, verfertigen.

läst man einen noch flüßigen Glasfaden in kaltes Wasser gehen, so nimmt er von selbst eine spiralförmige Windung an. Die so bereiteten Glaswürmer (vermiculi vitrei) zerspringen ebenfalls in Staub, wenn man ein Stück davon abbricht.

Wolf Nützliche Versuche Th. III. Cap. 3.

Erxleben Anfangsgründe der Naturl. mit Lichtenbergs Anm. §. 422.

Glatt, Laevis, *Poli*. Glatt heißt die Oberfläche eines Körpers, wenn auf ihr keine, oder nur wenige und unbeträchtliche Theile über die andern hervorragen. Wir finden in der Natur keine völlig glatten Oberflächen, selbst in den polirten Flächen der besten Gläser und Metallspiegel, die dem bloßen Auge und dem Gefühl glatt scheinen, entdeckt man durch das Mikroskop noch Erhöhungen und Vertiefungen. Inzwischen giebt es Körper, deren Flächen von Natur oder durch Kunst sehr glatt sind, z. B. Eis, polirte Gläser und Marmorplatten u. dgl. Dem glatten ist das rauhe entgegengesetzt, f. Raub. Glatte Ebnen von einerley Materien hängen bey der Berührung zusammen, f. Cohäsion, und Körper, die man auf glatten Flächen bewegt, leiden weniger Reibung, f. Reiben.

Glatteis, Glacies tenuis corporum superficies obducens, *Verglas.* Wenn nach einer starken oder langwierigen Kälte die Temperatur gelinder wird, so bleiben das Steinpflaster, die Fußboden, Mauern und andere Körper noch eine Zeit lang kälter, als die äussere Luft, daher schlagen sich an ihren Oberflächen die in der Luft aufgelösten Dünste nieder, und gefrieren wenn die Flächen kalt genug sind, in Form einer dünnen glatten Eisrinde, welche Glatrei genannt wird. Eine solche Rinde bildet auch der Regen, wenn er bey der Temperatur des Eispunkts, wo die Tropfen schon dem Gefrieren nahe sind, auf den noch kältern Boden herabfällt, und augenblicklich auf demselben gefrieret.

Gleichförmig, Aequabilis, *Uniforme.* Gleichförmig heißt, was so vertheilt ist, daß auf jeden gleich großen Theil gleichviel kömmt. Gleichförmige Bewegung, bey welcher jeder Theil des Weges mit gleicher Geschwindigkeit beschrieben, oder in jedem Zeittheile gleich viel Raum zurückgelegt wird; gleichförmige Dichte, wenn jeder Theil des Körpers so dicht, als der andere, oder in jedem gleich großen Raume gleich viel Masse enthalten ist, u. s. w. s. Bewegung, gleichförmige, Dichte. Dem gleichförmigen wird das ungleichförmige entgegengesetzt.

Gleichgewicht, Aequilibrium, *Equilibre.* Der Zustand der Ruhe, welcher erfolgt, wenn zwo gleiche Kräfte nach entgegengesetzten Richtungen einander entgegen wirken, so daß beyde sich aufheben, und keine von ihnen Bewegung hervorbringen kan. Wenn beyde Schalen einer Wage mit vollkommen gleichen Gewichten beschwert sind, so strebt das Gewicht der Schale zur Rechten, das rechte Ende des Wagbalkens herabzuziehen, das in der Schale zur linken hingegen strebt mit gleicher Kraft, eben dieses Ende aufwärts zu treiben, beyde Bestrebungen heben sich auf, und der Wagbalken bleibt in Ruhe. Diesen Zustand nennt man das Gleichgewicht der Kräfte, welcher Name eben so, wie die lateinische Benennung, von dem Beyspiele der innenstehenden Wage hergenommen ist. Die Lehre vom Gleichgewichte der Kräfte heißt die Statik.

Der allgemeine Grundſatz der Statik iſt alſo dieſer: Wenn ein Körper von zwoen einander gerade ent= gegengeſetzten und gleichen Kräften getrieben wird, ſo muß er ruhen, oder die Kräfte ſtehen im Gleichge= wicht. Es hängt dieſes Axiom mit dem Satze des zurei= chenden Grundes zuſammen. Nemlich beyden Kräften zu= gleich kan der Körper nicht folgen; es iſt aber auch kein Grund da, warum er einer allein mehr, als der andern, folgen ſollte.

Wird ein Körper von mehr als zwoen Kräften getrie= ben, ſo läſt ſich ein Paar derſelben nach den Regeln der Zu= ſammenſetzung der Kräfte in eine einzige zuſammenbringen, welche eine andere Größe und Richtung hat, ſ. Zuſam= menſetzung der Kräfte. Dieſe mit der dritten zuſam= mengeſetzt, giebt wiederum eine neue, die ſich als die Sum= me aller drey zuſammengeſetzten anſehen läſt, und mit der vierten ꝛc. zuſammengeſetzt, ein neues Reſultat für die Summe aller vier ꝛc. Kräfte giebt. Fährt man ſo fort, bis nur noch eine einzige übrig iſt, und iſt alsdann dieſe letzte der Summe aller übrigen gleich und entgegengeſetzt, ſo ſtehen ſämmtliche Kräfte im Gleichgewicht, und der Körper muß ruhen.

Taf. X. Fig. 45. werde der Körper A nach den Rich= tungen AB, AC, AD von drey Kräften gezogen, die ſich wie die Linien AB, AC, AD verhalten. Man ſetze AB und AC zuſammen, indem man BE mit AC und CE mit AB parallel ziehet, ſo wird AE, die Diagonale des Par= allelogramms ABEC die Summe derſelben ſeyn. Iſt nun die einzige noch übrige Kraft AD dieſer Summe AE genau gleich und entgegengeſetzt, ſo muß der Körper A in Ruhe bleiben, weil die dritte Kraft gerade das aufhebt, was die beyden erſten zuſammen hervorbringen. Hiebey muß alſo AD = DE ſeyn, und die Richtungen beyder Linien AD und DE müſſen in einerley geraden Linie (in dire= ctum) liegen; mithin ſind die drey Seiten des Dreyecks ACE den Richtungen der drey Kräfte AB, AC, AD gleichlaufend: denn AC iſt die Richtung der erſten Kraft ſelbſt, CE iſt mit der Richtung der zweyten AB parallel,

und A E liegt in einer geraden Linie mit der Richtung der dritten A D. Auch sind diese drey Seiten den Linien A B, A C, A D
gleich, und verhalten sich daher wie die Größen der Kräfte.
Daher ist das Gesetz des Gleichgewichts für drey Kräfte dieses:
Wird ein Körper von drey Kräften getrieben, wel-
che sich, wie drey mit ihnen parallele Seiten eines
Dreyecks verhalten, so muß er ruhen.   Dieser von
Simon Stevin (Beghinselen der Weghkonst, Am-
sterd. 1596. 4.) entdeckte Satz ist sehr fruchtbar an wichtigen Folgen, und Varignon (Nouvelle mecanique ou
Statique, à Paris, 1725. 4.) hat ihn zum allgemeinen
Grundsatze der ganzen Statik angenommen.   Doch hat er
für einen Grundsatz keine hinlängliche Evidenz, und ist
vielmehr eine Folge aus der Lehre von Zusammensetzung der
Kräfte.

Aus dem Grundsatze des Gleichgewichts zwoer Kräfte
fließen als Folgen, die Gesetze des Gleichgewichts fester
Körper am Hebel, flüßiger Körper unter einander selbst, und
fester Körper mit flüßigen. Die Gesetze des Gleichgewichts
fester Körper am Hebel, und flüßiger unter einander selbst
werden bey den Worten: Hebel und Röhren, communicirende, abgehandelt werden; aber für die Sätze vom
Gleichgewicht fester Körper mit flüßigen habe ich keine
schickliche Stelle in irgend einem besondern Artikel finden
können, und will sie daher dem gegenwärtigen beyfügen.

Gleichgewicht flüßiger Körper mit festen.

Folgende Sätze sind bey dem Worte Druck unter dem
Abschnitte: Druck flüßiger Massen gegen die Gefäße (Th. I.
S. 611 u. f.) erwiesen worden.

I. Der Druck des Wassers (welches Wort hier überhaupt jede flüßige Materie bedeutet) auf einen Boden, ist
dem Gewichte der Wassersäule gleich, welche den Boden
zur Grundfläche und die senkrechte Höhe des Wassers über
demselben zur Höhe hat.

II. Der aufwärts gerichtete Druck gegen einen festen
Deckel wird durch das Gewicht einer Wassersäule gemessen,
welche die Fläche des Deckels zur Grundfläche, und die

senkrechte Höhe des Waſſers über der Ebne des Deckels zur Höhe hat.

III. Der ſeitwärtsgehende Druck auf eine feſte Wand wird durch das Gewicht einer Waſſerſäule gemeſſen, welche die Wand zur Grundfläche, und die ſenkrechte Höhe des Waſſers über die Mitte der Wand zur Höhe hat.

Man ſtelle ſich nun vor, Taf. X. Fig. 46. ſey in das bis E F mit Waſſer gefüllte Gefäß A B C D ein rechtwinklichtes Parallelepipedum a b c d ſo eingeſenkt, daß es völlig vom Waſſer umringt werde. So iſt zuerſt aus III. klar, daß der Druck des Waſſers auf die Seitenwände a c und b d gleich groß ſey, weil die Seitenflächen ſelbſt gleich groß ſind, und die Höhe des Waſſers über ihrer Mitte g e und h f, ebenfalls auf beyden Seiten gleich iſt. Daher heben ſich dieſe Drückungen als gleiche und entgegengeſetzte Kräfte von allen Seiten auf, es findet ein völliges Gleichgewicht ſtatt, und der Körper wird vom Waſſer auf keine Seite verſchoben.

Wohl aber wird er von beyden Seiten zuſammengedrückt, und dieſe Preſſungen können bey einer großen Tiefe unter Waſſer ſehr ſtark werden, ſo daß platte zerbrechliche Flächen dadurch zerdrückt werden. Daher zerbricht eine verſtopfte leere Flaſche mit platten Seitenflächen, wenn man ſie ſehr tief im Waſſer verſenkt; eine offengelaſſene aber bleibt ganz, weil ſie ſich inwendig mit Waſſer füllt, welches auf jede Seitenfläche von innen eben ſo ſtark herauswärts drückt, als das äuſſere hineinwärts; daher die äuſſern Preſſungen beyde aufgehoben werden, und nicht mehr auf das Zuſammendrücken der ganzen Flaſche wirken können.

Es erhellet ferner aus I., daß der Druck des Waſſers auf die obere Fläche a b dem Gewichte der Waſſerſäule e a b f gleich iſt, und aus II., daß der aufwärts gerichtete Druck gegen die untere Fläche c d durch das Gewicht der Waſſerſäule c c d f gemeſſen wird. Dieſe beyden Drückungen ſind zwar entgegengeſetzt, aber nicht gleich. Es wird alſo die größere, d. i. die aufwärtsgerichtete, nur um ſo viel vermindert werden, als die kleinere beträgt. Nun iſt

die Wassersäule e c d f, um e a b f vermindert, der Wasser=
säule a b c d oder dem Wasser gleich), das den Raum des
festen Körpers a b c d einnimmt. Es bleibt also von dem
aufwärts gerichteten Drucke so viel übrig, als das Ge=
wicht des Wassers austrägt, das den Raum des einge=
senkten Körpers einnehmen kan. Oder: **Das Wasser
hebt einen ganz eingesenkten Körper mit einer
Kraft, die dem Gewichte des aus seiner Stelle ge=
triebnen Wassers gleich ist.**

Dieser Beweiß gilt, wie er hier vorgetragen ist, nur
für ein rechtwinklichtes Parallelepipedum. Man kan ihn
aber leicht auf Körper von jeder Gestalt ausdehnen, wenn
man das zu Hülfe nimmt, was am Schluße des Artikels:
Druck (Th. I. S. 614.) vom Drucke auf krumme Flä=
chen gesagt wird. Hat z. B. der feste Körper die irregu=
läre Gestalt a b c d, Taf X. Fig. 47, so wird der nieder=
wärts gehende Druck dem Gewichte des Wassers im Raume
e a d c f; der aufwärtsgehende dem des Wassers im Raume
e a b c f; und also beyder Unterschied oder die Kraft, wo=
mit der Körper wirklich gehoben wird, dem Gewicht des
Wassers im Raume a b c d gleich seyn.

Kürzer wird eben dieser Satz in den physikalischen Lehr=
büchern so erwiesen: Ein fester Körper in Wasser versenkt,
leidet unstreitig von dem ihn umgebenden Wasser eben den
Druck, den ein eben so großer Theil Wasser an seine Stelle ge=
setzt davon leiden würde. Dieser Theil Wasser in a b c d wird
aber von dem übrigen Wasser dergestalt getragen, daß sein
Gewicht, mit dem er zu Boden sinken will, gerade aufge=
hoben wird, weil er an seiner Stelle bleibt, ohne zu fallen.
Also wird auch von dem Gewichte des eingesenkten festen
Körpers so viel aufgehoben, oder das Wasser hebt ihn so
stark, als das Gewicht des Wassers beträgt, das gerade
seine Stelle einnehmen könnte, oder das er aus derselben
vertrieben hat.

Hat also ein Körper mehr Gewicht, als ein gleich gros=
ser Theil Wasser, so verliert er durch das Heben des Was=
sers nur einen Theil seines Gewichts; der übrige Theil
treibt ihn zu Boden, daher sinkt er unter. Ein Faden,

der ihn hält, hat nicht mehr das ganze Gewicht des Körpers, sondern nur diesen Ueberrest, mit dem er sinken will,
zu tragen, und die Wage, an deren Schale dieser Faden
bef stiget wird, zeigt nur diesen Ueberrest an. Das heißt:
**Der Körper verliert im Wasser von seinem Ge-
wichte so viel, als ein gleich großer Theil Wasser
wiegt.** Wiegt z. B. eine Bleykugel 11 Loth, und eine
gleich große Wasserkugel 1 Loth, so wird die Bleykugel in
Wasser versenkt, 1 Loth von ihrem Gewichte verlieren. Versuche hierüber anzustellen, dient die hydrostatische Wage,
f. **Wage, hydrostatische,** und Anwendungen hievon
auf die Bestimmung der eigenthümlichen Gewichte der
Körper findet man bey dem Worte: **Schwere, specifische.**

Hat der feste Körper, der sich in dem Wasser befindet, mit
dem Wasser selbst einerley Gewicht, so verliert er sein ganzes
Gewicht, und behält nichts übrig, womit er sinken könnte. Er
bleibt also mitten im Wasser an seiner Stelle ruhig stehen, und
ein Faden, an dem er hängt, hat nichts mehr zu tragen.
So fühlt man das Gewicht eines Eimers mit Wasser, den
man aus einem Brunnen zieht, gar nicht, so lang der
Eimer völlig unter Wasser ist.

Ein fester Körper endlich, der weniger wiegt, als ein
gleich großer Theil Wasser; wird von dem Wasser stärker
aufwärts gehoben, als ihn sein Gewicht niedertreibt. Er
wird also weder sinken, noch stehen bleiben, sondern vielmehr so lang aufwärts steigen, bis ihn das Wasser nicht
mehr stärker heben kan, als ihn sein Gewicht abwärts treibt,
d. h. er wird schwimmen. Eben dies wiederfährt auch
einem flüßigen Körper, der sich nicht mit dem Wasser vermischt, und es wird hievon bey dem Worte: **Schwimmen,** ausführlich gehandelt werden.

Diese Sätze vom Gleichgewichte fester Körper mit
flüßigen, sind Erfindungen des **Archimedes** (περὶ τῶν
ὀχουμένων βιβλ. β. f De insidentibus humido Libri II.
in Opp. ver David. Rivaltum. Parif. 1615. fol. p. 487.),
von welchem **Vitruv** (De architectura L. IX. c. 3.) das
bekannte Märchen erzählt, daß er bey Veranlassung einer

vom König Hieron bestellten goldnen Krone, den Betrug
des Künstlers, der sie mit Silber gemischt hatte, ohne
Zerstörung des Kunstwerks zu entdecken gewünscht habe,
hierauf im Bade durch Nachdenken über das Leichterwerden
seines ins Wasser gesenkten Körpers auf die Erfindung der
hydrostatischen Probe geleitet worden, und vor Freuden
über diese Entdeckung mit Geschrey nackend aus dem Bade
gesprungen sey.   Ist gleich diese Erzählung fabelhaft, so
kan doch die Erfindung selbst dem Archimedes zugehören,
wiewohl seine oben angeführten Bücher nur von schwim=
menden, nicht von untersinkenden Körpern handlen.

Gleichung der Bahn, s. Anomalie.

Gleichung der Zeit, Zeitgleichung, Aequatio
temporis, *Equation du tems*, *Equation de l'horloge*. So
heißt in der Sternkunde der Unterschied zwischen der wah=
ren und mittlern Sonnenzeit, s. Sonnenzeit.

Da die wahren Sonnentage, mithin auch die Stunden
und übrigen Theile der wahren Sonnenzeit, ungleich sind,
so ist es unmöglich, daß Uhren, deren größter Vorzug in einem
gleichförmigen Gange besteht, jemals wahre Sonnenzeit
zeigen können.   Um aber doch ein gewisses Mittel zu ha=
ben, woran man die immer gleichen Stunden der Uhren
binden könne, hat man die mittlere Sonnenzeit eingeführt.
Man stellt sich zu dem Ende eine erdichtete Sonne vor,
welche sich im Aequator bewegt und täglich gleich weit gegen
Morgen fortrückt, dennoch aber ihren jährlichen Umlauf
um den ganzen Himmel in eben der Zeit, wie die wahre
Sonne, vollendet. Man übersieht leicht, daß diese erdich=
tete Sonne bey ihrem täglichen Umlaufe den Mittagskreis
bald früher, bald später, als die wahre Sonne bisweilen
auch zugleich mit der letztern erreichen würde.   Die Cul=
mination der erdichteten Sonne würde aber den Augenblick
des mittlern Mittags angeben, den die astronomischen Uhren
zeigen sollen, so wie die Culmination der wahren Sonne den
Augenblick des wahren Mittags bestimmt, den die Son=
nenuhren weisen.   Der Unterschied zwischen beyden oder die
Zeitgleichung giebt also zugleich an, um wie viel die astro=

nomiſchen Penduluhren im Mittage jeden Tages von den Sonnenuhren abweichen ſollen.

Ein mittlerer Sonnentag kan zwar von einem wahren Sonnentage nie viel über 30 Secunden unterſchieden ſeyn; mehrentheils weichen beyde noch weit weniger von einander ab. Da ſich aber dieſe Unterſchiede oft mehrere Monate hindurch von Tag zu Tag auffammlen, ſo kan ihre Sum= me, oder die Zeitgleichung ſelbſt, bis über 15 Minuten ſteigen.

Genauere Berechnungen des wahren Sonnenlaufs zei= gen, daß im Februar und November der Unterſchied bey= der Mittage bis auf 15 Minuten gehe; viermal im Jahre aber, nemlich den 15ten April, 15 Junii, 31 Auguſt und 24 December ganz verſchwinde, wo folglich beyde Sonnen zugleich in den Meridian kommen würden.

Folgende Tafel enthält die Zeitgleichung durchs ganze Jahr von 10 zu 10 Tagen ſo, daß ſie zu 12 Uhr hinzugeſetzt iſt, wenn die erdichtete Sonne früher in den Mittagskreis kömmt; von 12 Uhr abgezogen, wenn die wahre Sonne dieſen Kreis eher erreicht. So giebt die Tafel eigentlich an, was eine nach der mittlern Sonnenzeit abgetheilte rich= tige Penduluhr zeigen muß, wenn die wahre Sonne im Mittage ſteht, und die Sonnenuhren 12 zeigen.

Jan.	1	12 U.	4 Min.	Jun.	10	11 U.	59 Min.
	11	12	8		20	12	1
	21	12	12		30	12	3
	31	12	14	Jul.	10	12	5
Febr.	10	12	15		20	12	6
	20	12	14		30	12	6
März.	2	12	12	Aug.	9	12	5
	12	12	10		19	12	3
	22	12	7		29	12	1
Apr.	1	12	4	Sept.	8	11	58
	11	12	1		18	11	54
	21	11	58		28	11	51
May.	1	11	57	Oct.	8	11	48
	11	11	56		18	11	45
	21	11	56		28	11	44
	31	11	57				

Nov.	7	11 U.	44 Min.	Dec.	7	11 U.	52 Min.
	17	11	45		17	11	57
	27	11	48		27	12	2

Genauer geben dies die astronomischen Ephemeriden und Kalender an. In Bode astronomischem Jahrbuche findet man in der dritten Columne der ersten Seite unter der Aufschrift: Mittlere Zeit im wahren Mittage diese Angabe bis auf Zehntel der Secunde für alle Tage des Jahres, z. B. für den 10 Jul. 1786, 12 U. 4 Min. 52, 7 Sec. Auf diese Zeit muste an selbigem Tage im Augenblicke des Mittags eine Uhr gestellt werden, wenn sie die mittlere Sonnenzeit richtig zeigen sollte.

Die Stadtuhren, Zimmer = und Taschenuhren, welche sich, so viel möglich, nach der Sonne oder bürgerlichen Zeit richten sollen, müssen eigentlich jeden Tag entweder nach der Sonne, oder nach einer richtigen astronomischen Uhr (Probiruhr) gestellt werden. Diese letztere zeigt die mittlere Zeit. Wenn also am 10 Jul. 1786 die Probiruhr 12 U. 4 Min. 52, 7 Sec. zeigte, so war dies der Augenblick, in welchem man die zum gemeinen Gebrauch bestimmten Uhren genau auf 12 Uhr stellen muste. Man sieht hieraus, daß die Tafel der Zeitgleichung auch im gemeinen Leben zum Stellen der Uhren unentbehrlich ist.

Bode Erläuterung der Sternkunde I. Theil. §. 184.

Glockenspiel, elektrisches, *Carillon électrique.*

Eine Verbindung von einigen Metallglöckchen, an welche die Klöppel durch die elektrische Anziehung anschlagen. Die einfachste Einrichtung zeigt Taf. 8. Fig. 48. B ist ein messingenes Gehenk, womit man das ganze Geräth an den Conductor einer Maschine hängen kan. Die zwo Glocken C und E hängen an messingnen Ketten; die mittlere D und die kleinen messingnen Klöppel zwischen CD und DE an seidnen Fäden. Aus der Höhlung der Glocke D geht eine messingne Kette hervor, die am Ende F eine seidne Schnur hat. Läst man diese Kette auf den Tisch fallen, und elektrisirt den Conductor A, so wird das Glockenspiel so lange läuten, als es elektrisirt bleibt.

Die Glocken C und E werden zuerst elektrisirt, ziehen die Klöppel an, theilen ihnen etwas Elektricität mit, und stoßen sie dann gegen die Glocke D zurück, an welche sie diese Elektricität wieder abgeben, und nun von neuem von C und E angezogen werden, u. s. w. Wenn man die seidne Schnur F angreift, und damit die Kette vom Tische aufhebt, daß die Glocke D nunmehr isolirt ist, so werden die Glocken zwar einige Zeit läuten, aber bald stillstehen, weil D bald eben so viel Elektricität erhält, als C und E, daß also die Klöppel nichts mehr an D abgeben können, mithin auch nicht mehr angezogen werden.

Diese Vorrichtung kan noch auf mancherley Art abgeändert werden. Man kan z. B. eine ganze Reihe von Glocken verbinden, dieselben in einen Kreis stellen u. s. w. Verschiedene solche Abänderungen beschreibt Adams (Versuch über die Elektr. Leipz. 1785. gr. 8. 24 Verf. S. 36.). Franklin brachte das Glockenspiel an seinen Elektricitätszeiger so an, daß es durch sein Läuten anzeigte, wenn die Luft elektrisch war, s. Elektricitätszeiger. Auch der Vorschlag des elektrischen Claviers, s. Clavier, elektrisches, beruht auf dem Glockenspiele.

Cavallo Abhandl. der Lehre von der Elektricität, Dritte Aufl. Leipzig, 1785. gr. 8. S. 245 u. f.

Glühen, Candere, Excandescere, *Rougir*. Wenn ein Körper so stark erhitzt ist, daß er leuchtet, so sagt man, er glühe. Leuchtet auch das, was von ihm ausgeht, so nennt man es eine Flamme, und sagt, der Körper brenne. Man kan daher die Flamme einen glühenden Dampf oder eine aus dem brennenden Körper kommende und glühende elastische Materie nennen, s. Flamme. Durchs Brennen wird der Körper allezeit zerstört, aber nicht allemal durchs Glühen. Wenn das Glühen den Körper zersetzt, wie bey den Kohlen, dem Eisen u. s. w., so scheint es wohl mit dem Brennen einerley zu seyn, und man kan in solchen Fällen auch durch Anblasen und andere Mittel die Flamme verstärken und sichtbar machen. Feuerbeständige Körper aber, z. B. Quarz, Glas, vollkommne Metalle u. dgl. werden durchs Glühen nicht zerſetzt, und geben daher gar keine Flamme.

Es iſt zum Glühen ein gewiſſer Grad der Hitze erforderlich, der den zum Schmelzen nöthigen Grad bey manchen Körpern überſteigt, bey andern aber geringer, als der letztere, iſt. Manche Körper, z. B. Bley und Zinn, ſchmelzen, ehe ſie glühen, andere, wie Eiſen, glühen, ehe ſie ſchmelzen. Das **Rothglühen**, wobey nur rothe und gelbe Lichtſtralen ausgehen, erfordert keine ſo große Hitze, als das **Weißglühen**, wobey alle Arten von Farbenſtralen in Bewegung geſetzt werden. Nach den neuſten Theorien ſcheint der Grad der Hitze, welcher zum Glühen verbrennlicher Körper erforderlich iſt, der 650ſte Grad der fahrenheitiſchen Scale zu ſeyn. Hieher ſetzt wenigſtens Herr de Lüc ſeinen **Entzündungspunkt**, (*degré de chaleur brûlante*), und **Kraft** (Comm. Petrop. To. X V.) hat ſchon lange vorher bemerkt, daß bey dieſem Grade das vorher glühende Eiſen im Dunkeln zu leuchten aufhöre.

Gold, Aurum, *Or.* Das vollkommenſte, bey den gewöhnlichen Operationen der Chymie unzerſtörliche Metall, von einer ſchimmernden gelben Farbe und großer Dehnbarkeit. Es beſitzt die Eigenſchaften, welche die Metalle auszeichnen, im höchſten Grade, und iſt deswegen von den ältern Chymiſten die Sonne oder der König der Metalle genannt auch mit ☉ bezeichnet worden. Es iſt härter als Zinn, aber weicher, als Silber. Seine Dehnbarkeit iſt erſtaunlich; und man kan nach **Reaumurs** Berechnungen (Mem. de Paris, 1713.) mit einer Unze Gold einen 444 Stunden Weges (lieues) langen Silberfaden genau bedecken und vergolden, ſ. **Dehnbarkeit**, auch bringen es die Goldſchläger in ſehr dünne Blättchen. Es hat unter allen Metallen die gröſte Zähigkeit. Ein Golddrath von $\frac{1}{10}$ Zoll Durchmeſſer trägt, ohne zu reißen, 50 Pfund. Der Wirkung des Waſſers und der Luft widerſteht das Gold völlig, und jede Unſcheinbarkeit ſeiner Oberfläche kan nur von daranklebenden fremden Materien, nie von einer Zerſtörung des Goldes ſelbſt, herkommen.

Es hat die gröſte ſpecifiſche Schwere unter allen Metallen, und überhaupt unter allen bekannten Körpern. Sie beträgt bey dem reinſten Golde 19,649mal ſo viel, als die des reinen Waſſers, ſo daß ein pariſer Cubikſchuh davon etwa 1348 Pfund wiegt.

Das Gold iſt in hohem Grade feuerbeſtändig. Es wird im Feuer zuerſt glühend, und ſchmelzt dann mit einer ſanften grünen Farbe auf der Oberfläche. Allein es leidet dabey nicht den mindeſten Abgang, wenn man es gleich, wie Boyle und Kunkel, über einen Monat lang im Glasofen dem Feuer ausſetzt. Dennoch wird es durch die Hitze des Brennpunkts großer Brenngläſer in einem dünnen Rauche aufgetrieben, der ſich an kaltes Silber hängt, und darauf eine wahre Vergoldung bildet. Homberg wollte dieſen Rauch für den merkurialiſchen Grundſtof des Goldes halten; aber Macquer, Briſſon u. a. erklären ihn blos für eine Menge feiner, ſonſt unveränderter, Goldtheilchen.

Unter den mineraliſchen Säuren löſen die dephlogiſtiſirte Salzſäure (Scheele von Luft und Feuer, §. 82.) und die allerſtärkſte Salpeterſäure (Brandt ſchwed. Abhdl. 1748.) das Gold, wiewohl nur ſchwach, auf. Die eigentlichen Auflöſungsmittel des Goldes ſind das Königswaſſer und die Schwefelleber. Das Königswaſſer, Goldſcheidewaſſrr (aqua regis, *eau royale*) beſteht aus Salzſäure, mit Salpeterſäure vermiſcht, und kan ſehr leicht durch Auflöſung des Salmiaks in Scheidewaſſer erhalten werden. Die Auflöſung des Goldes darinn hat eine goldgelbe Farbe, färbt die Finger ſtark violet, und giebt beym Abdampfen die Goldkryſtallen und den Goldkalk. Das Gold kan auch daraus durch ſehr viele Mittel, vorzüglich durch Laugenſalze, Kalkerden und andere Metalle niedergeſchlagen werden. Der durch flüchtiges Alkali bewirkte Niederſchlag iſt das Knallgold; durch das Zinn und Libavs rauchenden Salzgeiſt wird der Mineralpurpur oder das Goldprächipitat des Caſſius erhalten. Dieſe Niederſchläge ſcheinen, wenn ſie mit Laugenſalzen oder Erden bereitet ſind, wahre Goldkalke zu ſeyn, da die mit Metallen bereiteten blos ſein zertrenntes metallisches Gold sind. Sie sind in allen Säuren auflöslich. Der Aether zieht das Gold aus der Auflösung in sich, schwimmt mit ihm auf dem Königswasser, und bildet ein trinkbares Gold (aurum potabile).

Die aus firem Alkali und Schwefel zusammengesetzte Schwefelleber löset durch Schmelzung das Gold sogleich auf, zergeht mit demselben, wenn sie kalt ist, im Wasser, und nimmt das Gold mit sich durch das Löschpapier des Filtrums. Dies ist Stahls trinkbares Gold; man kan es durch Säuren niederschlagen, wobey zwar nebst dem Golde auch der Schwefel zu Boden fällt, aber durch Feuer weggetrieben, das Gold in metallischer Gestalt zurückläst.

Das Gold läst sich mit allen Metallen verbinden. Zu Münzen und Goldschmietsarbeiten wird es mit Silber und Kupfer, zu Gewinnung aus den Erzen und zu Vergoldungen mit Quecksilber, zur Reinigung von fremden Beymischungen mit Bley und Spießglaskönig verbunden. Es verliert durch alle diese Vermischungen an Geschmeidigkeit, und kan vom Silber nicht anders geschieden werden, als durch Auflösung in Säuren oder Schwefel; von den übrigen Metallen aber reiniget man es durch die Verschlackung derselben mit Bley, Salpeter oder Spießglas, wobey das Gold unzerstört zurück bleibt.

Man sieht wegen der angeführten Erscheinungen das Gold als ein feuerbeständiges, unzerstörbares und unzersetzbares Metall an. Einige Chymisten, z. B. Kunkel, geben zwar vor, es verkalkt zu haben, und Homberg glaubte, es sey im Brennpunkte des großen Tschirnhausenschen Brennglases in ein violettes Glas verwandlet worden, f. Brennglas. Macquer bezeugt, daß er selbst ein starkes Korn von diesem Glase erhalten habe, aber er bemerkt auch, daß man darinn durchs Mikroskop eine unzählbare Menge feiner unzersetzter Goldkörner entdecke; er wagt es daher nicht, über die Natur und den Ursprung dieses Glases zu entscheiden. Die Alchymisten behaupten die Möglichkeit, das Gold zu zersetzen, zu zerstören, oder das, was sie seinen Schwefel, seine Tinctur, seine Seele nennen, herauszuziehen. Sie haben in dieser Absicht erstaunliche Arbeiten unternommen, von denen einige wohl einer Wiederholung und genauern Prüfung werth wären.

Man findet das Gold mehrentheils gediegen; jetzt aber ist ausser allem Zweifel, daß es sich auch vererzet antreffen lasse. Der Aedelforser **Goldkies** in Schweden ist ein durch Schwefelkies, und das **Nagyager Golderz** in Siebenbürgen ein durch Wasserbley, Spießglas, röthliche Blende, Silberfahlerz, Schwefel, Eisen und Arsenik vererztes Gold. Es giebt auch ausserdem noch mehrere Golderze. Gediegen findet sich das Gold in verschiedenen Gesteinen, vorzüglich aber im Quarz und Kiesel, daher auch im Sande vieler Flüße, z. B. des Rheins, der Rhône, des Tago, aus welchem es, jedoch nur mit geringem Vortheil, gewaschen wird. Es ist insgemein mit andern Metallen, vorzüglich mit Silber, vermischt. (Man sehe **Gmelins** Einl. in die Mineralogie, Nürnberg, 1780. 8. S. 376 u. f.).

Das Gold dient nicht allein gemünzt zur bequemen Darstellung des Werths aller menschlichen Bedürfniße; sondern es wird auch seiner Schönheit und Unzerstörlichkeit halber zu Geräthschaften und Schmuck verarbeitet, und zu Vergoldungen gebraucht, welche den Arbeiten ein reicheres Ansehen geben, und sie gegen die Zerstörung durch Luft und Wasser schützen. Man erhält daraus den schönen Mineralpurpur zur Schmelz- und Porcellanmalerey (f. **Levis** Historie des Goldes im Zusammenhange der Künste ꝛc. a. d. engl. von **Ziegler**, Zürch 1764. gr. 8. 1 B. S. 61 — 370.). Der Gebrauch der Goldtincturen in der Arzneykunst beruht auf alchymistischen Träumereyen, und wahrscheinlich ist das Gold, eben wegen seiner Unzersetzlichkeit, ohne alle medicinische Wirkungen.

Macquer chym. Wörterb. Art. **Gold**, mit Hrn. **Leonhardi** Anm.

Grade, Gradus, *Degrés.* Wenn man ein Ganzes in eine bestimmte Anzahl gleicher Theile theilt, so heißt in vielen Fällen jeder solcher Theil ein **Grad.**

In der Meßkunst wird der Umfang eines jeden Kreises

in 360 gleiche Theile oder Grade getheilt; man theilt den
Grad weiter in 60 Minuten, die Minute in 60 Secunden u. f. f., und bezeichnet diese Theile mit o ı ıı; so daß
die Bezeichnung $51° 19^I 47^{II}$, 51 Grad 19 Minuten und 47
Secunden ausdrückt.   Man bedient sich der Kreisbogen
zum Maaße der Winkel, und schreibt einem Winkel z. B.
die Größe von 90 Graden oder 60 Gr. zu, wenn alle aus
seiner Spitze beschriebene Kreisbogen zwischen seinen Schenkeln, $90°$ oder $60°$ des ganzen Umkreises halten.   Alle
zur Winkelmessung bestimmte Werkzeuge enthalten Kreisbogen, welche in Grade, und so weit möglich, in Theile
von Graden getheilt sind.

Eben so werden nun auch alle größte Kreise am Himmel
und auf der Erde in Grade, Minuten, Secunden u. s. w.
getheilt, und ihre Bogen, welche Maaße der Winkel am
Auge oder am Mittelpunkte der Kugel sind, werden in solchen Graden und deren Theilen angegeben.   Man theilt
den Horizont, den Mittagskreis und die übrigen Scheitelkreise, den Aequator, die Ekliptik, die Breitenkreise v. f. f.
in Grade ein, wie man unter den Artikeln, die diesen
Worten zugehören, ausführlicher finden kan.

Ein Grad des Mittagskreises oder des Umfangs
der Erdkugel würde also, wenn die Erde eine vollkommne
Kugel wäre, den 360sten Theil ihres Umfangs ausmachen.
Und wäre z. B. der Bogen o d (Taf VIII. Fig. 2.) ein
solcher Grad, so würde der Winkel ZOD, den die beyden
Scheitellinien der Orte o und d, nemlich ZC und DC,
mit einander machen, auch $1°$ betragen, weil er durch den
Bogen o d gemessen würde.   Da aber die Erde abgeplattet ist, wie Taf. VIII Fig. 4., so findet dies nicht mehr
statt, und man nennt nun einen Grad des Mittagskreises denjenigen Theil des Umkreises, durch welchen man
gehen muß, wenn sich die Richtung der Scheitellinie um
$1°$ verändern soll, z. B. A a und P p, wenn die Richtungen
der Schwere A E und a E, ingleichen P D und p D bey E
und D Winkel von $1°$ machen.   Diese Grade sind um die
Pole größer und um den Aequator kleiner, s. Erdkugel,
unter dem Abschnitte: Abgeplattete Gestalt der Erde.

Grade der **Länge** sind am Himmel Grade der Ekliptik, von dem Anfange derselben, oder von dem Anfange
eines Zeichens an bis an den Breitenkreis irgend eines Gestirns gerechnet, f. **Länge** der **Gestirne**; auf der Erde
sind es Grade des Aequators, von dessen Anfange oder
vom ersten Meridiane an bis an den Meridian irgend
eines Orts gezählet, f. **Länge**, **geographische**.

Grade der **Breite** am Himmel sind Grade eines
Breitenkreises, von der Ekliptik an gezählt, bis an das
Gestirn, dem der Breitenkreis zugehört, f. **Breite der**
Gestirne; auf der Erde sind es Grade des Mittagskreises,
vom Aequator an bis an den Ort, dem der Mittagskreis
zugehört, f. **Breite**, **geographische**.

Man pflegt auch Werkzeuge, die zu physikalischen Abmessungen dienen, z. B. Thermometer, Hygrometer,
Aräometer udgl. mit Maaßstäben oder Scalen zu versehen, deren Theile **Grade** genannt werden. In dieser Absicht müssen zuerst auf einer solchen Scale zween feste
Punkte bestimmt werden, bey welchen das Werkzeug
zween jedermann verständliche und sich immer gleich bleibende physische Effecte anzeigt, z. B der Punkt der Siedhitze und der Gefrierpunkt am Thermometer, die Punkte
der größten Feuchtigkeit und Trockenheit am Hygrometer u. f. w. Der Abstand dieser Punkte auf der Scale
heißt der **Fundamentalraum** (intervallum fundamenta-
le), und wird dann in eine gewisse Menge gleicher Theile
oder **Grade** getheilt. Wegen der Bequemlichkeiten der
Decimaltheilung wäre es gut, dem Fundamentalraume
stets 100 Grade zu geben, wie Celsius beym Thermometer, und mehrere beym Hygrometer gethan haben. Aus
andern Absichten aber weicht man hievon ab, so wie Fahrenheit beym Thermometer in 180, Reaumur in 80, del'
Isle in 150 Grade theilt, f. **Thermometer**, **Hygro-**
meter.

Man nennt alsdann den **Grad der Wärme**, oder
der **Temperatur** diejenige fühlbare Wärme, bey welcher
das Thermometer den genannten Grad zeigt: **Grad der**
Feuchtigkeit diejenige Disposition der Luft, Feuchtigkeit

mitzutheilen, bey welcher das Hygrometer den genannten Grad zeigt. Der Kürze wegen werden auch diese Grade bisweilen mit o bezeichnet, z. B. 32° nach Fahrenheit, obgleich diese Bezeichnung eigentlich nur den Theilen des Kreises zukömmt.

Gravitation, Schwerkraft, allgemeine Schwere, Gravitatio, Gravitas universalis, *Gravitation.* Das Phänomen der Körperwelt, da entfernte Körper sich einander nähern, oder zu nähern streben, ohne daß man eine äussere Ursache davon gewahr wird — die Attraction entfernter Körper, s. Attraction. So fällt ein freygelassener Körper lothrecht gegen die Erdfläche, das Wasser der Erdkugel erhebt sich gegen den Mond, der Mond selbst ist hinwiederum gegen die Erde schwer, und man findet bey der genauern Betrachtung des Laufs der Planeten, daß sie alle gegen die Sonne und gegen einander selbst gravitiren oder schwer sind.

Man hat also Ursache genug, dieses wechselseitige Bestreben nach Annäherung für ein allgemeines Phänomen der Körperwelt zu erklären. Es giebt freylich sehr viele Fälle, in welchen es sich gar nicht zu zeigen scheint. Zween neben einander herabfallende Steine z. B. scheinen nicht die mindeste Anziehung gegen einander zu äussern; sie setzen ungestört ihren lothrechten Fall in parallelen Linien fort, ohne durch ihre Gravitation gegen einander selbst näher zusammenzukommen. Aber alle solche Fälle sind bloße Ausnahmen von der Regel. Die Steine gravitiren nemlich gegen die ganze Masse der Erdkugel unendlich stärker, als gegen einander selbst; daher ist ihr Bestreben in lothrechten Linien zu fallen unendlich größer, als ihr wechselseitiges Streben nach Annäherung, und das letztere kan in dem ersten nicht die mindeste merkliche Aenderung bewirken.

Wenn man alles **Kraft** nennt, was Bewegung hervorzubringen strebt, und wenn man insbesondere denjenigen Bestrebungen den Namen der **Schwere** giebt, welche ohne eine sichtbare äussere Ursache einen Körper gegen einen andern entfernten treiben, so führt das erwähnte allgemeine

Phänomen die Namen der Schwerkraft und der allge=
meinen Schwere sehr schicklich. Diese Benennungen
sind zwar weit besser gewählt, als der auf irrige Nebenbe=
griffe führende Name der Attraction. Welchen Namen
man aber auch wählen mag, so muß man nie vergessen,
daß derselbe blos das Phänomen bezeichnen, nicht die phy=
sische Ursache desselben angeben soll, welche uns noch bis=
her gänzlich unbekannt ist. Es muß uns genug seyn zu
wissen, und durch unzählbare Erfahrungen bestätiget zu
sehen, daß alle im Weltraume vorhandene Materie gegen
einander nach gewissen sehr bestimmten Gesetzen schwer
ist, wir müssen aber nicht glauben, durch die Worte: At=
traction, Gravitation, Schwerkraft 2c. die Ursache
hievon, und den Mechanismus, wodurch die Schwere be=
wirkt wird, erklärt zu haben.

Der Begrif einer allgemeinen Schwere fand sich schon
in den Schulen der griechischen Weltweisen. Gregory
(Elem. altr. phyſ. et geometr. in praefat.) hat viele dies
beweisende Stellen der Alten gesammlet, wovon aber die
meisten vielmehr die Meinung von der Mehrheit der Wel=
ten betreffen. Anaxagoras schrieb den Himmelskörpern
eine Schwere gegen die Erde zu, die er für den Mittel=
punkt ihrer Bewegungen annahm, und beantwortete die
Frage warum sie nicht herabfielen, damit, daß ihre Kreis=
bewegung es verhindere. Aus dem Lucrez sieht man,
daß die allgemeine Schwere ein Grundsatz des epikureischen
Systems gewesen sey. Dieser Dichter zieht daraus (De
rer. nat. I. v. 983 ſqq.) die kühne Folgerung, daß die Welt
ohne Grenzen sey; denn, sagt er, wenn es eine Grenze
derselben gäbe, so würden die Körper daselbst gegen keine
äussern weiter schwer seyn, also von ihrer Schwere gegen die
innern herabgetrieben werden, und längst in der Mitte des
Ganzen zusammengekommen seyn.

Praeterea ſpatium ſommaï totius omne
Undique ſi incluſum certis conſiſteret oris,
Finitumque foret, jam copia materiaï
Undique ponderibus ſolidis confluxet ad imum,
Nec foret omnino coelum, neque lumina ſolis;

Quippe ubi materies omnis cumulata jaceret
Ex infinito jam tempore subsidendo.

Copernikus (De revolutionibus orb. coelest. L. I.
cap. 9.) erklärt die runde Gestalt der Himmelskörper aus
dem Bestreben ihrer Theile nach Vereinigung. „Equidem existimo, sagt er, gravitatem non aliud esse, quam
„appetentiam quandam naturalem partibus inditam a di-
„vina providentia opificis universorum, ut in unitatem
„integritatemque suam sese conferant in formam globi
„coëuntes. Quam affectionem credibile est etiam Soli,
„Lunae, caeterisque errantium fulgoribus inesse, ut ejus
„efficacia in ea, qua se repraesentant, rotunditate per-
maneant." **Kepler**, der alle seine Vorgänger an Scharfsinn übertraf, gieng noch viel weiter, und erstreckte die
Schwere auf den Mond, die Sonne und die Planeten unter einander selbst. In der Vorrede seines berühmten Buchs
über die Gestalt der Planetenbahnen (Astronomia nova ἀιτιο-
λογητὸς tradita Commentariis de motibus stellae Martis.
Prag. 1609. fol.) setzt er folgende Grundsätze der allgemeinen
Schwere fest: „Quod gravitas est affectio corporea mutua
„inter cognata corpora ad unitionem seu conjunctionem.
„Duo corpora non impedita coirent loco intermedio, quod-
„libet accedens ad alterum tanto infervallo, quanta est alte-
„rius moles in comparatione; adeoque si Luna et Terra
„non retinerentur, quaelibet in suo circuitu, Terra ascen-
„deret ad Lunam quinquagesima quarta parte intervalli;
„Luna descenderet ad Terram 53 circiter partibus inter-
„valli, ibique jungerentur. Quod Luna prolectat aquas
„terrestres; unde fit fluxus, ubi sunt latissimi alvei Ocea-
„ni, aquisque spatiosa reciprocandi libertas. Et si Ter-
„ra cessaret attrahere ad se aquas suas, aquae marinae
„elevarentur et in corpus Lunae influerent." Er vergleicht ferner (ebend. cap. 34.) die Himmelskörper mit
Magneten, und beruft sich wegen der Erdkugel auf Gil-
bert (De magnete magneticisque corporibus et magno
magnete tellure. Lond. 1600. 4.). „Perbellum equidem
„attigi exemplum magnetis, et omnino rei conveniens,
„ac parum abest, quin res ipsa dici possit. Nam, quid

„ego de magnete, tamquam de exemplo? Cum ipſa tel-
„lus, Guilielmo Gilberto, Anglo, demonſtrante, ma-
„gnus quidam ſit magnes.“ Bey ſo beſtimmten Aeuſſerungen über die allgemeine Schwere kan man ſich nicht genug verwundern, wie **Kepler** neun Jahre darauf in einem
andern Buche (Epitome Aſtron. Copern. Lentiis ad
Danub. 1618. 8.), eine ſo ſchlechte und hievon ganz abweichende lphyſiſche Aſtronomie vortragen konnte, nach welcher die Sonne den Planeten nur alsdann anzieht, wenn er
ihr die freundſchaftliche Seite (partem amicam) zukehrt,
ſonſt aber abſtößt. Dieſer große Aſtronom und Geometer
gab einer lebhaften Einbildungskraft allzuſehr nach, um
ein guter Phyſiker zu ſeyn. Er würde ſonſt nicht über ſeinen archetypiſchen Verhältnißen und harmoniſchen Propor-
tionen die Entdeckung der wahren phyſiſchen Aſtronomie
verfehlt haben, der er doch ſo nahe war, und von welcher
ſeine vortreflichen Regeln die Grundlage ausmachen.

Die Leſung der Kepleriſchen Schriften war hinreichend,
der Meinung von der allgemeinen und wechſelſeitigen Schwere mehrere Vertheidiger zu erwecken. **Fermat** gedenkt
nicht nur in ſeinen Schriften der Erklärung der Schwere
durch ein gegenſeitiges Anziehen, wobey ſich ein Körper
dem andern ſo zu nähern ſucht, daß der größere den kürzeſten Weg macht, ſondern er fand auch nach dem Zeugniße
des P. **Merſenne** (Harmon. univerſ. L. II. prop. 12.)
den Satz, daß ein Theilchen zwiſchen der Oberfläche und
dem Mittelpunkte der Kugel weniger gravitirt, weil es die
äuſſern Theile rückwärts anziehen, woraus er ſchloß, daß
die Schwere in dieſer Rückſicht, wie der Abſtand vom
Mittelpunkte, abnehme. **Roberval** gab unter dem Namen Ariſtarch von Samos ein Buch heraus (*Ariſt. Sa-
mii* de mundi ſyſtemate liber ſingularis, Paris. 1644 4.),
worinn er allen Theilen der Materie die Schwere gegeneinander als eine weſentliche Eigenſchaft beylegt, welche mache,
daß ſie ſich zu runden Maſſen bilden.

Niemand aber hat vor Newton die Lehre von der Gravitation ſo allgemein überſehen, als D. **Hook** (An at-
tempt to prove the motion of the Earth, London, 1674.

4.). „Ich will, sagt er (p. 27.), ein Weltsystem erklä-
„ren, das von allen andern unterschieden ist, aber mit
„den Sätzen der Mechanik vollkommen überein-
„stimmt. Es gründet sich auf folgende drey Vorausse-
„tzungen, 1. daß alle Himmelskörper, nicht allein gegen
„ihren eignen Mittelpunkt, sondern auch wechselseitig ge-
„gen einander selbst, innerhalb ihrer Wirkungskreise, schwer
„sind, 2. daß alle Körper, die eine einfache und geradlinia-
„te Bewegung haben, dieselbe in gerader Linie fortsetzen,
„wenn nicht irgend eine Kraft sie beständig ablenkt, und
„zwingt, einen Kreis, eine Ellipse oder eine andere zusam-
„mengesetztere Curve zu beschreiben. 3. daß die Anziehung
„desto stärker wird, je näher der anziehende Körper ist. "
Er setzt hinzu, das Gesetz, nach welchem diese Kraft zunehme, habe er noch nicht untersucht, es könne aber dessen
Entdeckung der Sternkunde sehr nützlich seyn. Dennoch
konnte er dasselbe nicht angeben, ob er gleich durch ver-
sprochne Belohnungen dazu aufgefordert ward, und hat
in der Folge sich vergeblich bemüht, den Ruhm dieser großen Erfindung mit Newton zu theilen, von dessen erhabnen Demonstrationen seine Muthmaßungen noch sehr weit
abstehen.

Die Entdeckung des Gesetzes der Gravitation war
Newton vorbehalten. Gregory (Praefat. Elem. Astron.
phyf. et geom.) behauptet zwar, es sey dieses Gesetz schon
dem Pythagoras bekannt gewesen, der es aus den musikalischen Intervallen geschloßen habe. Allein die angeführten historischen Zeugnisse beweisen nichts weiter, als
daß Pythagoras die Verhältniße der Intervallen gekannt, und viel von einer Harmonie der Sphären gespro-
chen habe: man muß im Schließen über große Lücken sprin-
gen, wenn man hieraus eine Kenntniß des Gesetzes der
Schwere folgern will. Die Geschichte von Newtons Entdeckung wird von seinem Zeitgenoßen Pemberton (A
view of Sir Isaac Newton's Philosophy, London 1728. 4.
Preface) auf folgende Art erzählt. Die ersten Vorstellungen von Newtons System entstanden in ihm 1666, da er
durch die Pest genöthiget war, sich von Cambridge wegzu-

begeben. Er gieng ganz allein in einem Garten spazieren, und beschäftigte sich in Gedanken mit Betrachtung der Schwere. Diese Kraft, dachte er, nimmt nicht merklich ab, wenn man sich auf die Gipfel der höchsten Berge begiebt; warum sollte sie sich nicht noch weiter und bis zum Monde erstrecken? Wenn aber dieses wirklich ist, so muß sie auf die Bewegung des Monds einen Einfluß haben; vielleicht dient sie, den Mond in seiner Bahn zu erhalten. Und wenn sie gleich in geringen Entfernungen nicht merklich geschwächt wird, so kan sie doch wohl in der Weite des Monds gar sehr verringert werden.

Um nun zu einer Bestimmung des Gesetzes dieser Verringerung zu gelangen, dachte er ferner, wenn die Schwere gegen die Erde den Mond in seiner Bahn erhielte, so würden auch die Planeten durch ihre Schwere gegen die Sonne, und die Jupitersmonden durch ihre Schwere gegen den Jupiter, in den ihrigen erhalten werden. Wenn man aber die Umlaufszeiten der Planeten um die Sonne mit ihren Entfernungen von derselben vergleicht, so findet man, daß sich die Schwungkräfte bey ihrer Bewegung, mithin auch die Centripetalkräfte, die jenen das Gleichgewicht halten, im umgekehrten Verhältniße der Quadrate der Entfernungen befinden. Eben so ist es bey den Jupitersmonden. Er schloß hieraus, die Kraft, welche den Mond in seiner Bahn erhalte, werde die nach diesem Verhältniße verminderte Schwere, und also (da der Mond 60mal weiter vom Mittelpunkte der Erde absteht, als die Körper auf der Erdfläche) 3600mal geringer, als die Schwere an der Erdfläche seyn. Dem zu Folge müste der Mond in einer Minute Zeit nur durch $\frac{1}{3600}$ des Raums fallen, welchen die fallenden Körper bey uns in einer Minute beschreiben, und welcher $3600 \times 15\frac{1}{2}$ Fuß beträgt, s. Fall der Körper; d. i. der Mond müste durch $15\frac{1}{2}$ Fuß fallen.

Diese Größe aber, um welche sich der Mond in einer Minute der Erde nähern würde, wenn er der Schwere allein folgte, macht bey seiner Centralbewegung den Quersinus des Bogens aus, den er während einer Minute beschreibt, und welcher $32'' \; 56'''$ der ganzen Bahn beträgt.

Newton berechnete nun den Queerſinus dieſes Bogens für einen Kreis von 60 Erdhalbmeſſern, nahm aber dabey, weil er keine Bücher zur Hand hatte, und ihm Norwoods genauere Erdmeſſung vom J. 1635 nicht bekannt war, nach der damaligen gemeinen Art den Grad des Mittagskreiſes 60 engliſche Meilen, alſo den Erdhalbmeſſer 3430 Meilen an, welches viel zu klein iſt, und daher den gedachten Queerſinus nur 13⅓ Fuß giebt. Viele Naturforſcher würden ſich darüber hinausgeſetzt, und ihr Gebäude immer weiter aufgeführt haben. Aber dieſer vortrefliche Philoſoph, der nicht Syſteme, ſondern Wahrheit ſuchte, warf ſeine ſo ſchön verbundnen Muthmaßungen ſogleich von ſich, als ſie ihm mit den Beobachtungen zu ſtreiten ſchienen.

Erſt nach zehn Jahren ward er durch einen Brief des D. Hook zu einer Unterſuchung veranlaſſet, bey welcher ihm ſeine ehemaligen Berechnungen über die Schwere des Monds wieder einfielen. Inzwiſchen war Picards Gradmeſſung in Frankreich bekannt geworden, nach welcher der Grad 57060 Toiſen, d. i. nicht 60, ſondern 69½ engliſche Meilen hielt. Dies gab den Halbmeſſer der Erde weit größer, und für den Queerſinus des Bogens von 32″ 56‴ in einem Kreiſe von 60 Erdhalbmeſſern genau die 15½ Fuß, um welche der Mond in einer Minute Zeit ſich der Erde nähern muſte; zum Beweiſe, daß die Schwere gegen die Erde ſich bis zum Monde wirklich zeige, und im umgekehrten Verhältniße des Quadrats der Entfernung abnehme.

Newton unterſuchte nunmehr mit Hülfe der Geometrie, welche Curve ein geworfener Körper beſchreibe, wenn er ſtets nach einerley Punkte gezogen wird, und ſich dieſe Kraft verkehrt, wie das Quadrat des Abſtands von dieſem Punkte, verhält. Er fand anfänglich, daß bey jedem Geſetze der Kraft die vom Radius vector beſchriebenen Flächenräume den Zeiten proportional ſeyn müſten; und dann, daß bey dem angenommenen Geſetze die Curve ein Kegelſchnitt, und der Punkt, nach welchem die Kraft gerichtet iſt, ein Brennpunkt deſſelben ſey. Da nun dies nach den Kepleriſchen Regeln gerade der Fall beym Laufe der

Planeten ist, so schloß er, daß auch die Planeten durch eine ähnliche Schwerkraft gegen die Sonne getrieben würden, und daß sich diese umgekehrt, wie die Quadratzahl ihres Abstandes, verhalte.

Einige Jahre darauf reisete D. Halley nach Cambridge, um Newton zu besuchen. Dieser berühmte Gelehrte sahe den Werth von Newtons Entdeckungen sogleich ein, und lag ihm an, sie in den Transactionen bekannt zu machen. Bald darauf aber gieng er noch weiter, und ermunterte ihn in Verbindung mit der königlichen Societät, alles noch mehr zu entwickeln, und seine schönen mechanischen Theorien mit der Erklärung der himmlischen Bewegungen zu verbinden. Halley erbot sich sogar, die Ausgabe zu besorgen. Diese Bitten, und, wenn man so sagen darf, Zunöthigungen überwanden endlich Newtons allzugroße Bescheidenheit, und beschleunigten die Herausgabe seines unsterblichen Werks, welches im Jahre 1687 unter dem Titel: Philosophiae naturalis principia mathematica, Lond. 4. erschien. Newton soll den größten Theil des Inhalts in einer Zeit von 18 Monaten erfunden und in Ordnung gebracht haben. Dieses vortrefliche Buch fand auf dem festen Lande anfänglich nicht den verdienten Beyfall; man hatte noch kaum die sinnlosen Erklärungen der Scholastiker verlassen, und sich in dem Systeme der cartesianischen Wirbel, das doch wenigstens mechanisch und verständlich war, festgesetzt; es schien also hart, dieses so bald wieder verlassen zu müssen.

Die Idee der allgemeinen Schwere ist nicht blos Hypothese; sie ist eine durch Analogie und Untersuchung der Phänomene bestätigte Thatsache. Die ungestörte und ohne Schwächung fortdaurende Bewegung der Planeten zeigt, daß der Himmelsraum keine merklich widerstehende Materie enthalte, und Newton bewieß, daß ein Fluidum, wie Descartes Materie der Wirbel, die Bewegung der Himmelskörper in kurzer Zeit vernichten müste. Dennoch werden die Räume des Himmels nach allen Richtungen von den Kometen frey durchschnitten; und so fein und aufgelöset man auch ein solches Fluidum annimmt, so bleibt doch, wenn man ihm die nemliche Maſſe giebt, immer der nemliche Widerſtand, wie ſelbſt die eifrigſten Carteſianer einräumen müſſen, ſ. **Wirbel.**

Die Bewegung der Himmelskörper kan alſo nicht Wirkung einer circulirenden Materie, ſie muß Folge einer mitgetheilten Bewegung ſeyn. Nun aber weicht der einmal bewegte Körper nicht von der gradlinigten Richtung ab, wenn ihn nicht irgend eine Kraft davon entfernt. Daher müſſen die Planeten, welche in krummen Linien um die Sonne laufen, nothwendig alle Augenblicke durch eine Kraft von der geraden Linie abgelenkt werden. Auch muß dieſe Kraft nach der Sonne gerichtet ſeyn. Denn es iſt ein erwieſener Lehrſatz der Mechanik, daß, wenn ein Körper um irgend einen Punkt Flächenräume, die den Zeiten proportional ſind, beſchreibet, ſich die ablenkende Kraft nach dieſem Punkte richten müſſe. So iſt erwieſen, daß die Planeten durch die fortdaurende Wirkung eines anfänglichen Stoßes, verbunden mit einer ſtets wirkenden Kraft nach der Sonne, getrieben werden. Eben ſo iſt es mit den Nebenplaneten, und am Erde mit allen Theilen der Himmelskörper beſchaffen, welche alle mit einer der Maſſe proportionalen Kraft ſich zu vereinigen ſtreben. Dieſe Kraft iſt die allgemeine Schwere, von deren Daſeyn uns alſo unläugbare Erfahrungen überzeugen.

Herr de la Lande (Aſtron. Handbuch, §. 999.) giebt folgende Phänomen an, von welchen jedes einzeln betrachtet, ſchon hinreichend ſeyn würde, das Daſeyn der Gravitation zu beweiſen, 1. die Ebbe und Fluth, ſ. **Ebbe** 2. die Ungleichheiten des Mondslaufs, welche ſichtbarlich von der Gravitation gegen die Sonne herrühren, ſ. **Mond,** 3. die Bewegung der Planeten um die Sonne, ſ. **Centralbewegung,** 4. die elliptiſche Geſtalt aller um die Sonne gehenden Bahnen, ſ. **Kometen,** 5. das Vorrücken der Nachtgleichen, 6. das Wanken der Erdare, von welchen Erſcheinungen unter eignen Artikeln gehandelt wird 7. die Perturbationen, welche die Planeten in ihrem Laufe durch ihre wechſelſeitige Einwirkung leiten, ſ. **Planeten,** 8. die Ungleichheiten des Laufs der Kometen, ſ.

Kometen 8. die abgeplattete Gestalt der Erde und des Jupiters, f. **Erdkugel**, 10. die anziehende Kraft der Berge gegen das Pendel, wovon noch in diesem Artikel zu reden ist, 11. eine kleine Aenderung der Breite der Fixsterne wegen der Gravitation der Erde gegen den Jupiter (die jedoch blos auf einer Muthmaßung von **Euler** beruht) 12. das Abnehmen der Schiefe der Ekliptik, f. **Schiefe der Ekliptik**, 13. die Bewegung der Apsidenlinien aller Planeten, 14. die Bewegung aller Knotenlinien, 15. die Ungleichheiten des Laufs der Jupitersmonden. Von diesen funfzehn Erscheinungen können die meisten in dem System der Wirbel und des vollen Raumes gar nicht erklärt werden, dagegen sie aus dem Gesetze der Gravitation als nothwendige Folgen abfließen.

Das in der Natur wirklich statt findende Gesetz der Gravitation ist folgendes: *Die Gravitation des Körpers* A *gegen* B *verhält sich direct, wie die Masse von* B, *und umgekehrt, wie das Quadrat der Entfernung beyder Körper* A *und* B (est in ratione composita ex directa massarum et subduplicata distantiarum.) Hat z. B. A 6mal mehr Messe, als B, und ist vom Körper C doppelt so weit entfernt, als B, so wird C $\frac{6}{4}$ oder $1\frac{1}{2}$mal stärker gegen A gravitiren.

Newton ist nie so weit gegangen, daß er die Schwere nebst diesem ihren Gesetze als eine wesentliche Eigenschaft der Materie angesehen hätte. Er verbittet dies vielmehr (Princip. L. I. Sect. II.), und macht in seinen der Optik beygefügten Fragen (Quaest 21. 22.) sogar einen Versuch, die Schwere aus den Stößen des Aethers herzuleiten, f. **Aether**. Man hat ihn daher mit Unrecht beschuldiget, daß er durch die Attraction eine von den verborgnen Qualitäten der Scholastiker wieder einführe. Diese waren zu tadlen, wenn sie zu Erklärung eines jeden besondern Phänomens eine neue Eigenschaft ersannen; Newton aber verdient vielmehr Beyfall, wenn er so viele besondere Phänomene aus einem einzigen allgemeinen ableitet. Seine Schüler giengen freylich weiter, als er, wie ich schon bey dem Worte: **Attraction** bemerkt habe; auch kan dies nicht ganz ohne sein Vorwissen geschehen seyn, da er im Jahre 1713, als Cotes seine Principien herausgab, noch am Leben war; dagegen sind aber auch viele seiner Nachfolger, z. B. Maclaurin, den ältern Vorstellungen getreu geblieben.

Man setzt sich sehr starken Einwürfen aus, wenn man die allgemeine Schwere als eine mit der Materie wesentlich verbundne Eigenschaft (*qualité inhérente*) behaupten will. Fürs erste wird dadurch alle weitere Untersuchung abgebrochen, und es bleibt nichts mehr zu sagen übrig, als daß Gott der Materie einmal diese Eigenschaft beygelegt und diese Gesetze vorgeschrieben habe. Dies ist nun keine Erklärung mehr; dennoch ist das Phänomen der wechselseitigen Näherung, nach dem verkehrten Verhältniß des Quadrats der Entfernung, noch nicht einfach genug, und führt noch zu viel besondere Bestimmung bey sich, als daß man alle Bemühung, es zu erklären, aufgeben sollte. Man ist ja immer noch begierig zu wissen, warum sich die Gravitation nicht nach dem Abstande selbst, oder nach dessen Würfel, sondern gerade nach dem Quadrate, richte. Darauf antworten: es sey des Schöpfers Wille so gewesen, heißt eigentlich sagen: man wisse die Ursache nicht, glaube sie aber zu wissen. Herr Lichtenberg bemerkt hiebey sehr schicklich, was man nicht wisse, könne man noch lernen; was man nicht wisse, aber zu wissen glaube, lerne man entweder nie, oder doch nicht ohne unangenehme Demüthigung.

Ferner sieht man schwerlich ein, wie zween von einander entfernte Körper ohne ein Zwischenmittel auf einander wirken sollen. „Wer kan begreifen, sagt Herr de Lüc (Briefe über die Geschichte der Erde ꝛc. I Theil. Num. XI.) „daß ein Körper da wirken soll, wo er nicht ist? Zwey „Theilchen der Materie sind entfernt von einander und ohne „alle materielle Verbindung, und doch soll sich eins um „des andern willen bewegen! Und ohne daß beyden etwas „wiederfährt, soll sich das eine viermal geschwinder bewe„gen, wenn es dem andern doppelt so nahe gekommen ist! „Welche Zauberkraft mag ihnen diese Bestimmung geben?

„Um der geringen Entfernung willen (welche Nichts ist,
„wenn man kein Zwischenmittel annimmt) soll die Be-
„strebung genau nach einem gewissen Verhältniße zuneh-
„men? Dies ist mehr als unverständlich. — Theile des
„Monds und der Erde sollen ohne Mittel blos durch den
„Zauber des Worts: Schwere, wesentliche Eigen-
„schaft aller Materie, in einander wirken.   Selbst,
„wenn die Materie Verstand hätte und durch Bewegungs-
„gründe bestimmt würde, müste man doch noch Boten an-
„nehmen, durch die sie von der Gegenwart anderer Körper,
„von ihrer Masse, Lage und Entfernung benachrichtiget
„würde, ehe sie sich nach ihnen hin bewegen könnte."

Endlich macht man, wenn man den einzigen Grund in
dem Willen des Schöpfers sucht, die ganze Schöpfung zu
einer beständigen Reihe von Wunderwerken. Es ist zwar
gefährlich, über das zu streiten, was Gott thun kan, und
wirklich thut; allein die Anziehung für eine unmittelbare
Folge des göttlichen Willens halten und keinen weitern
Grund derselben in der Natur der Körper suchen, das ist
doch eben so viel, als sagen, daß Gott selbst den Stein
führe, der auf die Erde fällt.

Herr von Maupertuis (Sur les differentes figures des
astres in dessen Oeuvres, a Lyon, 1768. gr. 8. To. I.
p. 96 sq.) sucht zwar die Möglichkeit des Satzes, daß die
Gravitation eine wesentliche Eigenschaft der Körper sey, zu
vertheidigen. Diejenigen, sagt er, welche die Attraction
für ein metaphysisches Ungeheuer ansehen, gleichen dem
Pöbel, der alles für unmöglich hält, wovon er noch keinen Begrif gehabt hat, und dabey Dinge übersieht, die
ihm eben so unbegreiflich scheinen würden, wenn er sie nicht
täglich vor Augen hätte — Kennen wir denn etwa die
Natur des Stoßes, und der Mittheilung der Bewegungen
besser? Müssen wir nicht dabey eben sowohl gestehen, daß
es Gott ist, der nach den zur Erhaltung der Welt geordneten Gesetzen, den gestoßnen Körper in Bewegung kommen
und den stoßenden seine Bewegung ändern läßt? Warum
sollen wir denn nicht auch sagen, es sey Gott, der nach den
geordneten Gesetzen dieses Bestreben nach Annäherung statt

finden und daraus Bewegung entstehen läst? So liegt in dem Saße, daß die Anziehung wesentlich sey, keine metaphysische Unmöglichkeit. Es wäre lächerlich, den Körpern andere Eigenschaften beyzulegen, als die die Erfahrung lehret; aber es ist vielleicht noch lächerlicher, aus der geringen Anzahl von Eigenschaften, die wir noch kaum an ihnen kennen, dogmatisch über die Unmöglichkeit jeder andern Eigenschaft zu entscheiden; gerade als ob wir den Maaßstab für die Fähigkeiten der Gegenstände hätten, von denen uns doch weiter nichts bekannt ist, als eine geringe Anzahl Eigenschaften.

Allein diese Vertheidigung scheint mir doch die Einwürfe bey weitem nicht zu heben. Man muß zuletzt allemal auf eine Ursache ausser der Welt, d. i. auf den Schöpfer kommen; nur darf dies nicht eher geschehen, als bis die Phänomene ganz einfach, und von zufälligen Bestimmungen frey sind, und bis die Geseße sich aus den bekannten Eigenschaften der Körper als Folgen herleiten lassen. Dies ist der Fall beym Stoße; aber er scheint es noch nicht bey der Gravitation zu seyn.

Da inzwischen diese Einwürfe Newtons Theorie selbst gar nicht treffen, so wie viele andere, welche der P. Gerdil (Diss. sur l'incompatibilité de l'attraction et de ses differentes loix avec les phénomenes.) mit vieler Stärke und Bescheidenheit vorgetragen hat, so will ich noch einen andern beyfügen, den Johann Bernoulli (Nouvelle physique céleste §. 42. in Opp. Lausannae et Genevae, 1742. 4. To. III. p. 299) wider das Geseß der Gravitation selbst gerichtet hat. Es ist folgender. „Die Dichte „oder Menge der Stralen, welche von dem anziehenden „Körper ausgehen, und ein Elementartheilchen der Mate„rie ergreifen, muß nach der Masse desselben, nicht nach „der Oberfläche, geschäßt werden; hieraus folgt, daß die „anziehende Kraft abnehmen müsse wie der Würfel, nicht „aber, wie das Quadrat der Entfernung zunimmt, wor„aus sich leicht folgern läst, daß die ganzen Massen der „Planeten nach eben diesem Geseße gegen die Sonne gra„vitiren müssen.“ Dieser Einwurf aber seßt voraus, daß

die Gravitation Wirkung eines Ausflußes sey, der sich in
Form von Stralen um einen Mittelpunkt verbreitet, wel=
che Voraussetzung Newtons Vertheidiger gar nicht zuzu=
geben genöthiget sind. Es haben zwar einige Newtonia=
ner das Gesetz der Gravitation mit dem Gesetze der Abnah=
me des Lichts verglichen, welches wirklich durch Stralen
aus einem Mittelpunkte gebildet wird; allein diese Ver=
gleichung ist kein wesentlicher Theil des Systems, und
sehr wenig passend, da das Licht nur die Oberfläche erleuch=
tet, die Gravitation aber die ganze Masse betrift. Wer
überhaupt die Ursache des Phänomens unentschieden läst,
darf auch nicht zugeben, daß es durch Stralen aus dem
anziehenden Körper bewirkt werde, alsdann aber fällt die
ganze Stärke des Einwurfs hinweg.

Ich komme nunmehr auf die newtonische Theorie selbst.
Sind alle Theile der Materie gegen einander schwer, so
muß jeder Körper gegen alle Theile eines andern gravitiren,
und also auf diesen andern zu mit einer Kraft und Richtung
gehen, welche aus den Kräften und Richtungen gegen al=
le Theile desselben zusammengesetzt ist. Newton beweiset
(prop. 71 et 77.), daß diese Richtung in zween Fällen gegen
den Schwerpunkt der ganzen Masse des andern Körpers
gehe, 1. wenn sich die Schwere, wie der Abstand, verhält,
2. wenn sie sich verkehrt, wie das Quadrat des Abstands
verhält, der Körper aber kugelförmig ist, und in gleichen
Abständen vom Mittelpunkte gleiche Dichtigkeit hat. In
diesen zween Fällen kan man die ganze Masse im Schwer=
punkte versammlet annehmen, und im letztern Falle die
Gravitation durch $\dfrac{M}{D^2}$ ausdrücken, wenn M die Masse des
anziehenden Körpers, D des angezognen Abstand von jenes
Schwerpunkte ist.

Befindet sich aber der angezogne Körper innerhalb der
anziehenden Kugel, wie ein Stein im Innern der Erde,
so wird er (prop. 73.) im Verhältniße seines Abstandes
vom Mittelpunkte angezogen, und die Schwere nimmt in
eben dem Verhältniße ab, in welchem er dem Mittelpunk=

te näher kömmt. Im Innern einer holen Sphäre heben sich die Anziehungen von allen Seiten auf (prop. 70.).

Zwo Kugeln gravitiren in den vorerwähnten beyden Fällen so gegen einander, als ob ihre ganzen Massen in ihren Schwerpunkten wären. (pr. 75.) Bey allen andern Gesetzen der Gravitation würden die ganzen Kugeln nicht einerley Gesetz mit den einzelnen Theilen befolgen; denn dies ist ein besonderer Vorzug der gedachten beyden Fälle, in welchem auch Maupertuis (Mém. de Paris 1737.) die Ursache finden will, warum der Schöpfer das Gesetz des umgekehrten Verhältnißes der Quadrate gewählt habe.

Aus diesem Gesetze lassen sich nun, wenn man blos die Gravitation gegen die Sonne betrachtet, die elliptischen Bewegungen der Planeten so ableiten, wie bey dem Worte: Centralbewegung (Th. I. S. 474. u. f.) gezeigt worden ist. Da aber die Schwere wechselseitig ist, so gravitirt auch die Sonne gegen die Planeten (Newt. L. I. Sect. XI.) und ist daher nicht ganz unbeweglich. Liefe nur ein Planet um sie, so würden beyde um ihren gemeinschaftlichen Schwerpunkt ähnliche Ellipsen beschreiben. Kömmt noch ein dritter hinzu, so wird die Auflösung verwickelter, und macht einen Fall der berühmten Aufgabe von drey Körpern aus. So läst sich übersehen, daß in unserm Sonnensystem die Planeten nicht um den Mittelpunkt der Sonne, sondern um den gemeinschaftlichen Schwerpunkt aller dazu gehörigen Körper laufen, welches der einzige unbewegliche Punkt des Systems ist. Die Sonne selbst bewegt sich um denselben, aber ihre überwiegend große Masse macht, daß dieser Schwerpunkt ihrem Mittelpunkte sehr nahe liegt, daher ihre Bewegung unmerklich wird. Inzwischen ändert sich dadurch das Gesetz des gleichen Verhältnißes der Flächenräume und der Zeiten ein wenig, und es kömmt daher die Bewegung der Apsiden und der Knotenlinien (Newton L. III. prop. 14. Schol.).

Bey dem Laufe der Monden um ihre Hauptplaneten bewirkt ebenfalls die Schwere gegen die Sonne große Abweichungen. Diese machen den zweyten Fall der Aufgabe von drey Körpern aus. Es ist z. B. nicht die Erde selbst,

sondern ihr und des Monds gemeinschaftlicher Schwer=
punkt, der in einer elliptischen Bahn um die Sonne läuft,
indeß sowohl der Mond, als auch die Erde monatliche Um=
läufe um diesen Schwerpunkt machen.   Hierauf muß bey
der Bestimmung des wahren Orts der Erde in den astrono=
mischen Rechnungen Rücksicht genommen werden, denn da
dieser Schwerpunkt $1\frac{1}{2}$ Erdhalbmesser vom Mittelpunkte der
Erde absteht, so kan in den Quadraturen des Monds die
Erde um so viel voraus, oder zurückgeblieben seyn, und
der Ort der Sonne sich um $1\frac{1}{2}$ Sonnenparallaxen, d. i.
12^{I} ändern.

Eine der sinnreichsten Anwendungen der newtonischen
Theorie ist die Bestimmung der **Massen** der Himmelskör=
per (L. III. prop. 8.).   Man kan sich bey Kugeln und bey
dem wirklich stattfindenden Gesetze der Anziehung die ganze
Masse im Mittelpunkte versammlet gedenken, und also
aus der Stärke der Gravitation auf die Masse des anziehen=
den Körpers schließen.   Die Stärke der Gravitation aber
verhält sich, wie der Raum, durch welchen der schwere
Körper in einer bestimmten Entfernung, die wir $= b$ setzen
wollen, in der ersten Secunde herabfällt.   Nun ist nach
dem, was beym Worte **Centralbewegung** (Th. I. S.
474 — 480.) erwiesen ist, wenn T die Umlaufszeit, A
die große Axe der Bahn, a die Entfernung am Ende der
großen Axe, e den Raum des Falls in 1 Secunde in
der Entfernung a bedeutet (nach S. 480. Num. V.)

$$T = \frac{\pi A \sqrt{A}}{2 a \sqrt{e}}; \text{ mithin } e = \frac{\pi^2 A^3}{4 a^2 T^2}$$

Mithin ist der Fallraum in 1 Sec. für die Entfernung b
(weil sich diese Räume umgekehrt wie die Quadrate
der Entfernungen, oder wie $b^2 : a^2$ verhalten müssen)

$$= \frac{e a^2}{b^2} = \frac{\pi^2 A^3}{4 b^2 T^2}.$$

Da nun π und b bestimmte unveränderliche Größen
sind, so wird sich dieser Fallraum, mithin auch die Gravi=

tation und die Maſſe des anziehenden Körpers wie $\frac{A^3}{T^2}$ verhalten, d. h. die Maſſen verhalten ſich, wie die Cu-
bikzahlen der Aren von den Bahnen, dividirt durch
die Quadratzahlen der Umlaufszeiten.

Nun läuft die Erde um die Sonne, der Mond um die
Erde; jene Bahn hat ungefähr eine 400mal größere Are
und eine etwa 13mal größere Umlaufszeit als dieſe; daher
muß die Sonne $\frac{400^3}{13^2}$ mal d. i. ohngefähr 378000mal
mehr Maſſe, als die Erde haben. Newton giebt
aus andern Datis die Zahl 169282; de la Lande nach genauern Beſtimmungen 365412 an. Eben ſo beſtimmt
Newton aus den Aren und Umlaufszeiten der Jupiters-
und Saturnsmonden die Maſſen der beyden Hauptpla-
neten auf $\frac{1}{1067}$ und $\frac{1}{3021}$ von der Maſſe der Sonne.

Die Maſſen durch die Volumina oder körperlichen
Räume dividirt, geben die Verhältniße der Dichtigkeiten,
ſ. Dichte. So findet er die Dichten für Sonne, Jupiter,
Saturn und Erde wie 100, $94\frac{1}{2}$, 67 und 400. Er ſucht
endlich die Schweren auf den Oberflächen derſelben, welche
ſich, wie die Gravitationen oder Maſſen, dividirt durch die
Quadrate der Halbmeſſer, verhalten, und findet dieſe, wie
10000, 943, 529 und 435, daß alſo ein Körper auf der Oberfläche der Sonne 23mal ſchwerer ſeyn und in der erſten Secunde 23mal weiter fallen würde, als auf der Erdfläche.
Statt der Zahlen, welche hier blos zu Beyſpielen dienen,
werden bey dem Artikel: Weltſyſtem genauere angegeben.
Was die übrigen Planeten betrift, ſo mangelt uns, da ſie
keine Monden haben, ein Glied der Kette; Newton aber
vermuthet, daß ſie nach dem Verhältniße ihrer Erwärmung deſto dichter ſind, je näher ſie der Sonne kommen,
und ſetzt alſo z. B. den Merkur 7mal ſo dicht, als die Erde. Die Schwere nach dem Monde beſtimmt er aus den
Phänomenen der Ebbe und Fluth, und findet die Maſſe

des Monds 40mal kleiner als die Masse der Erde, seine
Dichte hingegen zu der Dichte der Erde, wie 11:9.

Von diesen Theorien hängen nun alle die Erscheinungen
ab, welche ich oben aus de la Lande als Beweise für das
System der Gravitation angeführt habe. Jede derselben
macht einen besondern Zweig von Anwendungen aus, an
welchen dieses System so fruchtbar ist, und welche die
neuern Geometer und Astronomen so vollständig ausgeführt
und so übereinstimmend mit den Beobachtungen gefunden
haben, daß das System der allgemeinen Schwere nichts
mehr von dem Wechsel der Zeiten und Meinungen zu fürch=
ten hat.

Auch ist dieses System in neuern Zeiten nicht weiter
mit erheblichen Gründen bestritten worden: denn diejenigen,
welche dagegen schreiben, ohne es zu kennen, verdienen
hier keine Erwähnung. Im Monat Junius des Jahrs
1769 erschien im Journal de beaux arts et de sciences, wel=
ches damals der Abt Aubert sammlete, ein Brief aus
Faucigny, worinn ein gewisser Coultaud, der sich ancien
Profeſſeur de Phyſique à Turin unterzeichnet hatte, die
Versicherung gab, durch wiederholte Versuche in den dasi=
gen Gebirgen die Schwere in der Höhe größer, als am
Fuße der Berge gefunden zu haben, weil das Pendel in
einer Höhe von 1085 Toisen dem am tiefern Standorte bin=
nen 2 Monaten um 27 Min. 20 Sec. vorgeeilt sey. Er be=
rechnete aus diesem Versuche, den er das Grab der Attra=
ction und ihrer Gesetze nennt, daß die Schwere im Verhält=
niße der Entfernung von der Erde zunehmen müße, wor=
auf der P. Bertier ein eignes der newtonischen Theorie
entgegengesetztes System baute. Es folgte im December
1771 ein zweyter Brief eines gewissen Mercier in Sitten
an Herrn Gesner in Zürich, der eben dies durch neue Ver=
suche bestätigte. Die Sache erregte einiges Aufsehen, und
d'Alembert bewieß schon, daß es in den Gebirgen Stel=
len geben könne, wo selbst nach Newtons Gesetzen das Pen=
del in der Höhe schneller, als unten, schwingen müße.
Endlich fand sich bey genauerer Nachfrage, daß das ganze
Vorgeben ein Gewebe von Lügen sey, daß die erzählten

Verſuche nie angeſtellt worden, und ſich weder ein Profeſ=
for Coultaud in Turin, noch ein Mercier in Sitten befin=
de. De Lüc (Briefe über die Geſchichte der Erde ꝛc.
1 Th. 45. Brief), der ſelbſt dieſen Betrug entdecken half,
erzählt die Geſchichte deſſelben ſehr umſtändlich.

Die neuſte Beſtätigung hat das Syſtem der Gravita=
tion durch Maſkelyne's Beobachtungen und Meſſungen
am Berge Shehallien in Schottland erhalten. Die
Schwere gegen die Erde iſt zwar ſo groß, daß ſie die beſon=
dern Gravitationen der Erdkörper gegen einander ſelbſt un=
merklich macht, wie der Sturmwind einen leichten Hauch,
um mit Maupertuis zu reden. Dennoch können dieſe
beſondern Gravitationen merklich werden, wenn ſie gegen
Körper gerichtet ſind, deren Maſſen ein merkliches Verhält=
niß gegen die ganze Maſſe der Erde haben. So fanden ſchon
Bouguer und de la Condamine, daß der Berg Chim=
boraco in Quito das am Quadranten hangende Bleyloth
gegen ſich von der lothrechten Linie abzog. Sie beſtimm=
ten durch mehrere auf der Nord= und Südſeite des Berges
gemeſſene Höhen der Sterne die Abweichung des Bleyloths
auf 7" bis 8". Dieſe Beobachtungen erregten den Wunſch,
die Anziehungen mehrerer Berge zu meſſen, um dadurch
auf die mittlere Dichte der Erdkugel ſchließen zu können.
Der königliche Aſtronom zu Greenwich, Nevil Maſke=
lyne legte der Societät zu London einen Plan dazu vor,
den er auch im Sommer 1774 ausführte (Philoſ. Trans.
Vol. LXV. for 1775. no. 48. 49.). Der Berg Shehallien
in Pertſhire ſchien dazu vorzüglich geſchickt, weil er hoch
iſt, einzeln ſteht, ſich weit von Oſten nach Weſten ſtreckt,
dagegen aber von Norden nach Süden ſteil iſt, und eine
ſchmale Grundfläche hat. Es kam darauf an, ſüdlich und
nördlich vom Berge die Abſtände einiger Firſterne vom
Scheitel zu meſſen. Denn um wieviel bey der ſüdlichen Be=
obachtung der Berg das Bleyloth von der Scheitellinie abge=
zogen hatte, um ſoviel muſte der ſüdliche Abſtand eines
Sterns vom Zenith zu klein gefunden werden, und umge=
kehrt. Hiemit waren geometriſche Meſſungen zu verbin=
den, um den wahren Unterſchied der geographiſchen Brei=

ten beyder Beobachtungsorte, unabhängig von der Einwirkung des Berges, zu finden. Endlich muſte noch,
wegen der Schlüße auf die Dichte der Erde, die Geſtalt
und Größe des Berges ſelbſt beſtimmt werden. Maſkelyne ſtellte auf der Südſeite des Berges 169, auf der
Nordſeite 168 Beobachtungen an 43 Sternen an, von welchen 40 mit einander verglichen, für den Unterſchied der
Scheitelpunkte beyder Orte 54,6 Sec. gaben. Nach den
geometriſchen Meſſungen fand nur ein Unterſchied der Breiten von 42,94 Sec. ſtatt, daß alſo die beyden entgegengeſetzten Anziehungen des Berges dieſen Unterſchied um 11,
66 Sec. zu groß machten. Die Abmeſſungen ſind noch
bis 1776 fortgeſetzt und berichtiget worden. Hutton (Philoſ. Trans. Vol. LXVIII. for. 1778. no. 33.) theilt die dazu gehörigen Zeichnungen mit, und berechnet, daß ſich die
Anziehung der Erde zur Anziehung des Berges gegen das
Bleyloth, wie 9 zu 5, verhalte. Da nun der Berg aus einem
gleichförmigen Granit beſteht, deſſen Dichte 2 ½ mal größer iſt, als die Dichte des Waſſers, ſo folgt hieraus die
mittlere Dichte der Erdkugel 4 ½ mal größer, als die Dichte des Waſſers. Hierdurch werden alle Syſteme widerlegt, welche aus der Erde eine hole Kugel machen, und
Hutton vermuthet, das auf ¼ — ⅓ von ihr aus Metallen
beſtehe.

Ich will dieſem Artikel noch eine Anzeige einiger Schriften über die newtoniſche Gravitation beyfügen. Newtons
Principia ſelbſt traten zuerſt im Jahre 1687. zu London auf Befehl der königlichen Societät ans Licht, und
wurden von Roger Cotes (Cantabr. 1713. 4.) und von
Heinrich Pemberton (Lond. 1726. 4.) aufs neue herausgegeben. Man hat auch noch ſpätere Ausgaben (Amſt.
1633. 4., Lond. 1746. 4.). Da aber dieſes ſchwere Werk
von wenigen ohne Commentar geleſen werden kan, ſo ſind
die Ausgaben des Jacquier und le Sueur (Philoſ. nat.
princ. math. perpetuis commentariis illuſtrata ſtudio PP.
Thomae le Sueur et *Franc. Iacquier.* Genevae, 1739.
III To. 4. und noch vermehrter 1750. 4.) und Teſſanek
(Phil. nat. etc. commentationibus illuſtrata potiſſimum

Io. *Teſſanek*, et quibusdam in locis veterioribus *Th. le Sueur* et *Fr. Iacquier* aliter propoſitis To. I. Pragae, 1780. 4.) zu empfehlen. Maclaurin (An account of Sir *Iſaac Newton's* philoſophical diſcoveries, Lond, 1748) und Pemberton (A view of Sir *If. Newt.* philoſophy, Lond. 1728. 4) haben dieſe Erfindungen kürzer vorgetragen; der erſtere zeichnet ſich durch tiefe Gründlichkeit, der zweyte durch Leichtigkeit der Darſtellung aus. Auch Voltaire (Elémens de la philoſophie de Neuton, mis à la portée de tout le monde, à Amſt. 1738. 8. Lauſanne, 1773. 8.) trägt die newtoniſchen Lehren, wenigſtens in einer ſchönen Schreibart, vor, aber Herr Käſtner (Vorrede zu v. Rohrs phyſik. Bibliothek, S. 17.) urtheilt, die poetiſche Zueignungsſchrift an die Marquiſe von Chatelet ſey das beſte an dieſem Werke. Den ganzen Umfang alles deſſen, was von der Gravitation und ihren Geſetzen bis 1767 abgeleitet worden iſt, hat der P. Friſi (*Paulli Friſii*, Barnabitae, de gravitate univerſali corporum libri tres, Mediolani, 1768. 4maj.) ſehr vollſtändig und gründlich abgehandelt. Auch gehören hieher die Lehrbücher der Sternkunde, vorzüglich Keill, Gregory, de la Lande ꝛc. deren phyſiſcher Theil ſich gänzlich auf das Geſetz der Gravitation gründet.

Montucla Hiſtoire des mathematiques Vol. II. P. IV. L. VIII. no. II.

Newton Princ. philoſ. nat. L. I. Sect. XI. L. III. Prop. 8.

Gregorianiſches Teleſkop, ſ. Spiegelteleſkop.

Grotten, ſ. Hölen.

Größe, ſcheinbare, Magnitudo apparens, *Grandeur apparente*. Ich habe ſchon bey dem Artikel: Entfernung, ſcheinbare bemerkt, daß aus dem unbeſtimmten Gebrauche des Worts: ſcheinbare Größe, viele Mißverſtändniße entſpringen. Es iſt aber die ſcheinbare Größe eines Gegenſtandes nichts anders, als die ſcheinbare Entfernung ſeiner äuſſerſten Grenzen von einander; ich werde mich alſo auf dasjenige beziehen können, was unter dem Artikel: Entfernung (Th. I. S. 838 u. f.) zu

Aufklärung der hiebey vorkommenden Mißverständniße gesagt worden ist. Ich will nur noch bemerken, daß hiebey
von körperlicher Größe die Rede nie seyn kan, weil wir
von allen Dingen nur die **Oberfläche** sehen und selbst diese nur nach Länge und Breite, d. i. nach **Linien** messen,
daher es eine leere Prahlerey ist, wenn Künstler von ihren
Mikroskopen u. dgl. sagen, daß sie dem körperlichen Raume nach 1000000mal vergrößern. Es war genug, zu sagen, daß die Vergrößerung dem Durchmesser nach 100 fach
sey.

Scheinbare Größe einer **Linie** ist scheinbare **Entfernung** ihrer Endpunkte, oder (nach Th. I. S. 838) der
Winkel, welchen die aus beyden Enden kommenden Lichtstralen am Auge mit einander bilden. So ist die scheinbare Größe der Linie ST (Taf. VII. Fig. 129.) der optische
Winkel SOT, unter welchem der wahre Abstand der Punkte S und T von einander, ins Auge fällt. Bleibt man
bey dieser reinen optischen Darstellung stehen, ohne auf
das Urtheil zu sehen, welches die Seele darüber fällt, so
hat man in allen Fällen etwas bestimmtes, woran man
sich halten kan, ohne daß sich falsche Urtheile, d. i. Gesichtsbetrüge, einmischen. So muß sich jeder, der bestimmt sprechen will, über scheinbare Größe ausdrücken.
Er muß sie durch einen **Winkel** angeben, und durch geometrische oder astronomische Werkzeuge, wie alle andere
Winkel, abmessen. Alsdann werden ihm Sonne und Mond
am Horizonte sowohl, als im Scheitel, 31 Min. im Durchmesser halten; Jupiters Durchmesser wird, wenn er am
größten ist, durch ein 20mal vergrößerndes Fernrohr 16
Min. groß scheinen u. f. w., und Verschiedenheiten hierinn
werden wahre Unterschiede der scheinbaren Größen, ohne ein-
gemischte Gesichtsbetrüge, anzeigen.

Weil wir uns aber durch lange Uebung eine Fertigkeit
erworben haben, über das Gesehene zu urtheilen, und weil sich
diese Fertigkeit so innig mit dem Sehen selbst vereiniget, daß wir die reine optische Darstellung gar nicht mehr
von dem darüber gefällten Urtheile zu unterscheiden wissen;
so werden wir auch nie die scheinbare Größe eines Dinges

sehen, ohne sie mit einem schnellen Urtheile über seine wahre Größe zu begleiten. Diese dem Dinge von uns zugeschriebene wahre Größe heißt nun ebenfalls scheinbare Größe, aber in einer ganz andern Bedeutung des Worts, bey der es ausser dem optischen Winkel zugleich auf die Umstände ankömmt, welche die Seele bey Beurtheilung des Gesehenen zu Hülfe nimmt. Ich habe schon erinnert (Th. I. S. 840.), daß die Worte: Entfernung und Größe in der ersten Bedeutung etwas bestimmtes, in dieser zweyten aber etwas unbestimmtes ausdrucken, das von Urtheilen abhängt, die bald so, bald anders, ausfallen.

Scheinbare Größe in dieser Bedeutung ist die Vorstellung einer wahren Größe, die in uns vermöge des Augenmaaßes, nach gewissen gewohnten Regeln, aus mancherley zusammengenommenen Umständen entsteht (Man s. Th. I. S. 841.).

Dieser Umstände sind hier vornehmlich zween: 1. die durch andere Erfahrungen erlangte Kenntniß der wahren Größe, 2. die scheinbare Entfernung des Gegenstands von unserm Auge, von welcher im ersten Theile dieses Wörterbuchs von S. 840 bis 849 die Rede ist. Der erste Umstand leitet uns gewöhnlich bey Beurtheilung der Größen naher und irdischer Dinge, der zweyte bey entfernten und himmlischen Gegenständen.

Wenn wir die wahre Größe einer Sache schon vorher aus Erfahrungen kennen, so machen wir uns, zumal, wenn wir sie nahe sehen, von ihr eine mit dieser Größe übereinstimmende Vorstellung, und irren in dergleichen gewöhnlichen Fällen selten oder niemals. So scheint uns ein erwachsener Mann in der Entfernung von 12 Schuhen immer größer, als ein Kind in der Entfernung von 1 Schuh, ob wir gleich das letztere unter einem weit größern optischen Winkel sehen, weil wir aus den Verhältnißen der Theile des Körpers, dem ganzen äussern Ansehen oder aus vorhergegangener Bekanntschaft schon die wahre Größe von beyden kennen. Wir sind auch überdies schon gewohnt, in so geringen Entfernungen die Abstände und Größen der Dinge richtig zu beurtheilen.

Bey ungewöhnlichen Fällen aber und in größern Ab-

ständen richtet sich unser Urtheil nach der scheinbaren
Entfernung, die wir dem gesehenen Gegenstande beylegen.
Wir halten das für groß, was bey großer Entfernung den=
noch unter einem großen Winkel erscheint; das für klein,
was bey geringer Entfernung dennoch unter einem geringen
Winkel gesehen wird. Die scheinbare Größe des Gegen=
stands ist alsdann als das Probukt aus dem Winkel (ei=
gentlich aus dessen Tangente) in die scheinbare Entfernung
anzusehen. Hieraus folgt sehr natürlich, daß bey unver=
ändertem Winkel der Gegenstand größer scheint, wenn
wir ihn entfernter, und kleiner, wenn wir ihn näher glauben.

Daher kömmt es denn, daß wir in Absicht auf die
Größe irren, so oft wir über die Entfernung irren; und
daß die Urtheile über die scheinbare Größe verschie=
den sind, sobald die Vorstellungen von der Entfer=
nung nicht übereinstimmen. Wie schwankend aber die
Urtheile von den Entfernungen sind, und von wie vie=
len Umständen sie abhängen, ist im ersten Theile S. 843
u. f. deutlich gezeigt worden. Hieraus entspringen man=
cherley Irrungen und Mißverständniße über scheinbare
Größe, wovon ich nur einige als Beyspiele anführen will.

Wenn man hört, ein Fernrohr vergrößere 20mal, al=
so der Fläche nach 400mal, so macht man sich Hofnung,
die Himmelskörper dadurch in erstaunenswürdiger Größe
zu sehen: man findet sich aber bey wirklicher Betrachtung
derselben sehr getäuscht, und sieht sie zwar ziemlich größer,
als mit bloßen Augen, aber bey weitem nicht der übergro=
ßen Erwartung gemäß. Die Erklärung des Phänomens
ist sehr leicht: der optische Winkel oder das, was eigentlich
scheinbare Größe heissen soll, ist wirklich 20mal vergrößert,
aber der Gegenstand scheint dabey viel näher gekommen zu
seyn, und in eben dem Verhältniße vermindert sich dem
Urtheile nach seine scheinbare Größe.

Von mehrern Personen, die den Jupiter durch einer=
ley Fernrohr betrachten, wird man ganz verschiedene Ur=
theile über seine scheinbare Größe hören. Einer wird ihn
mit einem Gulden, der andere mit einem Sechspfennig=
stück, der dritte mit einem Stecknadelknopfe ꝛc. vergleichen.

Der erste nemlich stellt sich das dunkle Gesichtsfeld, an welchem er die helle Scheibe sieht, entfernter, der letztere näher vor.

Sonne und Mond scheinen uns am Horizonte weit größer, als in einiger Höhe über demselben, weil wir den Himmel am Horizonte für entfernter, in höhern Gegenden für näher halten. Der optische Winkel, unter dem diese Körper gesehen werden, mit astronomischen Werkzeugen gemessen, bleibt dabey immer einerley. Eben so scheinen uns die Distanzen der Firsterne von einander am Horizonte größer, als in der Höhe, und wenn man nach dem Augenmaaße von Höhen über dem Horizonte urtheilen, z. B. den Punkt bestimmen will, der eine Höhe von 45° hat, so setzt man ihn gewiß zu niedrig, und findet einen Punkt, der kaum 23° Höhe hat, weil uns die Helfte des Himmels am Horizonte entfernter, also auch weit größer scheint, als die Helfte gegen das Zenith, s. Himmel.

Auch irdische Gegenstände, Menschen, Thiere u. dgl. scheinen aus der Höhe oder Tiefe betrachtet, näher und also kleiner, als wenn man sie auf der Pläne hin siehet, s. Gesichtsbetrüge.

Es kömmt daher bey dem Urtheile von der scheinbaren Größe auf alle die Umstände an, die das Urtheil über die Entfernung bestimmen, und vielleicht vereinigen sich damit noch mehrere. Sehen wir etwas in einem Verhältniße, das uns andere ähnliche Erfahrungen ins Gedächtniß bringt, so helfen auch diese das Urtheil von der Größe bestimmen. Haben wir eine Sache, z. B. ein Dintenfaß, ein Trinkglas, lang gebraucht, und nehmen hernach ein größeres Stück dieser Art, so scheint dieses Anfangs sehr groß, mit der Zeit aber allmählig kleiner. Kindern kommen entfernte Sachen kleiner vor, als erwachsenen, u. s. w. Die Größe des Bildes auf der Netzhaut ist nur ein einzelner Umstand beym Sehen; was er sagen wolle, erklären wir uns, wie bey vieldeutigen Worten, aus dem Zusammenhange.

Man kan daher von der scheinbaren Größe nie bestimmt sprechen, wenn man nicht bey der ersten Bedeutung des Worts,

d. i. bey der reinen optischen Darstellung allein stehen bleibt, und sie durch den Winkel ausdrückt, unter welchem die äußersten Lichtstralen von einem Gegenstande ins Auge fallen. Dieses Winkels Tangente verhält sich zum Sinustotus, wie die wahre Größe zur Entfernung, wenn man senkrecht gegen die Linie sieht, durch welche die wahre Größe gemessen wird. Ist der Winkel klein, so kan man seine Größe selbst statt der Tangente in die Verhältniße setzen. Für einerley Gegenstand verhalten sich dann die scheinbaren Größen umgekehrt, wie die Entfernungen; uud für gleiche Entfernungen sind die scheinbaren Größen in einerley Verhältniß mit den wahren, s. **Sehewinkel.**

Priestley Geschichte der Optik durch **Klügel,** S. 493. Anm. e.

Grundstoffe der Körper, Principia corporum, *Principes des corps.* Die Bestandtheile, in welche die Körper durch chymische Zersetzung zerlegt werden. Sie sind entweder erste **Grundstoffe, Urstoffe** (principia prima), welche nicht weiter zerlegt werden können, s. **Elemente,** oder **gemischte, zusammengesetzte Grundstoffe** (principia principiata s. mixta), welche einer fernern Zerlegung fähig sind.

Die Schüler des Paracelsus nahmen fünf Grundstoffe aller Körper an, welche sie den **Merkurius** oder **Spiritus,** das **Phlegma,** den **Schwefel,** das **Salz** und die **Erde** nannten. Sie verstanden wahrscheinlich unter dem Merkurius oder Spiritus die flüchtigen und riechenden, unter Phlegma die wäßrichten unentzündlichen, unter Schwefel die brennbaren, unter Salz die salzigen oder schmackhaften Theile, und unter Erde den feuerbeständigen Rückstand. Unter diesen sogenannten **Grundstoffen des Paracelsus** sind einige weniger einfach als die andern, welches Dunkelheit und Verwirrung der Begriffe veranlassete.

Becher setzte daher nur zween Grundstoffe, **Erde** und **Wasser** fest, nahm aber drey Arten von Erden, die **glasartige, entzündliche** und **Merkurialerde** an. Die erste war ihm der Grundstof der Feuerbeständigkeit, die zwote der Brennbarkeit, und die dritte das metallische Principium. Diese Theorie hat die Veranlaſſung zu der ſyſtematiſchen Chymie und zu den wichtigſten neuern Entdeckungen gegeben; ſie würde aber ohne Stahls Bemühungen um ſie ſo fruchtbar nicht geworden ſeyn. Dieſer berühmte Chymiker vertauſchte die entzündliche Erde mit dem **Phlogiſton**, das ſeit der Zeit ein für Chymie und Phyſik ſo wichtiger Stof geworden iſt, und bemühte ſich mit vielem Scharfſinn, das Daſeyn eines metalliſchen Principiums zu beweiſen, ohne es jedoch dabey weiter, als bis auf Muthmaßungen bringen zu können.

Macquer glaubt, weil **Waſſer** und glasartige **Erde** entſchiedene Grundſtoffe wären, das Phlogiſton aber nichts anders, als gebundenes **Feuer** ſey, und die neuern Entdeckungen zeigten, daß auch die **Luft** einen Grundſtof der Körper ausmache, ſo ſey man gegenwärtig wieder auf die vier Elemente des **Ariſtoteles**, Feuer, Waſſer, Luft und Erde zurückgekommen. Allein das Feuer iſt wohl mit dem Phlogiſton nicht geradehin zu verwechſeln, das Waſſer ſcheint noch den neuſten Entdeckungen einer weitern Zerlegung fähig zu ſeyn, und die aus den Körpern enthaltene Luft beſteht aus ſo mancherley verſchiedentlich zuſammengeſetzten Gattungen, daß man dieſer Behauptung keinesweges beypflichten kan, und vielmehr geſtehen muß, daß ſich die Anzahl und Beſchaffenheit der erſten Grundſtoffe noch gar nicht angeben laſſe, ſ. **Elemente**.

Macquers chym. Wörterbuch, Art. Grundſtoffe.

Gyps, Gypſum, *Gypſe*, *Plâtre*. Eine zarte ſteinigte Materie, die ſich leicht ritzen läſt, und mit dem Stahle kein Feuer giebt. Sie macht oft ganze Anhöhen und langgedehnte Hügel aus. In durchſichtigen, glänzenden, dünnen Blättern, welche genau auf einander liegen, und ganze durchſichtige Maſſen bilden, heißt ſie **Frauenglas**, **Fraueneis**, **Spiegelſtein** (Glacies Mariae, Lapis ſpecularis, *Pierre ſpeculaire*), in Faſern, die der Länge nach übereinander liegen, **Stralengyps** (Gypſum ſtriatum, *Gypſe à filets*), in halbdurchſichtigen körnichten

Steinmaſſen, Gypsſtein oder Alabaſter (Gypſum Ala-
baſtrum, Albâtre gypſeux).

Dem Feuer ausgeſetzt werden dieſe Steinarten undurch-
ſichtig, weiß und leicht zerreiblich. In dieſem Zuſtande
heiſſen ſie gebrannter Gyps, und geben mit Waſſer zu
einem Teige vermiſcht, eine Maſſe (Plâtre), die ſich in
alle Geſtalten formen läſt, und in kurzer Zeit ohne weitern
Zuſatz von ſelbſt erhärtet. Dieſe Eigenſchaft macht den
Gyps zu allerley Bedürfnißen bey Gebäuden, Abformen ꝛc.
höchſt bequem.

Der Gyps, der ſonſt einige Aehnlichkeit mit dem Kalke hat, iſt doch darinn weſentlich vom letztern unterſchieden,
daß er mit den Säuren nicht brauſet und ſich nicht darinn
auflöſet. Pott (Lithogeognoſie Th. I. S. 3.) macht ihn
daher zu einer eignen Claſſe von Erden, und unterſcheidet
ihn von der Kalkerde, ob er gleich ſelbſt (S. 17.) eingeſteht, daß die ſogenannte ſelenitiſche Erde, oder die Zuſammenſetzung von Kalkerde und Vitriolſäure, ſich nur in
wenigen geringen Umſtänden vom Gypſe unterſcheide.
Marggraf aber (Chymiſche Schriften Th. II. Berlin,
1767. 8, Abh. X. §. 5. S. 139. f.) hat durch entſcheidende Zerlegungen und Zuſammenſetzungen dargethan, daß
der Gyps nichts anders, als eine mit Vitriolſäure geſättigte Kalkerde, ein Salz ſey, das von Natur kryſtalliſirt iſt,
dem aber durch das Brennen ſein Kryſtalliſationswaſſer entzogen wird.

Der Gyps wird zu Verzierungen in den Gebäuden,
zu Abgüßen von Statüen und Münzen, zum Modelliren,
zur Befeſtigung der Haſpen in den Mauern, zur Nachahmung des Marmors, zur Bereitung verſchiedner Gläſer u. ſ. w. gebraucht In der Färbekunſt dient er
zur Feſtſetzung einiger, beſonders gelber, Farben; im
thieriſchen Körper bringt er ſchädliche und austrocknen-
de Wirkungen hervor, daher die bey den Alten gewöhnliche Vermiſchung der Weine mit Gyps (Plin. H.
N. XIX. 19. Columella de re ruſt. XII. 20. 26. 28.)
nachtheilig iſt; zu Düngung und Fruchtbarmachung der

Felder aber wird er, besonders in kaltem Boden, mit Nutzen gebraucht.

Macquer Chymisches Wörterbuch, mit Herrn Leonhardi Anm. Art. Gyps.

H.

Haarröhren, Tubi capillares, *Tuyaux capillaires*, *Tubes capillaires*. Diesen Namen führen alle enge Röhren von geringem Durchmesser, wegen ihrer Aehnlichkeit mit den Haaren, welche ebenfalls hohle Röhren sind. Die Haarröhren der Experimentalphysik aber dürfen eben nicht so fein und dünn, als Haare seyn; man rechnet Glasröhren schon dafür, wenn der Durchmesser ihrer Höhlung, oder ihre Weite im Lichten (lumen) nur nicht über $\frac{1}{10}$ eines rheinländischen Zolles beträgt und 's Gravesande (Physices Elem. T. i. L. I. c. 5.) läßt sogar $\frac{1}{2}$ Zoll zu. Sie können auch von Metall und andern Materien seyn, ob man gleich die Versuche selten an andern, als an Glasröhren, anstellet. Alle poröse Körper, welche flüßige Materien anziehen, z. B. Schwämme, Löschpapier, Zucker ꝛc. lassen sich als Zusammensetzungen von Haarröhren ansehen.

Die Erscheinungen an den Haarröhren scheinen Ausnahmen von dem Gesetz der Hydrostatik zu machen, nach welchem zwo Säulen von einerley flüßigen Materie nicht anders im Gleichgewichte seyn können, als wenn ihre Oberflächen gleich hoch, d. i. in einer und eben derselben Horizontalebne liegen, s. Röhren, communicirende. Bey den Haarröhren hingegen beobachtet man folgendes.

1. Wenn in ein Gefäß mit Wasser eine gläserne oben und unten ofne Haarröhre getaucht wird, so steigt das Wasser innerhalb der Röhre höher, als es von aussen im Gefäße steht.

2. Es steigt desto höher, je enger der Röhre Durchmesser ist.

3. Doch steigt es nie über die obere Oefnung der Röh-

re hinaus, so daß es von auſſen wieder herablaufen könnte, so kurz auch die Röhre ſeyn mag.

4. Wenn man ein Haarröhrchen in verſchiedne Liquo=
ren taucht, ſo ſteigen ſie zwar alle darinn, aber auf ver=
ſchiedene Höhen. Dabey findet die Regel nicht ſtatt, daß
die ſchwerſten am wenigſten ſteigen; der leichtere Wein=
geiſt z. B. ſteigt weniger, als das ſchwerere Salzwaſſer.

5. Taucht man hingegen das Haarrohr in Queckſil=
ber, ſo ſteht dieſes darinn niedriger, als von auſſen, und
dies um deſto mehr, je enger das Haarrohr iſt.

Wenn man dieſe Erſcheinungen mit demjenigen zuſam=
menhält, was bey dem Worte: Adhäſion im erſten Thei=
le dieſes Wörterbuchs S. 45 u. ſ. geſagt worden iſt, ſo be=
greift man ihre Urſache ganz leicht, und die Unmöglichkeit,
ſie auf eine andere Art zu erklären, zeigt zugleich das wirk=
liche Daſeyn eines Anhängens der Körper an einander,
über deſſen Urſache wir weiter keine Erklärung geben
können.

1. Das Waſſer ſteigt an den Seiten der Glasröhre,
wie an den Rändern aller gläſernen Gefäße, darum in die
Höhe, weil es vom Glaſe ſtärker angezogen wird, als ſei=
ne Theile untereinander ſelbſt zuſammenhängen. Weil nun
die Röhre eng iſt, ſo fließen dieſe ringsherum aufgeſtiegnen
Waſſerberge in einander, und bilden eine ganze Maſſe,
welche wiederum vom Glaſe ſtärker angezogen, als von dem
übrigen Waſſer zurückgehalten wird u. ſ. w., bis endlich das
immer vergrößerte Gewicht der aufgeſtiegnen Waſſerſäule
mit dem Zuſammenhange zugleich der Anziehung des Gla=
ſes das Gleichgewicht hält.

2. Je enger die Röhre iſt, deſto geringer iſt dieſes
Gewicht der Waſſerſäule, welche von dem Anhängen am
Glaſe getragen wird, deſto größer hingegen die Anzahl der
Punkte, womit jede gleich große Waſſermaſſe das Glas
berührt; deſto höher kan alſo dieſe Säule werden, ehe das
Gleichgewicht erfolgt. Iſt der Durchmeſſer eines Haar=
röhrchens doppelt ſo groß, als der Durchmeſſer eines an=
dern, ſo iſt zwar das Gewicht der Waſſerſäule bey einerley
Höhe viermal größer, und das Waſſer ſollte alſo nur bis

zum vierten Theile der Höhe im andern steigen: aber es berührt auch den Rand des Glases in doppelt so viel Punkten, und wird also doppelt so stark angezogen, daher es in allem halb so hoch steigt, als im andern Haarröhrchen. Dieser Erklärung nach müssen sich die Höhen des Steigens ohngefähr umgekehrt, wie die Durchmesser der Röhren verhalten, womit auch die Versuche übereinstimmen.

3. Die Höhe des Steigens kömmt zwar gar nicht auf die Länge des Röhrchens an; aber wenn das Wasser die obere Oefnung erreicht hat, so kann es nicht herausgehoben werden, weil keine Glaswände mehr da sind, die es anziehen.

4. Nicht alle flüßige Materien werden vom Glase gleich stark angezogen, und es kömmt dabey gar nicht auf ihre specifische Schwere an. Auch zieht ein Glas stärker an, als das andere.

5. Des Quecksilbers Theile hängen untereinander stärker zusammen, als sie vom Glase angezogen werden. Indem man also ein Haarröhrchen in Quecksilber taucht, wird der kleine Theil, der von unten in die Röhre eindringen sollte, von der übrigen Masse des Quecksilbers stärker zurückgehalten, als ihn das Glas zieht. Ueber ihm ist kein Quecksilber das diese Kraft aufheben könnte; sie überwindet also sowohl den Druck, der aus den hydrostatischen Gesetzen folgt, als auch das Anziehen des Glases, und das Quecksilber bleibt so lange stehen, bis endlich der hydrostatische Druck das Uebergewicht bekömmt, und es hineintreibet. Dies geschieht desto später, je enger die Röhre ist, je genauer also das Quecksilber von der Berührung mit dem übrigen abgeschnitten wird. Man hat hiebey gar nicht nöthig, zu einer zurückstoßenden Kraft seine Zuflucht zu nehmen.

Nach de la Lande (Diss. sur la cause de l'élevation des liqueurs dans les tubes capillaires, à Paris, 1770.) soll Franz Aggiunti, Leibarzt des Großherzogs von Toscana, einer von den Stiftern der Akademie del Cimento, der im Jahre 1635 gestorben ist, die Phänomene der Haarröhren zuerst bemerkt haben. Der Jesuit Honora-

tus **Fabri** (Scient. phyſ. Tract. V. L. II. Digreſſ. 1.)
und aus ihm **Johann Chriſtoph Sturm** (Collegium
Curioſum, Norimb. 1676. 4. To. I. Tentam. 8.) füh=
ren die Erſcheinungen 1. 2. 3. umſtändlich an, und erklären
ſie aus dem Drucke der Luft, welches dadurch hinlänglich
widerlegt wird, daß unter der Glocke der Luftpumpe alles
eben ſo erfolgt. Sie ſetzen übrigens noch die ganz falſche
Beobachtung hinzu, daß das Waſſer in langen Röhren
höher ſteige, als in kurzen.

Iſaak Voſſius (De Nili et aliorum fluminum origine, Hagae Com. 1666. cap. 2.) bemerkt zuerſt, daß das
Queckſilber in Haarröhren niedriger ſtehe, und daß ſich die
Erſcheinungen auch in communicirenden Röhren zeigen,
wenn der eine Schenkel ein Haarröhrchen iſt. Er ſucht die
Urſache in der Zähigkeit (viſcoſitate) des Waſſers, durch
die es an das Glas anklebe, und dabey ſein Gewicht verlie=
re, wodurch zwar das Hängenbleiben des einmal aufge=
ſtiegnen Waſſers, nicht aber das freywillige Aufſteigen
ſelbſt erklärt wird.

Borellus (De motionibus naturalibus a gravitate
pendentibus, Lugd. Bat. 1686. Prop. 182 — 188.) be=
merkt, das Waſſer ſteige ſchneller und höher, wenn die
Röhre inwendig feucht ſey. Er will die ganze Sache aus
einer Art von Netz erklären, welches vom Waſſer an der
untern Oefnung der Röhre gebildet werde, und ſtellt ſich,
um die Hebung des Waſſers begreiflich zu machen, die
Theilchen deſſelben als biegſame Hebel vor.

Jacob Bernoulli (De gravitate aetheris. Amſt.
1683 8. p. 239.) glaubt, die Lufttheilchen, als Kügelchen,
paſſeten ſelten ganz genau in die Oefnung einer Röhre, die
äuſſerſten am Rande träfen die Wand der Röhre ſo, daß
ſie noch von ihr getragen würden, und wenn alſo etwa 6 ſol=
che Theilchen im Durchmeſſer Platz hätten, ſo würden 2
davon vom Rande der Röhre getragen, daher drückten nur
noch 4 abwärts, und es ſey alſo der Druck der Luft an die=
ſer Stelle ſchwächer, als der von auſſen, daher das Flui=
dum höher hinaufgetrieben werde. Dieſe ſehr gekünſtelte
Erklärung fällt ſchon dadurch hinweg, daß ſich die Höhen,

auf welche verschiedne Liquoren steigen, nicht, wie die spe=
cififchen Schweren der Liquoren verhalten.

Ludwig Carre (Mém. de Paris, 1705.) machte nebst
Geoffroy viele Versuche über die Haarröhren, fand,
daß das Wasser in ihnen nicht stieg, wenn sie inwendig mit
Fett bestrichen waren, so lange bis der bestrichne Theil ganz
unter Wasser stand, stellte Versuche unter der Glocke der
Luftpumpe an, und bemerkte, daß die Länge der Röhren
nichts zur Höhe des Steigens beytrage. Er ist der erste,
der die Erscheinungen aus dem Anhängen des Wassers
ans Glas erklärt, und die meisten Phänomene richtig daraus
herleitet: nur irrt er darinn, daß er annimmt, die das
Glas berührenden Theile des Wassers verlöhren ihr ganzes
Gewicht, woraus folgen müste, das Wasser steige höher,
wenn man die Röhre tiefer einsenkt.

D. Jurin (Philof. Tranfact. no. 355 et 363.) stellte
Versuche mit gläsernen Gefäßen an, welche aus Röhren
von verschiednen Durchmessern bestanden. Wenn der wei=
tere Durchmesser das Wasser berührte, so stieg es so hoch,
als der engern Röhre zukam: brachte er aber die engere
Röhre ans Wasser, so trat es nur so weit, als die weitere
es halten konnte. Er erklärt das Phänomen so, wie Hawks=
bee, aus der Anziehung, welche dem Wasser, das die in=
nere Wand der Röhre berührt, sein Gewicht benehme, da=
her dasselbe von dem Drucke des Wassers im Gefäße erho=
ben, und von dem nächstfolgenden Ringe der innern Glas=
wand angezogen werde. Das Hängenbleiben des Wassers
leitet er von dem Ringe der Glaswand her, welcher die
obere Peripherie des Wassers zur Basis und den Wirkungs=
kreis der Anziehung des Glases zur Höhe hat. **Bülfin=
ger** (Diff. de tubulis capillaribus in Comment. Petrop.
To II. p. 233. und in den Anm. über Jurin's Abhand=
lung, eb. To. III. p. 281 fqq.) setzte noch mehrere Versuche
hinzu, und fand, daß ein Haarröhrchen gerade so viel Was=
ser anzieht und erhält, als der größte Tropfen ausmacht,
der auswendig an dem Röhrchen, ohne herabzufallen, hän=
gen kan, daß in trocknen Röhren das Wasser zuerst am

Ranbe, nicht in der Mitte, heraufsteigt u. f. w. In Ab=
ficht auf die Erflärungen giebt er Jurin völlig Beyfall.

Muſſchenbrock (Diſſ. phyf. exp. de tubulis capillaribus in ſ. Diſſ. phyſ. p. 271. ingl. de attractione ſpecu-
lorum planorum vitreorum, ebend. p. 334.) vervielfältig=
te die Verfuche noch mehr, und gab folgende Höhen des
Steigens in einer Glasröhre von ½ rheinl. Linie Durchmeſſer und 43 Lin. Länge an.

Harn eines geſun-	Lin.	Sp.Schw.		Lin.	Sp.Schw.
den Menfchen.	33 · 34	1,03	Weinſteinöl	25 · 26	1,55
Salmiakgeiſt -	30·33	1,12	Rüböl -	21	0,913
Vitriolöl - - -	26-27	1,7	Salpeterg.	20	1,315
Waſſer - - - -	26	1	Alkohol -	18-19	0,866

Er glaubte dabey gefunden zu haben, daß das Waſſer in
langen Röhren höher ſtehe, als in fürzern; aber ſelbſt in
ſeinen Verfuchen ſind die angegebnen Unterfchiede ſo gering,
daß man nichts zuverläßiges daraus folgern fan. Inzwiſchen
ſchließt er daraus, die Urfache des Phänomens fey durch die
ganze Länge der Röhre verbreitet, und erflärt daſſelbe aus der
Attraction entfernter Körper, wobey aber auch die Glas=
dicke mit in Betrachtung fommen würde, welche wie be=
fannt, auf das Reſultat der Verfuche nicht den minbeſten
Einfluß hat.

Weitbrecht (Tentamen theoriae, qua afcenſus aquae
in tubis capillaribus explicatur, in Comm. Petrop. To. VIII.
p. 261. und Explicatio difficiliorum experim. circa afcen-
ſum aquae in tubos cap. ebend. To. IX. p. 275.) theilt
ſehr ſchätzbare Bemerfungen und Verfuche über das Anhängen ans Glas und die Geſtalten der Tropfen mit, und
ſcheint unter allen die genauſten Experimentalunterfuchun-
gen über dieſen Gegenſtand angeſtellt zu haben. Bey der
Erflärung ſelbſt, die er von der Attraction und Cohäſion
(attractione continuata) herleitet, unterfcheidet er ſehr
richtig die Wirfung des Glaſes aufs Waſſer von der Wir=
fung der Waſſertheile auf einander ſelbſt. Er leitet das
Aufſteigen von der ſtufenweiſe wirfenden anziehenden
Kraft der ganzen innern Glasfläche und von dem Zuſammenhange der Waſſertheilchen; die Erhaltung des aufge-

stiegnen Waſſers aber von der Anziehung des Ringes der
Glasröhre, mit welchem die Oberfläche der erhaltenen Waſ-
ferſäule zuſammenhängt, und von dem Zuſammenhange
des Waſſers unter ſich her. In engern Röhren wird jedes
Waſſertheilchen von mehrern Glaspunkten dieſes Ringes
zugleich angezogen, als in weitern.

Herr Gellert (De phaenomenis plumbi fuſi in tubis
capillaribus in Comm. Petrop. Tom. XII. p. 243.) findet
das geſchmolzene Bley in gläſernen und irrdenen Haarröhren niedriger, als von auſſen, und dieſe Tiefe unter der
äuſſern Horizontalebne (infra libellam) im umgekehrten
Verhältniße der Durchmeſſer, und in prismatiſchen Röhren (De tubis capillaribus priſmaticis, ebend. p. 252.) im
umgekehrten Verhältniße der Quadratwurzeln aus den
Grundflächen. Er erklärt dies auch ſehr richtig daraus,
daß die Theile des geſchmolznen Bleys unter ſich ſtärker
zuſammenhängen, als ſie vom Glaſe und Thone angezogen
werden.

De la Lande giebt in der oben angeführten Schrift
von dem Aufſteigen in Haarröhren folgende Erklärung.
Wenn Waſſer in einem Gefäße ruhig ſteht, ſo haben alle
lothrechte Säulen deſſelben einerley Gewicht und einerley
Anziehung. Die eingetauchte Glasröhre treibt einen Theil
einer ſolchen Säule aus der Stelle, und bewirkt mehr Anziehung, als dieſer Theil. Dadurch werden die unter der
Oefnung ſtehenden Waſſertheilchen aufwärts gezogen, und
verlieren etwas von ihrem Gewichte. Die innere Waſſerſäule im Haarrohre wird alſo leichter, und muß von den
äuſſern weiter in die Höhe getrieben werden, bis das Gewicht des aufgeſtiegnen Waſſers der Anziehung der Röhre
gleich iſt. Ueberdies zieht noch der untere Theil der Glasröhre, ſo weit ſein Wirkungskreis reicht, die anliegenden
Waſſertheile gegen ſich, ohne daß dieſe Anziehung von andern unterwärts liegenden Glastheilen wieder aufgehoben
würde. Endlich wird auch die Oberfläche des aufgeſtiegnen
Waſſers von dem anliegenden Glasringe gegen ſich gezogen,
und dieſer Anziehung wirkt zwar eine gleich ſtarke Anziehung gegen das Glas nach unten entgegen, die aber durch

die Anziehung des Wassers unter sich selbst vermindert wird.
Setzt man die Kraft, mit welcher das Wasser vom Glase,
so weit dessen Wirkung reicht, angezogen wird = g, und
die, womit es vom Wasser selbst in gleicher Weite angezogen wird = w; so ist die ganze Anziehung aus der ersten
Ursache = g — w, aus der zweyten ebenfalls = g — w,
aus der dritten = g — (g — w) = w. Die ganze Anziehung also = 2g — 2w + w = 2g — w. Daher müste
das Wasser noch steigen, wenn nur die Anziehung des Glases über halb so groß, als die des Wassers unter sich selbst,
wäre. Man kan dies leicht auf das Quecksilber anwenden,
wo bey Einsenkung einer Glasröhre die Anziehung oberwärts schwächer wird, und der unterwärts nach dem übrigen Quecksilber gerichteten nicht mehr das Gleichgewicht
hält, daher das Gewicht der Säule vermehrt wird, und
die übrigen sie nicht mehr so hoch erhalten können, als sie
selbst sind, u. s. w.

Eben so steigt auch Wasser zwischen ein Paar ebnen
Glasplatten, die man nahe genug an einander bringt, in
prismatischen engen Röhren und in engen Oefnungen und
Zwischenräumen anderer Körper in die Höhe. So saugen
Schwämme, Salz, Zucker, Erde, Holz, Leinwand,
Löschpapier, Dachte, Stricke u. dgl. allerley flüßige Ma-
terien, nicht aber Quecksilber, in sich; so steigt der Saft in
die Gefäße der Bäume und Pflanzen, s. Abhäsion.

Obgleich D. Hook (Micrographia Obf. VII.) mit
vielem Scharfsinne zu behaupten gesucht hat, daß die Wirkung der Haarröhren vom Drucke der Luft herrühre, so
sind doch die Versuche dieser Meinung schlechterdings entgegen. Und da sich diese Erscheinungen auch weder aus dem
Drucke des Aethers, noch aus einem bloßen Zusammenhange erklären lassen, so machen sie einen Hauptbeweis
für das Daseyn einer anziehenden Kraft in der Materie
aus.

C. B. *Funccii* Diff. de afcenfu fluidorum in tubis capillaribus Comment. I et II. Lipf. 1773. 4.

Erxleben Anfangsgr. der Naturlehre, Gött. 1787. S. §. 184.
u. f.

Härte, Durities, *Dureté*. Diejenige Eigenschaft der Körper, vermöge welcher sie durch den Druck oder Stoß ihre Gestalt, d. i. die Lage ihrer Theile gegen einander, nicht ändern lassen. Da wir keinen vollkommen harten Körper kennen, so drückt das Wort Härte gemeiniglich nur einen relativen Begrif aus, und man schreibt diese Eigenschaft denjenigen Körpern zu, welche zur Aenderung ihrer Gestalt eine sehr große Kraft erfordern. So nennt man Steine hart, wenn sie mit dem Stahle Feuer geben u. s. w. Eine absolute Härte findet sich vielleicht nirgends, als in den ersten Elementen oder Atomen der Körper; und die relative Härte der zusammengesetzten Körper besteht in nichts andern, als in dem Zusammenhange ihrer Theile, s. Hart, Cohäsion.

Härten des Stahls, s. Stahl.

Hagel, Schloßen, Grando, *Grêle*. Der Hagel besteht aus gefrornen Wassertheilen, welche in Eisklumpen vereint aus der Atmosphäre niederfallen. Die Regentropfen nemlich können vielleicht nach ihrer Entstehung aus den höchsten Gegenden, welche man daher die Region des Hagels nennet, in niedrigere Gegenden des Luftkreises gelangen, welche vorzüglich kalt sind, wo sie sich in Eiskügeichen oder Kerne verwandlen. Beym weitern Fallen nehmen sie dann die feuchten Dünste, die ihnen begegnen, auf; diese frieren um den Kern herum an, und bilden die ihn umgebenden Schalen oder Eisrinden; oft hängen sich mehrere solche Kerne in eckigten Klumpen an einander, und so kömmt es, daß man die Schloßen oder Hagelkörner bisweilen rund, als einen festen mit dünnen Eisschalen umgebnen Kern, bisweilen in unregelmäßigen und eckigten Gestalten findet. Dies ist wenigstens die gewöhnliche Erklärung dieser für Felder und Saaten so verderblichen Luftbegebenheit.

Die Hagelkörner sind von sehr verschiedner Größe. Man hat dergleichen, wiewohl selten, von dem Gewichte eines Pfundes gesehen. Die auf den Bergen fallen, sind nach Scheuchzer und Beccaria (Lettere del elettricismo,

Lett. 15.) kleiner, als die in den Plänen. Selten ist ihre
Gestalt vollkommen rund; sie sind vielmehr unregelmäßig
abgeplattet, und oft, wenn sie mit starken Stürmen niederfallen, durch das Aneinanderschlagen zerbrochen. Ihr
innerer Kern ist undurchsichtig und einem compacten Schnee
ähnlich; die äussere Schale ist hell und durchsichtig.

Es ist eine sehr bekannte Sache, daß es äufferst selten
im Winter hagelt, und daß die heftigsten Hagelwetter,
welche insgemein mit Sturm, Donner und Blitz begleitet
sind, in den Monaten May, Junius, Julius und August
auch meistens bey Tage, einfallen. Der Wind ist dabey
sehr veränderlich, und mehrentheils geht unmittelbar vor
dem Hagelwetter eine Hauptveränderung seiner Richtung
vorher. Das Aneinanderstoßen der Hagelkörner verursacht
ein Getöse in der Luft. Oft fällt der Hagel mit Regen
vermischt, bisweilen aber geht auch der Regen voran, und
verwandlet sich in der Folge in Hagel. Vor den heftigen
Gewittern, welche die Hagelwetter begleiten, ist es gemeiniglich sehr schwül; beym Herabfallen des Hagels aber und
noch mehr nach demselben, findet man die Luft abgekühlet.

Dennoch giebt es einzelne Beyspiele von Hagelwettern,
die im Winter oder in der Nacht gekommen sind, wie z. B.
in Montpellier am 30 Jänner 1741 (Mém. de Paris 1741.
p. 218.). Sie sind alsdann desto heftiger und allezeit mit
schrecklichen Donnerwettern begleitet. Diese Fälle sind jedoch nur Ausnahmen, und die Regel bleibt allemal diese,
daß es blos im Winter schneyt und blos im Sommer hagelt, so wie in den Zwischenzeiten, zumal im Frühling, der
zarte Graupenhagel (greßl) fällt, der vom Schnee die
Weichheit und vom Hagel die Figur hat.

Diese Regel hat man sonst dadurch zu erklären gesucht,
daß im Winter der ganze Luftkreis zu kalt sey, als daß das
Wasser darinn in Tropfen sollte zusammenfließen können.
Aber der Umstand, daß die schweren Hagelwetter allemal
Donnerwetter sind, scheint wohl deutlich zu beweisen, daß
zur Entstehung des Hagels ein Ausbruch der Elektricität
erforderlich sey. Monges (Lettre sur la formation de la grêle in Rozier Journal de phyf. Sept. 1778.) führt ein Bey-

spiel an, daß es bey einem Regen, der einige Tage, ohne zu blitzen, angehalten hatte, sogleich zu hageln anfieng, als es anfieng zu blitzen. Welcher Zusammenhang aber zwischen der Elektricität und der Erzeugung des Hagels statt finde, ist noch sehr dunkel.

Herr de Lüc (Idées sur la meteorologie To. II. Sect. 3. ch. 2.) schließt aus dem schneeähnlichen Kerne der Hagelkörner, daß sie sich nicht aus Regentropfen, sondern aus Schneeflocken bilden, welche im obern Theile der Gewitterwolke durch ein plötzliches Erkalten, das von irgend einer chymischen Ursache abhängt, entstehen und im Fallen durch das Gewölk streichen. Nach dieser Hypothese kan sich der Hagel nicht, wie man sonst gewöhnlich annahm, in den höchsten Gegenden der Atmosphäre bilden, weil die Gewitterwolken immer sehr niedrig gehen. Und dann wird es wiederum sehr schwer, die bisweilen so beträchtliche Größe und unregelmäßige Gestalt der Hagelkörner zu erklären. Diese Luftbegebenheit gehört also noch zur Zeit unter diejenigen, über welche wir erst in Zukunft von genauern Untersuchungen des Luftkreises richtigere Belehrungen erwarten müssen.

Muschenbroek Introd. in philos. nat. To. II. §. 2391 sq.
Erxlebens Anfangsgr. der Naturlehre, Vierte Auflage durch Lichtenberg, §. 736.

Halbkugeln, Hemisphäre, Hemisphaeria, *Hémisphéres*.

Jeder größte Kreis theilt die Kugel durch seine Ebne, und die Kugelfläche durch seinen Umkreis in zwo gleiche Helften, welche man Halbkugeln nennt. Insbesondere führen diesen Namen in der Geographie und Sternkunde die Helften, in welche die Erd- und Himmelskugel durch den Horizont, Aequator und Mittagskreis getheilt werden.

Der Horizont theilt uns den Himmel in die sichtbare und unsichtbare, oder welches eben so viel ist, in die obere und untere Halbkugel ein. Auch auf der Erdkugel Taf. VIII. Fig. 2. kan man für den Beobachtungsort o, den man sich stets oben gedenkt, und dessen wahrer Horizont m n ist, die Erde in die obere und untere Halbkugel m a o p n und m s t q n getheilt annehmen.

Der Aequator a q und A Q theilt die Erd= und Him=
melskugel in die nördliche und südliche Halbkugel,
a o p n q und a m s n q, AZPRQ und AHSNQ, wo=
von jene den Nordpol p und P, diese den Südpol s und S
in ihrer Mitte hat.

Der Mittagskreis des Beobachtungsorts o m s n p o
und ZHSNPZ theilt beyde Kugeln in die östliche und
westliche Halbkugel, wovon in der Figur gerade nur die
östliche sichtbar ist, die westliche aber auf ihre Rückseite
fällt. Jene hat den Morgenpunkt C, diese den entgegen=
gesetzten Abendpunkt in ihrer Mitte.

Der gröste Kreis endlich, dessen Ebne auf der nach
dem Mittelpunkte der Sonne gezognen Linie senkrecht steht,
theilt die Erdkugel und jeden dunklen Körper des Sonnen=
systems in die erleuchtete und dunkle Halbkugel ein.
Weil aber die Sonne einen größern Halbmesser hat, als
die dunklen Himmelskörper, so erleuchtet sie von jedem die=
ser Körper etwas mehr als die Helfte, und das erleuchtete
Hemisphär erstreckt sich ringsum über seine eigentliche Gren=
ze noch um die Größe des scheinbaren Halbmessers der Son=
ne, d. i. für die Erdkugel ohngefähr um 15 Minuten eines
größten Kreises hinaus.

Halbkugeln, magdeburgische, Hemisphae-
ria Magdeburgica, *Hémisphères de Magdebourg.* Der
Erfinder der Luftpumpe, Otto von Guericke zu Magde=
burg, stellte unter andern merkwürdigen Versuchen mit
diesem Instrumente auch folgenden an. Er ließ zwo ku=
pferne Halbkugeln A und B, Taf. X. Fig. 49., $\frac{67}{100}$ einer
magdeburgischen Elle im Durchmesser, verfertigen, wel=
che genau an einander passeten. An einer derselben war
bey H ein Hahn angebracht, durch welchen man nach Ge=
fallen die Verbindung zwischen der innern und äussern Luft
aufheben und wieder eröfnen konnte. Rings herum waren
Rinken angebracht, um Seile durchzuziehen und Pferde
daran zu spannen. Zwischen die auf einander passenden

Ränder der Halbkugeln ward ein mit Wachs und Terpentin getränkter lederner Ring gelegt.

Diese Halbkugeln legte Guericke auf einander, und zog bey geöfnetem Hahne, vermittelst seiner Luftpumpe, die Luft aus dem innern Raume schnell heraus, wodurch beyde stark an einander gedrückt, und wenn man den Hahn verschloß und sie abnahm, vom Drucke der äussern Luft so fest vereiniget wurden, daß 16 Pferde sie nur mit Mühe aus einander reissen konnten, wobey man einen Knall, wie einen Büchsenschuß, hörte. Oefnete man aber durch Umdrehung des Hahns der äussern Luft den Zugang, so konnte sie jedermann leicht mit der bloßen Hand aus einander bringen. Guericke berechnet den Druck der Luft auf den grösten Kreis jeder Halbkugel zu 2686 Pfund; welches aber zu viel ist, weil er die Wassersäule, die der Atmosphäre gleich wiegt, 20 Ellen hoch annimmt, da sie doch nur 32 rheini. Schuhe zur Höhe hat. Ueberdies war auch der innere Raum bey weitem nicht völlig leer von Luft, und es ist also noch der Gegendruck der zurückgebliebenen innern Luft abzuziehen. Die 2686 Pfund auf 8 Pferde, die an jeder Halbkugel zogen, vertheilt, gäben auf jedes 336 Pfund. Da man nun die Kraft eines Pferdes im horizontalen Zuge nur 175 Pfund rechnen kan, so wäre es unmöglich gewesen, die Kugeln durch 16 Pferde aus einander zu reissen, wenn Guerikens Rechnung richtig, und sein Vacuum vollkommen gewesen wäre.

Er ließ nachher zwo noch größere Halbkugeln, von einer ganzen Elle im Durchmesser verfertigen, welche von 24 — 30 Pferden nicht aus einander gebracht werden konnten. Die kleinern brachte er auch an einem festen Gestelle in seinem Hofe an, wo sie mehrere Centner Gewichte trugen ohne aus einander zu gehen.

Diese Versuche zeigte Guericke schon im Jahre 1654. auf dem Reichstage zu Regensburg in Gegenwart des Kaisers Ferdinand des Dritten und vieler Großen des Reichs, wodurch die Erfindung der Luftpumpe bekannter und die Lehre vom Drucke der Luft mehr ausgebreitet ward. Weil also diese Halbkugeln in der Geschichte der Physik merkwür-

dig sind, und auch an sich einen schönen Experimentalbe=
weis von der Größe des Drucks der Atmosphäre abgeben,
so sind sie bis jetzt unter dem Namen der **magdeburgi=
schen Halbkugeln** ein Theil der phyſikaliſchen Experimen=
talgeräthſchaft geblieben. Wie man den Verſuch damit be=
quem einrichte, lehrt **Wolf** (Nützliche Verſuche, Th. I.
Cap. 5. §. 115 u. f.).

Ottonis de Guericke Experimenta nova Magdeburgica de vacuo ſpatio. Amſtelaed. 1672. fol. L. III. cap. 23. 24. 25.

Halbmetalle, Semimetalla, *Demi-metaux.* Die=
ſen Namen führen einige Subſtanzen, welche alle Eigen=
ſchaften der Metalle, als Schwere, Undurchſichtigkeit,
Glanz, Unvereinbarkeit mit erdigten Materien u. ſ. w.
nur die Dehnbarkeit ausgenommen beſitzen, vom Feuer
aber in Dämpfe verwandlet werden — **feuer=unbeſtän=
dig=undehnbare Metalle.** Die neuern Chymiſten ſehen
die ſonſt ſehr gebräuchliche Eintheilung in Metalle und
Halbmetalle nicht mehr für weſentlich an, da man jetzt
Mittel findet, Subſtanzen dehnbar zu machen, die ſonſt zu
den Halbmetallen gezählt wurden.

Die bis jetzt bekannten Halbmetalle ſind der **Spieß=
glaskönig, Wismuth, Kobaltkönig, Arſenikkönig,
Nickel** und **Braunſteinkönig.** Man ſ. die Artikel:
Spießglas, Wismuth, Kobalt, Arſenik, Nickel.
Einige haben das Queckſilber unter die Halbmetalle zählen
wollen; es läſt ſich aber gefroren unter dem Hammer ſtre=
cken, und muß daher unter die Metalle gerechnet werden;
eben ſo wie der Zink, den man zu Drathe ziehen und zu
Blechen walzen kan, ſ. Zink. Dagegen iſt der Nickel erſt
von Herrn **Cronſtedt** den vorher bekannten Halbmetallen
beygefügt werden.

Der **Braunſtein** (Magneſia nigra, ſ. vitriariorum,
Manganéſe) iſt ein ziemlich harter mineraliſcher Körper
von dunkelgrauer, ſchwärzlicher oder röthlicher Farbe und
von ſtreifigtem Gewebe, den man unter dem Namen der
Glasſeife in den Glashütten braucht, um dem grünen
Glaſe die Farbe zu benehmen. Man hat ihn lange Zeit

für ein Eisenerz gehalten; aber Pott (Miscell. Berol. To. VI.
1740 p. 40. sq.) und Cronstedt fanden schon, daß er dieses
nicht sey.. Sage führt ihn unter den Zinkerzen auf. Endlich entdeckten Gahn im Jahre 1774 und Bergmann
(Nov. Act. Upsal. Vol. II. p. 246 sq.), daß er ein ganz
neues Halbmetall, den Braunsteinkönig (Magnesium),
enthalte. Dieser Braunsteinkönig ist brüchig, auf dem
Bruche körnigt, weiß und glänzend, und noch härter und
strengflüßiger, als das Eisen. Sein Kalk sieht schwarz,
und im strengsten Feuer grün aus, wird aber, wenn er
mehr Brennbares erhält, weiß. Lapeirouse (Obs. sur
quelques proprietés de la manganèse in *Rozier* Journal
de phys. To. XVI. p. 156.) und de Morveau (ebend.
p. 157. und p. 348. sq.) haben diesen König ebenfalls erhalten, und es außer Zweifel gesetzt, daß er ein eignes neues
Halbmetall sey. Seine specifische Schwere ist 6,850 mal
größer, als die des Wassers. In der Luft läuft er bald
an, und in feuchter verwittert er zu einem schwärzlich braunen Kalke, der schwerer, als der König, ist. Er löset
sich in allen Säuren, vorzüglich in der Salpetersäure, auf.
Durch Rösten giebt er einen schwärzlichen Kalk, der bey
starkem Feuer in ein gelblich braunes durchsichtiges Glas
verwandlet wird.

Das Wasserbley (Molybdaena) und Reißbley
(Plumbago) sind keine Halbmetalle, sondern vielmehr ver-
brennliche Substanzen, welche etwas Eisen enthalten.
Scheele fand in dem ersten eine besondere mit Schwefel
übersetzte Säure, im letztern viel Brennbares und fixe
Luft.

Von dem neuen Metalle, welches Scheele und Bergmann aus dem Tungstein, die Gebrüder de Luyart aber
aus dem Wolfram gezogen habe, werde ich bey dem Worte: Metalle, etwas anführen.

Macquer chym. Wörterb. mit Hrn. Leonhardi Anm. Art.
Halbmetalle, Braunstein.

Halbleiter, unvollkommne Leiter der Ele-
ktricität, schlechte Leiter, Conductores electricitatis

deterioris conditionis, *Conducteurs imparfaits*. Materien, welche die Elektricität nicht anders, als mit merklicher Schwierigkeit, leiten. Die Grenzen der ursprünglich elektrischen Körper und der Leiter laufen so in einander, daß es einige giebt, in welchen sich in der That eine ursprüngliche Elektricität erregen läst, und die doch zu gleicher Zeit in einigem Grade leiten, s. **Elektrische Körper, Leiter.** Dieses sind die schlechtesten aus beyden Classen, z. B. trockenes, nicht gedörrtes Holz, trockne und reine Marmor- und Alabasterplatten, Achat, Chalcedon, Elfenbein, Schildpatt, mit Leinöl imbibirtes oder überkalktes Holz, trocknes Leder, Pergamen, Papier ꝛc. Diese Halbleiter sind durch **Volta's** Erfindung des Condensators der Elektricität merkwürdig geworden, s. **Condensator der Elektricität.**

Halbschatten, Penumbra, *Penombre.* Wenn ein leuchtender Körper nicht als ein bloßer Punkt angesehen werden kan, sondern eine merkliche Größe hat, so haben die Schatten, welche dunkle von ihm erleuchtete Körper ihm gegenüber werfen, keine genau begrenzten Umriße, sondern verlaufen sich unvermerkt und allmählich aus dem Dunkeln ins Helle. Der blaße den völligen Schatten umgebende Streif heißt alsdann der **Halbschatten.**

Man setze, Taf. X. Fig. 50. sey A B ein lothrecht stehender von der Sonne S T beschienener Stab, auf dem wagrechten Boden D E. Dieser wird der Sonne gegenüber den Schatten A c werfen. Es hat aber die Sonne eine merkliche scheinbare Größe, und ihr Durchmesser S T erscheint aus B, der Spitze des Stabs, unter dem Winkel S B T, welcher ohngefähr 31 Minuten beträgt. Könnte man die Sonne als den bloßen Punkt T ansehen, so würde T in allen Punkten zwischen A und c verdeckt, denen von c gegen E liegenden aber sichtbar seyn, d. i. der Schatten würde genau bis c reichen. Wegen der Größe des Sonnendurchmessers aber bekömmt schon der Punkt C Licht von S, und also erhalten alle zwischen C c liegende Punkte Licht von einem desto größern Theile der Sonne, je näher

sie an c liegen, bis endlich c von der ganzen Sonnenschei=
be erleuchtet wird. Daher hört der völlige Schatten
bey C so auf, daß die Dunkelheit nach und nach abnimmt,
und erst bey c in völliges Licht übergeht. So ist Cc die
Länge des Halbschattens. Diese Länge kan durch trigo=
nometrische Rechnung gefunden werden, wenn die Höhen
des obern und untern Sonnenrandes, oder die Winkel C
und c, und die Höhe des Stabs AB, gegeben sind. Sie
ist alsdann =AB × (cotang. c —cot. C), und wird desto
geringer, je größer die Winkel C und c sind, d. i. je höher
die Sonne steht. Daher ist der Mittag die schicklichste
Zeit für Messungen von Höhen oder Sonnenhöhen vermit=
telst des Schattens, welche durch den Halbschatten unsicher
gemacht werden.

Die dunkeln Himmelskörper, z. B. Erde und Mond,
werfen der Sonne gegenüber den Schatten EFH, Taf.
IX. Fig. 27., welcher ringsum mit dem Halbschatten
EIKF umgeben ist. Dieser Halbschatten begreift die
Punkte in sich, welchen nur ein Theil der Sonne vom dun=
keln Körper verdeckt wird. Nahe am ganzen Schat=
ten EFH, z. B. bey t und r ist die Dunkelheit groß, und
verläuft sich nach und nach ins völlige Licht bey L und M.
Der Halbschatten der Erdkugel macht die Beobachtungen
der Mondfinsternisse sehr unsicher, s. Finsternisse.
Ueber die Grade der Dunkelheit in verschiedenen Stellen
des Halbschattens hat de la Hire (Mém. de Paris. 1711.)
Untersuchungen angestellt.

Es kommen aber bey den Halbschatten der Körper die
Erfahrungen nicht mit der geometrischen Theorie überein.
Die Ursache davon ist die Beugung derjenigen Lichtstralen,
welche an den Rändern der dunklen Körper hinfahren und
den Halbschatten begrenzen, s. Beugung des Lichts.
Der Theorie nach sollten z. B. die Halbschatten von beyden
Seiten eines cylindrischen Körpers an der Sonne erst in
einer Entfernung von 110 Dicken des Cylinders in der Mit=
te des ganzen Schattens zusammen kommen, weil die Co=
tangente von 31 Minuten = 110,8 ist; nach Maraldi's
Versuchen aber (Mém. de Paris. 1723.) kommen sie schon

in einer Entfernung von 38 — 45 Dicken zusammen. Dies
nennt Maraldi den falschen Halbschatten (*pénombre
fausse.*).

Hart, Durum, *Dur.* Hart heißt ein Körper,
wenn sich seine Gestalt, d. i. die Lage seiner Theile gegen
einander durch keinen Druck oder Stoß ändern läst. Im
Gegentheil heißt der Körper weich, wenn er Aenderungen
seiner Gestalt zuläßt, und diese geänderte Gestalt auch be=
hält; elastisch aber, wenn er zwar die Gestalt ändern
läßt, aber nach aufhörendem Drucke oder Stoße die vorige
wieder annimmt. Nun zeigt die Erfahrung, daß alle zu=
sammengesetzte Körper Aenderungen ihrer Gestalt zulassen.
Daher giebt es unter ihnen keinen vollkommen oder ab=
solut harten Körper, und das Wort Hart drückt insge=
mein einen blos relativen Begrif aus: wir nennen diejeni=
gen Körper hart, welche zu Aenderung ihrer Gestalt eine
große Kraft, oder mehr Kraft als andere, erfordern. So
heißt ein Stein hart, wenn er mit dem Stahle Feuer giebt,
d. i. wenn zu Trennung seiner Theile eine Kraft erfordert
wird, welche zugleich vermögend ist, die Theile des Stahls
zu trennen u. s. w.

Wenn man sich Atomen, oder erste untheilbare Ele=
mente der Materie gedenken will, so müssen dieselben un=
streitig vollkommen hart angenommen werden. Denn
da sie keine weitern Theile haben sollen, so läst sich der Be=
grif von Aenderung der Lage der Theile auf sie gar nicht
anwenden; sie können daher weder weich noch elastisch ge=
dacht werden. Also scheinen doch die Atomen vollkommen
hart zu seyn, wenn es auch die zusammengesetzten Körper
nicht sind; nnd die Härte gehört wenigstens unter die hy=
pothetischen Eigenschaften der Materie.

Johann Bernoulli aber (Discours fur le mouvement in Opp. To. III. no. 135. ch. I.) hat aus Ursachen,
welche sich auf die Gesetze des Stoßes und der Stetigkeit
gründen, auch den ersten Theilen der Materie die Härte
abgesprochen, s. Stetigkeit. Es kömmt hiebey freylich
auf den Begrif an, den man sich von der Materie über=

haupt machen will; wenn man aber sonst Ursachen hat, Atomen anzunehmen, die doch der Natur der Sache nach hart gedacht werden müssen, so ist das Gesetz der Stetigkeit allein nicht hinreichend, diesen Begrif umzustoßen, weil es sich blos auf Induction aus den Phänomenen gründet, und vielleicht manche Ausnahmen leiden kan, wenn man auf die ersten Ursachen der Dinge zurückgeht.

Was die Härte der zusammengesetzten Körper betrift, so ist dieselbe im gewöhnlichen Sinne genommen, eine Folge des Zusammenhangs ihrer Theile, und beruht also mit diesem auf einerley Gründen, f. Cohäsion.

Harze, Resinae, *Resines.* Die Harze sind im Wasser unauflößliche verbrennliche Substanzen, welche in der Kälte brüchig, wie Glas, sind, bey gelinder Wärme weich werden, und bey größerer Hitze so zähe fließen, daß sie sich zu Fäden ziehen lassen. Sie werden aus den Bäumen und Pflanzen, aus welchen sie ausschwitzen, gesammlet, zum Theil auch, wie das Pech, durch Feuer mit Gewalt herausgetrieben oder durch Auflösung im Weingeiste abgeschieden. Viele Bäume, Wurzeln und Pflanzen sind ganz damit angefüllt. Die gemeinen Harze werden zu Fackeln und Verpichung der Fäßer, Schiffe und Kähne, die feinern durchsichtigen zu Bereitung der Firniße, die aus der Jalappe, dem Scammonium u. a. in der Arzneykunst, die Benzoe und der Storax zum Räuchern gebraucht. Die bey der gewöhnlichen Temperatur schon flüßigen heißen **Balsame.** Das elastische oder Federharz (Resina elastica, *Caoutshouc*) entsteht durch Eintrocknen eines milchweissen Safts, der in Guiana, Quito, Cayenne und Isle de France aus dem Baume Heve läuft (f. *Juliaans* Diss. de resina elastica Cayennensi, Traj. ad Rhen. 1780. 4. im Auszuge in den leipziger Sammlungen zur Physik und Naturg. II B. 6 St.). Das gemeine Harz wird auch als ein Nicht-leiter in mancherley Absichten beym elektrischen Apparat gebraucht.

Macquer chym. Wörterbuch, Art. **Harze,** und **Leonhardt** in der Anm. zu dem Art. Oel.

$\mathfrak{H}$arzelektricität, negative oder Minus = elektricität, Electricitas resinosa s. negativa, *Electricité resineuse ou negative.* Diejenige Elektricität, welche das gemeine Harz oder Pech, Siegellack 2c. durch Reiben mit der Hand, Hasenbalg, Leder und den meisten andern Substanzen erhält. Sie ist, nach du Fay's Entdeckung, derjenigen Elektricität, die das glatte Glas durch Reiben mit eben diesen Substanzen erhält, entgegengesetzt, so daß ein elektrisirter Körper, welchen das geriebene Harz anzieht, in eben dem Zustande vom geriebenen Glase abgestoßen wird. Franklin und überhaupt alle, welche nur eine einzige elektrische Materie annehmen, erklären die Harzelektricität aus dem Mangel dieser Materie, und nennen sie daher die negative oder Minus = elektricität, s. **Elektricität**, unter dem Abschnitte: **Entgegengesetzte Elektricitäten**.

$\mathfrak{H}$aspel, s. **Rad an der Welle**.

$\mathfrak{H}$auptgegenden,Cardinalpunkte, Plagae cardinales, Cardines mundi, *Points cardinaux.* Die vier Punkte, in welchen der Horizont vom Mittagskreise und Aequator durchschnitten wird. Weil die beyden letztern Kreise auf einander senkrecht stehen, alle drey aber größte Kreise sind, so wird der Horizont durch diese vier Durchschnittspunkte in vier gleiche Theile oder Quadranten getheilt. Wo ihn der Mittagskreis schneidet, da liegen der Mittags = und Mitternachtspunkt, der letztere nach der Gegend des bey uns sichtbaren Weltpols zu, der erste diesem gegenüber. Eine Linie von einem zum andern gezogen, heißt die Mittagslinie. Der Aequator aber bestimmt durch seine Durchschnitte mit dem Horizonte den Morgen = und Abendpunkt so, daß dem gegen Mittag gekehrten Zuschauer der Morgen zur Linken und der Abend zur Rechten liegt. Diese vier Punkte führen auch die Namen: Nord, Süd, Ost und West, unter welchen bisweilen nicht allein die Punkte selbst, sondern auch die um sie herumliegenden Gegenden der Himmelskugel verstanden werden, s. Weltgegenden.

Hebel, Vectis, *Levier.* Wenn man sich an einer festen unbiegsamen Verbindung von Körpern drey Punkte gedenken kan, um deren einen, den **Ruhepunkt,** die ganze Verbindung sich drehen läst, indem an den beyden andern Punkten zwo Kräfte einander entgegen wirken, so heißt diese Verbindung ein **Hebel.** Ein Beyspiel hievon giebt der Wagbalken, dessen Ruhepunkt in der Mitte liegt, indeß die Gewichte in beyden Wagschalen den Balken selbst nach entgegengesetzten Richtungen umzudrehen streben. Der Hebel ist die einfachste unter allen Maschinen, und seine Theorie liegt bey der Betrachtung aller übrigen zum Grunde.

Wenn man die Materie des Hebels nebst ihrem Gewichte bey Seite setzt, und sich die genannten drey Punkte blos durch mathematische Linien verbunden denkt, so heißt diese Verbindung ein **mathematischer,** und wenn alle drey Punkte in einer geraden Linie liegen, ein **geradlinigter** mathematischer Hebel, wie A C B Taf. X. Fig. 51., C B Fig. 52. und C B A Fig. 53. Der Ruhepunkt C heißt auch der **Bewegungs-** oder **Umdrehungspunkt** (centrum motus, *point d'appui*), und das, worauf der Hebel in C liegt, die **Unterlage** (hypomochlium). In manchen Fällen, wie bey Fig. 52. wird es eine Ueberlage; oder es ist eigentlich als ein Zapfen anzusehen, um den sich der Hebel dreht, ohne auf- und abwärts weichen zu können.

Liegt der Ruhepunkt C zwischen den beyden andern Punkten A und B, an welchen die Kräfte angebracht sind, wie bey Fig. 51., so heißt dies ein **Hebel der ersten Art,** ein **doppelarmichter** oder **zweyseitiger Hebel** (vectis heterodromus), bey dessen Bewegung die Kräfte nach verschiedenen Seiten gehen, z. B. D fällt, wenn E steigt. Befindet sich aber der Ruhepunkt C an einem Ende wie Fig. 52. und 53., so ist es ein **Hebel der andern Art,** ein **einarmichter, einseitiger Hebel** (vectis homodromus), bey dessen Bewegung beyde Kräfte nach einerley Seite gehen. Hier ist nemlich in A eine aufwärts ziehende Kraft D angebracht, welche zugleich mit E steigen und sinken muß.

Unnöthiger Weise nehmen einige, z. B. Wolf, noch einen Hebel der dritten Art, oder Wurfhebel an. Sie unterscheiden nemlich die Kraft von der Last, geben blos dem Falle Fig. 53., wo die Last in der Mitte ist, den Namen der zweyten Art, und führen Fig. 52., wo sich die Kraft in der Mitte befindet, als die dritte Art, auf. Es ist aber diese Abtheilung ganz überflüßig, weil Kraft und Last blos bey der Ausübung unterschieden, in der Theorie aber zusammen als zwo entgegengesetzte Kräfte betrachtet werden müssen.

Gesetz des Gleichgewichts der Kräfte am Hebel.

Am geradlinigten mathematischen Hebel stehen senkrecht wirkende Kräfte D und E im Gleichgewichte, wenn sie sich verkehrt, wie ihre Entfernungen oder Abstände vom Ruhepunkte (f. Entfernung einer Kraft vom Ruhepunkte) d. i. wie CB : CA, verhalten. So wird z. B. der Hebel Fig. 53. im Gleichgewicht stehen, wenn das in der Entfernung CB angebrachte Gewicht E doppelt so groß ist, als die in der doppelten Entfernung CA aufwärts ziehende Kraft D.

Dieses Gesetz des Gleichgewichts der Kräfte am Hebel, auf welchem die ganze Statik und Maschinenlehre beruht, war schon in den ältesten Zeiten bekannt, und wird bereits vom Archimedes (De aequiponderantibus Lib. I. Prop. VI. in *Archimedis* Opp. per *Isaacum Barrow*, Lond. 1675. 4. ingl. Archimedis Kunstbücher, verteutscht von J. C. Sturm. Nürnberg, 1670. fol. Erstes Buch: Von der Flächen Gleichwichtigkeit) aus der Lehre vom Schwerpunkte erwiesen. Man findet den archimedeischen Beweiß mit einiger Abänderung in den wolfischen Anfangsgründen der Mechanik, und bey vielen ältern mechanischen Schriftstellern. Archimed hatte ihm die Wendung gegeben, daß er zeigte, es sey kein Grund da, warum sich der Hebel unter der Bedingung, die das Gesetz enthält, auf die eine Seite eher, als auf die andere, drehen sollte, daher er sich gar nicht drehe. Man hat deswegen gesagt, daß Herr von

Leibnitz seinen Saß des zureichenden Grundes aus diesen Büchern des Archimedes entlehnt habe.

Es ist aber dieser archimedeische Beweis, wie schon Barrow bemerkt, darum unzulänglich, weil dabey unerwiesen angenommen wird, der Schwerpunkt bleibe einerley, man möge Körper verbinden oder trennen. Daher suchte Descartes (Tract. de Mechanica in Opusc. posth. Amstel. 1701. 4.) die ganze Statik aus dem neuen Grundsaße herzuleiten, daß das wahre Vermögen einer bewegenden Kraft dem Produkte der bewegten Masse in ihre Geschwindigkeit gleich sey. Bewegt sich nemlich der Hebel A C B, Taf. X. Fig. 54. mit den Körpern A und B um den Ruhepunkt C bis in die Lage a C b, so verhalten sich die bewegten Massen, wie A:B, die Geschwindigkeiten, wie die in gleicher Zeit von ihnen durchlaufenen Räume oder Bogen A a und B b. Diese Bogen aber, als ähnliche, welche die beyden gleichen Winkel A C a und B C b messen, verhalten sich wie ihre Halbmesser C A und C B, daher C A : C B das Verhältniß der Geschwindigkeiten ist. Also sind nach dem Saße des Descartes die Kräfte, mit denen sich A und B bewegen, wie A $\times$ C A : B $\times$ C B. Ist nun A : B = C B : C A, so folgt

$$A \times C A = B \times C B$$

oder die bewegenden Kräfte sind einander gleich, suchen aber den Hebel auf entgegengesetzte Seiten zu drehen, daher er nach dem allgemeinen Saße des Gleichgewichts in Ruhe bleiben muß. Dieser allerdings sehr scharfsinnige Beweis, der eigentlich darauf beruht, daß es gleichen Aufwand von Kraft erfordert, 1 Pfund 2 Schuh hoch, und 2 Pfund in gleicher Zeit 1 Schuh hoch zu heben u. s. w. bleibt doch den Einwendungen ausgesetzt, daß das cartesianische Maaß der bewegenden Kräfte für einen Grundsaß nicht Evidenz genug hat, und daß im Gleichgewichte, wo der Hebel still steht, gar keine Geschwindigkeit betrachtet werden kan. Wenn gleich auf letzteres die Cartesianer antworten, es sey doch beym Gleichgewichte Kraft, oder Streben nach Bewegung mit einer gewissen Geschwindigkeit (sollicitatio ad motum, velocitas virtualis) vorhanden, die man in

biefem Falle ſtatt der wirklichen Geſchwindigkeit ſeßen kön=
ne, ſo entkräftet doch die Einwendung noch immer die ma=
thematiſche Schärfe dieſer Demonſtration.

Newton (Princip. L. I. Axiom. 3. Coroll. 2.) leitet
das Geſeß des Gleichgewichts am Hebel aus der Lehre von
Zuſammenſeßung der Kräfte her, und Varignon (Nouvelle mecanique ou Statique, à Paris, 1725. 4.) hat
auf dieſe Lehre die ganze Statik und Mechanik gebaut. Jo=
hann Bernoulli aber (Variae prop. mechanico - dynami-
cae Opp. To. IV. no. 177. §. V.) behauptet, es müſſe
vielmehr die Lehre von der Zuſammenſeßung der Kräfte auf
die Theorie des Hebels gegründet werden, wenn man einen
Cirkel im Beweiſen vermeiden wolle. Bey dieſen Unvoll=
kommenheiten der Beweiſe des erſten ſtatiſchen Grundgeſeßes
ſagte d'Alembert mit Recht (Traité de Dynamique, à
Paris, 1743. 4. préface), man ſey mehr bemüht geweſen,
das Gebäude der Mechanik zu vergrößern, als deſſen Ein=
gange Licht zu geben; man habe den Bau immer fortgeſeßt,
ohne für die gehörige Feſtigkeit des Grundes zu ſorgen.
Herr Hofrath Käſtner (Vectis et compoſitionis virium
theoria evidentius expoſita, Lipſ. 1753. 4.) hat endlich
dieſem Mangel abgeholfen, und einen völlig ſcharfen Be=
weiß für das Geſeß des Hebels gegeben, nach deſſen wie=
derholter Bekanntmachung er erſt einige ähnliche Betrach=
tungen in des de la Hire Mechanik fand. Ich will dieſen
Beweiß hier in möglichſter Kürze mittheilen.

Wenn an dem doppelarmichten Hebel die beyden auf
ihn ſenkrecht wirkenden Kräfte gleich groß und gleich weit
vom Ruhepunkte entfernt ſind, ſo kan keine von beyden die
andere überwinden. Denn eben die Urſachen, welche der
einen das Uebergewicht geben könnten, gelten auch von der
andern; folglich heben ſich beyde Kräfte auf, und es ent=
ſteht ein Gleichgewicht. Dieſer Saß hat Evidenz genug
für einen Grundſaß. Die Unterlage C, Taf. X. Fig. 51.
hat in dieſem Falle die Summe von D und E, oder D zwey=
mal zu tragen. Wenn alſo anſtatt der Unterlage nur eine Kraft
nach der Richtung C F zöge, die der Kraft D oder E zweymal

genommen, gleich wäre, so würde diese den Hebel tragen, und alles würde ruhen.

Nun nehme man an diesem Hebel das Gewicht D weg, und befestige dagegen den Punkt A so, daß er weder aufwärts noch unterwärts weichen kan, so wird sich der doppelarmichte Hebel in den einarmichten Taf. X. Fig. 52. verwandlen, wo die Kraft A D = 2 E. oder doppelt so groß, als die in B angebrachte, B aber noch einmal so weit vom Ruhepunkte C entfernt ist, als A; und wo sich unter diesen Umständen die einfache und die doppelte Kraft das Gleichgewicht halten.

Aber, wenn man nun diesen einarmichten Hebel jenseits der Unterlage um das Stück C F, Fig. 55., verlängerte, das dem Stücke C A gleich wäre, so würden unstreitig zwey Pfund an F gehenkt eben so stark unterwärts nach der Richtung F G ziehen, als zwey Pfund in A, die nach der Richtung A D zögen. Aber die letztern zwey Pfund stehen im Gleichgewichte mit einem Pfunde, das noch einmal so weit vom Ruhepunkte in B ziehet: also halten auch zweyPfund und einPfund am doppelarmichten Hebel einander das Gleichgewicht, wenn das eine Pfund E zweymal weiter vom Ruhepunkte C entfernt ist, als die zwey Pfund G am andern Arme.

Eben so kan man weiter schließen, daß in beyden Arten des Hebels das dreyfache Gewicht dem einfachen das Gleichgewicht hält, wenn das einfache dreymal weiter vom Ruhepunkte entfernt ist; das vierfache dem einfachen, wenn dieses viermal weiter entfernt ist u. w. Ueberhaupt also, daß das n sache Gewicht dem einfachen das Gleichgewicht hält, wenn das einfache n mal weiter vom Ruhepunkte absteht, als das n sache.

Wenn sich endlich die Kräfte D und E Taf. X. Fig. 56. überhaupt, wie m: n, und ihre Entfernungen C A und C B, wie n: m, verhalten, so nehme man C P so groß, daß es in C A n mal, in C B m mal enthalten ist, und stelle sich bey P ein angehangnes Gewicht L = n. D = m. E. und eine eben so große aufwärts nach P Q gerichtete Kraft vor. Beyde halten einander ungezweifelt das Gleichgewicht.

Aber die Kraft nach P Q hält auch mit D das Gleichgewicht, weil sie n mal größer als D, dafür aber D n mal entfernter vom Ruhepunkte C ist: und das Gewicht L hält mit E das Gleichgewicht, weil es m mal größer als E, dafür aber E m mal weiter entfernt von C ist. Mithin müssen sich auch D und E selbst das Gleichgewicht halten. Da sich jedes Verhältniß durch zwo ganze Zahlen ausdrücken läßt, welche für m und n gesetzt werden können, so gilt dieser Beweiß bey jedem Verhältniße der Kräfte, und es erfolgt überhaupt ein Gleichgewicht am Hebel der ersten Art, wenn sich die Kräfte verkehrt, wie die Entfernungen vom Ruhepunkte, verhalten.

Daß aber dieser Satz auch vom einarmichten Hebel gelte, erhellet sogleich, wenn man Cb = CB nimmt, und für E eine an b aufwärts nach b e ziehende Kraft = E substituirt. Es bleibt hiebey alles in Ruhe, weil die Kraft E bey b eben so auf die Umdrehung des Hebels wirkt, als das Gewicht E in der gleichgroßen Entfernung CB wirkte. Daher ist die Kraft bey b mit D im Gleichgewicht, wenn sie sich zu D wie n : m, ihre Entfernung Cb aber zur Entfernung C A, wie CB zu CA, d. i. wie m : n verhält. So ist das Gesetz des Gleichgewichts für beyde Arten des Hebels erwiesen.

Dieser Theorie zufolge steht ein Pfund mit tausend Pfunden im Gleichgewichte, wenn der Arm des mathematischen Hebels, woran das eine Pfund wirkt, tausendmal länger, als der andere Arm, ist. Unter diesen Umständen muß sogar ein Pfund Kraft mit einem hinzukommenden geringen Zusatze eine Last von 1000 Pfunden in Bewegung setzen können. Athenäus (Deipnosophisticorum L. V.) erzählt, Archimed habe durch Maschinen den König Hieron mit seiner Hand ein Schif bewegen lassen, und ihm, da er sein Erstaunen bezeugt habe, geantwortet: Gieb mir einen Standpunkt, so will ich die Erde bewegen. Dieser kühne Ausspruch hält zwar keine genaue Prüfung aus (s. *Sturm* Diss. Terra machinis immota, Altorf. 691. 4.). ist aber doch m gehörigen Sinne genommen in sofern richtig, als die

Theorie an sich den Verstärkungen der Kräfte durch den Hebel gar keine Grenzen setzt.

Wenn sich die Kräfte verkehrt, wie ihre Entfernungen vom Ruhepunkte verhalten, so muß das Product der einen Kraft in ihre Entfernung, dem Producte der andern in die ihrige gleich seyn. Man nennt daher dieses Product das **Moment** (momentum staticum), und drückt das Gesetz des Gleichgewichts am Hebel auch so aus: Wenn die Momente auf beyden Seiten gleich sind, so erfolgt ein Gleichgewicht, und wenn ein Gleichgewicht erfolgen soll, so müssen die Momente gleich seyn.

Wird der im Gleichgewichte stehende Hebel bewegt, wie Taf. X. Fig. 54., so verhalten sich die Wege, welche die Kräfte in gleichen Zeiten zurücklegen, wie die Arme des Hebels C A und C B, d. i. verkehrt, wie die Kräfte selbst. Ein Pfund also, das vier Pfund bewegt, muß vier Schuh weit gehen, indem die vier Pfund nur einen Schuh durchlaufen; es muß sich also viermal so geschwind bewegen. Je geringer die Kraft ist, womit die Last bewegt wird, desto größer muß die Geschwindigkeit der Kraft gegen die Geschwindigkeit der Last seyn. Man drückt diesen Satz so aus: **Soviel man an Kraft gewinnt, soviel verliert man an Geschwindigkeit.** Dies ist ein allgemeines Gesetz der Maschinenlehre, und wer 100 Pfund mit 1 Pfund heben will, muß die Kraft durch 100 Schuhe gehen lassen, wenn die Last um 1 Schuh gehoben werden soll.

Schiefer Zug der Kräfte.

Alles bisherige ist nur von Kräften erwiesen worden, welche senkrecht an den Armen des Hebels wirken. Jetzt aber ziehe eine Kraft K, Taf. XI. Fig. 57. an dem Hebel C B unter dem schiefen Winkel C B K. Wenn man aus dem Ruhepunkte C auf die Richtung der Kraft B K das Perpendikel C P fället, und sich vorstellet, das rechtwinklichte Dreyeck C P B könne um C gedrehet werden, so wird die Kraft K, bey P an die Linie C P angebracht, an dieser Linie mit dem Momente K $\times$ C P wirken. Sobald sie aber C P dreht, dreht sie zugleich das ganze Dreyeck C B P eben so stark mit, daher auch die Linie CB. Also ist das Moment, womit sie auf die Umdrehung von CB wirkt, auch = K ⨉ CP. Es ist aber ganz einerley, ob die Kraft K bey P angehangen und durchs Dreyeck CBP mit B verbunden, oder ob sie unmittelbar an B angebracht ist. Daher wird das Moment, für den schiefen Zug BK an B, durch das Product der Kraft in die aus dem Ruhepunkte auf die Richtungslinie der Kraft gefällte Perpendicularlinie CP ausgedrückt. Versteht man nun, wie dies in der Statik gewöhnlich ist, unter dem Worte: Entfernung vom Ruhepunkte diese Perpendicularlinie aus C auf die Richtung der Kraft BK (s. Entfernung einer Kraft vom Ruhepunkte), so wird auch für den schiefen Zug das Moment dem Producte der Kraft in die Entfernung gleich, und so gelten alle für den senkrechten Zug erwiesene Sätze auch für den schiefen.

So werden am Hebel ACB, Taf. XI. Fig. 58. die schiefziehenden Kräfte D und E im Gleichgewichte seyn, wenn sie sich verkehrt, wie die Perpendikel Ca und Cb, die aus C auf ihre Richtungslinien AD und BE gefällt worden, d. i. wie ihre Entfernungen, verhalten. Denn ihre Momente sind D ⨉ Ca und E ⨉ Cb; und das Gleichgewicht erfolgt, wenn diese gleich sind, oder wenn

$$D : E = Cb : Ca.$$

Wenn man beyder Kräfte Richtungen so weit verlängert, bis sie sich in I schneiden, so giebt die Linie CI die Richtung an, nach welcher die Unterlage gedrückt wird, die mittlere Richtung der Kräfte. Verlängert man AI und CI ein wenig, und zieht, wo man will, ed mit BI parallel, so bildet Ied ein Dreyeck, dessen drey Seiten den Richtungen der äussern Kräfte und der mittlern parallel laufen, und dessen Seiten Id, de und eI sich, wie die Kräfte D, E und der Widerstand der Unterlage, verhalten. Dies hängt mit Stevins Satze vom Gleichgewichte dreyer Kräfte zusammen; s. Gleichgewicht.

Weil der Perpendikel Ca = CA. sin. A, also das Moment der Kraft D = D. CA. sin A ist, und sich daher, wenn D und CA einerley bleiben, wie der Sinus von A, verhält, so folgt, daß eine Kraft am Hebel mehr vermöge, wenn sie senkrecht, als wenn sie schief angebracht ist. Beym senkrechten Zuge nemlich ist A ein rechter Winkel, daher sein Sinus dem Sinustotus gleich und größer, als in jedem Falle, wo A ein schiefer Winkel ist.

Daß alle diese Sätze auch vom **Winkelhebel**, oder **gebrochnen** Hebel, vom krummlinigten Hebel, und von jeder Verbindung gelten, in welcher sich drey Punkte für Ruhepunkt und zwo entgegengesetzte Kräfte denken lassen, erhellet daraus, weil in allen diesen Fällen die ganze Ebne, in welche sich diese Punkte bringen lassen, von jeder Kraft mit eben dem Momente und eben so stark um den Ruhepunkt gedrehet wird, als wenn diese Kraft an einer auf ihre Richtung senkrechten Linie durch den Ruhepunkt wirkte, woraus die Schlüße eben so, wie beym schiefen Zuge, folgen, s. **Winkelhebel**. Das angeführte Gesetz des Gleichgewichts ist also allen mathematischen Hebeln gemein.

Physischer Hebel.

Wird das Gewicht des Hebels selbst mit in Betrachtung gezogen, wie dies allerdings in der Ausübung geschehen muß, so heißt der Hebel ein **physischer**. Man kan ihn als ein neues Gewicht ansehen, das im Schwerpunkte des Hebels angebracht wäre, s. **Schwerpunkt**, dessen Moment besonders berechnet, und zu dem Momente der Seite, auf die es fällt, hinzugesetzt werden muß. Sind alsdann die Momente beyder Seiten gleich, so steht der physische Hebel im Gleichgewichte.

Wäre z. B. Taf. XI. Fig. 59. der Hebel A C B 10 Pfund schwer, und 6 Schuhe lang, bey C, einen Schuh weit von A, durch eine Unterlage gestützt, in A mit 300, und in B mit 56 Pfund beschwert, so würde man sich sein ganzes Gewicht von 10 Pfunden in seiner Mitte, oder im Schwerpunkte V beysammen gedenken, und ihn übrigens als einen mathematischen Hebel betrachten können. Dann wären die Momente linker Hand = 300 × 1; rechter Hand = 56 × 5 + 10 × 2 = 300, also der Hebel im Gleichgewichte.

Sollte eben dieser Hebel, wie Taf. XI. Fig. 60. als einer der zweyten Art gebraucht, und bey A, einen Schuh weit von C mit 300 Pfund beschwert werden, so müste am andern Ende B eine Kraft von 55 Pfund aufwärts ziehen, um das Gleichgewicht zu bewirken. Denn so wären die herabwärts wirkenden Momente = 300. 1 + 10. 3 = 330; das aufwärts wirkende = 55. 6 = 330, also beyde gleich groß. So läst sich aus den sechs Stücken: Größe beyder Kräfte, Entfernung derselben, Gewicht des Hebels, Abstand seines Schwerpunkts vom Ruhepunkte, ein jedes finden, wenn die fünf übrigen gegeben sind, wozu in den Lehrbüchern der Statik umständliche Anweisungen vorkommen.

Sind aber bey noch unbekanntem Ruhepunkte die Kräfte und ihre Stellen nebst dem Gewicht und Schwerpunkte des Hebels gegeben, so findet man daraus den Ort des Ruhepunkts, wenn man nach der beym Worte: Schwerpunkt mitgetheilten Regel den gemeinschaftlichen Schwerpunkt des Hebels und der beyden Kräfte sucht. Dieser Schwerpunkt ist alsdann der Ruhepunkt.

Der Hebel ist das einfachste, und eben darum auch eines der wirksamsten Rüstzeuge. Das Reiben beträgt bey ihm nur wenig, und die Kraft kan daher fast eben soviel ausrichten, als die Theorie angiebt, welches sich kaum von irgend einer andern Maschine sagen läst. Eine seiner nützlichsten Anwendungen ist die Wage, f. Wage. Die Arten, den einfachen Hebel als Rüstzeug zu Verstärkung der Kraft zu gebrauchen, sind unzählbar, und fallen bey einiger Aufmerksamkeit überall in die Augen, wo man Menschen arbeiten sieht. In seiner ganz einfachen Gestalt ist er unter dem Namen des Hebebaums bekannt.

Die gröste Unbequemlichkeit beym Gebrauche des einfachen Hebels ist, daß man die Last durch ihn nicht hoch heben kan, weil sein kürzerer Arm nur Kreisbogen von einem sehr kleinen Halbmesser beschreibt, und also die Last kaum um die Größe eines solchen Halbmessers erhebt. Dieser Unbequemlichkeit abzuhelfen, hat man Vorrichtungen erfunden, wo ein Hebel auf abwechselnden Unterlagen ruhen kan, von denen die folgende immer höher liegt, als die

vorhergehende, wobey der Hebel mit der daran befindlichen
Last stufenweis von einer zur andern gebracht wird. Oder
man versieht seinen kurzen Arm mit Bügeln, die in eine
gezahnte Stange einfallen, und diese mehreremale nach einander, jedesmal um einen Zahn, höher heben. Diese
Vorrichtungen begreift man zusammen unter dem Namen
der Hebladen. Sie werden zum erstenmale bey einem
französischen Schriftsteller (Recreations mathematiques,
Rouen, 1634. Part. II. Probl. 21) unter dem Namen:
Levier sans fin, und aus demselben beym Schwenter
(Mathematische Erquickstunden, Nürnb. 1651. 4. Funf-
zehnter Theil 23 Aufg.) sehr undeutlich erwähnt, von
Leupold aber (Theatr. machinarium Cap. V. Taf. 16.
17.) deutlich beschrieben und abgebildet. Besondere Heb-
laden, Bäume umzustürzen und Wurzelstöcke aus der Erde zu reissen, beschreibe Böse (Hebmaschine, Göttin-
gen, 1771. 8.), Polhem (Abhdl. der schwed. Akad. der
Wiss. XVIII. B. der Uebers. S. 193.) und Silberschlag
(Closter = Bergische Versuche, Berlin, 1768. 6 Vers.
S. 169.).

Ausserdem findet der Gebrauch des Hebels und die Anwendung seiner Gesetze im gemeinen Leben bey tausenderley
Verfahren statt, ohne daß man immer darauf Achtung
giebt, oder die Gesetze selbst kennet. Der Geisfuß der
Mäurer, die Ruder, Messer, Scheeren, Zangen, Häm-
mer, Bohrer, u. dgl. sind einfache oder zusammengesetzte
Hebel, deren Wirkungen dem allgemeinen Gesetze dieses
Rüstzeugs folgen. So besteht die Scheere aus zween
Hebeln, die sich um einen gemeinschaftlichen Ruhepunkt
drehen, und wo der Widerstand, den die Theile des zu zer-
schneidenden Körpers ihrer Trennung entgegensetzen, die
Stelle der Last vertritt. Sehr oft wird auch der Hebel so
angebracht, daß er die Geschwindigkeit der Bewegungen
vergrößern soll, in welchem Falle die Last weiter vom Ruhepunkte entfernt seyn muß, als die Kraft.

Auch die Muskeln des thierischen Körpers wirken bey
Bewegung der Glieder nach den Gesetzen des Hebels. Die
Natur hat hiebey mehrentheils diejenige Art des einarmich-

ten Hebels gebraucht, bey welcher die zu bewegende Laſt
weiter, als die Kraft entfernt iſt, und welche einige Schriftſteller unter dem Namen des Wurfhebels beſonders un=
terſchieden haben, wobey noch überdieß die Richtung der
Muſkelfaſern ſehr ſchief an die als Hebel wirkenden Kno=
chen angebracht iſt. Hiebey muß nun die Kraft ungemein
viel ſtärker, als die Laſt, ſeyn; dagegen wird aber auch
durch die geringſte Bewegung der Kraft, der Laſt eine ſehr
große Geſchwindigkeit mitgetheilt. Wenn wir z. B. eine
Laſt mit ausgeſtrecktem Vorderarme halten, ſo iſt im El=
lenbogen der Ruhepunkt, und der Vorderarm ſelbſt bildet
einen Hebel, gegen den die Laſt ſenkrecht wirkt, indeß die
Muſkelfaſern faſt mit dem Hebel parallel laufen, und ihn
endlich nur unter einem ſehr ſpitzigen Winkel ſchneiden.
Daher iſt hier die Entfernung der Kraft ungemein viel ge=
ringer, als die Entfernung der Laſt, und die Kraft der
Muſkeln muß weit größer ſeyn, als die Laſt, die man in
dieſer Stellung halten kan. Borellus (De motu animalium, Lugd. Bat. 1685, 4. P. I. cap. 14.) und Nieuwentyt
(Gebrauch der Weltbetrachtung, aus dem holländ. von
Segner Jena, 1747. 4. X Betr. S. 104.) haben hieraus Unterſuchungen über die ungemeine Kraft der Muſkeln
angeſtellt, ſ. Muſkeln. Die Natur ſcheint dieſe Einrich=
tung gewählt zu haben, um den Raum, durch den ſich die
Kraft bewegen muß, wenn ſie der Laſt eine beträchtliche
Geſchwindigkeit geben ſoll, ſo klein, als möglich zu machen.

Käſtners Anfangsgr. der angewandten Mathematik, der
math. Anfangsgr. II Theil, iſte Abtheil. Mechaniſche und Opti=
ſche Wiſſ., Dritte Aufl. Göttingen, 1780. 8. Mechanif. §. 25.
u. f.

Erxleben Anfangsgründe der Naturl. durch Lichtenberg,
Vierte Aufl. Göttingen, 1787. 8. §. 74 — 83.

Heber, Sipho, Siphon.

Dieſen Namen führt
eine aus zween Schenkeln beſtehende an beyden Enden ofne
Röhre, A B C, Taf. XI. Fig. 61. und 62, deren Geſtalt
übrigens willkührlich iſt, und deren man ſich bedienen kan,
um flüßige Materien aus einem Gefäße durch den Druck
der Luft auslaufen zu laſſen, oder auszuheben.

Wenn eine solche Röhre mit der Oefnung A in ein Gefäß mit Waſſer geſenkt wird, ſo ſteigt das Waſſer in ihr von ſelbſt eben ſo hoch, als es im Gefäß ſteht, d. i. bis D E, Fig. 61. Bringt man es aber durch Saugen bey C, oder durch andere Mittel ſo weit, daß der ganze Heber bis C voll Waſſer wird, ſo wird er bey C anfangen auszulaufen, und damit ſo lang fortfahren, bis die Waſſerfläche D E im Gefäße unter A herabgeſunken iſt, und alſo kein Waſſer mehr in die Oefnung A eintreten kan. Es wird alſo das zwiſchen DE und A enthaltene Waſſer bis B gehoben, wovon dieſe Vorrichtung den Namen des Hebers erhalten zu haben ſcheint.

Die Atmoſphäre nemlich treibt durch ihren Druck gegen die Waſſerfläche D E, das Waſſer herab, daß es durch die Oefnung A in den Heber treten, und über D E hinaus bis B ſteigen muß, wo dieſem Drucke der Luft eine Waſſerſäule von der Höhe B E oder B H entgegen wirkt, und alſo (wenn die ſpecifiſche Schwere des Waſſers = 1, der Queerſchnitt des Hebers bey B = b² geſetzt wird) der Druck, womit das Waſſer in B nach der rechten Hand getrieben wird, = b². (32 Fuß — B H) übrig bleibt. Dagegen drückt aber auch die Atmoſphäre gegen C aufwärts, und ſtrebt das Waſſer im Schenkel B C zu erheben, oder bey B nach der linken Hand zu treiben. Dieſem Drucke wirkt das Waſſer in B C entgegen; es wird alſo das in B mit dem Drucke b². (32 Fuß — B C) nach der linken Hand getrieben. Der Erfolg kömmt nun darauf an, welche von beyden Drückungen die größere iſt. In dem Fig. 61. vorgeſtellten Falle iſt es die rechter Hand gehende, und das Waſſer in B wird alſo mit der Kraft b². (32 Fuß — B H — 32 Fuß + B C) = b². (B C — B H) = b² H C nach H zu getrieben, und muß durch C ausfließen. Das Waſſer zwiſchen B A wird durch den Druck der Luft ſo lange nachgetrieben, als A noch unter Waſſer ſteht, und B C größer denn B H iſt, d. h. ſo lange die ausgießende Oefnung tiefer liegt als die Waſſerfläche D E im Gefäße.

Es werden, wenn ein Heber fließen ſoll, folgende drey Bedingungen erfordert: 1) daß die einſaugende Oefnung A

unter Wasser stehe, 2.) daß die Höhen EB und FB nicht
über 2 Fuß betragen, 3.) daß die ausgießende Oefnung C
tiefer, als die Wasserfläche im Gefäße DE, liege. Die
erste Bedingung ist an sich klar. Denn sobald die Oefnung
A das Wasser nicht mehr erreicht, tritt statt desselben Luft
in den Heber, und treibt alles darinn enthaltene Wasser
durch C aus.

Die zweyte Bedingung ergiebt sich daraus, daß der
Druck der Atmosphäre das Wasser nie höher, als 32 Fuß,
heben kan. Geht also BE über diese Grenze hinaus, so
wird b². (32 Fuß — BH) negativ, das Wasser in B trennt
sich, und sinkt gegen DE zurück, bis es nur noch 32 Fuß
hoch darüber steht, und über sich bis B einen luftleeren
Raum hat. Aus dem Schenkel BC fließt ebenfalls nur
soviel, daß noch 32 Fuß hoch Wasser über C steht, und
darüber bis B ein leerer Raum bleibt. Ist zwar EB kleiner, aber doch FB größer als 32 Fuß, so wird der Heber
zwar anfangen zu fließen; er wird aber aufhören, sobald
die Wasserfläche DE bis 32 Fuß tief unter B gesunken ist,
da sich denn das Wasser, wie vorhin, bey B trennen wird.
Man kan also des Porta Vorschlag, Wasser durch Heber
über Berge zu führen, nicht bewerkstelligen, wenn die
Berge über 32 Fuß hoch sind. Sollte Quecksilber durch
den Heber fließen, so dürften EB und FB nicht über 28
Zoll seyn u. s. w.

Die dritte Bedingung gründet sich darauf, daß in der
Formel b². (BC — BH) BC größer als BH seyn, oder
C tiefer als H liegen muß, wenn der Werth der Formel
positiv seyn, oder das Wasser in B wirklich nach C zu getrieben werden soll. Ist BC = BH, so wird der Druck
in B = o, und der Heber steht still, ohne jedoch auszulaufen. Ist aber BC kleiner als BH, so wird der Druck in
B negativ, d. h. das Wasser wird von B aus ins Gefäß zurückgetrieben.

Um hievon Beyspiele zu geben, sey Taf. XI. Fig. 63
ABC ein Heber mit gleich langen Schenkeln, deren Oefnungen A und C in einer wagrechten Ebne liegen. So
lange DE über A und C steht, wird er allerdings fließen,

weil das Waſſer in B mit der Kraft b² HC nach C getrieben wird. Sobald aber die Waſſerfläche DE bis AC herabgeſunken, und H bis C gekommen iſt, ſteht er darum ſtill, weil HC = o iſt, alſo das Waſſer bey b in Ruhe bleibt. Der Heber bleibt aber völlig gefüllt, und wenn man wieder Waſſer im Gefäße zugießt, ſo fängt er von neuem an zu fließen. Setzt man bey C ein Gefäß an, in dem das Waſſer höher ſteht, als bey A, ſo fließt er zurück, bis das Waſſer in beyden Gefäßen gleich hoch ſteht. Dies iſt der ſogenannte würtembergiſche Heber.

Eben dieſe Bewandniß hat es mit dem Heber, Taf. XI. Fig. 64., deſſen kürzerer Schenkel BC das Waſſer ſo lange ausgießt, bis die Waſſerfläche DE mit der Oeffnung C in einerley wagrechte Ebne kömmt. Er hört alsdann aus eben der Urſache auf zu fließen, wie der würtembergiſche, bleibt aber ebenfalls gefüllt, und fängt bey mehr hinzugegoßnem Waſſer aufs neue zu fließen an. Dieſe beyden Heber zeigen auch, daß der ausgießende Schenkel nicht eben der längere ſeyn müße, wie die ältern phyſikaliſchen Schriftſteller, z. B. Wolf, mit Unrecht erfordern. Sie haben vor dem gewöhnlichen Heber, Fig. 61., noch das voraus, daß ſie ſich nicht ausleeren, wenn ſie zu fließen aufhören, und alſo nicht von neuem gefüllt werden dürfen, wenn man mehr Waſſer hinzugießt, oder ſie tiefer einſenkt.

Wenn aber bey Fig. 64. die Waſſerfläche bey MN, alſo tiefer als C ſteht, und man den Heber durch Saugen füllt, ſo läuft er bey C gar nicht, ſondern das Waſſer bey B läuft gegen DE zurück, bey C dringt die Luft ein, treibt das Waſſer in CB ebenfalls zurück, und macht den Heber leer.

Die Heber waren ſchon den Griechen bekannt. Heron von Alexandrien (Pnevmaticorum ſ. Spiritalium liber ex interpr. Commandini Paris, 1575. 4.) gedenkt ihrer, und erklärt ſie aus der Vermeidung des leeren Raums. Johann Baptiſta Porta (Pnevmaticorum libri III. Neap. 1601. 4. L. III. c. 1.) thut den Vorſchlag, das Waſſer durch einen Heber über Berge zu führen. Um ſolche

Heber zu füllen, müſten beyde Oefnungen Hähne, und der obere Theil B einen Hahn und Trichter haben. Die Hähne an den Oefnungen würden Anfangs verſchloßen, und der Heber durch den Trichter gefüllt; alsdann würde der Hahn am Trichter verſchloßen, und die an beyden Enden geöfnet. Dieſen Vorſchlag wiederholt auch Schwenter (Mathematiſche Erquickſtunden XIII. Theil. 2te Aufg.); beyde wuſten noch nicht, daß der Berg kaum 32 Fuß Höhe haben dürfe, und kannten die wahre Urſache dieſer Wirkung nicht. Schwenter ſagt: „Der ſchwerer Theil nöthigt das leich= „ter, daß es in die Höhe ſteigen muß.“ Büchner (Breslauiſche Sammlungen, Januar 1720. Cl. V.) hat Porta's Vorſchlag wirklich ausgeführt.

Als der Druck der Luft genauer bekannt wurde, fieng man bald an, auch das Fließen der Heber aus demſelben zu erklären. Es iſt eine natürliche Folge aus dieſen Erklä= rungen, daß der Heber im luftleeren Raume zu fließen aufhören müßte, wie dies auch wirklich geſchieht, wenn der Verſuch mit der gehörigen Genauigkeit angeſtellt wird. Aber bey der Unvollkommenheit der ehemaligen Luftpum= pen, wollten die engen und niedrigen Heber, deren man ſich bediente, in welchen das Waſſer, wie in jeder Haar= röhre, ohne Druck der Luft aufſtieg, eine lange Zeit nicht zu fließen aufhören, wenn man ſie unter die Glocke der Luftpumpe brachte. Wolf (Nützl. Verſuche, Th. III. Cap. 9. §. 123.) bemerkt, daß auch ihm die Heber unter der Glocke der Luftpumpe floßen. Einigen war dies genug, um die Erklärungen aus dem Drucke der Luft aufzugeben, und das Fließen der Heber aus einem Zuſammenhange des vorangehenden Waſſers mit dem nachfolgenden herzuleiten, welches nach Herrn Käſtners Bemerkung (Anmerkungen zur Markſcheidekunſt, Göttingen, 1775. 8. in d. Vorre= de) Stricke aus Waſſer flechten heißt. Homberg aber (Mém. de Paris. 1714. p. 84.) hat ſchon ſehr richtig be= merkt, daß dieſes Fließen unter der Glocke keineswegs den Ungrund der Erklärungen des Hebers beweiſe. Wenn die Luft unter der Glocke auch 100mal verdünnt wird, welches gewiß mehr iſt, als die alten Luftpumpen leiſteten, ſo hebt

sie dennoch das Wasser noch um $\frac{132}{100}$ Fuß oder beynahe 4
Zoll, wozu noch das Auffsteigen des Wassers in engen Röh=
ren, und der Umstand kömmt, daß man sich keines von Luft
gereinigten Wassers bediente, daher unter der Glocke im=
mer neue Luft aufstieg (s. *Tetens* de caussa fluxus sipho-
nis bicruralis in vacuo continuati, Butzov. 1763. 4.).
Wenn man sich vollkommnerer Luftpumpen, höherer und
weiterer Heber und eines wohl von Luft gereinigten Wassers
oder noch besser des Quecksilbers bedient, so hört jeder He=
ber unter der Glocke auf zu fließen. Hausen fragte seine
Zuhörer, ob der Heber fließen solle, oder nicht, und mach=
te den Versuch, wie sie ihn verlangten.

Gegen das Ende des vorigen Jahrhunderts machte
Johann Jordan, ein Bürger zu Stuttgard, zuerst die
Bemerkung, daß ein Heber mit gleich langen Schenkeln
aus jeder Oefnung Wasser gebe, wenn man die andere in
ein Gefäß mit Wasser bringt.   Der damalige herzoglich
württembergische Leibartzt, Salomon Reisel, machte im
Jahre 1684 die erste sehr geheimnißvolle Nachricht davon
bekannt, und gab die Sache für etwas besonders aus.
Aber bald nachher beschrieb Papinus (Philos. Trans.
1685. n.167.) einen solchen Heber, und Reisel selbst
(Sipho Wirtembergicus per majora experimenta firma-
tus, Stutgard. 1690. 4.) machte nun die wahren Umstän=
de bekannt.   Dieser Heber hat den Namen des württem=
bergischen behalten. Ob er gleich für diejenigen, welche
die Theorie genau kennen, nichts besonders hat, so machte
er doch damals viel Aufsehen, weil man vorher geglaubt
hatte, der eingetauchte Schenkel müsse kürzer seyn, als
der ausgießende.   Man machte viele Versuche, das Was=
ser damit über 32 Fuß zu heben, welche freylich vergeblich
waren.   Wenn man diesen Heber, wie Taf. XI. Fig. 65.
zeigt, an ein Gefäß anbringt, in welchem die Wasserfläche
D E höher, als B, steht, so füllt er sich von selbst, leert
das Gefäß bis an A aus, und bleibt gefüllt, wenn er zu
fließen aufhöret.

Der Diabetes des Heron Taf. XI. Fig. 66. ist
ein versteckter Heber.   Durch den Boden B C des Ge=

fäßes ABCD geht eine an beyden Seiten ofne Röhre EF.
Diese ist mit einer andern etwas weitern Röhre GHI bedeckt, die sonst allenthalben verschloßen ist, nur am Boden bey G eine Oefnung an der Seite hat. Gießt man
Wasser in das Gefäß, so steigt es zugleich in dem
zwischen beyden Röhren befindlichen Zwischenraume eben so
hoch, als im Gefäße. So lange nun die Wasserfläche im
Gefäße niedriger, als die Oefnung E, steht, so lange kan
kein Wasser auslaufen. Sobald sich aber diese Wasserfläche über E erhebt, wird das Wasser bey E in die Röhre
EF hineintreten und durch dieselbe abfließen. Und weil
hier alle Ursachen, wie beym gewöhnlichen Heber, vorhanden sind, so wird der Abfluß so lange fortdauren, bis das
Gefäß ganz ausgeleeret ist. Beyde Röhren zusammen
machen einen Heber aus, wovon ein Schenkel in dem andern steckt. Diese Einrichtung oder auch ein gewöhnlicher
Heber in einem Becher angebracht, und in dem Rande desselben versteckt, macht den Vexirbecher aus, der mäßig
gefüllt, den Wein hält, ganz voll gefüllt aber bis auf den
Boden ausläuft.

Wenn heberförmige Canäle unter der Erde mit natürlichen Brunnen in Verbindung stehen, so kan sich bey trocknem Wetter, wobey der obere Theil dieser Canäle leer
bleibt, das Wasser im Brunnen erhalten, da hingegen
bey Regenwetter, wenn das Wasser hoch genug steigt, um
den Canal bis oben auszufüllen, der ganze Brunnen ausläuft und trocken wird. Solche Brunnen haben Wasser,
wenn es trocken ist, und vertrocknen beym Regenwetter.

Der unterbrochne Heber Taf. XI. Fig. 67. (sipho
interruptus) hat Schenkel, welche nicht unmittelbar mit
einander verbunden sind. Die Steigröhre CE steht in
dem ofnen mit Wasser gefüllten Gefäße AB, und ist oben
bey E in das luftdicht verschloßne Gefäß FG hineingelei-
tet. AB gegenüber wird ein anderes mit Wasser gefülltes
Gefäß KL angebracht, welches mit FG durch die Röhre HI verbunden, sonst aber ebenfalls gegen das Eindringen der äussern Luft sorgfältig verwahrt ist. Am Boden
desselben ist die mit dem Hahne O versehene Röhre MN

angebracht, deren Hahn niedriger liegen muß, als die untere Oefnung C der Steigröhre. Oefnet man diesen Hahn, so läuft das Wasser in K L durch M N ab; die Luft in H I, F G und C E breitet sich in einen größern Raum aus, und der Druck der Atmosphäre treibt das Wasser durch C E in das obere Gefäß. Wenn der Behälter A B einen beständigen Zufluß hat, so kan man zwischen A B und K L eine Verbindung durch eine Röhre mit dem Hahne P machen, zugleich aber auch an F G eine Röhre zum Ablauf mit dem Hahne Q anbringen. Oefnet man nun P und Q, indem O verschloßen ist, so füllt sich KL mit Wasser an, und die dadurch vertriebene Luft nimmt ihren Ausweg durch Q. Wenn K L gefüllt ist, verschließt man P und Q, und öfnet dagegen O, so steigt das Wasser durch C E in die Höhe. Wenn K L wieder leer ist, kan man es aufs neue, wie vorhin, durch Oefnung von P und Q füllen, wobei zugleich das gehobne Wasser aus F G bei Q abfließen wird. Diese Maschine giebt also ein Mittel, das Wasser von A bis Q zu erheben. Es muß aber hiebei die Steigröhre C E viel unter 32 Fuß seyn. Denn da F G nicht ganz luftleer ist, sondern nur verdünnte Luft enthält, so wirkt deren Federkraft dem Drucke der Atmosphäre stets entgegen. Kan sich z. B. die Luft in C E, F G und H I. durch das Auslaufen des Wassers aus K L, durch das Doppelte des vorigen Raums ausbreiten, so ist ihre Federkraft noch halb so groß, als der Druck der Atmosphäre; der letztere kan also das Wasser nur 16 Fuß hoch heben.   Leupold (Theatr. machin. Hydraul. To. I. §. 12.) beschreibt diese Maschine vollständig, und erinnert mit Recht, K L müsse an körperlichem Raume wenigstens doppelt so groß, als F G, seyn, damit sich die Luft in einen hinlänglich großen Raum verbreiten könne.

Wenn diese Maschine im Großen angebracht werden soll, so ist noch eine besondere Einrichtung dazu nöthig, daß sich die Hähne O, P, Q zu rechter Zeit öfnen und verschließen. Schott (Technica curiosa L. V. Cap. 1–3.) beschreibt eine solche Maschine, durch welche Jeremias Miß, ein Einwohner in Basel, das Wasser in seinem

Hauſe in einen erhabnen Behälter leitete. Leupold (a. a. O) giebt eine Einrichtung an, die ſich von der Mitziſchen nur in Abſicht des Mechanismus zur Oefnung der Hähne unterſcheidet, auch zeigt er ſo, wie Wolf (Elem. Matheleos, Hydraul. §. 79. 80.), wie ſich mehrere dergleichen unterbrochne Heber verbinden laſſen, um das Waſſer auf beträchtlichere Höhen zu heben.

Wolf giebt auch einige Spielwerke an, die ſich mit dem Heber machen laſſen. Man kan ihm z. B. die Geſtalt einer Schlange geben, die aus einem Baſſin das Waſſer ausſäuft, was ein Storch in ſelbiges ausſpeyt u. dgl. Nimmt man zum Heber eine Glasröhre, wie A B C Taf. XI. Fig. 62., deren unteres Ende C aufwärts umgebogen und in eine Spitze mit einer engen Oefnung ausgezogen iſt, ſo ſpringt das bey C auslaufende Waſſer in die Höhe, und man erhält einen kleinen Springbrunnen, den man an ein Gefäß mit Waſſer hängen kan. Auch der unterbrochne Heber Taf. XI. Fig. 67. kan zum Springbrunnen dienen, wenn man ſtatt des Gefäßes F G eine hohe gläſerne Glocke auf einen metallnen Teller küttet, die Steigröhre C E durch den Teller führt und ihr eine zugeſpitzte Oefnung giebt, wobey das Gefäß K L ganz wegbleiben, und die Röhre H I bis N in einem fortgeführt werden kan. Eine große Anzahl von allerley Hebern beſchreibt Lehmann (Diſſ. de Siphonibus, Lipſ. 1710. 4.).

Die einfachen Heber werden insgemein durch Saugen gefüllt. Weil man ſie bisweilen zu Liquoren braucht, die man nicht gern in den Mund kommen läſt, ſo bringt man am längern Schenkel, etwa bey G, Taf. XI. Fig. 61. noch ein aufwärtsgehendes Glasrohr an, an deſſen Ende man, indem C mit dem Finger verſchloßen wird, ſo lange ſaugt, bis der Liquor den ganzen Schenkel B C angefüllt hat. Ein ſolcher Heber heißt ein doppelter (*siphon double, ou de laboratoire*). Lowitz (Sammlung der Verſuche, wodurch ſich die Eigenſchaften der Luft begreiflich machen laßen. Nürnb. 1754. 4.) hat einen Heber angegeben, der ſich ohne Saugen füllen läſt. Mit den gemeinen Hebern ist dieses leicht durch eine geschickte Neigung derselben zu bewerkstelligen.

Kästner Anfangsgr. der angew. Math., der mathem. Anfangsgr. II Th. 1ste Abth. Dritte Aufl. Hydraulik. §. 4 — 8.

Karsten Lehrbegrif der gesammten Mathem. Fünfter Theil, Hydraulik, XVI. Abschnltt. §. 248 — 260.

Erxleben Anfangsgr. der Naturl. durch Lichtenberg. Vierte Aufl. §. 252 — 255.

Heber, anatomischer, Sipho anatomicus. Der Freyherr von Wolf (Element. Mathes. Hydrostat. Cap. II. §. 52.) beschreibt unter diesem Namen ein blechernes Gefäß D G E F, Taf. XI. Fig. 68., an welches die hohe Röhre H I angelöthet ist. Spannt man über die Oefnung F D eine Blase oder andere häutige Theile des thierischen Körpers, und gießt das Gefäß und die Röhre H I voll Wasser, so wird die Haut nicht nur mit großer Gewalt in Gestalt eines Kugelsegments ausgedehnt, sondern es werden auch durch den starken und gleichförmigen Druck alle Häutchen und Gefäße so auseinander getrieben, daß man sie vermittelst eines kleinen Einschnitts weit bequemer, als sonst, von einander trennen, und die Structur der häutigen Theile sehr genau beobachten kan. Die Blase F D nemlich wird von unten auf mit einer Kraft gepreßt, welche dem Gewichte der Wassersäule F D L K gleich ist, s. Druck (Th. I. S. 613.). Bey Wolfs anatomischem Heber (Nützliche Versuche Th. I. Cap. 3. §. 58.) war die Röhre H I 11 Lin. weit, und 250 Lin. höher, als das Gefäß, so daß sie 1½ Pfund Wasser hielt. Das Gefäß selbst hatte 48 Lin. im Durchmesser; die Blase F D ward mit 30 Pfund Gewicht beschwert, welche durch den Druck des Wassers in H I, das doch nur 1½ Pfund wog, wirklich gehoben wurden.

Heberbarometer, s. Barometer.

Heliacus, ortus et occasus siderum, s. **Aufgang der Gestirne, Untergang der Gestirne.**

Heliocentrisch, Heliocentricum, *Héliocentrique.* So nennt man dasjenige, was sich auf den Mittelpunkt der Sonne bezieht, oder wovon man sich vorstellt, als ob es aus dem Mittelpunkte der Sonne betrachtet würde. Der Ort, den ein Planet, aus der Mitte der Sonne gesehen, unter den Firsternen einnehmen würde, heißt sein helio= centrischer Ort, und dessen Länge und Breite heliocen= trische Länge und Breite des Planeten. Da die Be= wegungen der Planeten um die Sonne, als einen festen Punkt, gehen, und also aus ihr am regelmäßigsten erschei= nen, so werden die astronomischen Rechnungen zuerst auf die heliocentrischen Orte gerichtet, wobey sich die gehörigen Berichtigungen leichter anbringen lassen, worauf man denn das gefundene erst auf den geocentrischen, und alsdann auf den wahren Ort reduciret, s. Geocentrisch.

Heliometer, Heliometrum, *Héliomètre.* Ein Werkzeug, das, an ein Fernrohr angebracht, dienen kan, den scheinbaren Durchmesser der Sonne (oder des Monds) zu messen, wozu die gewöhnlichen Mikrometer nicht bequem sind.

Nach der ersten von Bouguer (Mém. de l'Acad. des sc. 1748.) bekannt gemachten Einrichtung besteht dieses Werkzeug aus einem astronomischen Fernrohre mit zweyen neben einander liegenden Objectivgläsern, welche zwey ne= ben einander liegende Bilder des Gegenstandes machen. Diese Bilder werden beyde zugleich durch ein einziges Ocu= lar betrachtet. Von den beyden Objectivgläsern ist das eine unbeweglich, das andere aber kan jenem mittelst einer Schraube genähert oder auch weiter davon entfernt werden, wodurch sich denn auch die beyden Bilder des Gegenstandes nähern, oder entfernen. Stellt man nun bey Betrach= tung der Sonne die Objective so, daß beyde Sonnenbilder sich mit den Rändern berühren, so giebt alsdann die Ent= fernung der Mittelpunkte beyder Gläser den Durchmesser des Sonnenbilds an, welcher dem scheinbaren Durchmesser der Sonne selbst jederzeit proportional ist. Die Entfer= nung der Mittelpunkte beyder Gläser wird durch einen am beweglichen Objective angebrachten Zeiger, auf einem Maaßstabe angegeben, wobey die Schraube durch ihre Um= drehung an einer getheilten Scheibe die kleinern Theile be=

stimmt, deren Werth so wie der Werth, der größern Theile
des Maaßstabs, wie beym Mikrometer, durch Erfahrung
ausgemacht werden muß, s. Mikrometer.   Hieben ist es
gut, große Objective zu haben, weil bey großen Bildern
die Berührung der Ränder schärfer wahrgenommen werden
kan.   Um die Mittelpunkte in allen Fällen nahe genug an
einander bringen zu können, wird von jedem Glase an der
Seite, die es dem andern zukehrt, ein Theil abgeschnitten,
daß also die Gläser die Gestalt der größern Segmente eines
Kreises erhalten.   So wird auch dieses Werkzeug von de
la Lande (Astronomie, §. 2433. der zweyten Ausg.)
beschrieben.   Umständlicher handelt davon und von der Bestimmung des Werths der Theile am Maaßstabe, Herr
Kästner (Astron. Abhandl. II Samml. S. 372 u. f.).

Savery hatte schon im Jahre 1743 der königlichen
Societät zu London die Beschreibung eines ähnlichen
Werkzeugs übergeben (Philos. Transact. 1753. Vol. XLVIII.
P. I. no. 26.), um den Unterschied der Sonnendurchmesser
in der Erdnähe und Erdferne zu messen, wenn gleich das
Fernrohr so stark vergrößerte, daß man den ganzen Durchmesser nicht auf einmal sehen konnte.   Hieben bleiben beyde
Objective unbeweglich; die Bilder stehen mit den Rändern
von einander ab, und der veränderliche Abstand wird durch
ein gewöhnliches im Brennpunkte angebrachtes Mikrometer gemessen.   Savery hatte auch schon den Einfall, nicht
zwey ganze Objectivgläser zu gebrauchen (weil man selten
zwey von genau gleichen Brennweiten findet), sondern ein
einziges in Stücken zu zerschneiden, und diese statt der
ganzen anzuwenden.

Dollond (Philos. Trans. a. a. O. no. 27.) halbirt
ein Objectivglas, und braucht beyde Helften so, wie Bouguer die ganzen Gläser.   Hieben kann man die Mittelpunkte C und c, Taf. XI. Fig. 69. so nahe man will, zu-
sammenbringen, also ihre Abstände genauer bestimmen,
auch kleinere Winkel, als bey der vorigen Einrichtung,
messen.   Die beyden Helften bewegt Dollond so an einander, wie die Figur zeigt, macht die eine unbeweglich,
und mißt die Verschiebung der andern durch einen Maaß-

ſtab mit einem Vernier ab. Um die Länge des Fernrohrs
abzukürzen, ſchlägt er vor, hinter die beyden halbirten Ob=
jective noch ein ganzes von kürzerer Brennweite zu ſetzen;
oder noch lieber die halbirten Objective an der vordern Oef=
nung eines Spiegelteleſkops anzubringen. Werkzeuge nach
dem letztern Vorſchlage eingerichtet, heiſſen Spiegelte=
leſkope mit Objectivmikrometern. Sie werden häu=
fig gebraucht, weil das Spiegelteleſkop wegen der Klein=
heit ſeines Bildes das gewöhnliche Mikrometer nicht wohl
zuläßt. Beſchreibungen davon findet man bey de la Lan=
de (Aſtron. zweyte Ausg. §. 2438 u. f.) und in einer Dis=
putation von Hallencreuz und Inſulin (De microme-
tro objectivo, Upſala. 1767. 4.).

Das Heliometer kan überhaupt zu Meſſung kleiner
Weiten am Himmel dienen. Lambert (Beyträge zum
Gebrauch der Mathem. III Th. Berlin, 1772. 8. Num.
VII §. 25.) beſchreibt ein wohlfeiles Werkzeug dieſer Art,
das er gebraucht hat, Abſtände eines Kometen von Firſter=
nen zu meſſen.

Käſtner Aſtronomiſche Abhandlungen, Zweyte Sammlung,
Göttingen, 1774. 8. S. 572. u. f.

Helioſkop, Helioſcopium, *Helioſcops.*. Ein
Fernrohr, hinter welchem man das Bild der Sonne auf
einer Ebne auffängt. Ein aſtronomiſches oder holländiſches
Fernrohr wird etwas weiter aus einander gezogen, als es
um dadurch zu ſehen, nöthig iſt. So wird es gegen die
Sonne gerichtet, und das dadurch entſtehende Bild in ei=
nem dunklen Orte aufgefangen. In dieſer Abſicht wird
entweder ein Zimmer verfinſtert; oder man ſteckt das Fern=
rohr in ein dunkles trichterförmiges Behältniß, deſſen Bo=
den mit Papier in Oel getränkt überſpannt, oder mit einem
matgeſchliffenen Glaſe verſchloſſen iſt, darauf ſich die Son=
ne abbildet. Auf dieſem Papiere oder Glaſe wird ein Kreis
beſchrieben, den das Sonnenbild gerade ausfüllt (circulus
obſervatorius), und der durch 5 innere concentriſche Kreiſe
in die gewöhnlichen 12 Zolle getheilt wird.

Scheiner (Roſa Urſina, Bracciani, 1626 fol. L. II.

cap. 27.) hat ein Fernrohr im verfinsterten Zimmer zu Beobachtung der Sonnenflecken gebraucht. Er bediente sich des holländischen Fernrohrs, weil damals noch kein anderes bekannt war. Hevel (Selenographia, Prolegom. p. 98.) beschreibt dieses Verfahren ausführlich. Von dem sprach-rohrförmigen Helioskop, dessen sich Eimmart in Nürn-berg zu Beobachtung der Sonnenfinsternisse bediente, han-delt Rost (Astronomisches Handbuch Th. II. Cap. 11.). Gebraucht man dabey ein astronomisches Fernrohr, so stellt sich das Bild aufrecht dar. Ein ungenannter Italiäner (De heliometri structura et usu. Venet. 1760. 4.) hat an diesem Werkzeuge, das er unrichtig Heliometer nennt, noch einige Veränderungen gemacht; es ist aber zu so genauen Beobachtungen, als der jetzige Zustand der Astronomie er-fordert, untauglich, und dient blos zu einer bequemen Be-trachtung und Abzeichnung der Sonnenscheibe mit ihren Flecken.

Kästner Astronomische Abhandlungen, Zweyte Sammlung S. 362. u. f.

Hemisphär, f. Halbkugel.

Hepatische Luft, f. Gas, hepatisches.

Herbst, Spätjahr, Autumnus, *Automne*. Eine der vier Jahrszeiten, welche zwischen den Sommer und Winter fällt, von dem Tag anfängt, an welchem die Son-ne beym Niedersteigen in den Aequator tritt, und sich mit dem endiget, an welchem dieselbe im Mittage ihren nie-drigsten Stand im Jahre erreicht. Diejenige Helfte der Ekliptik, welche bey uns die niedersteigenden Zeichen vom Krebse bis zum Steinbock enthält, wird vom Aequator im Anfangspunkte der Wage durchschnitten; daher bestimmt der Eintritt der Sonne in die Wage den Anfang, und der in den Steinbock das Ende des Herbsts, welcher also bey uns um den 23 September mit der Nachtgleiche an-fängt, und um den 21 December mit dem kürzesten Tage aufhört, f. Ekliptik.

In der südlichen gemäßigten Zone enthält die andere Helfte der Ekliptik die niedersteigenden Zeichen, daher der

Herbst mit der Nachtgleiche um den 20 März anfängt, und mit dem kürzesten Tage um den 21 Junius aufhört.

Im gemeinen Leben, wo die Namen der Jahrszeiten mehr auf Temperatur und Witterung, als auf den Stand der Sonne bezogen werden, versteht man unter dem Herbste die unbestimmte Zeit, binnen welcher die Sonnenwärme allmählich abnimmt, die Temperatur rauher und kälter wird, und die ihrer Früchte entledigten Bäume Laub und Saft verlieren.

Herbstnachtgleiche, Aequinoctium autumnale, *Equinoxe d'automne.* Die Zeit, zu welcher die Sonne beym Niedersteigen den Aequator erreicht, an allen Orten der Erde den Tag der Nacht gleich macht, und in unserer gemäßigten Zone den Anfang des Herbsts bestimmt. Da sie alsdann im Aequator selbst steht, und diesen als ihren Tagkreis beschreibt, den jeder Horizont in gleiche Helften schneidet, so ist sie überall 12 Stunden sichtbar und 12 Stunden unsichtbar. Es geschieht dies für die nördliche Helfte der Erdkugel bey ihrem Eintritte in die Wage, jährlich um den 23 September.

Herbstpunkt, Punctum aequinoctii autumnalis, *Equinoxe d'automne.* Derjenige Durchschnittspunkt des Aequators mit der Ekliptik, in welchen die Sonne, bey ihrem scheinbaren jährlichen Umlaufe, um den 23 September oder zu Anfange des Herbstes tritt, indem sie aus der nördlichen Halbkugel in die südliche niedersteigt. Er ist der Anfangspunkt des Zeichens der Wage, und wird mit 0° ♎ bezeichnet, obgleich das Sternbild der Wage diesen Ort verlassen hat, und der Herbstpunkt anjetzt nahe bey den Sternen auf der linken Schulter der Jungfrau stehet. Er ist dem Frühlingspunkte, oder Anfange der Ekliptik und des Aequators gerade entgegengesetzt, daher beträgt seine gerade Aufsteigung 180°, seine Länge eben soviel, oder 6 Zeichen; seine Abweichung und Breite aber sind = 0.

Hermetisch verschloßen, Hermetice clausum
l. sigillatum, *Scellé hermétiquement.* Die ältern Chymiſten nannten die Oefnung eines gläſernen Gefäßes oder einer Röhre hermetiſch verschloßen, wenn man ſie am Feuer zugeſchmolzen hatte. Dieſe Benennung hat ſich noch erhalten, und wird den Röhren der Barometer und anderer phyſikaliſchen Werkzeuge beygelegt, deren Oefnungen man an der Lampe ſo verſchmolzen hat, daß ſie die Röhre mit einer ununterbrochnen Wölburg oder in Form einer Spitze vollkommen zuſchließen.

Heronsball, ſ. Springbrunnen.

Heronsbrunnen, ſ Springbrunnen.

Heterogen, Ungleichartig, Heterogeneum, Diſſimilare, *Heterogène, Diſſimilaire.* Was von verſchiedner Art und Beſchaffenheit iſt. Beſtehen Körper aus Theilen von verſchiedener Natur, Dichte, Farbe ꝛc. ſo ſind eigentlich dieſe Theile unter einander heterogen. Manche Schriftſteller nennen aber in ſolchen Fällen die Körper ſelbſt heterogene. Dergleichen ſind die Thiere, Pflanzen, auch die meiſten Mineralien in ihrem natürlichen Zuſtande, das Sonnenlicht, die aus verſchiedenen Gattungen ungleich gemiſchte Luft der Atmoſphäre u. dgl. Dem heterogenen ſetzt man das homogene entgegen, ſ. Homogen.

Heteroscii, Heteroſciens, **Einſchattichte** *).
Die Bewohner der gemäßigten Zonen, welche ihre mittäglichen Schatten das ganze Jahr hindurch nur auf eine Seite werfen. Bey uns iſt dies die Nordſeite, bey den Bewohnern der ſüdlichen gemäßigten Zone die Südſeite. Die Benennung kömmt von dem griechiſchen ετερος, einer, und σκια, der Schatten.

Himmel, Himmelskugel, Himmelsgewölbe, Firmament, Coelum, Sphaera coeleſtis, Firmamentum, *Ciel, Firmament.* Das blaue Gewölbe, welches

*) Durch ein Verſehen iſt das Wort: Einſchattichte unter dem Buchſtaben E im erſten Theile ausgelaſſen.

uns zu umgeben scheint, an dem sich, wenn es nicht von Wolken bedeckt wird, die Sonne und die Gestirne zeigen.

Die Sternkunde überzeugt uns, daß diese Wölbung eine bloße Erscheinung sey, obgleich das alte System des Aristoteles und der Scholastiker sie als eine wirkliche Hohlkugel betrachtete, und sogar mehrere feste Himmel oder in einander steckende Sphären von dieser Art annahm. Die copernikanische Weltordnung aber verschafte von den unermeßlichen Entfernungen und Größen der Firsterne und des Weltraums richtigere Begriffe, mit welchen die alte Meinung von der Festigkeit der Himmel nicht mehr bestehen konnte; überdies sahe man auch die Kometen nach allerley Richtungen in Bahnen von ungemeiner Größe laufen, und die eingebildeten Sphären ungehindert durchschneiden. Descartes setzte daher an die Stelle der ehemaligen festen Himmel sein System des vollen Raumes und der Wirbel. Er dachte sich das ganze Weltgebäude als absolut erfüllt mit den Theilen seines zweyten Elements, welche um die Himmelskörper in unzählbaren Wirbeln mit schneller Bewegung umliefen. Newton hat endlich aus den Erscheinungen der Himmelskörper, aus den immer fortgesetzten Bewegungen der Planeten, aus ihrer nicht abnehmenden Geschwindigkeit, und aus dem freyen Durchgange der Kometen durch alle Gegenden des Himmels erwiesen, daß der Raum, in welchem sich die Himmelskörper bewegen, keine merklich widerstehende Materie enthalten könne, und daß sich darinn nichts, als das Licht, oder vielleicht eine äußerst feine elastische Flüßigkeit befinde, s. Aether.

In diesem Raume bewegen sich nun alle Himmelskörper, und unter ihnen auch die mit ihrem Luftkreise umgebene Erdkugel. Jedes Auge auf derselben blickt durch den Luftkreis hinsdurch in die grenzenlose Ferne des Himmels, und da diese Aussicht nach allen Seiten zu frey ist, außer da, wo sie durch die Erdfläche selbst unterbrochen wird, so entsteht daraus natürlich die Erscheinung einer das Auge umgebenden ununterbrochenen Rundung — eines auf dem Horizonte aufstehenden Gewölbes.

Die himmelblaue Farbe (*couleur azurée*) dieses Gewölbes ist keineswegs, wie die Alten annahmen, dem Himmel oder der Sphäre eigen; sie ist vielmehr eine Wirkung des durch den Luftkreis gehenden Lichts der Sonne und der Gestirne. Die Stellen der Wölbung, an denen wir keine Gestirne erblicken, sollten eigentlich wie alles, was gar kein Licht ins Auge sendet, schwarz erscheinen. Allein das Licht der Sonne und der Gestirne wird von der Erde in den Luftkreis, und von den Lufttheilen wieder auf die Erde zurückgeworfen. Diese Lufttheile lassen die stärksten Lichtstralen, d. i. die rothen, gelben und grünen hindurch, und werfen hingegen die blauen, als die schwächsten, wiederum gegen die Erde und ins Auge zurück. Dies ist Nollets Erklärung (Leçons de Physique To. VI. p. 17.). Fast eben dies kan man auch so ausdrücken, daß das Durchsehen durch eine große Masse von erleuchteter Luft die Empfindung der blauen Farbe errege, daher auch sehr entlegne Gegenstände, z. B. entfernte Gebirge und Wälder, blau aussehen.

Wenn sich in den Anblick der scheinbaren Himmelswölbung keine Urtheile über den Abstand der Stellen einmischten, so müste sie sich als eine vollkommne Halbkugel darstellen, weil man aus dem bloßen Anblicke nicht wissen kan, ob eine Stelle entfernter als die andere ist. Da wir aber unser Sehen allezeit mit Urtheilen über Entfernung, Größe und Gestalt begleiten, s. Entfernung, scheinbare, so thun wir dies auch, selbst ohne uns dessen deutlich bewußt zu seyn, bey der Betrachtung des Himmels, der uns demnach als ein Gewölbe von einer ganz eignen am obern Theile eingedrückten Krümmung erscheint, wobey der Horizont 3 — 4mal weiter vom Auge absteht, als der Scheitelpunkt.

Diese eingedrückte Gestalt des Himmels gründet sich auf den durch so viele Beyspiele bestätigten Gesichtsbetrug, nach welchem wir alle vor uns nach der Pläne hin liegende Dinge für entfernter halten, als die in gleichem

Abſtande über uns geſehenen Gegenſtände, ſ. Geſichtsbetrüge, Entfernung, ſcheinbare. Dem zufolge ſcheinen uns die niedrigern Stellen des Himmels weiter, die höhern näher zu ſeyn, und es entſteht daraus die Vorſtellung einer ſtark eingedrückten Wölbung, deren Krümmung nach Folkes Bemerkung beym Smith (Vollſt. Lehrbegrif der Optik, durch Käſtner S. 416.) die Geſtalt einer Muſchellinie hat. Smith (a. a. O. S. 55.) giebt eine Methode an, dieſe Geſtalt und ihre Abmeſſungen genauer zu unterſuchen. Er ſuchte nach dem Augenmaaße diejenige Stelle des Monds, wo derſelbe vom Scheitel eben ſo weit, als vom Horizonte, abzuſtehen ſchien. Dies war an dem ſcheinbaren Gewölbe CDBA (Taf. XI. Fig. 70.) der Punkt B, wo CB = BA geſchätzt wurde. Wenn er nun hierauf die wahre Höhe des Monds oder den Winkel BOA mit aſtronomiſchen Werkzeugen maß, ſo fand er ihn $=23°$, woraus ſich vermittelſt einer cubiſchen Gleichung, oder noch leichter durch geometriſche Conſtruction, OC : OA wie 3:10 oder nach Hrn. Käſtners Anmerkung beynahe wie 1 : 3,23 findet. Er bemerkt auch, wenn die Sonne $30°$ hoch ſtehe, ſo ſcheine ſie dem bloßen Auge ſchon näher am Zenith, als am Horizonte zu ſeyn, ob ſie gleich in der That dem letztern weit näher ſteht. Und wenn ein Stern in der Höhe von $45°$, alſo gerade zwiſchen Scheitel und Horizont in der Mitte ſteht, ſo wird er nach der Linie OD ſo geſehen, daß ſein Ort D vom Horizonte A über dreymal weiter, als vom Zenith C, abzuſtehen ſcheint. Eine nothwendige Folge hievon iſt, daß gleiche Winkel, z. B. von $15°$, dem Auge am Horizonte weit größer, als am Zenith, ausſehen. Ein ſolcher Winkel faßt am ſcheinbaren Gewölbe zwiſchen ſeinen Schenkeln am Horizonte den Bogen A a, am Zenith den Bogen C c, und man irrt ſich erſtaunlich, wenn man die wahre Größe des Winkels nach dieſen Bogen beurtheilt.

Hieraus ergiebt ſich nun ſehr leicht, warum Sonne, Mond, Entfernungen der Sterne von einander, Breite des Regenbogens, und überhaupt alle ſcheinbare Größen am Himmel, beym Horizonte merklich größer, als in der

Höhe scheinen. Die Ursache ist die scheinbare Gestalt des
Himmels, oder, was eben soviel sagen will, weil sie das
Auge nach den gewöhnlichen Regeln des Sehens am Horizonte für entfernter nimmt. Smith giebt über dieses Verhältniß der scheinbaren Entfernungen O A, O a, O B, O D,
O C, welches zugleich das Verhältniß der scheinbaren Größen ist, folgende Tabelle:

Höhen	Scheinbare Entfernungen.
0	100
15	68
30	50
45	40
60	34
75	31
90	30

Er erklärt auch hieraus die elliptische Gestalt der Halonen,
welche Newton, Whiston (Philos. Trans. no. 369.)
und er selbst, bemerkt hatten, indem der untere Halbmesser des Hofs jederzeit größer, als der obere, erscheint, welches den verticalen Durchmesser ändert, indem der horizontale ungeändert bleibt. Endlich bestätigt er diese sehr richtige Theorie noch durch die Beyspiele der Kometenschweife
und eines von Cotes gesehenen Meteors.

Nach dem Anführen des Roger Baco (Perspectiv.
p. 118. ed. Combach.) soll schon Ptolemäus, in seiner
verlohren gegangenen Schrift von der Optik, die scheinbare Vergrößerung der Sonne und des Monds am Horizonte auf diese Art erklärt haben, ob er sie gleich in seinem
Almagest (L. I. c. 3.), so wie Strabo (Geogr. L. III.
sub init.), unrichtig aus der Stralenbrechung durch die
Dünste herleitet. Alhazen im siebenden Buche zeigt, daß
die Stralenbrechung vielmehr eine Verkleinerung bewirken
müste, und erklärt das Phänomen für einen Gesichtsbetrug
aus der größern scheinbaren Entfernung des Himmels am
Horizonte. Diese sehr vernünftige Erklärung, welche auch
Hobbes und Gassendi angenommen hatten, ward vom
P. Gouye (Mém. de Paris, 1700) und von Moly-
neur (Phil. Trans. no. 187.) wieder bestritten, von De-

saguliers aber aufs neue vertheidigt und durch Versuche
bestätiget.

Berkley (Essay towards a new theory of vision,
Dublin, 1709 8. Sect. 68.) glaubt, der Mond sehe im
Horizonte größer und entfernter aus, weil er wegen der
Dünste matter leuchte. Diese Meinung nimmt auch **Euler** im dritten Theile der Briefe an eine deutsche Prinzeßin
(S. 317. u. f.) an, und erklärt daraus zugleich die platt-
gedrückte Gestalt des Himmels. **Smith** führt aber gegen
diese Erklärung des **Berkley** an, daß der Mond bey Tage und bey Mondfinsternißen in der Höhe gesehen, auch
matter und doch nicht größer erscheine, und daß man aus
dieser Hypothese keinen Grund von der Vergrößerung der
Sternbilder oder des Abstands der Firsterne von einander
angeben könne. Unstreitig ist es weit richtiger, diese Vergrößerung daraus herzuleiten, daß wir die Gegenstände
am Himmel da zu sehen glauben, wo ihre Projection auf
das scheinbare Gewölbe hinfällt; die Gestalt dieses Gewölbes selbst aber aus der Verschiedenheit des Urtheils über
Entfernungen am Horizonte und in der Höhe, zu erklären,
welches **Smith** sehr umständlich ausführt, und   S. 419.
noch durch die Erscheinung der lichten Stralen erläutert,
welche aus dem scheinbaren Orte der Sonne hinter den Wolken ausfahren.

Priestley Geschichte der Optik durch **Klügel**, S. 504. u. f.

Himmelskugel, künstliche, Globus caelestis
artificialis, *Globe céleste.* Eine Kugel von Holz oder
Pappe, auf deren Fläche die Punkte und Kreise der Himmelskugel nebst den Sternbildern und Firsternen in den gehörigen Lagen und Verhältnißen verzeichnet sind, und die
in einem dazu schicklichen Gestell gedrehet werden kan —
ein Modell der scheinbaren Himmelskugel.

Zwar erscheint uns, dem vorhergehenden Artikel zufolge, der Himmel als ein plattgedrücktes Gewölbe; aber
diese unregelmäßige Gestalt hängt blos von einem Urtheile
oder Gesichtsbetruge ab, und der Himmel muß, wenn wir
bey der reinen optischen Darstellung stehen bleiben, wo uns

nichts von einer verschiedenen Entfernung der Stellen belehrt, für eine Fläche, deren Punkte vom Auge gleich weit abstehen, d. i. für eine das Auge als Mittelpunkt umgebende Kugelfläche angenommen werden. Man setze also Taf. VIII. Fig. 2. das Auge in C, so kan der Kreis ZPRQNSHAZ einen Durchschnitt der Himmelskugel oder Sphäre vorstellen, auf der man sich nun noch folgende Punkte und Kreise gedenkt, die ich hier, weil von jedem ein besonderer Artikel handelt, nur mit wenigen Worten erwähne.

Punkte und Kreise der Himmelskugel.

Die Erde selbst verdeckt uns jederzeit die untere oder unsichtbare Helfte des Himmels, welche von der obern sichtbaren Helfte durch den grösten Kreis HR Taf. VIII. Fig. 2., der unsere Aussicht begrenzt, den Horizont, getrennt ist. Lothrecht auf die Ebne des Horizonts HR geht durch das Auge C die Scheitellinie ZN, welche an der Fläche des Himmels über uns den Scheitelpunkt oder das Zenith Z, unter uns das Nadir N trift, s. Horizont, Zenith, Nadir.

Die ganze Sphäre scheint sich mit allen daran befindlichen Gestirnen aller 24 Stunden so umzudrehen, daß dabey die Linie PS, die Weltaxe, und deren Endpunkte P und S, die Weltpole, unbewegt bleiben, alle übrige Stellen aber Kreise wie GF, KI etc. beschreiben, welche alle mit einander parallel laufen, und Tagkreise genannt werden. Der in unsern Ländern sichtbare Weltpol P heißt der Nordpol, der andere S der Südpol. Der gröste Kreis ZPQNSAZ, welcher durch Zenith, Nadir und die beyden Weltpole geht, heißt der Meridian oder Mittagskreis. Er schneidet den Horizont in den Punkten H und R, dem Mittags- und Mitternachtspunkte, s. Weltaxe, Weltpole, Mittagskreis.

Der Horizont und Mittagskreis bleiben bey der täglichen Umdrehung der Sphäre unbewegt. Man sagt, sie liegen in der unbeweglichen Himmelskugel, in der sich gleichsam eine andere bewegliche umdrehet.

Der gröſte Tagkreis AQ, der von den Weltpolen P und Q überall um 90° entfernt iſt, heißt der Aequator, theilt die Sphäre in die nördliche und ſüdliche Halbkugel AZPRQ und AHSNQ, und ſchneidet ſich mit dem Horizont und Meridian zu gleichen Helften. Mit ihm laufen die übrigen Tagkreiſe parallel und heiſſen daher auch Parallelkreiſe, ſ. Aequator.

Die Sonne durchläuft in ihrer jährlichen Bewegung den gröſten Kreis der Sphäre FCK, die Ekliptik, welche mit dem Aequator einen Winkel von 23½° macht, deren Pole E und L alſo von den Weltpolen P und S ebenfalls um 23½° abſtehen. Eben ſo weit ſtehen auch der nördlichſte und ſüdlichſte Punkt der Ekliptik F und K vom Aequator ab. Die Tagkreiſe oder Parallelkreiſe dieſer Punkte, GF und KI heiſſen die Wendekreiſe, die Tagkreiſe der Pole der Ekliptik, ED und TL, aber die Polarkreiſe, ſ. Ekliptik, Pole, Wendekreiſe, Polarkreiſe.

Gröſte Kreiſe durch die Weltpole, die alſo auf dem Aequator ſenkrecht ſtehen, heiſſen Abweichungs- oder Stundenkreiſe; gröſte Kreiſe durch die Pole der Ekliptik, alſo auf dieſe ſenkrecht, Breitenkreiſe.

Einrichtung der künſtlichen Himmelskugel.

Auf der Oberfläche einer Kugel iſt alles, was zur beweglichen Sphäre gehört, nebſt den beyden Weltpolen, den Sternbildern und vornehmſten Sternen nach ihrer gehörigen Länge und Breite, verzeichnet, auch ſind die Kreiſe, welche den Aequator und die Ekliptik vorſtellen, auf die gehörige Art eingetheilt. Was die Stunden und Breitenkreiſe betrift, ſo iſt es genug, durch jeden zehnten Grad des Aequators und der Ekliptik einen davon zu ziehen. Durch die beyden Pole wird die meſſingne Axe PS Taf. XI. Fig. 71. durchgeſteckt, deren Enden bey P und S als feſte meſſingene Stifte nach der Richtung der Axe hervorragen.

Was die unbewegliche Sphäre betrift, zu welcher der Meridian und Horizont gehören, ſo wird der Meridian durch den ſtarken meſſingenen Kreis oder Ring APQSA vorgeſtellt, durch welchen die Enden der Axe

bey P und S so hindurchgehen, daß sich die Kugel inner=
halb dieses Kreises um die Are frey herumdrehen läst. Die=
ser Kreis ist in die vier Quadranten A P, Q P, Q S und
A S, und jeder Quadrant in seine 90° so getheilt, daß 0°
bey A und Q, 90° bey P und S zu stehen kömmt.

Der Horizont wird durch den flachen hölzernen oder
pappenen, auf 4 Säulen ruhenden und das Gestell aus=
machenden Ring H O R vorgestellt, auf welchem sich ein
Kreis mit den gewöhnlichen Eintheilungen des Horizonts
und den Namen der Weltgegenden befindet.   Da es hier
der Platz verstattet, so bringt man auf dem Horizonte
noch andere brauchbare Dinge, z. B. einen immerwähren=
den Kalender u. dgl. an.   In zween Einschnitte dieses Rin=
ges bey H und R wird der messingene Meridian A P Q mit
der darinn hängenden beweglichen Kugel eingelegt, der noch
überdies um mehrerer Festigkeit willen bey N in einem Ein=
schnitte des Fußgestells ruhet.   So stehen Meridian und
Horizont fest, und die Kugel läst sich innerhalb beyder um
ihre Are drehen.   Der Meridian muß in den Einschnitten
H, N und R so locker liegen, daß man ihn verschieben,
und P nach Gefallen höher oder niedriger über R stellen kan.

An dem Stifte P ist ein Zeiger so angebracht, daß er
sich zwar mit der Kugel und dem Stifte zugleich umdrehet,
doch aber auch, wenn man einige Kraft anwendet, um
den Stift allein gedrehet, und anders, als vorher, gestel=
let werden kan.   Den Stift als Mittelpunkt umgiebt ein
kleiner am Meridian befestigter Kreis m n, der in 24 glei=
che Theile getheilt, und mit den Zahlen der Tagesstunden
so bezeichnet ist, daß die 2te Stunde sich in m und in n,
oder am Meridiane endigt.   Weil eine ganze Umdrehung
der Sphäre oder des Zeigers 24 Sternstunden ausmacht,
s. Sternzeit, so giebt der Zeiger an, wie viel Sternzeit
jedem Theile einer Umdrehung zukömmt, und der Kreis
m n heißt deswegen der Stundencirkel.   Man kan ihn
entbehren, wenn man den Aequator A Q der beweglichen
Kugel selbst in 12te Stunden theilt, wobey sich noch überdies
die Theilung bis auf Minuten fortsetzen läßt.

Endlich gehört noch hiezu ein auf die Kugel passender

Quadrant von Meſſingblech, der in ſeine 90° getheilt iſt, und mit dem einen Ende durch ein Druckſchräubchen an einen Punkt des Meridians befeſtigt werden kan. Er dient, Bogen gröſter Kreiſe auf der Kugel abzumeſſen, und heiſt der Höhenquadrant, weil er mehrentheils im Zenith eingeſchraubt, und zu Abmeſſung der Höhen gebraucht wird.

Verfertigung der beweglichen Kugeln.

Man könnte, wie ehedem wohl geſchehen iſt, eine maſſive Kugel glatt abdrehen, und alsdann auf ihre Fläche die gehörigen Punkte, Kreiſe und Sternbilder auftragen. Das würde aber theils ſehr ſchwere, theils ſehr theure Kugeln geben. Leichter und wohlfeiler erhält man ſie, wenn ein Gerippe von dünnen hölzernen Reifen mit Gyps in genauer Form einer Kugel überlegt, und dann mit Streifen überzogen wird, welche ſchon im voraus mit den gehörigen Kreiſen und Geſtirnen in Kupfer geſtochen, und auf Papier abgedruckt ſind. Eben das gilt auch von der Bereitung der künſtlichen Erdkugeln, daher ich bey dem Worte: **Erdkugel, künſtliche**, hieher verwieſen habe.

Ein ſolcher Streifen könnte etwa wie diejenigen ausſehen, die zu Bereitung der Aeroſtaten gebraucht werden, und im erſten Theile dieſes Wörterbuchs bey dem Worte: **Aeroſtat** (S. 70.) beſchrieben, auch daſelbſt Taf. I. Fig. 8. abgebildet worden ſind. Die Linie B C D könnte beym Auflegen in einen Bogen des Aequators gekrümmt und die Punkte A und E in die Weltpole gebracht werden, in denen am Ende die Spitzen aller gebrauchten Streifen zuſammen kommen würden. Dieſem Vorſchlage nach müſſen die Linien A B, A C, A D auf der Kugel Quadranten des Meridians, alſo einander gleich, werden, da ſie doch auf dem ebnen Papiere offenbar ungleich ſind. Man hilft dieſer Schwierigkeit dadurch ab, daß man das Papier anfeuchtet, worauf es ſich dergeſtalt dehnen läſt, daß die kürzere Linie A C ſich beym Aufziehen in eine längere ſtreckt. Inzwiſchen verändert dies doch die Stellen, welche die Kreiſe und Geſtirne auf und neben der Linie A C einnehmen,

und da bey den künſtlichen Erd- und Himmelskugeln viel
auf die Genauigkeit dieſer Stellen ankömmt, ſo muß bey
Verzeichnung der Streifen auf dieſe Dehnung des Papiers
Rückſicht genommen werden.

Vorſchriften zur Verzeichnung ſolcher Streifen findet
man unter andern beym Doppelmayr (Dritte Eröfnung
der Bionſchen mathematiſchen Werkſchule, Nürnb. 1721.
4. S. 2.). Die Gründe derſelben hat zuerſt Pieter
Smit (Cosmographia, of Verdeelinge van de geheele
Wereld, Amſterd., 2te Ausg. 1720.) angegeben. Beur-
theilungen davon und die eigentliche Theorie giebt Herr
Käſtner (De faſciis globis obducendis in Comment.
Soc. R. Sc. Gotting. 1778. Claſſ. Mathem.), der auch
eine ältere Abhandlung von Lowitz über dieſen Gegenſtand (Comment. Soc. R. Sc. antiquiores To. I. ad ann.
1778.) hat abdrucken laſſen. Die nürnbergiſchen und
augſpurgiſchen Kupferſtichhändler verkaufen ſolche Streifen,
nach dem Doppelmayriſchen Vorſchriften geſtochen, zu
Kugeln von verſchiedenen Größen.

Gebrauch der künſtlichen Himmelskugel.

Man ſieht aus der beſchriebnen Einrichtung der künſtlichen Himmelskugel leicht, daß ſie ein genaues Modell
des ſcheinbaren Himmels ſelbſt darſtellet, an dem man
alſo das meiſte, was ſich dort im Großen zeigt, im Kleinen
nachahmen und abmeſſen kan, daher ſich die meiſten Aufgaben der ſphäriſchen Sternkunde durch den Globus mecha-
niſch auflöſen laſſen. Es iſt dazu nichts weiter nöthig,
als dieſem Modelle für jeden Ort und jede Zeit die gehörige
Stellung zu geben.

Man verlangt z. B. die Stellung der Sphäre für Leipzig am kürzeſten Tage, Abends um 6 Uhr, vor ſich zu ſehen. Da die Breite oder Polhöhe von Leipzig ohngefähr
$51\frac{2}{3}^{o}$ beträgt, ſ. Breite, geographiſche, ſo verſchiebe
man Taf. XI. Fig. 71. den meſſingnen Meridian A P Q S
in den Einſchnitten H, N, R ſo lange, bis der Bogen
P R, oder die Höhe des Pols P über den Horizont $51\frac{2}{3}^{o}$
enthält. Man ſuche ferner aus den aſtronomiſchen Ephe-

meriden, oder auch aus dem auf dem Horizonte verzeichneten Kalender den Ort der Sonne für den Mittag des gegebnen Tages. Er wird in dem angenommenen Beyspiele
ohngefähr o°♐ oder im Anfange des Steinbocks seyn. Diesen Ort suche man in der auf der Kugel verzeichneten Ekliptik auf, drehe die Kugel so lange, bis derselbe Ort zwischen P und H unter den Meridian kömmt, halte sie in dieser Stellung fest, und drehe den Zeiger des Stundenkreises
bey unverrückter Kugel auf die zwölfte Stunde bey m. Endlich lasse man die Kugel los, und wende sie so lange weiter
nach der Abendseite um, bis der Zeiger die sechste Abend-
stunde trift, so zeigt der Globus im Kleinen die Stellung
des Himmels für diese Zeit in einem genau ähnlichen Modelle. Man wird daran sehen, daß die Sonne schon tief
unter dem Horizonte sey, man wird finden, welche Gestirne nach jeder Weltgegend zu über dem Horizonte stehen,
welche eben im Auf - oder Untergehen begriffen sind, welche im Mittagskreise stehen; der Höhenquadrant im Scheitelpunkte angeschraubt, wird die Höhe jedes Sterns angeben u. s. w.

Führt man den Ort der Sonne oder das Bild eines
Sterns in den Mittagskreis oder in den Morgen = und
Abendhorizont, so giebt der Zeiger auf dem Stundencirkel
die Stunde der Culmination, oder des Auf = und Untergangs an, woraus sich bey der Sonne die Tageslänge, bey
den übrigen Gestirnen die Dauer ihrer Sichtbarkeit u. dgl.
finden läst.

Es ist hier nicht der Ort, die mannichfaltigen Aufgaben, die sich hierdurch mechanisch auflösen lassen, umständlich anzuführen. Es handlen davon die meisten Lehrbücher
der Sternkunde; ausserdem auch eigne Anweisungen von
Blaeu (Institutio astronomica de usu globorum, Amst.
1634. 1652. 8.), Lulofs (Introd. ad cognitionem atque
usum utriusque globi, Lugd. Bat. 1748. 8.), Adams
(Treatise describing the construction and explaining the
use of new celestial and terrestrial globes, the 2ᵈ edit.
London, 1759. 4.) und Scheibel (Vollständiger Un-

terricht vom Gebrauch der künstlichen Himmels = und Erd=
kugel, Breslau 1779. 8. 2te Aufl. 1785. 8.).

Freylich können diese Auflösungen der Natur der Sache
nach keine Schärfe gewähren, und sind also, wo Genauigkeit
erfordert wird, schlechterdings unzulänglich. Sie bleiben
aber doch, wo man sich mit mittelmäßiger Richtigkeit be=
friedigen darf, äusserst bequem, und helfen sogar, wenn
man schärfere Rechnungen anstellt, durch den bloßen sinn=
lichen Anblick entscheiden, ob z. B. die berechnete Seite
eines Kugeldrevecks über oder unter 90°, ob der berechnete
Winkel stumpf oder spitzig sey u. dgl., welches die Rech=
nung selbst in vielen Fällen unentschieden läßt. Wolfs
Urtheil (Anfangsgr. der Astr. 2te Erkl. §. 11.) daß der
Globus nur für die sey, welche nicht denken können oder
wollen, ist übertrieben hart, und es wird nicht leicht ein
praktischer Astronom den Gebrauch des Globus gänzlich
aufgeben.

Die künstliche Himmelskugel, gehörig nach Ort und
Zeit gestellt, zeigt, nach welcher Weltgegend und in wel=
cher Höhe jedes Sternbild zu finden sey, und wird dadurch
ein sehr gutes Hülfsmittel, die Sterne kennen zu lernen.
Nur hat sie das Unbequeme, daß wir an ihr die Sterne
auf der äussern oder erhabnen Seite finden, da der Him=
mel dieselben an der innern holen Fläche zeigt. Daher ste=
hen auf dem Globus die Sternbilder verkehrt. Die Ein=
bildungskraft aber hilft diesem Umstande leicht ab, und es
scheint mir nicht der Mühe werth, blos dieserwegen Kugeln
mit Oefnungen, durch die man in das Innere sehen kan,
oder hohle Halbkugeln und Sternkegel zu gebrauchen, wo
die Kreise und Sterne auf der innern Fläche verzeichnet
sind, s. Sternkegel.

Geschichte der künstlichen Himmels = und Erd=kugeln.

Die Modelle der Himmelskugel bey den Alten, von
welchen Fabricius (Biblioth. graeca, L. IV. c. 14. p. 455
sqq.) redet, scheinen größtentheils Armillarsphären gewe=
sen zu seyn, s. Ringkugel. Diodor erklärt die Fabel

vom Atlas, der den Himmel trägt, dadurch, daß ein mauritanischer Fürst dieses Namens die erste Kugel mit darauf verzeichneten Gestirnen verfertiget habe. Nach der Muthmaßung des Gassendi (Opp. To. V. p.375.) soll Eudorus von Cnidus 190 Jahre v. C. G. eine solche zu Stande gebracht, und die Sternbilder des Aratus darauf gesetzt haben. In einer Stelle des Diogenes Laertius aber (Vit. Philosoph. in prooem.), welche sagt, daß Musäus eine Theogonie und Sphäre gemacht habe, ist das griechische Wort (ποιησαι) wohl von Verfertigung eines Gedichts zu verstehen. Die Vorstellungen der Erdkugel scheinen den Alten bekannter gewesen zu seyn, und Ptolemäus hat darüber in seiner Geographie ein eignes Capitel (Geogr. L. I. c. 22. την οικεμενην εν σφαιρα καταγραφειν).

In neuern Zeiten beschäftigten sich vom funfzehnten Jahrhunderte an Regiomontan, Schoner, Hartmann u. a. mit Verfertigung von Himmelskugeln, die aber noch sehr unvollkommen waren. Martin Behaim, ein nürnbergischer Patricier (s. Doppelmayr's Nachricht von den nürnbergischen Mathematicis und Künstlern, Nürnb. 1750. Fol. S. 1. u. f.), der in Portugall lebte, und viele Seereisen gemacht hatte, verfertigte um das Ende des 15ten Jahrhunderts künstliche Erdkugeln, wovon noch eine auf der Bibliothek zu Nürnberg aufbewahrt wird, und in Doppelmayrs Buche abgebildet ist. Im 16ten Jahrhunderte haben sich Fracastori in Italien, Gemma Frisius, Gerhard Mercator und Jodocus Hond durch Bereitung künstlicher Erdkugeln hervorgethan, und Tycho de Brahe brachte im Jahre 1583 eine sehr kostbare messingene Himmelskugel von 6 Fuß Durchmesser zu Stande, welche zu Kopenhagen im Jahre 1728 mit der dasigen Sternwarte verbrannte.

Aus dem 17ten Jahrhunderte sind die Erd- und Himmelskugeln der Gebrüder Wilhelm Janson und Johann Janson Bläeu oder Cäsius in Amsterdam vorzüglich berühmt. Eine Erdkugel von 7 Fuß Durchmesser, 1645 — 1650 von den Erben des Wilhelm Blaeu verfertiget, wird auf der Kunſtkammer in Petersburg aufbehalten. Die große gottorpiſche Weltkugel, welche für den Herzog Friedrich von Holſtein von 1656 bis 1664 durch Andreas Buſch aus Limburg gebaut ward, hatte 11 Schuh im Durchſchnitt, ſtellte von innen den Himmel und von auſſen die Erde vor, hatte inwendig an der Are einen Tiſch mit Bänken für 12 Perſonen, und am Horizonte eine Gallerie. Dieſe große Maſchine iſt in Petersburg reparirt worden, und ſteht noch daſelbſt in einem eignen Hauſe. Erhard Weigel, Profeſſor zu Jena, der auch über die Globen geſchrieben hat (Beſchreibung der verbeſſerten Himmels und Erdengloben, Jena, 1681. 4.) verfertigte große Kugeln von Kupfer und Meſſing, zum Theil mit ſeinen heraldiſchen Sternbildern bezeichnet. Er durchlöcherte die Stellen der Sterne, und machte in die Kugelfläche Oefnungen, durch welche man die Sterne in der holen Fläche als helle Punkte ſahe. Eine ſehr große Kugel von dieſer Art, in welcher dreißig Perſonen Raum haben, befindet ſich in Kopenhagen.

Am meiſten hat ſich durch Verfertigung großer Globen zu Anfang des gegenwärtigen Jahrhunderts der venetianiſche Kosmograph Vincenz Coronelli ausgezeichnet. Von ihm ſind die beyden für Ludwig XIV. verfertigten Kugeln von 13 Schuh Durchmeſſer, welche zu Marly ſtehen, und ihrer Größe ungeachtet, wegen ihres genauen Gleichgewichts, mit einem Finger bewegt werden können [*]. Der Holländer Gerhard Valk lieferte wohlfeilere Globen, die aber von den franzöſiſchen und engliſchen des de l' Iſle und Moll an Genauigkeit übertroffen wurden. In Deutſchland eröfnete Ludwig Andreä zu Nürnberg die erſte Officin von Erd- und Himmelskugeld in leiblichen Preiſen, welchem Enderſch zu Elbingen in Preuſſen und die hofmanniſche Officin nachfolgten. Die letztere übertrug die Veranſtaltung im Jahre 1728 dem Profeſſor Doppelmayr, der ſie durch Puſchner in drey verſchiednen Größ-

---

[*] Auf dieſen Umſtand bezieht ſich die darauf geſetzte übertriebne Schmeicheley: Incluta Gallorum proh! quanta potentia regis En digito coeli volvit et orbis opus.

fen zu 6 Zoll, 8 Zoll und 1 rheinl. Fuß im Durchschnitte, verfertigen ließ, von welcher Art sie auch noch jetzt am leichtsten zu haben sind.

Im Jahre 1749 arbeitete die kosmographische Gesell-schaft zu Nürnberg an Verfertigung größerer und genaue-rer Erd= und Himmelskugeln (Avertissement des heritiers de Homann sur la construction de grands globes à Nuernb. 1746. fol. Second avertiss. par *Ge. Maur. Lowiz*. 1749. 4. Troisieme avertiss. par *Lowiz*, 1753. 4.). Sie kam zwar damit nicht zu Stande, hat aber doch kleine sehr brauchbare geliefert. **Robert de Vaugondy** verfer-tigte 1752 ein paar Globen von 6 Fuß Durchmesser für den König von Frankreich, auf welche 1764 des **de la Caille** südliche Sternbilder, und 1774 die Entdeckungen der eng-lischen Seefahrer im Südmeere und der russischen zwischen Asien und Amerika nachgetragen worden sind. Die kosmo-graphische Gesellschaft zu Upsal hat seit dem Jahre 1766 durch den Graveur **Akermann** und nach dessen Tode durch Herrn **Akrell** in Stockholm Kugeln von 2 Schuh, 1 Schuh und 5 Zoll im Durchmesser, so wie **Adams** in Lon-don 1769, und **de la Lande** in Paris 1777 unter verschie-denen Größen geliefert, welche sämtlich wegen ihrer Ge-nauigkeit und Vollständigkeit in Absicht der neusten Ent-deckungen sehr empfohlen zu werden verdienen.

Kästner Anfangsgr. der angew. Mathematik, der mathem. Anfangsgr. II Theil, 2te Abtheil. Dritte Aufl. Göttingen 1781. 8. Astronomie, §. 119.

Pfennigs Anleitung zur Kenntniß der mathematischen Erdbe-schreibung. Berlin und Stettin, 1779. 8. Cap. 15. S. 116. u. f.

Hitze. Blos die deutsche Sprache unterscheidet hö-here Grade der fühlbaren Wärme durch den eignen Namen der **Hitze**, den man gewöhnlich denjenigen Graden der Wärme beylegt, welche dem Gefühl unerträglich oder schmerzhaft werden.

Höfe um Sonne und Mond, Halonen, Ha-lones, Coronae, *Halons, Couronnes.* Kreise oder Rin-ge, welche zu gewissen Zeiten die Sonne, den Mond, auch

wohl die größern Sterne zu umgeben scheinen, und bald
weiß, bald wie Regenbogen gefärbt sind.   Im letztern
Falle ist die rothe Farbe gewöhnlich die innerste.   Bisweilen
sieht man mehrere concentrische Ringe auf einmal. Ihr
Durchmesser beträgt mehrentheils 45 Grade, doch kan er
auch andere Größen haben, und von 2° — 90° gehen. Sie
werden vom Winde zerstreut, und an Orten, die einige
Meilen auseinander liegen, nicht zugleich gesehen.   Daher
kan die Ursache ihrer Entstehung nicht hoch im Luftkreise
liegen.

Man sieht einen solchen Hof um jedes Licht, das man
im kalten durch aufsteigenden Dunst von warmen Wasser,
durch angehauchte oder leicht überfrorne Fensterscheiben u.
dgl. betrachtet.   Wenn man Luft unter eine vorher luftleere
Glocke läst, und jenseits derselben ein Licht setzt, so erscheint
um dasselbe ein Hof, sobald sich die in der Luft enthaltene
Feuchtigkeit niederschlägt.   Dies hat schon Otto
von Guericke (Experimenta da vacuo spatio, L. III.
cap. 11. p 89.) beobachtet. Musschenbroeck (Introd.
ad philos. nat. To. II. § 2450.) sahe durch sein überfrornes
Stubenfenster einen Ring um den Mond, welcher
verschwand, wenn er das Fenster öfnete.   Man sieht hieraus,
daß die Höfe durch die Brechung der Lichtstralen in
den wässerichten Theilen des Luftkreises entstehen.   Die
umständliche Erklärung der Höfe aber mit allen besondern
Erscheinungen hat viele Schwierigkeiten, und es scheint dabey
nicht allein auf die allgemeinen Gesetze der Stralenbrechung,
sondern auch auf die Eigenschaften der dünnen
Scheibchen anzukommen, welche bey dem Worte: Farben
erwähnt worden sind.

Descartes schreibt in seiner Dioptrik die Entstehung
der Höfe den in der Luft schwebenden Eistheilen zu, welche
nach ihrer verschiedenen Erhabenheit denselben bald
größere bald kleinere Durchmesser geben sollen.   Gassendi
(De meteoris in Opp. Vol. II. p. 103.) und Dechales
(Cursus mathemat. Vol. III. p. 758.) suchen die Höfe,
wie den Regenbogen, zu erklären.   Aber keiner von beyden
bestimmt deutlich, wie hieben die gehörigen Farbenstralen

ins Auge kommen.　　Dechales bringt zwar einen Versuch
bey, wo eine mit Wasser gefüllte Glaskugel hinter sich einen
farbigen Ring bildet, an dem die Stralen des Randes
mit der Are einen Winkel von 23° machen; man kan aber
dies nicht ungezwungen auf die Höfe anwenden, deren
Durchmesser sich auch gar nicht an die Größe von 46°
binden.

Die vornehmste Theorie der Höfe ist die von Huygens (Philof. Trans. Vol. V. no. 60. Diff. de coronis et
parheliis in Opp. reliquis, Amst. 1728. 4.), welcher zu
diesem Behuf in der Atmosphäre durchsichtige Kügelchen
mit einem undurchsichtigen Kerne, von der Größe des Rüb-
saamens, annimmt.　Wenn A, B, C, Taf. XI. Fig. 72,
solche Kügelchen sind, auf welche die mit der Linie O D parallelen Sonnenstralen fallen, so werden die auf den Kern
fallenden Stralen gänzlich aufgehalten, die zu nächst am Kerne
hingehenden aber in D, E, F unter einem Winkel zusammenge-
lenkt, dessen Größe auf das Verhältniß des Kerns zur ganzen
Kugel ankömmt. Gesetzt, dieser Winkel sey 47°. Nun stehe
das Auge in O, und sehe die Sonne nach der Linie O A; man
setze cn O A einen Winkel A O C, der der Helfte jenes Winkels
gleich, oder hier 23½° ist.　　So wird das Auge von allen
zwischen A und C liegenden Kügelchen keine Sonnenstralen
erhalten.　　Denn von B z. B. werden die Stralen, die zunächst am Kerne vorbeygehen, nach H und K kommen, und
das Auge verfehlen; diejenigen, so noch weiter gegen den
Rand zu einfallen, werden noch weiter nach N und M abgelenkt.　　C wird also die erste Kugel seyn, von der der
Punkt O wiederum den Stral CO erhält.　　Dreht man
nun die Figur um die Are O A, so ergiebt sich leicht, daß
innerhalb eines Kreises vom Halbmesser 23½°, oder vom
Durchmesser 47°, diese Kügelchen alle Sonnenstralen abhalten, dagegen die am Umfange dieses Kreises liegenden
wieder Sonnenlicht ins Auge senden, woraus die Erscheinung
eines dunkeln Flecks um die Sonne selbst, und eines hellen
Kreises von bestimmtem Durchmesser um das Dunkle, folget.
Man kan sich auch die Entstehung und Ordnung der Farben
hiebey erklären, weil die rothen Stralen, die am wenigsten

gebrochen werden, nach der Brechung den kleinsten Winkel mit der Are machen, und also das Auge im geringsten Abstande der Kügelchen von A treffen, daher die rothe Farbe die innerste seyn muß. Diese Kügelchen nimmt Huygens für einen feinen Schnee an, der durch die Bewegung in der Luft eine runde Gestalt bekommen habe, und von auffen her aufgethauet sey. Er berechnet das Verhältniß der Halbmesser des Kügelchens und des Kerns, wie 1000 zu 12, wenn der Hof 1 Grad im Durchmesser hat, 1000 zu 480 für 45°, zu 680 für 90°, und zu 730 für 120° Durchmesser.

Weidler (Diss. de parheliis. Viteb. 1738. 4.) hält es für unwahrscheinlich, daß solche Körper, wie Huygens voraussetzt, mit genau abgemessenen Kernen von völlig gleichen Verhältnißen, vorhanden seyn sollten, zumal da die Höfe sich auch um Lichtflammen zeigten, wo es solche Körper mit Kernen gewiß nicht gebe. Er erklärt das Phänomen aus kleinen Tropfen, worinn die Stralen zweymal gebrochen und zweymal zurückgeworfen werden. **Mariotte** leitet die kleinen Höfe von einer zweymaligen Brechung des Lichts in wässerichten Dünsten her; die mit zwo Reihen von Farben aus kleinen erhabnen Stücken Schnee; und die größern aus gleichseitigen Prismen von Eis welche gegen die Sonne eine gewisse Lage haben.

Newton (Optice L. II. P. 2. prop. 9.) äussert gelegentlich seine Meinung dahin, daß die größern und weniger abwechselnden Erscheinungen der Höfe von den allgemeinen Gesetzen der Brechung, die kleinern und veränderlichen aber von den Farben dünner Blättchen abhängen. Das Licht durch sphärische Tropfen und Hagelkörner zweymal ohne Zurückwerfung gebrochen, müste 26° von der Sonne am stärksten seyn, und von da aus auf beyden Seiten allmählich abnehmen. Platt gedrückte Hagelkörner könnten Höfe von kleinern Durchmessern bilden, die inwendig roth, auswendig blau erschienen; Huygens inwendig undurchsichtige Körner erklärten das Phänomen sehr gut, und das Licht, welches erst nach zwey Brechungen und drey oder mehr Zurückwerfungen ins Auge komme, sey zu

Q q

schwach, um so helle Bogen zu bilden.   An einer andern
Stelle (Opt. L. II. P. IV. Obf. 13.) nimmt er die Farben
an dünnen Scheibchen und die Anwandlungen des leichtern
Durchgehens oder Zurückgehens zu Hülfe, woraus beym
Durchgange des Lichts durch kleine Tropfen concentrische
Kreise entstehen müssen.   Für Wassertropfen von $\frac{1}{500}$ Zoll
Durchmesser müste der Durchmesser des ersten rothen Rin-
ges $7\frac{1}{4}°$, des zweyten $10\frac{1}{4}°$, des dritten $12\frac{1}{2}°$ seyn, und für
noch kleinere Wasserkügelchen müssen die Ringe größer wer-
den.   Er sucht dies durch Beobachtungen von concentrischen,
bunten Höfen zu bestätigen, die er um die Sonne im Junius 1692, um den Mond im Februar 1664 gesehen hat.
Die Farben der Ringe hielten fast eben die Ordnung, die
man an den concentrischen Ringen zwischen zusammengedrückten Gläsern wahrnimmt, s. Farben.   Bey der letztern Beobachtung war der innere Ring $3°$, der zweyte $5\frac{1}{4}°$
groß.   Zugleich erschien ein großer Hof um den Mond von
$22\frac{1}{2}°$ Durchmesser.   Dieser hatte eine elliptische Gestalt,
welche aber Smith sehr richtig aus dem bekannten Gesichtsbetruge erklärt, durch welchen wir den Mond selbst am Horizonte für größer, als in der Höhe, halten s. Größe,
scheinbare.

Bouguer (Mém. de Paris 1744. s. auch Ulloa's
Reisen in der allgemeinen Historie der Reisen, Th. IX.)
sahe auf dem Pichincha in Peru bey Aufgang der Sonne
auf einer 30 Schritt entfernten Wolke seinen Schatten, am
Kopfe mit einer Glorie von 3 — 4 concentrischen Kreisen
von lebhaften Regenbogenfarben umgeben, und in der Entfernung mit einem großen weißen Kreise umschloßen.   Die
Durchmesser der kleinen Kreise waren $5\frac{2}{3}$, 11 und 17°, der
des größern 67°.   Diese Erscheinung sahen er und seine
Gefährten hernach oft wieder, aber nur in Wolken, die
aus gefrornen Theilchen bestanden, niemals in Regentropfen; und wenn die Sonne schon über den Horizont hinauf
war, sahen sie nur noch den obern Theil des weißen Kreises.   Eine ähnliche Erscheinung seines mit Regenbogen
umgebnen Schattens nahm auch D. Mac-Fait (Edinburgh Eſſays, Vol. I. p. 198.) auf einer Anhöhe in Schott-

land bey einem Nebel wahr, Man findet übrigens noch einiges hieher gehörige bey dem Worte: Nebensonnen.

Prieſtley Geſchichte der Optik durch Klügel S. 432 u. f.

Höhe, eines Orts, Altitudo loci, *Hauteur d'un lieu.* Die Perpendikularlinie oder das Loth aus einem Orte, auf die verlängerte Horizontalfläche eines andern, wird jenes Orts Höhe über diesen genannt. Die Höhe des Aetna über Catania ist das Loth aus dem Gipfel des Aetna auf die Horizontalfläche von Catania. Es wird hiebey nicht die scheinbare Horizontalebne, sondern die mit der Erdfläche selbst concentriſche krumme Horizontalfläche verstanden, ſ. Horizontal. Die Höhen der Orte werden gewöhnlich von der Meeresfläche aus gerechnet, welches jederzeit anzunehmen ist, wo nicht ausdrücklich etwas anders erinnert wird. Mit den Meſſungen der Höhen beſchäftigt ſich eine eigne Abtheilung der praktiſchen Meßkunſt; von dem Gebrauche des Barometers hiezu, ſ. den Artikel: Höhenmeſſung, barometriſche.

Die Höhen der vornehmſten Berge auf der Erdfläche ſind bey dem Worte: Berge angegeben, wobey noch zu bemerken iſt, daß nach dem Berichte des Molina (Verſuch einer Naturgeſchichte von Chili, aus dem ital., Leipz. 1786. 8.) der Descabeſado in Chili dem Chimboraço in Quito an Höhe nichts nachgeben ſoll.

Höhe eines Geſtirns, Altitudo aſtri, *Hauteur d'un aſtre.* Der zwiſchen dem Horizonte und einem Geſtirne oder andern Punkte des Himmels enthaltne Bogen eines Scheitelkreiſes. Dieſer Bogen iſt das Maaß des Winkels, welchen die nach dem Sterne oder Punkte gezogne Geſichtslinie mit der Horizontalebne macht. Der Abſtand vom Scheitel iſt das Complement der Höhe zu 90°, weil der zwiſchen Scheitel und Horizont enthaltene Bogen des Scheitelkreiſes überall 90° ausmacht.

Wenn ein Geſtirn eben im Auf= oder Untergehen begriffen iſt, ſo iſt ſeine Höhe = 0. Die gröſte Höhe aber erreichen die Geſtirne, bey ihrem täglichen Umlaufe, im Mittagskreise, f. **Culmination, Mittagshöhe.** Azimuth und Höhe zusammen bestimmen den Ort eines Sterns für den Augenblick, da man sie beobachtet hat, aber wegen des Fortrückens der Sterne ändern sich diese Bestimmungen alle Augenblicke.

Die Höhen der Sterne werden, wie Winkel in der Geometrie, gemessen. Nur werden hier künstlichere Werkzeuge und mehr Aufmerksamkeit erfordert. Von dem vornehmsten dieser Werkzeuge werde ich bey dem Worte: **Quadrant,** astronomischer einige Nachricht geben. Die Mittagshöhen, zu deren Beobachtung der Mauerquadrant dient, sind in mancherley Absichten die brauchbarsten, f. **Mittagshöhe.** Gleich große Höhen eines Sterns vor- und nach seinem Durchgange durch den Mittagskreis, werten übereinstimmende oder zusammengehörige Höhen (altitudines correspondentes) genannt.

Höhenmessung, barometrische, Altitudinum mensuratio ope barometri, *Determination des houteurs par le moyen du barometre.* Die Methoden, Höhen der Berge und Orte zu messen, gehören zwar sämmtlich zur praktischen Meßkunst; allein die Höhenmessungen durchs Barometer gründen sich ganz auf eine physikalische Theorie, welche den Gegenstand dieses Artikels ausmachen wird.

Gleich nach der Erfindung der Torricellischen Röhre im Jahre 1643 (f. **Barometer**) ließ Pascal durch seinen Schwager, den Rath Perrier zu Clermont in Auvergne, Versuche darüber anstellen, ob das Quecksilber in dieser Röhre, seiner Vermuthung nach, auf dem Gipfel eines Berges niedriger, als am Fuße desselben stehen werde. Dies muste erfolgen, wofern die Quecksilbersäule vom Drucke der Luft erhalten ward; diese Säule muste auf dem Berge, wo die Röhre weniger Luft über sich hatte, kürzer seyn, als unten, wo eine höhere Luftsäule gegen sie drückte. Pascal (Traité de l'équilibre des liqueurs et de la pesanteur de la masse d'air. Paris, 1663. 12.) meldet, Perrier habe am 19 Sept. 1648. den Stand des Quecksilbers im Garten des Klosters der Minimen zu Clermont 26 Zoll 3½ Lin., auf der Spitze des Puy-de Dome aber nur 23 Zoll 2 Lin. gefunden, daß also für diesen etwa 500 Toisen hohen Berg der Unterschied 3 Zoll 1½ Lin. betrage. Pascal selbst fand das Quecksilber auf dem 24 Toisen hohen Thurme der Kirche St. Jaques de la Boucherie in Paris über 2 Lin. niedriger, als unten.   Er schließt hieraus nicht nur, daß die Luft wirklich schwer sey, und daß die Quecksilberhöhe in der torricellischen Röhre ihr Gewicht anzeige, sondern vermuthet auch schon, daß man hieraus Mittel finden werde, die Höhe eines Orts über andere von ihm entfernte abzumessen. Descartes beklagt sich in einem am 11 Jun. 1649 geschriebenen Briefe (Renati Descartes Epistolae, Amst. 682. P. III. Ep. 67.), daß ihm Pascal nicht antworte, da er demselben doch schon vor 2 Jahren den Gedanken angegeben habe, das Quecksilber müsse fallen, wenn man mit dem Barometer höher steige.   Er schreibt Pascals Stillschweigen dessen Verbindungen mit seinem Gegner Roberval zu.   Dem sey nun, wie ihm wolle, so ist doch die Ausführung und der Vorschlag einer Anwendung auf Höhenmessungen unstreitig Pascaln allein eigen.

Etwa zwanzig Jahre darauf ward durch Boyle und Mariotte das unter dem Namen des mariottischen bekannte Gesetz entdeckt, daß sich die Dichte der Luft, wie der Druck, den sie trägt, verhalte, s. Luft. Mariotte schrieb hierüber ein für die damalige Zeit vortrefliches Buch (Discours de la nature de l'air. 1676. 8. und in den Oeuvres de Mr. Mariotte, à la Haye, 1740. 4. To I.) welches den ersten Versuch einer Regel für Höhenmessungen mit dem Barometer enthält.   Erfahrungen in den Kellern der pariser Sternwarte zeigten, daß das Barometer um 1 Linie fiel, wenn man es 63 Fuß höher brachte; wofür Mariotte zu Erleichterung der Rechnung 60 Fuß annimmt, um welche das 28 Zoll oder 336 Lin. zeigende Barometer erhoben werden müße, um 335 Lin. zu zeigen.   Nun stellt er sich die Atmosphäre in Schichten getheilt vor, in deren jeder das Barometer $\frac{1}{12}$ Lin. tiefer fällt, deren jede also gleiche Massen Luft enthält.   Die unterste oder erste derſelben iſt $\frac{1}{12}$. 60 oder 5 Fuß hoch), und die Anzahl aller bis ans Ende der Atmoſphäre iſt 12.336 = 4032.

Nach dem mariottiſchen Geſetze trägt im Anfange der 2016ſten Schicht, wo das Barometer nur noch 14 Zoll oder $\frac{2016}{12}$ Lin. zeigt, die Luft nur halb ſo viel Druck, und ihre Dichte iſt nur halb ſo groß, als unten, mithin die Höhe der Schicht ſelbſt doppelt ſo groß oder 10 Fuß. Ueberhaupt wird man, um jeder einzelnen Schicht Höhe zu finden, die Formel $\frac{4032.5}{y}$ brauchen müſſen, wenn y die Barometerhöhe am Anfange der Schicht, in Zwölftheilen der pariſer Linie ausgedruckt, bedeutet. So machen die Höhen der Schichten zuſammen folgende Reihe aus:

$$\frac{4032.5}{4032} + \frac{4032.5}{4031} + \frac{4032.5}{4030} \ldots \ldots + \frac{4032.5}{y+1} + \frac{4032.5}{y}$$

Von dieſer Reihe geben alle Glieder bis $\frac{4032.5}{y+1}$, einzeln berechnet und addirt, die ganze Höhe der Luftſäyle bis dahin, wo die Barometerhöhe $= y$ iſt. Die Schicht, welche zum Diviſor y ſelbſt hat, liegt über dem Orte der Beobachtung, und darf alſo in deſſen Höhe nicht mit eingerechnet werden. Die Mühe dieſer Berechnung aber wird Mariotten zu groß; er nimmt daher an, die Reihe (welche eigentlich eine harmoniſche iſt) ſey eine arithmetiſche von eben ſo viel Gliedern, deren erſtes Glied $= 5$ das letzte $= \frac{4032.5}{y+1}$ ſey). Dieſe ſummirt er, um die Höhe zu finden, nach den gewöhnlichen Regeln für die Summe arithmetiſcher Reihen.

Herr de Lüc (Unterſ. über die Atmoſph. Th. I. S. 296.) hat ſich die Mühe gegeben, die Mariotte ſcheute, durch einzelne Berechnung und Summirung der Glieder, die Höhen für die Barometerſtände von 28 bis 16 Zoll, für alle einzelne Zolle zu ſuchen, und in eine Tabelle zu bringen, wobey auch für 1 Linie Queckſilber-Fall wieder 63 Fuß

ſtatt 60 geſetzt, die Schichten aber 1 Lin. hoch angenommen
werden. Bey meiner Ueberſetzung des de Lücſchen Werks
fand ich einen in alle Zahlen dieſer Tabelle eingeſchlichenen
Rechnungsfehler, den ich (S. 243 u. f. Anm.*)) angezeigt
und berichtigt habe. Dieſe Tabelle giebt für den Barometerſtand auf dem Coraçon 15 Zoll 10 Lin., die Höhe 12039 Fuß
oder 2006 Toiſen über die Meeresfläche. Es beträgt aber
dieſelbe nach dem Art. Berge (Th. I. S. 302.) 2470
Toiſen; alſo giebt Mariotte's Verfahren große Höhen
viel zu klein. Die Urſache hievon liegt zwar mehr in der
Vorausſetzung, daß man nur 63 Fuß ſteigen dürfe, um das
Barometer 1 Linie fallen zu ſehen: aber auch die Methode
ſelbſt iſt äuſſerſt unvollkommen und beſchwerlich. Mariotte ſieht zwar ein, man könne das Wachsthum der Schichten nach den Regeln beſtimmen, durch welche man die Logarithmen findet, fällt aber doch nicht darauf, dieſe Logarithmen wirklich zu gebrauchen, und begnügt ſich, durch
Addiren zu ſuchen, was man durch Integriren finden
muß.

Halley war der erſte, der in einem im Jahre 1685 der Societät zu London übergebnen Aufſatze (A diſcourſe of the rule
of the decreaſe of the height of the Mercury in the Barometre in den Philoſ. Trans. no. 181. und in Miſcellaneis Curio-
ſis, London. 1705. 8.) hiezu die Logarithmen wirklich an-
wendete. Er gründet dieſe richtige Theorie der barometri-
ſchen Höhenmeſſung auf die Betrachtung der Hyperbel;
es wird aber hier ſchicklicher ſeyn, ſie nach Herrn Käſtner
(Abhdl. von Höhenmeſſ. durch das Barometer S. 223.
u. ſ.) durch eine Rechnung vorzutragen.

Es ſey Taf. XI. Fig. 73, $SK = x$ eine Höhe, an deren unterm Ende S die Barometerhöhe $= f$, am obern $K = y$
ſey. Bey S verhalte ſich die Dichte der Luft zur Dichte
des Queckſilbers, wie $m : 1$. So iſt nach dem mariottiſchen
Geſetze die Dichte der Luft in $K = \dfrac{m\,y}{f}$, weil die Dichten
ſich wie die Barometerhöhen, alſo die in S und die in K,
wie $f : y$ verhalten.

Das Differential der Höhe SK sey Kk = dx. So wird die Barometerhöhe y von K bis k um dy abnehmen. Diese Abnahme oder dieses —dy muß dem Gewichte der Luft im Raume Kk gleich seyn. Soviel nemlich dieses Gewicht beträgt, um soviel nimmt der Druck der Luft von K bis k ab. Nun ist das Gewicht hier, wo man im unendlich kleinen Kk die Dichte gleichförmig setzen muß, dem Produkte der Dichte in den Raum gleich), s. Dichte, ober es ist das Gewicht $= \dfrac{m\,y}{f}.\,dx$. Daher

$$-\,dy = \frac{m\,y}{f}.\,dx \quad \text{unb} \quad -\,\frac{f}{m}.\frac{dy}{y} = dx$$

woraus, wenn man so integrirt, daß für x = 0; y = f wird

$$x = \frac{f}{m}\ \log.\ \text{nat.}\ \frac{f}{y}$$

folgt.

Man kan den natürlichen Logarithmen, der hier zum Vorschein kömmt, sogleich aus dem gewöhnlichen briggischen (ober aus log. $\dfrac{f}{y}$) finden, wenn man den letztern mit der Zahl 2,302585... multipliciret. Diese Zahl heiße e, so ist

$$x = \frac{f}{m}.e.\log.\frac{f}{y}.$$

Nun sey für eine andere Höhe über S, ober für SL, die Barometerhöhe in L = Y, so wird

$$SL = \frac{f}{m}.\ e.\ \log.\ \frac{f}{Y}$$

Hievon $\quad SK = \dfrac{f}{m}.\ e.\ \log.\ \dfrac{f}{y}\ $ abgezogen,

bleibt $KL = \dfrac{f}{m} e.\log.\left(\dfrac{f}{Y} : \dfrac{f}{y}\right) = \dfrac{f}{m}.\ e.\ (\log.\ y\ -\ \log. Y)$

Dies giebt die allgemeine Regel: Wenn man den Unterschied der Logarithmen von y und Y, oder von den Barometerhöhen an den Orten K und L, durch den unveränderlichen Coefficienten $\frac{f}{m}$. e multipliciret, so findet man die Höhe KL.

Der beständige Coefficient $\frac{f}{m}$. e hat zween Factoren. Der eine e dient blos, die natürlichen Logarithmen in briggische zur Bequemlichkeit der Rechnung zu verwandlen. Der zweyte $\frac{f}{m}$ aber ist eine Barometerhöhe f oder der Ausdruck des Gewichts der Atmosphäre, durch die Dichte der Luft an derselben Stelle m dividirt. Nun giebt das Gewicht, durch die Dichte dividirt, den Raum oder hier die Höhe der Säule, wenn die Dichte durchaus gleichförmig ist. Mithin ist $\frac{f}{m}$ die Höhe einer Säule flüßiger Materie, welche durchaus die Dichte der untern Luft hat, und so stark druckt, als die Atmosphäre druckt.

Es stellt aber auch f die absolute Elasticität der Luft in S dar, welche jederzeit dem Gewichte der darauf drückenden Luftsäule gleich ist. Nun verhält sich die specifische Elasticität, wie der Quotient der absoluten Elasticität f durch die Dichte m, s. Elasticität, specifische (Th. I. S. 712.). Also ist $\frac{f}{m}$ der specifischen Elasticität der Luft in S proportional.

Man nenne der Kürze halber den Coefficienten $\frac{f}{m} = c$, so ist x = c. log. nat. $\frac{f}{y}$ = ce log. $\frac{f}{y}$. Es läßt sich eine logarithmische Linie denken, deren Abscissen die x und deren Ordinaten die y der Formel ausdrucken. Die Formel selbst würde die Gleichung für diese Linie, $dx = -\dfrac{c\,dy}{y}$ ihre Differentialgleichung, und $-c$ ihre Subtangente seyn. Das negative Zeichen bedeutet hier nur, daß diese Subtangente nicht wie sonst, gegen den Anfang der Abscissen zu, sondern von demselben hinweg, nach der entgegengesetzten Richtung fällt, weil hier die Ordinaten abnehmen, wenn die Abscissen wachsen. Daher ist die Subtangente dieser Curve der specifischen Federkraft der Luft proportional, und der Höhe einer Säule gleich), deren flüßige Materie die Dichte der untern Luft und das Gewicht der Atmosphäre hat. Diesen Satz hat Cotes (Harmonia mensurarum p. 18.) synthetisch erwiesen. Und

weil $\dfrac{1}{m} = \dfrac{c}{f}$ so zeigt diese Subtangente durch die untere Barometerhöhe dividirt, an, wie viel mal 1 größer, als m, oder das Quecksilber schwerer, als die untere Luft ist.

Dies ist in möglichster Kürze der Abriß der allgemeinen Theorie, wo nun noch die Bestimmung des c von Erfahrungen abhängt. Mariotte's Erfahrungen geben für $f = 336'''$ und $y = 335'''$; $x = 63$ Fuß oder 10,5 Toisen. Bey ihm ist also $10,5 = c \mathfrak{k}$ (log. 336 — log 335), woraus nach gehöriger Berechnung $c\mathfrak{k} = 8111$ Toisen, $c = 3522$ Toisen, und das Quecksilber 9058mal dichter, als die Luft, folgt. Halley hingegen geht davon aus, daß das Wasser 800mal schwerer, als die Luft, und Quecksilber $13\frac{1}{2}$mal

schwerer, als Wasser, sey, daher er $\dfrac{1}{m} = 13\frac{1}{2}$. $800 = 10800$ setzt. Für die Stelle, wo dieses statt findet, oder am Ufer des Meeres, nimmt er die Barometerhöhe $f = 30$

engl. Zoll. So ist $\dfrac{f}{m} = c = \dfrac{30.10800}{12}$ Fuß $= 27000$

engl. Fuß, und $c\mathfrak{k} = 62170$ Fuß, welches auf pariser Maaß nach dem Verhältniße $153:144$ reducirt, $c\mathfrak{k} = 58512$ Fuß oder 9752 Toisen giebt. Also ist

nach Mariotte $x = 8111$. (log.f—log y)
nach Halley $x = 9752$. (log.f—log y) in Toisen.

Merkwürdig ist es, daß Halley's blos aus den eigenthümlichen Schweren gefundener Coefficient der Wahrheit weit näher kömmt, als der, den Mariottes wirkliche Beobachtungen geben.

Daß beym **Mariotte** die Angabe von 63 Fuß viel zu klein sey, ergiebt sich schon aus de la Hire's (Mém. de Paris. 1709.) ebenfalls in den Kellern der pariser Sternwarte angestellten Beobachtungen, wobey $74\frac{2}{3}$ Fuß Höhe für 1 Lin. Quecksilberfall gefunden ward. Auch **Horrebow** (Elem. philos. nat. Hafn. 1748. 8. Cap. 8.) bemerkt, als das Barometer auf 28 Zoll gestanden, habe er 75 Fuß steigen müssen, bis es eine Linie gesunken sey. Hierauf gründet er eine Berechnung nach Schichten; nach der logarithmischen Theorie würde, seiner Erfahrung zufolge

$$c\,e = 9657 \text{ Toisen, und}$$

$$x = 9657 \cdot (\log. f - \log. y)$$

seyn.

Johann Jacob Scheuchzer (Bergreise, in s. Naturgeschichte des Schweizerlandes Th. II. herausgeg. von Sulzer, Zürich, 1746., und in den Philos. Trans. 1727. no. 405.) maß im Pfeffersbade in der Grafschaft Sarganz mit der Schnur eine Felsenwand von 714 Fuß, und fand das Quecksilber am Fuße des Felsens $25'' 9\frac{1}{2}''' = 309\frac{1}{2}'''$, auf der Spitze $10'''$ tiefer, also $299\frac{1}{3}'''$. Der Unterschied der Logarithmen ist $0{,}0142717$, und soll in $c\,e$ multiplicirt 714 Fuß = 119 Toisen geben. Daher wäre $c\,e =$

$$\frac{119}{0{,}0142717} = 8338 \text{ Toisen, und}$$

die Dichte der Luft bey 28 Zoll Barometerhöhe 9311mal geringer, als die Dichte des Quecksilbers. Hiebey ist der Coefficient unstreitig zu klein; Herr Kästner erinnert auch, daß die Angaben Fehler in Reduction des Zürcher Maaßes auf pariser verrathen, und Scheuchzer gesteht selbst, daß er auf die Höhe des Quecksilbers im Behältniße seines Barometers keine Rücksicht genommen habe.

Bouguer (Voyage au Perou in der Figure de la terre, Paris, 1749. 4. S. XXXIX.) hat aus seinen in

Amerika angestellten Beobachtungen eine Regel gezogen, welche wegen ihres berühmten Urhebers und wegen der leichten Rechnung, die sie vorschreibt, sehr bekannt geworden ist. Man soll, sagt er, von dem Unterschiede der Logarithmen beyder Queckſilberhöhen den dreyßigſten Theil abziehen, und blos die Kennzifer nebſt den vier erſten Stellen behalten. Dies als eine ganze Zahl geleſen, gebe die relative Höhe der Oerter in Toiſen. Von einem Decimalbruche die erſten 4 Stellen als eine ganze Zahl leſen, heißt ihn durch 10000 multipliciren, und den dreyßigſten Theil abziehen iſt ſoviel, als $\frac{29}{30}$ behalten. Bouguer's Regel iſt alſo dieſe.

$$x = \tfrac{29}{30} \cdot 10000 \ (\log. f - \log. y)$$

oder $x = 9666\tfrac{2}{3} \ (\log. f - \log. y)$

wo $ce = 9666\tfrac{2}{3}$; $c = 4198$ Toiſen, und die Dichte der Luft am Ufer des Meers, beym Barometerſtande 28 Zoll 1 Lin., 10764mal geringer, als die des Queckſilbers iſt. Bouguer giebt nirgends die Gründe ſeiner Vorſchrift an, erklärt ſich aber in einem Briefe an Needham (Obſervations des hauteurs faites avec le barometre au mois d' Aout 1751, ſur une partie des Alpes, par Mr. Needham, à Berne, 1760. 4.), ſeine Methode diene nur für Berge, wo der Stand des Queckſilbers nicht ſehr veränderlich ſey, und gebe eigentlich nicht Höhen über dem Meere, ſondern Tiefen unter dem Pichincha an, deſſen Höhe über das Meer er durch geometriſche Meſſung 2434 Toiſen gefunden habe. Die Urſache dieſer beſondern Beſtimmung der Regel und zugleich die Erfahrungen, welche dabey zum Grunde liegen, hat Herr Käſtner mit großem Scharfſinn aufgeſucht. Da nemlich der Stand des Barometers auf hohen Bergen, zumal unter dem Aequator, faſt unveränderlich iſt, und die Höhe des Pichincha nach B Meinung ſehr ſcharf gemeſſen war, ſo glaubte er etwas beſtimmters zu erhalten, wenn er die Barometerſtände auf dem Pichincha und dem Carabourou, jenen von 15″ 11‴ = 191‴, dieſen von 21″ 2$\tfrac{3}{4}$‴ = 254, 75‴, nebſt der geometriſch gemeſſenen Höhe des erſten über den letzten von 1209 Toiſen zum Grunde legte. Der Unterſchied der Logarithmen von 254,75 und

191 ift = 0,1250807, und fo follte ce = $\dfrac{1209}{0,1250807}$ = 9665,8

feyn, wofür B. bequemerer Rechnung halber 9666,6 oder $\frac{2,0}{3,0}$. 10000 angenommen hat. So wird freylich der Fehler immer größer, je tiefer man herabkömmt, und Needham fand die Höhen der Berge über das Meer, wenn er von oben herab rechnete, 63 Toifen größer, als wenn er von der Meeresfläche aus gieng, welches aber auch großentheils davon herrührt, daß er den Barometerftand am Meere 28 Zoll fetzt, da ihn B. 28 Zoll 1 Lin. annimmt.

Uebrigens hat **Bouguer** (Mém. de Paris, 1753. Sur les dilatations de l'air dans l'atmofphère) zuerft auf den Begrif von fpecififcher Federkraft der Luft aufmerkfam gemacht. Häufige Erfahrungen bewiefen ihm, daß fich die abfolute Federkraft einer und ebenderfelben Luftmaffe felbft bey den ftärkften Ausbreitungen genau, wie die Dichte, verhielt. Dennoch ward feine für hohe Berge fo genaue Regel fchon im untern Theile der Cordelieren fehlerhaft, und noch weniger konnte fie für Europa gelten; denn die untere Luft fand fich immer viel dichter, als fie der Regel nach feyn follte. Dies konnte auch nicht Folge der Wärme feyn, welche unten größer ift, und die Luft dafelbft vielmehr ausbreiten und verdünnen muß. Er vermuthet daher, daß verfchiedene Luftarten bey gleicher Wärme und Dichtigkeit dennoch verfchiednen Widerftand thun, d. i. verfchiedne fpecififche Federkraft befitzen möchten. Er fchlägt, dies zu unterfuchen, Verfuche mit dem Pendel über den Widerftand der Luft vor, hatte auch bereits einen Anfang damit gemacht, und die fpecififche Federkraft zwar von Quito bis auf den Pichincha faft ungeändert, bis ans Ufer des Meeres aber fehr verfchieden gefunden. Die Refultate davon hat er in eine krumme Linie gebracht, welche man aber auch, nach de la Lande (Connoiffance des mouv. cél. 1765. p. 215.) für die Curve der Fehler halten könnte, die bey den von **Bouguer** gebrauchten Meffungen begangen worden find.

Daniel Bernoulli (Hydrodynamica. Argent. 1738.

4. Sect. X.) folgert aus seiner beym Worte: **Elasticität** angeführten Hypothese den Satz, die drückende Kraft verhalte sich, wie das Quadrat der Geschwindigkeit der innern Bewegung der Lufttheilchen, mit dem Raume dividirt. Hieraus leitet er eine Differentialgleichung zwischen der Kraft, der Geschwindigkeit und der Höhe über dem Meere her, die sich, wenn die Geschwindigkeit unveränderlich ist, in die gemeine logarithmische Gleichung verwandlet. Er setzt aber diese Geschwindigkeit veränderlich, sucht aus einigen Erfahrungen von Barometerhöhen ihr Gesetz, integrirt jene Gleichung, und findet, nachdem er die beständigen Größen ebenfalls aus Erfahrungen zu bestimmen gesucht hat,

$$x = \frac{22000 \ (f-y)}{y} \text{ in Schuhen,}$$

wo f den mittlern Barometerstand am Meere oder 28 Zoll $4\frac{3}{4}$ Lin. bedeutet. Eine Tabelle nach dieser Regel berechnet findet sich beym **Sulzer** (Beschreibung der Merkwürdigkeiten auf einer Reise durch einige Orte des Schweizerlandes. Zürich, 1742. 4.) und **Böhm** (Gründliche Anleitung zur Meßkunst auf dem Felde, Frankfurt, 2te Aufl. 1759. 4. Anhang. Taf. IV.). Diese Regel ist blos hypothetisch, und wenn man beym Integriren andere Beobachtungen zum Grunde legt, so findet man auch statt des Coefficienten 22000 andere Zahlen.

Cassini (Mém. de Paris, 1733.) nahm zu Vergleichung einiger auf den Pyrenäen gemachten Beobachtungen an, die Dichte der Luft verhalte sich, wie das Quadrat des Drucks, woraus

$$x = \frac{f}{m} \cdot (\frac{f}{y} - 1)$$

folgt. Seine Voraussetzung aber beruht auf keinen physikalischen Gründen. **Maraldi** nahm an, die Schichten, durch welche das Quecksilber immer um 1 Lin. fällt, vom Meere an, wären nach einander 61, 62, 63 Fuß u. s. w. hoch. **Feuillee** machte eben solche Schichten, nur jede um 2 Fuß größer. Von allen diesen Hypothesen handlet

Lulofs (Einleitung zur math. u. phyf. Kenntniß der Erdkugel §. 446. u. f.). Fontana (Delle Altezze barome-
triche, Saggio analitico del P. *Gregorio Fontana*. Pavia,
1771. 8.) zieht hiebey die Abnahme der Schwere nach dem
Gefetze der Gravitation mit in Betrachtung — eine bloße
analytifche Uebung. Newton (Princ. L. II. prop. 22.)
hatte fchon eben diefe Unterfuchung durch die Betrachtung
der Hyperbel, und Cotes (Harm. menfurarum in Opp.
Cantabr. 1722. p. 18.) durch die logarithmifche Linie ange-
ftellt.

Tobias Mayer in Göttingen hat zwo Tafeln zu ba-
rometrifchen Höhenmeffungen verfertigt, von welchen Herr
Beckmann (in Larmanns fibirifchen Briefen, Göttingen,
1769. 8. Anm. S. 34.), und genauer Herr Käftner
(Abhdl. v. Höhenm. durch das Barom. §. 214. u. f.) redet. Sie enthalten Barometerhöhen und zugehörige Höhen über den Horizont des Meeres, der in der erften bey
28" 4‴, in der zwoten bey 28" Barometerhöhe angenommen wird. Beyder Tafeln Horizonte find daher um 52
Toifen unterfchieden; übrigens zeigt fich durch gehörige Unterfuchung, daß die Tafeln felbft auf der Formel

$$x = 10000 \ (\log. \ f - \log. \ y)$$

beruhen. Man weiß nicht, was Mayern bewogen hat,
c e = 10000 anzunehmen; inzwifchen ift dies eben die Formel, welche bey der leichteften Rechnung zugleich die rich-
tigften Refultate giebt, und daher bey den neuern Verbef-
ferungen diefer Theorie durchgängig zum Grunde gelegt
worden ift.

Eines der vorzüglichften Werke über diefen Gegenftand
find des Herrn de Lüc Unterfuchungen über die Atmofphäre (Geneve, 1772. II. To. 4.), deren vollftändiger Titel
nebft der deutfchen Ueberfetzung am Ende diefes Artikels
angeführt wird. Wie weit die vor der Erfcheinung diefes
Buchs bekannten Regeln der Höhenmeffung von einander
abgiengen, werden folgende Refultate aus ihnen zeigen.

Höhen des Coraçon.

	par. Fuß		par. Fuß
nach Mariotte arith=		nach Caſſini	16217
metiſcher Progreſſ.	13167	— D. Bernoulli	16905
nach Mariotte eigent=		— Horrebow	14344
lichen Grundſätzen	12049	— Bouguer	14359,9
nach Halley = = =	14486	— Mayer	14855
— Maraldi = =	19941	durch geometriſche	
— Scheuchzer =	12386	Meſſung	14820

Dieſe Ungewißheit bewog Herrn de Lüc zu ſeinen mühſamen Arbeiten über das Barometer, deren ich ſchon bey dem dieſem Werkzeuge gewidmeten Artikel gedacht ha= be. Er fand die Urſachen der bisherigen Ungewißheit theils in der Unvollkommenheit der Barometer ſelbſt, theils aber in der gänzlichen Vernachläſſigung des großen Ein= fluſſes der Wärme ſowohl auf das Queckſilber, als auf die Luft. Von ſeinen Verbeſſerungen des Werkzeugs ſelbſt, und dem Einfluſſe der Wärme auf den Stand des Queckſilbers iſt beym Worte: Barometer gehandlet wor= den: hier bleibt alſo noch die Wirkung der Wärme auf die Luft zu betrachten übrig.

Herr de Lüc (Unterſ. Th. II. §. 588.) findet aus einer großen Anzahl von Beobachtungen und Meſſungen auf dem Berge Saleve bey Genf, daß die Differenz der Loga= rithmen (als ganze Zahl geleſen) die Höhe in Tauſend= theilchen der Toiſe giebt, wenn die Wärme der Luſt + 16¾ Grad des Queckſilberthermometers von 80 Graden iſt. Für dieſen Grad der Wärme iſt alſo

$$x = 10000 \ (\log. f - \log. y)$$

oder hiebey iſt Mayers Formel richtig, obgleich Mayer nichts von de Lüc's Bemühungen gewußt hat.

Um nun die Berichtigung zu beſtimmen, die für ande= re Grade der Wärme hiebey nöthig iſt, ordnete de Lüc ſeine Beobachtungen ſo, daß er die, wo die Wärme größer als 16¾ Grad war, von denen, wo ſie kleiner war, abſon= derte, und berechnete, wie viel etliche davon zuſammen im Durchſchnitte Abweichung von der Regel für 1 Grad Aen= derung der Wärme gaben. Noch fand er zu wenig Ueber-

einstimmung, und sahe sich genöthigt, die am meisten ab=
weichenden Beobachtungen wegzuwerfen. Es fand sich,
daß alle die, welche um die Zeit des Aufgangs der Sonne
gemacht waren, weggelassen werden mußten, weil sie die
Höhe zu klein gaben, wovon er die Ursache in dem um diese
Zeit wehenden Ostwinde sucht, der die Luft aus der Ebne
auf die Berge führe, und einen höhern Barometerstand
daselbst verursache.

Nach dieser Weglassung stimmten die Resultate im
Durchschnitte dahin überein, daß man, für jeden Grad Aen=
derung der Wärme, den durch die Regel gefundenen Unter=
schied der Höhen um $\frac{1}{215}$ ändern müsse. Dies giebt,
wenn n die Anzahl der Grade bedeutet, um welche das
Quecksilberthermometer von 80 Graden (oder das sogenann=
te reaumürische) über $16\frac{3}{4}$ steht, die hinzuzufügende Berich=
tigung $= \dfrac{n}{215} \cdot x$; mithin

$$x = 10000 \cdot \left(1 + \frac{n}{215}\right) \cdot (\log. f - \log. y)$$

Oder, wenn r den beobachteten Grad des reaumürischen
Thermometers selbst anzeigt, also $n = r - 16\frac{3}{4}$ ist,

$$x = 10000 \left(1 + \frac{r}{215} - \frac{16,75}{215}\right) \cdot (\log. f - \log. y),$$

Der Coefficient c e ist $= 10000 \left(\dfrac{198,25 + r}{215}\right)$

Herr de Lüc macht, um den Zahlen 215 und $16\frac{3}{4}$ aus=
zuweichen, eine neue Thermometerscale, die beym Sied=
punkte $+ 147$, beym Eispunkte $- 39$, und bey $16\frac{3}{4}$ nach
Reaumür, Null hat. Weil so zwischen Sied= und Eis=
punkte 186 Grade enthalten sind, so macht 1 Reaum. Grad
$\dfrac{186}{80}$ de Lücsche, und wenn darauf $\frac{1}{215}$ Aenderung kömmt,
so kömmt auf 1 Grad nach de Lüc $\dfrac{80}{215 \cdot 186} = \frac{1}{500}$ Aenderung.
Nun heiße der Grad, den das Thermometer an dieser Sca=

le zeigt, 1, so ist die hinzuzusetzende Berichtigung

$$= \frac{1}{500} \cdot x = \frac{2l}{1000} x., \text{ und}$$

$$ce = 10000 \left(1 + \frac{2l}{1000}\right)$$

Hr. De Lüc (Unters. Th. II. S.158) findet an seinem ersten Standpunkte auf dem Berge Salève den Barometerstand oben 5186, unten 5233 Sechszehntheile einer Linie. Diese Angaben sind schon wegen der Wirkung der Wärme aufs Quecksilber berichtiget. Die Wärme der freyen Luft geben die Thermometer nach seiner eben beschriebenen Scale oben — 45, unten — 47 an, woraus das

Mittel — $\frac{45 + 47}{2}$ die mittlere Wärme der ganzen Luftsäule, oder 1 giebt, daß also $2l = -(45 + 47)$ oder die Summe der Thermometerangaben an beyden Beobachtungsorten ist. Hieraus ergiebt sich folgende Berechnung:

$$\log. 5233 = 3{,}7187507$$
$$\log. 5186 = 3{,}7148325$$

Unterschied = 0,0039182

Höhe in Toisen = 39,182

— in Schuhen = 235,092

— $\frac{92}{1000}$ hievon = — 21,62

Verbesserte Höhe = 213,472 Schuh
Die geometrisch gemessene Höhe war 216 Fuß 2 Zoll.

De Lüc findet seine Formeln am Meere sowohl als auf den Alpen bis 1560 Toisen über dem Meere mit der Erfahrung übereinstimmend, folgert daraus, daß man bey der gewöhnlichen Temperatur am Ufer des mittelländischen Meeres auf 80 Fuß steigen müsse, um eine Linie Quecksilberfall zu erhalten, und schließt sein klassisches Werk mit Erzählung der noch zurückbleibenden Schwierigkeiten und mit Vorschlägen, ihnen abzuhelfen. Herr Prof. Zimmermann in Braunschweig (Beobachtungen auf einer Harzreise, Braunschweig, 1775. 8.) prüfte die de Lücſche Methode ſowohl an Höhen, als auch an Tiefen in den Bergwerken auf dem Harz, und fand ſie mit den unmittelbaren Meſſungen und den Markſcheiderangaben ziemlich übereinſtimmend. De Lüc hat auch ſelbſt An= wendungen davon auf Beſtimmung der Tiefen der Gruben im Harz gemacht (Philoſ. Transact. 1777. Vol. LXVII. P. I. n. 22.).

Maſkelyne (Philoſ. Trans. 1774. Vol. LXIV. P. I. no. 20.) reduciret die de lücſchen Formeln auf engliſches Maaß und Grade des fahrenheitiſchen Thermometers, deſ= ſen Siedpunkt bey 30 engl. Zoll Barometerhöhe beſtimmt iſt, da ihn die franzöſiſchen Künſtler bey 27 pariſer Zoll zu beſtimmen pflegen. Horſley (ebend. no. 30.) beſchäftigt ſich gleichfalls mit dieſen Reductionen, bringt aber auſſer= dem noch viel lehrreiches bey, macht Bewerkungen über die durch die Wärme geänderte Subtangente der logarith= miſchen Linie, und ſetzt Tafeln zur Erleichterung der de lücſchen Berechnungen für Engländer hinzu.

Lambert (Abhdl. von den Barometerhöhen und ihren Veränderungen in den Abhdl. der Churbayr. Akad. der Wiſſ. III B. 2 Th. S. 75 — 182.) bemerkt, daß die Fe= derkraft der Luft auch durch die Dünſte vermehrt werde, welche theils die Lufttheilchen zuſammenpreſſen, theils die drückende Laſt vergrößern, daher Mariottes Geſetz nur in ſehr großen Höhen völlig zutreffen könne. Aus geometri= ſchen Meſſungen, die er ſchon längſt in einer andern Schrift (Les propriétés de la route de lumiere par les airs, à la Haye, 1758. 8maj.) wegen der Stralenbrechung berichti= get hatte, giebt er die Formel

$$x = 10000 \log. \frac{a}{y} - \frac{43.(336 - y)}{43 + (336 - y)},$$

wo a den Barometerſtand am Meere bedeutet.

Der Ritter Georg Shuckburgh (Philoſ. Trans. 1777. Vol. LXVII. P. I. no 29.) hat de Lüc's Vorſchriften durch wirkliche Nachmeſſungen auf den Bergen Saleve und Mole bey Genf ſcharf geprüft, und glaubt zu finden, daß dieſelben bey der Temperatur 61,4 Grad nach Fah=

renheit die Höhen auf jede 1000 Schuh um 23 Schuh zu
klein geben.   So sucht er auch Fehler in der Berichtigung
wegen der Wärme der Luft, und will, aus Versuchen
über die Ausdehnung der Luft durch die Wärme, wobey
das Volumen beym Eispunkte um 2,43 Tausendtheile
stieg, wenn sich die Wärme um 1 Grad änderte, schließen,
die Temperatur, wobey die logarithmische Differenz die
Höhe unmittelbar in englischen Klaftern (fathoms) giebt,
sey nicht, wie nach Horsley aus de Lüc's Formeln folge,
39,7, sondern 31,24 Grad nach Fahrenheit, also beynahe
der Eispunkt selbst.   Hierauf gründet er nun eine neue
Berechnungsart, welche sehr weitläuftig und ganz von seinen in dieser Absicht mitgetheilten Tabellen abhängig ist.

In eben dem Bande der Transactionen (no. 34.) prüft
auch William Roy die de Lüeschen Regeln.   Sehr sorg-
fältige Versuche über die Ausdehnung der Luft im Amon-
tonischen Luftthermometer führen ihn auf das Resultat, daß
die Ausdehnung der Luft bey den gewöhnlichen Temperaturen im Durchschnitt genommen für jeden Grad Aenderung
der Wärme 2,45 Tausendtheilchen des ganzen Volumens betrage, da de Lüc, Horsley's Reductionen gemäß, nur
2,10 annehme, also für jeden fahrenheitischen Grad 0,35 d. i.
$\frac{1}{7}$ der ganzen Ausdehnung zu wenig setze.   Er hat ferner
die Höhe der Berge Snowdon und Moel Eilio in
Carnarvonshire sehr genau gemessen, und glaubt schließen
zu dürfen, daß die Temperatur, wobey es keiner Berichtigung bedarf, sehr nahe am Eispunkte sey (wo er also mit
Shuckburgh übereinstimmt), auch daß die Beobachtungen bey Sonnenaufgang, welche de Lüc wegwirft, gerade
die zuverläßigsten seyen.   Die Berechnung selbst verrichtet
er zwar durch die Logarithmen; zur Berichtigung wegen
der Wärme aber giebt er Tabellen, und zum Ueberflusse
auch noch Thermometerscalen an.   Seine Verbesserung beträgt $+ \dfrac{m - 32}{408} \cdot x$, wenn m die mittlere Temperatur der
Luftsäule in fahrenheitischen Graden bedeutet, also ist bey
ihm

$$x = 10000 \cdot \left(1 + \frac{m - 32}{408}\right) \cdot (\log. f - \log. y).$$

in englischen Faden oder Klaftern.

De Lüc (Philof. Trans. 1778. Vol. LXVIII. P. I. no. 17.) vertheidigt seine Methode, und erklärt die von Shuckburgh und Roy gefundenen Abweichungen daraus, daß sie das Thermometer an der Sonne, er aber stets im Schatten, beobachten. Shuckburgh (ebend. no. 32.) vergleicht seine und Roy's Regeln, die doch noch in einigen Stücken von einander abweichen, und zeigt aus Messungen, daß die seinige 2, Roy's aber 14 Zehntausendtheilchen der ganzen Höhe zu viel gebe.

Herr Rosenthal (Beyträge zu der Verfertigung, der wissenschaftlichen Kenntniß und dem Gebrauche meteorologischer Werkzeuge. Gotha, I B. 1782. II B. 1784. 8.) geht anfänglich wiederum auf Summirung von Schichten zurück, deren jeder $\frac{1}{16}$ Lin. Queckfilberfall zugehört. Er berechnet diese Schichten von 350 Lin. bis 187½ Lin. Barometerstand, wobey er die Höhe der untersten unbestimmt läßt, und m nennt, daß also z. B. die Höhe derjenigen Schicht, welche der Queckfilberhöhe von 300 Lin. zugehört, $= \frac{3 \cdot 1 \cdot 9}{3 \cdot 0 \cdot 0}$. m oder 1,166.. m wird. Die Höhen dieser Schichten, so wie ihre Summen von oben herab, oder von der 3000sten an gerechnet, bringt er in Tabellen, wo man nun die beyden beobachteten Barometerstände nachschlagen, und die dabeystehenden Summen von einander abziehen muß, um das zu erhalten, was noch mit m multiplicirt die wahre Höhe geben wird. Wäre hiebey, wie gehörig, nicht addirt, sondern die logarithmische Berechnung gebraucht worden, so würde Herrn Rosenthals Höhe

$$x = \frac{\log. f - \log. y}{\log. 5600 - \log. 5599}, \; m, \; und$$

fein m = ce (log. 5600 — log. 5599) = 0,0000775. ce feyn. Die unrichtige Methode, zu addiren, wo man integriren muß, verursacht freylich Abweichungen hievon. Um nun dieses m zu bestimmen, bedient sich Herr R. der Messungen des de Lüc so, daß er die dabey gefundenen

Höhen durch die Anzahl der Sechszehntheile von Linien dividirt, welche in dem Unterschiede der Barometerstände
enthalten sind, und glaubt dadurch zu finden, wie viel Höhe auf $\frac{1}{16}'''$ Unterschied der Quecksilberhöhe komme. Dies
kan nur für sehr kleine Höhen leidlich zutreffen; wäre es
überhaupt richtig, so könnten die Höhen durch die bloße
Regel Detri gefunden werden. Inzwischen giebt ihm diese
Methode, im Durchschnitte aus vielen Beobachtungen,
den Werth seines m = 4,6864 Fuß ob. 0,781 Toisen bey der
Temperatur $16\frac{3}{4}$ nach Reaumür. Das Product hievon in
die vorhin gefundene Zahl soll die wahre Höhe in Toisen geben. Man sieht leicht aus dem obigen, wo m = 0,0000775.
c e seyn sollte, daß bey dieser Temperatur, bey welcher c e
= 10000 ist, m = 0,775 Toisen seyn muß, daß es also
durch die unrichtige Berechnungsart um $\frac{6}{1000}$ Toisen oder
um $\frac{1}{128}$ seines wahren Werths zu groß gefunden worden
ist. Hieraus erhellet, daß diese Methode eigentlich ein
Rückgang zu den mariottischen Schichten, und weder
scharf genug in Bestimmung der Zahlen der Tabelle, noch
richtig in Absicht auf den gebrauchten Coefficienten ist, aus
dessen Betrachtung übrigens Herr R. gute Bemerkungen
über Dichte und Federkraft der Luft herleitet.

Hiernächst ändert auch Herr Rosenthal die Berichtigung wegen Wärme der Luft. Lambert nemlich hatte
in seiner Pyrometrie die Ausdehnung der Luft vom Eis-
zum Siedpunkte $\frac{370}{1000}$ des ganzen Volumens gefunden.
Da nun de Lüc an seiner Scale 372 Grade zwischen beyden
Punkten hat, so glaubt Hr. R. beyde mit einander vereinigen zu können, setzt aber zur Erleichterung der Rechnung
1000 an den Punkt der Normaltemperatur ($16\frac{3}{4}$
Reaum.), bey welchem Lambert 1077 hat. Dem gemäß
muß an den Eispunkt 928, an den Siedpunkt 1272 kommen. Zeigt nun das Thermometer an der untern Station
z. B. 1038, an der obern 1002, so ist blos die mittlere
Wärme 1020 in die gefundene Höhe zu multipliciren und
das Produkt mit 1000 zu dividiren, weil sich hiebey die
ganze Luftsäule, gegen ihre Größe bey der Normal-Tempe-
ratur gehalten, im Verhältniße 1000:1020 verändert hat.

Endlich bringt auch Herr R. noch eine sinnreiche Abänderung der logarithmischen Formel bey, die sich auf seine
beym Worte: Barometer (s. dieses Wörterbuchs Th. I.
S. 265.) angeführte Berichtigung wegen der Wärme des
Queckſilbers gründet. Ein Heberbarometer zeige unten im
längern Schenkel a, im kürzern b, oben auf dem Berge
im längern α, im kürzern β; die Normallänge (s. Th. I.
a. a. O.) sey = l. So ist der berichtigte Barometerstand

unten $= \dfrac{a - b}{a + b} \cdot l$ oben $\dfrac{\alpha - \beta}{\alpha + \beta}$ l.　Also die Differenz

ihrer Logarithmen $= \log. \dfrac{a - b}{a + b} - \log. \dfrac{\alpha - \beta}{\alpha + \beta}$, welches

nun noch mit 10000 multiplicirt und wegen der Wärme der
Luft berichtiget werden muß, um die wahre Höhe zu finden.
Diese Methode erspart 1.) das eine Thermometer, das
bey de Lüc am Brete des Barometers angebracht ist, gänzlich; 2.) bringt sie die Queckſilberhöhen auf die Normaltemperatur ($16\frac{3}{4}$) selbst, da de Lüc sie (nach Th. I.
S. 261) nur auf 10° nach Reaumür bringt, und also wär-
mere Luft mit kälterm Queckſilber vergleicht. Könnte man
sich auf eine durchaus gleiche Weite der Barometerröhren
verlassen, und allen Verlust des Queckſilbers aus der Röhre verhüten, so würde dies eine wesentliche und sehr schätzbare Verbesserung der de Lücſchen Methode seyn, ob man
gleich dabey mehr zu rechnen und vier Logarithmen aufzu-
suchen hat. So viel von Herrn Rosenthals Bemühungen,
in welchen viel Vortrefliches mit einigem Fehlerhaften vermischt ist.

Herr Kramp (Geschichte der Aerostatik, Strasb.
1784. gr. 8. Th. I. Abschn. 5, 6, 7.) hat die Gründe einer
Theorie der specifischen Federkraft verschiedener Luftarten
mit vieler mathematischen Einsicht aus einander gesetzt, und
dabey manches zu den Höhenmessungen gehörige deutlicher
bestimmt. Bouguers Vermuthung einer verschiednen
specifischen Elasticität der Lufttheilchen hat sich durch die
neuen Entdeckungen über die Gasarten vollkommen bestätiget, und wir haben Ursache genug, hierauf aufmerksam

zu seyn. Die specifische Federkraft einer Luftsäule ist, wie oben bemerkt worden, dem c der allgemeinen Formel oder der Subtangente der zugehörigen logarithmischen Linie proportional. Bey Hrn. Kramp, der in seiner Theorie blos auf hyperbolische Logarithmen sieht, ist

$$x = c, \log. \text{nat.} \frac{f}{y}$$

Man findet für jede logarithmische Formel zu Höhenmessungen die zugehörigen Subtangenten oder c, wenn man unsere im vorigen angegebnen Coefficienten cc mit e = 2,302585..... dividirt, oder mit $\frac{1}{e}$ = 0,43429448... multiplicirt. So ist c

nach Mariotte = 3522 Toisen
nach Halley = 4235 —
nach Horrebow = 4394 —
nach Scheuchzer = 5621 —
nach Bouguer = 4198 —
nach Lambert
Mayer u. de Lüc = 4342 —

Aber diese Subtangente ändert sich durch die Wärme weil selbige die specifische Federkraft ändert. Bey de Lüc z. B. ist c nur alsdann 4342 Toisen, (oder wie Herr Kramp aus seinen Beobachtungen findet 4342,704 Toisen) wenn die Temperatur 16¼ (eigentlich 16¾) nach Reaumür ist; und diese Größe ändert sich für jeden Grad der Wärme um $\frac{1}{215}$. Sie ist also, wie schon oben berechnet worden, wenn das reaumürische Thermometer r Grade zeigt, mit $1 + \frac{r - 16,75}{215}$ d. i. mit $\frac{198\frac{1}{4} + r}{215}$ oder mit $\frac{18440 + 93 r}{20009}$ zu multipliciren.

Es seyen nun zween Grade der specifischen Federkraft c und C, und die Grade des reaumürischen Thermometers, für die sie statt finden, r und R, so wird

$$c : C = \frac{198\frac{1}{4}+r}{215} : \frac{198\frac{1}{4}+R}{215} = 198\frac{1}{4}\ r : 198\frac{1}{4} + R$$

seyn. Z. B. für den — 8ten und den dreyßigsten Grad nach Reaumür, welches ohngefähr die äussersten Grade bey unsern Beobachtungen sind, verhalten sich die specifischen Elasticitäten der Luft, wie $190\frac{1}{4} : 228\frac{1}{4} = 761 : 913$ oder beynahe, wie 5 : 6. Für Eis- und Siedpunkt wie $198\frac{1}{4}$ $278\frac{1}{4}$ d. i. fast wie 5 : 7.

Nun hat de Lüc angenommen, die Höhen verändern sich bey jedem Grade Aenderung der Wärme gleichviel. Diese Voraussetzung ist wohl nicht in aller Schärfe wahr, sie läßt sich aber dadurch entschuldigen, daß der gröste Unterschied der specifischen Federkräfte nur $\frac{1}{6}$ des Ganzen betragen kan.

Herr Kramp macht aber in dieser Theorie noch zwo wesentliche Aenderungen. Zuerst legt er nicht, wie de Lüc $16\frac{3}{4}$, sondern 10 Grad Temperatur zum Grunde, und setzt die specifische Federkraft der Luft bey diesem Grade = 1.

So ist dieselbe für jeden andern Grad R, $= \dfrac{198\frac{1}{4} + R}{208\frac{1}{4}}$

Zweytens vergleicht er Herrn de Lüc Angaben mit den Aenderungen der astronomischen Stralenbrechung, welche nach Mayers Bestimmungen um $\frac{1}{22}$ wächst, so oft das Reaumürische Thermometer bey unveränderter Barometerhöhe um 10 Grad fällt. Dies macht für 1 Grad $\frac{1}{220}$ aus, und gilt eigentlich bey der Temperatur 10 Grad nach Reaumür. Da sich nun die specifische Federkraft, bey ungeänderter Barometerhöhe verkehrt, wie die Dichte oder Stralenbrechung verhält, so wird jene für r Grade des Thermometers mit $1 + \dfrac{r - 10}{220}$ d. i. mit $\dfrac{210 + r}{220}$ zu multipliciren

seyn, und sich daher wie $210 + r$, oder wie $1 + \dfrac{r}{210}$ verhalten. Diese Bestimmung scheint Herrn K. richtiger, als die des de Lüc, welcher $1 + \dfrac{r}{198}$ setzt.

Nach dieſen Aenderungen wird ſich nun die Subtangente, welche bey 16 ¾ Grad 4342,704 war, und dem Bruche

$$1 + \frac{1}{210}$$

proportional bleibt, für 10 Grad im Verhältniße 226¾ : 220 vermindern, mithin 4213,440 Toiſen gleich werden, und der 220ſte Theil hievon oder 19,152 Toiſen wird ihre Veränderung für jeden Grad des Thermometers ſeyn. Hieraus iſt von Herrn K. eine Tafel (S. 113.) berechnet, in welcher die Federkraft und Subtangente für jeden Grad des Thermometers angegeben ſind. Dieſe Tafel giebt alſo c für jede mittlere Wärme, und dies in die Differenz der hyperboliſchen Logarithmen (oder zuerſt in e und dann in die Differenz der briggiſchen) multiplicirt, giebt ſogleich die wahre Höhe x. Dieſes ſinnreiche Verfahren bringt wenigſtens die Berichtigung wegen der Wärme der Luft auf eine mathematiſche Form, welche zu weitern Unterſuchungen und Verbeſſerungen ſehr bequem iſt. Die Subtangente mit der Barometerhöhe dividirt, zeigt auch ſogleich, wie vielmal die Luft leichter, als Queckſilber, iſt.

Herr Roſenthal (Beylage zu Herrn Krampens Geſchichte der Aeroſtatik, Gotha, 1785. 8.) hat ſich zwar verſchiedene von Herr Kramps Sätzen, als ſeine Erfindungen zueignen wollen; dieſer aber (Anhang zur Geſchichte der Aeroſtatik, Strasb. 1786. gr. 8.) antwortet darauf ſehr gründlich und mit ſichtbarem Gefühl ſeiner Ueberlegenheit, zeigt auch lehrreich, wie der Gang ſeiner Ideen durch Bouguer's, Lamberts und de Lüc's Schriften ganz natürlich veranlaſſet worden ſey, und fügt eine ſehr wohl ausgearbeitete Theorie der ſpecifiſchen Federkräfte verſchiedener Luftarten, nebſt einer Tabelle über dieſelben bey 55 Grad nach Fahrenheit aus Fontana's Verſuchen bey, die er mit brauchbaren Anwendungen auf das Gleichgewicht der Luftarten in verſchloßnen Röhren, und auf die Geſchwindigkeit des Schalles begleitet.

Herr Hofrath Mayer (Phyſikaliſch mathematiſche Abhandlung über das Ausmeſſen der Wärme in Rückſicht auf das Höhenmeſſen vermittelſt des Barom. Frf. u. Lpzg.

1786. 8.) giebt eine allgemeine Theorie der Wärmemessung, über welche Amontons, Lambert, de Lüc u. a. schon so viel einzelne schöne Erfahrungen gemacht, und Untersuchungen angestellt hatten. Das allgemeine Gesetz scheint, unter den gehörigen Ausnahmen, dieses zu seyn, daß sich die Differenzen der Räume, in die sich ein Körper ausdehnt, wie die Differenzen der Temperaturen, verhalten. Hieraus wird eine Differentialformel hergeleitet, welche fruchtbar an wichtigen Folgen ist, und streng beweiset, daß die bloß von der Wärme herrührende Veränderung der Federkraft der Aenderung der Wärme selbst proportional sey. Dies wird nun nach Versuchen über die Vergleichung der absoluten Wärmen mit den Ausdehnungen der Luft, auf die barometrische Höhenmessung angewendet, und gezeigt, wie de Lüc's Berichtigung um $\frac{1}{213}$ für jeden reaumürischen Grad aus den Versuchen und der Differentialgleichung folge. Herr Mayer behauptet, de Lüc's Bestimmung von $\frac{1}{213}$ sey in allen Fällen so zureichend, daß sie keiner weitern Verbesserung bedürfe.

Herr Hennert betrachtet in seiner 1785 zu Göttingen gekrönten Preißschrift (Commentatio de altitudinum mensuratione ope barometri. Ultraj. 1786. 8maj.) die Theorie der Höhenmessungen und ihrer Berichtigungen in der größten Allgemeinheit. Der Raum verstattet hier nicht seine Berechnungen im Zusammenhange vorzulegen. Einzelne Bemerkungen daraus sind folgende: Wenn sich Dichten zwoer Luftmassen, wie $D:d$, Wärmen (d. i. Luftsäulen, die von ihnen bey einer gewissen Dichte und bey den stattfindenden Temperaturen getragen werden können) wie $C:\gamma$, die Quecksilbersäulen, die sie tragen, wie $f:y$ verhalten so ist $\frac{f}{DC} = \frac{y}{\delta\gamma} = A$ eine unveränderliche Größe.

Nun folgt aus den gewöhnlichen Schlüßen die Formel

$$\delta dx = - d y \text{ oder } \frac{y\,d\,x}{\gamma} = -A\,d\,y$$

woraus man nach gehörigem Integriren $\int\frac{dx}{\gamma} = A\log.$ nat.

$\frac{f}{y}$ erhält. Die Berichtigung wegen der Wärme des Queckſilbers richtet H. ſo ein, daß ſie nach einer von ihm mitgetheilten Tafel nur am untern Barometerſtande f vorgenommen werden darf, den er alsdann f corr. nennt. Statt der natürlichen Logarithmen briggiſche zu gebrauchen, darf man nur A mit 2,30285.... multipliciren, wodurch es ſich in B verwandlet. Um nun noch dx : γ zu integriren, nimmt er $\gamma = C \left(1 + \frac{\alpha x}{f}\right)$ an und findet ſo, mit Weglaſſung kleiner Größen

$$x = \frac{2C\gamma}{C+\gamma} \cdot B \cdot \log \cdot \frac{f \, corr.}{y},$$

wo C und γ aus mitgetheilten Tabellen durch die Grade des fahrenheitiſchen Thermometers an beyden Standpunkten gegeben ſind. Herr H. zeigt auch, daß dieſe Methode mit den meiſten Erfahrungen übereinſtimme.

Zu den Formeln, welche vom Mariottiſchen Geſetze abweichen, gehört noch eine von Herrn D. Wünſch (Neue Theorie von der Atmoſphäre und Höhenmeſſ. mit Barometern, Leipzig, 1782. 8.). Sie beruht auf den Sätzen, daß ſich die Dichte der Luft wegen des Geſetzes der Gravitation verkehrt, wie die vierte Potenz des Abſtandes vom Mittelpunkte der Erde, verhalte, und daß man die ſo gefundene Dichte, wegen des Drucks der obern Luft auf die untere, mit der halben untern Barometerhöhe multipliciren müſſe, um die wirkliche Dichte zu erhalten. Daraus ſoll nun eine Formel folgen, in welcher Unterſchiede der Wurzeln vierter Potenz aus den Barometerhöhen faſt eben ſo gebraucht werden, wie ſonſt die Unterſchiede der Logarithmen. Herr W. theilt deswegen mühſam berechnete Tafeln über die Wurzeln der vierten Potenz aus den natürlichen Zahlen und ihre Unterſchiede mit. Aber der Grund dieſes Gebäudes iſt eine bloße, noch dazu höchſt unwahrſcheinliche, Hypotheſe, und die Formeln folgen nicht richtig aus den vorausgeſchickten Sätzen.

Man weiß aus Beobachtungen, daß die Veränderun-

gen des Barometers auf eine große Strecke Landes gleich-
zeitig erfolgen, und wenn die Orte gleich hoch liegen, auch
gleich groß, bey nicht allzugroßen Unterschieden der
Höhen aber den mittlern Höhen der Queckfilberfäulen an
diefen Orten proportional find. Bey großen Unterfchieden
der Höhen aber, die mehrere Hunderte von Toifen betragen, hört diefes Gefeß auf, und die Barometerveränderungen werden in der Höhe weit geringer, welches ein unglücklicher Umstand für die Höhenmeffungen ift, (Man f. *Sauf-
fure* Voyages dans les Alpes, To. IV.).

Durch das Barometer können auch weite Strecken Landes, oder der Lauf der Flüße, nivellirt werden. Man läft
entweder an einem Orte das Barometer täglich zu gewiffen
Stunden beobachten, und macht die Beobachtungen an andern Orten zu eben den Stunden, um die gleichzeitigen
paarweife zur Berechnung zu gebrauchen; oder man nimmt
für jeden Ort die dafelbft beobachteten mittlern Barometerhöhen. Für die Meeresfläche ift der mittlere Barometerftand nach *Bouguer* 28 parifer Zoll 1 Lin.; er kan
aber bis 28 Zoll $4\frac{1}{4}$ Lin. steigen.

Recherches fur les modifications de l'atmofphère par Mr.
Iean André de Luc, à Geneve, To. I et II. 1772. gr. 4.

J. A. de Lüc Unterfuchungen über die Atmofphäre, aus dem
franz. überf. Leipzig, I Th. 1776. II Th. 1778. gr 8.

A. G. Kästners Abhandlung von Höhenmeffungen durch das
Barometer in f. Anmerkungen über die Markfcheidekunft. Göttingen, 1775. 8. S. 215 u. f.

C. H. *Damen* Diff. phyf. et math. de montium altitudine
barometro metienda. Hagae Com. 1783. 8.

Hölen, unterirdifche, Grotten, Cavernae, *Ca-*
vernes, Grottes. Leere Räume von verfchiedener Größe,
in den Bergen oder im Innern der Erde. Sie werden
mehrentheils in gebirgigen Orten, vornehmlich in Kalkgebirgen, felten oder niemals im platten Lande angetroffen.
Auf den Infeln des Archipelagus, den azorifchen, canari-
fchen, grünen, moluckifchen u. a. find fie fehr häufig, da
Infeln überhaupt nichts als Spißen von Bergen find, die

aus dem Meere hervorragen. Gemeiniglich haben sie Gänge von verschiedener Höhe und Richtung, welche in größere mit Pfeilern und Figuren von Tropfstein ausgezierte Klüfte führen, auf deren Boden sich Wasser befindet. Bisweilen trift man darinn auch Knochen, Zähne und Gerippe von Landthieren an.

Die **Elfenhöle** (*Paols- hole, fira-h-le*) in Derbyshire ist ihrer Größe wegen bekannt. Man läst sich zuerst auf 120 Fuß tief durch eine lothrechte Oefnung hinab, die endlich seitwärts geht, sich erweitert, und auf einem Steingeschütte zu einer Höle führt, welche auf 150 Fuß Höhe und Breite hat, und in der sich 60 — 99 Fuß hohe Pfeiler von Tropfstein erheben. Sie ist von Leigh (f. Act. Erud. Lipf. 1701. Nov. p. 517.) und von **Lloyd** (Philof. Trans. 1771. Vol. LXXI. n. 31.) beschrieben worden.

Die **Baumannshöle** auf dem Harz, zu welcher ein natürliches Gewölbe in den Berg hinein führt, besteht aus mehreren Räumen und engen Gängen. Sie ist überall mit Tropf = und Rindensteinen ausgezieret, an denen sich eine lebhafte Einbildungskraft allerley Figuren, als Mosen mit zwey Hörnern, Christi Auferstehung, Mönche, ein betendes Weib, Orgeln u. dgl. hat vorstellen können. Man findet in ihr auch Knochen und allerley Versteinerungen. Die **Scharzfelder Höle** ist jener sehr ähnlich, und hat unter einer großen Menge Knochen einige von solcher Größe, daß man die Thiere nicht errathen kan, denen sie zugehören. Diese Hölen hat Leibnitz (Protogaea, ex edit. *Scheidii.* Gott. 1749. 4. To. I. §. 36. 37.) beschrieben.

Auch in Frankreich und der Schweiz findet man viele ähnliche Hölen. Eine in der Franche Comte (Mém. de Paris 1712. 1726. ingl. Mém. des Sav. etrangers, To. I.) hat einen Boden, der aus drey Fuß dickem Eise besteht, und viele auf 20 Fuß hohe Eispfeiler. Das Thermometer hält sich darinn beständig um den Eispunkt. Die **Grotte de Notre Dame de Balme**, 7 Stunden weit von Lion, hat an der einen Seite einen 6 Fuß breiten Bach, der sich beym Ausgange in die Rhone ergießt. Aus dem Ver-

ge Coyer, aus Malignon in Provence ꝛc. bricht durch
Spalten und Oefnungen ein kalter Wind hervor.

In Italien sind verschiedene unterirdische Hölen. Der
Monte Eolo nordwärts von Terni, bey der kleinen Stadt
Cesi giebt aus seinen Spalten, besonders zur Sommerzeit,
einige Stunden vor und nach dem Mittage, einen kühlen
Wind. Die Hundsgrotte (Grotta del cane) bey Neapel, deren schon Plinius (Hist. nat. Lib. II.) gedenkt, ist
wegen des erstickenden Schwadens auf ihrem Fußboden bekannt, in welchem die Thiere sterben und die Fackeln verlöschen. Dieser Schwaden erstreckt sich nur bis 10 Zoll
über dem Boden, und in einer größern Höhe kan man sich
ohne Schaden aufhalten und frey athmen. Dieser tödtli-
che Schwaden besteht aus fixer Luft, welche aus dem kalkartigen Boden durch die in den dasigen Schwefelkiesen enthaltene Vitriolsäure entwickelt wird, s. Gas, mephitisches.

Ueberhaupt sind in den vulkanischen, schweflichten und
den Erdbeben ausgesetzten Gegenden die Hölen sehr häufig,
wie z. B. in den Inseln des Archipelagus, in den Azoren,
Moluken, den Cordelieren, in Peru u. s. w.

Eine der berühmtesten Hölen ist die Grotte von An-
tiparos, welche Tournefort (Voyage au Levant, ed.
de Lion, 1717. 4. p. 188 sq.) beschreibt. Der Eingang
ist gewölbt und über 20 Schritte weit; er führt zu einer
dunklen Oefnung, durch die man mit großer Schwierigkeit
vermittelst enger Gänge, schmaler Treppen und Leitern, über
jähe Abstürze bis zu einer Tiefe von mehr als 300 Klaftern
gelangen kan, wo man eine sehr große und auf dem Boden
mit allerley Steinfiguren bedeckte Höle befindet. Der bey
den Alten bekannte Labyrinth in Creta oder Candia bey
Gortyna, hat seinen Eingang an der Südseite des Berges
Ida. Er führt durch einen Gang mit vielen Beugungen
und Seitensteigen, wovon der gröste 1200 Schritt lang ist,
zu zween großen Sälen. Der Weg ist zuweilen so niedrig, daß man kriechen muß. Die Wände sind lothrecht
und scheinen von großen ordentlich über einander liegenden
Steinen aufgeführt; die eingehauenen Namen haben ein

Relief auf zwo Linien dick erhalten, welches weißer ist, als der Stein. Tournefort sieht diesen Labyrinth, wenigstens zum Theil, für ein Werk der Menschen an; Pocock vermuthet, daß es ein Steinbruch gewesen sey, welches aber wegen des weichen Steins, der Beschaffenheit der Gänge und der Schwierigkeit der Ausförderung sehr unwahrscheinlich ist. In dem alten Achaja, jetzt Livadia, ist die Grotte des Trophontus, welche im Alterthum wegen eines Orakels bekannt war. Sie liegt zwischen einem See und dem Meere, unter einem hohen Berge, durch welchen auf 40 unterirdische Gänge hindurch gehen, und zum Theil dem See zum Abfluße dienen.

Die meisten dieser Hölen, vorzüglich diejenigen, welche in Kalkgebirgen angetroffen werden, und auf dem Boden Wasser enthalten, scheinen vom Wasser gebildet zu seyn, welches beym Durchseihen durch die Zwischenräume des Gesteins, die in Schichten oder Nestern liegenden kalkartigen Materien nach und nach erweicht, und mit sich hinweg geführt hat. Die Vergrößerung solcher Hölen dauret hin und wieder noch jetzt fort; denn man findet, daß von den Decken dieser Gewölber noch immer Wasser herabtröpfelt. Findet ein solcher Tropfen bey seinem Fälle eine Basis, so setzt er an dieselbe die Kalktheile ab, die er mit sich führet, und bildet dadurch mit der Zeit die Tropfsteine oder Stalactiten, die sich in dergleichen Hölen so häufig in Form der Eiszapfen, Säulen, Krusten und unter mancherley andern seltsamen Gestalten erzeugen. Noch jetzt spühlt das durchseihende Thau- und Regenwasser in den Kalkgebirgen ganze Schichten aus, und macht dadurch die Oefnungen, welche die Bergleute Kalkschlotten zu nennen pflegen (s. de Lüc Briefe über die Geschichte der Erde und des Menschen, II Th. 112. Brief.). Bisweilen stürzt dadurch ein Theil des darüberliegenden Bodens ein, und veranlasset die sogenannten Erdfälle, dergleichen sich an vielen Orten. z. B. in der Gegend um Pyrmont (s. Markard Beschreibung von Pyrmont, I Th. II. Abschn. Cap. 2. S. 185.) sehr häufig finden. Ist eine solche Kalkschicht mit Materien vermischt, die das Wasser nicht

auflösen kan, z. B. mit Conchylien, Knochen von Landthieren, Trümmern von festem Gestein u. dgl., so bleiben
diese auf den Boden der Hölen zurück, woraus sich die
Menge der Muscheln, Knochen und des Steinschutts auf
dem Boden der Hölen sehr leicht erkläret. Es ist also
kaum zu bezweifeln, daß die meisten Hölen ihre Entstehung
dieser Ursache zu danken haben.

Ausserdem aber können auch Erdbeben und Vulkane
sowohl in ursprünglichen als auch in vulkanischen Bergen,
durch ungleiche Erhebung oder Brechung, durch Erhärtung der obern Lava, unter welcher die untere noch immer
abfließt, und auf andere Art, Hölen erzeugen. Die sogenannten Aeolushölen erklärt Knoll (Unterhaltende Na-
turwunder, Aeolushölen, u. s. w. Erfurt, 1786. 8.) durch
periodisches Stürzen kälterer dichterer Luft in dünnere wär-
mere, durch Hervorbrechen vulkanischer Dünste, oder
Entwickelung künstlicher Luftarten, und durch Wind, der
von herabstürzendem Wasser erregt wird.

Bergmann, physicalische Beschr. der Erdkugel, durch Röhl
Greifswalde, 1780. gr. 8. I Th. 2 Abth. Cap. 7.
Brisson Dict. raisonné de Physique, art. *Cavernes.*

Hörrohr, Tuba acustica, *Cornet acoustique.* Ein
Werkzeug zu Verstärkung des Gehörs für diejenigen, bey
welchen dieser Sinn schwach ist. Man giebt den Hörröhren eine weite Oefnung A C, Taf. XI. Fig. 74. und CD,
Fig 75., damit sie soviel Schallstralen a b, c d, als möglich auffangen können, welche sonst bey dem Ohre vorbeygehen würden. Dem innern Theile A b, Cd, giebt man
am besten eine parabolische Gestalt, welche die Parallelstralen a b, cd in den Brennpunkt f sammlet, wo sie durch
die Röhre f g, die man in das Ohr steckt, zu dem Werkzeuge des Gehörs geführt werden. Inwendig müssen diese
Hörröhren wohl polirt, auswendig aber mit einem weichen
Stoffe überzogen seyn, damit sie den Schall vollkommen
regelmäßig zurückwerfen, auch durch die äussere Seite nicht
durchlassen. Le Cat (Traité des sens, p. 292.) bemerkte am Bau des Ohrs, daß der Schall in einer völlig eingeschloßnen Luft sehr verstärkt werde, und gab daher das
Ss

doppelte **Hörrohr**, Fig. 75. an, wo die Hölung A E B eine eingeschloßne Luft enthält, welche nicht anders, als durch die Röhre E G in das Ohr ausweichen kan, und von den Schallstralen gerührt wird, die sich in der vordern Hölung C F D nach F reflectiren. Solcher Röhren bedienen sich schwerhörende Personen mit Nutzen. Sonst thut uns und den Thieren das äussere Ohr eben die Dienste, wie auch die hohle Hand, wenn man sie hinter das Ohr hält.

Brisson Dict. raif. de Physique art. *Cornet acoustique.*

Erxleben Anfangsgr. der Naturlehre, 4te Aufl. §. 277.

Hohlgläser, s. **Linsengläser.**

Hohlspiegel Speculum concavum, *Miroir conca-ve.* Ein krummer Spiegel, dessen Fläche nach der Vor-derseite zu hohl ist. Die Krümmung kan sphärisch, para-bolisch, elliptisch oder hyperbolisch seyn. Da die letztern beyden Arten selten gebraucht werden, für die parabolischen aber ein eigner Artikel (**Parabolische Spiegel**) be-stimmt ist, so bleiben hier nur noch die sphärischen Hohl-spiegel oder hohlen **Kugelspiegel** (specula sphaerica con-cava) zu betrachten übrig, wobey man erstens auf die We-ge der von ihnen zurückgeworfenen Stralen, zweytens auf die Bilder, die sie darstellen, zu sehen hat.

M N, Taf. XI. Fig. 76. sey ein Durchschnitt eines hoh-len Kugelspiegels, und dessen Mitte A sey mit dem Mittel-punkte der Kugel C durch die Are A C verbunden. Ein Stral L M, der parallel mit der Are einfällt, macht mit dem Halbmesser der Kugel C M, (welcher auf der Kugel-fläche bey M lothrecht steht) den Einfallswinkel o = y, wird also unter einem eben so großen Winkel x = o = y so zurückgeworfen, daß er die Are C A bey O schneidet. Weil nun im Dreyecke C O M die Winkel x und y gleich sind, so sind auch die Seiten M O und C O gleich, und werden, wie in jedem gleichschenklichten Dreyecke, durch das Pro-duct der halben Grundlinie in die Secante des anliegenden Winkels ausgedrückt. Nennt man also den Halbmesser der Kugelfläche C M = a, so ist

$$CO = \tfrac{1}{2}\,a.\,sec.\,y.$$

Der Stral CA, der in der Axe selbst einfällt, trift den Spiegel senkrecht, und prallt in sich selbst zurück. Der zunächst an CA einfallende ca, für welchen der Bogen Aa oder das Maaß des Winkels y unendlich klein, also dessen Secante = 1 ist, trift die Axe in F so, daß CF = ½ a, oder F auf der Helfte des Halbmessers liegt.

Ist die Breite des Spiegels oder der Bogen AM (der allezeit den Winkel y mißt) 18°, so wird LM, der letzte einfallende Parallelstral, die Axe in O so treffen, daß CO = ½ a. sec. 18° = 1,05 1...½ a = 0,5255.. a. Alle den Spiegel treffende Parallelstralen werden also zwischen F und O durch die Axe gehen, wobey der Raum FO = 0,5255.. a — 0,5. a = 0,0255.. a oder 1/39 des Halbmessers beträgt.

Wäre des Spiegels Breite AM oder y = 60°, so würde für den äussersten Parallelstral CO = ½ a. sec. 60° = a seyn, oder dieser Stral wird auf den Spiegel selbst nach A zurückgeworfen.

Der Raum FO = CO — CF ist überhaupt für jede Breite des Spiegels = ½ a. sec. y — ½ a = ½ a. (sec. y — 1), also für die Breiten 3°, 6°, 9°, 15° = a multiplicirt in 0,00086; 0,00275; 0,00623; 0,01763, oder = 1/1470, 1/363, 1/160, 1/57 des Halbmessers.

Ein hohler Kugelspiegel also bringt Stralen, welche mit seiner Axe parallel einfallen, in einem Raume FO zusammen, der einen desto geringern Theil des Halbmessers ausmacht, je kleiner die Breite des Spiegels ist. Der Punkt F liegt um die Helfte des Halbmessers vom Spiegel ab. Die nahe an der Axe einfallenden Stralen sammlen sich näher bey F, die weiter abliegenden weiter von F ab gegen A zu, und die 60° abstehenden in A selbst. Auch werden die Unterschiede der Räume FO, in welchen die zurück geworfenen Stralen die Axe kreuzen, desto kleiner, je näher die Stralen an der Axe liegen, d. i. je näher sie bey F vorbeygehen, oder die Strahlen kommen in der Gegend von F am dichtesten zusammen.

Durch diese Verdichtung werden die Sonnenstralen, wenn die Axe des Spiegels gegen der Sonne Mittelpunkt gerichtet ist, vermögend gemacht, bey F zu brennen,

f. Brennspiegel. Daher heißt auch F der Brennpunkt und AF die Brennweite des Spiegels, welche letztere also die Helfte des Halbmessers oder den vierten Theil des Durchmessers beträgt. Diesen Satz hat Porta (De refractione p. 39.) zuerst angegeben. Wenn der Spiegel keine allzugroße Breite hat, so kan man annehmen, alle aus einem Punkte der Sonne kommende Stralen würden um F vereiniget, wobey das, was hierin nicht in aller Schärfe richtig ist, als eine Abweichung wegen der Kugelgestalt des Spiegels angesehen wird. Die weiter von F abliegenden Stralen dienen doch den Gegenstand mit zu erwärmen. Offenbar aber wäre es zum Brennen unnütz, dem Spiegel viel Grade zu geben.

Die Größe der Abweichung wegen der Kugelgestalt kömmt auf die Größe des Raumes FO an, und läßt sich aus ihr durch Rechnungen herleiten, welche für unsern gegenwärtigen Zweck zu weitläuftig sind. Herr Kästner (Analytische Katoptrik in Smiths Lehrbegrif der Optik S. 81. u. f.) hat dieselben analytisch ausgeführt und berechnet (15 Zus. S. 92.), daß bey einem hohlen Kugelspiegel von 8° Breite das Licht in einem nahe am Brennpunkte liegenden Kreise 170590 mal dichter zusammen gebracht wird, als beym Einfallen, vorausgesetzt, daß keine Stralen durch die Reflexion verlohren gehen.

Fiele die Abweichung wegen der Kugelgestalt ganz hinweg, so würde sich im Brennpunkte F ein deutliches Bild der Sonne zeigen, und schon darum würde sich der Brennpunkt in einen diesem Bilde gleichen Flächenraum verwandlen. Wie man unter dieser Voraussetzung die Dichte des Lichts im Brennraume finde, ist bey dem Worte: Brennraum angegeben. Die Abweichung aber vermindert nicht allein die Deutlichkeit dieses Sonnenbilds in F, sondern macht auch, daß zwischen F und O eine ununterbrochene Reihe von Sonnenbildern entsteht, welche verschiedene Größen haben, und den Brennraum zu einem körperlichen Raume ausdehnen, dessen auf den Spiegel lothrechte Durchschnitte von Brennlinien begrenzt werden. Da man aber den hohlen Kugelspiegeln nie eine beträchtliche Breite giebt, so kan man bey den allgemeinen Erklärungen ihrer Phänomene die Abweichung wohl bey Seite setzen.

Stralen, die aus F auf die Fläche des Hohlspiegels fallen, werden dergestalt zurückgeworfen, daß sie hernach alle unter sich und mit der Are gleichlaufend werden. Von einer brennenden Kerze in F wirft der Spiegel alles Licht parallel in unendliche Entfernungen hinaus.

Daß die zündende Eigenschaft der hohlen Kugelspiegel schon den Alten bekannt gewesen sey, erhellet aus den Anfangsgründen der Katoptrik, die man insgemein dem Euklides zuschreibt, wo diese Eigenschaft (Prop. 31.) ausdrücklich erwähnt, der Brennpunkt aber sehr unrichtig in den Mittelpunkt der Kugelfläche gesetzt wird. Man findet aber keine bestimmten Nachrichten, daß davon irgend einiger Gebrauch gemacht worden sey, und die Erzählung von Archimeds Brennspiegeln ist vielen Zweifeln unterworfen, s. Brennspiegel. Euklids Katoptrik beschäftiget sich mehr mit den im Hohlspiegel erscheinenden Bildern, zu deren Betrachtung wir nunmehr fortgehen wollen.

Es ist bey dem Worte: Bild bereits angeführt worden, daß man die Bestimmung des Orts der Bilder in Spiegeln auf zweyerley Sätze gründe. Der erste, schon in Euklids Katoptrik gebrauchte, ist dieser: daß man das Bild eines Punkts da sehe, wo der vom Spiegel zurückgeworfene Stral das vom Punkte auf die Spiegelfläche gefällte Loth schneidet. Euklid suchte ihn daher zu erweisen, weil man in Kugelspiegeln kein Bild sieht, wenn das Auge in diesem Lothe steht, welcher Grund aber nicht hinreichend ist. Der andere von Barrow eingeführte Grundsatz nimmt den Ort des Bildes in der Spitze des von den zurückgeworfenen Stralen gebildeten Kegels an. Nun giebt es zwar, wie Herr Kästner (De objecti in speculo sphaerico visi magnitudine apparente, Comm. Nov. Gotting. To. VIII. 1777.) gezeigt hat, in sphärischen Spiegeln gar keinen Punkt, aus dem die von einerley Punkte des Gegenstandes ins Auge fallenden Stralen alle herkämen; doch enthält auch bey ihnen das Perpendikel von dem sichtbaren Punkte auf die Fläche des Spiegels (oder die

linie durch den sichtbaren Punkt und des Spiegels Mittelpunkt) denjenigen Ort, um welchen die Zerstreuungspunkte
der zurückgeworfenen Stralen am dichtesten beysammen liegen, in welchen man also den Ort des Bildes ohne großen
Fehler setzen kann.

Dieß also vorausgesetzt, sey Taf. XI. Fig. 77. S V
der Durchschnitt eines Hohlspiegels mit der Ebne, in welcher die Reflexion geschieht; C der Mittelpunkt des Spiegels, F der Brennpunkt. Zwischen dem Brennpunkte und
dem Spiegel befinde sich der Gegenstand AB; die Perpendikel aus seinen Endpunkten auf die Spiegelfläche sind die
durch den Mittelpunkt C gehenden Linien CAI, CBM. Die
aus A auf den Spiegel fallenden divergirenden Stralen AR,
A G werden nach der Zurückwerfung weniger divergiren,
gerade als ob sie aus einem entlegenern Punkte des Perpendikels I herkämen. So wird dem Auge O, das diese
Stralen auffaßt, das Bild von A ohngefähr um I zu liegen scheinen; und eben so wird das Bild von B hinter dem
Spiegel in M auf der Verlängerung von CB liegen. Der
Gegenstand erscheint also hinter dem Spiegel in IM
aufrecht und vergrößert. Je näher AB an den Brennpunkt rückt, desto weniger divergiren die reflektirten Stralen,
desto weiter fallen also die Vereinigungspunkte I und M
hinaus, und desto stärker wird die Vergrößerung.

Rückt A B in den Brennraum F selbst, so gehen die
aus A einfallenden Stralen nach der Reflexion parallel
mit einander selbst, und mit dem Perpendikel CA. Es
giebt also in diesem Falle keinen Durchschnittspunkt mehr;
und die zurückgeworfenen Stralen bilden nicht Kegel, sondern Cylinder, die keine Spitze haben; es kan also kein
Bild von A erscheinen. Eben dies gilt von B, und von
den übrigen Punkten des Gegenstandes, der also, wenn
er im Brennraume steht, im Spiegel gar nicht gesehen
werden kan.

Liegt der Gegenstand über den Brennpunkt F hinaus,
wie A B (Taf. XI. Fig. 78.), so werden die Stralen A R,
A G nach der Zurückwerfung convergent, kreuzen sich in
einem Punkte I des Perpendikels A C V, und kommen in

dem Falle, den die Figur darstellt, erst nach dem Durchkreuzen ins Auge, daher das Bild von A in I erscheinen
sollte. Eben so müßte B sein Bild in M haben, und also
das Bild I M umgekehrt vor dem Spiegel in der Luft zu
schweben scheinen. Man nennt es daher ein Luftbild.

Es sind hierbey drey Fälle zu unterscheiden. 1) Wenn,
wie bey Fig. 79., der Gegenstand AB zwischen F und C, dem
Brennpunkte und Mittelpunkte des Spiegels liegt, so ist
der Perpendikel durch A die Linie S A C I, der Stral AR
wird nach I zurückgeworfen, schneidet daselbst den Perpendikel, und stellt A in I, mithin das umgekehrte Luftbild I M
noch vor dem Gegenstande A B selbst, und größer, als
diesen, vor. 2) Wenn der Gegenstand im Mittelpunkte
des Spiegels selbst, oder in C liegt, wie Ca, Fig. 79. Alsdann bekömmt der durch a gehende Perpendikel auf den Spiegel die Lage C a selbst, und das Bild von a fällt in b, wo der
reflectirte Stral R b die Verlängerung von a C schneidet.
Weil hier Cb = Ca, so ist in diesem Falle das Luftbild eben
so groß, als der Gegenstand, und sollte denselben zu berühren scheinen. 3) Wenn der Gegenstand über den Mittelpunkt C hinaus liegt, wie Fig. 78., so schwebt das Luftbild näher vor dem Spiegel, und ist kleiner, als der
Gegenstand.

Mit diesen Sätzen stimmt die Erfahrung zwar in Absicht auf die umgekehrte Lage und die Größe der Bilder völlig überein; was aber die scheinbaren Stellen der Luftbilder
betrift, so findet man zwischen den erwähnten drey Fällen
wenig Unterschied, die Bilder scheinen einmal wie das anderemal gleichsam auf dem Spiegel selbst zu schweben, und
man sieht sie sogar, wenn das Auge die Punkte I und M
hinter sich hat. Dies ist allerdings ein wichtiger Einwurf
gegen die Theorie, dessen Stärke Barrow selbst gefühlt
hat. Bey dem Worte: Bild habe ich angeführt, wie man
diese Schwierigkeit zu heben gesucht habe. Der Anblick
der Luftbilder ist für uns eine neue und ungewöhnliche Art
des Sehens, wobey wir das Bild auf den Spiegel selbst
setzen, weil wir zwischen beyden nichts sehen, was uns einen
Begrif von Abstand oder Entfernung geben könnte. So

löſet ſich die Schwierigkeit in einen Geſichtsbetrug oder
vielmehr in ein Sehen und Urtheilen nach unbeſtimmten
Regeln auf, und wenn der Ort des eigentlichen Bildes erſt
hinter dem Auge liegt, und wir alſo von den Punkten des
Gegenſtandes convergirende Stralen erhalten, ſo wird
das Bild jederzeit ſehr undeutlich ſeyn, und wir werden,
wenn wir es genau betrachten wollen, eine ſchmerzhafte Anſtrengung des Auges fühlen. Dennoch bleibt an dem gemachten Einwurfe ſoviel wahr, daß die ſcheinbare Stelle
geſehener Punkte nicht von dem Scheitel des Kegels der
Geſichtsſtralen allein, ſondern von mehrern Umſtänden abhängt, ſ. **Entfernung, ſcheinbare.**

Johann Georg Brengger, ein Arzt in Kaufbeuern,
äuſſert in einem Briefe an Keplern vom 22. Dec. 1604.
(Epiſtolae ad Keplerum ſcriptae ed. a *Mich. Gottl. Han-
ſchio.* Lipſ. 1718. fol. Ep. CLI. p. 223.) den Gedanken,
der Ort des Bildes liege in dem Perpendikel aus dem leuchtenden Punkte auf die Ebne, welche die Spiegelfläche im
Zurückſtrahlungspunkte berühret, eine Beſtimmung, welcher auch d'Alembert (Opuſcules mathem. To. 1. p. 275.)
vor der alten gewöhnlichen den Vorzug giebt. Kepler
aber (Ep. CLII.) antwortet darauf ſehr gut, es komme
nicht auf eine, ſondern auf mehrere Repercuſſionen, nemlich auf die Vereinigungspunkte mehrerer zurückgeworfenen
Stralen an. D'Alembert beſchließt ſeine Unterſuchungen auch damit, daß es gar keinen allgemeinen Grundſatz
über den ſcheinbaren Ort der Bilder gebe.

Man kan das Schweben der Bilder in der Luft deutlicher bemerken, wenn man etwas zwiſchen den Ort des Bildes und den Spiegel bringt, und bewegt, wodurch die
Empfindung eines Abſtands vom Spiegel lebhafter gemacht
wird. Ficht man z. B. mit einem Degen gegen den Hohlſpiegel, ſo ſcheint das Bild des Degens aus dem Spiegel
hervorzukommen und dagegen zu fechten; bewegt man die
Hand gegen den Spiegel, ſo ſcheint aus demſelben eine andere Hand zu kommen, und ſich in jene zu legen u. ſ. w.

Kästner Anfangsgr. der angew. Math., 1ste Abth. Dritte Aufl. Katoptrik §. 32. u. f.

Priestley Geschichte der Optik durch **Klügel**, S. 7 u. f.

Holländisches Fernrohr, s. Fernrohr.

Homogen, Gleichartig, Homogeneum, Similare, *Homogene, Similaire.* Was von einerley Art und Beschaffenheit ist. Besteht ein Körper aus lauter Theilen, die mit dem Ganzen selbst von einerley Art sind (partes similares), so pflegt man auch wohl den Körper selbst einen homogenen zu nennen. Solche Körper sind das reine Wasser, die reinen Metalle, die einfachen Farbenstralen (wenn man anders das Licht für eine materielle Substanz annimmt), u. s. w. Die Theile solcher Körper haben einerley Dichte, Farbe, Härte, und überhaupt einerley Eigenschaften mit dem Ganzen. Dem homogenen setzt man das heterogene entgegen, s. Heterogen.

Horizont, Gesichtskreis, Horizon, Circulus finitor, *Horizon.* Ueberall auf der Erdfläche, wo nicht hohe Gegenstände die freye Aussicht hindern, sieht es aus, als ob sich das Auge in einer kreisförmigen Ebne befände, auf der der Himmel, wie ein hohles Gewölbe, ringsherum aufliegt. Diese Ebne selbst, und auch ihr Umkreis, heissen der scheinbare Horizont (Horizon apparens); die Ebne selbst berührt die kugelförmige Erdfläche an dem Orte, wo das Auge steht, und wird also Taf. VIII. Fig. 2. durch h r vorgestellt. Das Auge o nemlich kan, weil die Erde undurchsichtig ist, vom Himmel nicht mehr übersehen, als was über h r liegt.

Eine Ebne HCR, mit dieser berührenden parallel durch C, der Erde Mittelpunkt, geführt, heißt der **wahre Horizont** (Horizon verus). Eben diesen Namen führt auch ihr Umkreis, der ein größter Kreis der Sphäre ist. Beyde Horizonte stehen von einander um den Bogen Hh, oder um das Maaß des Winkels HCh ab, welcher den Namen der **Horizontalparallaxe** führt, und desto kleiner wird, je kleiner man die Erdkugel in Vergleichung mit der Himmelskugel annimmt. Da sich nun in Absicht auf die Firsterne nicht die mindeste Spur einer Horizontalparallaxe, selbst durch die genausten Beobachtungen, entdecken läßt, so muß in Vergleichung mit der Kugel der Firsterne die ganze Erde für unendlich klein angenommen werden, daß also o und C in einen Punkt zusammenfallen, und zwischen wahrem und scheinbarem Horizont kein Unterschied mehr zu machen ist, s. Erdkugel, unter dem Abschnitte: Horizont, Aequator rc. Bey Betrachtung des Mondes, der Sonne und der Planeten aber bleibt dieser Unterschied, und eben durch ihn werden die Entfernungen dieser Körper von uns gemessen, s. Parallaxe.

Der Horizont ist unstreitig der erste Kreis, den man am Himmel kennen lernte; Aufgang, Untergang und Höhe der Gestirne sind Begriffe, die sich auf ihn beziehen. Daher hat auch die Astrologie, deren Ursprung uralt ist, ihre meisten Bestimmungen auf die Stellung der Gestirne gegen den Horizont gegründet. Sein griechischer Name (von ὁρίζω, finio) heißt so viel als begrenzender Kreis.

Die Erfahrung lehrt, daß an allen Orten der Erdfläche die Richtung der Schwere oder des Bleywurfs mit der Ebne des Horizonts rechte Winkel macht. Die verlängerte Richtung der Schweere also, oder die Scheitellinie Z o C N ist die Axe, und die Punkte Z und N, oder das Zenith und Nadir sind die Pole des Horizonts, und stehen überall um 90° von ihm ab. Alle durch das Zenith gehende gröste Kreise (Scheitelkreise oder Verticalcirkel) stehen auf ihm senkrecht; und alle gröste Kreise der Sphäre (Aequator, Ekliptik, Mittagskreis u. s. w. schneiden sich mit ihm unter gleichen Helften. Er theilt die ganze Himmelskugel in zwo gleiche Helften, die obere oder sichtbare, und die untere oder unsichrbare Halbkugel.

Seine beyden Durchschnittspunkte mit dem Meridian H und R. heissen der Mittags- und Mitternachtspunkt. Der letztere liegt auf der Seite des bey uns sichtbaren Nordpols P; jener diesem gegen über. Die Durchschnitte des Horizonts mit dem Aequator bestimmen den Morgen- und Abendpunkt, so daß ein gegen Mittag

gekehrter Zuschauer jenen zur Linken, diesen zur Rechten hat.
Diese vier Punkte theilen den Horizont in vier gleiche Theile oder Quadranten, s. Hauptgegenden; wird jeder Quadrant noch dreymal halbirt, so entsteht daraus die bey den Schiffern gewöhnliche Eintheilung des Horizonts in 32 Winde oder Weltgegenden, s. Weltgegenden, Windrose.

Die Markscheider theilen den Horizont, um das Streichen der Gänge zu bestimmen, in 24 Stunden, s. Gänge.

In der Sternkunde wird der Horizont, wie jeder Kreis, in 360 Grade getheilt, die man gewöhnlich vom Mittagspunkte aus auf beyden Seiten fortzählt, so daß man im Mitternachtspunkte mit 180° von beyden Seiten her zusammentrift. Nach solchen Graden und ihren Theilen werden die Azimuthe der Gestirne angegeben, s. Azimuth. Bisweilen aber, vorzüglich für Sterne, die eben auf= oder untergehen, fängt man auch vom Morgen= oder Abendpunkte zu zählen an, und bestimmt in solchen Graden die Morgen= und Abendweiten, s. Morgenweite, Abendweite.

Horizontal, Wagrecht, Wassergleich, Horizontale, ad libellam compositum, *Horizontal.* Eine Ebne oder Linie heißt horizontal, wenn sie mit dem scheinbaren und wahren Horizonte des Orts parallel läuft. Die Richtung der Schwere oder des Bleyloths macht alsdann rechte Winkel mit ihr. Man nennt die Werkzeuge, wodurch sich horizontale Linien angeben lassen, Wagen, z.B. Bleywagen, Schrotwagen, Wasserwagen ꝛc. vermuthlich, weil der Balken einer gewöhnlichen Wage im Gleichgewichte einen horizontalen Stand hat. Daher kömmt der Name wagrecht, so wie die Benennung wassergleich davon hergenommen ist, daß die Oberfläche des stillstehenden Wassers und aller flüßigen Körper von selbst eine horizontale Ebne bildet, s. Flüßig.

Eigentlich ist die Fläche, die wir auf der Erde übersehen, ein Stück der kugelförmigen Erdfläche, und weicht vom scheinbaren Horizonte, der als eine Ebne betrachtet wird, in größern Distanzen so ab, wie ein Kreisbogen von

seiner Tangente. Man ist daher genöthigt, bey weiten
Verlängerungen horizontaler Ebnen und Linien auf die
Krümmung der Erdfläche Rücksicht zu nehmen, s. Was=
serwägen; bey geringern Distanzen ist dies nicht nöthig.

Horizontalebne, s. Horizontal.

Horizontallinie, s. Horizontal.

Horizontalparallaxe, s. Parallaxe.

Horizontalwage, s. Wasserwägen.

Horopter, Horopter, *Horopter*, *Lieu du con=
cours des deux axes optiques.* Wenn wir einen Punkt C
Taf. XI. Fig. 80. deutlich sehen wollen, so richten wir bey=
de Augenaxen A C und B C darauf, die also im Punkte C
zusammenstoßen. Eine Ebne durch C, lothrecht auf das
Dreyeck A B C, geführt, heißt alsdann der Horopter.

Es ist leicht zu übersehen, daß die beyden Bilder
von C und überhaupt die Bilder eines jeden im Hor=
opter liegenden Punktes, auf übereinstimmende
Punkte der Netzhaut in beyden Augen fallen. Man
stelle sich z. B. diese Netzhäute unter den Linien d e, d e
vor, so fällt das Bild von C in beyden Augen auf die Mit=
te der Netzhaut in c. Liegen aber zugleich andere Gegen=
stände, wie D und E ausser dem Horopter, so fallen ihre
Bilder d und e in beyden Augen auf verschiedene Seiten
von c, also auf nicht übereinstimmende Punkte der Netz=
häute, wie die Figur sehr deutlich zeigt, indem z. B. d im
rechten Auge rechts, im linken links, von der Mitte c abliegt.

Nun lehrt die allgemeine Erfahrung, daß wir eine
Sache nur einmal sehen, wenn ihr Bild in beyden Augen
auf übereinstimmende oder zusammengehörige Punkte fällt,
s. Sehen. Die Ursache mag wohl darinn liegen, daß wir
auf diese Art über das Gesehene zu urtheilen gewöhnt wor=
den sind, weil uns das Gefühl belehrt hat, daß bey dem
ordentlichen Gebrauche unserer Augen die so gesehene Sache
nur einzeln vorhanden sey. Das Auge stellt uns also ein
einfaches Gemälde aller im Horopter liegenden Gegen=
stände dar, welches auf beyden Netzhäuten gleichförmig ab=
gebildet ist. Da nun die Bilder der in D und E liegenden

Dinge auf nicht zusammengehörige Punkte der Netzhäute, also auf zwo verschiedene Stellen des Gemäldes fallen, so ist es eine nothwendige Folge, daß wir alles, was außer dem Horopter liegt, doppelt sehen.

Die Gewohnheit, die Gesichtsaxen zu richten, ist so stark, daß es uns sehr schwer fällt, dieses nicht zu thun, und wenn ein Auge geschlossen ist, so kan man mit dem aufs Augenlied gelegten Finger fühlen, daß es allemal den Bewegungen des ofnen folgt. Werden aber durch vorsätzliches Schielen, oder durch Verdrückung des einen Auges mit dem Finger, die Gesichtsaxen nach verschiedenen Punkten gerichtet, so ist gar kein Horopter vorhanden und es erscheinen alle Sachen doppelt.

Sind die Gesichtsaxen natürlich nach einem Punkte C gerichtet, so erscheinen Gegenstände wie D und E mit doppelten, und zugleich undeutlichen Bildern. Eben dieser Undeutlichkeit wegen, und weil wir immer nur auf das, was eigentlich betrachtet wird, Achtung geben, bemerken wir diese doppelte Erscheinung nur, wenn der Eindruck der Gegenstände D, E lebhaft ist, oder sonst durch irgend einen Umstand die Aufmerksamkeit erregt. Betrachten wir des Abends etwas nahe vor dem Auge, so erscheinen die Lichtflammen doppelt; sehen wir in die Ferne, so stellt sich von dem jähling gegen das Auge geführten Finger ein doppeltes Bild dar. Hält man ein langes Lineal gerade vor sich zwischen die Augenbraunen, so daß seine beyden Flächen nach beyden Augen zugekehrt sind, und richtet alsdann die Augen auf eine entlegne Sache, so erscheint die rechte Seite des Lineals dem rechten Auge zur linken, und die linke Seite dem linken Auge zur rechten.

Smith Vollst. Lehrbegrif der Optik, durch Kästner I Buch, 5 Cap. §. 137. S. 43 u. f.

Hundstage, Dies caniculares, *Jours caniculaires.*

Diesen Namen führen die Tage vom 24 Julii bis zum 24 August. Es ist dies ohngefähr die Zeit, während der die Sonne in der Nähe des Hundssterns oder Sirius steht, und diesen glänzenden Stern durch ihre Stralen unsern Au-

gen entzieht. Man f. die Worte: Aufgang, Unter=
gang. Die Alten glaubten, die große Hitze in den
Hundstagen komme von der Vereinigung der Stralen
der Sonne und des Sirius her.

Hydraulik, Hydraulica, *Hydraulique.* Die Leh=
re von der Bewegung flüßiger Materien, und insbesonde=
re des Wassers. Die Gesetze der Bewegung sind bey den
flüßigen Körpern weit schwerer, als bey den festen, zu ent=
decken, weil die Theile flüßiger Körper sich bey der Bewegung
trennen, und verschiedene Geschwindigkeiten erlangen, daher die
Bewegung an jeder Stelle besonders betrachtet werden muß.
Hiezu sind Anwendungen der höhern Mathematik noth=
wendig, deren Kenntniß nicht bey jedem vorausgesetzt
werden kan. Man hat also um derer willen, die diese
Kenntniße entbehren, und doch etwas von den praktischen
Mitteln, Wasser in Bewegung zu setzen, wissen wollen,
die gemeine Hydraulik von der höhern oder der Hy=
drodynamik unterschieden. In der gemeinen Hydrau=
lik begnügt man sich, Werkzeuge zu beschreiben, womit
das Wasser theils zum wirklichen Nutzen in der Oekonomie,
dem Bergbaue, verschiedenen Künsten u. s. w., theils
auch zum Vergnügen, gehoben und bewegt werden kan.
Man ist aber ohne Beyhülfe der höhern Mathematik nicht
einmal im Stande, die Wirkungen dieser Werkzeuge ge=
hörig zu berechnen; ein gründliches Studium der Hydrau=
lik muß daher stets mit Anwendungen der höhern Mathe=
matik oder mit Hydrodynamik begleitet werden.

Die Hydraulik ist ferner von der Hydrotechnik oder
Wasserbaukunst unterschieden, welche letztere eigentlich
einen Theil der Baukunst ausmacht, und von der Lenkung
und Schifbarmachung der Ströme, Anlegung der Häfen,
den Wasserleitungen, Deich= und Schleussenbau, Brü=
ckenbau u. s. w. handelt.

Bey den Alten waren schon verschiedene noch jetzt ge=
bräuchliche Maschinen zu Erhebung des Wassers bekannt.
Vitruv (De architectura L. X. c. 12.) eignet die Erfindung
der Wasserschraube dem Archimedes, und die des Druck=

werks mit doppeltem Stiefel, ſ. **Druckwerk**, dem Cteſibius von Alexandrien zu. **Heron** zu Alexandrien, des
Cteſibius Schüler, hat in einem beſondern Buche (πνευ-
ματικῶν ſ. Spiritalium liber ed. a Commandino, Pariſ.
15⁻5. 4.) eine Menge hydrauliſcher Maſchinen und beſonders artiger Springbrunnen geſammlet, und aus der Vermeidung des leeren Raumes erklärt. Sie beruhen meiſtens
auf dem Drucke und den übrigen Eigenſchaften der Luft, ſ.
Heber, **Springbrunnen**.

Der P. **Schott** (Mechanica hydraulico-pneumati-
ca, Herbip. 1657. 4.) und **Böckler** (Architectura cu-
rioſa, oder Bau- und Waſſerkunſt, Nürnberg, 1704.
fol.) beſchreiben eine große Anzahl Erfindungen von Springbrunnen und andern Waſſermaſchinen, jedoch ohne davon
eine gründliche Theorie zu liefern. Die beſte praktiſche
Sammlung der meiſten Waſſermaſchinen iſt die von **Leupold** (Theatrum machinarum hydraulicarum, Tomi
II. Leipzig, 1724 und 1725. fol.), deren Verfaſſer ſich zwar,
ſoviel bey ihm ſtand, guter Gründe befliſſen, dennoch aber
ſeine Theorie viel zu mangelhaft gelaſſen hat, ſo ſchätzbar
übrigens ſein Unterricht in Abſicht des praktiſchen iſt.

Die Theorie der hydrauliſchen Maſchinen hat zuerſt
Mariotte (Traité du mouvement des eaux. Paris, 1686.
8. Mariotte's Grundlehren der Hydroſtatik und Hydraulik, a. d. frz. von D. Meinig, Leipzig, 1723. 8.) zu verbeſſern angefangen. Nachdem ſie ſchon durch mehrere hy-
drodynamiſche Unterſuchungen und Erfindungen bereichert
war, erſchien das ſchätzbare Werk des **Belidor** (Archi-
tecture hydraulique Paris, 1737. IV. Vol. gr. 4. Architectura hydraulica von **Belidor**, mit **Wolfs** Vorrede,
Augsburg, 1740—1769. 4 Bände. kl. Fol.) wo man
Theorie und Praxis ſehr glücklich vereiniget findet. Dieſes Buch begreift auſſer der eigentlichen Hydraulik auch die
Mühlen und andere Maſchinen, welche durch Waſſer bewegt werden und die Waſſerbaukunſt. Die neuſten Erweiterungen der Hydrodynamik haben noch einzelne Anwendungen auf beſondere Gattungen hydrauliſcher Maſchinen veranlaſſet, welche an den gehörigen Orten ange-

führt werden, f. **Druckwerk**, **Pumpen**, **Wasser-**
schraube, **Springbrunnen**. Eine kurze Uebersicht dessen, was zur Hydraulik gehört, mit einem Verzeichniße
der vornehmsten Schriften findet man beym **Eberhard**
(Neue Beyträge zur Mathesi applicata, Halle, 1773. 8.).

Hydrodynamik, Hydrodynamiea, *Hydrodyna-*
mique. Die Lehre von den Kräften und Bewegungen flüs-
siger Körper im allgemeinen betrachtet. Es läst sich hiebey, ohne Algebra, höhere Geometrie und Analysis des
Unendlichen, nichts gründliches und vollkommnes finden;
dennoch wünscht man die Lehren von den Maschinen zur
Bewegung des Wassers ihrer Wichtigkeit wegen auch denen vorzutragen, die ihre Erfindung oder genauere Berechnung zu verstehen nicht im Stande sind. Dies hat die Absonderung der Hydrodynamik von der gemeinen Hydraulik
(f. den vorhergehenden Artikel) veranlasset, wobey alles,
was Lehren der höhern Mathematik voraussetzt, zur Hydrodynamik gerechnet wird, eben so, wie man bey der Betrachtung der Bewegungen fester Körper die gemeine Mechanik von der höhern oder der Dynamik unterscheidet.

Die ersten Gründe zur Hydrodynamik sind in Italien
von den Schülern des Galilei um die Mitte des vorigen
Jahrhunderts gelegt worden. **Castelli**, ein Benedictiner
vom Monte Casino (Della misura dell'acque correnti,
Rom. 1640. und in der Nuova raccolta d'autori che trat-
tano del moto dell'acque. Parma 1766. VI To. 4.) untersuchte zuerst das Gesetz der Geschwindigkeit, mit welcher
das Wasser aus engen Oefnungen der Gefäße läuft, und
glaubte durch Erfahrungen zu finden, die Geschwindigkeit
verhalte sich, wie die Wasserhöhe. **Torricelli** aber (Del
moto dei gravi, Firenz. 1644. 4.) und **Baliani** (De
motu naturali gravium, Genuae, 1646. 4.) behaupteten
dagegen mit mehrerem Rechte, daß sich die Geschwindigkeiten, wie die Quadratwurzeln der Wasserhöhen, verhielten. **Mariotte** (Du mouvement des eaux. Paris, 1686.
8.) bestätigte nachher Torricellis Lehre durch Erfahrungen.
Hieher gehören auch die Schriften des Johann **Ceva**

(Geometria motus, Bonon. 1692. 4.). **Domenico Gui-**
lielmini (Menſura aquarum fluentium, Bonon. 1690.
4. ingl. De natura fluminum in *Guilielmini* Opp. .Genev.
1719. 4.) und **Poleni** (De caſtellis, Flor. 1718. und ita-
liäniſch unter dem Titel: Delle Peſcaje in der Nuova raccolta Vol. III.). **Newton** (Princip. L. II. Prop. 36 ſq.),
Hermann (Phoronomia, ſ. de viribus et motibus corporum ſolidorum et fluidorum libri II. Amſtel. 1716. 4.)
und **Varignon** (Mém. de l'acad. des ſc. de Paris. 1699.
et 1703.) trieben dieſe theoretiſchen Unterſuchungen noch
weiter, ſchränkten ſich aber doch gröſtentheils auf die Lehre
vom Auslauf des Waſſers aus Gefäßen, ingleichen von der
Bewegung der Wellen und der Waſſerwirbel ein.

Die erſten, welche die Geſetze der Bewegung des Waſſers, und beſonders der Beſchleunigung deſſelben mit Hülfe
der Integralrechnung vollſtändiger entwickelten, waren die
beyden **Bernoulli.** **Johann Bernoulli,** der Vater
(Hydraulica nunc primum detecta ac demonſtrata directe
ex fundamentis pure mechanicis, anno 1732. in Opp.
To. IV.) gründete ſich auf die überzeugenden Sätze der
allgemeinen Mechanik; **Daniel Bernoulli,** der Sohn
(Hydrodynamica ſ. de viribus et motibus fluidorum com-
mentarii, Argentor. 1738. 4.) gieng von dem Grundſatze
der Erhaltung lebendiger Kräfte aus, ſ. **Kraft, lebendige.**
Des letztern Arbeit iſt wegen der mannigfaltigen Unterſuchungen und Anwendungen ungemein lehrreich.

Nächſtdem hat **Euler** in verſchiedenen akademiſchen
Abhandlungen (Mém. de Berlin, 1750, 1751, 1752, 1754.
Nov. Comment. Petropol. To. VI., und vorzüglich Principes generaux du mouvement des Fluides, Mém. de
Berlin, 1755. p. 274. ſq.) der Methode des ältern Bernoulli mehr Allgemeinheit zu geben geſucht, auch von
derſelben einige praktiſche Anwendungen gemacht. Herr
von **Segner,** (Exercitationum hydraulicarum faſciculus,
Gotting. 1747. 4.) fieng an, was die beyden Bernoullis
analytiſch entdeckt hatten, in einem kurzen ſynthetiſchen
Vortrage zu lehren. **D'Alembert** (Traité de l'equilibre
et du mouvement des fluides pour ſervir de ſuite au traité

de dynamique. à Paris, 1744. 4.) hat Johann Bernoullis Gründe streng getadelt, und dagegen seine Fundamental= gleichungen aus einer leichten ihm eignen analytischen For= mel hergeleitet, auf die er auch schon die Dynamik der fe= sten Körper gebaut hatte, ohne jedoch diese Formel um= ständlich zu erläutern und überzeugend zu rechtfertigen. Auch bleibt er blos bey allgemeinen theoretischen Untersu= chungen stehen.

Herr **Kästner** (Anfangsgründe der Hydrodynamik, der mathematischen Anfangsgr. IV. Theil, 2te Abth. Göt= tingen, 1769. 8.) giebt von den ältern Schriftstellern sehr vollständige Nachrichten, und trägt die Theorie nach Jo= hann Bernoulli mit Vergleichung der eulerischen Metho= den vor. **Karsten** (Lehrbegrif der gesamten Mathem. 5ter Theil Greifsw. 1770. 8. 6ter Th. 1771. 8.) hat die Hy= draulik sehr ausführlich und mit häufigen praktischen An= wendungen, vorzüglich nach Euler erklärt, zugleich aber auch auf die Methoden der beyden Bernoulli Rücksicht ge= nommen.

Hydrographie, Hydrographia, *Hydrographie*. Derjenige Theil der mathematischen Geographie, welcher von der Kenntniß, und Beschiffung des Meeres handlet. Man rechnet dahin die Lehren vom Compaß, Bestimmung der Länge und Breite zur See, den Seekarten, der Loxodro= mie und Erfindung des Weges zur See, welches letztere auch besonders mit dem Namen der **Schiffahrt** (*Navigation*) belegt wird.

Im vorigen Jahrhunderte trug der Jesuit **Four= nier**, (Hydrographie, Paris, 1653. fol.) alles, was hie= von zu seiner Zeit bekannt war, zusammen, und eine ähnliche Sammlung verband **Riccioli** mit seinem geogra= phischen Werke (Geographia et Hydrographia refor= mata. Venet. 1662. fol.) Die Theorie der Seekarten mit wachsenden Breiten, dergleichen schon vorher **Gerhard Mercator** verfertigt hatte, zeigte **Eduard Wright** (Certain errors in Navigation detected and corrected, the 2d edit. Lond. 1657.), Alle diese Lehren aber sind seitdem durch mehrere Untersuchungen und Beobachtungen, Anwendung der höhern Mathematik, Erfindung bequemer Werkzeuge u. dgl. zu einer weit größern Vollkommenheit gebracht worden. Man f. die Worte: **Compaß, Abweichung der Magnetnadel, Neigung der Magnetnadel, Länge, geographische, Loxodromie.** Die vorzüglichsten neuern Schriften über die Schiffahrt in diesem verbesserten Zustande sind von **Bouguer,** (Nouveau Traité de Navigation, Paris, 1755, 1760, 1769. 4.) **Leveque** (Guide du Navigateur ou Traité de la prâtique des observations et des calculs necessaires au Navigateur. Paris, 1778. 4.) und **Röhl** (Anleitung zur Steuermannskunst, Greifsw. 1778. 8.), auch hat Herr **Bode** (Kurzgefaßte Erläuterung der Sternkunde, und der damit verwandten Wissenschaften, Berlin, 1778. 2 Theil) etwas davon in einer lehrreichen Kürze mitgetheilet.

Hydrologie, Hydrologia, *Hydrologie.* Unter diesem Namen haben **Wallerius** (Hydrologie, eller Wattu-riket, Stockholm, 1748. 8. Hydrologie oder Wasserreich, übers. von **Denso.** Berlin, 1751. 8.) **Cartheuser** (Rudimenta hydrologiae systematicae, Frf. ad Viadr. 1758. 8.) und **Monnet** (Nouvelle hydrologie, à Londres, 1772. 8.) systematische Verzeichnisse der verschiedenen auf der Erdfläche anzutreffenden Wässer, welche mehr oder weniger mit allerhand fremden Stoffen imprägnirt sind, herausgegeben. Die Beschreibung und Classifikation derselben macht einen eignen Theil der Naturgeschichte aus.

Hydrostatik, Hydrostatica, *Hydrostatique.* Die Lehre vom Gleichgewichte flüßiger Materien unter einander selbst und mit festen Körpern. Obgleich der Name eigentlich nur Statik des Wassers bedeutet, so werden doch hier unter Wasser alle flüßige Materien verstanden. Man theilt die Hydrostatik gewöhnlich in zween Hauptabschnitte, deren erster von dem Drucke der flüßigen Materien überhaupt und ihrem Gleichgewichte unter sich (f. die Artikel: **Druck, Röhren, communicirende**), der zweyte von ihrem Gleichgewichte mit eingesenkten festen Körpern, (f. **Gleich-**

gewicht, Schwimmen,) handelt. Auch werden die Anwendungen, die man hievon zu Entdeckung der eigenthümlichen Schweren der Körper macht (f. Schwere, fpecififche) mit zur Hydroſtatik gerechnet.

Der erſte Erfinder hydroſtatiſcher Sätze, welche das Gleichgewicht flüßiger Körper mit feſten betreffen, war Archimed, von dem uns noch zwey Bücher von ſchwimmenden Körpern (Περὶ τῶν ὀχουμένων βιβλ. β. De inſidentibus humido Libri II. in Opp. Archimedis per *David Rivaltum*. Paris, 1615. Fol.) übrig ſind. Vitruv, (De architectura L. XI. c. 3.) ſchreibt ihm auch die Erfindung der Methode zu, den Gehalt eines aus Gold und Silber gemiſchten Körpers durch Einſenkung in Waſſer zu erfahren, welches wohl richtig ſeyn kann, wenn auch die dabey befindliche Erzählung von der goldnen Krone des Königs Hiero, und von Archimeds Freude über die im Bade gemachte Entdeckung, nicht in allen Umſtänden glaubwürdig ſeyn ſollte. Mit den Sätzen des Archimedes hat man ſich bis zum vorigen Jahrhunderte befriediget, in welchem Marino Ghetaldi (Archimedes promotus, Romae 1603.) und Galilei (Diſcorſo intorno alle coſe, che ſtanno ſu l' acqua o che in quella ſi muovono, Opere di *Galileo Galilei*, Firenze, 1718. 4. maj. To. I. p. 221.) noch einiges hinzuſetzten.

Der erſte Abſchnitt dieſer Wiſſenſchaft aber, oder die Lehre vom Druck und Gleichgewicht der flüßigen Materie nunter ſich), iſt erſt in der letztern Helfte des vorigen Jahrhunderts von Boyle (Paradoxa hydroſtatica, in deſſen Opp. var. Genev. 1680. 4. ingl. Medicina hydroſlatica. Genev. 1698. 4.) und Mariotte (Traité du mouvement des eaux et des autres corps fluides, à Paris, 1668. 8.) bearbeitet worden. Das Auffallende in dem Satze, daß flüßige Körper nicht im Verhältniſſe ihrer Maſſe, ſondern ihrer Höhe und Grundfläche drücken, daher ein Pfund Waſſer mehreren Centnern das Gleichgewicht halten kan. (ſ. Druck, Heber, anatomiſcher) veranlaſſete Boyle'n ſeiner Schrift den Titel hydroſtatiſcher Paradoxen zu geben; und in der Medicina hydrollatica hat er den Umlauf des Geblüts und der Säfte im menschlichen Körper nach hydrostatischen und hydraulischen Grundsätzen behandlet, und dadurch die Aerzte zu vielen blos mechanischen Erklärungen der physiologischen Phänomene, veranlasset.

Den Lehrsatz vom Gleichgewichte flüßiger Materien in communicirenden Röhren, hat Daniel Bernoulli (Hydrodynam. Sect. II. §. 1. sqq.) schärfer, als vor ihm geschehen war, erwiesen. Er sucht dabey auch den Grundsatz, daß die Oberfläche jedes stillstehenden Wassers wagrecht seyn müsse, zu beweisen, wogegen aber d'Alembert (Traité des fluides art. 13.) sehr gegründete Erinnerungen gemacht, und dadurch die neuern Lehrer der Hydrostatik bewogen hat, diesen Satz lieber als eine Erfahrung anzunehmen.

Uebrigens findet man Einleitungen in die Hydrostatik in allen Lehrbüchern der angewandten Mathematik, vorzüglich beym Kästner (Anfangsgr. der angew. Math., der mathemat. Anfangsgr. II. Th. 1. Abtheil. dritte Aufl. Göttingen, 1780. 8. S. 111. u. f.) und Karsten (Lehrbegrif der gesammten Mathematik, dritter Theil, Greifsw.1769. 8.)

Hydroskop, s. Aräometer.

Hyerometer, s. Regenmaaß.

Hygrometer, Notiometer, Hygroskop, Feuchtigkeitsmaaß, Hygrometrum, Notiometrum, Hygroscopium, *Hygromètre, Notiomètre, Hygroscope.* Ein Werkzeug, aus dessen Zustande man beurtheilen kan, ob mehr oder weniger Feuchtigkeit in der Luft gegenwärtig ist, oder eigentlich, in welchem Grade die Luft geneigt ist, den Körpern Feuchtigkeit mitzutheilen. Dieses Werkzeug ist sehr lange Zeit höchst unvollkommen geblieben; erst seit wenig Jahren haben es die Naturforscher zwar ansehnlich verbessert, aber bey weitem noch nicht zur Vollkommenheit gebracht. Der griechische Name bedeutet ein Maaß der Feuchtigkeit: wer genau unterscheidet, nennt diejenigen, die nur ohngefähr anzeigen, ob die Luft feuchter oder trockner sey, Hygroskope.

Die in der Luft befindliche Feuchtigkeit zieht sich in

mancherley Körper, z. B. Stricke, Saiten, Papier, Pergamen, Holz, Elfenbein, Haar, Fischbein u. s. w. und bewirkt in denselben entweder eine Ausdehnung, oder ein Aufquellen in der Breite, wodurch sich der Körper nach der Richtung der Länge seiner Fibern verkürzt. Hanfene Stricke und Darmsaiten winden sich im Feuchten mehr auf, schwellen nach der Dicke, und werden dadurch kürzer; Tannenholz quellet nach der Richtung, die seine Fibern rechtwinklicht durchschneidet, daher bey feuchtem Wetter die Thüren und Fenster verquellen; Papier und Pergamen dehnen sich nach allen Richtungen aus u. s. f. Diese Wirkungen sahe man als Mittel an, die Größe der Feuchtigkeit zu erkennen, und nach einigen soll der berühmte italiänische Arzt Morgagni diesen Gedanken zuerst gehabt haben.

Die ältesten Einrichtungen der Werkzeuge dieser Art werden von Leupold (Theatr. Aeroftat. Cap. VII. S. 288. u. f.) und Wolf (Nützliche Versuche Th. II. Cap. 7.) beschrieben. Ich will nur wenige davon erwähnen. Man zieht eine lange hänfene Schnur oder einen Bindfaden, wie Taf. XII. Fig. 81. vorstellt, über eine oder etliche Rollen, befestigt sie bey A, und beschweret sie bey B mit einem Gewichte, welches durch die Verkürzung der Schnur bey der Feuchtigkeit aufsteigt, bey trockner Witterung aber sich wieder herabläßt. An dem Gewichte B ist ein Zeiger angebracht, der an der Scale CD das Steigen und Sinken desselben angiebt, welches man mit der bekannten Länge der Schnur vergleichen kan. Oder man hängt, Taf. XII. Fig. 82. an die Saite AB, eine Kugel B, welche dieselbe ausdehnet. Sobald die Saite feucht wird, dreht sie sich auf, und wendet die Kugel mit sich herum, geht aber im Trocknen wieder zurück. Ueber dieses Aufdrehen der Saiten hat Molyneux zu Dublin, (Philof. Transact. no. 162. Acta Erud. ann. 1686. p. 389.) Versuche angestellt. Um zu sehen, wie viel sich die Kugel wendet, beschreibt man darauf zween Parallelkreise DE, theilt die Zone dazwischen in Grade, und befestigt am Gestelle bey F den Zeiger FD. Man kann dabey allerley Veränderungen anbringen, z. B. dem Gestelle die Form eines Hauses mit zwo Thüren ge-

ben, wo aus der einen bey feuchtem Wetter eine Puppe
mit einem Regenschirme heraustritt u. dgl. Solche Hy=
groskopien werden noch jetzt zum Verkauf herum getragen.
Ein Papierstreif zwischen zween feststehenden Säulen aus.
gespannt, und in der Mitte mit einem kleinen Gewichte
beschwert, kan nach Dalence' (Traité des baromètres,
thermom. et. hygromètres, Amst. 1688.) ebenfalls zum
Hygroskop dienen. Der Streif dehnt sich im Feuchten
aus, die Spannung wird schwächer, das Gewicht sinkt ein
wenig, und giebt durch seinen Zeiger an einer Scale die
Größe des Sinkens an. Das Hygrometer des Hautefeuille
(Pendule perpetuelle, Paris, 1678. 4.) besteht aus zwo
tannenen Bretern AEFC und BHGD Taf. XII. Fig. 83,
die in zwo eichenen Leisten CD und AB in Falzen liegen,
bey A. C, B, D aber befestiget sind. Wenn sich diese von
der Feuchtigkeit ausdehnen, so kommen die Seiten EF und
HG näher zusammen; das bey I befestigte bezahnte Blech
IK treibt also das kleine am andern Brete feste Getriebe L
herum, und dreht den daran steckenden Zeiger, der auf der
andern Seite des Brets an einem getheilten Kreise die
Grade der Drehung angiebt. Täuber in Zeitz (Act. Erud.
Lipf. 1687. p. 76. fqq.) hat auf Verbesserung dieses Hy=
groskops eine Mühe verwendet, die es nicht verdienet;
weil das Tannenholz mit der Zeit ganz austroknet, und
dann keine Feuchtigkeit mehr annimmt.

Der P. Maignan bediente sich nach Dalance's Nach=
richt zum Hygroskop der Grannen von wilden Haferkörnern
(Rauchhafer), welche sich durch die Feuchtigkeit sehr stark
drehen. Eine solche Granne schloß er in ein Gehäus ein,
dessen oberer Umkreis in Grade getheilt war, und bog die
Spitze der Granne, wie einen Zeiger, um. Diese Hafer=
granne ist gegen die Feuchtigkeit sehr empfindlich, so lange
sie frisch ist, sie verliert aber diese Eigenschaft durch das
Austrocknen, daher hat sie Sturm (Colleg. curiofum.
Norib. 1676. 4.) mit einem kurzen Stücke von einer Darm=
saite vertauscht. Um aber diese Saite in einer lothrechten
Stellung zu erhalten, schließt er sie in ein Glasröhrchen
ein, ohne zu bedenken, daß er sie dadurch der Luft entzieht,

deren Feuchtigkeit doch auf sie wirken soll. Der P. Mersenne spannte eine Darmsaite in freyer Luft auf einen gewissen Ton, und schloß auf feuchtere Luft, wenn sie einen
höhern Ton angab, auf trocknere hingegen, wenn sie sich
tiefer herabstimmte.

Eine andere Art von Hygrometern mißt die Feuchtigkeit durch das veränderte Gewicht der Körper, welche sie
in sich nehmen. So hängt man Schwämme, die vorher
in einer Salmiakauflösung geweicht, und wieder getrocknet
worden sind, in freyer Luft an eine Wage, und mißt die
Veränderungen ihres Gewichts durch die Grade des Aus-
schlags oder durch Gegengewichte. Man kan dazu auch Salze und Säuren, z. B. Vitriolöel in einem ofnen Glase
gebrauchen, wie Gould (Philos. Trans. no. 156. Act. Erud.
Lips. 1685. p. 315.) zuerst bemerkt hat. Es ist gewiß,
daß alle diese die Feuchtigkeit anziehende Körper eine Verwandschaft mit dem Wasser haben, welche mit der Verwandschaft der Luft gegen daßelbe in einem bestimmten Verhältniße steht, man hatte aber in den damaligen Zeiten
weder auf die Größe dieses Verhältnißes, noch auf die
Einflüße der Wärme und Dichte der Luft Achtung gegeben.

Die Mitglieder der florentiner Akademie del Cimento (Tentamina experimentorum natural. captorum in
acad. del Cim. edit. *Petr. v. Muschenbroek*, Lugd. Batav.
1731. 4.) wählten einen ganz andern Weg, die Menge
des in der Luft enthaltenen Wassers zu messen. Sie setzten ein konisches mit Schnee oder geschabtem Eis gefülltes Glas, mit unterwärts gekehrter Spitze der freyen
Luft aus; die Feuchtigkeit in der Luft schlug sich an der kalten Glasfläche nieder, und die Menge des herabtröpfeln-
den Wassers zeigte den Grad derselben an. Der Abt Fontana (Saggio del real gabinetto di Firenze p. 19.)
nimmt statt deßen eine polirte Glasplatte von bekanntem
Gewicht, erkältet sie auf einen bestimmten Grad, setzt sie
so eine bestimmte Zeit lang der Luft aus, und schließt alsdann aus der Vermehrung ihres Gewichts auf die Menge
der in der Luft enthaltenen Feuchtigkeit. Le Roy (Mém.
de l' acad. de Paris, 1751.) erkältet ein Glas mit Wasser

von gleicher Temperatur mit der Luft durch nach und nach zugegoßnes eiskaltes Wasser, bemerkt den Grad der Kälte, bey welchem das Glas an der äussern Fläche trüb zu werden oder zu schwitzen anfängt, und schließt aus der Größe dieses Grads auf die Menge von Feuchtigkeit, welche die Luft bey ihrer eigentlichen Temperatur enthält. Alle diese Methoden aber sind zu Bestimmung der Feuchtigkeit in verschloßnen Gefäßen unbrauchbar, finden auch nicht statt, wenn die Temperatur der Luft unter dem Eispunkte ist, und das Schwitzen des Glases kann durch Fettigkeit und andere zufällige Umstände verhindert werden.

Daher sind die neuern Physiker wiederum auf jenen ersten Weg zurück gegangen, wo die Feuchtigkeit durch ihre unmittelbaren Wirkungen gemessen wird. Lambert (Mém. de l'acad. des sc. de Prusse, 1769. et 1772. Hygrometrie, aus dem frz. übers. Augsburg, 1774. 8. Fortsetzung 1775. 8.) suchte nach sorgfältigen Versuchen über die Grade der Ausdünstung des Wassers das oben erwähnte Sturmische Hygrometer mit einer kurzen lothrecht stehenden Darmsaite dahin zu verbessern, daß der Zeiger desselben sogleich angeben sollte, um wie viel sich die in einem Cubikschuh Luft enthaltene Menge feuchter Dünste geändert habe.

Smeaton (Phil. Transact. 1771. Vol. LXI. P. I. no. 24.) hat sich bemüht, das Hygrometer aus hanfenen Schnüren zu verbessern, und ihm feste Punkte zu geben. Eine 35 Zoll lange und $\frac{1}{20}$ bis $\frac{1}{30}$ Zoll dicke Schnur, die man vorher in Salzwasser gesotten, gedehnt, und eine Woche lang durch Gewichte von 1–2 Pfund gespannt hat, wird oben an einem Geigenwirbel befestiget, und endigt sich unten an einem messingenen Drate, der das Ende eines mit $\frac{1}{2}$ Pfund Gegengewicht beschwerten Zeigers dreht. Dieser Zeiger ist 12 Zoll lang, und weiset auf einen Gradbogen, der eine Theilung von 0 bis 100 hat. An einem trocknen Tage wird die wohl ausgetrocknete Schnur an ein mäßiges Feuer gestellt, und mit dem Wirbel so aufgewunden, daß der Zeiger auf 0 steht. Dann wird sie mit warmen Wasser so lang angefeuchtet, bis sie weiter keine Verkürzung dadurch erleidet; worauf man dann den Grabbogen soweit näher oder weiter abrückt, daß der Zeiger in dieser Lage den Punkt 100 trift. Es fällt aber in die Augen, daß in dieser Bestimmung der festen Punkte keine hinreichende Gewißheit liegt.

Herr de Lüc fühlte bey seinen mühsamen Untersuchungen über die Luft das Bedürfniß, bessere Maaße der Feuchtigkeit zu haben, sehr lebhaft. Er brachte endlich ein Hygrometer von Elfenbein zu Stande, welches sich mit andern ähnlichen vergleichen ließ, und die vorigen, welche höchstens nur Hygroskope genannt werden können, weit übertraf. Dieses Werkzeug gab er gleich nach dessen Erfindung dem Capitain Phipps auf einer Reise nach dem Nordpole mit, daher sich die erste Nachricht davon schon in der Beschreibung dieser Reise (A voyage towards the north pole etc. London, 1774. gr. 4.) findet. Es ist aber nachher von Herrn de Lüc selbst (Philof. Trans. Vol. LXIII. no. 38. ingl. Copie d'un mémoire fur un hygromètre comparable in Rozier Obferv. fur la phyfique, May 1775. p. 381., deutsch in den Leipziger Sammlungen zur Physik und Naturg. 1. B. 1. Stück. S. 10. u. f.) beschrieben worden. Es besteht aus einem hohlen elfenbeinernen Cylinder, 2" 8''' lang und inwendig 2½''' weit, welcher nur an einem Ende offen und nur $\frac{3}{10}$ Lin. dick ist. Die obern 2 Lin. der Länge sind etwas dicker, und mit einer 13=14 Zoll langen Glasröhre verbunden. Bey feuchtem Wetter wird der Cylinder geräumiger; Queckfilber also, das in ihm und der Röhre enthalten ist, zeigt durch sein Fallen Feuchtigkeit, durch sein Steigen Trockenheit an. Als den festen Punkt der vollkommenen Nässe sieht Herr de Lüc den an, wo das Queckfilber steht, wenn man den Cylinder in schmelzendes Eis setzt. Nun mißt er an einem Queckfilberthermometer den Abstand des Eis= und Siedpunkts, bricht die Kugel davon ab, und wiegt das in ihr befindliche Queckfilber. Die vierte Proportionalzahl zu diesem Gewichte, dem Gewichte dessen, das zur Füllung des Cylinders nöthig ist, und der Größe des gemessenen Abstands giebt ihm das Fundamentalintervall am Hygro-

meter, zu welchem eben die Glasröhre gebraucht wird.
Dieses Intervall theilt er in 40 gleiche Grade, und trägt
solcher Grade noch mehrere aufwärts, so weit es der Raum
verstattet.   Oben bleibt die Glasröhre offen, und wird nur
durch einen elfenbeinernen Deckel gegen den Staub geschützt.
Wenn man nun dabey ein Thermometer gebraucht, bey
dem der Raum zwischen Sied= und Eispunkt ebenfalls in
40 Grade getheilt ist, oder wo die Zahl der reaumürischen
Scale halbirt wird, so kan man sehen, wie viel von der
Aenderung im Stande des Hygrometers der Wärme und
wie viel der Feuchtigkeit zuzuschreiben ist.   Dieses Werkzeug hat nur einen festen Punkt, nemlich den der völligen
Nässe; den der Trockenheit glaubte Herr de L. nicht ohne
Feuer bestimmen zu können, fürchtete aber durch dieses die
Natur des Elfenbeins zu verändern.   Da das Instrument
auch unter der Glocke der Luftpumpe nicht zu gebrauchen ist,
und das Elfenbein die Luft nur an einer Seite berührt, so
hat er es selbst in der Folge wieder aufgegeben.   Dennoch
verdient diese Erfindung, als der erste Schritt zu den neuern
Verbesserungen der Hygrometrie, bemerkt zu werden.   Herr
de L. hat auch mit diesem Hygrometer Beobachtungen gemacht, welche entschieden, daß die Luft auf den Bergen
stets trockner, als in der Tiefe, sey.

Herr Tobias Lowitz (s. Göttingisches Magazin der
Wiss. und Litteratur, III. Jahrg. 4tes Stück Num. 2),
der sich im Jahre 1772. mit seinem Vater zu Dmitriefsk
in Astrachan aufhielt, fand daselbst am Ufer der Wolga
dünne blaulichte Schiefersteine, welche die Feuchtigkeit ungemein stark anzogen, aber eben so leicht auch wieder ver-
dünsten ließen.   Ein Täfelchen von solchem Schiefer wog
glühend 175, völlig mit Wasser gesättiget, 247 Gran, hatte also von der vollkommnen Trockenheit bis zum Punkte
der völligen Nässe 72 Gran Wasser angenommen.   Der
ältere Lowitz brachte eine runde dünne Scheibe von diesem
Steine an den einen Arm einer empfindlichen Wage an,
die an ein Bret befestiget war, und hieng an den andern
Arm eine Kette von Silberdrath, deren Ende an einen
Schieber befestigt war, welcher sich in einem Falze an der

Seite des Brets höher und niedriger stellen ließ. Er bestimmte durch Proben den Stand des Schiebers, wenn die Wage im Gleichgewichte war, und wenn sie 10 Gran Uebergewicht hatte, theilte den Raum zwischen diesen Standpunkten in 10 gleiche Theile, und trug solcher Theile mehr, so weit nöthig, fort. Ward nun an den einen Arm dieser Wage der Stein, an den andern ein Gewicht gehangen, das dem Gewichte des ganz trocknen Steins (z. B. 175 Gr.) gleich war, so zeigte der Schieber das Uebergewicht des Steins in Granen an, wenn er mit dem Kettchen so gestellt ward, daß die Wage ins Gleichgewicht kam. Ein am Schieber angebrachter Vernier zeigte noch Zehntheile eines Grans. Herr Lowitz bemerkte, daß bey einem anhaltenden nassen Wetter dieses Hygrometer über 55 Gran, bey einer anhaltenden Hitze von 113 Graden nach Fahrenheit nur $1\frac{1}{2}$ Gran Feuchtigkeit angab. Er hat aber diesen Thonschiefer, wovon ein paar Stücke im göttingischen Naturaliencabinet sind, nirgend anders finden können.

Herr de Saussüre (Essais sur l'hygrometrie, à Neufchatel, 1783. 8. maj. Versuch über die Hygrometrie durch Horaz Benedict de Saussüre aus dem frz. von J. D. C. (Titius), Leipzig, 1784. 8.) hat endlich zu einer eigentlichen Theorie der Messung absoluter Quantitäten des in der Luft schwebenden Wassers den Plan entworfen. Er bedient sich zum Hygrometer eines weichen, wo möglich blonden, nicht krausen, Menschenhaares, welches aber wegen der anklebenden Fettigkeit in einer Auflösung von $7\frac{1}{2}$ Skrupel Sodasalz in 30 Unzen Wasser 30 Minuten lang, dann noch zweymal etliche Minuten lang in reinem Wasser gekocht, in kaltem Wasser abgespült und an der Luft getrocknet werden muß. Ein solches Haar, welches sich von der größten Trockenheit bis zur größten Feuchtigkeit um 24-25 Tausendtheile seiner ganzen Länge ausdehnt, hatte Hr. de S. unten an einem festen Punkte angehängt, und sein oberes Ende um eine dünne Welle gewunden, die einen Zeiger trug, welche ihre Drehung auf einer Zifferscheibe anzeigte. Das Haar wird durch ein Gewicht von 3-4 Gran gespannt, das an einem seidnen Faden in entgegengesetzter Richtung um eben diese Welle gewunden war. Diese Einrichtung (*hygromètre à arbre*) fand er aber zum Fortbringen unbequem, und ersann daher eine andere, als Reise-hygrometer (*hygromètre portatif*) dienende, welche Taf. XII. Fig. 84. vorgestellt ist. Der wesentliche Theil dabey ist der Zeiger, dessen horizontalen Durchschnitt man bey G, B, D, E, F besonders findet. Die Nadel BE ist in der Mitte durchlöchert, und es geht eine Are hindurch, die im Mittel dünner, als an den Enden, gefeilt ist, damit sie die Hölung an weniger Stellen reibt. Der hintere Theil der Nadel BE hat auf dem Umkreise B doppelte Einschnitte, worinn das Haar und das Gegengewicht, letzteres an einem Seidenfaden, wie über eine Rolle, herliegt. An der Nadel sitzen senkrecht über und unter ihrem Mittelpunkte zwo kleine Zangen mit Schrauben, den beyden Einschnitten der Rolle gegenüber, womit bey a der Seidenfaden des Gegengewichts, bey c das untere Ende des Haares eingeklemmt wird. Die Are der Nadel geht durch den am Gestell befestigten Arm GF, und wird darinn durch die Druckschraube F festgehalten. Die Nadel muß so vollkommen im Gleichgewicht seyn, daß sie, wenn man das Gewicht abnimmt, in jeder Stellung stehen bleibt. So muß jede Veränderung in der Länge des Haars den Stand des sehr beweglichen und leichten Zeigers ändern. Das Metallstück heh hat die Gestalt eines um den Mittelpunkt des Zeigers beschriebenen Kreisbogens. Die Theilung, welche vom Punkte der größten Trockenheit bis zum Punkte der größten Feuchtigkeit geht, wird entweder in Grade des Kreises, oder in 100 Theile des Raums gemacht. Die Zange y, die das obere Ende des Haars hält, befindet sich an einem Arme, der sich am Gestell verschieben und durch die Druckschraube x an jeder Stelle befestigen läßt. Geringe Veränderungen der Stellung macht man durch Verschiebung der Säule l, mittelst der Stellschraube m. Das Stück nopq in die Lage gebracht, die mit Punkten angedeutet ist, hält beym Forttragen des Instruments Gewicht und Nadel fest. Der Hacken r dient, ein Thermometer anzuhängen.

Um nun den Punkt der größten Feuchtigkeit zu bestimmen, befeuchtet Hr. de S. eine gläserne Glocke inwendig überall mit Wasser, hängt das Instrument darin auf,
und setzt sie so über einen Teller mit Wasser. Wenn sich
das Haar nach 5 bis 6 Stunden noch immer verlängert, so
muß man es wegwerfen, weil es zu empfindlich ist. Hört
es aber auf, sich zu verlängern, so steht nun der Zeiger
auf dem Punkte der Sättigung mit Feuchtigkeit. Geht
das Haar wieder zurück, wie manche thun, wenn sie zu
stark gedehnt worden sind (*cheveux retrogrades*), so ist
es ebenfalls untauglich. Man muß diese Bestimmung mehrere male und mit Zwischenzeiten von vielen Tagen wiederholen, wobey das Instrument genau wieder auf denselben
Punkt zurückkommen muß.

Die größte Trockenheit bestimmt er nach seiner schon
im Journal de physique (1778. To. I. p. 43.) angegebnen Methode. Er trocknet nemlich die Luft unter einer
gläsernen Glocke mit einem bis zum Glühen erhitzten Bleche, auf welchem ein Pulver aus gleichen Theilen Salpeter
und rohen Weinstein verpufft hat, und das daraus entstandene fixe Laugensalz mit dem Bleche zugleich eine Stunde
lang im Glühen erhalten worden ist. Dieses Blech, welches die Gestalt eines halben Cylinders hat, wird so heiß,
als ohne Zersprengung der Glocke möglich ist, unter dieselbe gebracht, das Hygrometer hinein gehangen, und die Gemeinschaft mit der äussern Luft am untern Rande durch
Quecksilber abgeschnitten, worauf man nun alles abkühlen
läßt. Das Kennzeichen der erlangten vollkommenen Trockenheit nach vollendeter Operation ist dieses, daß nun die
Wärme das Haar verlängern muß; denn ist noch etwas
Feuchtigkeit darinn, so wird bey zunehmender Wärme die
Luft mehr davon auflösen, und das Haar verkürzen. Es
ist aber diese Bestimmung äusserst mühsam. Ein völlig
trocknes Haar wird, wenn sich die Wärme um 1 Grad ändert, um 19 Milliontheilchen seiner Länge, und das zin-
nerne Gestell des Hygrometers um 26 Milliontheilchen
ausgedehnt, welches zusammen etwa $\frac{1}{17}$ eines Hygrometer-
grades austrägt.

Herr de Sauſſure fand, daß ein Cubikſchuh Luft, bis auf den 8ten Grad ſeiner Scale ausgetrocknet, bey 14=15 Grad Temperatur nicht mehr als 11 Gran Waſſer aufgelöſet erhalten konnte, obgleich Lambert 342 Gran angiebt. Die Urſache dieſes erſtaunlichen Unterſchieds ſucht de S. darinn, daß Lambert nicht auf die Fortdauer des Ausdünſtens, wegen des Niederſchlags an den Wänden der Gefäße, ſelbſt nach erfolgter Sättigung der Luft, Achtung gegeben, und ſich allzukleiner Gefäße bedient habe. In freyer Luft, meint er, ſey vielleicht die Menge des Waſſers noch geringer. Wenn die Luft bey 14=15 Grad Temperatur von der höchſten Trockenheit zur höchſten Näße übergieng, ſo nahm ihre Federkraft um $\frac{1}{74}$ zu, und das Manometer ſtieg darin von 27 Zoll auf 27 Zoll 6 Lin. Er zeigt einen Weg, durch dieſe Beſtimmungen zur Kenntniß der abſoluten Quantität des in der Luft vorhandenen Waſſers zu gelangen, zieht dabey auch den Grad der Wärme in Betrachtung, weil eben dieſelbe Luft bey anderer Wärme das Hygrometer anders afficirt, geſteht aber endlich ſelbſt, daß ſeine Verſuche noch nicht vollkommen ſind, und mehr Prüfung und Berichtigung bedürfen. Dennoch bleibt ihm das unſtreitige Verdienſt, zu einer beſſern Hygrometrie die erſten richtigen Gründe gelegt zu haben.

Herr de Lüc (Idées ſur la meteorologie, To. I. Sect. 1. ch. 3.) hat gegen die Sauſſüriſche Beſtimmung der feſten Punkte, und gegen die Brauchbarkeit des Haares zum Hygrometer überhaupt, viele Einwendungen gemacht. Die größte Feuchtigkeit, glaubt er, müſſe nothwendig durch völlige Einſenkung in Waſſer beſtimmt werden; zur Austrocknung der Luft zieht er den Gebrauch des Kalks vor, und über den Gang der Haarhygrometer bringt er Verſuche bey, nach welchen ſeine neuern Werkzeuge von Fiſchbein allerdings beträchtliche Vorzüge vor den Sauſſüriſchen zu haben ſcheinen.

Die churpfälziſche Akademie der Wiſſenſchaften zu Mannheim gab im Jahre 1783. die Verfertigung harmonirender Hygrometer als Preisfrage auf. Dieſen Preis erhielt Herr Chiminello, Aſtronom zu Padua, welcher einen

mit Queckſilber gefüllten Federkiel zum Hygrometer vorſchlägt, die größte Feuchtigkeit durch Einſenkung in Waſſer
beſtimmt, und einen zwoten feſten Punkt durch Ausſetzung
des Inſtruments an die Sonne bey einer mittlern Trockenheit der Atmoſphäre, und bey 25 Grad Temperatur nach
Reaumür zu erhalten glaubt. In einem Anhange zu dieſer Preisſchrift (Opuſcoli Scelti di Milano, To. IX. p. 1.)
macht er noch einige Einwürfe gegen die Einrichtung des
Sauſſüriſchen Haarhygrometers, die Beſtimmung der feſten Punkte und den Gang deſſelben.

Der P. Jean, Baptiſte zu Vicenza hat zum Hygrometer einen Streif von Goldſchlägerblaſe vorgeſchlagen, der
faſt eben ſo, wie das Haar bey de Sauſſüre, angebracht
wird. Er bedient ſich auch eben der Methode, den Punkt
der Näſſe zu beſtimmen, den zweyten feſten Punkt aber
ſucht er durch Ausſetzung des Inſtruments an eine bis 50 Grad
nach Reaumür erhitzte Luft in einem verſchloßnen Gefäße.
So glaubt er ein beſſeres und wohlfeileres Inſtrument, als
de Sauſſüre, zu erhalten.

Letzterer aber hat ſich gegen die Einwürfe dieſer drey
Gegner, und beſonders gegen Herrn de Lüc zwar gründlich, aber doch mit viel Empfindlichkeit, vertheidigt (De-
fenſe de l'hygromètre à cheveu in *Rozier* Journal de
Phyſ. Jan. et Febr. 1788.). Er erklärt die Fehler, welche
an den nach ſeiner Methode verfertigten Haarhygrometern
wahrgenommen worden, daraus, daß man dazu ſchlechte
und verwerfliche Haare (*cheveux retrogrades*) gebraucht habe.

Herr de Lüc ſelbſt hatte ſein erſtes Hygrometer von
Elfenbein mit Queckſilber bald wieder verworfen, und
etwa um das Jahr 1775 ein neues erdacht, welches aus
einem dünnen Spane von Elfenbein beſtand, der über
Rollen auf und nieder geführt, einen Zeiger drehte. Um
die Wirkung der Wärme und Kälte aufzuheben, hatte
er dem Geſtell eine den roſtförmigen Pendelſtangen ähnliche Einrichtung gegeben. Weil er aber hernach fand, daß
das Elfenbein nicht immer dieſelbe Ausdehnbarkeit hatte,
und daß dieſem Fehler auch die damals ſchon vorgeſchlagnen
Federkiele und viele andere Subſtanzen, ausgeſetzt waren,

so blieb er endlich bey dem Fiſchbein ſtehen. Hiebey nahm er noch immer nur einen feſten Punkt an; denn er glaubte die gänzliche Austrocknung nicht anders, als durch Feuer, bewirken zu können. So übergab er die Beſchreibung ſeines erſten Fiſchbeinhygrometers der Pariſer Akademie im Jahre 1781. Bald hernach aber fand er Mittel, auch den zweyten feſten Punkt der größten Trockenheit zu beſtimmen, wozu er den Kalk in großen Maſſen gebraucht, welchem ein gleiches Volumen Luft auf drey Wochen lang ausgeſetzt wird. Er gedenkt auch (Idees ſur la meteorologie a a. O. §. 53.) eines neu ausgedachten Apparats hiezu, wobey man den Kalk in noch größern Maſſen brauchen und das Verfahren abkürzen könne. Zum Körper des Hygrometers ſelbſt gebraucht er dünne Streifen von Fiſchbein, von der Oberfläche oder dicken Rinde der Fiſchbeinblätter genommen, und nach der Breite der Faſern gearbeitet, die er mit einer Feder ſpannt. Er hat ſie ſo fein verfertiget, daß ein Streif von 1 Fuß länge nur ¼ Gran wiegt, und doch ⅓ Unze Kraft der Feder aushält. Ein Streif von 8 Zollen iſt hinreichend, und giebt etwa eine Veränderung von 1 Zoll. Die Feder, welche ihn ſpannt, iſt in eine Trommel, wie eine Uhrfeder eingeſchloſſen, macht 5 = 6 Windungen, und wirkt an der dritten Windung auf den Streifen mit einer halben Unze Kraft. Die Veränderungen werden durch einen Zeiger an einer Zifferſcheibe angegeben. Er beſchreibt auch (a. a O. §. 6:.) noch eine zu den gemeinen Beobachtungen ſehr bequeme Einrichtung in Geſtalt einer Taſchenuhr, und ſucht darzuthun, daß der Gang dieſer Hygrometer mit der Menge der Feuchtigkeit in der Luft ſelbſt im Verhältniße ſtehe.

De Sauſſüre in ſeiner angeführten Vertheidigungsſchrift erklärt das Fiſchbein wegen der zwiſchen ſeinen Faſern enthaltenen ſchleimichten Materie für verdächtig, und ſchließt aus de Lüc's eignen Verſuchen, daß die Luft ſchon mit Feuchtigkeit geſättigt ſey, wenn das Fiſchbein = Hygrometer erſt 80 = 81 Grad zeige; auch behauptet er, die de Lücſche Beſtimmung des feſten Punkts der Trockenheit ſey nichts als eine Nachahmung ſeines ſchon 1778. bekannt gemachten

Verfahrens, wobey blos der Kalk statt der Laugensalze substituirt werde. Erst die Zukunft, von der wir überhaupt noch wichtige Verbesserungen der Hygrometrie erwarten, wird über den Werth dieser beyden Werkzeuge entscheiden können, deren Erfinder sich an physikalischen Einsichten und mechanischer Geschicklichkeit beyde gleich kommen.

Man hat noch ausserdem im Pflanzen= und Mineral= reiche verschiedene Substanzen gefunden, welche zur Beob= achtung und vielleicht auch zur Messung der in der Luft schwebenden Feuchtigkeit gebraucht werden könnten. Da= hin gehören ausser dem schon angeführten Schiefer aus Astra= chan, das Weltauge (Das Weltauge, ein Hygroskop, von Schreber, im Naturforscher, 19 Stück, Halle, 1783.), eine vom Grafen de la Guerrande an den nördlichen Kü= sten von Bretagne gefundene Art von Meergras (Fucus, alga marina f. Magazin für das Neuste aus der Physik u. f. w. III. B. 2. St. S. 159.) die vertrocknete Carlina vulgaris (Bjerkander in den neuen schwedischen Abh. III. Band) u. a. m.

Hygroskop. f. **Hygrometer.**

Hypomochlion, Unterlage, Hypomochlium, *Hypomochlion*, *Point d' appui.* Dasjenige, was den Ruhe= punkt eines Hebels C, Taf. X. Fig. 51.-52. 53. trägt oder hält, so daß sich der Hebel zwar um denselben drehen, nicht aber verschieben oder auf und abwärts weichen kan. Man stellt sich das Hypomochlion am besten als einen Zapfen vor, um den sich der Hebel dreht. Die gewöhnliche Vorstellung einer Unterlage gilt nur, wenn die am Hebel wirkenden Kräfte den Ruhepunkt niederwärts drücken. In Fällen, wo der Ruhepunkt aufwärts gedrückt wird, wie bey Fig. 52., muß man statt dessen eine Ueberlage annehmen. Inzwi= schen ist die griechische Benennung von dem Begrif der Un= terlage abgeleitet; Hypomochlion heißt buchstäblich: was unterm Hebel liegt.

Der Widerstand der Unterlage oder des Zapfens, ist als eine dritte Kraft am Hebel anzusehen; und zieht man diese mit in Betrachtung, so richtet sich das, was am ru=

henden Hebel vorgeht, nach dem Gesetze des Gleichgewichts dreyer Kräfte, s. Gleichgewicht. Wenn die Kräfte mit einander parallel wirken, so trägt die Unterlage beym Hebel der ersten Art die Summe beyder Kräfte; beym Hebel der zweyten Art trägt oder hält der Zapfen nur soviel, als der Unterschied beyder Kräfte ausmacht: ziehen aber die Kräfte schief, wie Taf. XI. Fig. 58., so wird der Ruhepunkt C nach der Richtung CI (der mittlern Richtung der Kräfte) mit einer Kraft gedrückt, die sich zu den äussern Kräften D und E, wie Ie zu Id und de verhält, s. Hebel.

Man muß bey den Hebeln, und bey allen Maschinen überhaupt, dafür sorgen, daß Unterlagen und Zapfen an den Bewegungspunkten eine Festigkeit haben, welche den so berechneten Druck auszuhalten vermögend ist.

Hypothese, angenommener Satz, Voraussetzung, Hypothesis, Suppositio, *Hypothese*, *Supposition*. Die wahren Ursachen der natürlichen Wirkungen und Erscheinungen sind oft sehr verborgen, und lassen sich nicht mit entschiedener Gewißheit angeben. In solchen Fällen nimmt man bey Erklärung der Phänomene seine Zuflucht zu selbst erdachten Vorstellungsarten; man nimmt an, die zu erklärende Naturbegebenheit geschehe aus dieser oder jener Ursache, auf diese oder jene Weise. Solche blos angenommene Ursachen und Vorstellungsarten führen den Namen der Hypothesen. So ist z. B. die wahre Ursache der elektrischen Erscheinungen verborgen, und wenn sich Franklin zu Erklärung derselben eine feine Materie denkt, und die Erscheinungen aus dem Ueberflusse oder Mangel derselben herleitet, so ist diese blos von ihm erdachte Vorstellung, deren Richtigkeit sich nicht gewiß erweisen läst, eine physikalische Hypothese. Die Artikel dieses Wörterbuchs enthalten so zahlreiche Beyspiele hievon, daß es ganz unnöthig ist, hier mehrere davon anzuführen.

Wenn es gleich den Hypothesen an apodiktischer Gewißheit fehlt, so können sie doch oft zu einem sehr hohen Grade von Wahrscheinlichkeit erhoben werden. Hiezu wird erfordert, daß sie an sich nichts widersprechendes, ge-

gen ausgemachte Wahrheiten oder völlig erwiesene Naturgesetze streitendes enthalten, und daß sie überdies eine vollkommen befriedigende leichte und ungezwungene Erklärung
aller mit ihnen zusammenhängenden Erscheinungen gewähren. Diese Eigenschaften geben z. B. dem copernikanischen
Weltsystem, wenn es auch nicht mathematisch erwiesen
werden kan, eine Wahrscheinlichkeit, welche sich nach dem
einstimmigen Urtheile aller Sachkundigen der Gewißheit
gleich setzen läst.

Das erste Merkmal einer guten Hypothese ist ihre
Simplicität, wenn sie nemlich die Erscheinungen, um
deren willen sie gemacht ist, durch die leichtesten und geschwindesten Mittel, mit der größten Ersparniß, und ohne
Einführung neuer Substanzen oder Kräfte, erklärt. Eine
gute Hypothese muß ferner in Analogie mit den bekannten Gesetzen der Welt stehen. Die Natur ist nie mit sich
selbst im Widerspruche, und in allen ihren Werken erblickt
man Züge eines allgemeinen Plans, in welchem kein Theil
gegen den andern streitet. Findet man also Aehnlichkeit
und Uebereinstimmung zwischen Gesetzen, die man feststel-
len will, und denjenigen, die schon entdeckt und bestätiget
sind, so kan man die vermutheten Gesetze für wahrscheinlich halten. Aehnliche Wirkungen verrathen fast immer
auch ähnliche Ursachen. Dies giebt der copernikanischen
Hypothese ein so großes Uebergewicht über die tychonische,
obgleich beyde die Erscheinungen erklären. In jener ist
alles Folge eines einzigen Grundsatzes, und jede Erklärung
stimmt mit den andern überein; in dieser hingegen ist wider die Analogie das Große dem Kleinen untergeordnet,
und Wirkungen, welche ganz ähnlich scheinen, müssen
mit beträchtlichen Verschiedenheiten erklärt werden.

Die Wahrscheinlichkeit einer Hypothese steht ferner
im Verhältniße mit der Menge der Fälle, die sie erklärt;
sie nähert sich nemlich in eben diesem Verhältniße der wahren Ursache, welche alle Fälle erklären würde. Auch ist
diese Wahrscheinlichkeit desto größer, je genauer die Resultate, die sich aus der Hypothese und aus richtigen Beobachtungen ziehen lassen, mit der Erfahrung übereinstimmen.

So wird die newtonische Theorie der Gravitation, wenn man sie anders noch zu den Hypothesen rechnen darf, dadurch über alle Zweifel erhoben, weil sie in Verbindung mit den Beobachtungen alle wechselseitige Perturbationen im Laufe der Planeten mit einer bewundernswürdigen Genauigkeit bestimmt, und so den astronomischen Tafeln erst die erforderliche Vollkommenheit gegeben hat, die man vorher durch kein Mittel erreichen konnte.

So kan sich oft das, was anfänglich Hypothese war, in der Folge als allgemein anerkannte Wahrheit bestätigen, und wenn ich das wenige ausnehme, was sich unmittelbar auf Beobachtung gründet, so giebt es vielleicht in dem ganzen Umfange der Naturlehre keine Wahrheit, die nicht einmal Hypothese gewesen wäre.

Man kan daher den großen Nutzen und die Unentbehrlichkeit der Hypothesen in der Physik keineswegs bezweifeln. Wo man keine andern Mittel hat, die Natur zu erkl ren, da sind sie das einzige Band, durch das man mehrere Begebenheiten verknüpfen, und auf den Weg zu einer zweckmäßigen Vervielfältigung der Beobachtungen und Versuche, ja selbst zur Entdeckung der wahren Ursache, geleitet werden kan. Die Sternkunde würde sehr arm seyn, wenn man sich erst dann darauf hätte legen wollen, als das wahre Weltsystem erfunden war, auf welches man vielleicht ohne die vorhergehenden zahlreichen Hypothesen gar nicht gekommen wäre. Und eben dies ist der Fall in den meisten übrigen Fächern der Naturlehre. Die guten Hypothesen, wenn sie auch nicht die Wahrheit selbst sind, machen doch den Zusammenhang der Begebenheiten sinnlicher, veranlassen Versuche und Entdeckungen, an welche man ohne sie nicht gedacht hätte, und ermuntern den unpartheyischen Beobachter unaufhörlich zu neuen Prüfungen, welche fast immer etwas nützliches lehren.

Dagegen ist der Mißbrauch der Hypothesen äusserst gefährlich für den Fortgang und die Ausbreitung der Wahrheit. Wer eine Hypothese ersonnen hat, und einmal so weit gekommen ist, sie für wahrscheinlich zu halten, der beredet sich sehr leicht, daß alle weitere Prüfung unnöthig sey. Er glaubt alsdann nicht mehr, daß die Natur seiner Vorstellung widersprechen könne, und wenn neue Beobachtungen gegen ihn streiten, so erzwingt er sich durch Witz und Geschicklichkeit neue Erklärungen oder Zusätze zur Hypothese selbst, welche meistentheils nichts anders als neue Irrthümer sind, und den Epicykeln des ptolemäischen Weltsystems gleichen. Hypothesen, die man mit dergleichem Flickwerke versehen muß, um sie neuern Beobachtungen anzupassen, sind im höchsten Grade verdächtig. So sinnreich auch bisweilen ihre Vertheidiger die Beobachtungen zu drehen und die Widersprüche zu heben wissen, so muß doch der unbefangene Naturforscher nie vergessen, daß die Begierde, etwas zu behaupten, der ärgste Sophist sey, den man sich gedenken kan, und daß eine einzige Thatsache mehr wahren Werth habe, als das künstlichste Gebäude von solchen Erklärungen.

Bey dem Studium der Geschichte der Physik bleibt man zweifelhaft, ob die Hypothesen dem Fortgange dieser Wissenschaft mehr geschadet oder genützt haben. So viele wichtige Entdeckungen aus ihnen entsprungen sind, so hat doch auch der alle Grenzen übersteigende Mißbrauch derselben die Wissenschaft bis zum Anfange des vorigen Jahrhunderts in ihrer ersten Kindheit zurückgehalten, und ihrem Wachsthume noch! bis in die gegenwärtigen Zeiten starke Hindernisse entgegengesetzt. Die ganze Schule des Descartes behauptete, alle Dinge nach der Vorstellungsart ihres Lehrers erklären zu können, und suchte in den Beobachtungen nichts weiter, als Bestätigung dieser schon vorher gefaßten Begriffe und Meinungen auf. So wurden die vortreflichsten Erfahrungen verdrehet, und statt der Geschichte der Natur ward eine Geschichte menschlicher Vorstellungen erzählt, bey der man sich unglaubliche Mühe gegeben hat, unnütze Begriffe zu erfinden und zu vertheidigen. Newton machte endlich diesem Unwesen ein Ende. Er war so sehr wider die Hypothesen dieser Art eingenommen, daß er seine Theorien schlechterdings nicht also genannt wissen wollte, so viel sie auch noch hin und wieder hypothetisches enthalten. Er suchte die Physiker auf den richtigen Begrif von Hypothesen zu führen, indem er (Princip. L. III. sub init.) unter diesem Namen einige Sätze vortrug, die jeder gern einräumt, ob sie gleich nicht mit mathematischer Schärfe zu erweisen sind (wie die Postulata oder Hypotheses der alten Mathematiker). Unter diesen Sätzen befinden sich z. B. die vortreflichen Regeln, daß man nicht mehr Ursachen der Naturbegebenheiten annehmen müsse, als wirklich erwiesen und zur Erklärung der Erscheinungen hinreichend sind; daß einerley oder ähnliche natürliche Wirkungen einerley Ursachen haben; das copernikanische System, die keplerischen Regeln u. s. w. — Voraussetzungen, welche sich von den cartesianischen Hypothesen sehr merklich unterscheiden. Er gab endlich den Physikern durch seine Schriften ein vortrefliches Beyspiel, so wenig als möglich vorauszusetzen, und so viel als möglich, aus Erfahrung und Induction zu schließen. Nach einem langen Streite zwischen seinen und des Descartes Anhängern hat doch endlich die bessere Methode gesiegt, und obgleich die Anzahl der Hypothesen, besonders in den dunklern Fächern und in dem chymischen Theile der Naturlehre, seitdem noch ansehnlich vermehrt worden ist, und noch immer zunimmt, so scheinen sie doch in unsern Tagen mit mehrerer Mäßigung behandelt, und nicht so oft, als sonst, zum Nachtheil der Wahrheit gemißbraucht zu werden.

Discours sur les dispositions, qu'il faut avoir pour faire du progrès dans l'étude de la physique par M. *Nollet* vor dem ersten Bande f. Leçons de phys. exp.

Senebier Kunst zu beobachten, a. d. frz. v. Gmelin, Leipzig. 1776. 8. II. B. 9 — 11 Abschn.

J.

Jahr, Annus, *An, Année.* Die Zeit, binnen welcher die Erde ihre Bahn um die Sonne einmal durchläuft. Nach Ablauf dieser Zeit kömmt sie also wieder in ihre vorige Stellung gegen die Sonne, und es kehren den Orten auf ihrer Oberfläche die vorigen Jahrszeiten, und die übrigen von der Sonne abhängenden Erscheinungen zurück. Eben dies ist auch der Zeitraum, in welchem die Sonne durch ihre eigne Bewegung die ganze Ekliptik, oder alle zwölf himmlische Zeichen zu durchlaufen scheint, s. **Ekliptik**. Er giebt wegen der Wiederkehr aller Verrichtungen, die von der Sonne und den Jahrszeiten abhängen, ein sehr brauchbares Maaß der Zeit.

Man hat anfänglich die Größe des Jahres nicht ganz genau gekannt. Die Egypter nahmen nach den Nachrichten des Syncellus zuerst ein Jahr von 360 Tagen an, dem nachher die Thebäer noch fünf Tage zusetzten. Der große Ring des Osymandyas (Diod. Sic. L. l. Sect. 2.) hatte daher einen Umfang von 365 Ellen; jede Elle bezog sich auf einen Tag des Jahres, und es war dabey der Auf- und Untergang der Gestirne, mit astrologischen Folgerungen, bemerkt. Weiterhin ward man gewahr, daß dieses Jahr um einen Viertelstag zu kurz sey, daher die Wiedererscheinung des Hundssterns, welche die Ueberschwemmung des Nils verkündigte, alle 4 Jahre um einen Tag später erfolgte, und so erst in 4 × 365 oder eigentlich in 1461 Jahren, wieder auf denselben Tag des bürgerlichen Jahrs zurückkehrte. Weil sich aber die Festrechnung der Egypter auf das Jahr von 365 Tagen gründete, so war ihnen dasselbe zu heilig, um etwas daran zu ändern; sie ließen also ihre Feste ungestört durch alle Jahrszeiten rücken, und bemerkten blos die Periode ihrer Wiederkehr auf den vorigen Tag unter dem Namen des Hundssterncyclus (Periodus Sothiaca), bis endlich nach der Schlacht bey Actium Egypten eine Provinz des römischen Reichs ward, und ein Jahr annehmen muste, das an Größe dem julianischen gleich war.

Die Griechen nahmen bey ihren Bemühungen, das Sonnenjahr mit dem Mondlaufe zu vereinigen (s. **Kalender**), jenes zu 365 Tagen 6 Stunden an. Der metonianische Cyfel von 19 Jahren oder 6940 Tagen war dieser Angabe zufolge noch 6 Stunden länger, als 19 Sonnenjahre; aber die hundert Jahr später eingeführte kallippische Periode von 27759 Tagen trift mit 76 Jahren von 365¼ Tagen ganz genau überein. Diese Periode ward bey den Griechen beybehalten, und Sosigenes, mit dessen Hülfe

Cäſar den römiſchen Kalender verbeſſerte, führte das Jahr, das ſie vorausſetzt, auch bey den Römern ein. Seit dieſer Zeit iſt es unter dem Namen des julianiſchen Jahres bekannt geblieben.

Hipparch zu Alexandrien beobachtete nach den Nachrichten des Ptolemäus (Almageſt. L. III.) die Zeitpunkte der Nachtgleichen und Sonnenwenden mit vieler Sorgfalt. Er verglich ſeine Beobachtungen mit denen, welche Ariſtarch von Samos 145 Jahre vor ihm angeſtellt hatte, und fand, daß die Sonnenwenden ſeit dieſer Zeit um 12 Stunden früher einfielen. Dieſer Beſtimmung nach ſchien ihm die wahre Länge des Jahres $\frac{12}{145}$ oder beynahe $\frac{1}{12}$ Stunde, d. i. 5 Minuten kürzer, als die kallippiſche Periode annahm, mithin nur 365 T. 5 St. 55 Min. zu ſeyn. Weil dieſe $\frac{12}{145}$ Stunden in 4 × 76 Jahren 25 St. 9 Min. ausmachen, ſo ſchlug er vor, vier kallippiſche Perioden zuſammenzunehmen, und einen Tag daraus hinwegzulaſſen, wobey 304 Jahre von eben ſo viel Umläufen der Sonne nur um 1 Stunde 9 Min. abweichen würden. Es iſt aber dieſer Vorſchlag ohne Anwendung geblieben.

Die neuern Aſtronomen haben von der vortreflichen Methode des Hipparch, alte und neue Beobachtungen zu vergleichen, häufigen Gebrauch gemacht. So hatte Walther zu Nürnberg im Jahre 1488 die Nachtgleiche den 10ten März um 15 Uhr 40 Min. beobachtet, welches auf den Meridian von Uranienburg (der um 15 Min. Zeit weiter oſtwärts liegt) reducirt, die Nachtgleiche

1488 d. 10 März	15 St.	55 Min. giebt
Tycho fand ſie 1588 d. 9 März	21 St.	10 Min.

Unterſchied auf 100 Jahr — 18 St. 45 Min. = 1125 Min.
div. mit 100) —————————
auf 1 Jahr — — 11 Min. 15 Sec.

Nach dieſer Rechnung iſt das wahre Sonnenjahr um 11 Min. 15 Sec. kürzer, als das julianiſche von 365 T. 6 Stunden, mithin beträgt es 365 T. 5 St. 48 Min. 45 Sec. (ſ. *Tychonis de Brahe* Progymnaſm. Aſtr. p. 51.). Aehnliche Vergleichungen findet man beym Riccioli (Almageſt. nov. p. 138. Aſtron. reform. p. 16.), **Hevel** (Prodrom. Aſtr.) **Manfredi** (De gnomone Bononienſi p. 74.) **Caſſini** (klemens de l'aſtr. L. II. ch. 10.) und **de la Lande** (Aſtronomie, der zwoten Ausg. §. 885.) geſammlet. Der letztere ſetzt die mittlere Länge des Sonnenjahrs

365 T. 5 St. 48 Min. 45 Sec. 30 Tert.

Dieſer Zeitraum, binnen welchem die Sonne von einer Nachtgleiche oder Sonnenwende aus bis wieder zu eben derſelben läuft, heißt von den Tropen oder Sonnenwenten das **tropiſche Sonnenjahr** (annus ſolaris tropicus). Während dieſer Zeit ſind die Firſterne, wegen des Vorrückens der Nachtgleichen, um 50″ weiter gegen Morgen gegangen, und die Sonne braucht daher, um wieder zu dem vorigen Firſterne zu gelangen, noch 20 Min. 5,7 Sec. Zeit über das tropiſche Jahr. Dieſer Zeitraum heißt das **Sternjahr** oder die **ſideriſche Umlaufszeit** (annus ſidereus). Die Erdferne oder eigentlich die **Sonnenferne** der Erde rückt in eben der Zeit um 65″ fort, daher die Sonne, um von einer Erdferne bis zur folgenden zu gelangen, 26 Min. Zeit über das tropiſche Sonnenjahr nöthig hat. Dieſer Zeitraum heißt die **anomaliſtiſche Umlaufszeit.** De la Lande (Aſtr. 888. 889) ſetzt

die ſideriſche 365 T. 6 St. 9 Min. 11,2 Sec.

die anomaliſtiſche 365 6 15 20

Weil zwölf Umläufe oder Wechſel des Monds dem Jahre nahe kommen, ſo nennt man die Dauer von zwölf ſynodiſchen Mondenmonaten (ſ. **Monat**) ein **Mondenjahr** (annus lunaris). Sie beträgt nach de la Lande (Aſtr. 1422.)

354 T. 8 St. 48 Min. 34,7 Sec.

und iſt beynahe um 11 Tage (eigentlich 10 T. 21 St.) kürzer, als das tropiſche Sonnenjahr.

Die bisher angezeigten Jahre ſind **aſtronomiſche** (anni coeleſtes). Sie geben wirkliche Dauer der himmliſchen Umläufe bis auf Minuten und Secunden an. Von ihnen unterſcheiden ſich die **bürgerlichen Jahre** (anni civiles), welche im Kalender, wo man die Tage nicht theilen kan, angenommen werden müssen, und aus Anzahlen von vollen Tagen bestehen, die dem astronomischen Jahre so nahe, als möglich, kommen. Aus dem vorigen erhellet, daß es hiebey am natürlichsten und richtigsten ist, das bürgerliche Sonnenjahr zu 365 Tagen anzunehmen. Ein solches heißt ein gemeines Jahr (annus communis). Weil es aber, nach dem vorigen, um 5 St. 48 Min. 45½ Sec., oder fast um 6 Stunden, zu kurz ist, und dieser Fehler in vier Jahren fast einen ganzen Tag ausmacht, so setzt unser Kalender aller 4 Jahre einen Tag hinzu, woraus ein Jahr von 366 Tagen, ein Schaltjahr (annus bissextilis) entsteht. Dieser Schalttag (dies intercalaris) wird zwischen den 23sten und 24sten Februar eingeschoben; und weil hiebey im römischen Kalender der 23ste Februar (sextus Kalendas Martias) zweymal gezählt wird, so ist daher die lateinische Benennung (bissextilis, a bis numerato sexto) entsprungen.

Die von verschiedenen Völkern angenommenen bürgerlichen Jahre sind entweder Sonnen = oder Mondenjahre. Sie setzen sämmtlich eine auf Beobachtung beruhende Größe des astronomischen Jahres voraus, enthalten eine Anzahl voller Tage, welche dieser Größe nahe kömmt, und lassen alsdann entweder die Jahrszeiten durch alle Tage des Jahres durchrücken (anni vagi), oder halten dieselben durch Einschaltungen an gewisse Tage fest (anni fixi).

Zu den bürgerlichen Sonnenjahren, in welchen die Jahrszeiten durch alle Tage des Jahres rücken, gehört das alte egyptische Jahr von 365 Tagen, welches mit dem nabonassarischen Jahre der Chaldäer und dem yezdegerdischen Jahre der Perser einerley ist. In 1461 solchen Jahren rückt die Nachtgleiche nach und nach durch alle Tage des Jahrs hindurch.

Das julianische Jahr sollte zwar der Absicht nach ein festes Jahr seyn. Weil aber die vorausgesetzte Dauer des astronomischen Jahres von 365 T. 6 St., um 11 Min. 14,5 Sec. zu groß ist, welches in 400 Jahren 3 Tage beträgt, so müssen dennoch die Nachtgleichen aller 400 Jahre 3 Tage früher fallen, und es war daher die Frühlingsnachtgleiche vom Jahre 325 n. C. G. bis zu Ende des 16ten Jahrhunderts vom 21ten bis zum 10ten März vorgerückt. Dies gab Anlaß zu Einführung des gregorianischen Kalenders, f. **Kalender,** wobey das Jahr zu 365 T. 5 St. 49 Min. 12 Sec. angenommen ist, und binnen 400 Jahren allezeit drey Schalttage wegbleiben. Dieses verbesserte oder gregorianische ist nun wirklich ein fixes Jahr, in welchem sich die Frühlingsnachtgleiche immer um den 20 März hält. Die vorausgesetzte Dauer des Sonnenjahrs weicht von der wahren nur um 27 Sec. ab, welches erst in 3200 Jahren eine Abweichung von einem Tage giebt.

Bey den Persern führte der Sultan Gelal bereits im Jahre 1079 n. C. G. mit Hülfe des Astronomen **Omar Chejam** ein Jahr (annus Gelalaeus) ein, welches mit dem Laufe der Sonne noch genauer, als selbst das gregorianische, übereinstimmt. Es wird nemlich dabey 7mal nach einander aller vier Jahre, das achtemal aber erst im 5ten Jahre, ein Tag eingeschaltet. Daher sind unter 33 Jahren allezeit 25 gemeine und 8 Schaltjahre, oder diese 33 Jahre haben $33 \times 365 + 8 = 12053$ Tage, so daß ein Jahr $= 365$ T. 5 St. 49 Min. 5 Sec. 28 Tert. vorausgesetzt wird, welches von der wahren Größe nur um 20 Sec. abweicht, und erst in 4220 Jahren um einen einzigen Tag fehlet. Diese Einschaltungsart würde der gregorianischen vorzuziehen seyn, wenn nicht bey der letztern zugleich auf den Mondlauf hätte gesehen werden müssen, wobey der gleichförmige Fortgang des Einschaltens durch ein ganzes Jahrhundert einen großen Vortheil gewähret.

Unter den bürgerlichen Mondenjahren giebt es wiederum solche, in denen die Jahrszeiten durch die Tage des Jahres fortrücken (vagos) und andere, in welchen sie durch Einschaltungen an gewissen Tagen festgehalten werden (fixos). Zu den erstern gehört das muhammedanische oder **arabische** Jahr, welches aus 354 Tagen bestehet und zwölf Monate hat, welche mit 30 und 29 Tagen abwechseln. In jeder Periode von 30 Jahren wird in den Jahren 2, 5, 7, 10, 13, 15, 18, 21, 24, 26, 29 dem letzten Monate, der sonst nur 29 Tage hat, der 30ste zugesetzt, daß also unter 30 Jahren, 19 von 354, und 11 von 355 Tagen sind. Hiebey ist das Mondenjahr 354 T. 8 St. 48 Min. vorausgesetzt; dies weicht von dem wahren Mondlaufe jährlich um 35 Sec., oder in 2480 Jahren um einen Tag ab; dagegen ist auf die Sonne hiebey gar keine Rücksicht genommen.

Zu den fixen Mondenjahren, welche sich nach dem Laufe der Sonne und des Mondes zugleich richten, gehören das athenieusische und jüdische Jahr. Das gemeine athenieusische Jahr (annus Atticus communis) bestand aus 12 Monaten, welche mit 30 und 29 Tagen abwechselten, also aus 354 Tagen, und fieng mit dem nächsten Neumonde nach der Sommersonnenwende an. Das Schaltjahr (annus embolimaeus) hatte 13 Monate, oder 384 Tage. Anfänglich ward in jeder Periode von acht Jahren (Octaëteris) dreymal, nemlich zu Ende des 3ten, 5ten und 8ten Jahres eingeschaltet, daß also 8 Jahre 99 Monate oder 2922 Tage hatten. Dieser Zeitraum ist zwar eben so lang als 8 Sonnenjahre, jedes zu 365 T. 6 St., aber um 1½ Tage kürzer als 99 Mondumläufe, jeden zu 29 T. 12 St. 44 Min. gerechnet. Meton und Euctemon führten daher den Cykel von 19 Jahren (Enneadecaëteris) ein, dem sie 235 Monate, 15 von 30, 110 von 29 Tagen gaben, so daß das 3te, 6te, 8te, 11te, 14, 17te und 19te Jahr, Schaltjahre von 13 Monaten waren, die übrigen aber nur 12 Monate behielten. Diese Periode enthält 6940 Tage; 19 Sonnenjahre aber haben 6 Stunden, und 235 Mondumläufe 7⅔ Stunden weniger. Aus diesem Grunde ließ Kallippus von dem letzten Schaltmonate der vierten 19jährigen Periode noch einen Tag hinweg, wodurch denn diese 76 Jahre oder 940 Monate gerade 76 julianischen Jahren gleich und um 6⅔ Stunden länger als 940 Mondwechsel wurden. Da der synodische Monat in der That noch 3 Sec. länger ist, als oben angenommen wird, so gehen von diesen ⅔ Stunden noch 94 .3 Sec. oder 47 Minuten ab, daß also die kallippische Periode vom Sonnenlaufe nur eben so weit, als das julianische Jahr, d. i. um einen Tag in 128 Jahren, und vom Mondlaufe nur um 5 St. 53 Min. in

76 Jahren, d. i. um einen Tag in 310 Jahren, abweicht. Diese Verbindung des Sonnen = und Mondlaufs ist aller=dings eine der vortreflichsten Erfindungen des Alterthums, obgleich die Einschaltungsmethode selbst für den Gebrauch des gemeinen Lebens allzugekünstelt ausfällt, und in den einzelnen Jahren allzugroße Abweichungen vom Sonnen=laufe zuläßt, s. Kalender.

Auch das jetzige Jahr der Juden ist ein fixes oder mit dem Sonnenlaufe vereinigtes Mondenjahr von 354 Ta=gen, welches von dem nächsten Neumonde nach der Herbst=nachtgleiche anfängt. Sie bedienen sich dabey eines Cy=kels von 19 Jahren, in welchem das 3, 6, 8, 11, 14, 17, 19te, Schaltjahre von 13 Monaten sind. Die Mona=te wechseln mit 30 und 29 Tagen ab; und der Schaltmo=nat von 30 Tagen wird zwischen den sechsten und siebenden Monat eingeschoben. Unter ihren gemeinen und Schalt=jahren kommen aber auch solche vor, die einen Tag mehr oder weniger, als die gewöhnlichen, haben, so daß die Periode von 19 Mondenjahren, in welcher sie 235 Monate zählen, um 1 Stunde und 485 Helakim (oder 1080 Theile der Stunde) kürzer ist, als der julianische Mondcykel.

Montucla Hist. des mathem. P. I. L. III. no. XIII. sq.

Kästner Anfangsgr. der Astronomie und Chronologie, Göttin=gen, 1781. 8. an mehreren Stellen.

Guil. Beveregii Institut. Chronol. L. II. Londin. 1705. 4.

Jahrszeiten, Quatuor anni tempora, *Saisons.* Die vier Theile, in welche das Jahr, in Absicht auf die Stellung der Erde gegen die Sonne, besonders von den Bewohnern der gemäßigten Zonen, eingetheilt wird. Ihre Namen sind Frühling, Sommer, Herbst, Winter, und von jeder handlet ein besonderer Artikel dieses Wörter=buchs.

Wenn die Sonne im Anfange des Steinbocks steht, so ist in der nördlichen gemäßigten Zone ihre Mittagshöhe am kleinsten, und die Tageslänge am kürzesten. Ihre schief auffallenden Stralen erwärmen die Erdfläche wenig und nur einige Stunden lang, die Kälte nimmt überhand, und man sagt, es sey Winter. Je weiter sie aber zu dem Zeichen des Widders hinaufrückt, desto mehr wächst ihre Mittagshöhe zugleich mit der Länge des Tages, ihre Stralen werden weniger schief, erwärmen stärker und länger, die erstorbene Natur fängt endlich von neuem an zu leben, und mit dem Eintritte der Sonne in den Widder hebt der Frühling an. Alle diese Wirkungen nehmen zu, bis beym Eintritte der Sonne in den Krebs ihre Mittagshöhe und die Tageslänge am grösten werden, und die Stralen die stärkste Hitze verursachen. Alsdann sagt man, es sey Sommer. Von dieser Zeit an reifen die Früchte; die Sonne aber geht wiederum nach dem Aequator zurück in niedrigere Stellen, ihre Stralen werden schiefer, die Tage kürzer, und wir bekommen Herbst, wenn die Sonne in die Wage tritt. Endlich geht sie von hier aus in noch niedrigere Stellen der Ekliptik, die Tage werden noch kürzer, die Sonnenstralen fallen noch schiefer auf, die Witterung wird rauher und kälter, bis mit dem Eintritte der Sonne in den Steinbock der Winter wiederkehret. Die südliche gemäßigte Zone hat zu gleicher Zeit die entgegengesetzten Jahrszeiten.

Für die Bewohner der kalten Zonen lassen sich die Jahrszeiten eben so, wie für die benachbarten gemäßigten annehmen. Im Frühlinge giebt es für diese Orte eine Zeit, in der die Sonne gar nicht mehr untergeht, einen beständigen Tag, der sich bis in den Sommer hinein erstreckt, und desto länger dauert, je näher der Ort dem Pole liegt. Dagegen fängt im Herbste eine beständige Nacht an, welche bis in den Winter anhält.

Auf die Orte der heissen Zone aber läst sich die Abtheilung in Jahrszeiten nicht mehr anwenden. Diesen Orten geht die Mittagssonne jährlich zweymal durch den Scheitel, und zweymal ist sie von demselben am weitsten entfernt. Dies würde zween Sommer und zween Winter, aber meistens von sehr ungleicher Dauer, geben: aber der Begrif von unsern Jahrszeiten läst sich überhaupt nicht auf Orte anwenden, wo die Sonne fast immer hoch steht, wo die Abwechselungen der Temperatur und Tageslänge nicht beträchtlich sind, und die Fruchtbarkeit mehr auf Näße und Trockenheit, als auf Wärme und Kälte, ankömmt. Wenn in der heißen Zone eigentlich Sommer seyn sollte, oder wenn sich die Sonne am meisten über den Horizont erhebt, so fällt die Regenzeit ein; die angenehmste Jahrszeit aber pflegt diejenige zu seyn, da die Sonne am niedrigsten steht.

Die Abwechselung der Jahrszeiten hängt lediglich davon ab, daß die Ekliptik mit dem Aequator nicht zusammenfällt, sondern gegen denselben unter einem Winkel von $23\frac{1}{2}°$ geneigt ist; oder was eben so viel ist, davon, daß die Erde sich nicht ganz nach eben der Richtung um ihre Axe drehet, nach welcher sie ihre jährliche Bahn um die Sonne beschreibet. Eine sehr einfache Erklärung hievon giebt das kopernikanische System, f. Weltsystem. Fielen Aequator und Ekliptik in eine Ebne zusammen, so würde die Sonne stets im Aequator stehen; es würde überall und immer der Tag der Nacht gleich seyn, und durchgängig ein beständiger Frühling herrschen.

Da die Erde nicht alle Theile ihrer Bahn mit gleicher Geschwindigkeit durchläuft, so sind auch die Jahrszeiten nicht von gleicher Länge. Frühling und Sommer dauern bey uns zusammen ohngefähr 186, Herbst und Winter 179 Tage.

Wärme, Kälte und Witterung hängen zwar großentheils, aber bey weitem nicht ganz, von der Wirkung der Sonne ab, sondern richten sich ausserdem noch nach vielerley localen und zufälligen Ursachen. Daher werden sie nicht durch die Jahrszeiten allein bestimmt, und so kan es im Sommer sehr kalte, im Winter sehr warme Tage geben. Weil die Wirkungen erst dann am stärksten werden, wenn ihre Ursachen eine Zeit lang gedauret haben, so ist es nicht gerade dann am kältesten, wenn die Sonne am niedrigsten, oder am wärmsten, wenn dieselbe am höchsten steht; vielmehr fällt die größte Kälte und Hitze erst einige Zeit nach dem Anfange des Winters und Sommers ein, f. Klima.

Erxleben Anfangsgründe der Naturl. durch Lichtenberg, §. 600, 622, 770.

Idioelektrisch, s. Elektrische Körper.

Imprägnation, Impraegnatio, *Impregnation.* Dieses Wort bedeutet eben so viel, als Auflösung, wird aber hauptsächlich von Auflösungen der Salze und der Gasarten in Wasser und andern tropfbaren Flüßigkeiten gebraucht. Wasser mit Salz, Vitriolsäure, fixer Luft u. s. f. imprägniren, heißt eine Quantität Salz oder Vitriolsäure darinn auflösen, oder eine Menge fixe Luft von demselben absorbiren lassen. Eine Maschine zur Imprägnation des Wassers mit fixer Luft und andern Gasarten wird bey dem Worte: Parkerische Maschine beschrieben.

Inbegrif, s. Volumen.

Inclination, s. Neigung.

Incrustation, Incrustatio, *Incrustation.* Einige Wasser haben die Eigenschaft, die ihnen beygemischten erdigten salzigen oder fießigten Theile an der Oberfläche der Körper, mit denen sie in Berührung stehen, abzusetzen. Körper, die man solchen Wassern eine Zeit lang aussetzt, werden dadurch mit einer harten steinähnlichen Rinde überzogen, und man nennt sowohl diesen Vorgang selbst, als auch den überzognen Körper, eine Incrustation. Der letztere würde richtiger ein Incrustat, oder incrustirter Körper heissen.

Die gewöhnlichsten Incrustationen sind kalkartig, weil sich die Kalkerde unter allen übrigen am leichtsten mit dem Wasser vermischt. Hieher gehören die Stalaktiten oder Tropfsteine, Rindensteine, welche sich durch das Herabtröpfeln des Wassers in unterirdischen Hölen bilden, und durch die fortdaurende Incrustation besondere Gestalten annehmen, s. Hölen. Andere Ueberzüge sind ocherartig, und unterscheiden sich durch eine gelbe oder braune Farbe. In den Gradirhäusern der Salzwerke überziehen sich die Reiser, durch welche die Sole tröpfelt, und andere Körper, die man hineinlegt, mit einer theils kalkartigen, theils

Xx

salzigen Rinde. Die warmen Quellen z. B. das Carls-
bad, deren Wasser wegen seiner Wärme viel fremde Materien auflöset, haben diese incrustirende Eigenschaft in
vorzüglich hohem Grade, s. Bäder, warme.

Indifferenzpunkt, Punctum indifferentiae, *Point
d'indifference*. Diesen Namen giebt Brugmanns (Tentamina philofophica de materia magnetica eiusque actio-
ne in ferrum et magnetem. Franequ. 1765. 4. deutsch,
mit neuen Zusätzen des Verf. durch D. C. G. Eschen-
bach, Leipz. 1784. 8. S. 70.) demjenigen Punkte eines
eisernen oder stählernen Stäbchens, an welchem der Magnet, mit dem man es bestreicht, stehen muß, wenn das
eine Ende des Stäbchens gar keine Polarität zeigen soll.

Wenn man nemlich ein unmagnetisches Stäbchen Ei-
sen oder Stahl A C, Taf. XII. Fig. 85., bey A mit dem
Nordpol eines starken Magnets berühret, so wird A ein
Südpol, und C ein Nordpol; streicht man aber mit dem
Magnet am ganzen Stäbchen hin bis C, so wird am Ende
A ein Nordpol und C ein Südpol.

Herr Brugmanns gerieth dadurch auf die vortreffliche Muthmaßung, weil das Ende A während dem Hin-
streichen seine Polarität ändert, und aus der südlichen in
die nördliche übergeht, daß wohl der Magnet auf seinem
Wege von A nach C in einen Punkt M kommen müsse wo
A gar keine Polarität hat, die südliche Spitze einer Nadel
eben sowohl als die nördliche zieht, und also ganz indifferent ist. Er fand auch dies durch die Erfahrung bestätiget. Stand der Magnet in M, so zeigte A gar keine
Polarität, indem C noch immer ein Nordpol war. Fuhr
er mit dem Magnete weiter nach C, so fieng A an eine
nördliche Polarität zu zeigen, und die nördliche Polarität
von C nahm ab. Kam er bis N, so ward C indifferent,
und strich er bis ans Ende, so erhielt C eine starke südliche,
und A eine nördliche Polarität. Er gab daher den Punkten M und N den Namen der Indifferenzpunkte. Sie
finden sich bey allen Eisen- und Stahlstäbchen oder Drath,
nur haben sie bey verschiedenen Dicken und Längen, auch

bey verschiedener Härte des Eisens und Stärke des Magnets andere Lagen. Herr van Swinden hat hierüber noch viele Versuche angestellt, s. Magnet.

Beccaria (Elettric. artif. 1771. p. 208.) und Lord Mahon (Principles of electricity, London, 1779. 4.) haben bemerkt, daß es an elektrisirten Leitern ähnliche Punkte giebt, wobey das eine Ende des Leiters gar keine Elektricität zeigt, wenn der elektrisirte Körper, der dem Leiter die Elektricität mittheilt, an einen solchen Punkt gehalten wird.

Lichtenberg Anm. zu Erxlebens Anfangsgr. der Naturl. Vierte Aufl. Göttingen, 1787. §. 570 b.

Inflexion, s. Beugung des Lichts.

Intensität, Energie, Wirksamkeit, Intensitas, Energia, Efficacia, *Intensité*, *Energie*. Das Vermögen zu wirken, oder die Größe der Kraft, in so fern sie nicht von der Größe des Körpers oder von der Menge seiner Theile abhängt, sondern jedem einzelnen Theile eigen ist.

Wenn man zu einem Gewichte ein anderes hinzuthut, so wird zwar der Druck, oder die Wirkung der Schwere, vergrößert; weil aber dies blos von der vermehrten Masse oder Menge der Theile herkömmt, so kan man in diesem Falle nicht sagen, die Intensität der Schwere sey größer geworden. Würde aber das Gewicht in die Gegenden um die Pole, oder auf die Oberfläche der Sonne gebracht, so würde jeder Theil desselben stärker drücken, d. i. die Intensität der Schwere würde zunehmen. Hiebey ist Intensität eben das, was man sonst beschleunigende Kraft nennt, s. Kraft, beschleunigende.

Wenn man die Oberfläche und Länge eines isolirten Leiters vergrößert, so wird er dadurch in Stand gesetzt, aus andern elektrisirten Körpern, oder aus der Maschine, mehr Elektricität, als vorher, anzunehmen und wieder zu entlassen. Man erhält aus ihm stärkere Funken u. s. w.; aber diese Verstärkung der Wirkungen, welche blos von Vergrößerung der wirkenden Fläche abhängt, ist keine Verstärkung der Intensität. Wird aber ein Leiter, ohne Vergrößerung seiner Länge und Fläche, in Stand gesetzt, weit mehr Elektricität, als sonst, anzunehmen, ohne daß sie eine merkliche Wirkung äussern kan, wie z. B. bey der Ladung der Leidner Flasche, beym Condensator der Elektricität, so sagt man: die Intensität sey geschwächt. Bey der Entladung, Aufhebung des Deckels vom Condensator u. s. w. werden die Ursachen, welche vorher die Intensität schwächten, aufgehoben, das natürliche Vermögen zu wirken, kehrt zurück, und es erfolgen nunmehr desto stärkere Wirkungen.

Von entgegengesetzten Kräften, welche auf einerley Masse oder Raum wirken, schwächt eine jede der andern Intensität. Werden sie von einander getrennt, so kehren ihre Intensitäten unvermindert zurück, und äussern die ihrer Größe gemäßen Wirkungen.

Jovilabium, f. Nebenplaneten.

Irrlichter, Irrwische, Ignes fatui, Ambulones, *Feux follets.* Flammen oder Lichter von verschiedenen Größen, die man nicht weit vom Boden, vornemlich über sumpfigen Orten, Mooren, Kirchhöfen, Schindangern u. dgl. in der Luft schweben und sich hin und her bewegen sieht. Bisweilen erscheinen deren zwey, drey oder noch mehrere zugleich. Am öftersten werden sie in den warmen Ländern im Sommer und zu Anfange des Herbsts, gleich nach Sonnenuntergange gesehen. Die gewöhnlichen haben die Größe einer Lichtflamme; die größern heißen Irwische, und sollen in der Gegend um Bologna, wo sie überhaupt, wie in verschiedenen Gegenden von Spanien und Aethiopien, sehr häufig sind, bisweilen eine Höhe von 12 Fuß erreichen.

Es ist sonderbar, daß wir von den Irrlichtern, deren doch so oft gedacht wird, noch keine genauere Beschreibungen und Untersuchungen haben. Dechales (Mund. mathemat. To. IV.) erzählt zwar, **Robert Fludd** habe ein

Irrlicht verfolgt, zu Boden geschlagen, und eine schleimig=
te Materie, wie Froschleich gefunden. Derham (Philos.
Trans. Vol. XXXVI. no. 411.) führt an, er sey auf eines
zugegangen, das um eine modernde Distel zu hüpfen ge=
schienen, es sey aber vor ihm geflohen; und nach Beccari
und Hanov (Physica dogmatica To. II p. 233.) soll
ein Irrlicht eine italiänische Meile weit vor einem Reisen=
den hergegangen seyn. Wenn es wahr ist, was man hier=
aus gefolgert und so oft nachgeschrieben hat, daß diese
Lichter vor dem Verfolger fliehen und dem Fliehenden nach=
folgen, so läst es sich leicht aus der Bewegung der Luft er=
klären. Man hat auch gesagt, daß sie vor dem Fluchen=
den fliehen und sich dem Betenden nähern. Auch dies
würde daraus zu erklären seyn, daß jener die Luft mit Hef=
tigkeit von sich stößt, dieser aber mehr an sich ziehet. Der
Aberglaube macht aus diesen Lichtern abgeschiedene Seelen
oder böse Geister, welche die Reisenden irre führen, und
selbst einige Physiker, z. B. Cardan (De varietate re=
rum L. XIV. c. 69) und Sennert (Epitome natur.
scient. Amst. 1651. 12. L. II. c. 2.) sprechen nicht vernünf=
tiger davon.

Man kan bey diesem Mangel an guten Beobachtungen
nichts weiter, als Muthmaßungen, über die Natur und
Ursache der Irrlichter vorbringen. Vielleicht entstehen
sie, oder einige Arten von ihnen, durch einen bey der Fäul=
niß erzeugten natürlichen Phosphorus, so wie bekanntlich
faule Fische, faules Fleisch, faules Holz u. dgl. im Dun=
keln leuchten (*Newtoni* Optic. L. III. qu. 10).

Vielleicht können leuchtende Insekten, entweder einzeln
oder in ganzen Klumpen, zu Zeiten dergleichen Erscheinun=
gen nachahmen, ob es gleich unwahrscheinlich ist, daß nach
Willoughby, Ray und Vallisneri (Opp. To. I.
p. 85.) alle Irrlichter von leuchtenden Insekten herrühren
sollten.

Es ist auch möglich, daß an diesem Phänomen die
Elektricität zuweilen einigen Antheil haben kan; wenig=
stens ist die Erscheinung selbst dem St. Elmusfeuer oder
elektrischen Wetterlichte an den Spitzen der Körper (s.

Wetterlicht) nicht unähnlich, und unterscheidet sich blos durch ihre Beweglichkeit. Eine höchst merkwürdige hiehergehörige Begebenheit, welche gewiß elektrisch war, erzählt Herr von Trebra (Beyträge zu den elektrischen Erscheinungen, im teutschen Merkur, October 1783.). Am 5ten September 1783 Abends um 10 Uhr erschien zu Zellerfeld ein Schein einer rothen Gluth am Himmel, der bald stärker, bald schwächer und blässer ward, und nach einigen Minuten wieder aufhörte. Bald darauf schoßen wieder von Abend her matte Flammen, wie beym Norblichte, nur weit tiefer in der Atmosphäre, auf, die immer lichter wurden und näher kamen, bis augenblicklich Hrn. v. Tr. ganzes Haus und alles um ihn her völlig hell ward. So flammte es einige Minuten, wie ein stehenbleibender Blitz, und zog dann in eine weitere Entfernung von etwa 500 Schritten hin, wo es so lange stand, daß er es hinlänglich beobachten konnte. Nahe an der Erde war das mehreste Licht, das sich ziemlich, wenigstens bis zum orangefarbnen, röthete. Sein Umfang mochte etwa 20 Schritte seyn, und auf diesem war alles so äusserst hell, daß man Kleinigkeiten auch in der Entfernung sehen zu können sich beredete. Von diesem Punkte aus stralte das immer schwächere gelbe, bis endlich, in noch mehr Entfernung von seinem Mittelpunkte an der Erde, ganz weisse Licht, mit bogenförmiger Erweiterung des Umfangs in die Höhe, und erleuchtete den herumstehenden dünnen Nebel zwar bis auf eine ziemliche Entfernung von der Erde, aber doch nicht ganz durch: denn oben drüber war wieder düstre Dunkelheit. So stand dieser lichtflammende Schweif ein paar Minuten lang, dann rückte er schwingend in Abwechselung mit Dunkel weiter gegen Mittag hin, und zog, nachdem er auch hier einige Minuten gestanden hatte, in große Entfernung auf den Fleck, wo man ihn zuerst als ein Zeichen eines entfernten Feuers beobachtet hatte. Hier verschwand das Meteor, blickte aber nach einer halben Stunde wieder auf, und setzte dieses Spiel bis gegen 1 Uhr Nachts fort. Am Tage vorher war das Barometer sehr stark gefallen, und die Witterung kalt und regnicht gewesen.

Selbst während der Erscheinung regnete es, und der Wind gieng mäßig aus Abend. Reimarus (Vom Blitze, §. 100 und 168.) hält die Irrlichter und Irrwische darum nicht für elektrisch, weil ihr Licht zu matt sey: auf das eben beschriebene Meteor aber läßt sich dieser Schluß nicht anwenden.

Volta (Lettere sull'aria inflammabile nativa delle paludi, Como, 1776. 8.) erklärt die Irrlichter für Erscheinungen der aus sumpfigen Orten aufsteigenden brennbaren oder Sumpfluft, welche durch ihre Vermischung mit atmosphärischer Luft einer Entzündung fähig wird, und bey vielen Versuchen, durch den elektrischen Funken entzündet, eine bläuliche Flamme giebt, welche dem Scheine der Irrlichter ziemlich ähnlich ist, s. Gas, brennbares. Dieser Erklärung, welche bey vielen Physikern Beyfall gefunden hat, steht nur das entgegen, daß die Irrlichter blos zu leuchten, nicht wirklich zu brennen scheinen, und daß man sich Blitze oder elektrische Funken hinzudenken muß, welche die aus den Sümpfen emporsteigenden Ströme von Gas entzünden. Mir bleibt es daher allemal wahrscheinlicher, daß die gewöhnlichen Irrlichter Wirkungen einer durch die Fäulniß erzeugten phosphorescirenden Materie sind. Vielleicht werden einst genauere Beobachtungen dieses Meteors selbst, und Untersuchungen über die phosphorescirenden Gasarten (s. Gas, phosphorisches) mehr Licht über diesen noch sehr dunkeln Gegenstand verbreiten.

Die brennenden Irrwische, welche Musschenbroek (Introd. ad philos. nat. To. II. §. 2508.) unter dem Namen Ambulones incendiarii anführt, dergleichen nach dem Tacitus (Annal. L. XIII,) ehedem in der Gegend von Lüttich, und nach neuern Nachrichten in Holstein, Frankreich und Italien, Häuser angezündet und Verwüstungen angerichtet haben sollen, gehören nicht hieher, und sind allem Ansehen nach Erdbrände oder Ausbrüche eines unterirdischen Feuers gewesen.

van Musschenbroek Introd. in philos. nat. To. II. §. 2507.

Erxleben Anfangsgr. der Naturlehre, §. 757.

Irrſterne, ſ. Planeten.

Irrwiſche, ſ. Irrlichter.

Iſochroniſch, Iſochrona, *Iſochrones*. Dieſen Namen giebt man Wirkungen, welche von gleich langer Dauer ſind, oder in gleich langen Zeiten erfolgen. So ſind die Schwingungen eines Pendels iſochroniſch, wenn das Pendel ſelbſt einerley Länge behält, und die Bogen, durch die es ſchwingt, gleich groß bleiben. Dieſe Eigenſchaft der Wirkungen oder Erſcheinungen heißt ihr **Iſochroniſmus**.

Unter iſochroniſch = paracentriſchen Linien verſteht man in der höhern Mechanik diejenigen Curven, in welchen ein Körper, von einer gegebnen Kraft getrieben, ſich einem gegebnen Punkte in gleichen Zeiten gleich viel nähert, oder von demſelben entfernt. Für die freye Centralbewegung iſt die hyperboliſche Spirallinie eine ſolche Curve, in welcher ein Körper läuft, wenn ſich die Centripetalkraft verkehrt, wie der Würfel der Entfernung vom Mittelpunkte, der Kräfte verhält. Leibnitz (Act. Erud. Lipſ. 1689. p. 195) hat die Fragen von dieſen Linien zuerſt in die Mechanik eingeführt, nachdem er ſie ſchon 1687 dem Abt Catelan, einem Vertheidiger der carteſianiſchen Phyſik, aufgegeben hatte. Sie heiſſen auch Curvae acceſſus et receſſus aequabilis, und Euler handelt von ihnen im zweyten Theile ſeiner Mechanik (Prop. 28—30.).

Iſoliren, Inſulare, Corporibus idioelectricis circumdare, *Iſoler*. Einen Körper iſoliren, heißt, ihn mit lauter Nicht = leitern der Elektricität umringen, und von allen leitenden Verbindungen mit dem Erdboden ausſchließen. Da die reine und trockne Luft ein Nicht = leiter iſt, ſo iſt ein in ihr ſchwebender Körper, z. B. eine Pflaumfeder, ſchon an ſich iſolirt. Eine Metallſtange, die in reiner und trockner Luft an ſeidnen Schnüren hängt, auf einem gläſernen Fuße ſteht, u. dgl. iſt iſolirt, weil ſie nichts als Luft und Seide oder Glas, mithin lauter Nicht = leiter, berührt. So wird ein Menſch iſolirt, wenn er ſich auf einen Harz= oder Pechkuchen stellet. In feuchter mit Dünsten angefüllter Luft kan man keinen Körper gehörig isoliren, daher auch in ihr die elektrischen Versuche sehr schlecht von statten gehen.

Die Absicht des Isolirens ist, zu verhüten, daß der Körper die Elektricität, die er schon hat, oder die man ihm erst mittheilen will, nicht weiter abgebe, welches geschehen würde, wenn er mit mehrern Leitern, und durch diese mit der Erde zusammenhienge. Daher muß z. B. der erste Leiter oder Hauptconductor, in welchem man die durch eine Maschine erregte Elektricität sammlen will, jederzeit isolirt seyn. Wenn man einem Menschen, z. B. einem Kranken, Elektricität mittheilen will, so muß man ihn vorher isoliren.

Zu mehrerer Bequemlichkeit beym Isoliren dienen die isolirenden Stative oder Sessel (Insulatoria, Isoloirs). Dazu gebraucht man Fußbrete mit Glasfüßen, Pech= oder Harzkuchen (*gâteaux électriques*), Stative, welche auf Glassäulen oder Siegellackstangen stehen, Sessel von gedörrtem und in heissem Oel getränktem Holz u. dgl. Im Nothfall kan das erste beste, was zur Hand ist, z. B. eine Trinkglas, ein Porcellantasse u. dgl. zum Isoliren der darauf gestellten Körper dienen. Die Hauptleiter der Elektrisirmaschinen werden gewöhnlich auf Glasfüße gestellt, oder in seidnen Schnüren aufgehangen. Um Menschen zu isoliren, ließ Nollet auch Schuhe von gedörrtem und in Oel gesottenem Holze anziehen, welche dazu sehr gute Dienste thaten. Alle diese zum Isoliren bestimmten Geräthschaften müssen sehr trocken gehalten werden, weil alle anhängende Feuchtigkeit leitet, und daher ihrer Absicht entgegen ist. Man thut also wohl, wenn man die gläsernen Theile des Apparats mit einer Siegellackauflösung in Weingeist bestreicht, wodurch sie sich nicht nur rein und trocken erhalten, sondern zugleich ein gutes Ansehen bekommen.

Gewisse Absichten bey den elektrischen Versuchen erfordern, daß man nicht isolire, oder daß die Isolirung, wenn sie schon veranstaltet ist, wieder aufgehoben werde. Eine

Flasche z. B., welche man laden will, darf nicht isolirt seyn. Wenn eine Glasmaschine den Conductor stark positiv elektrisiren soll, so darf das Küssen nicht isolirt seyn, u. s. w. Um nun eine vorher veranstaltete Isolirung sogleich aufzuheben, darf man nur eine metallne Kette von dünnem Drath um den Körper schlingen, und ihr Ende auf den Fußboden fallen lassen. So wird der Körper durch eine leitende Verbindung mit dem Fußboden, welcher stets Feuchtigkeit genug hat, und durch diesen mit den übrigen Theilen des Gebäudes und mit der Erde selbst, verbunden. Um die Isolirung wieder herzustellen, ist nichts weiter nöthig, als die Kette entweder ganz abzunehmen, oder nur zu verhindern, daß ihr Ende den Boden und andere Leiter nicht mehr berühre.

Julianisches Jahr, s. Jahr.
Julianischer Kalender, s. Kalender.
Julianische Periode, s. Periode.

Jupiter, Iupiter, *Jupiter*. Diesen Namen führt einer von den sechs Sternen, welche ihren Stand unter den Firsternen täglich verändern, und deswegen Irrsterne oder Planeten heissen, s. Planeten. Jupiter ist unter diesen Sternen, nächst der Venus, der hellste und glänzendste, scheint mit einem weißen lebhaften Lichte, und fällt besonders, wenn er der Sonne gegenüber steht, und um Mitternacht durch den Mittagskreis geht, wegen seiner Größe und seines Glanzes sehr prächtig in die Augen. Unter den Firsternen rückt er, wie alle übrige Planeten, von Abend gegen Morgen so fort, daß er, wenn er bey der Sonne steht, am schnellsten forteilt, wenn er aber derselben fast gegenüber gesehen wird, still steht, und endlich über 120 Tage lang zurückgeht. Mit diesen Abwechselungen seines scheinbaren Laufs vollendet er endlich den Umlauf um den ganzen Himmel ohngefähr in zwölf Jahren. Von diesem scheinbaren Umlaufe aber ist seine wahre Bewegung sehr weit unterschieden.

Nach dem, was die theorische Astronomie von dem Laufe der Himmelskörper lehrt, ist Jupiter einer von den

obern Planeten, welche von der Sonne weiter, als die
Erde, entfernt sind, und deren Bahnen die Erdbahn umschließen. Er ist in der Ordnung, von der Sonne aus-
gerechnet, der fünfte Planet, und seine Bahn fällt zwischen
die Bahnen des Mars und Saturns. Sie ist, wie alle
Planetenbahnen, elliptisch, und ihre Ebne macht mit der
Ebne der Erdbahn einen Winkel von $1° 19' 26''$.

Die Eccentricität der Jupitersbahn ist indeß nicht sehr
beträchtlich. Sein größter Abstand von der Sonne verhält sich zum kleinsten etwa, wie 11 zu 10. In seinem
mittlern Abstande ist er von der Sonne 5,201 mal weiter,
als die Erde, entfernt. Will man also mit ohngefähren
Vorstellungen zufrieden seyn, so kan man die Bahn des
Jupiters als einen Kreis ansehen, dessen Halbmesser fünfmal größer ist, als der Halbmesser der Erdbahn.

Diese Bahn durchläuft der Planet in 4330 Tagen,
8 Stunden, 58 Min. 27 Sec. oder in ohngefähr 11 Jahren $315\frac{1}{3}$ Tagen, so, daß er im Durchschnitt genommen,
jährlich $30° 20' 31''$ und täglich $4' 59'', 16'''$ seines Kreises
zurücklegt. Nimmt man hiezu die Größe dieses Kreises,
so läßt sich berechnen, daß er in jeder Zeitsecunde 3 Stunden Weges durchläuft.

Aus den Bewegungen seiner Flecken oder Streifen hat
Cassini geschlossen, daß er sich binnen 9 Stunden 56 Min.
um seine Axe drehet, wobey sein Aequator mit der Ebne
seiner Bahn um die Sonne einen Winkel von $3°$ macht.
Diese schnelle Umdrehung bey seiner beträchtlichen Größe,
wobey jeder Punkt seines Aequators in einer Zeitsecunde
6550 Toisen durchläuft, hat ihm eine starke Abplattung gegeben, welche durch gute Fernröhre in die Augen fällt.
Aus Short's Beobachtungen giebt de la Lande (Astr.
L. XX. 3221.) das Verhältniß der Axe zum Durchmesser
des Aequators, wie 13:14 an.

Sein scheinbarer Durchmesser beträgt in der Erdnähe,
wenn er der Sonne gegenüber steht, $40''$ in den mittlern Weiten
aber nur etwa $37''$. In derjenigen Entfernung, in welcher
sich die Erde von der Sonne befindet, würde er 5,201mal
größer, d. i. $3' 13'', 7$ groß, erscheinen. In eben dieser Wei-

te aber erscheint der Durchmesser der Sonne 31′57″, d. i. fast 10mal größer. Man kan hieraus schließen, daß Jupiter im Durchmesser fast 10mal kleiner, als die Sonne, mithin ohngefehr 11¼mal größer, als die Erde sey.

Sein körperlicher Raum ist demnach 1479mal so groß, als der Jnbegrif der Erdkugel. Aus Schlüßen, deren Grund bey dem Worte: Gravitation erklärt worden ist, findet man, daß die Körper in gleicher Entfernung 340mal stärker gegen den Jupiter gravitiren, als gegen die Erde, und daß er also 340mal mehr Masse, als letztere, hat. Mithin ist seine Dichte nur $\frac{340}{1479}$ oder etwa $\frac{23}{100}$ von der Dichtigkeit der Erde, und die schweren Körper fallen auf seiner Oberfläche in einer Secunde durch $\frac{340}{11{,}25^2}$. 15 d. i. ohngefähr durch 40 Fuß.

Wenn man den mittlern Abstand der Erde von der Sonne (welcher etwa 12000 Erdduchmesser beträgt) in 1000 Theile theilt, so ist Jupiter in der Sonnennähe um 4950, und in der Sonnenferne um 5452 solcher Theile von der Sonne entfernt. Sein kleinster Abstand von uns findet statt, wenn er der Sonne entgegengesetzt, zugleich in der Sonnennähe, die Erde aber in der Sonnenferne ist; alsdann beträgt dieser Abstand 4950 — 1017 = 3933 solcher Theile. Sein größter Abstand hingegen ist, wenn er bey der Sonne gesehen wird, und in der Sonnenferne, die Erde aber auch in der Sonnenferne ist; dieser Abstand beträgt 5452 + 1017 = 6469 Theile, wovon jeder 12 Erdduchmesser enthält. Jupiters kleinster Abstand von uns verhält sich also zum größten fast wie 40: 65, d. i. wie 8 zu 13, daher auch sein Durchmesser bald größer, bald kleiner scheint.

Sein mittlerer Abstand macht 5201 Theile, oder 62412 Erdduchmesser aus.

Da Jupiter von außen um die Erdbahn umläuft, also nie zwischen die Sonne und Erde kömmt, auch allezeit viel weiter von uns absteht, als die Sonne, so wendet er niemals einen Theil seiner dunkeln Seite gegen uns, und man kan an seiner Scheibe kein Ab= und Zunehmen bemerken.

Dennoch beweisen andere Erscheinungen, z. B. die Verfinsterungen seiner Monden, deutlich, daß er an sich ein dunkler Körper sey, und blos von der Sonne erleuchtet werde.

Den Jupiter begleiten vier kleine um ihn laufende Sterne, welche seine Trabanten (Satellites Jovis) oder Monden genannt werden, s. Nebenplaneten.

Die Fernröhre zeigen auf der Oberfläche dieses Planeten Streifen oder Banden (Fascias) von veränderlicher Gestalt und Lage. Sie sind mehrentheils mit einander, und mit dem Aequator der Umdrehung gleichlaufend. Ihre Anzahl ist unbestimmt; man hat ihrer zuweilen acht, zuweilen nur einen einzigen gesehen. Gewöhnlich zeigen sich drey Streifen, wovon der eine, den man immer sieht, etwas breiter ist, als die übrigen. Dieser Streif geht durch die nördliche Helfte der Jupitersscheibe, ganz nahe am Durchmesser hin. Die Veränderungen dieser Streifen sind vornämlich von Cassini und Maraldi (Anciens mémoires de l'Acad. des Sc. To. II. p. 104. To. X. p. 1. 513. 707. Mém. de l'Acad. 1699, 1708, 1714.) sehr sorgfältig beobachtet worden. Neuerlich hat sie Herr Oberamtmann Schröter in Lilienthal bey Bremen (Beyträge zu den neusten astronom. Entdeckungen, herausg. von Bode, Berlin, 1788. 8.) durch ein 7füßiges Herschelsches Teleskop mit 140 — 210 facher Vergrößerung beobachtet. Er hält sie für abwechselnde Verdickungen und Aufheiterungen in der Atmosphäre des Jupiters, welche sich aus einem beständigen Zuge in derselben erklären lassen. Ihre Umdrehungsperiode ist veränderlich, und fällt zwischen die Grenzen von 7 St. 7 Min. und 9 St. 56 Min. Sie verändern also ihre Stellung gegen die Oberfläche des Jupiters, und gehen schneller fort, wenn der erwähnte Zug in seiner Atmosphäre stärker ist. Ausser diesen Streifen sieht man auch dunkle und helle Flecken auf der Scheibe des Jupiters.

Die Astronomen bezeichnen diesen Planeten mit ♃.

Bode kurzgefaßte Erläuterung der Sternkunde rc. Berlin, 1778. 8. an mehreren Stellen.

Jupitersmonden, s. Nebenplaneten.

K.

Kälte, Frigus', _Froid._ Kälte nennen wir einen geringen Grad der freyen oder fühlbaren Wärme, oder auch die Empfindung, welche in uns entsteht, wenn wir Körper berühren, die weniger solche Wärme enthalten, als unser eigner Körper, und die daher dem letztern etwas von seiner Wärme entziehen, s. **Wärme.** Es ergiebt sich hieraus, daß der Begrif von Kälte blos relativ sey, und daß wir einen Körper nur in Vergleichung mit andern wärmern kalt nennen. So ist das Eis in unsern Ländern kalt in Vergleichung mit dem noch flüßigen Wasser oder mit der Temperatur des menschlichen Körpers: hingegen ist es warm in Vergleichung mit dem Eise der Polarländer. So scheint uns oft die Luft nach schwülen Sommertagen durch ein Gewitter sehr abgekühlt, ob sie gleich noch eine Temperatur hat, die wir sehr warm finden würden, wenn wir sie mitten im Winter fühlten.

Da wir die Ursache der Wärme in einer eignen Materie suchen, s. **Feuer,** so ist es sehr natürlich, die Kälte für eine Wirkung des Mangels und der Entziehung dieser Materie oder der vorher wirksamen fühlbaren Wärme zu erklären. Hieraus lassen sich auch alle Erscheinungen begreiflich machen, ohne daß man nöthig hat, mit der Schule des Gassendi die Kälte für etwas positives anzunehmen, und von einer eignen kaltmachenden Materie herzuleiten, von deren Daseyn wir keine Erfahrungen haben, und die man, wenn sie zu Erklärung des Gefrierens unentbehrlich wäre, eben sowohl auch zu Erklärung des Erhärtens geschmolzner Metalle nöthig haben müste.

Die gänzliche Beraubung aller Wärme würde Körper in einen Zustand versetzen, den man die absolute Kälte nennen könnte. In der Natur ist ein solcher Zustand nicht anzutreffen, weil die immer vorhandene freye Wärme sich durch alle Körper mit einer gewissen Gleichförmigkeit zu verbreiten strebt, s. **Wärme.**

Die Wirkungen der Kälte sind den Wirkungen der Wärme entgegengesetzt. So, wie diese die Körper aus-

dehnt, und bey einem bestimmten Grade ihrer Stärke in
den flüßigen Zustand versetzt; so bewirkt dagegen die Kälte
Zusammenziehung des Volumens, und verwandlet flüßige
Körper in feste Massen, s. Thermometer, Gefrierung.
Feste Körper, selbst die härtesten, z. B. Metalle, Steine, sogar der Diamant, werden durch die Kälte in einen
engern Raum zusammengezogen. Dem Wasser und vielen andern Liquoren widerfährt eben dieses, bis zu dem
Punkte ihrer Gefrierung; sobald sie aber diesem nahe kommen, weichen sie auf einmal von der Regel ab, und dehnen sich, indem sie fest werden, sehr merklich aus. Diese
Ausdehnung aber scheint mehr eine Folge gewisser begleiten-
den Umstände, als eine unmittelbare Wirkung der Kälte
zu seyn, s. Gefrierung. Oele, Fettigkeiten, Wachs und
geschmolzene Metalle werden durch die Kälte, selbst beym
Gestehen, noch zusammen gezogen: nur das Eisen macht
eine Ausnahme, indem es sich während seines Ueberganges
aus dem flüßigen Zustand in den festen ausdehnet, welches
auch der Schwefel und das rohe Spießglas thun, dagegen
sich das Quecksilber beym Gefrieren auf einmal ungemein
stark zusammenzieht.

Die Dämpfe, oder die vom Feuer aufgelößten flüßigen Materien, werden durch die Kälte oder Entziehung des
Feuers verdichtet, und in ihrer vorigen tropfbaren Form
niedergeschlagen, in welcher sie auch, wenn die Kälte dazu
hinreichend ist, gefrieren: die Gasarten hingegen werden
durch die Kälte zwar in engere Räume zusammen gezogen,
nie aber ihrer elastischen Form beraubt, und eben dies ist
das Hauptkennzeichen, wodurch sich diese beständig elastischen Materien von den Dämpfen unterscheiden.

Kälte wird, der oben gegebnen Erklärung gemäß, durch
jede Verminderung der freyen Wärme hervorgebracht, es
mag nun diese Verminderung durch Abwesenheit oder
Schwächung der Wärme erregenden Ursachen, oder durch
Bindung der freyen Wärme, oder endlich durch Mittheilung derselben an andere Körper entstehen. So macht die
Abwesenheit oder das schiefere Auffallen der Sonnenstralen
die Luft und die Erde in der Nacht kälter, als am Tage,

im Winter kälter, als im Sommer; so entsteht durch
Bindung oder Verwendung freyer Wärme eine oft sehr beträchtliche Kälte bey gewissen Auflösungen, Ausdünstungen u. dgl.; so wird durch Mittheilung seiner Wärme ein
Körper abgekühlt, wenn ihn andere kältere berühren oder
umgeben. Durch diese Mittel entsteht Kälte entweder ohne
Zuthun der Menschen, oder durch geflissentliche Veranstaltungen; worauf die Eintheilung der Kälte in natürliche
und künstliche beruht. Da von der letztern der folgende
Artikel handlen wird, so ist hier nur noch etwas weniges
von der natürlichen Kälte hinzuzusetzen.

Viele Länder und Gegenden sind ihrer Lage wegen weit
kälter als andere, die mit ihnen unter einerley geographischen Breite liegen, und also den Sonnenstralen in gleichem
Maaße ausgesetzt sind. Ueberhaupt ist ein Ort desto kälter, je höher er über der Meeresfläche liegt; daher denn
selbst in Peru, mitten in der heißen Zone, die Gipfel vieler Berge mit beständigem Schnee und Eis bedeckt bleiben.
Man erklärte sonst diese kältere Temperatur hoher Orte daraus, daß sich die dünnere Luft daselbst nicht stark erwärmen
ließe, und daß der größte Theil der Wärme von den von der
Erdfläche zurückgeworfenen Sonnenstralen herrührte, welche die höhern Gegenden des Luftkreises nur in geringer
Menge erreichten. Aber Herr de Lüc (Briefe über die
Gesch. der Erde Th. II. S. 491. u. f.) zeigt aus Beobachtungen des Herrn Pictet in Genf, daß die Wärme des
Erdbodens, und die Reflexion der Sonnenstralen sehr
wenig Einfluß auf die Wärme der Luft haben, daß vielmehr
die Einwirkung der Sonnenstralen auf die Luft nicht allein
von der Dichte der Luft, sondern auch von der Natur der
Luftschichten und von der Menge der Feuermaterie, die sie
enthalten, abhänge; weil z. B. die untere Luft, wenn sie
viel Dünste in sich hält, sich unter gleichen Umständen
stärker erwärmen läst, als wenn sie rein ist. Dennoch leitet Kirwan (An Estimate of the temperature of different latitudes. London, 1787. 8.) den größten Theil der
Wärme des Luftkreises von der Berührung und Mittheilung des Erdbodens her, wobey die Kälte auf den Bergen

desto begreiflicher wird, da die Sonne jede Seite der Berge nur wenige Stunden lang und mit sehr schief auffallenden Stralen bescheint, auch die hervorgebrachte Wärme sich an den Bergspitzen, welche von allen Seiten her mit Luft umringt sind, weit schneller, als im platten Lande, zerstreut. Starke und weit ausgebreitete Waldungen machen die Länder vorzüglich kalt, weil das Eis wegen der vielen Schatten später aufthauet. Auch die Winde haben einen merklichen Einfluß auf die Kälte der Luft, wenn sie, wie bey uns die Nordwinde, Luft aus kältern Erdstrichen in unsere Gegenden überführen.

Die stärksten Grade der Kälte in unsern Ländern erstrecken sich nicht sehr weit unter die Null des fahrenheitischen Thermometers (— 15 Grad nach Reaumür). In dem sehr harten Winter des Jahres 1740 war der tiefste Stand des Thermometers zu Wittenberg — 10 Grad, und zu Danzig — 12⅔ Gr. nach Fahrenheit. Weit stärkere Grade der Kälte findet man in Sibirien zum Theil an Orten, deren geographische Breite nicht viel größer ist, als die für unsere Länder. Folgende Beyspiele hievon sind aus der in Erxlebens Anfangsgründen der Naturlehre §. 761 befindlichen Tabelle genommen.

Ort	Nördl. Breite	Zeit der Beob.	Fahrenh. Grade
Kirinskoi-Ostrog in Sibirien	57° 47′	1737, 8 Dec.	— 112
- - -	- -	1738, 20 Jan.	— 118
Torneå in Lappland	65° 51′	1737 - -	— 42⅔
- - -	- -	1760 5 Jan.	— 130
Tomsk in Sibirien	- - -	1735. - -	— 138½
Kirenga	- - -	1738. - -	— 150
Yeniseisk	- - -	1735, 16 Jan.	— 157

Ich kan jedoch nicht umhin, zu bemerken, daß fast alle diese Beobachtungen verdächtig sind, weil sie den neusten Entdeckungen zufolge den wahren Gefrierpunkt des

Yy

Quecksilbers übersteigen, wobey dieses Metall aufhört ein
richtiges Maaß für die Unterschiede der Temperatur zu seyn,
und weit stärkerzusammen gezogen wird, als seinem regel=
mäßigen Gange nach geschehen sollte, s. (Befrierung.
Nach Hutchins Beobachtungen in der Hudsonsbay sank
das Weingeistthermometer nie unter — 46°, wenn auch die
Quecksilberthermometer — 300 bis fast — 500° zeigten.

Man wird übrigens noch vieles hieher gehörige unter
den Artikeln: Eis, Frost, (Befrierung, Klima, Wär=
me, antreffen.

Kälte, künstliche, Frigus artificiale, factitium,

Froid artificiel. Man kan zwar diesen Namen einer jeden
durch Menschen veranstalteten Abkühlung oder Entziehung
der Wärme beylegen: er wird aber insgemein nur von den=
jenigen Erkältungen gebraucht, die man durch Auflösungen
oder Vermischungen gewisser Substanzen, ingleichen durch
Ausdünstung, hervorbringt.

Wenn man Kochsalz, Salpeter oder Salmiak in einer
hinreichenden Menge Wasser auflöset, so wird das Gemisch
während der Auflösung merklich kälter, und ein hineinge=
setztes Thermometer sinkt bis unter den Gefrierpunkt, wenn
das Wasser schon vorher kalt genug war. Nach Reaumur's
Versuchen (Mém. de l'acad. roy. des sc. 1734.) erkältete
ein Pfund Salz in 3-4 Pinten Wasser geschüttet, das letz=
tere um 4·6 reaumürische Grade. Die Auflösung selbst
gefrieret nicht, wenn gleich ihre Temperatur unter dem
Eispunkte steht: setzt man aber ein gläsernes Gefäß mit
reinem Wasser in dieselbe, so kan man letzteres, wenn es
schon an sich kalt ist, gar leicht zum Gefrieren bringen.
Diese Kälte aber verliert sich wieder, wenn das Salz völlig
aufgelößt ist.

Weit stärker ist die Wirkung, wenn man diese Salze
mit Schnee oder geschabtem Eise vermischet. Dabey zer=
schmelzt zwar das Eis zu Wasser, worinn sich das Salz
auflößt, es entsteht aber zugleich eine so beträchtliche Erkäl=
tung, daß man auf diese Art das in die Mischung gesetzte
reine Wasser, selbst im Sommer, und sogar über-dem

Feuer, in Eis verwandlen kan. Diese Erscheinungen sind
schon von Boyle untersucht, und mit vielen Erfahrungen
bestätiget worden. Nach Reaumür brachten 2 Theile
Kochsalz mit 4 Theilen geschabten Eises, selbst in den wärmsten Tagen, das Weingeistthermometer auf — 15°; Salmiak und Salpeter auf — 13° und — 11°, Steinsalz (Sal
gemmae) und Potasche auf 17°. Fahrenheit nahm die
durch Schnee und Salmiak hervorgebrachte Kälte zum festen Punkte seines Thermometers an. Aber auch diese
Kälte dauret nur so lang, als die Auflösung währet.

Die höchsten Grade der künstlichen Kälte werden hervorgebracht, wenn man Eis oder Schnee mit den aus den
Salzen gezognen sauren Geistern vermischt. Salpetergeist,
der schon bis zum Eispunkte erkältet ist, auf doppelt soviel
(dem Gewichte nach) Eis oder Schnee gegossen, treibt
das Thermometer sehr schnell auf — 19°. Erkältet man
aber die zu mischenden Materien vorher stärker, so werden
sie bey der Vermischung selbst eine noch weit größere Erkältung bewirken. Durch dieses Mittel trieb Fahrenheit
die künstliche Kälte bis zu — 40° seines Thermometers
(s. *Boerhave* Elem. Chym. de igne, Exp. IV. Coroll. 3.),
und die petersburgischen Akademisten bedienten sich desselben zu Hervorbringung der Kälte, bey welcher sie das
Quecksilber zuerst gefrieren sahen. Nach den neuesten hierüber angestellten Versuchen (An account of experiments
made by Mr. *Iohn M'Nab* at Henley-House, Hudsons-
Bay relating to freezing mixtures, by *Henry Cavendish*.
London, 1786. 4.) bewirkt die Vitriolsäure die gröste
Kälte; nächstdem der rauchende Salpetergeist, gemeines
Kochsalz und Salmiak; der reine Salpeter aber im geringsten Grade. Wird der Schnee der concentrirtesten
Salpetersäure sehr allmählig beygemischt, so entsteht an-
fänglich allemal eine Wärme, ehe die Kälte erfolgt. Eine
diluirte Salpetersäure aber giebt, auch allmählig mit dem
Schnee verbunden, sogleich Kälte.

Auch geistige Liquoren schmelzen Eis und Schnee, wenn
sie darauf gegossen werden, und erzeugen dabey eine künstliche Kälte. Eben dies thun die flüchtig alkalischen, z. B.

der Salmiakgeist rc. Die Oele schmelzen zwar das Eis;
aber da sie sich nicht mit dem daraus entstehenden Wasser
vermischen, so erzeugen sie auch dabey keine neue Kälte.
Hierüber haben schon (Geoffroy (Mém. de l'acad. des sc.
1727. 1728.) und Musschenbroek (Experimenta varia
circa mixturas cum aqua, spiritu vini, aqua forti etc.
instituta in den Tentam. Acad. del Cimento, Lugd. Bat.
1731. 4.) viele Versuche bekannt gemacht. Auch Auflösungen von Laugensalzen in Säuren, z. B. von 2 Theilen
Salmiak in 3 Theilen Vitriolsäure, geben Kälte. Es
brauset zwar die Mischung auf, und sendet warme Dämpfe aus, in denen das Thermometer um einige Grade steigt.
Setzt man aber die Kugel des Thermometers in die brausende Mischung selbst, so fällt es fast um eben so viel Grade tiefer.

Die Grundlage zu allen Versuchen dieser Art gab
Boyle's vortrefliche Schrift über die Kälte (Hist.|experi-
mentalis de Frigore. Lond. 1665. 4.), worinn er schon die
Wirkungen der Salze und sauren Geister beym Schmelzen
des Eises und Schnees bekannt machte. Bald darauf zeigte er in einer andern Schrift (A new frigorific experiment
etc. in Philos. Trans. no. 15.) daß sich auch durch bloße
Auflösung des Salmiaks im Wasser eine sehr beträchtliche
Kälte hervorbringen lasse. Fahrenheit erfand 1729 die
Methode, nach einer schon vorhergegangenen Erkältung
des gestoßenen Eises durch neuen hinzugegoßnen Salpetergeist die Kälte noch mehr zu verstärken; Reaumüer bestimmte endlich die hervorgebrachten Grade der Kälte selbst,
wozu es Boyle'n nur an einer bestimmten Eintheilung des
Thermometers gefehlt hatte.

Man hat zu Erklärung dieser Phänomene nicht nöthig, mit Ramazzini, Musschenbroek, Richmann
u. a. eine kaltmachende Materie in den Salzen anzunehmen,
da sich alles aus mehreren andern Vorstellungsarten herleiten läßt. Die Entstehung der Kälte rührt offenbar von
der Auflösung her. Ist das Eis und Salz so trocken, daß
bey der Mischung! nicht Feuchtigkeit genug vorhanden ist,
um das Salz aufzulösen, so entsteht auch keine größere

Kälte; nimmt man aber statt des trocknen Salzes Salz=
geist, so erhält man die Kälte augenblicklich. Auch dauert
dieselbe nur so lang, als Auflösung vorgeht; ist diese vor=
über, so nimmt das Gemisch almählig die Temperatur der
Luft wieder an. Aus diesem Grunde sagen diejenigen, wel=
che die Wärme blos für eine schwingende Bewegung halten,
es werde diese Bewegung durch die Auflösungen der Salze
geschwächt; andere erklären die Sache so, daß die Auflösung,
bey welcher sich die vermischten Materien aufs innigste
durchdringen, einen Theil des Elementarfeuers aus dem
Wasser treibe, daher auch die Luft um eine solche Auflösung
wärmer, als vorher, werde. Da aber bey weitem nicht
alle Auflösungen Kälte erregen, so ist wohl folgende Er=
klärung die natürlichste und wahrscheinlichste.

Bey gewissen Auflösungen, besonders solchen, welche
mit einer Schmelzung des Eises oder Schnees begleitet sind,
wird zu Bewirkung der Auflösung und zum Flüßigwerden
der vorher festen Körper, ein Theil Feuermaterie oder
Wärme erfordert. Dieser kan, so lang er hierauf verwen=
det wird, natürlich nichts weiter bewirken; folglich wird
mehr Wärme gebunden, oder es entsteht ein größerer
Mangel an wirksamem Feuer, an freyer Wärme, wel=
cher Mangel nichts anders, als Kälte selbst, ist. Es
entsteht dadurch gleichsam ein feuerleerer Raum, der sich
mit dem Feuer des Gefäßes und der benachbarten Körper
anfüllet, und dadurch das Fallen des Thermometers und
die Empfindung der Kälte in der Hand bewirkt. Geschieht
dieser Uebergang plötzlich, so kan dadurch selbst dem Queck=
silber mehr Feuer entzogen werden, als es nöthig hat, um
im flüßigen Zustande zu bleiben, zumal, wenn es schon
vorher, wie bey kalter Witterung, einen großen Theil sei=
nes Feuerwesens verloren hatte. Dagegen giebt es andere
Auflösungen, bey welchen Hitze entsteht, wenn nämlich das
Gemisch nicht mehr so viel Feuer binden kan, als die ver=
mischten Materien enthalten. Alles dieses beruht auf der
verschiedenen Verwandschaft der Körper mit dem Feuer;
daher es auch nicht befremden kan, daß z. B. Salpetergeist
mit Wasser vermischt, eine Wärme, hingegen, mit Schnee

vermifcht, Kälte hervorbringt.

Ein anderes Mittel, künſtliche Kälte zu erzeugen, iſt die Ausdünſtuug, zu deren Bewirkung ebenfalls Wärme, die vorher frey war, verwendet wird, ſ. Ausdünſtung (dieſes Wörterb. Th. I S. 212.), Erkalten. Ein Thermometer, in Waſſer eingetaucht und dann der freyen Luft ausgeſetzt, fällt ſo lange, bis das Waſſer ganz abgedunſtet iſt. Richmann (Tentamen explicandi phaeuomenon paradoxum, ſcilicet thermometro mercuriali ex aqua extracło mercurium in aëre aqua calidiori deſcendere et oſtendere temperiem minus calidam, ac aëris ambientis eſt, in Nov. Comm. Petrop. To. I. p. 290.) ſchreibt das erwähnte Phänomen den in der Luft ſchwebenden kaltmachenden Theilen zu, welche von dem an der Kugel des Thermometers hängenden Waſſerhäutchen angezogen würden, und von Mairan (Diſs. ſur la glace P. II. Sect. 2. cap. 8. 9.) ſucht es von der Bewegung dieſes Waſſerhäutchens durch die Luft herzuleiten. Cullen (Von der Kälte, die durchs Ausdünſten flüßiger Sachen verurſacht worden, in den neuen Edinburgiſchen Verſ. Th. II. 1755.) iſt der erſte, der hiebey auf die Ausdünſtung geſehen hat; Baume (Sur le refroidiſſement que les liqueurs produiſent en ſ'evaporant in Mém. preſentés, To. V. p. 405 et 425.) und Cavallo (Experiments relating to the cold produced by evaporation of various fluids in Philoſ. Trans. Vol. LXXI. P. II.) haben hierüber die beſten Verſuche angeſtellt. Das Eintauchen in Vitriolaether, welcher an der Luft ſehr ſchnell verdünſtet, thut hiebey die ſchnellſte und ſtärkſte Wirkung. Cavallo brachte durch dieſes Mittel, mitten im Sommer, da das fahrenheitiſche Thermometer auf 64 Grad ſtand, daſſelbe in 2 Minuten bis auf 3 Grad, d. i. 29 Grad unter den Eispunkt herab. Bey dieſen Verſuchen war es ein höchſt merkwürdiger Umſtand, daß das Waſſer in einem auf dieſe Art behandleten Gefäß im Sommer oft erſt fror, wenn das in ſelbigem ſtehende Thermometer ſchon 15 Grad unter dem Eispunkte ſtand, im Winter hingegen ſchon bey 2 Graden darunter. Vielleicht kan bey einer ſo plötzlichen Erkältung derjenige Theil der Wärme, der die Flüßigkeit bewirkt, nicht so schnell von dem Körper losgemacht werden, daher die zu Bewirkung der Ausdünstung nöthige Wärme dem Queckſilber des Thermometers in ſtärkerm Maaße, als dem Waſſer, worinn jenes ſtehet, entzogen wird.

Nach Braun (Nov. Comm. Petrop. To. X. überſ. im neuen Hamburgiſchen Magazin, B. IV. S. 369. u. f.) und Achard (Beſchäftigungen der berliner naturforſch. Geſellſch. B. 1. S. 112. u. f.) iſt die Erkältung des Thermometers deſto größer, je geſchwinder die Verdünſtung iſt; in Oele und ſaure Spiritus getaucht, zeigt das Thermometer gar keine Erkältung, und in die letztern, wenn ſie ſtark ſind, vorzüglich in Vitrioloel, getaucht, fängt es in der Luft ſogar an zu ſteigen, weil dieſe Spiritus die Feuchtigkeit aus der Luft an ſich ziehen, und ſich damit erhitzen.

Unter der Glocke der Luftpumpe fällt das Thermometer, wenn man die Luft auszieht, um 2-3 Grad, kömmt aber bald wieder auf die Temperatur der Atmoſphäre zurück, und ſteigt, wenn man die äuſſere Luft wieder hinzuläſt, noch um 2-3 Grade höher. Setzt man unter die Glocke ein Gefäß mit Weingeiſt, und ſenkt die Kugel des Thermometers in denſelben ein, ſo fällt das Queckſilber beym Ausziehen der Luft um einige Grade, vorzüglich, wenn viel Luft aus dem Weingeiſte geht; wenn man alsdann das Thermometer heraus und in den obern Theil der Glocke aufzieht, ſo fällt es ſehr ſchnell um 8-9 Grade, offenbar darum, weil in der äuſſerſt verdünnten Luft die Ausdünſtung ſehr ſchnell und ſtark von ſtatten geht. Hieher gehört auch der im erſten Theile dieſes Wörterbuchs (S. 213.) erwähnte Verſuch des D. Franklin.

Das Anblaſen friſcher Luft befördert die Ausdünſtung, und vermehrt die dadurch erzeugte Kälte; daher ſich Herr Achard bey ſeinen neuſten Verſuchen über das Gefrieren des Queckſilbers nicht blos einer Kälte erregenden Miſchung bedient, ſondern auch die Wirkung derſelben durch die Ausdünſtung des Vitriolaethers verſtärkt, und durch beſtändiges Blaſen mit einem Blaſebalge befördert hat.

Erxleben Anfangsgr. der Naturl. durch Lichtenberg. Vierte Aufl. §. 493, 494 a.

Brisson Dict. raisonné de Physique, Art. *Refroidissement*.

Kalender, Calendarium, *Calendrier*. Eine durch die gesetzgebende Gewalt eingeführte Abtheilung der Zeit in Jahre, Monate und Tage, zum Gebrauch des bürgerlichen Lebens. Auch bedeutet das Wort Kalender ein Verzeichniß der Tage nach dieser Abtheilung (Hemerologium, Rationarium dierum), für ein gewisses Jahr, oder für mehrere Jahre, und hat seinen Ursprung von dem Namen Kalendae, welchen die Römer dem ersten Tage jedes Monats, wegen der an selbigem üblichen Ausrufung der Monatstage, beylegten.

Das natürlichste und erste Maaß der Zeit waren die Tage. Man muste aber bald das Bedürfniß fühlen, zu Vermeidung großer Zahlen und damit verbundner Irrungen, größere und aus mehrern Tagen bestehende Zeitmaaße zu gebrauchen. Ein solches gab zuerst der Wechsel des Monds, dessen Erscheinungen in 29 bis 30 Tagen wiederkehren. Man fieng also an, die Zeit nach Monden zu zählen (wie dies einige amerikanische Völker noch jetzt thun), bis man an dem Wechsel der Jahrszeiten und der Witterung, ein Zeitmaaß entdeckte, das für die Bedürfniße des Feldbaus und der Viehzucht noch wichtiger war, und sich auf den in 360 und etlichen Tagen vollendeten Umlauf der Sonne gründete. Dieses ist bey den meisten bekannten Völkern unter dem Namen des Jahres eingeführt worden, s. die Artikel: Tag, Monat, Jahr.

Die Verbindung dieser Zeitmaaße mit einander macht den Kalender aus, welcher seine gegenwärtige Vollkommenheit und Uebereinstimmung mit dem Himmelslaufe erst spät, und nach mancherley Abwechselungen, erhalten hat. Ich werde in diesem Artikel blos die Geschichte des griechischen, julianischen, gregorianischen und verbesserten Kalenders vortragen, und dann eine kurze Erklärung der dazu gehörigen Rechnung beyfügen.

Indeß die Egyptier ihren Kalender blos nach der Sonne, die Araber hingegen nach dem Monde einrichteten, suchten die Griechen zufolge eines Orakelspruchs (f. *Gemini* Ifagoge Aftron. c. 6.) die Bewegungen beyder Himmelskörper zu vereinigen, eine Abficht, mit der fich ihre Aftronomen viele Jahrhunderte befchäftiget haben. Sie fetzten anfänglich das Jahr 12½ Monaten gleich, und liessen dem zufolge Jahre von 12 und von 13 Monaten abwechfeln. Solon, der den großen Fehler diefer Zeitrechnung bemerkte, nahm den Monat zu 29½ Tagen an, und wechfelte durchgängig mit Monaten von 29 und von 30 Tagen. So war das Jahr ziemlich übereinftimmend mit dem Mondlaufe. Um es nun auch mit der Sonne zu vereinigen, erfand Cleoftrates von Tenedos (f. *Cenforinus* de die natali c. 18.) nicht lange nach den Zeiten des Thales die Octaeteride oder Periode von acht Jahren. Diefe beftand darinn, daß man unter jeden 8 auf einander folgenden Jahren, dem 3ten, 5ten und 8ten einen Monat von 30 Tagen mehr, und alfo 13 Monate gab. Hierdurch erhielt diefe Periode 2922 Tage und 99 Monate, welcher Zeitraum 8 Sonnenjahren (zu 365¼ Tag) genau gleich ift, von 99 Mondwechfeln aber, (welche 2923½ Tag ausmachen) um 1½ Tage abweicht. Man machte, um diefem Fehler abzuhelfen, einige nicht ganz glückliche Aenderungen, welche fo viel Verwirrung in den Kalender brachten, daß Ariftophanes an einigen Stellen feiner Wolken fehr bitter darüber fpottet. Diana, die Göttin des Monds, beklagt fich, daß man nicht mehr auf ihren Lauf achte, und daß die Götter an einem beftimmten Tage, anftatt ein herrliches Opferfeft in Athen zu genießen, mit leerem Munde nach dem Olymp hätten zurückgehen müffen. Cenforin erzählt eine große Menge von Vorfchlägen, durch welche Harpalus, Nauteles, Mnefiftratus, Philolaus, Oenopides u. a. diefer Unordnung vergebens abzuhelfen fuchten. Die meiften diefer Vorfchläge fehen fo fehlerhaft aus, daß Scaliger (De emendatione temporum. Parif. 1602. fol.) ihre Urheber der gröbften Unwiffenheit befchuldiget: der P. Petau aber (Doctrina temporum. Parif. 1627. fol.) bemerkt defto befcheidner, daß wir zu wenig von der Befchaffenheit diefer

Vorschläge wissen, um gründlich darüber urtheilen zu können.

Endlich schlugen Meton und Euctemon die so berühmt gewordene Enneadekaeteride oder Periode von 19 Jahren vor, unter welchen 12 von 12, und 7 von 13 Monaten waren, so daß dieser ganze Zeitraum aus 235 Monaten bestand. Die Zahl der Tage änderte Meton so ab, daß unter diesen 235 Monaten 125 aus 30, 110 aus 29 Tagen bestanden, und die ganze Periode 6940 Tage enthielt, s. Jahr. Durch dieses Mittel ward der Lauf der Sonne und des Mondes sehr glücklich vereiniget, indem 19 Sonnenjahre 6939 Tage 18 St., und 235 Mondwechsel 6939 T. 16 St. 20 Min. ausmachen. Diese Periode ward von den Griechen im 433sten Jahre vor C. G. am 16ten Jul., 19 Tage nach dem Sommersolstitium angenommen. Sie fieng mit dem Neumonde an, der diesen Tag um 7 Uhr 43 Min. Abends einfiel, und ihr erster Tag ward vom Untergange der Sonne an diesem Tage gerechnet. Diesen Anfang wählte Meton wegen der olympischen Spiele, welche im ersten Monate nach dem Sommersolstitium gehalten werden mußten. Er stellte zu Athen eine Tafel auf, welche die Ordnung und Gründe seiner Zeitrechnung erklärte, und der allgemeine Beyfall, den diese Erfindung in ganz Griechenland erhielt, veranlassete, daß man der Zahl, welche jedes Jahr in der Reihe der 19 einnahm, die Benennung der güldenen Zahl beylegte. Dieser metonianische Mondcykel ist selbst noch in unserm Kalender bey der cyklischen Berechnung der Neumonde brauchbar, s. Epakten.

Dennoch ist derselbe gegen 19 Jahre um 6 Stunden und gegen 235 Mondwechsel um 7⅕ Stunden zu lang, daher ihn Kallippus schon 102 Jahre darauf verbesserte. Dieser Astronom nahm vier Mondcykel oder 76 Jahre zusammen, und ließ von einem derselben einen Tag hinweg. So traf diese neue Periode von 27759 Tagen mit 76 Sonnenjahren von 365¼ Tagen genau überein, und war gegen 940 Mondwechsel nur noch um 6⅘ Stunden (genauer nur 5 St. 53 Min.) zu lang. Diese kallippische Periode ward im 331sten Jahre vor C. G. im siebenten Jahre der sechsten metonianischen Periode eingeführt. Die griechischen Astronomen haben ihre Beobachtungen nach dieser Zeitrechnung angegeben, und sie stimmt mit dem bey uns angenommenen Mondcykel völlig überein. Dennoch ist die Abweichung vom Sonnenlaufe, ob sie sich gleich in der ganzen Periode aufhebt, in einzelnen Jahren derselben sehr beträchtlich. Das erste Jahr z. B. hat nur 354 Tage, und ist gegen den Sonnenlauf um 11 Tage zu kurz. Mithin fängt das zwote Jahr 11 Tage zu früh an, und wird die Nachtgleiche erst den 31sten März haben, wenn dieselbe im ersten Jahre auf den 20sten März fiel. Das dritte Jahr hat sie noch 11 Tage später; durch den am Ende desselben eingeschalteten Monat aber wird sie wieder um 19 Tage vorwärts auf den 23sten März gebracht u. s. w., daß also der Anfang der Jahrszeiten nie einen festen Standpunkt hat, und erst nach 76 Jahren genau wieder auf den vorigen Tag zurück kömmt.

Bey den Römern hatte **Romulus** anfänglich ein Jahr von 304 Tagen eingeführt, und in 10 Monate abgetheilt, deren vier aus 31, sechs aus 30 Tagen bestanden. (*Macrob. Saturn. L. I. cap. 14.*). Da aber dies weder mit der Sonne, noch mit dem Monde übereinstimmt, so setzte **Numa** noch 50 Tage hinzu, nahm auch, der ungeraden Zahl halber, der man eine gute Vorbedeutung beylegte, jedem der sechs Monate von 30 Tagen, einen Tag ab, und vertheilte diese 56 Tage zu gleichen Theilen unter zween neue Monate von 28 Tagen, welche die Namen Januar und Februar erhielten. Endlich setzte er, ebenfalls der ungeraden Zahl halber, dem Jahre selbst noch einen Tag zu, der dem Januar beygelegt wurde, so daß der einzige den Gottheiten der Unterwelt (*Diis inferis*) heilige Februar eine gerade Anzahl von Tagen, nemlich 28 behielt. Dieses Jahr von 355 Tagen enthielt nun etwas über 12 Mondwechsel, und sollte durch Einschaltungen mit dem Sonnenlaufe übereinstimmend gemacht werden. Man wählte dazu die Methode der Griechen, in 8 Jahren 90 Tage einzuschalten, wobey man Schaltjahre und gemeine Jahre, und Einschaltungen von 22 und 23 Tagen abwechseln ließ. Diese Octaeteride der Griechen aber setzt ein Jahr von 354 Tagen voraus, daher der römische Kalender in jeder Periode 8 Tage zu viel hatte, mithin allezeit in der dritten Periode statt 90 nur 66 Tage oder dreymal 22 Tage einschaltete. Diese Einschaltung geschahe im Februar, als im letzten Monate des damaligen Jahres, und zwar nach dem 23sten Tage desselben, wenn das Fest der Terminalien vorüber war. Weil man es aber für eine üble Vorbedeutung hielt, wenn die Nundinae auf den ersten Tag im Jahre oder auf die Nonen fielen, so ward es den Priestern überlassen, zu Vermeidung dieses Umstands die Einschaltungen nach Gefallen abzuändern. Diese höchst unvollkommne Einrichtung brachte mit der Zeit den Kalender in gänzliche Unordnung. Aus Aberglauben unterließ man bisweilen das Einschalten gänzlich, und in den letztern Zeiten der Republik mißbrauchten die Priester ihre Freyheit (intercalandi licentiam, *Macrob.*) um Zahltage, Gerichtstermine und Antrittszeiten der Aemter nach Bedürfniß und Staatsabsichten zu beschleunigen oder hinauszuschieben. Daher erwähnt Cicero (Epist. ad Atticum X. 17.) der Nachtgleiche in einem Briefe, welcher mitten im May (des Jahres 704 nach Erbauung Roms) geschrieben ist.

Als Julius Cäsar die Dictatur und das Pontificat überkommen hatte, berief er, um diesen Unordnungen abzuhelfen, den griechischen Astronomen Sosigenes nach Rom, und führte mit dessen und des M. Fabius Beyhülfe im Jahre 707 nach Erbauung Roms die Zeitrechnung ein, welche von ihm den Namen des julianischen Kalenders erhalten hat. Um die Nachtgleiche wieder in den März zu bringen, wurden zwischen den November und December des gedachten Jahres noch zween Monate eingeschaltet, so daß dieses Jahr (annus confusionis), welches der Ordnung nach ein Schaltjahr von 378 Tagen hätte seyn sollen, dadurch 452 Tage erhielt. Für die Zukunft ward das bey der kallippischen Periode zum Grunde liegende Sonnenjahr von 365¼ Tagen, oder das julianische Jahr, eingeführt, den Monaten die noch jetzt übliche Anzahl von Tagen gegeben, die Einschaltung ganzer Monate gänzlich aufgehoben, und wegen des über 365 volle

Tage noch überschießenden ¼ Tages, in jedem vierten Jahre nach dem 23sten Februar einen Schalttag einzuschieben,
verordnet. Dieser bloß auf den Sonnenlauf gegründeten
Zeitrechnung, welche h. z. T. unter dem Namen des alten
Kalenders oder alten Styls bekannt ist, hat sich das
römische Reich bis zu seinem Untergange, und die christ-
liche Kirche im Occident bis zum Jahre 1582 n. C. G.
unverändert bedienet; die orientalische Kirche behält dieselbe noch bis jetzt bey.

Im christlichen Kalender aber muste wegen des Oster-
feſts, nach welchem ſich die übrigen beweglichen Feſte richten, auch einige Rückſicht auf den Mondlauf genommen werden. Die Juden feyerten das Pascha am 14ten Tage des
Monats Niſan, deſſen Vollmond auf den Tag der Nachtgleiche oder zunächſt darnach fiel. Die Kirche behielt dieſe
Beſtimmung des Monats bey, ſetzte aber den Tag auf
einen Sonntag; und da einige Kirchen in den erſten Jahrhunderten n. C. G. das Oſterfeſt, wenn der Vollmond
auf einen Sonntag fiel, am Vollmondstage ſelbſt, alſo
zugleich mit den Juden, feyerten, ſo verbot dies das Concilium zu Nicäa unter der Regierung Conſtantins des
Großen, im J. 325 n. C. G. Der Tradition nach befahl es
zugleich, den folgenden Sonntag für Oſtern zu rechnen, und
ſetzte alſo den Oſtertag auf den nächſten Sonntag nach demjenigen Vollmonde, welcher zunächſt auf den 21 März (als
den damaligen Tag der Nachtgleiche) folgen würde. Dadurch ward es nothwendig, die Vollmonde voraus zu berechnen, und leichte Methoden dazu zum Gebrauch der
Geiſtlichen anzugeben.

Hiezu hatten ſchon vor der Kirchenverſammlung zu
Nicäa einige Biſchöfe Vorſchläge gethan; vorzüglich war
durch Euſebius von Cäſarea der metonianiſche Cykel
oder Mondscirkel von 19 Jahren empfohlen worden, welchen auch, wie man durchgängig angenommen hat, das
Concilium beſtätigt, und ſeinen Gebrauch zur Berechnung
des Oſterfeſtes vergeſchrieben haben ſoll, ſ. Cykel, Epakten. Man ſetzte nemlich voraus, daß nach 19 julianiſchen
Jahren die Neumonde genau wieder auf dieſelben Monats-

tage fielen, und daß man daher durch Beyschreibung der
güldenen Zahl zu den Tagen des Kalenders, auf welche die
Neumonde in den erſten 19 Jahren gefallen waren, dieſe
Neumonde für alle folgende Jahre richtig wiederfinden
und das Oſterfeſt dadurch leicht beſtimmen könne. Eigentlich aber trug das Concilium dem Patriarchen von Alexandrien, deſſen Diöces wegen des alexandriniſchen Muſeums
die gelehrteſten Aſtronomen haben ſollte, auf, die Oſter-
vollmonde zu prüfen, und den richtigen Tag derſelben dem
römiſchen Biſchofe anzuzeigen. Allein es ſind dieſe Anzeigen völlig vernachläßiget, alle Oſterfeſte nach der unvollkommnen cykliſchen Rechnung beſtimmt, und daher ſehr
viele wider die vermeinte Diſpoſition des Conciliums theils
zu früh, theils zu ſpät, geſeyert worden.

Mit der Zeit wurden die Fehler dieſes mit dem julianiſchen Jahre combinirten Mondcykels merklicher. Da das
angenommene Jahr ſelbſt um 11 Min. zu lang iſt, ſo muſte
die Zeit der Nachtgleiche jährlich um 11 Min. gegen den
Anfang des Jahres zurückrücken, welches in 400 Jahren
3 Tage beträgt. Daher war ſie im ſechszehnten Jahrhunderte, ſeit dem J. 325, vom 21 März bis zum 10ten fort-
gerückt. Da ferner 19 julianiſche Jahre um 1 St. 32
Min. länger ſind, als 235 Mondwechſel, welches in $312\frac{1}{2}$
Jahren einen Tag, und in 1250 Jahren vier Tage beträgt,
ſo muſten die Neumonde im ſechszehnten Jahrhunderte vier
Tage früher, als zur Zeit des Conciliums, fallen. So
würde nach und nach der Winter in den September, und
der Vollmond auf die Tage gerückt ſeyn, für welche die
beygeſchriebne güldne Zahl Neumond anzeigte.

Schon Beda hatte um das Jahr 700 das Fortrücken
der Nachtgleiche bemerkt, welches damals ſchon drey Tage
betrug. Im dreyzehnten Jahrhunderte ſchrieb Johann
von Sacrobofco ſein Buch: De anni ratione, und Roger Bacon rieth, das Jahr ſo zu ändern, daß die Nachtgleichen, wie im Anfange der chriſtlichen Zeitrechnung,
auf den 25 März und September fielen. Im funfzehnten
Jahrhunderte gaben Peter d' Ailly (de Alliaco) auf dem
coſtnitzer und der Cardinal von Cuſa auf dem lateranenſi-

schen Concilium Verbesserungsvorschläge ein. Sirtus IV.
trug im Jahre 1474 die Sache dem Regiomontan auf,
den er in dieser Absicht zum Bischof von Regenspurg er-
nannte, dessen frühzeitiger Tod aber alles unterbrach. Der
bessere Fortgang der Astronomie im sechszehnten Jahrhunderte veranlassete eine große Anzahl Schriften hierüber von
Angelus, Stöfler, Dighi, Schoner, Gauricus
u. a. Paul von Middelburg, Bischof von Fossembrün,
berechnete die Neumonde für die 3000 ersten Jahre der
christlichen Zeitrechnung astronomisch, und Egnaz Dante errichtete den berühmten Gnomon in der Petroniuskirche
zu Bologna blos in der Absicht, um das Vorrücken des
Tages der Nachtgleiche jedermann sinnlich zu machen.

Endlich führte Gregor XIII, der seinen Pontificat
durch etwas Hervorstechendes auszeichnen wollte, diesen
längst gewünschten Vorschlag wirklich aus. Der Plan
hiezu war von Aloys Lilt, einem Arzte aus Verona, entworfen, und ward nach dem plötzlichen Tode seines Urhebers dem Pabste von dessen Bruder Anton Lili überreicht.
Es ward zu diesem Geschäfte eine eigne Congregation von
Prälaten und Gelehrten niedergesetzt, wovon der Cardinal
Sirleti, der Patriarch von Antiochien, Christoph Clavius, Anton Lili, Egnaz Dante u. a. Mitglieder
waren. Im Jahre 1577 sandte man Abgeordnete an alle
katholische Regenten, die den Plan mit Lob und Beyfall
aufnahmen, so daß sich der Pabst im Stande sahe, im
März 1582 durch ein Breve den alten Kalender abzuschaf-
fen, und den sogenannten neuen Styl oder gregorianischen Kalender einzuführen, dessen Beschaffenheit nunmehr zu erklären ist.

Zuförderst wurden aus dem October des 1582sten Jahres 10 Tage hinweggelassen; indem man nach dem 4ten
sogleich den 15ten zählte, damit die Nachtgleiche des folgenden Jahres wieder den 21 März fallen möchte. Zugleich
ward die Dauer des Sonnenjahres 365 T. 5 St. 49. Min.
12 Sec. angenommen, und (weil dies vom julianischen
Jahre um 10⅘ Min. , oder in 400 Jahren um 3 Tage abweicht) festgesetzt, in Zukunft unter vier auf einanderfol-

genden Secularjahren, welche nach dem julianischen Kalender allezeit Schaltjahre seyn sollten, nur ein einziges ein Schaltjahr seyn zu lassen. So ist unter den vier Jahren 1600, 1700, 1800, 1900 nur das erste ein Schaltjahr gewesen; die übrigen drey werden gemeine Jahre u. s. f. Durch dieses Mittel werden aus dem julianischen Kalender aller 400 Jahre drey Schalttage hinweggelassen, welches das Fortrücken des Tags der Nachtgleichen verhindert. Ist gleich nach den neusten Bestimmungen das Sonnenjahr noch 27 Sec. kürzer, als man es hiebey angenommen hat, so rückt doch dieses Fehlers wegen die Nachtgleiche erst nach 3200 Jahren um einen Tag, und man wird alsdann einmal vier Secularjahre nach einander sämmtlich zu gemeinen Jahren machen müssen.

Um nun diese Jahresrechnung mit dem Mondlaufe zu verbinden, verwarf Lili das Beyschreiben der güldnen Zahlen zu den Tagen des Kalenders gänzlich, und führte dagegen den Gebrauch der Epakten ein, so wie derselbe bey dem Worte: Epakten (Th. I. S. 850 u. f.) beschrieben worden ist. Das Jahr 1787 z. B. hat die güldne Zahl II, und die Epakte XI. Die kirchlichen Neumonde desselben fallen daher auf diejenigen Tage, welche im julianischen Kalender mit II, im gregorianischen aber mit XI bezeichnet sind, d. i. auf d. 20 Jan., 18 Febr., 20 März u. s. w. Beydes thut nun zwar gleiche Dienste, so lange der Cykel überhaupt zutrift; aber die nöthigen Veränderungen lassen sich bey den Epakten leichter und ordentlicher, als bey den güldnen Zahlen, anbringen.

Der metonianische Mondcykel nemlich ist in 312½ Jahren um einen Tag zu lang; es fällt also der Neumond nach dieser Zeit um einen Tag früher, und das Alter des Monds am ersten Jänner, d. i. die Epakte, vergrößert sich um 1. Nimmt man hiebey die reguläre julianische Einschaltung an, so dienen die Epakten *, XI, XXII, III, XIV ꝛc. 300 Jahre lang für die Jahre, welche I, II, III, IV, V ꝛc. zur güldnen Zahl haben; hernach muß man für eben diese Jahre I, XII, XXIII, IV, XV ꝛc., und wieder nach 300 Jahren II, XIII, XXIV, V, XVI ꝛc. brauchen. Da aber der gregorianische Kalender in 400 Jahren drey Tage hinwegläßt, so wird diese Verschiebung der Epakten dadurch folgendergestalt verändert. Der im Jahre 1582 zum Grunde gelegte Cykel war I, XII, XXIII, IV, XV ꝛc. Er würde 300 Jahre dauren, wenn alle Secularjahre Schaltjahre blieben; da nun 1600 ein Schaltjahr blieb, so galt er durch das ganze vorige Jahrhundert. Im Jahre 1700 blieb ein Tag hinweg, dadurch rückten die Neumonde einen Tag weiter, und die Epakte muste um 1 vermindert werden. Daher ist der Cykel für das gegenwärtige Jahrhundert *, XI, XXII, III, XIV ꝛc. Am Ende dieses Jahrhunderts sollte er um 1 zunehmen, weil seit 1500, 300 Jahre verflossen sind; da aber in diesem Jahre der Schalttag wiederum wegfällt, so tritt der Cykel dadurch wieder in seine vorige Stelle und gilt ungeändert bis 1900. Alsdann fällt der Schalttag wieder hinweg, und der Epaktencykel wird XXIX, X, XXI, II ꝛc.; das Jahr 2000 bleibt ein Schaltjahr und ändert nichts; 2100 sollte der Cykel wegen der wieder abgelaufenen 300 Jahre um 1 steigen, wegen des weggelassenen Schalttags aber fällt er auch um 1, und bleibt wieder ungeändert, bis er sich endlich 2200 in XXVIII, IX, XX, I ꝛc. verwandlet. Um dies nicht für alle Jahrhunderte wiederholen zu dürfen, gab Lili zwo Tabellen an, in welchen man den Cykel für jedes Jahrhundert durch blosses Aufschlagen findet, und die in den meisten chronologischen Handbüchern unter den Namen der Epaktentafel und Epaktengleichung vorkommen. So ist zwar das Jahr nicht selbst nach dem Mondlaufe geordnet; es ist aber doch sehr leicht, die Tage der Neumonde, wenigstens der kirchlichen zu finden, welche inzwischen mit den wahren oder astronomischen nicht richtig übereinstimmen.

Nächst Lili hatte an diesen Einrichtungen Clavius den meisten Antheil. Er muste die zu Prüfung des Plans nöthigen Rechnungen führen, das ganze Verbesserungsgeschäft der Nachwelt erklären, und die Kritiken der Gegner beantworten, unter welchen sich Mösilin, Scaliger und Vieta am meisten auszeichneten. Dies gab die Veranlassung zu seinem schönen chronologischen Werke (De calenda.

Zz

rio Gregoriano, Romae, 1603. fol. und in *Chph. Clavii*
Opp. mathemat. Mogunt. 1612. fol. To. V.). Die
Hauptfehler, welche man dem gregorianischen Kalender
mit Grunde vorwarf, sind 1.) daß bey dieser Einschal=
tungsform die Nachtgleiche ·noch immer vom 21 März auf
den 20ſten und 19ten übergeht, besonders in denjenigen
Schaltjahren, welche vor dem erſten gemeinen Secular=
jahre vorhergehen, wie 1696 u. ſ. f. 2.) daß man bey der
Verbeſſerung des Mondcykels nur drey Tage Vorrücken
der Neumonde ſeit dem Nicäniſchen Concilium angenom=
men hat, da doch daſſelbe, wie jedermann eingeſtehen muß,
bis auf vier Tage gegangen iſt; daher denn die aſtrono=
miſchen Neumonde einen ganzen Tag, und oft noch drüber,
vor den kirchlichen vorhergehen. Clavius entſchuldigt
zwar den letztern Fehler mit der Abſicht, dadurch zu verhü=
ten, daß der 14te Tag des kirchlichen Mondalters nie vor
den aſtronomiſchen Vollmond fallen und alſo Oſtern vor dem
wahren Vollmonde gefeyert werden möchte; allein es bleibt
demohngeachtet eine offenbare Abweichung von den Verord=
nungen, welche die Congregation im Jahre 1580 einhellig
feſtſetzte, wie auch Caſſini (Mém. de l'Acad. des ſc. 1702.)
eingeſteht.

Die proteſtantiſchen Staaten nahmen dieſe von Rom
aus veranſtaltete Kalenderverbeſſerung nicht an. Man
darf ſie deswegen eben nicht, wie Wolf thut, eines unge=
gründeten Eifers beſchuldigen. Wenn ſie gleich das fehler=
hafte der alten Einrichtungen eben ſowohl einſahen, ſo
konnten ſie doch abgeneigt ſeyn, Verbeſſerungen, die an
ſich ſelbſt entbehrlich waren, auf Befehl einer Gewalt, der
ſie nicht mehr gehorchten, anzunehmen, zumal da die Ver=
beſſerung ſelbſt wegen des Gebrauchs der Epakten noch
keine aſtronomiſche Richtigkeit gewährte. Dieſe Verſchie=
denheit veranlaßte die Namen des alten und neuen Styls.
Endlich bewog die Beſchwerlichkeit des Gebrauchs von zweyer=
ley Kalendern bey Glaubensgenoſſen, die unter einander
wohnten und ſtets Geſchäfte mit einander hatten, die evan=
geliſchen Stände des teutſchen Reichs, im Jahre 1700 den
verbeſſerten Kalender einzuführen. Man ließ in die=

fer Abficht in gedachtem Jahre die zehn letzten Tage des Februars zugleich mit dem in felbiges Jahr nach dem alten Styl einfallenden Schalttage hinweg, so daß auf den 18ten Febr. sogleich der erste März folgte, und die Tage nunmehr mit dem neuen Styl übereinstimmten. Die Einschaltung ward eben so, wie im gregorianischen Kalender, eingerichtet; in Abficht auf den Mondlauf und das Osterfest aber ward die cyklische Festrechnung (computus ecclefiasticus) verworfen, und dagegen vorgeschrieben, den Ostervollmond nach Keplers rudolphinischen Tafeln für den Mittagskreis von Uranienburg, wo Tycho beobachtet hat, zu berechnen, den Tag, auf welchen dieser Vollmond fällt, von Mitternacht an gerechnet, für die Ostergrenze (terminum paschalem) zu nehmen, und den nächsten Sonntag darauf das Osterfest zu feyern.

Diese astronomische Rechnung kan von der cyklischen um einen Tag abweichen, und wenn der Ostervollmond innerhalb Sonnabends und Sonntags fällt, in Feyrung des Osterfests eine Woche Unterschied verursachen. Ein solcher Fall trat schon 1724 ein, da der Ostervollmond nach den rudolphinischen Tafeln und für den Meridian von Uranienburg d. 8 April um 4 Uhr Nachmitt. einfiel. Dieser Tag war ein Sonnabend, folglich Ostern der Protestanten Sonntags darauf den 9 April. Die cyklische Rechnung hingegen gab den Ostervollmond Sonntags den 9 Apr.; mithin die Ostern der Katholiken erst den 16 April (*Müller*, de ratione computandi Paschatos exemplo anni 1724. illustrata. Altorf. 1723. 4.). Eben dies ereignete sich im Jahre 1744, da Ostern bey den Protestanten auf den 29 März, bey den Katholiken auf den 5 April fiel. Im Jahre 1778 fiel das gregorianische Osterfest den 19 April; nach der astronomischen Rechnung eigentlich auf den 12ten, ward aber, weil es da mit dem Pascha der Juden zusammenkam, durch einen eignen Schluß der evangelischen Stände auf den 19ten verlegt. (*Borz* de die paschatos anni 1778. Lipf. 1775. 4. und De Paschate anni 1778 Iudaico, Lipf. 1776. 4.). Alle diese Weitläuftigkeiten sind über eine Anordnung entstanden, die man nicht einmal für den

Schluß eines ökumenischen Conciliums ausgeben kan. Denn in den Acten der Nicänischen Kirchenversammlung findet sich darüber nichts, als ein Synodalbrief der versammleten Geistlichen, welcher enthält, daß das Osterfest nicht mit den Juden, aber von der ganzen Christenheit an einem Tage gefeyert werden soll (*Walch* Decreti Nicaeni de Paschate explicatio in Comm. Nov. Gotting. ann. 1769. 1770.). Daher wünschte Joh. Bernoulli (Opp. To. IV. n. 188. p. 497.) man möchte Ostern den ersten Sonntag nach der Nachtgleiche, und *Ernesti* (De festo paschatos, Lipf. 1777. 4.) man möchte es den Sonntag nach dem 25 März feyern.

Endlich haben sich die evangelischen Stände nach dem Inhalte eines von Wien den 7 Jun. 1776. datirten kayserlichen Patents, entschlossen, den neuen Styl unter dem Namen eines allgemeinen Reichskalenders völlig beyzutreten, und das Fest der Auferstehung jederzeit mit den Katholischen zugleich zu feyern. England hatte schon 1752, und Schweden 1753 den verbesserten Kalender angenommen, daß also der alte Styl unter den christlichen Völkern in Europa nur noch in Rußland üblich ist.

Ein Beyspiel der Kalenderberechnung nach dem allgemeinen oder gregorianischen Styl zu geben, will ich das Jahr 1788 wählen. Man hat für dasselbe vor allen andern den Sonnencirkel und Sonntagsbuchstaben, dann die güldne Zahl, die Epakten und den Ostervollmond zu suchen.

Vom Sonnencykel ist bereits beym Worte: Cykel geredet worden. Die dort gelehrte Rechnung giebt für 1788 die Zahl desselben 5. Hiemit ist nun der Sonntagsbuchstabe so verbunden. Man schreibt zu allen Tagen des Jahres der Reihe nach die sieben Buchstaben A, B, C, D, E, F, G, so daß der erste Jänner A, der zweyte Bu. s. w. neben sich hat, und wenn man einmal durch ist, von neuem mit A angefangen wird. Der Buchstabe, welcher auf diese Art die Sonntage des Jahres trift, heißt der Sonntagsbuchstabe (littera dominicalis) desselben. Der letzte December erhält dadurch wiederum A. Ist nun z. B. B der Sonntagsbuchstabe des Jahres gewesen, hat also A bey

den Sonnabenden gestanden, so ist der letzte December
ebenfalls ein Sonnabend, das folgende Jahr fängt mit
dem Sontage an, und da beym ersten Jänner desselben
wiederum A stehet, so ist A sein Sonntagsbuchstabe. Hieraus wird begreiflich, daß der Sonntagsbuchstabe von jedem
Jahre zum folgenden um eine Stelle, z. B. von B auf A,
von A auf G, von G auf F, u. s. w. zurücktritt. Im Schaltjahre werden der 23ste und 24ste Februar mit einerley Buchstaben, beyde mit E, bezeichnet. Solchergestalt bekömmt
der folgende Theil des Jahres einen andern Sonntagsbuchstaben, als der erste vor dem 23 Febr. fallende Theil hatte,
und es tritt der Sonntagsbuchstabe im Schaltjahre um
zwey Stellen zurück.   Folgende Tafel enthält die Sonntagsbuchstaben der 28 Jahre des julianischen Sonnencykels.

1. G, F,	5. B, A,	9. D, C,	13. F, E	17. A, G	21. C, B	25. E D
2. E,	6. G	10. B	14. D	18. F	22. A	26. C
3. D,	7. F	11. A	15. C	19. E	23. G	27. B
4. C,	8. E	12. G	16. B	20. D	24. F	28. A

Das 29 Jahr bekömmt wieder G, F, und fängt also
die Reihe von neuem an.   Dieser Tabelle zufolge sind die
julianischen Sonntagsbuchstaben für 1788, wo die
Zahl im Sonnencirkel 5 ist, B und A, der erste für die
Zeit vor dem Schalttage, der letzte für die nach demselben.

Durch die gregorianische Verbesserung änderte sich diese
Ordnung.   Bey Wegwerfung der zehn Tage aus dem October 1582 giengen 10 Buchstaben (d. i. eine ganze Reihe
von sieben, und noch drey darüber) verlohren, und der
Sonntagsbuchstabe muste daher um drey Stellen, d. i.
von G bis C, weiter rücken.   Im Jahre 1700 rückte er
durch die Weglassung des Schalttags noch um die vierte
Stelle, also von G bis D fort.   Hieraus ergiebt sich für
den gregorianischen Kalender folgende Tafel:

1. D, C	5. F, E	9. A, G	13. C, B	17. E, D	21. G, F	25. B, A
2. B	6. D	10. F	14. A	18. C	22. E	26. G
3. A	7. C	11. E	15. G	19. B	23. D	27. F
4. G	8. B	12. D	16. F	20. A	24. C	28. E.

Diese gilt bis 1800, wo durch neue Weglassung eines
Schalttages die Buchstaben wieder um eine Stelle weiter
rücken, und die Tafel für künftiges Jahrhundert mit E, D

anfängt. Für 1788, deſſen Zahl 5 iſt, ſind die gregoria=
niſchen Sonntagsbuchſtaben F, E. Der erſte Sonn=
tag dieſes Jahres fällt alſo auf den erſten mit F bezeichne=
ten Tag, d. i. auf den 6 Jan.; die folgenden auf den 13,
20, 27 Jan. 3, 10, 17, 24 Febr. Dieſer 24 Febr. iſt
zugleich der Schalttag, und bekömmt daher mit dem 23
Febr. einerley Buchſtaben E. Da er aber ein Sonntag
iſt, ſo wird E nunmehr Sonntagsbuchſtabe, und bleibt
dies bis zum Ende des Jahrs. Nunmehr kan man das
ganze Jahr leicht in die gehörigen Monate und Wochen ein=
theilen.

Wie man die güldene Zahl und die Epakte finde, iſt
bereits bey den Worten: Cykel und Epakte vorgetragen
worden. Für 1788 iſt die güldne Zahl III, und die
Epakte XXII. letzteres heißt: Die Neumonde fallen auf
die Tage, welche im gregorianiſchen Kalender mit XXII
bezeichnet ſind, d. i. auf den 9 Jan., 7 Febr., 9 März,
7 Apr. u. ſ. w. Es fängt alſo mit dem 9 März eine Luna=
tion an, deren 14ter Tag, oder der 22 März der erſte Voll=
mond nach der auf den 21 März fallenden Nachtgleiche iſt.
Dieſer 22 März iſt die Oſtergrenze (terminus paſchalis)
des Jahrs. Er führt im Kalender den Buchſtaben D bey
ſich, und weil der Sonntag in dieſem Theile des Jahres
1788 E hat, ſo iſt er ein Sonnabend; alſo der nächſtfol=
gende Sonntag, oder der 23 März der Oſtertag.

Wenn ſo das Oſterfeſt beſtimmt iſt, ordnen ſich die
übrigen beweglichen Feſte ſehr leicht nach demſelben.
Die neun vorhergehenden Sonntage, ſo wie die acht nach=
folgenden, führen beſondere Namen, die man in jedem
Kalender findet: die vier vor dem Weihnachtfeſte oder
25 Dec. vorhergehenden bekommen die Namen des erſten,
zweyten ꝛc. Advents: die nach dem Erſcheinungsfeſte wer=
den bis zu Septuageſimä, ſo wie die nach Trinitatis bis
zum erſten Advent nach der Ordnung der Zahlen fortge=
rechnet. Die unbeweglichen Feſte, welche jährlich auf
einerley Monatstage fallen, findet man ebenfalls in jedem
Kalender. Auſſer dem Verzeichniße der Tage mit beyge=
ſchriebenen Namen, wird den Kalendern noch eine Anzeige

der Cykeln, der Epakte und des Sonntagsbuchſtabens, der
Orte der Sonne und des Mondes nebſt der Stunde ihres
Auf= und Untergangs für jeden Tag, des Mondwechſels,
der Tage der Nachtgleichen und Sonnenwenden, der Son-
nen= und Mondfinſterniße u. ſ. w. nebſt andern nützlichen
Nachrichten beygefügt. Es war ſonſt gewöhnlich, die Kalender mit Anzeigen der Aſpekten, Wetterverkündigungen
und mancherley aſtrologiſchem Tand anzufüllen. Seit
einiger Zeit aber hat man angefangen, ſie vielmehr als
Mittel zu Ausbreitung nützlicher und angenehmer Kenntniße zu gebrauchen. In dem Leipziger verbeſſerten Kalender findet man für einen ſehr wohlfeilen Preiß viele brauchbare aſtronomiſche Angaben, und auſſer der gemeinen auch
die julianiſche, römiſche und jüdiſche Zeitrechnung.

Montucla hiſt. des mathematiques To. I. P. I. C. 3. §. 13.
P. III. C. 4. §. 11.

Käſtner Anfangsgr. der angew. Math., Chronologie an mehreren Stellen.

Kalk, Kalch, Calx, *Chaux.* Es giebt in der
Natur eine eigne Art von Erden und Steinen, welche fähig ſind, ſich durch die Wirkung des Feuers in das, was
man lebendigen Kalk nennt, verwandlen zu laſſen. In
ihrem natürlichen Zuſtande brauſen dieſe Erden und Steine (die rohe Kalkerde, Kalkſtein, Marmor, Kreide u.ſ.w.)
mit den Säuren, und es entwickelt ſich aus ihnen eine
große Menge fixer Luft oder Luftſäure. Sie ſcheinen den
chemiſchen Unterſuchungen nach, aus einer eignen Grund-
erde, ſ. Kalkerde, mit einer gewiſſen Menge Waſſer
und fixer Luft verbunden, zu beſtehen, und heißen roher Kalk.

Wenn man die kalkartigen Erden und Steine bis zum
Glühen erhitzt, und 12 — 15 Stunden lang in dieſem Grade der Hitze erhält, ſo verwandlen ſie ſich in eine lockere
zerreibliche Materie, welche ſich in den Säuren ohne Aufbrauſen, aber mit beträchtlicher Erhitzung und Aufwallung,
auflöſet, und einen ſehr ſcharfen brennenden Geſchmack hat.
Dieſe Materie heißt gebrannter, lebendiger oder un-

gelöschter Kalk (calx viva, calx pura *Bergm.*, *Chaux vive.*) Die Kalksteine verlieren bey dieser Verwandlung fast die Helfte von ihrem Gewichte.

Dieser lebendige Kalk ist ein wahres ätzendes fixes Laugensalz, das sich auch wirklich, obgleich mit einiger Schwierigkeit, im Wasser auflösen läst. Nach Bergmann (De acido äereo §. 11.) erfordert ein Theil Kalk 300 Theile, nach andern 680 Theile siedendes Wasser zur völligen Auflösung. Die Auflösung selbst heißt Kalkwasser (aqua calcis, *eau de chaux*). Wenn man dieses Kalkwasser von dem nicht aufgelöseten Kalke abgießt, so ist es völlig durchsichtig und farbenlos, hat einen eignen schrumpfenden alkalischen Geschmack, färbt die blauen Pflanzensäfte grün, und zeigt alle Eigenschaften eines aufgelößten Laugensalzes. In völlig gefüllten und verschlossenen Gefäßen bleibt das Kalkwasser unverändert. An der freyen Luft aber erzeugt sich auf der Oberfläche desselben ein Häutchen, der Kalkrahm (cremor calcis), das endlich zu Boden fällt, und einem neuen Häutchen Platz macht, bis zuletzt aller aufgelösete Kalk niedergeschlagen ist. Alsdann aber ist derselbe nicht mehr ätzend, brauset wieder mit den Säuren, und löset sich im Wasser nicht mehr auf; kurz, er ist nicht mehr lebendiger, sondern wiederum roher Kalk.

Eben dies geschieht, wenn man fixe Luft oder Luftsäure zu dem Kalkwasser bringt. Es wird davon sogleich trüb, und läst rohen Kalk fallen. Fährt man mit dem Zumischen der Luftsäure fort, so löst sich dieser rohe Kalk wieder auf; das Wasser aber erhält den ätzenden Geschmack, und die Eigenschaften des Kalkwassers nicht wieder. Durch das Kochen wird der rohe Kalk wieder aus demselben niedergeschlagen.

Der Weingeist, welcher keine Luftsäure enthält, schlägt zwar den Kalk ebenfalls aus dem Kalkwasser nieder; es ist aber dieser Niederschlag nicht roher, sondern lebendiger Kalk.

Wenn man auf den gebrannten Kalk Wasser gießt, so bringt dasselbe mit einem Gezische hinein, er zerspaltet, schwillt mit starker Erhitzung auf, und verwandelt sich in einen feinen Brey oder Teig, den **gelöschten Kalk** (calx extincta, *chaux éteinte*). Fast eben dies wiederfährt auch dem gebrannten Kalke, wenn er blos der freyen Luft ausgesetzt wird, er schwillt nemlich auf, und zerfällt, jedoch ohne Erhitzung, aber mit beträchtlicher Zunahme seines Gewichts. Alsdann heißt er **zerfallner Kalk**, **Staubkalk**, **Mehlkalk** (*chaux éteinte à l'air*), und hat alle Eigenschaften des rohen Kalfs.

Wenn Laugensalze mit lebendigem Kalke bearbeitet, z. B. in Kalkwasser getröpfelt, darinn gekocht, oder über gebrannten Kalk destilliret werden, so erhalten sie dadurch eine ätzende Eigenschaft, s. **Kausticität**, der Kalk hingegen verliert seine Aetzbarkeit, und nimmt die Natur des rohen Kalfs wieder an.

Aus dem Teige, welcher durch das Löschen des gebrannten Kalfs mit Wasser entsteht, bereitet man den sogenannten **Mörtel** (Caementum, *Mortier*) durch Vermischung mit Sand und Kies, oder gebrannten und gröblich gepülverten Thone. Diese Vermischung nimmt, wenn sie trocknet, eine Consistenz an, und wird daher als ein Bindemittel der Steine in Gebäuden, Mauern, Estrichen u. dgl. gebraucht.

Dies sind die merkwürdigen Eigenschaften, welche die Kalkerden und Kalksteine bey ihrer Verwandlung in lebendigen Kalk erhalten, und beym Löschen durch Wiederannehmung ihres ersten Zustandes hinwiederum verlieren. Die Aetzbarkeit, Auflöslichkeit im Wasser, der Mangel des Brausens mit den Säuren und die Erhitzung beym Löschen — diese unterscheidenden Kennzeichen des lebendigen Kalfs, welche durchs Brennen entstehen, und durchs Löschen sich wieder verlieren, — haben die Chymiker von je her nicht wenig beschäftiget. **Van Helmont, Daniel Ludovici** (Ephemerid. Acad. naturae curios. ann. 1675 et 1676. Obs. 244.) und **du Fay** (Mém. de Paris ann. 1724.) nahmen deswegen ein eignes Salz an, das im Kalke durchs Brennen entwickelt werde; die ätzende Kraft und Erhitzung mit dem Wasser veranlasseten **Homberg** (Mém. de Paris,

1700.) und Lemery (ebend. ann. 1709.) zu der Behauptung, daß sich in den Zwischenräumen des Kalks Feuertheile, von dem Brennen her, eingeschloſſen befänden, einer
Menge anderer, zum Theil thörichter, Meinungen zu geſchweigen.

Johann Friedrich Meyer (Chymiſche Verſuche
zur nähern Erkänntniß des ungelöſchten Kalks ꝛc. Hannover, 1764. 1770. 8.) baute auf ſeine vielen und ſchätzba-
ren Verſuche eine Theorie der Aetzbarkeit, deren Natur er
in einer eignen im Küchenfeuer, nicht aber im Sonnen-
feuer, enthaltenen Materie ſuchte. Er hielt dieſe Materie für das reinſte, mit einer Säure verbundne Feuerwe-
ſen, und nannte ſie das Kaustic um oder die fette Säure
(acidum pingue). Seiner Meynung nach bringt dieſe fette Säure aus dem Küchenfeuer beym Brennen, ſelbſt durch
die Gefäße, in den Kalk, macht ihn ätzend und im Waſſer
auflöslich, entwickelt ſich beym Löſchen, verurſacht die Erhitzung, geht vom Kalke in die Laugenſalze über, theilt
dieſen die Aetzbarkeit mit u. ſ. w. Macquer ſetzt dieſer
Theorie die ſtarken Gründe entgegen, daß das Feuer die
Materien, mit denen es ſich bindet, nicht ätzend mache,
vielmehr durch ein ſolches Binden ſeine eigne Wirkſamkeit
verliere; daß ſich das Kalkwaſſer, welches ſich an der freyen
Luft zerſetzt, auch in verſchloßnen Gefäßen zerſetzen müſte,
wenn das Kauſticum durch die Wände der Gefäße bringen
könnte; daß ſich endlich die Kalkſteine auch im Brennraume erhabner Gläſer durch die Sonnenſtralen in lebendigen
Kalk verwandlen laſſen, welchen Verſuch Well (Rechtfertigung der Blackiſchen Lehre, Wien, 1771. 8.) zuerſt
angeſtellt hat.

Da beym Brennen faſt die Helfte des Gewichts der
Kalkſteine verloren geht, ſo ſcheint der rohe Kalk durch dieſe Operation vielmehr etwas zu verlieren, als anzunehmen. Schon Stahl hat nach Macquers Bemerkung die
ſalzartigen Eigenſchaften des Kalkes, ſo wie aller Salze,
aus der Vereinigung des wäßrichten und erdigten Grund-
ſtofs erklärt, und angenommen, daß das Brennen den
wäßrichten Grundſtof hinwegführe, daß aber dieſe Tren-

nung die Neigung des erdigten Theils gegen das Wasser
nicht aufhebe, sondern sie vielmehr durch Verfeinerung der
Erde noch mehr verstärke, daher die in der Kalkerde bereits angefangene salzartige Mischung im lebendigen Kalke
noch vollkommner werde, wenn man ihn aufs neue mit
Wasser vermische.

Durch die neuern Entdeckungen über die Luftsäure,
s. Gas, mephitisches, ist diese Theorie weit mehr auf-
geklärt und vollständiger gemacht worden. D. Black in
Edinburgh (Exp. on Magnesia alba etc. in den Essays and
obs. read before a Society in Edinb. Vol. II. p. 157.)
zeigte im Jahre 1756 zuerst, daß die von ihm sogenannte
fixe Luft hiebey eine sehr wichtige Rolle spiele, indem sie
eben dasjenige ist, was aus dem rohen Kalke sowohl beym
Brennen, als beym Aufgießen der Säuren, herausgeht.
Er nahm den Kalk von Natur scharf und im Wasser auflöslich an, glaubte aber, daß die fixe Luft im rohen Kalke
diese Schärfe und Auflöslichkeit vermindere, und mit ihm
gleichsam ein Mittelsalz bilde. Durchs Brennen gehe die
fixe Luft nebst dem Wasser, und dadurch zugleich ein Theil
des Gewichts verloren; daher zeige nun der gebrannte Kalk
seine Schärfe und Auflöslichkeit. An der Luft empfange
er wieder fixe Luft, und kehre daher in den Zustand des
rohen Kalks zurück. Das Aufbrausen mit den Säuren
entstehe durch Entwicklung der fixen Luft, und falle beym
lebendigen Kalke darum hinweg, weil dieser keine fixe Luft
mehr enthalte. Die Kalkerde habe mehr Verwandschaft
zur fixen Luft, als die Laugensalze; daher entziehe der gebrannte Kalk den letztern ihre fixe Luft, oder das, was sie
vorher neutralisirte oder mild machte, werde aber dadurch
selbst mild und in rohen Kalk verwandelt.

Diese Theorie ist durch die neuern Untersuchungen der
Luftsäure immer mehr bestätiget worden. Nach Bergmann (De acido aëreo §. 11.) ist der rohe Kalk ein schwer
auflösliches Mittelsalz, welches ohngefehr 55 Theile reine
Kalkerde, 11 Theile Wasser und 34 Theile Luftsäure enthält.
Durch das Brennen werden die Luftsäure und das Wasser
herausgetrieben, daher auch Bergmann den rohen Kalk

luftſaurehaltigen oder milden (Calx aërata), den gebrannten reinen Kalk (Calx pura) nennt. Obgleich die
Luftſaure aus dem Kalkwaſſer rohen Kalk niederſchlägt, und
ihm die Auflöslichkeit benimmt, ſo löſet doch die Ueberſättigung mit Luftſaure den rohen Kalk ſelbſt wieder auf, und
verbindet ihn mit dem Waſſer, ohne jedoch ſeine Aetzbarkeit wieder herzuſtellen. Auf dieſe Art können die Waſſer,
und beſonders die Sauerbrunnen eine große Menge rohen
Kalk in ſich aufgelöſt enthalten. Das Kochen, welches
die Luftſaure austreibt, ſchlägt auch dieſen rohen Kalk wiederum nieder. Jacquin (Examen chemicum doctrinae
Meyerianae de acido pingui. Vindob, 1769. 8.) hat die
Richtigkeit dieſer Theorie durch entſcheidende Verſuche
dargethan.

Die Erhitzung des gebrannten Kalks beym Löſchen mit
Waſſer war noch das einzige Phänomen, um deſſen willen
viele Chymiker die Meyeriſche Idee beybehielten, daß ſich
beym Brennen Feuertheile mit dem Kalke verbänden, und
beym Löſchen wieder entwickelten, woraus auch noch viele
die Aetzkraft herleiteten, die man aus einer vorgefaßten
Meinung nicht gern für etwas anders, als für eine Wirkung des Feuers, halten wollte. Seitdem man aber von
gebundner und freyer Wärme, und von der Natur der Kau
ſticität richtigere Begriffe erlangt hat, werden dieſe Phänomene keinen Naturforſcher mehr für die meyeriſche Hypotheſe einnehmen. Man weiß, daß Erhitzung überall
entſteht, wo Feuer, das vorher gebunden war, frey wird,
welches bey der Löſchung des Kalks eben ſo, wie bey vielen
andern Verbindungen verwandter Stoffe, ſtatt findet; die
Aetzbarkeit aber kan man für nichts anders, als für eine Wirkung der chymiſchen Verwandſchaften oder Wahlanziehungen halten, ſ. Kauſticität. Das Binden und Erhärten des Mörtels iſt eine Folge
der großen Feinheit der Theile des gelöſchten Kalks, welche
ſich auf die Oberfläche der harten Theile des Sandes genau anſetzen, und wegen der Menge der Berührungspunkte damit ſehr ſtark zuſammenhängen, ſ. Cohäſion. Zu
dieſer Härte des Mörtels trägt das Waſſer viel bey, wel

ches man aus dem ältesten und trockensten Mörtel über dem Feuer in großer Menge erhält. Eben so überzieht das Kalkwasser in unverstopften Gefäßen die Seitenwände mit einem festen anhängenden Niederschlage, den man kaum anders, als durch Abschleifen, hinwegbringen kan.

Ausser dem Gebrauche in der Baukunst benützt man auch den rohen und gebrannten Kalk zu Düngung der Felder; beym Seifensieden, Haarbeitzen und Lederbereiten; in der Färbekunst bey Bereitung des Indigs, Lakmuses und der Orseille, zum Bleichen, zur Einsaugung der Säure bey Obst= und süssen Weinen, ingleichen beym Zuckersieden; mit Eyweiß, Käse u. dgl. zum Kütten, und zu mancherley chymischen Bereitungen. In der Arzneykunst wird das Kalkwasser, aus Muschel= und Austerschalen bereitet, und mit Milch vermischt, als ein absorbirendes und zugleich stärkendes Mittel, ingleichen als ein austrocknendes zu Heilung der Geschwüre in den weichen Theilen des Körpers, und als Auflösungsmittel gegen Nieren= und Blasensteine benützt.

Macquer chym. Wörterbuch durch Leonhardi Art: Kalch, steinartiger oder erdichter.

Gren syst. Handbuch der Chemie. I. Theil. S. 167—179.

Kalke, metallische, Metallkalke, metallische Erden, Calces metallicae, *Chaux metalliques*. So nennt man das, was übrig bleibt, wenn man die Metalle ihres Brennbaren beraubt (verkalkt, calcinirt) hat, s. Verkalkung. Dahin gehört die Mennige aus dem Bley, die Zinnasche aus dem Zinn, das rothe Präcipitat aus dem Queckfilber, und sehr viele andere ähnliche Materien. Diese metallischen Kalke oder Erden sind nicht einfach, und haben für jedes Metall besondere Eigenschaften; stimmen aber alle darinn überein, daß sie weniger schmelzbar, feuerbeständiger, minder auflöslich in Säuren, und von geringerer specifischen Schwere, aber von grösserm absoluten Gewichte sind, als die Metalle, aus denen sie entstehen. Aus 100 Pfund Bley z. B. erhält man über 110 Pfund Bleykalk.

Man kan die Metalle entweder durch das Feuer an

freyer Luft, mittelst einer Art von Verbrennung, oder durch
Auflösung in Säuren, vorzüglich in der Vitriol= und Sal=
peterfäure, oder durch die Verpuffung mit dem Salpeter
in Kalke verwandlen. Durch alle diese Mittel verlieren sie
ihre metallischen Eigenschaften desto mehr, je stärker sie
dadurch des in ihnen enthaltenen Phlogistons beraubt werden.

Von dem lebendigen Kalke, (s. den vorhergehenden
Artikel) sind diese metallischen Erden zwar sehr wesentlich
unterschieden, sie haben aber doch mit ihm die ähnliche Ei=
genschaft, daß sie die Laugenfalze ätzbar machen. Daß
man aber beyden Substanzen einerley Namen gegeben hat,
kömmt wohl daher, weil man ehedem alles Kalk nannte,
was durch die Wirkung des Feuers ohne Flamme in ein
erdigtes Pulver zerfallen war.

Unter den Erscheinungen der Metallkalke ist die be=
trächtliche Vermehrung des absoluten Gewichts bey der Ver=
kalkung gewiß eine der merkwürdigsten. Man hat sie früh=
zeitig wahrgenommen, und auf mannigfaltige Art zu er=
klären gesucht. Schon im Jahre 1630 leitete sie Jean
Rey (Essais sur la recherche de la cause, pour laquelle
l'Estain et le Plomb augmentent de poids, quand on les
calcine, à Bazas, 8.) von der Luft her, welche die Zinn=
und Bleykalke bey der Verkalkung einfaugten. Man ver=
ließ aber diese Meinung wieder, und erklärte mit Boyle
(New experiments to make fire and flame stable and
ponderable, Lond. 1673. 8. und in Boyle's Works Vol. III.)
und Lemery (Mém. de l'acad. de Paris. 1712.) dieses
Schwererwerden aus beygetretenen Feuertheilen. Als die
Theorie des Brennbaren bekannter ward, und man die
Verkalkung allgemein für eine Beraubung des Phlogistons
erkannte, schien es denen, welche Feuer und Phlogiston
nicht deutlich unterschieden, widersprechend, daß beym Ver=
luste des letztern dem Kalke mehr Feuertheile beytreten soll=
ten (Diff. sur la cause de l'augmentation de poids, que
certaines matieres acquiérent dans leur calcination par
le P. Béraud, à la Haye 1748. 8. Vogel Progr. quo ex=
perimenta chemicorum de incremento ponderis corp.
calcin. examinat. Gott. 1753. 4.) und es blieb bey einer

Menge darüber vorgetragener Hypothesen die Sache immer ein unerforschliches Räthsel. Meyer glaubte es durch das Kausticum, oder Acidum pingue aufzulösen, welches er vom brennbaren Wesen unterschied, und aus dem Küchenfeuer in die Kalke übergehen ließ; allein es fehlte dieser angenommenen Ursache überhaupt an hinlänglichen Beweisen. Die Herren de Morveau, Maret und Durande (Elemens de Chymie theorique et prâtique. á Dijon, 1777. 12mo übers. von Weigel, Leipz. III. Th. 1778 — 1780) haben das Phlogiston als eine Materie ohne Schwere, oder gar als eine solche betrachtet, welche durch absolute Leichtigkeit das Gewicht der Körper, denen sie beytritt, vermindere, welcher Begrif, ob ihn gleich manche neuere Chymiker annehmen, dennoch mit den ausgemachtesten Grundsätzen der Physik streitet, nach welchen jede Materie schwer ist. Wollte man auch diese Verminderung blos auf das relative Gewicht beziehen, das die Körper in der Luft haben, so wie ein Stein unter Wasser leichter wird, wenn man eine Blase voll Luft daran bindet, so würde doch dieser Erklärung der Umstand entgegen stehen, daß die Metalle zugleich specifisch schwerer sind, als ihre Kalke.

Die neuern Bearbeitungen der Lehre von den Gasarten haben endlich auf die alte schon von Rey vorgetragne Meinung wieder zurückgeführt, nachdem auch Hales und Priestley gefunden hatten, daß die Metallkalke eine große Menge gasartige Materie enthielten. Wenn man diese Kalke durch Schmelzen mit zugesetztem Phlogiston zu Metallen wiederherstellet, oder reduciret, so entsteht allezeit ein starkes Aufbrausen, und es entwickelt sich eine Menge gasartiger Materie. Lavoisier (Opuscules chym. et phyf. To. I. p. 285, To. II. p. 311 sq.) und Bayen (in Rozier Journal de phyf. To. III. p. 120, To. VI. p. 487, To. VII. p. 390. sq.) haben es durch zahlreiche Versuche höchst wahrscheinlich gemacht, daß dem Metalle bey der Verkalkung ein Antheil von dephlogistisirter Luft aus der Atmosphäre beytrete. Die vorzüglichsten Beweise dafür sind, daß die Verkalkung nie ohne Zutritt der Luft von statten geht, daß sich bey der Reduction der Kalke Gasarten ent wickeln, deren Gewicht mit dem Uebergewichte der Kalke übereinkömmt, und daß endlich bey jeder Verkalkung eine Menge Luft verschluckt wird, die mit der Menge des erhaltenen Kalks im Verhältnisse steht. Lavoisier setzte abgewogenes Zinn in einer gläsernen verschloßnen Retorte dem Feuer aus. Die Verkalkung hörte bald auf, und die Retorte selbst wog noch soviel, als vorher — ein sicherer Beweiß, daß der Zuwachs des Gewichts bey dem Kalke nicht von Feuertheilen herrühre. Als er aber die Spitze der Retorte abbrach, fuhr die äussere Luft mit einem Zischen hinein, und obgleich die Retorte ihr voriges Gewicht behalten hatte, fand sich doch beym Zinne eine Vermehrung desselben. Bayen untersuchte besonders die Quecksilberkalke, und erhielt bey Wiederherstellung derselben allezeit eine Menge luftähnlicher Materie, welche der Menge des reducirten Metalls und dem Unterschiede des Gewichts angemessen war. Beyde Chymiker schließen hieraus sehr richtig, daß die Metallkalke durch das Hinzukommen einer Gasart an Gewichte zunehmen; sie gehen aber noch viel weiter, schreiben die ganze Ursache der Verkalkung und Reduction dieser Gasart allein zu, und suchen dadurch das Phlogiston ganz aus den Erklärungen der Chymie zu verbannen, s. Phlogiston.

Bey der Verkalkung des Zinns in einer gläsernen Retorte zeigte die übrigbleibende Luft alle Kennzeichen der phlogistisirten, führte aber wenig oder gar keine fixe Luft bey sich. Lavoisier kan dieß sehr leicht erklären, da nach ihm die unreine Luft einen besondern von Natur vorhandnen Theil der respirabeln ausmacht, welcher nothwendig zurückbleiben muß, wenn der reinere Theil in den Metallkalk eingesogen wird. Priestley hingegen war mehr geneigt zu glauben, daß die Phlogistication der Luft von dem dem Metalle entzognen Brennbaren herrühre, und die bey solchen phlogistischen Processen gewöhnlich entstehende fixe Luft dasjenige sey, was in den Kalk übergehe, und dessen Gewicht vermehre, wie denn auch das bey der Wiederherstellung der Kalke entwickelte Gas größtentheils fixe Luft ist.

Allein die Phänomene der Quecksilberniederschläge, (s. den Art: Gas dephlogistisirtes), welche sich ohne Zusatz von Phlogiston reduciren lassen, und dabey keine fixe, sondern die reinste dephlogistisirte Luft geben, machen es wahrscheinlicher, daß bey der Verkalkung der Metalle blos der reine oder dephlogistisirte Theil der Luft eingesogen werde, und die fixe Luft bey der Reduction auf eine bisher noch unbekannte Art durch das zugesetzte Brennbare entstehe, s. Verkalkung.

Nach Crawford's Theorie und Versuchen binden die Metallkalke allerdings mehr Feuer, als die Metalle selbst, nur daß hieraus die Zunahme ihres Gewichts nicht hergeleitet werden kan. Die specifische Wärme oder Capacität Feuer zu binden ist (die des Wassers = 1 gesetzt) für Eisen, Zinn, Bley und Spießglaskönig 0,125; 0,068; 0,050; 0,086; für ihre Kalke 0,320; 0,096; 0,068; 0,220.

Macquer Chymisches Wörterb., Art. Kalche, metallische.

Hagen Grundriß der Experimentalchemie, Königsb. und Leipzig, 1786. gr. 8. S. 235.

Kalkerde, Terra calcarea, *Terre calcaire*. Eine eigne von den übrigen wesentlich verschiedene Erde, welche im natürlichen Zustande mit allen Säuren brauset, durch die Wirkung des Feuers aber die Kennzeichen des lebendigen Kalks annimmt. Bey dem Worte: Kalk ist gezeigt worden, daß diese Erde oder der rohe Kalk im natürlichen Zustande eine große Menge Luftsäure bey sich führe, welche durch die Säuren sowohl, als durch das Feuer, herausgetrieben wird. Allem Ansehen nach liegen die Aetzbarkeit, Auflöslichkeit im Wasser und übrigen Eigenschaften des lebendigen Kalks schon im rohen Kalke selbst, werden aber durch die Verbindung mit der Luftsäure in hohem Grade geschwächt, und zeigen sich erst alsdann wieder, wenn die Luftsäure hinweggetrieben ist. Dem zufolge ist die Kalkerde von Natur mit Luftsäure gesättiget, und giebt von derselben befreyt den lebendigen Kalk, der den laugensalzen ähnlich ist.

Aaa

Das Aufbrausen mit den Säuren ist das gewöhnliche Kennzeichen, wodurch man die Kalkerde von andern erdigten Materien, und vornemlich von der Kieselerde, unterscheidet. Doch ist hiebey zu bemerken, daß die Kalkerde, wenn die Säuren sehr verdünnt sind, oder wenn sie von ihrem Gas schon befreyt ist, nicht mehr brauset, ingleichen, daß es noch mehrere mit den Säuren brausende Materien giebt (wovon bey dem Worte Gas häufige Beyspiele vorkommen), die man also noch durch andere Kennzeichen von den kalkartigen Stoffen unterscheiden muß.

Die Kalkerde giebt mit der Vitriolsäure den **Selenit** oder **Gyps**, mit der Kochsalzsäure den fixen **Salmiak**, mit der Flußspathsäure den **Flußspath**, mit der Salpetersäure das salpetrige Kalksalz oder den balduinischen **Phosphorus**, mit den vegetabilischen Säuren den **Essigselenit, Weinsteinselenit, Citronenselenit** u. s. w. mit der Fettsäure das **thierische Kochsalz**, und mit der Ameisensäure den **Ameisenselenit**. Sie zersetzt alle Salmiaksalze, verbindet sich mit den Säuren derselben, und macht das flüchtige Alkali daraus frey.

Sie ist für sich allein im strengsten Feuer unschmelzbar, mit den feuerbeständigen Laugensalzen aber fließt sie durch die Hitze nach Achards Versuchen (Samml. phys. und chem. Abhandl. B. 1. S. 379 und 444.) zu einer Art von Glas.

Da die Decken aller Schalthiere aus einer sehr reinen Kalkerde bestehen, und man die Ueberbleibsel der ehemaligen Seethiere vorzüglich in den kalkartigen Schichten des Erdbodens antrift, so haben sehr viele Geologen mit Buffon den Ursprung aller Kalkerde und kalkartigen Materien überhaupt von den Schalthieren hergeleitet. Sollte dieß auch nicht allgemein gelten, so ist es doch von einigen Kalkschichten gar nicht zu läugnen, in welchen die Trümmern ehemaliger Conchylien so häufig sind, daß sie bey weitem den größten Theil der ganzen Masse ausmachen. Wenn man die unbeschreibliche Menge der in den Kalklagern begrabnen Muscheln und Schalthiere nur einigermaßen kennt, so findet man den Gedanken, daß alle Kalkerde von ihnen herkomme, nicht mehr so übertrieben, als er auf den ersten Anblick zu seyn scheinet.

Man findet die Kalkerde auch in der Asche der Pflanzen, und in den Knochen der Thiere, am allerhäufigsten aber im Mineralreiche, wo die kalkartigen Berge, Flötze und Lager eine eigne Classe der Gebirge ausmachen, daß also die Kalkerde gewiß unter die Stoffe gehört, welche in der Natur am allgemeinsten verbreitet sind.

Kalksteine, Lapides calcarei, *Pierres calcaires*. Diejenige Classe von Steinen, deren einziger und vorzüglichster Bestandtheil die Kalkerde ist. Diese Steine brausen, wenn man Scheidewasser darauf tröpfelt, geben mit dem Stahle nicht Feuer, schneiden nicht in Glas, und zerfallen gebrannt in lebendigen Kalk. Dahin gehört die Kreide, die Bergmilch (Lac lunae), der gemeine Kalkstein, der, wenn er farbigt und fest genug ist, den Namen des Marmors führt, der Kalkspath, Stalaktit oder Tropfstein u. a. m. Mit Vitriolsäure vermischt findet man die Kalkerde in den Gypssteinen, s. Gyps; mit dem Phlogiston im Stinksteine und Lebersteine, mit Thon in den Mergelarten u. s. w.

Kalt, Frigidum, *Froid*. Wir nennen einen Körper kalt, entweder in Vergleichung mit andern, welche mehr freye, fühlbare Wärme bey sich haben; oder in Beziehung auf unser Gefühl, wenn er weniger freye Wärme hat, als der Theil unsers Körpers, den er berührt. Im letztern Falle nemlich entzieht er unserm Körper Wärme, und erregt dadurch die Empfindung, die wir Kälte nennen. Kalt heißt also: Weniger warm, als etwas anderes, oder als unser Körper, s. Kälte.

Kaltmachende Materie, Materia frigorifica, *Matiere frigorifique*. Nach der Art der Scholastiker, die für jedes Phänomen eine eigne Ursache oder Qualität annahmen, erklärten sonst auch die Chymiker die Kälte für Wirkung eines eignen kaltmachenden Stofs, den sie in den Salzen, und besonders im Salpeter suchten, den man aber bey den Erklärungen der Kälte sehr wohl entbehren kan, zumal da sich sein Daseyn durch keine Erfahrung beweisen läst, s. Gefrierung, Kälte. In einem andern Sinne wi d der Name kaltmachender Materien denjenigen Auflösungen beygelegt, welche viel Wärmestof binden, und daher die berührenden Körper erkälten, wie z. B. die Mischungen von Schnee und Salz, Schnee und Salzgeist rc. s. Kälte, künstliche. Schicklicher nennt man sie erkältende Mischungen.

Kapselbarometer, s. Barometer.

Katakustik, Kataphonik, Catacustice, Cataphonice, *Catacoustique*, *Cataphonique*. Diese eben nicht oft vorkommende Namen führt die Lehre vom zurückgeworfenen Schalle, oder derjenige Theil der Akustik, welcher von dem Echo handelt. Das hauptsächlichste hievon findet man bey dem Worte: **Echo.**

Katarakte, Cataracta, *Cataracte*. Dieses griechische Wort bedeutet seiner Ableitung nach etwas, das von oben herabstürzt. In der Naturlehre kömmt es in dreyerley Bedeutungen vor. Zuerst heißt es, wie schon bey den Alten, ein **Wasserfall**, (*Cataracte a' eau*) s. die Art. **Flüße, Wasserfälle.**

Dann hat **Newton** (Princip. L. II. Prop. 36.) mit dem Namen der **Katarakte** den Raum belegt, in welchem das aus einem Gefäße durch eine Oefnung im Boden ausfließende Wasser, vor dem Ausfließen, enthalten ist. Die Gestalt dieses Raums ist ähnlich mit der Gestalt des ausfließenden Wasserstrals selbst, welche **Gulielmini** (Mensur. aqu. fluent. L. V. P. 9.) figuram cadentis nennt, und durch eine der newtonischen ähnliche Gleichung bestimmt, daher man auch dieser Gestalt den Namen der **Katarakte** beylegt. **Newton** bedient sich seiner Idee sehr ſinnreich zu einigen hydrodynamiſchen Beſtimmungen; aber **Joh. Bernoulli** (Hydraul. P. II. art. 60.) und **d'Alembert** (Traité des fluides, art. 176—182.) haben gegen ſeine Methode ſehr erhebliche Erinnerungen gemacht.

Endlich giebt man den Namen Cataracta auch der Blindheit durch Verdunkelung der Kryſtallinſe, welche ſonſt der **graue Stahr** (Gutta opaca, Caligo lentis) genannt wird, ſ. **Auge, Geſichtsfehler.**

Katoptrik, Catoptrica ſ. Catoptrice, *Catoptrique.* Dieſen Namen führt die Lehre vom Sehen durch zurückgeworfene (reflectirte) Lichtſtralen, oder von dem Lichte, das von Spiegelflächen abprallet, ſ. **Zurückwerfung der Lichtſtralen.** Sie heißt ſonſt auch die **Anakamptik,** und macht einen Theil der optiſchen Wiſſenſchaften aus. Es wird in der Katoptrik zuerſt das Geſetz der Zurückwerfung erklärt, aus welchem ſich die Wege der Lichtſtralen, die von ebnen und krummen Flächen abprallen, beſtimmen, und daher auch die Eigenſchaften der ebnen und krummen Spiegel ableiten laſſen. Dies wird auf die Verfertigung einiger Werkzeuge angewendet, welche unter andern die Abſicht haben, dem Auge Hülfsmittel des Sehens zu verſchaffen, und die, wenn darinn Spiegel mit Gläſern verbunden werden, den Namen **katadioptriſcher Werkzeuge** führen.

Von der Theorie der Zurückwerfung des Lichts und von den Spiegeln war den Alten weit mehr, als von der Brechung, bekannt. Sie bedienten ſich nicht nur der Metallſpiegel zum gemeinen Gebrauch, ſondern ſie kannten auch die Vergrößerung und zündende Eigenſchaft der Hohlſpiegel, ſ. die Worte: **Spiegel, Brennſpiegel, Hohlſpiegel.**

Die Anfangsgründe der Optik und Katoptrik, welche man dem **Euklides** zuſchreibt, und die ſich mit in des **Gregory** Ausgabe der euklideiſchen Werke Oxon. 1706. fol.) befinden, werden von Savile und Gregory für untergeſchoben und des Euklides unwürdig erklärt. Die Katoptrik enthält einige ganz falſche, oder nur halb wahre und nicht genug bestimmte Sätze. So wird z. B. blos gesagt, der Hohlspiegel vereinige Sonnenstralen, welche in gleicher Entfernung von der Are auffallen, irgendwo zwischen dem Mittelpunkte und dem Spiegel; und gleich darauf wird der Mittelpunkt selbst für den Ort angenommen, wo die meisten Stralen zusammenkommen, weil von jedem Punkte der Sonne ein Stral durch ihn gezogen, vom Spiegel wieder in ihn zurückgeworfen werde. Ein Geometer, wie Euklid, hätte wohl übersehen müssen, daß es dadurch im Mittelpunkte höchstens nur doppelt so warm werden könne, als es ohne Spiegel daselbst ist.

Des Ptolemäus Bücher von der Optik, welche Basco anführt, sind zwar verlohren; es scheint aber Alhazen sehr viel daraus in sein Werk übergetragen zu haben, welches im eilften Jahrhunderte in sieben Büchern aufgesetzt, und von Friedrich Risnern (Opticae thesaurus. Basil. 1572. fol.) herausgegeben worden ist. In diesem Werke findet sich unter vielen andern katoptrischen Sätzen auch eine Auflösung des Problems: Auf einem Kugelspiegel den Reflexionspunkt zu finden, wenn die Orte des Auges und des Gegenstandes gegeben sind. Alhazen giebt eine Auflösung davon vermittelst der Hyperbel, durch eine geometrische Analysis, die ihm, wenn sie seine eigne Erfindung wäre, einen hohen Rang unter den Geometern der vorigen Zeit anweisen würde. Da man aber bey den Arabern in der höhern Geometrie keine ähnlichen Erfindungen weiter antrift, so vermuthet Montucla nicht ohne Grund, daß diese Solution den griechischen Mathematikern zugehöre, und aus dem Ptolemäus entlehnt sey. Inzwischen heißt die Aufgabe selbst noch bis jetzt das Problem des Alhazen. Noch im vorigen Jahrhunderte haben sich die grösten Geometer mit ihr beschäftiget (s. Huygens und Slusius Auflösungen in Philos. Trans. Num. 97. 98.), und Herr Kästner (Problematis Alhazeni analysis trigonometrica in Nov. Comm. Gott. To. VII.) hat eine schöne Auflösung derselben durch die trigonometrische Analysis gegeben.

Da das Gesetz der Zurückwerfung sehr einfach ist, so ward der theoretische Theil der Katoptrik mit Hülfe der

Geometrie bald aus demselben entwickelt. Den Satz, daß der Brennraum des hohlen Kugelspiegels um den vierten Theil des Durchmessers vom Spiegel absteht, gab Porta (De refractione, Neap. 159 . 4.) zuerst an. Kepler (Paralipomena ad Vitell. Frf. 1604. 4.) und Barrow (Lectiones opticae, Lond. 1674. 4.) trugen die katoptrischen Sätze, als geometrische Folgen des Hauptgesetzes der Reflexion, schon ziemlich vollständig vor. Der letztere nahm über den scheinbaren Ort der Bilder in den krummen Spiegeln einen neuen Grundsatz an, und veranlaßte dadurch die Untersuchungen und Streitigkeiten, von welchen bey dem Worte: Bild, einiges vorkömmt.

Was seitdem in der Katoptrik geleistet worden ist, hat größtentheils den praktischen Theil, d. i. die Verfertigung der Spiegel und ihre Anwendungen zu mancherley Absichten betroffen. Das meiste hievon findet man bey den Worten: Brennspiegel, Spiegel, Spiegeltelescop, Mikroskop, Polemoskop, Anamorphose ꝛc. erzählt. Man hat es besonders in Verfertigung der Metallspiegel zu Teleskopen zu einer großen Vollkommenheit gebracht; die Spiegel des Herrn Herschel übertreffen in dieser Absicht alles, was man nur hoffen konnte, und haben uns schon zu ganz neuen und unerwarteten Entdeckungen am Himmel verholfen.

Eine vollständige Anwendung der allgemeinen Arithmetik auf die Katoptrik hat Herr Kästner (Vollständiger Lehrbegrif der Optik, nach dem Englischen des Smith, mit Aenderungen und Zusätzen von Kästner, Altenb. 1755. 4. Analytische Katoptrik, S. 81 — 98.) geliefert.

Die Geschichte der optischen Wissenschaften, mithin auch der katoptrischen Entdeckungen und Werkzeuge, haben die Herren Priestley und Klügel (Priestley Geschichte und gegenwärtiger Zustand der Optik, übers. mit Anm. und Zus. von G. S. Klügel, Leipzig, 1776. gr. 4.) vortreflich bearbeitet. Verzeichniße von Schriften hiezu geben Wolf (Kurzer Unterricht von den vornehmsten mathematischen Schriften, im 4ten Buche der Anfangsgr. math. Wiss. Cap. 10.) und vollständiger Herr Scheibel (Einleitung zur mathematischen Bücherkenntniß, 9tes Stück, Breslau, 1777. 8.).

Kausticität, Aetzbarkeit, Aetzkraft, Beizen-de Kraft, Vis causstica, corrosiva, *Causticité.* Die scharfe und fressende Eigenschaft vieler Substanzen, z. B. der concentrirten mineralischen Säuren, der Laugen-salze, des lebendigen Kalks, Arseniks, ätzenden Quecksilbersublimats, der Silberkrystallen, Spieß-glasbutter ꝛc., vermöge welcher sie die Theile des thieri-schen Körpers zersetzen, und daher auf denselben innerlich als Gifte, äusserlich als Aetzmittel wirken; überhaupt aber auch an unorganisirten Körpern auflösende Kräfte ausüben. Man wird schon aus dieser Beschreibung sehen, daß die Aetzbarkeit in einer starken Auflösungskraft oder in einer sehr thätigen Verwandschaft mit vielen Substanzen, be-stehe.

Die große Aehnlichkeit zwischen den Wirkungen der Aetzmittel und des Feuers, bewog die Chymiker, das Feuer für die einzige ätzende Substanz anzunehmen, und die Kausticität des Kalks, der Laugensalze und der Säuren aus den Feuertheilchen herzuleiten, welche sich in den Zwischenräumen dieser Substanzen befänden. Aus dieser Theorie hat schon Lemery mit ungemeiner Leichtig-keit eine große Menge chymischer Erklärungen hergeleitet. Meyer in Oßnabrück (Chym. Versf. zur nähern Kenntniß des ungelöschten Kalks ꝛc. Hannover, 1764. 8.) änderte sie dahin ab, daß er anstatt des reinen Feuers, vielmehr eine Mischung desselben mit einer Säure, unter dem Na-men des Kausticums oder der fetten Säure für den Grund aller Aetzbarkeit annahm — eine Theorie, die er mit sorgfältigen und an sich sehr schätzbaren Erfahrungen zu unterstützen suchte. Baume (Chymie experimenta-le et raisonnée, à Paris, 1773. III. To. 8. übersetzt von J. C. Gehler, Leipzig, 1775. 1776. III Th. gr. 8.) ver-warf zwar das Meyerische Kausticum, und nahm dafür das fast reine Feuer an, welches sich in unendlich verschie-denen Verbindungszuständen mit andern Körpern befinden könne; er erklärt aber hieraus die Aetzbarkeit des Kalks, der Laugensalze, Säuren ꝛc. eben so, wie Meyer, und setzt noch hinzu, daß das Feuer die einzige Ursache des Geschmacks der Salze sey, als welcher blos in den Modificationen ihrer Aetzkraft bestehe.

Indessen hatte D. Black in Edinburgh seine Versuche über die in den Kalkerden und Laugensalzen enthaltene fixe Luft schon im Jahre 1756 bekannt gemacht. Diese Versuche bewiesen deutlich, daß die gedachten Substanzen im natürlichen Zustande mit einer Menge fixer Luft gesättiget sind, und daß sie nur in demjenigen Grade ätzbar werden, in welchem man sie durch das Feuer oder durch andere Mittel von dieser gasartigen Materie befreyet; daß die Laugensalze durch die Sättigung mit fixer Luft ihre Aetzkraft verlieren und mild werden; daß der lebendige Kalk den Laugensalzen dieses Gas wieder entziehet, wodurch er selbst mild wird, die Salze aber die Aetzbarkeit wieder erhalten; daß endlich die Alkalien im Zustande der Milde oder der Sättigung mit Gas der Kryfstallifirung fähig sind, durch die Entziehung des Gas aber mit der Kaufticität zugleich die gröste Zerflißbarkeit erhalten.

Diese wichtige Entdeckung einer Materie, auf welche man bey den bisherigen Theorien gar nicht gerechnet hatte, und welche Feuer und Kaufticum hiebey völlig zurückwies, mißfiel den Chymikern, die sich mit den vorigen leichten Erklärungen befriediget hatten, und veranlaßte anfänglich Mißtrauen und Einwendungen gegen die von Priestley weiter bearbeitete Lehre von den Gasarten. Sie ward aber bald von einigen großen Chymikern in Deutschland und Frankreich, von Jacquin, Well, Lavoisier (Opuscules chym. et phyf. Paris, 1774.) mit einer Gewißheit bestätiget, die keine weitern Zweifel zuließ.

Einer der stärksten Gründe für das alte System war dieser, daß die Säuren mit rohem Kalk und milden Alkalien kaum eine merkliche Wärme erzeugen, da sie hingegen mit dem lebendigen Kalke und ätzenden Laugensalzen eine brennende Hitze hervorbringen. Diese Erhitzung hatte man sonst aus dem Feuer der ätzenden Stoffe so leicht erklärt, daß es schwer hielt, die Erklärung aufzugeben, zumal da sich nicht gleich eine andere an ihre Stelle setzen ließ. Macquer bemüht sich, den Mangel der Erhitzung bey den milden Substanzen aus dem Aufbrausen herzuleiten, welches er als eine Kälte erzeugende Ausdünstung ansieht, und das bey den ätzenden ihres Gas schon beraubten Materien hinwegfällt. Weit natürlicher aber ist es, nach den jetzt geltend gemachten Begriffen von Wärme, zu sagen, daß die ätzenden Substanzen mehr Wärme zu binden vermögend sind, als die milden.

Inzwischen haben doch viele neuere Chymisten zugleich mit der Theorie des D. Black noch einige Wirkung des Feuers bey der Aetzbarkeit angenommen. Macquer selbst sieht das freye Feuer als eine Bedingungsursache hiebey an, weil es die einzige Ursache der Flüßigkeit ist, ohne welche keine Auflösung, also auch kein Aetzen und kein Geschmack, statt finden kan; so wie auch niemand läugnen wird, daß das freye Feuer selbst das lebhafteste Aetzmittel sey, auch die Aetzkraft und den Geschmack anderer Substanzen verstärke.

Die Aetzkraft der Körper nimmt desto mehr ab, je mehr sie gesättiget, oder je genauer und stärker ihre Theile unter sich und mit andern verbunden werden. Ein kaustisches Laugensalz, mit Luftsäure gesättiget, hat noch immer einen großen Theil seiner Thätigkeit übrig, und verliert noch nicht die Kennzeichen der Alkalien: mit Oelen oder Fetten verbunden, mit denen es sich genauer vereinigen kan, giebt es die Seifen, in welchen die auflösende Kraft schon weniger merklich ist: mit den Säuren, mit denen es eine sehr innige Verbindung eingeht, giebt es Neutralsalze, z. B. den vitriolisirten Weinstein, welche wenig auflösende Kraft und nur einen mäßigen Salzgeschmack haben: auf die Erden endlich äussert es mit Hülfe des Schmelzfeuers seine Kraft so vollkommen, daß sie völlig erschöpft wird, und das daraus entstehende Glas nicht die geringste Spur von Aetzbarkeit oder Geschmack übrig behält. Aus allen diesen Produkten läst sich auch das Alkali desto schwerer scheiden, je geringer die Aetzbarkeit geworden ist. Eben so ist es mit den Säuren; die Salpetersäure z. B. verliert ihre auflösende Kraft, wenn sie auf Kalkerden gewirkt hat, sie behält aber dieselbe, wenn sie Zinn zerfressen hat; sie ist nemlich mit der Kalkerde in Vereinigung getreten, vom Zinne aber abgesondert geblieben.

Diesen Betrachtungen zufolge hält Macquer die Kausticität für nichts anders, als für die allgemeine Kraft, mit welcher alle Theile der Materie sich genau zu vereinigen streben. Sind die Grundstoffe eines Körpers schon in dieser genauen Vereinigung, wie im Kiesel 2c., so ist diese Kraft befriediget oder verwendet, und ein solcher Körper zeigt weder Aetzbarkeit, noch Geschmack, noch Auflösungskraft. Ist hingegen durch irgend eine Ursache dieses Streben nach Vereinigung in den Theilen eines Körpers oder einer Mischung noch gar nicht oder nicht völlig befriediget, so besitzen dieselben einen Grad von Aetzbarkeit, Geschmack und Auflöslichkeit, der dem übriggebliebenen oder noch nicht verwendeten Vereinigungsbestreben angemessen ist.

Diese sehr einfache Erklärung der Aetzbarkeit würde der Aufmerksamkeit der Chymiker, die schon so viel von den Verwandschaften und Aneignungen der Körper untereinander wusten, nicht entgangen seyn, wenn sie nicht blos auf dasjenige gesehen hätten, was der vom Aetzmittel angegriffene Körper leidet. Sie blieben bey der Zerfressung der Haut, dem Schmerze, der Hitze, der Entzündung stehen, welche alle den Wirkungen des Feuers so ähnlich sind, ohne zu erwägen, daß dabey das Aetzmittel selbst sich mit dem aufgelößten Körper vereiniget, dadurch seine Aetzbarkeit verliert, dieselbe aber sogleich wieder erhält, sobald man es durch irgend ein Mittel von dieser Vereinigung befreyet. Diese Umstände zeigen, daß das Aetzen nichts weiter, als eine wechselseitige Auflösung sey, daher man Ursache genug hat, es eben so, wie jede andere Auflösung, aus dem allgemeinen Vereinigungsbestreben oder der chymischen Verwandschaft, zu erklären. So wird diese in der Chymie höchst merkwürdige Erscheinung auf das allgemeine Phänomen der Attraction zurückgebracht, von dem sich bisher noch

keine weitere Urſache angeben läßt, ſ. Attraction, Verwandſchaft.

Macquer chym. Wörterbuch, Art. Aetzbarkeit.

Keil, Cuneus, *Coin.* Der Keil iſt eine von den
ſechs einfachen Maſchinen oder Potenzen der Mechanik.
Er beſteht aus einem dreyeckigten Priſma A B C, Taf. XII.
Fig. 86., von dem zwo Seitenflächen A C und B C, die
einen ſpitzigen Winkel C mit einander machen, durch eine
Gewalt, die auf die dritte Seitenfläche A B wirkt, z. E.
durch Gewichte oder Schläge, zwiſchen Dinge getrieben
werden, die man von einander ſondern will, z. B. zwiſchen
Holz, um es zu ſpalten. Man ſieht ihn insgemein als
zwo ſchiefe Flächen A D C und B D C an, die mit ihren
Grundflächen D C an einander gefügt ſind, und gewöhnlich
einander gleich und ähnlich genommen werden.

Die mechaniſchen Schriftſteller ſind über die Theorie
des Keils ſehr verſchiedener Meinung geweſen. Ariſtoteles in den mechaniſchen Frägen ſahe den Keil, wie zween
entgegengeſetzte Hebel, Merſenne als einen Hebel der
zweyten Art an; die meiſten betrachteten ihn als eine Zuſammenſetzung zwoer ſchiefer Flächen. Das Verhältniß
der Kraft zur Laſt für den Fall des Gleichgewichts geben
Merſenne und Parent wie A D : D C, Descartes,
Wallis, Dechales und Keill wie A B : D C, Borellus wie A D : A C, Caſati und de la Hire wie E G : G C,
Varignon wie E G : G F an. Der Freyherr von Wolf
folgt in den deutſchen Anfangsgründen der Mechanik dem
Merſenne, in den lateiniſchen dem Wallis; und s'Gra-
veſande nimmt für die einfachen Fälle des Wallis, für
das Holzſpalten des de la Hire Meinung an.

Georg Friedrich Bärmann, vormals Profeſſor
der Mathematik zu Wittenberg (Diſſ de cuneo. Wittenb.
1751. 4.), hat die Lehre vom Keile im allgemeinen abge-
handlet, und erwieſen, daß ſich überhaupt für das Gleichgewicht beym Keile die Kraft zum Widerſtande, wie

$$\text{ſin } A C D \times \text{ſin } G E F : \text{coſ. } C E F$$

verhalte. Iſt hiebey die Richtung E G, nach der das

Holz zuſammenzugehen ſtrebt, ſenkrecht auf die Seite des
Spalts E F, wie dies doch mehrentheils der Fall ſeyn wird,
ſo wird ſin. G E F = 1, und coſ. C E F = ſin. C E G, daher
ſich das angegebne Verhältniß in

ſin A C D : ſin C E G oder E G : G C

verwandlet, daß alſo für dieſen Fall de la Hire's Meinung richtig iſt.

Wenn der Keil an der Seite des Spalts völlig anliegt,
wie die Gewölbſteine, welche mit den Seitenflächen an einander paſſen, ſo wird G C = G E. Für dieſen Fall iſt alſo Va-
rignons Angabe richtig; zugleich auch die des Borellus,
weil ſich wegen der ähnlichen Dreyecke C E G und C D A,
E G : G C wie A D : A C verhält.

Für alle dieſe Fälle verhalten ſich auch die Räume,
durch welche Kraft und Laſt zugleich bewegt werden, umgekehrt, wie Kraft und Laſt ſelbſt, oder wie G C : E G.
Denn, indem der ſpaltende Keil um den Raum G C ein-
dringt, wird der Theil des geſpaltenen Körpers, der anfänglich in G war, nach E gedrückt, alſo um den Raum
E G fortbewegt.

Iſt hingegen die Richtung, nach welcher die getrennten Körper widerſtreben, wie Taf. XII. Fig. 87., nicht
ſenkrecht auf die Seite, ſondern parallel mit A B, ſo verwandlet ſich das Verhältniß E G : G C in A D : D C, d. i.
in das von Merſenne und Parent angenommene, wobey ſich wiederum die Räume in dem umgekehrten Verhältniße G C : E G befinden, weil der Keil um den Raum G C
eindringen muß, wenn der Körper E von G bis E fortge-
bracht werden ſoll.

Das von Descartes und Wallis angegebne Verhältniß A B : D C kan bey einem Keile, wie hier angenommen wird, gar nicht ſtatt finden. Die Vertheidiger deſſelben haben es aus dem Satze hergeleitet, daß ſich die
Räume umgekehrt, wie die Kräfte verhalten. Sie haben
aber dabey die Linie E H fälſchlich für den Raum angenommen, durch den ſich die getrennten Theile E und H bewegt
hätten. Freylich ſind dieſe Theile, die anfänglich in G bey-
ſammen waren, jetzt um dieſe Linie von einander entfernt;

jeder an sich aber ist doch nur durch GE oder GH, d. i. nur durch die Helfte dieser Linie gegangen. Anstatt also das Verhältniß der Kräfte, wie EH : GC zu setzen, sollten sie es vielmehr EG : GC oder wie AD : DC annehmen, und s' Gravesande (Physices elem. mathematica, Leid. 1742. 4maj To. I. Tab. X.), der das falsche Verhältniß durch einen Versuch erweisen will, hat sich, wie Bärmann (§. VI.) sehr deutlich zeigt, in Bestimmung der Kraft, mit welcher seine beyden Walzen gegen einander gezogen werden, gröblich geirret.

Die Umstände, welche die Theorie voraussetzt, sind beym wirklichen Gebrauche des Keils selten vorhanden. In den meisten Fällen ist die Kraft kein Druck, sondern ein Stoß oder Schlag, dessen Stärke sich nach den Gesetzen der Statik gar nicht beurtheilen läßt; auch wirkt der Keil nie ohne beträchtliches Reiben. Dennoch läßt sich bey Berechnung des Drucks der Gewölber die dahin gehörige Theorie mit Nutzen anwenden; wie man denn auch aus den angegebnen Verhältnißen leicht übersieht, daß ein spitziger Keil in allen Fällen mehr Wirkung thut, als ein stumpfer.

Alle Werkzeuge mit Schneiden oder Spitzen, z. B. Messer, Beile, Scheeren, Degen, Nadeln rc. wirken als Keile. Sie haben wenigstens zwo unter einem spitzigen Winkel gegen einander geneigte Flächen. Daß dieser Flächen bisweilen mehrere sind, wie bey den vierseitig pyramidalisch zugespitzten Nägeln, oder gar unendlich viele, wie bey runden kegelförmig gespitzten Körpern, ändert die Theorie nicht, wenn anders alle Seiten mit der Axe einerley Winkel machen.

G. F. *Baermann* Diss. de cuneo. Witeb. 1751. 4.

Kästner Anfangsgr. der Mechanik, Göttingen, 1780. 8. Anm. §. 105. S. 63. u. f.

Keplerische Regeln, keplerische Gesetze des Planetenlaufs, Regulae Kepleri, *Loix de Kepler.* Unter diesem Namen sind in der Sternkunde drey von Keplern entdeckte Gesetze des Planetenlaufs bekannt, auf welche sich Newtons nachherige Entdeckungen nebst der ganzen neuern Theorie der Planeten gründen.

Das erste dieser Gesetze ist, daß die Planeten nicht in Kreisen, sondern in Ellipsen laufen, in deren einem Brennpunkte die Sonne steht. Kepler kam auf die Entdeckung desselben durch die Betrachtung der Beobachtungen, welche Tycho über den Lauf des Mars angestellt hatte, dessen Eccentricität unter den übrigen Planeten die größte ist. Er nahm zuerst wahr, daß man die bisher angenommene Eccentricität dieses Planeten, so wie die der Erde oder der Sonne, halbiren, und den wahren Mittelpunkt der Bahn, zwischen den Ort der Sonne und den Punkt, aus welchem die Bewegung des Planeten gleichförmig erscheinen würde, mitten hineinsetzen müsse. Diese Veränderung machte schon eine Menge Weitläuftigkeiten unnöthig, welche man bey den eccentrischen Kreisen der bisherigen Systeme hatte anbringen müssen, traf aber noch nicht völlig mit den wahren Stellen des Mars zwischen der Sonnennähe und Sonnenferne überein Die berechneten Stellen eilten den beobachteten im ersten Quadranten der Bahn, von der Sonnenferne an gerechnet, vor, und blieben dagegen im dritten Quadranten hinter denselben zurück; auch fanden sich die nach der Hypothese berechneten Distanzen von der Sonne, um die Seiten herum kleiner, als die aus den Beobachtungen gefolgerten.

Diese Umstände zeigten, daß die Bahn kein Kreis sey. Kepler nahm sie anfänglich, nach seinen eignen Ideen über die Ursachen der himmlischen Bewegungen für ein Oval von besonderer Art an, entwarf dafür Tafeln und Gleichungen, und bat seine Freunde, da er selbst nicht Beobachter war, diese mit dem Himmel zu vergleichen. Den Erfolg hievon meldet er in folgender Stelle, die zugleich ein Beyspiel seiner lebhaften Einbildungskraft und dichterischen Schreibart giebt. „At dum de motibus „Martis in hunc modum triumpho, eique ut plane devi-„cto tabularum carceres aequationumque compedes ne-„cto, diversis nuntiatur locis, futilem victoriam, ac „bellum tota mole recrudescere; nam domi quidem ca-

„ptivus, ut contemptus, rupit omnia aequationum vin-
„cula, carceresque tabularum effregit. Iamque parum
„abfuit, quin hoſtis fugitivus ſeſe cum rebellibus ſuis con-
„jungeret, meque in deſperationem adigeret, niſi ra-
„ptim nova rationum Phyſicarum ſubſidia, ſuſis et pa-
„lantibus veteribus, ſubmiſiſſem, et qua ſeſe captivus
„proripuiſſet, veſtigiis ipſius nulla mora interpoſita in-
„haeſiſſem.“ Er bemerkte nemlich, daß ſein Oval an den
Seiten zu ſehr abgeplattet war, und ſubſtituirte demſelben
die gewöhnliche apollonische Ellipſe. Auf dieſe Bedingung, ſagt er, ergab ſich der Gefangene. Kepler machte dieſe wichtige Entdeckung, die er zugleich auf alle übrigen
Planetenbahnen ausdehnte, und aus phyſiſchen Gründen
abzuleiten verſuchte, im Jahre 1609 bekannt (Aſtrono-
mia nova ἀιτιολογητός, ſ. Phyſica caeleſtis tradita
commentariis de motibus ſtellae Martis, Pragae 1609.
fol.) und ſie iſt ſeitdem durch alle Beobachtungen einhellig
beſtätiget worden.

Das zweyte mit dem vorigen zugleich entdeckte Geſetz
iſt dieſes, daß bey dem elliptiſchen Laufe der Planeten die
Sectoren oder Flächenräume, welche die aus der
Sonne nach dem Planeten gezogne Linie durchläuft, ASM, MSm Taf. I. Fig. 17. ſich wie die Zeiten verhalten, in denen ſie durchlaufen werden. Im alten Syſtem hatte man die Bewegung im eccentriſchen Kreiſe gleichförmig, alſo die Cirkelſectoren den Zeiten proportional angenommen. Schon bey der Halbirung der alten
Eccentricitäten ſahe Kepler, daß dies nicht mehr ſtatt
finden könne, und daß die Bewegung in der wahren Bahn
wirklich ungleichförmig ſeyn, alſo auch aus dem Mittelpunkte ungleichförmig erſcheinen müſſe. Glücklicher Weiſe
kam er auf den Gedanken, die Sectoren von dem Orte der
Sonne aus gezogen der Zeit proportional anzunehmen,
und den Punkt, aus dem die Bewegung gleichförmig erſcheint, in den Mittelpunkt des alten Syſtems, oder jen-
ſeits des neuen Mittelpunkts, von der Sonne um die doppelte Eccentricität entfernt, zu ſetzen. Als er zuletzt die
apollonische Ellipſe für die Geſtalt der Bahn erkannte,

ward dieser letztere Punkt der andere Brennpunkt der Ellipse; er fand, daß aus demselben die Bewegung zwar nicht völlig, aber doch beynahe gleichförmig erschiene; daß aber die Proportionalität der Sectoren, die aus der Sonne oder dem ersten Brennpunkte gezogen wurden, mit den Zeiträumen, in allen Beobachtungen genau statt fand. Durch diesen Gang der Ideen ward die zwote Regel zugleich mit der ersten entdeckt.

Nach diesen Regeln berechnete er nun seine Tafeln. Er nahm die ganze Fläche der elliptischen Bahn für 360° an, theilte sie in Gedanken vom Brennpunkte aus in 360 gleiche Sectoren, welche die mittlern Anomalien von Grad zu Grad vorstellten, und suchte die jedem Sector zukommenden Winkel an der Sonne, welche die wahren Anomalien gaben. Der Unterschied zwischen beyden ist die Aequation oder Gleichung der Bahn, durch welche er nach der vorhin angeführten Stelle den Planeten zu fesseln suchte, s. den Artikel: Anomalie.

Das dritte Gesetz, daß sich bey Körpern, welche um einerley Hauptkörper laufen, die Quadratzahlen der Umlaufszeiten, wie die Würfel der mittlern Entfernungen vom Hauptkörper verhalten, erfand dieser große Geometer etwas später, und durch eine Veranlassung, die er seinem Hange zum Wunderbaren zu danken hatte. Als ein Mann von lebhafter Phantasie, der auch nach dem Geschmacke der damaligen Zeit die Astrologie trieb, und allerhand besondere Uebereinstimmungen in Zahlen und Verhältnißen suchte, glaubte er nach Art der Pythagoräer eine eigne Harmonie zwischen den Tönen der Musik, den regulären Körpern der Geometrie und den Entfernungen und Größen der Planeten zu finden. Bey diesen Beschäftigungen fiel er darauf, die Umlaufszeiten der Planeten um die Sonne mit ihren Entfernungen von derselben zu vergleichen. Jupiter z. B. steht $5\frac{1}{4}$mal weiter von der Sonne ab, als die Erde, und braucht zu seinem Umlaufe $11\frac{6}{7}$mal mehr Zeit. Also verhalten sich die Umlaufszeiten nicht so, wie die Entfernungen. Aber vielleicht verhalten sich gewisse Potenzen oder Wurzeln dieser Größen auf einer-

Bbb

ley Art.   In der That ist auch die Quadratzahl von $11\frac{5}{7}$ beynahe der Cubikzahl von $5\frac{1}{7}$ gleich. Beyde betragen sehr wenig über 140.   Am 8 März 1618 hatte Kepler diesen Einfall zum erstenmale; er verglich verschiedene Potenzen, ja sogar die Quadrate der Umlaufszeiten und Würfel der Entfernungen einiger Planeten: aber ein Rechnungsfehler verhinderte für diesmal den Erfolg.   Am 15ten May kam er wieder darauf, und fand mit einer Freude, die er sehr lebhaft beschreibt, die allgemeine Uebereinstimmung, die er sogleich öffentlich bekannt machte (Epitome astronomiae Copernicanae, Lincii, 1618. 8.   Harmonicae mundi libri V. Linc. 1619. fol. p. 189.).   Eben dieses Gesetz findet auch bey dem Umlaufe der Jupiters = und Saturnsmonden um ihre Hauptplaneten statt.

Diese drey Regeln, welche den kopernikanischen Weltbau als wahr voraussetzen, wurden von den Astronomen mit verdientem Beyfall aufgenommen und trugen viel dazu bey, das Ansehen dieses Weltsystems zu befestigen. Welche Freude würde es für ihren vortreflichen Erfinder gewesen seyn, die bewundernswürdigen Folgen zu kennen, welche Newton funfzig Jahre darauf aus diesen Regeln zog, als er das Gesetz der Gravitation aus ihnen herleitete, und die Mechanik des Himmels darauf gründete.   Kepler hatte sie blos aus Beobachtungen gezogen; Newton leitete aus ihnen ein noch allgemeineres Gesetz her, dessen wirkliches Daseyn er aus dem Mondlaufe erwies, s. Gravitation. Dadurch sind sie zu dem Range erwiesener Naturgesetze erhoben worden.   Sie fließen nemlich aus den Gesetzen der Centralbewegung und der Gravitation als nothwendige Folgen ab, wie für das erste Gesetz aus Th. I. S. 475 dieses Wörterbuchs bey I., für das zweyte aus S. 471., für das dritte aus S. 480 bey V. im Art. Centralbewegung, erhellet.

Die Gewißheit dieser Regeln ist so fest bestätiget, daß man sie ohne alles Mißtrauen, selbst bey neuen Bestimmungen, zum Grunde legt, wenn andere Mittel fehlen.   So würden wir z. B. nicht im Stande seyn, die Entfernung des neuentdeckten Planeten Uranus von der Sonne anzugeben, weil sein Abstand zu groß ist, um eine merkliche Parallaxe zu geben. Weil man aber aus seiner Bewegung schließen kan, daß er seinen Umlauf in $82\frac{5}{12}$ Jahren vollende, wovon die Quadratzahl 6791 zugleich der Würfel von $18\frac{9}{10}$ ist, so schließt man nach der dritten keplerischen Regel mit aller Sicherheit, daß er von der Sonne beynahe 19mal weiter, als die Erde, entfernt sey.

Montucla Hist. des mathem. To. II. P. IV. L. 4. §. 1.

De la Lande astronom. Handbuch, Leipz. 1775. gr. 8.

Kiesel, Silices, *Cailloux.* Diejenigen Steine, deren einzigen oder Hauptbestandtheil die Kieselerde ausmacht. Sie brausen nicht mit dem darauf getröpfelten Scheidewasser, geben mit dem Stahle Funken, schneiden in Glas, und widerstehen dem Feuer sehr stark. Zu dieser Classe von Steinen gehört der Bergkrystall, der Quarz, der gemeine Kiesel, Sand, Sandstein, Hornstein, Jaspis, Agat, ꝛc. Nach Bergmanns neuern Bestimmungen macht auch die Kieselerde, mit Thonerde und etwas Kalkerde verbunden, den vornehmsten Bestandtheil der Edelsteine aus.

Kieselerde, Glaserde, glasachtige, verglasliche Erde, Terra silicea s. vitrescibilis, *Terre de caillou, Terre vitrifiable.* Eine eigne von den übrigen wesentlich verschiedene Erde, welche von keiner Säure, ausser der des Flußspaths, aufgelöset wird, mit derselben beym Anschießen den Bergkrystall giebt, von den ätzenden firen Laugensalzen auf dem nassen Wege angegriffen wird, auf dem trocknen mit ihnen Glas giebt, rein hingegen dem Feuer ausserordentlich widerstehet.

Die reine Kieselerde ist im Wasser unauflöslich, und kan nur sein zertheilt unsichtbarer Weise darinn schweben. Sie erregt auch ganz und gar keinen Geschmack auf der Zunge. Für sich allein kan sie weder durch unser Küchenfeuer, noch durch die Hitze des Brennpunkts geschmolzen werden, und führt also den Namen der verglaslichen Erde nicht ganz schicklich. Man hielt sonst die firen Laugensalze

für die einzigen Auflösungsmittel derselben; neuere Entde=
ckungen aber haben gelehrt, daß die Flußspathsäure eben=
falls zu denselben gehöre, s. **Flußspathsäure.** Beym
Zusammenschmelzen der Kieselerde mit den Laugensalzen
entsteht ein starkes Aufschwellen und Aufbrausen, wobey
eine Menge Luftsäure entbunden wird.

Wenn man reine kieselartige Steine mit vier Theilen
Weinsteinsalz, oder auch gutes weisses Glas mit drey Thei=
len desselben schmelzet, so erhält man eine durchsichtige, al=
kalisch schmeckende Masse, welche an der Luft zerfließt, und
dadurch die **Kieselfeuchtigkeit** (liquor silicum) giebt.
Das Laugensalz läst hiebey die Luftsäure fahren, welche sei=
ne Vereinigung mit der Kieselerde hinderte, und wird das
Zwischenmittel der Verbindung des Wassers mit der Kie=
selerde. Aus der Kieselfeuchtigkeit schlägt jede Säure die
Erde wiederum nieder, und man bedient sich dieses Mit=
tels, die Kieselerde so rein zu erhalten, als die Natur sie nie
liefert, indem man Vitriolsäure im Uebermaaße zusetzt, in
welcher sich die beygemischten fremden Erden auflösen.
Bergmann (De terra silicea in Opusc. Vol. II) giebt
die specifische Schwere dieser getrockneten reinen Kieselerde
1,975 an.

Da die Kieselerde die Eigenschaften, welche die Erden
vornehmlich auszeichnen, als Härte, Schwere, Unschmelz=
barkeit, Feuerbeständigkeit ꝛc. in vorzüglich hohem Grade
besitzt, so ist sie von einigen Chymikern, welche Elemente
anzunehmen geneigt sind, z. B. von **Macquer,** als die
einfachste und elementarische Erde betrachtet worden, aus
welcher die Natur erst in der Folge durch Organisation in
thierischen Körpern und Pflanzen, und durch andere Bear=
beitungen, die übrigen Erden hervorgebracht habe. Es
ist aber überhaupt mißlich, von Elementen zu sprechen,
und überdies kan man durch keinen Versuch zeigen, wie
sich Kieselerde in Thon= oder Kalkerde verwandlen könne.
Was man dafür hat anführen wollen, daß der aus der Kie=
selfeuchtigkeit bereitete Niederschlag einen Antheil von
Alaunerde gebe, das kam nach **Bergmann** (Physik. Erd=
beschr. Th. II. S. 258.) und **Leonhardi** (Anm. zum

Macquer, Art. **Erde, verglasliche**) von der Thonerde her, die das Vitriolöl aus den irdenen Gefäßen aufgelöset hatte, und fiel weg, wenn man eiserne Gefäße gebrauchte.

In der Natur findet sich diese Erde am reinsten im **Bergkrystall**, welchen **Bergmann** durchs Anschießen einer Auflösung der Kieselerde in Flußspathsäure erhalten hat, s. **Flußspathsäure**. Die übrigen Erden, welche sich in allen Säuren auflösen, werden im Gegensatz mit der Kieselerde absorbirende, säurebrechende, auch alkalische **Erden** genannt.

Gren system. Handbuch der Chemie, Th. I. S. 386. u. f.

Klang, Klingen, Clangor, *Son clair*. Ein Schall wird klingend oder ein **Klang** genannt, wenn die Schwingungen, die er den Lufttheilchen eindrückt, die Empfindung eines einzigen Tons oder auch mehrerer Töne erregen, die man aber doch deutlich unterscheiden kan. Dem Klange wird der dumpfe **Schall**, oder das Geräusch, Getöse entgegengesetzt, in welchem sich gar kein Ton unterscheiden läßt. Der Klang selbst ist entweder rein, wenn man nur einen Ton oder mehrere consonirende Töne hört, oder unrein, wenn die zugleich gehörten Töne dissoniren. Da die Töne von der Geschwindigkeit oder Zeitdauer der Schwingungen abhängen, s. **Schall, Ton**, so sind die klingenden Körper von den blos schallenden darinn unterschieden, daß die letztern Schwingungen von höchst verschiedener und mannigfaltiger Geschwindigkeit und Dauer, jene aber blos gleichzeitige oder solche erregen, die in Betracht ihrer Geschwindigkeiten nur nach gewissen Verhältnissen von einander abgehen.

Jeder klingende Körper kan verschiedene Töne geben, je nachdem seine natürliche Gestalt von den Schwingungslinien entweder gar nicht, oder in 1, 2, 3 und mehrern Stellen durchschnitten wird. Diese Stellen heissen **Schwingungsknoten**; sie bleiben in Ruhe, während die übrigen Theile des klingenden Körpers sich bewegen. Saiten geben, wenn kein Schwingungsknoten entsteht, den **Grundton**, bey 1, 2, 3 Schwingungsknoten aber harmonische Töne, welche in der Progression 2, 3, 4 fortschreiten. An elastischen

Stäben und Blechstreifen, wie auch an Ringen, Scheiben, Glocken u. dgl. sind die Verhältnisse anders.

Die Klänge der Stäbe und Streifen hat zuerst **Daniel Bernoulli** in den Commentarien der Petersburger Akademie untersucht, **Euler** (Investigatio motuum, quibus laminae et virgae elasticae contremiscunt in Comm. Acad. Petrop. 1779. P. I. .p 103. sq. ingl. Methodus inveniendi curvas maximi minimive proprietate gaudentes, Additam. I. de curvis elasticis.) und **Riccati** (Delle vibrazioni sonore dei cilindri in den Memorie di matematica e fisica, Verona 1782. To. I.) haben darüber die genausten Berechnungen angestellt. Bey Stäben von einerley Materie verhalten sich die Grundtöne, und die gleichartigen Töne überhaupt, wie die Dicken der Stäbe, und umgekehrt, wie die Quadrate ihrer Längen. Bey den Blechstreifen steht die absolute Elasticität im zusammengesetzten Verhältniße der Steifigkeit ihrer Materie, ihrer Breite, und des Würfels ihrer Dicke. Hieraus folgt, daß sich die Quadrate der Schwingungszeiten, wie

$$\frac{L^3 G}{E}$$

verhalten, wenn L die Länge, G das Gewicht, E die absolute Elasticität des Stabs bedeutet. Dies weicht von dem, was beym Worte: **Elasticität** (Th. I. S. 707.) von den Saiten gesagt worden ist, allerdings ab, und beweiset, daß man elastische Stäbe und Bleche nicht nach den Gesetzen der Saiten beurtheilen darf, wie doch selbst **Euler** (Tentam. novae theor. Musicae Cap. 1. §. 23.) gethan hat, ehe er auf Bernoulli Veranlassung genauere Untersuchungen hierüber anstellte.

Ueber die Klänge der Ringe und Glocken haben **Euler** (De sono campanarum in Nov. Comm. Petrop. To. X.) und insbesondere über die Harmonicaglocken **Golovin** (Act. Acad. Petrop. pro anno 1781. P. II.) Untersuchungen angestellt, mit denen aber die Erfahrung nicht genug übereinstimmt. Herr D. **Chladni** in Wittenberg (Entdeckungen über die Theorie des Klanges. Leipz. 1787. 4.)

hat dieses Fach der Experimentaluntersuchung sehr glücklich erweitert, und über die Klänge elastischer Ringe, Rectangelscheiben, Glocken, runder Scheiben, Quadratscheiben u. s. w. eine Menge schätzbarer Versuche angestellt. Er legte in dieser Absicht den klingenden Körper auf eine oder mehrere Stützen, von Bindfaden, gedrehtem Papier, den Finger u. dgl. An den Orten dieser Unterstützung entstehen beym Klange selbst Schwingungsknoten, oder vielmehr: es laufen die festen Linien, die beym Schwingen der übrigen Theile unbewegt bleiben, durch diese Punkte. Er bestreute dann den Körper mit etwas Sand, und strich ihn an einer Stelle des Randes mit dem Violinbogen, wodurch er jederzeit einen sehr merklichen Klang erhielt. Der Sand ward von den schwingenden Theilen abgeworfen, und sammlete sich auf den Schwingungsknoten oder festen Linien, welche mehrentheils regelmäßige Figuren bildeten. Hiedurch erhielt er ein Mittel, die verschiedenen Klänge der untersuchten Körper sichtbar darzustellen, dessen er sich mit gutem Erfolge bedient, und 166 verschiedene Klangfiguren in Abbildungen mitgetheilt hat.

Diese Versuche widerlegen sehr deutlich den Irrthum, den nach Carre und de la Hire (Mém. de Paris. 1709 et 1716.) so viele Physiker angenommen haben, daß beym Klange eine Erzitterung der kleinsten Theile vorgehe. Vielmehr bleiben bey jedem Klange gewisse feste Stellen des Körpers unbewegt, und um diese herum osciliren die übrigen Theile so, daß die gegenüberliegenden allezeit nach entgegengesetzten Seiten gehen. Bey einer Glocke oder runden Scheibe hört man den Grundton, wenn sie sich $45°$ und $135°$ weit von der angeschlagnen oder gestrichnen Stelle durch zwo feste Linien in vier Quadranten theilt, von denen jeder für sich oscillirt. Ausserdem aber kan sie noch sehr viele andere harmonische Töne geben, bey denen 3, 4 oder mehrere feste Linien vorkommen, oder wo die natürliche Gestalt in 1, 2, 3 und mehrern concentrischen Kreisen, oder auch in Linien und Kreisen zugleich durchschnitten wird. Der einfachste dieser Töne, wobey die Scheibe durch drey feste Linien in sechs einzeln schwingende Theile eingetheilt

wird, ist um eine große None höher, als der Grundton.
Man erhält diesen Ton, wenn man die Scheibe in der
Mitte hält, zugleich noch eine andere Stelle am Rande
berührt, und 30° oder 90° weit davon mit dem Bogen
streicht u. s. w.

Töne, welche ähnliche Figuren geben, nennt Herr
Chladni gleichartige. Bey Stäben, Scheiben und Glocken werden sie tiefer, wenn die Dicke geringer ist; da hingegen bey den Saiten die dünnere einen höhern Ton angiebt.
Aus dem bloßen Gewichte der Körper läst sich auf den Ton,
oder auf die Höhe und Tiefe des Klanges gar nicht schließen:
bleibt aber bey Stäben das Verhältniß der Länge zur Dicke,
und bey Scheiben und Glocken das Verhältniß des Durchmessers zur Dicke eben dasselbe, so verhalten sich die gleichartigen Töne, wie die Cubikwurzeln der Gewichte. Hieraus wird die im Artikel Akustik angegebne Erzählung von
den Hämmern des Pythagoras völlig unwahrscheinlich.

Das Mitklingen mehrerer Töne mit dem Grundtone
zugleich, ist zwar, wie Euler und Bernoulli richtig gezeigt haben, möglich und wird in der Erfahrung häufig
gefunden, allein es ist keinesweges nothwendig. Es ist
also falsch, wenn Erxleben (Anfangsgr. der Naturl.
§. 291.) behauptet, man höre in jedem Klange gewisser-
massen alle Töne mit, vorzüglich ausser dem Grundtone
allemal noch die Octave desselben, die Octave der Quinte,
und die doppelte Octave der großen Tertie; so wie in Sulzers allgemeiner Theorie der schönen Künste unter dem Artikel Klang gesagt wird: "Jeder Ton ist ein Accord, da-
„durch hört der Ton auf, ein bloßes Klappern zu seyn".
Inzwischen sind aus diesem zufälligen Mitklingen harmo-
nischer Töne von Rameau (Traité de l'harmonie, à Paris,
1722. 4.) und Jamard (Recherches sur la theorie de la
Musique, à Paris et Rouen, 1769. 8.) fast alle Grundsätze der Harmonie hergeleitet worden. Bey den Saiten
findet sich zwar dieses Mitklingen mehrentheils, es sind
aber die Töne desselben keinesweges als nothwendige Bestandtheile des Klanges anzusehen.

Ueber die verschiedenen Schwingungsarten der Saiten hat zuerst **Sauveur** (Mém. de Paris, 1701.), nachher **Brook Taylor** (Methodus incrementorum, Lond. 1715. 4.), **Daniel Bernoulli** (Mém. de Berlin 1753. 1765). **Euler** (Nov. Comm. Petrop. To. IX. XV. XVII. XIX. Acta Acad. Petrop. 1779. 1780. 1781. Mém. de Berlin 1748. 1753. 1765.) **de la Grange** (Misc. Taurinens. To. I. II. III.), **Young** (Enquiry in to the principal phaenomena of sounds and musical strings. Dublin, 1784. 8.), über die Töne der Blasinstrumente **Bernoulli** (Theorie des tons de l'orgue, Mém. de Paris, 1762.) und **Lambert** (Sur les tons des flûtes, Mém. de Berlin, 1775.) theoretische Untersuchungen angestellt.

Herr **Busse** (Kleine Beyträge zur Mathematik und Physik. Erster Theil, Leipz. 1786. S. 131. f.) bemerkt, daß er bey den Tönen reiner Blasinstrumente nur einen einfachen Ton zu hören im Stande sey, so wie auch bey dem Anschlagen der Saiten, wenn alle übrigen Saiten des Instruments gehörig gedämpft sind, die klingende Saite allenthalben gleichartig und von gleicher Dicke ist, und die Nebenschwingungen vermieden werden, welche etwa durch die Berührungsstelle verursacht werden könnten.

Eben derselbe gedenkt auch einer Erscheinung, welche aus der Verbindung der schwingenden Bewegung mit einer drehenden zu entstehen scheint. "Der Raum, sagt er, „durch welchen die Saite schwingt, erscheint uns wie eine „Fläche, deren äussere krummlinigte Grenzen vorzüglich „stark ins Auge fallen. Weil sich nemlich die schwingende „Saite länger an den beyden Grenzen, als in der Mitte, „aufhält, so hat man ungefähr das Bild, als ob an den „Grenzen zwo Saiten gespannt wären, und die dazwischen „fallende Fläche aus einem dünnen Spinnengewebe bestünde. „Berührt man nun die Saite weit von ihrem Mittelpunk= „te, so scheint sich zwischen den beyden Saitenbildern an „den Grenzen der Fläche, ein drittes Saitenbild langsam „hin und her zu bewegen — Jenseits der Mitte bewegt „sich das dritte Saitenbild entgegengesetzt, und an andern

„Stellen scheinen sich zwey solche Saitenbilder gegen einan=
„der zu bewegen." Herr Chladni hat die Entstehung
dieser Erscheinung durch die Schwingungen eines dünnen
stählernen Stabs, den man in einen Schraubenstock ein=
klemmt, und unter einem schiefen Winkel mit der Mün=
dung des Schraubenstocks losschnellen läst, sehr deutlich
erkläret.

Chladni Entdeckungen über die Theorie des Klanges, 1787. 4.
mit 11. Kupfertafeln.

Kleistischer Versuch, s. Flasche, geladne.

Klima, Clima, *Climat.* Die alten Geographen,
wie Ptolemäus (Geogr. L. I. c. 8.), theilten die Erd=
fläche durch Parallelkreise mit dem Aequator so, daß von
jedem solchen Kreise bis zum folgenden die Dauer des läng=
sten Tages um eine halbe Stunde zunahm. Die Flächen=
räume zwischen diesen Kreisen nannten sie Klimata, wel=
ches Wort soviel, als: Lagen der Orte, bedeutet. So
gieng das erste Klima vom Aequator, wo jede Taglänge
12 St. beträgt, bis an den Parallelkreis, unter welchem
der längste Tag 12½ St. dauert; unsere Gegenden, deren
längster Tag gegen 16½ St. beträgt, fallen hiebey in das
neunte Klima.

Nach dieser Eintheilung finden vom Aequator bis an
jeden Polarkreis, wo der längste Tag 24 Stunden dauert,
24 Klimata statt. Innerhalb der Polarkreise wächst der
längste Tag so schnell, daß er einen Grad weiter nach dem
Pole zu, schon einen Monat lang ist. Einige haben da=
her die kalten Zonen noch in sechs Klimata getheilt, in de=
ren jedem, vom Anfange bis zum Ende, der längste Tag
um einen Monat wächst. Man findet von diesen, jetzt
nur noch zur Erklärung der Alten brauchbaren Eintheilun=
gen beym Riccioli (Geogr. reform. L. VII. c. 9.) und
Varenius (Geogr. gener. Sect. VI. c. 25.) umständlichere
Nachricht.

Weit gewöhnlicher versteht man anjetzt unter dem Wor=
te Klima das einem Orte eigne Verhalten der Witterung,
in Absicht auf Wärme und Kälte, Abwechselungen der
Jahrszeiten, Feuchtigkeit und Trockenheit der Luft, Frucht=

barkeit, u. ſ. w. Daß die Hauptverſchiedenheiten der
Wärme und der Jahrszeiten von der Wirkung der Son=
nenſtralen herrühren, fällt bey Vergleichung der Witte=
rung in den verſchiedenen Zonen der Erdfläche deutlich in
die Augen. Wieviel nun hiebey auf die Sonne allein an=
komme, das haben Halley (Philoſ. Trans. Num. 23.
art. 9.) Mairan (Mém. de Paris, ann. 1719.) Simpſon
(Treatiſe of fluxions, p. 182 ſq.), Käſtner (Hamburg.
Magazin II. B. 426. S. ingl. bey Lulofs Einl. zur Kennt=
niß der Erdkugel, Anm. S. 97 u. f.), Euler (Comm.
Acad. Petrop. To. XI.) auf mathematiſche Berechnung zu
bringen geſucht.

Halley ſieht blos darauf, daß ſich die Wirkung eines
ſchiefen Stoßes, wie der Sinus ſeines Winkels mit der
geſtoßenen Fläche, verhält, ſ. Stoß. Er ſetzt daher die
augenblickliche Wirkung der Sonne auf einen gewiſſen
Theil der Erdfläche, dem Sinus der Sonnenhöhe h pro=
portional. Die Totalſumme aller dieſer augenblicklichen
Wirkungen während eines ganzen Tages findet er, nach der
Gewohnheit der damaligen Schriftſteller, geometriſch,
durch Vergleichung mit der Fläche eines hufförmigen Cy=
linderabſchnitts. Auf Rechnung gebracht, wird das Ele=
ment dieſer Totalſumme (wenn dt das Element des
Stundenwinkels oder Zeitbogens iſt) = ſin h. dt, deſ=
deſſen Integration (wenn der Sinus der Breite des Orts
= s; der Coſinus = c; der Sinus der Abweichung der Son=
ne = x; der Coſinus = y geſetzt wird) für die Wirkung der
Sonne bis auf die Mittagsſtunde, wo t dem halben Tag=
bogen gleich wird,

$$c\,y\,\sin.\,t + s\,x\,t$$

giebt. Für Orte unter dem Aequator, wo s = o und c = 1,
t aber = 90°, wird dieſe Formel = y, alſo die Wirkung
für den ganzen Tag = 2 y, welches am Tage der Nacht=
gleiche, wo y = 1 iſt; 2,0000 beträgt. Für Leipzig (die
Breite = 51° 20′, die gröſte Abweichung der Sonne = 23° 28′,
den halben Tagbogen am längſten Tage = 123°, am kürze=
ſten = 57° geſetzt) findet ſich hieraus die Wirkung der Sonne

am längsten Tage = 2,2970
am Tage der Nachtgl. = 1,2500
am kürzesten Tage = 0,3442.

Man hat aber mit Recht erinnert, daß hiebey nicht allein auf den Stoß jedes einzelnen Strales, sondern zugleich auf die Menge der Sonnenstralen zu sehen sey, welche die Erdfläche aufnimmt, und welche sich ebenfalls, wie der Sinus des Einfallswinkels oder der Sonnenhöhe h verhält. Demnach ist die augenblickliche Wirkung im Verhältnisse des Quadrats von sin h, und das Element der Summe verwandlet sich in sin h² dt. Die Integration dieser Formel giebt für die tägliche Wirkung
$$(c^2 y^2 + 2s^2 x^2)\, t - 3 c^2 y^2 \sin t.\, \cos t.$$
welcher Ausdruck sich für Orte unter dem Aequator, wo s = o; c = 1; t = ½ π; cos t = o ist, in ½ πy², und für den Tag der Nachtgleiche, wo y = 1, in ½ π = 1, 5707 verwandlet

Für Leipzig giebt sie die Wirkung der Sonnenwärme
am längsten Tage = 1,5696
am Tage der Nachtgl. = 0,6136
am kürzesten Tage = 0,0699

Dem zu Folge wäre die Sonnenwärme am längsten Tage bey uns eben so groß, als unterm Aequator, und verhielte sich zu der am kürzesten Tage wie 22 zu 1.

Es ist aber hiebey noch nicht auf den verschiedenen Abstand der Sonne von der Erde, und auf die Schwächung der Sonnenstralen bey ihrem Durchgange durch den Luftkreis gesehen. Mairan, der alle diese Ursachen zusammennimmt, findet durch einen ungefähren Ueberschlag die Wirkung der Sonnenwärme am längsten und kürzesten Tage für Paris, wie 66 zu 1. Da nun Amontons (Mém. de Paris, 1702) vermittelst seines Luftthermometers die wirkliche Wärme zu Paris am längsten und kürzesten Tage nur im Verhältnisse 8: 7 gefunden hatte, so erklärt Mairan diese große Abweichung sehr glücklich durch eine in der Erde bleibende Grundwärme, welche sich zu der von der Sonne im Winter erregten Wärme, wie 393 : 1

verhalte. Nach dieser Hypothese ist die wirkliche Wärme des Sommers zu der des Winters wie 393 + 66 : 393 + 1, d. i. wie 459 : 394 oder fast, wie 8 : 7. Mairans übrige Gründe für das Daseyn dieser Grundwärme findet man bey dem Worte: Centralfeuer. Nach dieser Hypothese hat Mairan (Nouvelles recherches sur la cause generale du chaud en été et du froid en hiver, à Paris, 1768. 4. maj.) Tafeln für die Wärmen des längsten und kürzesten Tages unter verschiedenen Breiten berechnet, welche man auch beym Bergmann (Physik. Beschreibung der Erdkugel, II. B. §. 140. 141.) findet.

Es verbinden sich aber zur Bestimmung der Wärme und des Klima überhaupt, mit der Wirkung der Sonne noch sehr viele andere Ursachen, z. B. die im Luftkreise vorgehenden Verbindungen, Zersetzungen und Niederschläge, die Wirkung der Ausdünstung der Erdfläche, die Mittheilung der Temperatur anderer Orte durch Winde. Daher ist das wahre Klima eines Orts von dem berechneten Sonnen- oder geographischen Klima, welches doch blos von der Breite des Orts abhängt, gänzlich unterschieden. Das viele Lokale hiebey macht es sehr schwer, die Beobachtungen auf eine allgemeine Theorie zurückzubringen.

Mayer (De variationibus thermometri accuratius definiendis in Tob. Mayeri Opp. ineditis. Gotting. 1775. 4. maj. Num. I.) thut den schönen Vorschlag, für die mittlern Wärmen der Orte Tafeln nach einer Theorie zu verfertigen, und diese wegen der Höhe der Orte und der jährlichen und täglichen Abwechselungen, durch Gleichungen, nach Art der astronomischen Rechnung, zu berichtigen. Er legt den Satz zum Grunde, daß sich die Abnahme der mittlern Wärme nach dem Quadrate des Sinus der Breite richte, welcher aus der obigen Formel folgt, wenn man sie für die Wärme am Tage der Nachtgleiche einrichtet, wofür sie $\frac{1}{2}\pi c^2 = \frac{1}{2}\pi (1 - s^2)$ giebt, daß also die Abnahme dieser Wärme gegen die ganze unterm Aequator statt findende, wie s^2 gegen 1 ist. Setzt man nun die mittlere Wärme unterm Aequator = 24 reaum. Grade, die unter den Polen = 0, so findet man sie unter der Breite s = 24 (1 — s²) Grade. Hieraus entsteht folgende Tabelle

Breite	Reaum. Grade		Breite	Reaum. Grade
0°	24		50°	10
5	23¾		55	8
10	23¼		60	6
15	22½		65	4¼
20	21¼		70	2¾
25	19¾		75	1½
30	18		80	¾
35	16		85	¼
40	14		90°	0
45	12			

Von den Angaben dieser Tafel soll nun noch für jede 100 Toisen Höhe über der Meeresfläche 1 Grad abgezogen werden, weil die beständige Schneegrenze unter dem Aequator 2400 Toisen hoch liegt, also in dieser Höhe die Wärme um 24 Grad vermindert wird. So kömmt für Göttingen, dessen Höhe über dem Meere 70 Toisen beträgt, nach einem Abzuge von 7/10 oder ⅔ Grad, die mittlere Wärme 9 Grade. Für die jährlichen Abwechselungen nimmt Mayer an, das Maximum und Minimum der Wärme falle bey uns, wenn die Sonne 30° über das Solstitium hinaus sey, unter dem Aequator aber ins Solstitium selbst, und die gröste jährliche Veränderung betrage unter dem Aequator 0, in unsern Gegenden 10 Grad, unter den Polen 13 Grad. Nach diesen Voraussetzungen ließen sich Tafeln für jeden Grad der mittlern Wärme verfertigen. Folgende für 8 Grad kan zum Beyspiele dienen.

Monate	Tage			Monate	Tage		
	I	11	21		I	11	21
Jan.	— 1½	— 2	— 2	Jul.	17½	18	18
Febr.	— 2	— 1½	— 0½	Aug.	18	17½	16½
März	+ 0½	1½	3	Sept.	15½	14½	13
April	4½	6¼	8	Oct.	11½	9¾	8
May	9¾	11½	13	Nov.	6¼	4½	3
Jun.	14½	15½	16½	Dec.	1½ +	0½ —	0½

Herr Professor **Lichtenberg** bemerkt in den Zusätzen zu den Mayerischen Abhandlungen, daß die nach diesen Tafeln berechneten mittlern Wärmen mit den beobachteten, die der P. Cotte (Traité de meteorologie, Paris, 1774. 4.) mittheilt, sehr wohl übereinstimmen, soviel den Raum der Erdfläche betrift, welcher zwischen den Parallelen von Stockholm und dem Cap der guten Hofnung und zwischen den Meridianen von Stockholm und Mexico eingeschlossen ist.

Diesen von Mayer angegebnen Weg hat **Kirwan** (An Estimate of the temperature of different latitudes, London, 1787. 8. **Kirwans** Angabe der Temperatur von den verschiedenen Breiten ꝛc. a. d. engl. von **Crell**, Berlin, 1788. 8.) weiter verfolgt, und bey der großen Verschiedenheit der Localursachen, welche auf das Klima wirken, vor allen andern eine Gegend aufgesucht, in welcher die Localursachen größtentheils hinwegfallen (*a standard situation*). Diese glaubt er in dem atlantischen Meere zwischen 80° nördlicher und 45° südlicher Breite, und in der Südsee zwischen 45° N. und 40° S. Breite zu finden. Ueber die mittlern Wärmen dieses großen Theils der Erdfläche theilt er eine Tafel mit, die sich von der mayerischen nur darinn unterscheidet, daß sie auf fahrenheitische Grade berechnet, und die mittlere Wärme unter den Polen nicht auf den Eispunkt (d. i. auf 32) sondern auf 31 Grad nach Fahrenheit gesetzt ist.

Die jährliche Abwechselung betreffend, nimmt er den April für denjenigen Monat an, dessen mittlere Wärme mit der in der Tafel angegebnen am nächsten übereinstimmt, berechnet hieraus die Wärme für May, Junius, Julius und August nach dem Verhältniße des Sinus der Sonnenhöhe, nimmt aber für die übrigen Monate wegen des Einflußes der Grundwärme die wahre Wärme für das arithmetische Mittel zwischen der berechneten und der mittlern an. Diese ziemlich willkührliche Bestimmung hat, wie er versichert, die beste Uebereinstimmung der Resultate mit den Beobachtungen gegeben; er theilt darüber eine Tafel für alle Grade der Breite und alle Monate des Jahres mit, die aber von der mayerischen schon sehr weit abweicht, z. B. für 52° Breite die Wärme im Februar (wo sie nach

Mayer unter dem Eispunkte war) 43 fahrenh. Grade giebt.
Die tägliche Veränderung betreffend, setzt er die gröste
Kälte ½ Stunde vor Sonnenaufgang; die gröste Wärme
zwischen 60° und 45° Breite um 2½ Uhr, zwischen 45° und
35° um 2 Uhr, zwischen 35° und 25° um 1½ Uhr, zwischen
25° und dem Aequator um 1 Uhr Nachmittags.

Es wird aber diese regelmäßige Temperatur durch mancherley Localumstände, durch Höhe, Abstand vom Meere,
Nähe weit ausgebreiteter Länder von besonderer Beschaffenheit, benachbarte Seen, Berge, Wälder u. dgl. abgeändert. Wegen der Höhe ist die mittlere Wärme auf jede
200 engl. Fuß um ¼ — ½ Grad zu vermindern, um ¼
wenn sie in der Weite einer englischen Meile nur 6 Fuß, um
½, wenn sie um 15 Fuß und drüber, ansteigt. Das feste
Land ist gewöhnlich im Sommer 8 bis 10 Grad wärmer,
im Winter eben soviel kälter, als das Meer. Dies hebt
sich zwar in Absicht auf die mittlere Wärme des ganzen
Jahres auf; es bleibt aber doch einige Ungleichheit übrig,
um deren willen für 50 Meilen Entfernung vom Meere
unter der Breite von 70, ⅓ Grad abzuziehen, bey 10° hingegen 1 Grad hinzuzusetzen ist, da bey 30° die mittlere Wärme unverändert bleibt. Länder auf der Windseite hoher
Berge oder großer Wälder sind wärmer, als die unter
gleicher Breite auf der andern Seite liegen. Länder, die
einem Meere südwärts liegen, sind in unserer Halbkugel
wärmer, als die nordwärts liegenden, u. s. w.

Diese Regeln werden nun auf die Temperaturen einzelner Länder und Orte angewendet, und mit den daselbst angestellten Beobachtungen verglichen. Die Resultate hievon sind in folgenden Sätzen enthalten.

1. Der Jänner ist der kälteste Monat; der wärmste
hingegen ist in Breiten über 48° der Julius, in geringern
Breiten der August.

2. December und Jänner, auch Junius und Julius
sind wenig unterschieden. Ueber 30° Breite weichen August, September, October und November mehr von einander ab, als Februar, März, April und May. In
geringern Breiten sind die Unterschiede nicht so groß.

Im April ist die Wärme der mittlern am nächsten. Also erreichen die Wirkungen ihr Maximum nicht eher, als bis die Ursachen schon anfangen abzunehmen, und sie nehmen nach diesem Maximum schneller ab, als sie vor demselben zunahmen.

3. Auf 20° vom Aequator sind die Unterschiede zwischen den wärmsten und kältesten Monaten gering, werden aber größer, je weiter man sich vom Aequator entfernet.

4. In den größten Breiten, besonders um 59 und 60° trift man Sommerwärme von 75 — 80 Graden an, und es ist oft im Julius wärmer, als unter 51° Breite.

5. Jede bewohnbare Breite hat wenigstens zween Monate lang eine Wärme von 60 Graden, die zum Reifen des Getraides nothwendig ist. In den Nordländern reifen die Gewächse wegen der langen Tage sehr schnell, und wegen des schmelzenden Schnees ist nicht viel Regen nöthig.

6. Die vielen Seen und Gebirge, deren Disposition so unregelmäßig und zufällig scheint, sind von sehr wohlthätigen Folgen. Sie mäßigen die Kälte in den größern, und die Hitze in den geringern Breiten. Blos aus Mangel solcher Seen ist das Innere von Asien und Afrika unbewohnbar. Ohne die Alpen, Pyrenäen, Apenninen rc. würden Italien, Spanien und Frankreich kein so mildes Klima haben. Jamaica, Domingo, Sumatra und andere Inseln zwischen den Wendekreisen werden blos durch ihre Berge erfrischt.

7. Der Wein gedeiht um London nicht so, wie um Paris, obgleich der londner Winter milder ist: denn die Wärme ist vom April bis zum October in Paris größer. So kan ein Klima gewissen Früchten zuträglicher seyn, als ein anderes.

Zwischen den Wendekreisen sind die Barometerveränderungen sehr gering; die heftige Wirkung der Sonne wird durch die Länge der Nächte und den häufigen Regen hinlänglich gehemmet. Die Regenzeit trift an der Nordseite des Aequators zwischen dem März und September ein, an der Südseite umgekehrt; ihr Anfang aber und ihre Dauer ſind ſehr verſchieden. An einigen Orten rechnet man zween Sommer und zwo Regenzeiten; letzteres ſind gewöhnlich die Zeiten, da die Sonne dem Scheitel nahe iſt, dagegen die angenehmſte Jahrszeit einfällt, wenn ſie am weitſten, vom Scheitel abweicht. In den hoch liegenden Orten die-ſes Erdſtrichs, z. B. Quito, Lima ꝛc. iſt das Klima eines der ſchönſten auf der ganzen Erdfläche.

In den gemäßigten Zonen werden die Abwechſelungen ſowohl der Wärme, als des Barometerſtandes weit größer, und die beſondere Lage der Orte hat auf das Klima weit mehr Einfluß. So iſt z. B. Sibirien wegen ſeiner hohen La-ge einer äußerſt ſtrengen Kälte ausgeſetzt; auch Aſtrakan und Quebec haben ſtrenge Winter, ob ſie gleich ſüdlicher liegen, als Paris. In der ſüdlichen Zone iſt die Kälte des Winters ſtrenger, als in der nördlichen, vielleicht darum, weil ſich die Sonne um 8 Tage länger in den nördlichen Zei-chen verweilet, als in den ſüdlichen. An den kältern Orten werden Frühling und Herbſt ſehr kurz, und man findet wie-derum nur zwo Jahreszeiten. Der Schnee ſchmelzt ſehr ſpät, dann aber oft in 8 Tagen auf einmal, nach andern 8 Tagen iſt ſchon alles grün, und in 5 bis 6 Wochen hat man ſchon reife Früchte. Eben ſo ſchnell ſtellt ſich auch der Winter wiederum ein, woraus man ſieht, daß eine ſchwä-chere Wirkung, die lang anhält, oft mehr ausrichte, als eine bald aufhörende ſtärkere.

Bergmann phyſik. Beſchreib. der Erdkugel, durch Röhl, Th. II. §. 138. u. f.

Kirwan Eſtimate of the temperature of diff. latitudes, Lond. 1787. 8.

Kloben, Flaſche, *Mouffle.* Ein Gehäuſe, wel-ches mehrere um ihre Axen bewegliche Rollen enthält, wie N M und O P, Taf. IX. Fig. 33. Zween ſolche Kloben machen einen Flaſchenzug aus, ſ. **Flaſchenzug.** Die la-teiniſche Terminologie hat für den Kloben keinen beſon-dern Namen, wie denn auch das franzöſiſche *Mouffle* ſehr oft für den ganzen Flaſchenzug gebraucht wird.

Knallgold, Platzgold, Aurum fulminans, *Or fulminant.* Ein Niederschlag des Goldes aus seiner Auflösung in Königswasser, vermittelst des flüchtigen Laugensalzes; oder auch, wenn das Königswasser mit Salmiak bereitet worden ist, vermittelst des firen Laugensalzes. Die Goldauflösung wird mit etwa sechsmal so viel Wasser verdünnt, und das Alkali nach und nach hinzu gegossen; das Gold schlägt sich in Gestalt eines strohgelben Kalks nieder, welcher vorsichtig abgespült und getrocknet, an Gewicht ein Fünftel mehr beträgt, als das angewandte Gold. Dieser Niederschlag zerplatzt bey geringer Erhitzung, die schon durch bloßes Reiben entstehen kan, mit einer gewaltigen Explosion und einem heftigen Knalle.

Diese Erscheinung, welche immer eine der schwersten Aufgaben der Chymie ausgemacht hatte, war von Macquer durch einen dem Golde anhängenden ammoniakalischen Salpeter, welcher durch Erhitzung verpuffte, erklärt worden; Bergmann aber (Diff. de calce auri fulminante, resp. *C. A. Plomgr n*, Upsal. 1769. 4.) widerlegte das Anhängen eines Salpetersalmiaks, Salpeters oder Digestivsalzes an diesen Goldkalk überzeugend. Seine zahlreichen Versuche erweisen, daß sich das Knallgold ohne alle Salpetersäure, nicht aber ohne flüchtiges Laugensalz bereiten lasse, und daß das Abknallen von der plötzlichen Entzündung einer sehr verbrennlichen Materie herkomme, welche das flüchtige Alkali an den Goldniederschlag ansetzt. Jacquin (Anfangsgr. der medicinisch-prakt. Chymie, Wien, 1783. 8. S. 445.) giebt hievon folgende sehr wahrscheinliche Erklärung. Alle Goldniederschläge, so wie überhaupt metallische Kalke, enthalten eine sehr reine dephlogistisirte Luft: das flüchtige Laugensalz aber eine Brennluft, die sich, auch ohne mit dem Feuer in Berührung zu seyn, durch die bloße Wärme entzündet, s. Gas, laugenartiges. Beyde zusammen bilden also eine Knall-luft, welche durch ihre plötzliche Entbindung und Explosion die heftigsten Wirkungen auszuüben vermögend ist.

Zum Platzen des Knallgoldes, zumal wenn man es zu

wiederholtenmalen ausgesüßt hat, ist eine Wärme hinrei=
chend, welche die Siedhitze des Wassers nur sehr wenig
übertrift; es platzt auch in verschloßnen Gefäßen eben so=
wohl, als an der freyen Luft. Diese Umstände machen es
zu einer höchst gefährlichen Materie, deren unvorsichtige
Behandlung die schrecklichsten Folgen haben kan. Die
Schmelzung mit Schwefel oder Zusätzen von Erden,
Salzen, das Kochen mit Vitriolöl, und die wiederholte
Aussetzung an eine Hitze, die fast zum Abknallen hinrei=
chend ist, benehmen ihm seine Knallkraft.

Macquer chym. Wörterbuch, mit Leonhardi Anm. Art.
Knallgold.

Ingenhouß vermischte Schriften Th. I. S. 340.

Knallkügelchen. Kleine hohle Glaskugeln mit et=
was Wasser, die auf glühenden Kohlen, wo das Wasser
durch die Hitze in Dämpfe verwandlet wird, mit einem
heftigen Knalle zerspringen. Man bedient sich ihrer, die
Elasticität der Dämpfe zu erweisen.

Auch leere an der Lampe geblasene Glaskugeln knallen,
wenn sie zerbrochen werden. Die innere Luft nemlich ist
durch die Hitze der Lampe äusserst verdünnt worden. So=
bald also die gläserne Hülle geöfnet wird, dringt die äussere
Luft mit einem Knalle ein. Hiebey werden die Glasstücken
hineinwärts getrieben, statt daß sie bey den zuerst beschrie=
benen im Zimmer herumgeworfen werden.

Knall=luft, s. Gas brennbares, Gas dephlo=
gistisirtes, Pistole, elektrische.

Knallpulver, Pulvis tonans, *Poudre fulminante.*
Eine Mischung von drey Theilen Salpeter, zwey Theilen
trocknem Weinsteinsalz und einem Theile Schwefel, welche
bey einer allmähligen bis zur Entzündung gehenden Erhi=
tzung mit einem heftigen Knalle auf einmal abbrennt. Auf
einem blechernen Löffel über gelindem Kohlfeuer fängt es
erst an zu schmelzen, dann entsteht eine blaue Flamme, und
sogleich erfolgt der Schlag, welcher für das Gehör äusserst
empfindlich ist. Oft findet man den Löffel durchbohrt, und

die Ränder des Loches nach auffen gebogen. Bey einer plötzlichen Erhitzung sind die Wirkungen weit schwächer, und auf glühende Kohlen geworfen knistert das Knallpulver nur mit einem mäßigen Geräusch.

Die Erklärung dieses Phänomens hängt offenbar mit den Erscheinungen der Verpuffung des Salpeters zusammen, s. Verpuffen. Es entwickelt sich dabey aus dem Salpeter eine Menge dephlogistisirter Luft, in welcher alle brennbare Körper mit aufferordentlicher Geschwindigkeit und Heftigkeit verbrennen. Durch das allmählige Schmelzen des Knallpulvers wird das Laugensalz mit dem Schwefel zu einer wahren Schwefelleber verbunden und daraus eine hepatische Luft entwickelt, welche mit der dephlogistisirten des Salpeters eine starke Knall = luft ausmacht. Die sich aufblähende zähe Materie schließt diese Luft in Blasen ein, in welchen sie sich immer mehr ausdehnt, je stärker die Erhitzung wird. Endlich entzündet sich der Schwefel durch die Hitze, die Knallluft explodirt, zersprengt die Blasen mit der größten Heftigkeit, und erregt ein Krachen, dergleichen man auch hört, wenn man mit Knallluft angefüllte Seifenblasen entzündet.

Es scheint hiebey die Explosion erst nach einiger Zeit statt zu finden, nachdem die beyden Luftarten schon entwickelt und vermischt worden sind, dagegen bey dem Schießpulver die Entwicklung des Gas erst im Augenblicke der Entzündung selbst geschieht. Beym Knallpulver verursacht die Einsperrung des Gas in der geschmolzenen Materie den heftigen Knall, der beym Schießpulver, wenn es nicht eingeschlossen ist, nicht statt findet. Auf Kohlen gestreut knallt das Pulver nicht, weil es sich augenblicklich und ohne vorgängige Schmelzung der ganzen Masse entzündet.

Ingenhouß vermischte Schriften Th. I. S 1335. u. f.

Knallsilber, Argentum fulminans, *Argent fulminant.* Ein Niederschlag des Silbers aus seiner Auflösung in Salpetersäure, vermittelst des Kalkwassers, welcher mit reinem Wasser abgesüßt, und mit flüchtigem Alkali verbunden, selbst ohne Wirkung einiger Wärme, durch bloße Reibung oder Berührung, mit einer heftigen Explosion abknallt. Diese merkwürdige Entdeckung ward in der Sitzung der pariser Akademie der Wissenschaften am 24 May 1788 von Herrn Bertholet zuerst vorgezeiget, und dann im Iournal de Physique bekannt gemacht. Wenn das in Salpetersäure aufgelöste Silber mit Kalkwasser niedergeschlagen ist, so läßt Herr B. das Präcipitat drey Tage der Luft ausgesetzt stehen, verdünnt es darauf mit ätzendem flüchtigen Alkali, und das daraus entstehende schwarze Pulver getrocknet giebt das Knallsilber.

Das Abknallen erfolgt schon bey der Berührung mit kalten Körpern. Kaum läst sich das Pulver aus dem Gefäße, worinn es seine letzte Abdampfung erhalten hat, ohne große Gefahr herausnehmen. Herr B. berührte einige wenige Grane auf Papier liegend mit einem gläsernen Stift, und es platzte mit großer Gewalt. Ein einziger Gran davon war hinreichend, ein Glas völlig zu zertrümmern. Ein Tropfen Wasser, der aus der Höhe herab auf das Pulver fiel, machte es knallen. Man darf daher dieses gefährliche Präparat nur in äusserst geringen Portionen abknallen lassen, und muß bey der Behandlung desselben das Gesicht mit einer Maske verdecken. Nach der Verkrachung ist das Silber wieder gänzlich hergestellt, und in seinem völligen metallischen Glanze.

So neu und so wenig untersucht auch diese Erfindung noch ist, so stimmt sie doch mit demjenigen, was bey dem Worte Knallgold zur Erklärung des Platzens metallischer Niederschläge gesagt worden ist, sehr wohl überein, und scheint sogar diese Erklärung zu bestätigen. Das einzige, was dabey noch auffallend bleibt, ist die von selbst erfolgende Entzündung der Knallluft bey einem so geringen und fast unmerklichen Grade der Wärme.

Crells chemische Annalen Eilftes Stück, 1788. S. 390 u. f.

Knoten, der Planeten- Mond- und Kometenbahnen, Nodi planetarum, lunae et cometarum, Noeuds des planètes, de la lune et des comètes. Die

zween Punkte, in welchen die Bahnen dieser Himmelskör=
per die Ekliptik an der scheinbaren Himmelskugel durchschnei=
den.   Wenn die Planeten in diese Punkte kommen, stehen
sie in der Ekliptik selbst, und haben folglich keine Breite.
Da die Ekliptik E Ȕ L ɠ Taf. XII. Fig. 88. nichts anders
ist, als derjenige gröste Kreis, in dessen Ebne die Erd=
bahn e l liegt, so sind die Knoten eines Planeten rc. die
gemeinschaftlichen Durchschnittspunkte ɠ und Ȕ der Pla=
netenbahn P Q und der Ebne der Erdbahn E L.   Und da
die Sonne S in beyden Ebnen zugleich, mithin in ihrem
gemeinschaftlichen Durchschnitte ɠ S Ȕ, oder in der Kno=
tenlinie liegt, so müssen die Knoten einer jeden Bahn,
von der Sonne S aus gesehen, einander gerade gegen über
stehen.

Die Ekliptik theilt die scheinbare Himmelskugel in zwo
gleiche Helften, deren eine über ihr auf den Nordpol zu,
die andere unter ihr gegen Süden liegt.   Beym Durch=
gange durch den Knoten ɠ tritt der Planet, der von Q
nach P geht, aus der untern Helfte in die obere; bey Ȕ
hingegen aus der obern in die untere.   Jener wird daher
der aufsteigende (ascendens, *ascendant*), dieser der
niedersteigende Knoten (descendens, *descendant*) ge=
nannt.   Im Theile ɠ P Ȕ hat der Planet eine nördliche,
in Ȕ Q ɠ eine südliche Breite.

Die Orte der Knoten haben, wie die Beobachtungen
lehren, sämtlich eine rückgängige Bewegung, die zwar in
einem Zeitraume von etlichen Jahren unmerklich ist, aber
doch in längerer Zeit den Astronomen nicht hat verborgen
bleiben können.   Bey der Mondbahn hingegen ist diese
Verrückung der Knoten weit merklicher; sie beträgt jährlich
auf 19°, so daß die Mondknoten in einem Zeitraume
von 19 Jahren durch alle Zeichen des Thierkreises rücken.
Diese Bewegung der Knoten ist eine nothwendige Folge
der gegenseitigen Anziehungen oder der Gravitationen aller
Weltkörper gegen einander.   Ein angezogner Planet nem=
lich, dessen Bahn in einer andern Ebne liegt, als die
Bahn des anziehenden, muß die Ebne dieser letztern bey
jedemmale etwas früher durchschneiden, als sonst geschehen

seyn würde, weil er ohne Unterlaß gegen dieselbe gezogen wird; daher müssen seine Knoten nach derjenigen Seite fortrücken, welche der Bewegung des anziehenden Körpers entgegengesetzt ist. Hieraus entsteht, weil alle Planeten nach der Ordnung der Zeichen um die Sonne laufen, eine entgegengesetzte oder rückgängige Bewegung aller Knoten, welche beym Monde so beträchtlich ist, weil er durch seine starke Gravitation gegen die Sonne, ingleichen gegen Venus und Jupiter, in seinem Umlaufe um die Erde sehr gestöret wird.

Die Orte und Bewegungen der Knoten gehören unter die Data, welche zu Bestimmung des Laufs von jedem Planeten bekannt seyn müssen, s. Elemente der Planetenbahnen, und man wird sie der Tabelle bey dem Artikel: Weltsystem beygefügt finden.

Knotenlinie, Linea nodorum, Ligne des noeuds. Die gerade Linie ☊☋ (Taf. XII. Fig. 88.) durch beyde Knoten ☊ und ☋, s. Knoten. Diese Linie ist der gemeinschaftliche Durchschnitt der Planetenbahn mit der Ebne der Erdbahn oder Ekliptik, und geht also durch die in beyden Ebnen befindliche Sonne S. Die Knotenlinien der Planetenbahnen verändern von Zeit zu Zeit ihre Lagen gegen die Firsterne, und drehen sich um die Sonne der Ordnung der Zeichen entgegen, s. den vorhergehenden Artikel.

Kobalt, Kobold, Cobaltum, Cadmia fossilis metallica, Cobalt. Ein sehr schwerer mineralischer Körper, welcher eine mehr oder weniger glänzende graue Farbe und ein feines Korn hat, derb und fest ist, und an der Luft mit einem pfirsichblütfarbenen Beschlage bedeckt wird. Er ist das Erz eines eignen von Brandt (Act. litter. Upsal. 1735. p. 33.) entdeckten Halbmetalls, des Kobaltkönigs, welcher in ihm hauptsächlich durch Arsenik und Schwefel vererzet ist; die meisten Kobalte aber enthalten auch Wismuth und Silber. Ehedem nannte man alle arsenikalische Erze Kobalte; nach der Zeit aber ist dieser Name nur auf

diejenigen eingeschränkt worden, welche das gedachte Halb=
metall enthalten, das Glas blau färben, und die sympa=
thetische Dinte geben. Sie heissen auch Farbenkobalte,
Blaufarbenkobalte, und finden sich vorzüglich in Sach=
sen und auf den Pyrenäen.

Der Kobaltkönig hat eine matte ins Graulichtblaue fal=
lende metallische Farbe; er ist hart und klingend, aber den=
noch brüchig und spröde, auf dem Bruche zeigt er sich dicht
und feinkörnicht. Seine specifische Schwere ist zwischen
6,000 und 7,700. Er ist sehr schwerflüßig, und erfordert
zum Schmelzen eine gleiche Hitze mit dem Golde. Sein
Kalk ist schwarz, wird aber von beygemischtem Arsenik
röthlich oder blau, und giebt, mit verglaslichen Materien
in Fluß gebracht, die Smalte, ein schönes blaues Glas,
welches das einzige Blau ist, das man bey Verglasungen
brauchen kan, und auf welches die sächsischen Kobalte vor=
züglich benützt werden. Der Kobaltkönig nebst seinen Er=
zen und Kalken löset sich in den mineralischen Säuren auf;
die Auflösung im Königswasser giebt verdünnt Hellots
sympathetische Dinte, deren Schrift auf weißem Papier
in der Kälte unsichtbar ist, bey gelinder Wärme aber grün
erscheint, f. Farben. Mit Laugensalzen erhält man aus
diesen Auflösungen Niederschläge, welche bey der Vergla=
sung vortrefliche blaue Farben geben. Die aus der Auf=
lösung in Salpetersäure übertrift den Ultramarin an Höhe
und Feuer. Der Safflor oder Zaffer ist der Kalk des
Kobaltkönigs mit einem Antheile gepülverter Kiesel ver=
mischt.

Den häufigen Arsenik der Kobalterze fängt man beym
Rösten derselben in langen gekrümmten Rauchfängen auf,
und erhält auf diese Weise den meisten käuflichen Arsenik.

Macquer chym. Wörterbuch, mit Leonhardi Zuf. Art. Ko=
balt, Kobalterze, Kobaltkönig.

Kochen, f. Sieden,

Kochsalzsäure, f. Salzsäure,

Kochsalzsaure Luft, f. Gas, salzsaures.

Königswasser, (Goldscheidewasser, Aqua regis s. regia, *Eau régale*. Eine Mischung der Salpeter=säure mit der Salzsäure, welche gewiſſe Metalle auflöſet, die von den reinen Säuren gar nicht, oder doch ſchwerer, angegriffen werden. Gold und Platina werden blos vom Königswaſſer, Zinn und Spießglaskönig wenigſtens beſſer und leichter, als von andern Säuren, aufgelöſet.

Zu Verfertigung dieſes Auflöſungsmittels werden ent=weder Salpetergeiſt und Salzgeiſt vermiſcht, oder es wird ein den Salzgeiſt enthaltendes Salz (Salmiak, Koch=ſalz ꝛc.) im Salpetergeiſte aufgelöſet, oder Salpetersäu=re über Kochſalz deſtilliret. Das durch Auflöſung bereite=te Königswaſſer enthält zugleich ein Mittelſalz, aus der Verbindung des im Salze befindlichen Alkali mit der Sal=peterſäure. Dies iſt ammoniakaliſcher Salpeter, wenn man Salmiak, würflichter, wenn man Kochſalz gebraucht hat. Dieſes Mittelſalz ſchadet zwar der auflöſenden Kraft nicht, verändert aber die Natur der Niederſchläge. So giebt z. B. die Goldauflöſung mit fixem Alkali niederge=ſchlagen, nur dann Knallgold, wenn das Königswaſſer einen ammoniakaliſchen Salpeter enthalten hat, ſ. **Knall= gold.**

Wenn die vermiſchten Säuren ſehr concentrirt ſind, ſo iſt das daraus bereitete Königswaſſer ungemein dampfend. Die Dämpfe laſſen ſich in Luftgeſtalt darſtellen, wie bey dem Worte: **Gas**, ſalzſaures, bemerkt worden iſt.

Das gewöhnlichſte Königswaſſer wird durch Auflöſung von vier Unzen Salmiak in 16 Unzen Salpeterſäure ge=macht. Zur Platina geben gleiche Theile, und zum Spieß=glaskönige vier Theile Salpetergeiſt und ein Theil Salz=geiſt das beſte Verhältniß.

Macquer chym. Wörterbuch, Art. Königswaſſer.

Körper, Corpus, *Corps*. Mit dieſem allgemei=nen Namen belegen wir alle Gegenſtände, welche in unſere Sinne fallen, und die wir nach ihren ebenfalls in die Sinne fallenden Erſcheinungen betrachten. Das Zeugniß der

Sinne ist also der einzige Erkenntnißgrund alles dessen, was wir von den Körpern wissen.

Viele und große Weltweise haben diesen Erkenntniß-grund für allzuungewiß und verdächtig gehalten, als daß man daraus ein wirkliches Daseyn solcher Körper, derglei-chen uns die Erscheinungen darstellen, folgern könnte. Sie haben sich daher von den wahren Verhältnißen der Körper-welt verschiedene Vorstellungen gemacht, wegen deren ich, um Wiederholungen zu vermeiden, auf das Wort: Ma-terie verweise. Aber alle diese Vorstellungsarten, so ver-schieden sie seyn mögen, ändern nichts in der Physik. Man kan es ohne Bedenken einräumen, daß die wirkliche Welt etwas ganz anders, als die sinnliche, sey, und daß alle unsere Ideen von materiellen Dingen blos auf sinnlichen Schein hinauslaufen, welcher durch Verhältniße der Dinge gegen die Werkzeuge der Sinne, und durch Verhältniße dieser gegen die Seele selbst, hervorgebracht wird. Es bleibt demohngeachtet in dem, was die Sinne unzählbarer Beobachter an den Körpern bemerken, eine unläugbare Uebereinstimmung und Einheit; folglich giebt es einen all-gemeinen sinnlichen Schein, von welchem nur in einzelnen Fällen seltene und widernatürliche Abweichungen vorkom-men. Dieser allgemeine sinnliche Schein ist es, nach wel-chem auch der vollendetste Skeptiker bey jedem Vorfalle des praktischen Lebens urtheilen und handeln wird, wenn er nicht den Namen eines wahnsinnigen Thoren mehr, als den eines Philosophen, verdienen will. Und eben dieser Schein ist es, auf den der Physiker seine Untersuchung der Körper-welt einschränkt. Zufrieden mit dem, was sinnliche Er-fahrung ihn und alle andere Menschen lehrt, bescheidet er sich gern, daß diese Erfahrung nicht in das wahre Wesen der materiellen Dinge einzudringen vermöge, und überläßt es dem Metaphysiker, sich durch die Labyrinthe des Mate-rialismus, Dualismus, Idealismus und so vieler andern Systeme über das innere Wesen der Welt, einen glückli-chen Weg zum Ziele zu suchen.

Der allgemeine sinnliche Schein stellt die Körper als ausgedehnte, undurchdringliche, theilbare und träge Substanzen dar. Wir bemerken nemlich an allen Körpern neben einander liegende Theile, unter denen die innern von den äussern nach allen Seiten zu umringt werden: dies belegen wir mit dem Namen der körperlichen Ausdehnung oder des Raums, den uns jeder Körper einzunehmen scheinet, s. Ausdehnung. Dieser Raum hat seine Grenzen, und giebt daher dem Körper seine Figur; daher ist die von einigen erwähnte Figurabilität eine bloße Folge der Ausdehnung, und keine besondere Eigenschaft der Körper. Weil aber doch der Begrif von Ausdehnung noch zurückbleibt, wenn wir uns den Körper aus seinem Raume herausgenommen denken, so erhellet, daß zum Begriffe des Körpers noch etwas mehr, als Ausdehnung allein, gehöre.

Dies ist dasjenige, was den Raum ausfüllet, oder undurchdringlich macht, d. i. verursacht, daß da, wo ein gewisser Körper ist, nicht zugleich noch ein anderer Körper seyn kan, s. Undurchdringlichkeit. Wir nennen es Materie, materiellen Stof, Masse des Körpers. Die Erfahrung belehrt uns, daß die Räume, welche die Körper einnehmen, nicht überall und in allen Punkten undurchdringlich sind; daß es Körper giebt, die in gleich großen Räumen mehr oder weniger undurchdringliche Materie enthalten, woraus der Begrif von Dichtigkeit entsteht, s. Dicht. Da wir einen Körper, dessen Raum in jedem Punkte undurchdringlich wäre, vollkommen dicht nennen würden, so haben einige physikalische Schriftsteller die Undurchdringlichkeit selbst mit dem Namen der Dichtigkeit belegt, und daher auch die letztere als eine allgemeine Eigenschaft der Körper angeführt.

Ausdehnung und Undurchdringlichkeit werden durch Gesicht und Gefühl an allen Körpern, auch bey der flüchtigsten Beobachtung, bemerkt. Und da sich unsere Begriffe vom Körper einzig auf dergleichen Erfahrungen gründen, so enthalten dieselben die Ideen dieser Eigenschaften nothwendig, d. h. wir können uns keinen Körper anders, als mit Ausdehnung und Undurchdringlichkeit, gedenken. Man nennt daher diese beyden Eigenschaften wesentliche oder

Grundeigenschaften der Körper, weil sie von der Vorstellung eines Körpers unzertrennlich sind.

Die Erfahrung lehrt ferner, daß die Körper theilbar oder aus Theilen zusammengesetzt sind, s. Theilbarkeit. Wenn uns auch die Mittel fehlen, diese Theilung wirklich fortzusetzen, so kan doch die Vorstellungskraft noch theilen, so lang Ausdehnung vorhanden ist, s. Atomen. Da wir aber alle Körper, mit denen sich Versuche anstellen lassen, theilbar finden, so rechnet man auch diese Eigenschaft oder besser, dieses Phänomen der Körper zu den allgemeinen. In sofern jede Theilung eines Körpers Kraft erfordert, oder in sofern jeder Körper seiner wirklichen Theilung Widerstand entgegensetzt, wird ihm Härte zugeschrieben, daher man auch diese zu den allgemeinen Phänomenen der Körper zu rechnen pflegt.

Endlich nehmen wir wahr, oder können uns wenigstens in allen Fällen vorstellen, daß die Körper ihren Zustand in Absicht auf Ruhe und Bewegung nie ohne Ursache ändern. Dies nennen wir ihre Trägheit, die Ursachen der Aenderungen aber Kräfte. Viele dieser Kräfte liegen offenbar ausser den Körpern selbst, ob aber einige auch in den Körpern liegen, davon belehren uns die Erscheinungen nicht, und wir überschreiten die dem Physiker vorgeschriebenen Grenzen, sobald wir darüber zu entscheiden wagen. Einige Metaphysiker sehen Kraft als etwas dem Körper wesentliches an, suchen selbst in der Undurchdringlichkeit eine Kraft, oder finden gar das Wesen der Materie in einfachen mit Kraft versehenen Substanzen, s. Materie. Andere hingegen dehnen den Begrif der Trägheit so weit aus, daß sie sich das Verhalten des Körpers als völlig leidend und unwirksam vorstellen, und alle Aenderungen seines Zustands als Wirkungen äusserer Ursachen ansehen. Beyde gehen über das hinaus, was die Phänomene lehren, daß nemlich jede Aenderung des Zustands eine Ursache voraussetze, deren Wesen man nicht kennt, und von der man es oft unentschieden lassen muß, ob sie in oder ausser dem Körper liege.

Unter diese Ursachen, welche Bewegung hervorbringen

und ändern, gehört vornemlich die Anziehung, f. die Artifel: Attraction, Cohäfion, Adhäfion, Gravitation, Verwandfchaft. Man wird es nach der vorhergehenden Erklärung nicht widersprechend finden, wenn ich
beydes, Trägheit und Anziehung, zu den allgemeinen
Phänomenen der Körper rechne.

Alle Körper alfo zeigen Ausdehnung, Unburchbring-
lichfeit, Theilbarfeit, Härte, Trägheit, Anziehung, als
allgemeine Phänomene, wovon die zwey erften fich als
wefentliche Eigenfchaften betrachten laffen. Hierüber
ift fein Zweifel bey den in unfere Sinne fallenden Körpern.
Ob aber die erften Theile der Materie, die Atomen, noch
eben diefe Phänomene zeigen würden, wenn es möglich wäre,
fie abgefondert zu betrachten, darüber fan die Naturlehre
nicht entfcheiden. Die atomiftifche Phyfif (Phyfica
corpufcularis) nimmt die erften Theile eben fo, wie die
zufammengefetzten Körper, für ausgedehnt, unburchbring-
lich, hart, und träg an: da hingegen die Monadologie ihnen die Eigenfchaften der Materie abfpricht.

Andere Phänomene der Körper, z. B. Elafticität,
Sprödigfeit, Zähigfeit, Feftigfeit, Flüßigfeit, Wärme, Kälte, Farbe, Schall, Gefchmack, Geruch?c. find
theils bloße Zuftände, theils Folgen von Kräften und Bewegungen, welche auf die Werkzeuge unferer Sinne wir-
fen. Sie heißen bisweilen auch abgeleitete Eigenfchaften (qualitates fecundariae), und es wird von ihnen
in befondern Artifeln diefes Wörterbuchs gehandlet.

Kohle, Carbo, _Charbon._ Der Rückftand pflan-
zenartiger und thierifcher (d. i. öligte Theile enthaltender)
Subftanzen, nach ihrem vollfommenen Glühen in verfchloß-
nen Gefäßen. Der ölichte Beftandtheil nemlich wird durch
die Wirfung des Feuers zerfetzt, und fein Brennbares, welches wegen der Verfchließung und des abgefchnittenen Zutritts der Luft nicht davongehen fan, verbindet fich mit
dem erbigten Grundftoffe zu einem feften, trocfnen, fchwarzen und zerreiblichen Körper. Man erhält die Kohle nie
anders, als aus ölichten Subftanzen, alfo nie aus Schwe-

fel oder Metallen, und eine erhaltene Kohle ist ein untrügliches Merkmal eines vorhanden gewesenen Oels.

Die Kohle enthält ein sehr reines Phlogiston, welches
durch ein neues Glühen mit der Vitriolsäure Schwefel,
mit der Phosphorsäure Phosphorus, mit den metallischen
Kalken Metall giebt, mit der Salpetersäure aber verpuffet. In der freyen Luft wird die Kohle durch das Feuer
zersetzt, und verbrennt, jedoch mit sehr schwacher Flamme
und ohne Rauch, da hingegen die Oele selbst eine starke
Flamme und viel Rauch geben. Ohne Zutritt der Luft verändert das Feuer die Kohle gar nicht.

Das Verbrennen der Kohlen phlogistisirt die Luft ungemein stark, daher der sogenannte Kohlendampf erstickend
und tödtlich ist (Man s. Portal über die mephitischen
Dämpfe und vorzüglich den Kohlendampf, aus dem frz.
Frf. und Leipz. 1778. 8.). Freye Luft, Aufrechtstellung des
Körpers, Begießung mit kaltem Wasser, Anhalten eines
starken Essigs an die Nase, Streichen des Unterleibs und
Einblasen dephlogistisirter Luft sind die besten Rettungsmittel der auf diese Art Verunglückten.

Die vegetabilische Kohle zerfällt durchs Verbrennen zu
Asche, die den achten Theil ihres Gewichts beträgt, und
aus dem fixen Gewächslaugensalze, verschiedenen Erden
und einem Antheile von Eisen besteht. Die thierische
Kohle verbrennt schwerer, verliert nur die Helfte ihres Gewichts, wird weiß und bleibt ziemlich fest. Man nennt
sie Knochenerde oder Knochenasche.

Die Holzkohlen, welche für das gemeine Leben und die
Chymie so brauchbar sind, werden aus Scheitholze in stehenden oder liegenden Meilern bereitet, die man um einen Pfahl herum errichtet, anzündet und mit Leimen be-
wirft. Durch Oefnungen dieser Bewerfung wird das
Feuer so regiert, daß der Meiler wohl durchbrennt, und
nur der wässerichte Rauch verlohren geht. Endlich wird
das Feuer erstickt, und der Meiler geöfnet (s. l'Art du
charbonnier par Mr. *du Hamel du Monceau*, à Paris,
1761 fol. übersetzt im Schauplatz der Künste und Handw.
B. I. S. 1 — 44. Hallens Werkstätte B. III. S.

242 — 250.) Von den Steinkohlen wird ein eigner Artikel handlen.

Macquer chym. Wörterb. Art. **Kohle.**

Koluren, Coluri, *Colures.* Diesen Namen führen zween gröſte Kreiſe der beweglichen Himmelskugel, welche durch die beyden Pole gehen, und mit dem Aequator rechte Winkel machen. Der eine von ihnen geht durch die beyden Punkte der Nachtgleichen, der andere durch die beyden Punkte der Sonnenwenden, daher jener **Kolur der Nachtgleichen** (colurus aequinoctiorum, *colure des équinoxes*) dieſer **Kolur der Sonnenwenden** (colurus ſolſtitiorum, *colure des ſolſtices*) heißt.

Kometen, **Haarſterne**, **Schwanzſterne**, Cometae, Stellae crinitae, comatae, caudatae, *Cométes.* Sterne, die nur zu Zeiten unſern Augen ſichtbar werden, gemeiniglich nur ein blaſſes Licht zeigen, in einen Nebel eingehüllt ſind, und mehrentheils einen langen neblichten Schweif nach ſich ziehen, welcher allezeit von der Sonne abgekehrt iſt. Dieſer Schweif (coma, cauda) hat ihre Benennungen veranlaſſet. Sie unterſcheiden ſich von den Planeten durch eine eigne Bewegung, die, ohne dem Thierkreiſe zu folgen, nach allen möglichen Richtungen am Himmel, bald geſchwinder bald langſamer, beobachtet wird. Sie werden oft ſchon durch Fernröhre geſehen, ehe ſie das bloße Auge wahrnimmt, und wenn ihr ſcheinbarer Lauf ſie vor der Sonne vorüber geführt hat, ſo werden ſie nach und nach kleiner, ſind zuletzt nur noch durch Fernröhre ſichtbar, und verſchwinden endlich völlig.

Die ungewöhnliche Erſcheinung, das trübe fürchterliche Anſehen, und vornehmlich die Schweife, hatten ſonſt die Kometen zu Gegenſtänden der Furcht und des Schreckens gemacht, die, wie man glaubte, den Menſchen Krieg, Peſt und anderes Unglück androhten. Viele Aſtronomen hielten ſie auch für bloße Meteore oder vorübergehende Erſcheinungen unſers Luftkreiſes. Die neuere Sternkunde aber hat gelehrt, daß ſie beſtändige zu unſerm Sonnenſy-

stem gehörige Körper sind, die sich nach den keplerischen Ge=
setzen, jedoch in sehr langen eccentrischen Ellipsen, um die
Sonne bewegen.

Riccioli (Almag. nov. Bonon. 1651. fol.), Lu=
bieniczi (Theatrum cometicum. Amst. 1667. fol. Lugd.
Bat. 1681 fol.) und Hevel (Cometographia, Gedani.
1668. fol.) haben Verzeichniße von mehr als 400 vom
23sten Jahrhunderte v. C. G. bis 1665 erschienenen und in
den Geschichtsbüchern angemerkten Kometen geliefert, wel=
che in der berliner Sammlung astronomischer Tafeln (Th. I.
S. 23—35.) zusammengezogen, und bis zum Jahre 1774
fortgesetzt sind.   Unter den 479 Numern dieses Verzeich=
nißes kommen zwar viele vor, welche sich gewiß blos auf
Meteore beziehen: von mehr als 70 erschienenen Kometen
aber hat man bereits einen Theil ihrer wahren Laufbahnen
um die Sonne mit den dazu gehörigen Elementen berechnet.
Aus diesen Elementen zeigt sich, daß einige dieser Körper
schon mehreremale erschienen sind.   Die Kometen von
1456, 1531, 1607, 1682, 1759 sind nur ein einziger, der
seine Laufbahn in 76 Jahren vollendet; so scheinen auch
die von 1532 und 1661 nur einer gewesen zu seyn, dessen
Wiedererscheinung man im Jahre 1789 oder 1790 erwarten
könnte,   wenn anders die Beobachtungen des Apianus
von 1532 zuverläßig genug sind.

Ohne Zweifel sind noch weit mehrere Kometen erschie=
nen, die man nicht wahrgenommen hat.   Durch gute
Fernröhre und genaue Aufmerksamkeit werden viele ent=
deckt, die dem bloßen Auge entgehen; und Messier nahm
seit 1757, zu welcher Zeit man den von 1682 wieder erwar=
tete, und deswegen alle Aufmerksamkeit auf diesen Gegen=
stand richtete, in 7 Jahren 7 Kometen wahr.

Obgleich die Alten,   selbst Aristoteles und Ptole=
mäus die Kometen blos für Meteore unsers Luftkreises
hielten, so ist es doch ausgemacht, daß die Pythagoräer,
Demokrit u. a. ihre immerwährende Bewegung in regel=
mäßigen Laufbahnen gemuthmaßet haben.   Die Meinun=
nungen der Alten über diese Körper findet man beym Ari=
stoteles (Meteor. I. 6.), Plinius (H. N. II. 25.), Plut=

arch (De plac. Philof. III. 2), **Gellius** (Noct. Att. XIV. 1.). Kein Schriftsteller aber hat sich erhabner darüber ausgedrückt, als **Seneca** (Quaeſt. nat. VII. 13.), deſſen Worte eines reifern Zeitalters würdig ſind. „Co„metas, ſagt er, ſidera eſſe cum mundo duratura, quan„quam legibus nondum compertis reguntur, haec tam „occulta dies extrahet, ac longioris aevi diligentia, „cui admirationi erit, haec veteres neſcire potuiſſe, poſt„quam demonſtraverit aliquis naturae interpres, in qui„bus caeli partibus Cometae errent, quanti qualesque „ſient." Dennoch blieb die Meinung von der Vergänglichkeit der Kometen herrſchend, und der daraus entſtandene Mangel alter Beobachtungen ihres Laufs ſetzt uns in der Kenntniß ihrer wahren Bahnen ungemein zurück.

Tycho de Brahe war der erſte, der den ſcheinbaren Lauf des Kometen von 1577 genau beobachtete, und aus ſeiner geringen Parallaxe ſchloß, daß er viel weiter, als der Mond, von uns entfernt ſey. Er nahm die Bahn deſſelben für einen Kreis um die Sonne an (De mundi aetherei recentioribus phaenomenis, L. II. 1587.), hielt aber dabey noch immer die Kometen für bald vergängliche Körper. **Kepler**, der den Kometen von 1618 ſahe, glaubte, die Beobachtungen deſſelben auf eine gerablinigte Bahn, zwiſchen der Sonne und Erde hindurch, reduciren zu können (Libelli tres de cometis, aſtronomicus, phyſicus, aſtrologicus. Aug. Vind. 1619. 4.). Die phyſikaliſche Erklärung iſt ſeiner ganz unwürdig; er nimmt die Kometen für neuentſtandene Erzeugungen an, die im Himmel, wie Fiſche im Meere, ſchwimmen, um den Raum auszufüllen; auch vergißt er die aſtrologiſchen Bedeutungen nicht. Indeſſen iſt ſeine Hypotheſe von der gerablinigten Bahn der Kometen, von vielen nachherigen Aſtronomen beybehalten und vorzüglich von **Wrenn**, **Auzout** und dem ältern **Caſſini** mit einigen geringen Abänderungen auf wirkliche Berechnungen angewendet worden. **Hevel** kam der Wahrheit etwas näher. Er erkannte die Bahn für paraboliſch gegen die Sonne gekrümmt, nahm aber die Kometen für irdiſche Theile aus andern Planeten an, die in einem para

bolischen Bogen, wie geworfene Körper, im Weltraume
fortgeschleudert würden.

Im Jahre 1680 ward am 4 Nov. der große Komet,
der allenthalben soviel Schrecken verbreitete, zuerst von
Gottfried Kirch in Coburg gesehen. Er gieng mit be=
schleunigter Bewegung, welche am 30 Nov. täglich 5° be=
trug, gerade zur Sonne; näherte sich hierauf derselben et=
was langsamer, und erreichte sie zu Anfang des Decembers.
Am 22 Dec. erschien er wieder auf der andern Seite der
Sonne, durchlief täglich 5°, nahm aber an Geschwindig=
keit und Größe ab, und verschwand mitten im März 1681.
Er hatte die Ekliptik in zween Punkten durchschnitten, wel=
che 98° von einander abstanden, und während der Zeit fast
neun Zeichen durchlaufen. Als er von der Sonne zurück=
kam, hatte sein Schweif eine Länge von 70°. Die Erde
hatte eben damals eine so bequeme Stellung, daß seine
Rückkehr eben sowohl, als seine Annäherung an die Son=
ne beobachtet werden konnte.

Georg Samuel Dörfel, Prediger zu Plauen im
Voigtlande, hatte diesen Kometen vom 22 Nov. bis zu En=
de des Jänners beobachtet; er bewieß (Astronomische Be=
trachtung des großen Cometen, welcher A. 1680 und 1681
erschienen, von G. S. D. Plauen 1681 4.) daß der ange=
kommene und der zurück gegangene Komet einer und eben der=
selbe sey, und daß sein Lauf eine Parabel beschrieben habe,
in deren Brennpunkte die Sonne stehe. Dieses ist
unstreitig die erste Entdeckung der wahren Gestalt der Ko=
metenbahnen, wenigstens ihres sichtbaren Theils. Man
hat zwar Dörfeln, da er in deutscher Sprache schrieb, und
unter den Astronomen wenig bekannt war, lange Zeit dabey
nicht genannt, aber Weidler, Montucla und Kästner
(Nachrichten von Dörfeln, in den Schriften der Leipz. Ge=
sellsch. freyer Künste, Th. III.) haben seine Verdienste der
Vergessenheit entrissen.

Newton entdeckte um eben diese Zeit die Theorie des
Kometenlaufs, und machte sie nach einigen Jahren in sei=
nen Principiis bekannt. Was bey Dörfeln blos Muth=
maßung aus astronomischen Beobachtungen war, das war

bey Newton nothwendige Folge aus dem allgemeinen System der Gravitation und der Centralbewegungen. Da er
nicht umhin konnte, sein Gesetz der Gravitation gegen die
Sonne auch auf die Kometen auszudehnen, so folgte daraus, daß ihr Lauf eine Ellipse beschreiben, und die Sonne in einem Brennpunkte derselben stehen müsse. Weil
wir sie aber nur kurze Zeit sehen, so mußte dies eine Ellipse seyn, von der nur ein kleiner Theil in der Nähe der Erde und der Sonne, oder in der Nähe des Brennpunkts
liegt, d. i. eine sehr eccentrische Ellipse, wie ADFE,
Taf. XII, Fig 89., deren Mittelpunkt C vom Brennpunkte
S sehr weit absteht, und von welcher nur der kleine Theil
DPE der Erde ☿ sichtbar ist. Da nun in einer solchen
Ellipse der Theil DPE sehr wenig von der parabolischen Gestalt abweicht, so war es sehr natürlich, daß Newton zu
Erleichterung der Rechnung den sichtbaren Theil der Ko-
metenbahn als eine um die Sonne als Brennpunkt gehende Parabel betrachtete. Seine hierauf gegründeten Berechnungen des Kometen von 1680 trafen mit Flamstead's
und Kirchs Beobachtungen so genau überein, daß nicht
der mindeste Zweifel mehr zurück bleiben konnte. Sehr
merkwürdig war hiebey die große Nähe, in welcher der damalige Komet bey der Sonne vorüber gegangen war. Die
kleinste Entfernung PS betrug nur $\frac{1}{163}$ der Entfernung der
Erde von der Sonne; woraus Newton, freylich nach eignen Grundsätzen über die Wärme, berechnet, der Komet
sey 2000mal stärker, als ein glühendes Eisen, erhitzt worden. Dies setzte, wenn er nicht ganz in Dämpfe aufgelöset werden sollte, eine große Dichtigkeit seines Kerns voraus, und half die Meinung von der Unvergänglichkeit der
Kometen bestätigen.

Halley (Synopsis Astronomiae cometicae in Philos.
Trans. 1705.) wandte die newtonische Theorie auf 24 Kometen an, von welchen sich leidlich genaue Beobachtungen
vorfanden, und brachte die berechneten Elemente ihrer Bahnen in eine Tabelle. Er hatte das Vergnügen zu sehen,
daß drey derselben fast einerley Elemente hatten, also ein
und eben derselbe Komet waren, dessen Umlaufszeit sich

aus diesen Wiedererscheinungen auf 75 — 76 Jahre setzen ließ. Halley verkündigte hieraus die Wiederkunft eben dieses Kometen auf 1759. Diese in ihrer Art einzige Vorhersagung ist auch wirklich eingetroffen. Der seiner mannigfaltigen Kenntniße wegen berühmte Landmann Palitzsch bey Dresden sahe den halleyischen Kometen am 25 Dec. 1758 zuerst wieder. Es hatte zwar sein letzter Umlauf 500 Tage länger gedauret, als der von 1607 bis 1082; allein die Astronomen zeigten sehr deutlich, daß diese Verspätigung und die damit verknüpfte Aenderung der Elemente blos der Anziehung des Jupiters und Saturns zuzuschreiben sey. Die Bahn dieses Kometen AEPDA Taf. XII. Fig. 89. hat den Punkt P um 0,58 des Halbmessers der Erdbahn von der Sonne entfernt, und die Linie SP richtet sich nach 3° ♒. Ihre Ebne hat gegen die Ebne der Erdbahn eine Neigung von 18°, und schneidet sich mit letzterer so, daß der aufsteigende Knoten aus der Sonne gesehen im 24° ♉ liegt. Der Lauf des Kometen geht nach der Ordnung der Buchstaben A E P D A, und ist also rückläufig. Soviel läßt sich aus den Beobachtungen selbst durch die parabolische Theorie finden. Diese Theorie aber bestimmt nichts über die Größe der ganzen Bahn; da die Parabel gar nicht wieder in sich zurück geht, so sollte ihr zu Folge der Komet gar nicht wieder kommen, oder A ins Unendliche hinaus fallen. Wenn man aber die Umlaufszeit eines Kometen aus seiner mehrmaligen Erscheinung kennt, welche für den von 1759, 28070 Tage beträgt, so findet man daraus vermittelst der dritten keplerischen Regel (s. **Keplerische Regeln**)

für $S\,\mathfrak{h} = 1$; $CA = \sqrt[3]{\dfrac{28070^2}{365,25^2}} = 18{,}07$; also $AP = 36{,}14$; hievon $SP = 0{,}58$ abgezogen, läßt $SA = 35{,}56$ übrig, und die halbe kleine Axe CG wird aus der Theorie der Ellipse $= 4{,}54$ gefunden. Die Bahn dieses Kometen ist also viermal so lang, als breit; er kömmt der Sonne in P, 61 mal näher als in A, läuft aber auch in P 61mal geschwinder, und steht in A über $3\frac{1}{2}$mal weiter von der Sonne als Saturn.

Halley erlaubte sich ähnliche Muthmaßungen über die Kometen von 1532 und 1661 aus den Beobachtungen des **Apianus** und **Hevel**, schloß daraus eine Umlaufszeit von 129 Jahren, und setzte die Wiedererscheinung auf 1790; es wird sich also in den nächsten Jahren zeigen, ob diese Vorhersagung richtig sey; woran jedoch manche Astronomen zweifeln, weil sie in **Apians** Beobachtungen von 1532 ein Mißtrauen setzen, und die Elemente der Bahnen bey den Kometen der angeführten Jahre nicht übereinstimmend genug finden.

Endlich schrieb auch **Halley** dem großen Kometen von 1680 eine Periode von 575 Jahren zu, und glaubte dadurch zu finden, daß er 46 Jahre v. C. G. gleich nach dem Tode des Julius Cäsar, und um die Zeit der Sündfluth erschienen seyn müße. Er hielt diesen Kometen für die Ursache der Sündfluth, welchen Gedanken **Whiston** weiter ausgeführt hat, s. **Erdkugel**.

Die newtonische Theorie des Kometenlaufs ist durch alle seitdem erschienene Kometen bestätiget worden. Der vom Jahre 1729 gieng sehr langsam und in großer Entfernung von der Sonne, zwischen den Bahnen des Mars und Jupiter durch sein Perihelium. Der von 1744 zeigte bey seiner ersten Erscheinung keinen Schweif, bekam aber einen, der sich während seiner Annäherung an die Sonne bis auf 40° verlängerte. Als er von der Sonne zurückgieng, war nur der Schweif allein sichtbar, aber sehr groß, und in 5 Streifen zertheilt. Der 1769 erschienene zeigte sich im September nach Mitternacht am grösten, und mit einem Schweife von 40°. Am 7 Oct. gieng er innerhalb der Merkursbahn, 8mal näher als die Erde, bey der Sonne vorüber. Nach seiner Zurückkunft von derselben, wo er im November Abends wieder sichtbar war, fand ihn **Lambert** (Beytr. zum Gebrauch der Mathem. Th. III. Num. 7.) sehr verändert, und wendet auf ihn Virgils Stelle an

— quantum mutatus ab illo!

Squallentem barbam et concretos sanguine crines
Vulneraque illa gerens, quae circum plurima *Solem*
Accepit —

Der im Junius 1770 gieng anfänglich sehr langsam, und zeigte keinen Schweif, darauf durchlief er in vier Tagen auf einmal einen großen Raum, und legte am 1 Jul. allein 44° zurück. Er ist derjenige, dessen Beobachtungen sich am schwersten mit der parabolischen Theorie vereinigen lassen, daher Lexell (Philos. Trans. for 1779. num. 8.) seine Bahn für eine ganz kurze Ellipse angenommen, und die Umlaufszeit nur auf 5½ Jahr gesetzt hat.

Wie man aus drey Beobachtungen eines Kometen die Elemente des parabolischen Theils seiner Bahn finde, zeigt Newton (Princ. L. III. prop. 41.), und nach ihm vornemlich Euler (Theoria motus planetarum et cometarum. Berol., 1744. 4.) Lambert hat einen noch leichtern Weg durch Zeichnung angegeben, und über die Frage von Verbesserung und bequemer Einrichtung der Berechnung der Kometenbahnen hat bey der berliner Akademie Herr Tempelhof im Jahre 1778 den Preiß erhalten. Das schönste und vollständigste Werk über die Lehre von den Kometen ist des Herrn Pingré Kometographie (Cometographie, à Paris, 1785. II Vol. 4.).

Die bis 1774 bekannt gewordenen Elemente der Kometenbahnen hat auch Herr Bode (Erläut. der Sternkunde, Th. II. S. 479.) mitgetheilt, und nach Prosperins Berechnung (De inveniendis punctis proximis parabolae et circuli circa eund. foc. descr. Upsal. 1773.) beygefügt, wie nahe jeder der Erde höchstens kommen könne. Unter 63 bekannten Kometen gehen nur 8 jenseits der Erd= und 2 jenseits der Marsbahn um die Sonne. Dieses ist wohl ein Zeichen, daß es weit mehr Kometen giebt, wir aber nur die bemerken, welche in die Nachbarschaft der Erde kommen. Lambert (Kosmologische Briefe Augsp. 1761. 8.) trägt sehr erhabne Gedanken hierüber vor, und überschlägt die Anzahl der zu unserm System gehörigen Kometen bis an 4000. Sie durchkreuzen die Flächen der Planetenbahnen nach allen möglichen Seiten und Richtungen, zerstören die festen Sphären des alten Weltsystems und die Wirbel des Descartes gänzlich, geben hingegen dem copernikanischen und newtonischen System einen neuen

Glanz, indem sie zeigen, daß sich die Kraft der Sonne nicht blos nach der Fläche der Planetenbahnen, sondern nach allen Seiten verbreite, und der große Raum nicht ungenützt bleibe.

Ueber die physikalische Beschaffenheit dieser Körper sind wir noch sehr wenig belehrt. Die Erscheinungen zeigen mehrentheils an den Kometen **Kopf** und **Schweif**. Jener hat durch Fernröhre betrachtet einen dichten **Kern**, und um denselben eine neblichte **Atmosphäre**. Der Schweif ist jederzeit von der Sonne abwärts gekehrt, welches **Peter Apian** (oder Bienewitz aus Leißnig in Sachsen) zuerst bemerkt hat; er folgt also dem Kopfe nach, wenn der Komet zur Sonne geht, und geht voran, wenn er wieder zurückkömmt. Indem sich der Komet der Sonne nähert, sieht man durch Fernröhre an der der Sonne zugekehrten Seite den Kern seine Rundung verlieren, und sich gleichsam in einen Nebel auflösen, welcher die Atmosphäre vergrößert, um den Kern auf beyden Seiten herumgeht, und den Schweif verlängert. Kömmt der Komet von der Sonnennähe zurück, so ist er sehr verändert; man findet den Kern fast gar nicht mehr, und alles ist dichte Atmosphäre und Schweif; der letztere sehr verlängert, wenn dies die Stellung der Erde zu sehen erlaubt. Die schönen Abbildungen, welche **Heinsius** (Beschreibung des 1744 erschienenen Cometen, St. Petersb. 1744. 4.), nach seinen Beobachtungen durch ein gutes Spiegelteleskop, geliefert hat, zeigen diese Entstehung der Atmosphäre und des Schweifs durch Auflösung der Materie des Kerns ganz sichtlich. Eigentliche **Phasen** zeigen zwar die Kometen nicht; der von 1744 aber sahe doch auf der Seite am hellsten aus, von der ihn die Sonne beschien. Der Schweif ist allezeit leuchtend und so dünn, daß man die Firsterne dadurch sehen kan.

Es ist daher nicht unwahrscheinlich, daß diese Körper aus einer Materie bestehen, welche durch den Einfluß der nahen Sonne aufgelöset und in Dünste verwandlet wird, die in den viele Millionen Meilen langen Schweif fortgetrieben werden, und bey der nachmaligen langen Entfernung

von der Sonne verdichtet wieder herabfallen. Wenn auch
gleich diese Dünste, wie der Kern selbst, an sich dunkel
sind, so wird doch ihre durchaus gleichförmige Erleuchtung
durch ihre große Feinheit begreiflich, ohne daß man eben nöthig hat, sie für phosphorisch oder elektrisch zu erklären.

Newton, Halley, Whiston, Cluver u. a. nahmen die Einwirkung der Sonne in den Kometen für Erhitzung, und die Schweife für Wasserdämpfe an; Isaak
Vossius hingegen (De natura lucis. Amst. 1662. 4) erklärte
die Kometen für brennend, und den Schweif für Flamme.
Mairan (Traité de l'aurore boreale, à Paris, 1732.
1754. 4.) läßt die Schweife aus Theilen der Sonnenatmosphäre bestehen, welche die Kometen an sich nehmen, indem sie sich der Sonne nähern, und die der Stoß der Sonnenstralen von derselben abwärts treibt. Ich überlasse
jedem, hieraus zu wählen, was ihm bey dieser in der That
erstaunenswürdigen Erscheinung das Wahrscheinlichste
däucht.

Man hat die Kometen zu mancherley Erklärungen genützt, wovon sich Beyspiele bey dem Worte: Erdkugel
finden. Herr Wiedeburg nimmt sie in seinem System
über die Generation der Weltkörper für ausgestoßne Sonnenflecken an, die anjetzt zu Planeten oder Monden vorbe-
reitet und gebildet werden. Lamberts Gedanken darüber
in den kosmologischen Briefen sind sehr erhaben, und selbst
da, wo seine Einbildungskraft vielleicht zu weit geht,
noch immer schön und hinreissend. Es ist bey allen den erstaunlichen Veränderungen, die die Kometen von der Sonne leiden, gar nicht unmöglich, daß sie denkenden und
empfindenden, vielleicht sehr verfeinerten Wesen zum Auf-
enthalte dienen können, die auf einer so viel umfassenden
Laufbahn reichlichen Anlaß finden, an der Mannigfaltigkeit der Schöpfung ihre Talente zu üben, und sich uner-
schöpfliche Quellen des edelsten Vergnügens zu öffnen.

Der Aberglaube, der sonst die Kometen zu schrecklichen
Vorboten des Unglücks machte, ist nicht mehr herrschend.
Dagegen hat die neuere Theorie Anlaß gegeben, zu be-
fürchten, daß ein Komet der Erde durch seine Annäherung

schaden, sie aus ihrer Laufbahn verdrängen, ihr den Mond rauben, oder ihre Gewässer zu erstaunlichen Höhen erheben könnte. Heyn (Versuch einer Betrachtung über Kometen, Sündfluth ꝛc. 1742. 8.) erklärte den Untergang der Erde dadurch, daß ein Komet sie in Gegenden treiben werde, wo sie nicht mehr bewohnbar sey. Ein Komet, so groß als die Erde und nur 13290 Meilen von ihr entfernt, könnte das Meer auf 6000 Ellen hoch erheben. De la Lande (Reflexions sur les comètes, à Paris, 1773. 4.) berechnete diese Wirkungen, und zeigte zugleich, daß einige unter den berechneten Kometen ihre Knoten ziemlich nahe an der Erdbahn haben. Diese Schrift verbreitete in Paris eine allgemeine Furcht vor den Kometen. Man sieht aber aus den von Prospern berechneten geringsten Entfernungen, daß es nur 8 bekannte Kometen giebt, welche sich der Erde mehr als $\frac{1}{10}$ ihres Abstands von der Sonne, d. i. um mehr als 400 Erddurchmesser nähern können. Der von 1680 z. B. kan ihr höchstens bis auf 60, der von 1770 auf 96 Erddiameter nahe kommen. Herr de Sejour (Essai sur les comètes, Paris, 1775. 8.) berechnet, daß der letztere am 1 Jul. 1770 von der Erde wirklich nur um 750000 Lieuen abgestanden habe, und ihr näher, als irgend ein anderer, gekommen sey. Dennoch hat er keine uns bekannte Aenderung verursacht, und diejenigen Kometen, deren Schweife das fürchterlichste Ansehen hatten, waren der Sonne sehr nah, also entfernt genug von der Erde. Auch Euler (De periculo a nimia appropinquatione cometae metuendo in Nov. Comm. Petrop To. XIX. no. 1.) hat durch genauere Berechnung dargethan, daß die Knoten dieser acht Kometen noch viel zu entfernt sind, um Zerrüttungen auf der Erde zu veranlassen, wobey er auch des de la Lande Angabe über die Höhe der dadurch erregten Wasserfluthen sehr mäßiget.

Montucla hist. des mathematiques To. II.

Kästner Anfangsgr. der Astr. 3te Aufl. Göttingen, 1781. 8. §. 303. u. f.

Bode kurzgefaßte Erläut. der Sternkunde, Th. II. S. 457 u. f.

De la Lande astronomisches Handbuch, Leipz. 1775. gr. 8. S. 577 u. f.

Kosmisch, Cosmicus, *Cosmique*. Dies Wort bedeutet seinem Ursprung nach: was sich auf die Welt bezieht. Man nennt den Auf= oder Untergang der Gestirne kosmisch, wenn er mit Anfang des Tages oder mit Sonnenaufgang geschieht. Alsdann geht das Gestirn gleichsam der Welt auf oder unter. So geht Sirius für Leipzig jährlich um den 8 Aug. mit der Sonne zugleich auf, und um den 17 Nov. bey Sonnenaufgang unter. Dies sind bey uns die Tage seines kosmischen Auf= und Untergangs. Diese Tage für jede Zeit und jeden Ort angeben zu können, ist zur Erklärung der alten Schriftsteller nöthig, s. die Artikel: **Aufgang**, **Akronyktisch**.

Kosmogonie, Cosmogonia, *Cosmogonie*. Die Lehre von der Entstehung und Bildung der Körperwelt. Daß man für die Lehre von einem solchen Gegenstande einen eignen Namen hat, ist wohl ein sehr großer Beweiß von den kühnen Anmaaßungen des menschlichen Verstandes. Denn am Ende läuft alles, was wir davon mit Ueberzeugung wissen, auf den einzigen Satz hinaus, daß die Welt das Werk eines höchst vollkommnen, weisen, mächtigen und gütigen Schöpfers sey, der alles, was er nach seinen erhabnen Endzwecken des Daseyns würdig fand, durch die schicklichsten Mittel hervorgebracht hat.

Wir kennen in unserm kleinen Beobachtungskreise nur einen höchst unbedeutenden Theil des Hervorgebrachten selbst, und müssen uns über die Mittel der Hervorbringung und Bildung, wenn wir auch nur bey unserer Erdkugel stehen bleiben, mit höchst schwankenden Muthmassungen befriedigen. Welche Vermessenheit ist es, in die Bildung des unermeßlichen Ganzen blicken zu wollen!

Kosmographie, **Weltbeschreibung**, Cosmographia, *Cosmographie*. Die Beschreibung der Welt und ihrer Haupttheile. Sie begreift die Astronomie und Geographie, als zween besondere Abschnitte, unter sich. Bisweilen aber wird der Name Kosmographie auch für Geographie allein gebraucht.

Kosmologie, Cosmologia, *Cosmologie*. Die Lehre von der materiellen Welt, ihren Haupttheilen, und allgemeinen Gesetzen. Man begreift darunter außer der Astronomie und Geographie, auch die allgemeine Physik, oder den Inbegrif der allgemeinen Naturgesetze, überhaupt alles dasjenige, was in der Körperwelt beständig und bleibend zu seyn scheint. Die abstracte Betrachtung desselben macht unter dem Namen der allgemeinen Kosmologie einen Theil der Metaphysik aus, die besondere Anwendung auf die Erscheinungen mit der Betrachtung der drey Naturreiche auf unserer Erde verbunden, ist dasjenige, was unter dem Namen der Physik oder Naturlehre insgemein vorgetragen wird.

Maupertuis (Essai de Cosmologie in den Oeuvres de *Maupertuis*, à Lyon, 1768. IV.To. 8maj. To.I.) untersucht unter dem Namen der Kosmologie die aus der Betrachtung der Natur gezognen Beweise für das Daseyn eines höchsten Wesens, leitet aus den Eigenschaften desselben sein allgemeines Naturgesetz der kleinsten Wirkung (s. Wirkung), und aus diesem die Gesetze der Bewegung her, und beschließt mit einem Gemälde des ganzen Weltbaus. **Wiedeburg** (Einleitung in die physisch = mathematische Kosmologie, Gotha, 1776. gr. 8.) giebt unter diesem Titel einen Auszug des gemeinnützigsten aus der allgemeinen Physik, Sternkunde und Erdbeschreibung; **Wünsch** (Kosmologische Unterhaltungen, Leipz. 1778 — 1780. III B. 8.) theilt sehr wohl geschriebene und gründliche Belehrungen über die Himmelskörper, die Erdkugel, die vornehmsten Lehren der Physik, und den Menschen mit.

Kraft, Vis, *Force*. Ein allgemeiner Name alles dessen, was Bewegung hervorzubringen, zu ändern oder zu hindern strebt. Daß diese Ursachen der Bewegung in der tiefsten Dunkelheit verborgen liegen, und ihr erster Ursprung außer der Körperwelt gesucht werden müsse, ist schon bey dem Worte: Bewegung erinnert worden. Da indeß jede Aenderung des Zustands einen Grund, mithin auch

jede Entstehung und Veränderung der Bewegung eine Ur=
sache voraussetzt, so behelfen wir uns mit dem Worte:
Kraft, um dadurch alle diese Ursachen zu bezeichnen, die
wir so oft nennen müssen, obgleich ihre Natur ein uner=
forschliches Geheimniß bleibt.

Die Bewegung ist das wichtigste, aber auch das un=
erklärbarste Phänomen der Körperwelt, sie mag nun durch
lebende Wesen, oder durch Mittheilung, oder durch Gra=
vitation u. dgl. hervorgebracht werden. Unter den Welt=
weisen haben sie einige als etwas der Materie wesentlich
eignes angesehen, andere mit dem Aristoteles von einer
ersten selbst unbewegten Ursache (πρωτον κινεν ακινητον)
hergeleitet.

Malebranche, der die Gottheit mit Recht zum Ur=
heber der Bewegung macht, findet den unmittelbaren Ein=
fluß dieses höchsten Wesens bey jedem besondern Wurfe,
Falle und Stoße nöthig, und macht so die ganze Körper=
welt zu einer unaufhörlichen Reihe von Wundern. Die
Einführung des Wortes Kraft sollte anfänglich dazu die=
nen, die Bewegung deutlicher zu erklären; aber man hat
in dieser Rücksicht dadurch nichts weiter gewonnen, als
einen Namen, der unsere Unwissenheit verstecken hilft,
und der wegen des dunkeln Begrifs, den er bezeichnet, ganz
bequem ist, um aus ihm noch mehr Wirkungen, als die
Bewegung allein, herzuleiten.

Das Wort Kraft drückt im eigentlichen Verstande das
aus, was wir in uns fühlen, wenn wir ruhende Körper
bewegen, oder bewegte aufhalten wollen. Die Empfin=
dung, die wir alsdann haben, ist jederzeit mit einer Ver=
änderung der Ruhe oder Bewegung des Körpers, auf den
wir wirken, begleitet. Wir können uns nicht enthalten,
das was in uns ist, für die Ursache dieser Veränderung an=
zunehmen. Sehen wir nun ähnliche Veränderungen ohne
unser Zuthun erfolgen, so sind wir geneigt, eine ähnliche
Ursache davon, eine Kraft, ausser uns zu vermuthen.
Man übersieht leicht, wie undeutlich diese Vorstellung ist.
Inzwischen giebt sie einen bequemen Namen für die Ursache

der Bewegung, in welchem wir nur nichts mehr, als Benennung, niemals Erklärung, suchen dürfen.

So sagen wir, daß unsere Hand Kraft anwende, um
Körper zu bewegen, wir schreiben dem Stoße des bewegten Körpers gegen andere eine Kraft zu, und nennen die
Schwere, die die Körper fallen macht, die Cohäsion, die
der Trennung der Theile widersteht u. s. w., eine Kraft.

Da wir diese Kräfte nicht anders, als aus ihren Wirkungen, kennen, so kan auch ihre Größe nicht anders, als
durch die Größe ihrer Wirkungen, bestimmt werden. Wir
nennen also eine Kraft doppelt so groß, als die andere,
wenn sie unter eben den Umständen eine doppelt so große
Bewegung hervorbringt. Da nun die Größe der Bewegung durch das Produkt der Masse M in die Geschwindigkeit C, oder durch MC ausgedrückt wird, s. Bewegung,
so hat Descartes eben dieses Produkt als das Maaß der
Kräfte angegeben. Daß über dieses Kräftemaaß ein
Streit entstanden ist, von welchem ich im Fortgange dieses
Artikels noch einiges anführen werde, ist nicht zu verwundern, da man selbst von dem, was hier gemessen werden
soll, keine deutlichen Begriffe hat. Man muß bey der
Vergleichung der Kräfte sehr sorgfältig seyn, um nur solche gegeneinander zu halten, welche sich ähnlich sind, und
unter ähnlichen Umständen wirken; daher muß man den
Begrif dessen, was man vergleichen will, bestimmter festsetzen, als es durch die bloße Benennung Kraft geschieht.

Lehrreicher, als alles, was sich im allgemeinen über
die Kraft sagen läßt, sind die besondern Betrachtungen der
Kräfte, welche ich hier in alphabetischer Ordnung beyfüge.

Absolute Kraft, Vis absoluta, *Force absolue,* heißt
eine solche, welche in einen Körper unaufhörlich und immer
gleich stark wirkt, er mag ruhen, oder sich bewegen. Eine
solche Kraft ist die Schwere, welche den Körper, er sey in
Ruhe oder Bewegung, keinen Augenblick verläßt, und ihn
immer mit gleicher Stärke fortzutreiben sucht. Die Wirkung einer solchen Kraft ist, wenn der Körper durch ein
Hinderniß aufgehalten wird, ein ununterbrochner
Druck, wenn er aber frey ist, eine beschleunigte Be-

wegung, ſ. Beſchleunigung. Der abſoluten Kraft
wird die relative entgegengeſetzt.

Anziehende Kraft, ſ. Anziehung, Attraction.

Ausdehnende Kraft, Vis expanſiva, *Force expan-*
ſive. So heißt die Elaſticität oder Federkraft flüßiger
Körper, welche in einen engern Raum zuſammengedrückt,
ſich wieder auszubreiten, und das Hinderniß, das ſie ein=
ſchränkt, zu bewegen ſtreben, ſ. Elaſticität.

Beſchleunigende Kraft, Vis acceleratrix, *Force*
acceleratrice. Dieſen Namen legt man in der Dynamik
der Stärke derjenigen Kraft bey, welche in jeden einzelnen
Theil einer Maſſe wirkt. „Wie ſtark ein Stein meine
„Hand drückt, lehrt mich die Empfindung; dieſer Druck
„iſt ohne Zweifel die Summe von allen einzelnen Drucken
„der Theile des Steines, da jeder dieſer Theile mit einer
„gewiſſen Stärke, die für alle einerley iſt, durch die Schwe=
„re geſtoßen wird“ (Käſtner höhere Mechanik, 1 Abſchn.
Cap. III. §. 51.). Dieſe Stärke des Stoßes, den die
Schwere auf jeden Theil ausübt, iſt hier die beſchleuni=
gende, die Summe aller Stöße, oder der ganze Druck
des Steins die bewegende Kraft. Auf der Oberfläche
der Sonne würde jeder Theil des Steins etwa 29mal ſtär=
ker gegen die Sonne gravitiren, als er hier gegen die Er=
de gravitirt, d. h. die beſchleunigende Kraft der Schwere iſt
daſelbſt 29mal größer, als bey uns.

Nimmt man eine beſchleunigende Kraft von beſtimm=
ter Größe, z. B. die Schwere der Erdkörper unter dem
Aequator zur Einheit an, ſo laſſen ſich andere beſchleunigen=
de Kräfte dagegen halten, in Zahlen ausdrücken, und ſo
auch unter einander ſelbſt vergleichen. Rollt z. B. eine
Kugel auf einem Brete hinab, das mit der Horizontalebne
einen Winkel von 45° macht, ſo iſt, wenn man die Schwe=
re = 1 ſetzt, die beſchleunigende Kraft, welche die rollende
Bewegung hervorbringt, $= \frac{1}{2}\sqrt{2}$; wird das Bret ſo ge=
neigt, daß der Winkel nur 30° beträgt, ſo wird ſie $= \frac{1}{2}$,
und die beſchleunigenden Kräfte in beyden Fällen verhal=
ten ſich, wie $\sqrt{2} : 1$.

Jede Kraft erzeugt, wenn sie frey wirken kan, Bewegung, wenn sie daran gehindert wird, Streben nach Bewegung, d. i. Druck gegen das Hinderniß, s. Druck. Im letztern Falle fällt es in die Augen, daß der Druck, oder die bewegende Kraft P, dem Producte der beschleunigenden Kraft f in die Masse oder Anzahl der Theile M proportional seyn muß, weil er desto größer ist, je mehr Theile da sind, und je stärker in jeden derselben gewirkt wird. Daher kan man, alles in den gehörigen Einheiten ausgedrückt (wenn z. B. die Schwere = 1 gesetzt, die Masse aber durch das Gewicht in eben solchen Pfunden u. s. w. wie der Druck, angegeben wird,) $P = M f$ setzen. Wird in obigem Beyspiele eine Kugel von 3 Pfund auf dem Brete mit der Hand aufgehalten, so ist ihr Druck gegen die Hand bey einem Neigungswinkel von $30^\circ = \frac{1}{2} \cdot 3 = 1\frac{1}{2}$ Pfund. Hieraus folgt

$$f = \frac{P}{M}$$

Im erstern Falle hingegen, in welchem f keinen Druck, sondern wirklich Bewegung hervorbringt, ist ohne Rücksicht auf die Größe der Masse, die in einer bestimmten Zeit erzeugte Geschwindigkeit v sowohl, als der in dieser Zeit durchlaufene Raum s desto größer, je größer die beschleunigende Kraft f ist. Ein Pfund Bley z. B. würde auf der Oberfläche der Sonne freygelassen in einer Secunde durch einen 29mal größern Raum, als auf der Erdfläche, d. i. durch 29×15 oder 435 Fuß fallen, und dadurch eine Geschwindigkeit erhalten, mit der es in 1 Sec. 29×30 oder 870 Fuß zurücklegen könnte. Nemlich die in jeden Theil wirkende Kraft beschleunigt jeden desto stärker, je größer sie ist; alle Theile aber fallen zugleich ohne Rücksicht auf ihre Anzahl, daher richtet sich die Beschleunigung nicht nach der Masse, sondern blos nach der Größe dieser in die Theile wirkenden Kraft, welcher Umstand auch den Namen der beschleunigenden Kraft veranlasset hat.

Diesen Satz, auf welchem die meisten und wichtigsten Wahrheiten der höhern Mechanik beruhen, hatte Newton

(Princ. L. I. Def. 7. et Axiom. 2.) ohne Beweis als eine nothwendige Folge des Grundsatzes angenommen, daß sich alle Wirkungen, wie ihre Ursachen verhalten. Er läßt sich in der größten Allgemeinheit, für unveränderliche sowohl, als veränderliche Kräfte, am besten auf folgende Art ausdrücken. Die Beschleunigung oder Zunahme der Geschwindigkeit d v, welche die Kraft f in jedem unendlich kleinen Zeittheilchen d t hervorbringt, verhält sich, wie die Kraft f. Nun bringt die Schwere = 1 in eben dem Zeittheilchen d t die Beschleunigung 2 g d t hervor, s. Bewegung gleichförmig beschleunigte. Also ist d v: 2 g d t = f : 1. Hieraus folgt

I.) $d v = 2 g f d t$

Gegen diesen als Axiom angenommenen Satz erinnerte Daniel Bernoulli (Examen principiorum Mechanicae in Comm. Petrop. To. I. p. 127.), es sey das Wesen und die Wirkungsart der Kräfte so wenig bekannt, daß sich hier von der Größe der Ursache keine nothwendige Schlußfolge auf die Größe der Wirkung ziehen lasse, und sich vielleicht die Beschleunigung d v eben sowohl, wie das Quadrat oder eine andere Function von f verhalten könne. Dies veranlassete Eulern (Mechanica, L. I. §. 146 — 153 ingl. Theoria motus corp. solid. Cap. III. (einen Beweiß dieses Satzes zu versuchen. D'Alembert (Traité de dynamique art. 19.) will lieber den zu erweisenden Satz für die Definition der beschleunigenden Kraft annehmen. „Pour nous, sagt er, sans vouloir discuter, si ce prin-„cipe est d'une verité necessaire ou contingente, nous „nous contenterons de le prendre pour une definition etc. „Nous entendrons donc par force acceleratrice simple-„ment l'élément de la vitesse.“ Allein, da es hier eigentlich darauf ankömmt, zu erweisen, daß die Beschleunigung d v eben dem f proportional sey, welches man beym Drucke $= \dfrac{P}{M}$ setzen kan, so steht es entweder nicht mehr frey, eine neue Definition von f zu geben, oder es kömmt die Nothwendigkeit eines Beweises immer wieder zurück, so-

bald man das so definirte f $= \dfrac{P}{M}$ setzen will. Daher haben es die Herren Käſtner (Anfangsgr. der höh. Mechanik, I Abſchn. Cap. III. §. 51 — 73) und Karſten (Lehrbegrif der geſammten Math. III Theil, Mechanik, Abſchn.
III. §. 47 — 53) für nöthig gehalten, eigne und keine weitere Einwendungen übriglaſſende Beweiſe dieſes Satzes zu
geben. Uebrigens giebt Karſten der beſchleunigenden
Kraft f den Namen Beſchleunigung der Kraft.

Wenn man die der Geſchwindigkeit v zugehörige Hö-
he, welche $= \dfrac{v^2}{4g}$ iſt (ſ. Fall der Körper), u nennt, ſo

wird d u $= \dfrac{2\,v\,d\,v}{4g}$, oder wenn für d v das gleiche 2 g f d t

geſetzt wird, d u = f v d t. Und, weil allezeit v d t = d s
(ſ. Bewegung, gleichförmige),
II.) d u = f d s.

Die Gleichungen I und II. ſind der Grund von allem,
was ſich in der höhern Mechanik von Wirkungen anderer
Kräfte, als unſerer Schwere, und beſonders veränderlicher
Kräfte, ſagen läſt, und ſie mit Daniel Bernouḷḷi blos für
zufällig halten, iſt eben ſo viel, als den meiſten Lehren
der höhern Mechanik ihre Nothwendigkeit abſprechen.

Bewegende Kraft, Vis motrix, Force motrice.
So nennt man die ganze in eine gewiſſe Maſſe wirkende
Kraft, welche ſich durch das Produkt der beſchleunigenden
Kraft f in die Maſſe oder Anzahl der Theile, alſo durch
M f ausdrücken läſt, und dem Drucke P gleich iſt, den
ſie ausübt, wenn keine Bewegung erfolgen kan. Bey
ſchweren Körpern iſt das Gewicht die bewegende, die
Schwere die beſchleunigende Kraft. Das Gewicht eines
Centners iſt 100mal größer, als das Gewicht eines Pfun-
des; aber die Schwere, oder was auf jeden Theil wirkt,
iſt bey beyden einerley. Und weil hiebey f = 1, ſo iſt
P = M, oder man kan die Maſſe dem Gewichte gleich ſetzen,
ſ. Maſſe.

In einer andern Bedeutung hat man das Wort: bewegende Kraft für dasjenige Bestreben genommen, mit welchem ein ruhender Körper das Hinderniß, auf das er drückt, oder ein bewegter Körper den andern, dem er begegnet, in Bewegung zu setzen sucht. Man hat dafür gehalten, dieses Bestreben sey der Größe der Bewegung proportional, und werde daher eben so, wie diese, durch M C d. i. durch das Produkt der Masse M in die Geschwindigkeit C ausgedrückt, mit welcher der Körper entweder wirklich fortgeht, oder doch fortgehen würde, wenn er sich bewegen könnte. Man hat daher dieses Produkt das Maaß der bewegenden Kräfte genannt.

In dieser von Descartes und dem P. Mersenne eingeführten Redensart herrscht einige Undeutlichkeit der Begriffe, indem unstreitig dasjenige bewegende Kraft genannt wird, was eigentlich nur Bewegung ist und heißen sollte. Dennoch würde man sie vielleicht, wie viele andere uneigentliche Ausdrücke, ruhig beybehalten haben, wenn nicht Herr von Leibnitz (*G. G. L.* Brevis demonstratio erroris memorabilis Cartesii et aliorum etc. in Act. Erud. Lipf. a 1686. menf. Mart. p. 161 fqq.) auf eine andere Art, bewegende Kräfte zu messen, gefallen wäre. Er behauptete nemlich, die Kräfte der Massen M. m, die mit den Geschwindigkeiten C, c fortgiengen, verhielten sich, wie $M C^2$: $m c^2$, und das Maaß der Kräfte sey also vielmehr das Produkt der Masse in das Quadrat der Geschwindigkeit. Sein Beweis ist folgender. Eine Masse A von 1 Pfund falle durch eine Höhe von 4 Ellen, so erhält sie dadurch eine Kraft, vermöge welcher sie wieder eben so hoch steigen könnte. Eine andere Masse B von 4 Pfund falle durch eine Höhe von 1 Elle; sie erhält dadurch eine Kraft, wieder 1 Elle hoch zu steigen. Diese beyden erhaltenen Kräfte sind gleich, weil 1 Pfund durch 4 Ellen zu heben, eben so viel Kraft erfordert wird, als 4 Pfund durch 1 Elle zu heben. Nach der cartesianischen Art, die Kräfte zu messen, sollten also hier die Producte der Massen in die Geschwindigkeiten gleich seyn. Aber nach den Gesetzen des Falles schwerer Körper ist die Geschwindigkeit der Masse A, die durch 4 Ellen fiel, doppelt so groß, als die der Masse

B, welche durch 1 Elle fiel. Folglich geben die Geschwin-
digfeiten (2 und 1) in die Maſſen (1 und 4) multiplicirt,
Producte (2 und 4), welche ungleich ſind. Hingegen
die Höhen des Falls oder die Räume, bis auf welche A
und B wieder ſteigen könnten (4 und 1), geben in die Maſſen (1 und 4) multiplicirt, gleiche Producte (4 und 4).
Da nun hier die Kräfte gleich ſeyn müſſen, ſo erhellet, daß
man, um ſie zu meſſen, die Maſſen nicht in die Geſchwindig-
feiten, ſondern in die Höhen des Falls, oder in die Quadratzahlen der Geſchwindigkeiten, multipliciren müſſe.

Wenn man auch überhaupt den hier angenommenen
Begrif von Kraft zuläßt, und die Abſicht, ſolche im bewegten Körper ſelbſt liegende Kräfte zu meſſen, billiget,
ſo wird doch dieſer Beweis des Herrn von **Leibnitz** ſchon
darum zweifelhaft, weil dabey keine Rückſicht auf die Zeit
genommen iſt. Die Maſſe 4 durch den Raum 1, und die
Maſſe 1 durch den Raum 4 in gleicher Zeit heben, erfordert allerdings einerley Kraft: aber in dem angeführten
Beyſpiele würden die beyden Maſſen nicht in gleicher, ſondern A in doppelter, B in einfacher Zeit auf die gedachten
Höhen ſteigen; man iſt alſo gar nicht ſo ſchlechthin berechtiget, die Kräfte beyder Maſſen für gleich anzunehmen.
Vielmehr läſt ſich der ganze Beweis, wenn man die Zeit
mit in Betrachtung ziehet, ſehr leicht ſo wenden, daß er
das carteſianiſche Maaß der Kräfte beſtätiget.

Herr von **Leibnitz** erläuterte ſeine Meinung durch
eine andere Schrift (Specimen dynamicum pro admirandis naturae legibus circa corporum vires etc. in Act. Erud.
Lipſ. a. 1695 menſ. Apr. p. 145 ſq), in welcher er die Kräfte in **todte** und **lebendige** eintheilt. Todte Kraft nennt
er diejenige, welche keine Bewegung, ſondern nur Beſtreben nach Bewegung hervorbringe (in qua nondum exiſtit
motus, ſed tantum ſollicitatio ad motum); lebendige Kraft
die mit wirklicher Bewegung verbundene. Die Alten, ſagt
er, hätten blos die todte Kraft betrachtet; ihre ſogenannte
Mechanik ſey daher nur Statik geweſen. Nun ſey das
Produkt MC in der That das Maaß der todten Kräfte,
aus der beſondern Urſache, weil ſich beym erſten Anfange

der Bewegung und bey der bloßen Sollicitation, die ersten
Elemente der Räume, wie die anfänglichen Geschwindigkeiten selbst, oder wie die Bestrebungen nach Geschwindigkeit, verhalten würden. Aber beym Fortgange der Bewegung, wobey lebendige Kraft entstehe, verhielten sich
die endlichen Räume nicht mehr, wie die Geschwindigkeiten, sondern wie deren Quadrate; mithin müsse das Maaß
der lebendigen Kräfte MC^2 seyn.

Das Ansehen des Herrn von Leibnitz hat diesen Behauptungen viele Anhänger und Vertheidiger verschaft, unter welche vorzüglich Daniel Bernoulli (Examen principiorum Mechanicae in Comm. Petrop. To. I. p. 130
sqq.), Johann Bernoulli (Discours sur le mouvement in Opp. To. III. num. 135, ingl. De vera notione
virium vivarum in Act. Erud. Lips. 1735. Maj. p. 210 und
Opp. To. III. num. 145.); Hermann (Phoronomia,
Amst. 1716. 4.), Bilfinger (De viribus corpori moto
insitis, earumque mensura in Comm. Petrop. To. I.
p. 43 sqq.), Wolf (Principia dynamica in Comm. Petrop. To. I. p. 217 sqq.), s' Gravesande (Physices
Elem. math. L. I. c. 22. §. 460.), und Mußchenbroek
(Introd. ad philos. natur. To. I. §. 272 sq), gehören.
Dagegen ist die cartesianische Ausmessung durch MC von
Mairan (Diss. sur l'estimation et la mesure des forces
motrices des corps, Paris, 1741.), Jurin! (Principia
dynamica, Philos. Transact. no. 476 u. 479.), Desaguliers (Course of experimental philosophy, Lond.
1745. 4. Vol. I.), Maclaurin (Account of Sir Isaac
Newton's philos. discoveries, Book II. Chapt. 2.), Heinsius (Diss. de viribus motricibus, praeside Hausen, Lips.
1733. 4.) und andern vertheidiget worden. Die Geschichte
des Streits erzählen Arnold (Diss. duae de viribus vivis
earumque mensura. Erlang. 1754. 4.) und noch kürzer Herr
Kästner (Anfangsgr. der höh. Mech. III. Abschn. §. 202 u. f.).

Die Vertheidiger der leibnitzischen Ausmessung haben
sich unter andern auch darauf berufen, daß Kugeln von
gleicher Masse, wenn sie aus gewissen Höhen herab auf
weichen Thon fallen, Gruben eindrücken, deren Tiefe sich,

wie das Quadrat der letzten Geschwindigkeit, verhält. Sie
haben hiebey die Tiefe der Löcher als die Größe der Wirkung angesehen, die man den Kräften der Kugeln zuschreiben müsse, und daraus geschlossen, daß sich diese Kräfte
selbst bey gleichen Massen, wie die Quadrate der Geschwindigkeiten, verhalten. Die Gegner antworten hierauf, man müsse nicht auf die Tiefen der Gruben allein, sondern zugleich auf die Zeiten sehen, binnen welchen diese
Gruben eingedrückt wurden: Leibnißens Anhänger hingegen schließen die Betrachtung der Zeiten gänzlich aus.

Dies wird genug seyn, um die Lage des Streits zu
übersehen. Beyde Theile suchen die Größe einer angenommenen Ursache, die sie Kraft nennen, aus der Größe der
Wirkung zu bestimmen. Aber der eine Theil bestimmt
sie aus derjenigen Wirkung, welche binnen einer gewissen
Zeit erfolgt, der andere aus der Totalsumme der ganzen
erfolgenden Wirkung ohne Rücksicht auf die darauf verwendete Zeit. Wenn, um die Kräfte zweener Menschen zu vergleichen, der eine darauf sieht, welcher von beyden in einer
Stunde am meisten arbeitet, der andere aber beyde mit
frischen Kräften anfangen läßt und untersucht, welcher bis
zur gänzlichen Ermüdung das meiste vollbringe, so wird
wohl jeder Unbefangene urtheilen, daß man durch die erste
Art der Probe wirklich etwas ganz anders erfahre, als durch
die zweyte. Eben so wird durch die cartesianische Berechnung etwas ganz anders, als durch die leibnißische, aus-
gemessen. Wenn aber doch beyde Theile das Ausgemesse-
ne Kraft nannten, so nahmen sie dieses Wort in verschiedener Bedeutung; und dieser Streit, an dem so viele
scharfsinnige und gelehrte Naturforscher Theil genommen
haben, war im Grunde nichts mehr, als ein bloßer Wortstreit.

Nach Karsten (Lehrbegrif der gesammt. Math. Th.
IV. Mechanik, Abschn. XVII. §. 269.) ist hiebey sogar
über ein bloßes Hirngespinst gestritten worden. Man könne, sagt dieser, dem bewegten Körper gar keine Kraft beylegen, mit der er fortgehe, sich hebe, andere stoße u. dgl.
Alles, was er von dieser Art thue, geschehe vermöge seiner

Trägheit, und weiter sey in ihm nichts, was den Namen einer Kraft verdiene. Zwar rede man im gemeinen Leben so, die bewegte Masse M setze die ruhende N in Bewegung. Eigentlich aber liege die Ursache, warum N bewegt werde, in M und N zugleich, weil beyde undurchdringlich seyn. Wollte man also der bewegten Masse eine eigne Kraft beylegen, so müste man auch der ruhenden eine solche zuschreiben. Ein drückender oder bewegter Körper drücke und bewege sich nicht selbst, sondern das, was drücke oder ihn bewege, müsse wenigstens in Gedanken von ihm unterschieden werden. Höre dies einmal auf, ihn zu beschleunigen, so behalte er zwar die letzte Geschwindigkeit — aber was solle nun wohl noch in ihm zurückbleiben, das den Namen einer Kraft verdiene? Man habe also bey diesem Maaße der Kräfte vergessen zu fragen, ob nicht das, was man messen wollte, vielleicht überall eine Chimäre sey.

So scharfsinnig diese Bemerkungen sind, so scheinen sie doch demjenigen, der das Kraft nennen will, was die ruhende Masse N, wenn sie von der bewegten M gestoßen wird, in Bewegung setzt, die Freyheit dazu nicht zu benehmen, weil doch überhaupt alles, was in einem ruhenden Körper Bewegung hervorbringt, Kraft heissen kan. Es ist aber auch unläugbar, daß die Bemühungen, diese Art Kräfte auszumessen, sehr entbehrlich sind, da man aus den Begriffen von den eigentlich sogenannten bewegenden Kräften und von der Trägheit, allein die ganze Mechanik herleiten kan.

Bewegende Kräfte der Maschinen, Potentiae moventes, *Puissances, Forces mouvantes.* Diejenigen Kräfte, deren man sich in der Ausübung bedient, um die Maschinen in Bewegung zu setzen. Die bisher bekannten bewegenden Kräfte sind folgende.

1. Die Kraft der Menschen. Sie ist unter allen die brauchbarste, und erfordert die wenigste Veranstaltung, weil Menschen nach jeder ihnen gegebnen Vorschrift, auf so mannigfaltige Art und nach allen verlangten Richtungen durch Heben, Tragen, Ziehen, Drücken, Stoßen, Treten, Drehen u. s. w. wirken, auch Stärke und Richtung

ihrer Kraft in jedem Augenblicke nach Bedürfniß abändern
können. Zugleich aber ist auch die menschliche Kraft, der
Belohnung und Unterhaltung wegen, die kostbarste, und
darf nie anders, als mit Schonung und Sparsamkeit angewendet werden. Die Alten trieben fast alle ihre Maschinen durch Sclaven, deren Unterhalt wenig kostete, und deren Leben und Gesundheit ihnen oft nicht sonderlich theuer
war. Diese Anstrengung und Verschwendung der menschlichen Kräfte, in der wir es ihnen weder gleich thun können
noch wollen, setzte sie in Stand, bey sehr eingeschränkten
Kenntnißen der mechanischen Theorie, dennoch erstaunens-
würdige Unternehmungen auszuführen. Bey unsern mechanischen Entwürfen hingegen muß immer die möglichste
Schonung der menschlichen Kraft eine Hauptabsicht
seyn. An der Aufrichtung des großen Obelisken im Circus
Vaticanus zu Rom arbeiteten unter der Regierung des Ca-
ligula 20000 Menschen (Plin. H. N. XXXVI. 9.); Dominicus Fontana bewirkte im Jahre 1586. die Errichtung eben dieses Obelisken auf dem St. Petersplatze durch
960 Menschen und 80 Pferde.

Die Größe der menschlichen Kraft ist freylich in verschiedenen Körpern höchst verschieden; doch läßt sich hieben
für Menschen, die zur körperlichen Arbeit geschickt sind, im
Durchschnitt ein Mittel angeben. Die Muskeln des Fußes
und der Schenkel tragen, wenn man auf die Zehen tritt,
das ganze Gewicht des Körpers, und oft noch Lasten von
150 — 160 Pfund. In gewöhnlicher aufrechter Stellung,
oder auch mit etwas eingebognen Leibe und Knieen trägt
oft ein Mensch mehrere Centner. Durch Drücken in ver-
tikaler Richtung kan er höchstens so viel bewirken, als das
Gewicht seines Körpers beträgt. Durch Zug oder Druck
in horizontaler Richtung vermag er nicht mehr, als ein
Gewicht von 24 — 25 Pfund, und wirkt mit einer Geschwindigkeit, welche 6000 Schuh in einer Stunde beträgt.
Man darf dagegen nicht einwenden, daß ein Mann auf
einem horizontalen Boden Lasten zu ziehen oder fortzuschie-
ben vermag, die über einen Centner wiegen. Denn er hat
bey diesem Zuge oder Drucke nicht das ganze Gewicht der

Laſt, ſondern nur die Reibung am Boden zu überwinden, welche bey einer ſchicklichen Veranſtaltung nur einem kleinen Theile der Laſt gleich iſt, ſ. Reiben. Im Schlitten auf dem Eiſe, wo ſich das Reiben ſehr vermindert, wird er noch größere Laſten bewegen können. Deſaguliers ſetzt, vielleicht mit einigem Nationalvorurtheile, die Kraft eines Engländers im Verhältniße 7 : 5 größer, als die eines Franzoſen oder Holländers.

2. Die Kräfte der Thiere. Gewöhnlich werden dazu die Pferde gebraucht, welche im horizontalen Zuge, im Durchſchnitte genommen, 175 Pfund, d. i. ſiebenmal mehr, als ein Menſch bewegen, und beynahe doppelt ſo geſchwind damit fortgehen können. Zwar zieht ein Pferd auf ebnem Wege und gutem Fuhrwerke wohl 1000 Pfund; allein es hat hiebey nicht das Gewicht der 1000 Pfund zu heben, ſondern nur das Reiben an den Theilen des Fuhrwerks zu überwinden, welches bey 1000 Pfund Laſt ohngefähr 175 Pfund beträgt. Weit weniger zieht es auf berganſteigenden Wegen, wobey es einen Theil der Laſt ſelbſt zu tragen bekömmt. Deſaguliers ſetzt die Kraft des Pferdes im Zuge 200 Pfund.

3. Die Kraft des Waſſers, eine der vortreflichſten und nützlichſten, welche die neuere Mechanik bey den meiſten Maſchinen an die Stelle der ſonſt gewöhnlichen menſchlichen Kraft geſetzt hat. Man bringt ſie ſo an, daß der Fall oder das Gewicht des Waſſers Räder in Umtrieb ſetzt. Die Größe der Kraft oder vielmehr der Wirkung kömmt hiebey auf Menge, Geſchwindigkeit und Richtung des Waſſers gegen die Theile des Rads an. Ein großer Vorzug dieſer Kraft, nächſt ihrer anſehnlichen Stärke, iſt der, daß man ihre Wirkung ſehr gleichförmig erhalten kan, indem ſich das überflüßige Waſſer ableiten, der Mangel aber durch Schützen erſetzen läſt, auch bey den ſogenannten Panſtermühlen das Rad nach der jedesmaligen Höhe des Waſſers gehangen werden kan.

4. Die Kraft des Windes, oder der in der Atmoſphäre bewegten Luft. Man ſetzt dem Winde etwas entgegen, das ihn mit einer großen Fläche auffängt, und ſo

durch ihn in Bewegung geſetzt wird, wie die Segel der
Schiffe und die Flügel der Windmühlen. Dieſe Kraft
iſt zwar unter allen die wohlfeilſte; allein ihre Stärke und
Richtung ſind ſehr veränderlich. Wegen der Richtung müſſen ſich die Flächen, die den Wind auffangen, nach allen
Gegenden kehren laſſen. Den Unbequemlichkeiten aber,
die aus der veränderlichen Stärke entſtehen, kan man nicht
ſo leicht vorbeugen. Ein allzuſtarker Wind iſt den Maſchinen gefährlich; ein allzuſchwacher hingegen läſt ſie oft
unbrauchbar.

5. Die Kraft des Feuers, oder weit richtiger: der
Druck der Atmoſphäre auf einen durch Erkaltung und Ver-
dichtung elaſtiſcher Dämpfe plötzlich hervorgebrachten leeren
Raum. Man iſt erſt in neuern Zeiten auf den Gebrauch
dieſer ſehr vortheilhaften bewegenden Kraft gekommen, ſ.
Dampfmaſchine.

6. Die Kraft der Gewichte, oder die Schwere der
Körper. Sie gewährt den Vortheil, daß ſich ihre Wirkung ſehr genau beſtimmen läſt, und immer unverändert
bleibt, wie denn auch die Gewichte zum Maaße aller andern drückenden oder ziehenden Kräfte dienen. Demohnerachtet ſind ſie in der praktiſchen Mechanik nicht ſehr brauchbar, weil ſie ſich immer niederwärts bewegen, und daher
entweder einen großen Raum zum Sinken, oder ein öfteres
Aufziehen erfordern. Sie werden alſo nur da gebraucht,
wo die bewegende Kraft ſehr langſam oder nicht weit ſinken
darf, wie z. B. bey Uhren, oder zu Gegengewichten.

7. Die Kraft der Federn oder die Elaſticität feſter
Körper, ſ. Elaſticität. Solche elaſtiſche Körper ſind
z. B. Stahlfedern, Metalldrath, lange Stangen von Tannenholz u. dgl. Oft werden ſie nur gebraucht, gewiſſe
Theile der Maſchinen an einander zu drücken, oder, wenn
die Hemmung weggenommen wird, eine plötzliche Bewegung durch einen kleinen Raum, wie bey den Flinten-
ſchlöſſern, hervorzubringen. Will man ſie zu länger dau-
renden Bewegungen brauchen, ſo müſſen ſie in eine von
ihrer natürlichen ſehr weit abweichende Figur gebracht, z. B.
zuſammengewunden werden, da ſie denn, indem ſie ſich

ihrer natürlichen Gestalt nach und nach wieder nähern, gewiſſe Theile der Maſchinen ziehen und bewegen können. Dieſe Einrichtung haben die Federn der Taſchenuhren. Sie werden in Gehäuſe eingeſchloßen, nehmen daher ſehr wenig Raum ein, und ſind bey kleinen Maſchinen, wie bey Uhren, Avtomaten u. dgl. ſehr gewöhnlich. Im Anfange, wenn ſie noch ſtark geſpannt ſind, ziehen ſie ſtärker, als in der Folge, worauf bey der Einrichtung der Maſchinen Rückſicht genommen werden muß. Auch erfordern ſie von Zeit zu Zeit ein neues Aufwinden.

Ohne Zweifel liegen noch andere bisher unbekannte oder ungebrauchte Kräfte in der Natur, welche vielleicht die Nachwelt zur praktiſchen Mechanik wird anwenden lernen. So laſſen ſich ſchon jetzt allerley Spielwerke durch Elektricität und Magnetismus in Bewegung ſetzen. Wie wenig möchten wohl unſere Vorfahren erwartet haben, daß man beträchtliche Waſſerkünſte vermittelſt der Dämpfe des kochenden Waſſers umtreiben werde? Eben ſo wenig können wir vorausſehen, welche Vortheile noch die Zukunft in dem unermeßlichen Felde der Natur entdecken werde.

Man verſteht endlich unter bewegenden Kräften, Potenzen (Potentiae, *Puiſſances*, *Forces mouvantes*) bisweilen auch die Maſchinen ſelbſt. Beſonders iſt dies in der franzöſiſchen Sprache gewöhnlich. So hat Camus ſein Buch von der praktiſchen Mechanik *Traité des forces mouvantes* überſchrieben, ſ. Potenzen.

Centralkräfte, Centrifugalkraft, Centripetalkraft, ſ. dieſe Worte an ihren gehörigen Stellen.

Federkraft, ſ. **Elaſticität.**

Gleichförmig beſchleunigende Kraft, ſ. **Unveränderliche Kraft** in der Folge dieſes Artikels.

Kraft der Trägheit, ſ. **Trägheit.**

Kraft des Wurfs, ſ. **Wurf.**

Lebendige Kraft, Vis viva, *Force vive.* Herr von **Leibnitz** (Specimen dynam. pro admirandis naturae legibus etc. in Act. Erud. Lipſ. a 1695. April. p. 145.) hat die Kräfte zuerſt in todte und lebendige eingetheilt, um dadurch die Anwendung des von ihm angegebnen Maaßes

der Kräfte genauer zu bestimmen, s. bewegende Kraft.
Er nennt die lebendige Kraft eine solche, die mit wirklicher
Bewegung verbunden ist (vim cum motu actuali coniun-
ctam), da hingegen die todte Kraft (sollicitatio ad motum) nur strebe, Bewegung hervorzubringen, ob sie
gleich in der That keine erzeuge. Es scheint hiernach, als
habe er nur diejenigen Kräfte, welche wirklich Bewegung
hervorbringen, lebendige nennen wollen. In diesem Sinne
wird auch das Wort von den meisten Vertheidigern des
leibnißischen Maaßes der Kräfte, unter andern von Wolf
genommen, der überall dasjenige, was nur gerade zum
Gleichgewichte hinreicht, die todte Kraft nennt, von der
lebendigen aber sagt: Vis motrix dicitur *viva*, si motum
actu producit (*Wolf* Elem. Mechan. Cap. I. Defin. 7.).
Johann Bernoulli aber geht in seiner Abhandlung: De
vera notione virium vivarum (Act. Erud. 1735. Maj.
p. 210 und Opp. To. III. num. 145.) von diesem Begriffe
einigermaßen ab. Er sagt daselbst, die lebendige Kraft
bestehe nicht in actuali exercitio, sondern nur in facultate
agendi: sie bleibe noch immer lebendige Kraft, wenn sie
auch nicht wirke, oder nichts habe, worein sie wirken könne.
Sie sey also etwas für sich bestehendes (aliquid reale et
substantiale, quod per se subsistit, et quantum in se est,
non dependet ab alio) und würde schicklicher Fähigkeit
zu wirken (facultas agendi, Gallice *le pouvoir*) genannt
werden können.

Um die Verschiedenheit beyder Begriffe besser zu übersehen, stelle man sich eine durch irgend eine Kraft bewegte Kugel vor. Von der Kraft, welche die Kugel in Bewegung gesetzt hat, ist hier die Rede gar nicht, obgleich
auch diese nach Leibnißens Erklärung und in der Sprache
der wolfischen Schriften eine lebendige Kraft heissen würde,
weil sie Bewegung erzeugt hat. Vielmehr wird hier der
bewegten Kugel selbst eine Kraft zugeschrieben. Nach
Herrn von Leibnitz soll diese nur alsdann statt finden,
wenn diese Kugel andere Körper, die sie antrift, wirklich
in Bewegung setzt. Nach Bernoulli aber soll sie auch
alsdann in der Kugel liegen, wenn diese auf ihrem Wege

nichts antrift, das sie in Bewegung setzen könnte; sie soll eine bloße Fähigkeit seyn, Bewegung zu erzeugen, wofern sich dazu Gelegenheit finden sollte.

Diese Kraft hält nun Bernoulli für etwas ganz eignes und Substantielles. Er schließt hieraus, daß man ihre Größe blos durch die Totalsumme aller von ihr erzeugten Wirkungen zu messen habe, ohne auf die Zeit zu sehen, in welcher die Wirkungen erfolgen; eben so, wie man um die Capacität eines Gefäßes zu messen, blos auf die Menge des darinn enthaltenen Wassers zu sehen hat, ohne die Zeit, in welcher das Wasser eingefüllt oder abgelassen werden kan, in Betrachtung zu ziehen, woraus freylich die leibnitzische Abmessung der Kräfte folgt. So vertheidigt Bernoulli dieses Maaß der Kräfte mit Voraussetzung eines Begrifs von Kraft, an den vielleicht der Erfinder selbst nicht gedacht hatte, und der, wenn er auch nicht ganz unzuläßig ist, doch immer ein sehr dunkler und am Ende entbehrlicher Begrif bleibt, s. bewegende Kraft.

Es lassen sich über diese Kraft der bewegten Körper, zumal nach Bernoulli's Vorstellung fast eben die Bemerkungen machen, die ich bey dem Worte: Centralkräfte (Th. I. S. 487. besonders 494.) über die Schwungkraft vorgetragen habe. Der bewegte Körper setzt seinen Weg vermöge der Trägheit fort, und selbst beym Stoße, wo er seine Bewegung einem andern mittheilt, läßt sich aus dieser Trägheit und der Undurchdringlichkeit der Materie alles erklären, s. Stoß. Will man inzwischen das Vermögen des Körpers, sich fortzubewegen, und andere zu stossen, Kraft nennen, so muß man sich nur erinnern, daß diese Kraft zu einer andern Classe von Ursachen gehört, als die Schwere, die Kraft der Menschen und Thiere, u. s. f.

Johann Bernoulli leitete aus seinem Begriffe von lebendiger Kraft den so berühmt gewordenen und wenigstens in der Geschichte der Mechanik merkwürdigen Satz her: In der Körperwelt wird immer einerley Summe lebendiger Kräfte erhalten. Man nennt diesen Satz den Grundsatz der Erhaltung lebendiger Kräf=

te (principium confervationis virium vivarum). Ber=
noulli hält ihn für so einleuchtend, daß er sagt, wer ihn
beweisen wollte, würde ihn nur verdunkeln. Man könne
doch nicht läugnen, daß eine wirkende Ursache nie ganz oder
zum Theil verlohren gehen könne, ohne vorher eine dem
Verlust gemäße Wirkung hervorgebracht zu haben. Die
lebendige Kraft eines bewegten Körpers sey etwas absolutes
und so positives, daß sie in dem Körper bleiben würde,
wenn es auch dem Schöpfer gefiele, die ganze übrige Kör=
perwelt zu vernichten. Wenn also die lebendige Kraft eines
Körpers bey seinem Stoße an einen andern vermindert wer=
de, so müße dagegen die lebendige Kraft des andern um
eben soviel zunehmen, woraus denn die beständige Gleich=
heit der Totalsumme lebendiger Kräfte nothwendig folge.

Diesem Grundsatze gemäß, und nach der Leibnitzischen
Ausmessung der Kräfte durch MC^2, muß also beym Stoße
zweener Massen M und m, wenn sie mit den Geschwindig=
keiten C und c an einander treffen, und nach dem Stoße die
Geschwindigkeiten V und v erhalten.

$$M C^2 + m c^2 = M V^2 + m v^2$$

seyn. Dies ist auch in der That der Fall bey dem Stoße
elastischer Körper, s. Stoß. Beym Stoße harter
Körper hingegen, wo beyder Geschwindigkeit nach dem
Stoße gleich, oder v = V, und

$$M C + m c = M V + m V$$

ist, findet dieses Gesetz nicht statt. Johann Bernoulli
nahm aus andern Gründen keine vollkommen harten Kör=
per an, s. Stetigkeit. Ihm schienen also die Gesetze des
Stoßes elastischer Körper hinreichend zu Bestätigung seines
Grundsatzes, und von dem Stoße der weichen unelastischen
Massen sagt er, es werde dabey ein Theil der lebendigen
Kraft auf ihre Zusammendrückung verwendet, der aber
doch nicht verlohren gehe, sondern im Körper zurückbleibe;
so wie in einer gespannten Feder, die aber durch ein Hin=
derniß zurückgehalten werde, die lebendige Kraft immer
bleibe, ob sie gleich nicht thätig werden könne.

So wenig man nun den Grundsatz der Erhaltung le=
bendiger Kräfte in derjenigen Allgemeinheit, die ihm sein

Erfinder beylegt, für erwiesen oder unbezweifelt halten kan; so ist doch nicht zu läugnen, daß man ihn in einem etwas eingeschränktern Sinne in sehr vielen Fällen richtig findet. Drückt man ihn nemlich so aus:

Wenn ein System mehrerer Massen in Bewegung ist, und diese Massen während der Bewegung in einander wirken, so ist die Summe der Produkte aller einzelnen Massen in die Quadrate ihrer erlangten Geschwindigkeiten, in jedem Augenblicke eben so groß, als sie seyn würde, wenn diese Massen nicht in einander gewirkt hätten,

so läst sich die Wahrheit desselben fast in allen Fällen aus andern mechanischen Gründen erweisen. So ist es z. B. wahr, daß die Summe der Produkte aus den Massen in die Quadrate der Geschwindigkeiten eben dieselbe bleibt, es mögen die Massen A, B, C u. s. w. als mehrere einfache Pendel neben einander schwingen, oder sie mögen als Theile eines einzigen aus ihnen zusammengesetzten Pendels während der Schwungbewegung in einander wirken. Dies hat Bernoulli selbst aus andern mechanischen Gründen sehr überzeugend dargethan. Auch d'Alembert erweiset das Gesetz der Erhaltung der Kräfte, in der angezeigten Einschränkung genommen, aus andern Sätzen der Mechanik.

Man hat dieses Gesetz mit großem Nutzen auf viele schwere mechanische Aufgaben angewendet, die sich dadurch oft leichter, als durch andere Methoden, haben auflösen lassen. So hat z. B. Daniel Bernoulli in seiner Hydrodynamik die ganze Lehre von der Bewegung flüßiger Körper auf dieses Gesetz gegründet, und so viele seinen Vorgängern zu schwer gebliebene Aufgaben zuerst aufgelöset. Bey dem jetzigen Zustande der Mechanik aber ist es ziemlich entbehrlich, da man alles, was durch dasselbe erfunden worden ist, nun viel sicherer aus andern Gründen herleiten kan, welche Johann Bernoulli großentheils selbst entdeckt hat.

Mittlere Kraft, s. zusammengesetzte Kraft.

Normalkraft, s. dieses Wort an seiner gehörigen Stelle.

Relative Kraft, Vis relativa, *Force relative*. Sie wird der absoluten entgegengesetzt, und ist eine solche, welche anders in den ruhenden, anders in den verschiedentlich bewegten Körper wirkt. Ein Beyspiel davon giebt die Wirkung der Hand, die eine Kugel fortschiebt, und dabey immer einerley Geschwindigkeit behält. Anfänglich bringt die Hand viel Veränderung im Zustande der Kugel hervor; sie erzeugt Geschwindigkeit, wo vorher keine war. Zuletzt aber nimmt die Kugel die Geschwindigkeit der Hand selbst an, und empfindet daher nichts mehr von der Nachfolge derselben.

Retardirende Kraft, Vis retar⸗latrix, *Force retardante.* So heißt eine beschleunigende Kraft, wenn sie nach einer der wirklichen Bewegung des Körpers entgegengesetzten Richtung wirkt, und daher die Geschwindigkeit dieser Bewegung vermindert. So wirkt z. B. die Schwere der Bewegung eines aufwärts geworfenen Körpers entgegen, macht also, daß die Geschwindigkeit, mit welcher er aufsteigt, immer geringer wird und endlich ganz aufhöret. In diesem Falle ist die Schwere eine retardirende Kraft, s. Bewegung, gleichförmig⸗verminderte.

Schnellkraft, Spannkraft, s. Elasticität.

Schwerkraft, s. Gravitation.

Tangentialkraft, s. dieses Wort an der ihm zukommenden Stelle.

Todte Kraft, Vis mortua, *Force morte.* So nennt Herr von Leibnitz eine Kraft, welche gegen ein unüberwindliches Hinderniß wirkt, und also nur Bewegung hervorzubringen strebt, ohne dieselbe wirklich erzeugen zu können. So spannt z. B. eine Kugel den Faden, an dem sie hängt, oder drückt den Tisch, auf dem sie liegt, mit einer todten Kraft. Man nennt sowohl den Druck selbst todte Kraft, als auch das aus dem Drucke entstehende Bestreben nach Bewegung (sollicitationem ad motum). Johann Bernoulli (De vera notione virium vivarum §. 4.) nimmt todte Kraft und Druck für völlig einerley;

an einem andern Orte (Difcours fur le mouvement, Chap.
III. Def. 2.) giebt er folgende Erklärung: La force morte
eft celle, que reçoit un corps, lorsqu'il eft follicité et
preffé de fe mouvoir.

Leibnitz fagt, die lebendige Kraft entftehe aus un-
zählig oft wiederholten Eindrücken der todten Kraft (ex
infinitis vis mortuae impreffionibus). Wenn nemlich das,
was drückt, z. B. die Schwere, in jedem Augenblicke durch
das Hinderniß aufgehoben wird, fo erfolgt nur Druck;
wenn aber nach weggenommenem Hinderniße die Maffe
wirklich bewegt wird, fo giebt ihr die wirkende Urfache in
jedem Zeittheilchen einen Druck, oder ein unendlich kleines
Vermögen, andere Körper zu bewegen, woraus denn in
endlicher Zeit eine endliche Kraft entfteht. In diefem
Sinne läßt fich behaupten, die lebendige Kraft fey in Vergleichung mit der todten, oder die Kraft des Stoßes fey in
Vergleichung mit dem Drucke unendlich groß. Es folgt
hieraus, daß fich Stoß und Druck gar nicht mit einander
vergleichen laffen, fondern fich wie ein Integral und fein
Element verhalten; daher man auch die Kraft des Stoßes
nicht durch Gewichte ausdrücken kan, f. Stoß.

Daß man die todte Kraft durch MC, oder durch das
Produkt der Maffe in die Gefchwindigkeit, welche im erften
Anfange der Bewegung vorhanden feyn würde, ausmeffen
müffe, darüber find beyde Parteyen, welche über das Maaß
der lebendigen Kräfte geftritten haben, einig gewefen. Auch
läßt fich diefe Ausmeffung anwenden, man mag unter tod-
ter Kraft diejenige bewegende Kraft, welche eine Maffe
drücken macht, oder den Druck felbft, oder das daraus
entftehende Beftreben nach Bewegung verftehen.

Veränderliche Kraft, Vis variabilis, *Forte varia-*
ble. So heißt eine befchleunigende Kraft, wenn fie nicht
in allen Stellen des Weges, durch den eine Maffe bewegt
wird, gleich ftark bleibt. So find die Schwere der Erde
gegen die Sonne, oder die des Monds gegen die Erde,
veränderliche Kräfte, weil fie nicht in allen Stellen der Erd-
oder Mondbahn einerley bleiben. In den Fällen, wo eine
folche Kraft nach einem gewiffen Punkte gerichtet ift, f.

Centripetalkraft, richtet sich ihre Größe gemeiniglich nach der Entfernung des bewegten Körpers von diesem Punkte. So verhält sich die Schwere der Erde gegen die Sonne umgekehrt, wie das Quadrat der Entfernung beyder Weltkörper, und würde viermal so groß seyn, wenn diese Entfernung nur halb so groß wäre. Wenn in einer gewissen Entfernung a die Kraft so groß ist, daß sie den Körper mit beschleunigter Bewegung in der ersten Secunde durch den Raum e treiben würde, so ist sie in der Entfernung y so groß, daß sie ihn in eben der Zeit durch den Raum $\dfrac{a^2 e}{y^2}$ treibt. Will man nun die Kraft f selbst so ausdrücken, daß dabey die Schwere der Erdkörper, welche in der ersten Secunde durch g treibt, $= 1$ gesetzt wird, so hat man $g : \dfrac{a^2 e}{y^2} = 1 : f$, oder

$$f = \frac{a^2 e}{g y^2}.$$

Alles, was die Mechanik von Bewegungen lehrt, die aus veränderlichen Kräften entstehen, beruht auf der Gleichung $dv = 2 g f dt$, in welcher statt f der gehörige Werth desselben gesetzt, und die Gleichung auf eine Form gebracht werden muß, in welcher sie sich integriren läßt. Beyspiele hievon sind bey den Worten: Bewegung, ungleichförmig = beschleunigte, Centralbewegung (Th. I. S. 345 ingl. S. 472 u. f.) gegeben worden.

Man nennt die veränderlichen Kräfte auch ungleichförmig-beschleunigende (vires inaequabiliter accelerantes).

Ungleichförmig = beschleunigende Kraft, s. Veränderliche Kraft.

Unveränderliche Kraft, Vis conſtans, Force conſtante. Eine beschleunigende Kraft, welche in allen Stellen des Weges, durch den eine Masse bewegt wird, gleich stark bleibt. So läßt sich die Schwere der Körper gegen die Erde, während des Falles von einer geringen Höhe, als eine unveränderliche Kraft ansehen. Kömmt aber die Höhe des Falles mit dem Halbmesser der Erde in merkliche

Vergleichung, so ist auch die Schwere während des Falles veränderlich, und in den tiefern Stellen stärker, als in den höhern. Wenn f unveränderlich ist, läßt sich die Formel $dv = 2gfdt$ an sich integriren, und giebt $v = 2gft$, und (weil $vdt = ds$ mithin $2gftdt = ds$) $s = gft^2$, woraus alles so folgt, wie für die gleichförmig beschleunigte Bewegung (Th. I. S. 336. 337.). Daher heissen die unveränderlichen Kräfte auch **gleichförmig beschleunigende** (uniformiter s. aequabiliter accelerantes).

Zurückstoßende Kraft, s Repulsion.

Zusammengesetzte Kraft, mittlere Kraft, Vis composita, *Force resultante.* Diejenige Kraft, welche aus der Vereinigung zwoer oder mehrerer nach verschiedenen Richtungen wirkender Kräfte entspringt. Diese verschiedenen Kräfte selbst werden die äussern Kräfte genannt. Aus der Größe und Richtung der äussern Kräfte findet man die mittlere eben so, wie man aus der Größe und Richtung mehrerer zusammenkommenden Bewegungen die zusammengesetzte Bewegung findet, s. Zusammensetzung der Kräfte.

Krystall, Crystallus, *Crystal.* So nennt man überhaupt eine jede Substanz, deren Theile so geordnet sind, daß sie regelmäßig gebildete feste Massen ausmachen. Anfänglich ward dieser Name blos dem natürlichen Krystall oder **Bergkrystall** (Crystallus nativa s. montana, *Crystal de roche*) beygelegt, einem harten durchsichtigen Steine, der die Gestalt eines sechsseitigen Prisma hat, auf dessen Grundflächen zwo sechsseitige Pyramiden aufgesetzt sind. Dieser Bergkrystall wird bisweilen ganz rein und ungefärbt, bisweilen farbigt gefunden, und macht dasjenige aus, was man insgemein unächte Edelsteine nennt. Er besitzt alle Eigenschaften der Kieselerde, und Bergmann hat aus der Auflösung dieser Erde in Flußspathsäure durchs Anschießen künstlichen Bergkrystall erlangt. Dieser Stein ward schon von den Alten sehr hoch geschätzt, und zu allerley Gefäßen von großem Werthe verarbeitet. Wegen seiner Aehnlichkeit mit dem Eise (κρυος, glacies) legten sie ihm den Namen Krystall bey. Das Krystallglas, welches ihn nachahmen soll, s. Glas, erlangt doch niemals die Härte des natürlichen Krystalls.

Bey den Operationen der Chymie erhalten viele Körper, wenn sie aus dem flüßigen Zustande langsam in den festen übergehen, eine regelmäßige Gestalt, welche gewissen Substanzen specifisch eigen ist. Weil diese Körper alsdann, besonders wenn sie durchsichtig sind, Aehnlichkeit mit dem natürlichen Krystalle haben, so hat man zuerst den durchsichtigen, dann aber allen überhaupt den Namen der Krystallen gegeben. Man sagt also nicht allein von den Salzen, welche sich aus ihren Auflösungen unter bestimmten Gestalten niederschlagen, daß sie sich krystallisiren oder in Krystallen anschießen, sondern man gebraucht eben diese Ausdrücke auch von kiesigten, metallischen u. a. Substanzen, und nennt überhaupt alle Mineralien, deren äussere Gestalt regelmäßig gebildet ist, krystallisirte, s. Krystallisation.

Krystall, isländischer, Doppelstein, Doppelspath, Crystallus islandica s. duplicans, spathum duplicans, *Crystal d' Islande*. Ein durchsichtiger blättriger, in rhomboidalischen Stücken brechender Kalkspath, welcher die merkwürdige Eigenschaft hat, die dadurch gesehenen Gegenstände zu verdoppeln. Man findet ihn in Schweden, Island und der Schweiz. Die Stücken, in welche er bricht, sind Parallelepipeda mit rhomboidalischen Seitenflächen, deren stumpfe Winkel 101° 52′, folglich die spitzigen 78° 8′ betragen. Die Neigung der Seitenflächen selbst gegen einander ist 105°.

Die ersten Beobachtungen über die Erscheinungen dieses Krystalls sind von **Erasmus Bartholin**, Professor der Geometrie und Medicin zu Kopenhagen. (Experimenta Crystalli Islandici, quibus mira et insolita refractio detegitur. Hafniae, 1669. 4.). Er bemerkte, daß die Gegenstände A und B (Taf. XII. Fig. 90), auf welche die Grundfläche eines solchen Krystalls gelegt ward, bey a a und b b doppelt erschienen; daß die beyden Bilder desto weiter von einander abstanden, je dicker der Kryſtall war, und daß ihre Entfernung am gröſten erſchien, wenn der Gegenſtand auf der Diagonallinie N L lag, welche durch die ſpitzigen Winkel der Grundfläche geht. Er ſchloß aus allem, daß hiebey eine doppelte Brechung jedes Strals vor= gehe, wovon die eine nach den gewöhnlichen Regeln nach dem Brechungsverhältniße 5 zu 3 erfolge, die andere unge= wöhnliche aber auf die Neigung des Strales gegen eine mit den Seiten des Kryſtalls parallele Ebne ankomme.

Huyggens (Traité de la lumiere, Leid. 1690. 4. chap. 5. auch lateiniſch in *Hugenii* Opp. reliquis, Amſt. 1728. 4. To. I.) beſtimmte dieſe Erſcheinungen weit ge= nauer, und bemerkte, daß ſie ſich auf die Ebne G C F H Taf. XII. Fig. 91. bezogen, welche an einer Ecke, wie C, wo drey ſtumpfe Winkel zuſammenſtoßen, durch die Linie C G, welche den Winkel A C B halbirt, und durch die Seitenlinie C F gelegt wird. Dieſe Ebne nannte er den **Hauptſchnitt** des Kryſtalls, und blos in ihr oder in ſol= chen, die mit ihr parallel ſind, bleibt der ungewöhnlich ge= brochne Stral mit dem einfallenden und dem gewöhnlich gebrochnen in einerley Ebne. Wenn er die Fläche A B be= deckte, und blos durch ein kleines Loch bey K einen Son= nenſtral ſenkrecht auf C G fallen ließ, ſo gieng ein Theil dieſes Strals ungebrochen in der Linie K L fort, ein ande= rer Theil aber ward unter einem Winkel von 6° 40′ nach K M gebrochen, und nahm bey ſeinem Ausgange durch M die mit I K parallele Richtung M Z wieder an. Liegt alſo in L ein Gegenſtand, ſo wird von ihm in die Oefnung eines Auges bey I nicht allein der Stral L K I, ſondern auch L R I kommen, deſſen Theil L R mit M K parallel iſt; und das Auge in I wird den Gegenſtand L doppelt, einmal durch die gewöhnliche Brechung in L, das andermal durch die ungewöhnliche in S ſehen.

Wenn der Stral N O in der Ebne des Hauptſchnitts liegt, und mit C G einen Winkel von 73° 20′ macht, ſo wirft ihn die gewöhnliche Brechung nach O P fort, der Theil aber, auf den die ungewöhnliche wirkt, geht in die=

sem Falle in gerader Linie mit NO nach Q fort, und bleibt auch beym Herausgehen in dieser Linie.

Huygens fand, wie Bartholin, das Brechungsver-hältniß für die gewöhnliche Brechung 5:3, für die unge-wöhnliche aber veränderlich, nach der verschiednen Neigung des einfallenden Strals. Für das Gesetz, nach welchem sie sich richtet, giebt er dieses an: wenn der senkrecht auf CG fallende Stral IK nach M gebrochen wird, so fallen die Stralen, die mit IK gleiche Winkel machen, und durch K gehen, auf der Linie HF in gleiche Entfernungen vom Punkte M, und eben so auch in andern Schnitten des Kryftalls.

Endlich macht er noch folgende wichtige Bemerkung. Wenn zwo Stücken Doppelspath in einiger Entfernung von einander so gehalten werden, daß ihre Seitenflächen parallel sind, und der Lichtstral durch das erste Stück in zween gespalten ist, so werden diese Theile im zweyten Stücke nicht wieder gespalten, sondern der regelmäßig ge-brochne Theil folgt blos der gewöhnlichen, der andere blos der ungewöhnlichen Brechung. Liegen die Stücken so, daß ihre Hauptschnitte einen rechten Winkel machen, so wird der im ersten Stücke regelmäßig gebrochne Stral im zweyten Stücke blos der ungewöhnlichen, der andere blos der gewöhnlichen Brechung folgen. Bey schiefen Lagen der Stücken aber werden die Lichtstralen beydemal gespalten.

Uebrigens erklärt Huygens diese sonderbaren Erschei-nungen, seiner Hypothese vom Lichte gemäß, aus den wel-lenförmig fortgepflanzten Schwingungen oder Wirbeln der Lichtmaterie so, daß die sphärischen Wirbel die gewöhnliche, die sphäroidischen hingegen die unregelmäßige Brechung verursachen sollen.

Newton (Optice L. III. qu. 17. 18.) erzählt keine eignen Versuche, giebt aber das Gesetz der ungewöhnlichen Brechung auf folgende Art an. Wenn Taf. XII. Fig. 92. C der größte körperliche Winkel an der brechenden Fläche ABCD ist, so fälle man auf die gegenüberstehende Fläche EFGH das Loth CK, welches mit CF einen Winkel von 19°3' macht, ziehe KF, und nehme L so, daß KCL =

6°40′, LCF = 12°23′ wird. Fällt nun irgend ein Lichtſtral ST bey T auf, und wird nach dem regelmäßigen Verhältniße 5:3 nach V gebrochen, ſo nehme man VX mit KL parallel und gleich, und TX iſt der unregelmäßig gebrochne Stral.

Huygens Beobachtungen über die Brechung durch mehrere Stücke Doppelspath leiten Newton auf die Muthmaßung, daß die verſchiedenen Seiten eines Lichtſtrals verſchiedene eigenthümliche Eigenſchaften haben. Denn, ſagt er, wäre das, was den Unterſchied zwiſchen gewöhnlicher und ungewöhnlicher Brechung macht, dem Lichte nicht eigenthümlich (congenitum), und erhielte es dieſe Modification erſt durch die Brechung, ſo müſte man doch bey den nachfolgenden Brechungen allezeit neue Modificationen wahrnehmen. Es erhellet aber auch, daß es nicht zweyerley Gattungen Stralen giebt, deren eine allezeit der gewöhnlichen, die andere allezeit der ungewöhnlichen Brechung folgt, weil man den huygenianiſchen Verſuch ſo abändern kan, daß die Brechungen umwechſeln. Haben alſo nicht die Stralen verſchiedene Seiten, wovon zwo entgegengeſetzte machen, daß der Stral ungewöhnlich gebrochen wird, wenn ſie in die Lage der Linien KL, VX kommen; da hingegen die andern Seiten immer nur die gewöhnliche Brechung veranlaſſen? Man iſt noch viel zu wenig mit dem Weſen des Lichts bekannt, als daß ſich hierüber etwas entſcheiden ließe; und es bleibt nichts übrig zu ſagen, als daß wir von der Urſache der ungewöhnlichen Brechung noch gar nichts wiſſen.

Huygens hatte ſchon bemerkt, daß ſich eine ſolche doppelte Brechung auch im Bergkryſtalle zeige. Beccaria (Philoſ. Trans. Vol. LII. p. 489.) beſtätiget dies noch mehr, behauptet es auch vom braſilianiſchen Kieſel, und zeigt ſich geneigt, die Urſache dieſer Erſcheinungen, ja ſogar aller Brechung und Zurückwerfung in der Elektricität zu ſuchen.

Martin (Eſſay on Island Cryſtal) bemerkte, wie Prieſtley anführt, an Prismen von Doppelspath nicht blos eine doppelte, ſondern eine vielfache, oft ſechsfache Bre-

chung. Durch Zusammenstellung zweyer Prismen konnte
er dieselbe noch mehr vervielfältigen; zwey Prismen, jedes
von 6facher Brechung, gaben zusammengestellt 36 gefärb=
te Sonnenbilder. Er fand auch, daß bey diesen Bre=
chungen das Licht iu Farben zerstreut ward, wenn gleich
die beyden brechenden Flächen mit einander parallel waren.
Die schönsten Erscheinungen zeigten sich, wenn er den Stral
im verfinsterten Zimmer durch isländische Krystalle oder
daraus geschliffene Prismen gehen ließ, wobey sich die
Sonnenbilder sehr vervielfältigten, so daß eine Verbindung
eines Parallelepipedums mit einem Prisma 72 theils ge=
färbte, theils ungefärbte Bilder gab. Er gesteht, daß er
dies alles nicht zu erklären wisse, glaubt aber, daß es von
irgend einer besondern Modification des Lichts durch die
Structur des Doppelspaths herrühre, in welchem er auch
sehr viele feine Spalten bemerkt hat, die auf der Ebne des
Hauptschnitts senkrecht liegen.

Der Abbé Rochon (Recueil de mémoires ſur la
mechanique et la phyſique, à Paris, 1783. 8.) hat Pris=
men von isländischem Krystall zu Mikrometern an Fernröh=
ren (lunettes à prisme) vorgeschlagen, und will dabey
gefunden haben, daß man einen künstlichen Doppelstein er=
hält, wenn man Scheibchen Glas von verschiedner Brech=
barkeit auf einander legt, und solche durchs Feuer mit ein=
ander verbindet oder zusammenschmelzet.

Neuerlich hat Herr Silberschlag (Ueber den islän=
dischen Krystall oder Doppelspath, in den Beob. und Entd.
aus der Naturkunde, von der Gesellsch. naturforsch. Freun=
de zu Berlin, VIII. B. oder nun II B. 2 St. 1787.) die
Erscheinungen des Doppelspaths zu erklären gesucht. Er
bemerkt, daß die rhomboidalische Figur allen kleinen Thei=
len dieses Spaths zukomme, und daß der Zusammenhang
dieser Theile nach der Richtung durch die Diagonale von
einem spitzigen Winkel zum andern am stärksten sey. Die
Linie durch die verdoppelten Punkte laufe allemal mit der
Diagonale aus den stumpfen Ecken parallel. (Nach Huy=
gens sehr genauen Bestimmungen und Newtons Gesetze
thut sie das nicht; der Hauptschnitt ist auch keine Diago=

palfläche, wie Taf. XII. Fig. 91. deutlich, zeigt). Herrn S. Erklärung kömmt darauf hinaus, daß aus einem Punkte, auf den man einen rhomboidalischen durchsichtigen Körper setzt, einige Stralen auf der Oberfläche, andere an der Seitenfläche herauskommen, und wegen der verschiedenen Brechung beyde ins Auge gelangen können. Daraus erklären sich nun zwar einige Erscheinungen, die Hr. S. anführt; allein die hugenianischen Beobachtungen der Brechung durch mehrere Stücken und die von Martin, welche hier unberührt bleiben, enthalten wohl etwas mehr, als sich aus den gewöhnlichen Gründen der Dioptrik allein begreiflich machen läst.

Priestley Geschichte der Optik durch Klügel, S. 398 u. f.

Krystallisation, Krystallisirung, Crystallisatio, *Crystallisation*.

Ein natürliches oder künstliches Verfahren, wodurch gewisse Substanzen aus dem flüßigen Zustande in den festen so gebracht werden, daß sie durch die Vereinigung ihrer Theile Massen von regelmäßiger Gestalt bilden, s. Krystallen. Einige Chymiker, z. B. de Morveau, Maret und Durande (Anfangsgr. der theor. u. prakt. Chym. Th. I. S. 38.), haben sogar allen Uebergängen der Körper aus dem flüßigen Zustande in den festen den Namen der Krystallisationen beylegen wollen. Man nennt aber diese lieber Erhärtung, Gestehung oder Gerinnung. Endlich belegt man mit dem Namen der Krystallisationen bisweilen auch die Producte dieser Operation oder die Krystallen selbst.

Die Theile fester Körper zeigen ein Bestreben sich zu vereinigen, welches in den einfachen Theilen vorzüglich stark ist, von der Gestalt der Theile abhängt, und an den grösten Seitenflächen dieser Theile, die sich mit den meisten Punkten berühren können, am stärksten zu seyn scheint. Wenn also Theile eines Körpers durch eine dazwischen gekommene Flüßigkeit getrennt sind, und ihnen diese Flüßigkeit nach und nach entzogen wird, so werden sie sich regelmäßig bilden, wofern sie Zeit und Freyheit haben, sich mit den geschicktesten Flächen zu berühren, und es werden daraus Maſſen von einer beſtändigen und immer gleichen Geſtalt entſtehen. Geſchieht aber der Uebergang allzuſchnell, ſo vereinigen ſie ſich ohne Unterſchied mit Flächen, welche der Zufall zuſammenbringt, und bilden zwar feſte Maſſen, aber ohne regelmäßige Geſtalt. Dies iſt die gewöhnliche Erklärung der Kryſtalliſation, die ſich auch durch die Phänomene ſelbſt beſtätiget.

Das Gefrieren des Waſſers iſt eine wahre Kryſtalliſation. Im Waſſer ſind die Theile durch die Dazwiſchenkunft des freyen Wärmeſtofs getrennt. Beym langſamen Gefrieren vereinigen ſie ſich zu langen Nadeln, die ſich unter Winkeln von 60° und 120° an einander legen, und Blättchen oder Flocken bilden, ſ. Eis, Schnee.

Auch die Metalle, der Schwefel, das Glas ꝛc. nehmen, wenn ſie nach der Schmelzung langſam genug erkalten, gewiſſe regelmäßige Geſtalten an. Den Stern des Spießglaskönigs hat man lange Zeit mit Verwunderung betrachtet; man fand aber endlich ſolche kryſtalliniſche Bildungen bey allen Metallen, die man geſchmolzen äuſſerſt erhitzet, und auf das langſamſte wieder erkalten läßt (ſ. Bergmann, phyſ. Beſchr. der Erdkugel Th. II. S. 279.).

Eben dies geſchieht bey Subſtanzen, deren Theile durch Waſſer von einander getrennt ſind, wenn dieſes Waſſer langſam abdünſtet. So erklärt Macquer die natürliche Kryſtalliſation der Edelſteine, des Bergkryſtalls, der Spathe, Tropfſteine u. ſ. w. ja ſogar der Kieſe und metalliſchen Subſtanzen. Die meiſten Chymiſten erfordern zwar zur Kryſtalliſation eine vorgängige wahre Auflöſung, welche bey vielen der eben genannten Subſtanzen im Waſſer nicht ſtatt findet. Bergmann aber (a. a. O.) glaubt, es könne Kryſtalliſation ohne Auflöſung erfolgen, weil auch mancher Rauch ſich kryſtalliſire.

Bey den Edelſteinen ſoll nach Achard (Rozier Journ. de phyſ. Ianv. 1778. p. 12. und Beſtimmung der Beſtandtheile einiger Edelſteine, Berlin, 1779. 8.) die fixe Luft zur Auflöſung der in ihnen befindlichen Kalk- und Thonerde beygetragen haben. Es iſt ihm gelungen, durch langſames Durchſickern eines mit Luftſäure imprägnirten Waſfers, worinn alkalische Erden aufgelöset waren, durch Erde, binnen zehn Wochen künstliche Edelsteine zu erhalten, so wie Bergmann aus der Auflösung der Kieselerde in Flußspathsäure Bergkrystalle erhielt. Einigen französischen Chymikern (Iournal de phyf. 1780.) hat zwar Herrn Achard's Versuch nicht glücken wollen; allein de Morveau hat neuerlich (Lichtenbergs Magazin für das Neuste aus d. Phyf. IV. B. 2 St. S. 176.) in einer Flasche mit imprägnirtem Wasser, worinn 9 Stücke Bergkrystall und etwas Eisen lagen, nach neun Monaten das Eisen angegriffen und einen Krystall erzeugt gefunden. Bey Kalk- und Gypsspathen ist die Auflösung ein Werk der Luftsäure und Vitriolsäure. Die Krystallisation der Kiese und Metalle aber scheint wohl eher auf dem trocknen Wege geschehen zu seyn. Man sieht hieraus auch, daß der Schluß von Krystallen auf die nothwendige Gegenwart von Salzen, den man sonst für allgemein richtig hielt, in vielen Fällen Einschränkungen leide.

Unter allen Substanzen aber sind die Salze am meisten zur Krystallisation geneigt, und zeigen alle Phänomene derselben am deutlichsten. Da das Wasser weit flüchtiger ist, als die Salze, so kan es von ihnen sehr bequem durchs Abdampfen geschieden werden. Hiebey bilden die zurückbleibenden Salze Krystallen, oder schießen in Krystallen an. Ihre besondere Verwandschaft mit dem Wasser aber macht, daß sie selbst in diesem festen Zustande noch einen ziemlichen Antheil Wasser in sich behalten, der mit ihnen ein Ganzes ausmacht, und ihr Krystallisationswasser (aqua cryftallifationis) genannt wird. Dieses Wasser ist zwar nicht zu dem Wesen der Salze selbst, aber doch zu dem Wesen der Salzkrystallen erforderlich. Denn, wenn man es durch einen verstärkten Grad der Hitze davon treibt, so verlieren die Krystallen ihre Durchsichtigkeit und Festigkeit, und zerfallen in ein zerreibliches Salz, welches aber sonst alle wesentliche Eigenschaften unverändert beybehält. Alaun, Glaubersalz, Sodasalz, Eisenvitriol, Sedativsalz enthalten an Krystallisationswasser ohngefähr die Helfte ihres Gewichts, Salpeter und Kochsalz nur sehr

wenig, und die Seleniten einen kaum merklichen Antheil.

Ein zweytes Mittel, das Wasser von den Salzen,
die es aufgelößt hält, zu trennen, ist das Abkühlen.
Manche Salze lösen sich im warmen Wasser weit leichter,
und häufiger, als im kalten, auf. Enthält nun das
Wasser bey der Siedhitze von einem solchen Salze mehr,
als es in der Kälte aufgelößt halten kan, so schießt das
überflüßige Salz beym Abkühlen an. Bey einem plötzlichen Erkalten werden die Kryställen klein, unregelmäßig
und übel gebildet; durch langsames Abkühlen hingegen erhält man sie in der größten und regelmäßigsten Form. Hiebey geschieht die Krystallisation nicht durch Entziehung des
Wassers, sondern durch Entziehung der Wärme; die Kryställen behalten aber auch in diesem Falle das nöthige Krystallisationswasser bey sich.

Der Salpeter läßt sich am besten durchs Abkühlen krystallisiren. Man raucht die Auflösung nur so weit ab, daß
sie die Siedhitze annimmt, und läßt sie dann langsam abkühlen. Wenn das Erkalten aufhört, so gießt man die
übrige Salzlauge, die noch viel Salpeter enthält, von den
Kryställen ab, raucht sie wiederum bis zur Sättigung in
der Siedhitze ab, und läßt sie dann aufs neue erkalten u. s. f.
Das Kochsalz hingegen, welches vom heissen Wasser nicht
in viel größerer Menge, als vom kalten, aufgelöset wird,
erfordert die Krystallisation durchs bloße Abrauchen. Hiebey geschieht die Bildung der Kryställe blos auf der Oberfläche, wo die Abdampfung vor sich geht; sie bilden ein
Häutchen, das nach und nach zu Boden fällt, und einem
neuen Platz macht u. s. w., woraus freylich kleinere Kryställen entstehen. Man kan sie dennoch groß und regelmäßig genug erhalten, wenn man das Abrauchen mit mäßiger Langsamkeit fortsetzt.

Jede Art Salz hat eigenthümlich gestaltete Kryställen.
Das Kochsalz giebt zum Theil Würfel, zum Theil viersei-
tige hohle Pyramiden, die wie Mühlentrichter auf der
Spitze stehen. Nach Macquer entstehen die Pyramiden
aus zusammengefügten Würfeln, nach Bergmann aber

(phyſ. Beſchr. der Erdkugel Th. II. S. 273. ff.) beſtehen alle prismatiſche Salzkryſtallen aus Trichtern, die ſich mit den Spitzen um einen gemeinſchaftlichen Mittelpunkt anſetzen, und deren ſechs z. B. einen Würfel bilden.

Der gröſte Nutzen einer guten Kryſtalliſirung der Salze beſteht darinn, daß man ſie ſehr rein erhält, wenn man ſie durch dieſe gelaſſene Operation in ihrer eigenthümlichen Geſtalt anſchießen läſt. So kan man z. B. Salpeter und Kochſalz, die in einer Auflöſung vermiſcht ſind, durch abwechſelndes Abrauchen und Abkühlen von einander ſcheiden.

Einige Salze haben eine ſo große Verwandſchaft mit dem Waſſer, daß ſie ſich äuſſerſt ſchwer kryſtalliſiren; nur bis zur dicken Conſiſtenz abgeraucht, ſchießen ſie durchs Erkalten in kreuzweis übereinander liegenden Nadeln an. Wenn man ſie an die Luft legt, ſo ziehen ſie die Feuchtigkeit aus derſelben an ſich, und zerfließen. Dergleichen ſind das Kalkſalz, der Kalkſalpeter, der Kupferſalpeter und Eiſenſalpeter, die Blättererde u. a. m.

Noch eine dritte Art, Salze zu kryſtalliſiren, iſt dieſe, daß man durch Zuſätze einer neuen Subſtanz, die mit dem Waſſer in ſtarker Verwandſchaft ſteht, z. B. des Weingeiſts, den Salzen das zu ihrer Auflöſung nöthige Waſſer entzieht. So kan man die Auflöſungen von Glauberſalz, vitrioliſirtem Weinſtein und Kochſalz durch zugegoßnen Weingeiſt ſogleich zum Anſchießen bringen. Aber die plötzliche Entſtehung macht dieſe Kryſtallen klein und unregelmäßig. Etwas ähnliches geſchieht, wenn die zugeſetzte Subſtanz die Salze verändert, und ihre Auflöslichkeit im Waſſer vermindert. So werden z. B. die ätzenden Laugenſalze aus dem Waſſer durch Zuſatz einer Säure in Form von kleinen Kryſtallen niedergeſchlagen, und die fixe Luft oder Luftſäure bringt eben dieſe Wirkung hervor.

Die Geſtalten der in der Natur vorkommenden Kryſtalliſationen hat Romé Delisle (Eſſai de cryſtallographie, à Paris, 1772. 8. Verſuch einer Cryſtallographie durch Romé Delisle, aus d. frz. mit Anm. u. Zuſ. von C. E. Weigel, Greifsw. 1777. 4.) ſehr vollſtändig geſammlet und geometriſch betrachtet. Ueber die Entſtehung dieſer Formen giebt der Abbé Hauy (Eſſai d'une theorie ſur la ſtructure des cryſtaux, par M. l' Abbé *Haüy*, de l'acad. roy. des Sc. à Paris, 1783. 8.) einige ſehr ſinnreiche Muthmaſſungen an. Schon die erſten Grundtheile fügen ſich in der beſtimmten eigenthümlichen Geſtalt zuſammen, welche beym Anwachs immer beybehalten wird. Oft aber geſchieht der Anwachs in der Folge nach andern Geſetzen; die Grundgeſtalt dient alsdann zum Kern, an deſſen Flächen ſich neue Schichten anſetzen, und Geſtalten der zweyten Art bilden. Bey nicht ſehr harten Kryſtallen ſondern ſich die Schichten nach dieſen Flächen leicht ab; bey harten zeigen die Streifen doch die Richtungen, nach welchen die neuen Anſätze geſchehen ſind. Es finden hiebey ſchöne Anwendungen der Geometrie ſtatt. So beweißt z. B. Hauy aus der Beobachtung, daß die abgelößten Schichten des islåndiſchen Kryſtalls gleichförmig gegen die Grund = und Seitenflächen geneigt ſind, daß ſich die Seite dieſes Spaths zur Diagonale durch die ſpitzigen Winkel, wie $\sqrt{5}$ zu $\sqrt{12}$ verhalte, woraus der größere Winkel = 101° 32′ 13″ folgt. Eben dieſer Winkel findet ſich in dem in 12 Fünfecke eingeſchloßnen Kalkſpathe u. ſ. w. Wenn man annimmt, daß die Schichten immer um zwo Reihen Grundtheile abnehmen, ſo giebt dies um einen einzigen primitiven Kern 1019 mögliche Kryſtalliſationsgeſtalten, unter welchen jedoch nur etwa 30 in der Natur wirklich gefunden werden.

Die Kryſtallen gehören zu denjenigen geometriſchen Körpern, welche man mit Herrn Käſtner (Geom. neuſte Ausg. Gött. 1786. S. 416.) nach bekannten Geſetzen unordentliche nennen kan. Dieſer vortrefliche Mathematiker hat die Theorie derſelben, ſelbſt mit Rückſicht auf des Hauy Anwendungen in einigen Abhandlungen (De corporibus polyedris data lege irregularibus, Comment. Soc. Gott. To. VI. ad ann. 1783. 1784. und ebend. De ſectionibus ſolidorum, cryſtallorum ſtructuram illuſtrantibus) ausgearbeitet.

Macquer chym. Wörterbuch, mit Hrn. Leonhardi Zuf. Art. Kryſtalliſirung.

Lichtenberg Magazin für das Neuſte zur Phyſ. und Naturg. II. Th. 4 St. S. 21.

Kryſtallinſe, ſ. Auge.

Küſſen der Elektriſirmaſchine, ſ. Reibzeug.

Kugeln zur Elektriſirmaſchine, ſ. Elektriſirmaſchine.

Kugelſpiegel, ſ. Spiegel, Hohlſpiegel.

Kupfer, Cuprum, Aes cyprium, *Cuivre*.

Ein im Feuer nicht beſtändiges, ſehr dehnbares Metall von einer glänzend rothen Farbe.   Es iſt härter, elaſtiſcher und klingender, als das Silber, und hat eine beträchtliche Zähigkeit.   Ein Kupferdrath von $\frac{1}{10}$ Zoll Durchmeſſer trägt, ohne zu reiſſen, ein Gewicht von $299\frac{1}{4}$ Pfund.

Die gewöhnliche ſpecifiſche Schwere des Kupfers iſt 8,726 bis 8,843; die des japaniſchen ohngefähr 9,000; des ſchwediſchen nach Bergmann (Anm. zu Scheffers chym. Vorleſ. §. 286.) bis 9,324, wenn die Schwere des Waſſers = 1 geſetzt wird.

Es iſt ſehr ſtrengflüßig, und erfordert zur völligen Schmelzung einen Grad der Hitze, bey dem es zum Weißglühen kommen kan, nach Bergmann den 1450ſten der Fahrenheitiſchen Scale.   Bey dem Zutritte der Luft giebt es im Feuer einen Rauch, der ſich an vorgehaltnes Eiſenblech, als Kupferblumen, anlegt.   Wenn es glühet, wird die Oberfläche rauh und ſchuppigt; dieſe Schuppen geben, abgeſchlagen, den Kupferhammerſchlag, eine ſchon zum Theil verkalkte metalliſche Subſtanz.

Die vereinigte Wirkung der Luft und des Waſſers verändert die Oberfläche des Kupfers, und überzieht ſie mit einem grünen Roſte, dem Grünſpan oder Kupferroſt.

Alle Säuren löſen das Kupfer auf, und die Auflöſungen erhalten eine grüne oder blaue Farbe.   Aus der Auflöſung in Vitriolſäure, die ohne Unterſtützung durch Hitze ſchwer von ſtatten geht, erhält man ein Mittelſalz in ſchö=

nen blauen Kryſtallen, den blauen oder **Kupfervitriol.**
Die Salpeterſäure löſet das Kupfer ſehr ſchnell auf, und
giebt den ſchwer zu kryſtalliſirenden und höchſt zerfließbaren
Kupferſalpeter, der die Flamme des Weingeiſts ſchön
grün färbt. Die Auflöſung in concentrirter Salzſäure iſt
dunkelgelb, wird aber grün, wenn man ſie mit Waſſer
verdünnt, daher ſie zu einer ſympathetiſchen Dinte dienen
kan, ſie giebt das **Kupferkochſalz** in grünen Kryſtallen,
welche die Feuchtigkeit leicht an ſich ziehen. Auch die
Pflanzenſäuren verbinden ſich leicht mit dem Kupfer. Die
Weinſäure giebt damit das **Spangrün,** die Eſſigſäure
die **Kupferkryſtallen,** oder den ſogenannten deſtillirten
Grünſpan, aus welchem man durch die Deſtillation eine
änſſerſt concentrirte Eſſigſäure, den **Kupferſpiritus** oder
radicalen Eſſig erhält. Die Säuren ſcheiden ſich von
dieſen Auflöſungen durch die bloße Wirkung der Wärme:
auſſerdem aber auch durch Kalkerden und Laugenſalze, welche das Kupfer als ein ſchönes grünes Pulver niederſchlagen. Das Eiſen hingegen ſchlägt aus den Kupferauflöſungen
das Kupfer in ſeiner eigentlichen metalliſchen Geſtalt nieder,
ſ. **Cementwaſſer.** Das Kupfer ſelbſt thut eben dieſes in
Rückſicht des in Säuren aufgelößten Silbers und Queckſilbers.

Das Kupfer verbindet ſich ohne Unterſchied mit allen
ſalzigen und metalliſchen Materien. Darum hat es auch
von den alten Chymiſten den Namen **Venus** (meretrix
metallorum) erhalten. Man gebraucht es häufig zu vielen Compoſitionen, zum Legiren, zum **Meſſing,**
Glockenſpeiſe, Tomback, Similor, Bronze,
Weißkupfer u. dgl.

Auch die Laugenſalze löſen es leicht auf. Das flüchtige Alkali nimmt davon eine ſchöne blaue Farbe an, die in
verſtopften Flaſchen vergeht, an der Luft aber bald wieder
zum Vorſchein kömmt. Man kan dieſe Abwechſelungen
vielemale nach einander hervorbringen, wenn man die Auflöſung über den Kupferſpänen ſtehen läſt. Bergmann
(De attract. elect. §. 32. und Anm. zu Scheffers Vorleſ.
§. 140.) hat dieſes Phänomen ſehr glücklich daraus erklärt,

daß das Alkali mit dem metallischen Kupfer mehr Verwandschaft hat, als mit dem dephlogistisirten blauen Kalke. Diese schöne blaue Farbe giebt ein vortresliches Mittel, die Gegenwart des Kupfers in verschiedenen Mischungen durch das flüchtige Alkali zu entdecken. Die blauen Krystallen, welche man aus dieser Auflösung erhält, werden an der Luft, wo das flüchtige Alkali davongeht, grün, heissen flüchtiges Kupfersalz, und sind alsdann dem natürlichen Malachit ähnlich.

Der Schwefel ist sehr wirksam gegen das Kupfer, bringt es leichter zum Schmelzen, und versetzt es in einen erzartigen kiesigten Zustand. Durch Verbrennung des Schwefels verbindet sich die Vitriolsäure desselben mit dem Kupfer und bildet Kupfervitriol.

Das Kupfer wird oft, doch aber weniger als Silber, gediegen in Gestalt von Bäumchen und Zweigen gefunden. Häufiger kömmt es in Gestalt grüner und blauer Erden oder Steine vor, wohin das Bergblau, Berggrün, die Atlaserze und der Malachit gehören. In den wahren Kupfererzen ist es entweder durch Schwefel allein, wie im grauen Kupfererze oder Kupferglase, oder durch geschwefeltes Eisen mit Arsenik, wie in den Kupferkiesen, Fahlkupfererze, Kupferlasur ꝛc. mineralisirt. Diese Kupfererze fallen in Ansehung ihrer Farben sehr verschieden aus, haben aber gewöhnlich ein güldisches, ziemlich glänzendes Ansehen, woran man sie sehr leicht erkennet, zeigen auch Regenbogenfarben und grünlichgraue Flecke. Sie halten mehrentheils auch Eisen oder eisenschüßige Erde; das Weißerz, welches seine weiße Farbe vom Arsenik hat, und das Fahlerz enthalten gewöhnlich viel Silber, und werden nach Befinden mit zu den Silbererzen gerechnet.

Das Kupfer wird zu mancherley Bereitungen, Werkzeugen, Beschlägen und Gefäßen im gemeinen Leben genützt. Sein Gebrauch zu Küchengeschirren ist, wenn nicht die höchste Reinlichkeit gebraucht, und alles laugenartige und scharfe entfernt wird, allerdings gefährlich (Man s. Gmelin von Mineralgiften, Nürnb. 1779. 8. S. 61. u. f.), und die Verzinnung der Gefäße substituirt nichts besseres, wenn nicht das Bley dabey vermieden wird. Zu Compositionen wird das Kupfer, wie schon angeführt ist, sehr häufig gebraucht. Aus Bley, Kupfer und Spießglas wird das Metall der Schriftgießer, aus Kupfer, Nickel, Kobalt und Zink der Packfong der Chineser, aus Kupfer und Zinn die Masse der Metallspiegel zu Teleskopen bereitet. Aus dem mannheimer Golde, einer Vermischung von vier Theilen Kupfer und einem Theile Zink macht man Schnüre, Borten und Bronzirpulver zu unächten Vergoldungen von großer Schönheit. Man kan die große Verschiedenheit der Farben und überhaupt den Glanz der aus solchen Kupfercompositionen vorzüglich in Deutschland bereiteten Kunstprodukte nicht ohne Bewunderung sehen.

Macquer chym. Wörterbuch, durch Leonhardi, Art. Kupfer Kupfererze.

Kurzsichtig, s. Auge.

L.

Ladung, elektrische, s. Flasche, geladne.

Länge, der Gestirne, Longitudo astrorum, *Longitude des astres.* (Taf. XII. Fig. 93.) Der Bogen der Ekliptik, ♈L, welcher zwischen dem Anfangspunkte der Ekliptik ♈, und dem Breitenkreise p S L eines Gestirns S enthalten ist, heißt dieses Gestirns Länge. Es werden die Grade der Ekliptik vom Frühlingspunkte ♈ aus von Abend gegen Morgen oder nach der Folge der Zeichen in einem fort gezählt, daher ein Gestirn nahe an 360° Länge haben kan.

Insgemein aber bedient man sich, um die Länge eines Gestirns anzugeben, der Eintheilung der Ekliptik in Zeichen jedes zu 30° gerechnet, so daß z. B. eine Länge von 250° durch 8ᶻ 10°, oder weil am Ende des achten Zeichens der Schütz ♐ anfängt, s. Ekliptik, durch 10° ♐ ausgedrückt wird.

Wenn die Länge eines Sterns ♈L nebst seiner Breite L S, s. Breite, bekannt ist, so wird dadurch die Stelle, die

er am Himmel einnimmt, bestimmt, und von allen übrigen
Stellen unterschieden; denn es giebt weiter keine, der eben
diese Länge und Breite zugleich zukäme. Daher ist es für
die Sternkunde wichtig, die Längen der Gestirne genau zu
kennen.

Die Länge der Sonne ♈☉ oder ihr Ort in der Ekli=
ptik wird, wenn man ihre Abweichung ☉D durch Beob=
achtung gefunden hat, leicht berechnet. Es ist alsdann im
rechtwinklichten Kugeldreyecke,♈☉D, der Winkel ♈ oder
die Schiefe der Ekliptik = 23° 28′ 8″, und die Seite ☉D
bekannt. Daraus findet sich ♈☉ durch die Formel

$$\text{sin. Länge} = \frac{\text{sin. Abweich.}}{\text{sin. Schiefe d. Ekl.}}$$

wo es zweydeutig bleibt, ob die Länge über oder unter 90°
betrage, und südliche oder negative Abweichungen Längen
über 180° anzeigen, die über oder unter 270° betragen kön=
nen, daher man aus andern Umständen wissen muß, in
welchem Quadranten ihrer Bahn die Sonne stehe.

Auch aus der Rectascension der Sonne ♈D s. Auf=
steigung, gerade, findet man ihre Länge durch die
Formel

$$\text{tang. Länge} = \frac{\text{tang. Rectasc.}}{\text{cos. Schiefe d. Ekl.}}$$

wo die Länge stets in einerley Quadranten mit der Rectascen=
sion fällt.

Endlich findet man auch in den astronomischen Kalen=
dern, z. B. in des Herrn Bode Jahrbüchern, den Ort der
Sonne in der Ekliptik für den Mittag jeden Tages ange=
geben.

Die Länge der Sterne ward von den Alten vermittelst
der Zodiakalarmillen durch unmittelbare Beobachtung ge=
sucht. Weil es aber sehr schwer war, diese Ringe bestän=
dig in der Stellung der Ekliptik zu erhalten, deren Lage
sich am Himmel jeden Augenblick ändert, so fiel man bald
darauf, durch Aequatorialarmillen der Sterne Rectascen=
sion und Abweichung zu beobachten, und aus diesen die
Längen zu berechnen. Heut zu Tage, da auch weit bessere

Methoden zu Beobachtung der Rectascenſion und weit leich=
tere Arten der Berechnung bekannt ſind, werden alle Längen
aus den beobachteten Rectaſcenſionen und Abweichungen be=
rechnet.

Auf dieſe Art ſind die Längen der meiſten Fixſterne ge=
funden, und in die Verzeichniſſe eingetragen worden, von
welchen der Artikel: Fixſternverzeichniße handlet. We=
gen des Vorrückens der Nachtgleichen nimmt die Länge
eines jeden Fixſterns jährlich ohngefähr um 50″ zu, ſ. Vor=
rücken der Nachtgleichen.　　　Bey den Planeten unter=
ſcheidet man ihre heliocentriſche Länge von der geocentriſchen,
ſ. die Worte: Geocentriſch, Heliocentriſch.

Länge, geographiſche der Orte, Longitudo
locorum geographica, *Longitude des lieux de la terre*.
Derjenige Bogen des Erdäquators A D (Taf. XII. Fig.
94.), welcher zwiſchen dem Anfange des Aequators A, und
dem Mittagskreiſe P L p des Orts L enthalten iſt, wird die=
ſes Orts geographiſche Länge genannt.　　　Dieſer Bo=
gen wird durch Grade, Minuten ꝛc. des Aequators ausge=
drückt, welche von A aus immer fort gegen Morgen zu ge=
zählt werden, daher die Länge eines Orts gegen 360° be=
tragen kan.

Da auf dem Erdäquator jeder Punkt mit gleichem
Rechte den Anfangspunkt vorſtellen kan, ſo iſt die an ſich
willführliche Wahl des Punkts A ſehr verſchieden ausge=
fallen.　　　Das gewöhnlichſte iſt, dieſen Punkt ſo zu legen,
daß die Länge der pariſer königlichen Sternwarte genau =
20° wird.　　Wenn alſo B den Ort dieſer Sternwarte,
P B C p ihren Meridian vorſtellet, und C A = 20° abend=
wärts genommen wird, ſo giebt die Figur dieſe gewöhnli=
che Lage des Anfangspunkts A an.　　Der durch A ſelbſt ge=
hende Meridian P A p heißt alsdann der erſte Mittage=
kreis.　Von ihm handlet ein beſonderer Artikel, auf wel=
chen ich wegen der verſchiedenen angenommenen Lagen des
Punkts A verweiſe.

Die Längen dienen nebſt den Breiten (ſ. Breite, geo=
graphiſche) zu Beſtimmung der wahren Stellen der Or=

te auf der Erdfläche und ihrer Lagen gegeneinander, worauf sich die ganze Geographie und die Verzeichnung der Landkarten gründet. Es läßt sich aber die Länge der Orte nicht so leicht, als ihre Breite, finden, und obgleich bey mehrern Nationen die größten Mathematiker, Sternkundige und Seefahrer mit unermüdetem Fleiße an Verbesserung der Methoden zu Erfindung der Längen gearbeitet haben, so sind wir dennoch bey dieser wichtigen Aufgabe noch immer sehr weit zurück.

Die Schwierigkeiten rühren nicht, wie man etwa denken könnte, von der Unbestimmtheit des Anfangspunkts A her. Es ist sehr gleichgültig, wohin man denselben setzen will. Das ganze Problem kömmt nicht sowohl darauf an, daß man die absolute Länge AD des Orts L bestimme; es beruht vielmehr darauf, daß man im Stande sey, den Unterschied der Längen jeder zween Orte B und L, oder den Bogen CD des Aequators zu finden, welcher zwischen den Mittagskreisen dieser Orte PBCp und PLDp enthalten ist, und der Unterschied der Mittagskreise in Graden (differentia meridianorum in gradibus) genannt wird. Kan man dies, so wird man auch für jede Lage des ersten Meridians die absoluten Längen der Orte bestimmen können.

Da die Sonne täglich mit gleichförmiger Bewegung einen dem Aequator parallelen Tagkreis beschreibt, und hiebey die Mittagskreise der morgenwärts liegenden Orte eher erreicht, als die der abendwärts gelegnen, so kömmt sie auch in den Meridian PLDp früher, als in den westlichern PBCp; und zwar um desto früher, je weiter beyde Meridiane auseinander liegen, oder je größer der gesuchte Bogen CD ist. In den Meridian PQp kömmt sie 12 Stunden früher, als in PAp, und hiebey ist der Unterschied der Meridiane selbst der Halbkreis ACDQ = 180°; ein Zeitunterschied von 1 Stunde giebt daher in Graden einen Unterschied von 15°, ein Zeitunterschied von 1 Min. giebt 15'; von 1 Sec. 15'' u. s. w. Wäre z. B. die Sonne um 40 Minuten Zeit eher in PLDp als in PBCp gewesen, so würde der gesuchte Bogen CD = 40 ✕ 15' = 10° seyn.

Auf diese Art giebt die Zeit, um welche der Mittag eines Orts früher, als der eines andern einfällt, den Unterschied der Meridiane in Graden, und heißt daher der Unterschied der Mittagskreise in Zeit (differentia meridianorum in tempore).

Um wie viel aber der Mittag eines Orts früher einfällt, als der Mittag des andern, um eben soviel wird auch jede Stunde und überhaupt jede Zeitangabe am ersten Orte früher, als am andern, eintreten, weil jeder Ort seine Zeit von seinem Mittage zu zählen anfängt: um eben soviel müssen also auch die Zeitangaben beyder Orte in jedem Augenblicke von einander abweichen. Wenn z. B. in einem und eben demselben Augenblicke die wahre Zeit zu Leipzig 3 Uhr 50 Min., zu Paris 3 Uhr 10 Min. ist, so kan dieser Unterschied von 40 Min. von nichts anderm herrühren, als davon, daß Leipzig um 40 Min. früher zu zählen angefangen, oder 40 Min. eher Mittag gehabt hat, als Paris. Demnach würde für diese Orte der Zeitunterschied 40 Min. und der Bogen C D = 10° seyn.

Es erhellet hieraus, daß das ganze Problem von der Erfindung der Länge sich auf die Frage bringen lasse: Man kennt die Zeit eines Orts; man fragt, welche Zeit es in demselben Augenblicke an einem andern Orte ist. Der Unterschied beyder Zeiten in Grade verwandlet (1 Min. für 15' oder 4 Min. für einen Grad gerechnet), giebt den Unterschied der Längen beyder Orte. Diese Frage scheint sehr einfach; aber die große Schwierigkeit liegt in der Ausfindung eines Merkmals, woran sich gleichzeitige Augenblicke an entlegnen Orten der Erde erkennen lassen.

Signale durch Bomben, Raketen, Pulverentzündungen, Blendungen eines angezündeten Feuers u. dgl. dienen nur auf dem festen Lande, und für nahe Orte, die freye Aussichten haben. So ist in der Gegend von London der Unterschied der Längen der Sternwarte zu Greenwich und einiger andern Orte durch solche Mittel aufs genauste bestimmt worden. Zur See aber und in großen Entfernungen, wie es Whiston und Ditton um das Jahr 1714 vorschlugen, sind diese Mittel völlig unbrauchbar; man muß vielmehr am Himmel solche Zeichen aufsuchen, die an sehr verschiedenen und entfernten Orten der Erdfläche in gleichen Augenblicken sichtbar sind.

Unter die hiezu brauchbaren Himmelsbegebenheiten gehören vorzüglich Anfang und Ende der Mondfinsternisse, Ein = und Austritte der Mondflecken in und aus dem Erdschatten, Ein = und Austritte der Jupitersmonden in den Schatten ihres Hauptplaneten. Diese Erscheinungen an zween Orten der Erde nach wahrer Zeit beobachtet, geben, sobald sie verglichen werden, den Zeitunterschied der Meridiane. Folgendes Beyspiel hiezu ist aus Heinsius (Progr. de longitudine Lipsiae, 1755. 4.) genommen. Bey der Mondfinsterniß den 8 Aug. 1748 beobachteten den Eintritt des Mondflecken Tycho in den Schatten

	Uhr		
Heinsius zu Leipz.	11	16′	32″
Bouguer zu Paris	10	36	28
Unterschied		40	4

Heinsius nimmt als ein Mittel aus mehrern Beobachtungen 40 Min. 3 Sec. an. Dies giebt den Unterschied in Graden (4 Min. auf 1° gerechnet) = $10° 0′ 45″$; also die Länge von Leipzig (wenn die von Paris = 20° gesetzt wird) $30° 0′ 45″$.

Auch Sonnenfinsternisse, Bedeckungen der Fixsterne und Planeten vom Monde, Bedeckungen der Fixsterne von Planeten und Durchgänge der Venus und des Merkurs vor der Sonnenscheibe können hiezu dienen. Diese Begebenheiten sind zwar nicht jedem Orte in demselben Augenblicke sichtbar; sie können aber durch Rechnung auf diejenigen Zeiten gebracht werden, in welchen man sie vom Mittelpunkte der Erde aus in Zeit eines jeden Orts beobachtet haben würde.

Alle diese Mittel aber sind verschiedenen Beschwerden und Ungewißheiten unterworfen, welche man zum Theil bey dem Worte: Finsternisse angeführt findet. Auf dem festen Lande, wo man die Beobachtungen Jahre lang fortsetzen und die bequemen Zeitpunkte dazu abwarten kan, lassen sich zwar alle erwähnte Erscheinungen nützen, um den Unterschied der Länge des Beobachtungsorts von andern nach und nach mit einiger Genauigkeit zu bestimmen. Allein, wie weit man auch hierinn noch zurück sey, lehren die Verzeichniße, in welche man die gefundenen Längen mehrerer Orte der Erde eingetragen hat. Das vollständigste liefert die Berliner Sammlung astronomischer Tafeln (Berlin, 1776. III. B. 8.) im ersten Bande, S. 43 u. f. so, daß die Länge von Paris = 20° gesetzt wird. Die Angaben der Länge von Leipzig sind zwischen 29° 44′ 22″ und 30° 3′ 15″, daß man also hiebey noch fast um 19′ im Bogen, oder um 1 Min. 16 Sec. Zeit ungewiß ist. Auf Mayers kritischer Karte von Deutschland ist die Länge von Leipzig sogar 30° 13′ angenommen.

Noch weit größere Schwierigkeiten hat die Erfindung der Länge zur See, Meereslänge (Longitudo maris s. maritima, *Longitude en mer*). eine der wichtigsten und berühmtesten Aufgaben, auf deren Auflösung in Spanien, Holland, Frankreich und England beträchtliche Preise gesetzt worden sind. In England wurden durch eine Parlamentsacte vom Jahre 1714 auf die Bestimmung der Meereslänge bis auf einen Grad 10000, bis auf ⅔ Grad 15000 und bis auf ½ Grad 20000 Pfund Sterling gesetzt, und zur Beurtheilung der eingereichten Vorschläge und Hülfsmittel beständige Commissarien ernannt. Dies hat so viele Bemühungen um diese Aufgabe veranlasset, daß es ihr fast, wie der Quadratur des Kreises, ergangen ist.

Mond - und Sonnenfinsterniße, Bedeckungen der Firsterne und Durchgänge durch die Sonnenscheibe ereignen sich viel zu selten, als daß der Schiffer bey dem täglichen Bedürfniße, die Länge seines Orts zu wissen, daraus einen bedeutenden Vortheil ziehen könnte. Die Verfinsterungen der Jupitersmonden kommen zwar öfter vor, allein sie setzen entweder eine gleichzeitige Beobachtung an einem andern Orte, oder sehr richtige Tafeln voraus, aus welchen die Zeit ihrer Erscheinung für einen bestimmten Ort eben so genau berechnet werden kan, als ob sie daselbst wirklich beobachtet worden wäre. Die Wargentinischen Tafeln aber lassen für die drey letzten Monden immer noch eine Ungewißheit von einer Zeitminute übrig; auch ist Jupiter jährlich fast zween Monate lang unter den Sonnenstralen verborgen; und endlich macht das beständige Schwanken der Schiffe Beobachtungen durch Fernröhre von einiger Größe fast unmöglich. Der von Irwin im Jahre 1760 deswegen angegebne Schwungstuhl ward von Maskelyne auf seiner Reise nach Barbados unbrauchbar befunden, und eben so gieng es im Jahre 1766 einer vom Abbé Rochon angegebnen Vorrichtung, durch welche man im Stande seyn sollte, den Jupiter sogleich wieder in das Gesichtsfeld des Fernrohrs zu bringen, wenn ihn das Schwanken daraus verrückt hätte.

Halley schlug zu Anfang dieses Jahrhunderts die Abweichung der Magnetnadel als ein Mittel vor, die Meereslänge zu bestimmen. Man kan über seine Bemühungen um diesen Gegenstand, zugleich aber auch über die Ungewißheit, in welcher sich die Theorie desselben noch bis jetzt befindet, den Artikel: Abweichung der Magnetnadel nachsehen.

Bey dieser Schwierigkeit astronomischer Beobachtungen zur See und der Unzulänglichkeit anderer Methoden hat man einen Gedanken erneuert, den schon Gemma Frisius um das Jahr 1530 geäussert hatte, die Länge durch Uhren oder Zeitmesser zu bestimmen. Wenn man z. B. eine völlig gleichförmig gehende Uhr nach londner mittlerer Zeit stellt, und mit sich nimmt, so wird sie aller Orten londner mittlere Zeit zeigen, aus der man die londner wahre Zeit ohne Mühe haben kan, s. Gleichung der Zeit; es wird demnach zur See nichts weiter, als eine leichte astronomische Beobachtung z. B. von Sonnenhöhen, Sonnenaufgang, Sternhöhen u. dgl. erfordert, daraus die wahre Zeit des Orts gefunden werden kan; der Unterschied der Zeiten giebt alsdann den Unterschied der Längen. Dies war freylich bey der ehemaligen Unvollkommenheit der Uhren nicht auszuführen, und selbst Huygens Versuche mit den erſten Pendeluhren im Jahre 1669 erfüllten auf der See die Erwartungen nicht; allein die Uhrmacherkunſt ſtieg bald ſo hoch, daß man ſchon vom Jahre 1726 an hoffen durfte, dem Zwecke durch Seeuhren von ſehr gleichförmigem Gange näher zu kommen.

Heinrich Sully, ein gebohrner Engländer, der ſich in Frankreich aufhielt, verfertigte um dieſe Zeit die erſte Seeuhr, ſtarb aber zu Bourdeaur, ohne ſie prüfen und verbeſſern zu können. Ihm folgte John Harriſon, ein engliſcher Zimmermann, der im Jahre 1736 eine Seeuhr zu Stande brachte, die er einen Zeithalter (Time Keeper) benannte. Dieſe ward auf einer Reiſe nach Liſſabon geprüft, und der Capitain Roger Wills gab ihr ein ſehr vortheilhaftes Zeugniß. Man unterſtützte hierauf den Künſtler, und gab ihm im Jahr 1749 die Coplepſche Medaille, welche jährlich zur Belohnung der nützlichſten Erfindung vertheilt wird. Seit dieſer Zeit fuhr er unermüdet fort, an Verbeſſerung ſeiner Uhren zu arbeiten, und am 18 Nov. 1761. trat ſein Sohn William Harriſon mit einer neuen Seeuhr eine Reiſe nach Jamaica an. Dieſe Reiſe dauerte 81 Tage; man fand die Abweichung der Uhr im Hinweg nur 5 Sec., im Rückweg 1 Min. 54 Sec., welches im Bogen nicht mehr als 29′ 45″, alſo noch nicht ½ Grad Fehler giebt. Harriſon machte daher auf den ganzen Preis Anſpruch; allein die Commiſſion verwilligte ihm nur 2500 Pfund, und ſetzte das übrige auf eine zweyte Probe aus. Dieſe erfolgte 1764 auf einer Reiſe nach Barbados, wobey die Uhr binnen 6 Wochen um 54 Sec. oder nur 13′ 30″ im Bogen abwich. Das Parlament gab ihm nunmehr 10000 Pfund, und verlangte richtige und eidlich beſtärkte Zeichnungen und Beſchreibungen von dem Bau und Mechaniſmus des Zeithalters, die er zwar überreichte, zugleich aber wegen eines entſtandnen Verdachts drey Zeithalter zur Prüfung auf die Sternwarte zu Greenwich liefern muſte. Maſkelyne (An account of the going of Mr. Harriſon's watch at the royal Obſervatory from May 6. 1766. to March 4. 1767. London, 1767. gr. 4.) fand nun den Gang eben deſſen, der die Reiſe nach Barbados gethan hatte, so ungleich, daß sich Harrison mit der erhaltenen Helfte des Preises begnügen muste.

Die englischen Uhrmacher **Arnold** und **Kendal** verfertigten 1772 Seeuhren, letzterer nach Harrisons Art, ersterer nach einer andern noch einfachern Einrichtung. **Cook** nahm drey von **Arnold** und eine von **Kendal** mit auf seine Reise gegen den Südpol, und die Astronomen **Wales** und **Bailly** (The original aſtronomical obſervations made in the eourſe of a voyage towards the South-pole, and round the world, in the years 1772 — 1775.) urtheilten, daß man damit die Länge bis auf $\frac{1}{3}$ — $\frac{1}{8}$ Grad bestimmen könne.

In Frankreich wurden Seeuhren von **Berthoud** und **Le Roi** verfertiget, und unter der Aufsicht der Herren **Pingré** und **de Borda** auf einer Seereise geprüft. Ihr Irrthum soll in 6 Wochen nicht über einen halben Grad betragen haben, und die **Le Roi**sche Uhr erhielt den Preiß, den die königliche Akademie der Wissenschaften im Jahre 1773 auf diesen Gegenstand gesetzt hatte. **Berthoud** (Traité ſur les horloges marines, Paris, 1773. gr. 4.) hat die Einrichtung solcher Uhren sehr umständlich und lehrreich beschrieben.

Neuerlich haben die englischen Künstler, vorzüglich durch Aufmunterung und Unterstützung des chursächsischen Gesandten am londner Hofe, Herrn Grafens **von Brühl,** Taschenchronometer oder tragbare Zeithalter von ganz ungemeiner Vollkommenheit zu verfertigen angefangen. Es kömmt hieben auf Vermeidung des Einflußes der Temperatur in die Spiralfeder, und auf Bewirkung eines vollkommnen Isochronismus ihrer Schwingungen an. **Thomas Mudge** hatte hierüber schon seit zwanzig Jahren gearbeitet, und theilte dem Herrn Grafen ein Modell eines freyen Stoßwerks (*Echappement libre*) mit, nach welchem derselbe durch **Josiah Emery** ein Taschenchronometer verfertigen ließ, und dessen Gang äußerst sorgfältig prüfte. Einen von **Mudge** selbst verfertigten Zeithalter nahm der Admiral **Campbell** 1784 mit nach Newfoundland. Er gab nach einer Ueberfahrt von 4 Wochen die Länge von St.

John bis auf 6 Sec., und nach einer ziemlich stürmischen Rückreise wiederum bis auf 9 Sec. an (Three regiſtres of a pocket - chronometer and the obſervations, from which they were collected by *Count de Brühl* etc. London, 1785. 4.). Diese Genauigkeit übersteigt alles, was man sonst zu hoffen wagte, und verspricht ungemein viel für die Schiffahrt und Verbesserung der geographischen Ortsbestimmungen.

Inzwischen bleibt auch die beste Uhr mancherley Zufällen ausgesetzt, und nie wird man gern Leben und Wohl der Seefahrer ganz allein einer Maschine anvertrauen, bey welcher der geringste unbemerkt eingeschlichene Fehler mit der Zeit einen sich anhäufenden großen Irrthum veranlassen kan. Zudem sind auch die vollkommnen Seeuhren noch nicht so gemein; und man muß daher die astronomischen Beobachtungen noch immer als das allgemeinste und brauchbarste Mittel zur Bestimmung der Meereslänge ansehen.

Da die Verfinsterungen, Bedeckungen u. dgl. so selten und schwer zu beobachten sind, so hatte schon **Johann Werner**, ein Nürnberger, in seinen 1519 herausgekommenen Anmerkungen über das erste Buch von Ptolemäus Geographie vorgeschlagen, sich der Distanzen des Monds von der Sonne oder von bekannten Firsternen zu Erfindung der Längen zu bedienen. Solche Distanzen kan man in den meisten Nächten messen, sie sind wegen der schnellen Bewegung des Monds, welche stündlich fast $\frac{1}{2}°$ beträgt, sehr veränderlich, und so läßt sich aus ihnen, wenn man den Mondlauf genau kennt, ein Maaß der Zeit hernehmen. Eben diese Vorschläge wurden von **Apianus** (Coſmographicus liber, Ingolſt, 1624. fol.) **Kepler, Morin** und andern wiederholt; allein es fehlte damals noch zu sehr an genauen Kenntnißen des Mondlaufs und der Stellen der Firsterne. Erst durch **Flamſteads** und **Halley's** Beobachtungen auf der Sternwarte zu Greenwich, und durch **Newton's** Mondstheorie ward der Grund zu wichtigen Verbesserungen dieser noch fehlenden Stücke gelegt, und als noch **Hadley** im Jahre 1731 durch die vortrefliche Erfindung des Spie-

geloctanten die aſtronomiſchen Winkel = oder Diſtanzen=
meſſungen zur See ſo ſehr erleichtert hatte, ſo fehlte es zu
wirklicher Ausübung dieſer Methode nur noch an richtigen
Mondstafeln. Dieſe lieferte endlich im Jahre 1755 (und
verbeſſert 1760) der große und unermüdete göttingiſche
Aſtronom Tobias Mayer. Man fand, daß ſie den Ort
des Monds oft auf wenige Secunden, allemal aber auf 1′
richtig angaben, und das engliſche Parlament erkannte da=
her der mayeriſchen Wittwe eine Belohnung von 3000
Pfund Sterling zu.

Aus ſo genauen Tafeln läßt ſich finden, wie weit der
Mond aus dem Mittelpunkte der Erde betrachtet, zu jeder
londner Zeit, von den bekannteſten Sternen abſtehe. Wird
nun zur See ein ſolcher Abſtand durch den Hadleyiſchen
Octanten gemeſſen, und vermittelſt der zugleich gemeſſenen
Höhen des Monds und Sterns auf den Mittelpunkt der
Erde reducirt, ſo giebt deſſen Vergleichung mit den Ta=
feln die londner Zeit, aus deren Zuſammenhaltung mit der
Zeit auf dem Schiffe der Unterſchied der Längen bekannt
wird. Maſkelyne (The britiſh Mariner's Guide, Lon-
don, 1763. 4.), der dieſe Methode auf einer Reiſe nach
St. Helena geprüft hat, empfiehlt ſie aufs dringendſte,
und hat ſeit 1767 in dem jährlichen Nautical Almanac die
Mondsabſtände von der Sonne und 7 — 8 Firſternen für
den greenwicher Meridian von 3 zu 3 Stunden nach Mayers
Tafeln in voraus berechnet, mitgetheilt, auch hat die
Commiſſion ſchon 1766 dafür geſorgt, die dabey nöthigen
Reductionen und Rechnungen durch Hülfstabellen zum Ge=
brauch der gemeinen Seeleute zu erleichtern, und in eine
Art von Routinrechnung zu verwandlen.

Leadbetter, Pingré und Bouguer haben die
Mondshöhen zu ähnlichem Gebrauche vorgeſchlagen; allein
Theorie und Erfahrung geben der Diſtanzenmethode ein=
ſtimmig den Vorzug.

Briſſon Dict. raiſ. de Phyſique art. *Longitude.*

Bode Erläut. der Sternkunde, Zweyter Theil §. 688. u. f.

v. Zach über die geographiſche Ortsbeſtimmung in **Canzlers**

und Meißners Quartalschrift für ält. Litt. u. neuere Lectüre,
Dritten Jahrgangs, 5tes u. 7tes Heft.

Lampe, elektrische, Brennluftlampe, *Lampe
électrique*, *Lampe à air inflammable*. Eine Vorrichtung,
mit deren Hülfe man einen Strom von brennbarer Luft
durch einen elektrischen Funken entzünden, und dadurch sehr
leicht und sicher, ohne irgend ein anderes Feuerzeug, ein
Licht anbrennen kan. Da die Physik durch jede Anwen=
dung zum Gebrauche des häuslichen Lebens eine Empfeh=
lung mehr erlangt, so sind Erfindungen dieser Art nicht
eben als bloße Spielwerke zu betrachten.

Die Entdeckung, daß sich die brennbare Luft durch den
elektrischen Funken entzünden lasse, gab Herrn Fürsten=
berger, einem geschickten Kenner der Physik zu Basel, zu
der ersten Erfindung einer elektrischen Lampe Gelegenheit.
Es besteht dieselbe, Taf. XIII. Fig. 95. aus zween gläser=
nen Gefäßen, wovon das untere A der brennbaren Luft zum
Behältniße dient, das obere B aber mit Wasser gefüllt
wird. Am untern Gefäße ist bey C ein meffingener Ring
angeküttet. Die Hälse beyder Gefäße sind mit meffingnen
Kappen D und H versehen, welche durch die Röhre E mit
einander in Gemeinschaft stehen. Durch diese Röhre geht
der Hahn R, der, wenn er geöfnet wird, das Wasser aus
B durch eine enge Glasröhre f in das untere Gefäß A aus=
laufen läst. An die Kappe D ist der Seitencanal g g mit
dem Hahne S angelöthet. So wie sich nun das Wasser
aus B in A durch f ergießt, so wird die in A befindliche
brennbare Luft durch g g herausgetrieben. Der Canal g g
endigt sich oben in die meffingene Röhre K, welche eine
enge Mündung hat. Eben diesen Canal umgiebt der höl=
zerne Teller II, auf welchem zwo hölzerne Säulen L L ste=
hen, die sich um ihre Axe drehen laffen. Auf der einen
Säule liegt eine meffingene Hülse m, auf der andern eine
gläserne n. Durch jede dieser Hülsen laffen sich meffingne
Stäbchen o o schieben, deren innere Enden stumpf, die
äuffern aber in Häckgen umgebogen sind, um Dräthe oder
Ketten anzuhängen. An dem Stäbchen, welches durch

m geht, hängt die Kette s herab, die man mit dem Hacken r an den Canal g g anhängen kan. Die Kappe D ist durch den aufgeleimten Stanniolstreif v mit dem Ringe C verbunden. Wenn nun das ganze Instrument unisolirt auf dem Tische oder Boden steht, so ist das Stäbchen m o mit dem Erdboden verbunden, und es entsteht ein Funken zwischen beyden Stäbchen, wenn man n o durch einen Drath oder eine Kette mit dem Conduktor einer Maschine, mit dem aufgehobnen Deckel eines geriebnen Elektrophors u. s. w. verbindet, oder auch durch irgend ein anderes Mittel einen Funken auf das angehangne Kügelchen q schlagen läst.

Um nun diese Lampe zu gebrauchen, stellt man die Stäbchen o o so, daß ihre Enden etwa 1½ Lin. weit auseinander stehen, und daß der zwischen ihnen entstehende Funken nahe über der Mündung der Röhre K hingehen muß. Man füllt alsdann das obere Gefäß mit Wasser, das untere mit brennbarer Luft, setzt beyde mit verschloßnen Hähnen gehörig an einander, und öfnet zuerst den Hahn R, damit durch die enge Oefnung f etwas Wasser auslaufen kan, wodurch die brennbare Luft ein wenig zusammengedrückt wird. Alsdann öfnet man auch den Hahn S, damit diese Luft durch die Mündung der Röhre K ausströme. Unmittelbar darauf läst man zwischen beyden Stäbchen m o und n o einen elektrischen Funken entstehen, welcher den Strom der brennbaren Luft und durch diesen einen daran gehaltnen Wachsstock entzündet. Soll die Flamme auslöschen, so wird zuerst der Hahn S, und dann auch R, wiederum verschloßen.

Die leichteste Art, den elektrischen Funken zu erregen, ist diese, daß man die an n o hängende Kette mit dem Deckel eines geriebnen Elektrophors verbindet. Berührt man alsdann diesen Deckel, und zieht ihn auf, so wird in eben dem Augenblicke der Funken zwischen m o und n o entstehen.

So ist diese Erfindung des Herrn **Fürstenberger von Ehrmann** (Description et usage de quelques lampes à air inflammable, à Strasbourg, 1780. Beschreibung und Gebrauch einiger elektrischen Lampen, a. d. frz. Strasburg,

1780. 8.) beschrieben worden. Brander in Augsburg verfertigte um eben diese Zeit elektrische Lampen, bey welchen die Röhre zwischen beyden Gefäßen durch einen auf das untere gesteckten Korkstöpsel hindurch gieng. Diese sind noch früher, als die Fürstenbergerischen von Weber (Beschreibung des Luftelektrophors, Augsburg, 1778. 8.) bekannt gemacht worden. Brander verbesserte sie in der Folge, indem er dem obern Gefäße eine Oefnung gab, um den Ausfluß des Wassers durch den Druck der Luft zu befördern, den Seitencanal aber nicht an dem Zwischenrohre, sondern am untern Behälter selbst anbrachte, wovon man die Beschreibung beym Ehrmann (§. 9. und Fig. 2.) findet.

Die schicklichste Einrichtung aber ist diesem Werkzeuge von Herrn de Gabriel in Strasburg gegeben worden. Sie ist dem Heronsbrunnen ähnlich, und wird Taf. XIII. Fig. 96. und 97. vorgestellt. A, B sind die Gefäße mit den messingenen Kappen K, L, welche in die Büchse des Hahns R luftdicht eingeschraubt werden können. In diesem Hahne sind zwey Löcher g, h, Fig. 97., parallel und auf die Are senkrecht gebohrt. Diese zwey Löcher passen auf zwo Röhren i und m, wovon die erste an den obern Theil der Hahnenbüchse angeschraubt und mit dem Auffatzrohre I, Fig. 96. versehen ist, die andere aber von dem untern Theile der Büchse bis nahe an den Boden des untern Gefäßes herabgeht. Dieses Gefäß hat einen messingenen Fuß C, in dessen Mitte sich eine Oefnung N befindet, welche, wenn die brennbare Luft dadurch in das Gefäß gebracht worden ist, mit einer Lappenschraube luftdicht verschloßen werden kan. Die Vorrichtung zu Erregung des elektrischen Funkens ist, wie bey der vorigen Lampe, und steht auf der messingenen Scheibe OO, welche in einen auf B angebrachten Reif schließt. Eine der beyden Säulen hat einen gläsernen Schaft v. Der an dem Ende ihres Stäbchens befindliche Knopf w kömmt entweder unmittelbar, oder durch eine Kette mit dem elektrisirten Conductor der Maschine, dem Deckel des Elektrophors oder dergl. in Verbindung. Die andere Säule, die nicht isolirt ist, lei tet die Elektricität an die Metallscheibe O O, welche durch eine Kette mit dem Fußboden verbunden werden kan.

D. Ingenhouß (Beschreibung einer Brennluftlampe in s. Vermischten Schriften, übers. und herausg. von Molitor, Wien, 1784. gr. 8. I. Theil S. 213 u. f.) hat an dieser Lampe noch verschiedene Verbesserungen angebracht. Zu leichterer Einfüllung der Brennluft giebt er dem Boden des untern Gefäßes eine trichterförmige Gestalt. Den elektrischen Funken zu leiten, dient eine von zwoen isolirenden Stützen N, O, Taf. XIII. Fig. 98. gehaltene metallische Stange G, welche den Funken auf die Spitze des metallischen Hakens H überführt. So fährt er durch die aus D aufsteigende Säule der brennbaren Luft, setzet sie in Feuer und entzündet den Dacht der Wachskerze I. Der Haken H ist mit dem Erdboden durch das Gefäß selbst, nemlich durch die metallnen Röhren, das Wasser, und den messingnen Boden des untern Gefäßes verbunden. Das Loch Q dient, um das obere Gefäß mit Wasser zu füllen. Endlich ist an den Hahn selbst eine Scheibe angebracht, um deren Peripherie eine daran befestigte seidne Schnur herumgeht, deren Ende L an eine messingene Kette gebunden ist. Diese Kette wird über eine an der Stange G befestigte Rolle K gezogen, und ihr anderes wieder herabgehendes Ende trägt den Deckel des Elektrophors. Auf diese Art hebt sich beym Umdrehen des Hahns durch das Anziehen der Schnur und Kette der Deckel von selbst auf, und der Funken entsteht sogleich, wenn der Hahn aufgedrehet ist. Hiebey hat man also, um sogleich und zu jeder Zeit Licht zu haben, nur eine Hand nöthig; d. i. man hat nichts zu thun, als den Deckel, oder auch nur die Kette, zu berühren, und dem Hahne die Wendung zu geben. Diese Veranstaltung, die das ganze Werkzeug höchst einfach macht, ist eine Erfindung des Herrn Pickel in Würzburg. Den Hahn M, Fig. 98., hat D. Ingenhouß hinzugesetzt. Er wird verschloßen, wenn man die Lampe nicht braucht, damit sich die im Rohre befindliche Brennluft nicht in die Atmosphäre zerstreue, und beym Gebrauche selbst gleich das erste, was aus der Mündung ausströmt, brennbare Luft sey.

Herr **Ehrmann** (§. 11. und Fig. 4.) beschreibt noch eine von ihm und seinem jüngern Bruder ausgedachte Einrichtung dieser Lampe. Dabey wird das mit Brennluft gefüllte Gefäß in ein anderes Gefäß mit Wasser gestellt. Wenn man den Hahn öfnet, so dringt das Wasser durch eine im Boden des erstern Gefäßes befindliche Klappe ein, und treibt die brennbare Luft durch das Aufsatzrohr hinaus. **Langenbucher** (Beschreibung einer beträchtlich verbesserten Elektrisirmaschine, Augsb. 1780. 8. S. 221. u. f.) hat diesen Lampen ebenfalls noch einige Abänderungen gegeben, und **Donndorf** (Lehre von der Elektricität. Erfurt, 1784. gr. 8. II. B. S. 867.) beschreibt eine der langenbucherischen ähnliche, die er von Hrn. Prof. **Stegmann** aus Cassel bekommen hatte, und deren Einrichtung sehr einfach ist.

Beym Gebrauche dieser Lampen muß man mit äusserster Vorsicht verhüten, daß sich mit der im untern Gefäße eingeschloßnen Brennluft keine gemeine Luft vermische, weil dadurch eine Knallluft entstehen würde, welche beym Anzünden Feuer fangen und das Gefäß mit den unglücklichsten Folgen zerschmettern könnte. Man muß daher dieses Werkzeug nie durch Unerfahrne oder wenig unterrichtete Leute behandeln lassen, auch die Mündung des Aufsatzrohrs jederzeit sehr eng machen. D. **Ingenhouß** glaubt inzwischen, daß die von ihm beschriebne Lampe einem solchen Unglücke wenig oder gar nicht unterworfen sey, weil die Flamme erstickt werden würde, ehe sie den langen Weg von der engen Oefnung durch die ganze Röhre hindurch bis in das untere Behältniß zurücklegen könnte. Die Versuche haben ihn gelehrt, daß man eine Knallluft dieser Art unter solchen Umständen durch den elektrischen Funken niemals zur Explosion bringen könne.

Er erinnert noch, daß es nöthig sey, das Wasser in dem obern Gefäße allezeit in einer gewissen Höhe zu erhalten, damit dessen Fall durch die Röhre in das untere Behältniß Gewalt genug habe, um die brennbare Luft in die Höhe zu treiben, und durch die Röhre herauszustoßen.

Ehrmann Beschreibung und Gebrauch einiger elektrischer Lampen, aus d. frz. mit einer Kupfertafel. Straßburg, 1780. 8.

Joh. Ingenhouß vermischte Schriften physisch = medicinischen Inhalts, übers. und herausg. v. Molitor, Wien, 1784. gr. 8. Erster Band, S. 213. u. f.

Lampen, Lampades, *Lampes*. Etwas von der Theorie der Lampen und Kerzen findet man bey dem Worte: Flamme, wo besonders gezeigt wird, warum hiebey der Dacht nothwendig sey. Die Erzeugung einer recht hellen und reinen Flamme hängt vornemlich davon ab, daß das Oel an der Stelle, wo es brennen soll, so viel möglich, von allen Seiten her erhitzt und vollkommen zersetzt werde. Die gemeinen Dachte, welche massive Cylinder sind, leisten dies nicht vollkommen, weil sie der Luft, die zur Verbrennung nothwendig ist, zu wenig Oberfläche darstellen. Man hat daher schon längst bandförmige Dachte empfohlen, deren Gestalt der Luft mehr Oberfläche aussetzt, als die cylindrische. Alström er (Versuche mit bandförmigen Lampendachten, welche nicht rauchen, in den neuen schwed. Abhdl. für das Jahr 1784. Num. 22.) fand dieselben sehr vortheilhaft, besonders wenn sie fein waren und das rechte Maaß im Ausziehen beobachtet ward. Sie rauchten gar nicht, weil der freye Zutritt der Luft die Hitze allenthalben so verstärkte, daß sie die brennbare Materie ganz zu zersetzen im Stande war. Denn der Mangel an Hitze verursacht mehr Rauch; daher auch ausgeblasene Lampen so stark dampfen. Die von Alström er gebrauchten Dachte sind von Baumwolle, und geben ausser der schönen gleichförmigen Helle auch eine ungemeine Ersparung von Brennstof.

Noch glücklicher aber war der Gedanke des Herrn Argand aus Genf, zu den Lampen hole cylindrische Dachte zu gebrauchen, in deren innerer Hölung beym Brennen ein beständiger Luftzug unterhalten wird. Diese Lampen wurden um das Jahr 1783 bekannt, und ihr Erfinder erhielt über die Verfertigung derselben in England ein ausschließendes Privilegium auf 14 Jahre. Ihre wichtigsten Vorzüge sind: eine große Helligkeit, Abwesenheit von allem Dampf, Ersparung von Oel und Leitung der schädlichen Luft nach der Decke des Zimmers. Man übersieht es bald, daß die Ursache aller dieser Vortheile in der durch den Zutritt der Luft unterhaltenen großen Hitze und gänzlichen Zersetzung der brennenden Materie liegt. Herr de Lüc hat seine Theorie der Verbrennung (s. Flamme) durch diese Lampe so sinnreich erläutert, daß ich nicht umhin kann, noch etwas hievon mitzutheilen.

Nach Herrn de Lüc wird beym Verbrennen die dephlogistisirte Luft, welche hiebey immer geschäftig ist, entweder nur verändert oder völlig zersetzt. Im ersten Falle scheint sie die zu Erzeugung der brennbaren Luft nothwendige schwere Substanz aufzunehmen; dadurch entbindet sich das Feuer, ohne brennbare Luft zu bilden, und man findet anstatt der dephlogistisirten Luft, fixe. Im zweyten Falle aber, wenn die Hitze dazu stark genug ist, zersetzt sich die entwickelte brennbare Luft mit der dephlogistisirten völlig, und die Erzeugung des Feuers ist dann sehr groß. Wenn im brennenden Körper selbst eine große Hitze unterhalten wird, so ist dieselbe ein kräftiges Mittel zu Erzeugung neuer Wärme, weil dabey eine Zerstörung der dephlogistisirten Luft, statt ihrer bloßen Verwandlung in fixe, vorgeht.

Die lebhafte Flamme ohne Rauch in der d'Arganbischen Lampe scheint ein Zeichen von der gänzlichen Verwandlung des Oels in brennbare Luft und von der Zerstörung dieser Luft mit der dephlogistisirten im Luftkreise, zu geben. Stellt man das Auge gleich hoch mit dem kreisförmigen Dachte, so sieht man zwischen ihm und der Flamme einen völlig durchsichtigen Raum, durch den sich die Gegenstände weit besser, als durch eine Glasröhre, zeigen. Dieser Raum nemlich wird von der reinen brennbaren Luft eingenommen, die sich aus dem Dachte schnell erhebt, aber sobald sie die dephlogistisirte Luft in und ausserhalb des Dachts antrift, sich mit derselben zersetzt. Dies erzeugt die schöne Flamme, deren kreisförmiger Strom mit brennbarer Luft umkränzt ist. Beyde Luftarten verwandeln sich durch die Zersetzung in Wasser, welches man durch Auffeßung eines Helms mit einem Schnabel auffammlen kan, und deſſen Menge weit mehr beträgt, als daß man es für das vorher im Oele enthaltene Waſſer halten könnte.

Das Matte der gemeinen Lichter kömmt daher, weil bey ihnen die dephlogiſtiſirte Luft nur in fire verwandlet wird; denn hiedurch entſteht weniger Feuer, und die Erneuerung der Luft geſchieht, weil die fire Luft zu ſchwer iſt, nicht ſchnell genug. Wenn aber reine brennbare Luft hervorgebracht wird, wenn durch ihre Zerſetzung mit der dephlogiſtiſirten ein heißer Waſſerdunſt an ihre Stelle tritt, ſo bringt die Entbindung deſſelben ein beſtändiges ſchnelles Aufſteigen der Luft, mit der er ſich vermiſcht, hervor, und die Luft erneuert ſich um die Flamme herum, nach Verhältniß dieſer Geſchwindigkeit. Der gläſerne Rauchfang, den Hr d'Argand über ſeinen Lampen anbringt, veranlaßt nicht nur einen Luftſtrom um die Flamme herum, ſondern beſchleunigt auch denjenigen, der im Innern des holen Dachts bewirkt wird.

Bey den gewöhnlichen Lampen und Lichtern macht auch die fire Luft, die ſich abwärts ſenkt, in ſtark erleuchteten Zimmern die Luft ungeſund. Bey den d'Argandiſchen Lampen hingegen wird die ſchädliche Luft immer nach der Decke des Zimmers ſteigen und durch die obern Oefnungen entweichen, indeß friſche Luft durch die untern Oefnungen eindringen kan. Durch gehörig vertheilte Oefnungen würde man ſogar dieſe Wirkung noch mehr befördern können, und alſo durch die Urſache ſelbſt, welche ſonſt die Luft verdirbt, gute Ventilatoren erhalten, daß alſo Hr. d'Argand dieſer Theorie zufolge durch ſeine Lampen der Geſellſchaft einen großen Dienſt erwieſen hat.

de Lüc Neue Ideen über die Meteorologie, Th. I. S. 131 u. f.

Landkarten, Mappae geographicae, *Mappes geographiques.* Verzeichnungen der Erdfläche, oder einzelner Theile derſelben auf ebnen Flächen. Die die ganze Erdfläche darſtellen, heiſſen **Planiſphäre, Planiglobien, Univerſalkarten,** (Planiſphaeria, Planiglobia, *Planiglobes, Mappemondes*) die von einzelnen Theilen **Gene-**

ralkarten, Specialkarten, topographische Karten
u. f. w.

Ift das vorzuftellende Land ein fehr kleiner Theil der
Kugelfläche, fo wird es als eine Ebne ABCD (Taf. XIII,
Fig. 99.) angefehen, welche zween Meridianbogen AC,
BD und zween Parallelkreisbogen AB, CD begrenzen.
Diefe kleinen Bogen werden als gerade Linien vorgeftellt,
und fchließen alfo die ganze Karte, als Seiten eines Vier-
ecks, ein. Man theilt die Seiten AC und BD in Theile,
welche für Minuten eines größten Kreifes angenommen werden (in der Figur faßt jede Seite einen Grad von 51°—52°
Breite), und giebt den Theilen von AB und CD die Gröf-
fen, welche den Minuten der Parallelkreife unter den Breiten A und B zukommen, und durch die Formel

Grad b. Parallels = Grad des Merid. × cof. Breite
ausgedrückt werden, f. Parallelkreife. So würde hier
jeder Theil von AB = 0,6293204; von CD = 0,6156615
eines Theils von AC feyn. Diefe Theile werden, vom
Mittel F und E aus zu beyden Seiten fortgetragen, die
Minuten der Parallelkreife auf AB und CD angeben. In
der Figur fällt das Mittel F auf die Länge 30°, und es find
wegen des allzugeringen Unterfchieds die Theile auf CD eben
fo groß, als auf AB angenommen. Sind nun für zween
Orte die geographifchen Längen und Breiten bekannt, wie
z. B.

	Länge			Breite		
für Leipzig	30°	0′	0″	51°	19′	41″
für Wittenberg	30	13	30	51	43	10,

fo läßt fich für jeden die Länge auf AB und CD, die Breite auf AC und BD auffuchen, und durch gerade Linien verbinden, deren Durchfchnittspunkte L und W die Stellen
der Orte felbft geben. Der Abftand der Orte LW kan
alsdann nach Theilen der Seite AC gemeffen werden, wo
$\frac{1}{15}$ Grad oder vier Minuten eine geographifche Meile geben. Ift der Abftand eines dritten Orts von beyden vorigen
bekannt (z. B. ift Halle von Leipzig 4½, von Wittenberg
7½ geogr. Meilen entfernt) fo läßt fich aus den drey bekannten
Seiten das Dreyeck LWH verzeichnen, und H die Stelle

des dritten Orts finden. Die Weltgegenden liegen hiebey
so, daß oben Mitternacht, unten Mittag, zur linken Abend,
zur Rechten Morgen fällt. Man kan also die Stelle von
H auch bestimmen, wenn man weiß, nach welcher Weltgegend, und wie weit es von L liege, oder nach welchen
Weltgegenden es von L und von W liege, u. s. w.

Diese Art der Verzeichnung ist bey größern Stücken
der Erdfläche, wo die Kugelgestalt merklicher wird, nicht
mehr anwendbar. Hiebey muß man die krumme Fläche
nach den Gesetzen der Perspectiv auf die Ebne entwerfen.
Da hiebey vielerley Stellungen des Auges und Lagen der
Projectionstafel möglich sind, so geben die geographischen
Schriftsteller, z. B. Varenius in der Geogr. Generali,
eine große Anzahl verschiedener Projectionen an. Die beste unter allen wird diejenige seyn, welche die Gestalt der
Länder, die Entfernungen der Orte, und die Verhältnisse
der Flächenräume am wenigsten ändert, auch das, was auf
der Kugel in einem grösten Kreise liegt, auf der Karte, soviel möglich, in gerade Linien oder doch in Kreisbogen
bringt. Diese Bedingungen werden am besten durch die
stereographische Horizontalprojection erfüllt, welche zwar schon beym Ptolemäus unter dem Namen Astro-
labium, ingleichen beym Varenius (no. 8.) vorkömmt,
vornemlich aber von dem großen Verbesserer der Landkarten, Joh. Matthias Hase, Prof. zu Wittenberg (Sciagraphia tractatus de projectionibus, Lipf. 1717. 4.) empfohlen, und bey einigen größern Karten der homannischen
Officin, auch von der kosmographischen Gesellschaft bey
den Karten des sogenannten Gesellschaftsatlas gebraucht
worden ist.

Man stellt sich dabey das Mittel des Landes, das man
verzeichnen will, als den untersten Punkt der Erdkugel C,
Taf. XIII. Fig. 100. vor, zieht dadurch einen Durchmesser
CO, und setzt auf selbigen durch der Erde Mittelpunkt e
einen grösten Kreis AB senkrecht. Dieser ist die Tafel;
das Auge steht in O, sieht in die Hölung der Kugel,
und der Punkt G kömmt also auf der Karte in g zu stehen, wo die Gesichtslinie GO sich mit der Ebne der Ta-

fel schneidet. **Stereographisch** heissen alle Projectionen einer Kugel, wobey das Auge in der Oberfläche derselben steht, und weil hier der Kreis AB der wahre Horizont von C ist, s. Horizont, so ist daher der angeführte Name entstanden. Der Punkt C selbst wird in c vorgestellt, und wenn CG, des Orts G Abstand vom Mittel, in Graden des grösten Kreises bekannt ist, so wird die gerade Linie

$$c g = O c \times \text{tang } O = O c \times \text{tang. } \tfrac{1}{2} \text{ CG.}$$

Aus diesem Satze fließen die Regeln der Verzeichnung, welche **Kästner** (Theoria projectionis stereogr. horiz. in Diss. mathem. et phys. Altenb. 1771. 4. no. XII. p. 80. Additament. in Comm. Nov. Soc. Gott. ad ann. 1769 et 1770. p. 138.), **Lambert** (Beytr. zum Gebrauche der Math. III. Theil, S. 105), und **Karsten** (Lehrbegrif der gesammt. Math. VII Theil, Greifsw. 1775. S. 707 u. f.) umständlicher erklären. Den Namen der **stereographischen Projection** hat **Aguilonius** (Opticorum libri sex. Antverp. 1612.) zuerst eingeführt.

Abrisse von Ländern werden schon in der alten Geschichte des jüdischen Volks (Josua, Cap. 18. v. 4. 5.) erwähnt. Nach der Erzählung des **Diogenes Laertius** (L. II. c. 2.) und **Plinius** (H. N. VII. 56.) soll unter den Griechen zuerst **Anaximander** Zeichnungen der damals bekannten Länder gemacht haben. Mehrere, die sich damit beschäftigten, führen **Fabricius** (Biblioth. graeca C. IV. c. 2. und c. 14.) und **Cellarius** (Notit. orbis antiqui, p. 4 et 5.) an. Bey den Römern wurden den triumphirenden Feldherren Zeichnungen der eroberten Provinzen vorgetragen, und sowohl in Rom (*Varro* de re rust. c. 12.) als auch in den Provinzen (*Eumenii* orat. ad praef. Gall. in Panegyr. veter. c. 20.) befanden sich Vorstellungen von der Oberfläche der Erde. Eine Probe davon ist die **peutingerische Tafel**, welche zu Ende des vierten Jahrhunderts n. C. G. verfertigt, im 15ten Jahrhunderte von **Conrad Celtes** in einem Kloster gefunden, von dem Augspurgischen Patricier **Conrad Peutinger** erkauft, und von **Marcus Welser** (Venet. 1591. 4.) herausgegeben ward. Sie kam in der Folge in die Büchersammlung des Prinzen Eugen, und mit dieser in die kaiserliche Bibliothek, aus welcher sie Herr von Scheyb (Tabula Peutingeriana itineraria etc. Vindob. 1753. fol.) herausgegeben hat. Sie ist jedoch mehr ein Verzeichniß von Namen und Distanzen der Orte (Itinerarium), als eine eigentliche Landkarte.

Zu des Ptolemäus Geographie verfertigte der Alexandriner Agathodämon 26 Karten, welche Europa in 10, Afrika in 4, Asien in 12 Blättern vorstellten. Dies macht eine Strecke aus, die von Osten nach Westen etwa doppelt so groß ist, als von Norden nach Süden, daher auch die Namen Länge und Breite kommen. Sie begreift in der Breite 84, in der Länge 124 Grad, die aber hier unrichtig bis auf 180° ausgedehnt werden. Gegen Norden geht der äusserste Parallel durch den 64sten Grad; die Zeichnung endigt sich mit einer kleinen Insel über Britannien, Thule, und der Beyschrift: Mare hyperboreum. Rußland und ein Theil von Polen fehlen gänzlich. Die westliche Küste von Afrika geht bis $6\frac{1}{2}$ Grad nördlicher, aber die östliche bis $12\frac{1}{2}°$ südlicher Breite an das Vorgebirge Prasium. Asien endigt sich gegen Osten mit der Küste Camboja, welche unterhalb der Linie fortgeht, sich nach Westen wendet, und bey dem Vorgebirge Prasium mit Afrika zusammen hängt. Der am weitsten nach Süden und Osten bemerkte Ort ist Cattigara, welches mit dem heutigen Ponteamas in Indien übereinzukommen scheint.

Aus diesen alten Karten sind durch allmählige Verbesserungen die heutigen entstanden. Sebastian Münster (Cosmographia, Basil. 1550.), Ortelius (Theatrum orbis terrarum, Antverp. 1570. fol. maj.) und Gerhard Mercator zu Löwen legten hiezu den ersten Grund. Des letztern Karten gab Jodocus Hond (Atlas Gerh. Mercatoris Amst. 1604.) in 114 Tabellen heraus. Wilhelm Jansson Blaeu und dessen Sohn Johann lieferten in ihrem aus 6 Theilen bestehenden Atlas schon 616 Karten. Die Verbesserung der Karten ist in der ehemaligen hondischen Officin, welche nach und nach an die Jansson Waesberge an Moses Pitt und Swart, und an Peter Schenk und

Gerard Valk kam, ununterbrochen fortgeſetzt worden, ſo
wie auch unter den holländiſchen Künſtlern die Viſſcher,
Dankerts und de Witt angeführt zu werden verdienen.
Unter Ludwig dem XIV. verfertigte Sanſon Landkarten,
welche bey allen ihren Fehlern dennoch ihr Anſehen ſehr
lange behauptet haben.   Durch die Bemühungen der Pariſer Akademie und Londner Societät wurden de l'Jsle in
Frankreich und Moll in England in Stand geſetzt, die
Landkarten nach aſtronomiſchen Beobachtungen und neuern
Entdeckungen zu verbeſſern.   Die meiſte Mühe aber hat
Johann Baptiſta Homann zu Nürnberg hierauf verwendet.   Von ihm hatte Cellarius die Karten zur Noti-
tia orbis antiqui ſtechen laſſen, und Hübner nahm die zu
ſeinem Schulatlas, welche zuerſt methodiſch illuminirt
wurden, aus ſeiner Officin.   Durch den guten Abgang
derſelben ermuntert, bediente er ſich nun der Beyhülfe des
Profeſſors Doppelmayr, um ſeinen Karten auch durch
aſtronomiſche Berichtigungen neue Vollkommenheit zu geben.   Sein Sohn und deſſen Erben haben dieſe Bemühungen unermüdet fortgeſetzt, und ſich dabey der Beyhülfe
der geſchickteſten Männer, z. B. Haſens, Mayers u. a.
bedient.   Die Mitglieder der kosmographiſchen Geſellſchaft veranſtalteten durch dieſe Officin einige vortrefliche
Verbeſſerungen.   Die homanniſchen Karten ſind in dem
großen Atlas geſammlet, deſſen erſter Band 150 Karten,
der zweyte 125 Karten von Deutſchland allein, und der Sup-
plementband noch 77 Blätter enthält, wozu noch der aſtronomiſche Atlas von Doppelmayr, der topographiſche
oder Städteatlas, der hiſtoriſche von Haſe, und ein Spe-
cialatlas von Schleſien gehören.   Der ſogenannte Geſell-
ſchaftsatlas in 40 Karten iſt von den Mitgliedern der kosmographiſchen Geſellſchaft ganz nach der ſtereographiſchen
Horizontalprojection entworfen, und der erſte Meridian
durch Ferro gelegt, da ihn ſonſt die homanniſchen Karten
20° weſtwärts von Paris ſetzen.   Neuerlich ſind theils von
der Berliner Petersburger und ſchwediſchen Akademie, theils
auch in andern Ländern ſo viele vortrefliche Landkarten zum
Vorſchein gekommen, daß es zu weitläuftig ſeyn würde,

die Namen der Künstler zu nennen, unter welchen jedoch in England Kitchin, in Frankreich d'Anville, Vaugondy, Buache und Bellin besonders angeführt zu werden verdienen.

Eine doppelmayrische Karte: Basis geographiae recentioris astronomica, enthält blos diejenigen Orte, deren Längen und Breiten damals (um 1740,) astronomisch bestimmt waren. Es sind deren nur 116, und die Welt erscheint darauf, wie eine Wüste. Tobias Mayer gab, um die Unvollkommenheit der Geographie deutlich zu machen, im Jahre 1750 eine Karte von Deutschland (Mappa critica Germaniae) heraus, welche zeigt, wie weit die de l'islischen, homannischen und astronomischen Angaben der Stellen und Grenzen Deutschlands von einander abweichen. Seitdem sind zwar weit mehrere astronomische Bestimmungen hinzugekommen; allein es fehlt noch immer sehr viel an derjenigen Vollständigkeit, welche für die genaue Berichtigung der Landkarten zu wünschen wäre.

Kästner, Anfangsgr. der mathem. Geographie im II.|Th. der mathem. Anfangsgr. Gött. 1781. S. 374. u. f.

Pfennigs Anleitung zur Kenntniß der mathemat. Erdbeschreibung, Berlin und Stett. 1779. 8. S. 151 u. f.

Laterne, magische, s. Zauberlaterne.
Lava, s. Vulkane.
Laugenartige Luft, s. Gas, laugenartiges.

Laugensalze, Alkalien, Alkalische Salze, Alcalia, Salia alcalina, *Alkalis*, *Sels Alkalis*.

Diesen Namen führt eine eigne Hauptgattung der Salze, deren allgemeine Kennzeichen diese sind, daß sie einen scharfen, brennenden, urinösen, aber nicht sauren Geschmack haben, aus den Säuren die darinn aufgelöseten Materien niederschlagen, den Veilchensyrup grün, die gelbe Tinctur der Curcumawurzel braun, das mit Fernambukdecoct roth gefärbte Papier violet, und die mit schwachem Essig geröthete Lakmustinktur wieder blau färben. Sie vereinigen sich mit den Säuren, und bilden mit denselben die sogenannten Neutralsalze; mit den Oelen und Fettigkeiten geben sie die

Seifen, mit dem Schwefel die Schwefelleber, und mit den Erden geschmolzen, geben die feuerbeständigen Glas.

Man theilt die Laugensalze in feuerbeständige, fixe (Alcalia fixa, *Alkalis fixes*) und ein flüchtiges (Alcali volatile, *Alkali volatil*) ein. Der feuerbeständigen sind zwey: 1) das vegetabilische oder Gewächslaugensalz (Alcali vegetabile, *Alkali fixe végétal*) und 2) das mineralische (Alcali minerale, *Alkali minéral*, *Alkali marin*). Das flüchtige findet sich besonders im Thierreiche.

Das Gewächslaugensalz wird aus der Asche einer großen Menge von Pflanzen durchs Auslaugen erhalten. Wenn es von allen fremdartigen Theilen wohl gereiniget ist, so zeigt es sich als eben dasselbe, aus was für Pflanzen es auch genommen seyn mag. Am reinsten erhält man es durch die Calcination des Weinsteins (der sich in den Fässern, worauf Wein gährt, mit der Zeit ansetzt) im offnen Feuer in der Gestalt eines weißen Salzes, das man durch Auslaugen, Filtriren und Abrauchen noch mehr reinigen kan. Dies ist das Weinsteinsalz (Sal tartari, *Sel de tartre*), dessen Name auch überhaupt jedem reinen vegetabilischen Alkali beygelegt wird.

Das Gewächslaugensalz läßt sich in diesem Zustande nicht in Krystallen darstellen. Der Luft ausgesetzt zieht es die Feuchtigkeit aus derselben an sich, und zerfließt in ihr zu einem Liquor, den man sehr uneigentlich Weinsteinoel (oleum tartari per deliquium) nennt, da das fettige Gefühl, das er erregt, blos von dem aufgelösten Fette an der Haut herrührt. Besser heißt er zerfloßnes Weinsteinsalz. Er enthält dreymal mehr Wasser, als Salz. Das trockne Gewächslaugensalz schmelzt bey starkem Feuer, und ist dabey ein mächtiges Auflösungsmittel aller Erden, mit denen es sich verglaset.

Mit den mineralischen Säuren verbindet es sich sehr genau, und giebt mit der Vitriolsäure den vitriolisirten Weinstein (Tartarus vitriolatus), mit der Salpetersäure den Salpeter, und mit der Salzsäure das Digestivsalz des Sylvius. In Verbindung mit der Essigsäure macht es die geblätterte Weinsteinerde (terra foliata tartari)

und mit der Weinsteinsäure den **tartarisirten Weinstein**
(tartarus tartarisatus) aus. So verbindet es sich auch mit
andern Säuren zu Neutralsalzen, welche vegetabilisches
Flußspathsalz, Phosphorsalz u. s. f. genannt werden.

Dieses Alkali löset auch die Metalle auf, vorzüglich
Gold, Platina, Zinn, Kupfer und Eisen, und besonders
leicht, wenn sie vorher in Säuren aufgelößt sind, und man
diese Auflösung langsam in eine alkalische Lauge tröpfelt.
So erhält man aus der Auflösung des Eisens eine rothgelb
gefärbte **Stahltinctur.** Auch die metallischen Kalke werden durchs Schmelzen von diesem Alkali aufgelöset, und
mit ihm verglaset.

Ehedem glaubten fast alle Chymisten, das Gewächslaugensalz sey nicht in den Pflanzen selbst vorhanden, sondern entstehe erst ganz oder doch zum Theil durch ihre Verbrennung. Man hat aber diese Meinung völlig verwer-
fen müssen, nachdem **Marggraf** (Chymische Schriften,
II Th. Berlin, 1767. S. 49.) und **Wiegleb** (Chymische
Versuche über die alkalischen Salze, Berlin und Stettin
1774. 8.) bewiesen haben, daß man dieses Laugensalz aus
dem Weinstein auch ohne Feuer ziehen, und aus den
Pflanzen Neutralsalze mit alkalischen Grundtheilen erhalten
könne.

Das gemeinste und zugleich unreinste Gewächslaugen-
salz wird aus der Heerdasche erhalten, welche man in dieser
Absicht zum Salpetersieden und Glasbereiten braucht. Durch
Verbrennung des Holzes und einiger Pflanzen in Gruben,
wobey die Asche immer wieder mit frischem Holze vermengt
und wieder ausgebrannt, dann aber ausgelaugt, und zur
Trockne eingesotten, nochmals gebrannt wird, erhält man
die **Pottasche,** ein starkes aber mit vielem Brennbaren,
Mittelsalzen, auch wohl Eisentheilen vermischtes Alkali.
Reiner giebt es die Verbrennung der getrockneten Weinhe-
fen, am allerreinsten die Verkalkung des Weinsteins, und
am schnellsten die Verpuffung des Salpeters mit Kohlen
oder Weinstein (*Alkali extemporané*).

Das fixe **Mineralalkali** ist dasjenige, welches dem
Kochsalze oder **Seesalze** zur Basis dient. Da dieses

Salz weder zum Thier- noch zum Pflanzenreiche gehört, so setzt man es unter die Mineralien, und giebt deswegen seinem alkalischen Grundtheile den angeführten Namen. Man erhält dieses Laugensalz zwar auch aus einigen Pflanzen, die am Ufer des Meeres wachsen; allein es kömmt alsdann blos von dem Kochsalze her, das dieselben bey sich führen. Sonst findet man dieses Laugensalz schon in freyerm Zustande, obgleich nicht ganz rein, in Ungarn, in Marschländern von thonigter Beschaffenheit, in Egypten auf dem Boden einiger von der Sonnenhitze ausgetrockneter Seen, in Syrien, Persien, Ostindien und China, auch bey uns an Wänden und Mauern und in einigen Mineralwässern; am häufigsten mit andern Stoffen vermischt im Kochsalze und andern Produkten des Mineralreichs. Man hält es für das Natrum der Alten.

Der Geschmack dieses Laugensalzes ist weniger brennend und scharf; es zieht die Feuchtigkeit weniger an sich, und läßt sich im gewöhnlichen Zustande durch Abrauchen und Abkühlen seiner Auflösung in Wasser krystallisiren. Diese Krystallen enthalten gegen $\frac{3}{5}$ ihres Gewichts an Krystallisationswasser. Sie verlieren aber dasselbe an der Luft, und verwittern oder zerfallen in ein weisses Pulver; die noch nicht getrockneten aber zerfließen allerdings in feuchter Luft, zergehen auch in der Hitze in ihrem eignen Krystallenwasser. Wenn aber dieses verflogen ist, schmelzt das trockne Salz erst nach dem Glühen.

Mit der Vitriolsäure giebt es das Glaubersalz oder glauberische Wundersalz (Sal mirabile Glauberi), dessen Krystallen ebenfalls an der Luft zerfallen, mit der Salpetersäure den würflichten Salpeter (Nitrum cubicum) ein Neutralsalz, das sich zu Krystallen von sechs rhomboidalischen Flächen bildet, mit der Salzsäure das gemeine Kochsalz, mit der Weinsteinsäure das Seignetesalz (Sal polychrestum) mit dem Sedativsalze den Borax, mit den übrigen Säuren Neutralsalze, welche die Namen der mineralischen führen, z. B. mineralisches Essigsalz, Phosphorsalz u. f. w.

Wenn es durch Kalk recht äßend gemacht ist, so giebt es mit den Oelen sehr gute Seifen, welche aber weich bleiben, und die Consistenz derer, welche durch das Gewächslaugensalz bereitet sind, nicht erhalten.

Pott (Lithogeognosie, Berlin, 1757. 4.) hat das Mineralalkali für kein wahres Laugensalz, sondern blos für eine absorbirende Erde halten wollen. Die Gründe aber, die er dafür anführt, beweisen nur, was niemand läugnet, daß es von dem Gewächslaugensalze völlig unterschieden sey; daß es aber von den übrigen absorbirenden Erden eben so sehr abweiche, gesteht Pott selbst. So läuft die Sache am Ende auf einen Wortstreit hinaus.

Das einzige übliche Mittel, dieses Alkali in Menge zu bereiten, ist die Verbrennung der Seepflanzen, welche zu dem Geschlechte des Kali oder Salzkrautes gehören. Ihre an diesem Alkali sehr reiche Asche ist im Handel unter dem Namen der **Soda** bekannt, und ihre Auflösung in Wasser giebt das Mineralkali rein durch die Krystallisirung. Sonst kan man es auch nach Marggraf aus dem würflichten Salpeter durch Verpuffung mit Kohlengestiebe erhalten.

Beyde feuerbeständige Laugensalze haben fast einerley chymische Verwandschaften und Heilkräfte. Sie dienen gegen alle Arten von Säuren eben so, wie die absorbirenden Erden. Sie dürfen aber nur in sehr kleinen Dosen oder sehr verdünnt gegeben werden, und werden so als auflösende und eröfnende Mittel, oder als mildernde Zusäße zu den harzigen Abführungsmitteln gebraucht. Aeusserlich sind sie auflösend, zertheilend und beizend.

Das **flüchtige Laugensalz**, **flüchtige Harnsalz** (Alcali volatile s. urinosum) ist eine Salzsubstanz, welche man durch die Zersetzung und Fäulniß der thierischen und einiger vegetabilischen Substanzen gewinnt. Sie hat alle allgemeinen Eigenschaften der Laugensalze, ihr Geruch aber ist ungemein durchdringend und stechend, ihr Geschmack sehr brennend und urinös, und ihre Flüchtigkeit sehr groß. Die Krystallen, in welche sie im gewöhnlichen Zustande anschießt, haben nur ein Achttheil ihres Gewichts Krystallisationswasser. Wasser, worinn flüchtiges Alkali aufgelöset ist, heißt flüchtig=alkalischer Spiritus, urinöser Geist (Spiritus urinosus).

Die Neutralsalze, welche das flüchtige Alkali mit den mineralischen Säuren giebt, heißen überhaupt Ammonia=kalsalze. Sie sind: mit der Vitriolsäure der vitriolisirte Salmiak, oder Glaubers geheimer Salmiak, mit der Salpetersäure der Salpetersalmiak, welcher für sich selbst bey einem gewissen Grade von Hitze verpuffet, mit der Salzsäure der gewöhnliche Salmiak. Alle diese Salze haben einen weit stärkern und stechendern Geschmack als die übrigen, und sublimiren sich bey einem starken Grade der Hitze. Mit der Essigsäure giebt das flüchtige Laugensalz Minderers Geist, und mit dem Schwefel eine Art von flüchtiger Schwefelleber.

Die meisten metallischen Materien, vorzüglich Zink und Kupfer, werden vom flüchtigen Alkali angegriffen. Mit dem Kupfer nimmt die Auflösung eine sehr schöne blaue Farbe an, s. Kupfer. Besser gehen die Auflösungen der Metalle von statten, wenn man die in Säuren gemachten Auflösungen in starken urinösen Spiritus tröpfelt, wobey anfänglich ein Niederschlag entsteht, der sich aber bald im Spiritus auflöset. Tröpfelt man umgekehrt das Alkali in eine Metallauflösung, so verbindet es sich mit der Säure, und schlägt das Metall nieder. Der sonderbarste Niederschlag dieser Art ist der des Goldes, s. Knallgold. Mit den Oelen giebt das flüchtige Alkali seifenartige Gemische, dergleichen das *Eau de Luce* ist.

Man erhält das flüchtige Alkali durch die Destillation aus thierischen und vegetabilischen Materien. Es ist aber in diesem Zustande sehr unrein, und mit vielen empyreu=matischen Oelen zu einer Art von Seife vermischt. Man verwandlet es daher durch Zusatz einer Säure in ein Ammoniakalsalz, wobey es sich genau von aller fremden Materie scheidet, und zieht es aus diesem Salze vermittelst der fixen Alkalien oder absorbirenden Erden durch eine neue ge=linde Destillation.

In der Arzneykunst wird es als ein kräftiges die Nerven reizendes Mittel bey Ohnmachten, Schlagflüßen u. dgl.

entweder in fester Gestalt als **Riechsalz**, oder in flüßiger, als *Eau de Luce* gebraucht. Innerlich dient es in schwachen Dosen als schweißtreibendes Mittel. Man hat es auch wider den Biß der Ottern und tollen Hunde empfohlen.

Die Laugensalze im gewöhnlichen Zustande erregen mit den Säuren ein starkes Aufbrausen, wobey eine Menge Gas entbunden wird. Wenn man aber ein fixes Laugensalz mit lebendigem Kalke und hinlänglichem Wasser kocht, oder das flüchtige Laugensalz mit lebendigem Kalke mit etwas in der Vorlage vorgeschlagnem Wasser destillirt, und ihm dadurch sein Gas entzieht, welches sich alsdann mit dem Kalke verbindet, so wird der Geschmack der entstehenden Salzlauge vorzüglich brennend und fast feurig, die Lauge brauset nun nicht mehr mit den Säuren, erhitzt sich aber desto stärker mit ihnen. In diesem Zustande heißen die Laugensalze ätzende, kaustische, reine (Alcalia caustica, pura *Bergm.*); da man sie im gewöhnlichen Zustande milde, luftsäurehaltige (aërata) nennet. Diese Eintheilung in milde und kaustische Alkalien ist von D. **Black**, s. **Kalk**, **Kausticität.**

Allem Ansehen nach besitzen die Laugensalze ihre Aetzbarkeit von Natur, und es ist dieselbe zugleich mit einer starken Auflöslichkeit und Schmelzbarkeit verbunden. Nur werden alle diese Eigenschaften durch die Vereinigung, welche diese Salze im gewöhnlichen Zustande mit der **Luftsäure** eingehen, ungemein vermindert. Diese Säure macht sie milder, der Krystallisirung fähiger und strengflüßiger. Sobald sie ihnen aber durch die Bearbeitung mit Kalk entzogen wird, kehrt ihre Aetzkraft, Zerfließbarkeit und Schmelzbarkeit in ihrer ganzen Stärke zurück.

Die fixen Laugensalze lassen sich zwar auch ätzend durch das Abrauchen in trockner Gestalt darstellen, aber nicht in Krystallen, obgleich das mineralische im milden Zustande krystallisirungsfähig ist; auch zerfließen sie leicht wieder an der Luft; das flüchtige ätzende aber ist nicht einmal einer trocknen Darstellung mehr fähig, und heißt in diesem Zustande flüßiges Laugensalz (Alcali fluor). Die Lauge des fixen ätzenden Alkali soweit eingekocht, daß ein Ey darauf schwmimt, heißt Seifenſiederlauge, Meiſterlauge (Lixivium saponariorum ſ. magiſtrale). Sie iſt ſo freſ= ſend, daß ſie die Theile des thieriſchen Körpers augenblick= lich angreift, und giebt bis zur Trockne abgeraucht, ge= ſchmolzen und in Formen gegoſſen, den Aetzſtein der Wundärzte (lapis cauſticus). Uebrigens kan man die firen Laugenſalze auch durch anhaltendes Calciniren ätzend ma= chen, wobey ſie aber die Gefäße leicht angreifen.

An der freyen Luft ziehen die ätzenden Laugenſalze nach und nach die Luftſäure wieder an ſich, und verlieren ihre Aetzbarkeit. Wenn man eine mit Luftſäure gefüllte Flaſche mit ofner Mündung in eine ätzende Lauge ſtellt, ſo ſteigt die Flüßigkeit allmählig in die Höhe, wird mild, mit Säuren brauſend und kryſtalliſirungsfähig. Durch Sättigung mit Luftſäure laſſen ſich ſogar Kryſtallen des Gewächslaugenſalzes darſtellen. Zwey Loth Weinſteinſalz in ſo wenig, als möglich, Waſſer aufgelöſet und in einer mit Luftſäure gefüllten Flaſche von 100 Cubikzoll geſchüttelt, ſchießen zu vierſeitigen prismatiſchen Kryſtallen an, deren Endſpitzen von zwey dachförmig zuſammengehenden Drey= ecken gebildet ſind.

Macquer chym. Wörterbuch Art: Alkalien.

Gren ſyſt. Handbuch der geſammten Chemie. Th. I. §. 109— 219. §. 259—266.

Leere, leerer Raum, Vacuum, Spatium vacuum, Vuide.

Man drückt durch das Wort Raum den Begrif der körperlichen Ausdehnung aus, der noch immer zurück= bleibt, wenn man den Körper ſelbſt in Gedanken aus ſeiner Stelle hinwegnimmt. Unſere Sinne zeigen uns ſo etwas nie anders, als an Körpern; wir ſehen und fühlen nie Ausdehnung für ſich allein ohne andere dem Körper zukom= mende Eigenſchaften. Es iſt aber die Frage, ob es nicht in der Natur Räume ohne Körper geben könne, und wirk= lich gebe. Solche Räume würde man alsdann leere Räu= me, Leeren nennen müſſen. Soviel man aus metaphy= ſiſchen Gründen dem Daſeyn ſolcher Leeren entgegenſetzen kan, so läst sich dasselbe doch durch sehr starke physische Gründe vertheidigen.

Man muß aber hiebey nothwendig die **absolute Leere** (vacuum absolutum) von der **zerstreuten** (vacuum disseminatum) unterscheiden. Unter jener haben einige Naturforscher eine ganz für sich bestehende von aller Materie leere, einzige, unbegrenzte, unveränderliche Ausdehnung verstanden, deren Daseyn vor der Körperwelt vorhergegangen sey, und in welche der Schöpfer die Körper gesetzt habe. So wird der Begrif der Leere von **Musschenbroek** (Introd. ad philos. nat. To. I. cap. 3. De spatio vacuo) bestimmt, und so nahm ihn unter den Alten die Epikureische Schule an, welche jedoch die Vereinigung der Atomen in diesem Raume keinem Schöpfer, sondern einer zufälligen Ablenkung vom geraden Wege (clinamen atomorum) zuschrieb. Gegen diesen Begrif von absoluter Leere möchte wohl das metaphysische Argument unüberwindlich seyn, daß Raum und Ausdehnung überhaupt nur Denkform coexistirender Dinge sind, und nicht gedacht werden können ohne Vorstellung von Körpern, welche Ausdehnung haben, und Raum einehmen oder zwischen sich lassen.

Bey Betrachtung der wirklichen Welt, welche aus großen in unermeßlichen Abständen entfernten Weltkörpern besteht, kömmt man auf die Frage, ob sich zwischen diesen Körpern ausser den Grenzen ihrer Dunstkreise noch etwas körperliches aufhalte, oder nicht. Wäre der Raum zwischen ihnen leer von Materie, so könnte man ihn als einen Theil jenes allgemeinen Weltraumes ansehen, der bey der Schöpfung unausgefüllt geblieben wäre. So käme ihm der Name absolute Leere ebenfalls zu. Aber schon der Gedanke, daß wir die Weltkörper sehen, läst es nicht zu, in diesem Sinne eine absolute Leere der Himmelsräume anzunehmen. Das Licht, welches von den Firsternen zu uns gelangt, muß doch entweder diese Räume selbst anfüllen, oder in ihnen eine zur Fortpflanzung geschickte Materie antreffen.

Unter zerstreuter Leere hingegen versteht man Zwischenräume zwischen den einzelnen Theilen der Körper, wel-

che nichts materielles mehr in sich fassen. Ob es gleich
ganz gewiß ist, daß sich in den gröbern Zwischenräumen der
Körper vielerley fremdartige Materien aufhalten, so läst
sich doch noch fragen, ob nicht die allerfeinsten Zwischen=
räume von aller Materie frey seyn müssen? Man sieht sich
sogar gezwungen, dies anzunehmen. Denn da die Erfah=
rung lehrt, daß es Körper von verschiedner Dichtigkeit
giebt, oder daß in einem Körper die Theile näher bey ein=
ander sind, als im andern, so folgt daraus von selbst der
Begrif von Abstand der Theile ohne vollkommene Berüh=
rung, d. i. von zerstreutem leeren Raume, ohne welchen
auch überdies gar keine Bewegung würde statt finden kön=
nen. Es scheint also keine absolute, wohl aber eine zer=
streute Leere vorhanden zu seyn.

Die Epikuräer vertheidigten den Begrif der Leere in
seinem ausgedehntesten Umfange: Lucrez bringt verschiede=
ne Beweise vor, wovon sich die meisten auf die zerstreute
Leere beziehen (De rer. nat. L. I. v. 335. 370. 385.): die
Peripatetiker hingegen schrieben der Natur eine Abnei=
gung gegen die Leere (horror s. fuga vacui) zu, aus
der sie, als aus einer verborgnen Qualität, verschiedene
physikalische Erklärungen herleiteten.

Descartes (Princip. philos. P. II. §. 10 sqq.) läug=
net schlechterdings alle Leere in der Körperwelt, die er auf
allen Seiten unbegrenzt, und so vollkommen mit Materie
ausgefüllt annimmt, daß nirgends ein Raum weder im
Ganzen noch zwischen den Theilen der Körper, leer bleibe.

Dies ist sein absolut voller Raum (*Plein absolu*),
der einen Hauptgrundsaß seines Systems ausmacht. Er
sieht dieses als eine Folge des Begrifs vom Körper an, den
er für völlig einerley mit dem Begriffe von Ausdehnung
hält „Wenn man fragt, sagt er, was geschehen würde,
„wenn Gott alle Materie, die in einem Gefäße enthalten ist,
„wegnähme, und keine andere an ihre Stelle kommen ließe,
„so ist die Antwort: die Wände des Gefäßes würden da=
„durch in Berührung kommen. Denn wenn zwischen zween
„Körpern Nichts liegt, so müssen sie sich berühren. Es
„ist offenbarer Widerspruch, zu sagen, es sey ein Abstand

„ zwiſchen ihnen, und dieſer Abſtand ſey doch Nichts; denn „ aller Abſtand iſt eine Art der Ausdehnung, und kan „ alſo nicht vorhanden ſeyn ohne ausgedehnte Subſtanz. " (P. II. §. 18.) Dies nöthigt ihn nun, die verſchiedene Dichte blos für ein Phänomen auszugeben, das aus der verſchiedenen Menge der in den Zwiſchenräumen enthaltenen ſubtilen Materie entſpringe, alle Bewegung aber für kreisförmig, d. i. ſo zu erklären, daß ein Körper den zweyten, dieſer den dritten u. ſ. w. im Kreiſe fort gerechnet aus der Stelle treibe, der letzte aber an die Stelle des erſten wieder eintrete. In der That verſtatten auch ſeine loca omnia corporibus plena keine andere Möglichkeit, Bewegungen zu gedenken, wozu noch überdies die Materie ohne Ende theilbar ſeyn und unendlich verſchiedene Geſtalten haben muß, die ohne alle Lücken in einander paſſen. Darauf beruhen ſeine Wirbel, und ſeine ganze der Erfahrung oft ſo ſehr widerſprechende Mechanik.

Newton hingegen, welcher die Lehre vom Widerſtande der Mittel (Princip. L. II.) ſo vortreflich abgehandelt hat, zieht aus derſelben Folgerungen, welche dem carteſianiſchen vollen Raume geradezu widerſprechen. Alle Bewegungen müſten in dieſer compacten Maſſe von materiellen Theilen einen unendlichen Widerſtand finden. Descartes zwar giebt vor, der Widerſtand werde durch die Zertrennung in ſeine Theile vermindert, und die ſubtile Materie ſey ſo fein zertheilt, daß ſie gar nicht mehr widerſtehe. Newton hingegen zeigt (prop. 38 et 40.), daß ſelbſt die feinſte Zertheilung der Materie den Widerſtand nicht merklich ändere, welcher ſich immer ſehr nahe, wie die Dichtigkeit des widerſtehenden Mittels verhält; daher diejenigen Mittel, in welchen Körper ohne merkliche Retardation weit fortgehen, allezeit ungemein viel dünner ſeyn müſſen, als die Körper, welche in ihnen bewegt werden. Dieſen Grundſätzen gemäß würde eine Kugel, die ſich in einem carteſianiſchen vollkommen dichten Mittel bewegte, bey aller Feinheit und Flüßigkeit deſſelben dennoch mehr als die Helfte ihrer Bewegung verlieren, ehe ſie noch die dreyfache Länge ihres Durchmeſſers durchlaufen hätte. So würde es nicht möglich seyn, daß ein Mensch sich von der Stelle bewegte, geschweige denn, daß die Himmelskörper, deren Lauf keine merkliche Retardation zeigt, in einem vollkommen dichten Mittel fortgehen könnten.

Diese Gründe, mit welchen Newton den vollen Raum des Descartes bestreitet, sollten seiner Meinung nach blos das Daseyn einer zerstreuten Leere beweisen, keineswegs aber eine absolute Leere im Weltraume darthun, welche mit seinem System über das Licht ganz unverträglich ist. Vielleicht sind die Uebertreibungen seiner Schüler Schuld daran, daß man ihn mißverstanden, und so grober Ungereimtheiten beschuldigt hat, als kaum der gedankenloseste Mensch zu sagen fähig seyn würde. Man s. hierüber das Wort Aether (Th. I. S. 85.).

Gegen Descartes Behauptungen läßt sich auch noch folgendes anführen. Wenn das erste Element oder die subtile Materie sich von den übrigen Körpern blos durch die Feinheit und Gestalt der Theile unterscheiden soll, so muß es eben soviel eigenthümliches Gewicht, als andere Körper, besitzen; denn die Gestalt ändert nichts im Gewichte. Ein Lichtstral müste den ganzen Weltbau zerstören, wenn er sich den ungeheuren Weg durch eine Linie bahnen sollte, die ihm in jedem Punkte einen Widerstand entgegensetzte. In dem Augenblicke, da man zween Körper trennt, die sich vorher berührten, dringt andere Materie zwischen sie durch Bewegung ein; Bewegung aber erfordert Zeit; also giebt es doch Zeitmomente, in welchen der entstandne Raum noch nicht ganz ausgefüllt ist, d. h. es ist leerer Raum gedenkbar u. s. w.

Man nimmt endlich das Wort Leere oder leerer Raum, Vacuum, oft blos für luftleeren Raum (spatium ab aëre vacuum). Weil die Luft bey uns auf der Erde durch ihre Elasticität in alle Räume bringt, die von andern Materien leer sind und zu denen ihr der Zugang offen steht, so lassen sich solche leere Räume blos durch künstliche Veranstaltungen hervorbringen. Der durch die Luftpumpe erhaltene, die boylische oder guerickische Leere (Vacuum Boylianum, Guerickianum, *Vuide de Boyle*) ist nicht einmal vollkommen luftleer, weil er blos durch eine fortgesetzte Verdünnung der atmosphärischen Luft entsteht, welche sich nie bis zu einer gänzlichen Erschöpfung derselben fortsetzen läst, s. Luftpumpe. Der im Barometer über dem Quecksilber entstandne Raum, die torricellische Leere (Vacuum Torricellianum, *Vuide de Torricelli*) soll, wenn das Barometer gut ist, vollkommen luftleer seyn, s. Barometer. Feinere Materien, die das Glas durchdringen, können aus diesen Räumen nicht entfernt werden.

Ren. Des - Cartes Principia philosophiae, Amst. 1685. 4. P. II. p. 27. sqq.

Brisson Dict. rais. de physique, Art. *Vuide*.

Leicht, Leve, *Léger*. Ein Körper heißt leicht, wenn sein absolutes Gewicht gering ist s. Gewicht. Da es hiebey auf Größe ankömmt, so drückt das Wort einen blos relativen Begrif aus, und man kan keinen Körper an sich leicht nennen, sondern nur sagen, er sey leichter, d. i. er habe weniger Gewicht, als ein anderer. An sich oder absolut leicht würde man Körper nennen können, deren absolutes Gewicht = 0 oder gar negativ wäre, d. i. die sich nach einer der Schwere entgegengesetzten Richtung zu bewegen strebten. Wir kennen aber keine solchen Körper; vielmehr ist den Erfahrungen gemäß alle bekannte Materie schwer, und wenn einige Chymiker gewisse Materien, z. B. Wärmestof, Licht, Phlogiston rc. für absolut leicht annehmen, so erfordert diese große Ausnahme von der allgemeinen Regel mehr Beweiß, als bisher dafür angeführt worden ist. Denn daß sich einige Phänomene dadurch bequem erklären lassen, ist wohl noch nicht hinreichend, einen Hauptgrundsatz der Physik umzustoßen, so lange noch andere Erklärungen dieser Phänomene statt finden.

Das relative Gewicht der Körper im Wasser oder in der Luft kan allerdings = 0 oder negativ werden, aber in diesem Sinne wird das Wort nicht genommen, wenn man etwas an sich oder absolut leicht nennt. Das Gewicht des Körpers ist in solchen Fällen wohl vorhanden, es wird nur von dem umgebenden Mittel getragen.

Specifisch leichter oder leichtartiger (specifice levius), als ein anderer, heißt ein Körper, wenn er bey gleichem Volumen dennoch weniger, als jener andere wiegt. Man schließt daraus, daß er in gleichem Raume weniger Masse, als jener enthalte, d. h. daß er dünner, lockrer (rarius) sey. s. Dichte, Schwere, specifische.

Leichtigkeit, Levitas, *Légereté*. Geringere Größe des absoluten Gewichts, also ebenfalls nur Ausdruck eines relativen Begrifs. Absolute Leichtigkeit, d. i. gänzlicher Mangel oder gar negative Größe des Gewichts läßt sich bey keinem bekannten Körper durch Erfahrungen darthun. Relative Leichtigkeit ist geringere Größe des Gewichts, specifische Leichtigkeit ist geringere Größe desselben bey gleichem Volumen mit andern Körpern.

Leidner Flasche, s. Flasche, geladne.

Leidner Vacuum, **Kleistisches Vacuum**, Vacuum Leidense, *Vuide de Leide*. Eine belegte Flasche EF, Taf. XIII. Fig. 101, aus welcher man die Luft ausziehen kan, um Erscheinungen des elektrischen Lichts im luftleeren Raume darzustellen. Diese Erfindung des Herrn Henly war eigentlich dazu bestimmt, die franklinische Theorie der Elektricität zu erweisen.

Die bey E F vorgestellte Flasche darf blos von aussen etwa drey Zoll hoch mit Zinnfolie belegt werden; von innen vertritt der luftleere Raum die Stelle der Belegung und Verbindung mit dem Knopfe E. Der Hals der Flasche ist in eine messingene Kappe a b eingeküttet, die eine Oefnung mit einem Ventile hat, und von dieser Kappe geht ein Drath mit einer stumpfen Spitze einige Zoll tief in die Flasche hinein. Man zieht vermittelst einer kleinen Handluftpumpe durch das Ventil die Luft aus der Flasche, und schraubt alsdann die messingene Kugel E auf. Unten bey F ist eine Schraubenmutter angeküttet, um die Flasche auf ein isolirtes Stativ schrauben zu können. c und d sind zugespitzte Dräthe, die man gelegentlich in die Kugel E und in das Stück F einschrauben, oder auch wieder abnehmen kan.

Wenn man diese Flasche luftleer auf ein isolirendes Stativ schraubt, und die Spitze d gegen einen positiv elektrisirten Conductor bringt, so erscheinen im Dunkeln bey d und g leuchtende Sterne oder Punkte, bey c aber ein ausströmender Stralenkegel. Hält man c gegen den positiven Conductor, so ist bey c ein Punkt, bey g und d aber zeigen sich Stralenbüschel. Wird hingegen d gegen einen negativen Conductor gehalten, so sind die Büschel bey d und g, der Punkt bey c: und wenn man c gegen den negativen Conductor bringt, so ist ein Büschel bey c, und die Punkte zeigen sich bey d und g. Bey diesen Versuchen sind die Büschel bey g ungemein stark und deutlich, und füllen mit ihrem Lichte den ganzen Raum der Flasche.

Eben so erscheint bey g ein Büschel, wenn man nach abgenommenen Dräthen c und d, die Flasche beym Boden hält, und die Kugel E gegen den positiven Leiter bringt: ein Stern hingegen, wenn man sie bey E hält, und mit dem Boden an den Leiter bringt. Auch kehren sich diese Erscheinungen um, wenn der Leiter negativ elektrisirt ist.

Diese sehr wohl ausgedachten Versuche machen den Unterschied des elektrischen Lichts bey $+E$ und $-E$ sehr deutlich, und beweisen, daß Spitzen, wenn sie $+E$ annehmen, Sterne, und wenn sie $-E$ annehmen, Büschel zeigen. Dies ist aber noch kein directer Beweiß für Franklins Hypothese. Es müste noch erwiesen werden, daß der leuchtende Stern schlechterdings nichts anders, als ein Eindringen des $+E$ anzeige; denn er kan ja eben sowohl von dem Ausströmen eines $-E$ herrühren, welches vielleicht nur ein schwächeres Licht giebt, oder sich nicht so leicht und in so großer Menge mittheilt, als $+E$. Also lassen sich diese Versuche auch nach der Hypothese von zwoen Elektricitäten erklären, und können daher zwischen ihr und der franklinischen nicht entscheiden.

Cavallo vollst. Abhdl. von der Elektricität, Leipzig, 1785. gr. 8. S. 181.

Adams Versuch über die Elektricität, Leipzig, 1785. gr. 8.
S. 78 und 82.

Leidner Versuch, s. Flasche, geladne.

Leiter der Elektricität, Leiter, leitende Körper, anelektrische Körper, Conductores electricitatis, Corpora conducentia s. anelectrica, symperielectrica, *Conducteurs, Corps anelectriques, Corps symperielectriques.* Diejenigen Körper, welche die Elektricität ohne merklichen Widerstand durch ihre eigne Substanz verbreiten oder fortführen. Wenn solche Körper nicht isolirt sind, s. Isoliren, so führen sie die Elektricität durch den Fußboden in die Erde. Wenn daher bey ihrer Reibung auch einige Elektricität erregt wird, so ist dieselbe doch nicht merklich, weil sie sich augenblicklich durch die ganze Substanz vertheilt, oder gar in die Erde übergeht. Daraus darf man aber nicht schließen, daß in den Leitern keine ursprüngliche Elektricität erregt werden könne, wovon die Versuche, wenn man nur die Leiter isolirt, das Gegentheil lehren (s. *Hemmer* sur l' electricité des metaux im Journal de phys. Juill. 1780. p. 50. *Herbert* Theoria phaenom. electricorum. Vindob. 1778. p. 15.). Inzwischen hat dieser Umstand Anlaß gegeben, die Leiter auch unelektrische Körper (Anelectrica) zu nennen. Symperielektrische heißen sie, weil man sie mit fremder Elektricität versehen kan, im Gegensatze mit den idioelektrischen.

Ein vollkommner Leiter würde derjenige seyn, der der Elektricität beym Durchgange durch seine Substanz gar keinen Widerstand entgegensetzte. Dergleichen giebt es nun wohl schwerlich; auch die besten Leiter haben etwas von der Natur der Nichtleiter, so wie die besten elektrischen Körper in einigem Grade leitend sind.

Die Leiter nehmen die Elektricität leicht an, und behalten sie, wenn sie isolirt sind, in sich. Daher sind sie sehr brauchbar zur Mittheilung und Anhäufung der Elektricität. Man pflegt mit jeder Elektrisirmaschine einen isolirten Leiter zu verbinden, der der erste Leiter, Hauptleiter der Maschine (Conductor principalis, *Condu-*

tteur de la machine) genannt wird, in welchem sich die erregte Elektricität anhäufen kan, s. **Elektrisirmaschine** (Th. I. S. 793.).   Der Erfinder hievon ist **Gray**, der zuerst den menschlichen Körper, in der Folge aber metallne Stangen in seidnen Schnüren hängend, als Hauptleiter gebrauchte.

Die besten Leiter sind folgende:

Alle Metalle nach folgender Ordnung: Gold, Silber, Kupfer, Messing, Eisen, Zinn, Quecksilber, Bley, Halbmetalle.

Erze, worunter diejenigen die besten sind, in welchen das metallische den größten Theil ausmacht, und die der Natur der Metalle selbst am nächsten kommen.

Kohlen von thierischen und vegetabilischen Substanzen.

Die flüßigen Theile thierischer Körper.

Alle flüßige Körper, Luft und Oele ausgenommen.

Wasser ist ein guter Leiter; daher alle Körper leiten, wenn sie naß sind, auch der feuchte Erdboden ein guter Leiter ist.

Rauch und alle Ausflüsse brennender Körper.

Eis, aber nur in einer Kälte, welche noch nicht —13° nach Fahrenheit, oder —20° nach **Reaumür** erreicht (*Achard* Mém. de Berlin, 1776.).

Schnee.

Die meisten salzigen Substanzen, am besten die metallischen Salze.

Steinartige Substanzen, am besten die weichern.

Dünste des heißen Wassers.

Luftleerer Raum.

Alle Nicht = leiter werden durch Feuchtigkeit, sehr viele, z. B. Glas, Harz, Luft, auch durch Hitze leitend. Ueberhaupt laufen die Grenzen der Leiter und Nicht = leiter so in einander, daß es Körper giebt, die man zu beyden Classen rechnen kan, s. Halbleiter.

Oft verwandlet sich einerley Körper, wenn er auf verschiedene Art behandlet wird, bald in einen Leiter, bald in einen Nicht = leiter. Frisch vom Stamme gehauenes Holz ist ein guter Leiter, wegen seiner Feuchtigkeit; gedörrt wird es ein Nicht-Leiter; zu Kohlen gebrannt ein Leiter; in Asche verwandlet ein Nichtleiter.

Was die eigentliche Ursache des Unterschieds zwischen Leitern und Nicht-Leitern sey, weiß man zwar nicht gewiß; es ist aber sehr wahrscheinlich, daß alles auf einer Verwandschaft der Stoffe gegen das elektrische Fluidum, oder gegen die mehrern elektrischen Materien beruhe. Ehedem hielt man blos Metalle und Wasser für leitend, und erklärte bey andern Körpern ihre leitende Eigenschaft aus der Feuchtigkeit oder den metallischen Theilen, die sie bey sich führten. Priestley, der die Kohlen sehr leitend fand, vermuthete (Exp. and Obs. on diff. Kinds of air Vol. II. Sect. 14.), das Phlogiston sey die Ursache des Leitens, weil Metalle und Kohlen Nicht-Leiter werden, wenn man ihnen dasselbe entzieht. Nur im Wasser, das doch auch leitet, schien kein Phlogiston zu seyn. Sollte man aus den neuern Versuchen, die ich beym Worte: Wasser anführe, folgern dürfen, daß das Wasser Brennbares enthalte, so würde diese Schwierigkeit wegfallen. Herr de Luc (Ideen über die Meteorologie Th. I. §. 278.) unterscheidet das elektrische fortleitende Fluidum von der blos schweren elektrischen Materie. Das fortleitende Fluidum durchdringt alle Körper ohne Unterschied, aber die elektrische Materie verhält sich nicht auf gleiche Art bey allen Körpern. Sie strebt nach den leitenden auf eine große Entfernung, hängt sich aber nicht an sie an, sondern bewegt sich frey um sie herum, und wird durch ihr fortleitendes Fluidum fortgerissen. Sie strebt hingegen nach den nicht-leitenden nur auf eine sehr geringe Entfernung; kömmt sie aber hier zur Berührung, so hängt sie sich an, und kan durch ihr fortleitendes Fluidum nicht fortgerissen werden. Diese Voraussetzung ist etwas gekünstelt, aber ihr Urheber weiß sehr sinnreiche Erklärungen daraus herzuleiten.

Cavallo vollst. Abhdl. v. der Elektricität, Leipz. 1785. 8. S. 13 u. f. S. 94.

Leiter, erster, s. Elektrisirmaschine, Leiter.

Leiter, leuchtender, Conductor lucens, *Conducteur lumineux.* Ein von Herrn Henly erfundener luftleerer Hauptleiter, welcher an der Elektrisirmaschine eben das zeigt, was das leidner Vacuum nach Art einer geladnen Flasche darstellt, s. leidner Vacuum, nemlich Erscheinungen des elektrischen Lichts bey +E und —E.

E F, Taf. XIII. Fig. 102. ist eine Glasröhre 18 Zoll lang, und 3 bis 4 Zoll im Durchmesser. An beyden Enden sind messingne Kappen BE, FD angefüttet. Eine davon hat eine Spitze C, die andere einen Drath mit einer Kugel G. Aus jeder geht auch ein Drath mit einem Knopfe inwendig in die Hölung der Röhre. Die eine Kappe FD besteht aus zwey Stücken, aus der Büchse F, welche angefüttet ist, und einen Deckel mit einem Ventile hat, wodurch man die Luft aus der Glasröhre pumpen kan, und der Haube D, welche auf die Büchse aufgeschraubt wird. Das Ganze steht auf zwo gläsernen Säulen im Fußbrete H.

Hat man nun die Luft aus A gezogen, die Haube D aufgeschraubt, und das Instrument, als ersten Leiter, an eine Elektrisirmaschine, mit der Spitze C gegen die Glaskugel gestellt, so zeigt sich im Dunkeln an der Spitze ein Stern, die ganze Röhre ist schwach erleuchtet, von dem Drathe bey FD strömen Stralenbüschel, der andere Drath und Knopf bey BE ist mit einem sehr hellen Sterne erleuchtet.

Eben diese Erscheinungen zeigen sich in umgekehrter Ordnung, wenn man die Spitze C an das Küssen der Maschine stellt, und es erscheint alsdann bey C selbst ein Stralenkegel.

Von diesen sehr angenehmen Versuchen gilt eben das, was von denen mit dem leidner Vacuum bey diesem Worte gesagt worden ist. Sie beweisen, daß Körper, die +E annehmen Sterne, und die — E annehmen, Büschel zeigen. Daraus aber folgt die Wahrheit der franklinischen Theorie noch nicht, die sie nach der Absicht des Erfinders beweisen sollten. Cavallo rechnet sie auch blos zu den Versuchen über das Licht ohne Beziehung auf die Theorien.

Cavallo vollst. Abh. v. der Elektricität. S. 164 u. f.

Leuchtende Körper, Corpora lucentia, *Corps lumineux*. Körper, die für sich allein gesehen werden können, oder von sich selbst Licht aussenden. Ihnen werden die dunkeln Körper entgegengesetzt, welche blos das Licht, das sie von andern empfangen, ins Auge zurückwerfen, s. **Dunkle Körper.** Schwachleuchtende Körper können aber durch stark leuchtende soviel fremdes Licht empfangen, daß ihr eignes darüber unmerklich wird. So sieht man faules Holz am Taglichte nicht leuchten, sondern nur erleuchtet.

Leuchtende Körper sind die Sonne und die Firsterne, alle brennende oder bis zum Glühen erhitzte Körper, einige Insekten und Gewürme, so lange sie leben, faules Fleisch und besonders faule Fische, faules Holz u. dgl. der Harnphosphorus und andere durch die Kunst bereitete Phosphoren. Einige Körper fahren, wenn sie eine Zeitlang erleuchtet worden sind, auch noch im Dunkeln fort zu leuchten. Man nennt sie lichteinsaugende Körper (lucem bibentia) und zählt sie zu den Phosphoren. Von diesen Körpern, so wie von den künstlichen Phosphoren s. den Art. **Phosphorus.** Hier will ich noch etwas von einigen natürlichen Phosphoren beyfügen.

Unter den leuchtenden Insekten ist besonders der leuchtende Johanniswurm oder Johanniskäfer (Lampyris noctiluca, *Ver luisant*) bekannt, ein länglicher brauner Käfer mit grauem Schilde. Das Weibchen ist ungeflügelt, und leuchtet am ganzen Leibe; das Männchen aber nur aus zween Punkten der letzten Bauchringe. Der Schein ist bald stärker, bald schwächer, und scheint nach einigen von der Willkühr des Thiers abzuhängen. Reaumür (Mém. de l'acad. des Sc. 1723.) vermuthet, das Leuchten hänge mit dem Begattungstriebe des Insekts zusammen. Nach den Versuchen der Herren Forster und Sömmering (Götting. Magazin III. Jahrg. 2 St.) wird das Leuchten in dephlogistisirter Luft weit stärker und anhaltender. Bartholin (De luce animalium. Hafn. 1669. 8.) führt vier Gattungen von leuchtenden Insekten

an, zwo mit Flügeln, zwo ohne Flügel; allein in heißen
Ländern sollen nach den Berichten der Reisenden weit mehrere anzutreffen seyn. Es sind auch einige Arten vom
Springkäfer (Elater), der Cikade und der Assel (Oniscus)
leuchtend.

Die Pholaden, eine Art von Muscheln, welche sich
in die kalkartigen Felsen, Korallen, Schiffe u. s. w. ein-
bohren, leuchten des Nachts mit einem phosphorischen
Scheine. Dies bemerkt schon Plinius (H. N. IX. 6.),
der diese Gewürme Dactylos nennt, und dabey anführt,
daß sie im Munde dessen, der sie ißt, leuchten, und durch
ihre Feuchtigkeit Hände und Kleider glänzend machen.
Reaumür (Mém de l'Acad. des Sc. 1723.) und Beccari (Comm. Bonon. Vol. II. p. 232 sqq.) haben die besten
Beobachtungen über dieses Licht angestellt. Es hört auf,
wenn das Thier in Fäulniß geht, oder eintrocknet, kan
aber durch Schütteln im Wasser oder Benetzung wieder
hervorgebracht werden. Weingeist oder Essig nimmt es
augenblicklich hinweg. Diese Pholaden machen das ganze
Wasser oder die Milch, worinn man sie schüttelt, leuchtend. Eine einzige machte 7 Unzen Milch so glänzend, daß
man die Gesichtszüge der Umstehenden erkennen konnte.
Im luftleeren Raume schien das Leuchten aufzuhören; wenn
man das Thier in Honig aufbewahrte, daurete es über ein
Jahr. Ausserdem leuchten unter den Seegewürmen auch
die Nereiden, Medusen, und Seefedern (Pennatu-
lae), die in unzählbarer Menge im Meere herumschwim-
men.

Daß faules Fleisch leuchte, bemerkte zuerst Fabricius ab Aquapendente (De visione etc. Venet. 1600.
fol.) an Lammfleische. Bartholin (De luce animal.
p. 184.) beschreibt eine zu Montpellier 1641 gemachte Beobachtung, da ein Stück Fleisch in einzelnen Punkten leuchtete, als ob es mit Diamanten überstreut wäre. Boyle
sahe etwas ähnliches 1672 an einem noch eßbaren Stücke
Kalbfleisch (Philos. Trans. no. 89.). Ganz vorzüglich
aber bemerkt man dieses Leuchten an faulenden Fischen.
Hierüber hat Boyle (Phil. Trans. no. 31. p. 581. Ab

handl. zur Naturg. Phyſik und Oekon. aus den Phil.
Trans., Leipz. 1779. gr. 4. I Th. S. 228 u. f.) viele Verſuche angeſtellt, und gefunden, daß dieſes Licht durch Hin-
wegnehmung der Luft ſogleich aufgehoben oder doch beträchtlich vermindert wird. Boyle bediente ſich dazu der Weiß-
fiſche (whitings). D. Beal (Philoſ. Trans. no. 13.
p. 226. Abhdl. aus den Phil. Tr. Th. I. S. 242.) fand
eine Salzbrühe, worinn friſche Makrelen gekocht waren,
nachdem ſie einige Tage geſtanden hatte, ſo leuchtend, daß
Tropfen davon auf dem Boden und auf dem Handteller
leuchteten. Die Fiſche ſelbſt leuchteten noch ſtärker, aber
blos auf der obern Seite. Am folgenden Tage zeigte ſich
das Licht beym Umrühren noch ſtärker, und die Fiſche
leuchteten nun auf beyden Seiten. Nach zween Tagen
giengen ſie ganz in Fäulniß, und zeigten kein Licht weiter.
Martin (Schwed. Abhdl. XXIII. B. S. 225.) glaubt,
daß alle Seefiſche leuchten, beſonders die mit weißen Schuppen. Beſprengung mit Salz und gelinde Erwärmung vermehrten das Leuchten; ſtarke Hitze und Trocknung nahmen
es hinweg. Canton's Verſuche (Philoſ. Trans. Vol.
LIX. p. 446 ſq.) ſind die genauſten. Ein friſcher Weiß-
fiſch in Seewaſſer gelegt, leuchtete nach 24 Stunden. Das
Waſſer ſchien zwar dunkel, als er aber mit einem Stöck-
chen hindurchfuhr, leuchtete der Strich, und nach einigem
Umrühren das ganze Waſſer. Nach 48 Stunden war es
am hellſten, aber nach drey Tagen leuchtete es nicht mehr.
Noch ſtärker war das Leuchten des Seewaſſers, in welches
er einen Hering gelegt hatte; in der dritten Nacht konnte
man nach dem Umrühren die Zeit an der Uhr dabey erkennen. Es verſchwand erſt am ſiebenten Tage; ſüßes Waſſer mit einem eingelegten Heringe aber blieb die ganze Zeit
über dunkel. Salzwaſſer von gleicher Stärke mit dem
Seewaſſer verhielt ſich, wie Seewaſſer ſelbſt; in ſehr ge-
ſalzenem aber leuchtete der Fiſch gar nicht. Der Hering
hatte ſich im letztern völlig gut erhalten, im erſtern war er
weich und fauligt geworden. Man ſieht aus allem dieſen
deutlich, daß das Leuchten von der Neigung zur Fäulniß
oder von dem Anfange derſelben herkömmt, welcher nach

Pringle (Exp. on septic. and antiseptic substances) durch Seewasser oder schwachgesalzenes Wasser befördert wird, da hingegen stark gesalzenes die Fäulniß hindert. Hieraus erklärt sich auch, wenigstens zum Theil, das Leuchten des Meerwassers, s. Meer.

Ueber das faule Holz hat Boyle die meisten Versuche im October 1667 gemacht. Der Glanz desselben verschwand im luftleeren Raume, jedoch nicht augenblicklich, wie bey den Fischen, sondern erst nach kurzer Zeit. In verdichteter Luft bemerkte er keine Vermehrung des Leuchtens, auch fand er den Zutritt der freyen Luft nicht nöthig; denn das Holz leuchtete auch in einer verschloßnen Glasröhre. In allen Flüßigkeiten aber verlohr es seinen Glanz, so wie auch in starker Kälte, die durch erkältende Mischungen hervorgebracht war. Inzwischen ward es durch das Leuchten nicht abgezehrt; man konnte auch durchs Thermometer nicht den geringsten Grad von Hitze daran entdecken. Boyle macht eine umständliche Vergleichung zwischen dem Lichte der glühenden Kohlen und des faulen Holzes oder der Fische, um zu zeigen, worinn sie übereinkommen, oder von einander abgehen. Unter andern bemerkt er, daß das Zusammenquetschen die Kohle augenblicklich auslösche, dem Holze aber nichts von seinem Lichte benehme.

Auch die Elektricität zeigt im Dunkeln ein Licht, das besonders in sehr verdünnter Luft, oder im boylischen Vacuum sehr lebhaft wird, s. Elektricität, leidner Vacuum. Da Glas an Quecksilber gerieben, Elektricität erhält, so erklärt sich hieraus das Leuchten einiger Barometer, wenn sie im Dunkeln geschüttelt werden, ingleichen der luftleeren Glasröhren, worinn etwas Quecksilber befindlich ist. Diese Röhren hat Hawksbee (Phil. Trans. 1708. ingl. Physico - mechanical exp. Lond. 1709. 8.) Quecksilber = phosphoren (Phosphoros f. Noctilucas mercuriales) genannt; aber ihr Licht ist, wie er selbst richtig angiebt, blos eine elektrische Erscheinung.

Priestley Geschichte der Optik, durch Klügel S. 407 u. f.

Libration, s. Schwanken des Monds.

Licht, Lux, Lumen, *Lumiere*. Das, was die Körper sichtbar macht. Es ist sehr natürlich, daß bey der Erleuchtung und bey dem Sehen, irgend etwas von dem leuchtenden Körper bis zum erleuchteten, und von dem Gesehenen bis zum Auge, fortgehen muß, es mag nun dieses eine eigne Materie, oder blos die Bewegung eines Zwischenmittels seyn. Ohne solche Verbindungen wäre doch keine Einwirkung entfernter Körper in einander und in unser Auge begreiflich. Dieses Etwas, es bestehe worin es wolle, nennen wir Licht, und so bedeutet dieses Wort die unbekannte Ursache der Erleuchtung und des Sehens.

Gewisse Körper sind an sich sichtbar, f. Leuchtende Körper, andere werden es erst durch Hülfe der leuchtenden, und heissen alsbann erleuchtet, f. Dunkle Körper. Man stellt sich also vor, daß die leuchtenden das Licht ursprünglich von sich aussenden, die erleuchteten hingegen blos dasjenige Licht, das sie von den leuchtenden empfangen, von ihrer Oberfläche ins Auge zurückschicken. Wiederum verstatten gewisse Körper dem Lichte den Durchgang, daher man andere Körper durch sie sehen kan, f. Durchsichtig; andere schicken das Licht zurück, oder unterbrechen seinen Fortgang, und heissen undurchsichtige Körper.

Man sieht einen Körper nicht mehr, wenn in der geraden Linie zwischen ihm und dem Auge ein undurchsichtiger Körper steht. Auch erleuchtet der leuchtende Körper den dunkeln nicht mehr, wenn sich in der geraden Linie zwischen beyden ein undurchsichtiger Körper befindet. Dies zeigt, daß sich das Licht, was es auch seyn mag, in geraden Linien fortpflanze. Das Auge sieht leuchtende und erleuchtete Körper von allen Seiten her, wo nichts Undurchsichtiges im Wege steht. Daher muß sich das Licht von jedem physischen Punkte eines sichtbaren Körpers nach allen Seiten zu in geraden Linien ausbreiten, so wie die Halbmesser einer Kugel vom Mittelpunkte derselben nach allen Seiten zu ausgehen.

Diese geraden Linien, nach welchen sich das Licht fortpflanzt, heißen Lichtstralen (radii lucis, *rayons de lumiere*). Die Vorstellung derselben ist den Erscheinungen

völlig gemäß, und verschaft den großen Vortheil, daß sich nun
die Untersuchung der Gesetze des Lichts, unabhängig von
allen Hypothesen über das Wesen desselben, auf Betrachtung gerader Linien, d. i. auf Geometrie bringen läst,
daher diese Lehren vom Lichte, unter dem Namen der optischen Wissenschaften einen Haupttheil der angewandten Mathematik ausmachen. Man s. die Artikel: Optik, Dioptrik, Katoptrik, Brechung, Zurückwerfung,
Beugung des Lichts, Auge, Sehen, Bild, und
andere, auf welche bey den hier genannten verwiesen wird.

An gegenwärtiger Stelle, wo blos vom Lichte im Allgemeinen die Rede ist, will ich nach einigen Bemerkungen
über Stärke, Geschwindigkeit und Feinheit des Lichts, die
vornehmsten Hypothesen über das Wesen dieses wichtigen
physikalischen Gegenstands anführen.

Stärke des Lichts.

Das Licht, welches von dem leuchtenden Punkte A,
Taf. XIII. Fig. 103. auf eine Fläche b c fällt, bildet eine
Stralenpyramide A b c, oder einen Stralenkegel, in
welchem die Lichtstralen bey weiterm Fortgange immer weiter aus einander fahren. Dieselbe Menge von Licht nemlich, die bey b durch die Fläche b c ausgebreitet ist, verbreitet sich, wenn sie bis B fortgeht, durch die größere
Fläche B C, welche sich zu b c, wie $AB^2 : Ab^2$, verhält.
In eben diesem Verhältniße muß also die Wirkung dieses
Lichts, oder die Erleuchtung bey B schwächer, als bey b
seyn, d. i. die Erleuchtung nimmt in dem Verhältniße ab, in welchem das Quadrat der Entfernung
vom leuchtenden Punkte zunimmt.

Eben so einleuchtend ist es, daß sich die Stärke der
Erleuchtung, unter übrigens gleichen Umständen, wie die
Menge der leuchtenden Punkte, oder, wie die Größe
der leuchtenden Oberfläche, verhalten müsse. Daher
erleuchten in gleicher Entfernung zwo Kerzen doppelt so
stark, als eine. Geht man des Abends von einem Lichte so
weit, daß man eine gewisse Schrift gerade noch lesen kan, so

wird man, um sie noch zu lesen, wenn man doppelt so weit davon gegangen ist, vier Lichter, und wenn man sich drey= mal so weit entfernt hat, neun Lichter anzünden müssen.

Wenn Lichtstralen schief auf eine Fläche fallen, so faßt sie deren weniger auf, als wenn sie ihnen senkrecht entgegen= gestellt wird. Hiebey verhält sich die Menge der Stralen, oder die Stärke der Erleuchtung, wie der Sinus des Neigungswinkels der Fläche gegen das Licht. So wird ein Blatt Papier von der Sonne nur halb so stark als sonst erleuchtet, wenn es ihren Stralen unter einem Winkel von 30° entgegengekehret wird.

Endlich richtet sich auch die Erleuchtung nach dem Si= nus des Winkels, den die Stralen mit der leuch= tenden Fläche machen (anguli emanationis). So er= leuchtet der Rand der Sonne eben so stark, als das Mit= tel, gerade so, als ob das Ganze nicht eine Kugel, sondern eine platte Scheibe wäre. Denn obgleich die Theile am Rande der Sonne mehr leuchtende Punkte enthalten, als die gleich groß scheinenden Theile im Mittel, so machen doch die Stralen, welche vom Rande zu uns kommen, einen weit schiefern Winkel mit der Sonnenfläche, als die aus der Mitte. Bouguer glaubt sogar das Sonnenlicht gegen den Rand zu schwächer, als um die Mitte, gefunden zu haben, und vermuthet, das schief ausgehende Licht werde noch mehr geschwächt, als im Verhältniße des Si= nus vom Emanationswinkel. Euler hingegen (Mém. de l'Acad. de Berlin 1750.) hat bey seinen Bestimmungen der Lichtstärke den Emanationswinkel gar nicht in Betrach= tung gezogen.

Auf die angeführten vier Grundsätze hat Lambert (Pho= tometria, Aug. Vind. 1760. 8.) seine Messungen des gerad= linigt fortgepflanzten Lichts gebaut, wobey er die erleuchtende Kraft des leuchtenden Körpers (vis illuminans), die gese= hene Helligkeit desselben (claritas visa), und die Erleuch= tung (illuminatio) unterscheidet. Die vorher angeführ= ten Sätze gelten blos von der letztern. Es ist aber dabey noch auf die Schwächung zu sehen, welche das Licht in der Luft, durch die es gehet, leiden muß. Wenn die Sonne in ein Zimmer zwischen zugezognen Vorhängen durchscheinet, so sieht der, der seitwärts steht, einen hellen Strich, in dem glänzende Sonnenstäubchen spielen, zum Beweise, daß ein Theil des Lichts, welches gerade fortgehen sollte, in der Luft aufgehalten und zur Seite gebracht wird. Daß **Bouguer** diese Schwächung des Lichts geringer, als **Lambert**, setzt, ist schon bey dem Worte: **Durchsichtigkeit** (Th. I. S. 644.) angeführt worden. Der letztere hat seine Untersuchungen hierüber auch auf die **Erleuchtung des Luftkreises** durch die Sonne ausgedehnt, und gefunden, daß die Helligkeit der Luft oder des Taglichts theils im Horizonte, theils in der Gegend der Sonne selbst am stärksten ist. Steht z. B. die Sonne $40°$ hoch, und wird die Helligkeit eines von der Sonne beschienenen Theilchens ausserhalb der Atmosphäre $= 1$ gesetzt, so ist die Helligkeit im Horizonte $= \frac{1}{2}$; in der Gegend der Sonne $= \frac{7}{20}$; im Zenith $= \frac{1}{4}$.

Die gesehene Helligkeit ist von der Erleuchtung zu unterscheiden; bey den Planeten z. B. ist der gesehene Glanz sehr merklich, die Erleuchtung durch sie aber ganz unbeträchtlich. **Wolf** vermengt beyde, wenn er in seiner Optik sagt, daß entfernte Gegenstände deswegen dunkler scheinen, weil das Licht umgekehrt, wie das Quadrat der Entfernung abnehme. So haben auch **Kies** (Mém. de Berlin, 1750. p. 218.) und **Euler** (ebend. p. 280.) auf diesen Unterschied keine Rücksicht genommen. Nach Herrn **Klügels** richtiger Bemerkung (Priestley's Gesch. der Optik, S. 313.) sind hiebey noch scheinbare Helligkeit, die mit vom Urtheile der Seele abhängt, relative gesehene Helligkeit, wobey die Ausbreitung des Bilds im Auge mit in Betrachtung kömmt, und absolut wahre Helligkeit zu unterscheiden, welche letztere sich bey gleicher Oefnung der Pupille und gleicher Entfernung, wie die Dichte der Stralen beym Auge, verhält, bey andern Oefnungen der Pupille aber sich im Verhältniß der Größe dieser Oefnungen ändert. Die Dichte der Stralen beym Auge aber verhält sich wieder direct, wie die Intensität oder erleuchtende Kraft, und verkehrt, wie das Quadrat der

Entfernung. Daher sind absolut wahre Helligkeiten, wie die Intensitäten des Lichts multiplicirt in die Oefnungen des Auges, und dividirt durch die Quadrate der Entfernungen. Diese Art der Helligkeit muß in den theoretischen Untersuchungen gebraucht werden, dagegen man bey den Versuchen die relative und scheinbare Helligkeit findet. Man sieht hieraus, wie es möglich ist, aus Versuchen Schlüße auf gesehene Helligkeit und Intensität des Lichts zu machen.

Um ein Beyspiel der Resultate anzuführen, findet Bouguer die Helligkeit der Sonne 300000mal stärker, als die des Monds. Er fieng nemlich Sonnenlicht und Mondlicht, beydes aus einer Höhe von 31° mit einem Hohlglase auf, das in einer Oefnung von 1 Lin. Durchmesser im Laden angebracht war. Das Sonnenlicht in einen Kreis von 108 Lin. Durchmesser ausgebreitet, schien gleich stark mit dem Scheine einer $1\frac{1}{2}$ Fuß entfernten Kerze: das Mondenlicht durch einen Kreis von 8 Lin. verbreitet, that gleiche Wirkung mit einer 50 Fuß (d. i. $37\frac{1}{2}$mal weiter) entfernten Kerze. Nun ist die Erleuchtung von der ersten Kerze so vielmal stärker, als die Erleuchtung von der zweyten, soviel die Quadratzahl von $37\frac{1}{2}$ beträgt, d. i. $1416\frac{1}{4}$ mal. Im Kreise von 8 Lin. war aber auch das Licht noch sovielmal concentrirter, als im Kreise von 108 Lin., soviel die Quadratzahl von $13\frac{1}{2}$ beträgt, d. i. $182\frac{1}{4}$mal. So gab der Versuch das Sonnenlicht $182\frac{1}{4} \times 1416\frac{1}{4}$mal oder 256289mal stärker, als das Mondlicht. Das Mittel aus mehrern Versuchen giebt 300000 für die mittlere Weite des Monds von der Erde. Lambert findet unter der Voraussetzung, daß der Mond den vierten Theil des auffallenden Lichts zurückwirft, oder daß seine Weiße $= \frac{1}{4}$ ist, die Sonne 277000mal heller, als den Mond. Diese Helligkeit des Monds ist genau so groß, als die des Taglichts oder heitern Himmels. Sie scheint aber doch Hrn L. noch zu groß angegeben zu seyn, indem das weißeste Bleyweiß nur $\frac{2}{7}$ der erhaltenen Stralen zurückwerfe. Er trägt hierauf sehr sinnreiche Berechnungen der Helligkeit des Monds in den verschiedenen Phasen vor, und handelt dann von den

Planeten, deren gesehene Heiligkeit er, wenn die Weiße bey allen gleich gesetzt wird, für Saturn, Jupiter und Mars in der Opposition, wie 1; 22; 108; für Venus und Merkur in der Dichotomie, wie 307; 97 angiebt. Diese Verhältnißzahlen sind aber noch durch die Größe des Bildes von jedem Planeten auf der Netzhaut zu dividiren.

Dies kan wenigstens als eine Probe dessen dienen, was man unter Stärke des Lichts zu verstehen, und bey den Untersuchungen derselben zu beobachten hat, von denen man noch einige historische und litterarische Nachrichten bey dem Worte: Photometrie, finden wird.

Geschwindigkeit des Lichts.

Schon Galilei und nach ihm die Mitglieder der Akademie del Cimento zu Florenz hatten vergeblich versucht, die Geschwindigkeit des Lichts durch Fackeln zu messen, welche in gewissen Entfernungen von einander gestellt und in einerley Augenblicke aufgedeckt werden sollten (*Musschenbroek* Tentam. exper. acad. del Cimento, Lugd. Bat. 1731. 4. P. II. p. 183.). Diese Versuche musten nothwendig mißlingen, da keine Entfernung auf der Erde groß genug ist, zum Maaßstabe einer so erstaunenswürdigen Geschwindigkeit zu dienen.

Endlich gelangte man zu dieser Entdeckung, ohne sie zu suchen. Olof Römer, ein Däne von angesehener Familie, der sich damals zu Paris aufhielt, hatte mit dem ältern Cassini auf der königlichen Sternwarte zwischen den Jahren 1670 und 1675 viele Verfinsterungen der Jupitersmonden beobachtet. Sie hatten dabey gefunden, daß der erste Mond nicht immer zur berechneten Zeit aus dem Schatten trat, wie denn z. B. am 9 Nov. 1676 sein Austritt um 10 Min. später erfolgte, als es im August geschehen war, da die Erde dem Jupiter näher gestanden hatte. So verspätigten sich die Austritte immer mehr, je weiter sich die Erde vom Jupiter entfernte, und die Eintritte erfolgten von Zeit zu Zeit früher, je mehr sie sich demselben wieder näherte. Wenn Taf. IX. Fig. 30. die Erde durch DAC gieng, und man also blos die Austritte bey m bemerkte, so wurden sie immer später gesehen, so daß der größte Unterschied, wenn die Erde bey C war, über 14 Min. betrug; dagegen erfolgten im Laufe durch CBD die Eintritte bey e immer früher, je weiter die Erde gegen D heran kam. Römer schloß hieraus, daß diese Ungleichheit, welche offenbar von dem Abstande der Erde und des Jupiters abhieng, eine Folge davon sey, daß das Licht auf seinem Wege zur Erde über 14 Min. eher in den Stellen bey D, als in denen bey C anlange, und also über 7 Min. Zeit brauche, um durch die Helfte der Linie CD, oder von der Sonne S bis zur Erde zu kommen. Diese Muthmaßung legten Cassini und er schon 1675 der pariser Akademie vor.

Descartes hatte aus den Sonnen = und Mondfinsternißen geschloßen, daß sich das Licht augenblicklich (in instanti) fortpflanze, und dieser Satz machte einen wesentlichen Theil seiner Hypothese vom Lichte aus. Daher fand Römers Behauptung bey der Akademie, welche noch sehr cartesianisch gesinnt war, Widerspruch. Cassini selbst und Maraldi erklärten sich dagegen, und suchten die bemerkte Ungleichheit aus der Eccentricität der Bahn der Jupitersmonden herzuleiten (s. *Weidler* Hist. astr. p. 540.), Huygens und Newton aber nahmen diese Entdeckung mit Beyfall auf, und seitdem sie Bradley im J. 1728 so schön zur Erklärung der Aberration benützt hat, s. Abirrung des Lichts, zweifelt kein Sachverständiger mehr an ihrer vollkommenen Richtigkeit.

Das Licht pflanzt sich also nicht augenblicklich, sondern allmählig fort (propagatio successiva) d. i. so, daß es zu seiner Bewegung einige Zeit braucht. Bradley's genauere Bestimmungen (Philos. Trans. no. 485.) haben gezeigt, daß die Zeit, die es braucht, um durch DC oder den Durchmesser der Erdbahn zu kommen, 16 Min. 15 Sec. betrage, daher es von der Sonne bis zu uns in 8 Min. 7½ Sec. gelangt. Diese Geschwindigkeit übertrift an Größe alle andere, die wir kennen. Sie ist 10313mal größer als die, mit welcher die Erde um die Sonne läuft, und giebt in einer einzigen Secunde einen Weg von mehr als 40000 Meilen, welches die Geschwindigkeit einer Kanonenkugel mehr als $1\frac{1}{2}$ Millionenmal, und die des Schalls beynahe 976000 mal übertrift.

Feinheit des Lichts.

Die Lichtstralen müssen äusserst fein seyn, sie mögen nun in materiellen Ausflüßen, oder in fortgepflanzten Schwingungen eines Zwischenmittels bestehen. Durch die geringste Oefnung, durch einen Nadelstich im Kartenblatte, sehen wir eine unzählbare Menge von Körpern. Von jedem Punkte dieser Körper müssen alsdann Lichtstralen in unser Auge kommen, und so müssen deren eine unglaubliche Menge durch das mit der Nadel gestochene Loch gehen, ohne einander zu stören oder sich zu vermischen.

Man hat aus dieser äusserst großen Feinheit beweisen wollen, daß das Licht nicht in materiellen Ausflüßen bestehen könne, weil sich keine Materie von solcher Feinheit denken lasse, daß unzählbare Ströme von ihr durch eine so kleine Oefnung, ohne sich zu hindern, dringen könnten. Allein man hat gar nicht nöthig, sich den Fortgang des Lichts, als einen ununterbrochnen Strom zu denken, obschon in der Empfindung des Sehens keine Unterbrechung wahrgenommen wird. Herr von Segner (Progr. de raritate luminis, Gott. 1740. 4.) folgert aus der Beobachtung einer im Kreise geschwungnen glühenden Kohle, welche einen ununterbrochnen leuchtenden Kreis zu bilden scheint, daß der Eindruck des Lichts auf die Netzhaut eine halbe Secunde daure; d'Arcy setzt dies sogar auf $2\frac{2}{3}$ Secunden, s. Gesichtsbetrüge. Nimmt man aber auch nur 6 Tertien an, so beschreibt in dieser Zeit das Licht einen Weg von 5 Halbmessern der Erde. Folglich können die Lichtstralen aus Theilchen bestehen, die einander in Entfernungen von 5 Erdhalbmessern folgen, ohne daß die Empfindung des Lichts im Auge unterbrochen wird. Man kan diese Entfernung noch weit größer machen, wenn man annimmt, daß nicht alle Punkte einer sichtbaren Stelle zugleich Licht aussenden, sondern mit einander abwechseln. Hiebey wird der Durchmesser jedes Theilchens, wenn es auch materiell ist, unvergleichbar klein gegen die Entfernung zweyer auf einander folgenden, und es bleibt zwischen ihnen Platz genug übrig, um alle Begegnung und Störung zu verhüten. Eben dies haben auch Melville (Edinburgh Essays Vol. II. p. 17,) und Canton (Philos. Trans. Vol. LVIII. p. 344.) vorgetragen.

Aus dieser großen Feinheit des Lichts erklärt sich auch, warum man bey aller seiner Geschwindigkeit keinen Stoß desselben gegen andere Körper, oder vielmehr kein merkliches Moment dieses Stoßes hat bemerken können. Homberg (Mém. de Paris 1708.) glaubte zwar, durch den Stoß der Sonnenstralen im Brennpunkte leichte Körper in Bewegung gesetzt, und eine Uhrfeder schwingend gemacht zu haben; auch findet man ähnliche Beobachtungen von Macquer bey dem Worte: Brennglas (Th. I, S. 448.) angeführt. Mairan (Mém. de Paris, 1747.), der sich mit du Fay hierüber viel Mühe gab, konnte nichts dergleichen finden. Hingegen führt Priestley (Geschichte der Optik, durch Klügel, S. 282.) einen Versuch von Michell an, wobey ein kleines Blättchen Kupfer, an einer Claviersaite, die wie eine Magnetnadel, mit einem Achathütchen auf einem Stifte im Gleichgewichte ruhte, und gegen die Bewegungen der Luft geschützt war, durch den Stoß der Lichtstralen im Brennpunkte eines Hohlspiegels wirklich bewegt ward, und eine Geschwindigkeit von 1 Zoll in einer Secunde erhielt. Priestley berechnet hieraus, da das ganze Instrument 10 Gran wog, so habe die Masse des in einer Secunde auf das Blättchen gefallenen concentrirten Lichts mehr nicht, als ein Zwölfhundertmilliontheilchen eines Grans betragen.

Hypothesen über die Natur des Lichts.

Die Meinungen der alten Weltweisen über das Licht sind von Herrn Klügel (in der Zus. zu Priestley's Geschichte der Optik. S. 20 u. f.) aus den Quellen gesammlet. **Plutarch** (De placitis philoſ. IV. 13. 14.) führt einige derſelben an. **Demokrit** und **Epikur** erklärten das Sehen durch unendlich feine Bilder der Gegenſtände, die von ihnen immerfort ins Auge flößen: andere, z. B. **Empedokles**, **Hipparchus** und **Plato** (im Timäus) lieſſen das Licht ſowohl aus den Augen als aus den Gegenſtänden ausgehen, und beyderley Ausflüße ſich unterwegs begegnen. **Empedokles** ſagte, daß die Abflüße auf der Oberfläche der Spiegel hängen blieben, daß aber etwas Feuriges aus dem Spiegel komme, und ſie durch die Luft fortführe. **Ariſtoteles** (De mente II. 7.) drückt ſich über das Licht ſo aus, als ob er es für eine Bewegung in irgend einem Zwiſchenmittel hielte. "Das Licht, ſagt er, iſt etwas Durch„ſichtiges, aber nicht für ſich, ſondern durch die Far„be eines andern Dinges. Die Farbe beweget das Durch„ſichtige, und dieſes, als etwas Zuſammenhängendes, be„weget den fühlenden Sinn. Das Auge kan nicht von der „Farbe unmittelbar gerührt werden. Es muß ein Mittel „da ſeyn — Für den Schall iſt die Luft das Mittel. Das „Licht iſt kein Fener, kein Körper, auch kein Ausfluß eines „Körpers, ſondern die Gegenwart eines ſolchen Dinges in „dem Durchſichtigen." So dunkel auch dieſe Stelle iſt, ſo ſcheint ſie mir doch eher auf eine Bewegung in einem zuſammenhängenden Mittel, als nach Herrn **Klügels** Vermuthung auf eine Wirkung unkörperlicher Dinge zwiſchen dem Gegenſtande und dem Auge zu gehen. Inzwiſchen haben dieſe Aeuſſerungen des Ariſtoteles die Scholaſtiker veranlaſſet, das Licht für unkörperlich, oder nicht für eine Subſtanz, ſondern für eine Qualität, zu halten, und in den Körpern ſelbſt etwas zu ſuchen, was mit den Empfindungen des Auges und mit den Farben analog iſt, (quoniam nihil dat, quod non habet).

Baco (De augmentis ſcient. in Opp. Frf. 1653. fol. p. 119.) rechnet es unter die Deſiderata ſeiner Zeit, daß man das Licht blos mathematiſch betrachte, und die phyſikaliſchen Unterſuchungen über die Form und den Urſprung deſſelben vernachläßige. An einer andern Stelle (Opp.

p. 198.) äuſſert er, ſichtbare und hörbare Dinge kämen darinn überein, daß von beyden keine körperlichen Sub-ſtanzen ausführen, oder merkliche Bewegungen des umge-benden Mittels verurſacht würden, ſondern blos gewiſſe propagines ſpiritales von unbekannter Natur dabey ent-ſtünden.

Descartes (Princip. philoſ. P. III. §. 55. 63. 64. Dioptrica C. I. §. 3. 4. ſqq.) ließ die Sonne und die leuch-tenden Körper aus den Theilchen ſeines erſten Elements beſtehen, und erfüllte den ganzen Weltraum mit den voll-kommen harten Kügelchen des zweyten Elements, ſ. Aether. Die Theile der leuchtenden Körper ſind nach ihm in einer beſtändigen Bewegung; durch dieſe werden die Kügelchen des zweyten Elements geſtoßen, und da es zwiſchen denſel-ben keinen leeren Raum giebt, ſondern immer ein Kügel-chen das andere anf das genauſte berühret, ſo pflanzt ſich dieſer Stoß durch alle geradlinigte Reihen dieſer Kügelchen in einem Augenblicke fort. So vergleicht er die Fort-pflanzung des Lichts mit der Bewegung eines Stabs, deſſen letztes Ende in eben dem Augenblicke bewegt wird, in wel-chem man das erſte fortſtößt. Eine ſolche Bewegung oder Druck kan ſeiner Meinung nach auch vom Auge verurſachet werden, und er erklärt daraus, wie Katzen und andere Thiere, deren Augen leuchten, im Finſtern ſehen können. Dieſem Syſtem ſteht entgegen, daß ſich geradlinigte Ku-gelſtäbe von dieſer Art gar nicht denken laſſen, und daß die geringſte Bewegung dieſe Lage der Kügelchen ſtören müſte; auch daß ſich das Licht in der That nicht augenblicklich, ſon-dern allmählig, fortpflanzt. Wollte man kleine Räume zwiſchen dieſe Kugeln ſetzen, ſo würde ſich alsdann die Fort-pflanzung des Lichts nicht mit den Geſetzen des Stoßes har-ter Körper vereinigen laſſen.

Daher haben auch die ſpätern Carteſianer die Härte der Kügelchen aufgegeben, und das Fluidum, wodurch das Licht fortgepflanzt wird, elaſtiſch angenommen. Der P. Mallebranche (Mém. de Paris, 1699. p. 32.) ſetzt an die Stelle der harten Kugeln kleine flüßige Wirbel, deren jeder den empfangenen Eindruck an den nächstliegenden mittheilt. Huygens (Traité de la lumiere, Leide, 1690. 4.) läßt das Licht so, wie den Schall, aus wellenförmig fortgepflanzten Wirbeln oder Schwingungen eines elastischen Mittels bestehen, und nach Linien fortgehen, welche auf die Reihen der einzelnen neben einanderliegenden Wirbel oder ihrer Mittelpunkte senkrecht stehen. Hieraus erweißt er das Gesetz der Brechung, und aus gewissen nicht kreisförmigen, sondern elliptischen Lichtwellen erklärt er die Erscheinungen des Doppelspaths, s. Brechung, Kryftall, isländischer.

Gaßendi vertheidigte sehr umständlich das Syftem des Epikur, daß das Licht körperlich sey, und die Sichtbarkeit der Gegenstände von Theilchen herrühre, die immerfort von der Oberfläche der Dinge abflößen. Hingegen beftritt Du Hamel (Aftronomia physica, Paris, 1660. 4.) sowohl das cartesianische, als das gaßendische Syftem, und sahe das Licht, wie die Scholaftifer, als eine Eigenschaft der Körper an. Auch Isaak Voſſius (De lucis natura et proprietate. Amft. 1662. 4.) behauptete das Unkörperliche des Lichts, und ward dadurch in einen Streit mit den Cartesianern verwickelt.

So stand es um die Meinungen vom Lichte, als Newton seine zahlreichen neuen Entdeckungen über daſſelbe bekannt machte. Dieser große Naturforscher schränkte zwar seine Untersuchungen blos auf die Erscheinungen und Gesetze des Lichts ein; man sieht aber doch aus seinen der Optik beygefügten Fragen, und aus dem ganzen Gange seiner Untersuchungen deutlich, daß er geneigt war, die Lichtstralen für die Wege materieller aus den leuchtenden Körpern ausgefloßner Theilchen zu halten, welche von andern Körpern angezogen würden, u. s. w. Diese Meinung ist nun unter dem Namen des Emanationsſyftems bekannt geworden, und man hat sie durch alle dagegen gemachte Einwendungen bisher noch nicht widerlegen können. Vielmehr enthält sie eine höchst bequeme und paſſende Vorstellungsart für alle Erscheinungen des Lichts und der Farben, der

sich in keinem andern Systeme eine gleich leichte und einfache an die Seite setzen läst. Sie ist wenigstens ein schönes Gleichniß, das man sehr weit ausdehnen und gar nicht
entbehren kan, wenn man von allen Phänomenen des Lichts
auf eine gleichförmige Art Rechenschaft geben will. Man
hat aber dieses Emanationssystem vornemlich mit folgenden meistens von Euler vorgebrachten Gründen bestritten.

"Die Sonne," sagt man, " müste durch das unauf-
"hörliche Ausströmen einer Materie aus allen ihren Punk-
"ten und nach allen Seiten längst erschöpft seyn." Euler
berechnet, wenn der Verlust der Sonne in 5000 Jahren
unmerklich seyn sollte, so müße die Dichte der Sonnenstralen an der Erde eine Trillion mal geringer seyn, als
die Dichte der Sonne selbst, welches ihm unbegreiflich
dünkt. Kan man aber wohl irgend einen Satz, blos einer
großen Zahl halber, für unbegreiflich erklären? Ueberdies
sind die Lichtstralen auch nicht für ununterbrochne Ströme anzunehmen, wie etwa die Wasserstralen eines Spring-
brunnens, mit denen sie Euler (Briefe an eine deutsche
Prinz. 17 Brief.) sehr unbillig vergleicht. Was im vorigen von der Feinheit des Lichts angeführt worden ist, beweißt, daß man die Masse der Lichtstralen über alle Vorstellung gering annehmen darf, und wenn der daselbst erwähnte Versuch von Michell richtig ist, so wird nach
Priestley's Rechnung (Gesch. der Optik. S. 283.) jeder
Quadratfuß auf der Oberfläche der Sonne in einem Tage
nur zween Gran Masse verlieren, wodurch der Halbmesser
der Sonne, wenn sie nur die Dichte des Wassers hätte, in
6000 Jahren nicht mehr, als etwa um 10 Fuß kleiner werden würde. Newton sieht es noch ausserdem als möglich
an, daß zu Ersetzung dieses Verlusts Kometen in die Sonne fallen können.

Man hat ferner gefragt: "wo denn diese Menge von
"Licht, welche unaufhörlich auf die Körper fällt, hernach
"bleibe?" Aber zu geschweigen, daß der größte Theil der
Stralen von der Erdfläche wieder zurück gesendet wird, bringt
auch das Licht in den Körpern selbst, in Absicht auf Wärme,

Mischung, Entwicklung von Luftgattungen, Vegetation ꝛc.
Veränderungen hervor, die kein Kenner der Physik und
Chymie in Zweifel ziehen wird.

„Es ist unbegreiflich, fährt man fort, daß sich eine
„Materie mit so ungeheurer Geschwindigkeit, wie das Licht,
„bewegen sollte.„ Dieser Einwurf sagt doch nichts weiter,
als daß wir diese äußerst geschwinde Bewegung mit keiner
andern bekannten vergleichen können. Dürfen wir aber
wohl unsere eingeschränkten Kenntnisse und Vorstellungen
zum Maaßstabe des Möglichen machen?

„Ferner müste eine solche Menge von Materie, die den
„ganzen Himmelsraum einnimmt, und mit einer so ge-
„waltigen Geschwindigkeit bewegt wird, die Planeten in
„ihrem Laufe stören.„ Euler, der hiebey Newton einer
großen Inconsequenz beschuldiget, s. Aether, braucht dies
eigentlich, als einen Defensivgrund für seine bald anzufüh-
rende Hypothese. Wenn die Newtonianer, sagt er, den
Himmelsraum mit Lichtströmen anfüllen, so müssen sie
mir auch erlauben, ihn mit Aether anzufüllen, ohne ihre
Argumente für die Leere der Himmelsräume gegen mich zu
brauchen. Hierinn scheint er auch Recht zu haben. Die
Schwierigkeit ist eigentlich allen Systemen gemein, die
das Licht nicht gar als eine Wirkung unkörperlicher Dinge
ansehen. Sie läßt sich aber heben, wenn man nur die Materien dünn genug annimmt, wodurch der Widerstand unmerklich klein wird. Nun ist die große Dünne und Feinheit des Lichts im Emanationssystem außer allem Zweifel.
Man muß nur nicht Verhältniße darum für unbegreiflich
halten, weil sie durch große Zahlen ausgedrückt werden,
wie Euler thut, der doch selbst seinen Aether 387 Millionenmal dünner, als die Luft, setzen muß.

„Auch müsten diese unzählbaren Lichtstralen, die sich
„überall nach so vielen Richtungen durchkreuzen, einander
„stoßen, sich in ihren Bewegungen aufhalten, oder einer
„des andern Richtung ändern.„ Dies gründet sich wiederum auf die falsche Voraussetzung, daß das Licht in ununterbrochnen Strömen ausfließe. Man darf nur eine

ganz kleine Zeit zwischen der Aussendung zweyer in eben
demselben Strale sich folgender Lichttheilchen annehmen,
z. B. $\frac{1}{150}$ einer Secunde, welches zur ununterbrochnen
Empfindung des Lichts im Auge überflüßig hinreichend ist,
so sind die nächsten Theilchen bey ihrer großen Geschwindigkeit viele tausend Meilen hinter einander, und lassen Platz
genug für Millionen andere, welche zwischen ihnen hindurch
gehen können.

„Endlich könnten materielle Stralen die durchsichti-
„gen Körper nicht anders, als in geradlinigten Gängen
„durchdringen.   Denkt man sich aber solche Gänge in
„einem Körper an allen Orten und nach allen Richtungen,
„so bleibt kein Ort übrig, in welchen man die undurchdring-
„liche Materie desselben stellen kan.   Ein solcher Bau wür-
„de den durchsichtigen Körpern alle Materie, oder wenig-
„stens allen Zusammenhang benehmen.„   Diesen sehr
starken Einwurf gegen das Emissionssystem kan ich durch
keine befriedigende Antwort heben.   Newton erklärt freylich die Durchsichtigkeit nicht aus der geradlinigten Anordnung der Zwischenräume, sondern aus der gleichförmigen
Dichtigkeit und Anziehung der Theile, s. Durchsichtigkeit.   Es bleibt doch aber immer wahr, daß materielles Licht nicht durch die undurchbringliche Materie selbst
gehen kan.

Vielleicht ist das einzige, was sich hierauf antworten läßt,
dieses, daß nicht überall da Continuität ist, wo wir dergleichen zu sehen glauben, s. Stetigkeit.   Uns scheint freylich ein Glaswürfel 2c. in allen Punkten und nach allen
Richtungen durchsichtig; vielleicht aber mag er es nur in
sehr vielen seyn.   Stellen, an denen er kein Licht durchläßt, bemerken wir zwar nicht; sie können aber eben sowohl
vorhanden seyn, als die Zwischenräume, die die Wärme
durchlassen, und die wir eben so wenig bemerken.   Auch
lassen durchsichtige Körper nie alles Licht durch, sie schwächen dasselbe vielmehr beträchtlich, wie schon bey dem Worte: Durchsichtigkeit, angeführt worden ist.   Wie Boß-

cowich und **Priestley** diesen Einwurf heben, werde ich am Ende dieses Artikels anzeigen.

Dagegen lassen sich für das Emanationssystem die einfachen und ungezwungnen Erklärungen anführen, die man in demselben von der Brechung, Farbenverbreitung, Zurückwerfung und Beugung des Lichts geben kan, und welche sämtlich auf der Anziehung beruhen, die sich anders nicht, als bey vorausgesetzter Materialität des Lichts, gedenken läst. Man findet diese Erklärungen unter den Artikeln, welche den oben genannten Erscheinungen des Lichts gewidmet sind.

Inzwischen hat sich Herr **Euler** (Nova theoria lucis et colorum in Opusc. varii argum. Berol. 1746. 4. p. 169. seq.) durch die erzählten Schwierigkeiten bewogen gefunden, die von **Huygens** vorgetragne Hypothese, welche das Licht dem Schalle ähnlich macht (und im Grunde schon ein Gedanke des Aristoteles ist, mit einigen Verbesserungen zu erneuern, und besonders auf die durch Newton sehr erweiterte Lehre von den Farben anzuwenden. Er hat dies mit vielem Scharfsinne und mit Anwendung seiner großen Stärke in mathematischen Berechnungen so glücklich ausgeführt, daß man es noch zur Zeit nicht wagen kan, zwischen seiner Theorie und dem Emanationssystem völlig zu entscheiden.

Euler nimmt eine höchst feine, flüßige und elastische Materie durch den ganzen Weltraum verbreitet, an, der er mit Huygens den Namen **Aether** giebt. Dieser Aether wird durch das Zittern der leuchtenden Körper eben so bewegt, wie die Luft durch die Schwingung der schallenden. Es entstehen dadurch **Schläge** (pulsus) auf den Aether, die sich, wie Wellen im Wasser, nach allen Seiten verbreiten, so daß die Richtungen des Fortgangs den leuchtenden Punkt, wie die Halbmesser der Kugel ihren Mittelpunkt, umgeben. Dieser Schläge folgen mehrere auf einander mit einer gewissen Geschwindigkeit, und ihre Succession in eben derselben geraden Linie macht einen **Lichtstral** aus. Einfache Lichtstralen sind, in denen alle Pulsus mit gleichen Zwischenzeiten auf einander folgen;

zuſammengeſetzte, deren Schläge durch ungleiche Zeit-
räume getrennt ſind. Die einfachen ſind wieder verſchieden, je nachdem die Succeſſion der Schläge ſchneller oder
langſamer iſt, und dies erregt im Auge die Empfindung
der verſchiedenen einfachen Farben, ſ. Farben. Die Brechung rührt daher, weil die Wellen der Schläge an der
brechenden Fläche andere Geſchwindigkeiten erhalten, und
beym ſchiefen Einfall ein Theil der Welle eher an die Fläche trift, als die übrigen, wodurch die Richtung der ganzen Welle geändert wird, ſ. Brechung (Th. I. S. 424.)
Ich habe a. a. O. ſchon erinnert, daß ich die Nothwendigkeit einer Aenderung der Richtung der ganzen Welle hiebey
nicht begreife.

Hieraus werden nun verſchiedene Erſcheinungen des
Lichts und der Farben erklärt. Leuchtende Körper ſind, deren Oberfläche durch ihr Zittern dem Aether beſtändig
Schläge mittheilt; ſpiegelnde, deren Theile durch das Licht
nicht ſelbſt in Bewegung geſetzt werden, ſondern die Pulſus blos unter dem Reflexionswinkel zurückſenden; durchſichtige, welche die Pulſus durch ihre eigne Subſtanz fortpflanzen; undurchſichtige, deren Theile von dem Aether
in Bewegung geſetzt werden, und dadurch wieder eben ſo,
wie die leuchtenden, demſelben neue Schläge mittheilen.
Inzwiſchen kan einerley Körper zu mehreren Claſſen zugleich gehören.

Wie hieraus die Farben erklärt werden, habe ich im
Artikel: Farben (S. 150. u. f.) gezeigt, wo man aber
auch (S. 152.) einige wichtige Einwendungen gegen dieſe
Theorie finden wird. Die Erklärung der verſchiedenen
Brechbarkeit oder Farbenzerſtreuung iſt in dieſem Syſtem
ſehr unvollkommen und willführlich. Die ſuccedirenden
Schläge ſollen nemlich auf einander ſelbſt ſo einflißen, daß
durch eine ſchnellere Succeſſion auch eine geſchwindere Fort-
pflanzung der ganzen Wellen bewirkt wird. Daraus führt
Euler (Nova theoria etc. §. 81. 82.) eine Rechnung, die
am Ende nichts beſtimmtes giebt, und nur obenhin zeigt,
daß die Größe der Brechung mit von der frequentia pul-

snum abhänge. Er nimmt willführlich an, bey mehr Schlägen sey die Brechbarkeit geringer. Beym Worte Farben S. 150. ist schon erinnert, daß er in einer spätern Schrift gerade das entgegengesetzte angenommen hat. Und der Umstand, daß sich die Farbenzerstreuung nicht nach der Größe der Brechung richtet, läst sich nach dieser Theorie, nach der beydes von einerley Ursachen abhängt, gar nicht erklären, s. Farbenzerstreuung (S. 175.).

Die Sichtbarkeit erleuchteter dunkler Körper leitet Euler nicht, wie Newton, von dem zurückgeworfenen Lichte, sondern aus neuen im dunkeln Körper erregten Schwingungen ab, deren Geschwindigkeit oder Farbe der Spannung seiner Theile gemäß ist. Der Mond, sagt er, wirft nicht das Licht der Sonne zurück, sonst würden wir nicht ihn selbst, sondern ein Sonnenbild in ihm sehen. Auch könnten wir gar keine Farben sehen, wenn die Körper das auffallende Licht zurückwürfen, weil die Zurückwerfung blos vom Einfallswinkel abhängt, und es also unerklärbar wäre, warum ein rother Körper in allen Fällen blos rothe Stralen nicht nur zurückwirft, sondern auch nach allen Seiten aussendet (Nov. theor. §. 108.). Also muß es der rothe Körper selbst seyn, der, durch das Licht erschüttert, dem Aether Schläge giebt, die der Spannung seiner Theile gemäß sind, und die daher die Empfindung der dem Körper eignen rothen Farbe erregen. Es läst sich aber die Sichtbarkeit erleuchteter Körper und das Zurückwerfen des farbigten Lichts nach allen Seiten gar sehr leicht aus der Rauhigkeit der Flächen erklären. Nur glatte Flächen zeigen Bilder, und nicht sich selbst. Rauhe reflectiren von jedem Theile das Licht nach unzählbaren Richtungen, s. Bild, Spiegel. Auch beweißt die Erfahrung, daß Körper von einer gewissen Farbe, in das einfache Licht einer andern gehalten, nicht ihre gewöhnliche, sondern die Farbe des auffallenden Lichts zeigen, welches diesem Theile der eulerischen Hypothese gänzlich entgegen ist.

Eine sehr faßliche Darstellung dieses Systems über das Licht findet man in Eulers Briefen (Lettres à une princesse d'Allemagne. Mietau et Leipsic, 1770. 8. To. I. Lettr. 17—31.), wo er aber oft gegen Newton höchst ungerecht ist; ingleichen im Hamburgischen Magazin (B. VI. S. 156. u. f.) Er empfiehlt seine Hypothese auch deswegen, weil sie dem allgemeinen Plane der Natur gemäßer sey. Die Natur, sagt er, hat die Ausflüße nur beym Geschmack und Geruch gebraucht, wo es auf geringe Distanzen ankömmt; beym Gehör aber hat sie, wegen der Fortpflanzung des Schalles in größere Entfernungen, schon Schwingungen eines gröbern Mittels anwenden müssen; daher ist es glaublich, daß sie zum Behuf des Sehens, das sich in die unermeßlichsten Weiten erstreckt, nicht Ausflüße, sondern Schwingungen eines feinern Mittels werde gewählt haben.

Man thut sehr unrecht, wenn man dem eulerischen System dasjenige entgegen stellt, was Newton gegen den vollen Raum des Descartes im zweyten Buche seiner Principien erwiesen hat, s. Leere. Diese Sätze gelten gegen völlig harte mit der genausten Berührung an einander schließende Kugeln, zwischen denen noch die subtile Materie alle Zwischenräume mit vollkommner Dichte ausfüllen soll; aber gegen einen Aether, wie ihn Euler annimmt, der fast 400 Millionenmal dünner als die Luft ist, sind sie gar nicht gerichtet. Es ist wahr, daß man im Emanationssystem die Dichte des Lichts noch weit geringer annehmen, und also den Widerstand, den die Himmelskörper leiden müsten, noch mehr vermindern kan; aber dies allein macht noch keinen Grund wider das Daseyn eines Aethers aus. Mithin beruht alles, was Euler hierüber vorbringt, auf einem bloßen Mißverständnißte, worüber ich mich schon bey dem Worte Aether erklärt habe. Uebrigens geben die Erfahrungen auch keinen Grund für das Daseyn eines Aethers an.

Desto stärker aber ist der Einwurf, den man gegen alle Systeme, die das Licht dem Schalle ähnlich machen, aus einem andern Satze Newtons (Princip. L. II. prop. 42.) herleiten kan. Daselbst beweißt dieser vortrefliche Geometer, daß Schläge oder Wellen eines elastischen Mittels, wenn sie durch ein Loch in einer vorliegenden Wand gehen, sich hinter demselben nicht blos in einer einzigen geraden Linie fortpflanzen, sondern nach allen Seiten zu ausbreiten. Dem zu Folge müste man die Sonne im verfinsterten Zimmer, das eine Oefnung im Laden hat, nicht blos in der geraden Linie, die sich von der Sonne durch die Oefnung ziehen läst, sondern an allen Orten sehen, wie man den Schall, der durchs Fenster dringt, im Zimmer an allen Orten hört, welches doch der klaren Erfahrung zuwider ist. Euler widerlegt Newtons Satz nicht. Er weiß sich nicht anders zu helfen, als daß er geradehin behauptet, der Schall verbreite sich auch nicht diesem Satze gemäß. Es sey zwar wahr, daß man den Schall überall im Zimmer gleich stark höre; aber niemand glaube doch, daß der schallende Körper im Fenster oder im Loche der Wand befindlich sey, wie man doch glauben müste, wenn sich der Schall von da aus verbreitete. Bey verstopftem Loche höre man den Schall fast eben so gut; also dringe er in gerader Linie durch die Wände des Zimmers, welche hier gleichsam die Stelle durchsichtiger Körper vertreten. Könnte man Wände anlegen, die für den Schall undurchdringlich wären, welches er für unmöglich hält, so würde man den Schall blos in der geraden Linie hören, die durch den schallenden Körper und das Loch gienge. Dies heißt: einen theoretisch erwiesenen Satz durch Erfahrungen bestreiten wollen, deren Anstellung man selbst für unmöglich hält. Inzwischen ist hier die Erfahrung weder unmöglich, noch auf Eulers Seite. Herr **Klügel** (Priestley Geschichte der Optik, S. 262.) glaubt den Versuch wirklich angestellt zu haben. Der Erfolg dabey war nicht so, wie Euler vermuthet; denn es war ziemlich entschieden, daß der Schall nicht nach der geraden Linie ins Ohr kam.

Man wird mir erlauben, noch folgende Erfahrung hinzuzusetzen. Wenn man durch ein Blaserohr redet, so hört jedermann die Worte so, als ob sie am Ende des Rohrs ausgesprochen würden. Hier verbreitet sich doch der Schall offenbar von der Oefnung aus nach allen Seiten, ob er gleich im Rohre selbst nur nach der geraden Linie fortgehen

konnte. Ein solches Rohr ist zwar kein eulerisches con-
clave, cujus constructio vires humanas prorsus superat,
aber dennoch widerlegt es die Vermuthung, experimentum ex voto succellurum, sonumque in ea solum di-
rectione, unde venerat, sensum auditus esse excitaturum
(Nova theor. §. 14.) Ich habe dies immer für ein Beyspiel gehalten, wie oft Gedanken großer Männer, wenn sie
ohne Erfahrung hingeschrieben sind, durch kindische Spielwerke widerlegt werden. Ein Licht sieht man doch durch
ein solches Rohr nicht anders, als wenn das Auge in der
verlängerten Axe des Rohrs steht; hier bleibt also eine offenbare Unähnlichkeit zwischen den Fortpflanzungen von Schall
und Licht.

Man sieht aus dem bisherigen, daß beyde Systeme
zwar viel erklären, beyde aber auch große Schwierigkeiten
gegen sich haben. Beguelin (Nouv. mém. de l'acad.
des sc. de Prusse, 1772. p. 152.) untersucht die Mittel,
zwischen beyden durch Erfahrungen zu entscheiden, und findet sie alle unzuverläßig. Gegen den Vorschlag, den er
selbst thut, lassen sich eben so gegründete Einwendungen machen (s. Allgemeine deutsche Bibl. 26 Band, S. 18. u. f.).
Wäre es möglich, auszumachen, ob das Licht im Glase geschwinder oder langsamer fortgeht, als in der Luft, so würde das erstere Newtons, das letztere Eulers System begünstigen: es giebt aber kein Mittel, darüber Erfahrungen anzustellen.

So wenig sich nun hierüber etwas Gewisses ausmachen
läßt, so scheint es mir doch, als ob eine nähere Bekanntschaft mit der Chymie jeden für das Emanationssystem geneigter machen müste; daher denn auch die meisten Chymisten nicht nur eine Lichtmaterie annehmen, sondern
auch dieselbe zu ihren besten Theorien, als ein wesentliches
Ingrediens, gebrauchen. Dies ist nun zwar noch lange
kein Beweis für ihr wirkliches Daseyn, weil alle diese Theorien doch nur hypothetisch sind, und einige sich vielleicht
auch mit Eulers Systeme vereinigen liessen. Aber es giebt
doch in der That Erscheinungen, wobey das Licht Verwand-

schaften gegen andere Stoffe zu äuffern, und Veränderungen in der Mischung und Zersetzung der Körper hervorzubringen scheint, die man schwerlich einem bloßen Zittern
des Aethers zuschreiben kan. Das Sonnenlicht entwickelt
eine sehr reine Luft aus den Pflanzen, welche in der Nacht
und im Schatten eine schädliche Luft hervorbringen, s. Gas,
dephlogistisirtes. Eben dieses Licht giebt den Gewäch-
sen die grüne Farbe. Blumenzwiebeln, die man im Dunkeln auf einem Glase mit Wasser einem Lampenfeuer aussetzt, treiben weiße Blätter, die erst am Sonnenlichte grün
werden. Noch mehr, diese grüne Farbe ist resinös, und
löset sich im Weingeiste auf. Mehrere Beyspiele von Veränderungen der Farbe durch das Sonnenlicht führt Priestley (Gesch. der Optik, S. 276 u. f.) aus Du Hamel,
Beccari u. a. an. Wie leicht Bänder und seidne Stoffe
gewisse Farben an der Sonne verlieren, ist bekannt; gleichwohl verlieren sie dieselben im Dunkeln nicht, wenn sie gleich
eben dem Grade der Wärme, und eben der freyen Luft ausgesetzt sind. Marat (Decouvertes sur la lumiere, übers.
von Weigel, Leipz. 1783. 8.) hat Verwandschaften des
Lichts mit andern Materien sichtbar darzustellen gesucht.
Auch die Verbindung zwischen Licht und Wärme, der Umstand, daß schwarze Körper stärker erhitzt werden, als
weiße, die Erscheinungen der Phosphoren, der Stoß des
Lichts, den einige im Brennpunkte der Hohlspiegel wahrzunehmen geglaubt haben u. dgl. mögen viel dazu beygetragen haben, das Daseyn einer Lichtmaterie den Chymikern wahrscheinlich zu machen. Ihre Meinungen über
die Natur derselben sind dennoch höchst verschieden.
Nach einigen soll sie zusammengesetzt, nach andern einfach,
nach de Lüc sogar das einzige einfache und elementarische
Fluidum seyn. Um Wiederholungen zu vermeiden, will
ich hierüber auf die Artikel: Feuer und Phlogiston verweisen.

Der P. Boscowich (Philos. naturalis theoria re-
dacta ad unicam legem, Vindob. 1759. 4. p. 167. ingl.
Diss. de lumine, Vind. 1766. 4 maj.) hebt die Schwierigkeit, die sich gegen das Emanationssystem aus dem Bau

der durchsichtigen Körper herleiten läst, dadurch, daß er sich die Materie überhaupt als eine Menge von physischen Punkten vorstellt, welche mit Wirkungskreisen des Anziehens und Zurückstoßens umgeben sind, s. Materie. Wenn nun, sagt er, ein bewegter Körper genug Moment hat, um die zurückstoßenden Kräfte, in deren Wirkungs= kreis er kömmt, zu überwinden, so wird er ohne Schwie= rigkeit durch jeden Körper bringen können, denn auf diese Art kreuzen sich blos Kräfte, deren, wie wir sonst schon wissen, mehrere an einem Orte zugleich vorhanden seyn können. Boscowich zeigt, wenn das Moment groß ge= nug sey, so treibe der durchgehende Körper die Theile des andern gar nicht aus der Stelle; bey einer geringern Ge= schwindigkeit setze er sie in eine beträchtliche Bewegung, oh= ne in seinem Laufe sehr unterbrochen zu werden; und bey noch geringerer Geschwindigkeit gehe er gar nicht durch. Nach Priestley hat ein Engländer Michell eben diesen Ge= danken schon früher gehabt; so wie er überhaupt den Ken= nern der Monadologie nicht neu scheinen wird. Die Kraft, womit das Licht fortgeht, wird aus der Geschwindigkeit desselben, 19 Trillionenmal größer als dies Schwere, ge= funden, wenn man den Raum, in welchem die Körper auf dasselbe zu wirken anfangen, $\frac{1}{100}$ Zoll setzt. Ein Wi= derstand, der diese Kraft zu überwinden vermag, kan frey= lich leicht für absolute Undurchdringlichkeit angesehen wer= den, wenn er auch dies nicht wirklich ist. Ich lasse es übri= gens mit Herrn Klügel unentschieden, ob diese Berech= nung auf das Licht passe, und ob es nicht noch weit besser gethan sey, seine Unwissenheit über das Wesen des Lichts demüthig zu gestehen.

Priestley Geschichte der Optik, durch Klügel, S. 2L 104. 259. 276. 279. u. f. 304. u. f.

Ren. Descartes Princip. philos. P. III. §. 55. sqq.

Leonh. Euler Nova theoria lucis et locorum in Opusc. var. arg.

Erxleben Anfangsgr. der Naturl. 4te Aufl. §. 307—313.

Lichtstral, s. Licht.

Lichtkegel, ſ. Stralenkegel.
Lichtträger, ſ. Phoſphoren.

Linſengläſer, Glaslinſen, dioptriſche Linſen,
Lentes dioptricae, *Verres dioptriques*. Gläſer von kreis⸗
förmigem Umfange, wovon eine oder beyde Flächen eine
kugelförmig erhabne oder hohle Krümmung haben. Man
ſuchte ihnen ſonſt auch andere, z. B. elliptiſche und hyper⸗
boliſche Krümmungen zu geben: aber die Abſicht, die man
dabey hatte, blieb unerreicht, ſ. Achromatiſche Fern⸗
röhre. Jetzt werden blos ſphäriſche gebraucht, die man
aus dazu ſchicklichen Glasſtücken ſchleift.

Taf. XIII. Fig. 104. bis 109. ſtellen die verſchiedenen
Arten von Linſen im Durchſchnitte vor. Fig. 104. iſt auf
beyden Seiten erhaben, und heißt ein Convexconvex
(Lens utrinque convexa, *Verre convexo-convexe*); Fig.
105. iſt auf einer Seite eben, auf der andern erhaben, ein
Planconvex, (Lens plano-convexa, *Verre plan-convexe*);
Fig. 106. auf einer Seite hohl, auf der andern erhaben,
doch, daß der Halbmeſſer der erhabnen Seite kleiner iſt, als
der Halbmeſſer der hohlen, heißt ein Meniskus oder Mond
(Meniſcus, Lunula, *Méniſque*). Dieſe drey Arten ha⸗
ben das gemein, daß ſie in der Mitte dicker, als gegen den
Rand ſind; ſie machen zuſammen die Claſſe der erhabnen
Linſen oder Convexgläſer (Lentes convexae, *Verres con-
vexes*) aus. Nach dem verſchiedenen Gebrauche, den man
von ihnen macht, heißen ſie auch Brillengläſer, einfache Ver⸗
größerungsgläſer, Loupen, Brenngläſer. Die beyden er⸗
ſten Arten, Fig. 104 und 105. heißen von ihrer Geſtalt im
eigentlichen Verſtande Linſen (Lentes, *Lentilles*, *Verres
lenticulaires*).

Fig. 107. iſt auf beyden Seiten hohl, ein Concav⸗
concav (Lens utrinque concava, *Verre concavo-concave*);
Fig. 108. auf einer Seite hohl, auf der andern eben, ein
Planconcav (Lens plano-concava, *Verre plan-concave*);
Fig. 109. auf einer Seite hohl, auf der andern erhaben,
doch daß der Halbmeſſer der hohlen Seite kleiner iſt, als
der der erhabnen, heißt ein Concav⸗convex (Lens

concavo-convexa, *Verre concavo-convexe*). Diese drey Arten, welche in der Mitte dünner, als am Rande, sind, machen zusammen die Classe der hohlen Linsen oder Hohlgläser (Lentes concavae, *Verres concaves*) aus, und heißen bisweilen wegen des Gebrauchs, den man davon macht, Augengläser.

Bey allen diesen Glaslinsen heißt die Linie A B, welche durch die Mittelpunkte beyder Krümmungen geht, oder bey Fig. 105. und 108. durch den Mittelpunkt der Krümmung senkrecht auf die ebne Seite gesetzt wird, die Axe der Linse. Sie muß genau durch die Mitte der Linse durchgehen; und man sagt alsdann, das Glas sey richtig centrirt.

Bey einer richtig centrirten Linse sind die Flächen um die Mitte mit einander parallel. Ist also die Dicke der Linse nicht beträchtlich, so kan man nach Th. I. S. 433. Num. 4) beym Worte Brechung, ohne Fehler annehmen, daß jeder auf die Mitte einer Linse fallende Stral ungebrochen durchgehe.

Man nennt bisweilen eine Glaslinse einzöllig, zweyzöllig, dreyfüßig u. s. w., wenn die Durchmesser beyder Krümmungen (oder bey Fig. 105 und 108. der Durchmesse der einzigen Krümmung) 1 Zoll, 2 Zoll, 3 Fuß ꝛc. betragen. Haben die beyden Krümmungen verschiedene Durchmesser, wie beym Convexoconvex sehr oft, und beym Meniskus allemal, so läst sich diese Benennung gar nicht anwenden. Es ist also überhaupt besser, sich derselben zu enthalten.

Die Linsengläser dienen zu so vielen nützlichen Werkzeugen, daß es wohl der Mühe lohnt, hier etwas von den Gründen ihrer allgemeinen Theorie beyzubringen. Ich werde hiebey zuerst die Brechung des Lichts durch einzelne krumme Flächen, dann die durch Linsengläser mit zwo Flächen betrachten, hieraus die Eigenschaften der Linsengläser herleiten, und zuletzt zeigen, wie sich die Gegenstände darstellen, die man durch solche Gläser betrachtet.

Brechung durch eine Kugelfläche.

Wenn P Q, Taf. XIII. Fig. 110. den Durchschnitt einer

Kugelfläche vom Halbmesser CA vorstellet, so läst sich der Weg des Lichtstrals BP, nach der Brechung bey P, durch Zeichnung finden. Denn das Einfallsloth ist alsdann die aus dem Mittelpunkte der Kugel gezogne Linie CPL (f. Einfallsloth), und die Fläche des Papiers wird die Brechungsebne, in der also auch der gebrochne Stral fortgeht, f. Brechungsebne. Man darf also nur CPL ziehen, wodurch sich der Einfallswinkel x giebt, dessen Sinus aus den Tafeln bekannt wird. Ist nun das Brechungsverhältniß m : n auch bekannt, so erhält man daraus den Sinus des Brechungswinkels y, welcher $= \dfrac{n}{m} \cdot \sin x$ ist, und hieraus mittelst der Tafeln den Winkel y selbst, der an CP bey P angesetzt, die Linie PV, oder den Weg des gebrochnen Strales giebt.

Weil doch hier die Rede nur von Glasflächen ist, in welche die Stralen aus der Luft übergehen, so hat man m : n = 3 : 2, daß also $\sin y = \tfrac{2}{3} \sin x$ wird, wofür sich, wenn x nicht über 30° beträgt, ohne großen Fehler $y = \tfrac{2}{3} x$ nehmen läßt. Dies erleichtert die Zeichnung noch mehr. Man darf nur zwischen den Schenkeln des Winkels CPR, welches der Vertikalwinkel von x ist, einen Bogen mit beliebigem Halbmesser beschreiben, denselben in drey Theile theilen, und zwey Theile davon für das Maaß von y rechnen.

Auf diese Art kan man leicht finden, daß Stralen, welche auf die Kugelfläche PQ, Taf. XIII. Fig. 111. mit der Axe AC parallel auffallen, sich bey V, wo AV = 3 CA ist, oder in einer Entfernung von drey Halbmessern der Kugelfläche vereinigen, und so andere Sätze mehr, dergleichen schon Kepler (Dioptr. prop. 35. sqq.) erwiesen hat.

Weit allgemeiner aber läßt sich die Brechung in Kugelflächen durch folgende Rechnung bestimmen.

Es sey Taf. XIII. Fig. 110. QP eine Kugelfläche vom Halbmesser CA = r, durch welche der in A senkrecht einfallende Stral BACV ungebrochen durchgeht, und die Axe vorstellt. Ein leuchtender Punkt B in dieser Axe, dessen

Abstand B A = b ist, sende auf sie den Stral B P, welcher nach dem Brechungsverhältniße m:n gegen P V gebrochen wird. Man fragt, wo dieser gebrochne Stral die Axe erreiche, oder man sucht A V.

Vorausgesetzt, daß P sehr nahe bey A liege, also die Winkel t, o, x, y, u sehr klein sind, verhalten sich t, o, u umgekehrt, wie b, r, A V; auch x : y = m : n. Daher ist

$$o : t = b : r$$

$$o : x = b : b + r, \text{ weil } x = o + t$$

$$x : y = m : n$$

$$o : y = mb : nb + nr$$

$$u : o = (m \cdot n)\, b \cdot nr : mb, \text{ weil } u = o - y$$

Aber $\quad u : o = \quad\quad r \quad : A V$

$$\text{Daher } A V = \frac{mbr}{(m - n)b - nr}$$

Diese Formel giebt für die Brechung aus Luft in Glas, wo m = 3, n = 2 ist, $A V = \dfrac{3br}{b - 2r} = \dfrac{3r}{1 - 2r : b}$ woraus sich nun alles herleiten läst, was über die Brechung durch eine Kugelfläche gefragt werden kan. Es wird aber genug seyn, dies nur durch einige Beyspiele zu erläutern.

I. Sind die einfallenden Stralen, wie bey Fig. III, mit der Axe parallel, so ist b oder A B unendlich groß. Daher verschwindet 2r : b, und es wird A V = 3 r oder jeder Stral vereiniget sich mit der Axe in der Entfernung des dreyfachen Halbmessers.

II. Ist B A dem Durchmesser der Kugel gleich, d. i. b = 2 r, so wird b — 2 r = 0, also A V unendlich groß. Die Stralen vereinigen sich also gar nicht, sondern laufen nach der Brechung mit der Axe parallel.

III. Ist B A kleiner, als der Durchmesser, z. B. nur dem Halbmesser gleich, oder b = r, so wird A V = — 3 r oder negativ. Dies heißt: den Stralen widerfährt das, was der Vereinigung entgegengesetzt ist, sie werden diver-

gent oder zerftreut. Im angenommenen Beyfpiele fah:
ren fie fo aus einander, als ob fie aus einem Punkte kämen,
welcher um die Weite 3r vor der Kugelfläche läge.

IV. Ift die Kugelfläche Q P hohl, fo hat ihr Halbmeffer C A eine der vorigen entgegengefetzte Lage, ift alfo

negativ, oder — r. Hiebey wird A V = — $\dfrac{3\,b\,r}{b+2r}$, alfo

auch negativ, oder die Stralen werden fo zerftreut, als
ob fie aus einem vor der Kugelfläche liegenden Punkte
kämen.

V. Sind die Stralen vor der Brechung fchon conver:
gent, fo liegt der Punkt der Axe, gegen den fie gerichtet
find, oder B, hinter A, und B A oder b wird negativ.

Dafür giebt die Formel A V = $\dfrac{-3\,b\,r}{-b-2r}$ = $\dfrac{3\,b\,r}{b+2r}$. Sol-

che Stralen bleiben bey einer erhabnen Fläche, wo r pofi-
tiv ift, allezeit convergent; bey einer holen, wo r negativ
ift, werden fie parallel, wenn b = 2 r und divergent, wenn
b größer ift, als 2r.

VI. Für Brechung aus Glas in Luft wird das Brechungsverhältniß n : m, alfo verwechfeln m und n ihre
Stellen und es wird

$$A\,V = \dfrac{n\,b\,r}{(n-m)\,b-m\,r} = -\dfrac{2\,b\,r}{b+3r}.$$

Der negative Werth diefer Formel zeigt, daß bey diefer Brechung erhabne Flächen die divergenten Stralen zer-
ftreuen. Für hole Flächen giebt fie die Refultate, wenn
man r, für convergente Stralen, wenn man b negativ
fetzt. Um alles das in ein Beyfpiel zufammenzufaßen,
fetze man, Fig. III. fielen die Stralen, die fchon durch die
Vorderfläche der Glaskugel Q P fo gebrochen waren, daß
fie nach V zu giengen, an der Hinterfläche q p wieder aus
dem Glafe in die Luft, und man fuche v, wo fie fich nach
diefer zweyten Brechung vereinigen werden. Hier ift wegen der holen Fläche q p und des Convergirens der Stralen,
fowohl r als b negativ, und zugleich wird a V oder b =

$AV - Aa = 3r - 2r = r.$ Daher wird $av = \dfrac{2rr}{r+3r}$

$= \dfrac{1}{2} r.$ Dies erweißt zugleich den Satz: Eine Glaskugel vereinigt Parallelstralen hinter sich in der Wei-
te $\frac{1}{2}$ r, oder die Brennweite der Glaskugel ist dem vierten
Theile ihres Durchmessers gleich.

Brechung durch Linsengläser.

Hinter der Kugelfläche Q A P, Taf. XIII. Fig. 112.,
für welche alles so, wie bey Fig. 110. ist, gehe der gebrochne
Stral P V durch eine zweyte Kugelfläche Q D P vom Halbmesser E D $= \varrho$, aus dem Glase wieder in Luft über, so
wird er bey R nach dem Brechungsverhältniße n : m gegen
R F gebrochen. Der Punkt, wo er die Axe erreicht, heiße
F. Man sucht D F $= \varphi$.

Vorausgesetzt, daß die Dicke der Linse A D unbeträchtlich ist, und, wie im vorigen, P sehr nahe bey A liegt,
verhalten sich die Winkel o, p, v umgekehrt wie r, ϱ, φ,
auch ist w : z = n : m. Daher

$$o : p = \varrho : r$$
$$\underline{u : o = (m - n) b - n r : m b,} \quad \text{aus dem vorigen}$$
$$u : p = (m - n) b \varrho - n r \varrho : m b r$$
$$\underline{p : w = m b r : m b r + (m\text{-}n) b \varrho - n r \varrho, \text{weil } w = p + u}$$
$$w : z = n : m$$
$$p : z = n b r : m b (r + \varrho) - n b \varrho - n r \varrho$$
$$\underline{v : p = m b (r + \varrho) - n b (r + \varrho) - n r \varrho : n b r, \text{weil } v = z - p}$$
$$= (m - n) b (r + \varrho) - n r \varrho \quad : n b r$$
$$\text{Aber } v : p = \qquad \varrho \qquad\qquad : \varphi$$

Daher $\varphi = \dfrac{n b r \varrho}{(m - n) b (r + \varrho) - n r \varrho}$

Ist nun Q A P D eine Linse von Glas, durch welche ein
Lichtstral aus Luft wieder in Luft übergeht, so wird m : n
= 3 : 2 und man hat

A.) $\varphi = \dfrac{2br\varrho}{b(r+\varrho) - 2r\varrho} = \dfrac{2r\varrho}{r+\varrho - 2r\varrho:b}$.

Unter den angenommenen Voraussetzungen giebt diese Formel für alle Stralen, welche von dem leuchtenden Punkte zwischen A und P einfallen, einerley F, und so wird nach allen Seiten zu das Licht, welches in dem Kreise um A vom Halbmesser A P, auf die Linse fällt, hinter ihr in dem Punkte F vereiniget. Dieser Punkt F heißt daher der Vereinigungspunkt, und weil sich in ihm der leuchtende Punkt B, Fig. 110. wieder abbildet, der Ort des Bildes; D F oder φ ist die Vereinigungsweite, der Abstand des Bildes vom Glase. Wird der Werth von φ negativ, so fällt F vor das Glas; oder die Stralen laufen hinter demselben so aus einander, als ob sie aus F herkämen. Dann heißt F der Zerstreuungspunkt, D F oder φ die Zerstreuungsweite, und es entsteht kein Bild.

Sind die einfallenden Stralen der Axe parallel, oder ist b unendlich groß, so verschwindet $2r\varrho:b$, und es wird

$DF = \dfrac{2r\varrho}{r+\varrho}$. Dies ist der Fall, wenn die einfallenden

Stralen von der Sonne herkommen, und weil sie alsdann in ihrem Vereinigungspunkte F brennen, so heißt er der Brennpunkt, und D F die Brennweite der Linse. Man nenne diese Brennweite f, so ist

B.) $f = \dfrac{2r\varrho}{r+\varrho}$.

Aus dieser Formel, welche schon Cavalleri gefunden haben soll, haben wir die Brennweiten der sphärischen Linsengläser unter dem Artikel: Brennweite (Th. I. S. 459. 460.) hergeleitet.

Wenn man in der mit A.) bezeichneten Formel sowohl den Zähler, als den Nenner, durch $r+\varrho$ dividiret, und was herauskömmt, mit B.) vergleicht, so giebt

der Zähler, b f

des Nenners erster Theil, b

des Nenn. zweyter Theil, — f,

Mmm

und man erhält die sehr bequeme Formel

$$C.)\quad \varphi = \frac{bf}{b-f}.$$

oder: Die **Vereinigungsweite ist gleich dem Produc-te des Abstands des leuchtenden Punkts in die Brennweite, dividirt durch den Abstand weniger der Brennweite.**

Durch die Formeln B.) und C.) lassen sich nun, aus den Halbmessern der beyden Krümmungen, die Brennweiten, und aus diesen die Vereinigungsweiten bey jeder Art von Linsengläsern leicht bestimmen. Es sey z. B. für einen Meniskus der Halbmesser der erhabnen Fläche 3 Zoll, der holen 4 Zoll (welcher letztere negativ ist) so hat man aus B.) die Brennweite =

$$\frac{2.\,3.\,4}{4-3} = 24\,\text{Zoll.}$$

Steht ein sichtbarer Gegenstand 36 Zoll weit vor dem Glase, so ist aus C.) die Vereinigungs-weite

$$\frac{36.\,24}{36-24} = 72\,\text{Zoll,}$$

oder das Bild entwirft sich 72 Zoll weit hinter dem Glase.

Wenn die Weite des Gegenstands vom erhabnen Lin-senglase der doppelten Brennweite gleich, oder b = 2f ist, so ist die Weite des Bildes eben so groß. Denn alsdann ist

$$\varphi = \frac{2\,ff}{2f-f} = 2f.$$

Beym **Hohlglase** thut man am besten, gleich den Werth von — f und — φ zu suchen, welche unmittelbar die vor das Glas fallenden Zerstreuungsweiten für unendlich entfernte und für nähere Gegenstände geben. Ist z. B. beym Concav concav der Halbmesser der einen Fläche 2 Zoll, der andere 6 Zoll, so ist — f =

$$\frac{2.\,2.\,6.}{2+6} = 3\,\text{Zoll.}$$

Und wenn ein Gegenstand 6 Zoll weit von dem Glase steht, wird

$$- \varphi = \frac{3.\,6.}{3+6} = 2\,\text{Zoll,}$$

d. i. die Stralen divergiren

so, als ob sie aus einem 2 Zoll vor dem Glase gelegnen Punkte ausführen.

Eigenschaften der Linsengläser.

Wenn auf eine erhabne Linse divergirende Stralen aus einem leuchtenden Punkte fallen, so werden sie nach der Brechung 1.) weniger divergirend, wenn b kleiner ist, als f; 2.) parallel, wenn b = f; 3.) convergirend, wenn b größer ist, als f. Im letztern Falle vereinigen sich diese Stralen wieder in einen Punkt, und es entsteht hinter dem Glase ein Bild des leuchtenden Gegenstands.

Mit diesem Bilde geht es so zu. Der Punkt A des Gegenstands AB, Taf. XIII. Fig. 113. wirft einen Stralenkegel auf die Linse D E, dessen Stralen sich in a wieder sammlen, wo C a = φ ist, wenn man A C = b, und die Brennweite des Glases CF = f nennt. Eben so wirft der Punkt B einen Stralenkegel auf die Linse, dessen mittelster Stral BC, weil er die Mitte der Linse trift, ungebrochen fortgeht. Mit diesem vereinigen sich alle übrige Stralen des Kegels wieder bey b, und bilden hier den Punkt B des Gegenstants ab. Alle zwischen A und B liegende Punkte machen ihre Bilder zwischen a und b, woraus also in ab ein umgekehrtes Bild des Gegenstands entsteht. Die Größe dieses Bildes ab verhält sich zur Größe des Gegenstands AB, wie C a : C A oder wie φ : b. Das ist, wenn man für φ seinen Werth aus C.) setzt, wie f : b — f.

Wenn der Gegenstand AB sehr entfernt, oder b unendlich groß ist, so wird φ = f, oder: Bilder unendlich entfernter Gegenstände fallen in den Brennpunkt oder Brennraum. Rückt der Gegenstand näher, so rückt das Bild weiter vom Brennpunkte ab. Kein Bild kan also dem Glase näher liegen, als der Brennpunkt. Kommt der Gegenstand A B in die Entfernung, die der doppelten Brennweite gleich ist, oder ist b = 2f, so wird auch φ = 2f, oder sein Bild rückt in eben diese Entfernung hinter dem Glase. Alsdann ist auch das Bild eben so groß, als der Gegenstand. Rückt der Gegenstand noch näher an das Glas, so rückt das Bild noch weiter ab, und wird nun größer. Steht der Gegenstand im Brennpunkte selbst, oder ist b = f, so wird φ unendlich, d. h. er macht ein unendlich großes Bild in einer unendlichen Entfernung. Alsdann sind die aus A kommenden Stralen nach der Brechung nicht mehr convergirend, sondern parallel. Hieraus hat man den Satz: Stralen, die aus dem Brennraume eines erhabnen Glases kommen, werden nach der Brechung unter einander parallel. Wenn endlich der Gegenstand noch näher beym Glase steht, als der Brennpunkt, so entsteht gar kein Bild, weil die aus A kommenden Stralen gar noch divergirend bleiben; aber diese Stralen werden doch verlängert vor dem Glase in einen Punkt α zusammen kommen, den man als ein unsichtbares Bild von A betrachten kan. Dies zeigt auch die Formel C.), welche, wenn b < f ist, ein negatives φ, oder eine Zerstreuungsweite giebt, für welche

$$- \varphi = \frac{bf}{f - b}$$

wird.

Wenn aber auf die erhabne Linse convergirende Stralen fallen, so werden sie nach der Brechung noch mehr convergent, und ihre Vereinigungspunkte rücken näher an die Linse heran, als der Brennpunkt. Alsdann ist nemlich b negativ, und es wird

$$\varphi = \frac{bf}{b + f},$$

welches allezeit kleiner, als b, auch kleiner, als f, seyn muß.

Die allgemeine Eigenschaft der erhabnen Gläser ist also, die Lichtstralen weniger divergent, oder mehr convergent zu machen, d. i. sie näher zusammenzulenken. Sie heißen deswegen auch Sammlungsgläser, Collectivgläser.

Man kan sich die Theorie der Bilder, welche sie machen, am bequemsten durch eine Lichtflamme erläutern, wenn man dieselbe vor das Glas stellt, und mit einem Papiere hinter dem Glase den Ort sucht, wo sich das umgekehrte Bild der Flamme deutlich zeigt. Gesetzt, die Brennweite des Glases sey 4 Zoll. Man stelle sich anfänglich sehr weit von dem Lichte, so wird man das Bild sehr klein und sehr wenig über 4 Zoll vom Glase finden. Geht man allmählig näher, so muß man das Papier immer etwas weiter vom Glase abhalten, wenn das Bild deutlich seyn soll, auch wird das Bild immer größer. Kömmt man dem Lichte auf 8 Zoll nahe, so findet man das Bild auch 8 Zoll vom Glase entfernt, und eben so groß, als die wirkliche Flamme. Rückt man das Glas noch näher, so muß man das Papier wieder rückwärts entfernen, und das Bild vergrößert sich nun sehr stark, bis man endlich in der Entfernung 4 Zoll vom Lichte gar keinen Ort für das Bild mehr findet.

Wenn auf ein Hohlglas parallele Stralen fallen, so werden sie so zerstreut, als ob sie aus einem näher vor dem Glase liegenden Punkte ausgegangen wären. Dieser Punkt ist alsdann der Ort eines unsichtbaren Bildes, sein Abstand vom Glase f ist negativ, und deutet eigentlich eine Zerstreuungsweite an, der man aber doch gewöhnlich auch den Namen der Brennweite giebt. Man f. das Wort Brennweite (Th. I. S. 460.), ingl. Zerstreuungspunkt.

Fallen aber auf das Hohlglas Stralen aus einem leuchtenden Punkte, welche schon divergiren, so werden sie nach der Brechung noch mehr divergiren. Dies zeigt die Formel C.), wenn man in ihr f negativ setzt. Sie giebt alsdann

$$- \varphi = \frac{b\,f}{b+f},$$

d. i. eine Zerstreuungsweite, die allemal kleiner, als b f, und als f, ist, daß also das unsichtbare Bild allezeit näher, als der Gegenstand selbst, auch näher als der Brennpunkt, liegt.

Bekömmt endlich ein Hohlglas convergirende Stralen, so schwächt es deren Convergenz. Es wird alsdann b negativ, und $\varphi = \dfrac{b\,f}{f-b}$, daß also solche Stralen 1.) weniger convergirend werden, wenn b kleiner ist, als f, 2.) parallel werden, wenn b = f, 3.) gar divergirend ausgehen, wenn b größer ist, als f. Der zweyte Fall giebt den Satz: Stralen, die nach dem Brennpunkte eines

Hohlglases zu convergiren, laufen nach der Brechung mit einander parallel.

Wegen der allgemeinen Eigenschaft, die Stralen mehr
zu zerstreuen, oder doch ihre Convergenz zu schwächen, heißen die Hohlgläser auch Zerstreuungsgläser.

Alle diese Sätze gelten nur für Linsen, deren Dicke
unbeträchtlich ist (also nicht für die Kugel) und für Stralen, welche sehr nahe an der Mitte einfallen. Weil man
aber in den dioptrischen Werkzeugen nur diese mittlern Stralen einläßt, s. Blendung, Apertur, so kann man die
Theorie dieser Werkzeuge auf obige Sätze gründen. Stralen, die weit von der Axe ab einfallen, kommen freylich
nicht genau nach F, und stören daher die Deutlichkeit der
Bilder, s. Abweichung, dioptrische.

Descartes (Dioptr. cap. 8.) zeigt, wenn man in
einer Ellipse das Verhältniß der großen Axe zur Entfernung beyder Brennpunkte, wie m:n (oder, wie 3:2)
nähme, so würden die mit der Axe parallel auf das elliptische Sphäroid fallenden Stralen genau in dem entfernten Brennpunkte vereiniget werden. Die Hyperbel hat in
Absicht auf hohle Flächen eine ähnliche Eigenschaft. Dadurch ließen sich Linsen mit elliptischen und hyperbolischen
Flächen angeben, welche alle mit der Axe parallelen Stralen in F genau vereinigten. Allein für die schiefen Stralen, die von Punkten außer der Axe herkommen, würde die Abweichung dabey noch größer werden; und die weit
beträchtlichere Abweichung wegen der Farbenzerstreuung
würde dabey noch immer unvermieden bleiben.

Erscheinungen der Gegenstände durch Linsen-
gläser.

Wenn man AB, Taf. XIII. Fig. 113. durch das Glas
DE betrachtet, so ist es soviel, als ob das Auge das Bild
ab sähe. Denn, wenn auch gleich das Bild nicht da ist,
oder erst hinter dem Auge liegt, so gehen doch die ins Auge kommenden Stralen alle so, als ob sie vom Bilde herkämen, oder dasselbe hinter dem Auge noch entwerfen woll-

ten. Ob das Bild wirklich da ist, oder nicht, ist ein sehr gleichgültiger Umstand.

Betrachtet man also einen Gegenstand durch ein Hohlglas, so ist es soviel, als ob man das vor dem Glase liegende Bild $\alpha\beta$ sähe. Da dieses allezeit näher liegt, als AB selbst, so ist es kleiner, und das Auge sieht die Sache AB durch ein Hohlglas verkleinert, aufrecht, und deutlich, wenn es überhaupt in der Entfernung $O\alpha$, d. i. in einer geringen Entfernung deutlich sieht. Daher dienen hohle Augengläser den Myopen, um entfernte Gegenstände deutlicher zu sehen.

Sieht man hingegen auf AB durch ein erhabnes Glas, so hat man vielerley Fälle zu unterscheiden

1. Liegt der Gegenstand dem Glase nahe, oder ist $b < f$, so ist das Bild vor dem Glase in der Entfernung $\dfrac{bf}{f-b}$.

Es erscheint dem Auge aufrecht, und deutlich, wenn das Auge in der Entfernung $O\alpha$ deutlich sieht. Auch ist das Bild größer, als der Gegenstand, daher man in diesem Falle Vergrößerung mit Deutlichkeit zugleich erhalten kan. So gebraucht man die Convergläser als Brillen und Loupen, s. Brillen, Mikroskop.

2. Liegt der Gegenstand im Brennpunkte selbst, wo $b = f$, so rückt das Bild in eine unendliche Entfernung. Alsdann wird es aufrecht, und von dem Presbyten deutlich gesehen. In welchem Sinne des Worts hiebey Vergrößerung statt finde, s. bey dem Worte: Mikroskop.

3. Liegt der Gegenstand über den Brennpunkt hinaus, so entwirft sich hinter dem Glase das umgekehrte Bild ab. Hiebey steht das Auge entweder zwischen Glas und Bild, oder im Bilde selbst, oder hinter dem Bilde.

a.) Zwischen Glas und Bild convergiren die Stralen noch, die sich erst im Bilde vereinigen. Steht das Auge hier, so sieht es den Gegenstand durch convergirende Stralen, d. i. undeutlich, übrigens aufrecht und vergrößert, weil der Winkel u größer, als ACB und AOB ist.

b.) Im Orte des Bildes selbst erhält das Auge nur

Stralen aus einem einzigen Punkte des Gegenstandes, die sich im Orte des Auges sammlen.   Hier sieht es also gar nichts, als die Farbe dieses einzigen Punkts, die sich wie ein Schimmer über das ganze Glas verbreitet.

c.) Hinter dem Bilde endlich sieht das Auge das umgekehrte Bild ab, und zwar deutlich, wenn es von demselben so weit weg ist, als zum deutlichen Sehen erfordert wird; groß, wenn es demselben nahe steht, klein, wenn es davon entfernter ist.   Bey Gläsern von sehr großen Brennweiten läst sich hieben Vergrößerung mit Deutlichkeit verbinden.   So konnte Tschirnhausen durch seine großen Objectivgläser auf eine Meile weit die Blätter der Bäume unterscheiden (Act. Erud. 1710. Octobr. p. 466. *Wolf* Elem. Dioptr. §. 385.).

Der Gebrauch der Linsengläser ist weit älter, als ihre Theorie.   Erst nachdem die Fernröhre erfunden waren, kamen Kepler und Cavalleri auf einige einzelne theoretische Sätze.   Descartes machte zwar das Gesetz der Stralenbrechung zuerst bekannt, verfehlte aber die Theorie der Linsengläser gänzlich.   Barrow (Lectiones opticae Lond. 1674. 4.) ist also erst derjenige, dem wir die geometrische Entwickelung derselben zu danken haben.   Analytisch und so, wie hier, auf Stralen nahe an der Axe eingeschränkt, hat sie Halley (Philos. Trans. Nov. 1693. und Miscell. Cur. Vol. I.) zuerst vorgetragen.   Ganz allgemein findet man sie in Herrn Kästners analytischer Dioptrik bey Smith's vollständ. Lehrbegrif der Optik, S. 81. u. f.

Kästner Anfangsgr. der Dioptrik, 3te Aufl. der Anfgr. der angew. Math. Göttingen 1780. 8. S. 345 u. f.

Erxleben Anfangsgr. der Naturlehre, §. 348. u. f.

Ende des zweyten Theils.

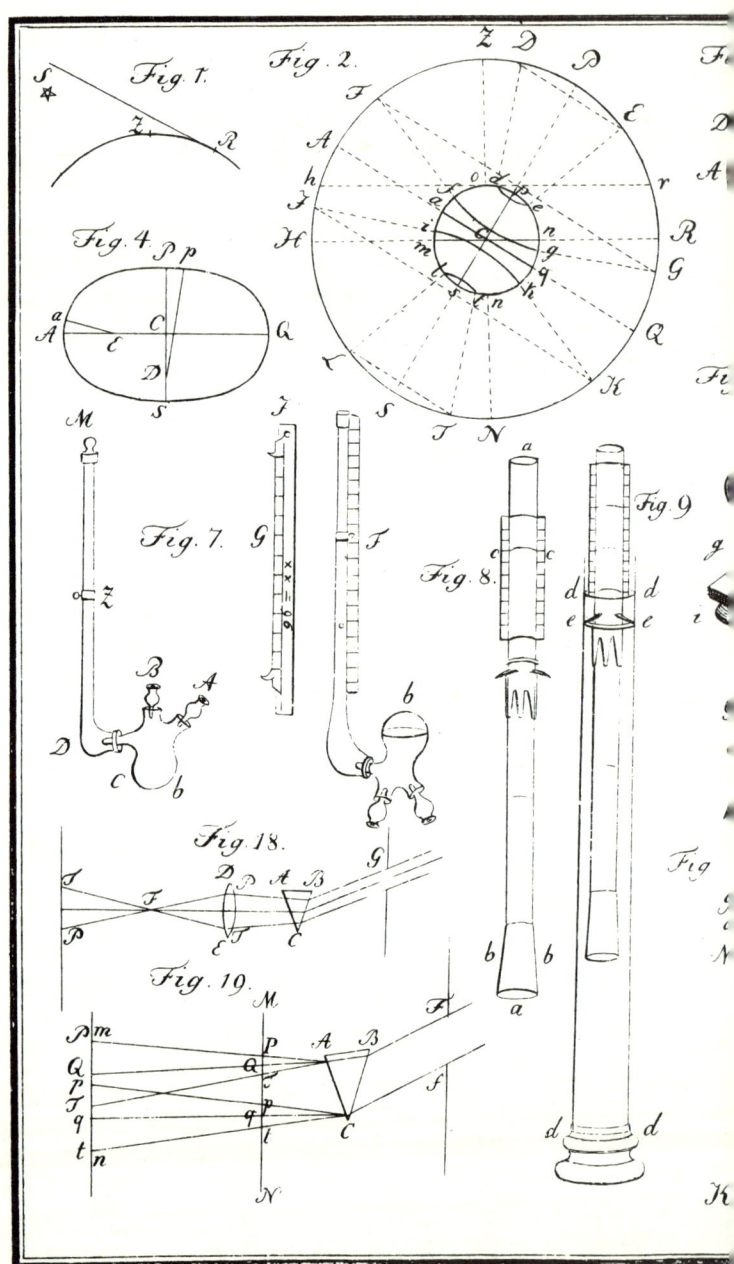

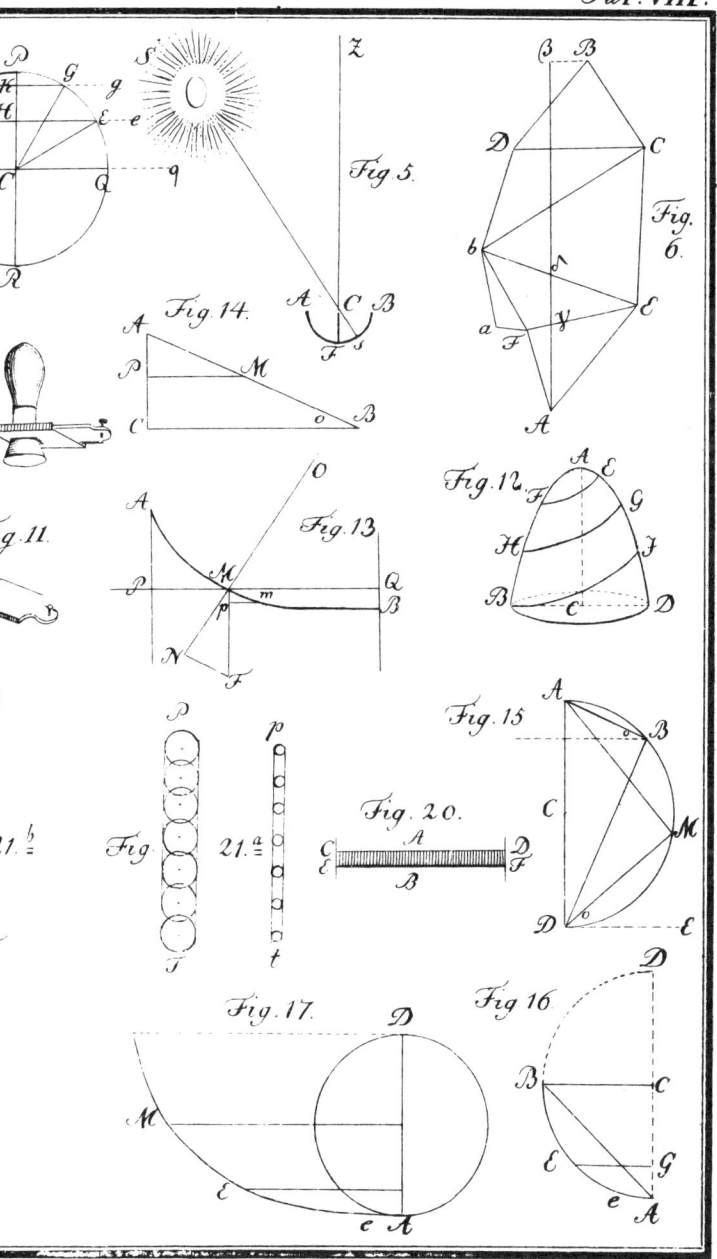

Fig. 5.

Fig. 6.

Fig. 14.

Fig. 11.

Fig. 13

Fig. 12.

Fig. 15.

Fig. 21.ᵇ

Fig. 21.ᵃ

Fig. 20.

Fig. 17.

Fig 16

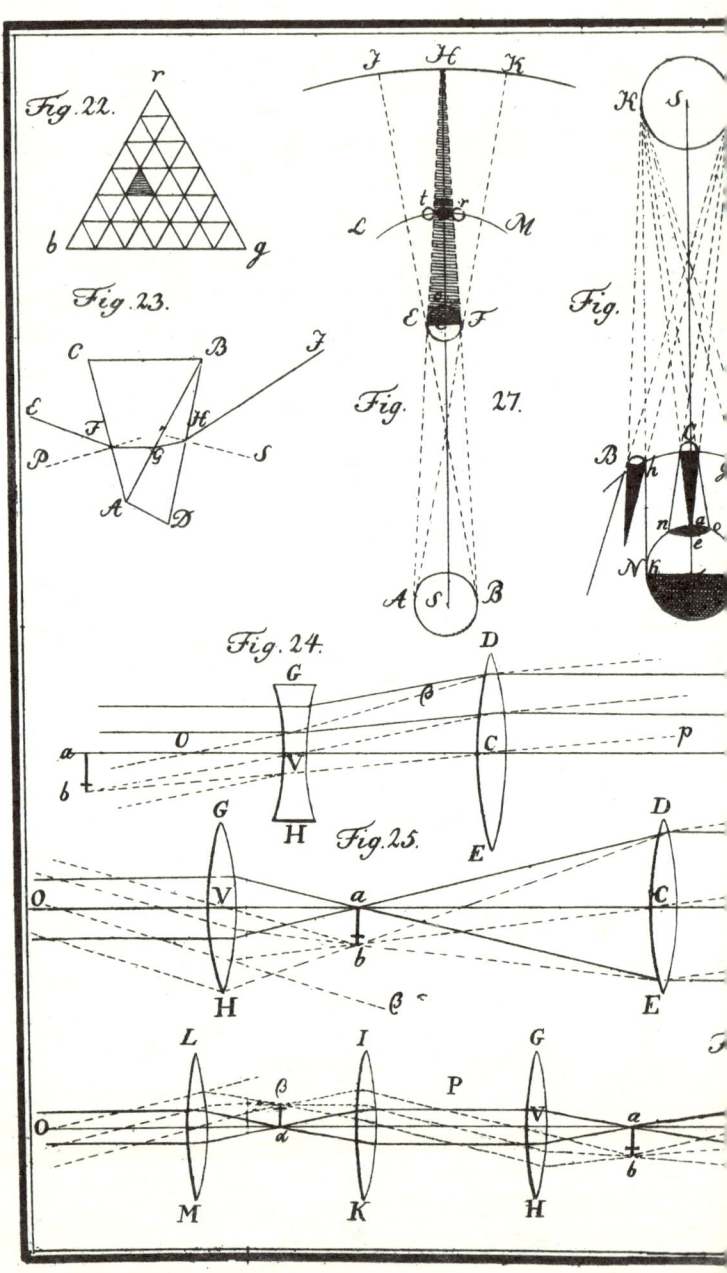

Fig.22.

Fig.23.

Fig. 27.

Fig.

Fig.24.

Fig.25.

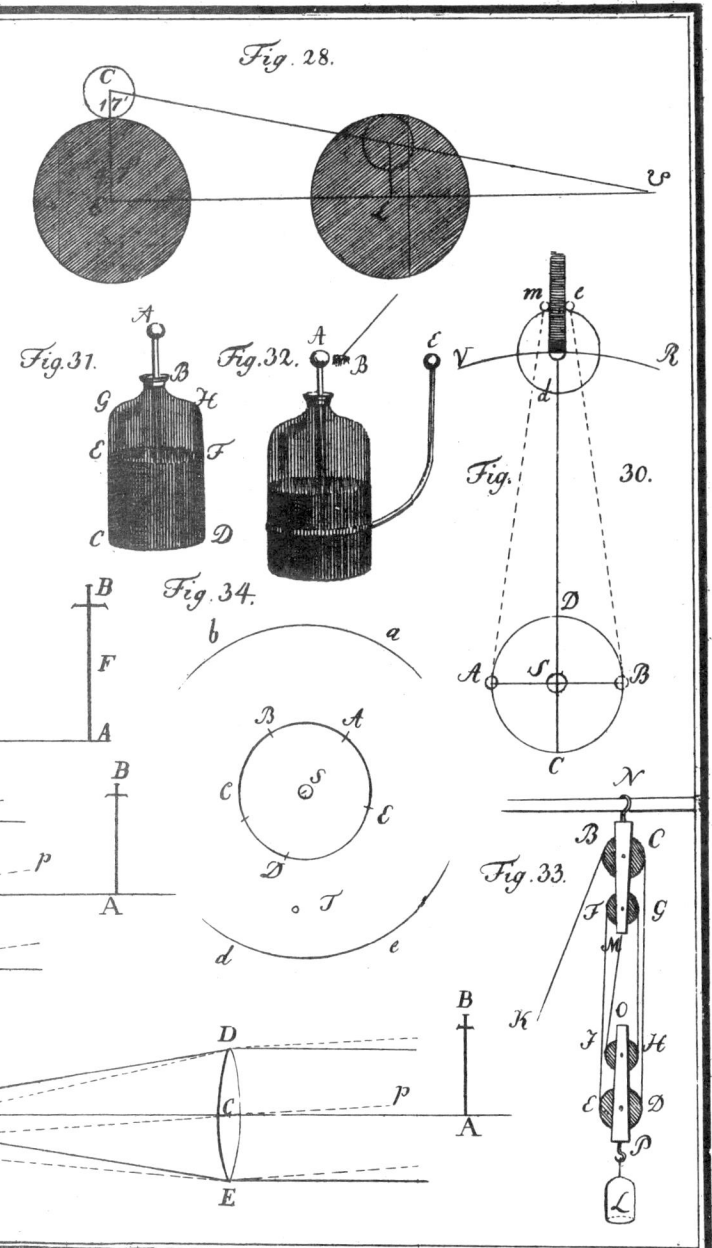

Fig. 28.

Fig.31.

Fig.32.

Fig. 34.

Fig. 30.

Fig. 33.

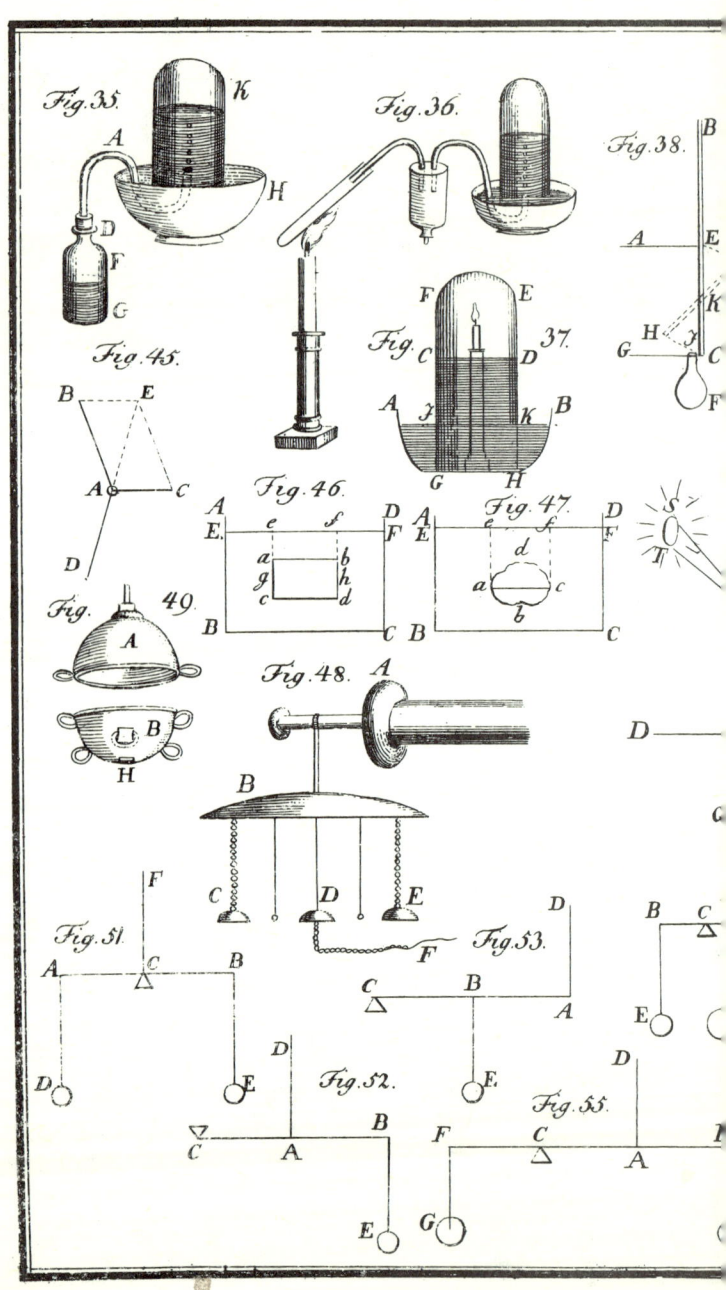

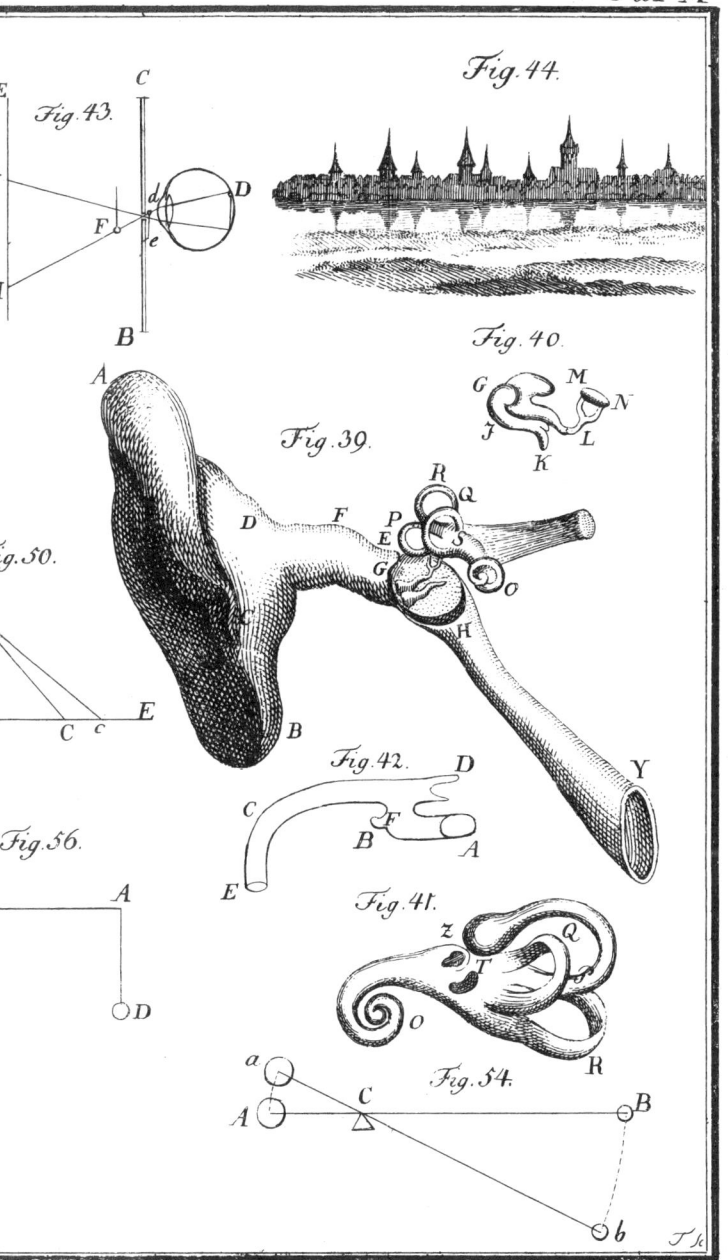

Fig. 43.

Fig. 44.

Fig. 40.

Fig. 39.

Fig. 50.

Fig. 42.

Fig. 56.

Fig. 41.

Fig. 54.

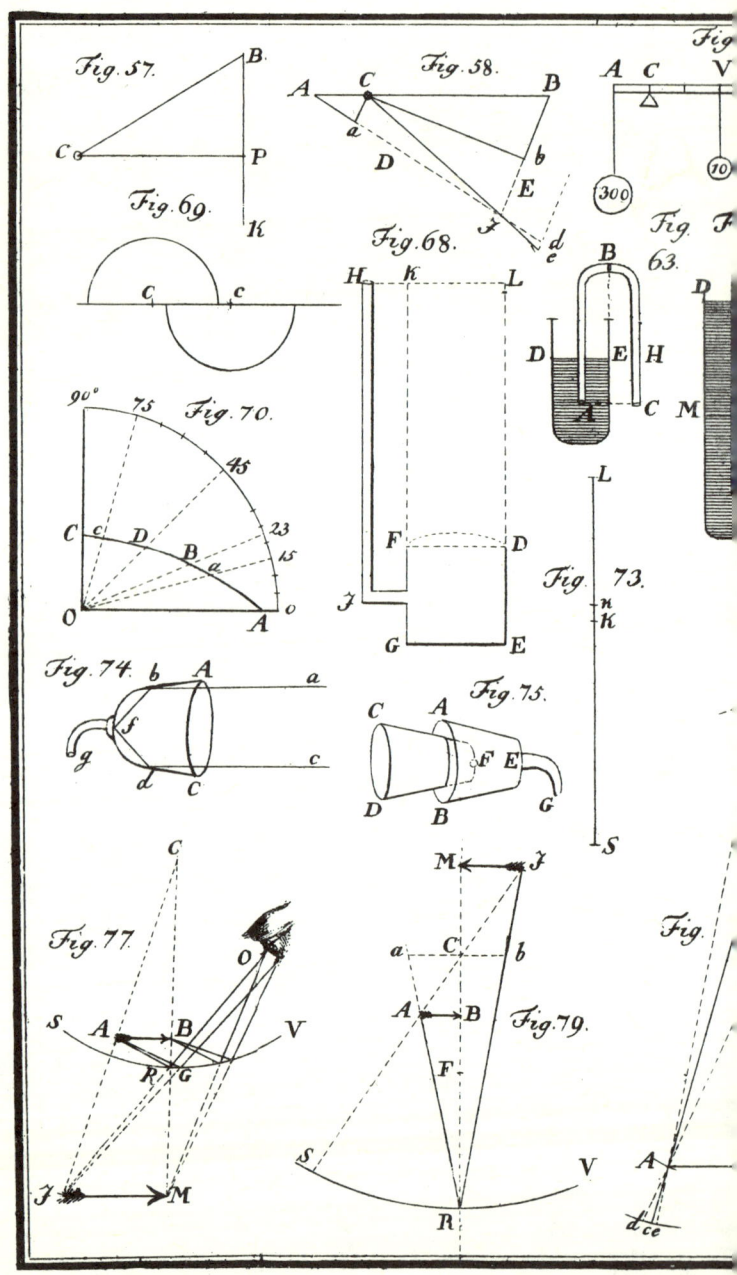

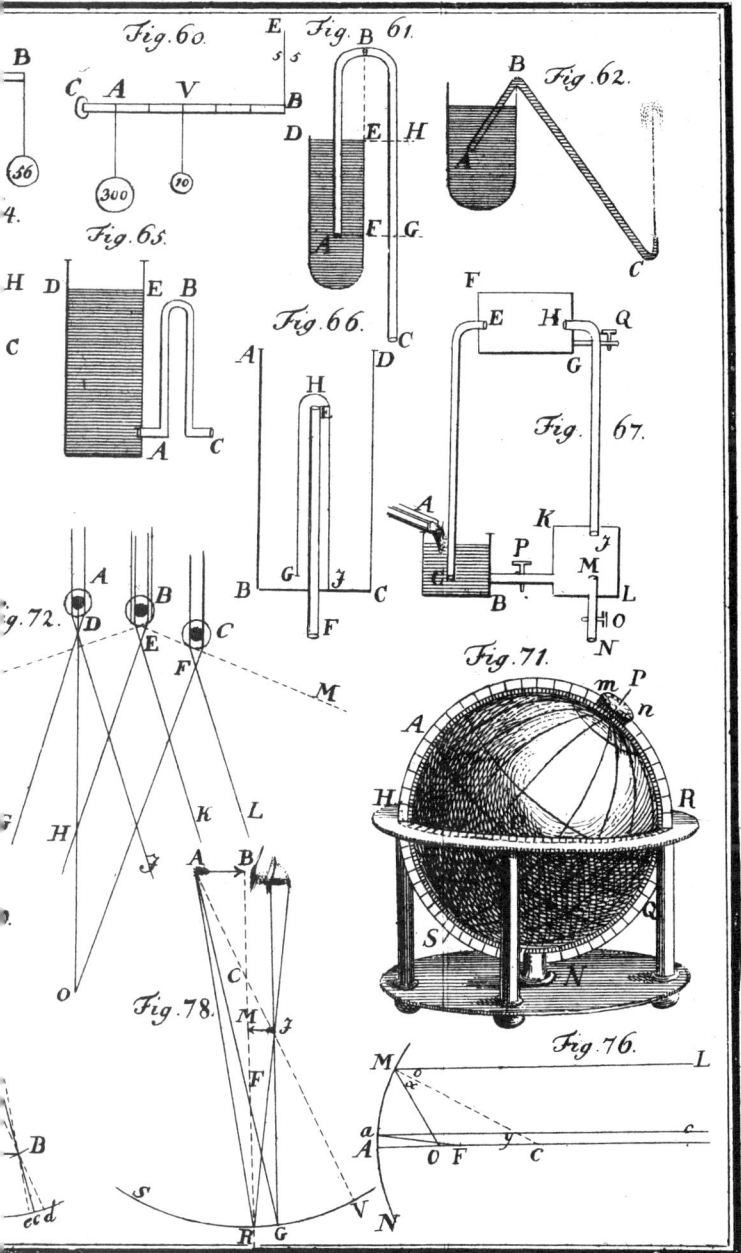

Taf XI

Fig. 60.

Fig. 61.

Fig. 62.

Fig. 65.

Fig. 66.

Fig. 67.

Fig. 72.

Fig. 71.

Fig. 78.

Fig. 76.

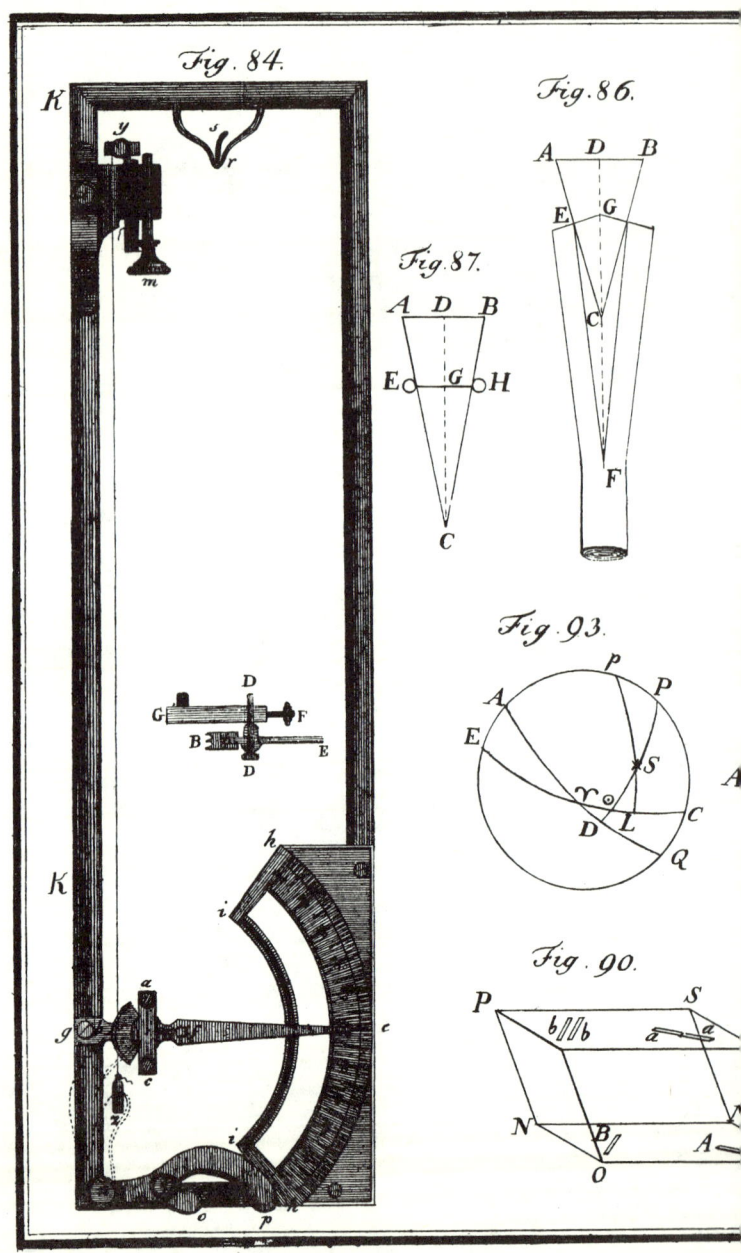

Fig. 84.

Fig. 86.

Fig. 87.

Fig. 93.

Fig. 90.

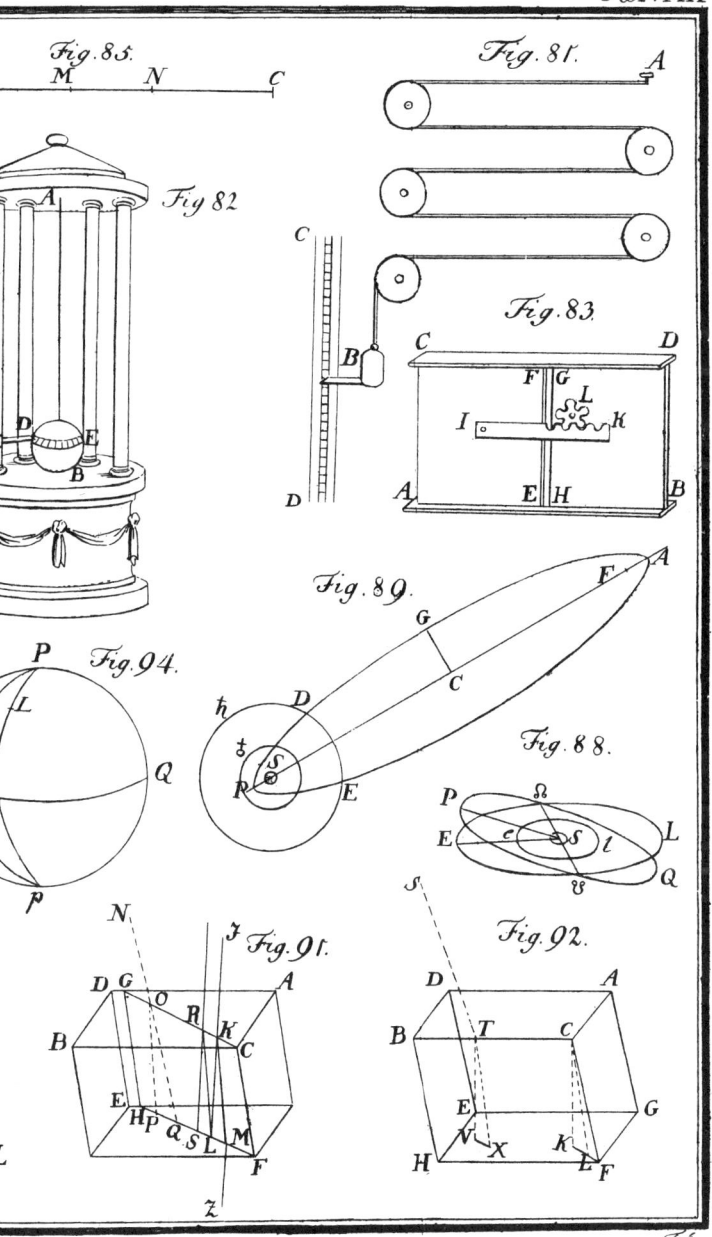

Fig. 85.

Fig. 81.

Fig 82

Fig. 83.

Fig. 89.

Fig. 94.

Fig. 88.

Fig. 91.

Fig. 92.

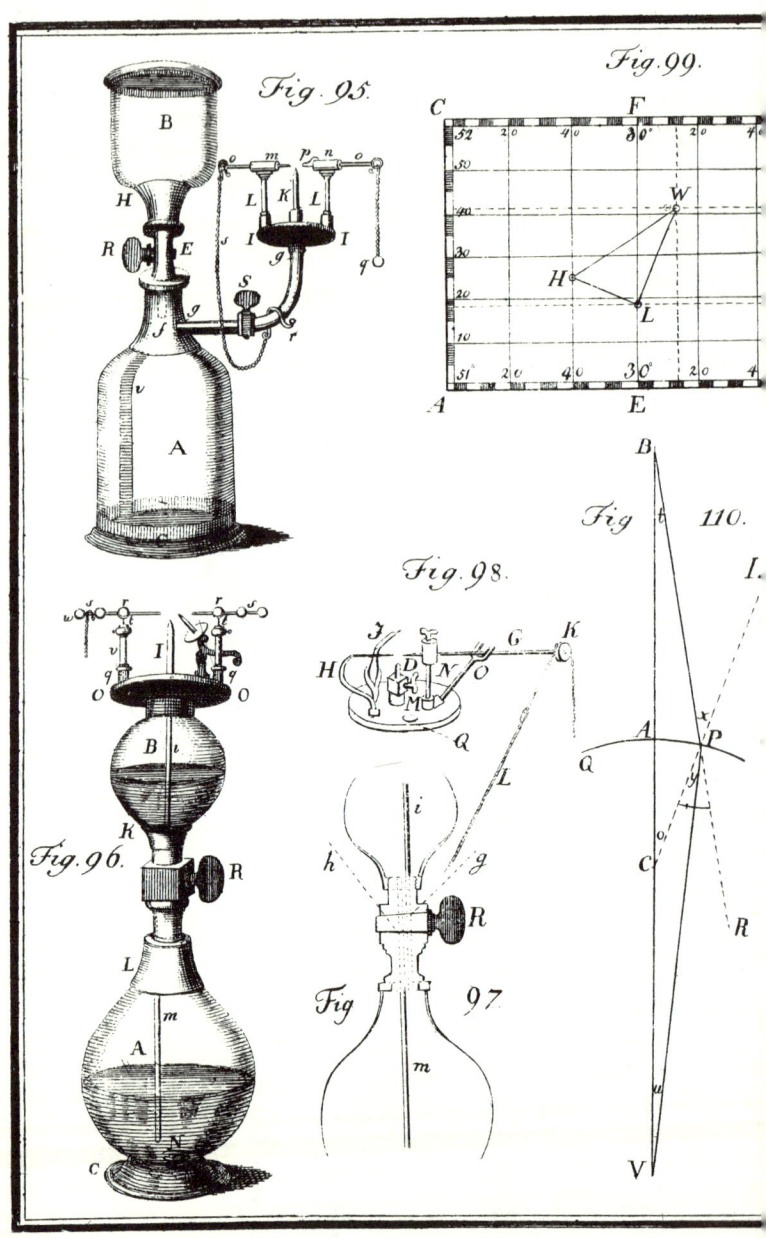

Fig. 95.

Fig. 99.

Fig. 96.

Fig. 98.

Fig 97

Fig 110.

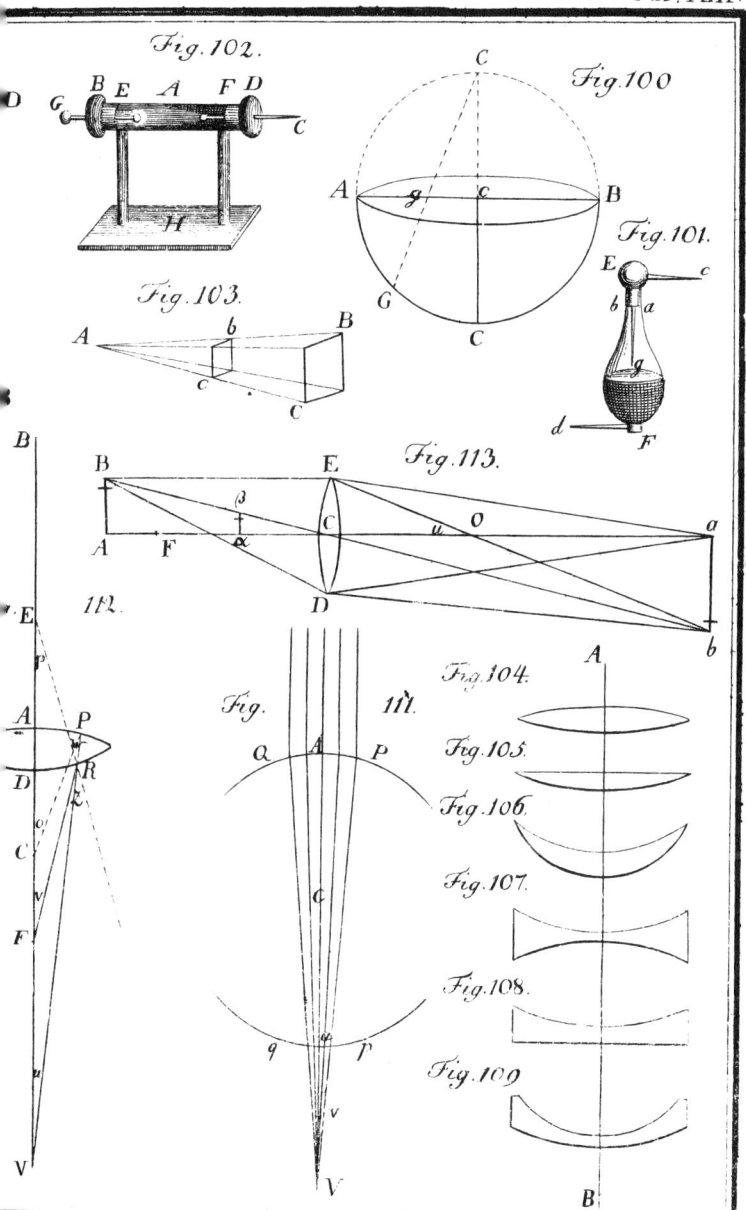

Fig. 102.

Fig. 100

Fig. 101.

Fig. 103.

Fig. 113.

112.

Fig.   111.

Fig. 104.

Fig. 105.

Fig. 106.

Fig. 107.

Fig. 108.

Fig. 109.